博文视点云原生精品丛书

Kubernetes权威指南

从Docker到Kubernetes实践全接触

龚 正 吴治辉 闫健勇 编著

電子工業出版社
Publishing House of Electronics Industry
北京•BEIJING

内 容 简 介

Kubernetes 是由谷歌开源的容器集群管理系统，为容器化应用提供了资源调度、部署运行、服务发现、扩缩容等一整套功能。Kubernetes 也是将"一切以服务（Service）为中心，一切围绕服务运转"作为指导思想的创新型产品，它的功能和架构设计自始至终地遵循了这一指导思想。构建在 Kubernetes 上的系统不仅可以独立运行在物理机、虚拟机集群或者企业私有云上，也可以被托管在公有云上。

本书总计 12 章，分别讲解 Kubernetes 的基本概念、实践指南、核心原理、开发指南、网络与存储、运维指南、新特性演进等内容。全书图文并茂、内容丰富、由浅入深、讲解全面，并围绕在生产环境中可能出现的问题，给出了大量典型案例，比如安全配置方案、网络方案、共享存储方案、高可用方案及 Trouble Shooting 技巧等，有很强的实战指导意义。本书的内容也随着 Kubernetes 的版本更新不断完善，目前涵盖了 Kubernetes 从 1.0 到 1.19 版本的主要特性，努力为 Kubernetes 用户提供全方位的 Kubernetes 技术指南。

无论是对于软件工程师、软件架构师、测试工程师、运维工程师、技术经理，还是对于资深 IT 人士，本书都极具参考价值。

图书在版编目（CIP）数据

Kubernetes 权威指南：从 Docker 到 Kubernetes 实践全接触 / 龚正等编著. —5 版. —北京：电子工业出版社，2021.6
（博文视点云原生精品丛书）
ISBN 978-7-121-40998-1

Ⅰ. ①K… Ⅱ. ①龚… Ⅲ. ①Linux 操作系统－程序设计－指南 Ⅳ. ①TP316.85-62

中国版本图书馆 CIP 数据核字（2021）第 070105 号

责任编辑：张国霞
印　　刷：三河市良远印务有限公司
装　　订：三河市良远印务有限公司
出版发行：电子工业出版社
　　　　　北京市海淀区万寿路 173 信箱　　邮编 100036
开　　本：787×980　1/16　印张：62　字数：1410 千字
版　　次：2016 年 1 月第 1 版
　　　　　2021 年 6 月第 5 版
印　　次：2022 年 1 月第 4 次印刷
印　　数：15001～17000 册　　定价：239.80 元

凡所购买电子工业出版社图书有缺损问题，请向购买书店调换。若书店售缺，请与本社发行部联系，联系及邮购电话：（010）88254888，88258888。

质量投诉请发邮件至 zlts@phei.com.cn，盗版侵权举报请发邮件至 dbqq@phei.com.cn。

本书咨询联系方式：010-51260888-819，faq@phei.com.cn。

推荐序

经过作者们多年的实践经验积累及长期以来的持续更新，本书终于和我们见面了。我有幸作为首批读者，提前学习了这本云计算技术领域的经典大作。

这一次的版本修订，增加了很多 Kubernetes 新特性介绍，几乎每一章都有较多的内容补充和更新。本版的章节结构继承了上一版的整体编排顺序和风格，以方便读者阅读。在我看来，本书的内容非常全面：从概念和基础入门到架构原理，从运行机制到开发源码，再从系统运维到应用实践，都有全面、细致的讲解。本书图文并茂、内容丰富、由浅入深，对基本原理阐述清晰，对系统架构分析透彻，对实践经验讲解深刻，充分讲解了 Kubernetes 的核心技术原理和实现，是学习 Kubernetes 技术的必备书籍，也是一本非常值得阅读的"红宝书"。

本书非常值得阅读的原因还有以下几点。

首先，本书作者都在云计算行业深耕十年以上，拥有大量丰富的一线实践经验。书中的观点和经验，均是由本书作者在多年建设、维护大型应用系统的实践过程中积累而成的，具有很高的借鉴性和普适性。通过学习书中的 Kubernetes 开发指南、集群管理等内容，读者不仅可以提高个人的开发技能，还可以解决在实践过程中经常遇到的各种问题。

然后，本书通过大量的实例操作来帮助读者深刻理解 Kubernetes 中的各种概念和技能。例如，书中介绍了使用 Java 访问 Kubernetes API 的例子，读者在结合自己的实际应用需求对其稍做调整和配置修改后，就可以将这些方法用于正在开发的项目中，达到事半功倍的效果。这对有一定 Java 基础的专业人士快速学习 Kubernetes 的各种细节和实践操作十分有利，能够帮助开发者节省大量的时间。

再次，为了让初学者快速入门，本书在技术语言中穿插了大量的图表和应用场景示例，以案例、流程、图示等多种方式帮助读者加深理解。本书还配备了即时在线交流工具和专业的后台技术支持团队。如果您在开发和应用过程中遇到各类相关问题，则均可直接联系该团队的开发支持专家。

最后，随着企业数字化转型的深入，为云而生的云原生架构和思想已被大量企业所接受。容器云、微服务、DevOps、Serverless 已成为企业落地云原生的关键技术，而 Kubernetes 作为容器云的核心基础和事实标准，已成为当今互联网企业和传统 IT 企业的云基础设施要素，例如中国移动、谷歌、VMware、华为、阿里巴巴、腾讯、京东等。Kubernetes 站在了容器新技术变革的浪潮之巅，将具有不可估量的发展前景和商业价值。

无论您是技术经理、架构师、以技术为主的售前工作人员、网红讲师、开发人员、运维人员，还是对容器技术有兴趣的读者，本书都能为您提供很好的帮助，让您受益匪浅！

张春

中国移动信息技术中心研发创新中心（平台能力共享中心）副总经理

前言

为什么写作本书

本书第 1 版出版于 2016 年，短短几年，Kubernetes 已从一个新生事物发展成为一个影响全球 IT 技术的基础设施平台，成功推动了云原生应用、微服务架构、Service Mesh、Serverless 等热门技术的普及和落地，一跃成为云原生应用的全球级基础平台。现在，Kubernetes 已经成为软件基础设施领域中耀眼的明星项目，在 GitHub 上已有超过两万名开源志愿者参与此项目，成为开源历史上发展速度超快的项目之一。

在这几年里：

◎ Kubernetes 背后的重要开源公司 RedHat 被 IBM 大手笔收购，使 RedHat 基于 Kubernetes 架构的先进 PaaS 平台——OpenShift 成为 IBM 在云计算基础设施中的重要筹码；

◎ Kubernetes 的两位核心创始人 Joe Beda 和 Craig McLuckie 所创立的提供 Kubernetes 咨询和技术支持的初创公司 Heptio 也被虚拟化领域的巨头 VMware 收购，VMware 决定全力拥抱 Kubernetes，而且计划直接以 Kubernetes 为底层核心重新打造全新版的 vSphere；

◎ Oracle 收购了丹麦的一家初创公司 Wercker，然后开发了 Click2Kube，这是面向 Oracle 裸机云（Oracle Bare Metal Cloud）的一键式 Kubernetes 集群安装工具；

◎ 世界 500 强中的一些大型企业也决定以 Kubernetes 为基础重构内部 IT 平台架构，大数据系统的一些用户也在努力将其生产系统从庞大的大数据专有技术栈中剥离出来靠拢 Kubernetes。

谷歌凭借几十年大规模容器应用的丰富经验，首次投入大量人力、财力来开源并主导了 Kubernetes 这个重要的开源项目。可以预测，Kubernetes 的影响力可能超过数十年，所以，我们每个 IT 人都有理由重视这门新技术。当年，慧与中国通信和媒体解决方案领域的资深专家团一起分工协作、并行研究，并废寝忘食地合力撰写，才促成了这部巨著的出版。当然，这部巨著也对 Kubernetes 在国内的普及和推广产生了巨大的推动作用。

本书读者对象

本书读者对象范围很广，甚至某些高校也采用了本书作为参考教材。考虑到 Kubernetes 的技术定位，我们强烈建议这些人群购买和阅读本书：资深 IT 从业者、研发部门主管、架构师（语言不限）、研发工程师（经验不限）、运维工程师（经验不限）、软件 QA 和测试工程师（两年以上经验）、以技术为主的售前工作人员（两年以上经验）。

建议在本机上安装合适的虚拟软件，部署 Kubernetes 环境并动手实践本书的大部分示例，甚至可以直接在公有云上部署或者使用现有的 Kubernetes 环境，从而降低入门复杂度。

本书概要

这些年，Kubernetes 高速发展，先后发布了十几个大版本，每个版本都带来了大量的新特性，能够处理的应用场景也越来越丰富。

本书遵循从入门到精通的学习路线，涵盖了入门、安装指南、实践指南、核心原理、开发指南、网络与存储、运维指南、新特性演进等内容，内容翔实、图文并茂，几乎囊括了 Kubernetes 当前主流版本的方方面面。

第 1 章首先从一个简单的实例开始，让读者通过动手实践来感受 Kubernetes 的强大能力；然后讲解 Kubernetes 的概念、术语。考虑到 Kubernetes 的概念、术语繁多，所以特别从它们的用途及相互关系入手来讲解，以期初学者能快捷、全面、准确、深刻地理解这部分内容。

第 2 章围绕 Kubernetes 的安装和配置展开讲解。如果要在生产级应用中部署 Kubernetes，则建议读者将本章内容全部实战一遍；如果不是，则可以选择部分内容实战，比较重要的是 Kubernetes 的命令行部分，对这部分越熟练，后面进行研发或运维就越轻松。

第 3 ~ 4 章对于大部分读者来说，都是很关键的内容，也是学会 Kubernetes 应用建模的关键章节。第 3 章全面、深入地讲解了 Pod 的方方面面，其中非常有挑战性的是 Pod 调度这部分内容，它也是生产实践中相当实用的知识和技能。第 4 章围绕 Service 展开深入讲解，涉及相关的服务发现、DNS 及 Ingress 等高级特性。

第 5 章对 Kubernetes 的运行机制和原理进行全面、深入的讲解，通过对 API Server、Controller、Scheduler、kubelet、kube-proxy 等几个核心进程的作用、原理、实现方式等进行深入讲解，可以让读者加深对 Kubernetes 的认知，所以建议读者全面阅读本章内容。

第 6 章专门讲解 Kubernetes 安全方面的内容，因为内容比较复杂，所以涉及的知识点也较多，建议读者选择性阅读和动手实践本章内容。

第 7 章讲解 Kubernetes 相对复杂的内容之一——网络部分，涉及的知识面相对较广，包括 Kubernetes 网络模型、Docker 网络基础、Service 虚拟网络、CNI 网络模型、开源容器网络方案、Kubernetes 网络策略及 IPv4、IPv6 双栈协议等内容，学习曲线和理解曲线都较陡。建议读者多花时间钻研，因为网络也属于容器领域里很重要的基础知识。

第 8 章讲解 Kubernetes 存储方面的内容，动态存储管理实战部分的内容对于 Kubernetes 企业应用落地很有价值，建议读者动手实践完成这部分内容。

第 9 章是为程序员特别准备的，该章以 Java（未来会增加 Go 语言）为例举例说明如何通过编程方式调用 Kubernetes 的 API，这也是开发基于 Kubernetes 的 PaaS 管理平台的重要基础技能之一。

第 10 ~ 12 章侧重于讲解 Kubernetes 运维方面的技能和知识，包括 Windows 上的 Kubernetes 部署、安装等内容，建议需要在生产环境中部署 Kubernetes 的读者全面阅读并动手实践这几章的内容。

相关资源

本书提供了两个 GitHub 应用项目供读者学习和实践，其中包括 sleep 客户端应用项目和 flaskapp 服务端应用项目。另外，本书作者之一深度参与的 Istio 官方文档汉化项目也已上线。

本书也提供了 QQ 群和微信群供读者交流，还提供了本书配套源码下载、勘误反馈与获取渠道。

请在本书封底的“读者服务”处获取以上资源。如有资源更新，则也可通过此处获取。

目 录

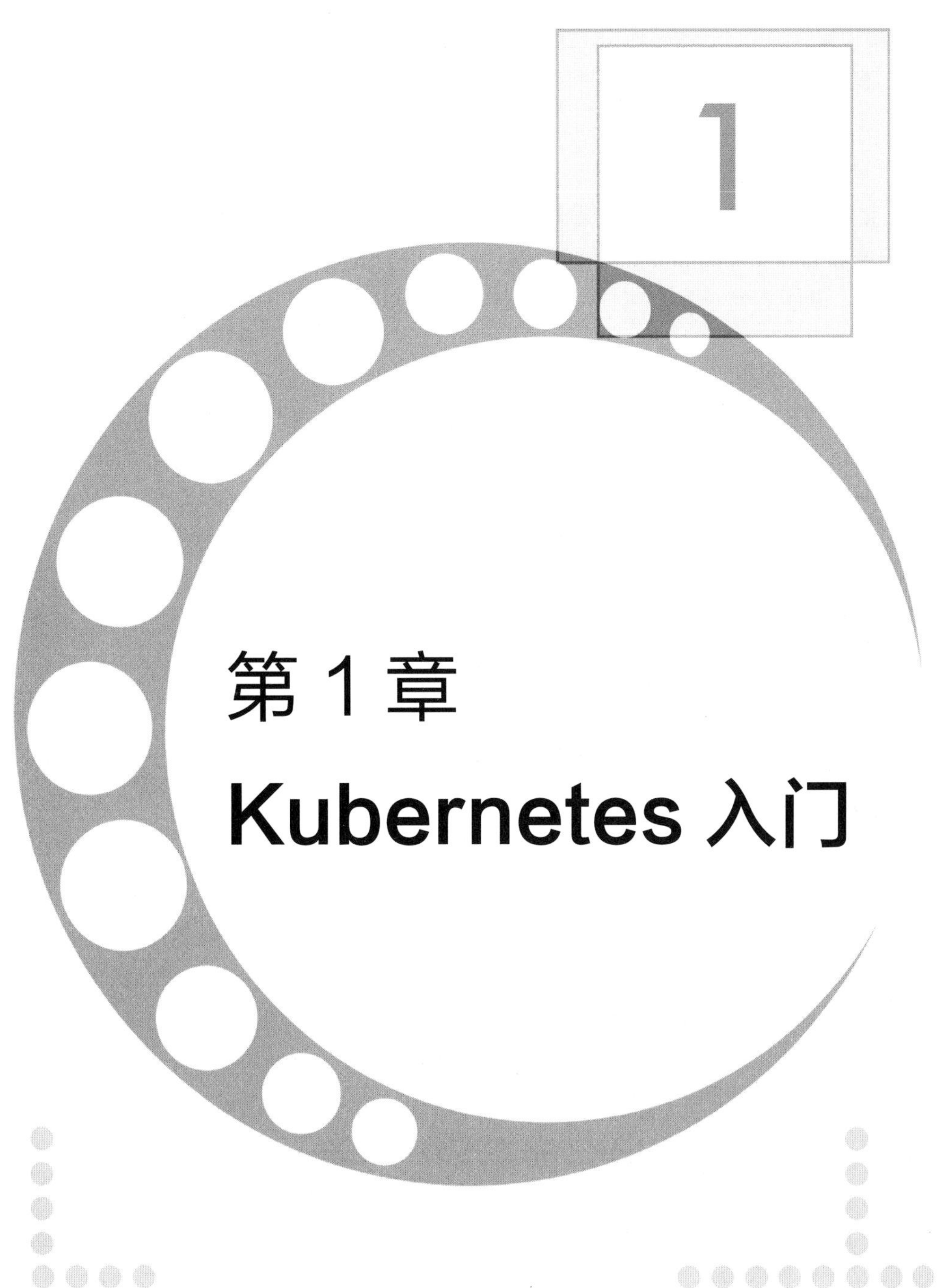

第1章 Kubernetes入门

1.1 了解 Kubernetes

Kubernetes 是什么？

首先，Kubernetes 是谷歌十几年来大规模容器技术应用的重要成果，是谷歌严格保密十几年的秘密武器——Borg 的一个开源版本。Borg 是谷歌内部使用的久负盛名的大规模集群管理系统，基于容器技术来实现资源管理的自动化，以及跨多个数据中心的资源利用率的最大化。十几年以来，谷歌一直通过 Borg 管理着数量庞大的应用程序集群。正是由于站在 Borg 这个前辈的肩膀上，汲取了 Borg 的经验与教训，所以 Kubernetes 一经开源就一鸣惊人，并迅速称霸容器领域。Kubernetes 也是一个全新的基于容器技术的分布式架构领先方案，是容器云的优秀平台选型方案，已成为新一代的基于容器技术的 PaaS 平台的重要底层框架，也是云原生技术生态圈的核心，服务网格（Service Mesh）、无服务器架构（Serverless）等新一代分布式架构框架及技术纷纷基于 Kubernetes 实现，这些都奠定了 Kubernetes 在基础架构领域的王者地位。

其次，如果我们的系统设计遵循了 Kubernetes 的设计思想，那么传统系统架构中那些和业务没有多大关系的底层代码或功能模块，就都可以立刻从我们的视线中消失，我们不必再费心于负载均衡器的选型和部署实施问题，不必再考虑引入或自己开发一个复杂的服务治理框架，不必再头疼于服务监控和故障处理模块的开发。总之，使用 Kubernetes 提供的解决方案，我们不仅节省了不少于 30%的开发成本，还可以将精力更加集中于业务本身，而且由于 Kubernetes 提供了强大的自动化机制，所以系统后期的运维难度和运维成本大幅度降低。

然后，Kubernetes 是一个开放的开发平台。与 J2EE 不同，它不局限于任何一种语言，没有限定任何编程接口，所以不论是用 Java、Go、C++还是用 Python 编写的服务，都可以被映射为 Kubernetes 的 Service（服务），并通过标准的 TCP 通信协议进行交互。此外，Kubernetes 平台对现有的编程语言、编程框架、中间件没有任何侵入性，因此现有的系统也很容易改造升级并迁移到 Kubernetes 平台上。

最后，Kubernetes 是一个完备的分布式系统支撑平台。Kubernetes 具有完备的集群管理能力，包括多层次的安全防护和准入机制、多租户应用支撑能力、透明的服务注册和服务发现机制、内建的智能负载均衡器、强大的故障发现和自我修复能力、服务滚动升级和在线扩容能力、可扩展的资源自动调度机制，以及多粒度的资源配额管理能力。同时，

Kubernetes 提供了完善的管理工具，这些工具涵盖了包括开发、部署测试、运维监控在内的各个环节。因此，Kubernetes 是一个全新的基于容器技术的分布式架构解决方案，并且是一个一站式的完备的分布式系统开发和支撑平台。

在正式开始本章的 Hello World 之旅之前，我们首先要了解 Kubernetes 的一些基本知识，这样才能理解 Kubernetes 提供的解决方案。

在 Kubernetes 中，Service 是分布式集群架构的核心。一个 Service 对象拥有如下关键特征。

◎ 拥有唯一指定的名称（比如 mysql-server）。
◎ 拥有一个虚拟 IP 地址（ClusterIP 地址）和端口号。
◎ 能够提供某种远程服务能力。
◎ 能够将客户端对服务的访问请求转发到一组容器应用上。

Service 的服务进程通常基于 Socket 通信方式对外提供服务，比如 Redis、Memcached、MySQL、Web Server，或者是实现了某个具体业务的特定 TCP Server 进程。虽然一个 Service 通常由多个相关的服务进程提供服务，每个服务进程都有一个独立的 Endpoint（IP+Port）访问点，但 Kubernetes 能够让我们通过 Service（ClusterIP+Service Port）连接指定的服务。有了 Kubernetes 内建的透明负载均衡和故障恢复机制，不管后端有多少个具体的服务进程，也不管某个服务进程是否由于发生故障而被重新部署到其他机器，都不会影响对服务的正常调用。更重要的是，这个 Service 本身一旦创建就不再变化，这意味着我们再也不用为 Kubernetes 集群中应用服务进程 IP 地址变来变去的问题头疼了。

容器提供了强大的隔离功能，所以我们有必要把为 Service 提供服务的这组进程放入容器中进行隔离。为此，Kubernetes 设计了 Pod 对象，将每个服务进程都包装到相应的 Pod 中，使其成为在 Pod 中运行的一个容器（Container）。为了建立 Service 和 Pod 间的关联关系，Kubernetes 首先给每个 Pod 都贴上一个标签（Label），比如给运行 MySQL 的 Pod 贴上 name=mysql 标签，给运行 PHP 的 Pod 贴上 name=php 标签，然后给相应的 Service 定义标签选择器（Label Selector），例如，MySQL Service 的标签选择器的选择条件为 name=mysql，意为该 Service 要作用于所有包含 name=mysql 标签的 Pod。这样一来，就巧妙解决了 Service 与 Pod 的关联问题。

这里先简单介绍 Pod 的概念。首先，Pod 运行在一个被称为节点（Node）的环境中，这个节点既可以是物理机，也可以是私有云或者公有云中的一个虚拟机，在一个节点上能够运行多个 Pod；其次，在每个 Pod 中都运行着一个特殊的被称为 Pause 的容器，其他容器则为业务容器，这些业务容器共享 Pause 容器的网络栈和 Volume 挂载卷，因此它们之间的通信和数据交换更为高效，在设计时我们可以充分利用这一特性将一组密切相关的服务进程放入同一个 Pod 中；最后，需要注意的是，并不是每个 Pod 和它里面运行的容器都能被映射到一个 Service 上，只有提供服务（无论是对内还是对外）的那组 Pod 才会被映射为一个服务。

在集群管理方面，Kubernetes 将集群中的机器划分为一个 Master 和一些 Node。在 Master 上运行着集群管理相关的一些进程：kube-apiserver、kube-controller-manager 和 kube-scheduler，这些进程实现了整个集群的资源管理、Pod 调度、弹性伸缩、安全控制、系统监控和纠错等管理功能，并且都是自动完成的。Node 作为集群中的工作节点，其上运行着真正的应用程序。在 Node 上，Kubernetes 管理的最小运行单元是 Pod。在 Node 上运行着 Kubernetes 的 kubelet、kube-proxy 服务进程，这些服务进程负责 Pod 的创建、启动、监控、重启、销毁，以及实现软件模式的负载均衡器。

这里讲一讲传统的 IT 系统中服务扩容和服务升级这两个难题，以及 Kubernetes 所提供的全新解决思路。服务的扩容涉及资源分配（选择哪个节点进行扩容）、实例部署和启动等环节。在一个复杂的业务系统中，这两个难题基本上要靠人工一步步操作才能得以解决，费时费力又难以保证实施质量。

在 Kubernetes 集群中，只需为需要扩容的 Service 关联的 Pod 创建一个 Deployment 对象，服务扩容以至服务升级等令人头疼的问题就都迎刃而解了。在一个 Deployment 定义文件中包括以下 3 个关键信息。

◎ 目标 Pod 的定义。
◎ 目标 Pod 需要运行的副本数量（Replicas）。
◎ 要监控的目标 Pod 的标签。

在创建好 Deployment 之后，Kubernetes 会根据这一定义创建符合要求的 Pod，并且通过在 Deployment 中定义的 Label 筛选出对应的 Pod 实例并实时监控其状态和数量。如果实例数量少于定义的副本数量，则会根据在 Deployment 对象中定义的 Pod 模板创建一个新的 Pod，然后将此 Pod 调度到合适的 Node 上启动运行，直到 Pod 实例的数量达到预定目标。这个过程完全是自动化的，无须人工干预。有了 Deployment，服务扩容就变成一个纯粹的简单数字游戏了，只需修改 Deployment 中的副本数量即可。后续的服务升级也将通过修改 Deployment 来自动完成。

1.2　为什么要用 Kubernetes

使用 Kubernetes 的理由很多，最重要的理由是，IT 行业从来都是由新技术驱动的。Kubernetes 是软件领域近几年来最具创新的容器技术，涵盖了架构、研发、部署、运维等全系列软件开发流程，不仅对互联网公司的产品产生了极大影响，也对传统行业的 IT 技术产生了越来越强的冲击。基于 Kubernetes 的新一代容器架构已成为互联网产品及大规模系统的必选方案。2020 年 3 月，虚拟化技术巨头 VMware 发布了使用 Kubernetes 重新打造的全新 vSphere 7，向全球宣告了其拥抱 Kubernetes 的决心，堪称虚拟化技术十年来最大的一次演进。vSphere 7 通过底层重构，使得用户能够以 ESXi 管理 VM 虚拟机的方式来运用 Kubernetes 的能力。毫无疑问，VMware 的这一举动将对 IT 行业带来重大影响，也宣告了以 Kubernetes 为核心的容器技术取代、融合虚拟机技术的时代正在加速到来。

如今，数百家厂商和技术社区共同构建了非常强大的云原生生态，市面上几乎所有提供云基础设施的公司都以原生形式将 Kubernetes 作为底层平台，可以预见，会有大量的新系统选择 Kubernetes，不论这些新系统是运行在企业的本地服务器上，还是被托管到公有云上。阿里云容器服务 Kubernetes 版 ACK（Alibaba Cloud Container Service for Kubernetes）是全球首批通过 Kubernetes 一致性认证的服务平台。据公开资料，截至 2020 年，在阿里云的 ACK 上，已经运行着上万个用户的 Kubernetes 集群。而腾讯自研的 TKEx 容器平台的底层也使用了 Kubernetes 原生技术，服务于腾讯的各种业务系统，包括腾讯会议、腾讯课堂、QQ 及腾讯看点等，目前这些业务已运行的 Kubernetes 集群规模达到几百万 CPU 核数。百度云容器引擎（Cloud Container Engine）也采用 Kubernetes 作为容器集群管理系统，于 2019 年年底也得到了云原生计算基金会的官方认证，而在更早的 2018 年，百度的深度学习平台 PaddlePaddle 也宣布支持 Kubernetes，并在当年成为 Kubernetes 官方唯一支持的深度学习框架。华为早在 Kubernetes 刚开源时就以社区创始成员及白金会员的身份加入其中，华为云的容器引擎（CCE）也基于 Kubernetes 实现，同时补齐了完整的应用开发、交付与运维流程，为客户提供完整的一站式云上应用生命周期管理方案。

使用 Kubernetes 会收获哪些好处呢？

首先，可以“轻装上阵”地开发复杂系统。以前需要很多人（其中不乏技术达人）一起分工协作才能设计、实现和运维的分布式系统，在采用 Kubernetes 解决方案之后，只需一个精悍的小团队就能轻松应对。在这个团队里，只需一名架构师负责系统中服务组件的架构设计，几名开发工程师负责业务代码的开发，一名系统兼运维工程师负责 Kubernetes

的部署和运维，因为 Kubernetes 已经帮我们做了很多。

其次，可以全面拥抱以微服务架构为核心思想的新一代容器技术的领先架构，包括基础的微服务架构，以及增强的微服务架构（如服务网格、无服务器架构等）。微服务架构的核心是将一个巨大的单体应用分解为很多小的相互连接的微服务，一个微服务可能由多个实例副本支撑，副本的数量可以随着系统的负荷变化进行调整。微服务架构使得每个服务都可以独立开发、升级和扩展，因此系统具备很高的稳定性和快速迭代能力，开发者也可以自由选择开发技术。谷歌、亚马逊、eBay、Netflix 等大型互联网公司都采用了微服务架构，谷歌更是将微服务架构的基础设施直接打包到 Kubernetes 解决方案中，让我们可以直接应用微服务架构解决复杂业务系统的架构问题。

再次，可以随时随地将系统整体“搬迁”到公有云上。Kubernetes 最初的设计目标就是让用户的应用运行在谷歌自家的公有云 GCE 中，华为云（CCE）、阿里云（ACK）和腾讯云（TKE）全部支持 Kubernetes 集群，未来会有更多的公有云及私有云支持 Kubernetes。除了公有云，私有云也大量采用 Kubernetes 架构。在私有云与公有云融合的混合云领域，Kubernetes 也大显身手。在 Kubernetes 和容器技术诞生之前，要实现多云和混合云是很困难的，应用开发商需要针对每个云服务商进行定制化开发，导致迁移云服务商时从基础架构到应用程序层面都需要做出相应的改动和适配。有了 Kubernetes 之后，用户本地的私有云（数据中心）可以与云服务商的 Kubernetes 集群保持一致的接口，这样应用程序在大部分情况下就不需要与具体的云服务商直接绑定了。

然后，Kubernetes 内建的服务弹性扩容机制可以让我们轻松应对突发流量。在服务高峰期，我们可以选择在公有云中快速扩容某些 Service 的实例副本以提升系统的吞吐量，这样不仅节省了公司的硬件投入，还大大改善了用户体验。中国铁路总公司的 12306 购票系统，在客流高峰期（如节假日）就租用了阿里云进行分流。

最后，Kubernetes 系统架构超强的横向扩容能力可以让我们的竞争力大大提升。对于互联网公司来说，用户规模等价于资产，因此横向扩容能力是衡量互联网业务系统竞争力的关键指标。我们利用 Kubernetes 提供的工具，不用修改代码，就能将一个 Kubernetes 集群从只包含几个 Node 的小集群平滑扩展到拥有上百个 Node 的大集群，甚至可以在线完成集群扩容。只要微服务架构设计得合理，能够在多个云环境中进行弹性伸缩，系统就能够承受大量用户并发访问带来的巨大压力。

1.3　从一个简单的例子开始

考虑到 Kubernetes 提供的 PHP+Redis 留言板的 Hello World 例子对于绝大多数新手来说比较复杂，难以顺利上手和实践，在此将其替换成一个简单得多的 Java Web 应用的例子，可以让新手快速上手和实践。

该应用是一个运行在 Tomcat 里的 Web App，结构比较简单，如图 1.1 所示，JSP 页面通过 JDBC 直接访问 MySQL 数据库并展示数据。这里出于演示和简化的目的，只要程序正确连接数据库，就会自动完成对应的 Table 创建与初始化数据的准备工作。所以，当我们通过浏览器访问此应用时，就会显示一个表格页面，其中包含来自数据库的内容。

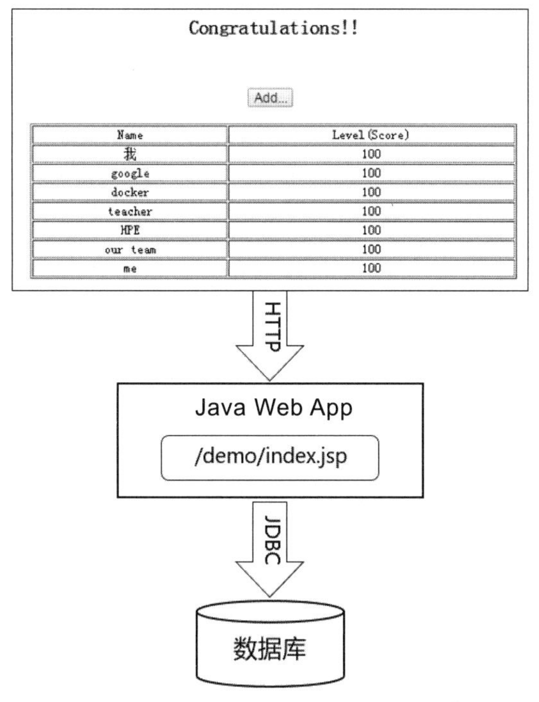

图 1.1　Java Web 应用的结构

此应用需要启动两个容器：Web App 容器和 MySQL 容器，并且 Web App 容器需要访问 MySQL 容器。如果仅使用 Docker 启动这两个容器，则需要通过 Docker Network 或者端口映射的方式实现容器间的网络互访。本例介绍在 Kubernetes 系统中是如何实现的。

1.3.1 环境准备

这里先安装 Kubernetes 和下载相关镜像，本书建议采用 VirtualBox 或者 VMware Workstation 在本机中虚拟一个 64 位的 CentOS 7 虚拟机作为学习环境。虚拟机采用 NAT 的网络模式以便连接外网，然后使用 kubeadm 快速安装一个 Kubernetes 集群（安装步骤详见 2.2 节的说明），之后就可以在这个 Kubernetes 集群中进行练习了。

1.3.2 启动 MySQL 服务

首先，为 MySQL 服务创建一个 Deployment 定义文件 mysql-deploy.yaml，下面给出了该文件的完整内容和说明：

```
apiVersion: apps/v1 # API 版本
kind: Deployment  # 副本控制器 Deployment
metadata:
  labels: # 标签
    app: mysql
  name: mysql # 对象名称，全局唯一
spec:
  replicas: 1 # 预期的副本数量
  selector:
    matchLabels:
      app: mysql
  template:  # Pod 模板
    metadata:
      labels:
        app: mysql
    spec:
      containers:  # 定义容器
      - image: mysql:5.7
        name: mysql
        ports:
        - containerPort: 3306                # 容器应用监听的端口号
        env:                                 # 注入容器内的环境变量
        - name: MYSQL_ROOT_PASSWORD
          value: "123456"
```

以上 YAML 定义文件中的 kind 属性用来表明此资源对象的类型，比如这里的属性值表示这是一个 Deployment；spec 部分是 Deployment 的相关属性定义，比如 spec.selector

是 Deployment 的 Pod 选择器，符合条件的 Pod 实例受到该 Deployment 的管理，确保在当前集群中始终有且仅有 replicas 个 Pod 实例在运行（这里设置 replicas=1，表示只能运行一个 MySQL Pod 实例）。当在集群中运行的 Pod 数量少于 replicas 时，Deployment 控制器会根据在 spec.template 部分定义的 Pod 模板生成一个新的 Pod 实例，spec.template.metadata.labels 指定了该 Pod 的标签，labels 必须匹配之前的 spec.selector。

创建好 mysql-deploy.yaml 文件后，为了将它发布到 Kubernetes 集群中，我们在 Master 上运行如下命令：

```
# kubectl apply -f mysql-deploy.yaml
deployment.apps/mysql created
```

接下来，运行 kubectl 命令查看刚刚创建的 Deployment：

```
# kubectl get deploy
NAME    READY   UP-TO-DATE   AVAILABLE   AGE
mysql   1/1     1            1           4m13s
```

查看 Pod 的创建情况时，可以运行下面的命令：

```
# kubectl get pods
NAME                   READY    STATUS     RESTARTS   AGE
mysql-85f4b4cdf4-k97wh   1/1     Running    0          65s
```

可以看到一个名称为 mysql-85f4b4cdf4-k97wh 的 Pod 实例，这是 Kubernetes 根据 mysql 这个 Deployment 的定义自动创建的 Pod。由于 Pod 的调度和创建需要花费一定的时间，比如需要确定调度到哪个节点上，而且下载 Pod 所需的容器镜像也需要一段时间，所以一开始 Pod 的状态为 Pending。在 Pod 成功创建启动完成后，其状态最终会更新为 Running。

我们可以在 Kubernetes 节点的服务器上通过 docker ps 指令查看正在运行的容器，发现提供 MySQL 服务的 Pod 容器已创建且正常运行，并且 MySQL Pod 对应的容器多创建了一个 Pause 容器，该容器就是 Pod 的根容器。

```
    # docker ps | grep mysql
    72ca992535b4 mysql
"docker-entrypoint.sh"   12 minutes ago     Up 12 minutes
k8s_mysql.86dc506e_mysql-c95jc_default_511d6705-5051-11e6-a9d8-000c29ed42c1_9f89
d0b4
    76c1790aad27        k8s.gcr.io/pause:3.2            "/pause"                12
minutes ago     Up 12 minutes                        k8s_POD.16b20365_mysql-c95jc_
```

```
default_511d6705-5051-11e6-a9d8-000c29ed42c1_28520aba
```

最后，创建一个与之关联的 Kubernetes Service——MySQL 的定义文件（文件名为 mysql-svc.yaml），完整的内容和说明如下：

```
apiVersion: v1
kind: Service                          # 表明是 Kubernetes Service
metadata:
  name: mysql                          # Service 的全局唯一名称
spec:
  ports:
    - port: 3306                       # Service 提供服务的端口号
  selector:                            # Service 对应的 Pod 拥有这里定义的标签
    app: mysql
```

其中，metadata.name 是 Service 的服务名（ServiceName）；spec.ports 属性定义了 Service 的虚端口；spec.selector 确定了哪些 Pod 副本（实例）对应本服务。类似地，我们通过 kubectl create 命令创建 Service 对象：

```
# kubectl create -f mysql-svc.yaml
service "mysql" created
```

运行 kubectl get 命令，查看刚刚创建的 Service 对象：

```
# kubectl get svc mysql
NAME      CLUSTER-IP      EXTERNAL-IP    PORT(S)        AGE
mysql     10.245.161.22   <none>         3306/TCP       48s
```

可以发现，MySQL 服务被分配了一个值为 10.245.161.22 的 ClusterIP 地址（在不同环境中分配的 IP 地址可能不同）。随后，在 Kubernetes 集群中新创建的其他 Pod 就可以通过 Service 的 ClusterIP+端口号 3306 来连接和访问它了。

通常，ClusterIP 地址是在 Service 创建后由 Kubernetes 系统自动分配的，其他 Pod 无法预先知道某个 Service 的 ClusterIP 地址，因此需要一个服务发现机制来找到这个服务。为此，Kubernetes 最初巧妙地使用了 Linux 环境变量（Environment Variable）来解决这个问题。根据 Service 的唯一名称，容器可以从环境变量中获取 Service 对应的 ClusterIP 地址和端口号，从而发起 TCP/IP 连接请求。

1.3.3 启动 Tomcat 应用

前面定义和启动了 MySQL 服务，接下来采用同样的步骤完成 Tomcat 应用的启动。首先，创建对应的 RC 文件 myweb-deploy.yaml，内容如下：

```
apiVersion: apps/v1
kind: Deployment
metadata:
  labels:
    app: myweb
  name: myweb
spec:
  replicas: 2
  selector:
    matchLabels:
      app: myweb
  template:
    metadata:
      labels:
        app: myweb
    spec:
      containers:
      - image: kubeguide/tomcat-app:v1
        name: myweb
        ports:
        - containerPort: 8080
        env:
        - name: MYSQL_SERVICE_HOST
          value: 10.245.161.22
```

注意：在 Tomcat 容器内，应用将使用环境变量 MYSQL_SERVICE_HOST 的值连接 MySQL 服务，但这里为什么没有注册该环境变量呢？这是因为 Kubernetes 会自动将已存在的 Service 对象以环境变量的形式展现在新生成的 Pod 中。其更安全、可靠的方法是使用服务的名称 mysql，这就要求集群内的 DNS 服务（kube-dns）正常运行。运行下面的命令，完成 Deployment 的创建和验证工作：

```
# kubectl apply -f myweb-deploy.yaml
deployment.apps/myweb created

# kubectl get pods
NAME                          READY   STATUS    RESTARTS   AGE
```

```
mysql-85f4b4cdf4-k97wh   1/1     Running   0          23m
myweb-6557d8b869-gdc7g   1/1     Running   0          2m56s
myweb-6557d8b869-w5wwx   1/1     Running   0          2m56s
```

最后，创建对应的 Service。以下是完整的 YAML 定义文件（myweb-svc.yaml）：

```
apiVersion: v1
kind: Service
metadata:
  name: myweb
spec:
  type: NodePort
  ports:
    - port: 8080
      nodePort: 30001
  selector:
    app: myweb
```

“type:NodePort”和“nodePort:30001”表明此 Service 开启了 NodePort 格式的外网访问模式。比如，在 Kubernetes 集群外，客户端的浏览器可以通过 30001 端口访问 myweb（对应 8080 的虚端口）。运行 kubectl create 命令进行创建：

```
# kubectl create -f myweb-svc.yaml
service/myweb created
```

运行 kubectl get 命令，查看已创建的 Service：

```
# kubectl get svc
NAME         TYPE        CLUSTER-IP      EXTERNAL-IP   PORT(S)          AGE
kubernetes   ClusterIP   10.245.0.1      <none>        443/TCP          174m
mysql        ClusterIP   10.245.161.22   <none>        3306/TCP         18m
myweb        NodePort    10.245.46.175   <none>        8080:30001/TCP   2m35s
```

至此，我们的第 1 个 Kubernetes 例子便搭建完成了，下一节将验证结果。

1.3.4　通过浏览器访问网页

经过上面的流程，我们终于成功实现了 Kubernetes 上第 1 个例子的部署、搭建工作。现在一起来见证成果吧！在你的笔记本上打开浏览器，输入“http://虚拟机 IP:30001/demo/”。

比如虚拟机 IP 为 192.168.18.131（可以通过 ip a 命令进行查询），在浏览器里输入地址 http:// 192.168.18.131:30001/demo/后，可以看到如图 1.2 所示的网页界面。

Congratulations!!

Add...

Name	Level(Score)
google	100
docker	100
teacher	100
HPE	100
our team	100
me	100

图 1.2　通过浏览器访问 Tomcat 应用

如果无法打开这个网页界面，那么可能的原因包括：①因为防火墙的设置无法访问 30001 端口；②因为通过代理服务器上网，所以浏览器错把虚拟机的 IP 地址当作远程地址；等等。可以在虚拟机上直接运行 curl 192.168.18.131:30001 来验证能否访问此端口，如果还是不能访问，就肯定不是机器的问题了。

接下来尝试单击“Add...”按钮添加一条记录并提交，如图 1.3 所示，提交以后，数据就被写入 MySQL 数据库了。

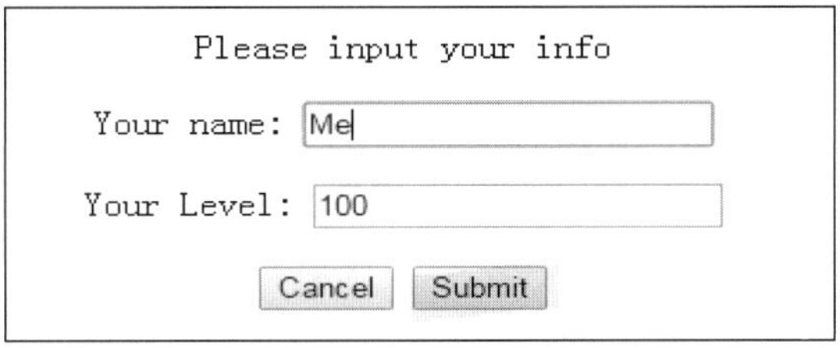

Please input your info

Your name: Me

Your Level: 100

Cancel　Submit

图 1.3　在留言板网页添加新的留言

至此，我们就完成了在 Kubernetes 上部署一个 Web App 和数据库的例子。可以看到，相对于传统的分布式应用部署方式，在 Kubernetes 之上仅通过一些很容易理解的配置文件和简单命令就能完成对整个集群的部署。

1.4 节将对 Kubernetes 中的资源对象进行全面讲解，读者可以继续研究本节例子里的一些拓展内容，比如：研究 Deployment、Service 等配置文件的格式；熟悉 kubectl 的子命令；手工停止某个 Service 对应的容器进程，看看会发生什么；修改 Deployment 文件，改变副本数量并重新发布，观察结果。

1.4 Kubernetes 的基本概念和术语

考虑到 Kubernetes 相关的概念和术语非常多，它们之间的关系也比较复杂，本节将由浅入深地讲解 Kubernetes 的一些基本概念和术语，对它们更详细的原理和应用说明参见后续章节的内容。

1.4.1 资源对象概述

Kubernetes 中的基本概念和术语大多是围绕资源对象（Resource Object）来说的，而资源对象在总体上可分为以下两类。

（1）某种资源的对象，例如节点（Node）、Pod、服务（Service）、存储卷（Volume）。

（2）与资源对象相关的事物与动作，例如标签（Label）、注解（Annotation）、命名空间（Namespace）、部署（Deployment）、HPA、PVC。

资源对象一般包括几个通用属性：版本、类别（Kind）、名称、标签、注解，如下所述。

（1）在版本信息里包括了此对象所属的资源组，一些资源对象的属性会随着版本的升级而变化，在定义资源对象时要特别注意这一点。

（2）类别属性用于定义资源对象的类型。

（3）资源对象的名称（Name）、标签、注解这三个属性属于资源对象的元数据（metadata）。

- ◎ 资源对象的名称要唯一。
- ◎ 资源对象的标签是很重要的数据，也是 Kubernetes 的一大设计特性，比如通过标签来表明资源对象的特征、类别，以及通过标签筛选不同的资源对象并实现对象之间的关联、控制或协作功能。
- ◎ 注解可被理解为一种特殊的标签，不过更多地是与程序挂钩，通常用于实现资源对象属性的自定义扩展。

我们可以采用 YAML 或 JSON 格式声明（定义或创建）一个 Kubernetes 资源对象，每个资源对象都有自己的特定结构定义（可以理解为数据库中一个特定的表），并且统一保存在 etcd 这种非关系型数据库中，以实现最快的读写速度。此外，所有资源对象都可以通过 Kubernetes 提供的 kubectl 工具（或者 API 编程调用）执行增、删、改、查等操作。

一些资源对象有自己的生命周期及相应的状态，比如 Pod，我们通过 kubectl 客户端工具创建一个 Pod 并将其提交到系统中后，它就处于等待调度的状态，调度成功后为 Pending 状态，等待容器镜像下载和启动、启动成功后为 Running 状态，正常停止后为 Succeeded 状态，非正常停止后为 Failed 状态。同样，PV 也是具有明确生命周期的资源对象。对于这类资源对象，我们还需要了解其生命周期的细节及状态变更的原因，这有助于我们快速排查故障。

另外，我们在学习时需要注意与该资源对象相关的其他资源对象或者事务，把握它们之间的关系，同时思考为什么会有这种资源对象产生，哪些是核心的资源对象，哪些是外围的资源对象。由于 Kubernetes 的快速发展，新的资源对象不断出现，一些旧的资源对象也被遗弃，这也是我们要与时俱进的原因。

为了更好地理解和学习 Kubernetes 的基本概念和术语，特别是数量众多的资源对象，这里按照功能或用途对其进行分类，将其分为集群类、应用类、存储类及安全类这四大类，在接下来的小节中一一讲解。

1.4.2　集群类

集群（Cluster）表示一个由 Master 和 Node 组成的 Kubernetes 集群。

1. Master

Master 指的是集群的控制节点。在每个 Kubernetes 集群中都需要有一个或一组被称为 Master 的节点，来负责整个集群的管理和控制。Master 通常占据一个独立的服务器（在高可用部署中建议至少使用 3 台服务器），是整个集群的“大脑”，如果它发生宕机或者不可用，那么对集群内容器应用的管理都将无法实施。

在 Master 上运行着以下关键进程。

◎ Kubernetes API Server（kube-apiserver）：提供 HTTP RESTful API 接口的主要服务，是 Kubernetes 里对所有资源进行增、删、改、查等操作的唯一入口，也是集群控制的入口进程。

◎ Kubernetes Controller Manager（kube-controller-manager）：Kubernetes 里所有资源对象的自动化控制中心，可以将其理解为资源对象的“大总管”。
◎ Kubernetes Scheduler（kube-scheduler）：负责资源调度（Pod 调度）的进程，相当于公交公司的调度室。

另外，在 Master 上通常还需要部署 etcd 服务。

2. Node

Kubernetes 集群中除 Mater 外的其他服务器被称为 Node，Node 在较早的版本中也被称为 Minion。与 Master 一样，Node 可以是一台物理主机，也可以是一台虚拟机。Node 是 Kubernetes 集群中的工作负载节点，每个 Node 都会被 Master 分配一些工作负载（Docker 容器），当某个 Node 宕机时，其上的工作负载会被 Master 自动转移到其他 Node 上。在每个 Node 上都运行着以下关键进程。

◎ kubelet：负责 Pod 对应容器的创建、启停等任务，同时与 Master 密切协作，实现集群管理的基本功能。
◎ kube-proxy：实现 Kubernetes Service 的通信与负载均衡机制的服务。
◎ 容器运行时（如 Docker）：负责本机的容器创建和管理。

Node 可以在运行期间动态增加到 Kubernetes 集群中，前提是在这个 Node 上已正确安装、配置和启动了上述关键进程。在默认情况下，kubelet 会向 Master 注册自己，这也是 Kubernetes 推荐的 Node 管理方式。一旦 Node 被纳入集群管理范畴，kubelet 进程就会定时向 Master 汇报自身的情报，例如操作系统、主机 CPU 和内存使用情况，以及当前有哪些 Pod 在运行等，这样 Master 就可以获知每个 Node 的资源使用情况，并实现高效均衡的资源调度策略。而某个 Node 在超过指定时间不上报信息时，会被 Master 判定为“失联”，该 Node 的状态就被标记为不可用（Not Ready），Master 随后会触发“工作负载大转移”的自动流程。

我们可以运行以下命令查看在集群中有多少个 Node：

```
# kubectl get nodes
NAME          STATUS    ROLES     AGE     VERSION
k8s-node-1    Ready     <none>    350d    v1.14.0
```

然后通过 kubectl describe node <node_name>命令查看某个 Node 的详细信息：

```
$ kubectl describe node k8s-node-1
```

在以上命令的运行结果中会展示目标 Node 的如下关键信息。

◎ Node 的基本信息：名称、标签、创建时间等。
◎ Node 当前的运行状态：Node 启动后会做一系列自检工作，比如磁盘空间是否不足（DiskPressure）、内存是否不足（MemoryPressure）、网络是否正常（NetworkUnavailable）、PID 资源是否充足（PIDPressure）。在一切正常时才设置 Node 为 Ready 状态（Ready=True），表示 Node 处于健康状态，Master 就可以在其上调度新的任务了（如启动 Pod）。
◎ Node 的主机地址与主机名。
◎ Node 上的资源数量：描述 Node 可用的系统资源，包括 CPU、内存数量、最大可调度 Pod 数量等。
◎ Node 可分配的资源量：描述 Node 当前可用于分配的资源量。
◎ 主机系统信息：包括主机 ID、系统 UUID、Linux Kernel 版本号、操作系统类型与版本、Docker 版本号、kubelet 与 kube-proxy 的版本号等。
◎ 当前运行的 Pod 列表概要信息。
◎ 已分配的资源使用概要信息，例如资源申请的最小、最大允许使用量占系统总量的百分比。
◎ Node 相关的 Event 信息。

如果一个 Node 存在问题，比如存在安全隐患、硬件资源不足要升级或者计划淘汰，我们就可以给这个 Node 打一种特殊的标签——污点（Taint），避免新的容器被调度到该 Node 上。而如果某些 Pod 可以（短期）容忍（Toleration）某种污点的存在，则可以继续将其调度到该 Node 上。Taint 与 Toleration 这两个术语属于 Kubernetes 调度相关的重要术语和概念，在后续章节中会详细讲解。

在集群类里还有一个重要的基础概念——命名空间，它在很多情况下用于实现多租户的资源隔离，典型的一种思路就是给每个租户都分配一个命名空间。命名空间属于 Kubernetes 集群范畴的资源对象，在一个集群里可以创建多个命名空间，每个命名空间都是相互独立的存在，属于不同命名空间的资源对象从逻辑上相互隔离。在每个 Kubernetes 集群安装完成且正常运行之后，Master 会自动创建两个命名空间，一个是默认的（default）、一个是系统级的（kube-system）。用户创建的资源对象如果没有指定命名空间，则被默认存放在 default 命名空间中；而系统相关的资源对象如网络组件、DNS 组件、监控类组件等，都被安装在 kube-system 命名空间中。我们可以通过命名空间将集群内部的资源对象“分配”到不同的命名空间中，形成逻辑上分组的不同项目、小组或用户组，便于不同的分组在共享使用整个集群的资源的同时能被分别管理。当给每个租户都创建一个命名空间来实现多租户的资源隔离时，还能结合 Kubernetes 的资源配额管理，限定不同租户能占用的资源，例如 CPU 使用量、内存使用量等。

命名空间的定义很简单，如下所示的 YAML 文件定义了名为 development 的命名空间：

```
apiVersion: v1
kind: Namespace
metadata:
  name: development
```

一旦创建了命名空间，我们在创建资源对象时就可以指定这个资源对象属于哪个命名空间。比如在下面的例子中定义了一个名为 busybox 的 Pod，并将其放入 development 这个命名空间中：

```
apiVersion: v1
kind: Pod
metadata:
  name: busybox
  namespace: development
spec:
  containers:
  - image: busybox
    command:
      - sleep
      - "3600"
    name: busybox
```

此时使用 kubectl get 命令查看，将无法显示：

```
$ kubectl get pods
NAME      READY     STATUS    RESTARTS   AGE
```

这是因为如果不加参数，则 kubectl get 命令将仅显示属于 default 命名空间的资源对象。

可以在 kubectl get 命令中加入--namespace 参数来操作某个命名空间中的对象：

```
# kubectl get pods --namespace=development
NAME          READY     STATUS     RESTARTS   AGE
busybox       1/1       Running    0          1m
```

1.4.3　应用类

Kubernetes 中属于应用类的概念和相应的资源对象类型最多，所以应用类也是我们要重点学习的一类。

1. Service 与 Pod

应用类相关的资源对象主要是围绕 Service（服务）和 Pod 这两个核心对象展开的。

一般说来，Service 指的是无状态服务，通常由多个程序副本提供服务，在特殊情况下也可以是有状态的单实例服务，比如 MySQL 这种数据存储类的服务。与我们常规理解的服务不同，Kubernetes 里的 Service 具有一个全局唯一的虚拟 ClusterIP 地址，Service 一旦被创建，Kubernetes 就会自动为它分配一个可用的 ClusterIP 地址，而且在 Service 的整个生命周期中，它的 ClusterIP 地址都不会改变，客户端可以通过这个虚拟 IP 地址+服务的端口直接访问该服务，再通过部署 Kubernetes 集群的 DNS 服务，就可以实现 Service Name（域名）到 ClusterIP 地址的 DNS 映射功能，我们只要使用服务的名称（DNS 名称）即可完成到目标服务的访问请求。“服务发现”这个传统架构中的棘手问题在这里首次得以完美解决，同时，凭借 ClusterIP 地址的独特设计，Kubernetes 进一步实现了 Service 的透明负载均衡和故障自动恢复的高级特性。

通过分析、识别并建模系统中的所有服务为微服务——Kubernetes Service，我们的系统最终由多个提供不同业务能力而又彼此独立的微服务单元组成，服务之间通过 TCP/IP 进行通信，从而形成强大又灵活的弹性网格，拥有强大的分布式能力、弹性扩展能力、容错能力，程序架构也变得简单和直观许多，如图 1.4 所示。

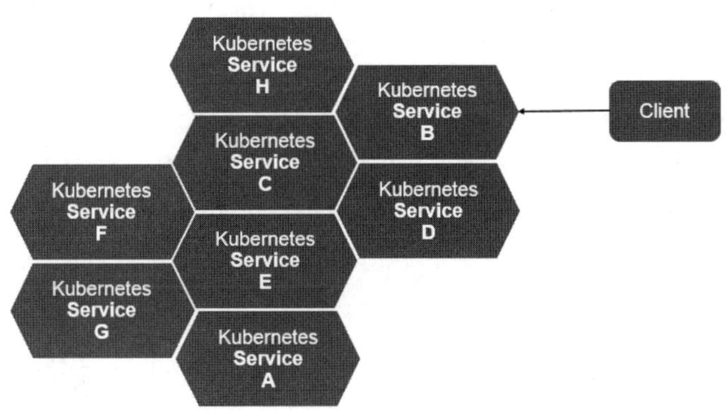

图 1.4　Kubernetes 提供的微服务网格架构

接下来说说与 Service 密切相关的核心资源对象——Pod。

Pod 是 Kubernetes 中最重要的基本概念之一，如图 1.5 所示是 Pod 的组成示意图，我们看到每个 Pod 都有一个特殊的被称为“根容器”的 Pause 容器。Pause 容器对应的镜像属于 Kubernetes 平台的一部分，除了 Pause 容器，每个 Pod 都还包含一个或多个紧密相关的用户业务容器。

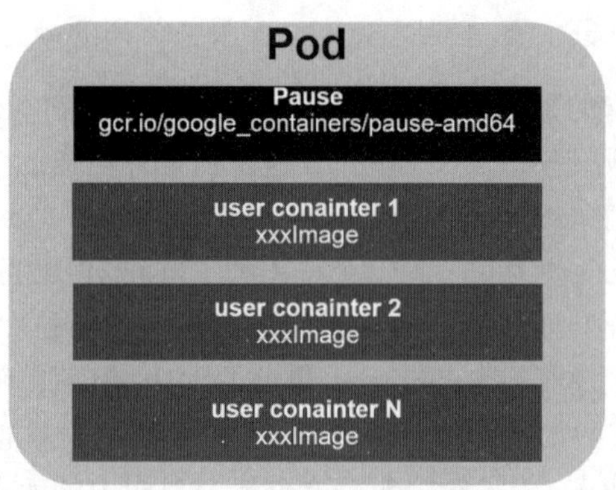

图 1.5　Pod 的组成示意图

为什么 Kubernetes 会设计出一个全新的 Pod 概念并且 Pod 有这样特殊的组成结构？原因如下。

◎ 为多进程之间的协作提供一个抽象模型，使用 Pod 作为基本的调度、复制等管理工作的最小单位，让多个应用进程能一起有效地调度和伸缩。

◎ Pod 里的多个业务容器共享 Pause 容器的 IP，共享 Pause 容器挂接的 Volume，这样既简化了密切关联的业务容器之间的通信问题，也很好地解决了它们之间的文件共享问题。

Kubernetes 为每个 Pod 都分配了唯一的 IP 地址，称之为 Pod IP，一个 Pod 里的多个容器共享 Pod IP 地址。Kubernetes 要求底层网络支持集群内任意两个 Pod 之间的 TCP/IP 直接通信，这通常采用虚拟二层网络技术实现，例如 Flannel、Open vSwitch 等，因此我们需要牢记一点：在 Kubernetes 里，一个 Pod 里的容器与另外主机上的 Pod 容器能够直接通信。

Pod 其实有两种类型：普通的 Pod 及静态 Pod（Static Pod）。后者比较特殊，它并没被存放在 Kubernetes 的 etcd 中，而是被存放在某个具体的 Node 上的一个具体文件中，并且只能在此 Node 上启动、运行。而普通的 Pod 一旦被创建，就会被放入 etcd 中存储，随后被 Kubernetes Master 调度到某个具体的 Node 上并绑定（Binding），该 Pod 被对应的 Node 上的 kubelet 进程实例化成一组相关的 Docker 容器并启动。在默认情况下，当 Pod 里的某个容器停止时，Kubernetes 会自动检测到这个问题并且重新启动这个 Pod（重启 Pod 里的所有容器），如果 Pod 所在的 Node 宕机，就会将这个 Node 上的所有 Pod 都重新调度到其他节点上。Pod、容器与 Node 的关系如图 1.6 所示。

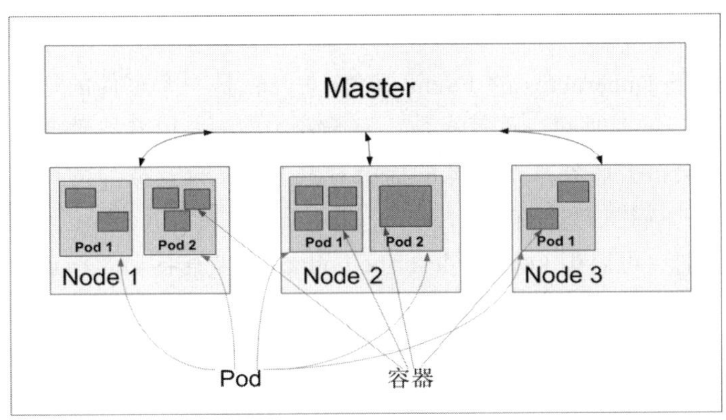

图 1.6 Pod、容器与 Node 的关系

下面是我们在之前的 Hello World 例子里用到的 myweb 这个 Pod 的资源定义文件：

```
apiVersion: v1
kind: Pod
metadata:
  name: myweb
  labels:
    name: myweb
spec:
  containers:
  - name: myweb
    image: kubeguide/tomcat-app:v1
    ports:
    - containerPort: 8080
```

在以上定义中，kind 属性的值为 Pod，表明这是一个 Pod 类型的资源对象；metadata 里的 name 属性为 Pod 的名称，在 metadata 里还能定义资源对象的标签，这里声明 myweb 拥有一个 name=myweb 标签。在 Pod 里所包含的容器组的定义则在 spec 部分中声明，这里定义了一个名为 myweb 且对应的镜像为 kubeguide/tomcat-app:v1 的容器，并在 8080 端口（containerPort）启动容器进程。Pod 的 IP 加上这里的容器端口（containerPort）组成了一个新的概念——Endpoint，代表此 Pod 里的一个服务进程的对外通信地址。一个 Pod 也存在具有多个 Endpoint 的情况，比如当我们把 Tomcat 定义为一个 Pod 时，可以对外暴露管理端口与服务端口这两个 Endpoint。

我们所熟悉的 Docker Volume 在 Kubernetes 里也有对应的概念——Pod Volume，Pod Volume 是被定义在 Pod 上，然后被各个容器挂载到自己的文件系统中的。Volume 简单来说就是被挂载到 Pod 里的文件目录。

这里顺便提一下 Kubernetes 的 Event 概念。Event 是一个事件的记录，记录了事件的最早产生时间、最后重现时间、重复次数、发起者、类型，以及导致此事件的原因等众多信息。Event 通常会被关联到某个具体的资源对象上，是排查故障的重要参考信息。之前我们看到在 Node 的描述信息中包括 Event，而 Pod 同样有 Event 记录，当我们发现某个 Pod 迟迟无法创建时，可以用 kubectl describe pod xxxx 来查看它的描述信息，以定位问题的成因。比如下面这个 Event 记录信息就表明 Pod 里的一个容器被探针检测为失败一次：

```
  Events:
    FirstSeen LastSeenCount    From     SubobjectPath        Type     Reason
  Message
    --------- ------------    ----     -------------        --------------
  -------
    10h       12m      32   {kubelet k8s-node-1}    spec.containers{kube2sky}
  Warning       Unhealthy    Liveness probe failed: Get
http://172.17.1.2:8080/healthz: net/http: request canceled (Client.Timeout exceeded
while awaiting headers)
```

如图 1.7 所示给出了 Pod 及 Pod 周边对象的示意图，后面的部分还会涉及这张图里的对象和概念。

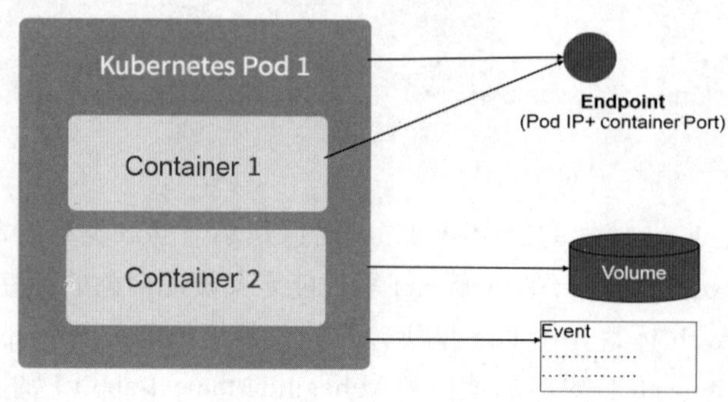

图 1.7　Pod 及周边对象

在继续说明 Service 与 Pod 的关系之前，我们需要先学习理解 Kubernetes 中重要的一个机制——标签匹配机制。

2. Label 与标签选择器

Label（标签）是 Kubernetes 系统中的另一个核心概念，相当于我们熟悉的“标签”。一个 Label 是一个 key=value 的键值对，其中的 key 与 value 由用户自己指定。Label 可以被附加到各种资源对象上，例如 Node、Pod、Service、Deployment 等，一个资源对象可以定义任意数量的 Label，同一个 Label 也可以被添加到任意数量的资源对象上。Label 通常在资源对象定义时确定，也可以在对象创建后动态添加或者删除。我们可以通过给指定的资源对象捆绑一个或多个不同的 Label 来实现多维度的资源分组管理功能，以便灵活、方便地进行资源分配、调度、配置、部署等管理工作，例如，部署不同版本的应用到不同的环境中，以及监控、分析应用（日志记录、监控、告警）等。一些常用的 Label 示例如下。

- ◎ 版本标签：release : stable 和 release : canary。
- ◎ 环境标签：environment : dev、environment : qa 和 environment : production。
- ◎ 架构标签：tier : frontend、tier : backend 和 tier : middleware。
- ◎ 分区标签：partition : customerA 和 partition : customerB。
- ◎ 质量管控标签：track : daily 和 track : weekly。

给某个资源对象定义一个 Label，就相当于给它打了一个标签，随后可以通过 Label Selector（标签选择器）查询和筛选拥有某些 Label 的资源对象，Kubernetes 通过这种方式实现了类似 SQL 的简单又通用的对象查询机制。Label Selector 可以被类比为 SQL 语句中的 where 查询条件，例如，“name=redis-slave”这个 Label Selector 作用于 Pod 时，可以被类比为“select * from pod where pod's name = 'redis-slave'”这样的语句。当前有两种 Label Selector 表达式：基于等式的（Equality-based）Selector 表达式和基于集合的（Set-based）Selector 表达式。

基于等式的 Selector 表达式采用等式类表达式匹配标签，下面是一些具体的例子。

- ◎ name = redis-slave：匹配所有具有 name=redis-slave 标签的资源对象。
- ◎ env != production：匹配所有不具有 env=production 标签的资源对象，比如“env=test”就是满足此条件的标签之一。

基于集合的 Selector 表达式则使用集合操作类表达式匹配标签，下面是一些具体的例子。

◎ name in（redis-master, redis-slave）：匹配所有具有 name=redis-master 标签或者 name= redis-slave 标签的资源对象。

◎ name not in（php-frontend）：匹配所有不具有 name=php-frontend 标签的资源对象。

可以通过多个 Label Selector 表达式的组合来实现复杂的条件选择，多个表达式之间用“,”进行分隔即可，几个条件之间是“AND”的关系，即同时满足多个条件，比如下面的例子：

```
name=redis-slave,env!=production
name notin (php-frontend),env!=production
```

在前面的留言板例子中只使用了一个“name=XXX”的 Label Selector。看一个更复杂的例子：假设为 Pod 定义了 3 个 Label：release、env 和 role，不同的 Pod 定义了不同的 Label 值，如图 1.8 所示，如果设置“role=frontend”的 Label Selector，则会选取到 Node 1 和 Node 2 上的 Pod；如果设置“release=beta”的 Label Selector，则会选取到 Node 2 和 Node 3 上的 Pod，如图 1.9 所示。

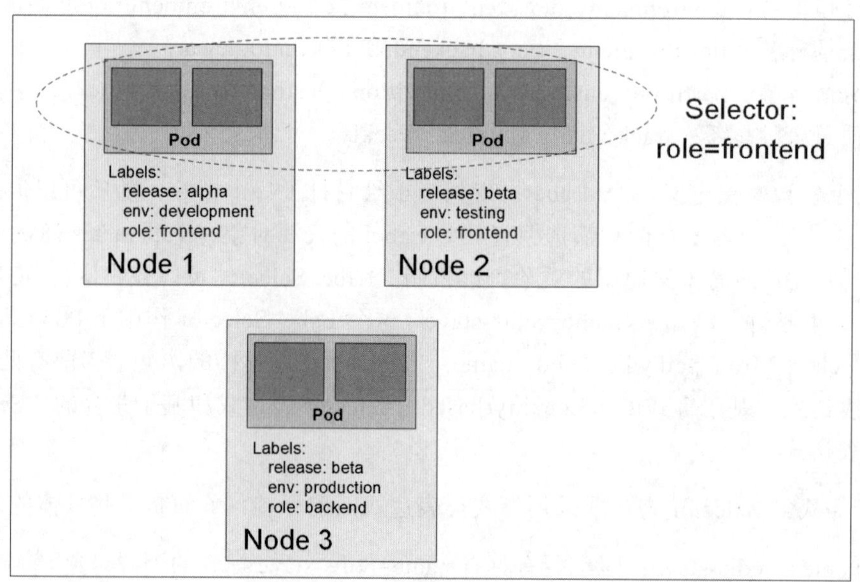

图 1.8　Label Selector 的作用范围 1

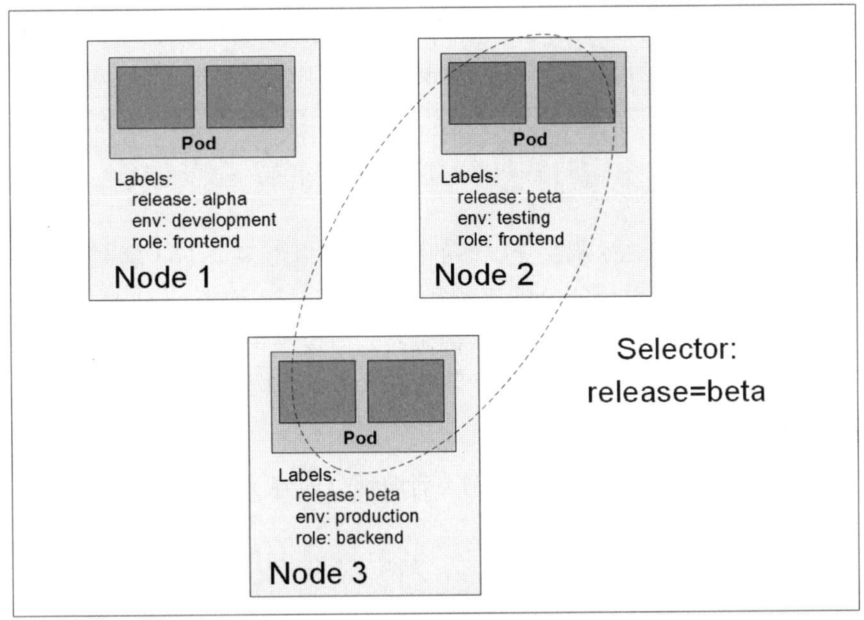

图 1.9　Label Selector 的作用范围 2

总之，使用 Label 可以给对象创建多组标签，Label 和 Label Selector 共同构成了 Kubernetes 系统中核心的应用模型，可对被管理对象进行精细的分组管理，同时实现了整个集群的高可用性。

Label 也是 Pod 的重要属性之一，其重要性仅次于 Pod 的端口，我们几乎见不到没有 Label 的 Pod。以 myweb Pod 为例，下面给它设定了 app=myweb 标签：

```
apiVersion: v1
kind: Pod
metadata:
  name: myweb
  labels:
    app: myweb
```

对应的 Service myweb 就是通过下面的标签选择器与 myweb Pod 发生关联的：

```
spec:
  selector:
    app: myweb
```

所以我们看到，Service 很重要的一个属性就是标签选择器，如果我们不小心把标签选择器写错了，就会出现指鹿为马的闹剧。如果恰好匹配到了另一种 Pod 实例，而且对应的容器端口恰好正确，服务可以正常连接，则很难排查问题，特别是在有众多 Service 的复杂系统中。

3. Pod 与 Deployment

前面提到，大部分 Service 都是无状态的服务，可以由多个 Pod 副本实例提供服务。通常情况下，每个 Service 对应的 Pod 服务实例数量都是固定的，如果一个一个地手工创建 Pod 实例，就太麻烦了，最好是用模板的思路，即提供一个 Pod 模板（Template），然后由程序根据我们指定的模板自动创建指定数量的 Pod 实例。这就是 Deployment 这个资源对象所要完成的事情了。

先看看之前例子中的 Deployment 案例（省略部分内容）：

```
apiVersion: apps/v1
kind: Deployment
spec:
  replicas: 2
  selector:
    matchLabels:
      app: myweb
  template:
    metadata:
      labels:
        app: myweb
    spec:
```

这里有几个很重要的属性。

◎ replicas：Pod 的副本数量。
◎ selector：目标 Pod 的标签选择器。
◎ template：用于自动创建新 Pod 副本的模板。

只有一个 Pod 副本实例时，我们是否也需要 Deployment 来自动创建 Pod 呢？在大多数情况下，这个答案是“需要”。这是因为 Deployment 除自动创建 Pod 副本外，还有一个很重要的特性：自动控制。举个例子，如果 Pod 所在的节点发生宕机事件，Kubernetes 就会第一时间观察到这个故障，并自动创建一个新的 Pod 对象，将其调度到其他合适的节点上，Kubernetes 会实时监控集群中目标 Pod 的副本数量，并且尽力与 Deployment 中声明的 replicas 数量保持一致。

下面创建一个名为 tomcat-deployment.yaml 的 Deployment 描述文件，内容如下：

```
apiVersion: apps/v1
kind: Deployment
metadata:
  name: tomcat-deploy
spec:
  replicas: 1
  selector:
    matchLabels:
      tier: frontend
    matchExpressions:
      - {key: tier, operator: In, values: [frontend]}
  template:
    metadata:
      labels:
        app: app-demo
        tier: frontend
    spec:
      containers:
      - name: tomcat-demo
        image: tomcat
        imagePullPolicy: IfNotPresent
        ports:
        - containerPort: 8080
```

运行以下命令创建 Deployment 对象：

```
# kubectl create -f tomcat-deployment.yaml
deployment "tomcat-deploy" created
```

运行以下命令查看 Deployment 的信息：

```
# kubectl get deployments
NAME                 DESIRED   CURRENT   UP-TO-DATE   AVAILABLE   AGE
tomcat-deploy        1         1         1            1           4m
```

对以上输出中各字段的含义解释如下。

◎ DESIRED：Pod 副本数量的期望值，即在 Deployment 里定义的 replicas。

◎ CURRENT：当前 replicas 的值，实际上是 Deployment 创建的 ReplicaSet 对象里的 replicas 值，这个值不断增加，直到达到 DESIRED 为止，表明整个部署过程完成。

◎ UP-TO-DATE：最新版本的 Pod 的副本数量，用于指示在滚动升级的过程中，有多少个 Pod 副本已经成功升级。

◎ AVAILABLE：当前集群中可用的 Pod 副本数量，即集群中当前存活的 Pod 数量。

Deployment 资源对象其实还与 ReplicaSet 资源对象密切相关，Kubernetes 内部会根据 Deployment 对象自动创建相关联的 ReplicaSet 对象，通过以下命令，我们可以看到它的命名与 Deployment 的名称有对应关系：

```
# kubectl get replicaset
NAME                       DESIRED   CURRENT   AGE
tomcat-deploy-1640611518   1         1         1m
```

不仅如此，我们发现 Pod 的命名也是以 Deployment 对应的 ReplicaSet 对象的名称为前缀的，这种命名很清晰地表明了一个 ReplicaSet 对象创建了哪些 Pod，对于 Pod 滚动升级（Pod Rolling update）这种复杂的操作过程来说，很容易排查错误：

```
# kubectl get pods
NAME                             READY     STATUS    RESTARTS   AGE
tomcat-deploy-1640611518-zhrsc   1/1       Running   0          3m
```

关于 Deployment 就先说到这里，最后总结一下它的典型使用场景。

◎ 创建一个 Deployment 对象来完成相应 Pod 副本数量的创建。

◎ 检查 Deployment 的状态来看部署动作是否完成（Pod 副本数量是否达到预期的值）。

◎ 更新 Deployment 以创建新的 Pod（比如镜像升级），如果当前 Deployment 不稳定，则回滚到一个早先的 Deployment 版本。

◎ 扩展 Deployment 以应对高负载。

图 1.10 显示了 Pod、Deployment 与 Service 的逻辑关系。

从图 1.10 中可以看到，Kubernetes 的 Service 定义了一个服务的访问入口地址，前端的应用（Pod）通过这个入口地址访问其背后的一组由 Pod 副本组成的集群实例。Service 与其后端 Pod 副本集群之间则是通过 Label Selector 实现无缝对接的，Deployment 实际上用于保证 Service 的服务能力和服务质量始终符合预期标准。

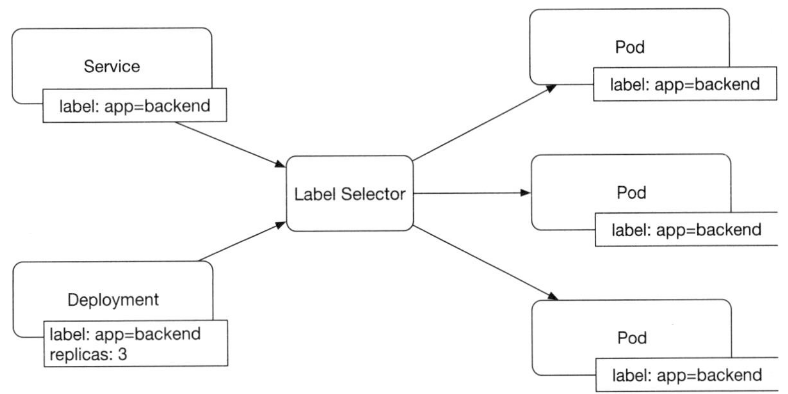

图 1.10　Pod、Deployment 与 Service 的逻辑关系

4. Service 的 ClusterIP 地址

既然每个 Pod 都会被分配一个单独的 IP 地址，而且每个 Pod 都提供了一个独立的 Endpoint（Pod IP+containerPort）以被客户端访问，那么现在多个 Pod 副本组成了一个集群来提供服务，客户端如何访问它们呢？传统的做法是部署一个负载均衡器（软件或硬件），为这组 Pod 开启一个对外的服务端口如 8000 端口，并且将这些 Pod 的 Endpoint 列表加入 8000 端口的转发列表中，客户端就可以通过负载均衡器的对外 IP 地址+8000 端口来访问此服务了。Kubernetes 也是类似的做法，Kubernetes 内部在每个 Node 上都运行了一套全局的虚拟负载均衡器，自动注入并自动实时更新集群中所有 Service 的路由表，通过 iptables 或者 IPVS 机制，把对 Service 的请求转发到其后端对应的某个 Pod 实例上，并在内部实现服务的负载均衡与会话保持机制。不仅如此，Kubernetes 还采用了一种很巧妙又影响深远的设计——ClusterIP 地址。我们知道，Pod 的 Endpoint 地址会随着 Pod 的销毁和重新创建而发生改变，因为新 Pod 的 IP 地址与之前旧 Pod 的不同。Service 一旦被创建，Kubernetes 就会自动为它分配一个全局唯一的虚拟 IP 地址——ClusterIP 地址，而且在 Service 的整个生命周期内，其 ClusterIP 地址不会发生改变，这样一来，每个服务就变成了具备唯一 IP 地址的通信节点，远程服务之间的通信问题就变成了基础的 TCP 网络通信问题。

任何分布式系统都会涉及“服务发现”这个基础问题，大部分分布式系统都通过提供特定的 API 来实现服务发现功能，但这样做会导致平台的侵入性较强，也增加了开发、测试的难度。Kubernetes 则采用了直观朴素的思路轻松解决了这个棘手的问题：只要用 Service 的 Name 与 ClusterIP 地址做一个 DNS 域名映射即可。比如我们定义一个 MySQL

Service，Service 的名称是 mydbserver，Service 的端口是 3306，则在代码中直接通过 mydbserver:3306 即可访问此服务，不再需要任何 API 来获取服务的 IP 地址和端口信息。

之所以说 ClusterIP 地址是一种虚拟 IP 地址，原因有以下几点。

◎ ClusterIP 地址仅仅作用于 Kubernetes Service 这个对象，并由 Kubernetes 管理和分配 IP 地址（来源于 ClusterIP 地址池），与 Node 和 Master 所在的物理网络完全无关。

◎ 因为没有一个“实体网络对象”来响应，所以 ClusterIP 地址无法被 Ping 通。ClusterIP 地址只能与 Service Port 组成一个具体的服务访问端点，单独的 ClusterIP 不具备 TCP/IP 通信的基础。

◎ ClusterIP 属于 Kubernetes 集群这个封闭的空间，集群外的节点要访问这个通信端口，则需要做一些额外的工作。

下面是名为 tomcat-service.yaml 的 Service 定义文件，内容如下：

```
apiVersion: v1
kind: Service
metadata:
  name: tomcat-service
spec:
  ports:
  - port: 8080
  selector:
    tier: frontend
```

以上代码定义了一个名为 tomcat-service 的 Service，它的服务端口为 8080，拥有 tier = frontend 标签的所有 Pod 实例都属于它，运行下面的命令进行创建：

```
#kubectl create -f tomcat-service.yaml
service "tomcat-service" created
```

我们之前在 tomcat-deployment.yaml 里定义的 Tomcat 的 Pod 刚好拥有这个标签，所以刚才创建的 tomcat-service 已经对应了一个 Pod 实例，运行下面的命令可以查看 tomcat-service 的 Endpoint 列表，其中 172.17.1.3 是 Pod 的 IP 地址，8080 端口是 Container 暴露的端口：

```
# kubectl get endpoints
NAME            ENDPOINTS              AGE
kubernetes       192.168.18.131:6443   15d
```

```
tomcat-service   172.17.1.3:8080      1m
```

你可能有疑问："说好的 Service 的 ClusterIP 地址呢？怎么没有看到？"运行下面的命令即可看到 tomcat-service 被分配的 ClusterIP 地址及更多的信息：

```
# kubectl get svc tomcat-service -o yaml
apiVersion: v1
kind: Service
spec:
  clusterIP: 10.245.85.70
  ports:
  - port: 8080
    protocol: TCP
    targetPort: 8080
  selector:
    tier: frontend
  sessionAffinity: None
  type: ClusterIP
status:
  loadBalancer: {}
```

在 spec.ports 的定义中，targetPort 属性用来确定提供该服务的容器所暴露（Expose）的端口号，即具体的业务进程在容器内的 targetPort 上提供 TCP/IP 接入；port 属性则定义了 Service 的端口。前面定义 Tomcat 服务时并没有指定 targetPort，所以 targetPort 默认与 port 相同。除了正常的 Service，还有一种特殊的 Service——Headless Service，只要在 Service 的定义中设置了 clusterIP: None，就定义了一个 Headless Service，它与普通 Service 的关键区别在于它没有 ClusterIP 地址，如果解析 Headless Service 的 DNS 域名，则返回的是该 Service 对应的全部 Pod 的 Endpoint 列表，这意味着客户端是直接与后端的 Pod 建立 TCP/IP 连接进行通信的，没有通过虚拟 ClusterIP 地址进行转发，因此通信性能最高，等同于"原生网络通信"。

接下来看看 Service 的多端口问题。很多服务都存在多个端口，通常一个端口提供业务服务，另一个端口提供管理服务，比如 Mycat、Codis 等常见中间件。Kubernetes Service 支持多个 Endpoint，在存在多个 Endpoint 的情况下，要求每个 Endpoint 都定义一个名称进行区分。下面是 Tomcat 多端口的 Service 定义样例：

```
apiVersion: v1
kind: Service
metadata:
  name: tomcat-service
```

```
spec:
  ports:
  - port: 8080
    name: service-port
  - port: 8005
    name: shutdown-port
  selector:
    tier: frontend
```

5. Service 的外网访问问题

前面提到，服务的 ClusterIP 地址在 Kubernetes 集群内才能被访问，那么如何让集群外的应用访问我们的服务呢？这也是一个相对复杂的问题。要弄明白这个问题的解决思路和解决方法，我们需要先弄明白 Kubernetes 的三种 IP，这三种 IP 分别如下。

◎ Node IP：Node 的 IP 地址。
◎ Pod IP：Pod 的 IP 地址。
◎ Service IP：Service 的 IP 地址。

首先，Node IP 是 Kubernetes 集群中每个节点的物理网卡的 IP 地址，是一个真实存在的物理网络，所有属于这个网络的服务器都能通过这个网络直接通信，不管其中是否有部分节点不属于这个 Kubernetes 集群。这也表明 Kubernetes 集群之外的节点访问 Kubernetes 集群内的某个节点或者 TCP/IP 服务时，都必须通过 Node IP 通信。

其次，Pod IP 是每个 Pod 的 IP 地址，在使用 Docker 作为容器支持引擎的情况下，它是 Docker Engine 根据 docker0 网桥的 IP 地址段进行分配的，通常是一个虚拟二层网络。前面说过，Kubernetes 要求位于不同 Node 上的 Pod 都能够彼此直接通信，所以 Kubernetes 中一个 Pod 里的容器访问另外一个 Pod 里的容器时，就是通过 Pod IP 所在的虚拟二层网络进行通信的，而真实的 TCP/IP 流量是通过 Node IP 所在的物理网卡流出的。

在 Kubernetes 集群内，Service 的 ClusterIP 地址属于集群内的地址，无法在集群外直接使用这个地址。为了解决这个问题，Kubernetes 首先引入了 NodePort 这个概念，NodePort 也是解决集群外的应用访问集群内服务的直接、有效的常见做法。

以 tomcat-service 为例，在 Service 的定义里做如下扩展即可（见代码中的粗体部分）：

```
apiVersion: v1
kind: Service
metadata:
```

```
  name: tomcat-service
spec:
 type: NodePort
 ports:
  - port: 8080
    nodePort: 31002
 selector:
    tier: frontend
```

其中，nodePort:31002 这个属性表明手动指定 tomcat-service 的 NodePort 为 31002，否则 Kubernetes 会自动为其分配一个可用的端口。接下来在浏览器里访问 http://<nodePort IP>:31002/，就可以看到 Tomcat 的欢迎界面了，如图 1.11 所示。

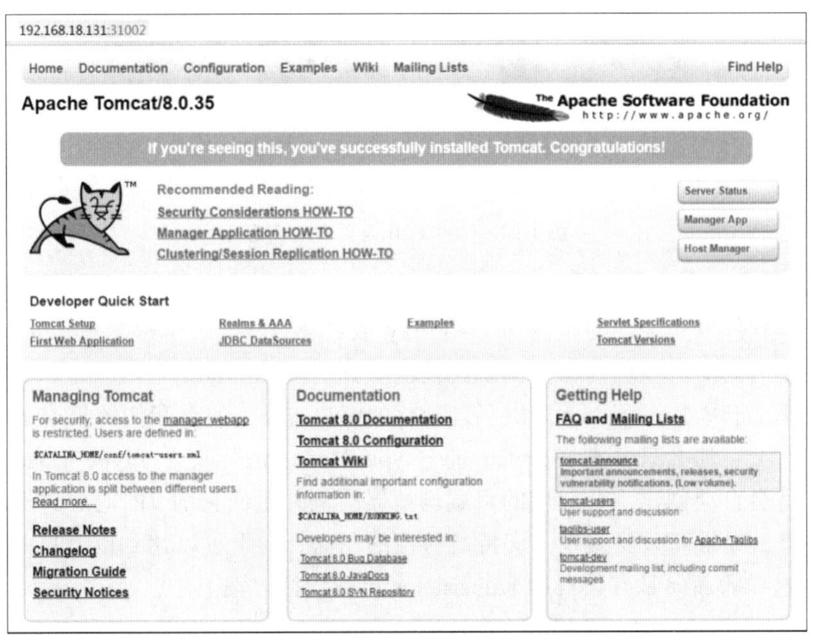

图 1.11　通过 NodePort 访问 Service

NodePort 的实现方式是，在 Kubernetes 集群的每个 Node 上都为需要外部访问的 Service 开启一个对应的 TCP 监听端口，外部系统只要用任意一个 Node 的 IP 地址+NodePort 端口号即可访问此服务，在任意 Node 上运行 netstat 命令，就可以看到有 NodePort 端口被监听：

```
# netstat -tlp | grep 31002
tcp6  0   0 [::]:31002          [::]:*               LISTEN      1125/kube-proxy
```

但 NodePort 还没有完全解决外部访问 Service 的所有问题，比如负载均衡问题。假如在我们的集群中有 10 个 Node，则此时最好有一个负载均衡器，外部的请求只需访问此负载均衡器的 IP 地址，由负载均衡器负责转发流量到后面某个 Node 的 NodePort 上，如图 1.12 所示。

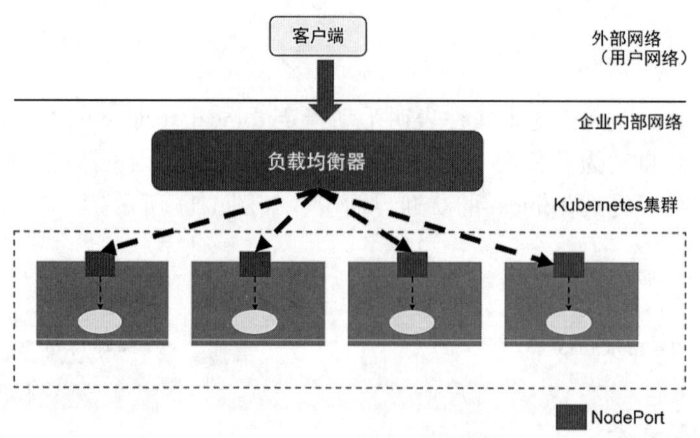

图 1.12　NodePort 与负载均衡器

图 1.12 中的负载均衡器组件独立于 Kubernetes 集群之外，通常是一个硬件的负载均衡器，也有以软件方式实现的，例如 HAProxy 或者 Nginx。对于每个 Service，我们通常需要配置一个对应的负载均衡器实例来转发流量到后端的 Node 上，这的确增加了工作量及出错的概率。于是 Kubernetes 提供了自动化的解决方案，如果我们的集群运行在谷歌的公有云 GCE 上，那么只要把 Service 的"type=NodePort"改为"type=LoadBalancer"，Kubernetes 就会自动创建一个对应的负载均衡器实例并返回它的 IP 地址供外部客户端使用。其他公有云提供商只要实现了支持此特性的驱动，则也可以达到以上目的。此外，也有 MetalLB 这样的面向私有集群的 Kubernetes 负载均衡方案。

NodePort 的确功能强大且通用性强，但也存在一个问题，即每个 Service 都需要在 Node 上独占一个端口，而端口又是有限的物理资源，那能不能让多个 Service 共用一个对外端口呢？这就是后来增加的 Ingress 资源对象所要解决的问题。在一定程度上，我们可以把 Ingress 的实现机制理解为基于 Nginx 的支持虚拟主机的 HTTP 代理。下面是一个 Ingress 的实例：

```
kind: Ingress
metadata:
  name: name-virtual-host-ingress
```

```
spec:
  rules:
  - host: foo.bar.com
    http:
      paths:
      - backend:
          serviceName: service1
          servicePort: 80
  - host: bar.foo.com
    http:
      paths:
      - backend:
          serviceName: service2
          servicePort: 80
```

在以上 Ingress 的定义中，到虚拟域名 foo.bar.com 请求的流量会被路由到 service1，到 bar.foo.com 请求的流量会被路由到 service2。通过上面的例子，我们也可以看出，Ingress 其实只能将多个 HTTP（HTTPS）的 Service“聚合”，通过虚拟域名或者 URL Path 的特征进行路由转发功能。考虑到常见的微服务都采用了 HTTP REST 协议，所以 Ingress 这种聚合多个 Service 并将其暴露到外网的做法还是很有效的。

6. 有状态的应用集群

我们知道，Deployment 对象是用来实现无状态服务的多副本自动控制功能的，那么有状态的服务，比如 ZooKeeper 集群、MySQL 高可用集群（3 节点集群）、Kafka 集群等是怎么实现自动部署和管理的呢？这个问题就复杂多了，这些一开始是依赖 StatefulSet 解决的，但后来发现对于一些复杂的有状态的集群应用来说，StatefulSet 还是不够通用和强大，所以后面又出现了 Kubernetes Operator。

我们先说说 StatefulSet。StatefulSet 之前曾用过 PetSet 这个名称，很多人都知道，在 IT 世界里，有状态的应用被类比为宠物（Pet），无状态的应用则被类比为牛羊，每个宠物在主人那里都是“唯一的存在”，宠物生病了，我们是要花很多钱去治疗的，需要我们用心照料，而无差别的牛羊则没有这个待遇。总结下来，在有状态集群中一般有如下特殊共性。

◎ 每个节点都有固定的身份 ID，通过这个 ID，集群中的成员可以相互发现并通信。
◎ 集群的规模是比较固定的，集群规模不能随意变动。
◎ 集群中的每个节点都是有状态的，通常会持久化数据到永久存储中，每个节点在重启后都需要使用原有的持久化数据。

◎ 集群中成员节点的启动顺序（以及关闭顺序）通常也是确定的。

◎ 如果磁盘损坏，则集群里的某个节点无法正常运行，集群功能受损。

如果通过 Deployment 控制 Pod 副本数量来实现以上有状态的集群，我们就会发现上述很多特性大部分难以满足，比如 Deployment 创建的 Pod 因为 Pod 的名称是随机产生的，我们事先无法为每个 Pod 都确定唯一不变的 ID，不同 Pod 的启动顺序也无法保证，所以在集群中的某个成员节点宕机后，不能在其他节点上随意启动一个新的 Pod 实例。另外，为了能够在其他节点上恢复某个失败的节点，这种集群中的 Pod 需要挂接某种共享存储，为了解决有状态集群这种复杂的特殊应用的建模，Kubernetes 引入了专门的资源对象——StatefulSet。StatefulSet 从本质上来说，可被看作 Deployment/RC 的一个特殊变种，它有如下特性。

◎ StatefulSet 里的每个 Pod 都有稳定、唯一的网络标识，可以用来发现集群内的其他成员。假设 StatefulSet 的名称为 kafka，那么第 1 个 Pod 叫 kafka-0，第 2 个叫 kafka-1，以此类推。

◎ StatefulSet 控制的 Pod 副本的启停顺序是受控的，操作第 *n* 个 Pod 时，前 *n*-1 个 Pod 已经是运行且准备好的状态。

◎ StatefulSet 里的 Pod 采用稳定的持久化存储卷，通过 PV 或 PVC 来实现，删除 Pod 时默认不会删除与 StatefulSet 相关的存储卷（为了保证数据安全）。

StatefulSet 除了要与 PV 卷捆绑使用，以存储 Pod 的状态数据，还要与 Headless Service 配合使用，即在每个 StatefulSet 定义中都要声明它属于哪个 Headless Service。StatefulSet 在 Headless Service 的基础上又为 StatefulSet 控制的每个 Pod 实例都创建了一个 DNS 域名，这个域名的格式如下：

```
$(podname).$(headless service name)
```

比如一个 3 节点的 Kafka 的 StatefulSet 集群对应的 Headless Service 的名称为 kafka，StatefulSet 的名称为 kafka，则 StatefulSet 里 3 个 Pod 的 DNS 名称分别为 kafka-0.kafka、kafka-1.kafka、kafka-2.kafka，这些 DNS 名称可以直接在集群的配置文件中固定下来。

StatefulSet 的建模能力有限，面对复杂的有状态集群时显得力不从心，所以就有了后来的 Kubernetes Operator 框架和众多的 Operator 实现了。需要注意的是，Kubernetes Operator 框架并不是面向普通用户的，而是面向 Kubernetes 平台开发者的。平台开发者借助 Operator 框架提供的 API，可以更方便地开发一个类似 StatefulSet 的控制器。在这个控制器里，开发者通过编码方式实现对目标集群的自定义操控，包括集群部署、故障发现及集群调整等方面都可以实现有针对性的操控，从而实现更好的自动部署和智能运维功能。从发展趋势来看，未来主流的有状态集群基本都会以 Operator 方式部署到 Kubernetes 集群中。

7. 批处理应用

除了无状态服务、有状态集群、常见的第三种应用，还有批处理应用。批处理应用的特点是一个或多个进程处理一组数据（图像、文件、视频等），在这组数据都处理完成后，批处理任务自动结束。为了支持这类应用，Kubernetes 引入了新的资源对象——Job，下面是一个计算圆周率的经典例子：

```
apiVersion: batch/v1
kind: Job
metadata:
  name: pi
spec:
  template:
    spec:
      containers:
      - name: pi
        image: perl
        command: ["perl",  "-Mbignum=bpi", "-wle", "print bpi(100)"]
      restartPolicy: Never
  parallelism: 1
  completions: 5
```

Jobs 控制器提供了两个控制并发数的参数：completions 和 parallelism，completions 表示需要运行任务数的总数，parallelism 表示并发运行的个数，例如设置 parallelism 为 1，则会依次运行任务，在前面的任务运行后再运行后面的任务。Job 所控制的 Pod 副本是短暂运行的，可以将其视为一组容器，其中的每个容器都仅运行一次。当 Job 控制的所有 Pod 副本都运行结束时，对应的 Job 也就结束了。Job 在实现方式上与 Deployment 等副本控制器不同，Job 生成的 Pod 副本是不能自动重启的，对应 Pod 副本的 restartPolicy 都被设置为 Never，因此，当对应的 Pod 副本都执行完成时，相应的 Job 也就完成了控制使命。后来，Kubernetes 增加了 CronJob，可以周期性地执行某个任务。

8. 应用的配置问题

通过前面的学习，我们初步理解了三种应用建模的资源对象，总结如下。

◎ 无状态服务的建模：Deployment。

◎ 有状态集群的建模：StatefulSet。
◎ 批处理应用的建模：Job。

在进行应用建模时，应该如何解决应用需要在不同的环境中修改配置的问题呢？这就涉及 ConfigMap 和 Secret 两个对象。

ConfigMap 顾名思义，就是保存配置项（key=value）的一个 Map，如果你只是把它理解为编程语言中的一个 Map，那就大错特错了。ConfigMap 是分布式系统中“配置中心”的独特实现之一。我们知道，几乎所有应用都需要一个静态的配置文件来提供启动参数，当这个应用是一个分布式应用，有多个副本部署在不同的机器上时，配置文件的分发就成为一个让人头疼的问题，所以很多分布式系统都有一个配置中心组件，来解决这个问题。但配置中心通常会引入新的 API，从而导致应用的耦合和侵入。Kubernetes 则采用了一种简单的方案来规避这个问题，如图 1.13 所示，具体做法如下。

◎ 用户将配置文件的内容保存到 ConfigMap 中，文件名可作为 key，value 就是整个文件的内容，多个配置文件都可被放入同一个 ConfigMap。
◎ 在建模用户应用时，在 Pod 里将 ConfigMap 定义为特殊的 Volume 进行挂载。在 Pod 被调度到某个具体 Node 上时，ConfigMap 里的配置文件会被自动还原到本地目录下，然后映射到 Pod 里指定的配置目录下，这样用户的程序就可以无感知地读取配置了。
◎ 在 ConfigMap 的内容发生修改后，Kubernetes 会自动重新获取 ConfigMap 的内容，并在目标节点上更新对应的文件。

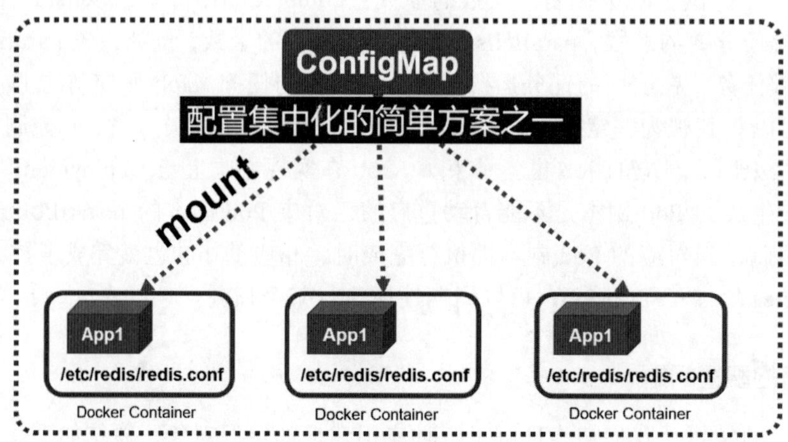

图 1.13　ConfigMap 配置集中化的一种简单方案

接下来说说 Secret。Secret 也用于解决应用配置的问题，不过它解决的是对敏感信息的配置问题，比如数据库的用户名和密码、应用的数字证书、Token、SSH 密钥及其他需要保密的敏感配置。对于这类敏感信息，我们可以创建一个 Secret 对象，然后被 Pod 引用。Secret 中的数据要求以 BASE64 编码格式存放。注意，BASE64 编码并不是加密的，在 Kubernetes 1.7 版本以后，Secret 中的数据才可以以加密的形式进行保存，更加安全。

9. 应用的运维问题

本节最后说说与应用的自动运维相关的几个重要对象。

首先就是 HPA（Horizontal Pod Autoscaler），如果我们用 Deployment 来控制 Pod 的副本数量，则可以通过手工运行 kubectl scale 命令来实现 Pod 扩容或缩容。如果仅仅到此为止，则显然不符合谷歌对 Kubernetes 的定位目标——自动化、智能化。在谷歌看来，分布式系统要能够根据当前负载的变化自动触发水平扩容或缩容，因为这一过程可能是频繁发生、不可预料的，所以采用手动控制的方式是不现实的，因此就有了后来的 HPA 这个高级功能。我们可以将 HPA 理解为 Pod 横向自动扩容，即自动控制 Pod 数量的增加或减少。通过追踪分析指定 Deployment 控制的所有目标 Pod 的负载变化情况，来确定是否需要有针对性地调整目标 Pod 的副本数量，这是 HPA 的实现原理。Kubernetes 内置了基于 Pod 的 CPU 利用率进行自动扩缩容的机制，应用开发者也可以自定义度量指标如每秒请求数，来实现自定义的 HPA 功能。下面是一个 HPA 定义的例子：

```
apiVersion: autoscaling/v1
kind: HorizontalPodAutoscaler
metadata:
  name: php-apache
  namespace: default
spec:
  maxReplicas: 10
  minReplicas: 1
  scaleTargetRef:
    kind: Deployment
    name: php-apache
  targetCPUUtilizationPercentage: 90
```

根据上面的定义，我们可以知道这个 HPA 控制的目标对象是一个名为 php-apache 的 Deployment 里的 Pod 副本，当这些 Pod 副本的 CPU 利用率的值超过 90%时，会触发自动动态扩容，限定 Pod 的副本数量为 1 ~ 10。HPA 很强大也比较复杂，我们在后续章节中会继续深入学习。

接下来就是 VPA（Vertical Pod Autoscaler），即垂直 Pod 自动扩缩容，它根据容器资源使用率自动推测并设置 Pod 合理的 CPU 和内存的需求指标，从而更加精确地调度 Pod，实现整体上节省集群资源的目标，因为无须人为操作，因此也进一步提升了运维自动化的水平。VPA 目前属于比较新的特性，也不能与 HPA 共同操控同一组目标 Pod，它们未来应该会深入融合，建议读者关注其发展状况。

1.4.4 存储类

存储类的资源对象主要包括 Volume、Persistent Volume、PVC 和 StorageClass。

首先看看基础的存储类资源对象——Volume（存储卷）。

Volume 是 Pod 中能够被多个容器访问的共享目录。Kubernetes 中的 Volume 概念、用途和目的与 Docker 中的 Volume 比较类似，但二者不能等价。首先，Kubernetes 中的 Volume 被定义在 Pod 上，被一个 Pod 里的多个容器挂载到具体的文件目录下；其次，Kubernetes 中的 Volume 与 Pod 的生命周期相同，但与容器的生命周期不相关，当容器终止或者重启时，Volume 中的数据也不会丢失；最后，Kubernetes 支持多种类型的 Volume，例如 GlusterFS、Ceph 等分布式文件系统。

Volume 的使用也比较简单，在大多数情况下，我们先在 Pod 上声明一个 Volume，然后在容器里引用该 Volume 并将其挂载（Mount）到容器里的某个目录下。举例来说，若我们要给之前的 Tomcat Pod 增加一个名为 datavol 的 Volume，并将其挂载到容器的 /mydata-data 目录下，则只对 Pod 的定义文件做如下修正即可（代码中的粗体部分）：

```
template:
  metadata:
    labels:
      app: app-demo
      tier: frontend
  spec:
    volumes:
      - name: datavol
        emptyDir: {}
    containers:
    - name: tomcat-demo
```

```
        image: tomcat
        volumeMounts:
          - mountPath: /mydata-data
            name: datavol
        imagePullPolicy: IfNotPresent
```

Kubernetes 提供了非常丰富的 Volume 类型供容器使用，例如临时目录、宿主机目录、共享存储等，下面对其中一些常见的类型进行说明。

1. emptyDir

一个 emptyDir 是在 Pod 分配到 Node 时创建的。从它的名称就可以看出，它的初始内容为空，并且无须指定宿主机上对应的目录文件，因为这是 Kubernetes 自动分配的一个目录，当 Pod 从 Node 上移除时，emptyDir 中的数据也被永久移除。emptyDir 的一些用途如下。

◎ 临时空间，例如用于某些应用程序运行时所需的临时目录，且无须永久保留。
◎ 长时间任务执行过程中使用的临时目录。
◎ 一个容器需要从另一个容器中获取数据的目录（多容器共享目录）。

在默认情况下，emptyDir 使用的是节点的存储介质，例如磁盘或者网络存储。还可以使用 emptyDir.medium 属性，把这个属性设置为“Memory”，就可以使用更快的基于内存的后端存储了。需要注意的是，这种情况下的 emptyDir 使用的内存会被计入容器的内存消耗，将受到资源限制和配额机制的管理。

2. hostPath

hostPath 为在 Pod 上挂载宿主机上的文件或目录，通常可以用于以下几方面。

◎ 在容器应用程序生成的日志文件需要永久保存时，可以使用宿主机的高速文件系统对其进行存储。
◎ 需要访问宿主机上 Docker 引擎内部数据结构的容器应用时，可以通过定义 hostPath 为宿主机/var/lib/docker 目录，使容器内部的应用可以直接访问 Docker 的文件系统。

在使用这种类型的 Volume 时，需要注意以下几点。

◎ 在不同的 Node 上具有相同配置的 Pod，可能会因为宿主机上的目录和文件不同，而导致对 Volume 上目录和文件的访问结果不一致。

◎ 如果使用了资源配额管理，则 Kubernetes 无法将 hostPath 在宿主机上使用的资源纳入管理。

在下面的例子中使用了宿主机的/data 目录定义了一个 hostPath 类型的 Volume：

```
volumes:
- name: "persistent-storage"
  hostPath:
    path: "/data"
```

3. 公有云 Volume

公有云提供的 Volume 类型包括谷歌公有云提供的 GCEPersistentDisk、亚马逊公有云提供的 AWS Elastic Block Store（EBS Volume）等。当我们的 Kubernetes 集群运行在公有云上或者使用公有云厂家提供的 Kubernetes 集群时，就可以使用这类 Volume。

4. 其他类型的 Volume

◎ iscsi：将 iSCSI 存储设备上的目录挂载到 Pod 中。
◎ nfs：将 NFS Server 上的目录挂载到 Pod 中。
◎ glusterfs：将开源 GlusterFS 网络文件系统的目录挂载到 Pod 中。
◎ rbd：将 Ceph 块设备共享存储（Rados Block Device）挂载到 Pod 中。
◎ gitRepo：通过挂载一个空目录，并从 Git 库克隆（clone）一个 git repository 以供 Pod 使用。
◎ configmap：将配置数据挂载为容器内的文件。
◎ secret：将 Secret 数据挂载为容器内的文件。

动态存储管理

Volume 属于静态管理的存储，即我们需要事先定义每个 Volume，然后将其挂载到 Pod 中去用，这种方式存在很多弊端，典型的弊端如下。

◎ 配置参数烦琐，存在大量手工操作，违背了 Kubernetes 自动化的追求目标。
◎ 预定义的静态 Volume 可能不符合目标应用的需求，比如容量问题、性能问题。

所以 Kubernetes 后面就发展了存储动态化的新机制，来实现存储的自动化管理。相关的核心对象（概念）有三个：Persistent Volume（简称 PV）、StorageClass、PVC。

PV 表示由系统动态创建（dynamically provisioned）的一个存储卷，可以被理解成 Kubernetes 集群中某个网络存储对应的一块存储，它与 Volume 类似，但 PV 并不是被定义在 Pod 上的，而是独立于 Pod 之外定义的。PV 目前支持的类型主要有 gcePersistentDisk、AWSElasticBlockStore、AzureFile、AzureDisk、FC（Fibre Channel）、NFS、iSCSI、RBD（Rados Block Device）、CephFS、Cinder、GlusterFS、VsphereVolume、Quobyte Volumes、VMware Photon、Portworx Volumes、ScaleIO Volumes、HostPath、Local 等。

我们知道，Kubernetes 支持的存储系统有多种，那么系统怎么知道从哪个存储系统中创建什么规格的 PV 存储卷呢？这就涉及 StorageClass 与 PVC。StorageClass 用来描述和定义某种存储系统的特征，下面给出一个具体的例子：

```
apiVersion: storage.k8s.io/v1
kind: StorageClass
metadata:
  name: standard
provisioner: kubernetes.io/aws-ebs
parameters:
  type: gp2
reclaimPolicy: Retain
allowVolumeExpansion: true
mountOptions:
  - debug
volumeBindingMode: Immediate
```

从上面的例子可以看出，StorageClass 有几个关键属性：provisioner、parameters 和 reclaimPolicy，系统在动态创建 PV 时会用到这几个参数。简单地说，provisioner 代表了创建 PV 的第三方存储插件，parameters 是创建 PV 时的必要参数，reclaimPolicy 则表明了 PV 回收策略，回收策略包括删除或者保留。需要注意的是，StorageClass 的名称会在 PVC（PV Claim）中出现，下面就是一个典型的 PVC 定义：

```
apiVersion: v1
kind: PersistentVolumeClaim
metadata:
  name: claim1
spec:
  accessModes:
    - ReadWriteOnce
  storageClassName: standard
  resources:
```

```
      requests:
        storage: 30Gi
```

PVC 正如其名，表示应用希望申请的 PV 规格，其中重要的属性包括 accessModes（存储访问模式）、storageClassName（用哪种 StorageClass 来实现动态创建）及 resources（存储的具体规格）。

有了以 StorageClass 与 PVC 为基础的动态 PV 管理机制，我们就很容易管理和使用 Volume 了，只要在 Pod 里引用 PVC 即可达到目的，如下面的例子所示：

```
spec:
      containers:
      - name: myapp
        image: tomcat:8.5.38-jre8
        volumeMounts:
          - name: tomcatedata
            mountPath : "/data"
      volumes:
        - name: tomcatedata
          persistentVolumeClaim:
            claimName: claim1
```

除了动态创建 PV，PV 动态扩容、快照及克隆的能力也是 Kubernetes 社区正在积极研发的高级特性。

1.4.5　安全类

安全始终是 Kubernetes 发展过程中的一个关键领域。

从本质上来说，Kubernetes 可被看作一个多用户共享资源的资源管理系统，这里的资源主要是各种 Kubernetes 里的各类资源对象，比如 Pod、Service、Deployment 等。只有通过认证的用户才能通过 Kubernetes 的 API Server 查询、创建及维护相应的资源对象，理解这一点很关键。

Kubernetes 里的用户有两类：我们开发的运行在 Pod 里的应用；普通用户，如典型的 kubectl 命令行工具，基本上由指定的运维人员（集群管理员）使用。在更多的情况下，我们开发的 Pod 应用需要通过 API Server 查询、创建及管理其他相关资源对象，所以这类用户才是 Kubernetes 的关键用户。为此，Kubernetes 设计了 Service Account 这个特殊的资源对象，代表 Pod 应用的账号，为 Pod 提供必要的身份认证。在此基础上，Kubernetes 进一步实现和完善了基于角色的访问控制权限系统——RBAC（Role-Based Access Control）。

在默认情况下，Kubernetes 在每个命名空间中都会创建一个默认的名称为 default 的 Service Account，因此 Service Account 是不能全局使用的，只能被它所在命名空间中的 Pod 使用。通过以下命令可以查看集群中的所有 Service Account：

```
kubectl get sa --all-namespaces
NAMESPACE     NAME        SECRETS   AGE
default       default     1         32d
kube-system   default     1         32d
```

Service Account 是通过 Secret 来保存对应的用户（应用）身份凭证的，这些凭证信息有 CA 根证书数据（ca.crt）和签名后的 Token 信息（Token）。在 Token 信息中就包括了对应的 Service Account 的名称，因此 API Server 通过接收到的 Token 信息就能确定 Service Account 的身份。在默认情况下，用户创建一个 Pod 时，Pod 会绑定对应命名空间中的 default 这个 Service Account 作为其“公民身份证”。当 Pod 里的容器被创建时，Kubernetes 会把对应的 Secret 对象中的身份信息（ca.crt、Token 等）持久化保存到容器里固定位置的本地文件中，因此当容器里的用户进程通过 Kubernetes 提供的客户端 API 去访问 API Server 时，这些 API 会自动读取这些身份信息文件，并将其附加到 HTTPS 请求中传递给 API Server 以完成身份认证逻辑。在身份认证通过以后，就涉及“访问授权”的问题，这就是 RBAC 要解决的问题了。

首先我们要学习的是 Role 这个资源对象，包括 Role 与 ClusterRole 两种类型的角色。角色定义了一组特定权限的规则，比如可以操作某类资源对象。局限于某个命名空间的角色由 Role 对象定义，作用于整个 Kubernetes 集群范围内的角色则通过 ClusterRole 对象定义。下面是 Role 的一个例子，表示在命名空间 default 中定义一个 Role 对象，用于授予对 Pod 资源的读访问权限，绑定到该 Role 的用户则具有对 Pod 资源的 get、watch 和 list 权限：

```
kind: Role
apiVersion: rbac.authorization.k8s.io/v1
metadata:
  namespace: default
  name: pod-reader
rules:
- apiGroups: [""] # 空字符串""表明使用 core API group
  resources: ["pods"]
  verbs: ["get", "watch", "list"]
```

接下来就是如何将 Role 与具体用户绑定（用户授权）的问题了。我们可以通过

RoleBinding 与 ClusterRoleBinding 来解决这个问题。下面是一个具体的例子，在命名空间 default 中将“pod-reader”角色授予用户“Caden”，结合对应的 Role 的定义，表明这一授权将允许用户“Caden”从命名空间 default 中读取 pod。

```
kind: RoleBinding
apiVersion: rbac.authorization.k8s.io/v1
metadata:
  name: read-pods
  namespace: default
subjects:
- kind: User
  name: Caden
 apiGroup: rbac.authorization.k8s.io
roleRef:
  kind: Role
  name: pod-reader
  apiGroup: rbac.authorization.k8s.io
```

在 RoleBinding 中使用 subjects（目标主体）来表示要授权的对象，这是因为我们可以授权三类目标账号：Group（用户组）、User（某个具体用户）和 Service Account（Pod 应用所使用的账号）。

在安全领域，除了以上针对 API Server 访问安全相关的资源对象，还有一种特殊的资源对象——NetworkPolicy（网络策略），它是网络安全相关的资源对象，用于解决用户应用之间的网络隔离和授权问题。NetworkPolicy 是一种关于 Pod 间相互通信，以及 Pod 与其他网络端点间相互通信的安全规则设定。

NetworkPolicy 资源使用标签选择 Pod，并定义选定 Pod 所允许的通信规则。在默认情况下，Pod 间及 Pod 与其他网络端点间的访问是没有限制的，这假设了 Kubernetes 集群被一个厂商（公司/租户）独占，其中部署的应用都是相互可信的，无须相互防范。但是，如果存在多个厂商共同使用一个 Kubernetes 集群的情况，则特别是在公有云环境中，不同厂商的应用要相互隔离以增加安全性，这就可以通过 NetworkPolicy 来实现了。

2

第 2 章 Kubernetes 安装配置指南

2.1 系统要求

Kubernetes 系统由一组可执行程序组成，用户可以通过 Kubernetes 在 GitHub 的项目网站下载编译好的二进制文件或镜像文件，或者下载源码并自行将其编译为二进制文件。

安装 Kubernetes 对软件和硬件的系统要求如表 2.1 所示。

表 2.1 安装 Kubernetes 对软件和硬件的系统要求

软 硬 件	最 低 配 置	推 荐 配 置
主机资源	集群规模为 1～5 个节点时，要求如下。 • Master：至少 1 core CPU 和 2 GB 内存。 • Node：至少 1 core CPU 和 1 GB 内存。 随着集群规模的增大，应相应增加主机的配置。大规模集群的硬件配置可以参考 Kubernetes 官网给出的建议	Master：4 core CPU 和 16GB 内存。 Node：根据需要运行的容器数量进行配置
Linux 操作系统	各种 Linux 发行版，包括 Red Hat Linux、CentOS、Fedora、Ubuntu、Debian 等，Kernel 版本要求在 3.10 及以上	CentOS 7.8
etcd	v3 版本及以上 下载和安装说明见 etcd 官网的说明	v3
Docker	Kubernetes 支持的 Docker 版本包括 1.13.1、17.03、17.06、17.09、18.06 和 18.09，推荐使用 19.03 版本。 下载和安装说明见 Docker 官网的说明	19.03

Kubernetes 需要容器运行时（Container Runtime Interface，CRI）的支持，目前官方支持的容器运行时包括：Docker、Containerd、CRI-O 和 frakti 等。容器运行时的原理详见 5.4.5 节的说明。本节以 Docker 作为容器运行环境，推荐的版本为 Docker CE 19.03。

宿主机操作系统以 CentOS 7 为例，使用 Systemd 系统完成对 Kubernetes 服务的配置。其他 Linux 发行版的服务配置请参考相关的系统管理手册。为了便于管理，常见的做法是将 Kubernetes 服务程序配置为 Linux 系统开机自启动的服务。

需要注意的是，CentOS 7 默认启动了防火墙服务（firewalld.service），而 Kubernetes 的 Master 与工作 Node 之间会有大量的网络通信。安全的做法是在防火墙上配置各组件需要相互通信的端口号，具体要配置的端口号如表 2.2 所示。

表 2.2　具体要配置的端口号

组　件	默 认 端 口 号
API Server	8080（HTTP 非安全端口号） 6443（HTTPS 安全端口号）
Controller Manager	10252
Scheduler	10251
kubelet	10250 10255（只读端口号）
etcd	2379（供客户端访问） 2380（供 etcd 集群内部节点之间访问）
集群 DNS 服务	53（UDP） 53（TCP）

其他组件可能还需要开通某些端口号，例如 CNI 网络插件 calico 需要 179 端口号；镜像库需要 5000 端口号等，需要根据系统要求逐个在防火墙服务上配置网络策略。

在安全的网络环境中，可以简单地关闭防火墙服务：

```
# systemctl disable firewalld
# systemctl stop firewalld
```

另外，建议在主机上禁用 SELinux（修改文件/etc/sysconfig/selinux，将 SELINUX =enforcing 修改为 SELINUX=disabled），让容器可以读取主机文件系统。随着 Kubernetes 对 SELinux 支持的增强，可以逐步启用 SELinux 机制，并通过 Kubernetes 设置容器的安全机制。

2.2　使用 kubeadm 工具快速安装 Kubernetes 集群

Kubernetes 从 1.4 版本开始引入了命令行工具 kubeadm，致力于简化集群的安装过程，到 Kubernetes 1.13 版本时，kubeadm 工具达到 GA 阶段。本节讲解基于 kubeadm 的安装过程，操作系统以 CentOS 7 为例。

2.2.1 安装 kubeadm

对 kubeadm 工具的安装在 CentOS 操作系统上可以通过 yum 工具一键完成。

首先配置 yum 源，官方 yum 源配置文件/etc/yum.repos.d/kubernetes.repo 的内容如下：

```
[kubernetes]
name=Kubernetes Repository
name=Kubernetes
baseurl=https://packages.cloud.google.com/yum/repos/kubernetes-el7-\$basearch
enabled=1
gpgcheck=1
repo_gpgcheck=1
gpgkey=https://packages.cloud.google.com/yum/doc/yum-key.gpg
https://packages.cloud.google.com/yum/doc/rpm-package-key.gpg
exclude=kubelet kubeadm kubectl
```

如果无法访问官方 yum 源的地址，则也可以使用国内的一个 yum 源。

然后运行 yum install 命令安装 kubeadm、kubelet 和 kubectl：

```
# yum install -y kubelet kubeadm kubectl --disableexcludes=kubernetes
```

kubeadm 将使用 kubelet 服务以容器方式部署和启动 Kubernetes 的主要服务，所以需要先启动 kubelet 服务。运行 systemctl start 命令启动 kubelet 服务，并设置为开机自启动：

```
# systemctl start kubelet
# systemctl enable kubelet
```

kubeadm 还需要关闭 Linux 的 swap 系统交换区，这可以通过 swapoff -a 命令实现：

```
# swapoff -a
```

2.2.2 修改 kubeadm 的默认配置

kubeadm 的初始化控制平面（init）命令和加入节点（join）命令均可以通过指定的配置文件修改默认参数的值。kubeadm 将配置文件以 ConfigMap 形式保存到集群中，便于后续的查询和升级工作。kubeadm config 子命令提供了对这组功能的支持。

◎ kubeadm config print init-defaults：输出 kubeadm init 命令默认参数的内容。
◎ kubeadm config print join-defaults：输出 kubeadm join 命令默认参数的内容。
◎ kubeadm config migrate：在新旧版本之间进行配置转换。

◎ kubeadm config images list：列出所需的镜像列表。

◎ kubeadm config images pull：拉取镜像到本地。

例如，运行 kubeadm config print init-defaults 命令，可以获得默认的初始化参数文件：

```
# kubeadm config print init-defaults > init.default.yaml
```

对生成的文件进行编辑，可以按需生成合适的配置。例如，若需要自定义镜像的仓库地址、需要安装的 Kubernetes 版本号及 Pod 的 IP 地址范围，则可以将默认配置修改如下：

```
apiVersion: kubeadm.k8s.io/v1beta2
kind: ClusterConfiguration
......
imageRepository: docker.io/dustise
kubernetesVersion: v1.19.0
networking:
  podSubnet: "192.168.0.0/16"
......
```

将上面的内容保存为 init-config.yaml 备用。

2.2.3　下载 Kubernetes 的相关镜像

为了加快 kubeadm 创建集群的过程，可以预先将所需镜像下载完成。可以通过 kubeadm config images list 命令查看镜像列表，例如：

```
# kubeadm config images list
k8s.gcr.io/kube-apiserver:v1.19.0
k8s.gcr.io/kube-controller-manager:v1.19.0
k8s.gcr.io/kube-scheduler:v1.19.0
k8s.gcr.io/kube-proxy:v1.19.0
k8s.gcr.io/pause:3.2
k8s.gcr.io/etcd:3.4.13-0
k8s.gcr.io/coredns:1.7.0
```

如果无法访问 k8s.gcr.io，则可以使用国内镜像托管站点进行下载，例如 https://1nj0zren.mirror.aliyuncs.com，这可以通过修改 Docker 服务的配置文件（默认为 /etc/docker/daemon.json）进行设置，例如：

```
{
    "registry-mirrors": [
```

```
        "https://1nj0zren.mirror.aliyuncs.com"
    ],
    ......
}
```

然后，使用 kubeadm config images pull 命令或者 docker pull 命令下载上述镜像，例如：

```
# kubeadm config images pull --config=init-config.yaml
```

在镜像下载完成之后，就可以进行安装了。

2.2.4 运行 kubeadm init 命令安装 Master 节点

至此，准备工作已经就绪，运行 kubeadm init 命令即可一键安装 Kubernetes 的 Master 节点，也称之为 Kubernetes 控制平面（Control Plane）。

在开始之前需要注意：kubeadm 的安装过程不涉及网络插件（CNI）的初始化，因此 kubeadm 初步安装完成的集群不具备网络功能，任何 Pod（包括自带的 CoreDNS）都无法正常工作。而网络插件的安装往往对 kubeadm init 命令的参数有一定要求。例如，安装 Calico 插件时需要指定--pod-network-cidr=192.168.0.0/16。关于安装 CNI 网络插件的更多内容，可参考官方文档的说明。

kubeadm init 命令在执行具体的安装操作之前，会执行一系列被称为 pre-flight checks 的系统预检查，以确保主机环境符合安装要求，如果检查失败就直接终止，不再进行 init 操作。用户可以通过 kubeadm init phase preflight 命令执行预检查操作，确保系统就绪后再执行 init 操作。如果不希望执行预检查，则也可以为 kubeadm init 命令添加--ignore-preflight-errors 参数进行关闭。如表 2.3 所示是 kubeadm 检查的系统配置，对不符合要求的检查项以 warning 或 error 级别的信息给出提示。

表 2.3 kubeadm 检查的系统配置

不符合要求的条件	错误级别
如果待安装的 Kubernetes 版本（--kubernetes-version）比 kubeadm CLI 工具版本至少高一个次要版本（minor version）	warning
在 Linux 上运行时，Linux 的内核版本未达到最低要求	error
在 Linux 上运行时，Linux 未设置 cgroups 子系统	error
在使用 Docker 时，如果 Docker 服务不存在，或被禁用，或未处于活动状态	warning/error
在使用 Docker 时，如果 Docker 端点不存在或不起作用	error

续表

不符合要求的条件	错误级别
在使用 Docker 时，如果 Docker 版本不在经过验证的 Docker 版本列表中	warning
在使用其他 CRI 引擎时，如果 crictl socket 无响应	error
如果用户不是 root 用户	error
如果计算机主机名不是有效的 DNS 子域格式	error
如果无法通过网络查找访问主机名	warning
如果 kubelet 版本低于 kubeadm 支持的最低 kubelet 版本（当前次要版本号-1）	error
如果 kubelet 版本比所需的控制平面版本至少高一个次要版本号	error
如果 kubelet 服务不存在或被禁用	warning
如果 firewalld 服务处于活动状态	warning
如果 API Server 使用 10250/10251/10252 端口号或已被其他进程占用	error
如果/etc/kubernetes/manifest 目录已经存在并且不为空	error
如果/proc/sys/net/bridge/bridge-nf-call-iptables 文件不存在或值不为 1	error
如果使用 ipv6 地址，并且/proc/sys/net/bridge/bridge-nf-call-ip6tables 文件不存在或值不为 1	error
如果启用了系统交换区，即 swap=on	error
如果系统中不存在或找不到 conntrack、ip、iptables、mount、nsenter 命令	error
如果系统中不存在或找不到 ebtables、ethtool、socat、tc、touch、crictl 命令	warning
如果 API Server、Controller Manager 和 Scheduler 的额外参数中包含一些无效的内容	warning
如果到 API Server URL（https://API.AdvertiseAddress:API.BindPort）的连接通过代理服务器	warning
如果到服务（Service）网络的连接通过代理进行（仅检查第一个地址）	warning
如果到 Pod 子网的连接通过代理进行（仅检查第 1 个地址）	warning
在使用外部 etcd 时，如果 etcd 版本低于最低要求版本	error
在使用外部 etcd 时，如果指定了 etcd 证书或密钥，但未提供	error
在没有外部 etcd（因此将安装本地 etcd）时，如果端口号 2379 已被其他进程占用	error
在没有外部 etcd（因此将安装本地 etcd）时，如果 etcd.DataDir 文件夹已经存在并且不为空	error
授权方式为 ABAC 时，如果 abac_policy.json 文件不存在	error
授权方式为 WebHook 时，如果 webhook_authz.conf 文件不存在	error

另外，Kubernetes 默认设置 cgroup 驱动（cgroupdriver）为“systemd”，而 Docker 服务的 cgroup 驱动默认值为“cgroupfs”，建议将其修改为“systemd”，与 Kubernetes 保持一

致。这可以通过修改 Docker 服务的配置文件（默认为/etc/docker/daemon.json）进行设置：

```
{
    "exec-opts": ["native.cgroupdriver=systemd"]
    ......
}
```

准备工作就绪之后，就可以运行 kubeadm init 命令，使用之前创建的配置文件一键安装 Master 节点（控制平面）了：

```
# kubeadm init --config=init-config.yaml
```

一切正常的话，控制台将输出如下内容：

```
W1027 15:29:18.930022   18680 configset.go:348] WARNING: kubeadm cannot validate component configs for API groups [kubelet.config.k8s.io kubeproxy.config.k8s.io]
[init] Using Kubernetes version: v1.19.0
[preflight] Running pre-flight checks
[preflight] Pulling images required for setting up a Kubernetes cluster
[preflight] This might take a minute or two, depending on the speed of your internet connection
[preflight] You can also perform this action in beforehand using 'kubeadm config images pull'
[certs] Using certificateDir folder "/etc/kubernetes/pki"
[certs] Generating "ca" certificate and key
[certs] Generating "apiserver" certificate and key
[certs] apiserver serving cert is signed for DNS names [k8s kubernetes kubernetes.default kubernetes.default.svc kubernetes.default.svc.cluster.local] and IPs [10.96.0.1 192.168.18.10]
[certs] Generating "apiserver-kubelet-client" certificate and key
[certs] Generating "front-proxy-ca" certificate and key
[certs] Generating "front-proxy-client" certificate and key
[certs] Generating "etcd/ca" certificate and key
[certs] Generating "etcd/server" certificate and key
[certs] etcd/server serving cert is signed for DNS names [k8s localhost] and IPs [192.168.18.10 127.0.0.1 ::1]
[certs] Generating "etcd/peer" certificate and key
[certs] etcd/peer serving cert is signed for DNS names [k8s localhost] and IPs [192.168.18.10 127.0.0.1 ::1]
[certs] Generating "etcd/healthcheck-client" certificate and key
[certs] Generating "apiserver-etcd-client" certificate and key
[certs] Generating "sa" key and public key
[kubeconfig] Using kubeconfig folder "/etc/kubernetes"
```

```
    [kubeconfig] Writing "admin.conf" kubeconfig file
    [kubeconfig] Writing "kubelet.conf" kubeconfig file
    [kubeconfig] Writing "controller-manager.conf" kubeconfig file
    [kubeconfig] Writing "scheduler.conf" kubeconfig file
    [kubelet-start] Writing kubelet environment file with flags to file
"/var/lib/kubelet/kubeadm-flags.env"
    [kubelet-start] Writing kubelet configuration to file
"/var/lib/kubelet/config.yaml"
    [kubelet-start] Starting the kubelet
    [control-plane] Using manifest folder "/etc/kubernetes/manifests"
    [control-plane] Creating static Pod manifest for "kube-apiserver"
    [control-plane] Creating static Pod manifest for "kube-controller-manager"
    [control-plane] Creating static Pod manifest for "kube-scheduler"
    [etcd] Creating static Pod manifest for local etcd in "/etc/kubernetes/manifests"
    [wait-control-plane] Waiting for the kubelet to boot up the control plane as static
Pods from directory "/etc/kubernetes/manifests". This can take up to 4m0s
    [apiclient] All control plane components are healthy after 14.502409 seconds
    [upload-config] Storing the configuration used in ConfigMap "kubeadm-config" in
the "kube-system" Namespace
    [kubelet] Creating a ConfigMap "kubelet-config-1.19" in namespace kube-system
with the configuration for the kubelets in the cluster
    [upload-certs] Skipping phase. Please see --upload-certs
    [mark-control-plane] Marking the node k8s as control-plane by adding the label
"node-role.kubernetes.io/master=''"
    [mark-control-plane] Marking the node k8s as control-plane by adding the taints
[node-role.kubernetes.io/master:NoSchedule]
    [bootstrap-token] Using token: 2m54ly.s8g4lv2urk0dcuvi
    [bootstrap-token] Configuring bootstrap tokens, cluster-info ConfigMap, RBAC
Roles
    [bootstrap-token] configured RBAC rules to allow Node Bootstrap tokens to get
nodes
    [bootstrap-token] configured RBAC rules to allow Node Bootstrap tokens to post
CSRs in order for nodes to get long term certificate credentials
    [bootstrap-token] configured RBAC rules to allow the csrapprover controller
automatically approve CSRs from a Node Bootstrap Token
    [bootstrap-token] configured RBAC rules to allow certificate rotation for all
node client certificates in the cluster
    [bootstrap-token] Creating the "cluster-info" ConfigMap in the "kube-public"
namespace
    [kubelet-finalize] Updating "/etc/kubernetes/kubelet.conf" to point to a
rotatable kubelet client certificate and key
```

```
[addons] Applied essential addon: CoreDNS
[addons] Applied essential addon: kube-proxy

Your Kubernetes control-plane has initialized successfully!

To start using your cluster, you need to run the following as a regular user:

  mkdir -p $HOME/.kube
  sudo cp -i /etc/kubernetes/admin.conf $HOME/.kube/config
  sudo chown $(id -u):$(id -g) $HOME/.kube/config

You should now deploy a pod network to the cluster.
Run "kubectl apply -f [podnetwork].yaml" with one of the options listed at:
  https://kubernetes.io/docs/concepts/cluster-administration/addons/

Then you can join any number of worker nodes by running the following on each
as root:

kubeadm join 192.168.18.10:6443 --token 2m54ly.s8g4lv2urk0dcuvi \
    --discovery-token-ca-cert-hash
sha256:159400c88042d63dc7188db587c81efd1282d4bb16f00d316120ebcd278a333f
```

看到“Your Kubernetes control-plane has initialized successfully!”的提示，就说明 Master 节点（控制平面）已经安装成功了。

接下来就可以通过 kubectl 命令行工具访问集群进行操作了。由于 kubeadm 默认使用 CA 证书，所以需要为 kubectl 配置证书才能访问 Master。

按照安装成功的提示，非 root 用户可以将 admin.conf 配置文件复制到 HOME 目录的.kube 子目录下，命令如下：

```
$ mkdir -p $HOME/.kube
$ sudo cp -i /etc/kubernetes/admin.conf $HOME/.kube/config
$ sudo chown $(id -u):$(id -g) $HOME/.kube/config
```

如果用户是 root，则也可以通过设置环境变量 KUBECONFIG 完成 kubectl 的配置：

```
# export KUBECONFIG=/etc/kubernetes/admin.conf
```

然后就可以使用 kubectl 命令行工具对 Kubernetes 集群进行访问和操作了。

例如查看命名空间 kube-system 中的 ConfigMap 列表：

```
# kubectl -n kube-system get configmap
NAME                                 DATA   AGE
coredns                              1      3m42s
extension-apiserver-authentication   6      3m45s
kube-proxy                           2      3m42s
kubeadm-config                       2      3m44s
kubelet-config-1.19                  1      3m43s
```

到此，Kubernetes 的 Master 节点已经可以工作了，但在集群内还是没有可用的 Worker Node，并缺乏容器网络的配置。

接下来安装 Worker Node，需要用到 kubeadm init 命令运行完成后的最后几行提示信息，其中包含将节点加入集群的命令（kubeadm join）和所需的 Token。

2.2.5　将新的 Node 加入集群

对于新节点的添加，系统准备和安装 Master 节点的过程是一致的，在待安装的各个 Node 主机上进行下面的安装过程。

（1）安装 kubeadm 和 kubelet（在 Node 上无须安装 kubectl）：

```
# yum install kubelet kubeadm --disableexcludes=kubernetes
```

运行 systemctl start 命令启动 kubelet 服务，并设置为开机自启动：

```
# systemctl start kubelet
# systemctl enable kubelet
```

（2）使用 kubeadm join 命令加入集群，可以从安装 Master 节点的成功提示内容中复制完整的命令，例如：

```
# kubeadm join 192.168.18.10:6443 --token 2m54ly.s8g4lv2urk0dcuvi \
    --discovery-token-ca-cert-hash
sha256:159400c88042d63dc7188db587c81efd1282d4bb16f00d316120ebcd278a333f
```

如果需要调整其他配置，则也可以通过自定义配置文件的方式进行操作，通过 kubeadm config print join-defaults 命令获取默认配置的内容，再进行修改，例如：

```
# kubeadm config print join-defaults > join.config.yaml
```

修改配置文件 join.config.yaml 的内容如下：

```
apiVersion: kubeadm.k8s.io/v1beta2
```

```
kind: JoinConfiguration
discovery:
  bootstrapToken:
    apiServerEndpoint: 192.168.18.10:6443
    token: 2m54ly.s8g4lv2urk0dcuvi
    unsafeSkipCAVerification: true
  tlsBootstrapToken: 2m54ly.s8g4lv2urk0dcuvi
```

其中，apiServerEndpoint 的值为 Master 服务的 URL 地址，token 和 tlsBootstrapToken 的值来自使用 kubeadm init 安装 Master 时的最后一行提示信息。

运行 kubeadm join 命令，将本 Node 加入集群：

```
# kubeadm join --config=join.config.yaml
[preflight] Running pre-flight checks
[preflight] Reading configuration from the cluster...
[preflight] FYI: You can look at this config file with 'kubectl -n kube-system get cm kubeadm-config -oyaml'
[kubelet-start] Writing kubelet configuration to file "/var/lib/kubelet/config.yaml"
[kubelet-start] Writing kubelet environment file with flags to file "/var/lib/kubelet/kubeadm-flags.env"
[kubelet-start] Starting the kubelet
[kubelet-start] Waiting for the kubelet to perform the TLS Bootstrap...

This node has joined the cluster:
* Certificate signing request was sent to apiserver and a response was received.
* The Kubelet was informed of the new secure connection details.

Run 'kubectl get nodes' on the control-plane to see this node join the cluster.
```

成功将 Node 加入集群后，可以通过 kubectl get nodes 命令确认新的 Node 已加入：

```
# kubectl get nodes
NAME     STATUS     ROLES    AGE    VERSION
k8s      NotReady   master   67m    v1.19.0
k8s-2    NotReady   <none>   2m9s   v1.19.0
```

另外，在初始安装的 Master 节点上也启动了 kubelet 和 kube-proxy，在默认情况下并不参与工作负载的调度。如果希望 Master 节点也作为 Node 角色，则可以运行下面的命令（删除 Node 的 Label “node-role.kubernetes.io/master”），让 Master 节点也成为一个 Node：

```
# kubectl taint nodes --all node-role.kubernetes.io/master-
```

```
node/k8s untainted

# kubectl get nodes
NAME     STATUS     ROLES    AGE    VERSION
k8s      NotReady   <none>   67m    v1.19.0
k8s-2    NotReady   <none>   2m9s   v1.19.0
```

2.2.6 安装 CNI 网络插件

运行 kubeadm init 和 join 命令后，Kubernetes 提示各节点均为 NotReady 状态，这是因为还没有安装 CNI 网络插件：

```
# kubectl get nodes
NAME     STATUS     ROLES    AGE    VERSION
k8s      NotReady   <none>   67m    v1.19.0
k8s-2    NotReady   <none>   2m9s   v1.19.0
```

对于 CNI 网络插件，可以有许多选择。例如选择 Calico CNI 插件，运行下面的命令即可一键完成安装：

```
# kubectl apply -f "https://docs.projectcalico.org/manifests/calico.yaml"
configmap/calico-config created
customresourcedefinition.apiextensions.k8s.io/bgpconfigurations.crd.projectc
alico.org created
customresourcedefinition.apiextensions.k8s.io/bgppeers.crd.projectcalico.org
created
customresourcedefinition.apiextensions.k8s.io/blockaffinities.crd.projectcal
ico.org created
customresourcedefinition.apiextensions.k8s.io/clusterinformations.crd.projec
tcalico.org created
customresourcedefinition.apiextensions.k8s.io/felixconfigurations.crd.projec
tcalico.org created
customresourcedefinition.apiextensions.k8s.io/globalnetworkpolicies.crd.proj
ectcalico.org created
customresourcedefinition.apiextensions.k8s.io/globalnetworksets.crd.projectc
alico.org created
customresourcedefinition.apiextensions.k8s.io/hostendpoints.crd.projectcalic
o.org created
customresourcedefinition.apiextensions.k8s.io/ipamblocks.crd.projectcalico.o
rg created
customresourcedefinition.apiextensions.k8s.io/ipamconfigs.crd.projectcalico.
```

```
org created
    customresourcedefinition.apiextensions.k8s.io/ipamhandles.crd.projectcalico.
org created
    customresourcedefinition.apiextensions.k8s.io/ippools.crd.projectcalico.org
created
    customresourcedefinition.apiextensions.k8s.io/kubecontrollersconfigurations.
crd.projectcalico.org created
    customresourcedefinition.apiextensions.k8s.io/networkpolicies.crd.projectcal
ico.org created
    customresourcedefinition.apiextensions.k8s.io/networksets.crd.projectcalico.
org created
    clusterrole.rbac.authorization.k8s.io/calico-kube-controllers created
    clusterrolebinding.rbac.authorization.k8s.io/calico-kube-controllers created
    clusterrole.rbac.authorization.k8s.io/calico-node created
    clusterrolebinding.rbac.authorization.k8s.io/calico-node created
    daemonset.apps/calico-node created
    serviceaccount/calico-node created
    deployment.apps/calico-kube-controllers created
    serviceaccount/calico-kube-controllers created
    poddisruptionbudget.policy/calico-kube-controllers created
```

在 CNI 网络插件成功运行之后，再次查看 Node，其状态会更新为 Ready：

```
# kubectl get nodes
NAME     STATUS    ROLES     AGE    VERSION
k8s      Ready     <none>    69m    v1.19.0
k8s-2    Ready     <none>    4m     v1.19.0
```

2.2.7 验证 Kubernetes 集群是否工作正常

运行查看 Pod 的命令，验证 Kubernetes 集群服务的 Pod 是否创建成功且正常运行：

```
# kubectl get pods --all-namespaces
NAMESPACE     NAME                          READY   STATUS    RESTARTS   AGE
kube-system   coredns-f9fd979d6-mbmm4       1/1     Running   2          22m
kube-system   coredns-f9fd979d6-tcvh2       1/1     Running   2          22m
kube-system   etcd-k8s                      1/1     Running   3          22m
kube-system   kube-apiserver-k8s            1/1     Running   3          22m
kube-system   kube-controller-manager-k8s   1/1     Running   5          22m
kube-system   kube-proxy-b2k8k              1/1     Running   3          22m
kube-system   kube-proxy-ctd7r              1/1     Running   0          17m
```

```
kube-system   kube-scheduler-k8s         1/1     Running   4          22m
kube-system   calico-node-7wtjn          2/2     Running   0          17m
kube-system   calico-node-hnj65          2/2     Running   6          22m
```

如果发现有状态错误的 Pod，则可以运行 kubectl --namespace=kube-system describe pod <pod_name>命令查看错误原因，常见的错误原因是镜像没有下载完成。

至此，通过 kubeadm 工具就实现了 Kubernetes 集群的快速搭建。

如果安装失败，则可以运行 kubeadm reset 命令将主机恢复原状，重新运行 kubeadm init 命令再次进行安装。

2.3 以二进制文件方式安装 Kubernetes 安全高可用集群

通过 kubeadm 能够快速部署一个 Kubernetes 集群，但是如果需要精细调整 Kubernetes 各组件服务的参数及安全设置、高可用模式等，管理员就可以使用 Kubernetes 二进制文件进行部署。

本节基于 Kubernetes 1.19 版本，以二进制文件方式对如何配置、部署一个启用了安全机制、3 节点高可用的 Kubernetes 集群进行说明。对于测试环境，可以适当进行简化，将某些组件部署为单点。

2.3.1 Master 高可用部署架构

在 Kubernetes 系统中，Master 节点扮演着总控中心的角色，通过不间断地与各个工作节点（Node）通信来维护整个集群的健康工作状态，集群中各资源对象的状态则被保存在 etcd 数据库中。如果 Master 不能正常工作，各 Node 就会处于不可管理状态，用户就无法管理在各 Node 上运行的 Pod，其重要性不言而喻。同时，如果 Master 以不安全方式提供服务（例如通过 HTTP 的 8080 端口号），则任何能够访问 Master 的客户端都可以通过 API 操作集群中的数据，可能导致对数据的非法访问或篡改。

在正式环境中应确保 Master 的高可用，并启用安全访问机制，至少包括以下几方面。

◎ Master 的 kube-apiserver、kube-controller-mansger 和 kube-scheduler 服务至少以 3 个节点的多实例方式部署。

◎ Master 启用基于 CA 认证的 HTTPS 安全机制。

◎ etcd 至少以 3 个节点的集群模式部署。

◎ etcd 集群启用基于 CA 认证的 HTTPS 安全机制。

◎ Master 启用 RBAC 授权模式（详见 6.2 节的说明）。

Master 的高可用部署架构如图 2.1 所示。

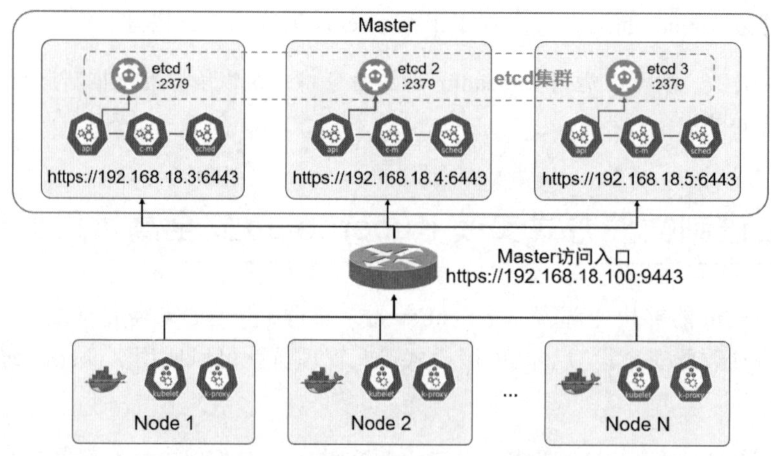

图 2.1　Master 的高可用部署架构

在 Master 的 3 个节点之前，应通过一个负载均衡器提供对客户端的唯一访问入口地址，负载均衡器可以选择硬件或者软件进行搭建。软件负载均衡器可以选择的方案较多，本文以 HAProxy 搭配 Keepalived 为例进行说明。主流硬件负载均衡器有 F5、A10 等，需要额外采购，其负载均衡配置规则与软件负载均衡器的配置类似，本文不再赘述。

本例中 3 台主机的 IP 地址分别为 192.168.18.3、192.168.18.4、192.168.18.5，负载均衡器使用的 VIP 为 192.168.18.100。

下面分别对 etcd、负载均衡器、Master、Node 等组件如何进行高可用部署、关键配置、CA 证书配置等进行详细说明。

2.3.2　创建 CA 根证书

为 etcd 和 Kubernetes 服务启用基于 CA 认证的安全机制，需要 CA 证书进行配置。如果组织能够提供统一的 CA 认证中心，则直接使用组织颁发的 CA 证书即可。如果没有统一的 CA 认证中心，则可以通过颁发自签名的 CA 证书来完成安全配置。

etcd 和 Kubernetes 在制作 CA 证书时，均需要基于 CA 根证书，本文以为 Kubernetes 和 etcd 使用同一套 CA 根证书为例，对 CA 证书的制作进行说明。

CA 证书的制作可以使用 openssl、easyrsa、cfssl 等工具完成，本文以 openssl 为例进行说明。下面是创建 CA 根证书的命令，包括私钥文件 ca.key 和证书文件 ca.crt：

```
# openssl genrsa -out ca.key 2048
# openssl req -x509 -new -nodes -key ca.key -subj "/CN=192.168.18.3" -days 36500
-out ca.crt
```

主要参数如下。

◎ -subj："/CN"的值为 Master 主机名或 IP 地址。

◎ -days：设置证书的有效期。

将生成的 ca.key 和 ca.crt 文件保存在/etc/kubernetes/pki 目录下。

2.3.3 部署安全的 etcd 高可用集群

etcd 作为 Kubernetes 集群的主数据库，在安装 Kubernetes 各服务之前需要首先安装和启动。

1. 下载 etcd 二进制文件，配置 systemd 服务

从 GitHub 官网下载 etcd 二进制文件，例如 etcd-v3.4.13-linux-amd64.tar.gz，如图 2.2 所示。

Assets 8	
etcd-v3.4.13-darwin-amd64.zip	26.8 MB
etcd-v3.4.13-linux-amd64.tar.gz	16.6 MB
etcd-v3.4.13-linux-arm64.tar.gz	15.4 MB
etcd-v3.4.13-linux-ppc64le.tar.gz	15.2 MB
etcd-v3.4.13-windows-amd64.zip	16.5 MB
SHA256SUMS	489 Bytes
Source code (zip)	
Source code (tar.gz)	

图 2.2 下载界面

解压缩后得到 etcd 和 etcdctl 文件，将它们复制到/usr/bin 目录下。

然后将其部署为一个 systemd 的服务，创建 systemd 服务配置文件/usr/lib/systemd/system/etcd.service，内容示例如下：

```
[Unit]
Description=etcd key-value store
Documentation=https://github.com/etcd-io/etcd
After=network.target

[Service]
EnvironmentFile=/etc/etcd/etcd.conf
ExecStart=/usr/bin/etcd
Restart=always

[Install]
WantedBy=multi-user.target
```

其中，EnvironmentFile 指定配置文件的全路径，例如/etc/etcd/etcd.conf，其中的参数以环境变量的格式进行配置。

接下来先对 etcd 需要的 CA 证书配置进行说明。对于配置文件/etc/etcd/etcd.conf 中的完整配置参数，将在创建完 CA 证书后统一说明。

2. 创建 etcd 的 CA 证书

先创建一个 x509 v3 配置文件 etcd_ssl.cnf，其中 subjectAltName 参数（alt_names）包括所有 etcd 主机的 IP 地址，例如：

```
[ req ]
req_extensions = v3_req
distinguished_name = req_distinguished_name

[ req_distinguished_name ]

[ v3_req ]
basicConstraints = CA:FALSE
keyUsage = nonRepudiation, digitalSignature, keyEncipherment
subjectAltName = @alt_names

[ alt_names ]
IP.1 = 192.168.18.3
IP.2 = 192.168.18.4
```

```
IP.3 = 192.168.18.5
```

然后使用 openssl 命令创建 etcd 的服务端 CA 证书，包括 etcd_server.key 和 etcd_server.crt 文件，将其保存到/etc/etcd/pki 目录下：

```
# openssl genrsa -out etcd_server.key 2048
# openssl req -new -key etcd_server.key -config etcd_ssl.cnf -subj "/CN=etcd-server" -out etcd_server.csr
# openssl x509 -req -in etcd_server.csr -CA /etc/kubernetes/pki/ca.crt -CAkey /etc/kubernetes/pki/ca.key -CAcreateserial -days 36500 -extensions v3_req -extfile etcd_ssl.cnf -out etcd_server.crt
```

再创建客户端使用的 CA 证书，包括 etcd_client.key 和 etcd_client.crt 文件，也将其保存到/etc/etcd/pki 目录下，后续供 kube-apiserver 连接 etcd 时使用：

```
# openssl genrsa -out etcd_client.key 2048
# openssl req -new -key etcd_client.key -config etcd_ssl.cnf -subj "/CN=eetcd-client" -out etcd_client.csr
# openssl x509 -req -in etcd_client.csr -CA /etc/kubernetes/pki/ca.crt -CAkey /etc/kubernetes/pki/ca.key -CAcreateserial -days 36500 -extensions v3_req -extfile etcd_ssl.cnf -out etcd_client.crt
```

3. etcd 参数配置说明

接下来对 3 个 etcd 节点进行配置。etcd 节点的配置方式包括启动参数、环境变量、配置文件等，本例使用环境变量方式将其配置到/etc/etcd/etcd.conf 文件中，供 systemd 服务读取。

3 个 etcd 节点将被部署在 192.168.18.3、192.168.18.4 和 192.168.18.5 3 台主机上，配置文件/etc/etcd/etcd.conf 的内容示例如下：

```
# 节点 1 的配置
ETCD_NAME=etcd1
ETCD_DATA_DIR=/etc/etcd/data

ETCD_CERT_FILE=/etc/etcd/pki/etcd_server.crt
ETCD_KEY_FILE=/etc/etcd/pki/etcd_server.key
ETCD_TRUSTED_CA_FILE=/etc/kubernetes/pki/ca.crt
ETCD_CLIENT_CERT_AUTH=true
ETCD_LISTEN_CLIENT_URLS=https://192.168.18.3:2379
ETCD_ADVERTISE_CLIENT_URLS=https://192.168.18.3:2379
```

```
    ETCD_PEER_CERT_FILE=/etc/etcd/pki/etcd_server.crt
    ETCD_PEER_KEY_FILE=/etc/etcd/pki/etcd_server.key
    ETCD_PEER_TRUSTED_CA_FILE=/etc/kubernetes/pki/ca.crt
    ETCD_LISTEN_PEER_URLS=https://192.168.18.3:2380
    ETCD_INITIAL_ADVERTISE_PEER_URLS=https://192.168.18.3:2380

    ETCD_INITIAL_CLUSTER_TOKEN=etcd-cluster
    ETCD_INITIAL_CLUSTER="etcd1=https://192.168.18.3:2380,etcd2=https://192.168.
18.4:2380,etcd3=https://192.168.18.5:2380"
    ETCD_INITIAL_CLUSTER_STATE=new

    # 节点 2 的配置
    ETCD_NAME=etcd2
    ETCD_DATA_DIR=/etc/etcd/data

    ETCD_CERT_FILE=/etc/etcd/pki/etcd_server.crt
    ETCD_KEY_FILE=/etc/etcd/pki/etcd_server.key
    ETCD_TRUSTED_CA_FILE=/etc/kubernetes/pki/ca.crt
    ETCD_CLIENT_CERT_AUTH=true
    ETCD_LISTEN_CLIENT_URLS=https://192.168.18.4:2379
    ETCD_ADVERTISE_CLIENT_URLS=https://192.168.18.4:2379

    ETCD_PEER_CERT_FILE=/etc/etcd/pki/etcd_server.crt
    ETCD_PEER_KEY_FILE=/etc/etcd/pki/etcd_server.key
    ETCD_PEER_TRUSTED_CA_FILE=/etc/kubernetes/pki/ca.crt
    ETCD_LISTEN_PEER_URLS=https://192.168.18.4:2380
    ETCD_INITIAL_ADVERTISE_PEER_URLS=https://192.168.18.4:2380

    ETCD_INITIAL_CLUSTER_TOKEN=etcd-cluster
    ETCD_INITIAL_CLUSTER="etcd1=https://192.168.18.3:2380,etcd2=https://192.168.
18.4:2380,etcd3=https://192.168.18.5:2380"
    ETCD_INITIAL_CLUSTER_STATE=new

    # 节点 3 的配置
    ETCD_NAME=etcd3
    ETCD_DATA_DIR=/etc/etcd/data

    ETCD_CERT_FILE=/etc/etcd/pki/etcd_server.crt
    ETCD_KEY_FILE=/etc/etcd/pki/etcd_server.key
    ETCD_TRUSTED_CA_FILE=/etc/kubernetes/pki/ca.crt
    ETCD_CLIENT_CERT_AUTH=true
```

```
ETCD_LISTEN_CLIENT_URLS=https://192.168.18.5:2379
ETCD_ADVERTISE_CLIENT_URLS=https://192.168.18.5:2379

ETCD_PEER_CERT_FILE=/etc/etcd/pki/etcd_server.crt
ETCD_PEER_KEY_FILE=/etc/etcd/pki/etcd_server.key
ETCD_PEER_TRUSTED_CA_FILE=/etc/kubernetes/pki/ca.crt
ETCD_LISTEN_PEER_URLS=https://192.168.18.5:2380
ETCD_INITIAL_ADVERTISE_PEER_URLS=https://192.168.18.5:2380

ETCD_INITIAL_CLUSTER_TOKEN=etcd-cluster
ETCD_INITIAL_CLUSTER="etcd1=https://192.168.18.3:2380,etcd2=https://192.168.18.4:2380,etcd3=https://192.168.18.5:2380"
ETCD_INITIAL_CLUSTER_STATE=new
```

主要配置参数包括为客户端和集群其他节点配置的各监听 URL 地址（均为 HTTPS URL 地址），并配置相应的 CA 证书参数。

etcd 服务相关的参数如下。

◎ ETCD_NAME：etcd 节点名称，每个节点都应不同，例如 etcd1、etcd2、etcd3。
◎ ETCD_DATA_DIR：etcd 数据存储目录，例如/etc/etcd/data/etcd1。
◎ ETCD_LISTEN_CLIENT_URLS 和 ETCD_ADVERTISE_CLIENT_URLS：为客户端提供的服务监听 URL 地址，例如 https://192.168.18.3:2379。
◎ ETCD_LISTEN_PEER_URLS 和 ETCD_INITIAL_ADVERTISE_PEER_URLS：为本集群其他节点提供的服务监听 URL 地址，例如 https://192.168.18.3:2380。
◎ ETCD_INITIAL_CLUSTER_TOKEN：集群名称，例如 etcd-cluster。
◎ ETCD_INITIAL_CLUSTER：集群各节点的 endpoint 列表，例如"etcd1=https://192.168.18.3:2380,etcd2=https://192.168.18.4:2380,etcd3=https://192.168.18.5:2380"。
◎ ETCD_INITIAL_CLUSTER_STATE：初始集群状态，新建集群时设置为“new”，集群已存在时设置为“existing”。

CA 证书相关的配置参数如下。

◎ ETCD_CERT_FILE：etcd 服务端 CA 证书-crt 文件全路径，例如/etc/etcd/pki/etcd_server.crt。
◎ ETCD_KEY_FILE：etcd 服务端 CA 证书-key 文件全路径，例如/etc/etcd/pki/etcd_server.key。
◎ ETCD_TRUSTED_CA_FILE：CA 根证书文件全路径，例如/etc/kubernetes/pki/ca.crt。

◎ ETCD_CLIENT_CERT_AUTH：是否启用客户端证书认证。

◎ ETCD_PEER_CERT_FILE：集群各节点相互认证使用的 CA 证书-crt 文件全路径，例如/etc/etcd/pki/etcd_server.crt。

◎ ETCD_PEER_KEY_FILE：集群各节点相互认证使用的 CA 证书-key 文件全路径，例如/etc/etcd/pki/etcd_server.key。

◎ ETCD_PEER_TRUSTED_CA_FILE：CA 根证书文件全路径，例如/etc/kubernetes/pki/ca.crt。

4. 启动 etcd 集群

基于 systemd 的配置，在 3 台主机上分别启动 etcd 服务，并设置为开机自启动：

```
# systemctl restart etcd && systemctl enable etcd
```

然后用 etcdctl 客户端命令行工具携带客户端 CA 证书，运行 etcdctl endpoint health 命令访问 etcd 集群，验证集群状态是否正常，命令如下：

```
# etcdctl --cacert=/etc/kubernetes/pki/ca.crt
--cert=/etc/etcd/pki/etcd_client.crt --key=/etc/etcd/pki/etcd_client.key
--endpoints=https://192.168.18.3:2379,https://192.168.18.4:2379,https://192.168.
18.5:2379 endpoint health
    https://192.168.18.3:2379 is healthy: successfully committed proposal: took =
8.622771ms
    https://192.168.18.4:2379 is healthy: successfully committed proposal: took =
7.589738ms
    https://192.168.18.5:2379 is healthy: successfully committed proposal: took =
8.210234ms
```

结果显示各节点状态均为“healthy”，说明集群正常运行。

至此，一个启用了 HTTPS 的 3 节点 etcd 集群就部署完成了，更多的配置参数请参考 etcd 官方文档的说明。

2.3.4 部署安全的 Kubernetes Master 高可用集群

1. 下载 Kubernetes 服务的二进制文件

首先，从 Kubernetes 的官方 GitHub 代码库页面下载各组件的二进制文件，在 Releases 页面找到需要下载的版本号，单击 CHANGELOG 链接，跳转到已编译好的 Server 端二进制（Server Binaries）文件的下载页面进行下载，如图 2.3 和图 2.4 所示。

v1.19.0
e199641
Compare ▾

v1.19.0

k8s-release-robot released this 28 days ago · 67 commits to release-1.19 since this release

See kubernetes-announce@ and CHANGELOG/CHANGELOG-1.19.md for details.

SHA256 for kubernetes.tar.gz : d8c0bd684a5131222ca9abc450de3af45d443500b959fd05dbf4eaddeb9a2f18
SHA512 for kubernetes.tar.gz :
448b941e973a519a500eb24786f6deb7eebd0e1ecb034941e382790ff69dfc2838715a222cfc53bea7b75f2c6aedc7425eded4aad69bf88773393155c73
7f9c0

Additional binary downloads are linked in the CHANGELOG/CHANGELOG-1.19.md.

▾ Assets 3

kubernetes.tar.gz 477 KB
Source code (zip)
Source code (tar.gz)

图 2.3　GitHub 上 Kubernetes 的下载页面一

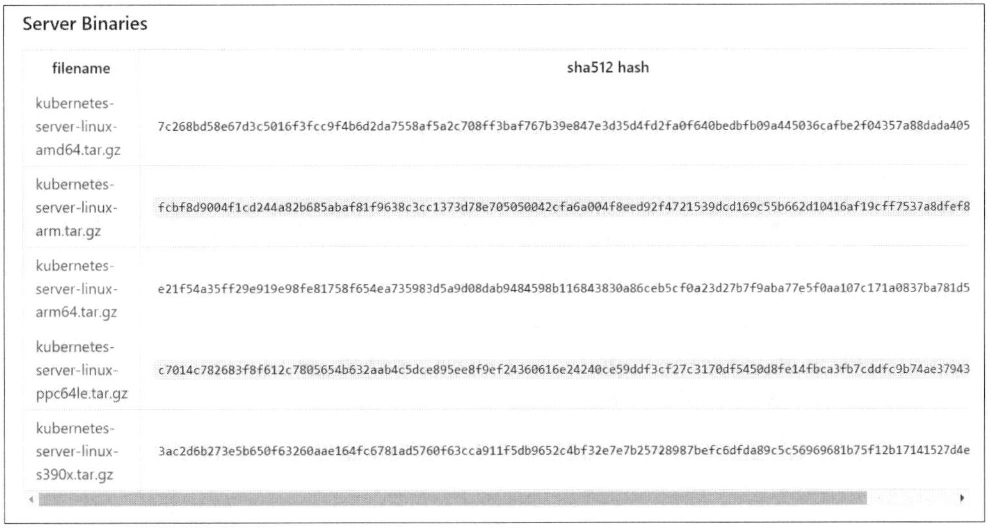

Server Binaries

filename	sha512 hash
kubernetes-server-linux-amd64.tar.gz	7c268bd58e67d3c5016f3fcc9f4b6d2da7558af5a2c708ff3baf767b39e847e3d35d4fd2fa0f640bedbfb09a445036cafbe2f04357a88dada405
kubernetes-server-linux-arm.tar.gz	fcbf8d9004f1cd244a82b685abaf81f9638c3cc1373d78e705050042cfa6a004f8eed92f4721539dcd169c55b662d10416af19cff7537a8dfef8
kubernetes-server-linux-arm64.tar.gz	e21f54a35ff29e919e98fe81758f654ea735983d5a9d08dab9484598b116843830a86ceb5cf0a23d27b7f9aba77e5f0aa107c171a0837ba781d5
kubernetes-server-linux-ppc64le.tar.gz	c7014c782683f8f612c7805654b632aab4c5dce895ee8f9ef24360616e24240ce59ddf3cf27c3170df5450d8fe14fbca3fb7cddfc9b74ae37943
kubernetes-server-linux-s390x.tar.gz	3ac2d6b273e5b650f63260aae164fc6781ad5760f63cca911f5db9652c4bf32e7e7b25728987befc6dfda89c5c56969681b75f12b17141527d4e

图 2.4　GitHub 上 Kubernetes 的下载页面二

在压缩包 kubernetes.tar.gz 内包含了 Kubernetes 的全部服务二进制文件和容器镜像文件，也可以分别下载 Server Binaries 和 Node Binaries 二进制文件。在 Server Binaries 中包含不同系统架构的服务端可执行文件，例如 kubernetes-server-linux-amd64.tar.gz 文件包含了 x86 架构下 Kubernetes 需要运行的全部服务程序文件；Node Binaries 则包含了不同系统架构、不同操作系统的 Node 需要运行的服务程序文件，包括 Linux 版和 Windows 版等。

主要的服务程序二进制文件列表如表 2.4 所示。

表 2.4　主要的服务程序二进制文件列表

文 件 名	说　明
kube-apiserver	kube-apiserver 主程序
kube-apiserver.docker_tag	kube-apiserver docker 镜像的 tag
kube-apiserver.tar	kube-apiserver docker 镜像文件
kube-controller-manager	kube-controller-manager 主程序
kube-controller-manager.docker_tag	kube-controller-manager docker 镜像的 tag
kube-controller-manager.tar	kube-controller-manager docker 镜像文件
kube-scheduler	kube-scheduler 主程序
kube-scheduler.docker_tag	kube-scheduler docker 镜像的 tag
kube-scheduler.tar	kube-scheduler docker 镜像文件
kubelet	kubelet 主程序
kube-proxy	kube-proxy 主程序
kube-proxy.docker_tag	kube-proxy docker 镜像的 tag
kube-proxy.tar	kube-proxy docker 镜像文件
kubectl	客户端命令行工具
kubeadm	Kubernetes 集群安装的命令行工具
apiextensions-apiserver	提供实现自定义资源对象的扩展 API Server
kube-aggregator	聚合 API Server 程序

在 Kubernetes 的 Master 节点上需要部署的服务包括 etcd、kube-apiserver、kube-controller-manager 和 kube-scheduler。

在工作节点（Worker Node）上需要部署的服务包括 docker、kubelet 和 kube-proxy。

将 Kubernetes 的二进制可执行文件复制到/usr/bin 目录下，然后在/usr/lib/systemd/system 目录下为各服务创建 systemd 服务配置文件（完整的 systemd 系统知识请参考 Linux 的相关手册），这样就完成了软件的安装。

下面对每个服务的配置进行详细说明。

2. 部署 kube-apiserver 服务

（1）设置 kube-apiserver 服务需要的 CA 相关证书。准备 master_ssl.cnf 文件用于生成 x509 v3 版本的证书，示例如下：

```
[req]
req_extensions = v3_req
distinguished_name = req_distinguished_name
[req_distinguished_name]

[ v3_req ]
basicConstraints = CA:FALSE
keyUsage = nonRepudiation, digitalSignature, keyEncipherment
subjectAltName = @alt_names

[alt_names]
DNS.1 = kubernetes
DNS.2 = kubernetes.default
DNS.3 = kubernetes.default.svc
DNS.4 = kubernetes.default.svc.cluster.local
DNS.5 = k8s-1
DNS.6 = k8s-2
DNS.7 = k8s-3
IP.1 = 169.169.0.1
IP.2 = 192.168.18.3
IP.3 = 192.168.18.4
IP.4 = 192.168.18.5
IP.5 = 192.168.18.100
```

在该文件中主要需要在 subjectAltName 字段（[alt_names]）设置 Master 服务的全部域名和 IP 地址，包括：

◎ DNS 主机名，例如 k8s-1、k8s-2、k8s-3 等；

◎ Master Service 虚拟服务名称，例如 kubernetes.default 等；

◎ IP 地址，包括各 kube-apiserver 所在主机的 IP 地址和负载均衡器的 IP 地址，例如 192.168.18.3、192.168.18.4、192.168.18.5 和 192.168.18.100；

◎ Master Service 虚拟服务的 ClusterIP 地址，例如 169.169.0.1。

然后使用 openssl 命令创建 kube-apiserver 的服务端 CA 证书，包括 apiserver.key 和 apiserver.crt 文件，将其保存到/etc/kubernetes/pki 目录下：

```
    # openssl genrsa -out apiserver.key 2048
    # openssl req -new -key apiserver.key -config master_ssl.cnf -subj
"/CN=192.168.18.3" -out apiserver.csr
    # openssl x509 -req -in apiserver.csr -CA ca.crt -CAkey ca.key -CAcreateserial
-days 36500 -extensions v3_req -extfile master_ssl.cnf -out apiserver.crt
```

（2）为 kube-apiserver 服务创建 systemd 服务配置文件/usr/lib/systemd/system/kube-apiserver.service，内容如下：

```
[Unit]
Description=Kubernetes API Server
Documentation=https://github.com/kubernetes/kubernetes

[Service]
EnvironmentFile=/etc/kubernetes/apiserver
ExecStart=/usr/bin/kube-apiserver $KUBE_API_ARGS
Restart=always

[Install]
WantedBy=multi-user.target
```

（3）配置文件/etc/kubernetes/apiserver 的内容通过环境变量 KUBE_API_ARGS 设置 kube-apiserver 的全部启动参数，包含 CA 安全配置的启动参数示例如下：

```
    KUBE_API_ARGS="--insecure-port=0 \
    --secure-port=6443 \
    --tls-cert-file=/etc/kubernetes/pki/apiserver.crt \
    --tls-private-key-file=/etc/kubernetes/pki/apiserver.key \
    --client-ca-file=/etc/kubernetes/pki/ca.crt \
    --apiserver-count=3 --endpoint-reconciler-type=master-count \
    --etcd-servers=https://192.168.18.3:2379,https://192.168.18.4:2379,https://1
92.168.18.5:2379 \
    --etcd-cafile=/etc/kubernetes/pki/ca.crt \
    --etcd-certfile=/etc/etcd/pki/etcd_client.crt \
    --etcd-keyfile=/etc/etcd/pki/etcd_client.key \
    --service-cluster-ip-range=169.169.0.0/16 \
    --service-node-port-range=30000-32767 \
    --allow-privileged=true \
    --logtostderr=false --log-dir=/var/log/kubernetes --v=0"
```

对主要参数说明如下。

◎ --secure-port：HTTPS 端口号，默认值为 6443。

◎ --insecure-port：HTTP 端口号，默认值为 8080，设置为 0 表示关闭 HTTP 访问。
◎ --tls-cert-file：服务端 CA 证书文件全路径，例如/etc/kubernetes/pki/apiserver.crt。
◎ --tls-private-key-file：服务端 CA 私钥文件全路径，例如/etc/kubernetes/pki/apiserver.key。
◎ --client-ca-file：CA 根证书全路径，例如/etc/kubernetes/pki/ca.crt。
◎ --apiserver-count：API Server 实例数量，例如 3，需要同时设置参数--endpoint-reconciler-type=master-count。
◎ --etcd-servers：连接 etcd 的 URL 列表，这里使用 HTTPS，例如 https://192.168.18.3:2379、https://192.168.18.4:2379 和 https://192.168.18.5:2379。
◎ --etcd-cafile：etcd 使用的 CA 根证书文件全路径，例如/etc/kubernetes/pki/ca.crt。
◎ --etcd-certfile：etcd 客户端 CA 证书文件全路径，例如/etc/etcd/pki/etcd_client.crt。
◎ --etcd-keyfile：etcd 客户端私钥文件全路径，例如/etc/etcd/pki/etcd_client.key。
◎ --service-cluster-ip-range：Service 虚拟 IP 地址范围，以 CIDR 格式表示，例如 169.169.0.0/16，该 IP 范围不能与物理机的 IP 地址有重合。
◎ --service-node-port-range：Service 可使用的物理机端口号范围，默认值为 30000～32767。
◎ --allow-privileged：是否允许容器以特权模式运行，默认值为 true。
◎ --logtostderr：是否将日志输出到 stderr，默认值为 true，当使用 systemd 系统时，日志将被输出到 journald 子系统。设置为 false 表示不输出到 stderr，可以输出到日志文件。
◎ --log-dir：日志的输出目录，例如/var/log/kubernetes。
◎ --v：日志级别。

（4）在配置文件准备完毕后，在 3 台主机上分别启动 kube-apiserver 服务，并设置为开机自启动：

```
# systemctl start kube-apiserver && systemctl enable kube-apiserver
```

3. 创建客户端 CA 证书

kube-controller-manager、kube-scheduler、kubelet 和 kube-proxy 服务作为客户端连接 kube-apiserver 服务，需要为它们创建客户端 CA 证书进行访问。这里以对这几个服务统一创建一个证书作为示例。

（1）通过 openssl 工具创建 CA 证书和私钥文件，命令如下：

```
$ openssl genrsa -out client.key 2048
$ openssl req -new -key client.key -subj "/CN=admin" -out client.csr
$ openssl x509 -req -in client.csr -CA ca.crt -CAkey ca.key -CAcreateserial -out client.crt -days 36500
```

其中，-subj 参数中“/CN”的名称可以被设置为“admin”，用于标识连接 kube-apiserver 的客户端用户的名称。

（2）将生成的 client.key 和 client.crt 文件保存在/etc/kubernetes/pki 目录下。

4. 创建客户端连接 kube-apiserver 服务所需的 kubeconfig 配置文件

本节为 kube-controller-manager、kube-scheduler、kubelet 和 kube-proxy 服务统一创建一个 kubeconfig 文件作为连接 kube-apiserver 服务的配置文件，后续也作为 kubectl 命令行工具连接 kube-apiserver 服务的配置文件。

在 Kubeconfig 文件中主要设置访问 kube-apiserver 的 URL 地址及所需 CA 证书等的相关参数，示例如下：

```
apiVersion: v1
kind: Config
clusters:
- name: default
  cluster:
    server: https://192.168.18.100:9443
    certificate-authority: /etc/kubernetes/pki/ca.crt
users:
- name: admin
  user:
    client-certificate: /etc/kubernetes/pki/client.crt
    client-key: /etc/kubernetes/pki/client.key
contexts:
- context:
    cluster: default
    user: admin
  name: default
current-context: default
```

其中的关键配置参数如下。

- ◎ server URL 地址：配置为负载均衡器（HAProxy）使用的 VIP 地址（如 192.168.18.100）和 HAProxy 监听的端口号（如 9443）。
- ◎ client-certificate：配置为客户端证书文件（client.crt）全路径。
- ◎ client-key：配置为客户端私钥文件（client.key）全路径。
- ◎ certificate-authority：配置为 CA 根证书（ca.crt）全路径。
- ◎ users 中的 user name 和 context 中的 user：连接 API Server 的用户名，设置为与客户端证书中的“/CN”名称保持一致，例如“admin”。

将 kubeconfig 文件保存到/etc/kubernetes 目录下。

5. 部署 kube-controller-manager 服务

（1）为 kube-controller-manager 服务创建 systemd 服务配置文件/usr/lib/systemd/system/kube-controller-manager.service，内容如下：

```
[Unit]
Description=Kubernetes Controller Manager
Documentation=https://github.com/kubernetes/kubernetes

[Service]
EnvironmentFile=/etc/kubernetes/controller-manager
ExecStart=/usr/bin/kube-controller-manager $KUBE_CONTROLLER_MANAGER_ARGS
Restart=always

[Install]
WantedBy=multi-user.target
```

（2）配置文件/etc/kubernetes/controller-manager 的内容为通过环境变量 KUBE_CONTROLLER_MANAGER_ARGS 设置的 kube-controller-manager 的全部启动参数，包含 CA 安全配置的启动参数示例如下：

```
KUBE_CONTROLLER_MANAGER_ARGS="--kubeconfig=/etc/kubernetes/kubeconfig \
--leader-elect=true \
--service-cluster-ip-range=169.169.0.0/16 \
--service-account-private-key-file=/etc/kubernetes/pki/apiserver.key \
--root-ca-file=/etc/kubernetes/pki/ca.crt \
--log-dir=/var/log/kubernetes --logtostderr=false --v=0"
```

对主要参数说明如下。

◎ --kubeconfig：与 API Server 连接的相关配置。

◎ --leader-elect：启用选举机制，在 3 个节点的环境中应被设置为 true。

◎ --service-account-private-key-file：为 ServiceAccount 自动颁发 token 使用的私钥文件全路径，例如/etc/kubernetes/pki/apiserver.key。

◎ --root-ca-file：CA 根证书全路径，例如/etc/kubernetes/pki/ca.crt。

◎ --service-cluster-ip-range：Service 虚拟 IP 地址范围，以 CIDR 格式表示，例如 169.169.0.0/16，与 kube-apiserver 服务中的配置保持一致。

（3）配置文件准备完毕后，在 3 台主机上分别启动 kube-controller-manager 服务，并设置为开机自启动：

```
    # systemctl start kube-controller-manager && systemctl enable
kube-controller-manager
```

6. 部署 kube-scheduler 服务

（1）为 kube-scheduler 服务创建 systemd 服务配置文件/usr/lib/systemd/system/kube-scheduler.service，内容如下：

```
[Unit]
Description=Kubernetes Scheduler
Documentation=https://github.com/kubernetes/kubernetes

[Service]
EnvironmentFile=/etc/kubernetes/scheduler
ExecStart=/usr/bin/kube-scheduler $KUBE_SCHEDULER_ARGS
Restart=always

[Install]
WantedBy=multi-user.target
```

（2）配置文件/etc/kubernetes/scheduler 的内容为通过环境变量 KUBE_SCHEDULER_ARGS 设置的 kube-scheduler 的全部启动参数，示例如下：

```
KUBE_SCHEDULER_ARGS="--kubeconfig=/etc/kubernetes/kubeconfig \
--leader-elect=true \
--logtostderr=false --log-dir=/var/log/kubernetes --v=0"
```

对主要参数说明如下。

◎ --kubeconfig：与 API Server 连接的相关配置。

◎ --leader-elect：启用选举机制，在 3 个节点的环境中应被设置为 true。

（3）在配置文件准备完毕后，在 3 台主机上分别启动 kube-scheduler 服务，并设置为开机自启动：

```
# systemctl start kube-scheduler && systemctl enable kube-scheduler
```

通过 systemctl status <service_name>验证服务的启动状态，状态为 running 并且没有报错日志表示启动成功，例如：

```
# systemctl status kube-apiserver
● kube-apiserver.service - Kubernetes API Server
   Loaded: loaded (/usr/lib/systemd/system/kube-apiserver.service; disabled;
vendor preset: disabled)
   Active: active (running) since Fri 2020-11-13 08:10:13 CST; 13s ago
     Docs: https://github.com/kubernetes/kubernetes
 Main PID: 7891 (kube-apiserver)
    Tasks: 8
   Memory: 383.3M
   CGroup: /system.slice/kube-apiserver.service
           └─7891 /usr/bin/kube-apiserver --insecure-port=0 --secure-port=6443
--tls-cert-file=/etc/kubernetes/pki/apiserver.crt...

Nov 13 08:10:13 k8s-1 systemd[1]: Started Kubernetes API Server.
Nov 13 08:10:15 k8s-1 kube-apiserver[7891]: Flag --insecure-port has been
deprecated, This flag will be removed in a future version.
Hint: Some lines were ellipsized, use -l to show in full.
```

7. 使用 HAProxy 和 keepalived 部署高可用负载均衡器

接下来，在 3 个 kube-apiserver 服务的前端部署 HAProxy 和 keepalived，使用 VIP 192.168.18.100 作为 Master 的唯一入口地址，供客户端访问。

将 HAProxy 和 keepalived 均部署为至少有两个实例的高可用架构，以避免单点故障。下面以在 192.168.18.3 和 192.168.18.4 两台服务器上部署为例进行说明。HAProxy 负责将客户端请求转发到后端的 3 个 kube-apiserver 实例上，keepalived 负责维护 VIP 192.168.18.100 的高可用。HAProxy 和 keepalived 的部署架构如图 2.5 所示。

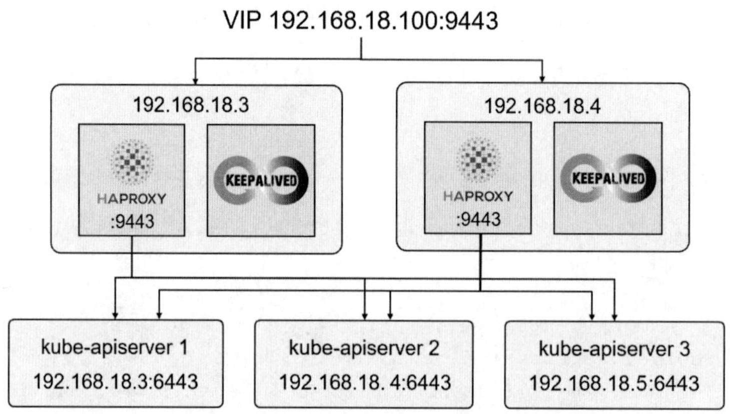

图 2.5　HAProxy 和 keepalived 的部署架构

接下来对部署 HAProxy 和 keepalived 组件进行说明。

1）部署两个 HAProxy 实例

准备 HAProxy 的配置文件 haproxy.cfg，内容示例如下：

```
global
    log         127.0.0.1 local2
    chroot      /var/lib/haproxy
    pidfile     /var/run/haproxy.pid
    maxconn     4096
    user        haproxy
    group       haproxy
    daemon
    stats socket /var/lib/haproxy/stats

defaults
    mode                    http
    log                     global
    option                  httplog
    option                  dontlognull
    option                  http-server-close
    option                  forwardfor    except 127.0.0.0/8
    option                  redispatch
    retries                 3
    timeout http-request    10s
    timeout queue           1m
```

```
    timeout connect       10s
    timeout client        1m
    timeout server        1m
    timeout http-keep-alive 10s
    timeout check         10s
    maxconn              3000

frontend  kube-apiserver
    mode                 tcp
    bind                 *:9443
    option               tcplog
    default_backend       kube-apiserver

listen stats
    mode                 http
    bind                 *:8888
    stats auth            admin:password
    stats refresh         5s
    stats realm           HAProxy\ Statistics
    stats uri            /stats
    log                  127.0.0.1 local3 err

backend kube-apiserver
    mode        tcp
    balance     roundrobin
    server  k8s-master1 192.168.18.3:6443 check
    server  k8s-master2 192.168.18.4:6443 check
    server  k8s-master3 192.168.18.5:6443 check
```

对主要参数说明如下。

◎ frontend：HAProxy 的监听协议和端口号，使用 TCP，端口号为 9443。

◎ backend：后端 3 个 kube-apiserver 的地址，以 IP:Port 方式表示，例如 192.168.18.3:6443、192.168.18.4:6443 和 192.168.18.5:6443；mode 字段用于设置协议，此处为 tcp；balance 字段用于设置负载均衡策略，例如 roundrobin 为轮询模式。

◎ listen stats：状态监控的服务配置，其中，bind 用于设置监听端口号为 8888；stats auth 用于配置访问账号；stats uri 用于配置访问 URL 路径，例如/stats。

下面以 Docker 容器方式运行 HAProxy 且镜像使用 haproxytech/haproxy-debian 为例进

行说明。

在两台服务器 192.168.18.3 和 192.168.18.4 上启动 HAProxy，将配置文件 haproxy.cfg 挂载到容器的/usr/local/etc/haproxy 目录下，启动命令如下：

```
docker run -d --name k8s-haproxy \
  --net=host \
  --restart=always \
  -v ${PWD}/haproxy.cfg:/usr/local/etc/haproxy/haproxy.cfg:ro \
  haproxytech/haproxy-debian:2.3
```

在一切正常的情况下，通过浏览器访问 http://192.168.18.3:8888/stats 地址即可访问 HAProxy 的管理页面，登录后查看到的主页界面如图 2.6 所示。

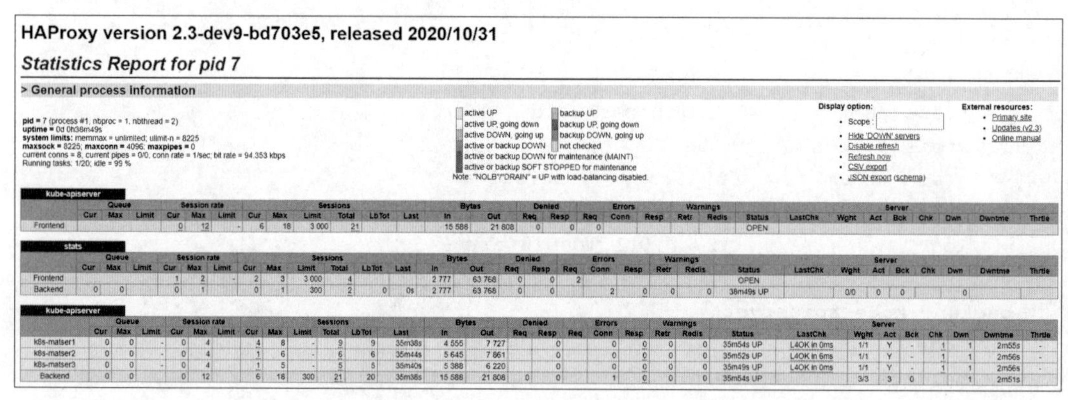

图 2.6　登录后查看到的主页界面

这里主要关注最后一个表格，其内容为 haproxy.cfg 配置文件中 backend 配置的 3 个 kube-apiserver 地址，它们的状态均为“UP”，表示与 3 个 kube-apiserver 服务成功建立连接，说明 HAProxy 工作正常。

2）部署两个 keepalived 实例

Keepalived 用于维护 VIP 地址的高可用，同样在 192.168.18.3 和 192.168.18.4 两台服务器上进行部署。主要需要配置 keepalived 监控 HAProxy 的运行状态，当某个 HAProxy 实例不可用时，自动将 VIP 地址切换到另一台主机上。下面对 keepalived 的配置和启动进行说明。

在第 1 台服务器 192.168.18.3 上创建配置文件 keepalived.conf，内容如下：

```
! Configuration File for keepalived

global_defs {
   router_id LVS_1
}

vrrp_script checkhaproxy
{
    script "/usr/bin/check-haproxy.sh"
    interval 2
    weight -30
}

vrrp_instance VI_1 {
    state MASTER
    interface ens33
    virtual_router_id 51
    priority 100
    advert_int 1

    virtual_ipaddress {
        192.168.18.100/24 dev ens33
    }

    authentication {
        auth_type PASS
        auth_pass password
    }

    track_script {
        checkhaproxy
    }
}
```

主要参数在 vrrp_instance 段中进行设置，说明如下。

◎ vrrp_instance VI_1：设置 keepalived 虚拟路由器 VRRP 的名称。

◎ state：设置为“MASTER”，将其他 keepalived 均设置为“BACKUP”。

◎ interface：待设置 VIP 地址的网卡名称。

◎ virtual_router_id：例如 51。

◎ priority：优先级，例如 100。

◎ virtual_ipaddress：VIP 地址，例如 192.168.18.100/24。

◎ authentication：访问 keepalived 服务的鉴权信息。

◎ track_script：HAProxy 健康检查脚本。

Keepalived 需要持续监控 HAProxy 的运行状态，在某个 HAProxy 实例运行不正常时，自动切换到运行正常的 HAProxy 实例上。需要创建一个 HAProxy 健康检查脚本，定期运行该脚本进行监控，例如新建脚本 check-haproxy.sh 并将其保存到/usr/bin 目录下，内容示例如下：

```
#!/bin/bash

count=`netstat -apn | grep 9443 | wc -l`

if [ $count -gt 0 ]; then
    exit 0
else
    exit 1
fi
```

若检查成功，则应返回 0；若检查失败，则返回非 0 值。Keepalived 根据上面的配置，会每隔 2s 检查一次 HAProxy 的运行状态。例如，如果在 192.168.18.3 上检查失败，keepalived 就会将 VIP 地址切换到正常运行 HAProxy 的 192.168.18.4 服务器上，保证 VIP 192.168.18.100 地址的高可用。

在第 2 台服务器 192.168.18.4 上创建配置文件 keepalived.conf，内容示例如下：

```
! Configuration File for keepalived

global_defs {
   router_id LVS_2
}

vrrp_script checkhaproxy
{
    script "/usr/bin/check-haproxy.sh"
    interval 2
    weight -30
}

vrrp_instance VI_1 {
```

```
    state BACKUP
    interface ens33
    virtual_router_id 51
    priority 100
    advert_int 1

    virtual_ipaddress {
        192.168.18.100/24 dev ens33
    }

    authentication {
        auth_type PASS
        auth_pass password
    }

    track_script {
        checkhaproxy
    }
}
```

这里与第 1 个 keepalived 配置的主要差异如下。

◎ vrrp_instance 中的 state 被设置为“BACKUP”，这是因为在整个 keepalived 集群中只能有一个被设置为“MASTER”。如果 keepalived 集群不止 2 个实例，那么除了 MASTER，其他都应被设置为“BACKUP”。

◎ vrrp_instance 的值“VI_1”需要与 MASTER 的配置相同，表示它们属于同一个虚拟路由器组（VRRP），当 MASTER 不可用时，同组的其他 BACKUP 实例会自动选举出一个新的 MASTER。

◎ HAProxy 健康检查脚本 check-haproxy.sh 与第 1 个 keepalived 的相同。

下面以 Docker 容器方式运行 Keepalived 且镜像使用 osixia/keepalived 为例进行说明。在两台服务器 192.168.18.3 和 192.168.18.4 上启动 Keepalived，将配置文件 keepalived.conf 挂载到容器的/container/service/keepalived/assets 目录下，启动命令如下：

```
docker run -d --name k8s-keepalived \
  --restart=always \
  --net=host \
  --cap-add=NET_ADMIN --cap-add=NET_BROADCAST --cap-add=NET_RAW \
  -v
```

```
${PWD}/keepalived.conf:/container/service/keepalived/assets/keepalived.conf \
    -v ${PWD}/check-haproxy.sh:/usr/bin/check-haproxy.sh \
    osixia/keepalived:2.0.20 --copy-service
```

在运行正常的情况下，keepalived 会在服务器 192.168.18.3 的网卡 ens33 上设置 192.168.18.100 的 IP 地址，同样在服务器 192.168.18.3 上运行的 HAProxy 将在该 IP 地址上监听 9443 端口号，对需要访问 Kubernetes Master 的客户端提供负载均衡器的入口地址，即 192.168.18.100:9443。

通过 ip addr 命令查看服务器 192.168.18.3 的 IP 地址信息，可以看到在 ens33 网卡上新增了 192.168.18.100 地址：

```
# ip addr
1: lo: <LOOPBACK,UP,LOWER_UP> mtu 65536 qdisc noqueue state UNKNOWN group default qlen 1000
    link/loopback 00:00:00:00:00:00 brd 00:00:00:00:00:00
    inet 127.0.0.1/8 scope host lo
      valid_lft forever preferred_lft forever
    inet6 ::1/128 scope host
      valid_lft forever preferred_lft forever
2: ens33: <BROADCAST,MULTICAST,UP,LOWER_UP> mtu 1500 qdisc pfifo_fast state UP group default qlen 1000
    link/ether 00:0c:29:85:94:bd brd ff:ff:ff:ff:ff:ff
    inet 192.168.18.3/24 brd 192.168.18.255 scope global ens33
      valid_lft forever preferred_lft forever
    inet 192.168.18.100/24 scope global secondary ens33
      valid_lft forever preferred_lft forever
    inet6 fe80::20c:29ff:fe85:94bd/64 scope link
      valid_lft forever preferred_lft forever
......
```

使用 curl 命令即可验证通过 HAProxy 的 192.168.18.100:9443 地址是否可以访问到 kube-apiserver 服务：

```
# curl -v -k https://192.168.18.100:9443
* About to connect() to 192.168.18.100 port 9443 (#0)
*   Trying 192.168.18.100...
* Connected to 192.168.18.100 (192.168.18.100) port 9443 (#0)
* Initializing NSS with certpath: sql:/etc/pki/nssdb
* skipping SSL peer certificate verification
* NSS: client certificate not found (nickname not specified)
* SSL connection using TLS_ECDHE_RSA_WITH_AES_256_GCM_SHA384
```

```
* Server certificate:
*       subject: CN=192.168.18.3
*       start date: Nov 11 07:15:01 2020 GMT
*       expire date: Oct 18 07:15:01 2120 GMT
*       common name: 192.168.18.3
*       issuer: CN=192.168.18.3
> GET / HTTP/1.1
> User-Agent: curl/7.29.0
> Host: 192.168.18.100:9443
> Accept: */*
>
< HTTP/1.1 401 Unauthorized
< Cache-Control: no-cache, private
< Content-Type: application/json
< Date: Sat, 14 Nov 2020 16:01:51 GMT
< Content-Length: 165
<
{
  "kind": "Status",
  "apiVersion": "v1",
  "metadata": {

  },
  "status": "Failure",
  "message": "Unauthorized",
  "reason": "Unauthorized",
  "code": 401
* Connection #0 to host 192.168.18.100 left intact
}
```

可以看到 TCP/IP 连接创建成功，得到响应码为 401 的应答，说明通过 VIP 地址 192.168.18.100 成功访问到了后端的 kube-apiserver 服务。至此，Master 上所需的 3 个服务就全部启动完成了。接下来就可以部署 Node 的服务了。

2.3.5　部署 Node 的服务

在 Node 上需要部署 Docker、kubelet、kube-proxy，在成功加入 Kubernetes 集群后，还需要部署 CNI 网络插件、DNS 插件等管理组件。Docker 的安装和启动详见 Docker 官网的说明文档。本节主要对如何部署 kubelet 和 kube-proxy 进行说明。CNI 网络插件的安装部署详见 7.7 节的说明，DNS 插件的安装部署详见 4.3 节的说明。

本节以将 192.168.18.3、192.168.18.4 和 192.168.18.5 三台主机部署为 Node 为例进行说明，由于这三台主机都是 Master 节点，所以最终部署结果为一个包含三个 Node 节点的 Kubernetes 集群。

1. 部署 kubelet 服务

（1）为 kubelet 服务创建 systemd 服务配置文件/usr/lib/systemd/system/kubelet.service，内容如下：

```
[Unit]
Description=Kubernetes Kubelet Server
Documentation=https://github.com/kubernetes/kubernetes
After=docker.target

[Service]
EnvironmentFile=/etc/kubernetes/kubelet
ExecStart=/usr/bin/kubelet $KUBELET_ARGS
Restart=always

[Install]
WantedBy=multi-user.target
```

（2）配置文件/etc/kubernetes/kubelet 的内容为通过环境变量 KUBELET_ARGS 设置的 kubelet 的全部启动参数，示例如下：

```
KUBELET_ARGS="--kubeconfig=/etc/kubernetes/kubeconfig
--config=/etc/kubernetes/kubelet.config \
--hostname-override=192.168.18.3 \
--network-plugin=cni \
--logtostderr=false --log-dir=/var/log/kubernetes --v=0"
```

对主要参数说明如下。

- ◎ --kubeconfig：设置与 API Server 连接的相关配置，可以与 kube-controller-manager 使用的 kubeconfig 文件相同。需要将相关客户端证书文件从 Master 主机复制到 Node 主机的/etc/kubernetes/pki 目录下，例如 ca.crt、client.key、client.crt 文件。
- ◎ --config：kubelet 配置文件，从 Kubernetes 1.10 版本开始引入，设置可以让多个 Node 共享的配置参数，例如 address、port、cgroupDriver、clusterDNS、clusterDomain

等。关于 kubelet.config 文件中可以设置的参数内容和详细说明，请参见官方文档的说明。

◎ --hostname-override：设置本 Node 在集群中的名称，默认值为主机名，应将各 Node 设置为本机 IP 或域名。

◎ --network-plugin：网络插件类型，建议使用 CNI 网络插件。

配置文件 kubelet.config 的内容示例如下：

```
kind: KubeletConfiguration
apiVersion: kubelet.config.k8s.io/v1beta1
address: 0.0.0.0
port: 10250
cgroupDriver: cgroupfs
clusterDNS: ["169.169.0.100"]
clusterDomain: cluster.local
authentication:
  anonymous:
    enabled: true
```

在本例中设置的 kubelet 参数如下。

◎ address：服务监听 IP 地址。

◎ port：服务监听端口号，默认值为 10250。

◎ cgroupDriver：设置为 cgroupDriver 驱动，默认值为 cgroupfs，可选项包括 systemd。

◎ clusterDNS：集群 DNS 服务的 IP 地址，例如 169.169.0.100。

◎ clusterDomain：服务 DNS 域名后缀，例如 cluster.local。

◎ authentication：设置是否允许匿名访问或者是否使用 webhook 进行鉴权。

（3）在配置文件准备完毕后，在各 Node 主机上启动 kubelet 服务并设置为开机自启动：

```
# systemctl start kubelet && systemctl enable kubelet
```

2. 部署 kube-proxy 服务

（1）为 kube-proxy 服务创建 systemd 服务配置文件/usr/lib/systemd/system/kube-proxy.service，内容如下：

```
[Unit]
Description=Kubernetes Kube-Proxy Server
Documentation=https://github.com/kubernetes/kubernetes
After=network.target
```

```
[Service]
EnvironmentFile=/etc/kubernetes/proxy
ExecStart=/usr/bin/kube-proxy $KUBE_PROXY_ARGS
Restart=always

[Install]
WantedBy=multi-user.target
```

（2）配置文件/etc/kubernetes/proxy 的内容为通过环境变量 KUBE_PROXY_ARGS 设置的 kube-proxy 的全部启动参数，示例如下：

```
KUBE_PROXY_ARGS="--kubeconfig=/etc/kubernetes/kubeconfig \
--hostname-override=192.168.18.3 \
--proxy-mode=iptables \
--logtostderr=false --log-dir=/var/log/kubernetes --v=0"
```

对主要参数说明如下。

◎ --kubeconfig：设置与 API Server 连接的相关配置，可以与 kubelet 使用的 kubeconfig 文件相同。相关客户端 CA 证书使用部署 kubelet 服务时从 Master 主机复制到 Node 主机的/etc/kubernetes/pki 目录下的文件，包括 ca.crt、client.key 和 client.crt。

◎ --hostname-override：设置本 Node 在集群中的名称，默认值为主机名，各 Node 应被设置为本机 IP 或域名。

◎ --proxy-mode：代理模式，包括 iptables、ipvs、kernelspace（Windows 节点使用）等。

（3）在配置文件准备完毕后，在各 Node 主机上启动 kube-proxy 服务，并设置为开机自启动：

```
# systemctl start kube-proxy && systemctl enable kube-proxy
```

3. 在 Master 上通过 kubectl 验证 Node 信息

在各个 Node 的 kubelet 和 kube-proxy 服务正常启动之后，会将本 Node 自动注册到 Master 上，然后就可以到 Master 主机上通过 kubectl 查询自动注册到 Kubernetes 集群的 Node 的信息了。

由于 Master 开启了 HTTPS 认证，所以 kubectl 也需要使用客户端 CA 证书连接 Master，可以直接使用 kube-controller-manager 的 kubeconfig 文件，命令如下：

```
# kubectl --kubeconfig=/etc/kubernetes/kubeconfig get nodes
NAME          STATUS     ROLES    AGE     VERSION
192.168.18.3   NotReady   <none>   4m12s   v1.19.0
192.168.18.4   NotReady   <none>   4m12s   v1.19.0
192.168.18.5   NotReady   <none>   4m12s   v1.19.0
```

我们可以看到各 Node 的状态为“NotReady”，这是因为还没有部署 CNI 网络插件，无法设置容器网络。

类似于通过 kubeadm 创建 Kubernetes 集群，例如选择 Calico CNI 插件运行下面的命令一键完成 CNI 网络插件的部署：

```
# kubectl apply -f "https://docs.projectcalico.org/manifests/calico.yaml"
```

在 CNI 网络插件成功运行之后，Node 的状态会更新为“Ready”：

```
# kubectl --kubeconfig=/etc/kubernetes/kubeconfig get nodes
NAME          STATUS     ROLES    AGE     VERSION
192.168.18.3   Ready      <none>   6m12s   v1.19.0
192.168.18.4   Ready      <none>   6m12s   v1.19.0
192.168.18.5   Ready      <none>   6m12s   v1.19.0
```

为了使 Kubernetes 集群正常工作，我们还需要部署 DNS 服务，建议使用 CoreDNS 进行部署，请参见 4.3 节的说明。

至此，一个有三个 Master 节点的高可用 Kubernetes 集群就部署完成了，接下来用户就可以创建 Pod、Deployment、Service 等资源对象来部署、管理容器应用和微服务了。

本节对 Kubernetes 各服务启动进程的关键配置参数进行了简要说明，实际上 Kubernetes 的每个服务都提供了许多可配置的参数。这些参数涉及安全性、性能优化及功能扩展等方方面面。全面理解和掌握这些参数的含义和配置，对 Kubernetes 的生产部署及日常运维都有很大帮助。对各服务配置参数的详细说明参见附录 A。

2.3.6　kube-apiserver 基于 token 的认证机制

Kubernetes 除了提供了基于 CA 证书的认证方式，也提供了基于 HTTP Token 的简单认证方式。各客户端组件与 API Server 之间的通信方式仍然采用 HTTPS，但不采用 CA 数字证书。这种认证机制与 CA 证书相比，安全性很低，在生产环境不建议使用。

采用基于 HTTP Token 的简单认证方式时，API Server 对外暴露 HTTPS 端口，客户端携带 Token 来完成认证过程。需要说明的是，kubectl 命令行工具比较特殊，它同时支持 CA 证书和简单认证两种方式与 API Server 通信，其他客户端组件只能配置基于 CA 证书的认证方式或者非安全方式与 API Server 通信。

基于 Token 认证的配置过程如下。

（1）创建包括用户名、密码和 UID 的文件 token_auth_file，将其放置在合适的目录下，例如/etc/kuberntes 目录。需要注意的是，这是一个纯文本文件，用户名、密码都是明文。

```
$ cat /etc/kubernetes/token_auth_file
admin,admin,1
system,system,2
```

（2）设置 kube-apiserver 的启动参数“--token-auth-file”，使用上述文件提供安全认证，然后重启 API Server 服务。

```
--secure-port=6443
--token-auth-file=/etc/kubernetes/token_auth_file
```

（3）用 curl 客户端工具通过 token 访问 API Server：

```
$ curl -k --header "Authorization:Bearer admin"
https://192.168.18.3:6443/version
{
  "major": "1",
  "minor": "19",
  "gitVersion": "v1.19.0",
  "gitCommit": "e19964183377d0ec2052d1f1fa930c4d7575bd50",
  "gitTreeState": "clean",
  "buildDate": "2020-08-26T14:23:04Z",
  "goVersion": "go1.15",
  "compiler": "gc",
  "platform": "linux/amd64"
}
```

2.4 使用私有镜像库的相关配置

在 Kubernetes 集群中，容器应用都是基于镜像启动的，在私有云环境中建议搭建私有镜像库对镜像进行统一管理，在公有云环境中可以直接使用云服务商提供的镜像库。

私有镜像库有两种选择。

（1）Docker 提供的 Registry 镜像库，详细说明请参考官网的说明。

（2）Harbor 镜像仓库，详细说明请参考官网的说明或者 Harbor 项目维护者及贡献者编写的《Harbor 权威指南》一书。

此外，Kubernetes 对于创建 Pod 需要使用一个名为“pause”的镜像，tag 名为“k8s.gcr.io/pause:3.2”，默认从镜像库 k8s.gcr.io 下载，在私有云环境中可以将其上传到私有镜像库，并修改 kubelet 的启动参数--pod-infra-container-image，将其设置为使用镜像库的镜像名称，例如：

```
--pod-infra-container-image=<my-private-registry>/pause:3.2
```

2.5　Kubernetes 的版本升级

本节讲解 Kubernetes 的版本升级方面的内容。

2.5.1　二进制文件升级

在进行 Kubernetes 的版本升级之前，需要考虑不中断正在运行的业务容器的灰度升级方案。常见的做法是：先更新 Master 上 Kubernetes 服务的版本，再逐个或批量更新集群中的 Node 上 Kubernetes 服务的版本。更新 Node 的 Kubernetes 服务的步骤通常包括：先隔离一个或多个 Node 的业务流量，等待这些 Node 上运行的 Pod 将当前任务全部执行完成后，停掉业务应用（Pod），再更新这些 Node 上的 kubelet 和 kube-proxy 版本，更新完成后重启业务应用（Pod），并将业务流量导入新启动的这些 Node 上，再隔离剩余的 Node，逐步完成 Node 的版本升级，最终完成整个集群的 Kubernetes 版本升级。

同时，应该考虑高版本的 Master 对低版本的 Node 的兼容性问题。高版本的 Master 通常可以管理低版本的 Node，但版本差异不应过大，以免某些功能或 API 版本被弃用后，低版本的 Node 无法运行。

◎ 通过官网获取最新版本的二进制包 kubernetes.tar.gz，解压后提取服务的二进制文件。

◎ 更新 Master 的 kube-apiserver、kube-controller-manager、kube-scheduler 服务的二进制文件和相关配置（在需要修改时更新）并重启服务。

◎ 逐个或批量隔离 Node，等待其上运行的全部容器工作完成后停掉 Pod，更新 kubelet、kube-proxy 服务文件和相关配置（在需要修改时更新），然后重启这两个服务。

2.5.2 使用 kubeadm 进行集群升级

kubeadm 提供了 upgrade 命令用于对 kubeadm 安装的 Kubernetes 集群进行升级。这一功能提供了从 1.10 到 1.11、从 1.11 到 1.12、从 1.12 到 1.13 及从 1.13 到 1.14 升级的能力，本节以从 1.13 到 1.14 升级为例进行说明。

升级之前需要注意：

◎ 虽然 kubeadm 的升级不会触及工作负载，但还是要在升级之前做好备份；
◎ 升级过程中可能会因为 Pod 的变化而造成容器重启。

继续以 CentOS 7 环境为例，首先需要升级的是 kubeadm：

```
# yum install -y kubeadm-1.14.0 --disableexcludes=kubernetes
```

查看 kubeadm 的版本：

```
# kubeadm version
kubeadm version: &version.Info{Major:"1", Minor:"14", GitVersion:"v1.14.0",
GitCommit:"641856db18352033a0d96dbc99153fa3b27298e5", GitTreeState:"clean",
BuildDate:"2019-03-25T15:51:21Z", GoVersion:"go1.12.1", Compiler:"gc",
Platform:"linux/amd64"}
```

接下来查看 kubeadm 的升级计划：

```
# kubeadm upgrade plan
```

会出现预备升级的内容描述：

```
[preflight] Running pre-flight checks.
[upgrade] Making sure the cluster is healthy:
[upgrade/config] Making sure the configuration is correct:
[upgrade/config] Reading configuration from the cluster...
[upgrade/config] FYI: You can look at this config file with 'kubectl -n kube-system
get cm kubeadm-config -oyaml'
[upgrade] Fetching available versions to upgrade to
[upgrade/versions] Cluster version: v1.13.2
[upgrade/versions] kubeadm version: v1.14.0
```

```
Awesome, you're up-to-date! Enjoy!
```

按照任务指引进行升级：

```
# kubeadm upgrade apply 1.14.0
[preflight] Running pre-flight checks.
[upgrade] Making sure the cluster is healthy:
[upgrade/config] Making sure the configuration is correct:
[upgrade/config] Reading configuration from the cluster...
[upgrade/config] FYI: You can look at this config file with 'kubectl -n kube-system get cm kubeadm-config -o yaml'
[upgrade/version] You have chosen to change the cluster version to "v1.14.0"
[upgrade/versions] Cluster version: v1.13.2
[upgrade/versions] kubeadm version: v1.14.0
[upgrade/confirm] Are you sure you want to proceed with the upgrade? [y/N]:
```

输入“y”，确认后开始升级。

运行完成之后，再次查询版本：

```
# kubectl version
Client Version: version.Info{Major:"1", Minor:"13", GitVersion:"v1.13.2", GitCommit:"cff46ab41ff0bb44d8584413b598ad8360ec1def", GitTreeState:"clean", BuildDate:"2019-01-10T23:35:51Z", GoVersion:"go1.11.4", Compiler:"gc", Platform:"linux/amd64"}
Server Version: version.Info{Major:"1", Minor:"14", GitVersion:"v1.14.0", GitCommit:"641856db18352033a0d96dbc99153fa3b27298e5", GitTreeState:"clean", BuildDate:"2019-03-25T15:45:25Z", GoVersion:"go1.12.1", Compiler:"gc", Platform:"linux/amd64"}
```

可以看到，虽然 kubectl 还是 1.13.2，服务端的控制平面已经升级到了 1.14.0，但是查看 Node 版本，会发现 Node 版本还是滞后的：

```
# kubectl get nodes
NAME             STATUS   ROLES    AGE   VERSION
node-kubeadm-1   Ready    master   15m   v1.13.2
node-kubeadm-2   Ready    <none>   13m   v1.13.2
```

然后可以对节点配置进行升级：

```
# kubeadm upgrade node config --kubelet-version 1.14.0
```

接下来，直接下载新版本的 kubectl 二进制文件，用其覆盖旧版本的文件来完成 kubectl

的升级，这样就完成了集群的整体升级：

```
# kubectl get nodes
NAME             STATUS   ROLES    AGE   VERSION
node-kubeadm-1   Ready    master   25m   v1.14.0
node-kubeadm-2   Ready    <none>   22m   v1.14.0
```

2.6 CRI（容器运行时接口）详解

归根结底，Kubernetes Node（kubelet）的主要功能就是启动和停止容器的组件，我们称之为容器运行时（Container Runtime），其中最知名的就是 Docker 了。为了更具扩展性，Kubernetes 从 1.5 版本开始就加入了容器运行时插件 API，即 Container Runtime Interface，简称 CRI。

2.6.1 CRI 概述

每个容器运行时都有特点，因此不少用户希望 Kubernetes 能够支持更多的容器运行时。Kubernetes 从 1.5 版本开始引入了 CRI 接口规范，通过插件接口模式，Kubernetes 无须重新编译就可以使用更多的容器运行时。CRI 包含 Protocol Buffers、gRPC API、运行库支持及开发中的标准规范和工具。Docker 的 CRI 实现在 Kubernetes 1.6 中被更新为 Beta 版本，并在 kubelet 启动时默认启动。

可替代的容器运行时支持是 Kubernetes 中的新概念。在 Kubernetes 1.3 发布时，rktnetes 项目同时发布，让 rkt 容器引擎成为除 Docker 外的又一选择。然而，不管是 Docker 还是 rkt，都用到了 kubelet 的内部接口，同 kubelet 源码纠缠不清。这种程度的集成需要对 kubelet 的内部机制有非常深入的了解，还会给社区带来管理压力，这就给新生代容器运行时造成了难以跨越的集成壁垒。CRI 接口规范尝试用定义清晰的抽象层清除这一壁垒，让开发者能够专注于容器运行时本身。

2.6.2 CRI 的主要组件

kubelet 使用 gRPC 框架通过 UNIX Socket 与容器运行时（或 CRI 代理）进行通信。在这个过程中 kubelet 是客户端，CRI 代理（shim）是服务端，如图 2.7 所示。

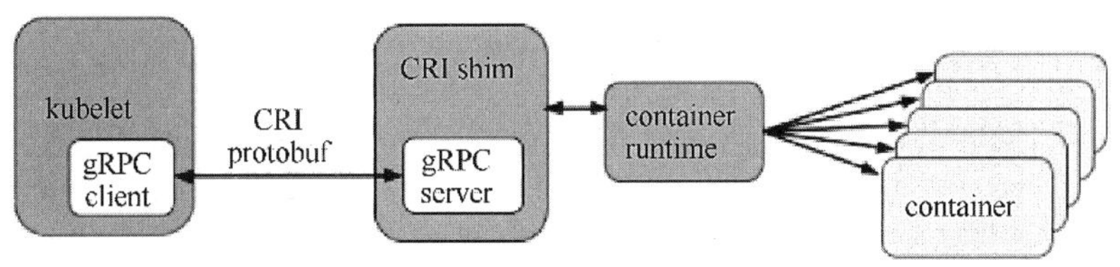

图 2.7　CRI 的主要组件

Protocol Buffers API 包含两个 gRPC 服务：ImageService 和 RuntimeService。

◎ ImageService 提供了从仓库中拉取镜像、查看和移除镜像的功能。

◎ RuntimeService 负责 Pod 和容器的生命周期管理，以及与容器的交互（exec/attach/port-forward）。rkt 和 Docker 这样的容器运行时可以使用一个 Socket 同时提供两个服务，在 kubelet 中可以用 --container-runtime-endpoint 和 --image-service-endpoint 参数设置这个 Socket。

2.6.3　Pod 和容器的生命周期管理

Pod 由一组应用容器组成，其中包含共有的环境和资源约束。在 CRI 里，这个环境被称为 PodSandbox。Kubernetes 有意为容器运行时留下一些发挥空间，它们可以根据自己的内部实现来解释 PodSandbox。对于 Hypervisor 类的运行时，PodSandbox 会具体化为一个虚拟机。其他例如 Docker，会是一个 Linux 命名空间。在 v1alpha1 API 中，kubelet 会创建 Pod 级别的 cgroup 传递给容器运行时，并以此运行所有进程来满足 PodSandbox 对 Pod 的资源保障。

在启动 Pod 之前，kubelet 调用 RuntimeService.RunPodSandbox 来创建环境。这一过程包括为 Pod 设置网络资源（分配 IP 等操作）。PodSandbox 被激活之后，就可以独立地创建、启动、停止和删除不同的容器了。kubelet 会在停止和删除 PodSandbox 之前首先停止和删除其中的容器。

kubelet 的职责在于通过 RPC 管理容器的生命周期，实现容器生命周期的钩子、存活和健康监测，以及执行 Pod 的重启策略等。

RuntimeService 服务包括对 Sandbox 和 Container 操作的方法，下面的伪代码展示了主要的 RPC 方法：

```
service RuntimeService {
    // 沙箱操作
```

```
        rpc RunPodSandbox(RunPodSandboxRequest) returns (RunPodSandboxResponse) {}
        rpc StopPodSandbox(StopPodSandboxRequest) returns (StopPodSandboxResponse) {}
        rpc RemovePodSandbox(RemovePodSandboxRequest) returns
(RemovePodSandboxResponse) {}
        rpc PodSandboxStatus(PodSandboxStatusRequest) returns
(PodSandboxStatusResponse) {}
        rpc ListPodSandbox(ListPodSandboxRequest) returns (ListPodSandboxResponse) {}
        // 容器操作
        rpc CreateContainer(CreateContainerRequest) returns
(CreateContainerResponse) {}
        rpc StartContainer(StartContainerRequest) returns (StartContainerResponse) {}
        rpc StopContainer(StopContainerRequest) returns (StopContainerResponse) {}
        rpc RemoveContainer(RemoveContainerRequest) returns
(RemoveContainerResponse) {}
        rpc ListContainers(ListContainersRequest) returns (ListContainersResponse) {}
        rpc ContainerStatus(ContainerStatusRequest) returns
(ContainerStatusResponse) {}
        ......
    }
```

2.6.4 面向容器级别的设计思路

众所周知，Kubernetes 的最小调度单元是 Pod，它曾经可能采用的一个 CRI 设计就是复用 Pod 对象，使得容器运行时可以自行实现控制逻辑和状态转换，这样一来，就能极大地简化 API，让 CRI 能够更广泛地适用于多种容器运行时。但是经过深入讨论之后，Kubernetes 放弃了这一想法。

首先，kubelet 有很多 Pod 级别的功能和机制（例如 crash-loop backoff 机制），如果交给容器运行时去实现，则会造成很重的负担；然后，Pod 标准还在快速演进。很多新功能（如初始化容器）都是由 kubelet 完成管理的，无须交给容器运行时实现。

CRI 选择了在容器级别进行实现，使得容器运行时能够共享这些通用特性，以获得更快的开发速度。这并不意味着设计哲学的改变——kubelet 要负责、保证容器应用的实际状态和声明状态的一致性。

Kubernetes 为用户提供了与 Pod 及其中的容器进行交互的功能（kubectl exec/attach/port- forward）。kubelet 目前提供了两种方式来支持这些功能：①调用容器的本地方法；②使用 Node 上的工具（例如 nsenter 及 socat）。

因为多数工具都假设 Pod 用 Linux namespace 做了隔离，因此使用 Node 上的工具并不是一种容易移植的方案。在 CRI 中显式定义了这些调用方法，让容器运行时进行具体实现。下面的伪代码显示了 Exec、Attach、PortForward 这几个调用需要实现的 RuntimeService 方法：

```
service RuntimeService {
    ......
    // ExecSync 在容器中同步运行一个命令
    rpc ExecSync(ExecSyncRequest) returns (ExecSyncResponse) {}
    // Exec 在容器中运行命令
    rpc Exec(ExecRequest) returns (ExecResponse) {}
    // Attach 附着在容器上
    rpc Attach(AttachRequest) returns (AttachResponse) {}
    // PortForward 从 Pod 沙箱中进行端口转发
    rpc PortForward(PortForwardRequest) returns (PortForwardResponse) {}
    ......
}
```

目前还有一个潜在的问题是，kubelet 处理所有的请求连接，使其有成为 Node 通信瓶颈的可能。在设计 CRI 时，要让容器运行时能够跳过中间过程。容器运行时可以启动一个单独的流式服务来处理请求（还能对 Pod 的资源使用情况进行记录），并将服务地址返回给 kubelet。这样 kubelet 就能反馈信息给 API Server，使之可以直接连接到容器运行时提供的服务，并连接到客户端。

2.6.5　尝试使用新的 Docker-CRI 来创建容器

要尝试新的 kubelet-CRI-Docker 集成，只需为 kubelet 启动参数加上--enable-cri=true 开关来启动 CRI。这个选项从 Kubernetes 1.6 开始已经作为 kubelet 的默认选项了。如果不希望使用 CRI，则可以设置--enable-cri=false 来关闭这个功能。

查看 kubelet 的日志，可以看到启用 CRI 和创建 gRPC Server 的日志：

```
    I0603 15:08:28.953332    3442 container_manager_linux.go:250] Creating
Container Manager object based on Node Config: {RuntimeCgroupsName: SystemCgroupsName:
KubeletCgroupsName: ContainerRuntime:docker CgroupsPerQOS:true CgroupRoot:/
CgroupDriver:cgroupfs ProtectKernelDefaults:false EnableCRI:true
NodeAllocatableConfig:{KubeReservedCgroupName: SystemReservedCgroupName:
EnforceNodeAllocatable:map[pods:{}] KubeReserved:map[] SystemReserved:map[]
HardEvictionThresholds:[{Signal:memory.available Operator:LessThan
```

```
Value:{Quantity:100Mi Percentage:0} GracePeriod:0s MinReclaim:<nil>}]}
ExperimentalQOSReserved:map[]}
    ......
    I0603 15:08:29.060283    3442 kubelet.go:573] Starting the GRPC server for the
docker CRI shim.
```

创建一个 Deployment：

```
    $ kubectl run nginx --image=nginx
    deployment "nginx " created
```

查看 Pod 的详细信息，可以看到将会创建沙箱（Sandbox）的 Event：

```
    $ kubectl describe pod nginx
    ......
    Events:
    ...From                 Type    Reason              Message
    ...-----------------    -----   ---------------     ---------------------------
    ...default-scheduler    Normal  Scheduled           Successfully assigned nginx
to k8s-node-1
    ...kubelet, k8s-node-1  Normal  SandboxReceived     Pod sandbox received, it will
be created.
    ......
```

这表明 kubelet 使用了 CRI 接口来创建容器。

2.6.6 CRI 的进展

目前已经有多款开源 CRI 项目可用于 Kubernetes：Docker、CRI-O、Containerd、frakti（基于 Hypervisor 的容器运行时），各 CRI 运行时的安装手册可参考官网的说明。

2.7 kubectl 命令行工具用法详解

kubectl 作为客户端 CLI 工具，可以让用户通过命令行对 Kubernetes 集群进行操作。本节对 kubectl 的子命令和用法进行详细说明。

2.7.1　kubectl 用法概述

kubectl 命令行的语法如下：

```
$ kubectl [command] [TYPE] [NAME] [flags]
```

其中，command、TYPE、NAME、flags 的含义如下。

（1）command：子命令，用于操作资源对象，例如 create、get、describe、delete 等。

（2）TYPE：资源对象的类型，区分大小写，能以单数、复数或者简写形式表示。例如以下 3 种 TYPE 是等价的。

```
$ kubectl get pod pod1
$ kubectl get pods pod1
$ kubectl get po pod1
```

（3）NAME：资源对象的名称，区分大小写。如果不指定名称，系统则将返回属于 TYPE 的全部对象的列表，例如运行 kubectl get pods 命令后将返回所有 Pod 的列表。

在一个命令行中也可以同时对多个资源对象进行操作，以多个 TYPE 和 NAME 的组合表示，示例如下。

◎ 获取多个相同类型资源的信息，以 TYPE1 name1 name2 name<#>格式表示：

```
$ kubectl get pod example-pod1 example-pod2
```

◎ 获取多种不同类型对象的信息，以 TYPE1/name1 TYPE1/name2 TYPE2/name3 TYPE<#>/name<#>格式表示：

```
$ kubectl get pod/example-pod1 replicationcontroller/example-rc1
```

◎ 同时应用多个 YAML 文件，以多个-f file 参数表示：

```
$ kubectl get pod -f pod1.yaml -f pod2.yaml
$ kubectl create -f pod1.yaml -f rc1.yaml -f service1.yaml
```

（4）flags：kubectl 子命令的可选参数，例如使用-s 或--server 设置 API Server 的 URL 地址，而不使用默认值。

2.7.2　kubectl 子命令详解

kubectl 的子命令非常丰富，涵盖了对 Kubernetes 集群的主要操作，包括资源对象的创建、删除、查看、修改、配置、运行等。详细的子命令如表 2.5 所示。

表 2.5　kubectl 子命令详解

子命令	语法	说明
alpha	kubectl alpha SUBCOMMAND [flags]	显示 Alpha 版特性的可用命令，例如 debug 命令
annotate	kubectl annotate (-f FILENAME | TYPE NAME | TYPE/NAME) KEY_1=VAL_1 ... KEY_N=VAL_N [--overwrite] [--all] [--resource-version=version] [flags]	添加或更新资源对象的 annotation 信息
api-versions	kubectl api-versions [flags]	列出当前系统支持的 API 版本列表，格式为“group/version”
apply	kubectl apply -f FILENAME [flags]	从配置文件或 stdin 中对资源对象进行配置更新
attach	kubectl attach POD -c CONTAINER [flags]	附着到一个正在运行的容器上
auth	kubectl auth [flags] [options]	检测 RBAC 权限设置
autoscale	kubectl autoscale (-f FILENAME | TYPE NAME | TYPE/NAME) [--min=MINPODS] --max=MAXPODS [--cpu-percent=CPU] [flags]	对 Deployment、ReplicaSet 或 ReplicationController 进行水平自动扩容和缩容的设置
certificate	kubectl certificate SUBCOMMAND [options]	修改 certificate 资源
cluster-info	kubectl cluster-info [flags]	显示集群 Master 和内置服务的信息
completion	kubectl completion SHELL [flags]	输出 Shell 命令的运行结果码（bash 或 zsh）
config	kubectl config SUBCOMMAND [flags]	修改 kubeconfig 文件
convert	kubectl convert –f FILENAME [flags]	转换配置文件为不同的 API 版本，文件类型可以为 yaml 或 json
cordon	kubectl cordon NODE [flags]	将 Node 标记为 unschedulable，即“隔离”出集群调度范围
cp	kubectl cp <file-spec-src> <file-spec-dest> [options]	从容器中复制文件/目录到主机或者将主机文件/目录复制到容器中
create	kubectl create –f FILENAME [flags]	从配置文件或 stdin 中创建资源对象
delete	kubectl delete (-f FILENAME | TYPE [NAME | /NAME | -l label | --all]) [flags]	根据配置文件、stdin、资源名称或 label selector 删除资源对象

续表

子 命 令	语　　法	说　　明
describe	kubectl describe (-f FILENAME | TYPE [NAME_PREFIX | /NAME | -l label]) [flags]	描述一个或多个资源对象的详细信息
diff	kubectl diff -f FILENAME [options]	查看配置文件与当前系统中正在运行的资源对象的差异
drain	kubectl drain NODE [flags]	首先将 Node 设置为 unschedulable，然后删除在该 Node 上运行的所有 Pod，但不会删除不由 API Server 管理的 Pod
edit	kubectl edit (-f FILENAME | TYPE NAME | TYPE/NAME) [flags]	编辑资源对象的属性，在线更新
exec	kubectl exec POD [-c CONTAINER] [-i] [-t] [flags] [-- COMMAND [args...]]	运行一个容器中的命令
explain	kubectl explain [--include-extended-apis=true] [--recursive=false] [flags]	对资源对象属性的详细说明
expose	kubectl expose (-f FILENAME | TYPE NAME | TYPE/NAME) [--port=port] [--protocol=TCP|UDP] [--target-port=number-or-name] [--name=name] [----external-ip=external-ip-of-service] [--type=type] [flags]	将已经存在的一个 RC、Service、Deployment 或 Pod 暴露为一个新的 Service
get	kubectl get (-f FILENAME | TYPE [NAME | /NAME | -l label]) [--watch] [--sort-by=FIELD] [[-o | --output]=OUTPUT_FORMAT] [flags]	显示一个或多个资源对象的概要信息
kustomize	kubectl kustomize <dir> [flags] [options]	列出基于 kustomization.yaml 配置文件生成的 API 资源对象，参数必须是包含 kustomization.yaml 的目录名称或者一个 Git 库的 URL 地址
label	kubectl label (-f FILENAME | TYPE NAME | TYPE/NAME) KEY_1=VAL_1 ... KEY_N=VAL_N [--overwrite] [--all] [--resource-version=version] [flags]	设置或更新资源对象的 labels
logs	kubectl logs POD [-c CONTAINER] [--follow] [flags]	在屏幕上打印一个容器的日志
options	kubectl options	显示作用于所有子命令的公共参数

续表

子 命 令	语　　法	说　　明
patch	kubectl patch (-f FILENAME | TYPE NAME | TYPE/NAME) --patch PATCH [flags] kubectl patch (-f FILENAME | TYPE NAME | TYPE/NAME) --patch PATCH [flags]	以 merge 形式对资源对象的部分字段的值进行修改
plugin	kubectl plugin [flags] [options]	在 kubectl 命令行使用用户自定义的插件
port-forward	kubectl port-forward POD [LOCAL_PORT:]REMOTE_PORT [...[LOCAL_PORT_N:]REMOTE_PORT_N] [flags]	将本机的某个端口号映射到 Pod 的端口号，通常用于测试
proxy	kubectl proxy [--port=PORT] [--www=static-dir] [--www-prefix=prefix] [--api-prefix=prefix] [flags]	将本机某个端口号映射到 API Server
replace	kubectl replace -f FILENAME [flags]	从配置文件或 stdin 替换资源对象
rollout	kubectl rollout SUBCOMMAND [flags]	管理资源部署，可管理的资源类型包括 deployments、daemonsets 和 statefulsets
run	kubectl run NAME --image=image [--env="key=value"] [--port=port] [--replicas=replicas] [--dry-run=bool] [--overrides=inline-json] [flags]	基于一个镜像在 Kubernetes 集群中启动一个 Deployment
scale	kubectl scale (-f FILENAME | TYPE NAME | TYPE/NAME) --replicas=COUNT [--resource-version=version] [--current-replicas=count] [flags]	扩容、缩容一个 Deployment、ReplicaSet、RC 或 Job 中 Pod 的数量
set	kubectl set SUBCOMMAND [flags]	设置资源对象的某个特定信息，目前仅支持修改容器的镜像
taint	kubectl taint NODE NAME KEY_1=VAL_1:TAINT_EFFECT_1 ... KEY_N=VAL_N:TAINT_EFFECT_N [flags]	设置 Node 的 taint 信息，用于将特定的 Pod 调度到特定的 Node 的操作，为 Alpha 版本的功能
top	kubectl top node kubectl top pod	查看 Node 或 Pod 的资源使用情况，需要在集群中运行 Metrics Server
uncordon	kubectl uncordon NODE [flags]	将 Node 设置为 schedulable
version	kubectl version [--client] [flags]	打印系统的版本信息
wait	kubectl wait ([-f FILENAME] | resource.group/resource.name | resource.group [(-l label | --all)]) [--for=delete|--for condition=available] [options]	[实验性] 等待一个或多个资源上的特定条件

2.7.3　kubectl 可操作的资源对象详解

kubectl 可操作的资源对象列表如表 2.6 所示，可以通过 kubectl api-resources 命令进行查看。

表 2.6　kubectl 可操作的资源对象类型及其缩写

资源对象类型	缩　写	所属 API 组	是否受限于命名空间	类型（Kind）
bindings			TRUE	Binding
componentstatuses	cs		FALSE	ComponentStatus
configmaps	cm		TRUE	ConfigMap
endpoints	ep		TRUE	Endpoints
events	ev		TRUE	Event
limitranges	limits		TRUE	LimitRange
namespaces	ns		FALSE	Namespace
nodes	no		FALSE	Node
persistentvolumeclaims	pvc		TRUE	PersistentVolumeClaim
persistentvolumes	pv		FALSE	PersistentVolume
pods	po		TRUE	Pod
podtemplates			TRUE	PodTemplate
replicationcontrollers	rc		TRUE	ReplicationController
resourcequotas	quota		TRUE	ResourceQuota
secrets			TRUE	Secret
serviceaccounts	sa		TRUE	ServiceAccount
services	svc		TRUE	Service
mutatingwebhookconfigurations		admissionregistration.k8s.io	FALSE	MutatingWebhookConfiguration
validatingwebhookconfigurations		admissionregistration.k8s.io	FALSE	ValidatingWebhookConfiguration
customresourcedefinitions	crd,crds	apiextensions.k8s.io	FALSE	CustomResourceDefinition
apiservices		apiregistration.k8s.io	FALSE	APIService
controllerrevisions		apps	TRUE	ControllerRevision
daemonsets	ds	apps	TRUE	DaemonSet
deployments	deploy	apps	TRUE	Deployment

续表

资源对象类型	缩 写	所属 API 组	是否受限于命名空间	类型（Kind）
replicasets	rs	apps	TRUE	ReplicaSet
statefulsets	sts	apps	TRUE	StatefulSet
tokenreviews		authentication.k8s.io	FALSE	TokenReview
localsubjectaccessreviews		authorization.k8s.io	TRUE	LocalSubjectAccessReview
selfsubjectaccessreviews		authorization.k8s.io	FALSE	SelfSubjectAccessReview
selfsubjectrulesreviews		authorization.k8s.io	FALSE	SelfSubjectRulesReview
subjectaccessreviews		authorization.k8s.io	FALSE	SubjectAccessReview
horizontalpodautoscalers	hpa	autoscaling	TRUE	HorizontalPodAutoscaler
cronjobs	cj	batch	TRUE	CronJob
jobs		batch	TRUE	Job
certificatesigningrequests	csr	certificates.k8s.io	FALSE	CertificateSigningRequest
leases		coordination.k8s.io	TRUE	Lease
endpointslices		discovery.k8s.io	TRUE	EndpointSlice
flowschemas		flowcontrol.apiserver.k8s.io	FALSE	FlowSchema
prioritylevelconfigurations		flowcontrol.apiserver.k8s.io	FALSE	PriorityLevelConfiguration
ingressclasses		networking.k8s.io	FALSE	IngressClass
ingresses	ing	networking.k8s.io	TRUE	Ingress
networkpolicies	netpol	networking.k8s.io	TRUE	NetworkPolicy
runtimeclasses		node.k8s.io	FALSE	RuntimeClass
poddisruptionbudgets	pdb	policy	TRUE	PodDisruptionBudget
podsecuritypolicies	psp	policy	FALSE	PodSecurityPolicy
clusterrolebindings		rbac.authorization.k8s.io	FALSE	ClusterRoleBinding
clusterroles		rbac.authorization.k8s.io	FALSE	ClusterRole
rolebindings		rbac.authorization.k8s.io	TRUE	RoleBinding
roles		rbac.authorization.k8s.io	TRUE	Role
priorityclasses	pc	scheduling.k8s.io	FALSE	PriorityClass
csidrivers		storage.k8s.io	FALSE	CSIDriver

续表

资源对象类型	缩　写	所属 API 组	是否受限于命名空间	类型（Kind）
csinodes		storage.k8s.io	FALSE	CSINode
storageclasses	sc	storage.k8s.io	FALSE	StorageClass
volumeattachments		storage.k8s.io	FALSE	VolumeAttachment

2.7.4　kubectl 的公共参数说明

kubectl 的公共参数如表 2.7 所示。

表 2.7　kubectl 的公共参数

参数名和取值示例	说　明
--add-dir-header=false	设置为 true 时，表示将源码所在目录的名称输出到日志
--alsologtostderr=false	设置为 true 时，表示将日志同时输出到文件和 stderr
--as=''	设置本次操作的用户名（Username）
--as-group=[]	设置本次操作的用户组名，重复多次时可以设置多个组名
--cache-dir='/root/.kube/cache'	缓存目录，默认值为'/root/.kube/cache'
--certificate-authority=''	用于 CA 授权的 cert 文件路径
--client-certificate=''	用于 TLS 的客户端证书文件路径
--client-key=''	用于 TLS 的客户端 key 文件路径
--cluster=''	设置要使用的 kubeconfig 中的 cluster 名称
--context=''	设置要使用的 kubeconfig 中的 context 名称
--insecure-skip-tls-verify=false	设置为 true 表示跳过 TLS 安全验证模式，将使得 HTTPS 连接不安全
--kubeconfig=''	kubeconfig 配置文件路径，在配置文件中包括 Master 的地址信息及必要的认证信息
--log-backtrace-at=:0	记录日志每到“file:行号”时打印一次 stack trace
--log-dir=''	日志文件路径
--log-file=''	设置日志文件的名称
--log-file-max-size=1800	设置日志文件的最大体积，单位为 MB，设置为 0 表示无限制，默认值为 1800MB
--log-flush-frequency=5s	设置 flush 日志文件的时间间隔
--logtostderr=true	设置为 true 表示将日志输出到 stderr，不输出到日志文件

续表

参数名和取值示例	说　明
--match-server-version=false	设置为 true 表示客户端版本号需要与服务端一致
-n, --namespace=''	设置本次操作资源所在命名空间的名称
--password=''	设置 API Server 的 basic authentication 的密码
--profile='none'	设置需要采集的性能配置名称，可选项包括 none、cpu、heap、goroutine、threadcreate、block、mutex，默认值为'none'
--profile-output='profile.pprof'	设置性能分析文件的名称
--request-timeout='0'	设置请求处理超时时间，例如 1s、2m、3h，设置为 0 表示无超时时间
-s, --server=''	设置 API Server 的 URL 地址，默认值为 localhost:8080
--skip-headers=false	设置为 true 时，表示在日志信息中不显示 header prefix 信息，默认值为 false
--skip-log-headers=false	设置为 true 时，表示在日志信息中不显示 header 信息，默认值为 false
--stderrthreshold=2	将该 threshold 级别之上的日志输出到 stderr，默认值为 2
--tls-server-name=''	设置服务端证书验证时的服务器名称，在未指定时使用本机主机名
--token=''	设置访问 API Server 的安全 Token
--user=''	指定用户名（应在 kubeconfig 配置文件中设置过）
--username=''	设置 API Server 的 basic authentication 的用户名
--v=0	glog 日志级别
--vmodule=	glog 基于模块的详细日志级别
--warnings-as-errors=false	将 Warning 视为 Error，以非 0 的退出码直接退出

每个子命令（如 create、delete、get 等）还有其特定的命令行参数，可以通过$ kubectl [command] --help 命令进行查看。

2.7.5 kubectl 格式化输出

kubectl 命令可以对结果进行多种格式化显示，输出的格式通过-o 参数指定：

```
$ kubectl [command] [TYPE] [NAME] -o=<output_format>
```

根据不同子命令的输出结果，可选的输出格式如表 2.8 所示。

表 2.8　kubectl 命令的可选输出格式列表

输 出 格 式	说　　明
-o custom-columns=<spec>	根据自定义列名进行输出，以逗号分隔
-o custom-columns-file=<filename>	设置自定义列名的配置文件名称
-o json	以 JSON 格式显示结果
-o jsonpath=<template>	输出 jsonpath 表达式定义的字段信息
-o jsonpath-file=<filename>	输出 jsonpath 表达式定义的字段信息，来源于文件
-o name	仅输出资源对象的名称
-o wide	输出额外信息。对于 Pod，将输出 Pod 所在的 Node 名称
-o yaml	以 YAML 格式显示结果

常用的输出格式示例如下。

（1）显示 Pod 的更多信息，例如 Node IP 等：

```
$ kubectl get pod <pod-name> -o wide
```

（2）以 YAML 格式显示 Pod 的详细信息：

```
$ kubectl get pod <pod-name> -o yaml
```

（3）以自定义列名显示 Pod 的信息：

```
$ kubectl get pod <pod-name> -o
custom-columns=NAME:.metadata.name,RSRC:.metadata.resourceVersion
```

（4）基于自定义列名配置文件进行输出：

```
$ kubectl get pods <pod-name> -o=custom-columns-file=template.txt
```

template.txt 文件的内容如下：

```
NAME              RSRC
metadata.name     metadata.resourceVersion
```

输出结果为如下：

```
NAME          RSRC
pod-name      52305
```

（5）关闭服务端列名。在默认情况下，Kubernetes 服务端会将资源对象的某些特定信息显示为列，这可以通过设置--server-print=false 参数进行关闭，例如：

```
kubectl get pods <pod-name> --server-print=false
```

输出结果：

```
NAME       AGE
pod-name   1m
```

（6）将输出结果按某个字段排序。可以通过--sort-by 参数以 jsonpath 表达式进行指定：

```
$ kubectl [command] [TYPE] [NAME] --sort-by=<jsonpath_exp>
```

例如，按照资源对象的名称进行排序：

```
$ kubectl get pods --sort-by=.metadata.name
```

2.7.6 kubectl 常用操作示例

本节对一些常用的 kubectl 操作示例进行说明。

1. kubectl apply（以文件或 stdin 部署或更新一个或多个资源）

基于 example-service.yaml 中的定义创建一个 Service 资源：

```
kubectl apply -f example-service.yaml
```

使用 example-controller.yaml 中的定义创建一个 Replication Controller 资源：

```
kubectl apply -f example-controller.yaml
```

使用<directory>目录下所有.yaml、.yml 和.json 文件中的定义进行创建：

```
kubectl apply -f <directory>
```

2. kubectl get（列出一个或多个资源对象的信息）

以文本格式列出所有 Pod：

```
kubectl get pods
```

以文本格式列出所有 Pod，包含附加信息（如 Node IP）：

```
kubectl get pods -o wide
```

以文本格式列出指定名称的 RC：

```
kubectl get replicationcontroller <rc-name>
```

以文本格式列出所有 RC 和 Service：

```
kubectl get rc,services
```

以文本格式列出所有 Daemonset，包括未初始化的 Daemonset：

```
kubectl get ds --include-uninitialized
```

列出在节点 server01 上运行的所有 Pod（仅显示 namespace 为 default 的）：

```
kubectl get pods --field-selector=spec.nodeName=server01
```

3. kubectl describe（显示一个或多个资源的详细信息）

显示名称为<node-name>的节点的详细信息：

```
kubectl describe nodes <node-name>
```

显示名称为<pod-name>的 Pod 的详细信息：

```
kubectl describe pods/<pod-name>
```

显示名称为<rc-name>的 RC 控制器管理的所有 Pod 的详细信息：

```
kubectl describe pods <rc-name>
```

描述所有 Pod 的详细信息：

```
kubectl describe pods
```

对 kubectl get 和 kubectl describe 命令说明如下。

- ◎ kubectl get 命令常用于查看同一资源类型的一个或多个资源对象，可以使用-o 或--output 参数自定义输出格式，还可以通过-w 或--watch 参数开启对资源对象更新的监控。
- ◎ kubectl describe 命令更侧重于描述指定资源的各方面详细信息，通过对 API Server 的多个 API 调用来构建结果视图。例如通过 kubectl describe node 命令不仅会返回节点信息，还会返回在其上运行的 Pod 的摘要、节点事件等信息。

4. kubectl delete

该命令可以使用文件、stdin 的输入删除指定的资源对象，还可以通过标签选择器、名称、资源选择器等条件来限定待删除的资源范围。

使用在 pod.yaml 文件中指定的类型和名称删除 Pod：

```
kubectl delete -f pod.yaml
```

删除所有带有'<label-key>=<label-value>'标签的 Pod 和 Service：

```
kubectl delete pods,services -l <label-key>=<label-value>
```

删除所有 Pod，包括未初始化的 Pod：

```
kubectl delete pods -all
```

5. kubectl exec（在 Pod 的容器中运行命令）

在名称为<pod-name>的 Pod 的第 1 个容器中运行 date 命令并打印输出结果：

```
kubectl exec <pod-name> -- date
```

在指定的容器中运行 date 命令并打印输出结果：

```
kubectl exec <pod-name> -c <container-name> -- date
```

在 Pod 的第 1 个容器中运行/bin/bash 命令进入交互式 TTY 终端界面：

```
kubectl exec -ti <pod-name> -- /bin/bash
```

6. kubectl logs（打印 Pod 中容器的日志）

```
kubectl logs <pod-name>
```

显示 Pod 中名称为<container-name>的容器输出到 stdout 的日志：

```
kubectl logs <pod-name> -c <container-name>
```

持续监控显示 Pod 中的第 1 个容器输出到 stdout 的日志，类似于 tail -f 命令的功能：

```
kubectl logs -f <pod-name>
```

7. 在线编辑运行中的资源对象

可以使用 kubectl edit 命令编辑运行中的资源对象，例如使用下面的命令编辑运行中的一个 Deployment：

```
$ kubectl edit deploy nginx
```

在命令运行之后，会通过 YAML 格式展示该对象的文本格式定义，用户可以对代码进行编辑和保存，从而完成对在线资源的直接修改。

8. 将 Pod 的端口号映射到宿主机

将 Pod 的 80 端口映射到宿主机的 8888 端口，客户端即可通过 http://<NodeIP>:8888 访问容器服务了：

```
# kubectl port-forward --address 0.0.0.0 \
pod/nginx-6ddbbc47fb-sfdcv 8888:80
```

9. 在容器和 Node 之间复制文件

把 Pod（默认为第 1 个容器）中的/etc/fstab 文件复制到宿主机的/tmp 目录下：

```
# kubectl cp nginx-6ddbbc47fb-sfdcv:etc/fstab /tmp/fstab
```

10. 设置资源对象的标签

为名为“default”的命名空间设置“testing=true”标签：

```
# kubectl label namespaces default testing=true
```

11. 创建和使用命令行插件

为了扩展 kubectl 的功能，Kubernetes 从 1.8 版本开始引入插件机制，在 1.14 版本时达到稳定版。

用户自定义插件的可执行文件名需要以“kubectl-”开头，复制到$PATH 中的某个目录（如/usr/local/bin）下，然后就可以通过 kubectl <plugin-name>运行自定义插件了。

例如，通过 Shell 脚本实现一个名为 hello 的插件，其功能为在屏幕上输出字符串“hello world”。创建名为“kubectl-hello”的 Shell 脚本文件，内容如下：

```
#!/bin/sh
echo "hello world"
```

为该脚本添加可执行权限：

```
chmod a+x ./kubectl-hello
```

复制 kubectl-hello 文件到/usr/local/bin/目录下，就完成了安装插件的工作：

```
cp ./kubectl-hello /usr/local/bin
```

然后在 kubectl 命令后带上插件名称就能使用该插件了：

```
# kubectl hello
hello world
```

卸载插件也很简单，只需要删除插件文件即可：

```
rm /usr/local/bin/kubectl-hello
```

通过插件机制，可以将某些复杂的 kubectl 命令简化为运行插件的方式。例如想创建一个命令来查看当前上下文环境（context）中的用户名，则可以通过 kubectl config view 命令进行查看。为此，可以创建一个名为“kubectl-whoami”的 Shell 脚本，内容如下：

```
#!/bin/bash
kubectl config view --template='{{ range .contexts }}{{ if eq .name "'$(kubectl
config current-context)'" }}Current user: {{ printf
"%s\n" .context.user }}{{ end }}{{ end }}'
```

为该脚本添加可执行权限，并复制到/usr/local/bin/目录下完成插件的安装：

```
chmod +x ./kubectl-whoami
cp ./kubectl-whoami /usr/local/bin
```

运行 kubectl whoami 命令，就能通过插件功能查看上下文环境中的用户名了：

```
# kubectl whoami
Current user: plugins-user
```

另外，使用 kubectl plugin list 命令可以查看当前系统中已安装的插件列表：

```
# kubectl plugin list
The following kubectl-compatible plugins are available:

/usr/local/bin/kubectl-hello
/usr/local/bin/kubectl-foo
/usr/local/bin/kubectl-bar
```

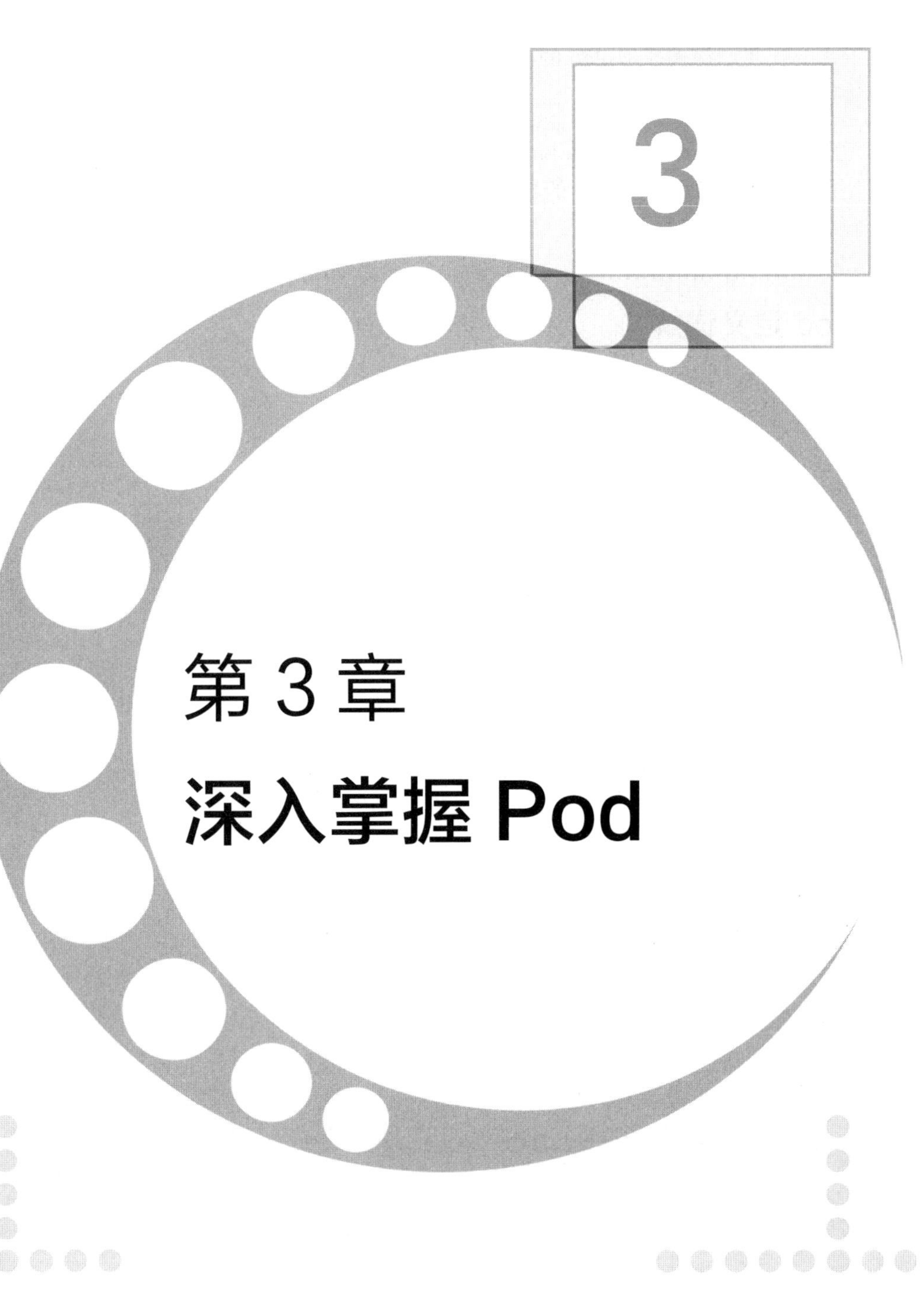

第 3 章 深入掌握 Pod

接下来，让我们深入探索 Pod 的应用、配置、调度、升级及扩缩容，开始 Kubernetes 容器编排之旅。

本章将对 Kubernetes 如何发布与管理容器应用进行详细说明和示例，主要包括 Pod 和容器的使用、应用配置管理、Pod 的控制和调度管理、Pod 的升级和回滚，以及 Pod 的扩缩容机制等内容。

3.1　Pod 定义详解

YAML 格式的 Pod 定义文件的完整内容如下：

```
apiVersion: v1
kind: Pod
metadata:
  name: string
  namespace: string
  labels:
    - name: string
  annotations:
    - name: string
spec:
  containers:
  - name: string
    image: string
    imagePullPolicy: [Always | Never | IfNotPresent]
    command: [string]
    args: [string]
    workingDir: string
    volumeMounts:
    - name: string
      mountPath: string
      readOnly: boolean
    ports:
    - name: string
      containerPort: int
      hostPort: int
      protocol: string
    env:
    - name: string
```

```
      value: string
    resources:
      limits:
        cpu: string
        memory: string
      requests:
        cpu: string
        memory: string
    livenessProbe:
      exec:
        command: [string]
      httpGet:
        path: string
        port: number
        host: string
        scheme: string
        httpHeaders:
        - name: string
          value: string
      tcpSocket:
        port: number
      initialDelaySeconds: 0
      timeoutSeconds: 0
      periodSeconds: 0
      successThreshold: 0
      failureThreshold: 0
    securityContext:
      privileged: false
  restartPolicy: [Always | Never | OnFailure]
  nodeSelector: object
  imagePullSecrets:
  - name: string
  hostNetwork: false
  volumes:
  - name: string
    emptyDir: {}
    hostPath:
      path: string
    secret:
      secretName: string
      items:
```

```
        - key: string
          path: string
      configMap:
        name: string
        items:
        - key: string
          path: string
```

对其中各属性的详细说明如表 3.1 所示。

表 3.1　对 Pod 定义文件模板中各属性的详细说明

属性名称	取值类型	是否必选	取值说明
version	String	Required	版本号，例如 v1
kind	String	Required	Pod
metadata	Object	Required	元数据
metadata.name	String	Required	Pod 的名称，命名规范需符合 RFC 1035 规范
metadata.namespace	String	Required	Pod 所属的命名空间，默认值为 default
metadata.labels[]	List		自定义标签列表
metadata.annotation[]	List		自定义注解列表
Spec	Object	Required	Pod 中容器的详细定义
spec.containers[]	List	Required	Pod 中的容器列表
spec.containers[].name	String	Required	容器的名称，需符合 RFC 1035 规范
spec.containers[].image	String	Required	容器的镜像名称
spec.containers[].imagePullPolicy	String		镜像拉取策略，可选值包括：Always、Never、IfNotPresent，默认值为 Always。 （1）Always：表示每次都尝试重新拉取镜像。 （2）IfNotPresent：表示如果本地有该镜像，则使用本地的镜像，本地不存在时拉取镜像。 （3）Never：表示仅使用本地镜像。 另外，如果包含如下设置，系统则将默认设置 imagePullPolicy=Always，如下所述： （1）不设置 imagePullPolicy，也未指定镜像的 tag； （2）不设置 imagePullPolicy，镜像 tag 为 latest； （3）启用了名为 AlwaysPullImages 的准入控制器（Admission Controller）

续表

属性名称	取值类型	是否必选	取值说明
spec.containers[].command[]	List		容器的启动命令列表，如果不指定，则使用镜像打包时使用的启动命令
spec.containers[].args[]	List		容器的启动命令参数列表
spec.containers[].workingDir	String		容器的工作目录
spec.containers[].volumeMounts[]	List		挂载到容器内部的存储卷配置
spec.containers[].volumeMounts[].name	String		引用 Pod 定义的共享存储卷的名称，需使用 volumes[]部分定义的共享存储卷名称
spec.containers[].volumeMounts[].mountPath	String		存储卷在容器内挂载的绝对路径，应少于 512 个字符
spec.containers[].volumeMounts[].readOnly	Boolean		是否为只读模式，默认为读写模式
spec.containers[].ports[]	List		容器需要暴露的端口号列表
spec.containers[].ports[].name	String		端口的名称
spec.containers[].ports[].containerPort	Int		容器需要监听的端口号
spec.containers[].ports[].hostPort	Int		容器所在主机需要监听的端口号，默认与 containerPort 相同。设置 hostPort 时，同一台宿主机将无法启动该容器的第 2 份副本
spec.containers[].ports[].protocol	String		端口协议，支持 TCP 和 UDP，默认值为 TCP
spec.containers[].env[]	List		容器运行前需设置的环境变量列表
spec.containers[].env[].name	String		环境变量的名称
spec.containers[].env[].value	String		环境变量的值
spec.containers[].resources	Object		资源限制和资源请求的设置
spec.containers[].resources.limits	Object		资源限制的设置
spec.containers[].resources.limits.cpu	String		CPU 限制，单位为 core 数，将用于 docker run --cpu-shares 参数
spec.containers[].resources.limits.memory	String		内存限制，单位可以为 MiB、GiB 等，将用于 docker run --memory 参数
spec.containers[].resources.requests	Object		资源限制的设置
spec.containers[].resources.requests.cpu	String		CPU 请求，单位为 core 数，容器启动的初始可用数量

续表

属性名称	取值类型	是否必选	取值说明
spec.containers[].resources.requests.memory	String		内存请求，单位可以为 MiB、GiB 等，容器启动的初始可用数量
spec.volumes[]	List		在该 Pod 上定义的共享存储卷列表
spec.volumes[].name	String		共享存储卷的名称，在一个 Pod 中每个存储卷定义一个名称，应符合 RFC 1035 规范。容器定义部分的 containers[].volumeMounts[].name 将引用该共享存储卷的名称。 Volume 的类型包括：emptyDir、hostPath、gcePersistentDisk、awsElasticBlockStore、gitRepo、secret、nfs、iscsi、glusterfs、persistentVolumeClaim、rbd、flexVolume、cinder、cephfs、flocker、downwardAPI、fc、azureFile、configMap、vsphereVolume，可以定义多个 Volume，每个 Volume 的 name 保持唯一。本节讲解 emptyDir、hostPath、secret、configMap 这 4 种 Volume，其他类型 Volume 的设置方式详见第 8 章的说明
spec.volumes[].emptyDir	Object		类型为 emptyDir 的存储卷，表示与 Pod 同生命周期的一个临时目录，其值为一个空对象：emptyDir: {}
spec.volumes[].hostPath	Object		类型为 hostPath 的存储卷，表示 Pod 容器挂载的宿主机目录，通过 volumes[].hostPath.path 指定
spec.volumes[].hostPath.path	String		Pod 容器挂载的宿主机目录
spec.volumes[].secret	Object		类型为 secret 的存储卷，表示挂载集群预定义的 secret 对象到容器内部
spec.volumes[].configMap	Object		类型为 configMap 的存储卷，表示挂载集群预定义的 configMap 对象到容器内部
spec.volumes[].livenessProbe	Object		对 Pod 内各容器健康检查的设置，当探测无响应几次之后，系统将自动重启该容器。可以设置的方法包括：exec、httpGet 和 tcpSocket。对一个容器仅需设置一种健康检查方法

续表

属 性 名 称	取 值 类 型	是 否 必 选	取 值 说 明
spec.volumes[].livenessProbe.exec	Object		对 Pod 内各容器健康检查的设置，exec 方式
spec.volumes[].livenessProbe.exec.command[]	String		exec 方式需要指定的命令或者脚本
spec.volumes[].livenessProbe.httpGet	Object		对 Pod 内各容器健康检查的设置，HTTPGet 方式。需指定 path、port
spec.volumes[].livenessProbe.tcpSocket	Object		对 Pod 内各容器健康检查的设置，tcpSocket 方式
spec.volumes[].livenessProbe.initialDelaySeconds	Number		容器启动完成后首次探测的时间，单位为 s
spec.volumes[].livenessProbe.timeoutSeconds	Number		对容器健康检查的探测等待响应的超时时间设置，单位为 s，默认值为 1s。若超过该超时时间设置，则将认为该容器不健康，会重启该容器
spec.volumes[].livenessProbe.periodSeconds	Number		对容器健康检查的定期探测时间设置，单位为 s，默认 10s 探测一次
spec.restartPolicy	String		Pod 的重启策略，可选值为 Always、OnFailure，默认值为 Always。 （1）Always：Pod 一旦终止运行，则无论容器是如何终止的，kubelet 都将重启它。 （2）OnFailure：只有 Pod 以非零退出码终止时，kubelet 才会重启该容器。如果容器正常结束（退出码为 0），则 kubelet 将不会重启它。 （3）Never：Pod 终止后，kubelet 将退出码报告给 Master，不会再重启该 Pod
spec.nodeSelector	Object		设置 Node 的 Label，以 key:value 格式指定，Pod 将被调度到具有这些 Label 的 Node 上
spec.imagePullSecrets	Object		pull 镜像时使用的 Secret 名称，以 name:secretkey 格式指定
spec.hostNetwork	Boolean		是否使用主机网络模式，默认值为 false。设置为 true 表示容器使用宿主机网络，不再使用 Docker 网桥，该 Pod 将无法在同一台宿主机上启动第 2 个副本

3.2 Pod 的基本用法

在对 Pod 的用法进行说明之前，有必要先对 Docker 容器中应用的运行要求进行说明。

在使用 Docker 时，可以使用 docker run 命令创建并启动一个容器。而在 Kubernetes 系统中对长时间运行容器的要求是：其主程序需要一直在前台运行。如果我们创建的 Docker 镜像的启动命令是后台执行程序，例如 Linux 脚本：

```
nohup ./start.sh &
```

则在 kubelet 创建包含这个容器的 Pod 之后运行完该命令，即认为 Pod 执行结束，将立刻销毁该 Pod。如果为该 Pod 定义了 ReplicationController，则系统会监控到该 Pod 已经终止，之后根据 RC 定义中 Pod 的 replicas 副本数量生成一个新的 Pod。一旦创建新的 Pod，就在运行完启动命令后陷入无限循环的过程中。这就是 Kubernetes 需要我们自己创建 Docker 镜像并以一个前台命令作为启动命令的原因。

对于无法改造为前台执行的应用，也可以使用开源工具 Supervisor 辅助进行前台运行的功能。Supervisor 提供了一种可以同时启动多个后台应用，并保持 Supervisor 自身在前台执行的机制，可以满足 Kubernetes 对容器的启动要求。关于 Supervisor 的安装和使用，请参考官网的文档说明。

接下来讲解 Pod 对容器的封装和应用。

Pod 可以由 1 个或多个容器组合而成。在上一节 Guestbook 的例子中，名为 frontend 的 Pod 只由一个容器组成：

```
apiVersion: v1
kind: Pod
metadata:
  name: frontend
  labels:
    name: frontend
spec:
  containers:
  - name: frontend
    image: kubeguide/guestbook-php-frontend
    env:
```

```
    - name: GET_HOSTS_FROM
      value: env
    ports:
    - containerPort: 80
```

这个 frontend Pod 在成功启动之后，将启动 1 个 Docker 容器。

另一种场景是，当 frontend 和 redis 两个容器应用为紧耦合的关系，并组合成一个整体对外提供服务时，应将这两个容器打包为一个 Pod，如图 3.1 所示。

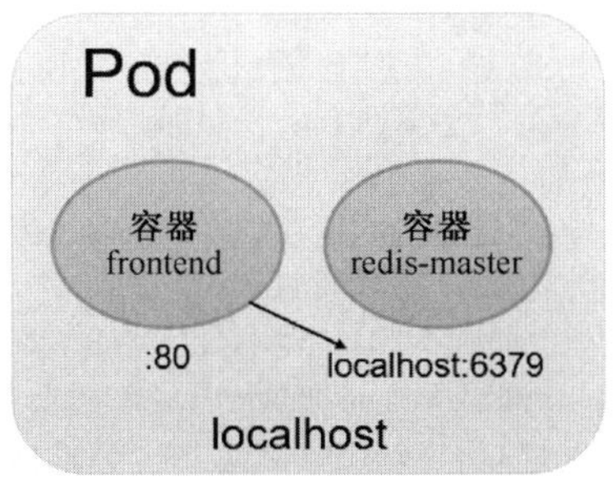

图 3.1　包含两个容器的 Pod

配置文件 frontend-localredis-pod.yaml 的内容如下：

```
apiVersion: v1
kind: Pod
metadata:
  name: redis-php
  labels:
    name: redis-php
spec:
  containers:
  - name: frontend
    image: kubeguide/guestbook-php-frontend:localredis
    ports:
    - containerPort: 80
  - name: redis
    image: kubeguide/redis-master
    ports:
    - containerPort: 6379
```

属于同一个 Pod 的多个容器应用之间相互访问时仅需通过 localhost 就可以通信，使得这一组容器被“绑定”在一个环境中。

在 Docker 容器 kubeguide/guestbook-php-frontend:localredis 的 PHP 网页中，直接通过 URL 地址“localhost:6379”对同属于一个 Pod 的 redis-master 进行访问。guestbook.php 的内容如下：

```
<?
set_include_path('.:/usr/local/lib/php');
error_reporting(E_ALL);
ini_set('display_errors', 1);
require 'Predis/Autoloader.php';
Predis\Autoloader::register();

if (isset($_GET['cmd']) === true) {
  $host = 'localhost';
  if (getenv('REDIS_HOST') && strlen(getenv('REDIS_HOST')) > 0 ) {
    $host = getenv('REDIS_HOST');
  }
  header('Content-Type: application/json');
  if ($_GET['cmd'] == 'set') {
    $client = new Predis\Client([
      'scheme' => 'tcp',
      'host'   => $host,
      'port'   => 6379,
    ]);

    $client->set($_GET['key'], $_GET['value']);
    print('{"message": "Updated"}');
  } else {
    $host = 'localhost';
    if (getenv('REDIS_HOST') && strlen(getenv('REDIS_HOST')) > 0 ) {
      $host = getenv('REDIS_HOST');
    }
    $client = new Predis\Client([
      'scheme' => 'tcp',
      'host'   => $host,
      'port'   => 6379,
    ]);

    $value = $client->get($_GET['key']);
    print('{"data": "' . $value . '"}');
  }
} else {
```

```
  phpinfo();
} ?>
```

运行 kubectl create 命令创建该 Pod：

```
$ kubectl create -f frontend-localredis-pod.yaml
pod "redis-php" created
```

查看已经创建的 Pod：

```
# kubectl get pods
NAME        READY     STATUS    RESTARTS   AGE
redis-php   2/2       Running   0          10m
```

可以看到 READY 信息为 2/2，表示 Pod 中的两个容器都成功运行了。

查看这个 Pod 的详细信息，可以看到两个容器的定义及创建的过程（Event 事件信息）：

```
# kubectl describe pod redis-php
Name:           redis-php
Namespace:      default
Node:           k8s/192.168.18.3
Start Time:     Thu, 28 Jul 2020 12:28:21 +0800
Labels:         name=redis-php
Status:         Running
IP:             172.17.1.4
Controllers:    <none>
Containers:
  frontend:
    Container ID:
docker://ccc8616f8df1fb19abbd0ab189a36e6f6628b78ba7b97b1077d86e7fc224ee08
    Image:                      kubeguide/guestbook-php-frontend:localredis
    Image ID:
docker://sha256:d014f67384a11186e135b95a7ed0d794674f7ce258f0dce47267c3052a0d0fa9
    Port:                       80/TCP
    State:                      Running
      Started:                  Thu, 28 Jul 2020 12:28:22 +0800
    Ready:                      True
    Restart Count:              0
    Environment Variables:      <none>
  redis:
    Container ID:
docker://c0b19362097cda6dd5b8ed7d8eaaaf43aeeb969ee023ef255604bde089808075
    Image:                      kubeguide/redis-master
```

```
        Image ID:
docker://sha256:405a0b586f7ebeb545ec65be0e914311159d1baedccd3a93e9d3e3b249ec5cbd
        Port:                     6379/TCP
        State:                    Running
          Started:                 Thu, 28 Jul 2020 12:28:23 +0800
        Ready:                    True
        Restart Count:             0
        Environment Variables:      <none>
    Conditions:
      Type          Status
      Initialized    True
      Ready          True
      PodScheduled   True
    Volumes:
      default-token-97j21:
        Type:       Secret (a volume populated by a Secret)
        SecretName: default-token-97j21
    QoS Tier:       BestEffort
    Events:
      FirstSeen   LastSeen   Count   From    SubobjectPath   Type   Reason   Message
      ---------  --------   -----   ----    -------------   -----   ------   -------
      18m          18m          1       {default-scheduler }       Normal
Scheduled    Successfully assigned redis-php to k8s-node-1
      18m          18m          1       {kubelet k8s-node-1}
spec.containers{frontend}       Normal          Pulled              Container image
"kubeguide/guestbook-php-frontend:localredis" already present on machine
      18m          18m          1       {kubelet k8s-node-1}
spec.containers{frontend}       Normal          Created             Created container
with docker id ccc8616f8df1
      18m          18m          1       {kubelet k8s-node-1}
spec.containers{frontend}       Normal          Started             Started container
with docker id ccc8616f8df1
      18m          18m          1       {kubelet k8s-node-1}
spec.containers{redis}         Normal          Pulled              Container image
"kubeguide/redis-master" already present on machine
      18m          18m          1       {kubelet k8s-node-1}
spec.containers{redis}         Normal          Created             Created container
with docker id c0b19362097c
      18m          18m          1       {kubelet k8s-node-1}
spec.containers{redis}         Normal          Started             Started container
with docker id c0b19362097c
```

3.3　静态 Pod

静态 Pod 是由 kubelet 进行管理的仅存在于特定 Node 上的 Pod。它们不能通过 API Server 进行管理，无法与 ReplicationController、Deployment 或者 DaemonSet 进行关联，并且 kubelet 无法对它们进行健康检查。静态 Pod 总是由 kubelet 创建的，并且总在 kubelet 所在的 Node 上运行。

创建静态 Pod 有两种方式：配置文件方式和 HTTP 方式。

1. 配置文件方式

首先，需要设置 kubelet 的启动参数“--pod-manifest-path”（或者在 kubelet 配置文件中设置 staticPodPath，这也是新版本推荐的设置方式，--pod-manifest-path 参数将被逐渐弃用），指定 kubelet 需要监控的配置文件所在的目录，kubelet 会定期扫描该目录，并根据该目录下的.yaml 或.json 文件进行创建操作。

假设配置目录为/etc/kubelet.d/，配置启动参数为--pod-manifest-path=/etc/kubelet.d/，然后重启 kubelet 服务。

在/etc/kubelet.d 目录下放入 static-web.yaml 文件，内容如下：

```
apiVersion: v1
kind: Pod
metadata:
  name: static-web
  labels:
    name: static-web
spec:
  containers:
  - name: static-web
    image: nginx
    ports:
    - name: web
      containerPort: 80
```

等待一会儿，查看本机中已经启动的容器：

```
# docker ps
```

```
    CONTAINER ID    IMAGE    COMMAND    CREATED    STATUS    PORTS    NAMES
    2292ea231ab1    nginx    "nginx -g 'daemon off"   1 minute ago    1m
k8s_static-web.68ee0075_static-web-k8s-node-1_default_78c7efddebf191c949cbb7aa22
a927c8_401b96d0
```

可以看到一个 Nginx 容器已经被 kubelet 成功创建了出来。

到 Master 上查看 Pod 列表，可以看到这个 static pod：

```
# kubectl get pods
NAME               READY     STATUS     RESTARTS   AGE
static-web-node1   1/1       Running    0          5m
```

由于静态 Pod 无法通过 API Server 直接管理，所以在 Master 上尝试删除这个 Pod 时，会使其变成 Pending 状态，且不会被删除。

```
# kubectl delete pod static-web-node1
pod "static-web-node1" deleted

# kubectl get pods
NAME               READY    STATUS      RESTARTS   AGE
static-web-node1   0/1      Pending     0          1s
```

删除该 Pod 的操作只能是到其所在 Node 上将其定义文件 static-web.yaml 从 /etc/kubelet.d 目录下删除。

```
# rm /etc/kubelet.d/static-web.yaml
# docker ps
// 无容器运行
```

2. HTTP 方式

通过设置 kubelet 的启动参数“--manifest-url”，kubelet 将会定期从该 URL 地址下载 Pod 的定义文件，并以.yaml 或.json 文件的格式进行解析，然后创建 Pod。其实现方式与配置文件方式是一致的。

3.4 Pod 容器共享 Volume

同一个 Pod 中的多个容器能够共享 Pod 级别的存储卷 Volume。Volume 可以被定义为各种类型，多个容器各自进行挂载操作，将一个 Volume 挂载为容器内部需要的目录，如图 3.2 所示。

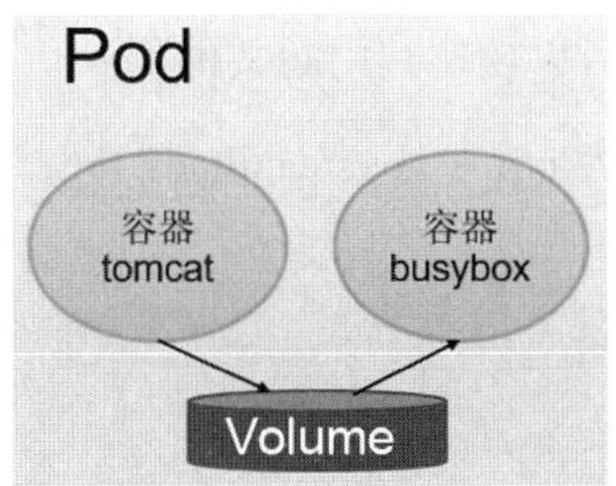

图 3.2　Pod 中多个容器共享 Volume

在下面的例子中，在 Pod 内包含两个容器：tomcat 和 busybox，在 Pod 级别设置 Volume “app-logs”，用于 tomcat 容器向其中写日志文件，busybox 容器从中读日志文件。

配置文件 pod-volume-applogs.yaml 的内容如下：

```
apiVersion: v1
kind: Pod
metadata:
  name: volume-pod
spec:
  containers:
  - name: tomcat
    image: tomcat
    ports:
    - containerPort: 8080
    volumeMounts:
    - name: app-logs
      mountPath: /usr/local/tomcat/logs
  - name: busybox
    image: busybox
    command: ["sh", "-c", "tail -f /logs/catalina*.log"]
    volumeMounts:
    - name: app-logs
      mountPath: /logs
  volumes:
  - name: app-logs
    emptyDir: {}
```

这里设置的 Volume 名称为 app-logs，类型为 emptyDir（也可以设置为其他类型，详见第 1 章对 Volume 概念的说明），挂载到 tomcat 容器内的/usr/local/tomcat/logs 目录下，同时挂载到 logreader 容器内的/logs 目录下。tomcat 容器在启动后会向/usr/local/tomcat/logs

目录写文件，logreader 容器就可以读取其中的文件了。

logreader 容器的启动命令为 tail -f /logs/catalina*.log，我们可以通过 kubectl logs 命令查看 logreader 容器的输出内容：

```
    # kubectl logs volume-pod -c busybox
    ......
    29-Jul-2020 12:55:59.626 INFO [localhost-startStop-1]
org.apache.catalina.startup.HostConfig.deployDirectory Deploying web application
directory /usr/local/tomcat/webapps/manager
    29-Jul-2020 12:55:59.722 INFO [localhost-startStop-1]
org.apache.catalina.startup.HostConfig.deployDirectory Deployment of web
application directory /usr/local/tomcat/webapps/manager has finished in 96 ms
    29-Jul-2020 12:55:59.740 INFO [main] org.apache.coyote.AbstractProtocol.start
Starting ProtocolHandler ["http-apr-8080"]
    29-Jul-2020 12:55:59.794 INFO [main] org.apache.coyote.AbstractProtocol.start
Starting ProtocolHandler ["ajp-apr-8009"]
    29-Jul-2020 12:56:00.604 INFO [main]
org.apache.catalina.startup.Catalina.start Server startup in 4052 ms
```

这个文件为 tomcat 生成的日志文件/usr/local/tomcat/logs/catalina.<date>.log 的内容。登录 tomcat 容器进行查看：

```
    # kubectl exec -ti volume-pod -c tomcat -- ls /usr/local/tomcat/logs
    catalina.2020-07-29.log     localhost_access_log.2020-07-29.txt
    host-manager.2020-07-29.log  manager.2020-07-29.log

    # kubectl exec -ti volume-pod -c tomcat -- tail
/usr/local/tomcat/logs/catalina.2020-07-29.log
    ......
    29-Jul-2020 12:55:59.722 INFO [localhost-startStop-1]
org.apache.catalina.startup.HostConfig.deployDirectory Deployment of web
application directory /usr/local/tomcat/webapps/manager has finished in 96 ms
    29-Jul-2020 12:55:59.740 INFO [main] org.apache.coyote.AbstractProtocol.start
Starting ProtocolHandler ["http-apr-8080"]
    29-Jul-2020 12:55:59.794 INFO [main] org.apache.coyote.AbstractProtocol.start
Starting ProtocolHandler ["ajp-apr-8009"]
    29-Jul-2020 12:56:00.604 INFO [main]
org.apache.catalina.startup.Catalina.start Server startup in 4052 ms
```

3.5 Pod 的配置管理

应用部署的一个最佳实践是将应用所需的配置信息与程序分离，这样可以使应用程序被更好地复用，通过不同的配置也能实现更灵活的功能。将应用打包为容器镜像后，可以通过环境变量或者外挂文件的方式在创建容器时进行配置注入，但在大规模容器集群的环境中，对多个容器进行不同的配置将变得非常复杂。Kubernetes 从 1.2 版本开始提供了一种统一的应用配置管理方案——ConfigMap。本节对 ConfigMap 的概念和用法进行详细讲解。

3.5.1 ConfigMap 概述

ConfigMap 供容器使用的典型用法如下。

（1）生成容器内的环境变量。

（2）设置容器启动命令的启动参数（需设置为环境变量）。

（3）以 Volume 的形式挂载为容器内部的文件或目录。

ConfigMap 以一个或多个 key:value 的形式保存在 Kubernetes 系统中供应用使用，既可以用于表示一个变量的值（例如 apploglevel=info），也可以用于表示一个完整配置文件的内容（例如 server.xml=<?xml...>...）。

我们可以通过 YAML 文件或者直接使用 kubectl create configmap 命令行的方式来创建 ConfigMap。

3.5.2 创建 ConfigMap 资源对象

1. 通过 YAML 文件方式创建

在下面的例子 cm-appvars.yaml 中展示了将几个应用所需的变量定义为 ConfigMap 的用法：

```
cm-appvars.yaml
apiVersion: v1
```

```
kind: ConfigMap
metadata:
  name: cm-appvars
data:
  apploglevel: info
  appdatadir: /var/data
```

运行 kubectl create 命令创建该 ConfigMap：

```
$kubectl create -f cm-appvars.yaml
configmap "cm-appvars" created
```

查看创建好的 ConfigMap：

```
# kubectl get configmap
NAME          DATA      AGE
cm-appvars     2         3s

# kubectl describe configmap cm-appvars
Name:           cm-appvars
Namespace:       default
Labels:         <none>
Annotations:     <none>

Data
====
appdatadir:     9 bytes
apploglevel:    4 bytes

# kubectl get configmap cm-appvars -o yaml
apiVersion: v1
data:
  appdatadir: /var/data
  apploglevel: info
kind: ConfigMap
metadata:
  creationTimestamp: 2020-07-28T19:57:16Z
  name: cm-appvars
  namespace: default
  resourceVersion: "78709"
  selfLink: /api/v1/namespaces/default/configmaps/cm-appvars
  uid: 7bb2e9c0-54fd-11e6-9dcd-000c29dc2102
```

在下面的例子中展示了将两个配置文件 server.xml 和 logging. properties 定义为 ConfigMap 的用法，设置 key 为配置文件的别名，value 则是配置文件的全部文本内容：

```
cm-appconfigfiles.yaml
apiVersion: v1
kind: ConfigMap
metadata:
  name: cm-appconfigfiles
data:
  key-serverxml: |
    <?xml version='1.0' encoding='utf-8'?>
    <Server port="8005" shutdown="SHUTDOWN">
      <Listener className="org.apache.catalina.startup.VersionLoggerListener" />
      <Listener className="org.apache.catalina.core.AprLifecycleListener"
SSLEngine="on" />
      <Listener className=
"org.apache.catalina.core.JreMemoryLeakPreventionListener" />
      <Listener className=
"org.apache.catalina.mbeans.GlobalResourcesLifecycleListener" />
      <Listener className=
"org.apache.catalina.core.ThreadLocalLeakPreventionListener" />
      <GlobalNamingResources>
        <Resource name="UserDatabase" auth="Container"
                  type="org.apache.catalina.UserDatabase"
                  description="User database that can be updated and saved"
                  factory="org.apache.catalina.users.MemoryUserDatabaseFactory"
                  pathname="conf/tomcat-users.xml" />
      </GlobalNamingResources>

      <Service name="Catalina">
        <Connector port="8080" protocol="HTTP/1.1"
                   connectionTimeout="20000"
                   redirectPort="8443" />
        <Connector port="8009" protocol="AJP/1.3" redirectPort="8443" />
        <Engine name="Catalina" defaultHost="localhost">
          <Realm className="org.apache.catalina.realm.LockOutRealm">
            <Realm className="org.apache.catalina.realm.UserDatabaseRealm"
                   resourceName="UserDatabase"/>
          </Realm>
          <Host name="localhost"  appBase="webapps"
              unpackWARs="true" autoDeploy="true">
```

```
            <Valve className="org.apache.catalina.valves.AccessLogValve"
directory="logs"
                   prefix="localhost_access_log" suffix=".txt"
                   pattern="%h %l %u %t &quot;%r&quot; %s %b" />

           </Host>
         </Engine>
       </Service>
     </Server>
   key-loggingproperties: "handlers
     =1catalina.org.apache.juli.FileHandler, 2localhost.org.apache.juli.
FileHandler,
     3manager.org.apache.juli.FileHandler, 4host-manager.org.apache.juli.
FileHandler,
     java.util.logging.ConsoleHandler\r\n\r\n.handlers= 1catalina.org.apache.
juli.FileHandler,

java.util.logging.ConsoleHandler\r\n\r\n1catalina.org.apache.juli.FileHandler.level
     = FINE\r\n1catalina.org.apache.juli.FileHandler.directory
     = ${catalina.base}/logs\r\n1catalina.org.apache.juli.FileHandler.prefix
     = catalina.\r\n\r\n2localhost.org.apache.juli.FileHandler.level
     = FINE\r\n2localhost.org.apache.juli.FileHandler.directory
     = ${catalina.base}/logs\r\n2localhost.org.apache.juli.FileHandler.prefix
     = localhost.\r\n\r\n3manager.org.apache.juli.FileHandler.level
     = FINE\r\n3manager.org.apache.juli.FileHandler.directory
     = ${catalina.base}/logs\r\n3manager.org.apache.juli.FileHandler.prefix
     = manager.\r\n\r\n4host-manager.org.apache.juli.FileHandler.level
     = FINE\r\n4host-manager.org.apache.juli.FileHandler.directory
     = ${catalina.base}/logs\r\n4host-manager.org.apache.juli.FileHandler.
prefix = host-manager.\r\n\r\njava.util.logging.ConsoleHandler.level
     = FINE\r\ njava.util.logging.ConsoleHandler.formatter
     = java.util.logging.SimpleFormatter\r\n\r\n\r\norg.apache.catalina.core.
ContainerBase.[Catalina].[localhost].level
     = INFO\r\norg.apache.catalina.core.ContainerBase.[Catalina].[localhost].
handlers
     = 2localhost.org.apache.juli.FileHandler\r\n\r\norg.apache.catalina.core.
ContainerBase.[Catalina].[localhost].[/manager].level
     = INFO\r\norg.apache.catalina.core.ContainerBase.[Catalina].[localhost].
[/manager].handlers
     = 3manager.org.apache.juli.FileHandler\r\n\r\norg.apache.catalina.core.
ContainerBase.[Catalina].[localhost].[/host-manager].level
```

```
        = INFO\r\norg.apache.catalina.core.ContainerBase.[Catalina].[localhost].
[/host-manager].handlers
        = 4host-manager.org.apache.juli.FileHandler\r\n\r\n"
```

运行 kubectl create 命令创建该 ConfigMap：

```
    $kubectl create -f cm-appconfigfiles.yaml
    configmap "cm-appconfigfiles" created
```

查看创建好的 ConfigMap：

```
    # kubectl get configmap cm-appconfigfiles
    NAME                DATA      AGE
    cm-appconfigfiles   2         14s

    # kubectl describe configmap cm-appconfigfiles
    Name:           cm-appconfigfiles
    Namespace:      default
    Labels:         <none>
    Annotations:    <none>

    Data
    ====
    key-loggingproperties:  1809 bytes
    key-serverxml:          1686 bytes
```

查看已创建的 ConfigMap 的详细内容，可以看到两个配置文件的全文：

```
    # kubectl get configmap cm-appconfigfiles -o yaml
    apiVersion: v1
    data:
      key-loggingproperties: "handlers = 1catalina.org.apache.juli.FileHandler,
2localhost.org.apache.juli.FileHandler,
        3manager.org.apache.juli.FileHandler, 4host-manager.org.apache.juli.
FileHandler,
        java.util.logging.ConsoleHandler\r\n\r\n.handlers = 1catalina.org.apache.
juli.FileHandler,
        java.util.logging.ConsoleHandler\r\n\r\n1catalina.org.apache.juli.
FileHandler.level
        = FINE\r\n1catalina.org.apache.juli.FileHandler.directory
        = ${catalina.base}/logs\r\n1catalina.org.apache.juli.FileHandler.prefix
        = catalina.\r\n\r\n2localhost.org.apache.juli.FileHandler.level
        = FINE\r\n2localhost.org.apache.juli.FileHandler.directory
        = ${catalina.base}/logs\r\n2localhost.org.apache.juli.FileHandler.prefix
```

```
        = localhost.\r\n\r\n3manager.org.apache.juli.FileHandler.level
        = FINE\r\n3manager.org.apache.juli.FileHandler.directory
        = ${catalina.base}/logs\r\n3manager.org.apache.juli.FileHandler.prefix
        = manager.\r\n\r\n4host-manager.org.apache.juli.FileHandler.level
        = FINE\r\n4host-manager.org.apache.juli.FileHandler.directory
        = ${catalina.base}/logs\r\n4host-manager.org.apache.juli.FileHandler.
prefix =
        host-manager.\r\n\r\njava.util.logging.ConsoleHandler.level = FINE\r\njava.
util.logging.ConsoleHandler.formatter
        = java.util.logging.SimpleFormatter\r\n\r\n\r\norg.apache.catalina.core.
ContainerBase.[Catalina].[localhost].level
        = INFO\r\norg.apache.catalina.core.ContainerBase.[Catalina].[localhost].
handlers
        = 2localhost.org.apache.juli.FileHandler\r\n\r\norg.apache.catalina.core.
ContainerBase.[Catalina].[localhost].[/manager].level
        = INFO\r\norg.apache.catalina.core.ContainerBase.[Catalina].[localhost].
[/manager].handlers
        = 3manager.org.apache.juli.FileHandler\r\n\r\norg.apache.catalina.core.
ContainerBase.[Catalina].[localhost].[/host-manager].level
        = INFO\r\norg.apache.catalina.core.ContainerBase.[Catalina].[localhost].
[/host-manager].handlers
        = 4host-manager.org.apache.juli.FileHandler\r\n\r\n"
      key-serverxml: |
        <?xml version='1.0' encoding='utf-8'?>
        <Server port="8005" shutdown="SHUTDOWN">
          <Listener className="org.apache.catalina.startup.VersionLoggerListener" />
          <Listener className="org.apache.catalina.core.AprLifecycleListener"
SSLEngine="on" />
          <Listener className="org.apache.catalina.core.
JreMemoryLeakPreventionListener" />
          <Listener className="org.apache.catalina.mbeans.
GlobalResourcesLifecycleListener" />
          <Listener className="org.apache.catalina.core.
ThreadLocalLeakPreventionListener" />
          <GlobalNamingResources>
            <Resource name="UserDatabase" auth="Container"
                      type="org.apache.catalina.UserDatabase"
                      description="User database that can be updated and saved"
                      factory="org.apache.catalina.users.MemoryUserDatabaseFactory"
                      pathname="conf/tomcat-users.xml" />
          </GlobalNamingResources>
```

```
        <Service name="Catalina">
          <Connector port="8080" protocol="HTTP/1.1"
                     connectionTimeout="20000"
                     redirectPort="8443" />
          <Connector port="8009" protocol="AJP/1.3" redirectPort="8443" />
          <Engine name="Catalina" defaultHost="localhost">
            <Realm className="org.apache.catalina.realm.LockOutRealm">
              <Realm className="org.apache.catalina.realm.UserDatabaseRealm"
                     resourceName="UserDatabase"/>
            </Realm>
            <Host name="localhost"  appBase="webapps"
                  unpackWARs="true" autoDeploy="true">
              <Valve className="org.apache.catalina.valves.AccessLogValve"
directory="logs"
                     prefix="localhost_access_log" suffix=".txt"
                     pattern="%h %l %u %t &quot;%r&quot; %s %b" />

            </Host>
          </Engine>
        </Service>
      </Server>
    kind: ConfigMap
    metadata:
      creationTimestamp: 2020-07-29T00:52:18Z
      name: cm-appconfigfiles
      namespace: default
      resourceVersion: "85054"
      selfLink: /api/v1/namespaces/default/configmaps/cm-appconfigfiles
      uid: b30d5019-5526-11e6-9dcd-000c29dc2102
```

2. 通过 kubectl 命令行方式创建

不使用 YAML 文件，直接通过 kubectl create configmap 也可以创建 ConfigMap，可以使用参数--from-file 或--from-literal 指定内容，并且可以在一行命令中指定多个参数。

（1）通过--from-file 参数从文件中进行创建，可以指定 key 的名称，也可以在一个命令行中创建包含多个 key 的 ConfigMap，语法如下：

```
    # kubectl create configmap NAME --from-file=[key=]source
--from-file=[key=]source
```

（2）通过--from-file 参数在目录下进行创建，该目录下的每个配置文件名都被设置为 key，文件的内容被设置为 value，语法如下：

```
# kubectl create configmap NAME --from-file=config-files-dir
```

（3）使用--from-literal 时会从文本中进行创建，直接将指定的 key#=value#创建为 ConfigMap 的内容，语法如下：

```
# kubectl create configmap NAME --from-literal=key1=value1 --from-literal=
key2=value2
```

下面对这几种用法举例说明。

例如，在当前目录下含有配置文件 server.xml，可以创建一个包含该文件内容的 ConfigMap：

```
# kubectl create configmap cm-server.xml --from-file=server.xml
configmap "cm-server.xml" created

# kubectl describe configmap cm-server.xml
Name:          cm-server.xml
Namespace:     default
Labels:        <none>
Annotations:   <none>

Data
====
server.xml:    6458 bytes
```

假设在 configfiles 目录下包含两个配置文件 server.xml 和 logging.properties，创建一个包含这两个文件内容的 ConfigMap：

```
# kubectl create configmap cm-appconf --from-file=configfiles
configmap "cm-appconf" created

# kubectl describe configmap cm-appconf
Name:          cm-appconf
Namespace:     default
Labels:        <none>
Annotations:   <none>

Data
====
```

```
logging.properties:    3354 bytes
server.xml:           6458 bytes
```

使用--from-literal 参数进行创建的示例如下：

```
# kubectl create configmap cm-appenv --from-literal=loglevel=info
--from-literal=appdatadir=/var/data
configmap "cm-appenv" created

# kubectl  describe configmap cm-appenv
Name:          cm-appenv
Namespace:      default
Labels:        <none>
Annotations:    <none>

Data
====
appdatadir:     9 bytes
loglevel:      4 bytes
```

容器应用对 ConfigMap 的使用有以下两种方法。

（1）通过环境变量获取 ConfigMap 中的内容。

（2）通过 Volume 挂载的方式将 ConfigMap 中的内容挂载为容器内部的文件或目录。

3.5.3　在 Pod 中使用 ConfigMap

1. 通过环境变量方式使用 ConfigMap

以前面创建的 ConfigMap“cm-appvars”为例：

```
apiVersion: v1
kind: ConfigMap
metadata:
  name: cm-appvars
data:
  apploglevel: info
  appdatadir: /var/data
```

在 Pod“cm-test-pod”的定义中，将 ConfigMap“cm-appvars”中的内容以环境变量（APPLOGLEVEL 和 APPDATADIR）方式设置为容器内部的环境变量，容器的启动命令将

显示这两个环境变量的值（"env | grep APP"）：

```
apiVersion: v1
kind: Pod
metadata:
  name: cm-test-pod
spec:
  containers:
  - name: cm-test
    image: busybox
    command: [ "/bin/sh", "-c", "env | grep APP" ]
    env:
    - name: APPLOGLEVEL              # 定义环境变量的名称
      valueFrom:                     # key“apploglevel”对应的值
        configMapKeyRef:
          name: cm-appvars           # 环境变量的值取自 cm-appvars:
          key: apploglevel           # key 为 apploglevel
    - name: APPDATADIR               # 定义环境变量的名称
      valueFrom:                     # key“appdatadir”对应的值
        configMapKeyRef:
          name: cm-appvars           # 环境变量的值取自 cm-appvars
          key: appdatadir            # key 为 appdatadir
  restartPolicy: Never
```

运行 kubectl create -f 命令创建该 Pod，由于是测试 Pod，所以该 Pod 在运行完启动命令后将会退出，并且不会被系统自动重启（restartPolicy=Never）：

```
# kubectl create -f cm-test-pod.yaml
pod "cm-test-pod" created
```

运行 kubectl get pods --show-all 命令查看已经停止的 Pod：

```
# kubectl get pods --show-all
NAME              READY     STATUS        RESTARTS    AGE
cm-test-pod        0/1       Completed     0           8s
```

查看该 Pod 的日志，可以看到启动命令 env | grep APP 的运行结果如下：

```
# kubectl logs cm-test-pod
APPDATADIR=/var/data
APPLOGLEVEL=info
```

这说明容器内部的环境变量使用 ConfigMap cm-appvars 中的值进行了正确设置。

Kubernetes 从 1.6 版本开始引入了一个新的字段 envFrom，实现了在 Pod 环境中将 ConfigMap（也可用于 Secret 资源对象）中所有定义的 key=value 自动生成为环境变量：

```
apiVersion: v1
kind: Pod
metadata:
  name: cm-test-pod
spec:
  containers:
  - name: cm-test
    image: busybox
    command: [ "/bin/sh", "-c", "env" ]
    envFrom:
    - configMapRef:
       name: cm-appvars      # 根据 cm-appvars 中的 key=value 自动生成环境变量
  restartPolicy: Never
```

通过这个定义，在容器内部将会生成如下环境变量：

```
apploglevel=info
appdatadir=/var/data
```

需要说明的是，环境变量的名称受 POSIX 命名规范（[a-zA-Z_][a-zA-Z0-9_]*）约束，不能以数字开头。如果包含非法字符，则系统将跳过该条环境变量的创建，并记录一个 Event 来提示环境变量无法生成，但并不阻止 Pod 的启动。

2. 通过 volumeMount 使用 ConfigMap

在如下所示的 cm-appconfigfiles.yaml 例子中包含两个配置文件的定义：server.xml 和 logging.properties。

```
cm-appconfigfiles.yaml
apiVersion: v1
kind: ConfigMap
metadata:
  name: cm-appconfigfiles
data:
  key-serverxml: |
    <?xml version='1.0' encoding='utf-8'?>
    <Server port="8005" shutdown="SHUTDOWN">
      <Listener className="org.apache.catalina.startup.VersionLoggerListener" />
      <Listener className="org.apache.catalina.core.AprLifecycleListener"
```

```
SSLEngine="on" />
        <Listener className="org.apache.catalina.core.
JreMemoryLeakPreventionListener" />
        <Listener className="org.apache.catalina.mbeans.
GlobalResourcesLifecycleListener" />
        <Listener className="org.apache.catalina.core.
ThreadLocalLeakPreventionListener" />
        <GlobalNamingResources>
          <Resource name="UserDatabase" auth="Container"
                 type="org.apache.catalina.UserDatabase"
                 description="User database that can be updated and saved"
                 factory="org.apache.catalina.users.MemoryUserDatabaseFactory"
                 pathname="conf/tomcat-users.xml" />
        </GlobalNamingResources>

        <Service name="Catalina">
          <Connector port="8080" protocol="HTTP/1.1"
                  connectionTimeout="20000"
                  redirectPort="8443" />
          <Connector port="8009" protocol="AJP/1.3" redirectPort="8443" />
          <Engine name="Catalina" defaultHost="localhost">
            <Realm className="org.apache.catalina.realm.LockOutRealm">
              <Realm className="org.apache.catalina.realm.UserDatabaseRealm"
                  resourceName="UserDatabase"/>
            </Realm>
            <Host name="localhost"  appBase="webapps"
                unpackWARs="true" autoDeploy="true">
              <Valve className="org.apache.catalina.valves.AccessLogValve"
directory="logs"
                  prefix="localhost_access_log" suffix=".txt"
                  pattern="%h %l %u %t &quot;%r&quot; %s %b" />

            </Host>
          </Engine>
        </Service>
       </Server>
     key-loggingproperties: "handlers
       = 1catalina.org.apache.juli.FileHandler,
2localhost.org.apache.juli.FileHandler,
       3manager.org.apache.juli.FileHandler,
4host-manager.org.apache.juli.FileHandler,
       java.util.logging.ConsoleHandler\r\n\r\n.handlers =
```

```
1catalina.org.apache.juli.FileHandler,

java.util.logging.ConsoleHandler\r\n\r\n1catalina.org.apache.juli.FileHandler.level
        = FINE\r\n1catalina.org.apache.juli.FileHandler.directory =
${catalina.base}/logs\r\n1catalina.org.apache.juli.FileHandler.prefix
        = catalina.\r\n\r\n2localhost.org.apache.juli.FileHandler.level =
FINE\r\n2localhost.org.apache.juli.FileHandler.directory
        = ${catalina.base}/logs\r\n2localhost.org.apache.juli.FileHandler.prefix =
localhost.\r\n\r\n3manager.org.apache.juli.FileHandler.level
        = FINE\r\n3manager.org.apache.juli.FileHandler.directory =
${catalina.base}/logs\r\n3manager.org.apache.juli.FileHandler.prefix
        = manager.\r\n\r\n4host-manager.org.apache.juli.FileHandler.level =
FINE\r\n4host-manager.org.apache.juli.FileHandler.directory
        = ${catalina.base}/logs\r\n4host-manager.org.apache.juli.FileHandler.
prefix =
        host-manager.\r\n\r\njava.util.logging.ConsoleHandler.level =
FINE\r\njava.util.logging.ConsoleHandler.formatter
        = java.util.logging.SimpleFormatter\r\n\r\n\r\norg.apache.catalina.core.
ContainerBase.[Catalina].[localhost].level
        = INFO\r\norg.apache.catalina.core.ContainerBase.[Catalina].[localhost].
handlers
        = 2localhost.org.apache.juli.FileHandler\r\n\r\norg.apache.catalina.core.
ContainerBase.[Catalina].[localhost].[/manager].level
        = INFO\r\norg.apache.catalina.core.ContainerBase.[Catalina].[localhost].
[/manager].handlers
        = 3manager.org.apache.juli.FileHandler\r\n\r\norg.apache.catalina.core.
ContainerBase.[Catalina].[localhost].[/host-manager].level
        = INFO\r\norg.apache.catalina.core.ContainerBase.[Catalina].[localhost].
[/host-manager].handlers
        = 4host-manager.org.apache.juli.FileHandler\r\n\r\n"
```

在 Pod“cm-test-app”的定义中，将 ConfigMap“cm-appconfigfiles”中的内容以文件的形式挂载到容器内部的/configfiles 目录下。Pod 配置文件 cm-test-app.yaml 的内容如下：

```
apiVersion: v1
kind: Pod
metadata:
  name: cm-test-app
spec:
  containers:
  - name: cm-test-app
    image: kubeguide/tomcat-app:v1
```

```
      ports:
      - containerPort: 8080
      volumeMounts:
      - name: serverxml                         # 引用 Volume 的名称
        mountPath: /configfiles                 # 挂载到容器内的目录
    volumes:
    - name: serverxml                           # 定义 Volume 的名称
      configMap:
        name: cm-appconfigfiles                 # 使用 ConfigMap “cm-appconfigfiles”
        items:
        - key: key-serverxml                    # key=key-serverxml
          path: server.xml                      # value 将 server.xml 文件名进行挂载
        - key: key-loggingproperties            # key=key-loggingproperties
          path: logging.properties              # value 将 logging.properties 文件名进行挂载
```

创建该 Pod：

```
# kubectl create -f cm-test-app.yaml
pod "cm-test-app" created
```

登录容器，查看到在/configfiles 目录下存在 server.xml 和 logging.properties 文件，它们的内容就是 ConfigMap “cm-appconfigfiles” 中两个 key 定义的内容：

```
# kubectl exec -ti cm-test-app -- bash
root@cm-test-app:/# cat /configfiles/server.xml
<?xml version='1.0' encoding='utf-8'?>
<Server port="8005" shutdown="SHUTDOWN">
......

root@cm-test-app:/# cat /configfiles/logging.properties
handlers = 1catalina.org.apache.juli.AsyncFileHandler,
2localhost.org.apache.juli.AsyncFileHandler,
3manager.org.apache.juli.AsyncFileHandler,
4host-manager.org.apache.juli.AsyncFileHandler, java.util.logging.ConsoleHandler
......
```

如果在引用 ConfigMap 时不指定 items，则使用 volumeMount 方式在容器内的目录下为每个 item 都生成一个文件名为 key 的文件。

Pod 配置文件 cm-test-app.yaml 的内容如下：

```
apiVersion: v1
kind: Pod
```

```
metadata:
  name: cm-test-app
spec:
  containers:
  - name: cm-test-app
    image: kubeguide/tomcat-app:v1
    imagePullPolicy: Never
    ports:
    - containerPort: 8080
    volumeMounts:
    - name: serverxml                    # 引用 Volume 的名称
      mountPath: /configfiles            # 挂载到容器内的目录
  volumes:
  - name: serverxml                      # 定义 Volume 的名称
    configMap:
      name: cm-appconfigfiles            # 使用 ConfigMap "cm-appconfigfiles"
```

创建该 Pod：

```
# kubectl create -f cm-test-app.yaml
pod "cm-test-app" created
```

登录容器，查看到在/configfiles 目录下存在 key-loggingproperties 和 key-serverxml 文件，文件的名称来自在 ConfigMap cm-appconfigfiles 中定义的两个 key 的名称，文件的内容则为 value 的内容：

```
# ls /configfiles
key-loggingproperties  key-serverxml
```

3.5.4　使用 ConfigMap 的限制条件

使用 ConfigMap 的限制条件如下。

◎ ConfigMap 必须在 Pod 之前创建，Pod 才能引用它。

◎ 如果 Pod 使用 envFrom 基于 ConfigMap 定义环境变量，则无效的环境变量名称（例如名称以数字开头）将被忽略，并在事件中被记录为 InvalidVariableNames。

◎ ConfigMap 受命名空间限制，只有处于相同命名空间中的 Pod 才可以引用它。

◎ ConfigMap 无法用于静态 Pod。

3.6 在容器内获取 Pod 信息（Downward API）

我们知道，Pod 的逻辑概念在容器之上，Kubernetes 在成功创建 Pod 之后，会为 Pod 和容器设置一些额外的信息，例如 Pod 级别的 Pod 名称、Pod IP、Node IP、Label、Annotation、容器级别的资源限制等。在很多应用场景中，这些信息对容器内的应用来说都很有用，例如使用 Pod 名称作为日志记录的一个字段用于标识日志来源。为了在容器内获取 Pod 级别的这些信息，Kubernetes 提供了 Downward API 机制来将 Pod 和容器的某些元数据信息注入容器环境内，供容器应用方便地使用。

Downward API 可以通过以下两种方式将 Pod 和容器的元数据信息注入容器内部。

（1）环境变量：将 Pod 或 Container 信息设置为容器内的环境变量。

（2）Volume 挂载：将 Pod 或 Container 信息以文件的形式挂载到容器内部。

下面通过几个例子对 Downward API 的用法进行说明。

3.6.1 环境变量方式

通过环境变量的方式可以将 Pod 信息或 Container 信息注入容器运行环境中，下面通过两个例子进行说明。

1）将 Pod 信息设置为容器内的环境变量

下面的例子通过 Downward API 将 Pod 的 IP、名称和所在命名空间注入容器的环境变量中，Pod 的 YAML 文件内容如下：

```
# dapi-envars-pod.yaml
apiVersion: v1
kind: Pod
metadata:
  name: dapi-envars-fieldref
spec:
  containers:
    - name: test-container
      image: busybox
      command: [ "sh", "-c"]
```

```
      args:
      - while true; do
          echo -en '\n';
          printenv MY_NODE_NAME MY_POD_NAME MY_POD_NAMESPACE;
          printenv MY_POD_IP MY_POD_SERVICE_ACCOUNT;
          sleep 10;
        done;
      env:
        - name: MY_NODE_NAME
          valueFrom:
            fieldRef:
              fieldPath: spec.nodeName
        - name: MY_POD_NAME
          valueFrom:
            fieldRef:
              fieldPath: metadata.name
        - name: MY_POD_NAMESPACE
          valueFrom:
            fieldRef:
              fieldPath: metadata.namespace
        - name: MY_POD_IP
          valueFrom:
            fieldRef:
              fieldPath: status.podIP
        - name: MY_POD_SERVICE_ACCOUNT
          valueFrom:
            fieldRef:
              fieldPath: spec.serviceAccountName
  restartPolicy: Never
```

注意，环境变量不直接设置 value，而是设置 valueFrom 对 Pod 的元数据进行引用。

在本例中通过对 Downward API 的设置使用了以下 Pod 的元数据信息设置环境变量。

◎ spec.nodeName：Pod 所在 Node 的名称。
◎ metadata.name：Pod 名称。
◎ metadata.namespace：Pod 所在命名空间的名称。
◎ status.podIP：Pod 的 IP 地址。
◎ spec.serviceAccountName：Pod 使用的 ServiceAccount 名称。

运行 kubectl create 命令创建这个 Pod：

```
# kubectl create -f dapi-envars-pod.yaml
pod/dapi-envars-fieldref created
```

查看 Pod 的日志，可以看到容器启动命令将环境变量的值打印出来：

```
# kubectl logs dapi-envars-fieldref

192.168.18.3
dapi-envars-fieldref
default
10.0.95.21
default
......
```

我们从日志中可以看到 Pod 的 Node IP、Pod 名称、命名空间名称、Pod IP、ServiceAccount 名称等信息都被正确设置到了容器的环境变量中。

也可以通过 kubectl exec 命令登录容器查看环境变量的设置：

```
# kubectl exec -ti dapi-envars-fieldref -- sh
/ # printenv | grep MY
MY_POD_SERVICE_ACCOUNT=default
MY_POD_NAMESPACE=default
MY_POD_IP=10.0.95.16
MY_NODE_NAME=192.168.18.3
MY_POD_NAME=dapi-envars-fieldref
```

2）将 Container 信息设置为容器内的环境变量

下面的例子通过 Downward API 将 Container 的资源请求和资源限制信息设置为容器内的环境变量，Pod 的 YAML 文件内容如下：

```
# dapi-envars-container.yaml
apiVersion: v1
kind: Pod
metadata:
  name: dapi-envars-resourcefieldref
spec:
  containers:
    - name: test-container
      image: busybox
      imagePullPolicy: Never
      command: [ "sh", "-c"]
      args:
```

```
    - while true; do
        echo -en '\n';
        printenv MY_CPU_REQUEST MY_CPU_LIMIT;
        printenv MY_MEM_REQUEST MY_MEM_LIMIT;
        sleep 10;
      done;
    args:
    - while true; do
        echo -en '\n';
        printenv MY_CPU_REQUEST MY_CPU_LIMIT;
        printenv MY_MEM_REQUEST MY_MEM_LIMIT;
        sleep 3600;
      done;
    resources:
      requests:
        memory: "32Mi"
        cpu: "125m"
      limits:
        memory: "64Mi"
        cpu: "250m"
    env:
      - name: MY_CPU_REQUEST
        valueFrom:
          resourceFieldRef:
            containerName: test-container
            resource: requests.cpu
      - name: MY_CPU_LIMIT
        valueFrom:
          resourceFieldRef:
            containerName: test-container
            resource: limits.cpu
      - name: MY_MEM_REQUEST
        valueFrom:
          resourceFieldRef:
            containerName: test-container
            resource: requests.memory
      - name: MY_MEM_LIMIT
        valueFrom:
          resourceFieldRef:
            containerName: test-container
            resource: limits.memory
restartPolicy: Never
```

在本例中通过 Downward API 将以下 Container 的资源限制信息设置为环境变量。

◎ requests.cpu：容器的 CPU 请求值。
◎ limits.cpu：容器的 CPU 限制值。
◎ requests.memory：容器的内存请求值。
◎ limits.memory：容器的内存限制值。

运行 kubectl create 命令创建 Pod：

```
# kubectl create -f dapi-envars-container.yaml
pod/dapi-envars-resourcefieldref created
```

查看 Pod 的日志：

```
# kubectl logs dapi-envars-resourcefieldref

1
1
33554432
67108864
```

我们从日志中可以看到 Container 的 requests.cpu、limits.cpu、requests.memory、limits.memory 等信息都被正确保存到了容器内的环境变量中。

3.6.2 Volume 挂载方式

通过 Volume 挂载方式可以将 Pod 信息或 Container 信息挂载为容器内的文件，下面通过两个例子进行说明。

1）将 Pod 信息挂载为容器内的文件

下面的例子通过 Downward API 将 Pod 的 Label、Annotation 信息通过 Volume 挂载为容器中的文件：

```
# dapi-volume.yaml
apiVersion: v1
kind: Pod
metadata:
  name: kubernetes-downwardapi-volume-example
  labels:
    zone: us-est-coast
```

```
      cluster: test-cluster1
      rack: rack-22
    annotations:
      build: two
      builder: john-doe
  spec:
    containers:
      - name: client-container
        image: busybox
        command: ["sh", "-c"]
        args:
        - while true; do
            if [[ -e /etc/podinfo/labels ]]; then
              echo -en '\n\n'; cat /etc/podinfo/labels; fi;
            if [[ -e /etc/podinfo/annotations ]]; then
              echo -en '\n\n'; cat /etc/podinfo/annotations; fi;
            sleep 5;
          done;
        volumeMounts:
          - name: podinfo
            mountPath: /etc/podinfo
    volumes:
      - name: podinfo
        downwardAPI:
          items:
            - path: "labels"
              fieldRef:
                fieldPath: metadata.labels
            - path: "annotations"
              fieldRef:
                fieldPath: metadata.annotations
```

在Pod的volumes字段中使用Downward API的方法：通过fieldRef字段设置需要引用Pod的元数据信息，将其设置到volume的items中。在本例中使用了以下Pod元数据信息。

◎ metadata.labels：Pod的Label列表。

◎ metadata.annotations：Pod的Annotation列表。

然后，通过容器级别volumeMounts的设置，系统会基于volume中各item的path名称生成文件。根据上面的设置，系统将在容器内的/etc/podinfo目录下生成labels和

annotations 两个文件，在 labels 文件中将包含 Pod 的全部 Label 列表，在 annotations 文件中将包含 Pod 的全部 Annotation 列表。

运行 kubectl create 命令创建 Pod：

```
# kubectl create -f dapi-volume.yaml
pod/kubernetes-downwardapi-volume-example created
```

查看 Pod 的日志，可以看到容器启动命令将挂载文件的内容打印出来：

```
# kubectl logs logs kubernetes-downwardapi-volume-example

cluster="test-cluster1"
rack="rack-22"
zone="us-est-coast"

build="two"
builder="john-doe"
kubernetes.io/config.seen="2020-07-08T16:02:33.185457099+08:00"
kubernetes.io/config.source="api"
......
```

进入容器，查看挂载的文件：

```
# kubectl exec -ti kubernetes-downwardapi-volume-example -- sh
/ # ls -l /etc/podinfo/
total 0
lrwxrwxrwx    1 root    root    18 Jul  8 08:02 annotations -> ..data/annotations
lrwxrwxrwx    1 root    root    13 Jul  8 08:02 labels -> ..data/labels
```

查看文件 labels 的内容：

```
# cat /etc/podinfo/labels
cluster="test-cluster1"
rack="rack-22"
```

2）将 Container 信息挂载为容器内的文件

下面的例子通过 Downward API 将 Container 的资源限制信息通过 Volume 挂载为容器中的文件：

```
# dapi-volume-resources.yaml
apiVersion: v1
kind: Pod
```

```
metadata:
  name: kubernetes-downwardapi-volume-example-2
spec:
  containers:
    - name: client-container
      image: busybox
      command: ["sh", "-c"]
      args:
      - while true; do
          echo -en '\n';
          if [[ -e /etc/podinfo/cpu_limit ]]; then
            echo -en '\n'; cat /etc/podinfo/cpu_limit; fi;
          if [[ -e /etc/podinfo/cpu_request ]]; then
            echo -en '\n'; cat /etc/podinfo/cpu_request; fi;
          if [[ -e /etc/podinfo/mem_limit ]]; then
            echo -en '\n'; cat /etc/podinfo/mem_limit; fi;
          if [[ -e /etc/podinfo/mem_request ]]; then
            echo -en '\n'; cat /etc/podinfo/mem_request; fi;
          sleep 5;
        done;
      resources:
        requests:
          memory: "32Mi"
          cpu: "125m"
        limits:
          memory: "64Mi"
          cpu: "250m"
      volumeMounts:
        - name: podinfo
          mountPath: /etc/podinfo
  volumes:
    - name: podinfo
      downwardAPI:
        items:
          - path: "cpu_limit"
            resourceFieldRef:
              containerName: client-container
              resource: limits.cpu
              divisor: 1m
          - path: "cpu_request"
            resourceFieldRef:
```

```
            containerName: client-container
            resource: requests.cpu
            divisor: 1m
        - path: "mem_limit"
          resourceFieldRef:
            containerName: client-container
            resource: limits.memory
            divisor: 1Mi
        - path: "mem_request"
          resourceFieldRef:
            containerName: client-container
            resource: requests.memory
            divisor: 1Mi
```

在本例中通过 Downward API 设置将以下 Container 的资源限制信息设置到 Volume 中。

◎ requests.cpu：容器的 CPU 请求值。
◎ limits.cpu：容器的 CPU 限制值。
◎ requests.memory：容器的内存请求值。
◎ limits.memory：容器的内存限制值。

运行 kubectl create 命令创建 Pod：

```
# kubectl create -f dapi-volume-resources.yaml
pod/kubernetes-downwardapi-volume-example-2 created
```

查看 Pod 的日志，可以看到容器启动命令将挂载文件的内容打印出来：

```
# kubectl logs kubernetes-downwardapi-volume-example-2

250
125
64
32
```

进入容器，查看挂载的文件：

```
# kubectl exec -ti kubernetes-downwardapi-volume-example-2 -- sh
/ # ls -l /etc/podinfo/
total 0
lrwxrwxrwx    1 root    root    16 Jul  8 08:22 cpu_limit -> ..data/cpu_limit
lrwxrwxrwx    1 root    root    18 Jul  8 08:22 cpu_request -> ..data/cpu_request
lrwxrwxrwx    1 root    root    16 Jul  8 08:22 mem_limit -> ..data/mem_limit
lrwxrwxrwx    1 root    root    18 Jul  8 08:22 mem_request -> ..data/mem_request
```

查看文件 cpu_limit 的内容：

```
# cat /etc/podinfo/cpu_limit
250
```

3.6.3　Downward API 支持设置的 Pod 和 Container 信息

Downward API 支持设置的 Pod 和 Container 信息如下。

1）可以通过 fieldRef 设置的元数据如下。

◎ metadata.name：Pod 名称。
◎ metadata.namespace：Pod 所在的命名空间名称。
◎ metadata.uid：Pod 的 UID，从 Kubernetes 1.8.0-alpha.2 版本开始支持。
◎ metadata.labels['<KEY>']：Pod 某个 Label 的值，通过<KEY>进行引用，从 Kubernetes 1.9 版本开始支持。
◎ metadata.annotations['<KEY>']：Pod 某个 Annotation 的值，通过<KEY>进行引用，从 Kubernetes 1.9 版本开始支持。

2）可以通过 resourceFieldRef 设置的数据如下。

◎ Container 级别的 CPU Limit。
◎ Container 级别的 CPU Request。
◎ Container 级别的 Memory Limit。
◎ Container 级别的 Memory Request。
◎ Container 级别的临时存储空间（ephemeral-storage）Limit，从 Kubernetes 1.8.0-beta.0 版本开始支持。
◎ Container 级别的临时存储空间（ephemeral-storage）Request，从 Kubernetes 1.8.0-beta.0 版本开始支持。

3）对以下信息通过 fieldRef 字段进行设置。

◎ metadata.labels：Pod 的 Label 列表，每个 Label 都以 key 为文件名，value 为文件内容，每个 Label 各占一行。
◎ metadata.annotation：Pod 的 Annotation 列表，每个 Annotation 都以 key 为文件名，value 为文件内容，每个 Annotation 各占一行。

4）以下 Pod 的元数据信息可以被设置为容器内的环境变量。

◎ status.podIP：Pod 的 IP 地址。
◎ spec.serviceAccountName：Pod 使用的 ServiceAccount 名称。
◎ spec.nodeName：Pod 所在 Node 的名称，从 Kubernetes 1.4.0-alpha.3 版本开始支持。
◎ status.hostIP：Pod 所在 Node 的 IP 地址，从 Kubernetes 1.7.0-alpha.1 版本开始支持。

Downward API 在 volume subPath 中的应用

有时，容器内挂载目录的子路径（volumeMounts.subPath）也需要使用 Pod 或 Container 的元数据信息，Kubernetes 从 1.11 版本开始支持通过 Downward API 对子路径的名称进行设置，引入了一个新的 subPathExpr 字段，到 1.17 版本达到 Stable 阶段。用户可以将 Pod 或 Container 信息先使用 Downward API 设置到环境变量上，再通过 subPathExpr 将其设置为 subPath 的名称。

通过 Kubernetes 提供的 Downward API 机制，只需经过一些简单配置，容器内的应用就可以直接使用 Pod 和容器的某些元数据信息了。

3.7 Pod 生命周期和重启策略

Pod 在整个生命周期中被系统定义为各种状态，熟悉 Pod 的各种状态对于理解如何设置 Pod 的调度策略、重启策略是很有必要的。

Pod 的状态如表 3.2 所示。

表 3.2 Pod 的状态

状态值	描述
Pending	API Server 已经创建该 Pod，但在 Pod 内还有一个或多个容器的镜像没有创建，包括正在下载镜像的过程
Running	Pod 内所有容器均已创建，且至少有一个容器处于运行状态、正在启动状态或正在重启状态
Succeeded	Pod 内所有容器均成功执行后退出，且不会再重启
Failed	Pod 内所有容器均已退出，但至少有一个容器为退出失败状态
Unknown	由于某种原因无法获取该 Pod 的状态，可能由于网络通信不畅导致

Pod 的重启策略（RestartPolicy）应用于 Pod 内的所有容器，并且仅在 Pod 所处的 Node 上由 kubelet 进行判断和重启操作。当某个容器异常退出或者健康检查（详见下节）失败

时，kubelet 将根据 RestartPolicy 的设置进行相应的操作。

Pod 的重启策略包括 Always、OnFailure 和 Never，默认值为 Always。

◎ Always：当容器失效时，由 kubelet 自动重启该容器。
◎ OnFailure：当容器终止运行且退出码不为 0 时，由 kubelet 自动重启该容器。
◎ Never：不论容器运行状态如何，kubelet 都不会重启该容器。

kubelet 重启失效容器的时间间隔以 sync-frequency 乘以 2*n* 来计算，例如 1、2、4、8 倍等，最长延时 5min，并且在成功重启后的 10min 后重置该时间。

Pod 的重启策略与控制方式息息相关，当前可用于管理 Pod 的控制器包括 ReplicationController、Job、DaemonSet，还可以通过 kubelet 管理（静态 Pod）。每种控制器对 Pod 的重启策略要求如下。

◎ RC 和 DaemonSet：必须设置为 Always，需要保证该容器持续运行。
◎ Job：OnFailure 或 Never，确保容器执行完成后不再重启。
◎ kubelet：在 Pod 失效时自动重启它，不论将 RestartPolicy 设置为什么值，也不会对 Pod 进行健康检查。

结合 Pod 的状态和重启策略，表 3.3 列出一些常见的状态转换场景。

表 3.3　一些常见的状态转换场景

Pod 包含的容器数	Pod 当前的状态	发 生 事 件	Pod 的结果状态		
			RestartPolicy=Always	RestartPolicy=OnFailure	RestartPolicy=Never
包含 1 个容器	Running	容器退出成功	Running	Succeeded	Succeeded
包含 1 个容器	Running	容器退出失败	Running	Running	Failed
包含两个容器	Running	1 个容器退出失败	Running	Running	Running
包含两个容器	Running	容器被 OOM “杀掉”	Running	Running	Failed

3.8　Pod 健康检查和服务可用性检查

Kubernetes 对 Pod 的健康状态可以通过三类探针来检查：LivenessProbe、ReadinessProbe 及 StartupProbe，其中最主要的探针为 LivenessProbe 与 ReadinessProbe， kubelet 会定期执行这两类探针来诊断容器的健康状况。

（1）LivenessProbe 探针：用于判断容器是否存活（Running 状态），如果 LivenessProbe 探针探测到容器不健康，则 kubelet 将“杀掉”该容器，并根据容器的重启策略做相应的处理。如果一个容器不包含 LivenessProbe 探针，那么 kubelet 认为该容器的 LivenessProbe 探针返回的值永远是 Success。

（2）ReadinessProbe 探针：用于判断容器服务是否可用（Ready 状态），达到 Ready 状态的 Pod 才可以接收请求。对于被 Service 管理的 Pod，Service 与 Pod Endpoint 的关联关系也将基于 Pod 是否 Ready 进行设置。如果在运行过程中 Ready 状态变为 False，则系统自动将其从 Service 的后端 Endpoint 列表中隔离出去，后续再把恢复到 Ready 状态的 Pod 加回后端 Endpoint 列表。这样就能保证客户端在访问 Service 时不会被转发到服务不可用的 Pod 实例上。需要注意的是，ReadinessProbe 也是定期触发执行的，存在于 Pod 的整个生命周期中。

（3）StartupProbe 探针：某些应用会遇到启动比较慢的情况，例如应用程序启动时需要与远程服务器建立网络连接，或者遇到网络访问较慢等情况时，会造成容器启动缓慢，此时 ReadinessProbe 就不适用了，因为这属于“有且仅有一次”的超长延时，可以通过 StartupProbe 探针解决该问题。

以上探针均可配置以下三种实现方式。

（1）ExecAction：在容器内部运行一个命令，如果该命令的返回码为 0，则表明容器健康。

在下面的例子中，通过运行 cat /tmp/health 命令来判断一个容器运行是否正常。在该 Pod 运行后，将在创建/tmp/health 文件 10s 后删除该文件，而 LivenessProbe 健康检查的初始探测时间（initialDelaySeconds）为 15s，探测结果是 Fail，将导致 kubelet“杀掉”该容器并重启它：

```
apiVersion: v1
kind: Pod
metadata:
  labels:
    test: liveness
  name: liveness-exec
spec:
  containers:
```

```
  - name: liveness
    image: gcr.io/google_containers/busybox
    args:
    - /bin/sh
    - -c
    - echo ok > /tmp/health; sleep 10; rm -rf /tmp/health; sleep 600
    livenessProbe:
      exec:
        command:
        - cat
        - /tmp/health
      initialDelaySeconds: 15
      timeoutSeconds: 1
```

（2）TCPSocketAction：通过容器的 IP 地址和端口号执行 TCP 检查，如果能够建立 TCP 连接，则表明容器健康。

在下面的例子中，通过与容器内的 localhost:80 建立 TCP 连接进行健康检查：

```
apiVersion: v1
kind: Pod
metadata:
  name: pod-with-healthcheck
spec:
  containers:
  - name: nginx
    image: nginx
    ports:
    - containerPort: 80
    livenessProbe:
      tcpSocket:
        port: 80
      initialDelaySeconds: 30
      timeoutSeconds: 1
```

（3）HTTPGetAction：通过容器的 IP 地址、端口号及路径调用 HTTP Get 方法，如果响应的状态码大于等于 200 且小于 400，则认为容器健康。

在下面的例子中，kubelet 定时发送 HTTP 请求到 localhost:80/_status/healthz 来进行容器应用的健康检查：

```
apiVersion: v1
kind: Pod
metadata:
  name: pod-with-healthcheck
spec:
  containers:
  - name: nginx
    image: nginx
    ports:
    - containerPort: 80
    livenessProbe:
     httpGet:
       path: /_status/healthz
       port: 80
     initialDelaySeconds: 30
     timeoutSeconds: 1
```

对于每种探测方式，都需要设置 initialDelaySeconds 和 timeoutSeconds 两个参数，它们的含义分别如下。

◎ initialDelaySeconds：启动容器后进行首次健康检查的等待时间，单位为 s。

◎ timeoutSeconds：健康检查发送请求后等待响应的超时时间，单位为 s。当超时发生时，kubelet 会认为容器已经无法提供服务，将会重启该容器。

如下代码片段是 StartupProbe 探针的一个参考配置，可以看到，这个 Pod 可以有长达 30×10=300s 的超长启动时间：

```
startupProbe:
  httpGet:
    path: /healthz
    port: liveness-port
  failureThreshold: 30
  periodSeconds: 10
```

Kubernetes 的 Pod 可用性探针机制可能无法满足某些复杂应用对容器内服务可用状态的判断，所以 Kubernetes 从 1.11 版本开始，引入了 Pod Ready++特性对 Readiness 探测机制进行扩展，在 1.14 版本时达到 GA 稳定版本，称其为 Pod Readiness Gates。Pod Readiness Gates 给予了 Pod 之外的组件控制某个 Pod 就绪的能力，通过 Pod Readiness Gates 机制，用户可以设置自定义的 Pod 可用性探测方式来告诉 Kubernetes 某个 Pod 是否可用，具体使用方式是用户提供一个外部的控制器（Controller）来设置相应 Pod 的可用性状态。

Pod 的 Readiness Gates 在 Pod 定义中的 ReadinessGate 字段进行设置。下面的例子设置了一个类型为 www.example.com/feature-1 的新 Readiness Gate：

```
Kind: Pod
......
spec:
  readinessGates:
    - conditionType: "www.example.com/feature-1"
status:
  conditions:
    - type: Ready  # Kubernetes 系统内置的名为 Ready 的 Condition
      status: "True"
      lastProbeTime: null
      lastTransitionTime: 2020-01-01T00:00:00Z
    - type: "www.example.com/feature-1"   # 用户自定义 Condition
      status: "False"
      lastProbeTime: null
      lastTransitionTime: 2020-03-01T00:00:00Z
  containerStatuses:
    - containerID: docker://abcd...
      ready: true
......
```

新增的自定义 Condition 的状态（status）将由用户自定义的外部控制器设置，默认值为 False。Kubernetes 将在判断全部 readinessGates 条件都为 True 时，才设置 Pod 为服务可用状态（Ready 为 True）。

3.9　玩转 Pod 调度

在 Kubernetes 平台上，我们很少会直接创建一个 Pod，在大多数情况下会通过 RC、Deployment、DaemonSet、Job 等控制器完成对一组 Pod 副本的创建、调度及全生命周期的自动控制任务。

在最早的 Kubernetes 版本里是没有这么多 Pod 副本控制器的，只有一个 Pod 副本控制器 RC（Replication Controller），这个控制器是这样设计实现的：RC 独立于所控制的 Pod，并通过 Label 标签这个松耦合关联关系控制目标 Pod 实例的创建和销毁，随着 Kubernetes

的发展，RC 也出现了新的继任者——Deployment，用于更加自动地完成 Pod 副本的部署、版本更新、回滚等功能。

严谨地说，RC 的继任者其实并不是 Deployment，而是 ReplicaSet，因为 ReplicaSet 进一步增强了 RC 标签选择器的灵活性。之前 RC 的标签选择器只能选择一个标签，而 ReplicaSet 拥有集合式的标签选择器，可以选择多个 Pod 标签，如下所示：

```
selector:
   matchLabels:
     tier: frontend
   matchExpressions:
     - {key: tier, operator: In, values: [frontend]}
```

与 RC 不同，ReplicaSet 被设计成能控制多个不同标签的 Pod 副本。比如，应用 MyApp 目前发布了 v1 与 v2 两个版本，用户希望 MyApp 的 Pod 副本数保持为 3 个，可以同时包含 v1 和 v2 版本的 Pod，就可以用 ReplicaSet 来实现这种控制，写法如下：

```
selector:
   matchLabels:
     version: v2
   matchExpressions:
     - {key: version, operator: In, values: [v1,v2]}
```

其实，Kubernetes 的滚动升级就是巧妙运用 ReplicaSet 的这个特性来实现的，同时，Deployment 也是通过 ReplicaSet 来实现 Pod 副本自动控制功能的。我们不应该直接使用底层的 ReplicaSet 来控制 Pod 副本，而应该通过管理 ReplicaSet 的 Deployment 对象来控制副本，这是来自官方的建议。

在大多数情况下，我们希望 Deployment 创建的 Pod 副本被成功调度到集群中的任何一个可用节点，而不关心具体会调度到哪个节点。但是，在真实的生产环境中的确也存在一种需求：希望某种 Pod 的副本全部在指定的一个或者一些节点上运行，比如希望将 MySQL 数据库调度到一个具有 SSD 磁盘的目标节点上，此时 Pod 模板中的 NodeSelector 属性就开始发挥作用了，上述 MySQL 定向调度案例的实现方式可分为以下两步。

（1）把具有 SSD 磁盘的 Node 都打上自定义标签 disk=ssd。

（2）在 Pod 模板中设定 NodeSelector 的值为“disk: ssd”。

如此一来，Kubernetes 在调度 Pod 副本的时候，就会先按照 Node 的标签过滤出合适的目标节点，然后选择一个最佳节点进行调度。

上述逻辑看起来既简单又完美，但在真实的生产环境中可能面临以下令人尴尬的问题。

（1）如果 NodeSelector 选择的 Label 不存在或者不符合条件，比如这些目标节点此时宕机或者资源不足，该怎么办？

（2）如果要选择多种合适的目标节点，比如 SSD 磁盘的节点或者超高速硬盘的节点，该怎么办？Kubernetes 引入了 NodeAffinity（节点亲和性设置）来解决该需求。

在真实的生产环境中还存在如下所述的特殊需求。

（1）不同 Pod 之间的亲和性（Affinity）。比如 MySQL 数据库与 Redis 中间件不能被调度到同一个目标节点上，或者两种不同的 Pod 必须被调度到同一个 Node 上，以实现本地文件共享或本地网络通信等特殊需求，这就是 PodAffinity 要解决的问题。

（2）有状态集群的调度。对于 ZooKeeper、Elasticsearch、MongoDB、Kafka 等有状态集群，虽然集群中的每个 Worker 节点看起来都是相同的，但每个 Worker 节点都必须有明确的、不变的唯一 ID（主机名或 IP 地址），这些节点的启动和停止次序通常有严格的顺序。此外，由于集群需要持久化保存状态数据，所以集群中的 Worker 节点对应的 Pod 不管在哪个 Node 上恢复，都需要挂载原来的 Volume，因此这些 Pod 还需要捆绑具体的 PV。针对这种复杂的需求，Kubernetes 提供了 StatefulSet 这种特殊的副本控制器来解决问题，在 Kubernetes 1.9 版本发布后，StatefulSet 才可用于正式生产环境中。

（3）在每个 Node 上调度并且仅仅创建一个 Pod 副本。这种调度通常用于系统监控相关的 Pod，比如主机上的日志采集、主机性能采集等进程需要被部署到集群中的每个节点，并且只能部署一个副本，这就是 DaemonSet 这种特殊 Pod 副本控制器所解决的问题。

（4）对于批处理作业，需要创建多个 Pod 副本来协同工作，当这些 Pod 副本都完成自己的任务时，整个批处理作业就结束了。这种 Pod 运行且仅运行一次的特殊调度，用常规的 RC 或者 Deployment 都无法解决，所以 Kubernetes 引入了新的 Pod 调度控制器 Job 来解决问题，并继续延伸了定时作业的调度控制器 CronJob。

与单独的 Pod 实例不同，由 RC、ReplicaSet、Deployment、DaemonSet 等控制器创建的 Pod 副本实例都是归属于这些控制器的，这就产生了一个问题：控制器被删除后，归属于控制器的 Pod 副本该何去何从？在 Kubernetes 1.9 之前，在 RC 等对象被删除后，它们所创建的 Pod 副本都不会被删除；在 Kubernetes 1.9 以后，这些 Pod 副本会被一并删除。如果不希望这样做，则可以通过 kubectl 命令的--cascade=false 参数来取消这一默认特性：

```
kubectl delete replicaset my-repset --cascade=false
```

接下来深入理解和实践这些 Pod 调度控制器的各种功能和特性。

3.9.1 Deployment 或 RC：全自动调度

Deployment 或 RC 的主要功能之一就是自动部署一个容器应用的多份副本，以及持续监控副本的数量，在集群内始终维持用户指定的副本数量。

下面是一个 Deployment 配置的例子，使用这个配置文件可以创建一个 ReplicaSet，这个 ReplicaSet 会创建 3 个 Nginx 应用的 Pod：

```
nginx-deployment.yaml
apiVersion: apps/v1
kind: Deployment
metadata:
  name: nginx-deployment
spec:
  selector:
    matchLabels:
      app: nginx
  replicas: 3
  template:
    metadata:
      labels:
        app: nginx
    spec:
      containers:
      - name: nginx
        image: nginx:1.7.9
        ports:
        - containerPort: 80
```

运行 kubectl create 命令创建这个 Deployment：

```
# kubectl create -f nginx-deployment.yaml
deployment "nginx-deployment" created
```

查看 Deployment 的状态：

```
# kubectl get deployments
NAME                DESIRED   CURRENT   UP-TO-DATE   AVAILABLE   AGE
```

```
nginx-deployment   3         3         3          3           18s
```

该状态说明 Deployment 已创建好所有 3 个副本，并且所有副本都是最新的可用的。

通过运行 kubectl get rs 和 kubectl get pods 可以查看已创建的 ReplicaSet（RS）和 Pod 的信息。

```
# kubectl get rs
NAME                          DESIRED   CURRENT   READY     AGE
nginx-deployment-4087004473   3         3         3         53s
# kubectl get pods
NAME                                READY     STATUS    RESTARTS   AGE
nginx-deployment-4087004473-9jqqs   1/1       Running   0          1m
nginx-deployment-4087004473-cq0cf   1/1       Running   0          1m
nginx-deployment-4087004473-vxn56   1/1       Running   0          1m
```

从调度策略上来说，这 3 个 Nginx Pod 由系统全自动完成调度。它们各自最终运行在哪个节点上，完全由 Master 的 Scheduler 经过一系列算法计算得出，用户无法干预调度过程和结果。

除了使用系统自动调度算法完成一组 Pod 的部署，Kubernetes 也提供了多种丰富的调度策略，用户只需在 Pod 的定义中使用 NodeSelector、NodeAffinity、PodAffinity、Pod 驱逐等更加细粒度的调度策略设置，就能完成对 Pod 的精准调度。下面对这些策略进行说明。

3.9.2 NodeSelector：定向调度

Kubernetes Master 上的 Scheduler 服务（kube-scheduler 进程）负责实现 Pod 的调度，整个调度过程通过执行一系列复杂的算法，最终为每个 Pod 都计算出一个最佳的目标节点，这一过程是自动完成的，通常我们无法知道 Pod 最终会被调度到哪个节点上。在实际情况下，也可能需要将 Pod 调度到指定的一些 Node 上，可以通过 Node 的标签（Label）和 Pod 的 nodeSelector 属性相匹配，来达到上述目的。

（1）首先通过 kubectl label 命令给目标 Node 打上一些标签：

```
kubectl label nodes <node-name> <label-key>=<label-value>
```

这里为 k8s-node-1 节点打上一个 zone=north 标签，表明它是“北方”的一个节点：

```
$ kubectl label nodes k8s-node-1 zone=north
NAME          LABELS                                          STATUS
k8s-node-1    kubernetes.io/hostname=k8s-node-1,zone=north    Ready
```

上述命令行操作也可以通过修改资源定义文件的方式，并运行 kubectl replace -f xxx.yaml 命令来完成。

（2）然后，在 Pod 的定义中加上 nodeSelector 的设置，以 redis-master-controller.yaml 为例：

```
apiVersion: v1
kind: ReplicationController
metadata:
  name: redis-master
  labels:
    name: redis-master
spec:
  replicas: 1
  selector:
    name: redis-master
  template:
    metadata:
      labels:
        name: redis-master
    spec:
      containers:
      - name: master
        image: kubeguide/redis-master
        ports:
        - containerPort: 6379
      nodeSelector:
        zone: north
```

运行 kubectl create -f 命令创建 Pod，scheduler 就会将该 Pod 调度到拥有“zone=north”标签的 Node 上。

使用 kubectl get pods -o wide 命令可以验证 Pod 所在的 Node：

```
# kubectl get pods -o wide
NAME                 READY    STATUS    RESTARTS   AGE     NODE
redis-master-f0rqj   1/1      Running   0          19s     k8s-node-1
```

如果我们给多个 Node 都定义了相同的标签（例如 zone=north），则 scheduler 会根据调度算法从这组 Node 中挑选一个可用的 Node 进行 Pod 调度。

通过基于 Node 标签的调度方式，我们可以把集群中具有不同特点的 Node 都贴上不同的标签，例如“role=frontend”“role=backend”“role=database”等标签，在部署应用时就可以根据应用的需求设置 NodeSelector 来进行指定 Node 范围的调度。

需要注意的是，如果我们指定了 Pod 的 nodeSelector 条件，且在集群中不存在包含相应标签的 Node，则即使在集群中还有其他可供使用的 Node，这个 Pod 也无法被成功调度。

除了用户可以自行给 Node 添加标签，Kubernetes 也会给 Node 预定义一些标签，包括：

◎ kubernetes.io/hostname；
◎ beta.kubernetes.io/os（从 1.14 版本开始更新为稳定版，到 1.18 版本删除）；
◎ beta.kubernetes.io/arch（从 1.14 版本开始更新为稳定版，到 1.18 版本删除）；
◎ kubernetes.io/os（从 1.14 版本开始启用）；
◎ kubernetes.io/arch（从 1.14 版本开始启用）。

用户也可以使用这些系统标签进行 Pod 的定向调度。

NodeSelector 通过标签的方式，简单实现了限制 Pod 所在节点的方法。亲和性调度机制则极大扩展了 Pod 的调度能力，主要的增强功能如下。

◎ 更具表达力（不仅仅是“符合全部”的简单情况）。
◎ 可以使用软限制、优先采用等限制方式，代替之前的硬限制，这样调度器在无法满足优先需求的情况下，会退而求其次，继续运行该 Pod。
◎ 可以依据节点上正在运行的其他 Pod 的标签来进行限制，而非节点本身的标签。这样就可以定义一种规则来描述 Pod 之间的亲和或互斥关系。

亲和性调度功能包括节点亲和性（NodeAffinity）和 Pod 亲和性（PodAffinity）两个维度的设置。节点亲和性与 NodeSelector 类似，增强了上述前两点优势；Pod 的亲和与互斥限制则通过 Pod 标签而不是节点标签来实现，也就是上面第 4 点内容所陈述的方式，同时具有前两点提到的优点。

NodeSelector 将会继续被使用，随着节点亲和性越来越能够体现 nodeSelector 的功能，最终 NodeSelector 会被废弃。

3.9.3　NodeAffinity：Node 亲和性调度

NodeAffinity 意为 Node 亲和性的调度策略，是用于替换 NodeSelector 的全新调度策略。目前有两种节点亲和性表达。

◎ RequiredDuringSchedulingIgnoredDuringExecution：必须满足指定的规则才可以调度 Pod 到 Node 上（功能与 nodeSelector 很像，但是使用的是不同的语法），相当于硬限制。

◎ PreferredDuringSchedulingIgnoredDuringExecution：强调优先满足指定规则，调度器会尝试调度 Pod 到 Node 上，但并不强求，相当于软限制。多个优先级规则还可以设置权重（weight）值，以定义执行的先后顺序。

IgnoredDuringExecution 的意思是：如果一个 Pod 所在的节点在 Pod 运行期间标签发生了变更，不再符合该 Pod 的节点亲和性需求，则系统将忽略 Node 上 Label 的变化，该 Pod 能继续在该节点上运行。

下面的例子设置了 NodeAffinity 调度的如下规则。

◎ requiredDuringSchedulingIgnoredDuringExecution：要求只运行在 amd64 的节点上（beta.kubernetes.io/arch In amd64）。

◎ preferredDuringSchedulingIgnoredDuringExecution：要求尽量运行在磁盘类型为 ssd（disk-type In ssd）的节点上。

代码如下：

```
apiVersion: v1
kind: Pod
metadata:
  name: with-node-affinity
spec:
  affinity:
    nodeAffinity:
      requiredDuringSchedulingIgnoredDuringExecution:
        nodeSelectorTerms:
        - matchExpressions:
          - key: beta.kubernetes.io/arch
            operator: In
            values:
            - amd64
      preferredDuringSchedulingIgnoredDuringExecution:
      - weight: 1
        preference:
          matchExpressions:
```

```
          - key: disk-type
            operator: In
            values:
            - ssd
  containers:
  - name: with-node-affinity
    image: gcr.io/google_containers/pause:2.0
```

从上面的配置中可以看到 In 操作符，NodeAffinity 语法支持的操作符包括 In、NotIn、Exists、DoesNotExist、Gt、Lt。虽然没有节点排斥功能，但是用 NotIn 和 DoesNotExist 就可以实现排斥的功能了。

NodeAffinity 规则设置的注意事项如下。

◎ 如果同时定义了 nodeSelector 和 nodeAffinity，那么必须两个条件都得到满足，Pod 才能最终运行在指定的 Node 上。
◎ 如果 nodeAffinity 指定了多个 nodeSelectorTerms，那么其中一个能匹配成功即可。
◎ 如果在 nodeSelectorTerms 中有多个 matchExpressions，则一个节点必须满足所有 matchExpressions 才能运行该 Pod。

3.9.4　PodAffinity：Pod 亲和与互斥调度策略

在实际的生产环境中有一类特殊的 Pod 调度需求：存在某些相互依赖、频繁调用的 Pod，它们需要被尽可能地部署在同一个 Node 节点、机架、机房、网段或者区域（Zone）内，这就是 Pod 之间的亲和性；反之，出于避免竞争或者容错的需求，我们也可能使某些 Pod 尽可能地远离某些特定的 Pod，这就是 Pod 之间的反亲和性或者互斥性。

Pod 间的亲和性与反亲和性调度策略从 Kubernetes 1.4 版本开始引入。简单地说，就是相关联的两种或多种 Pod 是否可以在同一个拓扑域中共存或者互斥，前者被称为 Pod Affinity，后者被称为 Pod Anti Affinity。那么，什么是拓扑域，如何理解这个新概念呢？一个拓扑域由一些 Node 节点组成，这些 Node 节点通常有相同的地理空间坐标，比如在同一个机架、机房或地区，我们一般用 region 表示机架、机房等的拓扑区域，用 Zone 表示地区这样跨度更大的拓扑区域。在极端情况下，我们也可以认为一个 Node 就是一个拓扑区域。为此，Kubernetes 内置了如下一些常用的默认拓扑域：

◎ kubernetes.io/hostname；
◎ topology.kubernetes.io/region；

◎ topology.kubernetes.io/zone。

需要注意的是，以上拓扑域是由 Kubernetes 自己维护的，在 Node 节点初始化时，controller-manager 会为 Node 打上许多标签，比如 kubernetes.io/hostname 这个标签的值就会被设置为 Node 节点的 hostname。另外，公有云厂商提供的 Kubernetes 服务或者使用 cloud-controller-manager 创建的集群，还会给 Node 打上 topology.kubernetes.io/region 和 topology.kubernetes.io/zone 标签，以确定各个节点所属的拓扑域。

Pod 亲和与互斥的调度具体做法，就是通过在 Pod 的定义上增加 topologyKey 属性，来声明对应的目标拓扑区域内几种相关联的 Pod 要“在一起或不在一起”。与节点亲和相同，Pod 亲和与互斥的条件设置也是 requiredDuringSchedulingIgnoredDuringExecution 和 preferredDuringSchedulingIgnoredDuringExecution。Pod 的亲和性被定义于 PodSpec 的 affinity 字段的 podAffinity 子字段中；Pod 间的互斥性则被定义于同一层次的 podAntiAffinity 子字段中。

下面通过实例来说明 Pod 间的亲和性和互斥性策略设置。

1. 参照目标 Pod

首先，创建一个名为 pod-flag 的 Pod，带有标签 security=S1 和 app=nginx，后面的例子将使用 pod-flag 作为 Pod 亲和与互斥的目标 Pod：

```
apiVersion: v1
kind: Pod
metadata:
  name: pod-flag
  labels:
    security: "S1"
    app: "nginx"
spec:
  containers:
  - name: nginx
    image: nginx
```

2. Pod 的亲和性调度

下面创建第 2 个 Pod 来说明 Pod 的亲和性调度，这里定义的亲和标签是“security=S1”，对应上面的 Pod “pod-flag”，topologyKey 的值被设置为“kubernetes.io/hostname”：

```
apiVersion: v1
kind: Pod
metadata:
  name: pod-affinity
spec:
  affinity:
    podAffinity:
      requiredDuringSchedulingIgnoredDuringExecution:
      - labelSelector:
          matchExpressions:
          - key: security
            operator: In
            values:
            - S1
        topologyKey: kubernetes.io/hostname
  containers:
  - name: with-pod-affinity
    image: gcr.io/google_containers/pause:2.0
```

创建 Pod 之后，使用 kubectl get pods -o wide 命令可以看到，这两个 Pod 在同一个 Node 上运行。

有兴趣的读者还可以测试一下，在创建这个 Pod 之前，删掉这个节点的“kubernetes.io/hostname”标签，重复上面的创建步骤，将会发现 Pod 一直处于 Pending 状态，这是因为找不到满足条件的 Node 了。

3. Pod 的互斥性调度

创建第 3 个 Pod，我们希望它不与目标 Pod 运行在同一个 Node 上：

```
apiVersion: v1
kind: Pod
metadata:
  name: anti-affinity
spec:
  affinity:
    podAffinity:
      requiredDuringSchedulingIgnoredDuringExecution:
      - labelSelector:
          matchExpressions:
          - key: security
```

```
          operator: In
          values:
          - S1
        topologyKey: topology.kubernetes.io/zone
    podAntiAffinity:
      requiredDuringSchedulingIgnoredDuringExecution:
      - labelSelector:
          matchExpressions:
          - key: app
            operator: In
            values:
            - nginx
        topologyKey: kubernetes.io/hostname
  containers:
  - name: anti-affinity
    image: gcr.io/google_containers/pause:2.0
```

这里要求这个新 Pod 与 security=S1 的 Pod 为同一个 zone，但是不与 app=nginx 的 Pod 为同一个 Node。创建 Pod 之后，同样用 kubectl get pods -o wide 来查看，会看到新的 Pod 被调度到了同一 Zone 内的不同 Node 上。

与节点亲和性类似，Pod 亲和性的操作符也包括 In、NotIn、Exists、DoesNotExist、Gt、Lt。

原则上，topologyKey 可以使用任意合法的标签 Key 赋值，但是出于性能和安全方面的考虑，对 topologyKey 有如下限制。

◎ 在 Pod 亲和性和 RequiredDuringScheduling 的 Pod 互斥性的定义中，不允许使用空的 topologyKey。

◎ 如果 Admission controller 包含了 LimitPodHardAntiAffinityTopology，那么针对 Required DuringScheduling 的 Pod 互斥性定义就被限制为 kubernetes.io/hostname，要使用自定义的 topologyKey，就要改写或禁用该控制器。

◎ 在 PreferredDuringScheduling 类型的 Pod 互斥性定义中，空的 topologyKey 会被解释为 kubernetes.io/hostname、failure-domain.beta.kubernetes.io/zone 及 failure-domain.beta.kubernetes.io/region 的组合。

◎ 如果不是上述情况，就可以采用任意合法的 topologyKey 了。

PodAffinity 规则设置的注意事项如下。

◎ 除了设置 Label Selector 和 topologyKey，用户还可以指定 Namespace 列表进行限制，同样，使用 Label Selector 对 Namespace 进行选择。Namespace 的定义和 Label Selector 及 topologyKey 同级。省略 Namespace 的设置，表示使用定义了 affinity/anti-affinity 的 Pod 所在的命名空间。如果 Namespace 被设置为空值（""），则表示所有命名空间。

◎ 在所有关联 requiredDuringSchedulingIgnoredDuringExecution 的 matchExpressions 全都满足之后，系统才能将 Pod 调度到某个 Node 上。

关于 Pod 亲和性和互斥性调度的更多信息可以参考其设计文档的说明。

3.9.5　Taints 和 Tolerations（污点和容忍）

前面介绍的 NodeAffinity 节点亲和性，是在 Pod 上定义的一种属性，使得 Pod 能够被调度到某些 Node 上运行（优先选择或强制要求）。Taint 则正好相反，它让 Node 拒绝 Pod 的运行。简单地说，被标记为 Taint 的节点就是存在问题的节点，比如磁盘要满、资源不足、存在安全隐患要进行升级维护，希望新的 Pod 不会被调度过来，但被标记为 Taint 的节点并非故障节点，仍是有效的工作节点，所以仍需将某些 Pod 调度到这些节点上时，可以通过使用 Toleration 属性来实现。

在默认情况下，在 Node 上设置一个或多个 Taint 之后，除非 Pod 明确声明能够容忍这些污点，否则无法在这些 Node 上运行。可以用 kubectl taint 命令为 Node 设置 Taint 信息：

```
$ kubectl taint nodes node1 key=value:NoSchedule
```

这个设置为 node1 加上了一个 Taint。该 Taint 的键为 key，值为 value，Taint 的效果是 NoSchedule。这意味着除非 Pod 明确声明可以容忍这个 Taint，否则不会被调度到 node1 上。

然后，需要在 Pod 上声明 Toleration。下面的两个 Toleration 都被设置为可以容忍（Tolerate）具有该 Taint 的 Node，使得 Pod 能够被调度到 node1 上：

```
tolerations:
- key: "key"
  operator: "Equal"
  value: "value"
  effect: "NoSchedule"
```

或

```
tolerations:
- key: "key"
  operator: "Exists"
  effect: "NoSchedule"
```

Pod 的 Toleration 声明中的 key 和 effect 需要与 Taint 的设置保持一致，并且满足以下条件之一。

◎ operator 的值是 Exists（无须指定 value）。
◎ operator 的值是 Equal 并且 value 相等。

如果不指定 operator，则默认值为 Equal。

另外，有如下两个特例。

◎ 空的 key 配合 Exists 操作符能够匹配所有键和值。
◎ 空的 effect 匹配所有 effect。

在上面的例子中，effect 的取值为 NoSchedule，还可以取值为 PreferNoSchedule，这个值的意思是优先，也可以算作 NoSchedule 的软限制版本——一个 Pod 如果没有声明容忍这个 Taint，则系统会尽量避免把这个 Pod 调度到这一节点上，但不是强制的。后面还会介绍另一个 effect“NoExecute”。

系统允许在同一个 Node 上设置多个 Taint，也可以在 Pod 上设置多个 Toleration。Kubernetes 调度器处理多个 Taint 和 Toleration 的逻辑顺序为：首先列出节点中所有的 Taint，然后忽略 Pod 的 Toleration 能够匹配的部分，剩下的没被忽略的 Taint 就是对 Pod 的效果了。下面是几种特殊情况。

◎ 如果在剩余的 Taint 中存在 effect=NoSchedule，则调度器不会把该 Pod 调度到这一节点上。
◎ 如果在剩余的 Taint 中没有 NoSchedule 效果，但是有 PreferNoSchedule 效果，则调度器会尝试不把这个 Pod 指派给这个节点。
◎ 如果在剩余的 Taint 中有 NoExecute 效果，并且这个 Pod 已经在该节点上运行，则会被驱逐；如果没有在该节点上运行，则也不会再被调度到该节点上。

例如，我们这样对一个节点进行 Taint 设置：

```
$ kubectl taint nodes node1 key1=value1:NoSchedule
$ kubectl taint nodes node1 key1=value1:NoExecute
$ kubectl taint nodes node1 key2=value2:NoSchedule
```

然后在 Pod 上设置两个 Toleration：

```
tolerations:
- key: "key1"
  operator: "Equal"
  value: "value1"
  effect: "NoSchedule"
- key: "key1"
  operator: "Equal"
  value: "value1"
  effect: "NoExecute"
```

这样的结果是该 Pod 无法被调度到 node1 上，这是因为第 3 个 Taint 没有匹配的 Toleration。但是如果该 Pod 已经在 node1 上运行了，那么在运行时设置第 3 个 Taint，它还能继续在 node1 上运行，这是因为 Pod 可以容忍前两个 Taint。

一般来说，如果给 Node 加上 effect=NoExecute 的 Taint，那么在该 Node 上正在运行的所有无对应 Toleration 的 Pod 都会被立刻驱逐，而具有相应 Toleration 的 Pod 永远不会被驱逐。不过，系统允许给具有 NoExecute 效果的 Toleration 加入一个可选的 tolerationSeconds 字段，这个设置表明 Pod 可以在 Taint 添加到 Node 之后还能在这个 Node 上运行多久（单位为 s）：

```
tolerations:
- key: "key1"
  operator: "Equal"
  value: "value1"
  effect: "NoExecute"
  tolerationSeconds: 3600
```

上述定义的意思是，如果 Pod 正在运行，所在节点都被加入一个匹配的 Taint，则这个 Pod 会持续在这个节点上存活 3600s 后被逐出。如果在这个宽限期内 Taint 被移除，则不会触发驱逐事件。

Taint 和 Toleration 是一种处理节点并且让 Pod 进行规避或者驱逐 Pod 的弹性处理方式，下面列举一些常见的用例。

1. 独占节点

如果想要拿出一部分节点专门给一些特定应用使用，则可以为节点添加这样的 Taint：

```
$ kubectl taint nodes nodename dedicated=groupName:NoSchedule
```

然后给这些应用的 Pod 加入对应的 Toleration。这样，带有合适 Toleration 的 Pod 就会被允许同使用其他节点一样使用有 Taint 的节点。

通过自定义 Admission Controller 也可以实现这一目标。如果希望让这些应用独占一批节点，并且确保它们只能使用这些节点，则还可以给这些 Taint 节点加入类似的标签 dedicated=groupName，然后 Admission Controller 需要加入节点亲和性设置，要求 Pod 只会被调度到具有这一标签的节点上。

2. 具有特殊硬件设备的节点

在集群里可能有一小部分节点安装了特殊的硬件设备（如 GPU 芯片），用户自然会希望把不需要占用这类硬件的 Pod 排除在外，以确保对这类硬件有需求的 Pod 能够被顺利调度到这些节点上。

可以用下面的命令为节点设置 Taint：

```
$ kubectl taint nodes nodename special=true:NoSchedule
$ kubectl taint nodes nodename special=true:PreferNoSchedule
```

然后在 Pod 中利用对应的 Toleration 来保障特定的 Pod 能够使用特定的硬件。

和上面独占节点的示例类似，使用 Admission Controller 来完成这一任务会更方便。例如，Admission Controller 使用 Pod 的一些特征来判断这些 Pod，如果可以使用这些硬件，就添加 Toleration 来完成这一工作。要保障需要使用特殊硬件的 Pod 只被调度到安装这些硬件的节点上，则还需要一些额外的工作，比如将这些特殊资源使用 opaque-int-resource 的方式对自定义资源进行量化，然后在 PodSpec 中进行请求；也可以使用标签的方式来标注这些安装有特别硬件的节点，然后在 Pod 中定义节点亲和性来实现这个目标。

3. 定义 Pod 驱逐行为，以应对节点故障

前面提到的 NoExecute 这个 Taint 效果对节点上正在运行的 Pod 有以下影响。

◎ 没有设置 Toleration 的 Pod 会被立刻驱逐。
◎ 配置了对应 Toleration 的 Pod，如果没有为 tolerationSeconds 赋值，则会一直留在

这一节点中。

◎ 配置了对应 Toleration 的 Pod 且指定了 tolerationSeconds 值，则会在指定的时间后驱逐。注意，在节点发生故障的情况下，系统将会以限速（rate-limiting）模式逐步给 Node 设置 Taint，这样就能避免在一些特定情况下（比如 Master 暂时失联）有大量的 Pod 被驱逐。

注意，Kubernetes 会自动给 Pod 添加下面几种 Toleration：

◎ key 为 node.kubernetes.io/not-ready，并配置 tolerationSeconds=300；
◎ key 为 node.kubernetes.io/unreachable，并配置 tolerationSeconds=300。

以上添加的这种自动机制保证了在某些节点发生一些临时性问题时，Pod 默认能够继续停留在当前节点运行 5min 等待节点恢复，而不是立即被驱逐，从而避免系统的异常波动。

另外，Kubernetes 从 1.6 版本开始引入两个与 Taint 相关的新特性：TaintNodesByCondition 及 TaintBasedEvictions，用来改善异常情况下的 Pod 调度与驱逐问题，比如在节点内存吃紧、节点磁盘空间已满、节点失联等情况下，是否自动驱逐某些 Pod 或者暂时保留这些 Pod 等待节点恢复正常。这个过程的完整逻辑基本如下。

（1）不断地检查所有 Node 状态，设置对应的 Condition。

（2）不断地根据 Node Condition 设置对应的 Taint。

（3）不断地根据 Taint 驱逐 Node 上的 Pod。

其中，检查 Node 的状态并设置 Node 的 Taint 就是 TaintNodesByCondition 特性，即在 Node 满足某些特定的条件时，自动为 Node 节点添加 Taint。目前主要有以下几种条件。

◎ node.kubernetes.io/not-ready：节点未就绪。对应 NodeCondition Ready 为 False 的情况。
◎ node.kubernetes.io/unreachable：节点不可触达。对应 NodeCondition Ready 为 Unknown 的情况。
◎ node.kubernetes.io/out-of-disk：节点磁盘空间已满。
◎ node.kubernetes.io/network-unavailable：节点网络不可用。
◎ node.kubernetes.io/unschedulable：节点不可调度。
◎ node.cloudprovider.kubernetes.io/uninitialized：如果 kubelet 是由“外部”云服务商启动的，则该污点用来标识某个节点当前为不可用状态。在云控制器（cloud-controller-manager）初始化这个节点以后，kubelet 会将此污点移除。

自 Kubernetes 1.13 开始，上述两个特性被默认启用。TaintNodesByCondition 这个特性只会为节点添加 NoSchedule 效果的污点，TaintBasedEviction 则为节点添加 NoExecute 效果的污点。在 TaintBasedEvictions 特性被开启之后，kubelet 会在有资源压力时对相应的 Node 节点自动加上对应的 NoExecute 效果的 Taint，例如 node.kubernetes.io/memory-pressure、node.kubernetes.io/disk-pressure。如果 Pod 没有设置对应的 Toleration，则这部分 Pod 将被驱逐，以确保节点不会崩溃。

3.9.6 Pod Priority Preemption：Pod 优先级调度

对于运行各种负载（如 Service、Job）的中等规模或者大规模的集群来说，出于各种原因，我们需要尽可能提高集群的资源利用率。而提高资源利用率的常规做法是采用优先级方案，即不同类型的负载对应不同的优先级，同时允许集群中的所有负载所需的资源总量超过集群可提供的资源，在这种情况下，当发生资源不足的情况时，系统可以选择释放一些不重要的负载（优先级最低的），保障最重要的负载能够获取足够的资源稳定运行。

在 Kubernetes 1.8 版本之前，当集群的可用资源不足时，在用户提交新的 Pod 创建请求后，该 Pod 会一直处于 Pending 状态，即使这个 Pod 是一个很重要（很有身份）的 Pod，也只能被动等待其他 Pod 被删除并释放资源，才能有机会被调度成功。Kubernetes 1.8 版本引入了基于 Pod 优先级抢占（Pod Priority Preemption）的调度策略，此时 Kubernetes 会尝试释放目标节点上低优先级的 Pod，以腾出空间（资源）安置高优先级的 Pod，这种调度方式被称为“抢占式调度”。在 Kubernetes 1.11 版本中，该特性升级为 Beta 版本，默认开启，在后续的 Kubernetes 1.14 版本中正式 Release。如何声明一个负载相对其他负载更重要？我们可以通过以下几个维度来定义：Priority：优先级；QoS：服务质量等级；系统定义的其他度量指标。

优先级抢占调度策略的核心行为分别是驱逐（Eviction）与抢占（Preemption），这两种行为的使用场景不同，效果相同。Eviction 是 kubelet 进程的行为，即当一个 Node 资源不足（under resource pressure）时，该节点上的 kubelet 进程会执行驱逐动作，此时 kubelet 会综合考虑 Pod 的优先级、资源申请量与实际使用量等信息来计算哪些 Pod 需要被驱逐；当同样优先级的 Pod 需要被驱逐时，实际使用的资源量超过申请量最大倍数的高耗能 Pod 会被首先驱逐。对于 QoS 等级为“Best Effort”的 Pod 来说，由于没有定义资源申请（CPU/Memory Request），所以它们实际使用的资源可能非常大。Preemption 则是 Scheduler 执行的行为，当一个新的 Pod 因为资源无法满足而不能被调度时，Scheduler 可能（有权决定）选择驱逐部分低优先级的 Pod 实例来满足此 Pod 的调度目标，这就是 Preemption 机制。

需要注意的是，Scheduler 可能会驱逐 Node A 上的一个 Pod 以满足 Node B 上的一个新 Pod 的调度任务。比如下面的这个例子：

一个低优先级的 Pod A 在 Node A（属于机架 R）上运行，此时有一个高优先级的 Pod B 等待调度，目标节点是同属机架 R 的 Node B，其中一个或全部都定义了 anti-affinity 规则，不允许在同一个机架上运行，此时 Scheduler 只好“丢车保帅”，驱逐低优先级的 Pod A 以满足高优先级的 Pod B 的调度需求。

Pod 优先级调度示例如下。

首先，由集群管理员创建 PriorityClass，PriorityClass 不属于任何命名空间：

```
apiVersion: scheduling.k8s.io/v1beta1
kind: PriorityClass
metadata:
  name: high-priority
value: 1000000
globalDefault: false
description: "This priority class should be used for XYZ service pods only."
```

上述 YAML 文件定义了一个名为 high-priority 的优先级类别，优先级为 100000，数字越大，优先级越高，超过一亿的数字被系统保留，用于指派给系统组件。

我们可以在任意 Pod 上引用上述 Pod 优先级类别：

```
apiVersion: v1
kind: Pod
metadata:
  name: nginx
  labels:
    env: test
spec:
  containers:
  - name: nginx
    image: nginx
    imagePullPolicy: IfNotPresent
  priorityClassName: high-priority
```

如果发生了需要抢占的调度，高优先级 Pod 就可能抢占节点 N，并将其低优先级 Pod 驱逐出节点 N，高优先级 Pod 的 status 信息中的 nominatedNodeName 字段会记录目标节点 N 的名称。需要注意，高优先级 Pod 仍然无法保证最终被调度到节点 N 上，在节点 N 上低优先级 Pod 被驱逐的过程中，如果有新的节点满足高优先级 Pod 的需求，就会把它调度到新的 Node 上。而如果在等待低优先级的 Pod 退出的过程中，又出现了优先级更高的 Pod，调度器就会调度这个更高优先级的 Pod 到节点 N 上，并重新调度之前等待的高优先级 Pod。

优先级抢占的调度方式可能会导致调度陷入“死循环”状态。当 Kubernetes 集群配置了多个调度器（Scheduler）时，这一行为可能就会发生，比如下面这个例子：

Scheduler A 为了调度一个（批）Pod，特地驱逐了一些 Pod，因此在集群中有了空余的空间可以用来调度，此时 Scheduler B 恰好抢在 Scheduler A 之前调度了一个新的 Pod，消耗了相应的资源，因此，当 Scheduler A 清理完资源后正式发起 Pod 的调度时，却发现资源不足，被目标节点的 kubelet 进程拒绝了调度请求！这种情况的确无解，因此最好的做法是让多个 Scheduler 相互协作来共同实现一个目标。

高优先级 Pod 抢占节点并驱逐低优先级的 Pod，这个问题对于普通的服务型的 Pod 来说问题不大，但对于执行批处理任务的 Pod 来说就可能是个灾难，当一个高优先级的批处理任务的 Pod 创建后，正在执行批处理任务的某个低优先级的 Pod 可能因为资源不足而被驱逐，从而导致对应的批处理任务被搁置。为了避免这个问题发生，PriorityClass 增加了一个新的属性——preemptionPolicy，当它的值为 preemptionLowerPriorty（默认）时，就执行抢占功能，当它的值被设置为 Never 时，就默认不抢占资源，而是静静地排队，等待自己的调度机会。

最后要指出一点：使用优先级抢占的调度策略可能会导致某些 Pod 永远无法被成功调度。因此优先级调度不但增加了系统的复杂性，还可能带来额外不稳定的因素。因此，一旦发生资源紧张的局面，首先要考虑的是集群扩容，如果无法扩容，则再考虑有监管的优先级调度特性，比如结合基于命名空间的资源配额限制来约束任意优先级抢占行为。

3.9.7 DaemonSet：在每个 Node 上都调度一个 Pod

DaemonSet 是 Kubernetes 1.2 版本新增的一种资源对象，用于管理在集群中的每个 Node 上仅运行一份 Pod 的副本实例，如图 3.3 所示。

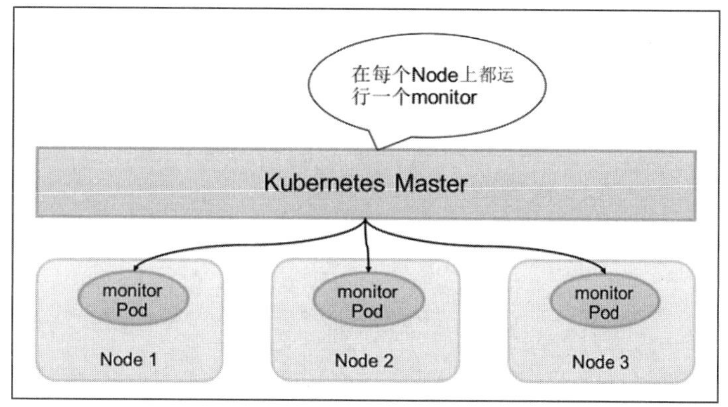

图 3.3　DaemonSet 示例

这种用法适合有这种需求的应用。

◎ 在每个 Node 上都运行一个 GlusterFS 存储或者 Ceph 存储的 Daemon 进程。
◎ 在每个 Node 上都运行一个日志采集程序，例如 Fluentd 或者 Logstach。
◎ 在每个 Node 上都运行一个性能监控程序，采集该 Node 的运行性能数据，例如 Prometheus Node Exporter、collectd、New Relic agent 或者 Ganglia gmond 等。

DaemonSet 的 Pod 调度策略与 RC 类似，除了使用系统内置的算法在每个 Node 上进行调度，也可以在 Pod 的定义中使用 NodeSelector 或 NodeAffinity 来指定满足条件的 Node 范围进行调度。

下面的例子定义了为在每个 Node 上都启动一个 fluentd 容器，配置文件 fluentd-ds.yaml 的内容如下，其中挂载了物理机的两个目录“/var/log”和“/var/lib/docker/containers”：

```
apiVersion: apps/v1
kind: DaemonSet
metadata:
  name: fluentd-cloud-logging
  namespace: kube-system
  labels:
    k8s-app: fluentd-cloud-logging
spec:
  selector:
    matchLabels:
      name: fluentd-elasticsearch
  template:
    metadata:
```

```
    spec:
      containers:
      - name: fluentd-cloud-logging
        image: gcr.io/google_containers/fluentd-elasticsearch:1.17
        resources:
          limits:
            cpu: 100m
            memory: 200Mi
        env:
        - name: FLUENTD_ARGS
          value: -q
        volumeMounts:
        - name: varlog
          mountPath: /var/log
          readOnly: false
        - name: containers
          mountPath: /var/lib/docker/containers
          readOnly: false
      volumes:
      - name: containers
        hostPath:
          path: /var/lib/docker/containers
      - name: varlog
        hostPath:
          path: /var/log
```

使用 kubectl create 命令创建该 DaemonSet：

```
# kubectl create -f fluentd-ds.yaml
daemonset "fluentd-cloud-logging" created
```

查看创建好的 DaemonSet 和 Pod，可以看到在每个 Node 上都创建了一个 Pod：

```
# kubectl get daemonset --namespace=kube-system
NAME                    DESIRED   CURRENT   NODE-SELECTOR   AGE
fluentd-cloud-logging   2         2         <none>          3s

# kubectl get pods --namespace=kube-system
NAME                            READY     STATUS    RESTARTS   AGE
fluentd-cloud-logging-7tw9z      1/1      Running   0          1h
fluentd-cloud-logging-aqdn1      1/1      Running   0          1h
```

DaemonSet 调度不同于普通的 Pod 调度，所以没有用默认的 Kubernetes Scheduler 进行调度，而是通过专有的 DaemonSet Controller 进行调度。但是随着 Kubernetes 版本的改进和调度特性不断丰富，产生了一些难以解决的矛盾，最主要的两个矛盾如下。

◎ 普通的 Pod 是在 Pending 状态触发调度并被实例化的，DaemonSet Controller 并不是在这个状态调度 Pod 的，这种不一致容易误导和迷惑用户。

◎ Pod 优先级调度是被 Kubernetes Scheduler 执行的，而 DaemonSet Controller 并没有考虑到 Pod 优先级调度的问题，也产生了不一致的结果。

从 Kubernetes 1.18 开始，DaemonSet 的调度默认切换到 Kubernetes Scheduler 进行，从而一劳永逸地解决了以上问题及未来可能的新问题。因为默认切换到了 Kubernetes Scheduler 统一调度 Pod，因此 DaemonSet 也能正确处理 Taints 和 Tolerations 的问题。

3.9.8 Job：批处理调度

Kubernetes 从 1.2 版本开始支持批处理类型的应用，我们可以通过 Kubernetes Job 资源对象来定义并启动一个批处理任务。批处理任务通常并行（或者串行）启动多个计算进程去处理一批工作项（Work item），处理完成后，整个批处理任务结束。按照批处理任务实现方式的不同，批处理任务可以分为如图 3.4 所示的几种模式。

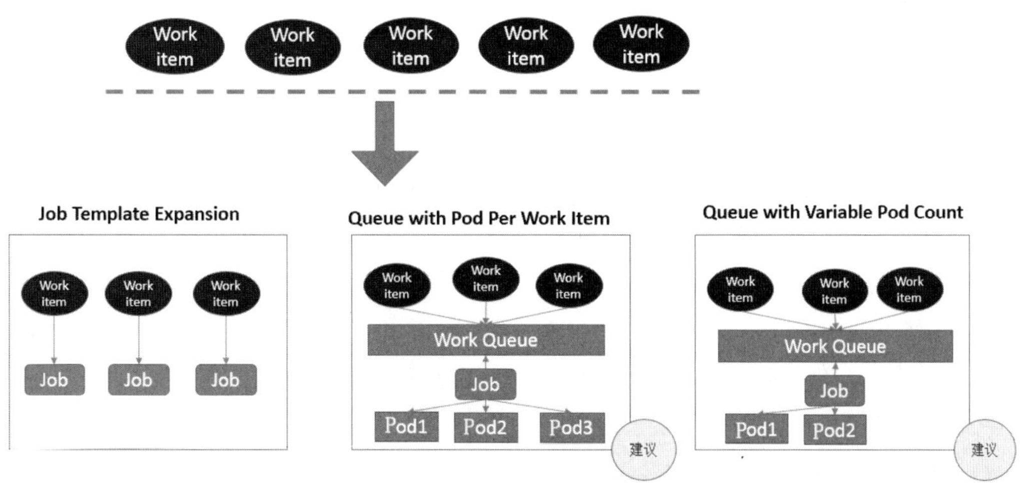

图 3.4 批处理任务的几种模式

◎ Job Template Expansion 模式：一个 Job 对象对应一个待处理的 Work item，有几个 Work item 就产生几个独立的 Job，通常适合 Work item 数量少、每个 Work item 要处理的数据量比较大的场景，比如有一个 100GB 的文件作为一个 Work item，总共有 10 个文件需要处理。

◎ Queue with Pod Per Work Item 模式：采用一个任务队列存放 Work item，一个 Job 对象作为消费者去完成这些 Work item，在这种模式下，Job 会启动 *N* 个 Pod，每个 Pod 都对应一个 Work item。

◎ Queue with Variable Pod Count 模式：也是采用一个任务队列存放 Work item，一个 Job 对象作为消费者去完成这些 Work item，但与上面的模式不同，Job 启动的 Pod 数量是可变的。

还有一种被称为 Single Job with Static Work Assignment 的模式，也是一个 Job 产生多个 Pod，但它采用程序静态方式分配任务项，而不是采用队列模式进行动态分配。

如表 3.4 所示是这几种模式的一个对比。

表 3.4　批处理任务的模式对比

模 式 名 称	是否是一个 Job	Pod 的数量少于 Work item	用户程序是否要做相应的修改	Kubernetes 是否支持
Job Template Expansion	/	/	是	是
Queue with Pod Per Work Item	是	/	有时候需要	是
Queue with Variable Pod Count	是	/	/	是
Single Job with Static Work Assignment	是	/	是	/

考虑到批处理的并行问题，Kubernetes 将 Job 分以下三种类型。

（1）Non-parallel Jobs：通常一个 Job 只启动一个 Pod，除非 Pod 异常，才会重启该 Pod，一旦此 Pod 正常结束，Job 将结束。

（2）Parallel Jobs with a fixed completion count：并行 Job 会启动多个 Pod，此时需要设定 Job 的.spec.completions 参数为一个正数，当正常结束的 Pod 数量达至此参数设定的值后，Job 结束。此外，Job 的.spec.parallelism 参数用来控制并行度，即同时启动几个 Job 来处理 Work item。

（3）Parallel Jobs with a work queue：任务队列方式的并行 Job 需要一个独立的 Queue，Work item 都在一个 Queue 中存放，不能设置 Job 的.spec.completions 参数，此时 Job 有以下特性。

◎ 每个 Pod 都能独立判断和决定是否还有任务项需要处理。
◎ 如果某个 Pod 正常结束，则 Job 不会再启动新的 Pod。
◎ 如果一个 Pod 成功结束，则此时应该不存在其他 Pod 还在工作的情况，它们应该都处于即将结束、退出的状态。
◎ 如果所有 Pod 都结束了，且至少有一个 Pod 成功结束，则整个 Job 成功结束。

下面分别讲解常见的三种批处理模式在 Kubernetes 中的应用示例。

首先是 Job Template Expansion 模式，由于在这种模式下每个 Work item 都对应一个 Job 实例，所以这种模式首先定义一个 Job 模板，模板里的主要参数是 Work item 的标识，因为每个 Job 都处理不同的 Work item。如下所示的 Job 模板（文件名为 job.yaml.txt）中的 $ITEM 可以作为任务项的标识：

```
apiVersion: batch/v1
kind: Job
metadata:
  name: process-item-$ITEM
  labels:
    jobgroup: jobexample
spec:
  template:
    metadata:
      name: jobexample
      labels:
        jobgroup: jobexample
    spec:
      containers:
      - name: c
        image: busybox
        command: ["sh", "-c", "echo Processing item $ITEM && sleep 5"]
      restartPolicy: Never
```

通过下面的操作，生成了 3 个对应的 Job 定义文件并创建 Job：

```
# for i in apple banana cherry
> do
>   cat job.yaml.txt | sed "s/\$ITEM/$i/" > ./jobs/job-$i.yaml
> done
# ls jobs
job-apple.yaml  job-banana.yaml  job-cherry.yaml
# kubectl create -f jobs
```

```
job "process-item-apple" created
job "process-item-banana" created
job "process-item-cherry" created
```

观察 Job 的运行情况：

```
# kubectl get jobs -l jobgroup=jobexample
NAME                   DESIRED   SUCCESSFUL   AGE
process-item-apple     1         1            4m
process-item-banana    1         1            4m
process-item-cherry    1         1            4m
```

然后，我们看看 Queue with Pod Per Work Item 模式，在这种模式下需要一个任务队列存放 Work item，比如 RabbitMQ，客户端程序先把要处理的任务变成 Work item 放入任务队列，然后编写 Worker 程序、打包镜像并定义成为 Job 中的 Work Pod。Worker 程序的实现逻辑是从任务队列中拉取一个 Work item 并处理，在处理完成后结束进程。并行度为 2 的 Demo 示意图如图 3.5 所示。

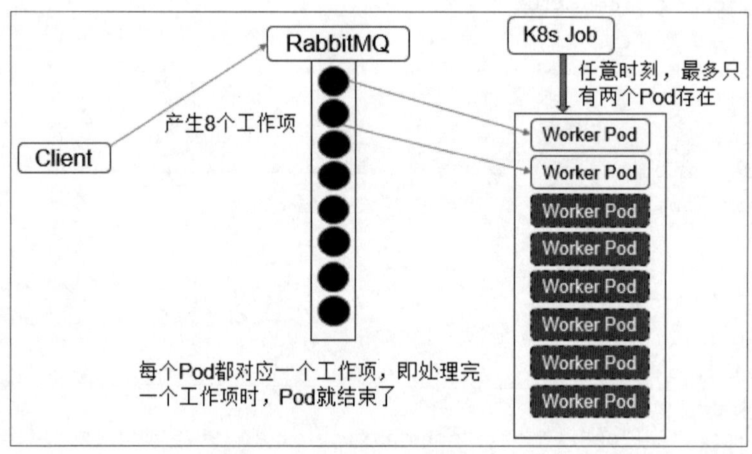

图 3.5　并行度为 2 的 Demo 示意图

最后，我们看看 Queue with Variable Pod Count 模式，如图 3.6 所示。由于这种模式下，Worker 程序需要知道队列中是否还有等待处理的 Work item，如果有就取出来处理，否则就认为所有工作完成并结束进程，所以任务队列通常要采用 Redis 或者数据库来实现。

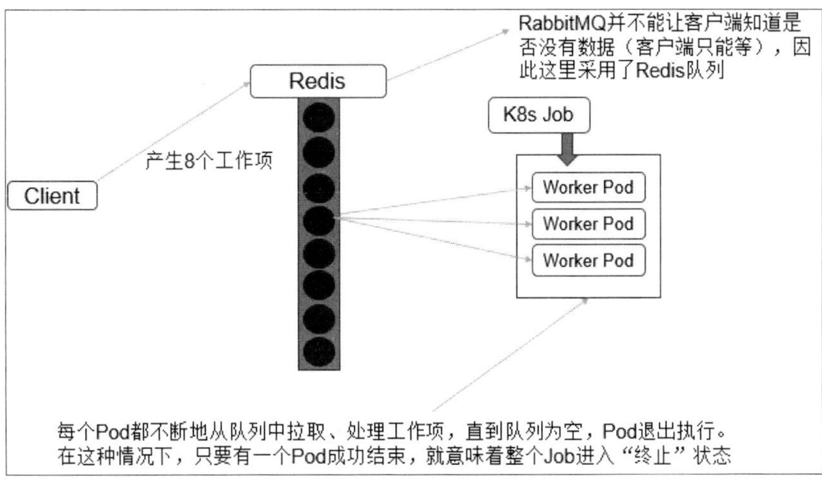

图 3.6　Queue with Variable Pod Count 模式示意图

3.9.9　Cronjob：定时任务

Kubernetes 从 1.5 版本开始增加了一种新类型的 Job，即类似 Linux Cron 的定时任务 Cron Job，下面看看如何定义和使用这种类型的 Job。

首先，确保 Kubernetes 的版本为 1.8 及以上。

其次，需要掌握 Cron Job 的定时表达式，它基本上照搬了 Linux Cron 的表达式，格式如下：

```
Minutes Hours DayofMonth Month DayofWeek
```

其中每个域都可出现的字符如下。

◎ Minutes：可出现“,”“-”“*”“/”这 4 个字符，有效范围为 0～59 的整数。

◎ Hours：可出现“,”“-”“*”“/”这 4 个字符，有效范围为 0～23 的整数。

◎ DayofMonth：可出现“,”“-”“*”“/”“?”“L”“W”“C”这 8 个字符，有效范围为 1～31 的整数。

◎ Month：可出现“,”“-”“*”“/”这 4 个字符，有效范围为 1～12 的整数或 JAN～DEC。

◎ DayofWeek：可出现“,”“-”“*”“/”“?”“L”“C”“#”这 8 个字符，有效范围为 1～7 的整数或 SUN～SAT。1 表示星期天，2 表示星期一，以此类推。

表达式中的特殊字符“*”与“/”的含义如下。

◎ *：表示匹配该域的任意值，假如在 Minutes 域使用“*”，则表示每分钟都会触发事件。

◎ /：表示从起始时间开始触发，然后每隔固定时间触发一次，例如在 Minutes 域设置为 5/20，则意味着第 1 次触发在第 5min 时，接下来每 20min 触发一次，将在第 25min、第 45min 等时刻分别触发。

比如，我们要每隔 1min 执行一次任务，则 Cron 表达式如下：

```
*/1 * * * *
```

掌握这些基本知识后，就可以编写一个 Cron Job 的配置文件了：

```
cron.yaml
apiVersion: batch/v1
kind: CronJob
metadata:
  name: hello
spec:
  schedule: "*/1 * * * *"
  jobTemplate:
    spec:
      template:
        spec:
          containers:
          - name: hello
            image: busybox
            args:
            - /bin/sh
            - -c
            - date; echo Hello from the Kubernetes cluster
          restartPolicy: OnFailure
```

该例子定义了一个名为 hello 的 Cron Job，任务每隔 1min 执行一次，运行的镜像是 busybox，运行的命令是 Shell 脚本，脚本运行时会在控制台输出当前时间和字符串“Hello from the Kubernetes cluster”。

接下来运行 kubectl create 命令完成创建：

```
# kubectl create -f cron.yaml
cronjob "hello" created
```

然后每隔 1min 运行 kubectl get cronjob hello 查看任务状态，发现的确每分钟调度了一次：

```
# kubectl get cronjob hello
NAME      SCHEDULE      SUSPEND   ACTIVE    LAST-SCHEDULE
hello     */1 * * * *   False     0         Thu, 29 Jun 2020 11:32:00 -0700
......
# kubectl get cronjob hello
NAME      SCHEDULE      SUSPEND   ACTIVE    LAST-SCHEDULE
hello     */1 * * * *   False     0         Thu, 29 Jun 2020 11:33:00 -0700
......
# kubectl get cronjob hello
NAME      SCHEDULE      SUSPEND   ACTIVE    LAST-SCHEDULE
hello     */1 * * * *   False     0         Thu, 29 Jun 2020 11:34:00 -0700
```

还可以通过查找 Cron Job 对应的容器，验证每隔 1min 产生一个容器的事实：

```
# docker ps -a | grep busybox
83f7b86728ea
busybox@sha256:be3c11fdba7cfe299214e46edc642e09514dbb9bbefcd0d3836c05a1e0cd0642
"/bin/sh -c 'date; ec"  About a minute ago  Exited (0) About a minute ago
k8s_hello_hello-1498795860-qqwb4_default_207586cf-5d4a-11e7-86c1-000c2997487d_0
36aa3b991980
busybox@sha256:be3c11fdba7cfe299214e46edc642e09514dbb9bbefcd0d3836c05a1e0cd0642
"/bin/sh -c 'date; ec"  2 minutes ago       Exited (0) 2 minutes ago
k8s_hello_hello-1498795800-g92vx_default_fca21ec0-5d49-11e7-86c1-000c2997487d_0
3d762ae35172
busybox@sha256:be3c11fdba7cfe299214e46edc642e09514dbb9bbefcd0d3836c05a1e0cd0642
"/bin/sh -c 'date; ec"  3 minutes ago       Exited (0) 3 minutes ago
k8s_hello_hello-1498795740-3qxmd_default_d8c75d07-5d49-11e7-86c1-000c2997487d_0
8ee5eefa8cd3
busybox@sha256:be3c11fdba7cfe299214e46edc642e09514dbb9bbefcd0d3836c05a1e0cd0642
"/bin/sh -c 'date; ec"  4 minutes ago       Exited (0) 4 minutes ago
k8s_hello_hello-1498795680-mgb7h_default_b4f7aec5-5d49-11e7-86c1-000c2997487d_0
```

查看任意一个容器的日志，结果如下：

```
# docker logs 83f7b86728ea
Thu Jun 29 18:33:07 UTC 2020
Hello from the Kubernetes cluster
```

运行下面的命令，可以更直观地了解 Cron Job 定期触发任务执行的历史和现状：

```
# kubectl get jobs --watch
NAME               DESIRED   SUCCESSFUL   AGE
hello-1498761060   1         1            31m
hello-1498761120   1         1            30m
hello-1498761180   1         1            29m
hello-1498761240   1         1            28m
hello-1498761300   1         1            27m
hello-1498761360   1         1            26m
hello-1498761420   1         1            25m
```

其中 SUCCESSFUL 列为 1 的每一行都是一个调度成功的 Job，以第 1 行的“hello-1498761060”的 Job 为例，它对应的 Pod 可以通过下面的方式得到：

```
# kubectl get pods --show-all | grep hello-1498761060
hello-1498761060-shpwx   0/1       Completed   0          39m
```

查看该 Pod 的日志：

```
# kubectl logs hello-1498761060-shpwx
Thu Jun 29 18:31:07 UTC 2020
Hello from the Kubernetes cluster
```

最后，不需要某个 Cron Job 时，可以通过下面的命令删除它：

```
# kubectl delete cronjob hello
cronjob "hello" deleted
```

在 Kubernetes 1.9 版本后，kubectl 命令增加了别名 cj 来表示 cronjob，同时 kubectl set image/env 命令也可以作用在 CronJob 对象上。

3.9.10 自定义调度器

如果 Kubernetes 调度器的众多特性还无法满足我们的独特调度需求，则还可以用自己开发的调度器进行调度。从 1.6 版本开始，Kubernetes 的多调度器特性也进入了快速发展阶段。

一般情况下，每个新 Pod 都会由默认的调度器进行调度。但是如果在 Pod 中提供了自定义的调度器名称，那么默认的调度器会忽略该 Pod，转由指定的调度器完成 Pod 的调度。

在下面的例子中为 Pod 指定了一个名为 my-scheduler 的自定义调度器：

```
apiVersion: v1
```

```
kind: Pod
metadata:
  name: nginx
  labels:
    app: nginx
spec:
  schedulerName: my-scheduler
  containers:
  - name: nginx
    image: nginx
```

如果自定义的调度器还未在系统中部署，则默认的调度器会忽略这个 Pod，这个 Pod 将会永远处于 Pending 状态。

下面看看如何创建一个自定义的调度器。

我们可以用任意语言实现简单或复杂的自定义调度器。下面的简单例子使用了 Bash 脚本进行实现，调度策略为随机选择一个 Node（注意，这个调度器需要通过 kubectl proxy 来运行）：

```
#!/bin/bash
SERVER='localhost:8001'
while true;
do
    for PODNAME in $(kubectl --server $SERVER get pods -o json | jq '.items[] | select(.spec.schedulerName == "my-scheduler") | select(.spec.nodeName == null) | .metadata.name' | tr -d '"');
    do
        NODES=($(kubectl --server $SERVER get nodes -o json | jq '.items[].metadata.name' | tr -d '"'))
        NUMNODES=${#NODES[@]}
        CHOSEN=${NODES[$[ $RANDOM % $NUMNODES ]]}
        curl --header "Content-Type:application/json" --request POST --data '{"apiVersion":"v1", "kind": "Binding", "metadata": {"name": "'$PODNAME'"}, "target": {"apiVersion": "v1", "kind": "Node", "name":"'$CHOSEN'"}}' http://$SERVER/api/v1/namespaces/default/pods/$PODNAME/binding/
        echo "Assigned $PODNAME to $CHOSEN"
    done
    sleep 1
done
```

一旦这个自定义调度器成功启动，前面的 Pod 就会被正确调度到某个 Node 上。

3.9.11 Pod 容灾调度

我们可以将 Pod 的各种常规调度策略认为是将整个集群视为一个整体，然后进行“打散或聚合”的调度。当我们的集群是为了容灾而建设的跨区域的多中心（多个 Zone）集群，即集群中的节点位于不同区域的机房时，比如北京、上海、广州、武汉，要求每个中心的应用相互容灾备份，又能同时提供服务，此时最好的调度策略就是将需要容灾的应用均匀调度到各个中心，当某个中心出现问题时，又自动调度到其他中心均匀分布，调度效果如图 3.7 所示，不管每个中心的 Node 节点数量如何。

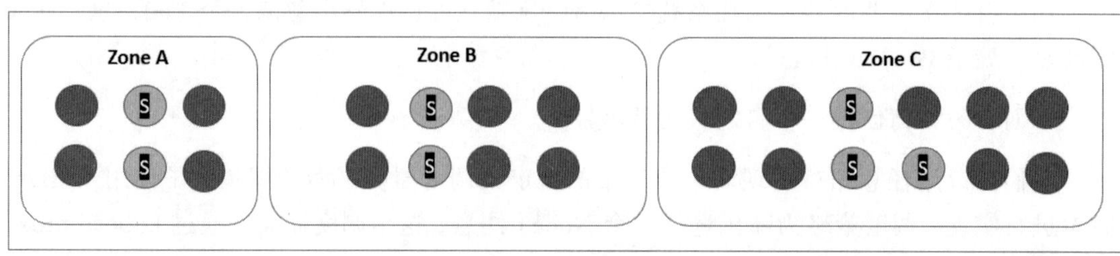

图 3.7 Pod 的多中心均匀分布调度效果图

用普通的基于 Node 标签选择的调度方式也可以实现上述效果，比如为每个 Zone 都建立一个 Deployment，Pod 的副本总数除以 Zone 的数量就是每个分区的 Pod 副本数量。但这样做有个问题：如果某个 Zone 失效，那么这个 Zone 的 Pod 就无法迁移到其他 Zone。

另外，topology.kubernetes.io/zone 就是 Kubernetes 默认支持的重要拓扑域之一，那是否可以用 Pod 的亲和性调度来解决这个问题呢？不能，因为 Pod 的亲和性调度用于解决相关联的 Pod 的调度问题，不能保证被依赖的 Pod 被均匀调度到多个 Zone。

为了满足这种容灾场景下的特殊调度需求，在 Kubernetes 1.16 版本中首次引入 Even Pod Spreading 特性，用于通过 topologyKey 属性识别 Zone，并通过设置新的参数 topologySpreadConstraints 来将 Pod 均匀调度到不同的 Zone。举个例子，假如我们的集群被划分为多个 Zone，我们有一个应用（对应的 Pod 标签为 app=foo）需要在每个 Zone 均匀调度以实现容灾，则可以定义 YAML 文件如下：

```
spec:
  topologySpreadConstraints:
  - maxSkew: 1
    whenUnsatisfiable: DoNotSchedule
    topologyKey: topology.kubernetes.io/zone
```

```
      selector:
        matchLabels:
          app: foo
```

在以上 YAML 定义中，关键的参数是 maxSkew。maxSkew 用于指定 Pod 在各个 Zone 上调度时能容忍的最大不均衡数：值越大，表示能接受的不均衡调度越大；值越小，表示各个 Zone 的 Pod 数量分布越均匀。

为了理解 maxSkew，我们需要先理解 skew 参数的计算公式：skew[topo]=count[topo] - min(count[topo])，即每个拓扑区域的 skew 值都为该区域包括的目标 Pod 数量与整个拓扑区域最少 Pod 数量的差，而 maxSkew 就是最大的 skew 值。假如在上面的例子中有 3 个拓扑区域，分别为 Zone A、Zone B 及 Zone C，有 3 个目标 Pod 需要调度到这些拓扑区域，那么前两个毫无疑问会被调度到 Zone A 和 Zone B，调度效果如图 3.8 所示。

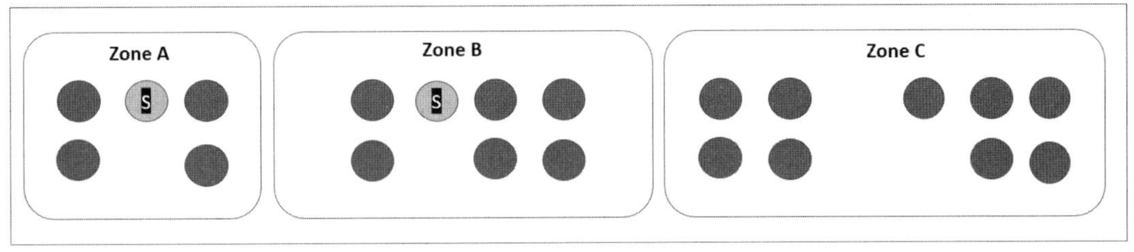

图 3.8　Even Pod Spreading 调度效果

那么，第 3 个 Pod 会被调度到哪里呢？我们可以手动计算每个 Zone 的 skew，首先计算出 min(count[topo])是 0，对应 Zone C，于是 Zone A 的 skew=1-0=1，Zone B 的 skew=1-0=1，Zone C 的 skew=0-0=0，于是第 3 个 Pod 应该被放在 Zone C，此时 min(count[topo])的值就变成了 1，而实际的 maxSkew 的值为 0，符合预期设置。如果我们把 maxSkew 设置为 2，则在这种情况下，第 3 个 Pod 被放在 Zone A 或 Zone B 都是符合要求的。

有了新的 Even Pod Spreading 调度特性的加持，再加上之前就已成熟的 Pod 亲和性调度，Kubernetes 就可以完美实现特定应用的容灾部署目标了。具体做法也很简单：将一个应用中需要部署在一起的几个 Pod 用亲和性调度声明捆绑，然后选择其中一个 Pod，加持 Even Pod Spreading 调度规则即可。最终的部署效果图如图 3.9 所示。

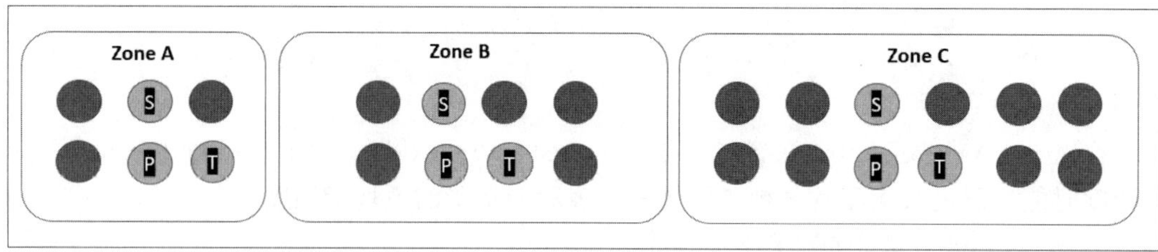

图 3.9 应用容灾部署效果图

3.10 Init Container（初始化容器）

在很多应用场景中，应用在启动之前都需要进行如下初始化操作。

◎ 等待其他关联组件正确运行（例如数据库或某个后台服务）。

◎ 基于环境变量或配置模板生成配置文件。

◎ 从远程数据库获取本地所需配置，或者将自身注册到某个中央数据库中。

◎ 下载相关依赖包，或者对系统进行一些预配置操作。

Kubernetes 1.3 版本引入了一个 Alpha 版本的新特性 init container（初始化容器，在 Kubernetes 1.5 版本时被更新为 Beta 版本），用于在启动应用容器（app container）之前启动一个或多个初始化容器，完成应用容器所需的预置条件，如图 3.10 所示。init container 与应用容器在本质上是一样的，但它们是仅运行一次就结束的任务，并且必须在成功运行完成后，系统才能继续执行下一个容器。根据 Pod 的重启策略（RestartPolicy），当 init container 运行失败而且设置了 RestartPolicy=Never 时，Pod 将会启动失败；而设置 RestartPolicy=Always 时，Pod 将会被系统自动重启。

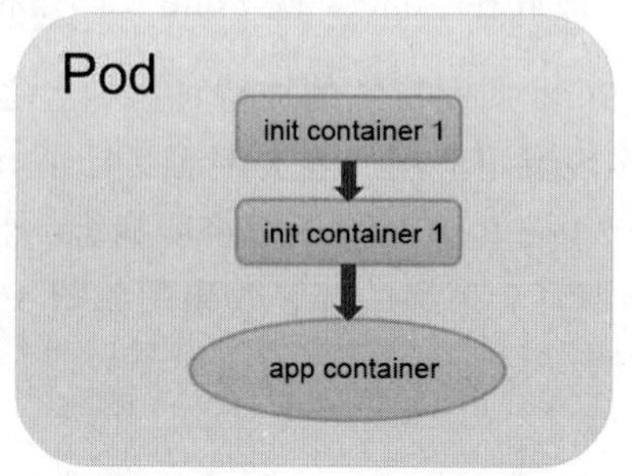

图 3.10 init container 示意图

下面以 Nginx 应用为例，在启动 Nginx 之前，通过初始化容器 busybox 为 Nginx 创建一个 index.html 主页文件。这里为 init container 和 Nginx 设置了一个共享的 Volume，以供 Nginx 访问 init container 设置的 index.html 文件：

```
nginx-init-containers.yaml
apiVersion: v1
kind: Pod
metadata:
  name: nginx
  annotations:
spec:
  initContainers:
  - name: install
    image: busybox
    command:
    - wget
    - "-O"
    - "/work-dir/index.html"
    - http://kubernetes.io
    volumeMounts:
    - name: workdir
      mountPath: "/work-dir"
  containers:
  - name: nginx
    image: nginx
    ports:
    - containerPort: 80
    volumeMounts:
    - name: workdir
      mountPath: /usr/share/nginx/html
  dnsPolicy: Default
  volumes:
  - name: workdir
    emptyDir: {}
```

创建这个 Pod：

```
# kubectl create -f nginx-init-containers.yaml
pod "nginx" created
```

在运行 init container 的过程中查看 Pod 的状态，可见 init 过程还未完成：

```
# kubectl get pods
NAME      READY     STATUS     RESTARTS   AGE
nginx     0/1       Init:0/1   0          1m
```

在 init container 成功运行完成后，系统继续启动 Nginx 容器，再次查看 Pod 的状态：

```
# kubectl get pods
NAME      READY     STATUS     RESTARTS   AGE
nginx     1/1       Running    0          7s
```

查看 Pod 的事件，可以看到系统首先创建并运行 init container 容器（名为 install），成功后继续创建和运行 Nginx 容器：

```
# kubectl describe pod nginx
Name:          nginx
Namespace:     default
......
Events:
  FirstSeen    LastSeen      Count   From                      SubobjectPath
Type          Reason      Message
  ---------    --------      -----   ----                      -------------
--------      ------      -------
    3s           3s           1      default-scheduler
Normal        Scheduled      Successfully assigned init-demo to k8s-node-1
    3s           3s           1      kubelet, k8s-node-1
spec.initContainers{install}    Normal        Pulled        Container image
"busybox" already present on machine
    3s           3s           1      kubelet, k8s-node-1
spec.initContainers{install}    Normal        Created       Created container
with id 93d98cbc0251c60d43c2d8d0a6a9bb65f432344fe6f04561c4a940b79bcff74a
    3s           3s           1      kubelet, k8s-node-1
spec.initContainers{install}    Normal        Started       Started container
with id 93d98cbc0251c60d43c2d8d0a6a9bb65f432344fe6f04561c4a940b79bcff74a
    2s           2s           1      kubelet, k8s-node-1
spec.containers{nginx}          Normal        Pulled        Container image
"nginx" already present on machine
    2s           2s           1      kubelet, k8s-node-1
spec.containers{nginx}          Normal        Created       Created container with
id a388bbb9f1fe247cf42e61449328ab20f7c54a7c271590548d3d8610a28a6048
    1s           1s           1      kubelet, k8s-node-1
spec.containers{nginx}          Normal        Started       Started container with
id a388bbb9f1fe247cf42e61449328ab20f7c54a7c271590548d3d8610a28a6048
```

启动成功后，登录进 Nginx 容器，可以看到/usr/share/nginx/html 目录下的 index.html 文件为 init container 所生成，其内容如下：

```
<html id="home" lang="en" class="">

<head>
......
<title>Kubernetes | Production-Grade Container Orchestration</title>
......
"url": "http://kubernetes.io/"}</script>
</head>

<body>
......
```

init container 与应用容器的区别如下。

（1）init container 的运行方式与应用容器不同，它们必须先于应用容器执行完成，当设置了多个 init container 时，将按顺序逐个运行，并且只有前一个 init container 运行成功后才能运行后一个 init container。在所有 init container 都成功运行后，Kubernetes 才会初始化 Pod 的各种信息，并开始创建和运行应用容器。

（2）在 init container 的定义中也可以设置资源限制、Volume 的使用和安全策略，等等。但资源限制的设置与应用容器略有不同。

◎ 如果多个 init container 都定义了资源请求/资源限制，则取最大的值作为所有 init container 的资源请求值/资源限制值。
◎ Pod 的有效（effective）资源请求值/资源限制值取以下二者中的较大值：①所有应用容器的资源请求值/资源限制值之和；②init container 的有效资源请求值/资源限制值。
◎ 调度算法将基于 Pod 的有效资源请求值/资源限制值进行计算，也就是说 init container 可以为初始化操作预留系统资源，即使后续应用容器无须使用这些资源。
◎ Pod 的有效 QoS 等级适用于 init container 和应用容器。
◎ 资源配额和限制将根据 Pod 的有效资源请求值/资源限制值计算生效。
◎ Pod 级别的 cgroup 将基于 Pod 的有效资源请求/限制，与调度机制一致。

（3）init container 不能设置 readinessProbe 探针，因为必须在它们成功运行后才能继续运行在 Pod 中定义的普通容器。

在 Pod 重新启动时，init container 将会重新运行，常见的 Pod 重启场景如下。

◎ init container 的镜像被更新时，init container 将会重新运行，导致 Pod 重启。仅更新应用容器的镜像只会使得应用容器被重启。
◎ Pod 的 infrastructure 容器更新时，Pod 将会重启。
◎ 若 Pod 中的所有应用容器都终止了，并且 RestartPolicy=Always，则 Pod 会重启。

3.11 Pod 的升级和回滚

下面说说 Pod 的升级和回滚问题。

当集群中的某个服务需要升级时，我们需要停止目前与该服务相关的所有 Pod，然后下载新版本镜像并创建新的 Pod。如果集群规模比较大，则这个工作变成了一个挑战，而且先全部停止然后逐步升级的方式会导致较长时间的服务不可用。Kubernetes 提供了滚动升级功能来解决上述问题。

如果 Pod 是通过 Deployment 创建的，则用户可以在运行时修改 Deployment 的 Pod 定义（spec.template）或镜像名称，并应用到 Deployment 对象上，系统即可完成 Deployment 的 rollout 动作，rollout 可被视为 Deployment 的自动更新或者自动部署动作。如果在更新过程中发生了错误，则还可以通过回滚操作恢复 Pod 的版本。

3.11.1 Deployment 的升级

以 Deployment nginx 为例：

```
nginx-deployment.yaml
apiVersion: apps/v1
kind: Deployment
metadata:
  name: nginx-deployment
spec:
  selector:
    matchLabels:
      app: nginx
  replicas: 3
  template:
```

```
    metadata:
      labels:
        app: nginx
    spec:
      containers:
      - name: nginx
        image: nginx:1.7.9
        ports:
        - containerPort: 80
```

已运行的 Pod 副本数量有 3 个：

```
# kubectl get pods
NAME                                 READY     STATUS    RESTARTS   AGE
nginx-deployment-4087004473-9jqqs    1/1       Running   0          1m
nginx-deployment-4087004473-cq0cf    1/1       Running   0          1m
nginx-deployment-4087004473-vxn56    1/1       Running   0          1m
```

现在 Pod 镜像需要被更新为 Nginx:1.9.1，我们可以通过 kubectl set image 命令为 Deployment 设置新的镜像名称：

```
$ kubectl set image deployment/nginx-deployment nginx=nginx:1.9.1
deployment "nginx-deployment" image updated
```

另一种更新的方法是使用 kubectl edit 命令修改 Deployment 的配置，将 spec.template.spec.containers[0].image 从 Nginx:1.7.9 更改为 Nginx:1.9.1：

```
$ kubectl edit deployment/nginx-deployment
deployment "nginx-deployment" edited
```

镜像名（或 Pod 定义）一旦发生了修改，则将触发系统完成 Deployment 所有运行 Pod 的滚动升级操作。可以使用 kubectl rollout status 命令查看 Deployment 的更新过程：

```
$ kubectl rollout status deployment/nginx-deployment
Waiting for rollout to finish: 2 out of 3 new replicas have been updated...
Waiting for rollout to finish: 2 out of 3 new replicas have been updated...
Waiting for rollout to finish: 2 out of 3 new replicas have been updated...
Waiting for rollout to finish: 2 out of 3 new replicas have been updated...
Waiting for rollout to finish: 2 old replicas are pending termination...
Waiting for rollout to finish: 1 old replicas are pending termination...
Waiting for rollout to finish: 1 old replicas are pending termination...
Waiting for rollout to finish: 1 old replicas are pending termination...
Waiting for rollout to finish: 2 of 3 updated replicas are available...
```

```
deployment "nginx-deployment" successfully rolled out
```

查看当前运行的 Pod，名称已经更新了：

```
$ kubectl get pods
NAME                              READY    STATUS    RESTARTS   AGE
nginx-deployment-3599678771-01h26   1/1      Running   0          2m
nginx-deployment-3599678771-57thr   1/1      Running   0          2m
nginx-deployment-3599678771-s8p21   1/1      Running   0          2m
```

查看 Pod 使用的镜像，已经更新为 Nginx:1.9.1 了：

```
# kubectl describe pod/nginx-deployment-3599678771-s8p21
Name:         nginx-deployment-3599678771-s8p21
......
   Image:          nginx:1.9.1
......
```

那么，Deployment 是如何完成 Pod 更新的呢？

我们可以使用 kubectl describe deployments/nginx-deployment 命令仔细观察 Deployment 的更新过程。初始创建 Deployment 时，系统创建了一个 ReplicaSet（nginx-deployment-4087004473），并按用户的需求创建了 3 个 Pod 副本。更新 Deployment 时，系统创建了一个新的 ReplicaSet（nginx-deployment-3599678771），并将其副本数量扩展到 1，然后将旧的 ReplicaSet 缩减为 2。之后，系统继续按照相同的更新策略对新旧两个 ReplicaSet 进行逐个调整。最后，新的 ReplicaSet 运行了 3 个新版本的 Pod 副本，旧的 ReplicaSet 副本数量则缩减为 0，如图 3.11 所示。

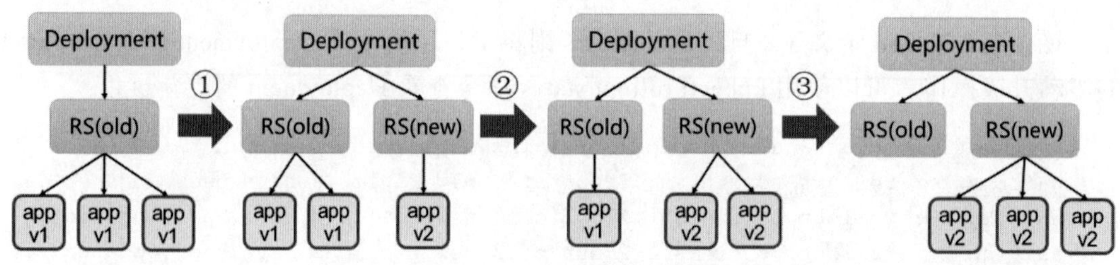

图 3.11　Pod 的滚动升级示意图

下面列出 Deployment nginx-deployment 的详细事件信息：

```
$ kubectl describe deployments/nginx-deployment
Name:            nginx-deployment
Namespace:       default
```

```
......
Replicas:       3 updated | 3 total | 3 available | 0 unavailable
StrategyType:       RollingUpdate
MinReadySeconds: 0
RollingUpdateStrategy:   1 max unavailable, 1 max surge
Conditions:
  Type       Status   Reason
  ----       ------   ------
  Available  TrueMinimumReplicasAvailable
OldReplicaSets:  <none>
NewReplicaSet:   nginx-deployment-3599678771 (3/3 replicas created)
Events:
  FirstSeen  LastSeen Count    From              SubObjectPath    Type      Reason
        Message
  ---------  -------------    ----              -------------    --------------
        -------
  55m        55m      1    {deployment-controller }           Normal
ScalingReplicaSet    Scaled up replica set nginx-deployment-4087004473 to 3
  4m     4m       1    {deployment-controller }           Normal
ScalingReplicaSet    Scaled up replica set nginx-deployment-3599678771 to 1
  4m     4m       1    {deployment-controller }           Normal
ScalingReplicaSet    Scaled down replica set nginx-deployment-4087004473 to 2
  4m     4m       1    {deployment-controller }           Normal
ScalingReplicaSet    Scaled up replica set nginx-deployment-3599678771 to 2
  4m     4m       1    {deployment-controller }           Normal
ScalingReplicaSet    Scaled down replica set nginx-deployment-4087004473 to 1
  4m     4m       1    {deployment-controller }           Normal
ScalingReplicaSet    Scaled up replica set nginx-deployment-3599678771 to 3
  4m     4m       1    {deployment-controller }           Normal
ScalingReplicaSet    Scaled down replica set nginx-deployment-4087004473 to 0
```

运行 kubectl get rs 命令，查看两个 ReplicaSet 的最终状态：

```
$ kubectl get rs
NAME                          DESIRED    CURRENT    READY     AGE
nginx-deployment-3599678771   3          3          3         1m
nginx-deployment-4087004473   0          0          0         52m
```

在整个升级过程中，系统会保证至少有两个 Pod 可用，并且最多同时运行 4 个 Pod，这是 Deployment 通过复杂的算法完成的。Deployment 需要确保在整个更新过程中只有一定数量的 Pod 可能处于不可用状态。在默认情况下，Deployment 确保可用的 Pod 总数量至少为所需的副本数量（DESIRED）减 1，也就是最多 1 个不可用（maxUnavailable=1）。Deployment 还需要确保在整个更新过程中 Pod 的总数量不会超过所需的副本数量太多。在默认情况下，Deployment 确保 Pod 的总数量最多比所需的 Pod 数量多 1 个，也就是最多 1 个浪涌值（maxSurge=1）。Kubernetes 从 1.6 版本开始，maxUnavailable 和 maxSurge 的默认值将从 1、1 更新为所需副本数量的 25%、25%。

这样，在升级过程中，Deployment 就能够保证服务不中断，并且副本数量始终维持为用户指定的数量（DESIRED）。

在 Deployment 的定义中，可以通过 spec.strategy 指定 Pod 更新的策略，目前支持两种策略：Recreate（重建）和 RollingUpdate（滚动更新），默认值为 RollingUpdate。在前面的例子中使用的就是 RollingUpdate 策略。

◎ Recreate：设置 spec.strategy.type=Recreate，表示 Deployment 在更新 Pod 时，会先“杀掉”所有正在运行的 Pod，然后创建新的 Pod。
◎ RollingUpdate：设置 spec.strategy.type=RollingUpdate，表示 Deployment 会以滚动更新的方式来逐个更新 Pod。同时，可以通过设置 spec.strategy.rollingUpdate 下的两个参数（maxUnavailable 和 maxSurge）来控制滚动更新的过程。

对滚动更新时两个主要参数的说明如下。

◎ spec.strategy.rollingUpdate.maxUnavailable：用于指定 Deployment 在更新过程中不可用状态的 Pod 数量的上限。该 maxUnavailable 的数值可以是绝对值（例如 5）或 Pod 期望的副本数量的百分比（例如 10%），如果被设置为百分比，那么系统会先以向下取整的方式计算出绝对值（整数）。而当另一个参数 maxSurge 被设置为 0 时，maxUnavailable 则必须被设置为绝对数值大于 0（从 Kubernetes 1.6 开始，maxUnavailable 的默认值从 1 改为 25%）。举例来说，当 maxUnavailable 被设置为 30%时，旧的 ReplicaSet 可以在滚动更新开始时立即将副本数量缩小到所需副本总数量的 70%。一旦新的 Pod 创建并准备好，旧的 ReplicaSet 就会进一步缩容，新的 ReplicaSet 又继续扩容，整个过程中系统在任意时刻都可以确保可用状态的 Pod 总数量至少占 Pod 期望副本总数量的 70%。
◎ spec.strategy.rollingUpdate.maxSurge：用于指定在 Deployment 更新 Pod 的过程中 Pod 总数量超过 Pod 期望副本数量部分的最大值。该 maxSurge 的数值可以是绝对值（例如 5）或 Pod 期望副本数量的百分比（例如 10%）。如果设置为百分比，那么系统会先按照向上取整的方式计算出绝对数值（整数）。从 Kubernetes 1.6 开始，

maxSurge 的默认值从 1 改为 25%。举例来说，当 maxSurge 的值被设置为 30%时，新的 ReplicaSet 可以在滚动更新开始时立即进行副本数量扩容，只需保证新旧 ReplicaSet 的 Pod 副本数量之和不超过期望副本数量的 130%即可。一旦旧的 Pod 被“杀掉”，新的 ReplicaSet 就会进一步扩容。在整个过程中系统在任意时刻都能确保新旧 ReplicaSet 的 Pod 副本总数量之和不超过所需副本数量的 130%。

这里需要注意多重更新（Rollover）的情况。如果 Deployment 的上一次更新正在进行，此时用户再次发起 Deployment 的更新操作，那么 Deployment 会为每一次更新都创建一个 ReplicaSet，而每次在新的 ReplicaSet 创建成功后，会逐个增加 Pod 副本数量，同时将之前正在扩容的 ReplicaSet 停止扩容（更新），并将其加入旧版本 ReplicaSet 列表中，然后开始缩容至 0 的操作。

例如，假设我们创建一个 Deployment，这个 Deployment 开始创建 5 个 Nginx:1.7.9 的 Pod 副本，在这个创建 Pod 动作尚未完成时，我们又将 Deployment 进行更新，在副本数量不变的情况下将 Pod 模板中的镜像修改为 Nginx:1.9.1，又假设此时 Deployment 已经创建了 3 个 Nginx:1.7.9 的 Pod 副本，则 Deployment 会立即“杀掉”已创建的 3 个 Nginx:1.7.9 Pod，并开始创建 Nginx:1.9.1 Pod。Deployment 不会在等待 Nginx:1.7.9 的 Pod 创建到 5 个之后再进行更新操作。

还需要注意更新 Deployment 的标签选择器（Label Selector）的情况。通常来说，不鼓励更新 Deployment 的标签选择器，因为这样会导致 Deployment 选择的 Pod 列表发生变化，也可能与其他控制器发生冲突。如果一定要更新标签选择器，那么请务必谨慎，确保不会出现其他问题。关于 Deployment 标签选择器的更新的注意事项如下。

（1）添加选择器标签时，必须同步修改 Deployment 配置的 Pod 的标签，为 Pod 添加新的标签，否则 Deployment 的更新会报验证错误而失败：

```
   deployments "nginx-deployment" was not valid:
   * spec.template.metadata.labels: Invalid value: {"app":"nginx"}: `selector`
does not match template `labels`
```

添加标签选择器是无法向后兼容的，这意味着新的标签选择器不会匹配和使用旧选择器创建的 ReplicaSets 和 Pod，因此添加选择器将会导致所有旧版本的 ReplicaSets 和由旧 ReplicaSets 创建的 Pod 处于孤立状态（不会被系统自动删除，也不受新的 ReplicaSet 控制）。

为标签选择器和 Pod 模板添加新的标签（使用 kubectl edit deployment 命令）后，效果如下：

```
$ kubectl get rs
NAME                           DESIRED   CURRENT   READY   AGE
nginx-deployment-3661742516   3         3         3         2s
nginx-deployment-3599678771   3         3         3         1m
nginx-deployment-4087004473   0         0         0         52m
```

可以看到新 ReplicaSet（nginx-deployment-3661742516）创建的 3 个新 Pod：

```
$ kubectl get pods
NAME                                 READY     STATUS    RESTARTS    AGE
nginx-deployment-3599678771-01h26   1/1        Running   0             2m
nginx-deployment-3599678771-57thr   1/1        Running   0             2m
nginx-deployment-3599678771-s8p21   1/1        Running   0             2m
nginx-deployment-3661742516-46djm   1/1        Running   0            52s
nginx-deployment-3661742516-kws84   1/1        Running   0            52s
nginx-deployment-3661742516-wq30s   1/1        Running   0            52s
```

（2）更新标签选择器，即更改选择器中标签的键或者值，也会产生与添加选择器标签类似的效果。

（3）删除标签选择器，即从 Deployment 的标签选择器中删除一个或者多个标签，该 Deployment 的 ReplicaSet 和 Pod 不会受到任何影响。但需要注意的是，被删除的标签仍会存在于现有的 Pod 和 ReplicaSets 上。

Deployment 会自动创建并控制对应的 ReplicaSet，给它们增加一个名为 pod-template-hash 的标签。切记，这个标签是不能被手动修改的。

在什么情况下会触发 Deployment 的 rollout 行为呢？只有 Pod 模板定义部分（Deployment 的.spec.template）的属性发生改变时才会触发 Deployment 的 rollout 行为，对于其他的比如修改 Pod 的副本数量（spec.replicas）的值，则不会触发 rollout 行为。

对于用 RC（Replication Controller）来控制 Pod 的滚动升级，Kubernetes 之前提供了对应的 kubectl rolling-update 命令来实现类似的功能。该命令通过创建一个新 RC，然后自动控制旧 RC 中的 Pod 副本数量逐渐减少到 0，新 RC 中的 Pod 副本数量从 0 逐步增加到目标值，来完成 Pod 的升级。此命令在 kuberntes 的 1.17 版本中被标记为 DEPRECATED，在 1.18 中不再提供支持。

3.11.2　Deployment 的回滚

如果在 Deployment 升级过程中出现意外，比如写错新镜像的名称、新镜像还没被放入镜像仓库里、新镜像的配置文件发生不兼容性改变、新镜像的启动参数不对，以及因可能更复杂的依赖关系而导致升级失败等，就需要回退到之前的旧版本，这时就可以用到 Deployment 的回滚功能了。

假设在更新 Deployment 镜像时，将容器镜像名误设置成 Nginx:1.91（一个不存在的镜像）：

```
$ kubectl set image deployment/nginx-deployment nginx=nginx:1.91
deployment "nginx-deployment" image updated
```

则这时 Deployment 的部署过程会卡住：

```
$ kubectl rollout status deployments nginx-deployment
Waiting for rollout to finish: 1 out of 3 new replicas have been updated...
```

所以需要运行 Ctrl C 命令来终止这个查看命令。

查看 ReplicaSet，可以看到新建的 ReplicaSet（nginx-deployment-3660254150）：

```
$ kubectl get rs
NAME                          DESIRED   CURRENT   READY    AGE
nginx-deployment-3646295028   3         3         3        53s
nginx-deployment-3660254150   1         1         0        40s
nginx-deployment-4234284026   0         0         0        1m
```

再查看创建的 Pod，会发现新的 ReplicaSet 创建的 1 个 Pod 被卡在镜像拉取过程中。

```
$ kubectl get pods
NAME                                READY    STATUS             RESTARTS   AGE
nginx-deployment-3646295028-d5r6r   1/1      Running            0          1m
nginx-deployment-3646295028-jw22d   1/1      Running            0          59s
nginx-deployment-3646295028-tw6x7   1/1      Running            0          1m
nginx-deployment-3660254150-9kj51   0/1      ImagePullBackOff   0          49s
```

为了解决上面这个问题，我们需要回滚到之前稳定版本的 Deployment。首先，用 kubectl rollout history 命令检查这个 Deployment 部署的历史记录：

```
$ kubectl rollout history deployment/nginx-deployment
deployments "nginx-deployment"
REVISION       CHANGE-CAUSE
```

```
1           kubectl create --filename=nginx-deployment.yaml --record=true
2           kubectl set image deployment/nginx-deployment nginx=nginx:1.9.1
3           kubectl set image deployment/nginx-deployment nginx=nginx:1.91
```

我们将 Deployment 回滚到之前的版本时，只有 Deployment 的 Pod 模板部分会被修改，在默认情况下，所有 Deployment 的发布历史记录都被保留在系统中（可以配置历史记录数量），以便于我们随时进行回滚操作。注意，在创建 Deployment 时使用--record 参数，就可以在 CHANGE-CAUSE 列看到每个版本使用的命令了。

如果需要查看特定版本的详细信息，则可以加上--revision=<N>参数：

```
$ kubectl rollout history deployment/nginx-deployment --revision=3
deployments "nginx-deployment" with revision #3
Pod Template:
  Labels:      app=nginx
        pod-template-hash=3660254150
  Annotations:  kubernetes.io/change-cause=kubectl set image
deployment/nginx-deployment nginx=nginx:1.91
  Containers:
   nginx:
    Image:      nginx:1.91
    Port:       80/TCP
    Environment:        <none>
    Mounts:     <none>
  Volumes:      <none>
```

现在我们决定撤销本次发布并回滚到上一个部署版本：

```
$ kubectl rollout undo deployment/nginx-deployment
deployment "nginx-deployment" rolled back
```

当然，也可以使用--to-revision 参数指定回滚到的部署版本号：

```
$ kubectl rollout undo deployment/nginx-deployment --to-revision=2
deployment "nginx-deployment" rolled back
```

这样，该 Deployment 就回滚到之前的稳定版本了，可以从 Deployment 的事件信息中查看到回滚到版本 2 的操作过程：

```
$ kubectl describe deployment/nginx-deployment
Name:                   nginx-deployment
......
OldReplicaSets: <none>
```

```
    NewReplicaSet:  nginx-deployment-3646295028 (3/3 replicas created)
    Events:
      FirstSeen     LastSeen        Count   From                    SubObjectPath
Type            Reason              Message
      ---------     --------        -----   ----                    -------------
--------        ------              -------
      4m            4m              1       deployment-controller
Normal          ScalingReplicaSet   Scaled up replica set nginx-deployment-4234284026
to 3
      4m            4m              1       deployment-controller
Normal          ScalingReplicaSet   Scaled up replica set nginx-deployment-3646295028
to 1
      4m            4m              1       deployment-controller
Normal          ScalingReplicaSet   Scaled down replica set
nginx-deployment-4234284026 to 2
      4m            4m              1       deployment-controller
Normal          ScalingReplicaSet   Scaled up replica set nginx-deployment-3646295028
to 2
      4m            4m              1       deployment-controller
Normal          ScalingReplicaSet   Scaled down replica set
nginx-deployment-4234284026 to 1
      4m            4m              1       deployment-controller
Normal          ScalingReplicaSet   Scaled up replica set nginx-deployment-3646295028
to 3
      4m            4m              1       deployment-controller
Normal          ScalingReplicaSet   Scaled down replica set
nginx-deployment-4234284026 to 0
      4m            4m              1       deployment-controller
Normal          ScalingReplicaSet   Scaled up replica set nginx-deployment-3660254150
to 1
      36s           36s             1       deployment-controller
Normal          DeploymentRollback  Rolled back deployment "nginx-deployment" to
revision 2
      36s           36s             1       deployment-controller
Normal          ScalingReplicaSet   Scaled down replica set
nginx-deployment-3660254150 to 0
```

3.11.3　暂停和恢复 Deployment 的部署操作

对于一次复杂的 Deployment 配置修改，为了避免频繁触发 Deployment 的更新操作，可以先暂停 Deployment 的更新操作，然后进行配置修改，再恢复 Deployment，一次性触发完整的更新操作，就可以避免不必要的 Deployment 更新操作了。

以之前创建的 Nginx 为例：

```
$ kubectl get deployments
NAME              DESIRED   CURRENT   UP-TO-DATE   AVAILABLE   AGE
nginx-deployment     3         3          0            3         32s

$ kubectl get rs
NAME                        DESIRED   CURRENT   READY    AGE
nginx-deployment-4234284026   3         3         3        7s
```

通过 kubectl rollout pause 命令暂停 Deployment 的更新操作：

```
$ kubectl rollout pause deployment/nginx-deployment
deployment "nginx-deployment" paused
```

然后修改 Deployment 的镜像信息：

```
$ kubectl set image deploy/nginx-deployment nginx=nginx:1.9.1
deployment "nginx-deployment" image updated
```

查看 Deployment 的历史记录，发现并没有触发新的 Deployment 部署操作：

```
$ kubectl rollout history deploy/nginx-deployment
deployments "nginx-deployment"
REVISION       CHANGE-CAUSE
1             kubectl create --filename=nginx-deployment.yaml --record=true
```

在暂停 Deployment 部署之后，可以根据需要进行任意次数的配置更新。例如，再次更新容器的资源限制：

```
$ kubectl set resources deployment nginx-deployment -c=nginx
--limits=cpu=200m,memory=512Mi
deployment "nginx-deployment" resource requirements updated
```

最后，恢复这个 Deployment 的部署操作：

```
$ kubectl rollout resume deploy nginx-deployment
deployment "nginx-deployment" resumed
```

可以看到一个新的 ReplicaSet 被创建出来了：

```
$ kubectl get rs
NAME                        DESIRED   CURRENT   READY    AGE
```

```
    nginx-deployment-3133440882   3        3        3        6s
    nginx-deployment-4234284026   0        0        0        49s
```

查看 Deployment 的事件信息，可以看到 Deployment 完成了更新：

```
    # kubectl describe deployment/nginx-deployment
    Name:               nginx-deployment
    ......
    Events:
      FirstSeen     LastSeen        Count   From                     SubObjectPath
Type          Reason           Message
      ---------     --------        -----   ----                     -------------
--------       ------            -------
      1m            1m              1        deployment-controller
Normal        ScalingReplicaSet   Scaled up replica set nginx-deployment-4234284026
to 3
      28s           28s             1        deployment-controller
Normal        ScalingReplicaSet   Scaled up replica set nginx-deployment-3133440882
to 1
      27s           27s             1        deployment-controller
Normal        ScalingReplicaSet   Scaled down replica set
nginx-deployment-4234284026 to 2
      27s           27s             1        deployment-controller
Normal        ScalingReplicaSet   Scaled up replica set nginx-deployment-3133440882
to 2
      26s           26s             1        deployment-controller
Normal        ScalingReplicaSet   Scaled down replica set
nginx-deployment-4234284026 to 1
      25s           25s             1        deployment-controller
Normal        ScalingReplicaSet   Scaled up replica set nginx-deployment-3133440882
to 3
      23s           23s             1        deployment-controller
Normal        ScalingReplicaSet   Scaled down replica set
nginx-deployment-4234284026 to 0
```

注意，在恢复暂停的 Deployment 之前，无法回滚该 Deployment。

3.11.4　其他管理对象的更新策略

Kubernetes 从 1.6 版本开始，对 DaemonSet 和 StatefulSet 的更新策略也引入类似于 Deployment 的滚动升级，通过不同的策略自动完成应用的版本升级。

1. DaemonSet 的更新策略

目前 DaemonSet 的升级策略（updateStrategy）包括两种：OnDelete 和 RollingUpdate，默认值为 RollingUpdate。

（1）OnDelete：与 1.5 及之前版本的 Kubernetes 保持一致。当使用 OnDelete 作为升级策略时，在创建好新的 DaemonSet 配置之后，新的 Pod 并不会被自动创建，直到用户手动删除旧版本的 Pod，才触发新建操作，即只有手工删除了 DaemonSet 创建的 Pod 副本，新的 Pod 副本才会被创建出来。如果不设置 updateStrategy 的值，则在 Kubernetes 1.6 之后的版本中会被作为 updateStrategy 的默认设置。

（2）RollingUpdate：从 Kubernetes 1.6 版本开始引入。当使用 RollingUpdate 作为升级策略对 DaemonSet 进行更新时，旧版本的 Pod 将被自动"杀掉"，然后自动创建新版本的 DaemonSet Pod。整个过程与普通 Deployment 的滚动升级一样是可控的。不过有两点不同于普通 Pod 的滚动升级：一是目前 Kubernetes 还不支持查看和管理 DaemonSet 的更新历史记录；二是 DaemonSet 的回滚（Rollback）并不能如同 Deployment 一样直接通过 kubectl rollback 命令来实现，必须通过再次提交旧版本配置的方式实现。

下面是 DaemonSet 采用 RollingUpdate 升级策略的 YAML 定义：

```
apiVersion: apps/v1
kind: DaemonSet
metadata:
  name: goldpinger
spec:
  updateStrategy:
    type: RollingUpdate
```

2. StatefulSet 的更新策略

Kubernetes 从 1.6 版本开始，针对 StatefulSet 的更新策略逐渐向 Deployment 和 DaemonSet 的更新策略看齐；1.7 版本之后，StatefulSet 又增加了 updateStrategy 字段给予用户更强的 StatefulSet 升级控制能力，并实现了 RollingUpdate、OnDelete 和 Partitioned 这几种策略，以保证 StatefulSet 中各 Pod 有序地、逐个地更新，并且能够保留更新历史，也能回滚到某个历史版本。如果用户未设置 updateStrategy 字段，则系统默认使用 RollingUpdate 策略。

当 updateStrategy 的值被设置为 RollingUpdate 时，StatefulSet Controller 会删除并创建

StatefulSet 相关的每个 Pod 对象，其处理顺序与 StatefulSet 终止 Pod 的顺序一致，即从序号最大的 Pod 开始重建，每次更新一个 Pod。注意，如果 StatefulSet 的 Pod Management Policy 被设置为 OrderedReady，则可能在更新过程中发生一些意外，从而导致 StatefulSet 陷入奔溃状态，此时需要用户手动修复。

当 updateStrategy 的值被设置为 OnDelete 时，StatefulSet Controller 并不会自动更新 StatefulSet 中的 Pod 实例，而是需要用户手动删除这些 Pod 并触发 StatefulSet Controller 创建新的 Pod 实例来弥补，因此这其实是一种手动升级模式。

updateStrategy 也支持特殊的分区升级策略（Partitioned），在这种模式下，用户指定一个序号，StatefulSet 中序号大于等于此序号的 Pod 实例会全部被升级，小于此序号的 Pod 实例则保留旧版本不变，即使这些 Pod 被删除、重建，也仍然保持原来的旧版本。这种分区升级策略通常用于按计划分步骤的系统升级过程中。

3.12　Pod 的扩缩容

在实际生产系统中，我们经常会遇到某个服务需要扩容的场景，也可能会遇到由于资源紧张或者工作负载降低而需要减少服务实例数量的场景。此时可以利用 Deployment/RC 的 Scale 机制来完成这些工作。

Kubernetes 对 Pod 的扩缩容操作提供了手动和自动两种模式，手动模式通过运行 kubectl scale 命令或通过 RESTful API 对一个 Deployment/RC 进行 Pod 副本数量的设置，即可一键完成。自动模式则需要用户根据某个性能指标或者自定义业务指标，并指定 Pod 副本数量的范围，系统将自动在这个范围内根据性能指标的变化进行调整。

3.12.1　手动扩缩容机制

以 Deployment nginx 为例：

```
nginx-deployment.yaml
apiVersion: apps/v1
kind: Deployment
metadata:
  name: nginx-deployment
spec:
```

```
  selector:
    matchLabels:
      app: nginx
  replicas: 3
  selector:
    matchLabels:
       app: nginx
  template:
    metadata:
      labels:
       app: nginx
    spec:
      containers:
      - name: nginx
        image: nginx:1.7.9
        ports:
        - containerPort: 80
```

已运行的 Pod 副本数量为 3 个：

```
$ kubectl get pods
NAME                                READY     STATUS    RESTARTS   AGE
nginx-deployment-3973253433-scz37   1/1       Running   0          5s
nginx-deployment-3973253433-x8fsq   1/1       Running   0          5s
nginx-deployment-3973253433-x9z8z   1/1       Running   0          5s
```

通过 kubectl scale 命令可以将 Pod 副本数量从初始的 3 个更新为 5 个：

```
$ kubectl scale deployment nginx-deployment --replicas 5
deployment "nginx-deployment" scaled
$ kubectl get pods
NAME                                READY     STATUS    RESTARTS   AGE
nginx-deployment-3973253433-3gt27   1/1       Running   0          4s
nginx-deployment-3973253433-7jls2   1/1       Running   0          4s
nginx-deployment-3973253433-scz37   1/1       Running   0          4m
nginx-deployment-3973253433-x8fsq   1/1       Running   0          4m
nginx-deployment-3973253433-x9z8z   1/1       Running   0          4m
```

将--replicas 的值设置为比当前 Pod 副本数量更小的数字，系统将会“杀掉”一些运行中的 Pod，以实现应用集群缩容：

```
$ kubectl scale deployment nginx-deployment --replicas=1
deployment "nginx-deployment" scaled
```

```
$ kubectl get pods
NAME                                 READY     STATUS    RESTARTS   AGE
nginx-deployment-3973253433-x9z8z   1/1       Running   0          6m
```

3.12.2　自动扩缩容机制

Kubernetes 从 1.1 版本开始，新增了名为 Horizontal Pod Autoscaler（HPA）的控制器，用于实现基于 CPU 使用率进行自动 Pod 扩缩容的功能。HPA 控制器基于 Master 的 kube-controller-manager 服务启动参数--horizontal-pod-autoscaler-sync-period 定义的探测周期（默认值为 15s），周期性地监测目标 Pod 的资源性能指标，并与 HPA 资源对象中的扩缩容条件进行对比，在满足条件时对 Pod 副本数量进行调整。

Kubernetes 在早期版本中，只能基于 Pod 的 CPU 使用率进行自动扩缩容操作，关于 CPU 使用率的数据最早来源于 Heapster 组件，从 1.11 版本开始，Kubernetes 正式弃用 Heapster 并全面转向基于 Metrics Server 完成数据采集。Metrics Server 将采集到的 Pod 性能指标数据通过聚合 API（Aggregated API）如 metrics.k8s.io、custom.metrics.k8s.io 和 external.metrics.k8s.io 提供给 HPA 控制器进行查询。关于聚合 API 和 API 聚合器（API Aggregator）的概念详见 9.4.2 节的说明。另外，Kubernetes 从 1.6 版本开始，引入了基于应用自定义性能指标的 HPA 机制，并在 1.9 版本之后逐步成熟。

本节对 Kubernetes 的 HPA 的原理和实践进行详细说明。

1. HPA 的工作原理

Kubernetes 中的某个 Metrics Server 持续采集所有 Pod 副本的指标数据。HPA 控制器通过 Metrics Server 的 API 获取这些数据，基于用户定义的扩缩容规则进行计算，得到目标 Pod 的副本数量。当目标 Pod 副本数量与当前副本数量不同时，HPA 控制器就向 Pod 的副本控制器（Deployment、RC 或 ReplicaSet）发起 scale 操作，调整 Pod 的副本数量，完成扩缩容操作。图 3.12 展示了 HPA 体系中的关键组件和工作流程。

接下来首先对 HPA 能够管理的指标类型、扩缩容算法、HPA 对象的配置进行详细说明，然后通过一个完整的示例对如何搭建和使用基于自定义指标的 HPA 体系进行说明。

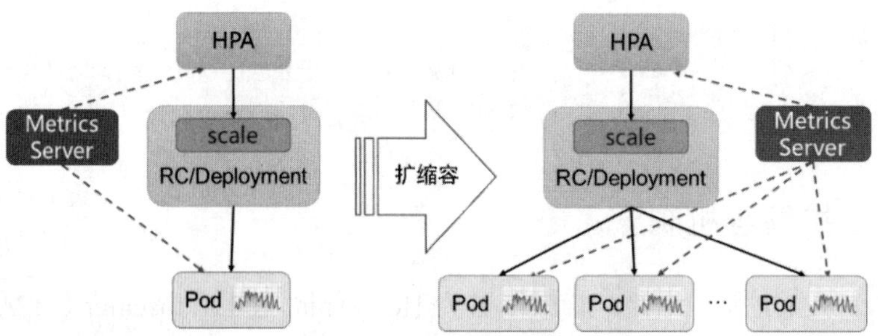

图 3.12　HPA 体系中的关键组件和工作流程

2. 指标的类型

Master 的 kube-controller-manager 服务持续监测目标 Pod 的某种性能指标，以计算是否需要调整副本数量。目前 Kubernetes 支持的指标类型如下。

◎ Pod 资源使用率：Pod 级别的性能指标，通常是一个比率值，例如 CPU 使用率。
◎ Pod 自定义指标：Pod 级别的性能指标，通常是一个数值，例如接收的请求数量。
◎ Object 自定义指标或外部自定义指标：通常是一个数值，需要容器应用以某种方式提供，例如通过 HTTP URL "/metrics" 提供，或者使用外部服务提供的指标采集 URL。

Kubernetes HPA 当前有以下两个版本。

◎ autoscaling/v1 版本仅支持基于 CPU 使用率指标的自动扩缩容。
◎ autoscaling/v2 版本则支持基于内存使用率指标、自定义指标及外部指标的自动扩缩容，并且进一步扩展以支持多指标缩放能力，当定义了多个指标时，HPA 会跟据每个指标进行计算，其中缩放幅度最大的指标会被采纳。

3. 扩缩容算法详解

Autoscaler 控制器从聚合 API 获取到 Pod 性能指标数据之后，基于下面的算法计算出目标 Pod 副本数量，与当前运行的 Pod 副本数量进行对比，决定是否需要进行扩缩容操作：

```
    desiredReplicas = ceil[currentReplicas * ( currentMetricValue /
desiredMetricValue )]
```

即当前副本数 ×（当前指标值/期望的指标值），将结果向上取整。

以 CPU 请求数量为例，如果用户设置的期望指标值为 100m，当前实际使用的指标值为 200m，则计算得到期望的 Pod 副本数量应为两个（200/100=2）。如果当前实际使用的指标值为 50m，计算结果为 0.5，则向上取整，值为 1，得到目标 Pod 副本数量应为 1 个。

当计算结果与 1 非常接近时，可以设置一个容忍度让系统不做扩缩容操作。容忍度通过 kube-controller-manager 服务的启动参数--horizontal-pod-autoscaler-tolerance 进行设置，默认值为 0.1（即 10%），表示基于上述算法得到的结果在[-10%,+10%]区间内，即[0.9,1.1]区间，控制器都不会进行扩缩容操作。

也可以将期望指标值（desiredMetricValue）设置为指标的平均值类型，例如 targetAverageValue 或 targetAverageUtilization，此时当前指标值（currentMetricValue）的算法为所有 Pod 副本当前指标值的总和除以 Pod 副本数量得到的平均值。

此外，存在几种 Pod 异常的情况，如下所述。

◎ Pod 正在被删除（设置了删除时间戳）：将不会计入目标 Pod 副本数量。
◎ Pod 的当前指标值无法获得：本次探测不会将这个 Pod 纳入目标 Pod 副本数量，后续的探测会被重新纳入计算范围。
◎ 如果指标类型是 CPU 使用率，则对于正在启动但是还未达到 Ready 状态的 Pod，也暂时不会纳入目标副本数量范围。可以通过 kube-controller-manager 服务的启动参数--horizontal-pod-autoscaler-initial-readiness-delay 设置首次探测 Pod 是否 Ready 的延时时间，默认值为 30s。另一个启动参数--horizontal-pod-autoscaler-cpu-initialization-period 设置首次采集 Pod 的 CPU 使用率的延时时间。

在计算“当前指标值/期望的指标值”（currentMetricValue / desiredMetricValue）时将不会包括上述这些异常 Pod。

当存在缺失指标的 Pod 时，系统将更保守地重新计算平均值。系统会假设这些 Pod 在需要缩容（Scale Down）时消耗了期望指标值的 100%，在需要扩容（Scale Up）时消耗了期望指标值的 0%，这样可以抑制潜在的扩缩容操作。

此外，如果存在未达到 Ready 状态的 Pod，并且系统原本会在不考虑缺失指标或 NotReady 的 Pod 情况下进行扩展，则系统仍然会保守地假设这些 Pod 消耗期望指标值的 0%，从而进一步抑制扩容操作。

如果在 HorizontalPodAutoscaler 中设置了多个指标，系统就会对每个指标都执行上面的算法，在全部结果中以期望副本数量的最大值为最终结果。如果这些指标中的任意一个都无法被转换为期望的副本数量（例如无法获取指标的值），系统就会跳过扩缩容操作。

使用 HPA 特性时，可能因为指标动态的变化造成 Pod 副本数量频繁变动，这也被称为“抖动“。抖动会影响到业务系统的稳定性，Kubernetes 1.12 之前的版本提供了一些系统参数来缓解这个问题，不过这些参数难以理解和设置。Kubernetes 1.12 版本增加了全新的参数 horizontal-pod-autoscaler-downscale-stabilization（kube-controller-manager 的参数）来解决这个问题，它表示 HPA 扩缩容过程中的冷却时间，即从上次缩容执行结束后，需要经过最少多长时间才可以再次执行缩容动作。当前的默认时间是 5min，此配置可以让系统更为平滑地进行缩容操作，从而消除短时间内指标值快速波动产生的影响。对该参数的调整需要根据当前生产环境的实际情况进行并观察结果，若时间过短，则仍然可能抖动强烈，若时间过长，则可能导致 HPA 失效。

最后，在 HPA 控制器执行扩缩容操作之前，系统会记录扩缩容建议信息（Scale Recommendation）。控制器会在操作时间窗口（时间范围可以配置）中考虑所有的建议信息，并从中选择得分最高的建议。

4. HorizontalPodAutoscaler 配置详解

Kubernetes 将 HorizontalPodAutoscaler 资源对象提供给用户来定义扩缩容的规则，HorizontalPodAutoscaler 资源对象处于 Kubernetes 的 API 组“autoscaling”中。下面对 HorizontalPodAutoscaler 的配置和用法进行说明。

（1）基于 autoscaling/v1 版本的 HorizontalPodAutoscaler 配置：

```
apiVersion: autoscaling/v1
kind: HorizontalPodAutoscaler
metadata:
  name: php-apache
spec:
  scaleTargetRef:
    apiVersion: apps/v1
    kind: Deployment
    name: php-apache
  minReplicas: 1
  maxReplicas: 10
  targetCPUUtilizationPercentage: 50
```

主要参数如下。

◎ scaleTargetRef：目标作用对象，可以是 Deployment、ReplicationController 或 ReplicaSet。

◎ targetCPUUtilizationPercentage：期望每个 Pod 的 CPU 使用率都为 50%，该使用率基于 Pod 设置的 CPU Request 值进行计算，例如该值为 200m，那么系统将维持 Pod 的实际 CPU 使用值为 100m。

◎ minReplicas 和 maxReplicas：Pod 副本数量的最小值和最大值，系统将在这个范围内进行自动扩缩容操作，并维持每个 Pod 的 CPU 使用率为 50%。

为了使用 autoscaling/v1 版本的 HorizontalPodAutoscaler，需要预先安装 Metrics Server，用于采集 Pod 的 CPU 使用率。关于 Metrics Server 的说明请参考 9.4 节的介绍，本节主要对基于自定义指标进行自动扩缩容的设置进行说明。

（2）基于 autoscaling/v2beta2 版本的 HorizontalPodAutoscaler 配置：

```
apiVersion: autoscaling/v2beta2
kind: HorizontalPodAutoscaler
metadata:
  name: php-apache
spec:
  scaleTargetRef:
    apiVersion: apps/v1
    kind: Deployment
    name: php-apache
  minReplicas: 1
  maxReplicas: 10
  metrics:
  - type: Resource
    resource:
      name: cpu
      target:
        type: Utilization
        averageUtilization: 50
```

主要参数如下。

◎ scaleTargetRef：目标作用对象，可以是 Deployment、ReplicationController 或 ReplicaSet。

◎ minReplicas 和 maxReplicas：Pod 副本数量的最小值和最大值，系统将在这个范围内进行自动扩缩容操作，并维持每个 Pod 的 CPU 使用率为 50%。

◎ metrics：目标指标值。在 metrics 中通过参数 type 定义指标的类型；通过参数 target 定义相应的指标目标值，系统将在指标数据达到目标值时（考虑容忍度的区间，见前面算法部分的说明）触发扩缩容操作。

可以将 metrics 中的 type（指标类型）设置为以下四种，如下所述。

◎ Resource：指的是当前伸缩对象下 Pod 的 CPU 和 Memory 指标，只支持 Utilization 和 AverageValue 类型的目标值。对于 CPU 使用率，在 target 参数中设置 averageUtilization 定义目标平均 CPU 使用率。对于内存资源，在 target 参数中设置 AverageValue 定义目标平均内存使用值。

◎ Pods：指的是伸缩对象 Pod 的指标，数据需要由第三方的 Adapter 提供，只允许 AverageValue 类型的目标值。

◎ Object：Kubernetes 内部对象的指标，数据需要由第三方 Adapter 提供，只支持 Value 和 AverageValue 类型的目标值。

◎ External：指的是 Kubernetes 外部的指标，数据同样需要由第三方 Adapter 提供，只支持 Value 和 AverageValue 类型的目标值。

其中，AverageValue 是根据 Pod 副本数量计算的平均值指标。Resource 类型的指标来自 Metrics Server 自身，即从它所提供的 aggregated APIs 的 metrics.k8s.io 接口获取数据，Pod 类型和 Object 类型都属于自定义指标类型，从 Metrics Server 的 custom.metrics.k8s.io 接口获取数据，但需要配套 Metrics Server 的第三方 Adapter 来提供数据，这些数据一般都属于 Kubernetes 集群自身的参数。而 External 属于外部指标，基本与 Kuberntes 无关，例如用户使用了公有云服务商提供的消息服务或外部负载均衡器，希望基于这些外部服务的性能指标（如消息服务的队列长度、负载均衡器的 QPS）对自己部署在 Kubernetes 中的服务进行自动扩缩容操作，External 指标从 Metrics Server 的 external.metrics.k8s.io 接口获取数据。

而具体的指标数据可以通过 API “custom.metrics.k8s.io” 进行查询，要求预先启动自定义 Metrics Server 服务。

下面是一个类型为 Pods 的 Metrics 示例：

```
metrics:
- type: Pods
  pods:
    metric:
      name: packets-per-second
    target:
      type: AverageValue
      averageValue: 1k
```

其中，设置 Pod 的指标名为 packets-per-second，在目标指标平均值为 1000 时触发扩缩容操作。

下面是几个类型为 Object 的 Metrics 示例。

例 1，设置指标的名称为 requests-per-second，其值来源于 Ingress“main-route”，将目标值（value）设置为 2000，即在 Ingress 的每秒请求数量达到 2000 个时触发扩缩容操作：

```
metrics:
- type: Object
  object:
    metric:
      name: requests-per-second
    describedObject:
      apiVersion: extensions/v1beta1
      kind: Ingress
      name: main-route
    target:
      type: Value
      value: 2k
```

例 2，设置指标的名称为 http_requests，并且该资源对象具有标签 verb=GET，在指标平均值达到 500 时触发扩缩容操作：

```
metrics:
- type: Object
  object:
    metric:
      name: 'http_requests'
      selector: 'verb=GET'
    target:
      type: AverageValue
      averageValue: 500
```

我们在使用 autoscaling/v2beta1 版本时，还可以在同一个 HorizontalPodAutoscaler 资源对象中定义多个类型的指标，系统将针对每种类型的指标都计算 Pod 副本的目标数量，以最大值为准进行扩缩容操作。下面是一个具体的示例：

```
apiVersion: autoscaling/v2beta1
kind: HorizontalPodAutoscaler
metadata:
  name: php-apache
```

```
  namespace: default
spec:
  scaleTargetRef:
    apiVersion: apps/v1
    kind: Deployment
    name: php-apache
  minReplicas: 1
  maxReplicas: 10
  metrics:
  - type: Resource
    resource:
      name: cpu
      target:
        type: AverageUtilization
        averageUtilization: 50
  - type: Pods
    pods:
      metric:
        name: packets-per-second
      targetAverageValue: 1k
  - type: Object
    object:
      metric:
        name: requests-per-second
      describedObject:
        apiVersion: extensions/v1beta1
        kind: Ingress
        name: main-route
      target:
        kind: Value
        value: 10k
```

下面是一个类型为 External 的 Metrics 示例（例 3）。

例 3，设置指标的名称为 queue_messages_ready，具有 queue=worker_tasks 标签，在目标指标平均值为 30 时触发自动扩缩容操作：

```
  - type: External
    external:
      metric:
        name: queue_messages_ready
        selector: "queue=worker_tasks"
```

```
    target:
      type: AverageValue
      averageValue: 30
```

在使用外部服务的指标时，要安装、部署能够对接到 Kubernetes HPA 模型的监控系统，并且完全了解监控系统采集这些指标的机制，后续的自动扩缩容操作才能完成。

Kubernetes 推荐尽量使用类型为 Object 的 HPA 配置方式，这可以通过使用 Operator 模式，将外部指标通过 CRD（自定义资源）定义为 API 资源对象来实现。

5. 基于自定义指标的 HPA 实践

下面通过一个完整的示例，对如何搭建和使用基于自定义指标的 HPA 体系进行说明。

基于自定义指标进行自动扩缩容时，需要预先部署自定义 Metrics Server，目前可以使用基于 Prometheus、Microsoft Azure、Datadog Cluster 等系统的 Adapter 实现自定义 Metrics Server，未来还将提供基于 Google Stackdriver 的实现自定义 Metrics Server。本节基于 Prometheus 监控系统对 HPA 的基础组件部署和 HPA 配置进行详细说明。

基于 Prometheus 的 HPA 架构如图 3.13 所示。

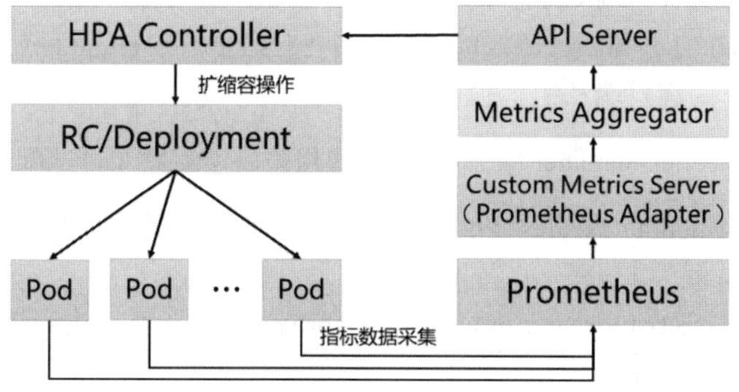

图 3.13　基于 Prometheus 的 HPA 架构

关键组件包括如下。

◎ Prometheus：定期采集各 Pod 的性能指标数据。

◎ Custom Metrics Server：自定义 Metrics Server，用 Prometheus Adapter 进行具体实现。它从 Prometheus 服务采集性能指标数据，通过 Kubernetes 的 Metrics Aggregation 层将自定义指标 API 注册到 Master 的 API Server 中，以/apis/custom.metrics.k8s.io 路径提供指标数据。

◎ HPA Controller：Kubernetes 的 HPA 控制器，基于用户定义的 HorizontalPodAutoscaler 进行自动扩缩容操作。

接下来对整个系统的部署过程进行说明。

（1）在 Master 的 API Server 中启动 Aggregation 层，通过设置 kube-apiserver 服务的下列启动参数进行启动。

◎ --requestheader-client-ca-file=/etc/kubernetes/ssl_keys/ca.crt：客户端 CA 证书。

◎ --requestheader-allowed-names=：允许访问的客户端 common names 列表，通过 header 中由--requestheader- username-headers 参数指定的字段获取。客户端 common names 的名称需要在 client-ca-file 中进行配置，将其设置为空值时，表示任意客户端都可以访问。

◎ --requestheader-extra-headers-prefix=X-Remote-Extra-：请求头中需要检查的前缀名。

◎ --requestheader-group-headers=X-Remote-Group：请求头中需要检查的组名。

◎ --requestheader-username-headers=X-Remote-User：请求头中需要检查的用户名。

◎ --proxy-client-cert-file=/etc/kubernetes/ssl_keys/kubelet_client.crt：在请求期间验证 Aggregator 的客户端 CA 证书。

◎ --proxy-client-key-file=/etc/kubernetes/ssl_keys/kubelet_client.key：在请求期间验证 Aggregator 的客户端私钥。

配置 kube-controller-manager 服务中 HPA 的相关启动参数（可选配置）如下。

◎ --horizontal-pod-autoscaler-sync-period=10s：HPA 控制器同步 Pod 副本数量的时间间隔，默认值为 15s。

◎ --horizontal-pod-autoscaler-downscale-stabilization=1m0s：执行缩容操作的等待时长，默认值为 5min。

◎ --horizontal-pod-autoscaler-initial-readiness-delay=30s：等待 Pod 达到 Ready 状态的时延，默认值为 30min。

◎ --horizontal-pod-autoscaler-tolerance=0.1：扩缩容计算结果的容忍度，默认值为 0.1，表示[-10%,+10%]。

（2）部署 Prometheus，这里使用 Operator 模式进行部署。

首先，使用下面的 YAML 文件部署 prometheus-operator：

```
apiVersion: apps/v1
kind: Deployment
metadata:
  labels:
    k8s-app: prometheus-operator
  name: prometheus-operator
spec:
  replicas: 1
  selector:
    matchLabels:
      k8s-app: prometheus-operator
  template:
    metadata:
      labels:
        k8s-app: prometheus-operator
    spec:
      containers:
      - image: quay.io/coreos/prometheus-operator:v0.17.0
        imagePullPolicy: IfNotPresent
        name: prometheus-operator
        ports:
        - containerPort: 8080
          name: http
        resources:
          limits:
            cpu: 200m
            memory: 100Mi
          requests:
            cpu: 100m
            memory: 50Mi
```

这个 prometheus-operator 会自动创建名为 monitoring.coreos.com 的 CRD 资源。

然后，通过 Operator 的配置部署 Prometheus 服务：

```
---
apiVersion: monitoring.coreos.com/v1
kind: Prometheus
metadata:
  name: prometheus
  labels:
    app: prometheus
```

```
    prometheus: prometheus
spec:
  replicas: 1
  baseImage: prom/prometheus
  version: v2.8.0
  serviceMonitorSelector:
    matchLabels:
      service-monitor: function
  resources:
    requests:
      memory: 300Mi

---
apiVersion: v1
kind: Service
metadata:
  name: prometheus
  labels:
    app: prometheus
    prometheus: prometheus
spec:
  selector:
    prometheus: prometheus
  ports:
  - name: http
    port: 9090
```

确认 Prometheus Operator 和 Prometheus 服务正常运行：

```
# kubectl get pods
NAME                                   READY   STATUS    RESTARTS   AGE
prometheus-operator-7c976597bc-xzdf5   1/1     Running   0          51m
prometheus-prometheus-0                2/2     Running   0          42m
```

（3）部署自定义 Metrics Server，这里以 Prometheus Adapter 的实现进行部署，这里将它们部署在一个新的命名空间 custom-metrics 中。下面的 YAML 文件主要包含 Namespace、ConfigMap、Deployment、Service 和自定义 API 资源 custom.metrics.k8s.io/ v1beta1。

Namespace 的定义如下：

```
kind: Namespace
apiVersion: v1
```

```
metadata:
  name: custom-metrics
```

ConfigMap 的定义如下：

```
apiVersion: v1
kind: ConfigMap
metadata:
  name: adapter-config
  namespace: custom-metrics
data:
  config.yaml: |
    rules:
    - seriesQuery:
'{__name__=~"^container_.*",container_name!="POD",namespace!="",pod_name!=""}'
      seriesFilters: []
      resources:
        overrides:
          namespace:
            resource: namespace
          pod_name:
            resource: pod
      name:
        matches: ^container_(.*)_seconds_total$
        as: ""
      metricsQuery:
sum(rate(<<.Series>>{<<.LabelMatchers>>,container_name!="POD"}[1m])) by
(<<.GroupBy>>)
    - seriesQuery:
'{__name__=~"^container_.*",container_name!="POD",namespace!="",pod_name!=""}'
      seriesFilters:
      - isNot: ^container_.*_seconds_total$
      resources:
        overrides:
          namespace:
            resource: namespace
          pod_name:
            resource: pod
      name:
        matches: ^container_(.*)_total$
        as: ""
      metricsQuery:
```

```
sum(rate(<<.Series>>{<<.LabelMatchers>>,container_name!="POD"}[1m])) by
(<<.GroupBy>>)
      - seriesQuery:
'{__name__=~"^container_.*",container_name!="POD",namespace!="",pod_name!=""}'
        seriesFilters:
        - isNot: ^container_.*_total$
        resources:
          overrides:
            namespace:
              resource: namespace
            pod_name:
              resource: pod
        name:
          matches: ^container_(.*)$
          as: ""
        metricsQuery: sum(<<.Series>>{<<.LabelMatchers>>,container_name!="POD"})
by (<<.GroupBy>>)
      - seriesQuery: '{namespace!="",__name__!~"^container_.*"}'
        seriesFilters:
        - isNot: .*_total$
        resources:
          template: <<.Resource>>
        name:
          matches: ""
          as: ""
        metricsQuery: sum(<<.Series>>{<<.LabelMatchers>>}) by (<<.GroupBy>>)
      - seriesQuery: '{namespace!="",__name__!~"^container_.*"}'
        seriesFilters:
        - isNot: .*_seconds_total
        resources:
          template: <<.Resource>>
        name:
          matches: ^(.*)_total$
          as: ""
        metricsQuery: sum(rate(<<.Series>>{<<.LabelMatchers>>}[1m])) by
(<<.GroupBy>>)
      - seriesQuery: '{namespace!="",__name__!~"^container_.*"}'
        seriesFilters: []
        resources:
          template: <<.Resource>>
        name:
```

```
          matches: ^(.*)_seconds_total$
          as: ""
        metricsQuery: sum(rate(<<.Series>>{<<.LabelMatchers>>}[1m])) by
(<<.GroupBy>>)
      resourceRules:
        cpu:
          containerQuery:
sum(rate(container_cpu_usage_seconds_total{<<.LabelMatchers>>}[1m])) by
(<<.GroupBy>>)
          nodeQuery:
sum(rate(container_cpu_usage_seconds_total{<<.LabelMatchers>>, id='/'}[1m])) by
(<<.GroupBy>>)
          resources:
            overrides:
              instance:
                resource: node
              namespace:
                resource: namespace
              pod_name:
                resource: pod
          containerLabel: container_name
        memory:
          containerQuery:
sum(container_memory_working_set_bytes{<<.LabelMatchers>>}) by (<<.GroupBy>>)
          nodeQuery:
sum(container_memory_working_set_bytes{<<.LabelMatchers>>,id='/'}) by
(<<.GroupBy>>)
          resources:
            overrides:
              instance:
                resource: node
              namespace:
                resource: namespace
              pod_name:
                resource: pod
          containerLabel: container_name
        window: 1m
  # 以上配置为针对应用自定义指标的计算逻辑
```

Deployment 的定义如下：

```yaml
apiVersion: apps/v1
kind: Deployment
metadata:
  name: custom-metrics-server
  namespace: custom-metrics
  labels:
    app: custom-metrics-server
spec:
  replicas: 1
  selector:
    matchLabels:
      app: custom-metrics-server
  template:
    metadata:
      name: custom-metrics-server
      labels:
        app: custom-metrics-server
    spec:
      containers:
      - name: custom-metrics-server
        image: directxman12/k8s-prometheus-adapter-amd64
        imagePullPolicy: IfNotPresent
        args:
        - --prometheus-url=http://prometheus.default.svc:9090/
        - --metrics-relist-interval=30s
        - --v=10
        - --config=/etc/adapter/config.yaml
        - --logtostderr=true
        ports:
        - containerPort: 443
        securityContext:
          runAsUser: 0
        volumeMounts:
        - mountPath: /etc/adapter/
          name: config
          readOnly: true
      volumes:
      - name: config
        configMap:
          name: adapter-config
```

```
# 参数--prometheus-url 用于设置之前创建的 Prometheus 服务在 Kubernetes 中的 DNS 域名格式地址，例如 prometheus.default.svc
# 参数--metrics-relist-interval 用于设置更新指标缓存的频率，应将其设置为大于或等于 Prometheus 的指标采集频率
```

Service 的定义如下：

```
apiVersion: v1
kind: Service
metadata:
  name: custom-metrics-server
  namespace: custom-metrics
spec:
  ports:
  - port: 443
    targetPort: 443
  selector:
    app: custom-metrics-server
```

APIService 的定义如下：

```
apiVersion: apiregistration.k8s.io/v1beta1
kind: APIService
metadata:
  name: v1beta1.custom.metrics.k8s.io
spec:
  service:
    name: custom-metrics-server
    namespace: custom-metrics
  group: custom.metrics.k8s.io
  version: v1beta1
  insecureSkipTLSVerify: true
  groupPriorityMinimum: 100
  versionPriority: 100
```

通过 kubectl 创建完成后，确认 custom-metrics-server 容器正常运行：

```
# kubectl -n custom-metrics get pods
NAME                                     READY   STATUS    RESTARTS   AGE
custom-metrics-server-594dd7c4db-z622f   1/1     Running   0          1m
```

（4）部署应用程序，它会在 HTTP URL “/metrics” 路径提供名为 http_requests_total 的指标值：

```
---
apiVersion: apps/v1
kind: Deployment
metadata:
  name: sample-app
  labels:
    app: sample-app
spec:
  replicas: 1
  selector:
    matchLabels:
      app: sample-app
  template:
    metadata:
      labels:
        app: sample-app
    spec:
      containers:
      - image: luxas/autoscale-demo:v0.1.2
        imagePullPolicy: IfNotPresent
        name: metrics-provider
        ports:
        - name: http
          containerPort: 8080

---
apiVersion: v1
kind: Service
metadata:
  name: sample-app
  labels:
    app: sample-app
spec:
  ports:
  - name: http
    port: 80
    targetPort: 8080
  selector:
    app: sample-app
```

部署成功之后，可以在应用的 URL“/metrics”中查看指标 http_requests_total 的值：

```
# kubectl get service sample-app
NAME         TYPE         CLUSTER-IP       EXTERNAL-IP   PORT(S)   AGE
sample-app   ClusterIP   169.169.43.252   <none>         80/TCP    86m

# curl 169.169.43.252/metrics
# HELP http_requests_total The amount of requests served by the server in total
# TYPE http_requests_total counter
http_requests_total 1
```

（5）创建一个 Prometheus 的 ServiceMonitor 对象，用于监控应用程序提供的指标：

```
apiVersion: monitoring.coreos.com/v1
kind: ServiceMonitor
metadata:
  name: sample-app
  labels:
    service-monitor: function
spec:
  selector:
    matchLabels:
      app: sample-app
  endpoints:
  - port: http
```

关键配置参数如下。

◎ Selector：设置为 Pod 的 Label“app: sample-app”。

◎ Endpoints：设置为在 Service 中定义的端口名称“http”。

（6）创建一个 HorizontalPodAutoscaler 对象，用于为 HPA 控制器提供用户期望的自动扩缩容配置：

```
apiVersion: autoscaling/v2beta2
kind: HorizontalPodAutoscaler
metadata:
  name: sample-app
spec:
  scaleTargetRef:
    apiVersion: apps/v1
    kind: Deployment
    name: sample-app
```

```
  minReplicas: 1
  maxReplicas: 10
  metrics:
  - type: Pods
    pods:
      metric:
        name: http_requests
      target:
        type: AverageValue
        averageValue: 500m
```

关键配置参数如下。

◎ scaleTargetRef：设置 HPA 的作用对象为之前部署的 Deployment “sample-app”。

◎ type=Pods：设置指标类型为 Pods，表示从 Pod 中获取指标数据。

◎ metric.name=http_requests：将指标的名称设置为“http_requests”，是自定义 Metrics Server 将应用程序提供的指标“http_requests_total”经过计算转换成的一个新比率值，即 sum(rate(http_requests_total{namespace="xx",pod="xx"}[1m])) by pod，指过去 1min 内全部 Pod 指标 http_requests_total 总和的每秒平均值。

◎ target：将指标 http_requests 的目标值设置为 500m，类型为 AverageValue，表示基于全部 Pod 副本数据计算平均值。目标 Pod 的副本数量将使用公式“http_requests 当前值/500m”进行计算。

◎ minReplicas 和 maxReplicas：将扩缩容区间设置为 1～10（单位是 Pod 副本）。

此时可以通过查看自定义 Metrics Server 提供的 URL“custom.metrics.k8s.io/v1beta1”查看 Pod 的指标是否已被成功采集，并通过聚合 API 进行查询：

```
# kubectl get --raw
"/apis/custom.metrics.k8s.io/v1beta1/namespaces/default/pods/*/http_requests?sel
ector=app%3Dsample-app"
{"kind":"MetricValueList","apiVersion":"custom.metrics.k8s.io/v1beta1","meta
data":{"selfLink":"/apis/custom.metrics.k8s.io/v1beta1/namespaces/default/pods/%
2A/http_requests"},"items":[{"describedObject":{"kind":"Pod","namespace":"defaul
t","name":"sample-app-579f977995-jz98h","apiVersion":"/v1"},"metricName":"http_r
equests","timestamp":"2020-03-16T17:54:38Z","value":"33m"}]}
```

从结果中可以看到正确的 value 值，说明自定义 Metrics Server 工作正常。

查看 HorizontalPodAutoscaler 的详细信息，可以看到其成功从自定义 Metrics Server 处获取了应用的指标数据，可以进行扩缩容操作：

```
# kubectl describe hpa.v2beta2.autoscaling sample-app
Name:                        sample-app
Namespace:                    default
Labels:                      <none>
Annotations:                  <none>
CreationTimestamp:             Sun, 17 Mar 2020 01:05:33 +0800
Reference:                    Deployment/sample-app
Metrics:                      ( current / target )
  "http_requests" on pods:  33m / 500m
Min replicas:                  1
Max replicas:                  10
Deployment pods:                1 current / 1 desired
Conditions:
  Type            Status  Reason              Message
  ----            ------  ------              -------
  AbleToScale     True    ReadyForNewScale    recommended size matches current
size
  ScalingActive   True    ValidMetricFound    the HPA was able to successfully
calculate a replica count from pods metric http_requests
  ScalingLimited  False   DesiredWithinRange  the desired count is within the
acceptable range
```

（7）对应用的服务地址发起 HTTP 访问请求，验证 HPA 自动扩容机制。例如，可以使用如下脚本对应用进行压力测试：

```
# for i in {1..100000}; do wget -q -O- 169.169.43.252 > /dev/null; done
```

一段时间之后，观察 HorizontalPodAutoscaler 和 Pod 数量的变化，可以看到自动扩容的过程：

```
# kubectl describe hpa.v2beta2.autoscaling sample-app
Name:                        sample-app
Namespace:                    default
Labels:                      <none>
Annotations:                  <none>
CreationTimestamp:             Sun, 17 Mar 2020 02:01:30 +0800
Reference:                    Deployment/sample-app
Metrics:                      ( current / target )
  "http_requests" on pods:  4296m / 500m
Min replicas:                  1
Max replicas:                  10
Deployment pods:                10 current / 10 desired
```

```
  Conditions:
    Type            Status  Reason                Message
    ----            ------  ------                -------
    AbleToScale     True    ScaleDownStabilized   recent recommendations were higher
than current one, applying the highest recent recommendation
    ScalingActive   True    ValidMetricFound      the HPA was able to successfully
calculate a replica count from pods metric http_requests
    ScalingLimited  True    TooManyReplicas       the desired replica count is more
than the maximum replica count
  Events:
    Type    Reason             Age   From                        Message
    ----    ------             ----  ----                        -------
    Normal  SuccessfulRescale  67s   horizontal-pod-autoscaler  New size: 4;
reason: pods metric http_requests above target
    Normal  SuccessfulRescale  56s   horizontal-pod-autoscaler  New size: 8;
reason: pods metric http_requests above target
    Normal  SuccessfulRescale  45s   horizontal-pod-autoscaler  New size: 10;
reason: pods metric http_requests above target
```

发现 Pod 数量扩容到了 10 个（被 maxReplicas 参数限制的最大值）：

```
# kubectl get pods -l app=sample-app
NAME                          READY   STATUS    RESTARTS   AGE
sample-app-579f977995-dtgcw   1/1     Running   0          32s
sample-app-579f977995-hn5bd   1/1     Running   0          70s
sample-app-579f977995-jz98h   1/1     Running   0          75s
sample-app-579f977995-kllhq   1/1     Running   0          90s
sample-app-579f977995-p5d44   1/1     Running   0          85s
sample-app-579f977995-q6rxb   1/1     Running   0          70s
sample-app-579f977995-rhn5d   1/1     Running   0          70s
sample-app-579f977995-tjc8q   1/1     Running   0          86s
sample-app-579f977995-tzthf   1/1     Running   0          70s
sample-app-579f977995-wswcx   1/1     Running   0          32s
```

停止访问应用服务，等待一段时间后，观察 HorizontalPodAutoscaler 和 Pod 数量的变化，可以看到缩容操作：

```
# kubectl describe hpa.v2beta2.autoscaling sample-app
Name:                    sample-app
Namespace:               default
Labels:                  <none>
Annotations:             <none>
```

```
    CreationTimestamp:          Sun, 17 Mar 2020 02:01:30 +0800
    Reference:                  Deployment/sample-app
    Metrics:                    ( current / target )
      "http_requests" on pods:  33m / 500m
    Min replicas:               1
    Max replicas:               10
    Deployment pods:            1 current / 1 desired
    Conditions:
      Type            Status  Reason                Message
      ----            ------  ------                -------
      AbleToScale     True    ReadyForNewScale      recommended size matches current
size
      ScalingActive   True    ValidMetricFound      the HPA was able to successfully
calculate a replica count from pods metric http_requests
      ScalingLimited  False   DesiredWithinRange    the desired count is within the
acceptable range
    Events:
      Type    Reason             Age    From                       Message
      ----    ------             ----   ----                       -------
      Normal  SuccessfulRescale  6m48s  horizontal-pod-autoscaler  New size: 4;
reason: pods metric http_requests above target
      Normal  SuccessfulRescale  6m37s  horizontal-pod-autoscaler  New size: 8;
reason: pods metric http_requests above target
      Normal  SuccessfulRescale  6m26s  horizontal-pod-autoscaler  New size: 10;
reason: pods metric http_requests above target
      Normal  SuccessfulRescale  47s  horizontal-pod-autoscaler  New size: 1;
reason: All metrics below target
```

发现 Pod 的数量已经缩容到最小值 1：

```
    # kubectl get pods -l app=sample-app
    NAME                          READY   STATUS    RESTARTS   AGE
    sample-app-579f977995-dtgcw   1/1     Running   0          10m
```

3.13　使用 StatefulSet 搭建 MongoDB 集群

本节以 MongoDB 为例，使用 StatefulSet 完成 MongoDB 集群的创建，为每个 MongoDB 实例在共享存储（本例使用 GlusterFS）中都申请一片存储空间，以实现一个无单点故障、高可用、可动态扩展的 MongoDB 集群。该部署架构如图 3.14 所示。

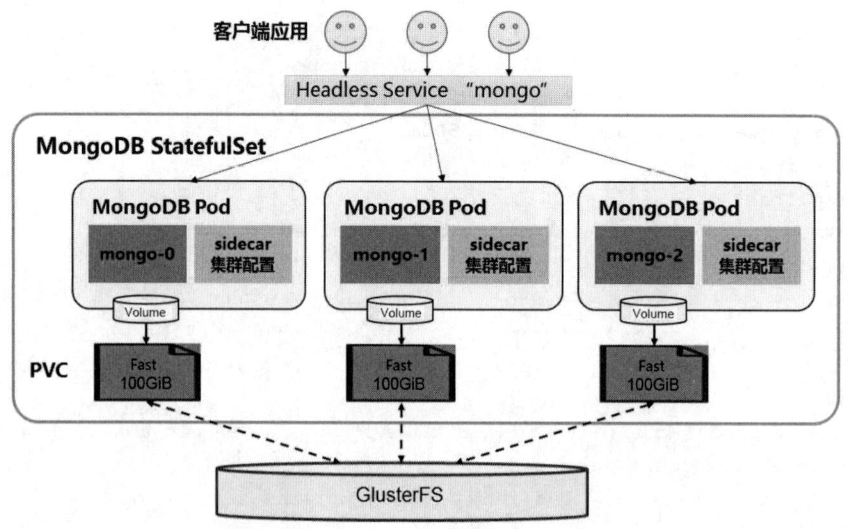

图 3.14 使用 StatefulSet 部署 MongoDB 集群的架构

3.13.1 前提条件

在创建 StatefulSet 之前，需要确保在 Kubernetes 集群中管理员已经创建好共享存储，并能够与 StorageClass 对接，以实现动态存储供应的模式。本节的示例将使用 GlusterFS 作为共享存储（GlusterFS 的部署方法参见 8.3 节的说明）。

3.13.2 部署 StatefulSet

为了完成 MongoDB 集群的搭建，需要部署以下三个资源对象。

◎ 一个 StorageClass：用于 StatefulSet 自动为各个应用 Pod 申请 PVC。

◎ 一个 Headless Service：用于设置 MongoDB 实例的域名。

◎ 一个 StatefulSet。

首先，创建一个 StorageClass 对象。storageclass-fast.yaml 文件的内容如下：

```
apiVersion: storage.k8s.io/v1
kind: StorageClass
metadata:
  name: fast
provisioner: kubernetes.io/glusterfs
```

```
parameters:
  resturl: "http://<heketi-rest-url>"
```

运行 kubectl create 命令创建该 StorageClass：

```
# kubectl create -f storageclass-fast.yaml
storageclass/fast created
```

接下来，创建对应的 Headless Service。mongo-sidecar 作为 MongoDB 集群的管理者，将使用此 Headless Service 来维护各个 MongoDB 实例之间的集群关系，以及集群规模变化时的自动更新。mongo-headless-service.yaml 文件的内容如下：

```
apiVersion: v1
kind: Service
metadata:
  name: mongo
  labels:
    name: mongo
spec:
  ports:
  - port: 27017
    targetPort: 27017
  clusterIP: None
  selector:
    role: mongo
```

运行 kubectl create 命令创建该 Headless Service：

```
# kubectl create -f mongo-headless-service.yaml
service/mongo created
```

最后，创建 MongoDB StatefulSet。statefulset-mongo.yaml 文件的内容如下：

```
apiVersion: apps/v1
kind: StatefulSet
metadata:
  name: mongo
spec:
  selector:
    matchLabels:
      role: mongo
  serviceName: "mongo"
  replicas: 3
  template:
```

```
    metadata:
      labels:
        role: mongo
        environment: test
    spec:
      terminationGracePeriodSeconds: 10
      containers:
      - name: mongo
        image: mongo:3.4.4
        command:
        - mongod
        - "--replSet"
        - rs0
        - "--smallfiles"
        - "--noprealloc"
        ports:
        - containerPort: 27017
        volumeMounts:
        - name: mongo-persistent-storage
          mountPath: /data/db
      - name: mongo-sidecar
        image: cvallance/mongo-k8s-sidecar
        env:
        - name: MONGO_SIDECAR_POD_LABELS
          value: "role=mongo,environment=test"
        - name: KUBERNETES_MONGO_SERVICE_NAME
          value: "mongo"
  volumeClaimTemplates:
  - metadata:
      name: mongo-persistent-storage
      annotations:
        volume.beta.kubernetes.io/storage-class: "fast"
    spec:
      accessModes: [ "ReadWriteOnce" ]
      resources:
        requests:
          storage: 100Gi
```

对其中的主要配置说明如下。

（1）在该 StatefulSet 的定义中包括两个容器：mongo 和 mongo-sidecar。mongo 是主服务程序，mongo-sidecar 是将多个 mongo 实例进行集群设置的工具。mongo-sidecar 中的环

境变量如下。

◎ MONGO_SIDECAR_POD_LABELS：设置为 mongo 容器的标签，用于 sidecar 查询它所要管理的 MongoDB 集群实例。

◎ KUBERNETES_MONGO_SERVICE_NAME：它的值为 mongo，表示 sidecar 将使用 mongo 这个服务名来完成 MongoDB 集群的设置。

（2）replicas=3 表示这个 MongoDB 集群由 3 个 mongo 实例组成。

（3）volumeClaimTemplates 是 StatefulSet 最重要的存储设置。在 annotations 段设置 volume.beta.kubernetes.io/storage-class="fast"表示使用名为 fast 的 StorageClass 自动为每个 mongo Pod 实例都分配后端存储。resources.requests.storage=100Gi 表示为每个 mongo 实例都分配 100GiB 的磁盘空间。

使用 kubectl create 命令创建这个 StatefulSet：

```
# kubectl create -f statefulset-mongo.yaml
statefulset.apps/mongo created
```

最终可以看到 StatefulSet 依次创建并启动了 3 个 mongo Pod 实例，它们的名字依次为 mongo-0、mongo-1、mongo-2：

```
# kubectl get pods -l role=mongo
NAME      READY    STATUS    RESTARTS   AGE
mongo-0    2/2      Running    0          4m
mongo-1    2/2      Running    0          3m
mongo-2    2/2      Running    0          2m
```

StatefulSet 会用 volumeClaimTemplates 中的定义为每个 Pod 副本都创建一个 PVC 实例，每个 PVC 实例的名称都由 StatefulSet 定义中 volumeClaimTemplates 的名称和 Pod 副本的名称组合而成，查看系统中的 PVC 便可以验证这一点：

```
    # kubectl get pvc
    NAME                               STATUS    VOLUME
CAPACITY   ACCESSMODES   STORAGECLASS     AGE
    mongo-persistent-storage-mongo-0   Bound
pvc-7d963fef-42b3-11e7-b4ca-000c291bc5fc   100Gi        RWO           fast   4m
    mongo-persistent-storage-mongo-1   Bound
pvc-8953f856-42b3-11e7-b4ca-000c291bc5fc   100Gi        RWO           fast   3m
    mongo-persistent-storage-mongo-2   Bound
pvc-a0fdc059-42b3-11e7-b4ca-000c291bc5fc   100Gi        RWO           fast   3m
```

下面是 mongo-0 这个 Pod 中的 Volume 设置，可以看到系统自动为其挂载了对应的 PVC：

```
# kubectl get pod mongo-0 -o yaml
apiVersion: v1
kind: Pod
metadata:
  name: mongo-0
......
  volumes:
  - name: mongo-persistent-storage
    persistentVolumeClaim:
      claimName: mongo-persistent-storage-mongo-0
......
```

至此，一个由 3 个实例组成的 MongoDB 集群就创建完成了，其中的每个实例都拥有稳定的名称（DNS 域名格式）和独立的存储空间。

3.13.3 查看 MongoDB 集群的状态

登录任意一个 mongo Pod，在 mongo 命令行界面用 rs.status()命令查看 MongoDB 集群的状态，可以看到 mongo 集群已通过 sidecar 完成了创建。在集群中包含 3 个节点，每个节点的名称都是 StatefulSet 设置的 DNS 域名格式的网络标识名称：

◎ mongo-0.mongo.default.svc.cluster.local；
◎ mongo-1.mongo.default.svc.cluster.local；
◎ mongo-2.mongo.default.svc.cluster.local。

同时，可以看到 3 个 mongo 实例各自的角色（PRIMARY 或 SECONDARY）也都进行了正确的设置：

```
# kubectl exec -ti mongo-0 -- mongo
MongoDB shell version v3.4.4
connecting to: mongodb://127.0.0.1:27017
MongoDB server version: 3.4.4
Welcome to the MongoDB shell.
......
rs0:PRIMARY>
rs0:PRIMARY> rs.status()
{
```

```
        "set" : "rs0",
        "date" : ISODate("2020-05-27T08:13:07.598Z"),
        "myState" : 2,
        "term" : NumberLong(1),
        "syncingTo" : "mongo-0.mongo.default.svc.cluster.local:27017",
        "heartbeatIntervalMillis" : NumberLong(2000),
        "optimes" : {
                "lastCommittedOpTime" : {
                        "ts" : Timestamp(1495872747, 1),
                        "t" : NumberLong(1)
                },
                "appliedOpTime" : {
                        "ts" : Timestamp(1495872747, 1),
                        "t" : NumberLong(1)
                },
                "durableOpTime" : {
                        "ts" : Timestamp(1495872747, 1),
                        "t" : NumberLong(1)
                }
        },
        "members" : [
                {
                        "_id" : 0,
                        "name" : "mongo-0.mongo.default.svc.cluster.local:27017",
                        "health" : 1,
                        "state" : 1,
                        "stateStr" : "PRIMARY",
                        "uptime" : 260,
                        "optime" : {
                                "ts" : Timestamp(1495872747, 1),
                                "t" : NumberLong(1)
                        },
                        "optimeDurable" : {
                                "ts" : Timestamp(1495872747, 1),
                                "t" : NumberLong(1)
                        },
                        "optimeDate" : ISODate("2020-05-27T08:12:27Z"),
                        "optimeDurableDate" : ISODate("2020-05-27T08:12:27Z"),
                        "lastHeartbeat" : ISODate("2020-05-27T08:13:05.777Z"),
                        "lastHeartbeatRecv" :
ISODate("2020-05-27T08:13:05.776Z"),
```

```
                "pingMs" : NumberLong(0),
                "electionTime" : Timestamp(1495872445, 1),
                "electionDate" : ISODate("2020-05-27T08:07:25Z"),
                "configVersion" : 9
        },
        {
                "_id" : 1,
                "name" : "mongo-1.mongo.default.svc.cluster.local:27017",
                "health" : 1,
                "state" : 2,
                "stateStr" : "SECONDARY",
                "uptime" : 291,
                "optime" : {
                        "ts" : Timestamp(1495872747, 1),
                        "t" : NumberLong(1)
                },
                "optimeDate" : ISODate("2020-05-27T08:12:27Z"),
                "syncingTo" : "mongo-0.mongo.default.svc.cluster.local:
27017",
                "configVersion" : 9,
                "self" : true
        },
        {
                "_id" : 2,
                "name" : "mongo-2.mongo.default.svc.cluster.local:27017",
                "health" : 1,
                "state" : 2,
                "stateStr" : "SECONDARY",
                "uptime" : 164,
                "optime" : {
                        "ts" : Timestamp(1495872747, 1),
                        "t" : NumberLong(1)
                },
                "optimeDurable" : {
                        "ts" : Timestamp(1495872747, 1),
                        "t" : NumberLong(1)
                },
                "optimeDate" : ISODate("2020-05-27T08:12:27Z"),
                "optimeDurableDate" : ISODate("2020-05-27T08:12:27Z"),
                "lastHeartbeat" : ISODate("2020-05-27T08:13:06.369Z"),
                "lastHeartbeatRecv" : ISODate("2020-05-27T08:13:06. 635Z"),
```

```
                        "pingMs" : NumberLong(0),
                        "syncingTo" :
"mongo-0.mongo.default.svc.cluster.local:27017",
                        "configVersion" : 9
                }
        ],
        "ok" : 1
}
```

对于需要访问这个 mongo 集群的 Kubernetes 集群内部的客户端来说，可以通过 Headless Service “mongo”获取后端的所有 Endpoints 列表，并组合为数据库链接串，例如“mongodb:// mongo-0.mongo, mongo-1.mongo, mongo-2.mongo:27017/dbname_?”。

3.13.4　StatefulSet 的常见应用场景

下面对 MongoDB 集群常见的两种场景进行操作，说明 StatefulSet 对有状态应用的自动化管理功能。

1. MongoDB 集群的扩容

假设在系统运行过程中，3 个 mongo 实例不足以满足业务的要求，这时就需要对 mongo 集群进行扩容。仅需要通过对 StatefulSet 进行 scale 操作，就能实现在 mongo 集群中自动添加新的 mongo 节点。

使用 kubectl scale 命令将 StatefulSet 设置为 4 个实例：

```
# kubectl scale --replicas=4 statefulset mongo
statefulset.apps/mongo scaled
```

等待一会儿，看到第 4 个实例 mongo-3 创建成功：

```
# kubectl get po -l role=mongo
NAME      READY    STATUS    RESTARTS   AGE
mongo-0   2/2      Running   0          1h
mongo-1   2/2      Running   0          2h
mongo-2   2/2      Running   0          2h
mongo-3   2/2      Running   0          1m
```

进入某个实例查看 mongo 集群的状态，可以看到第 4 个节点已经加入：

```
# kubectl exec -ti mongo-0 -- mongo
MongoDB shell version v3.4.4
connecting to: mongodb://127.0.0.1:27017
MongoDB server version: 3.4.4
Welcome to the MongoDB shell.
......
rs0:PRIMARY>
rs0:PRIMARY> rs.status()
{
......
        "members" : [
                {
                        "_id" : 0,
                        "name" : "mongo-0.mongo.default.svc.cluster.local:27017",
                        "health" : 1,
                        "state" : 1,
                        "stateStr" : "PRIMARY",
......
                {
                        "_id" : 4,
                        "name" : "mongo-3.mongo.default.svc.cluster.local:27017",
                        "health" : 1,
                        "state" : 2,
                        "stateStr" : "SECONDARY",
                        "uptime" : 102,
                        "optime" : {
                                "ts" : Timestamp(1495880578, 1),
                                "t" : NumberLong(4)
                        },
                        "optimeDurable" : {
                                "ts" : Timestamp(1495880578, 1),
                                "t" : NumberLong(4)
                        },
                        "optimeDate" : ISODate("2020-05-27T10:22:58Z"),
                        "optimeDurableDate" : ISODate("2020-05-27T10:22:58Z"),
                        "lastHeartbeat" : ISODate("2020-05-27T10:23:00.049Z"),
                        "lastHeartbeatRecv" :
ISODate("2020-05-27T10:23:00.049Z"),
                        "pingMs" : NumberLong(0),
                        "syncingTo" :
"mongo-1.mongo.default.svc.cluster.local:27017",
```

```
                    "configVersion" : 100097
                }
        ],
        "ok" : 1
}
```

同时，系统也为 mongo-3 分配了一个新的 PVC 用于保存数据，此处不再赘述，有兴趣的读者可自行查看系统为 mongo-3 绑定的 Volume 设置和后端 GlusterFS 共享存储的资源分配情况。

2. 自动故障恢复（MongoDB 集群的高可用）

假设在系统运行过程中，某个 mongo 实例或其所在主机发生故障，则 StatefulSet 将会自动重建该 mongo 实例，并保证其身份（ID）和使用的数据（PVC）不变。

以 mongo-0 实例发生故障为例，StatefulSet 将会自动重建 mongo-0 实例，并为其挂载之前分配的 PVC“mongo-persistent-storage-mongo-0”。“mongo-0”服务在重新启动后，原数据库中的数据不会丢失，可继续使用。

```
# kubectl get po -l role=mongo
NAME      READY     STATUS              RESTARTS   AGE
mongo-0   0/2       ContainerCreating   0          2h
mongo-1   2/2       Running             0          2h
mongo-2   2/2       Running             0          3s

# kubectl get pod mongo-0 -o yaml
apiVersion: v1
kind: Pod
metadata:
  name: mongo-0
......
  volumes:
  - name: mongo-persistent-storage
    persistentVolumeClaim:
      claimName: mongo-persistent-storage-mongo-0
......
```

进入某个实例查看 mongo 集群的状态，mongo-0 发生故障前在集群中的角色为 PRIMARY，在其脱离集群后，mongo 集群会自动选出一个 SECONDARY 节点提升为

PRIMARY 节点（本例中为 mongo-2）。重启后的 mongo-0 则会成为一个新的 SECONDARY 节点：

```
# kubectl exec -ti mongo-0 -- mongo
......
rs0:PRIMARY> rs.status()
{
......
        "members" : [
                {
                        "_id" : 1,
                        "name" : "mongo-1.mongo.default.svc.cluster.local:27017",
                        "health" : 1,
                        "state" : 2,
                        "stateStr" : "SECONDARY",
......
                {
                        "_id" : 2,
                        "name" : "mongo-2.mongo.default.svc.cluster.local:27017",
                        "health" : 1,
                        "state" : 1,
                        "stateStr" : "PRIMARY",
                        "uptime" : 6871,
......
                {
                        "_id" : 3,
                        "name" : "mongo-0.mongo.default.svc.cluster.local:27017",
                        "health" : 1,
                        "state" : 2,
                        "stateStr" : "SECONDARY",
                        "uptime" : 6806,
......
```

从上面的例子中可以看出，Kubernetes 使用 StatefulSet 来搭建有状态的应用集群（MongoDB、MySQL 等），同部署无状态的应用一样简便。Kubernetes 能够保证 StatefulSet 中各应用实例在创建和运行的过程中，都具有固定的身份标识和独立的后端存储；还支持在运行时对集群规模进行扩容、保障集群的高可用等非常重要的功能。

4

第 4 章 深入掌握 Service

Service 是 Kubernetes 实现微服务架构的核心概念，通过创建 Service，可以为一组具有相同功能的容器应用提供一个统一的入口地址，并且将请求负载分发到后端的各个容器应用上。本章对 Service 的概念和应用进行详细说明，包括：Service 的定义、概念和原理；DNS 服务搭建和配置指南；Node 的本地 DNS 缓存；Pod 的 DNS 域名相关特性、Ingress7 层路由机制等。

4.1 Service 定义详解

Service 用于为一组提供服务的 Pod 抽象一个稳定的网络访问地址，是 Kubernetes 实现微服务的核心概念。通过 Service 的定义设置的访问地址是 DNS 域名格式的服务名称，对于客户端应用来说，网络访问方式并没有改变（DNS 域名的作用等价于主机名、互联网域名或 IP 地址）。Service 还提供了负载均衡器功能，将客户端请求负载分发到后端提供具体服务的各个 Pod 上。

Service 的 YAML 格式的定义文件的完整内容如下：

```
apiVersion: v1              // Required
kind: Service               // Required
metadata:                   // Required
  name: string              // Required
  namespace: string         // Required
  labels:
    - name: string
  annotations:
    - name: string
spec:                       // Required
  selector: []              // Required
  type: string              // Required
  clusterIP: string
  sessionAffinity: string
  ports:
  - name: string
     protocol: string
     port: int
     targetPort: int
     nodePort: int
  status:
    loadBalancer:
```

```
    ingress:
      ip: string
      hostname: string
```

对各属性的说明如表 4.1 所示。

表 4.1　对 Service 的定义文件模板的各属性的说明

属 性 名 称	取 值 类 型	是 否 必 选	取 值 说 明
version	string	Required	v1
kind	string	Required	Service
metadata	object	Required	元数据
metadata.name	string	Required	Service 名称，需符合 RFC 1035 规范
metadata.namespace	string	Required	命名空间，不指定系统时将使用名为 default 的命名空间
metadata.labels[]	list		自定义标签属性列表
metadata.annotation[]	list		自定义注解属性列表
spec	object	Required	详细描述
spec.selector[]	list	Required	Label Selector 配置，将选择具有指定 Label 标签的 Pod 作为管理范围
spec.type	string	Required	Service 的类型，指定 Service 的访问方式，默认值为 ClusterIP。 （1）ClusterIP：虚拟服务 IP 地址，该地址用于 Kubernetes 集群内部的 Pod 访问，在 Node 上 kube-proxy 通过设置的 iptables 规则进行转发。 （2）NodePort：使用宿主机的端口，使能够访问各 Node 的外部客户端通过 Node 的 IP 地址和端口号就能访问服务。 （3）LoadBalancer：使用外接负载均衡器完成到服务的负载分发，需要在 spec.status.loadBalancer 字段指定外部负载均衡器的 IP 地址，同时定义 nodePort 和 clusterIP，用于公有云环境
spec.clusterIP	string		虚拟服务的 IP 地址，当 type=ClusterIP 时，如果不指定，则系统进行自动分配，也可以手工指定；当 type=LoadBalancer 时，需要指定
spec.sessionAffinity	string		是否支持 Session，可选值为 ClientIP，默认值为 None。 ClientIP：表示将同一个客户端（根据客户端的 IP 地址决定）的访问请求都转发到同一个后端 Pod
spec.ports[]	list		Service 端口列表
spec.ports[].name	string		端口名称
spec.ports[].protocol	string		端口协议，支持 TCP 和 UDP，默认值为 TCP

续表

属性名称	取值类型	是否必选	取值说明
spec.ports[].port	int		服务监听的端口号
spec.ports[].targetPort	int		需要转发到后端 Pod 的端口号
spec.ports[].nodePort	int		当 spec.type=NodePort 时，指定映射到宿主机的端口号
Status	object		当 spec.type=LoadBalancer 时，设置外部负载均衡器的地址，用于公有云环境
status.loadBalancer	object		外部负载均衡器
status.loadBalancer.ingress	object		外部负载均衡器
status.loadBalancer.ingress.ip	string		外部负载均衡器的 IP 地址
status.loadBalancer.ingress.hostname	string		外部负载均衡器的主机名

4.2 Service 的概念和原理

Service 主要用于提供网络服务，通过 Service 的定义，能够为客户端应用提供稳定的访问地址（域名或 IP 地址）和负载均衡功能，以及屏蔽后端 Endpoint 的变化，是 Kubernetes 实现微服务的核心资源。本节对 Service 的概念、负载均衡机制、多端口号、外部服务、暴露到集群外、支持的网络协议、服务发现机制、Headless Service、端点分片和服务拓扑等内容进行详细说明。

4.2.1 Service 的概念

在应用 Service 概念之前，我们先看看如何访问一个多副本的应用容器组提供的服务。

如下所示为一个提供 Web 服务的 Pod 集合，由两个 Tomcat 容器副本组成，每个容器提供的服务端口号都为 8080：

```
# webapp-deployment.yaml
apiVersion: apps/v1
kind: Deployment
metadata:
  name: webapp
spec:
  replicas: 2
```

```
    selector:
      matchLabels:
        app: webapp
    template:
      metadata:
        labels:
          app: webapp
      spec:
        containers:
        - name: webapp
          image: kubeguide/tomcat-app:v1
          ports:
          - containerPort: 8080
```

创建该 Deployment：

```
# kubectl create -f webapp-deployment.yaml
deployment.apps/webapp created
```

查看每个 Pod 的 IP 地址：

```
# kubectl get pods -l app=webapp -o wide
NAME                        READY   STATUS    RESTARTS   AGE   IP            NODE
NOMINATED NODE   READINESS GATES
webapp-57f7bc8dbb-cvjcl   1/1     Running   0          32s   10.0.95.22
192.168.18.3   <none>           <none>
webapp-57f7bc8dbb-nc7t4   1/1     Running   0          32s   10.0.95.23
192.168.18.3   <none>           <none>
```

客户端应用可以直接通过这两个 Pod 的 IP 地址和端口号 8080 访问 Web 服务：

```
# curl 10.0.95.22:8080
<!DOCTYPE html PUBLIC "-//W3C//DTD HTML 4.01 Transitional//EN"
"http://www.w3.org/TR/html4/loose.dtd">
<html>
<head>
<meta http-equiv="Content-Type" content="text/html; charset=utf-8">
......
# curl 10.0.95.23:8080
<!DOCTYPE html PUBLIC "-//W3C//DTD HTML 4.01 Transitional//EN"
"http://www.w3.org/TR/html4/loose.dtd">
<html>
<head>
```

```
<meta http-equiv="Content-Type" content="text/html; charset=utf-8">
......
```

但是，提供服务的容器应用通常是分布式的，通过多个 Pod 副本共同提供服务。而 Pod 副本的数量可能在运行过程中动态改变（例如执行了水平扩缩容），另外，单个 Pod 的 IP 地址也可能发生了变化（例如发生了故障恢复）。

对于客户端应用来说，要实现动态感知服务后端实例的变化，以及将请求发送到多个后端实例的负载均衡机制，都会大大增加客户端系统实现的复杂度。Kubernetes 的 Service 就是用于解决这些问题的核心组件。通过 Service 的定义，可以对客户端应用屏蔽后端 Pod 实例数量及 Pod IP 地址的变化，通过负载均衡策略实现请求到后端 Pod 实例的转发，为客户端应用提供一个稳定的服务访问入口地址。Service 实现的是微服务架构中的几个核心功能：全自动的服务注册、服务发现、服务负载均衡等。

以前面创建的 webapp 应用为例，为了让客户端应用访问到两个 Tomcat Pod 实例，需要创建一个 Service 来提供服务。Kubernetes 提供了一种快速的方法，即通过 kubectl expose 命令来创建 Service：

```
# kubectl expose deployment webapp
service/webapp exposed
```

查看新创建的 Service，可以看到系统为它分配了一个虚拟 IP 地址（ClusterIP 地址），Service 的端口号则从 Pod 中的 containerPort 复制而来：

```
# kubectl get svc
NAME       TYPE        CLUSTER-IP        EXTERNAL-IP   PORT(S)     AGE
webapp     ClusterIP   169.169.140.242   <none>        8080/TCP    14s
```

接下来就可以通过 Service 的 IP 地址和 Service 的端口号访问该 Service 了：

```
# curl 169.169.140.242:8080
<!DOCTYPE html PUBLIC "-//W3C//DTD HTML 4.01 Transitional//EN"
"http://www.w3.org/TR/html4/loose.dtd">
<html>
<head>
<meta http-equiv="Content-Type" content="text/html; charset=utf-8">
......
```

客户端应用对 Service 地址 169.169.140.242:8080 的访问被自动负载分发到了后端两个 Pod 之一：10.0.95.22:8080 或 10.0.95.23:8080。

除了使用 kubectl expose 命令创建 Service，更便于管理的方式是通过 YAML 文件来创建 Service，代码如下：

```
# webapp-service.yaml
apiVersion: v1
kind: Service
metadata:
  name: webapp
spec:
  ports:
  - protocol: TCP
    port: 8080
    targetPort: 8080
  selector:
    app: webapp
```

Service 定义中的关键字段是 ports 和 selector。

本例中的 ports 定义部分指定了 Service 本身的端口号为 8080，targetPort 则用来指定后端 Pod 的容器端口号，selector 定义部分设置的是后端 Pod 所拥有的 label：app=webapp。

创建该 Service 并查看系统为其分配的 ClusterIP 地址：

```
# kubectl create -f webapp-service.yaml
Service/webapp created

# kubectl get svc
NAME      TYPE        CLUSTER-IP        EXTERNAL-IP   PORT(S)    AGE
webapp    ClusterIP   169.169.140.229   <none>        8080/TCP   5s
```

通过 Service 的 IP 地址和 Service 的端口号进行访问：

```
# curl 169.169.140.229:8080
<!DOCTYPE html PUBLIC "-//W3C//DTD HTML 4.01 Transitional//EN"
"http://www.w3.org/TR/html4/loose.dtd">
<html>
<head>
<meta http-equiv="Content-Type" content="text/html; charset=utf-8">
......
```

在提供服务的 Pod 副本集运行过程中，如果 Pod 列表发生了变化，则 Kubernetes 的 Service 控制器会持续监控后端 Pod 列表的变化，实时更新 Service 对应的后端 Pod 列表。

一个 Service 对应的“后端”由 Pod 的 IP 和容器端口号组成，即一个完整的“IP:Port”访问地址，这在 Kubernetes 系统中叫作 Endpoint。通过查看 Service 的详细信息，可以看到其后端 Endpoint 列表：

```
# kubectl describe svc webapp
Name:              webapp
Namespace:          default
Labels:            <none>
Annotations:        <none>
Selector:           app=webapp
Type:              ClusterIP
IP:               169.169.140.229
Port:              <unset>  8080/TCP
TargetPort:         8080/TCP
Endpoints:          10.0.95.22:8080,10.0.95.23:8080
Session Affinity:  None
Events:            <none>
```

实际上，Kubernetes 自动创建了与 Service 关联的 Endpoint 资源对象，这可以通过查询 Endpoint 对象进行查看：

```
# kubectl get endpoints
NAME        ENDPOINTS                           AGE
webapp      10.0.95.22:8080,10.0.95.23:8080     23m
```

Service 不仅具有标准网络协议的 IP 地址，还以 DNS 域名的形式存在。Service 的域名表示方法为<servicename>.<namespace>.svc.<clusterdomain>，servicename 为服务的名称，namespace 为其所在 namespace 的名称，clusterdomain 为 Kubernetes 集群设置的域名后缀。服务名称的命名规则遵循 RFC 1123 规范，对服务名的 DNS 解析机制详见 4.3 节对 DNS 服务的详细说明。

在客户端访问 Service 的地址时，Kubernetes 自动完成了将客户端请求转发到后端多个 Endpoint 的负载分发工作，接下来对 Service 的负载均衡机制进行详细说明。

4.2.2 Service 的负载均衡机制

当一个 Service 对象在 Kubernetes 集群中被定义出来时，集群内的客户端应用就可以通过服务 IP 访问到具体的 Pod 容器提供的服务了。从服务 IP 到后端 Pod 的负载均衡机制，则是由每个 Node 上的 kube-proxy 负责实现的。本节对 kube-proxy 的代理模式、会话保持机制和基于拓扑感知的服务路由机制（EndpointSlices）进行说明。

1. kube-proxy 的代理模式

目前 kube-proxy 提供了以下代理模式（通过启动参数--proxy-mode 设置）。

◎ userspace 模式：用户空间模式，由 kube-proxy 完成代理的实现，效率最低，不再推荐使用。

◎ iptables 模式：kube-proxy 通过设置 Linux Kernel 的 iptables 规则，实现从 Service 到后端 Endpoint 列表的负载分发规则，效率很高。但是，如果某个后端 Endpoint 在转发时不可用，此次客户端请求就会得到失败的响应，相对于 userspace 模式来说更不可靠。此时应该通过为 Pod 设置 readinessprobe（服务可用性健康检查）来保证只有达到 ready 状态的 Endpoint 才会被设置为 Service 的后端 Endpoint。

◎ ipvs 模式：在 Kubernetes 1.11 版本中达到 Stable 阶段，kube-proxy 通过设置 Linux Kernel 的 netlink 接口设置 IPVS 规则，转发效率和支持的吞吐率都是最高的。ipvs 模式要求 Linux Kernel 启用 IPVS 模块，如果操作系统未启用 IPVS 内核模块，kube-proxy 则会自动切换至 iptables 模式。同时，ipvs 模式支持更多的负载均衡策略，如下所述。

- rr：round-robin，轮询。
- lc：least connection，最小连接数。
- dh：destination hashing，目的地址哈希。
- sh：source hashing，源地址哈希。
- sed：shortest expected delay，最短期望延时。
- nq：never queue，永不排队。

◎ kernelspace 模式：Windows Server 上的代理模式。

2. 会话保持机制

Service 支持通过设置 sessionAffinity 实现基于客户端 IP 的会话保持机制，即首次将某个客户端来源 IP 发起的请求转发到后端的某个 Pod 上，之后从相同的客户端 IP 发起的请求都将被转发到相同的后端 Pod 上，配置参数为 service.spec.sessionAffinity，例如：

```
apiVersion: v1
kind: Service
metadata:
  name: webapp
```

```
spec:
  sessionAffinity: ClientIP
  ports:
  - protocol: TCP
    port: 8080
    targetPort: 8080
  selector:
    app: webapp
```

同时，用户可以设置会话保持的最长时间，在此时间之后重置客户端来源 IP 的保持规则，配置参数为 service.spec.sessionAffinityConfig.clientIP.timeoutSeconds。例如下面的服务将会话保持时间设置为 10800s（3h）：

```
# webapp-service.yaml
apiVersion: v1
kind: Service
metadata:
  name: webapp
spec:
  sessionAffinity: ClientIP
  sessionAffinityConfig:
    clientIP:
      timeoutSeconds: 10800
  ports:
  - protocol: TCP
    port: 8080
    targetPort: 8080
  selector:
    app: webapp
```

通过 Service 的负载均衡机制，Kubernetes 实现了一种分布式应用的统一入口，免去了客户端应用获知后端服务实例列表和变化的复杂度。

4.2.3 Service 的多端口设置

一个容器应用可以提供多个端口的服务，在 Service 的定义中也可以相应地设置多个端口号。

在下面的例子中，Service 设置了两个端口号来分别提供不同的服务，如 web 服务和 management 服务（下面为每个端口号都进行了命名，以便区分）：

```
apiVersion: v1
kind: Service
metadata:
  name: webapp
spec:
  ports:
  - port: 8080
    targetPort: 8080
    name: web
  - port: 8005
    targetPort: 8005
    name: management
  selector:
    app: webapp
```

另一个例子是同一个端口号使用的协议不同，如 TCP 和 UDP，也需要设置为多个端口号来提供不同的服务：

```
apiVersion: v1
kind: Service
metadata:
  name: kube-dns
  namespace: kube-system
  labels:
    k8s-app: kube-dns
    kubernetes.io/cluster-service: "true"
    kubernetes.io/name: "KubeDNS"
spec:
  selector:
    k8s-app: kube-dns
  clusterIP: 169.169.0.100
  ports:
  - name: dns
    port: 53
    protocol: UDP
  - name: dns-tcp
    port: 53
    protocol: TCP
```

4.2.4 将外部服务定义为 Service

普通的 Service 通过 Label Selector 对后端 Endpoint 列表进行了一次抽象，如果后端的 Endpoint 不是由 Pod 副本集提供的，则 Service 还可以抽象定义任意其他服务，将一个 Kubernetes 集群外部的已知服务定义为 Kubernetes 内的一个 Service，供集群内的其他应用访问，常见的应用场景包括：

◎ 已部署的一个集群外服务，例如数据库服务、缓存服务等；

◎ 其他 Kubernetes 集群的某个服务；

◎ 迁移过程中对某个服务进行 Kubernetes 内的服务名访问机制的验证。

对于这种应用场景，用户在创建 Service 资源对象时不设置 Label Selector（后端 Pod 也不存在），同时再定义一个与 Service 关联的 Endpoint 资源对象，在 Endpoint 中设置外部服务的 IP 地址和端口号，例如：

```
---
apiVersion: v1
kind: Service
metadata:
  name: my-service
spec:
  ports:
  - protocol: TCP
    port: 80
    targetPort: 80

---
apiVersion: v1
kind: Endpoints
metadata:
  name: my-service
subsets:
- addresses:
  - IP: 1.2.3.4
  ports:
  - port: 80
```

如图 4.1 所示，访问没有标签选择器的 Service 和带有标签选择器的 Service 一样，请求将被路由到由用户自定义的后端 Endpoint 上。

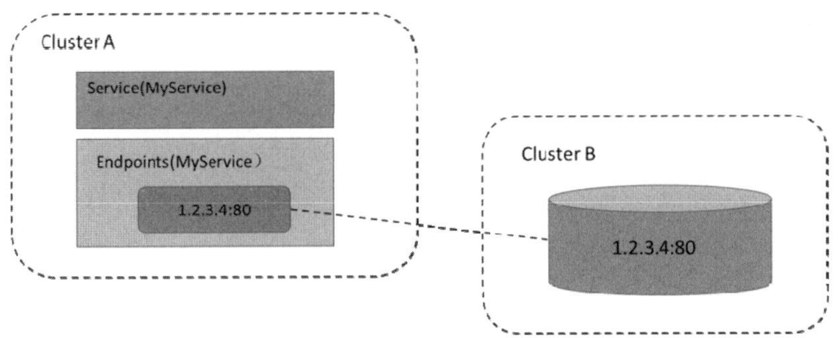

图 4.1　Service 指向外部服务

4.2.5　将 Service 暴露到集群外部

Kubernetes 为 Service 创建的 ClusterIP 地址是对后端 Pod 列表的一层抽象，对于集群外部来说并没有意义，但有许多 Service 是需要对集群外部提供服务的，Kubernetes 提供了多种机制将 Service 暴露出去，供集群外部的客户端访问。这可以通过 Service 资源对象的类型字段“type”进行设置。

目前 Service 的类型如下。

◎ ClusterIP：Kubernetes 默认会自动设置 Service 的虚拟 IP 地址，仅可被集群内部的客户端应用访问。当然，用户也可手工指定一个 ClusterIP 地址，不过需要确保该 IP 在 Kubernetes 集群设置的 ClusterIP 地址范围内（通过 kube-apiserver 服务的启动参数--service-cluster-ip-range 设置），并且没有被其他 Service 使用。

◎ NodePort：将 Service 的端口号映射到每个 Node 的一个端口号上，这样集群中的任意 Node 都可以作为 Service 的访问入口地址，即 NodeIP:NodePort。

◎ LoadBalancer：将 Service 映射到一个已存在的负载均衡器的 IP 地址上，通常在公有云环境中使用。

◎ ExternalName：将 Service 映射为一个外部域名地址，通过 externalName 字段进行设置。

接下来对以上几种对外暴露服务的类型进行说明。

1. NodePort 类型

下面的例子设置 Service 的类型为 NodePort，并且设置具体的 nodePort 端口号为 8081：

```
apiVersion: v1
kind: Service
metadata:
  name: webapp
spec:
  type: NodePort
  ports:
  - port: 8080
    targetPort: 8080
    nodePort: 8081
  selector:
    app: webapp
```

创建这个 Service：

```
# kubectl create -f webapp-svc-nodeport.yaml
service/webapp created
```

然后就可以通过任意一个 Node 的 IP 地址和 NodePort 8081 端口号访问服务了：

```
# curl 192.168.18.3:8081
<!DOCTYPE html>
<html lang="en">
    <head>
        <meta charset="UTF-8" />
        <title>Apache Tomcat/8.0.35</title>
......
```

在默认情况下，Node 的 kube-proxy 会在全部网卡（0.0.0.0）上绑定 NodePort 端口号。

在很多数据中心环境中，一台主机会配置多块网卡，作用各不相同（例如存在业务网卡和管理网卡等）。从 Kubernetes 1.10 版本开始，kube-proxy 可以通过设置特定的 IP 地址将 NodePort 绑定到特定的网卡上，而无须绑定在全部网卡上，其设置方式为配置启动参数“--nodeport-addresses”，指定需要绑定的网卡 IP 地址，多个地址之间使用逗号分隔。例如仅在 10.0.0.0 和 192.168.18.0 对应的网卡上绑定 NodePort 端口号，对其他 IP 地址对应的网卡不会进行绑定，配置如下：

```
--nodeport-addresses=10.0.0.0/8,192.168.18.0/24
```

另外，如果用户在 Service 定义中不设置具体的 nodePort 端口号，则 Kubernetes 会自动分配一个 NodePort 范围内的可用端口号。

2. LoadBalancer 类型

通常在公有云环境中设置 Service 的类型为 “LoadBalancer”，可以将 Service 映射到公有云提供的某个负载均衡器的 IP 地址上，客户端通过负载均衡器的 IP 和 Service 的端口号就可以访问到具体的服务，无须再通过 kube-proxy 提供的负载均衡机制进行流量转发。公有云提供的 LoadBalancer 可以直接将流量转发到后端 Pod 上，而负载分发机制依赖于公有云服务商的具体实现。

下面的例子设置 Service 的类型为 LoadBalancer：

```
apiVersion: v1
kind: Service
metadata:
  name: my-service
spec:
  type: LoadBalancer
  selector:
    app: MyApp
  ports:
  - protocol: TCP
    port: 80
    targetPort: 9376
  clusterIP: 10.0.171.239
```

在服务创建成功之后，云服务商会在 Service 的定义中补充 LoadBalancer 的 IP 地址（status 字段）：

```
status:
  loadBalancer:
    ingress:
    - ip: 192.0.2.127
```

3. ExternalName 类型

ExternalName 类型的服务用于将集群外的服务定义为 Kubernetes 的集群的 Service，并且通过 externalName 字段指定外部服务的地址，可以使用域名或 IP 格式。集群内的客户端应用通过访问这个 Service 就能访问外部服务了。这种类型的 Service 没有后端 Pod，所以无须设置 Label Selector。例如：

```
apiVersion: v1
kind: Service
```

```
metadata:
  name: my-service
  namespace: prod
spec:
  type: ExternalName
  externalName: my.database.example.com
```

在本例中设置的服务名为 my-service，所在 namespace 为 prod，客户端访问服务地址 my-service.prod.svc.cluster.local 时，系统将自动指向外部域名 my.database.example.com。

我们还可以通过 Ingress 将服务暴露到集群外部，关于 Ingress，详见 4.6 节的说明。

4.2.6 Service 支持的网络协议

目前 Service 支持的网络协议如下。

◎ TCP：Service 的默认网络协议，可用于所有类型的 Service。

◎ UDP：可用于大多数类型的 Service，LoadBalancer 类型取决于云服务商对 UDP 的支持。

◎ HTTP：取决于云服务商是否支持 HTTP 和实现机制。

◎ PROXY：取决于云服务商是否支持 PROXY 和实现机制。

◎ SCTP：从 Kubernetes 1.12 版本引入，到 1.19 版本时达到 Beta 阶段，默认启用，如需关闭该特性，则需要设置 kube-apiserver 的启动参数--feature-gates=SCTPSupport=false 进行关闭。

Kubernetes 从 1.17 版本开始，可以为 Service 和 Endpoint 资源对象设置一个新的字段“AppProtocol”，用于标识后端服务在某个端口号上提供的应用层协议类型，例如 HTTP、HTTPS、SSL、DNS 等，该特性在 Kubernetes 1.19 版本时达到 Beta 阶段，计划于 Kubernetes 1.20 版本时达到 GA 阶段。要使用 AppProtocol，需要设置 kube-apiserver 的启动参数--feature-gates=ServiceAppProtocol=true 进行开启，然后在 Service 或 Endpoint 的定义中设置 AppProtocol 字段指定应用层协议的类型，例如：

```
apiVersion: v1
kind: Service
metadata:
  name: webapp
spec:
  ports:
```

```
- port: 8080
  targetPort: 8080
  appProtocol: HTTP
selector:
  app: webapp
```

4.2.7 Kubernetes 的服务发现机制

服务发现机制指客户端应用在一个 Kubernetes 集群中如何获知后端服务的访问地址。Kubernetes 提供了两种机制供客户端应用以固定的方式获取后端服务的访问地址：环境变量方式和 DNS 方式。

1. 环境变量方式

在一个 Pod 运行起来的时候，系统会自动为其容器运行环境注入所有集群中有效 Service 的信息。Service 的相关信息包括服务 IP、服务端口号、各端口号相关的协议等，通过{SVCNAME}_SERVICE_HOST 和{SVCNAME}_SERVICE_PORT 格式进行设置。其中，SVCNAME 的命名规则为：将 Service 的 name 字符串转换为全大写字母，将中横线“-”替换为下画线“_”。

以 webapp 服务为例：

```
apiVersion: v1
kind: Service
metadata:
  name: webapp
spec:
  ports:
  - protocol: TCP
    port: 8080
    targetPort: 8080
  selector:
    app: webapp
```

在一个新创建的 Pod（客户端应用）中，可以看到系统自动设置的环境变量如下：

```
WEBAPP_SERVICE_HOST=169.169.81.175
WEBAPP_SERVICE_PORT=8080
WEBAPP_PORT=tcp://169.169.81.175:8080
WEBAPP_PORT_8080_TCP=tcp://169.169.81.175:8080
```

```
WEBAPP_PORT_8080_TCP_PROTO=tcp
WEBAPP_PORT_8080_TCP_PORT=8080
WEBAPP_PORT_8080_TCP_ADDR=169.169.81.175
```

然后，客户端应用就能够根据 Service 相关环境变量的命名规则，从环境变量中获取需要访问的目标服务的地址了，例如：

```
curl http://${WEBAPP_SERVICE_HOST}:${WEBAPP_SERVICE_PORT}
```

2. DNS 方式

Service 在 Kubernetes 系统中遵循 DNS 命名规范，Service 的 DNS 域名表示方法为 <servicename>.<namespace>.svc.<clusterdomain>，其中 servicename 为服务的名称，namespace 为其所在 namespace 的名称，clusterdomain 为 Kubernetes 集群设置的域名后缀（例如 cluster.local），服务名称的命名规则遵循 RFC 1123 规范的要求。

对于客户端应用来说，DNS 域名格式的 Service 名称提供的是稳定、不变的访问地址，可以大大简化客户端应用的配置，是 Kubernetes 集群中推荐的使用方式。

当 Service 以 DNS 域名形式进行访问时，就需要在 Kubernetes 集群中存在一个 DNS 服务器来完成域名到 ClusterIP 地址的解析工作了，经过多年的发展，目前由 CoreDNS 作为 Kubernetes 集群的默认 DNS 服务器提供域名解析服务。详细的 DNS 服务搭建操作请参见 4.3 节的说明。

另外，Service 定义中的端口号如果设置了名称（name），则该端口号也会拥有一个 DNS 域名，在 DNS 服务器中以 SRV 记录的格式保存：_<portname>._<protocol>.< servicename>.<namespace>.svc.<clusterdomain>，其值为端口号的数值。

以 webapp 服务为例，将其端口号命名为“http”：

```
apiVersion: v1
kind: Service
metadata:
  name: webapp
spec:
  ports:
  - protocol: TCP
    port: 8080
    targetPort: 8080
    name: http
```

```
  selector:
    app: webapp
```

解析名为“http”端口的 DNS SRV 记录“_http._tcp.webapp.default.svc.cluster.local”，可以查询到其端口号的值为 8080：

```
# nslookup -q=srv _http._tcp.webapp.default.svc.cluster.local
Server:         169.169.0.100
Address:        169.169.0.100#53

_http._tcp.webapp.default.svc.cluster.local     service = 0 100 8080
webapp.default.svc.cluster.local.
```

4.2.8　Headless Service 的概念和应用

在某些应用场景中，客户端应用不需要通过 Kubernetes 内置 Service 实现的负载均衡功能，或者需要自行完成对服务后端各实例的服务发现机制，或者需要自行实现负载均衡功能，此时可以通过创建一种特殊的名为“Headless”的服务来实现。

Headless Service 的概念是这种服务没有入口访问地址（无 ClusterIP 地址），kube-proxy 不会为其创建负载转发规则，而服务名（DNS 域名）的解析机制取决于该 Headless Service 是否设置了 Label Selector。

1. Headless Service 设置了 Label Selector

如果 Headless Service 设置了 Label Selector，Kubernetes 则将根据 Label Selector 查询后端 Pod 列表，自动创建 Endpoint 列表，将服务名（DNS 域名）的解析机制设置为：当客户端访问该服务名时，得到的是全部 Endpoint 列表（而不是一个确定的 IP 地址）。

以下面的 Headless Service 为例，其设置了 Label Selector：

```
# nginx-headless-service.yaml
apiVersion: v1
kind: Service
metadata:
  name: nginx
  labels:
    app: nginx
spec:
  ports:
```

```
  - port: 80
  clusterIP: None
  selector:
    app: nginx
```

创建该 Headless Service：

```
# kubectl create -f nginx-headless-service.yaml
service/nginx created
```

假设在集群中已经运行了 3 个副本的 nginx deployment，查看它们的 Pod IP 地址：

```
# kubectl get pod -o wide
NAME                     READY   STATUS    RESTARTS   AGE   IP           NODE
NOMINATED NODE   READINESS GATES
nginx-558fc78868-fq6np   1/1     Running   0          90s   10.0.95.14
192.168.18.3   <none>           <none>
nginx-558fc78868-gtrvw   1/1     Running   0          90s   10.0.95.12
192.168.18.3   <none>           <none>
nginx-558fc78868-vpp4t   1/1     Running   0          90s   10.0.95.13
192.168.18.3   <none>           <none>
```

查看该 Headless Service 的详细信息，可以看到后端 Endpoint 列表：

```
# kubectl describe svc nginx
Name:              nginx
Namespace:         default
Labels:            app=nginx
Annotations:       <none>
Selector:          app=nginx
Type:              ClusterIP
IP:                None
Port:              <unset>  80/TCP
TargetPort:        80/TCP
Endpoints:         10.0.95.12:80,10.0.95.13:80,10.0.95.14:80
Session Affinity:  None
Events:            <none>
```

用 nslookup 工具对 Headless Service 名称尝试域名解析，将会看到 DNS 系统返回的全部 Endpoint 的 IP 地址，例如：

```
# nslookup nginx.default.svc.cluster.local
Server:         169.169.0.100
Address:        169.169.0.100#53
```

```
Name:   nginx.default.svc.cluster.local
Address: 10.0.95.13
Name:   nginx.default.svc.cluster.local
Address: 10.0.95.12
Name:   nginx.default.svc.cluster.local
Address: 10.0.95.14
```

当客户端通过 DNS 服务名“nginx”（或其 FQDN 全限定域名“nginx.<namespace>.svc.cluster.local”）和服务端口号访问该 Headless 服务（URL=nginx:80）时，将得到 Service 后端 Endpoint 列表“10.0.95.12:80,10.0.95.13:80,10.0.95.14:80”，然后由客户端程序自行决定如何操作，例如通过轮询机制访问各个 Endpoint。

2. Headless Service 没有设置 Label Selector

如果 Headless Service 没有设置 Label Selector，则 Kubernetes 将不会自动创建对应的 Endpoint 列表。DNS 系统会根据下列条件尝试对该服务名设置 DNS 记录：

◎ 如果 Service 的类型为 ExternalName，则对服务名的访问将直接被 DNS 系统转换为 Service 设置的外部名称（externalName）；

◎ 如果系统中存在与 Service 同名的 Endpoint 定义，则服务名将被解析为 Endpoint 定义中的列表，适用于非 ExternalName 类型的 Service。

4.2.9　端点分片与服务拓扑

我们知道，Service 的后端是一组 Endpoint 列表，为客户端应用提供了极大的便利。但是随着集群规模的扩大及 Service 数量的增加，特别是 Service 后端 Endpoint 数量的增加，kube-proxy 需要维护的负载分发规则（例如 iptables 规则或 ipvs 规则）的数量也会急剧增加，导致后续对 Service 后端 Endpoint 的添加、删除等更新操作的成本急剧上升。举例来说，假设在 Kubernetes 集群中有 10000 个 Endpoint 运行在大约 5000 个 Node 上，则对单个 Pod 的更新将需要总计约 5GB 的数据传输，这不仅对集群内的网络带宽浪费巨大，而且对 Master 的冲击非常大，会影响 Kubernetes 集群的整体性能，在 Deployment 不断进行滚动升级操作的情况下尤为突出。

Kubernetes 从 1.16 版本开始引入端点分片（Endpoint Slices）机制，包括一个新的 EndpointSlice 资源对象和一个新的 EndpointSlice 控制器，在 1.17 版本时达到 Beta 阶段。

EndpointSlice 通过对 Endpoint 进行分片管理来实现降低 Master 和各 Node 之间的网络传输数据量及提高整体性能的目标。对于 Deployment 的滚动升级，可以实现仅更新部分 Node 上的 Endpoint 信息，Master 与 Node 之间的数据传输量可以减少 100 倍左右，能够大大提高管理效率。EndpointSlice 根据 Endpoint 所在 Node 的拓扑信息进行分片管理，示例如图 4.2 所示。

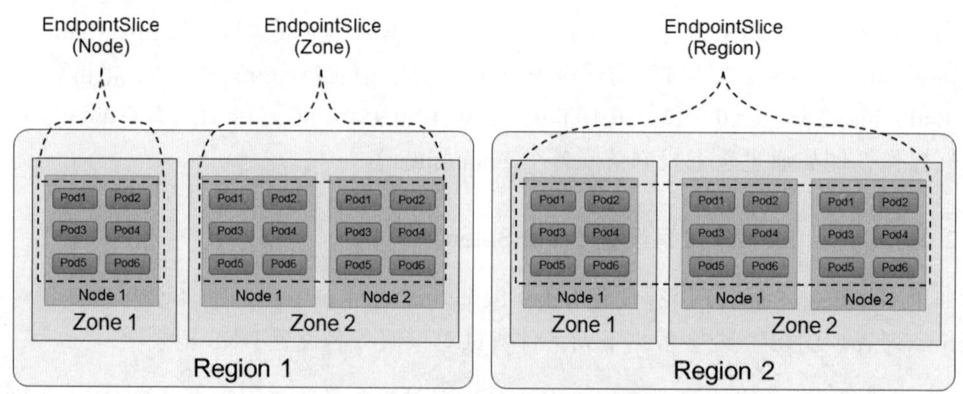

图 4.2　通过 EndpointSlice 将 Endpoint 分片管理

Endpoint Slices 要实现的第 2 个目标是为基于 Node 拓扑的服务路由提供支持，这需要与服务拓扑（Service Topology）机制共同实现。

1. 端点分片（Endpoint Slices）

我们先看看系统自动完成的 EndpointSlice 管理机制。从 Kubernetes 1.17 版本开始，EndpointSlice 机制默认是启用的（在 1.16 版本中需要通过设置 kube-apiserver 和 kube-proxy 服务的启动参数--feature-gates="EndpointSlice=true"进行启用）。

另外，kube-proxy 默认仍然使用 Endpoint 对象，为了提高性能，可以设置 kube-proxy 启动参数--feature-gates="EndpointSliceProxying=true"让 kube-proxy 使用 EndpointSlice，这样可以减少 kube-proxy 与 master 之间的网络通信并提高性能。Kubernetes 从 1.19 版本开始默认开启该特性。

以一个 3 副本的 webapp 服务为例，Pod 列表如下：

```
# kubectl get po -o wide
NAME                    READY   STATUS    RESTARTS   AGE     IP          NODE
NOMINATED NODE   READINESS GATES
```

```
    webapp-778996c8c6-4zpvm   1/1     Running   0          6m33s   10.0.95.54
192.168.18.3   <none>           <none>
    webapp-778996c8c6-67mbl   1/1     Running   0          4m31s   10.0.95.55
192.168.18.3   <none>           <none>
    webapp-778996c8c6-xdkr2   1/1     Running   0          4m31s   10.0.95.56
192.168.18.3   <none>           <none>
```

服务和 Endpoint 的信息如下：

```
    # kubectl get svc webapp
    NAME     TYPE        CLUSTER-IP      EXTERNAL-IP   PORT(S)    AGE
    webapp   ClusterIP   169.169.1.155   <none>        8080/TCP   52m
    # kubectl get endpoints webapp
    NAME     ENDPOINTS                                            AGE
    webapp   10.0.95.54:8080,10.0.95.55:8080,10.0.95.56:8080   52m
```

查看 EndpointSlice，可以看到系统自动创建了一个名称前缀为“webapp-”的 EndpointSlice：

```
    # kubectl get endpointslice
    NAME           ADDRESSTYPE   PORTS   ENDPOINTS                              AGE
    kubernetes     IPv4          6443    192.168.18.3                           62d
    webapp-rflv4   IPv4          8080    10.0.95.54,10.0.95.56,10.0.95.55   3m27s
```

查看其详细信息，可以看到 3 个 Endpoint 的 IP 地址和端口号信息，同时为 Endpoint 补充设置了 Topology 相关信息：

```
    # kubectl describe endpointslice webapp-rflv4
    Name:         webapp-rflv4
    Namespace:    default
    Labels:
endpointslice.kubernetes.io/managed-by=endpointslice-controller.k8s.io
                  kubernetes.io/service-name=webapp
    Annotations:  <none>
    AddressType:  IPv4
    Ports:
      Name     Port  Protocol
      ----     ----  --------
      <unset>  8080  TCP
    Endpoints:
      - Addresses:  10.0.95.54
        Conditions:
          Ready:    true
        Hostname:   <unset>
```

```
    TargetRef:  Pod/webapp-778996c8c6-4zpvm
    Topology:   kubernetes.io/hostname=192.168.18.3
               topology.kubernetes.io/zone=north
  - Addresses:  10.0.95.56
    Conditions:
      Ready:    true
    Hostname:   <unset>
    TargetRef:  Pod/webapp-778996c8c6-xdkr2
    Topology:   kubernetes.io/hostname=192.168.18.3
               topology.kubernetes.io/zone=north
  - Addresses:  10.0.95.55
    Conditions:
      Ready:    true
    Hostname:   <unset>
    TargetRef:  Pod/webapp-778996c8c6-67mbl
    Topology:   kubernetes.io/hostname=192.168.18.3
               topology.kubernetes.io/zone=north
Events:         <none>
```

默认情况下，在由 EndpointSlice 控制器创建的 EndpointSlice 中最多包含 100 个 Endpoint，如需修改，则可以通过 kube-controller-manager 服务的启动参数--max-endpoints-per-slice 设置，但上限不能超过 1000。

EndpointSlice 的关键信息如下。

（1）关联的服务名称：将 EndpointSlice 与 Service 的关联信息设置为一个标签 kubernetes.io/service-name=webapp，该标签标明了服务名称。

（2）地址类型 AddressType：包括以下 3 种取值类型。

◎ IPv4：IPv4 格式的 IP 地址。
◎ IPv6：IPv6 格式的 IP 地址。
◎ FQDN：全限定域名。

（3）在 Endpoints 列表中列出的每个 Endpoint 的信息。

◎ Addresses：Endpoint 的 IP 地址。
◎ Conditions：Endpoint 状态信息，作为 EndpointSlice 的查询条件。
◎ Hostname：在 Endpoint 中设置的主机名 hostname。
◎ TargetRef：Endpoint 对应的 Pod 名称。
◎ Topology：拓扑信息，为基于拓扑感知的服务路由提供数据。

目前 EndpointSlice 控制器自动设置的拓扑信息如下。

◎ kubernetes.io/hostname：Endpoint 所在 Node 的名称。
◎ topology.kubernetes.io/zone：Endpoint 所在的 Zone 信息，使用 Node 标签 topology.kubernetes.io/zone 的值，例如上例中的 Node 拥有 “topology.kubernetes.io/zone:north” 标签。
◎ topology.kubernetes.io/region：Endpoint 所在的 Region 信息，使用 Node 标签 topology.kubernetes.io/region 的值。

在大规模集群中，管理员应对不同地域或不同区域的 Node 设置相关的 topology 标签，用于为 Node 设置拓扑信息。

（4）EndpointSlice 的管理控制器：通过 endpointslice.kubernetes.io/managed-by 标签进行设置，用于存在多个管理控制器的应用场景中，例如某个 Service Mesh 管理工具也可以对 EndpointSlice 进行管理。为了支持多个管理工具对 EndpointSlice 同时进行管理并且互不干扰，可以通过 endpointslice.kubernetes.io/managed-by 标签设置管理控制器的名称，Kubernetes 内置的 EndpointSlice 控制器自动设置该标签的值为 endpointslice-controller.k8s.io，其他管理控制器应设置唯一名称用于标识。

下面对 EndpointSlice 的复制功能和数据分布管理机制进行说明。

（1）EndpointSlice 复制（Mirroring）功能。应用程序有时可能会创建自定义的 Endpoint 资源，为了避免应用程序在创建 Endpoint 资源时再去创建 EndpointSlice 资源，Kubernetes 控制平面会自动完成将 Endpoint 资源复制为 EndpointSlice 资源的操作，从 Kubernetes 1.19 版本开始默认启用。但在以下几种情况下，不会执行自动复制操作。

◎ Endpoint 资源设置了 Label：endpointslice.kubernetes.io/skip-mirror=true。
◎ Endpoint 资源设置了 Annotation：control-plane.alpha.kubernetes.io/leader。
◎ Endpoint 资源对应的 Service 资源不存在。
◎ Endpoint 资源对应的 Service 资源设置了非空的 Selector。

一个 Endpoint 资源同时存在 IPv4 和 IPv6 地址类型时，会被复制为多个 EndpointSlice 资源，每种地址类型最多会被复制为 1000 个 EndpointSlice 资源。

（2）EndpointSlice 的数据分布管理机制。如上例所示，我们可以看到每个 EndpointSlice 资源都包含一组作用于全部 Endpoint 的端口号（Ports）。如果 Service 定义中的端口号使用了字符串名称，则对于相同 name 的端口号，目标 Pod 的 targetPort 可能是不同的，结果是

EndpointSlice 资源将会不同。这与 Endpoint 资源设置子集（subset）的逻辑是相同的。

Kubernetes 控制平面对于 EndpointSlice 中数据的管理机制是尽可能填满，但不会在多个 EndpointSlice 数据不均衡的情况下主动执行重新平衡（rebalance）操作，其背后的逻辑也很简单，步骤如下。

（1）遍历当前所有 EndpointSlice 资源，删除其中不再需要的 Endpoint，更新已更改的匹配 Endpoint。

（2）遍历第 1 步中已更新的 EndpointSlice 资源，将需要添加的新 Endpoint 填充进去。

（3）如果还有新的待添加 Endpoint，则尝试将其放入之前未更新的 EndpointSlice 中，或者尝试创建新的 EndpointSlice 并添加。

重要的是，第 3 步优先考虑创建新的 EndpointSlice 而不是更新原 EndpointSlice。例如，如果要添加 10 个新的 Endpoint，则当前有两个 EndpointSlice 各有 5 个剩余空间可用于填充，系统也会创建一个新的 EndpointSlice 用来填充这 10 个新 Endpoint。换句话说，单个 EndpointSlice 的创建优于对多个 EndpointSlice 的更新。

以上主要是由于在每个节点上运行的 kube-proxy 都会持续监控 EndpointSlice 的变化，对 EndpointSlice 每次更新成本都很高，因为每次更新都需要 Master 将更新数据发送到每个 kube-proxy。上述管理机制旨在限制需要发送到每个节点的更新数据量，即使可能导致最终有许多 EndpointSlice 资源未能填满。

实际上，这种不太理想的数据分布情况应该是罕见的。Master 的 EndpointSlice 控制器处理的大多数更新所带来的数据量都足够小，使得对已存在（仍有空余空间）EndpointSlice 的数据填充都没有问题。如果实在无法填充，则无论如何都需要创建新的 EndpointSlice 资源。此外对 Deployment 执行滚动升级操作时，由于后端 Pod 列表和相关 Endpoint 列表全部会发生变化，所以也会很自然地对 EndpointSlice 资源的内容全部进行更新。

2. 服务拓扑（Service Topology）

服务拓扑机制从 Kubernetes 1.17 版本开始引入，目前为 Alpha 阶段，目标是实现基于 Node 拓扑的流量路由，例如将发送到某个服务的流量优先路由到与客户端相同 Node 的 Endpoint 上，或者路由到与客户端相同 Zone 的那些 Node 的 Endpoint 上。

在默认情况下，发送到一个 Service 的流量会被均匀转发到每个后端 Endpoint，但无法根据更复杂的拓扑信息设置复杂的路由策略。服务拓扑机制的引入就是为了实现基于

Node 拓扑的服务路由，允许 Service 创建者根据来源 Node 和目标 Node 的标签来定义流量路由策略。

通过对来源（source）Node 和目标（destination）Node 标签的匹配，用户可以根据业务需求对 Node 进行分组，设置有意义的指标值来标识“较近”或者“较远”的属性。例如，对于公有云环境来说，通常有区域（Zone 或 Region）的划分，云平台倾向于把服务流量限制在同一个区域内，这通常是因为跨区域网络流量会收取额外的费用。另一个例子是把流量路由到由 DaemonSet 管理的当前 Node 的 Pod 上。又如希望把流量保持在相同机架内的 Node 上，以获得更低的网络延时。

服务拓扑机制需要通过设置 kube-apiserver 和 kube-proxy 服务的启动参数 --feature-gates="ServiceTopology=true,EndpointSlice=true" 进行启用（需要同时启用 EndpointSlice 功能），然后就可以在 Service 资源对象上通过定义 topologyKeys 字段来控制到 Service 的流量路由了。

topologyKeys 字段设置的是一组 Node 标签列表，按顺序匹配 Node 完成流量的路由转发，流量会被转发到标签匹配成功的 Node 上。如果按第 1 个标签找不到匹配的 Node，就尝试匹配第 2 个标签，以此类推。如果全部标签都没有匹配的 Node，则请求将被拒绝，就像 Service 没有后端 Endpoint 一样。

将 topologyKeys 配置为“*”表示任意拓扑，它只能作为配置列表中的最后一个才有效。如果完全不设置 topologyKeys 字段，或者将其值设置为空，就相当于没有启用服务拓扑功能。

对于需要使用服务拓扑机制的集群，管理员需要为 Node 设置相应的拓扑标签，包括 kubernetes.io/hostname、topology.kubernetes.io/zone 和 topology.kubernetes.io/region。

然后为 Service 设置 topologyKeys 的值，就可以实现如下流量路由策略。

◎ 配置为["kubernetes.io/hostname"]：流量只会被路由到相同 Node 的 Endpoint 上，如果 Node 的 Endpoint 不存在，则将请求丢弃。
◎ 配置为["kubernetes.io/hostname","topology.kubernetes.io/zone","topology.kubernetes.io/region"]：流量优先被路由到相同 Node 的 Endpoint 上，如果 Node 没有 Endpoint，流量则被路由到相同 zone 的 Endpoint 上；如果在 zone 中没有 Endpoint，流量则被路由到相同 region 的 Endpoint 上。

◎ 配置为["topology.kubernetes.io/zone", "*"]：流量优先被路由到同 zone 的 Endpoint 上，如果在 zone 中没有可用的 Endpoint，流量则被路由到任意可用的 Endpoint 上。

目前使用服务拓扑有以下几个约束条件。

◎ 服务拓扑和 externalTrafficPolicy=Local 是不兼容的，所以一个 Service 不能同时使用这两种特性。在同一个 Kubernetes 集群中，启用服务拓扑的 Service 和设置 externalTrafficPolicy=Local 特性的 Service 是可以同时存在的。
◎ topologyKeys 目前可以设置的标签只有 3 个：kubernetes.io/hostname、topology.kubernetes.io/zone 和 topology.kubernetes.io/region，未来会增加更多的标签。
◎ topologyKeys 必须是有效的标签格式，并且最多定义 16 个。
◎ 如需使用通配符“*”，则它必须是最后一个值。

下面通过 Service 的 YAML 文件对几种常见的服务拓扑应用实例进行说明。

（1）只将流量路由到相同 Node 的 Endpoint 上，如果 Node 没有可用的 Endpoint，则将请求丢弃：

```
apiVersion: v1
kind: Service
metadata:
  name: webapp
spec:
  selector:
    app: webapp
  ports:
  - port: 8080
  topologyKeys:
  - "kubernetes.io/hostname"
```

（2）优先将流量路由到相同 Node 的 Endpoint 上，如果 Node 没有可用的 Endpoint，则将请求路由到任意可用的 Endpoint：

```
apiVersion: v1
kind: Service
metadata:
  name: webapp
spec:
  selector:
    app: webapp
  ports:
```

```
  - port: 8080
  topologyKeys:
  - "kubernetes.io/hostname"
  - "*"
```

（3）只将流量路由到相同 zone 或同 region 的 Endpoint 上，如果没有可用的 Endpoint，则将请求丢弃：

```
apiVersion: v1
kind: Service
metadata:
  name: webapp
spec:
  selector:
    app: webapp
  ports:
  - port: 8080
  topologyKeys:
  - "topology.kubernetes.io/zone"
  - "topology.kubernetes.io/region"
```

（4）按同 Node、同 zone、同 region 的优先级顺序路由流量，如果 Node、zone、region 都没有可用的 Endpoint，则将请求路由到集群内任意可用的 Endpoint 上：

```
apiVersion: v1
kind: Service
metadata:
  name: webapp
spec:
  selector:
    app: webapp
  ports:
  - port: 8080
  topologyKeys:
  - "kubernetes.io/hostname"
  - "topology.kubernetes.io/zone"
  - "topology.kubernetes.io/region"
  - "*"
```

4.3 DNS 服务搭建和配置指南

作为服务发现机制的基本功能，在集群内需要能够通过服务名对服务进行访问，这就需要一个集群范围内的 DNS 服务来完成从服务名到 ClusterIP 地址的解析。DNS 服务在 Kubernetes 的发展过程中经历了 3 个阶段，接下来进行讲解。

在 Kubernetes 1.2 版本时，DNS 服务是由 SkyDNS 提供的，它由 4 个容器组成：kube2sky、skydns、etcd 和 healthz。kube2sky 容器监控 Kubernetes 中 Service 资源的变化，根据 Service 的名称和 IP 地址信息生成 DNS 记录，并将其保存到 etcd 中；skydns 容器从 etcd 中读取 DNS 记录，并为客户端容器应用提供 DNS 查询服务；healthz 容器提供对 skydns 服务的健康检查功能。

图 4.3 展现了 SkyDNS 的总体架构。

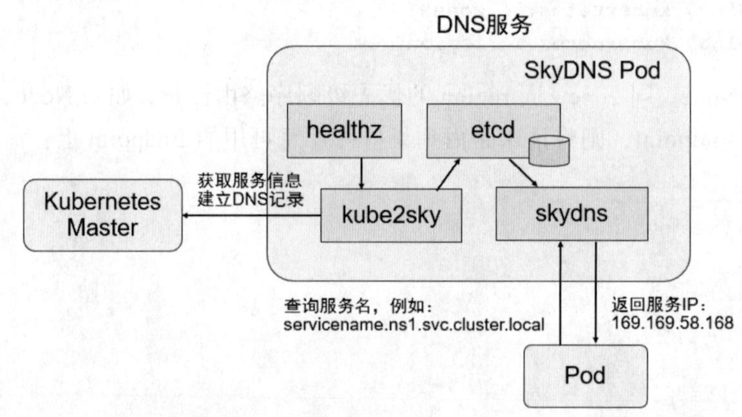

图 4.3　SkyDNS 的总体架构

从 Kubernetes 1.4 版本开始，SkyDNS 组件便被 KubeDNS 替换，主要考虑的是 SkyDNS 组件之间通信较多，整体性能不高。KubeDNS 由 3 个容器组成：kubedns、dnsmasq 和 sidecar，去掉了 SkyDNS 中的 etcd 存储，将 DNS 记录直接保存在内存中，以提高查询性能。kubedns 容器监控 Kubernetes 中 Service 资源的变化，根据 Service 的名称和 IP 地址生成 DNS 记录，并将 DNS 记录保存在内存中；dnsmasq 容器从 kubedns 中获取 DNS 记录，提供 DNS 缓存，为客户端容器应用提供 DNS 查询服务；sidecar 提供对 kubedns 和 dnsmasq 服务的健康检查功能。图 4.4 展现了 KubeDNS 的总体架构。

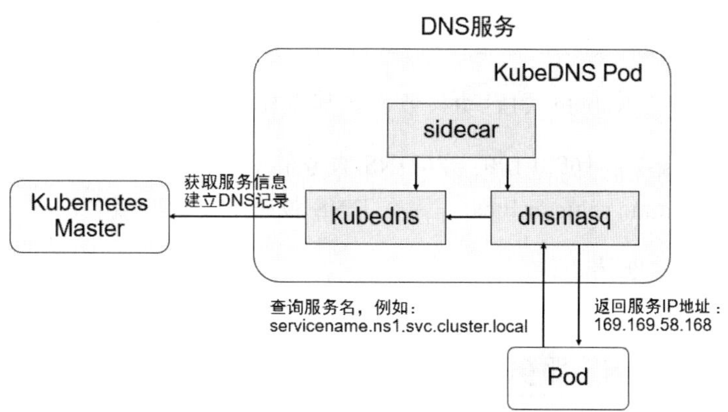

图 4.4　KubeDNS 的总体架构

从 Kubernetes 1.11 版本开始，Kubernetes 集群的 DNS 服务便由 CoreDNS 提供。CoreDNS 是 CNCF 基金会孵化的一个项目，是用 Go 语言实现的高性能、插件式、易扩展的 DNS 服务端，目前已毕业。CoreDNS 解决了 KubeDNS 的一些问题，例如 dnsmasq 的安全漏洞、externalName 不能使用 stubDomains 进行设置，等等。CoreDNS 支持自定义 DNS 记录及配置 upstream DNS Server，可以统一管理 Kubernetes 基于服务的内部 DNS 和数据中心的物理 DNS。它没有使用多个容器的架构，只用一个容器便实现了 KubeDNS 内 3 个容器的全部功能。图 4.5 展现了 CoreDNS 的总体架构。

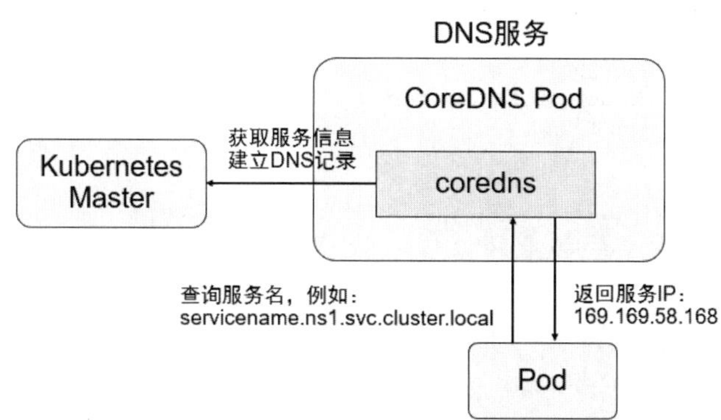

图 4.5　CoreDNS 的总体架构

接下来以 CoreDNS 为例，说明 Kubernetes 集群 DNS 服务的搭建过程。

4.3.1 修改每个 Node 上 kubelet 的 DNS 启动参数

修改每个 Node 上 kubelet 的启动参数，在其中加上以下两个参数。

◎ --cluster-dns=169.169.0.100：为 DNS 服务的 ClusterIP 地址。

◎ --cluster-domain=cluster.local：为在 DNS 服务中设置的域名。

然后重启 kubelet 服务。

4.3.2 部署 CoreDNS 服务

部署 CoreDNS 服务时需要创建 3 个资源对象：1 个 ConfigMap、1 个 Deployment 和 1 个 Service。在启用了 RBAC 的集群中，还可以设置 ServiceAccount、ClusterRole、ClusterRoleBinding 对 CoreDNS 容器进行权限设置。

ConfigMap“coredns”主要设置 CoreDNS 的主配置文件 Corefile 的内容，其中可以定义各种域名的解析方式和使用的插件，示例如下（Corefile 的详细配置说明参见 4.3.4 节）：

```
apiVersion: v1
kind: ConfigMap
metadata:
  name: coredns
  namespace: kube-system
  labels:
      addonmanager.kubernetes.io/mode: EnsureExists
data:
  Corefile: |
    cluster.local {
        errors
        health {
          lameduck 5s
        }
        ready
        kubernetes cluster.local 169.169.0.0/16 {
          fallthrough in-addr.arpa ip6.arpa
        }
        prometheus :9153
        forward . /etc/resolv.conf
        cache 30
        loop
```

```
        reload
        loadbalance
    }
    . {
        cache 30
        loadbalance
        forward . /etc/resolv.conf
    }
```

Deployment“coredns”主要设置 CoreDNS 容器应用的内容，其中，replicas 副本的数量通常应该根据集群的规模和服务数量确定，如果单个 CoreDNS 进程不足以支撑整个集群的 DNS 查询，则可以通过水平扩展提高查询能力。由于 DNS 服务是 Kubernetes 集群的关键核心服务，所以建议为其 Deployment 设置自动扩缩容控制器，自动管理其副本数量。

另外，对资源限制部分（CPU 限制和内存限制）的设置也应根据实际环境进行调整：

```
apiVersion: apps/v1
kind: Deployment
metadata:
  name: coredns
  namespace: kube-system
  labels:
    k8s-app: kube-dns
    kubernetes.io/name: "CoreDNS"
spec:
  replicas: 1
  strategy:
    type: RollingUpdate
    rollingUpdate:
      maxUnavailable: 1
  selector:
    matchLabels:
      k8s-app: kube-dns
  template:
    metadata:
      labels:
        k8s-app: kube-dns
    spec:
      priorityClassName: system-cluster-critical
      tolerations:
        - key: "CriticalAddonsOnly"
```

```
    operator: "Exists"
nodeSelector:
  kubernetes.io/os: linux
affinity:
   podAntiAffinity:
     preferredDuringSchedulingIgnoredDuringExecution:
     - weight: 100
       podAffinityTerm:
         labelSelector:
           matchExpressions:
             - key: k8s-app
               operator: In
               values: ["kube-dns"]
         topologyKey: kubernetes.io/hostname
containers:
- name: coredns
  image: coredns/coredns:1.7.0
  imagePullPolicy: IfNotPresent
  resources:
    limits:
      memory: 170Mi
    requests:
      cpu: 100m
      memory: 70Mi
  args: [ "-conf", "/etc/coredns/Corefile" ]
  volumeMounts:
  - name: config-volume
    mountPath: /etc/coredns
    readOnly: true
  ports:
  - containerPort: 53
    name: dns
    protocol: UDP
  - containerPort: 53
    name: dns-tcp
    protocol: TCP
  - containerPort: 9153
    name: metrics
    protocol: TCP
  securityContext:
    allowPrivilegeEscalation: false
```

```
        capabilities:
          add:
          - NET_BIND_SERVICE
          drop:
          - all
        readOnlyRootFilesystem: true
      livenessProbe:
        httpGet:
          path: /health
          port: 8080
          scheme: HTTP
        initialDelaySeconds: 60
        timeoutSeconds: 5
        successThreshold: 1
        failureThreshold: 5
      readinessProbe:
        httpGet:
          path: /ready
          port: 8181
          scheme: HTTP
    dnsPolicy: Default
    volumes:
      - name: config-volume
        configMap:
          name: coredns
          items:
          - key: Corefile
            path: Corefile
```

Service“kube-dns”是 DNS 服务的配置，这个服务需要设置固定的 ClusterIP 地址，也需要将所有 Node 上的 kubelet 启动参数--cluster-dns 都设置为这个 ClusterIP 地址：

```
apiVersion: v1
kind: Service
metadata:
  name: kube-dns
  namespace: kube-system
  annotations:
    prometheus.io/port: "9153"
    prometheus.io/scrape: "true"
  labels:
    k8s-app: kube-dns
```

```
    kubernetes.io/cluster-service: "true"
    kubernetes.io/name: "CoreDNS"
spec:
  selector:
    k8s-app: kube-dns
  clusterIP: 169.169.0.100
  ports:
  - name: dns
    port: 53
    protocol: UDP
  - name: dns-tcp
    port: 53
    protocol: TCP
  - name: metrics
    port: 9153
    protocol: TCP
```

通过 kubectl create 命令完成 CoreDNS 服务的创建：

```
# kubectl create -f coredns.yaml
```

查看 Deployment、Pod 和 Service，确保容器成功启动：

```
# kubectl get deployment --namespace=kube-system
NAME                      READY   UP-TO-DATE   AVAILABLE   AGE
coredns                    1/1     1            1           33h

# kubectl get pods --namespace=kube-system
NAME                                     READY   STATUS    RESTARTS   AGE
coredns-85b4878f78-vcdnh                     1/1     Running   2          33h

# kubectl get services --namespace=kube-system
NAME          TYPE        CLUSTER-IP      EXTERNAL-IP   PORT(S)                  AGE
kube-dns     ClusterIP   169.169.0.100   <none>    53/UDP,53/TCP,9153/TCP   33h
```

4.3.3 服务名的 DNS 解析

接下来使用一个带有 nslookup 工具的 Pod 来验证 DNS 服务能否正常工作：

```
busybox.yaml
apiVersion: v1
kind: Pod
```

```
metadata:
  name: busybox
  namespace: default
spec:
  containers:
  - name: busybox
    image: gcr.io/google_containers/busybox
    command:
      - sleep
      - "3600"
```

运行 kubectl create -f busybox.yaml 即可完成创建。

在该容器成功启动后，通过 kubectl exec <container_id> -- nslookup 进行测试：

```
# kubectl exec busybox -- nslookup redis-master
Server:    169.169.0.100
Address 1: 169.169.0.100

Name:      redis-master
Address 1: 169.169.8.10
```

可以看到，通过 DNS 服务器 169.169.0.100 成功解析了 redis-master 服务的 IP 地址 169.169.8.10。

如果某个 Service 属于不同的命名空间，那么在进行 Service 查找时，需要补充 Namespace 的名称，将其组合成完整的域名。下面以查找 kube-dns 服务为例，将其所在 Namespace“kube-system”补充在服务名之后，用“.”连接为“kube-dns.kube-system”，即可查询成功：

```
# kubectl exec busybox -- nslookup kube-dns.kube-system
Server:    169.169.0.100
Address 1: 169.169.0.100

Name:      kube-dns.kube-system
Address 1: 169.169.0.100
```

如果仅使用“kube-dns”进行查找，则会失败：

```
nslookup: can't resolve 'kube-dns'
```

4.3.4 CoreDNS 的配置说明

CoreDNS 的主要功能是通过插件系统实现的。CoreDNS 实现了一种链式插件结构，将 DNS 的逻辑抽象成了一个个插件，能够灵活组合使用。

常用的插件如下。

◎ loadbalance：提供基于 DNS 的负载均衡功能。
◎ loop：检测在 DNS 解析过程中出现的简单循环问题。
◎ cache：提供前端缓存功能。
◎ health：对 Endpoint 进行健康检查。
◎ kubernetes：从 Kubernetes 中读取 zone 数据。
◎ etcd：从 etcd 中读取 zone 数据，可用于自定义域名记录。
◎ file：从 RFC1035 格式文件中读取 zone 数据。
◎ hosts：使用/etc/hosts 文件或者其他文件读取 zone 数据，可用于自定义域名记录。
◎ auto：从磁盘中自动加载区域文件。
◎ reload：定时自动重新加载 Corefile 配置文件的内容。
◎ forward：转发域名查询到上游 DNS 服务器上。
◎ prometheus：为 Prometheus 系统提供采集性能指标数据的 URL。
◎ pprof：在 URL 路径/debug/pprof 下提供运行时的性能数据。
◎ log：对 DNS 查询进行日志记录。
◎ errors：对错误信息进行日志记录。

在下面的示例中为域名“cluster.local”设置了一系列插件，包括 errors、health、ready、kubernetes、prometheus、forward、cache、loop、reload 和 loadbalance，在进行域名解析时，这些插件将以从上到下的顺序依次执行：

```
cluster.local {
    errors
    health {
      lameduck 5s
    }
    ready
    kubernetes cluster.local 169.169.0.0/16 {
      fallthrough in-addr.arpa ip6.arpa
    }
    prometheus :9153
```

```
    forward . /etc/resolv.conf
    cache 30
    loop
    reload
    loadbalance
}
```

另外，etcd 和 hosts 插件都可以用于用户自定义域名记录。

下面是使用 etcd 插件的配置示例，将以“.com”结尾的域名记录配置为从 etcd 中获取，并将域名记录保存在/skydns 路径下：

```
{
    etcd com {
        path /skydns
        endpoint http://192.168.18.3:2379
        upstream /etc/resolv.conf
    }
    cache 160 com
    loadbalance
    proxy . /etc/resolv.conf
}
```

如果用户在 etcd 中插入一条“10.1.1.1 mycompany.com”DNS 记录：

```
# ETCDCTL_API=3 etcdctl put "/skydns/com/mycompany" '{"host":"10.1.1.1",
"ttl":60}'
```

客户端应用就能访问域名“mycompany.com”了：

```
# nslookup mycompany.com
nslookup mycompany.com
Server:        169.169.0.100
Address:       169.169.0.100#53

Name:   mycompany.com
Address: 10.1.1.1
```

forward 插件用于配置上游 DNS 服务器或其他 DNS 服务器，当在 CoreDNS 中查询不到域名时，会到其他 DNS 服务器上进行查询。在实际环境中，可以将 Kubernetes 集群外部的 DNS 纳入 CoreDNS，进行统一的 DNS 管理。

4.4 Node 本地 DNS 缓存

由于在 Kubernetes 集群中配置的 DNS 服务是一个名为“kube-dns”的 Service，所以容器应用都通过其 ClusterIP 地址（例如 169.169.0.100）去执行服务名的 DNS 域名解析。这对于大规模集群可能引起以下两个问题。

（1）集群 DNS 服务压力增大（这可以通过自动扩容缓解）。

（2）由于 DNS 服务的 IP 地址是 Service 的 ClusterIP 地址，所以会通过 kube-proxy 设置的 iptables 规则进行转发，可能导致域名解析性能很差，原因是 Netfilter 在做 DNAT 转换时可能会引起 conntrack 冲突，从而导致 DNS 查询产生 5s 的延时。

为了解决这两个问题，Kubernetes 引入了 Node 本地 DNS 缓存（NodeLocal DNSCache）来提高整个集群的 DNS 域名解析的性能，这在 1.18 版本时达到 Stable 阶段。使用 Node 本地 DNS 缓存的好处如下。

- ◎ 在没有本地 DNS 缓存时，集群 DNS 服务的 Pod 很可能在其他节点上，跨主机访问会增加网络延时，使用 Node 本地 DNS 缓存可显著减少跨主机查询的网络延时。
- ◎ 跳过 iptables DNAT 和连接跟踪将有助于减少 conntrack 竞争，并避免 UDP DNS 记录填满 conntrack 表。
- ◎ 本地缓存到集群 DNS 服务的连接协议可以升级为 TCP。TCP conntrack 条目将在连接关闭时被删除；默认使用 UDP 时，conntrack 条目只能等到超时时间过后才被删除，操作系统的默认超时时间（nf_conntrack_udp_timeout）为 30s。
- ◎ 将 DNS 查询从 UDP 升级为 TCP，将减少由于丢弃的 UDP 数据包和 DNS 超时而引起的尾部延迟（tail latency），UDP 超时时间可能会长达 30s（3 次重试，每次 10s）。
- ◎ 提供 Node 级别 DNS 解析请求的度量（Metrics）和可见性（visibility）。
- ◎ 可以重新启用负缓存（Negative caching）功能，减少对集群 DNS 服务的查询数量。

Node 本地 DNS 缓存（NodeLocal DNSCache）的工作流程如图 4.6 所示，客户端 Pod 首先会通过本地 DNS 缓存进行域名解析，当缓存中不存在域名时，会将请求转发到集群 DNS 服务进行解析。

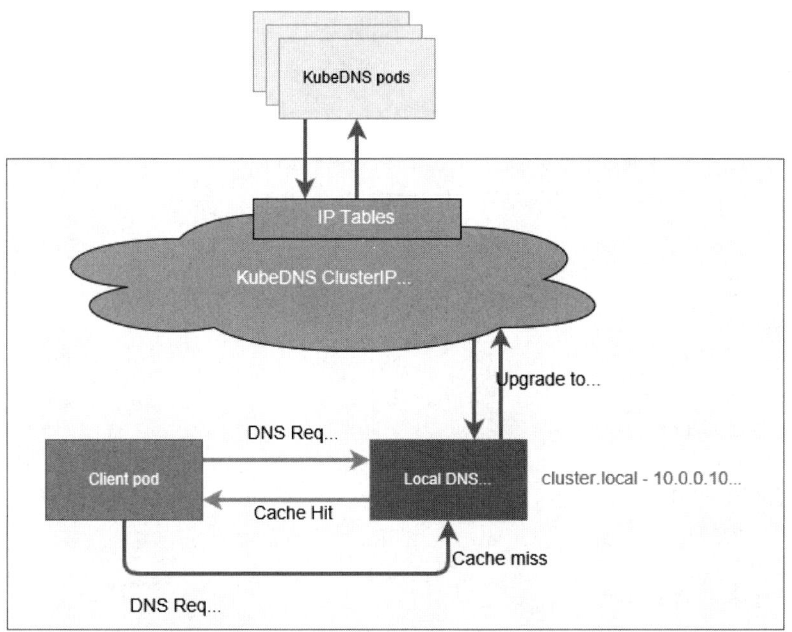

图 4.6　Node 本地 DNS 缓存的工作流程

下面对如何部署 Node 本地 DNS 缓存工具进行说明。

配置文件 nodelocaldns.yaml 的内容如下，主要包括 ServiceAccount、Daemonset、ConfigMap 和 Service 几个资源对象。

Service Account 的定义如下：

```
apiVersion: v1
kind: ServiceAccount
metadata:
  name: node-local-dns
  namespace: kube-system
  labels:
    kubernetes.io/cluster-service: "true"
    addonmanager.kubernetes.io/mode: Reconcile
```

Service 的定义如下：

```
apiVersion: v1
kind: Service
metadata:
  name: kube-dns-upstream
```

```
  namespace: kube-system
  labels:
    k8s-app: kube-dns
    kubernetes.io/cluster-service: "true"
    addonmanager.kubernetes.io/mode: Reconcile
    kubernetes.io/name: "KubeDNSUpstream"
spec:
  ports:
  - name: dns
    port: 53
    protocol: UDP
    targetPort: 53
  - name: dns-tcp
    port: 53
    protocol: TCP
    targetPort: 53
  selector:
    k8s-app: kube-dns
```

ConfigMap 的定义如下：

```
apiVersion: v1
kind: ConfigMap
metadata:
  name: node-local-dns
  namespace: kube-system
  labels:
    addonmanager.kubernetes.io/mode: Reconcile
data:
  Corefile: |
    cluster.local:53 {
        errors
        cache {
                success 9984 30
                denial 9984 5
        }
        reload
        loop
        bind 169.254.20.10
        forward . 169.169.0.100 {
                force_tcp
        }
```

```
        prometheus :9253
        health 169.254.20.10:8081
        }
    in-addr.arpa:53 {
        errors
        cache 30
        reload
        loop
        bind 169.254.20.10
        forward . 169.169.0.100 {
                force_tcp
        }
        prometheus :9253
        }
    ip6.arpa:53 {
        errors
        cache 30
        reload
        loop
        bind 169.254.20.10
        forward . 169.169.0.100 {
                force_tcp
        }
        prometheus :9253
        }
    .:53 {
        errors
        cache 30
        reload
        loop
        bind 169.254.20.10
        forward . 169.169.0.100 {
                force_tcp
        }
        prometheus :9253
        }
```

DaemonSet 的定义如下：

```
apiVersion: apps/v1
kind: DaemonSet
metadata:
```

```
    name: node-local-dns
    namespace: kube-system
    labels:
      k8s-app: node-local-dns
      kubernetes.io/cluster-service: "true"
      addonmanager.kubernetes.io/mode: Reconcile
  spec:
    updateStrategy:
      rollingUpdate:
        maxUnavailable: 10%
    selector:
      matchLabels:
        k8s-app: node-local-dns
    template:
      metadata:
        labels:
          k8s-app: node-local-dns
        annotations:
          prometheus.io/port: "9253"
          prometheus.io/scrape: "true"
      spec:
        priorityClassName: system-node-critical
        serviceAccountName: node-local-dns
        hostNetwork: true
        dnsPolicy: Default  # Don't use cluster DNS.
        tolerations:
        - key: "CriticalAddonsOnly"
          operator: "Exists"
        - effect: "NoExecute"
          operator: "Exists"
        - effect: "NoSchedule"
          operator: "Exists"
        containers:
        - name: node-cache
          image: k8s.gcr.io/k8s-dns-node-cache:1.15.13
          resources:
            requests:
              cpu: 25m
              memory: 5Mi
          args: [ "-localip", "169.254.20.10", "-conf", "/etc/Corefile",
"-upstreamsvc", "kube-dns-upstream" ]
```

```
    securityContext:
      privileged: true
    ports:
    - containerPort: 53
      name: dns
      protocol: UDP
    - containerPort: 53
      name: dns-tcp
      protocol: TCP
    - containerPort: 9253
      name: metrics
      protocol: TCP
    livenessProbe:
      httpGet:
        host: 169.254.20.10
        path: /health
        port: 8081
      initialDelaySeconds: 60
      timeoutSeconds: 5
    volumeMounts:
    - mountPath: /run/xtables.lock
      name: xtables-lock
      readOnly: false
    - name: config-volume
      mountPath: /etc/coredns
    - name: kube-dns-config
      mountPath: /etc/kube-dns
  volumes:
  - name: xtables-lock
    hostPath:
      path: /run/xtables.lock
      type: FileOrCreate
  - name: kube-dns-config
    configMap:
      name: coredns
      optional: true
  - name: config-volume
    configMap:
      name: node-local-dns
      items:
```

```
          - key: Corefile
            path: Corefile.base
```

ConfigMap Corefile 的主要配置参数如下。

◎ bind 169.254.20.10：node-local-dns 需要绑定的本地 IP 地址，建议将其设置为 169.254.0.0/16 范围，确保不与集群内的其他 IP 冲突。

◎ forward . 169.169.0.100：在 node-local-dns 缓存中不存在域名记录时，将转发到的上游 DNS 服务器 IP 设置为 Kubernetes 集群 DNS 服务（kube-dns）的 IP，例如 169.169.0.100。

◎ health 169.254.20.10:8081：健康检查端口号设置，与 Daemonset 的 livenessProbe 一致，需要注意，node-local-dns 网络模式设置了 hostNetwork=true，这个端口号也会被直接绑定到宿主机上，需要确保不与宿主机的其他应用冲突。

Daemonset node-local-dns 的主要配置参数如下。

◎ args: ["-localip", "169.254.20.10", "-conf", "/etc/Corefile", "-upstreamsvc", "kube-dns-upstream"]：将-localip 参数设置为 node-local-dns 绑定的本地 IP 地址，对其他参数无须修改。

◎ livenessProbe 中的健康检查端口号与 ConfigMap 中的一致。

另外，如果 kube-proxy 代理模式（--proxy-mode）使用的是 ipvs 模式，则还需要修改 kubelet 的启动参数--cluster-dns 为 node-local-dns 绑定的本地 IP 地址 169.254.20.10。

通过 kubectl create 命令创建 node-local-dns 服务：

```
# kubectl create -f nodelocaldns.yaml
serviceaccount/node-local-dns created
service/kube-dns-upstream created
configmap/node-local-dns created
daemonset.apps/node-local-dns created
```

确认在每个 Node 上都运行了一个 node-local-dns Pod：

```
# kubectl -n kube-system get po -l k8s-app=node-local-dns
NAME                              READY   STATUS    RESTARTS   AGE
node-local-dns-mkljl                1/1     Running   0          3m28s
node-local-dns-2j9rx                1/1     Running   0          3m28s
node-local-dns- psjck               1/1     Running   0          3m28s
......
```

在客户端 Pod 内对服务名的解析没有变化，仍然可以直接通过服务名访问其他服务，例如：

```
# curl webapp.default:8080
<!DOCTYPE html PUBLIC "-//W3C//DTD HTML 4.01 Transitional//EN"
"http://www.w3.org/TR/html4/loose.dtd">
<html>
<head>
<meta http-equiv="Content-Type" content="text/html; charset=utf-8">
......
```

4.5　Pod 的 DNS 域名相关特性

Pod 作为集群中提供具体服务的实体，也可以像 Service 一样设置 DNS 域名。另外，系统为客户端应用 Pod 需要使用的 DNS 策略提供了多种选择。

4.5.1　Pod 的 DNS 域名

对 Pod 来说，Kubernetes 会为其设置一个<pod-ip>.<namespace>.pod.<cluster-domain>格式的 DNS 域名，其中 Pod IP 部分需要用“-”替换“.”符号，例如下面 Pod 的 IP 地址为 10.0.95.63：

```
# kubectl get po -o wide
NAME                    READY   STATUS    RESTARTS   AGE     IP          NODE
NOMINATED NODE   READINESS GATES
Test-pod   1/1     Running   0          1m20s   10.0.95.63   192.168.18.3
<none>           <none>
```

系统为这个 Pod 设置的 DNS 域名为 10-0-95-63.default.pod.cluster.local，用 nslookup 进行验证，便可以成功解析该域名的 IP 地址为 10.0.95.63：

```
# nslookup 10-0-95-63.default.pod.cluster.local
Server:        169.169.0.100
Address:       169.169.0.100#53

Name:   10-0-95-63.default.pod.cluster.local
Address: 10.0.95.63
```

对于以 Deployment 或 Daemonset 类型创建的 Pod，Kubernetes 会为每个 Pod 都以其 IP

地址和控制器名称设置一个 DNS 域名，格式为<pod-ip>.<deployment/daemonset-name>.<namespace>.svc.<cluster-domain>，其中 Pod IP 地址段字符串需要用“-”替换“.”符号，例如下面 Pod 的 IP 地址为 10.0.95.48：

```
# kubectl get po -o wide
NAME                     READY   STATUS    RESTARTS   AGE     IP            NODE
NOMINATED NODE   READINESS GATES
demo-app-6c675f688-6j2zn   1/1     Running   0          7m49s   10.0.95.48
192.168.18.3   <none>           <none>
```

系统为这个 Pod 设置的 DNS 域名为 10-0-95-48.demo-app.default.svc.cluster.local，用 nslookup 进行验证，便可以成功解析该域名的 IP 地址为 10.0.95.48：

```
# nslookup 10-0-95-48.demo-app.default.svc.cluster.local
Server:         169.169.0.100
Address:        169.169.0.100#53

Name:   10-0-95-48.demo-app.default.svc.cluster.local
Address: 10.0.95.48
```

4.5.2 为 Pod 自定义 hostname 和 subdomain

在默认情况下，Pod 的名称将被系统设置为容器环境内的主机名称（hostname），但通过副本控制器创建的 Pod 名称会有一段随机后缀名，无法固定，此时可以通过在 Pod yaml 配置中设置 hostname 字段定义容器环境的主机名。同时，可以设置 subdomain 字段定义容器环境的子域名。

通过下面的 Pod 定义，将会在 Pod 容器环境中设置主机名为“webapp-1”，子域名为“mysubdomain”：

```
apiVersion: v1
kind: Pod
metadata:
  name: webapp1
  labels:
    app: webapp1
spec:
  hostname: webapp-1
  subdomain: mysubdomain
  containers:
```

```
  - name: webapp1
    image: kubeguide/tomcat-app:v1
    ports:
    - containerPort: 8080
```

创建这个 Pod：

```
# kubectl create -f pod-hostname-subdomain.yaml
pod/webapp1 created
```

查看 Pod 的 IP 地址：

```
# kubectl get po -o wide
NAME      READY   STATUS      RESTARTS   AGE   IP           NODE
NOMINATED NODE   READINESS GATES
webapp1   1/1     Running     0          4s    10.0.95.51   192.168.18.3
<none>           <none>
```

在 Pod 创建成功之后，Kubernetes 系统为其设置的 DNS 域名（FQDN）为“webapp-1.mysubdomain.default.svc.cluster.local”，可以通过登录 Pod “webapp1” 查看/etc/hosts 文件的记录：

```
# kubectl exec -ti webapp1 -- bash
root@webapp-1:/usr/local/tomcat# cat /etc/hosts
# Kubernetes-managed hosts file.
127.0.0.1       localhost
::1     localhost ip6-localhost ip6-loopback
fe00::0 ip6-localnet
fe00::0 ip6-mcastprefix
fe00::1 ip6-allnodes
fe00::2 ip6-allrouters
10.0.95.51      webapp-1.mysubdomain.default.svc.cluster.local  webapp-1
```

为了使集群内的其他应用能够访问 Pod 的 DNS 域名，还需要部署一个 Headless Service，其服务名称为 Pod 的子域名（subdomain），这样系统就会在 DNS 服务器中自动创建相应的 DNS 记录。

Headless Service 的定义如下，名称（name）被设置为 Pod 的子域名“mysubdomain”：

```
apiVersion: v1
kind: Service
metadata:
  name: mysubdomain
spec:
```

```
  selector:
    app: webapp
  clusterIP: None
  ports:
  - port: 8080
```

创建该 Headless Service：

```
# kubectl create -f headless-service.yaml
service/mysubdomain created
```

查看该 Service 的详情，可见其 Endpoint 为 Pod 的 IP：

```
# kubectl describe svc mysubdomain
Name:              mysubdomain
Namespace:         default
Labels:            <none>
Annotations:       <none>
Selector:          app=webapp1
Type:              ClusterIP
IP:                None
Port:              <unset>  8080/TCP
TargetPort:        8080/TCP
Endpoints:         10.0.95.51:8080
Session Affinity:  None
Events:            <none>
```

此时，其他应用就可以通过 Pod 的 DNS 域名“webapp-1.mysubdomain.default. svc.cluster. local”访问 Pod 的服务了：

```
# curl webapp-1.mysubdomain.default.svc.cluster.local:8080
<!DOCTYPE html PUBLIC "-//W3C//DTD HTML 4.01 Transitional//EN"
"http://www.w3.org/TR/html4/loose.dtd">
<html>
<head>
<meta http-equiv="Content-Type" content="text/html; charset=utf-8">
```

4.5.3 Pod 的 DNS 策略

Kubernetes 可以在 Pod 级别通过 dnsPolicy 字段设置 DNS 策略。目前支持的 DNS 策略如下。

◎ Default：继承 Pod 所在宿主机的域名解析设置。

◎ ClusterFirst：优先使用 Kubernetes 环境的 DNS 服务（如 CoreDNS 提供的域名解析服务），将无法解析的域名转发到系统配置的上游 DNS 服务器。
◎ ClusterFirstWithHostNet：适用于以 hostNetwork 模式运行的 Pod。
◎ None：忽略 Kubernetes 集群的 DNS 配置，需要手工通过 dnsConfig 自定义 DNS 配置。这个选项在 Kubernetes 1.9 版本中开始引入，到 Kubernetes 1.10 版本时升级为 Beta，到 Kubernetes 1.14 版本时达到稳定版本。自定义 DNS 配置详见下节的说明。

下面是一个使用了 hostNetwork 的 Pod，其 dnsPolicy 设置为“ClusterFirstWithHostNet”：

```
apiVersion: v1
kind: Pod
metadata:
  name: nginx
spec:
  containers:
  - name: nginx
    image: nginx
  hostNetwork: true
  dnsPolicy: ClusterFirstWithHostNet
```

4.5.4　Pod 中的自定义 DNS 配置

在默认情况下，系统会自动为 Pod 配置好域名服务器等 DNS 参数，此外 Kubernetes 也提供在 Pod 定义中由用户自定义 DNS 相关配置的方法。这可以通过在 Pod 定义中设置 dnsConfig 字段进行 DNS 相关配置。该字段是可选字段，在 dnsPolicy 为任意策略时都可以设置，但是当 dnsPolicy="None"时必须设置。该特性在 Kubernetes 的 1.9 版本中被提出，在 1.10 版本时达到 Beta 阶段并被默认启用，到 1.14 版本时达到 Stable 阶段。

自定义 DNS 可以设置以下内容。

◎ nameservers：用于域名解析的 DNS 服务器列表，最多可以设置 3 个。当 Pod 的 dnsPolicy="None"时，该 nameserver 列表必须包含至少一个 IP 地址。配置的 nameserver 列表会与系统自动设置的 nameserver 进行合并和去重。
◎ searches：用于域名搜索的 DNS 域名后缀，最多可以设置 6 个，也会与系统自动设置的 search 列表进行合并和去重。
◎ options：配置其他可选 DNS 参数，例如 ndots、timeout 等，以 name 或 name/value 对的形式表示，也会与系统自动设置的 option 列表进行合并和去重。

以下面的 dnsConfig 为例：

```
apiVersion: v1
kind: Pod
metadata:
  name: custom-dns
spec:
  containers:
  - name: custom-dns
    image: tomcat
    imagePullPolicy: IfNotPresent
    ports:
    - containerPort: 8080
  dnsPolicy: "None"
  dnsConfig:
    nameservers:
      - 8.8.8.8
    searches:
      - ns1.svc.cluster-domain.example
      - my.dns.search.suffix
    options:
      - name: ndots
        value: "2"
      - name: edns0
```

在 Pod 成功创建后，容器内 DNS 配置文件/etc/resolv.conf 的内容将被系统设置如下：

```
nameserver 8.8.8.8
search ns1.svc.cluster.local my.dns.search.suffix
options ndots:2 edns0
```

在 IPv6 环境中，Pod 内/etc/resolv.conf 文件中 nameserver 的 IP 地址也会以 IPv6 格式进行表示，例如：

```
nameserver fd00:79:30::a
search default.svc.cluster-domain.example svc.cluster-domain.example cluster-domain.example
options ndots:5
```

4.6　Ingress 7 层路由机制

根据前面对 Service 概念的说明，我们知道 Service 的表现形式为 IP 地址和端口号（ClusterIP:Port），即工作在 TCP/IP 层。而对于基于 HTTP 的服务来说，不同的 URL 地址经常对应到不同的后端服务或者虚拟服务器（Virtual Host），这些应用层的转发机制仅通过 Kubernetes 的 Service 机制是无法实现的。Kubernetes 从 1.1 版本开始引入 Ingress 资源对象，用于将 Kubernetes 集群外的客户端请求路由到集群内部的服务上，同时提供 7 层（HTTP 和 HTTPS）路由功能。Ingress 在 Kubernetes 1.19 版本时达到 v1 稳定版本。

Kubernetes 使用了一个 Ingress 策略定义和一个具体提供转发服务的 Ingress Controller，两者结合，实现了基于灵活 Ingress 策略定义的服务路由功能。如果是对 Kubernetes 集群外部的客户端提供服务，那么 Ingress Controller 实现的是类似于边缘路由器（Edge Router）的功能。需要注意的是，Ingress 只能以 HTTP 和 HTTPS 提供服务，对于使用其他网络协议的服务，可以通过设置 Service 的类型（type）为 NodePort 或 LoadBalancer 对集群外部的客户端提供服务。

使用 Ingress 进行服务路由时，Ingress Controller 基于 Ingress 规则将客户端请求直接转发到 Service 对应的后端 Endpoint（Pod）上，这样会跳过 kube-proxy 设置的路由转发规则，以提高网络转发效率。

图 4.7 显示了一个典型的 HTTP 层路由的例子。

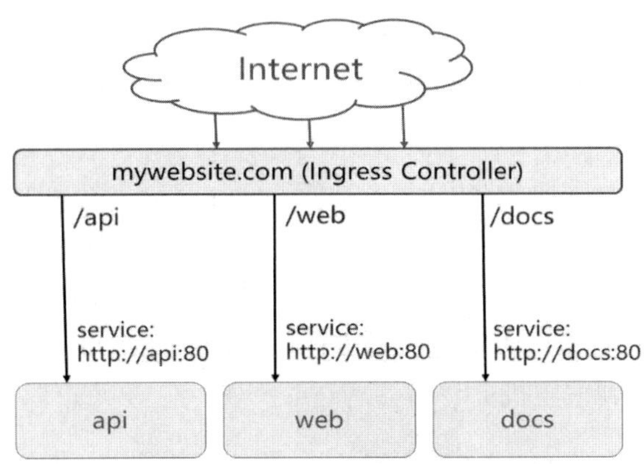

图 4.7　一个典型的 HTTP 层路由的例子

其中：

◎ 对 http://mywebsite.com/api 的访问将被路由到后端名为 api 的 Service 上；
◎ 对 http://mywebsite.com/web 的访问将被路由到后端名为 web 的 Service 上；
◎ 对 http://mywebsite.com/docs 的访问将被路由到后端名为 docs 的 Service 上。

下面先通过一个完整的例子对 Ingress Controller 的部署、Ingress 策略的配置，以及客户端如何通过 Ingress Controller 访问服务对 Ingress 的原理和应用进行说明，然后对 Ingress 资源的概念、策略配置、TLS 安全设置进行详细说明。

4.6.1 一个完整的例子（Ingress Controller+Ingress 策略+客户端访问）

1. 部署 Ingress Controller

Ingress Controller 需要实现基于不同 HTTP URL 向后转发的负载分发规则，并可以灵活设置 7 层负载分发策略。目前 Ingress Controller 已经有许多实现方案，包括 Nginx、HAProxy、Kong、Traefik、Skipper、Istio 等开源软件的实现，以及公有云 GCE、Azure、AWS 等提供的 Ingress 应用网关，用户可以参考官方网站根据业务需求选择适合的 Ingress Controller。

在 Kubernetes 中，Ingress Controller 会持续监控 API Server 的/ingress 接口（即用户定义的到后端服务的转发规则）的变化。当/ingress 接口后端的服务信息发生变化时，Ingress Controller 会自动更新其转发规则。

本例基于 Nginx 提供的 Ingress Controller 进行说明。Nginx Ingress Controller 可以以 Daemonset 或 Deployment 模式进行部署，通常可以考虑通过设置 nodeSelector 或亲和性调度策略将其调度到固定的几个 Node 上提供服务。

对于客户端应用如何通过网络访问 Ingress Controller，本例中通过在容器级别设置 hostPort，将 80 和 443 端口号映射到宿主机上，这样客户端应用可以通过 URL 地址“http://<NodeIP>:80”或“https://<NodeIP>:443”访问 Ingress Controller。也可以配置 Pod 使用 hostNetwork 模式直接监听宿主机网卡的 IP 地址和端口号，或者使用 Service 的 NodePort 将端口号映射到宿主机上。

下面是 Nginx Ingress Controller 的 YAML 定义，其中将 Pod 创建在 namespace“nginx-ingress”中，通过 nodeSelector“role=ingress-nginx-controller”设置了调度的目标 Node，

并设置了 hostPort 将端口号映射到宿主机上供集群外部的客户端访问。该配置文件包含了 Namespace、ServiceAccount、RBAC、Secret、ConfigMap 和 Deployment 等资源对象的配置，示例如下。

Namespace 的定义如下：

```
# nginx-ingress-controller.yaml
---
apiVersion: v1
kind: Namespace
metadata:
  name: nginx-ingress
```

ServiceAccount 的定义如下：

```
apiVersion: v1
kind: ServiceAccount
metadata:
  name: nginx-ingress
  namespace: nginx-ingress
```

RBAC 相关资源的定义如下：

```
kind: ClusterRole
apiVersion: rbac.authorization.k8s.io/v1
metadata:
  name: nginx-ingress
rules:
- apiGroups:
  - ""
  resources:
  - services
  - endpoints
  verbs:
  - get
  - list
  - watch
- apiGroups:
  - ""
  resources:
  - secrets
  verbs:
  - get
```

```
    - list
    - watch
  - apiGroups:
    - ""
    resources:
    - configmaps
    verbs:
    - get
    - list
    - watch
    - update
    - create
  - apiGroups:
    - ""
    resources:
    - pods
    verbs:
    - list
    - watch
  - apiGroups:
    - ""
    resources:
    - events
    verbs:
    - create
    - patch
    - list
  - apiGroups:
    - extensions
    resources:
    - ingresses
    verbs:
    - list
    - watch
    - get
  - apiGroups:
    - "extensions"
    resources:
    - ingresses/status
    verbs:
    - update
```

```
- apiGroups:
  - k8s.nginx.org
  resources:
  - virtualservers
  - virtualserverroutes
  - globalconfigurations
  - transportservers
  - policies
  verbs:
  - list
  - watch
  - get
- apiGroups:
  - k8s.nginx.org
  resources:
  - virtualservers/status
  - virtualserverroutes/status
  verbs:
  - update
---
kind: ClusterRoleBinding
apiVersion: rbac.authorization.k8s.io/v1
metadata:
  name: nginx-ingress
subjects:
- kind: ServiceAccount
  name: nginx-ingress
  namespace: nginx-ingress
roleRef:
  kind: ClusterRole
  name: nginx-ingress
  apiGroup: rbac.authorization.k8s.io
```

Secret 的定义如下：

```
apiVersion: v1
kind: Secret
metadata:
  name: default-server-secret
  namespace: nginx-ingress
type: Opaque
data:
```

```
    tls.crt:
LS0tLS1CRUdJTiBDRVJUSUZJQ0FURS0tLS0tCk1JSUN2akNDQWFZQ0NRREFPRjl0THNhWFhEQU5CZ2tx
aGtpRzl3MEJBUXNGQURBaE1SOHdIUVlEVlFRRERCWk8KUjBsT1dFbHVaM0psYzNNORGIyNTBjbTlzYkdW
eU1CNFhEVEU0TURreE1qRTRNRE16TlZvWERUSXpNRGt4TVRFNApNRE16TlZvd0lURWZNQjBHQTFVRUF3
d1dUa2RKVGxoSmJtZHlaWE56UTI5dWRISnZiR3hsY2pDQ0FTSXdEUVlKCktvWklodmNOQVFFQkJRQURn
Z0VQQURDQ0FRb0NnZ0VCQUwvN2hIUEtFWGRMdjNyaUM3QlBrMTNpWkt5eTlyQ08KR2xZUXYyK2EzUDF0
azIrS3YwVGF5aGRCbDRrcnNUcTZzZm8vWUk1Y2Vhbkw4WGM3U1pyQkVRYm9EN2REbWs1Qgo4eDZLS2xH
WU5IWlg0Rm5UZ0VPaStlM2ptTFFxRlBSY1kzVnNPazFFeUZBL0JnWlJVbkNHZUtGeERSN0tQdGhyCmtq
SXVuektURXUyaDU4Tlp0S21ScUJHdDEwcTNRYzhZT3ExM2FnbmovUWRjc0ZYYTJnMjB1K1lYZDdoZ3kr
ZksKWk4vVUkxQUQ0YzZyM1lma1ZWUmVHd1lxQVp1WXN2V0RKbW1GNWRwdEMzN011cDBPRUxVTExSakZJ
OTZXNXIwSAo1TmdPc25NWFJNV1hYVlpiNWRxT3R0SmRtS3FhZ25TZ1JQQVpQN2MwQjFQU2FqYzZjNGZR
VXpNQ0F3RUFBVEFOCkJna3Foa2lHOXcwQkFRc0ZBQU9DQVFFQWpLb2tRdGRPcEsrTzhibWVPc3lySmdJ
SXJycVFVY2ZOUitjb0hZVUoKdGhrYnhITFMzR3VBTWI5dm15VExPY2xxeC9aYzJPblEwMEJCLzlTb0sw
citFZ1U2UlVrRWtWcitTTFA3NTdUWgozZWI4dmdPdEduMS9ienM3bzNBaS9kclkrcUI5Q2k1S3lPc3FH
TG1US2xFaUtOYkcyR1ZyTWxjS0ZYQU80YTY3CklncGhzYktNbTQwV1U3cG9mcGltU1ZmaXFSdkV5YmN3
N0NYODF6cFErUyt1eHRYK2VBZ3V0NHh3VlI5d2IyVXYKelhuZk9HbWhWNThDd1dIQnNKa0kxNXhaa2VU
WXdSN0diaEFMSkZUUkk3dkhvQXprTWIzbjAxQjQyWjNrN3RXNQpJUDFmTlpIOFUvOWxiUHNoT21FRFZk
djF5ZytVRVJxbStGSis2R0oxeFJGcGZnPT0KLS0tLS1FTkQgQ0VSVElGSUNBVEUtLS0tLQo=
    tls.key:
LS0tLS1CRUdJTiBSU0EgUFJJVkFURSBLRVktLS0tLQpNSUlFcEFJQkFBS0NBUUVBdi91RWM4b1JkMHUv
ZXVJTHNFK1RYZUprckxMMnNJNGFWaEMvYjVyYy9XMlRiNHEvClJOckttGMEdYaVN1eE9ycXgrajlnamx4
NXFjdnhkenRKbXNFUkJ1Z1B0ME9hVGtIekhvb3FVWmcwZGxmZ1dkT0EKUTZMNTdlT1l0Q29VOUZ4amRX
dzZUVVRJVUQ4R0JsRlNjSVo0b1hFTkhzbysyR3VTTWk2Zk1wTVM3YUhudzFtMApxWkdvRWEzWFNyZEJ6
eGc2clhkcUNlUDlCMXl3VmRyYURiUzc1aGQzdUdETDU4cGszOVFqVUFQaHpxdmRoK1JWClZGNGJCaW9C
bTVpeTlZTW1hWVhsMm0wTGZzeTZuUTRRdFFzdEdNVWozcGJtdlFmazJBNnljeGRFeFpkZFZZsdmwKMm82
MjBsMllxcHFDZEtCRThCay90elFIVTlKcU56cHpoOUJUTXdJREFRQUJBb0lCQVFDZklHbXowOHhRVmor
NwpLZnZJUXQwQ0YzR2MxNld6eDhVNml4MHg4Mm15d1kxUUNlL3BzWE9LZlRxT1h1SENyUlp5TnUvZ2Iv
UUQ4bUFOCmxOMjRZTWl0TWRJODg5TEZoTkp3QU5OODJDeTczckM5bzVvUDlkazAvYzRIbjAzSkVYNzZ5
QjgzQm9rR1FvYksKMjhMNk0rdHUzUmFqNjd6Vmc2d2szaEhrU0pXSzBwV1YrSjdrUkRWYmhDYUZhNk5n
MUZNRWxhTlozVDhhUUtyQgpDUDNDeEFTdjYxWTk5TEI4KzNXWVFIK3NYaTVGM01pYVNBZ1BkQUk3WEh1
dXFET1lvMU5PL0JoSGtlaVg2QnRtCnorNTZud2pZMy8yUytSRmNBc3JMTnIwMDJZZi9oY0IraVlDNzVW
YmcydVd6WTY3TWdOTGQ5VW9RU3BDRkYrVm4KM0cyUnhybnhBb0dCQU40U3M0ZVlPU2huMVpQQjdhTUZs
Y0k2RHR2S2ErTGZTTXFyY2pOZjJlSEpZNnhubmxKdgpGenpGL2RiVWVTbWxSekR0WkdlcXZaXaHFISy9i
TjIyeWJhOU1WMDlRQ0JFTk5jNmtWajJTVHpUWkJVbEx4NQzYrCk93Z0wyZHhlbkdWelU0OVC84ajdHalRU
N05BZVpFS2FvRHFyRG5BYWkyaW5oZU1JVWZHRXFGGKzJyQW9HQkFOMVAKK0tZL0l0ZLZ01sS3RWRzRKSklQNzBj
Uis3RmpyeeXJpY05iWCtQVzUvOXFHaWxnY2grZ3l4b25BWlBpd2NpeDN3VVpGdwpaZC96ZFB2aTBkWEpp
c1BSZjRMazg5b2pCUmpiRmRmc2l5UmJYbyt3TFU4NUhRU2NMaVBaTVBRHdVU0FkCm45YWFweENNw
eEFkREtERHdObit3ZFhtaTZ0OHRpSFRkK3RoVDhkaVpBb0dCQUt6Wis1bG9OT0BtYlF4VVh5YUwKMjFS
Um9tMGJjcndsTmVCaWNFSmlzaEhYa2xpSVVxZ3hSZklNM2hhUVRUcklKZENFaHFsV01aV0xPb2I2NTNy
Zgo3aFlMSXM1ZUtka3o0aFRVdnpldm9TMHVXcm9CV2xOVHlGanIrSWhKZnZUc0hpOGdsU3FkbXgySkJh
ZUFVWUNXCndNdlQ4NmNLclNyNkQrZG8wS05FZzFsL0FvR0FMMkFsZ1dVdHVFbFNqLzBmRzgrV3hhc1RFV1Jq
```

```
clRNUzRSUjhRWXQKeXdjdFA4aDZxTGxKUTRCWGxQU05rMXZLTmtOUkxIb2pZT2pCQTViYjhibXNVU1Bl
V09NNENoaFJ4QnlHbmR2eAphYkJDRkFwY0IvbEg4d1R0alVZYlN5T294ZGt5OEp0ek90ajJhS0FiZHd6
NlArWDZDODhjZmxYVFo5MWpYL3RMCjF3TmRKS2tDZ1lCbyt0UzB5TzJ2SWFmK2UwSkN5TGhzVDQ5cTN3
Zis2QWVqWGx2WDJ1VnRYejN5QTZnbXo5aCsKcDNlK2JMRUxwb3B0WFhNdUFRR0xhUkcrYlNNcjR5dERY
bE5ZSndUeThXczNKY3dlSTdqZVp2b0ZpbmNvVlVIMwphdmxoTUVCRGYxSjltSDB5cDBwWUNaS2ROdHNv
ZEZtQktzVEtQMjJhTmtsVVhCS3gyZzR6cFE9PQotLS0tLUVORCBSU0EgUFJJVkFURSBLRVktLS0tLQo=
```


对 ConfigMap 的定义如下：

```
kind: ConfigMap
apiVersion: v1
metadata:
  name: nginx-config
  namespace: nginx-ingress
data:
```

对 Deployment 的定义如下：

```
apiVersion: apps/v1
kind: Deployment
metadata:
  name: nginx-ingress
  namespace: nginx-ingress
spec:
  replicas: 1
  selector:
    matchLabels:
      app: nginx-ingress
  template:
    metadata:
      labels:
        app: nginx-ingress
    spec:
      nodeSelector:
        role: ingress-nginx-controller
      serviceAccountName: nginx-ingress
      containers:
      - image: nginx/nginx-ingress:1.7.2
        imagePullPolicy: IfNotPresent
        name: nginx-ingress
        ports:
        - name: http
          containerPort: 80
```

```
          hostPort: 80
        - name: https
          containerPort: 443
          hostPort: 443
        securityContext:
          allowPrivilegeEscalation: true
          runAsUser: 101 #nginx
          capabilities:
            drop:
            - ALL
            add:
            - NET_BIND_SERVICE
        env:
        - name: POD_NAMESPACE
          valueFrom:
            fieldRef:
              fieldPath: metadata.namespace
        - name: POD_NAME
          valueFrom:
            fieldRef:
              fieldPath: metadata.name
        args:
          - -nginx-configmaps=$(POD_NAMESPACE)/nginx-config
          - -default-server-tls-secret=$(POD_NAMESPACE)/default-server-secret
```

通过 kubectl create 命令创建 nginx-ingress-controller：

```
# kubectl create -f nginx-ingress-daemonset.yaml
namespace/nginx-ingress created
serviceaccount/nginx-ingress created
clusterrole.rbac.authorization.k8s.io/nginx-ingress created
clusterrolebinding.rbac.authorization.k8s.io/nginx-ingress created
secret/default-server-secret created
configmap/nginx-config created
deployment.apps/nginx-ingress created
```

查看 nginx-ingress-controller 容器，确认其正常运行：

```
# kubectl --namespace=nginx-ingress get po -o wide
NAME                           READY   STATUS    RESTARTS   AGE   IP           NODE
NOMINATED NODE   READINESS GATES
nginx-ingress-666fcfd8c-7ljz6   1/1     Running   0          32m   10.0.95.10
192.168.18.3   <none>           <none>
```

用 curl 访问 Nginx Ingress Controller 所在宿主机的 80 端口，验证其服务是否正常，在没有配置后端服务时 Nginx 会返回 404 应答：

```
# curl http://192.168.18.3
<html>
<head><title>404 Not Found</title></head>
<body>
<center><h1>404 Not Found</h1></center>
<hr><center>nginx/1.19.0</center>
</body>
</html>
```

2. 创建 Ingress 策略

本例对域名 mywebsite.com 的访问设置 Ingress 策略，定义对其/demo 路径的访问转发到后端 webapp Service 的规则：

```
# mywebsite-ingress.yaml
apiVersion: networking.k8s.io/v1
kind: Ingress
metadata:
  name: mywebsite-ingress
spec:
  rules:
  - host: mywebsite.com
    http:
      paths:
      - path: /demo
        pathType: ImplementationSpecific
        backend:
          service:
            name: webapp
            port:
              number: 8080
```

通过该 Ingress 定义设置的效果：客户端对目标地址 http://mywebsite.com/demo 的访问将被转发到集群内的服务“webapp”上，完整的 URL 为“http://webapp:8080/demo”。

在 Ingress 策略生效之前，需要先确保 webapp 服务正确运行。同时注意 Ingress 中对路径的定义需要与后端 webapp 服务提供的访问路径一致，否则将被转发到一个不存在的路径上，引发错误。这里以第 1 章的 webapp 服务（使用 kubeguide/tomcat-app:v1 镜像）

为例，假设 myweb 服务已经部署完毕且正常运行，myweb 提供的 Web 服务的路径也为/demo。

创建上述 Ingress 资源对象：

```
# kubectl create -f mywebsite-ingress.yaml
ingress.networking.k8s.io/mywebsite-ingress created

# kubectl get ingress
NAME                CLASS    HOSTS           ADDRESS   PORTS   AGE
mywebsite-ingress   <none>   mywebsite.com             80      46s
```

一旦 Ingress 资源成功创建，Ingress Controller 就会监控到其配置的路由策略，并更新到 Nginx 的配置文件中生效。以本例中的 Nginx Controller 为例，它将更新其配置文件的内容为在 Ingress 中设定的路由策略。

登录一个 nginx-ingress-controller Pod，在/etc/nginx/conf.d 目录下可以看到 Nginx Ingress Controller 自动生成的配置文件 default-mywebsite-ingress.conf，查看其内容，可以看到对 mywebsite.com/demo 的转发规则的正确配置：

```
# configuration for default/mywebsite-ingress
upstream default-mywebsite-ingress-mywebsite.com-webapp-8080 {
       zone default-mywebsite-ingress-mywebsite.com-webapp-8080 256k;
       random two least_conn;
       server 10.0.95.8:8080 max_fails=1 fail_timeout=10s max_conns=0;
}

server {
       listen 80;
       server_tokens on;
       server_name mywebsite.com;
       location /demo {
              proxy_http_version 1.1;
              proxy_connect_timeout 60s;
              proxy_read_timeout 60s;
              proxy_send_timeout 60s;
              client_max_body_size 1m;
              proxy_set_header Host $host;
              proxy_set_header X-Real-IP $remote_addr;
              proxy_set_header X-Forwarded-For $proxy_add_x_forwarded_for;
              proxy_set_header X-Forwarded-Host $host;
```

```
                proxy_set_header X-Forwarded-Port $server_port;
                proxy_set_header X-Forwarded-Proto $scheme;
                proxy_buffering on;
                proxy_pass http://default-mywebsite-ingress-mywebsite.com-
webapp-8080;
            }
    }
```

3. 客户端通过 Ingress Controller 访问后端 webapp 服务

由于 Ingress Controller 容器通过 hostPort 将服务端口号 80 映射到了宿主机上，所以客户端可以通过 Ingress Controller 所在的 Node 访问 mywebsite.com 提供的服务。

需要说明的是，客户端只能通过域名 mywebsite.com 访问服务，这时要求客户端或者 DNS 将 mywebsite.com 域名解析到 Node 的真实 IP 地址上。

通过 curl 访问 mywebsite.com 提供的服务（可以用--resolve 参数模拟 DNS 解析，目标地址为域名；也可以用-H 'Host:mywebsite.com'参数设置在 HTTP 头中要访问的域名，目标地址为 IP 地址），可以正确访问到 myweb 服务/demo/的页面内容。

```
# curl --resolve mywebsite.com:80:192.168.18.3 http://mywebsite.com/demo/
```

或

```
# curl -H 'Host:mywebsite.com' http://192.168.18.3/demo/
<!DOCTYPE html PUBLIC "-//W3C//DTD HTML 4.01 Transitional//EN"
"http://www.w3.org/TR/html4/loose.dtd">
<html>
<head>
<meta http-equiv="Content-Type" content="text/html; charset=utf-8">
<title>HPE University Docker&Kubernetes Learning</title>
</head>
<body  align="center">

    <h2>Congratulations!!</h2>
    <br></br>
        <input type="button" value="Add..." onclick="location.href='input.html'" >
            <br></br>
     <TABLE align="center"  border="1" width="600px">
   <TR>
     <TD>Name</TD>
     <TD>Level(Score)</TD>
```

```
    </TR>

  <TR>
      <TD>google</TD>
      <TD>100</TD>
    </TR>

  <TR>
      <TD>docker</TD>
      <TD>100</TD>
    </TR>

  <TR>
      <TD>teacher</TD>
      <TD>100</TD>
    </TR>

  <TR>
      <TD>HPE</TD>
      <TD>100</TD>
    </TR>

  <TR>
      <TD>our team</TD>
      <TD>100</TD>
    </TR>

  <TR>
      <TD>me</TD>
      <TD>100</TD>
    </TR>

   </TABLE>

 </body>
 </html>
```

如果需要使用浏览器进行访问，那么需要先在本机上设置域名 mywebsite.com 对应的 IP 地址，再到浏览器上进行访问。以 Windows 为例，修改 C:\Windows\System32\drivers\etc\hosts 文件，加入一行记录：

```
192.168.18.3 mywebsite.com
```

然后在浏览器的地址栏中输入“http://mywebsite.com/demo/”，就能够访问 Ingress 提供的服务了，如图 4.8 所示。

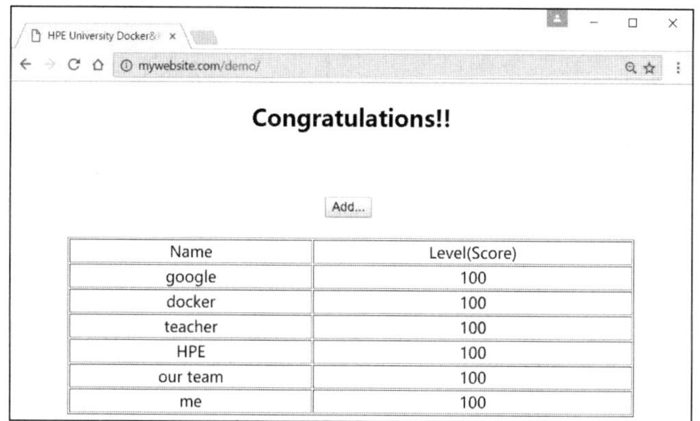

图 4.8　通过浏览器访问 Ingress 服务

4.6.2　Ingress 资源对象详解

一个 Ingress 资源对象的定义示例如下：

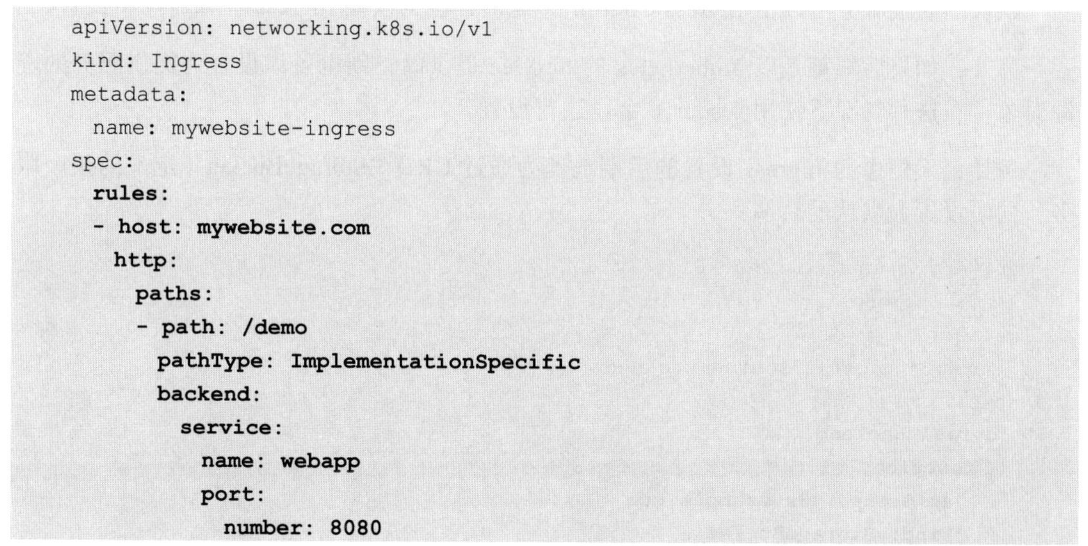

```
apiVersion: networking.k8s.io/v1
kind: Ingress
metadata:
  name: mywebsite-ingress
spec:
  rules:
  - host: mywebsite.com
    http:
      paths:
      - path: /demo
        pathType: ImplementationSpecific
        backend:
          service:
            name: webapp
            port:
              number: 8080
```

Ingress 资源主要用于定义路由转发规则，可以包含多条转发规则的定义，通过 spec.rules 进行设置。下面对其中的关键配置进行说明。

1. 规则（rules）相关设置

◎ host（可选配置）：基于域名的访问，客户端请求将作用于指定域名的客户端请求。
◎ http.paths：一组根据路径进行转发的规则设置，每个路径都应配置相应的后端服务信息（服务名称和服务端口号）。只有客户端请求中的 host 和 path 都匹配之后，才会进行转发。
◎ backend：目标后端服务，包括服务的名称和端口号。

Ingress Controller 将根据每条 rule 中 path 定义的 URL 路径将客户端请求转发到 backend 定义的后端服务上。

如果一个请求同时被在 Ingress 中设置的多个 URL 路径匹配，则系统将以最长的匹配路径为优先。如果有两条同等长度的匹配路径，则精确匹配类型（Exact）优先于前缀匹配类型（Prefix）。

2. 后端（Backend）设置

后端通常被设置为目标服务（Service），通常还应该为不匹配任何路由规则（rule）的请求设置一个默认的后端，以返回 HTTP 404 响应码来表示没有匹配的规则。

默认的后端服务可以由 Ingress Controller 提供，也可以在 Ingress 资源对象中设置。

另外，如果后端不是以 Kubernetes 的 Service 提供的，则也可以设置为提供服务的资源对象，在这种情况下使用 resource 字段进行设置。

例如，下例中的 Ingress 设置的后端地址为通过 CRD “StorageBucket” 定义的某个服务，同时设置为默认的后端：

```
apiVersion: networking.k8s.io/v1
kind: Ingress
metadata:
  name: ingress-resource-backend
spec:
  defaultBackend:
    resource:
      apiGroup: k8s.example.com
      kind: StorageBucket
      name: static-assets
  rules:
    - http:
```

```
        paths:
          - path: /icons
            pathType: ImplementationSpecific
            backend:
              resource:
                apiGroup: k8s.example.com
                kind: StorageBucket
                name: icon-assets
```

通过这个 Ingress 的定义，客户端对路径 /icons 的访问将会被路由转发到后端名为“icon-assets”的 StorageBucket 服务上。不匹配任何规则的请求则被路由转发到默认的后端（defaultBackend）上。

3. 路径类型（pathType）

对于每条规则（rule）中的路径（path），都必须设置一个相应的路径类型，目前支持以下 3 种类型。

◎ ImplementationSpecific：系统默认，由 IngressClass 控制器提供具体实现。

◎ Exact：精确匹配 URL 路径，区分大小写。

◎ Prefix：匹配 URL 路径的前缀，区分大小写，路径由“/”符号分隔为一个个元素，匹配规则为逐个元素进行前缀匹配。如果路径中的最后一个元素是请求路径中最后一个元素的子字符串，则不会判断为匹配，例如/foo/bar 是路径/foo/bar/baz 的前缀，但不是路径/foo/barbaz 的前缀。

如表 4.2 所示是常见的路径类型匹配规则示例。

表 4.2　常见的路径类型匹配规则示例

路径类型	在 Ingress 中配置的路径（path）	请求路径	是否匹配
Prefix	/	(all paths)	是
Exact	/foo	/foo	是
Exact	/foo	/bar	否
Exact	/foo	/foo/	否
Exact	/foo/	/foo	否
Prefix	/foo	/foo, /foo/	是
Prefix	/foo/	/foo, /foo/	是
Prefix	/aaa/bb	/aaa/bbb	否

续表

路 径 类 型	在 Ingress 中配置的路径（path）	请 求 路 径	是 否 匹 配
Prefix	/aaa/bbb	/aaa/bbb	是
Prefix	/aaa/bbb/	/aaa/bbb	是，忽略结尾的“/”
Prefix	/aaa/bbb	/aaa/bbb/	是，匹配结尾的“/”
Prefix	/aaa/bbb	/aaa/bbb/ccc	是，匹配子路径
Prefix	/aaa/bbb	/aaa/bbbxyz	否，无匹配前缀
Prefix	/, /aaa	/aaa/ccc	是，匹配的是/aaa 前缀
Prefix	/, /aaa, /aaa/bbb	/aaa/bbb	是，匹配的是/aaa/bbb 前缀
Prefix	/, /aaa, /aaa/bbb	/ccc	是，匹配了“/”
Prefix	/aaa	/ccc	否
Exact+Prefix 混合	/foo (Prefix), /foo (Exact)	/foo	是，优先匹配 Exact

在某些情况下，Ingress 中的多个路径都会匹配一个请求路径。在这种情况下，将优先考虑最长的匹配路径。如果两个匹配的路径仍然完全相同，则 Exact 类型的规则优先于 Prefix 类型的规则生效。

4. host 通配符设置

在规则（rule）中设置的 host 用于匹配请求中的域名（虚拟主机名），设置为完整的字符串表示精确匹配，例如“foo.bar.com”。Kubernetes 从 1.18 版本开始支持为 host 设置通配符“*”，例如“*.foo.com”。

精确匹配要求 HTTP 请求头中 host 参数的值必须与 Ingress host 设置的值完全一致。

通配符匹配要求 HTTP 请求头中 host 参数的值需要与 Ingress host 设置的值的后缀一致，并且仅支持一层 DNS 匹配。

如表 4.3 所示是常见的一些 host 通配符匹配规则示例。

表 4.3 常见的一些 host 通配符匹配规则示例

Ingress host 配置	请求头中的 host 值	是 否 匹 配
*.foo.com	bar.foo.com	是
*.foo.com	baz.bar.foo.com	否，不是一层 DNS 匹配
*.foo.com	foo.com	否，不是一层 DNS 匹配

下例中的 Ingress 包含精确匹配 host “foo.bar.com” 和通配符匹配 host “*.foo.com” 两条规则：

```
apiVersion: networking.k8s.io/v1
kind: Ingress
metadata:
  name: ingress-wildcard-host
spec:
  rules:
  - host: "foo.bar.com"
    http:
      paths:
      - pathType: Prefix
        path: "/bar"
        backend:
          service:
            name: service1
            port:
              number: 80
  - host: "*.foo.com"
    http:
      paths:
      - pathType: Prefix
        path: "/foo"
        backend:
          service:
            name: service2
            port:
              number: 80
```

5. ingressClassName 和 IngressClass 资源对象

在一个 Kubernetes 集群内，用户可以部署多个不同类型的 Ingress Controller 同时提供服务，此时需要在 Ingress 资源上注明该策略由哪个 Controller 管理。Kubernetes 在 1.18 版本之前，可以在 Ingress 资源上设置一个名为 “kubernetes.io/ingress.class” 的 annotation 进行声明。但 annotation 的定义没有标准规范，Kubernetes 从 1.18 版本开始引入一个新的资源对象 IngressClass 对其进行规范定义。在 IngressClass 中除了可以设置 Ingress 的管理 Controller，还可以配置更加丰富的参数信息（通过 parameters 字段进行设置）。

例如下面的 IngressClass 定义了一个名为"example.com/ingress-controller"的 Controller 和一组参数：

```
apiVersion: networking.k8s.io/v1
kind: IngressClass
metadata:
  name: external-lb
spec:
  controller: example.com/ingress-controller
  parameters:
    apiGroup: k8s.example.com
    kind: IngressParameters
    name: external-lb
```

然后在 Ingress 资源对象的定义中通过 ingressClassName 字段引用该 IngressClass，标明使用其中指定的 Ingress Controller 和相应的参数：

```
apiVersion: networking.k8s.io/v1
kind: Ingress
metadata:
  name: example-ingress
spec:
  ingressClassName: external-lb
  rules:
  - host: "*.example.com"
    http:
      paths:
      - path: /example
        pathType: Prefix
        backend:
          service:
            name: example-service
            port:
              number: 80
```

6. 集群默认的 IngressClass

如果在一个集群中有多个 IngressClass 资源，则还可以设置某个 IngressClass 为集群范围内默认的 IngressClass，通过设置一个 Annotation "ingressclass.kubernetes.io/is-default-class=true"进行标明。这样，如果某个 Ingress 资源没有通过 ingressClassName 字段指定需要使用的 IngressClass，则系统将自动为其设置默认的 IngressClass。

需要注意的是，如果在系统中存在多个默认的 IngressClass，则在创建 Ingress 资源时必须指定 ingressClassName，否则系统将无法判断使用哪个默认的 IngressClass。管理员通常应确保在一个集群中只有一个默认的 IngressClass。

7. 逐渐弃用旧版本的 Annotation “kubernetes.io/ingress.class”

随着 IngressClass 资源对象的逐步成熟，Annotation “kubernetes.io/ingress.class” 将被逐渐弃用。而对 IngressClass 资源对象的支持需要各个 Ingress Controller 实现，用户需要持续关注 Controller 的支持进度，才能明确在新版本的 Ingress Controller 推出之后如何使用 IngressClass。

4.6.3 Ingress 策略配置详解

为了实现灵活的路由转发策略，Ingress 策略可以按多种方式进行配置，下面对几种常见的 Ingress 转发策略进行说明。

1. 转发到单个后端服务

基于这种设置，客户端发送到 Ingress Controller 的访问请求都将被转发到后端的唯一服务，在这种情况下，Ingress 无须定义任何 rule，只需设置一个默认的后端服务（defaultBackend）。

通过如下所示的设置，对 Ingress Controller 的访问请求都将被转发到 “myweb:8080” 这个服务：

```
# ingress-single-backend-service.yaml
apiVersion: networking.k8s.io/v1
kind: Ingress
metadata:
  name: test-ingress
spec:
  defaultBackend:
    service:
      name: webapp
      port:
        number: 8080
```

通过 kubectl create 命令创建该 Ingress：

```
# kubectl create -f ingress-single-backend-service.yaml
ingress.networking.k8s.io/test-ingress created
```

查看该 Ingress 的详细信息，可以看到系统为其设置了正确的后端目标地址：

```
# kubectl describe ingress test-ingress
Name:             test-ingress
Namespace:        default
Address:
Default backend:  webapp:8080   10.0.95.19:8080)
Rules:
  Host                       Path  Backends
  ----                       ----  --------
                            * *
%!(EXTRA string=webapp:8080   10.0.95.19:8080))Annotations:  <none>
Events:
......
```

2. 将同一域名的不同 URL 路径转发到不同的服务（Simple Fanout）

这种配置常用于一个网站通过不同的路径提供不同的服务的场景，例如/web 表示访问 Web 页面，/api 表示访问 API 接口，对应到后端的两个服务，只需在 Ingress 规则定义中设置将同一域名的不同 URL 路径转发到不同的后端服务，如图 4.9 所示。

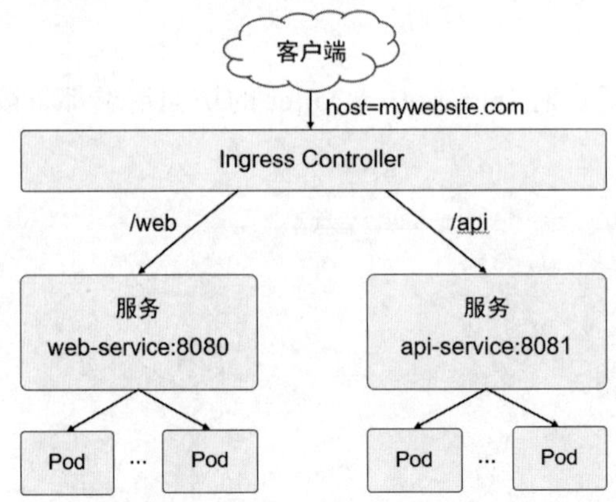

图 4.9　将同一域名的不同 URL 路径转发到不同的后端服务

通过如下所示的设置，对“mywebsite.com/web”的访问请求将被转发到“web-service:80”服务；对“mywebsite.com/api”的访问请求将被转发到“api-service:80”服务：

```
# ingress-simple-fanout.yaml
apiVersion: networking.k8s.io/v1
kind: Ingress
metadata:
  name: simple-fanout-example
spec:
  rules:
  - host: mywebsite.com
    http:
      paths:
      - path: /web
        pathType: ImplementationSpecific
        backend:
          service:
            name: web-service
            port:
              number: 8080
      - path: /api
        pathType: ImplementationSpecific
        backend:
          service:
            name: api-service
            port:
              number: 8081
```

通过 kubectl create 命令创建该 Ingress：

```
# kubectl create -f ingress-simple-fanout.yaml
ingress.networking.k8s.io/simple-fanout-example created
```

查看该 Ingress 的详细信息，可以看到系统为不同 path 设置的转发规则：

```
# kubectl describe ing simple-fanout-example
Name:             simple-fanout-example
Namespace:        default
Address:
Default backend:  default-http-backend:80 (10.0.9.3:80)
Rules:
  Host            Path  Backends
  ----            ----  --------
  mywebsite.com
                  /web   web-service:8080 (10.0.96.23:8080)
                  /api   api-service:8081 (10.0.97.101:8081)
```

```
Annotations:     <none>
Events:
......
```

3. 将不同的域名（虚拟主机名）转发到不同的服务

这里指基于 host 域名的 Ingress 规则将客户端发送到同一个 IP 地址的 HTTP 请求，根据不同的域名转发到后端不同的服务，例如 foo.bar.com 域名由 service1 提供服务，bar.foo.com 域名由 service2 提供服务，如图 4.10 所示。

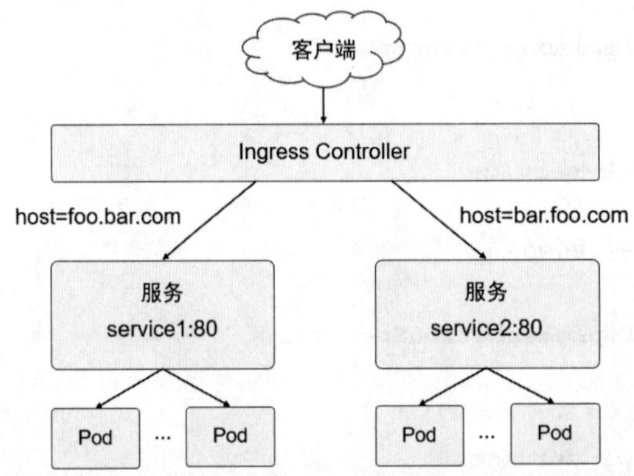

图 4.10　将 HTTP 请求根据不同的域名（虚拟主机名）转发到后端不同的服务

通过如下所示的设置，请求头中 host=foo.bar.com 的访问请求将被转发到“service1:80”服务，请求头中 host=bar.foo.com 的访问请求将被转发到“service2:80”服务：

```
apiVersion: networking.k8s.io/v1
kind: Ingress
metadata:
  name: name-virtual-host-ingress
spec:
  rules:
  - host: foo.bar.com
    http:
      paths:
      - pathType: Prefix
        path: "/"
        backend:
          service:
            name: service1
```

```
          port:
            number: 80
  - host: bar.foo.com
    http:
      paths:
      - pathType: Prefix
        path: "/"
        backend:
          service:
            name: service2
            port:
              number: 80
```

4. 不使用域名的转发规则

如果在 Ingress 中不定义任何 host 域名，Ingress Controller 则将所有客户端请求都转发到后端服务。例如下面的配置为将“<ingress-controller-ip>/demo”的访问请求转发到“webapp:8080/demo”服务：

```
apiVersion: networking.k8s.io/v1
kind: Ingress
metadata:
  name: test-ingress
spec:
  rules:
  - http:
      paths:
      - path: /demo
        pathType: Prefix
        backend:
          service:
            name: webapp
            port:
              number: 8080
```

注意，是否支持不设置 host 的 Ingress 策略取决于 Ingress Controll 的实现。

4.6.4　Ingress 的 TLS 安全设置

Kubernetes 支持为 Ingress 设置 TLS 安全访问机制，通过为 Ingress 的 host（域名）配

置包含 TLS 私钥和证书的 Secret 进行支持。

Ingress资源仅支持单个TLS端口号443，并且假设在Ingress访问点（Ingress Controller）结束 TLS 安全机制，向后端服务转发的流量将以明文形式发送。

如果 Ingress 中的 TLS 配置部分指定了不同的 host，那么它们将根据通过 SNI TLS 扩展指定的虚拟主机名（这要求 Ingress Controller 支持 SNI）在同一端口进行复用。

TLS Secret 中的文件名必须为“tls.crt”和“tls.key”，它们分别包含用于 TLS 的证书和私钥，例如：

```
apiVersion: v1
kind: Secret
metadata:
  name: testsecret-tls
  namespace: default
data:
  tls.crt: base64 encoded cert
  tls.key: base64 encoded key
type: kubernetes.io/tls
```

然后，需要在 Ingress 资源对象中引用该 Secret，这将通知 Ingress Controller 使用 TLS 加密客户端到负载均衡器的网络通道。用户需要确保在 TLS 证书（tls.crt）中包含相应 host 的全限定域名（FQDN）被包含在其 CN（Common Name）配置中。

TLS 的功能特性依赖于 Ingress Controller 的具体实现，不同 Ingress Controller 的实现机制可能不同，用户需要参考各个 Ingress Controller 的文档。

下面以 Nginx Ingress 为例，对 Ingress 的 TLS 配置进行说明，步骤如下。

（1）创建自签名的密钥和 SSL 证书文件。

（2）将证书保存到 Kubernetes 的 Secret 资源对象中。

（3）在 Ingress 资源中引用该 Secret。

下面通过 OpenSSL 工具生成密钥和证书文件，将参数-subj 中的/CN 设置为 host 全限定域名（FQDN）“mywebsite.com”：

```
# openssl req -x509 -nodes -days 5000 -newkey rsa:2048 -keyout tls.key -out tls.crt
-subj "/CN=mywebsite.com"
Generating a RSA private key
```

```
...+++++
......................................+++++
writing new private key to 'tls.key'
-----
```

通过以上命令将生成 tls.key 和 tls.crt 两个文件。

然后根据 tls.key 和 tls.crt 文件创建 secret 资源对象，有以下两种方法。

方法一：使用 kubectl create secret tls 命令直接通过 tls.key 和 tls.crt 文件创建 secret 对象。

```
# kubectl create secret tls mywebsite-ingress-secret --key tls.key --cert tls.crt
secret/mywebsite-ingress-secret created
```

方法二：编辑 mywebsite-ingress-secret.yaml 文件，将 tls.key 和 tls.crt 文件的内容经过 BASE64 编码的结果复制进去，使用 kubectl create 命令进行创建。

```
# mywebsite-ingress-secret.yaml
apiVersion: v1
kind: Secret
metadata:
  name: mywebsite-ingress-secret
type: kubernetes.io/tls
data:
  tls.crt:
MIIDAzCCAeugAwIBAgIJALrTg9VLmFgdMA0GCSqGSIb3DQEBCwUAMBgxFjAUBgNVBAMMDW15d2Vic210
ZS5jb20wHhcNMTcwNDIzMTMwMjA1WhcNMzAxMjMxMTMwMjA1WjAYMRYwFAYDVQQDDA1teXdlYnNpdGUu
Y29tMIIBIjANBgkqhkiG9w0BAQEFAAOCAQ8AMIIBCgKCAQEApL1y1rq1I3EQ5E0PjzW8Lc3heW4WYTyk
POisDT9Zgyc+TLPGj/YF4QnAuoIUAUNtXPlmINKuD9Fxzmh6q0oSBVb42BU0RzOTtvaCVOU+uoJ9MgJp
d7Bao5higTZMyvj5a1M9iwb7k4xRAsuGCh/jDO8fj6tgJW4WfzawO5w1pDd2fFDxYn34Ma1pg0xFebVa
iqBu9FL0JbiEimsV9y7V+g6jjfGffu2xl06X3svqAdfGhvS+uCTArAXiZgS279se1Xp834CG0MJeP7ta
mD44IfA2wkkmD+uCVjSEcNFsveY5cJevjf0PSE9g5wohSXphdlsIGyjEy2APeIJBP8bQ+wIDAQABo1Aw
TjAdBgNVHQ4EFgQUjmpxpmdFPKWkr+A2XLF7oqro2GkwHwYDVR0jBBgwFoAUjmpxpmdFPKWkr+A2XLF7
oqro2GkwDAYDVR0TBAUwAwEB/zANBgkqhkiG9w0BAQsFAAOCAQEAAVXPyfagP1AIov3kXRhI3WfyCOIN
/sgNSqKM3FuykboSBN6c1w4UhrpF71Hd4nt0myeyX/o69o2Oc9a9dIS2FEGKvfxZQ4sa99iI3qjoMAuu
f/Q9fDYIZ+k0YvY4pbcCqqOyICFBCMLlAct/aB0K1GBvC5k06vD4Rn2fOdVMkloW+Zf41cxVIRZe/tQG
nZoEhtM6FQADrv1+jM5gjIKRX3s2/Jcxy5g2XLPqtSpzYA0F7FJyuFJXEG+P9X466xPi9ialUri66vkb
UVT6uLXGhhunsu6bZ/qwsm2HzdPo4WRQ3z2VhgFzHEzHVVX+CEyZ8fJGoSi7njapHb08lRiztQ==
  tls.key:
MIIEvQIBADANBgkqhkiG9w0BAQEFAASCBKcwggSjAgEAAoIBAQCkvXLWurUjcRDkTQ+PNbwtzeF5bhZh
PKQ86KwNP1mDJz5Ms8aP9gXhCcC6ghQBQ21c+WYg0q4P0XHOaHqrShIFVvjYFTRHM5O29oJU5T66gn0y
Aml3sFqjmGKBNkzK+PlrUz2LBvuTjFECy4YKH+MM7x+Pq2AlbhZ/NrA7nDWkN3Z8UPFiffgxrWmDTEV5
```

```
tVqKoG70UvQluISKaxX3LtX6DqON8Z9+7bGXTpfey+oB18aG9L64JMCsBeJmBLbv2x7VenzfgIbQwl4/
u1qYPjgh8DbCSSYP64JWNIRw0Wy95jlwl6+N/Q9IT2DnCiFJemF3WwgbKMTLYA94gkE/xtD7AgMBAAEC
ggEAUftNePq1RgvwYgzPX29YVFsOiAV28bDh8sW/SWBrRU90O2uDtwSx7EmUNbyiA/bwJ8KdRlxR7uFG
B3gLA876pNmhQLdcqspKClUmiuUCkIJ7lzWIEt4aXStqae8BzEiWpwhnqhYxgD3l2sQ50jQII9mkFTUt
xbLBU1F95kxYjX2XmFTrrvwroDLZEHCPcbY9hNUFhZaCdBBYKADmWo9eV/xZJ97ZAFpbpWyONrFjNwMj
jqCmxMx3HwOI/tLbhpvob6RT1UG1QUPlbB8aXR1FeSgt0NYhYwWKF7JSXcYBiyQubtd3T6RBtNjFk4b/
zuEUhdFN1lKJLcsVDVQZgMsO4QKBgQDajXAq4hMKPH3CKdieAialj4rVAPyrAFYDMokW+7buZZAgZO1a
rRtqFWLTtp6hwHqwTySHFyiRsK2Ikfct1H16hRn6FXbiPrFDP8gpYveu31Cd1qqYUYI7xaodWUiLldrt
eun9sLr3YYR7kaXYRenWZFjZbbUkq3KJfoh+uArPwwKBgQDA95Y4xhcL0F5pE/TLEdj33WjRXMkXMCHX
Gl3fTnBImoRf7jF9e5fRK/v4YIHaMCOn+6drwMv9KHFL0nvxPbgbECW1F2OfzmNgm6l7jkpcsCQOVtuu
1+4gK+B2geQYRA2LhBk+9MtGQFmwSPgwSg+VHUrm28qhzUmTCN1etdpeaQKBgGAFqHSO44Kp1S8Lp6q0
kzpGeN7hEiIngaLh/y1j5pmTceFptocSa2sOf186azPyF3WDMC9SU3a/Q18vkoRGSeMcu68O4y7AEK3V
RiI4402nvAm9GTLXDPsp+3Xtl1wNuSSBznCxx1ONOuH3uf/tp7GUYR0WgHHeCfKy71GNluJ1AoGAKhHQ
XnBRdfHno2EGbX9mniNXRs3DyZpkxlCpRpYDRNDrKz7y6ziW0LOWK4BezwLPwz/KMGPIFVlL2gv5mY6r
JLtQfTqsLZsBb36AZL+Q1sRQGBA3tNa+w6TNOwj2gZPUoCYcmu0jpB1DcHt4II8E9q18NviUJNJsx/GW
0Z80DIECgYEAxzQBh/ckRvRaprN0v8w9GRq3wTYYD9y15U+3ecEIZrr1g9bLOi/rktXy3vqL6kj6CFlp
wwRVLj8R3u1QPy3MpJNXYR1Bua+/FVn2xKwyYDuXaqs0vW3xLONVO7z44gAKmEQyDq2sir+vpayuY4ps
fXXK06uifz6ELfVyY6XZvRA=
```


```
# kubectl create -f mywebsite-ingress-secret.yaml
secret/mywebsite-ingress-secret created
```

如果需要配置 TLS 的 host 域名有多个，例如前面第 3 种 Ingress 策略配置方式，则 SSL 证书需要使用额外的一个 x509 v3 配置文件辅助完成，在[alt_names]段中完成多个 DNS 域名的设置。

首先编写 openssl.cnf 文件，内容如下：

```
[req]
req_extensions = v3_req
distinguished_name = req_distinguished_name
[req_distinguished_name]
[ v3_req ]
basicConstraints = CA:FALSE
keyUsage = nonRepudiation, digitalSignature, keyEncipherment
subjectAltName = @alt_names
[alt_names]
DNS.1 = mywebsite.com
DNS.2 = mywebsite2.com
```

接着使用 OpenSSL 工具完成密钥和证书的创建。生成自签名 CA 证书：

```
# openssl genrsa -out ca.key 2048
Generating RSA private key, 2048 bit long modulus (2 primes)
.................................+++++
.............+++++
e is 65537 (0x10001)

# openssl req -x509 -new -nodes -key ca.key -days 5000 -out ca.crt -subj
"/CN=mywebsite.com"
```

基于 openssl.cnf 和 CA 证书生成 Ingress TLS 证书：

```
# openssl genrsa -out ingress.key 2048
Generating RSA private key, 2048 bit long modulus (2 primes)
................................+++++
.......+++++
e is 65537 (0x10001)

# openssl req -new -key ingress.key -out ingress.csr -subj "/CN=mywebsite.com"
-config openssl.cnf

# openssl x509 -req -in ingress.csr -CA ca.crt -CAkey ca.key -CAcreateserial -out
ingress.crt -days 5000 -extensions v3_req -extfile openssl.cnf
Signature ok
subject=/CN=mywebsite.com
Getting CA Private Key
```

然后根据 ingress.key 和 ingress.crt 文件创建 secret 资源对象，同样可以通过 kubectl create secret tls 命令或 YAML 文件生成。这里通过命令行直接生成：

```
# kubectl create secret tls mywebsite-ingress-secret --key ingress.key --cert
ingress.crt
secret "mywebsite-ingress-secret" created
```

至此，Ingress 的 TLS 证书和密钥就成功创建到 Secret 对象中了。

下面创建 Ingress 对象，在 tls 段引用刚刚创建好的 Secret 对象：

```
# mywebsite-ingress-tls.yaml
apiVersion: networking.k8s.io/v1
kind: Ingress
metadata:
  name: mywebsite-ingress-tls
spec:
```

```
  tls:
  - hosts:
    - mywebsite.com
    secretName: mywebsite-ingress-secret
  rules:
  - host: mywebsite.com
    http:
      paths:
      - path: /demo
        pathType: Prefix
        backend:
          service:
            name: webapp
            port:
              number: 8080
```

通过 kubectl create 命令创建该 Ingress：

```
# kubectl create -f mywebsite-ingress-tls.yaml
ingress.networking.k8s.io/mywebsite-ingress-tls created
```

成功创建该 Ingress 资源之后，就可以通过 HTTPS 安全访问 Ingress 了。

以使用 curl 命令行工具为例，访问 Ingress Controller 的 URL“https://192.168.18.3/demo/”：

```
# curl -H 'Host:mywebsite.com' -k https://192.168.18.3/demo/
<!DOCTYPE html PUBLIC "-//W3C//DTD HTML 4.01 Transitional//EN"
"http://www.w3.org/TR/html4/loose.dtd">
<html>
......
    <h2>Congratulations!!</h2>
    <br></br>
        <input type="button" value="Add..." onclick="location.href='input.html'" >
            <br></br>
     <TABLE align="center"  border="1" width="600px">
   <TR>
     <TD>Name</TD>
     <TD>Level(Score)</TD>
   </TR>

  <TR>
     <TD>google</TD>
     <TD>100</TD>
```

```
    </TR>
......
</html>
```

如果是通过浏览器访问的，则在浏览器的地址栏输入“https://mywebsite.com/demo/”来访问 Ingress HTTPS 服务，浏览器会给出警告信息，如图 4.11 所示。

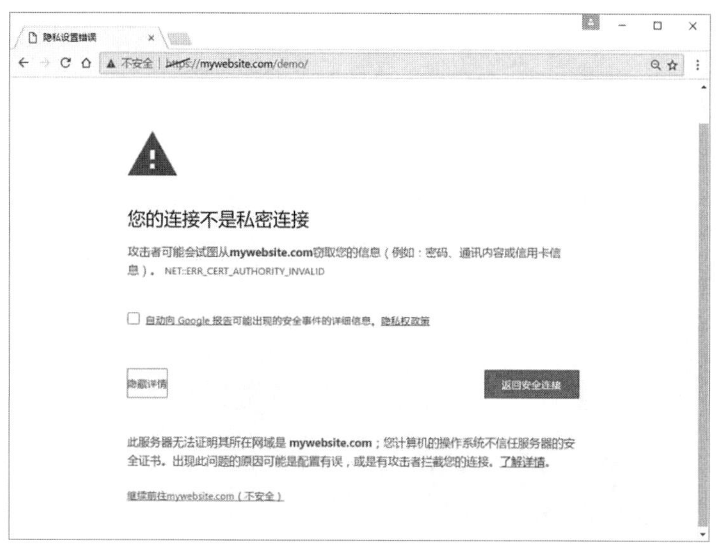

图 4.11　通过浏览器访问 Ingress HTTPS 服务的警告信息

单击“继续前往 mywebsite.com（不安全）”标签，访问后可看到 Ingress HTTPS 服务提供的页面，如图 4.12 所示。

HPE University Docker&

不安全 | https://mywebsite.com/demo/

Congratulations!!

Add...

Name	Level(Score)
google	100
docker	100
teacher	100
HPE	100
our team	100
me	100

图 4.12　使用浏览器访问 Ingress HTTPS 服务

第 5 章 核心组件的运行机制

5.1　Kubernetes API Server 原理解析

总体来看，Kubernetes API Server 的核心功能是提供 Kubernetes 各类资源对象（如 Pod、RC、Service 等）的增、删、改、查及 Watch 等 HTTP REST 接口，成为集群内各个功能模块之间数据交互和通信的中心枢纽，是整个系统的数据总线和数据中心。除此之外，它还是集群管理的 API 入口，是资源配额控制的入口，提供了完备的集群安全机制。

5.1.1　Kubernetes API Server 概述

Kubernetes API Server 通过一个名为 kube-apiserver 的进程提供服务，该进程运行在 Master 上。在默认情况下，kube-apiserver 进程在本机的 8080 端口（对应参数--insecure-port）提供 REST 服务。我们可以同时启动 HTTPS 安全端口（--secure-port=6443）来启动安全机制，加强 REST API 访问的安全性。

我们通常通过命令行工具 kubectl 与 Kubernetes API Server 交互，它们之间的接口是 RESTful API。为了测试和学习 Kubernetes API Server 提供的接口，我们也可以使用 curl 命令行工具进行快速验证。

比如，登录 Master 并运行下面的 curl 命令，得到以 JSON 方式返回的 Kubernetes API 的版本信息：

```
# curl localhost:8080/api
{
  "kind": "APIVersions",
  "versions": [
    "v1"
  ],
  "serverAddressByClientCIDRs": [
    {
      "clientCIDR": "0.0.0.0/0",
      "serverAddress": "192.168.18.131:6443"
    }
  ]
}
```

可以运行下面的命令查看 Kubernetes API Server 目前支持的资源对象的种类：

```
# curl localhost:8080/api/v1
```

根据以上命令的输出，我们可以运行下面的 curl 命令，分别返回集群中的 Pod 列表、Service 列表、RC 列表等：

```
# curl localhost:8080/api/v1/pods
# curl localhost:8080/api/v1/services
# curl localhost:8080/api/v1/replicationcontrollers
```

如果只想对外暴露部分 REST 服务，则可以在 Master 或其他节点上运行 kubectl proxy 进程启动一个内部代理来实现。

运行下面的命令，在 8001 端口启动代理，并且拒绝客户端访问 RC 的 API：

```
# kubectl proxy  --reject-paths="^/api/v1/replicationcontrollers"  --port=8001
--v=2
Starting to serve on 127.0.0.1:8001
```

运行下面的命令进行验证：

```
# curl localhost:8001/api/v1/replicationcontrollers
<h3>Unauthorized</h3>
```

kubectl proxy 具有很多特性，最实用的一个特性是提供简单有效的安全机制，比如在采用白名单限制非法客户端访问时，只需增加下面这个参数即可：

```
--accept-hosts="^localhost$,^127\\.0\\.0\\.1$,^\\[::1\\]$"
```

最后一种方式是通过编程方式调用 Kubernetes API Server。具体使用场景又细分为以下两种。

第 1 种使用场景：运行在 Pod 里的用户进程调用 Kubernetes API，通常用来实现分布式集群搭建的目标。比如下面这段来自谷歌官方的 Elasticsearch 集群例子中的代码，Pod 在启动的过程中通过访问 Endpoints 的 API，找到属于 elasticsearch-logging 这个 Service 的所有 Pod 副本的 IP 地址，用来构建集群，如图 5.1 所示。

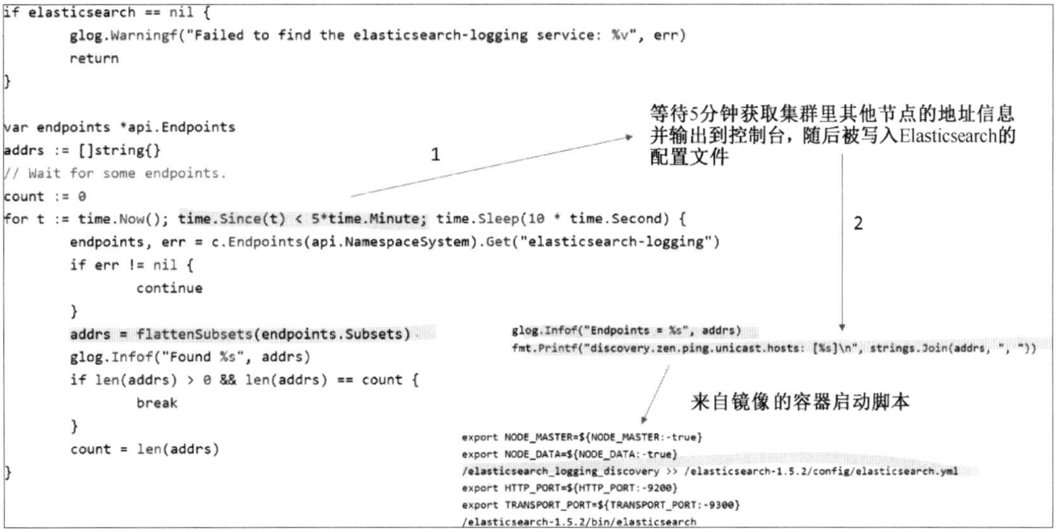

```
if elasticsearch == nil {
        glog.Warningf("Failed to find the elasticsearch-logging service: %v", err)
        return
}

var endpoints *api.Endpoints
addrs := []string{}
// Wait for some endpoints.
count := 0
for t := time.Now(); time.Since(t) < 5*time.Minute; time.Sleep(10 * time.Second) {
        endpoints, err = c.Endpoints(api.NamespaceSystem).Get("elasticsearch-logging")
        if err != nil {
                continue
        }
        addrs = flattenSubsets(endpoints.Subsets)
        glog.Infof("Found %s", addrs)
        if len(addrs) > 0 && len(addrs) == count {
                break
        }
        count = len(addrs)
}
```

1 等待5分钟获取集群里其他节点的地址信息并输出到控制台，随后被写入Elasticsearch的配置文件

2

```
glog.Infof("Endpoints = %s", addrs)
fmt.Printf("discovery.zen.ping.unicast.hosts: [%s]\n", strings.Join(addrs, ", "))
```

来自镜像的容器启动脚本

```
export NODE_MASTER=${NODE_MASTER:-true}
export NODE_DATA=${NODE_DATA:-true}
/elasticsearch_logging_discovery >> /elasticsearch-1.5.2/config/elasticsearch.yml
export HTTP_PORT=${HTTP_PORT:-9200}
export TRANSPORT_PORT=${TRANSPORT_PORT:-9300}
/elasticsearch-1.5.2/bin/elasticsearch
```

图 5.1　应用程序通过编程方式访问 API Server

在上述使用场景中，Pod 中的进程是如何知道 API Server 的访问地址的呢？答案很简单：Kubernetes API Server 本身也是一个 Service，它的名称就是 kubernetes，并且它的 ClusterIP 地址是 ClusterIP 地址池里的第 1 个地址！另外，它所服务的端口是 HTTPS 端口 443，通过 kubectl get service 命令可以确认这一点：

```
# kubectl get service
NAME          CLUSTER-IP      EXTERNAL-IP    PORT(S)       AGE
kubernetes    169.169.0.1     <none>         443/TCP       30d
```

第 2 种使用场景：开发基于 Kubernetes 的管理平台。比如调用 Kubernetes API 来完成 Pod、Service、RC 等资源对象的图形化创建和管理界面，此时可以使用 Kubernetes 及各开源社区为开发人员提供的各语言版本的 Client Library。后面会介绍通过编程方式访问 API Server 的一些细节技术。

由于 API Server 是 Kubernetes 集群数据的唯一访问入口，因此安全性与高性能成为 API Server 设计和实现的两大核心目标。通过采用 HTTPS 安全传输通道与 CA 签名数字证书强制双向认证的方式，API Server 的安全性得以保障。此外，为了更细粒度地控制用户或应用对 Kubernetes 资源对象的访问权限，Kubernetes 启用了 RBAC 访问控制策略，之后会深入讲解这一安全策略。

API Server 的性能是决定 Kubernetes 集群整体性能的关键因素，因此 Kubernetes 的设

计者综合运用以下方式来最大程度地保证 API Server 的性能。

（1）API Server 拥有大量高性能的底层代码。在 API Server 源码中使用协程（Coroutine）+队列（Queue）这种轻量级的高性能并发代码，使得单进程的 API Server 具备超强的多核处理能力，从而以很快的速度并发处理大量的请求。

（2）普通 List 接口结合异步 Watch 接口，不但完美解决了 Kubernetes 中各种资源对象的高性能同步问题，也极大提升了 Kubernetes 集群实时响应各种事件的灵敏度。

（3）采用了高性能的 etcd 数据库而非传统的关系数据库，不仅解决了数据的可靠性问题，也极大提升了 API Server 数据访问层的性能。在常见的公有云环境中，一个 3 节点的 etcd 集群在轻负载环境中处理一个请求的时间可以少于 1ms，在重负载环境中可以每秒处理超过 30000 个请求。

正是由于采用了上述提升性能的方法，API Server 可以支撑很大规模的 Kubernetes 集群。目前 Kubernetes 1.19 版本的集群可支持的最大规模如下：

◎ 最多支持 5000 个 Node；
◎ 最多支持 150000 个 Pod；
◎ 每个 Node 最多支持 100 个 Pod；
◎ 最多支持 300000 个容器。

5.1.2 API Server 架构解析

API Server 架构从上到下可以分为以下几层，如图 5.2 所示。

（1）API 层：主要以 REST 方式提供各种 API 接口，除了有 Kubernetes 资源对象的 CRUD 和 Watch 等主要 API，还有健康检查、UI、日志、性能指标等运维监控相关的 API。Kubernetes 从 1.11 版本开始废弃 Heapster 监控组件，转而使用 Metrics Server 提供 Metrics API 接口，进一步完善了自身的监控能力。

（2）访问控制层：当客户端访问 API 接口时，访问控制层负责对用户身份鉴权，验明用户身份，核准用户对 Kubernetes 资源对象的访问权限，然后根据配置的各种资源访问许可逻辑（Admission Control），判断是否允许访问。

（3）注册表层：Kubernetes 把所有资源对象都保存在注册表（Registry）中，针对注册表中的各种资源对象都定义了资源对象的类型、如何创建资源对象、如何转换资源的不同版本，以及如何将资源编码和解码为 JSON 或 ProtoBuf 格式进行存储。

（4）etcd 数据库：用于持久化存储 Kubernetes 资源对象的 KV 数据库。etcd 的 Watch API 接口对于 API Server 来说至关重要，因为通过这个接口，API Server 创新性地设计了 List-Watch 这种高性能的资源对象实时同步机制，使 Kubernetes 可以管理超大规模的集群，及时响应和快速处理集群中的各种事件。

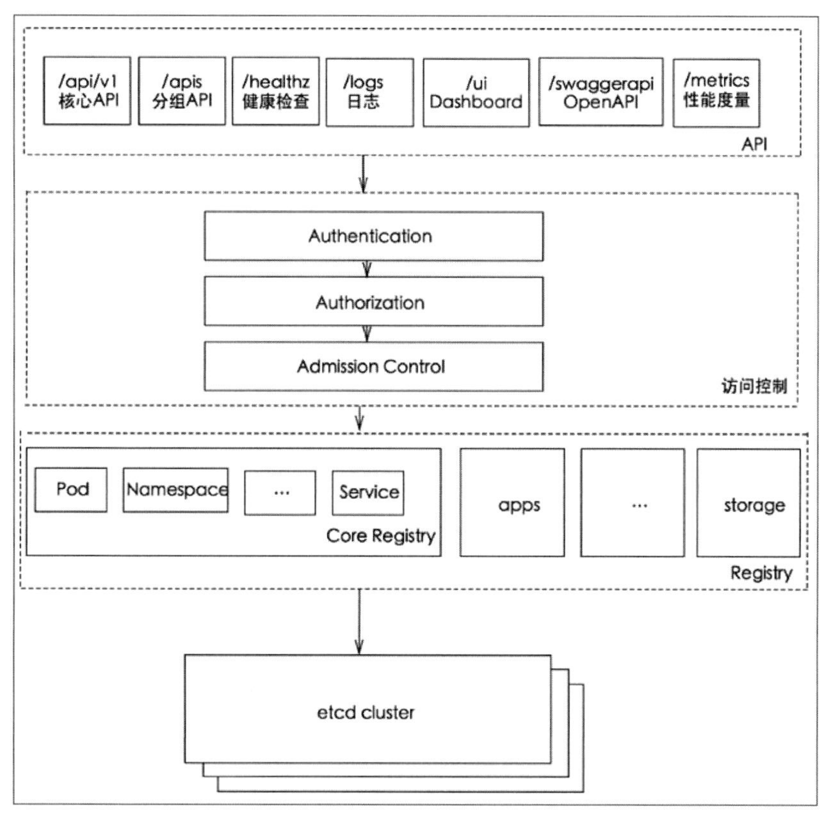

图 5.2　API Server 的架构

从本质上看，API Server 与常见的 MIS 或 ERP 系统中的 DAO 模块类似，可以将主要处理逻辑视作对数据库表的 CRUD 操作。这里解读 API Server 中资源对象的 List-Watch 机制。图 5.3 以一个完整的 Pod 调度过程为例，对 API Server 的 List-Watch 机制进行说明。

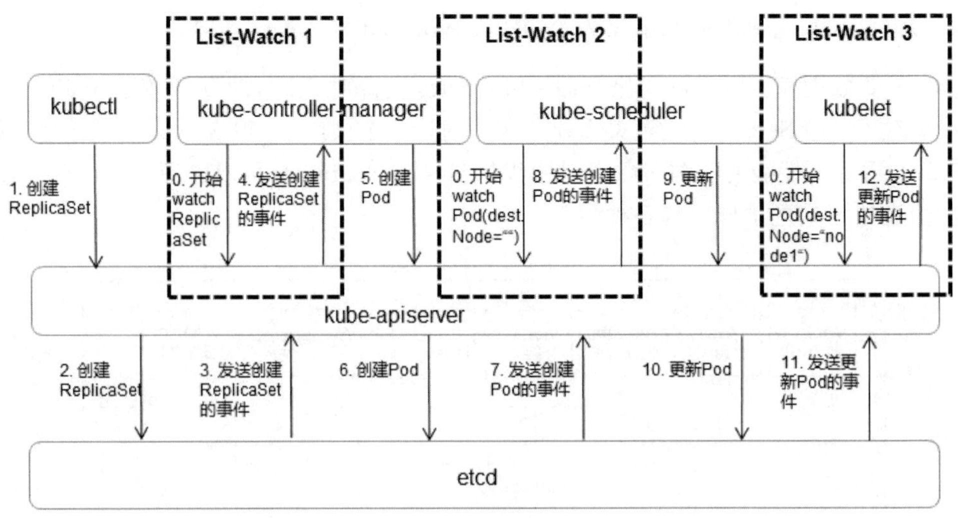

图 5.3 Pod 调度过程中的 List-Watch 机制

首先，借助 etcd 提供的 Watch API 接口，API Server 可以监听（Watch）在 etcd 上发生的数据操作事件，比如 Pod 创建事件、更新事件、删除事件等，在这些事件发生后，etcd 会及时通知 API Server。图 5.3 中 API Server 与 etcd 之间的交互箭头表明了这个过程：当一个 ReplicaSet 对象被创建并保存到 etcd 中后（图中的 2. Create RepliatSet 箭头），etcd 会立即发送一个对应的 Create 事件给 API Server（图中的 3. Send RepliatSet Create Event 箭头），与其类似的 6、7、10、11 箭头都针对 Pod 的创建、更新事件。

然后，为了让 Kubernetes 中的其他组件在不访问底层 etcd 数据库的情况下，也能及时获取资源对象的变化事件，API Server 模仿 etcd 的 Watch API 接口提供了自己的 Watch 接口，这样一来，这些组件就能近乎实时地获取自己感兴趣的任意资源对象的相关事件通知了。图 5.3 中的 controller-manager、scheduler、kubelet 等组件与 API Server 之间的 3 个标记为“List-Watch”的虚线框表明了这个过程。同时，在监听自己感兴趣的资源时，客户端可以增加过滤条件，以 List-Watch 3 为例，node1 节点上的 kubelet 进程只对自己节点上的 Pod 事件感兴趣。

最后，Kubernetes List-Watch 用于实现数据同步的代码逻辑。客户端首先调用 API Server 的 List 接口获取相关资源对象的全量数据并将其缓存到内存中，然后启动对应资源对象的 Watch 协程，在接收到 Watch 事件后，再根据事件的类型（比如新增、修改或删除）对内存中的全量资源对象列表做出相应的同步修改。从实现上来看，这是一种全量结合增量的、高性能的、近乎实时的数据同步方式。

在资源对象的增删改操作中，最复杂的应该是“改（更新）”操作了，因为关键的一些资源对象都是有状态的对象，例如 Pod、Deployment 等。很多时候，我们只需修改已有的某个资源对象的某些属性，并保持其他属性不变，对于这样特殊又实用的更新操作，Kubernetes 最初是通过命令行实现的，并通过 kubectl apply 命令实现资源对象的更新操作，用户无须提供完整的资源对象 YAML 文件，只需将要修改的属性写入 YAML 文件中提交命令即可，但这也带来一些新的问题：

◎ 如果用户希望通过编程方式提供与 kubectl apply 一样的功能，则只能自己开发类似的代码或者只能调用 Go 语言的 kubectl apply 模块来实现；
◎ kubectl 命令行自己实现的这种 Patch 的代码随着 Kubernetes 资源对象版本的不断增加，变得越来越复杂，在兼容性和代码维护方面变得越来越复杂。

因此，Kubernetes 从 1.14 版本开始引入 Server-side apply 特性，即在 API Server 中完整实现 kubectl apply 的能力，到 1.18 版本时更新到 Beta 阶段，新版本将跟踪并管理所有新 Kubernetes 对象的字段变更，确保用户及时了解哪些资源在何时进行过更改。

接下来说说 API Server 中的另一处精彩设计。我们知道，对于不断迭代更新的系统，对象的属性一定是在不断变化的，API 接口的版本也在不断升级，此时就会面临版本问题，即同一个对象不同版本之间的数据转换问题及 API 接口版本的兼容问题。后面这个问题解决起来比较容易，即定义不同的 API 版本号（比如 v1alpha1、v1beta1）来加以区分，但前面的问题就有点麻烦了，比如数据对象经历 v1alpha1、v1beta1、v1beta1、v1beta2 等变化后最终变成 v1 版本，此时该数据对象存在 5 个版本，如果这 5 个版本之间的数据两两直接转换，就存在很多逻辑组合，变成一种典型的网状网络，如图 5.4 所示，为此我们不得不增加很多重复的转换代码。

上述直接转换的设计模式还存在另一个不可控的变数，即每增加一个新的对象版本，之前每个版本的对象就都需要增加一个到新版本对象的转换逻辑。如此一来，对直接转换的实现就更难了。于是，API Server 针对每种资源对象都引入了一个相对不变的 internal 版本，每个版本只要支持转换为 internal 版本，就能够与其他版本进行间接转换。于是对象版本转换的拓扑图就简化成了如图 5.5 所示的星状图。

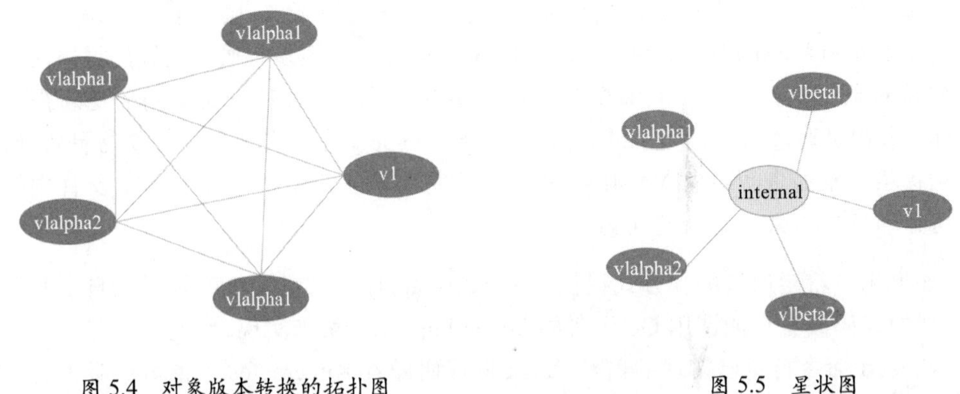

图 5.4　对象版本转换的拓扑图　　　　图 5.5　星状图

本节最后简单说说 Kubernetes 中的 CRD 在 API Server 中的设计和实现机制。根据 Kubernetes 的设计，每种官方内建的资源对象如 Node、Pod、Service 等的实现都包含以下主要功能。

（1）资源对象的元数据（Schema）的定义：可以将其理解为数据库 Table 的定义，定义了对应资源对象的数据结构，官方内建资源对象的元数据定义是固化在源码中的。

（2）资源对象的校验逻辑：确保用户提交的资源对象的属性的合法性。

（3）资源对象的 CRUD 操作代码：可以将其理解为数据库表的 CRUD 代码，但比后者更难，因为 API Server 对资源对象的 CRUD 操作都会保存到 etcd 数据库中，对处理性能的要求也更高，还要考虑版本兼容性和版本转换等复杂问题。

（4）资源对象相关的“自动控制器”（如 RC、Deployment 等资源对象背后的控制器）：这是很重要的一个功能。Kubernetes 是一个以自动化为核心目标的平台，用户给出期望的资源对象声明，运行过程中由资源背后的“自动控制器”确保对应资源对象的数量、状态、行为等始终符合用户的预期。

类似地，每个自定义 CRD 的开发人员都需要实现上面的功能。为了降低编程难度与工作量，API Server 的设计者们做出了大量努力，使得直接编写 YAML 定义文件即可实现以上前 3 个功能。对于唯一需要编程的第 4 个功能，由于 API Server 提供了大量的基础 API 库，特别是易用的 List-Watch 的编程框架，所以 CRD 自动控制器的编程难度大大降低。

5.1.3　独特的 Kubernetes Proxy API 接口

前面讲到，Kubernetes API Server 最主要的 REST 接口是资源对象的增、删、改、查接口，除此之外，它还提供了一类很特殊的 REST 接口——Kubernetes Proxy API 接口，这类接口的作用是代理 REST 请求，即 Kubernetes API Server 把收到的 REST 请求转发到某个 Node 上的 kubelet 守护进程的 REST 端口，由该 kubelet 进程负责响应。

首先说说 Kubernetes Proxy API 里关于 Node 的相关接口。该接口的 REST 路径为 /api/v1/nodes/{name}/proxy，其中{name}为节点的名称或 IP 地址，包括以下几个具体接口：

```
/api/v1/nodes/{name}/proxy/pods        # 列出指定节点内所有 Pod 的信息
/api/v1/nodes/{name}/proxy/stats       # 列出指定节点内物理资源的统计信息
/api/v1/nodes/{name}/proxy/spec        # 列出指定节点的概要信息
```

例如，当前 Node 的名称为 k8s-node-1，用以下命令即可获取在该节点上运行的所有 Pod：

```
# curl localhost:8080/api/v1/nodes/k8s-node-1/proxy/pods
```

需要说明的是，这里获取的 Pod 的信息数据来自 Node 而非 etcd 数据库，所以两者可能在某些时间点有所偏差。此外，如果 kubelet 进程在启动时包含--enable-debugging-handlers=true 参数，那么 Kubernetes Proxy API 还会增加下面的接口：

```
/api/v1/nodes/{name}/proxy/run             # 在节点上运行某个容器
/api/v1/nodes/{name}/proxy/exec            # 在节点上的某个容器中运行某个命令
/api/v1/nodes/{name}/proxy/attach          # 在节点上 attach 某个容器
/api/v1/nodes/{name}/proxy/portForward     # 实现节点上的 Pod 端口转发
/api/v1/nodes/{name}/proxy/logs        # 列出节点的各类日志信息，例如 tallylog、
                                       # lastlog、wtmp、ppp/、rhsm/、audit/、
                                       # tuned/和 anaconda/等
/api/v1/nodes/{name}/proxy/metrics         # 列出和该节点相关的 Metrics 信息
/api/v1/nodes/{name}/proxy/runningpods     # 列出在该节点上运行的 Pod 信息
/api/v1/nodes/{name}/proxy/debug/pprof     # 列出节点上当前 Web 服务的状态
                                        # 包括 CPU 占用情况和内存使用情况等
```

接下来说说 Kubernetes Proxy API 里关于 Pod 的相关接口，通过这些接口，我们可以访问 Pod 里某个容器提供的服务（如 Tomcat 在 8080 端口的服务）：

```
/api/v1/namespaces/{namespace}/pods/{name}/proxy            # 访问 Pod
/api/v1/namespaces/{namespace}/pods/{name}/proxy/{path:*}   # 访问 Pod 服务的 URL 路
径
```

下面用第 1 章 Java Web 例子中的 Tomcat Pod 来说明上述 Proxy 接口的用法。

首先，得到 Pod 的名称：

```
# kubectl get pods
NAME                READY     STATUS    RESTARTS   AGE
mysql-c95jc          1/1      Running   0          8d
myweb-g9pmm          1/1      Running   0          8d
```

然后，运行下面的命令，会输出 Tomcat 的首页，即相当于访问 http://localhost:8080/：

```
# curl http://localhost:8080/api/v1/namespaces/default/pods/myweb-g9pmm/proxy
```

我们也可以在浏览器中访问上面的地址，比如 Master 的 IP 地址是 192.168.18.131，我们在浏览器中输入 http://<apiserver-ip>:<apiserver-port>/api/v1/namespaces/default/pods/myweb-g9pmm/proxy，就能够访问 Tomcat 的首页了；而如果输入/api/v1/namespaces/default/pods/myweb-g9pmm/proxy/demo，就能访问 Tomcat 中 Demo 应用的页面了。

看到这里，你可能明白 Pod 的 Proxy 接口的作用和意义了：在 Kubernetes 集群之外访问某个 Pod 容器的服务（HTTP 服务）时，可以用 Proxy API 实现，这种场景多用于管理目的，比如逐一排查 Service 的 Pod 副本，检查哪些 Pod 的服务存在异常。

最后说说 Service。Kubernetes Proxy API 也有 Service 的 Proxy 接口，其接口定义与 Pod 的接口定义基本一样：/api/v1/namespaces/{namespace}/services/{name}/proxy。比如，若我们想访问 myweb 服务的/demo 页面，则可以在浏览器中输入 http://<apiserver-ip>:<apiserver-port>/api/v1/namespaces/default/services/myweb/proxy/demo/。

5.1.4 集群功能模块之间的通信

从图 5.6 可以看出，Kubernetes API Server 作为集群的核心，负责集群各功能模块之间的通信。集群内的各个功能模块通过 API Server 将信息存入 etcd 中，当需要获取和操作这些数据时，则通过 API Server 提供的 REST 接口（用 GET、LIST 或 WATCH 方法）来实现，从而实现各模块之间的信息交互。

常见的一个交互场景是 kubelet 进程与 API Server 的交互。每个 Node 上的 kubelet 每隔一个时间周期就会调用一次 API Server 的 REST 接口报告自身状态，API Server 在接收到这些信息后，会将节点状态信息更新到 etcd 中。此外，kubelet 也通过 API Server 的 Watch 接口监听 Pod 信息，如果监听到新的 Pod 副本被调度绑定到本节点，则执行 Pod 对应的容器创建和启动逻辑；如果监听到 Pod 对象被删除，则删除本节点上相应的 Pod 容器；如果监听到修改 Pod 的信息，kubelet 就会相应地修改本节点的 Pod 容器。

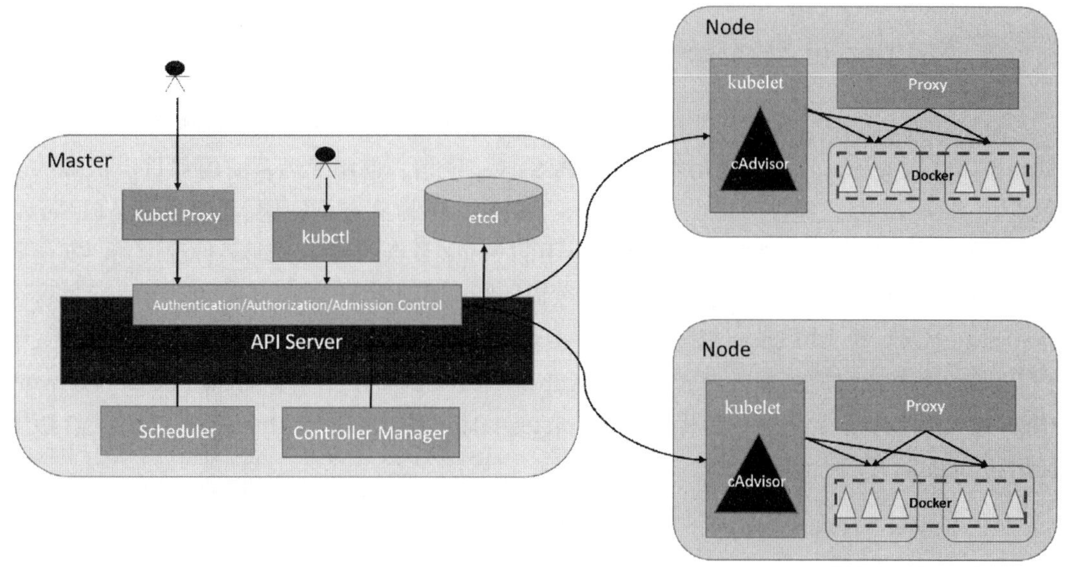

图 5.6　Kubernetes 结构图

另一个交互场景是 kube-controller-manager 进程与 API Server 的交互。kube-controller-manager 中的 Node Controller 模块通过 API Server 提供的 Watch 接口实时监控 Node 的信息，并做相应的处理。

还有一个比较重要的交互场景是 kube-scheduler 与 API Server 的交互。Scheduler 在通过 API Server 的 Watch 接口监听到新建 Pod 副本的信息后，会检索所有符合该 Pod 要求的 Node 列表，开始执行 Pod 调度逻辑，在调度成功后将 Pod 绑定到目标节点上。

为了缓解集群各模块对 API Server 的访问压力，各功能模块都采用了缓存机制来缓存数据。各功能模块定时从 API Server 上获取指定的资源对象信息（通过 List-Watch 方法），然后将这些信息保存到本地缓存中，功能模块在某些情况下不直接访问 API Server，而是通过访问缓存数据来间接访问 API Server。

我们知道，在 Kubernetes 集群中，Node 上的 kubelet 和 kube-proxy 组件都需要与 kube-apiserver 通信。为增加传输安全性而采用 HTTPS 方式时，需要为每个 Node 组件都生成 kube-apiserver 用的 CA 签发的客户端证书，但规模较大时，这种客户端证书的颁发需要大量的工作，同样会增加集群扩展的复杂度。为了简化流程，Kubernetes 引入了 TLS

Bootstraping 机制来自动颁发客户端证书，为此增加了一种名为 Bootstrap Token 的特殊 Token，在 1.18 版本时 Bootstrap Token 成为正式稳定特性。

5.1.5 API Server 网络隔离的设计

Kubernetes 的一些功能特性也与公有云提供商密切相关，例如负载均衡服务、弹性公网 IP、存储服务等，具体实现都需要与 API Server 通信，也属于运营商内部重点保障的安全区域。此外，公有云提供商提供 Kubernetes 服务时，考虑到安全问题，会要求以 API Server 为核心的 Master 节点的网络与承载客户应用的 Node 节点的网络实现某种程度的“安全隔离”。为此，API Server 增加了 SSH 安全通道的相关代码，让公有云提供商可以通过这个 SSH 安全通道实现 API Server 相关的服务接口调用，但这也使得 API Server 变得臃肿，带来了升级、部署及演进的额外负担。之后，Kubernetes 社区给出了全新的 API Server Network Proxy 特性的设计思路，这一特性于 Kubernetes 1.16 版本时进入 Alpha 阶段，于 1.17 版本时达到 Beta 阶段。

API Server Network Proxy 的核心设计思想是将 API Server 放置在一个独立的网络中，与 Node 节点的网络相互隔离，然后增加独立的 Network Proxy 进程来解决这两个网络直接的连通性（Connectivity）问题，如图 5.7 所示。

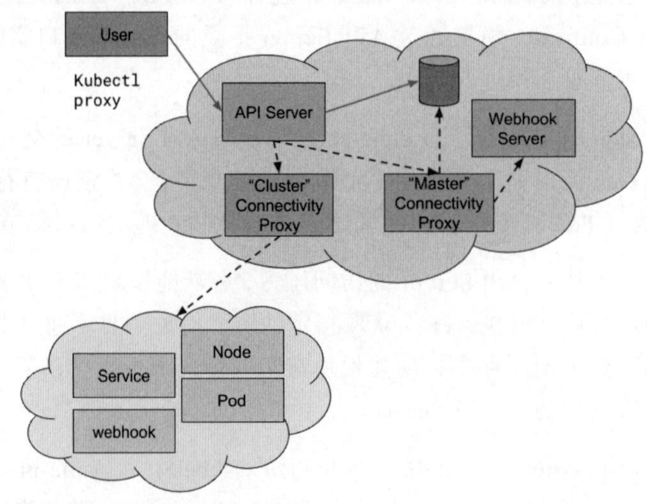

图 5.7 API Server Network Proxy 的核心设计思想示意图

当前 Beta 版本的具体实现方式是在 Master 节点的网络里部署 Konnectivity Server，同时在 Node 节点的网络里部署 Konnectivity Agent，两者之间建立起安全链接，对通信协议可以采用标准的 HTTP 或者 gRPC，此设计允许 Node 节点网络被划分为多个独立的分片，这些分片都通过 Konnectivity Server/Agent 建立的安全链接与 API Server 实现点对点的连通。

引入 API Server Network Proxy 机制以实现 Master 网络与 Node 网络的安全隔离的做法，具有以下优势。

（1）Connectivity proxy（Konnectivity Server/ Agent）可以独立扩展，不会影响到 API Server 的发展，集群管理员可以部署适合自己的各种 Connectivity proxy 的实现，具有更好的自主性和灵活性。

（2）通过采用自定义的 Connectivity proxy，也可以实现 VPN 网络的穿透等高级网络代理特性，同时访问 API Server 的所有请求都可以方便地被 Connectivity proxy 记录并审计分析，这进一步提升了系统的安全性。

（3）这种网络代理分离的设计将 Master 网络与 Node 网络之间的连通性问题从 API Server 中剥离出来，提升了 API Server 代码的内聚性，降低了 API Server 的代码复杂性，也有利于进一步提升 API Server 的性能和稳定性。同时，Connectivity proxy 崩溃时也不影响 API Server 的正常运行，API Server 仍然可以正常提供其主要服务能力，即资源对象的 CRUD 服务。

5.2　Controller Manager 原理解析

一般来说，智能系统和自动系统通常会通过一个“操作系统”不断修正系统的工作状态。在 Kubernetes 集群中，每个 Controller 都是这样的一个“操作系统”，它们通过 API Server 提供的（List-Watch）接口实时监控集群中特定资源的状态变化，当发生各种故障导致某资源对象的状态变化时，Controller 会尝试将其状态调整为期望的状态。比如当某个 Node 意外宕机时，Node Controller 会及时发现此故障并执行自动化修复流程，确保集群始终处于预期的工作状态下。Controller Manager 是 Kubernetes 中各种操作系统的管理者，是集群内部的管理控制中心，也是 Kubernetes 自动化功能的核心。

如图 5.8 所示，Controller Manager 内部包含 Replication Controller、Node Controller、ResourceQuota Controller、Namespace Controller、ServiceAccount Controller、Token Controller、

Service Controller、Endpoint Controller、Deployment Controller、Router Controller、Volume Controller 等各种资源对象的控制器，每种 Controller 都负责一种特定资源的控制流程，而 Controller Manager 正是这些 Controller 的核心管理者。

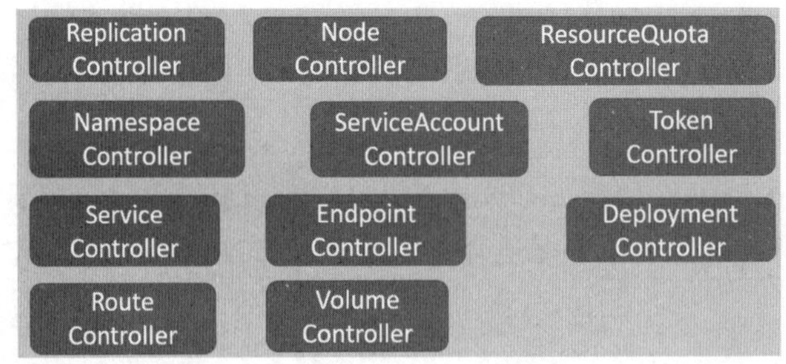

图 5.8　Controller Manager 结构图

由于 ServiceAccount Controller 与 Token Controller 是与安全相关的两个控制器，并且与 Service Account、Token 密切相关，所以会在后续的章节中对它们进行分析。而 Router Controller 是公有云厂商提供的进行节点扩缩容时管理节点路由的控制器，比如谷歌 GCE 平台里动态添加一个虚机节点作为 Node 节点时，相应的路由策略、防火墙规则等配置无须用户手工设置，都能依靠 Router Controller 自动完成。

在 Kubernetes 集群中与 Controller Manager 并重的另一个组件是 Kubernetes Scheduler，它的作用是将待调度的 Pod（包括通过 API Server 新创建的 Pod 及 RC 为补足副本而创建的 Pod 等）通过一些复杂的调度流程计算出最佳目标节点，将 Pod 绑定到目标节点上。本章最后会介绍 Kubernetes Scheduler 调度器的基本原理。

5.2.1　副本调度控制器

在 Kubernetes 中存在两个功能相似的副本控制器：Replication Controller 及 Deployment Controller。

为了区分 Controller Manager 中的 Replication Controller（副本控制器）和资源对象 Replication Controller，我们将资源对象 Replication Controller 简写为 RC，而本节中的 Replication Controller 是指副本控制器，以便于后续分析。

Replication Controller 的核心作用是确保集群中某个 RC 关联的 Pod 副本数量在任何时候都保持预设值。如果发现 Pod 的副本数量超过预设值，则 Replication Controller 会销毁一些 Pod 副本；反之，Replication Controller 会自动创建新的 Pod 副本，直到符合条件的 Pod 副本数量达到预设值。需要注意：只有当 Pod 的重启策略是 Always 时（RestartPolicy=Always），Replication Controller 才会管理该 Pod 的操作（例如创建、销毁、重启等）。在通常情况下，Pod 对象被成功创建后都不会消失，唯一的例外是 Pod 处于 succeeded 或 failed 状态的时间过长（超时参数由系统设定），此时该 Pod 会被系统自动回收，管理该 Pod 的副本控制器将在其他工作节点上重新创建、运行该 Pod 副本。

RC 中的 Pod 模板就像一个模具，模具制作出来的东西一旦离开模具，它们之间就再也没关系了。同样，一旦 Pod 被创建完毕，无论模板如何变化，甚至换成一个新的模板，也不会影响到已经创建的 Pod 了。此外，Pod 可以通过修改它的标签来脱离 RC 的管控，该方法可以用于将 Pod 从集群中迁移、数据修复等的调试。对于被迁移的 Pod 副本，RC 会自动创建一个新的副本替换被迁移的副本。

随着 Kubernetes 的不断升级，旧的 RC 已不能满足需求，所以有了 Deployment。Deployment 可被视为 RC 的替代者，RC 及对应的 Replication Controller 已不再升级、维护，Deployment 及对应的 Deployment Controller 则不断更新、升级新特性。Deployment Controller 在工作过程中实际上是在控制两类相关的资源对象：Deployment 及 ReplicaSet。在我们创建 Deployment 资源对象之后，Deployment Controller 也默默创建了对应的 ReplicaSet，Deployment 的滚动升级也是 Deployment Controller 通过自动创建新的 ReplicaSet 来支持的。

下面总结 Deployment Controller 的作用，如下所述。

（1）确保在当前集群中有且仅有 *N* 个 Pod 实例，*N* 是在 RC 中定义的 Pod 副本数量。

（2）通过调整 spec.replicas 属性的值来实现系统扩容或者缩容。

（3）通过改变 Pod 模板（主要是镜像版本）来实现系统的滚动升级。

最后总结 Deployment Controller 的典型使用场景，如下所述。

（1）重新调度（Rescheduling）。如前面所述，不管想运行 1 个副本还是 1000 个副本，副本控制器都能确保指定数量的副本存在于集群中，即使发生节点故障或 Pod 副本被终止运行等意外状况。

（2）弹性伸缩（Scaling）。手动或者通过自动扩容代理修改副本控制器 spec.replicas 属性的值，非常容易实现增加或减少副本的数量。

（3）滚动更新（Rolling Updates）。副本控制器被设计成通过逐个替换 Pod 来辅助服务的滚动更新。

5.2.2 Node Controller

kubelet 进程在启动时通过 API Server 注册自身节点信息，并定时向 API Server 汇报状态信息，API Server 在接收到这些信息后，会将这些信息更新到 etcd 中。在 etcd 中存储的节点信息包括节点健康状况、节点资源、节点名称、节点地址信息、操作系统版本、Docker 版本、kubelet 版本等。节点健康状况包含就绪（True）、未就绪（False）、未知（Unknown）三种。

Node Controller 通过 API Server 实时获取 Node 的相关信息，实现管理和监控集群中各个 Node 的相关控制功能，Node Controller 的核心工作流程如图 5.9 所示。

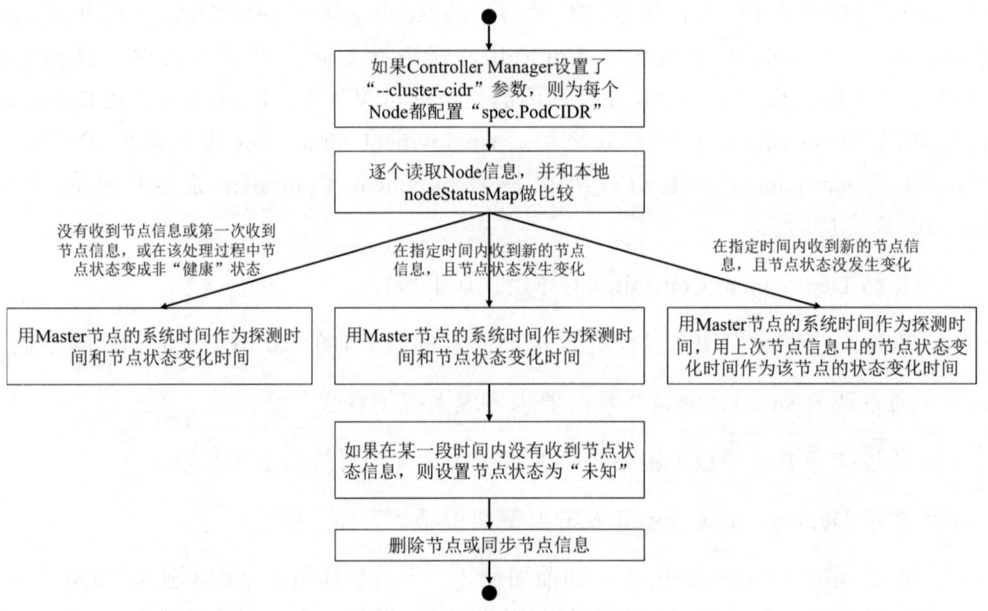

图 5.9　Node Controller 的核心工作流程

对流程中关键点的解释如下。

（1）Controller Manager 在启动时如果设置了--cluster-cidr 参数，那么为每个没有设置 Spec.PodCIDR 的 Node 都生成一个 CIDR 地址，并用该 CIDR 地址设置节点的 Spec.PodCIDR

属性，这样做的目的是防止不同节点的 CIDR 地址发生冲突。

（2）逐个读取 Node 信息，多次尝试修改 nodeStatusMap 中的节点状态信息，将该节点信息和在 Node Controller 的 nodeStatusMap 中保存的节点信息做比较。如果判断出没有收到 kubelet 发送的节点信息、第 1 次收到节点 kubelet 发送的节点信息，或在该处理过程中节点状态变成非健康状态，则在 nodeStatusMap 中保存该节点的状态信息，并用 Node Controller 所在节点的系统时间作为探测时间和节点状态变化时间。如果判断出在指定时间内收到新的节点信息，且节点状态发生变化，则在 nodeStatusMap 中保存该节点的状态信息，并用 Node Controller 所在节点的系统时间作为探测时间和节点状态变化时间。如果判断出在指定时间内收到新的节点信息，但节点状态没发生变化，则在 nodeStatusMap 中保存该节点的状态信息，并用 Node Controller 所在节点的系统时间作为探测时间，将上次节点信息中的节点状态变化时间作为该节点的状态变化时间。如果判断出在某段时间（gracePeriod）内没有收到节点状态信息，则设置节点状态为“未知”，并且通过 API Server 保存节点状态。

（3）逐个读取节点信息，如果节点状态变为非就绪状态，则将节点加入待删除队列，否则将节点从该队列中删除。如果节点状态为非就绪状态，且系统指定了 Cloud Provider，则 Node Controller 调用 Cloud Provider 查看节点，若发现节点故障，则删除 etcd 中的节点信息，并删除与该节点相关的 Pod 等资源的信息。

5.2.3　ResourceQuota Controller

作为完备的企业级的容器集群管理平台，Kubernetes 也提供了 ResourceQuota Controller（资源配额管理）这一高级功能，资源配额管理确保指定的资源对象在任何时候都不会超量占用系统物理资源，避免由于某些业务进程在设计或实现上的缺陷导致整个系统运行紊乱甚至意外宕机，对整个集群的平稳运行和稳定性都有非常重要的作用。

目前 Kubernetes 支持如下三个层次的资源配额管理。

（1）容器级别，可以对 CPU 和 Memory 进行限制。

（2）Pod 级别，可以对一个 Pod 内所有容器的可用资源进行限制。

（3）Namespace 级别，为 Namespace（多租户）级别的资源限制，包括：Pod 数量、Replication Controller 数量、Service 数量、ResourceQuota 数量、Secret 数量和可持有的 PV 数量。

Kubernetes 的配额管理是通过 Admission Control（准入控制）来控制的，Admission Control 当前提供了两种方式的配额约束，分别是 LimitRanger 与 ResourceQuota，其中 LimitRanger 作用于 Pod 和 Container；ResourceQuota 则作用于 Namespace，限定一个 Namespace 里各类资源的使用总额。

如图 5.10 所示，如果在 Pod 定义中同时声明了 LimitRanger，则用户通过 API Server 请求创建或修改资源时，Admission Control 会计算当前配额的使用情况，如果不符合配额约束，则创建对象失败。对于定义了 ResourceQuota 的 Namespace，ResourceQuota Controller 组件会定期统计和生成该 Namespace 下各类对象的资源使用总量，统计结果包括 Pod、Service、RC、Secret 和 Persistent Volume 等对象实例的个数，以及该 Namespace 下所有 Container 实例的资源使用量（目前包括 CPU 和内存），然后将这些统计结果写入 etcd 的 resourceQuotaStatusStorage 目录（resourceQuotas/status）下。写入 resourceQuotaStatusStorage 的内容包含 Resource 名称、配额值（ResourceQuota 对象中 spec.hard 域下包含的资源的值）、当前使用的值（ResourceQuota Controller 统计的值）。随后这些统计信息被 Admission Control 使用，以确保相关 Namespace 下的资源配额总量不会超过 ResourceQuota 中的限定值。

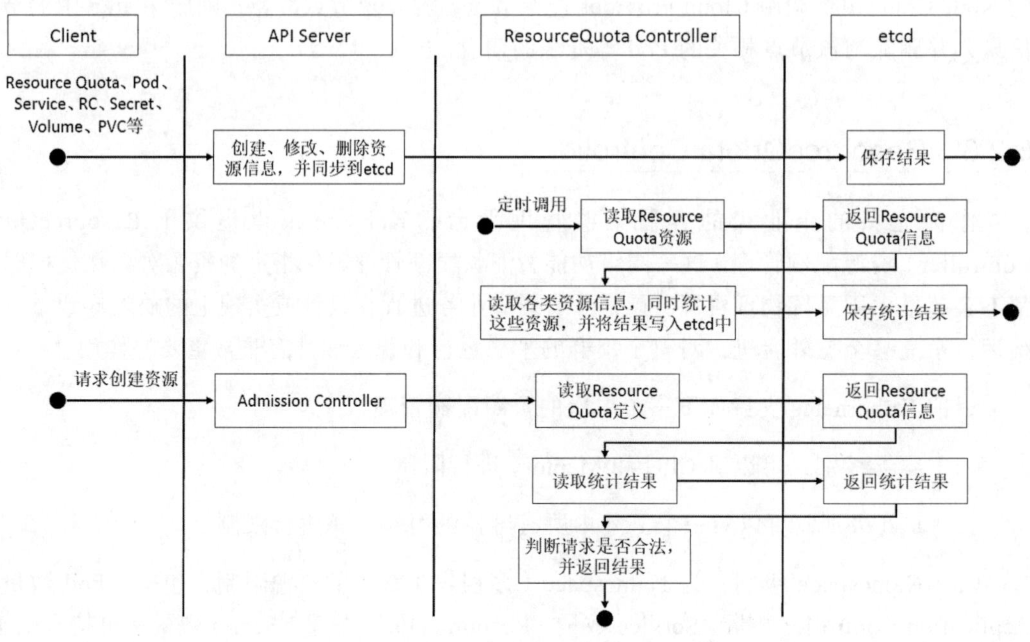

图 5.10　ResourceQuota Controller 流程图

5.2.4　Namespace Controller

用户通过 API Server 可以创建新的 Namespace 并将其保存在 etcd 中，Namespace Controller 定时通过 API Server 读取这些 Namespace 的信息。如果 Namespace 被 API 标识为优雅删除（通过设置删除期限实现，即设置 DeletionTimestamp 属性），则将该 NameSpace 的状态设置成 Terminating 并保存在 etcd 中。同时，Namespace Controller 删除该 Namespace 下的 ServiceAccount、RC、Pod、Secret、PersistentVolume、ListRange、ResourceQuota 和 Event 等资源对象。

在 Namespace 的状态被设置成 Terminating 后，由 Admission Controller 的 NamespaceLifecycle 插件来阻止为该 Namespace 创建新的资源。同时，在 Namespace Controller 删除该 Namespace 中的所有资源对象后，Namespace Controller 会对该 Namespace 执行 finalize 操作，删除 Namespace 的 spec.finalizers 域中的信息。

如果 Namespace Controller 观察到 Namespace 设置了删除期限，同时 Namespace 的 spec.finalizers 域值是空的，那么 Namespace Controller 将通过 API Server 删除该 Namespace 资源。

5.2.5　Service Controller 与 Endpoints Controller

在讲解 Endpoints Controller 之前，让我们先看看 Service、Endpoints 与 Pod 的关系。如图 5.11 所示，Endpoints 表示一个 Service 对应的所有 Pod 副本的访问地址，Endpoints Controller 就是负责生成和维护所有 Endpoints 对象的控制器。

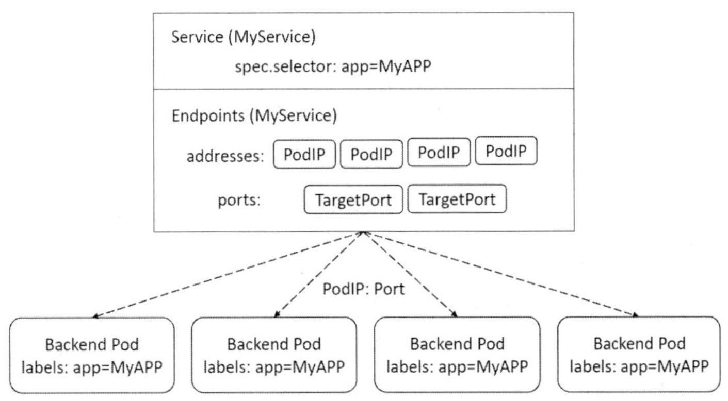

图 5.11　Service、Endpoints 与 Pod 的关系

Endpoints Controller 负责监听 Service 和对应的 Pod 副本的变化，如果监测到 Service 被删除，则删除和该 Service 同名的 Endpoints 对象。如果监测到新的 Service 被创建或者修改，则根据该 Service 信息获得相关的 Pod 列表，然后创建或者更新 Service 对应的 Endpoints 对象。如果监测到 Pod 的事件，则更新它所对应的 Service 的 Endpoints 对象（增加、删除或者修改对应的 Endpoint 条目）。

那么，Endpoints 对象是在哪里被使用的呢？答案是每个 Node 上的 kube-proxy 进程，kube-proxy 进程获取每个 Service 的 Endpoints，实现了 Service 的负载均衡功能。在后续章节中会深入讲解这部分内容。

接下来说说 Service Controller 的作用，它其实是 Kubernetes 集群与外部的云平台之间的一个接口控制器。Service Controller 监听 Service 的变化，如果该 Service 是一个 LoadBalancer 类型的 Service（externalLoadBalancers=true），则 Service Controller 确保该 Service 对应的 LoadBalancer 实例在外部的云平台上被相应地创建、删除及更新路由转发表（根据 Endpoints 的条目）。

5.3 Scheduler 原理解析

前面深入分析了 Controller Manager 及其所包含的各个组件的运行机制，本节将继续对 Kubernetes 中负责 Pod 调度的重要功能模块——Kubernetes Scheduler 的工作原理和运行机制进行深入分析。

我们知道，Kubernetes Scheduler 是负责 Pod 调度的进程（组件），随着 Kubernetes 功能的不断增强和完善，Pod 调度也变得越来越复杂，Kubernetes Scheduler 内部的实现机制也在不断优化，从最初的两阶段调度机制（Predicates & Priorities）发展到后来的升级版的调度框架（Scheduling Framework），以满足越来越复杂的调度场景。

为什么 Kubernetes 里的 Pod 调度会如此复杂？这主要是因为 Kubernetes 要努力满足各种类型应用的不同需求并且努力“让大家和平共处”。Kubernetes 集群里的 Pod 有无状态服务类、有状态集群类及批处理类三大类，不同类型的 Pod 对资源占用的需求不同，对节点故障引发的中断/恢复及节点迁移方面的容忍度都不同，如果再考虑到业务方面不同服务的 Pod 的优先级不同带来的额外约束和限制，以及从租户（用户）的角度希望占据更多的资源增加稳定性和集群拥有者希望调度更多的 Pod 提升资源使用率两者之间的矛盾，则当这些相互冲突的调度因素都被考虑到时，如何进行 Pod 调度就变成一个很棘手的问题了。

为什么 Kubernetes Scheduler 的设计实现从一开始就比较复杂呢？我们知道，一开始，Scheduler 就被设计成两阶段调度机制，而到了 1.5 版本以后，新的 Scheduling Framework 变得更加复杂，其原因其实很简单：调度这个事情无论让机器怎么安排，都不可能完全满足每个用户（应用）的需求。因此，让用户方便地根据自己的需求去做定制和扩展，就变成一个很重要也很实用的特性了。升级后的 Scheduling Framework 在这方面也做得更好了。

5.3.1　Scheduler 的调度流程

Kubernetes Scheduler 在整个系统中承担了“承上启下”的重要功能，“承上”是指它负责接收 Controller Manager 创建的新 Pod，为其安排一个落脚的“家”——目标 Node；“启下”是指安置工作完成后，目标 Node 上的 kubelet 服务进程接管后续工作，负责 Pod 生命周期中的“下半生”。

具体来说，Kubernetes Scheduler 的作用是将待调度的 Pod（API 新创建的 Pod、Controller Manager 为补足副本而创建的 Pod 等）按照特定的调度算法和调度策略绑定（Binding）到集群中某个合适的 Node 上，并将绑定信息写入 etcd 中。在整个调度过程中涉及三个对象，分别是待调度 Pod 列表、可用 Node 列表及调度算法和策略。简单地说，就是通过调度算法为待调度 Pod 列表中的每个 Pod 都从 Node 列表中选择一个最适合的 Node。

随后，目标节点上的 kubelet 通过 API Server 监听到 Kubernetes Scheduler 产生的 Pod 绑定事件，然后获取对应的 Pod 清单，下载 Image 镜像并启动容器。完整的流程如图 5.12 所示。

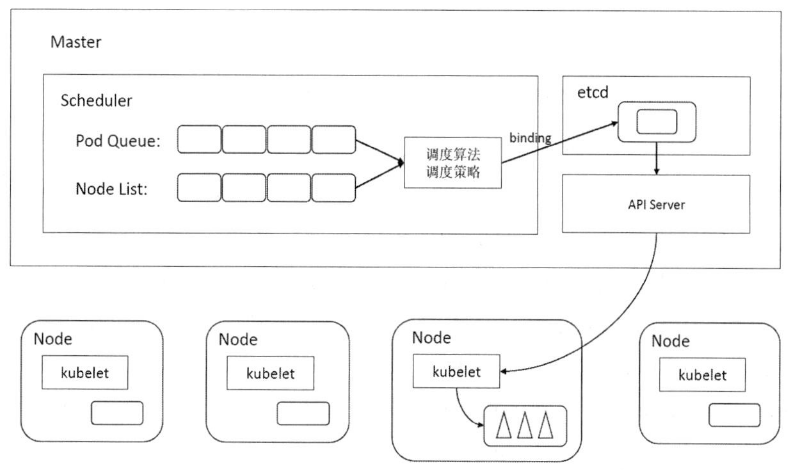

图 5.12　Scheduler 流程图

Scheduler 只跟 API Server 打交道，其输入和输入如下。

◎ 输入：待调度的 Pod 和全部计算节点的信息。
◎ 输出：目标 Pod 要“安家”的最优节点（或者暂时不存在）。

Scheduler 在调度算法方面的升级主要如下。

◎ v1.2 版本引入了 Scheduler Extender，支持外部扩展。
◎ v1.5 版本为调度器的优先级算法引入了 Map/Reduce 的计算模式。
◎ v1.15 版本实现了基于 Scheduling Framework 的方式，开始支持组件化开发。
◎ v1.18 版本将所有策略（Predicates 与 Priorities）全部组件化，将默认的调度流程切换为 Scheduling Framework。
◎ v1.19 版本将抢占过程组件化，同时支持 Multi Scheduling Profile。

考虑到新的 Scheduling Framework 的代码和功能大部分来自之前旧的两阶段调度流程，所以这里有必要先介绍一下旧版本的两阶段调度流程。旧版本的 Kubernetes Scheduler 的调度总体上包括两个阶段：过滤（Filtering）+打分（Scoring），随后就是绑定目标节点，完成调度。

（1）过滤阶段：遍历所有目标 Node，筛选出符合要求的候选节点。在此阶段，Scheduler 会将不合适的所有 Node 节点全部过滤，只留下符合条件的候选节点。其具体方式是通过一系列特定的 Filter 对每个 Node 都进行筛选，筛选完成后通常会有多个候选节点供调度，从而进入打分阶段；如果结果集为空，则表示当前还没有符合条件的 Node 节点，Pod 会维持在 Pending 状态。

（2）打分阶段：在过滤阶段的基础上，采用优选策略（xxx Priorities ）计算出每个候选节点的积分，积分最高者胜出，因为积分最高者表示最佳人选。挑选出最佳节点后，Scheduler 会把目标 Pod 安置到此节点上，调度完成。

在过滤阶段中提到的 Predicates 是一系列过滤器，每种过滤器都实现一种节点特征的检测，比如磁盘（NoDiskConflict）、主机（PodFitsHost）、节点上的可用端口（PodFitsPorts）、节点标签（CheckNodeLabelPresence）、CPU 和内存资源（PodFitsResources）、服务亲和性（CheckServiceAffinity）等。在打分阶段提到的 Priorities 则用来对满足条件的 Node 节点进行打分，常见的 Priorities 包含 LeastRequestedPriority（选出资源消耗最小的节点）、BalancedResourceAllocation（选出各项资源使用率最均衡的节点）及 CalculateNodeLabelPriority（优先选择含有指定 Label 的节点）等。Predicates 与 Priorities 合在一起被称为 Kubernetes Scheduling Policies，需要特别注意。

5.3.2 Scheduler Framework

考虑到旧版本的 Kubernetes Scheduler 不足以支持更复杂和灵活的调度场景，因此在 Kubernetes 1.5 版本中出现一个新的调度机制——Scheduler Framework。从整个调度流程来看，新的 Scheduler Framework 是在旧流程的基础上增加了一些扩展点（基于调度 Stage 的扩展点），同时支持用户以插件的方式（Plugin）进行扩展。新的调度流程如图 5.13 所示。

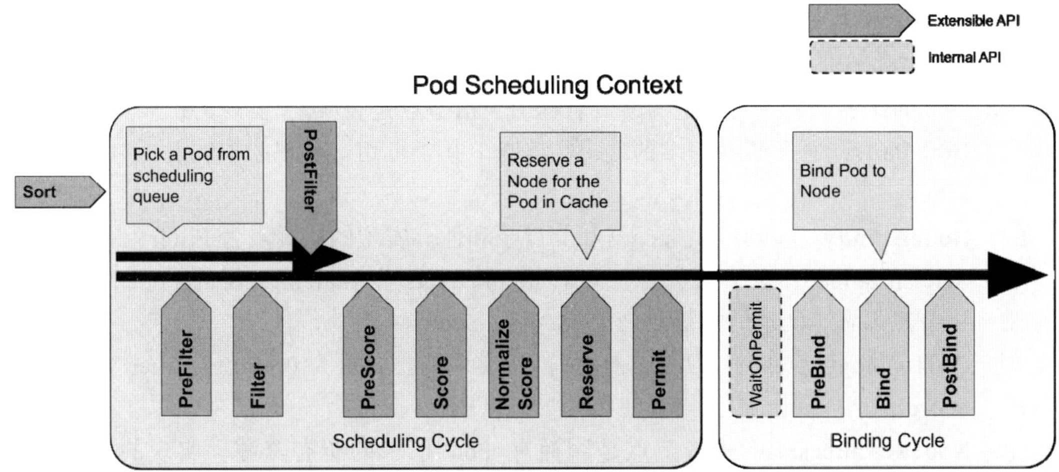

图 5.13　新的调度流程

下面是对新流程中这些扩展点的说明。

◎ QueueSort：对调度队列中待调度的 Pod 进行排序，一次只能启用一个队列排序插件。

◎ PreFilter：在过滤之前预处理或检查 Pod 或集群的信息，可以将 Pod 标记为不可调度。

◎ Filter：相当于调度策略中的 Predicates，用于过滤不能运行 Pod 的节点。过滤器的调用顺序是可配置的，如果没有一个节点通过所有过滤器的筛选，Pod 则将被标记为不可调度。

◎ PreScore：是一个信息扩展点，可用于预打分工作。

◎ Score：给完成过滤阶段的节点打分，调度器会选择得分最高的节点。

◎ Reserve：是一个信息扩展点，当资源已被预留给 Pod 时，会通知插件。这些插件还实现了 Unreserve 接口，在 Reserve 期间或之后出现故障时调用。

◎ Permit：可以阻止或延迟 Pod 绑定。

◎ PreBind：在 Pod 绑定节点之前执行。

◎ Bind：将 Pod 与节点绑定。绑定插件是按顺序调用的，只要有一个插件完成了绑定，其余插件就都会跳过。绑定插件至少需要一个。

◎ PostBind：是一个信息扩展点，在 Pod 绑定节点之后调用。

目前常用的插件如下。

◎ PrioritySort：提供默认的基于优先级的排序。实现的扩展点为 QueueSort。

◎ ImageLocality：选择已经存在 Pod 运行所需容器镜像的节点。实现的扩展点为 Score。

◎ TaintToleration：实现污点和容忍。实现的扩展点为 Filter、Prescore、Score。

◎ NodeName:检查 Pod 指定的节点名称与当前节点是否匹配。实现的扩展点为 Filter。

◎ NodePorts：检查 Pod 请求的端口在节点上是否可用。实现的扩展点为 PreFilter、Filter。

◎ NodeAffinity：实现节点选择器和节点亲和性。实现的扩展点为 Filter、Score。

◎ SelectorSpread：对于属于 Services、ReplicaSets 和 StatefulSets 的 Pod，偏好跨多个节点部署。实现的扩展点为 PreScore、Score。

◎ PodTopologySpread:实现 Pod 拓扑分布。实现的扩展点为 PreFilter、Filter、PreScore、Score。

◎ NodeResourcesFit：检查节点是否拥有 Pod 请求的所有资源。实现的扩展点为 PreFilter、Filter。

◎ DefaultPreemption：提供默认的抢占机制。实现的扩展点为 PostFilter。

◎ NodeResourcesBalancedAllocation：在调度 Pod 时选择资源使用更为均衡的节点。实现的扩展点为 Score。

◎ NodeResourcesLeastAllocated：选择资源分配较少的节点，实现的扩展点为 Score。

◎ VolumeBinding：检查节点是否有请求的卷，或是否可以绑定请求的卷。实现的扩展点为 PreFilter、Filter、Reserve、PreBind。

◎ InterPodAffinity：实现 Pod 间的亲和性与反亲和性。实现的扩展点为 PreFilter、Filter、PreScore、Score。

◎ DefaultBinder：提供默认的绑定机制。实现的扩展点为 Bind。

显而易见，这种扩展方式远远超过之前 Scheduling Policies 的能力，随后在 Kubernetes 1.18 版本中引入了全新的 Scheduler 配置特性——Scheduling Profiles，并在该版本中默认生效，随之而来的旧版本调度机制中的 Scheduling Policies 则被逐步淘汰。

为了使用 Scheduling Profiles 对 Scheduler 进行自定义配置，我们可以编写一个 Profiles 配置文件，并通过--config 参数传递到 kube-scheduler 服务中。下面是一个具体的例子：

```
apiVersion: kubescheduler.config.k8s.io/v1beta1
kind: KubeSchedulerConfiguration
profiles:
  - schedulerName: default-scheduler
  - schedulerName: no-scoring-scheduler
    plugins:
      preScore:
        disabled:
        - name: '*'
      score:
        disabled:
        - name: '*'
```

从该例子中可以看到，对在调度的什么阶段开启或关闭哪些插件，我们都可以灵活定义，插件本身也更聚焦于自己所关注的特定阶段，因此更容易实现自定义插件。

5.3.3　多调度器特性

Kubernetes 自带一个默认调度器，从 1.2 版本开始引入自定义调度器的特性，支持使用用户实现的自定义调度器，多个自定义调度器可以与默认的调度器同时运行，由 Pod 选择是用默认的调度器调度还是用某个自定义调度器调度。支持多调度器的特性到 1.6 版本时达到 Beta 阶段，但该特性的实现方式不够令人满意，因为用户需要自己编译、打包一个完整的 Scheduler 进程，以二进制或者容器的方式启动和运行，这个过程烦琐并且实施起来相对困难。除此之外，多个调度器进程同时运行，还存在资源竞争的风险和隐患。所以 Kubernetes 一直在考虑另一种解决思路，即通过一个 Scheduler 进程加上多个配置文件的方式来实现全新的多调度器特性。而新设计的 Scheduling Profiles 满足了这一需求，这就是 Multiple Scheduling Profiles 特性，我们只要针对不同的调度规则编写不同的 Profile 配置文件，并给它们起一个自定义 Scheduler 的名称，然后把这个配置文件传递给 Kubernetes Scheduler 加载、生效，Kubernetes Scheduler 就立即实现了多调度器支持的“多重影分身”特效。再回头看看 5.3.2 节的 Scheduling Profiles 配置文件，就能立刻明白了：

```
kind: KubeSchedulerConfiguration
profiles:
  - schedulerName: default-scheduler
```

```
  - schedulerName: no-scoring-scheduler
    plugins:
      preScore:
        disabled:
```

在以上 KubeSchedulerConfiguration 配置声明中，我们看到系统默认的 Scheduler 名为 default-scheduler，默认的 Scheduler 包括之前提到的常见的插件扩展，在这个配置文件中新增了一个名为 no-scoring-scheduler 的自定义 Scheduler，我们在自定义 Scheduler 中可以根据自己的需求开启或关闭指定的插件。

5.4 kubelet 运行机制解析

在 Kubernetes 集群中，在每个 Node（又称 Minion）上都会启动一个 kubelet 服务进程。该进程用于处理 Master 下发到本节点的任务，管理 Pod 及 Pod 中的容器。每个 kubelet 进程都会在 API Server 上注册节点自身的信息，定期向 Master 汇报节点资源的使用情况，并通过 cAdvisor 监控容器和节点资源。

5.4.1 节点管理

节点通过设置 kubelet 的启动参数“--register-node”，来决定是否向 API Server 注册自己。如果该参数的值为 true，那么 kubelet 将试着通过 API Server 注册自己。在自注册时，kubelet 启动时还包含下列参数。

◎ --api-servers：API Server 的位置。

◎ --kubeconfig：kubeconfig 文件，用于访问 API Server 的安全配置文件。

◎ --cloud-provider：云服务商（IaaS）地址，仅用于公有云环境中。

一开始，每个 kubelet 进程都被授予创建和修改任何节点的权限，后来这个安全漏洞被修复。Kubernetes 限制了 kubelet 的权限，仅允许它修改和创建其所在节点的权限。如果在集群运行过程中遇到集群资源不足的情况，用户就很容易通过添加机器及运用 kubelet 的自注册模式来实现扩容。在某些情况下，Kubernetes 集群中的某些 kubelet 没有选择自注册模式，用户需要自己去配置 Node 的资源信息，同时告知 Node 上 kubelet API Server 的位置。集群管理者能够创建和修改节点信息，如果其希望手动创建节点信息，则通过设置 kubelet 的启动参数“--register- node=false”即可完成。

kubelet 在启动时通过 API Server 注册节点信息，并定时向 API Server 发送节点的新消息，API Server 在接收到这些信息后，会将其写入 etcd 中。通过 kubelet 的启动参数--node-status- update-frequency 可设置 kubelet 每隔多长时间向 API Server 报告节点的状态，默认为 10s。

5.4.2 Pod 管理

kubelet 通过以下方式获取在自身 Node 上要运行的 Pod 清单。

（1）静态 Pod 配置文件：kubelet 通过启动参数--config 指定目录下的 Pod YAML 文件（默认目录为/etc/kubernetes/manifests/），kubelet 会持续监控指定目录下的文件变化，以创建或删除 Pod。这种类型的 Pod 没有通过 kube-controller-manager 进行管理，被称为“静态 Pod”。另外，可以通过启动参数--file-check-frequency 设置检查该目录的时间间隔，默认为 20s。

（2）HTTP 端点（URL）：通过--manifest-url 参数设置，通过--http-check-frequency 设置检查该 HTTP 端点数据的时间间隔，默认为 20s。

（3）API Server：kubelet 通过 API Server 监听 etcd 目录，同步 Pod 列表。

所有以非 API Server 方式创建的 Pod 都叫作 Static Pod。kubelet 将 Static Pod 的状态汇报给 API Server，API Server 为该 Static Pod 创建一个 Mirror Pod 与其匹配。Mirror Pod 的状态将真实反映 Static Pod 的状态。当 Static Pod 被删除时，与之相对应的 Mirror Pod 也会被删除。在本章中只讨论通过 API Server 获得 Pod 清单的方式。kubelet 通过 API Server Client 使用 Watch 加 List 的方式监听/registry/nodes/$当前节点的名称和/registry/pods 目录，将获取的信息同步到本地缓存中。

kubelet 监听 etcd，所有针对 Pod 的操作都会被 kubelet 监听。如果发现有新的绑定到本节点的 Pod，则按照 Pod 清单的要求创建该 Pod。

如果发现本地的 Pod 需要被修改，则 kubelet 会做出相应的修改，比如在删除 Pod 中的某个容器时，会通过 Docker Client 删除该容器。如果发现本地的 Pod 需要被删除，则 kubelet 会删除相应的 Pod，并通过 Docker Client 删除 Pod 中的容器。

kubelet 读取监听到的信息，如果是创建和修改 Pod 任务，则做如下处理。

（1）为该 Pod 创建一个数据目录。

（2）从 API Server 中读取该 Pod 清单。

（3）为该 Pod 挂载外部卷（External Volume）。

（4）下载 Pod 用到的 Secret。

（5）检查已经运行在节点上的 Pod，如果该 Pod 没有容器或 Pause 容器（kubernetes/ pause 镜像创建的容器）没有启动，则先停止 Pod 里所有容器的进程。如果在 Pod 中有需要删除的容器，则删除这些容器。

（6）用 kubernetes/pause 镜像为每个 Pod 都创建一个容器。该 Pause 容器用于接管 Pod 中所有其他容器的网络。每创建一个新的 Pod，kubelet 都会先创建一个 Pause 容器，然后创建其他容器。kubernetes/pause 镜像大概有 200KB，是个非常小的容器镜像。

（7）为 Pod 中的每个容器都做如下处理。

◎ 为容器计算一个哈希值，然后用容器的名称去查询对应 Docker 容器的哈希值。若查找到容器，且二者的哈希值不同，则停止 Docker 中容器的进程，并停止与之关联的 Pause 容器的进程；若二者相同，则不做任何处理。
◎ 如果容器被终止，且容器没有指定的 restartPolicy（重启策略），则不做任何处理。
◎ 调用 Docker Client 下载容器镜像，调用 Docker Client 运行容器。

5.4.3 容器健康检查

Pod 通过两类探针来检查容器的健康状态。一类是 LivenessProbe 探针，用于判断容器是否健康并反馈给 kubelet，如果 LivenessProbe 探针探测到容器不健康，则 kubelet 将删除该容器，并根据容器的重启策略做相应的处理；如果一个容器不包含 LivenessProbe 探针，则 kubelet 会认为该容器的 LivenessProbe 探针返回的值永远是 Success。另一类是 ReadinessProbe 探针，用于判断容器是否启动完成，且准备接收请求。如果 ReadinessProbe 探针检测到容器启动失败，则 Pod 的状态将被修改，Endpoint Controller 将从 Service 的 Endpoint 中删除包含该容器所在 Pod 的 IP 地址的 Endpoint 条目。

kubelet 定期调用容器中的 LivenessProbe 探针来诊断容器的健康状况。LivenessProbe 包含以下 3 种实现方式。

（1）ExecAction：在容器内部运行一个命令，如果该命令的退出状态码为 0，则表明容器健康。

（2）TCPSocketAction：通过容器的 IP 地址和端口号执行 TCP 检查，如果端口能被访问，则表明容器健康。

（3）HTTPGetAction：通过容器的 IP 地址和端口号及路径调用 HTTP Get 方法，如果响应的状态码大于或等于 200 且小于或等于 400，则认为容器状态健康。

LivenessProbe 探针被包含在 Pod 定义的 spec.containers.{某个容器}中。下面的示例展示了两种 Pod 中的容器健康检查方式：HTTP 检查和容器命令执行检查。

（1）本示例实现了通过容器命令执行检查：

```
livenessProbe:
  exec:
    command:
    - cat
    - /tmp/health
  initialDelaySeconds: 15
  timeoutSeconds: 1
```

kubelet 在容器中运行“cat /tmp/health”命令，如果该命令返回的值为 0，则表明容器处于健康状态，否则表明容器处于不健康状态。

（2）本示例实现了对容器的 HTTP 检查：

```
livenessProbe:
  httpGet:
    path: /healthz
    port: 8080
  initialDelaySeconds: 15
  timeoutSeconds: 1
```

kubelet 发送一个 HTTP 请求到本地主机、端口及指定的路径，来检查容器的健康状况。

5.4.4　cAdvisor 资源监控

在 Kubernetes 集群中，应用程序的执行情况可以在不同的级别监测到，这些级别包括容器、Pod、Service 和整个集群。作为 Kubernetes 集群的一部分，Kubernetes 希望提供给用户详细的各个级别的资源使用信息，这将使用户深入地了解应用的执行情况，并找到应用中可能的瓶颈。

cAdvisor 是一个开源的分析容器资源使用率和性能特性的代理工具，它是因为容器而产生的，因此自然支持 Docker 容器。在 Kubernetes 项目中，cAdvisor 被集成到 Kubernetes 代码中，kubelet 则通过 cAdvisor 获取其所在节点及容器上的数据。cAdvisor 自动查找其所在 Node 上的所有容器，自动采集 CPU、内存、文件系统和网络使用的统计信息。在大部分 Kubernetes 集群中，cAdvisor 都通过它所在 Node 的 4194 端口暴露一个简单的 UI。

如图 5.14 所示是 cAdvisor 的一个截图。kubelet 作为连接 Kubernetes Master 和各 Node 的桥梁，管理运行在 Node 上的 Pod 和容器。kubelet 将每个 Pod 都转换成它的成员容器，同时从 cAdvisor 上获取单独的容器使用统计信息，然后通过该 REST API 暴露这些聚合后的 Pod 资源使用的统计信息。

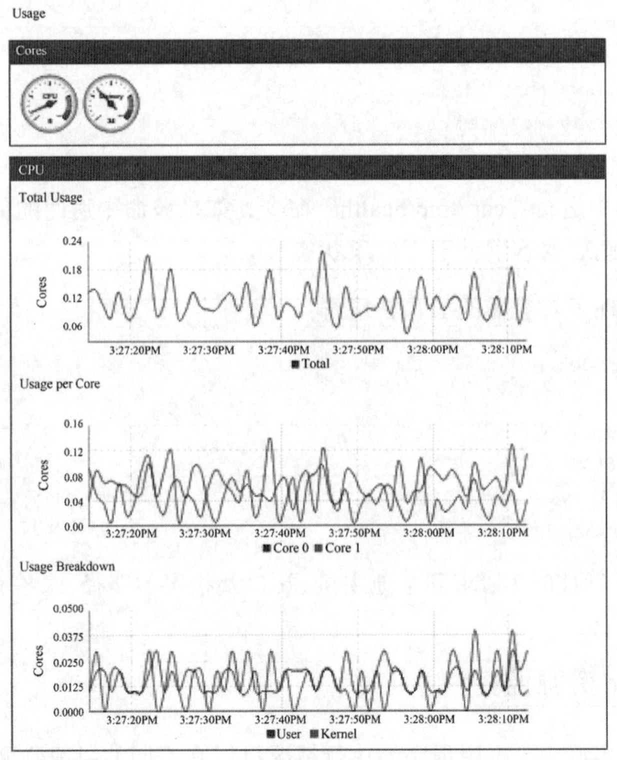

图 5.14　cAdvisor 的一个截图

cAdvisor 只能提供 2 ~ 3min 的监控数据，对性能数据也没有持久化，因此在 Kubernetes 的早期版本中需要依靠 Heapster 来实现集群范围内全部容器性能指标的采集和查询功能。从 Kubernetes 1.8 版本开始，性能指标数据的查询接口升级为标准的 Metrics API，后端服务则升级为全新的 Metrics Server。因此，cAdvisor 在 4194 端口提供的 UI 和 API 服务从 Kubernetes 1.10 版本开始进入弃用流程，并于 1.12 版本时完全关闭。如果还希望使用 cAdvisor 的这个特性，则从 1.13 版本开始可以通过部署一个 DaemonSet 在每个 Node 上都启动一个 cAdvisor 来提供 UI 和 API，请参考 cAdvisor 在 GitHub 上的说明。

在新的 Kubernetes 监控体系中，Metrics Server 用于提供 Core Metrics（核心指标），包括 Node 和 Pod 的 CPU 和内存使用数据。其他 Custom Metrics（自定义指标）则由第三方组件（如 Prometheus）采集和存储。

5.4.5　容器运行时

kubelet 负责本节点上所有 Pod 的全生命周期管理，其中就包括相关容器的创建和销毁这种基本操作。容器的创建和销毁等操作的代码不属于 Kubernetes 的代码范畴，比如目前流行的 Docker 容器引擎就属于 Docker 公司的产品，所以 kubelet 需要通过某种进程间的调用方式如 gRPC 来实现与 Docker 容器引擎之间的调用控制功能。在说明其原理和工作机制之前，我们首先要理解一个重要的概念——Container Runtime（容器运行时）。

"容器"这个概念是早于 Docker 出现的，容器技术最早来自 Linux，所以又被称为 Linux Container。LXC 项目是一个 Linux 容器的工具集，也是真正意义上的一个 Container Runtime，它的作用就是将用户的进程包装成一个 Linux 容器并启动运行。Docker 一开始时就使用了 LXC 项目代码作为 Container Runtime 来运行容器，但从 0.9 版本开始被 Docker 公司自研的新一代容器运行时 Libcontainer 所取代，再后来，Libcontainer 的代码被改名为 runc，被 Docker 公司捐赠给了 OCI 组织，成为 OCI 容器运行时规范的第 1 个标准参考实现。所以，LXC 与 runC 其实都可被看作开源的 Container Runtime，但它们都属于低级别的容器运行时（low-level container runtimes），因为它们不涉及容器运行时所依赖的镜像操作功能，比如拉取镜像，也没有对外提远程供编程接口以方便其他应用集成，所以又有了后来的高级别容器运行时（high-level container runtimes），其中最知名的就是 Docker 公司开源的 containerd。containerd 被设计成嵌入一个更大的系统如 Kubernetes 中使用，而不是直接由开发人员或终端用户使用，containerd 底层驱动 runc 来实现底层的容器运行时，对外则提供了镜像拉取及基于 gRPC 接口的容器 CRUD 封装接口。发展至今，containerd 已经从 Docker 里的一个内部组件，变成一个流行的、工业级的开源容器运行时，已经支持容器镜像的获取和存储、容器的执行和管理、存储和网络等相关功能。在 containerd 和 runC 成为标准化容器服务的基石后，上层应用就可以直接建立在 containerd 和 runC 之上了。如果我们只希望用一个纯粹的、稳定性更好、性能更优的容器运行时，就可以直接使用 containerd 而无须再依赖 Docker 了。

除了 containerd，还有类似的其他一些高层容器运行时也都在 runC 的基础上发展而来，目前比较流行的有红帽开源的 CRI-O、openEuler 社区开源的 iSula 等。这些 Container Runtime 还有另外一个共同特点，即都实现了 Kubernetes 提出的 CRI 接口规范（Container Runtime Interface），可以直接接入 Kubernetes 中。CRI 顾名思义，就是容器运行时接口规范，这个规范也是 Kubernetes 顺应容器技术标准化发展潮流的一个重要历史产物，早在 Kubernetes 1.5 版本中就引入了 CRI 接口规范。如图 5.15 所示，引入了 CRI 接口规范后，kubelet 就可以通过 CRI 插件来实现容器的全生命周期控制了，不同厂家的 Container Runtime 只需实现对应的 CRI 插件代码即可，Kubernetes 无须重新编译就可以使用更多的容器运行时。

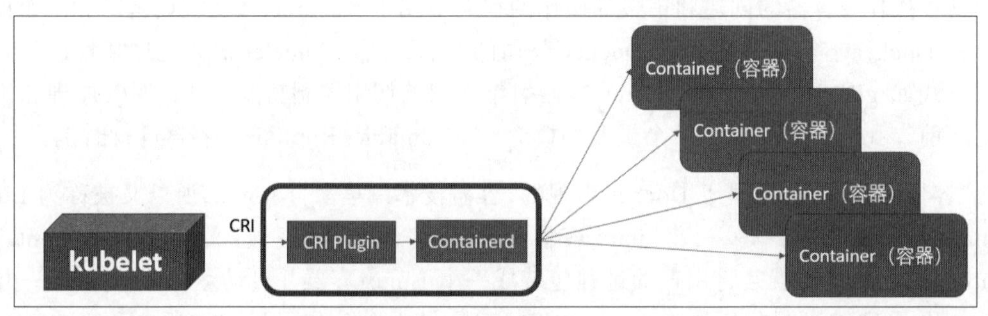

图 5.15　CRI 接口规范示意图

如图 5.16 所示，CRI 接口规范主要定义了两个 gRPC 接口服务：ImageService 和 RuntimeService。其中，ImageService 提供了从仓库拉取镜像、查看和移除镜像的功能；RuntimeService 则负责实现 Pod 和容器的生命周期管理，以及与容器的交互（exec/attach/port-forward）。我们知道，Pod 由一组应用容器组成，其中包含共有的环境和资源约束，这个环境在 CRI 里被称为 Pod Sandbox。Container Runtime 可以根据自己的内部实现来解释和实现自己的 Pod Sandbox，比如对于 Hypervisor 这种容器运行时引擎，会把 PodSandbox 具体实现为一个虚拟机。所以，RuntimeService 服务接口除了提供了针对 Container 的相关操作，也提供了针对 Pod Sandbox 的相关操作以供 kubelet 调用。在启动 Pod 之前，kubelet 调用 RuntimeService.RunPodSandbox 来创建 Pod 环境，这一过程也包括为 Pod 设置网络资源（分配 IP 等操作），Pod Sandbox 在被激活之后，就可以独立地创建、启动、停止和删除用户业务相关的 Container 了，当 Pod 销毁时，kubelet 会在停止和删除 Pod Sandbox 之前首先停止和删除其中的 Container。

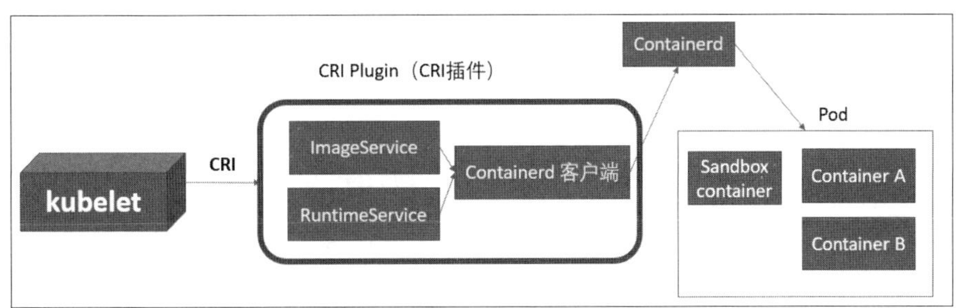

图 5.16　CRI 接口规范的工作原理

本节最后说说容器运行时相关的另外一个重要概念——RuntimeClass。

随着 CRI 机制的成熟及第三方 Container Runtime 的不断涌现，用户有了新的需求：在一个 Kubernetes 集群中配置并启用多种 Container Runtime，不同类型的 Pod 可以选择不同特性的 Container Runtime 来运行，以实现资源占用或者性能、稳定性等方面的优化，这就是 RuntimeClass 出现的背景和动力。Kubernetes 从 1.12 版本开始引入 RuntimeClass，用于在启动容器时选择特定的容器运行时，目前为 Beta 阶段。以下面的 RuntimeClass 例子为例：

```
apiVersion: node.k8s.io/v1beta1
kind: RuntimeClass
metadata:
  name: myclass
handler: myconfiguration
scheduling: *Scheduling
overhead: *Overhead
```

其中，handler 参数是对应的 CRI 配置名称，指定 Container Runtime 的类型，一旦创建好 RuntimeClass 资源，我们就可以通过 Pod 中的 spec.runtimeClassName 字段与它进行关联了。当目标 Pod 被调度到某个具体的 kubelet 时，kubelet 就会通过 CRI 接口调用指定的 Container Runtime 来运行该 Pod，如果指定的 RuntimeClass 不存在，无法运行相应的 Container Runtime，那么 Pod 会进入 Failed 状态。

5.5　kube-proxy 运行机制解析

为了支持集群的水平扩展和高可用性，Kubernetes 抽象出了 Service 的概念。Service 是对一组 Pod 的抽象，它会根据访问策略（如负载均衡策略）来访问这组 Pod。

Kubernetes 在创建服务时会为服务分配一个虚拟 IP 地址，客户端通过访问这个虚拟 IP 地址来访问服务，服务则负责将请求转发到后端的 Pod 上。这其实就是一个反向代理，但与普通的反向代理有一些不同：它的 IP 地址是虚拟，若想从外面访问，则还需要一些技巧；它的部署和启停是由 Kubernetes 统一自动管理的。

在很多情况下，Service 只是一个概念，而真正将 Service 的作用落实的是它背后的 kube-proxy 服务进程。只有理解了 kube-proxy 的原理和机制，我们才能真正理解 Service 的实现逻辑。

5.5.1 第一代 Proxy

我们知道，在 Kubernetes 集群的每个 Node 上都会运行一个 kube-proxy 服务进程，我们可以把这个进程看作 Service 的透明代理兼负载均衡器，其核心功能是将到某个 Service 的访问请求转发到后端的多个 Pod 实例上。

起初，kube-proxy 进程是一个真实的 TCP/UDP 代理，类似 HA Proxy，负责转发从 Service 到 Pod 的访问流量，这被称为 userspace（用户空间代理）模式。如图 5.17 所示，当某个客户端 Pod 以 ClusterIP 地址访问某个 Service 时，这个流量就被 Pod 所在 Node 的 iptables 转发给 kube-proxy 进程，然后由 kube-proxy 建立起到后端 Pod 的 TCP/UDP 连接，再将请求转发到某个后端 Pod 上，并在这个过程中实现负载均衡功能。

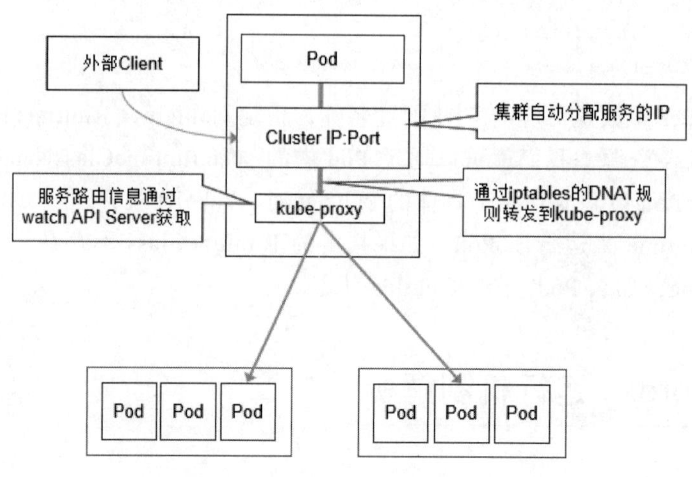

图 5.17 Service 的负载均衡转发规则

关于 ClusterIP 与 NodePort 的实现原理，以及 kube-proxy 与 API Server 的交互过程，图 5.18 给出了详细的说明，由于这是已淘汰的 kube-proxy 的实现方式，所以不再赘述。

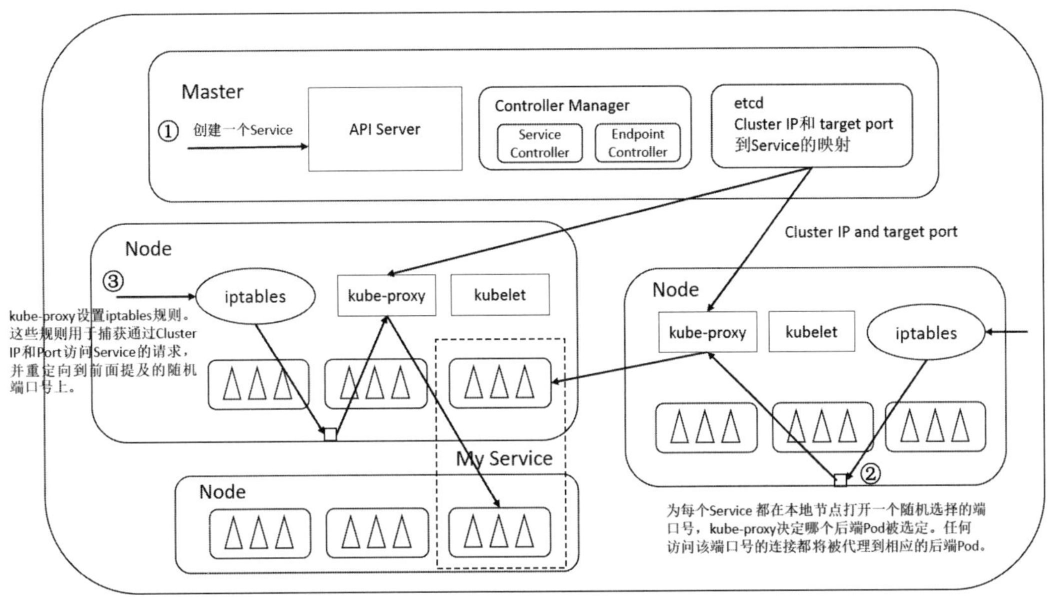

图 5.18　kube-proxy 工作原理示意图

此外，Service 的 ClusterIP 与 NodePort 等概念是 kube-proxy 服务通过 iptables 的 NAT 转换实现的，kube-proxy 在运行过程中动态创建与 Service 相关的 iptables 规则，这些规则实现了将访问服务（ClusterIP 或 NodePort）的请求负载分发到后端 Pod 的功能。由于 iptables 机制针对的是本地的 kube-proxy 端口，所以在每个 Node 上都要运行 kube-proxy 组件，这样一来，在 Kubernetes 集群内部，我们可以在任意 Node 上发起对 Service 的访问请求。综上所述，由于 kube-proxy 的作用，客户端在 Service 调用过程中无须关心后端有几个 Pod，中间过程的通信、负载均衡及故障恢复都是透明的。

5.5.2　第二代 Proxy

从 1.2 版本开始，Kubernetes 将 iptables 作为 kube-proxy 的默认模式，其工作原理如图 5.19 所示，iptables 模式下的第二代 kube-proxy 进程不再起到数据层面的 Proxy 的作用，Client 向 Service 的请求流量通过 iptables 的 NAT 机制直接发送到目标 Pod，不经过

kube-proxy 进程的转发，kube-proxy 进程只承担了控制层面的功能，即通过 API Server 的 Watch 接口实时跟踪 Service 与 Endpoint 的变更信息，并更新 Node 节点上相应的 iptables 规则。

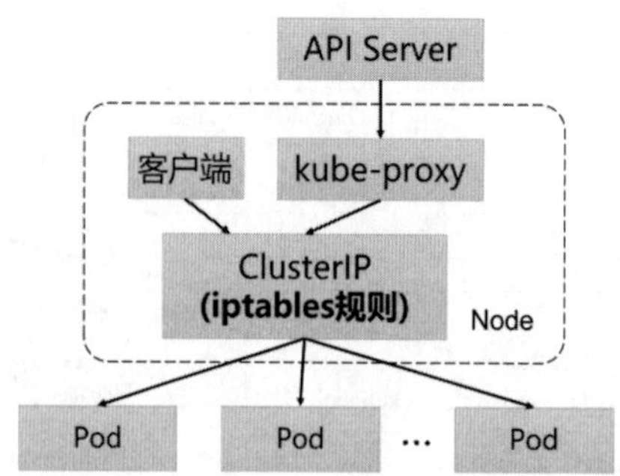

图 5.19　第二代 Proxy 的工作原理示意图

根据 Kubernetes 的网络模型，一个 Node 上的 Pod 与其他 Node 上的 Pod 应该能够直接建立双向的 TCP/IP 通信通道，所以如果直接修改 iptables 规则，则也可以实现 kube-proxy 的功能，只不过后者更加高端，因为是全自动模式的。与第一代的 userspace 模式相比，iptables 模式完全工作在内核态，不用再经过用户态的 kube-proxy 中转，因而性能更强。

kube-proxy 针对 Service 和 Pod 创建的一些主要 iptables 规则如下。

◎ KUBE-CLUSTER-IP：在 masquerade-all=true 或 clusterCIDR 指定的情况下对 Service ClusterIP 地址进行伪装，以解决数据包欺骗问题。
◎ KUBE-EXTERNAL-IP：将数据包伪装成 Service 的外部 IP 地址。
◎ KUBE-LOAD-BALANCER、KUBE-LOAD-BALANCER-LOCAL：伪装 Load Balancer 类型的 Service 流量。
◎ KUBE-NODE-PORT-TCP、KUBE-NODE-PORT-LOCAL-TCP、KUBE-NODE-PORT-UDP、KUBE-NODE-PORT-LOCAL-UDP：伪装 NodePort 类型的 Service 流量。

5.5.2　第三代 Proxy

第二代的 iptables 模式实现起来虽然简单，性能也提升很多，但存在固有缺陷：在集群中的 Service 和 Pod 大量增加以后，每个 Node 节点上 iptables 中的规则会急速膨胀，导致网络性能显著下降，在某些极端情况下甚至会出现规则丢失的情况，并且这种故障难以重现与排查。于是 Kubernetes 从 1.8 版本开始引入第三代的 IPVS（IP Virtual Server）模式，如图 5.20 所示。IPVS 在 Kubernetes 1.11 版本中升级为 GA 稳定版本。

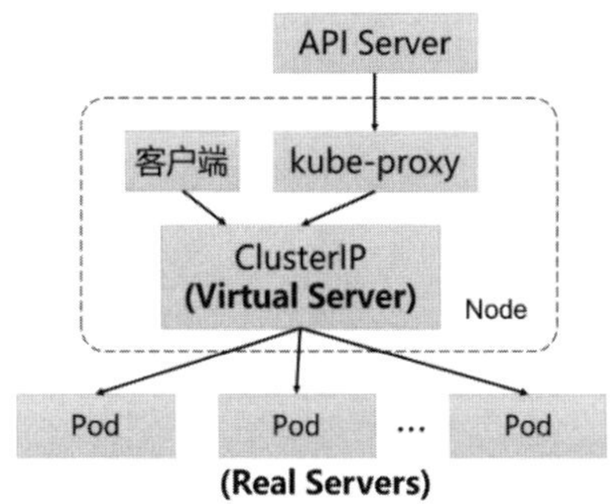

图 5.20　第三代 Proxy 的工作原理示意图

iptables 与 IPVS 虽然都是基于 Netfilter 实现的，但因为定位不同，二者有着本质的差别：iptables 是为防火墙设计的；IPVS 专门用于高性能负载均衡，并使用更高效的数据结构（哈希表），允许几乎无限的规模扩张，因此被 kube-proxy 采纳为第三代模式。

与 iptables 相比，IPVS 拥有以下明显优势：

◎ 为大型集群提供了更好的可扩展性和性能；
◎ 支持比 iptables 更复杂的复制均衡算法（最小负载、最少连接、加权等）；
◎ 支持服务器健康检查和连接重试等功能；
◎ 可以动态修改 ipset 的集合，即使 iptables 的规则正在使用这个集合。

由于 IPVS 无法提供包过滤、airpin-masquerade tricks（地址伪装）、SNAT 等功能，因此在某些场景（如 NodePort 的实现）下还要与 iptables 搭配使用。在 IPVS 模式下，kube-proxy 又做了重要的升级，即使用 iptables 的扩展 ipset，而不是直接调用 iptables 来生成规则链。

iptables 规则链是一个线性数据结构，ipset 则引入了带索引的数据结构，因此当规则很多时，也可以高效地查找和匹配。我们可以将 ipset 简单理解为一个 IP（段）的集合，这个集合的内容可以是 IP 地址、IP 网段、端口等，iptables 可以直接添加规则对这个“可变的集合”进行操作，这样做的好处在于大大减少了 iptables 规则的数量，从而减少了性能损耗。假设要禁止上万个 IP 访问我们的服务器，则用 iptables 的话，就需要一条一条地添加规则，会在 iptables 中生成大量的规则；但是用 ipset 的话，只需将相关的 IP 地址（网段）加入 ipset 集合中即可，这样只需设置少量的 iptables 规则即可实现目标。

第 6 章

深入分析集群安全机制

Kubernetes 通过一系列机制来实现集群的安全控制，其中包括 API Server 的认证授权、准入控制机制及保护敏感信息的 Secret 机制等。集群的安全性必须考虑如下几个目标。

◎ 保证容器与其所在宿主机的隔离。
◎ 限制容器给基础设施或其他容器带来的干扰。
◎ 最小权限原则，即合理限制所有组件的权限，确保组件只执行它被授权的行为，通过限制单个组件的能力来限制它的权限范围。
◎ 明确组件间边界的划分。
◎ 划分普通用户和管理员的角色。
◎ 在必要时允许将管理员权限赋给普通用户。
◎ 允许拥有 Secret 数据（Keys、Certs、Passwords）的应用在集群中运行。

下面分别从 Authentication、Authorization、Admission Control、Secret 和 Service Account 等方面来说明集群的安全机制。

6.1　API Server 认证管理

我们知道，Kubernetes 集群中所有资源的访问和变更都是通过 Kubernetes API Server 的 REST API 实现的，所以集群安全的关键点就在于如何识别并认证客户端身份（Authentication），以及随后访问权限的授权（Authorization）这两个关键问题，本节将讲解认证管理的内容。

Kubernetes 集群有两种用户账号：第 1 种是集群内部的 Service Account；第 2 种是外部的用户账号，可能是某个运维人员或外部应用的账号。Kubernetes 并不支持常规的个人账号，但拥有被 Kubernetes 集群的 CA 证书签名的有效证书，个人用户就可被授权访问 Kubernetes 集群了，在这种情况下，证书中 Subject（主题）里的信息被当作用户名如 "/CN=bob"。因此，任一 Kubernetes API 的访问都属于以下三种方式之一：

◎ 以证书方式访问的普通用户或进程，包括运维人员及 kubectl、kubelets 等进程；
◎ 以 Service Account 方式访问的 Kubernetes 的内部服务进程；
◎ 以匿名方式访问的进程。

Kubernetes 集群提供了以下用户身份认证方式。

◎ HTTPS 证书认证：基于 CA 根证书签名的双向数字证书认证方式。

◎ HTTP Bearer Token 认证：通过一个 Bearer Token 识别合法用户。

◎ OpenID Connect Token 第三方认证：通过第三方 OIDC 协议进行认证。

◎ Webhook Token 认证：通过外部 Webhook 服务进行认证。

◎ Authenticating Proxy 认证：通过认证代理程序进行认证。

本节对这些认证方式的原理和使用方式进行详细说明。

6.1.1 HTTPS 证书认证

这里需要有一个 CA 证书，CA 是 PKI 系统中通信双方都信任的实体，被称为可信第三方（Trusted Third Party，TTP）。CA 作为可信第三方的重要条件之一，就是其行为具有非否认性。作为第三方而不是简单的上级，就必须让信任者有追究自己责任的能力。CA 通过证书证实他人的公钥信息，在证书上有 CA 的签名。如果用户因为信任证书而有了损失，证书就可以作为有效的证据用于追究 CA 的法律责任。CA 正是因为对责任的承诺，也被称为可信第三方。在很多情况下，CA 与用户都是相互独立的实体，CA 作为服务提供方，有可能因为服务质量问题（例如发布的公钥数据有错误）而给用户带来损失。在证书中绑定了公钥数据和相应私钥拥有者的身份信息，并带有 CA 的数字签名；在证书中也包含了 CA 的名称，以便于依赖方找到 CA 的公钥，验证证书上的数字签名。

CA 认证涉及诸多安全术语，比如根证书、自签名证书、密钥、私钥、加密算法及 HTTPS 等，本节主要讲解 CA 认证的工作流程，以进一步理解 Kubernetes CA 认证的配置流程。

如图 6.1 所示，CA 认证的工作流程如下。

（1）HTTPS 通信双方的服务端向 CA 机构申请证书，CA 机构是可信的第三方机构，它可以是一个公认的权威企业，也可以是企业自身。企业内部系统一般都用企业自身的认证系统。CA 机构下发根证书、服务端证书及私钥给申请者。

（2）HTTPS 通信双方的客户端向 CA 机构申请证书，CA 机构下发根证书、客户端证书及私钥给申请者。

（3）客户端向服务端发起请求，服务端下发服务端证书给客户端。客户端在接收到服务端发来的证书后，会通过 CA 机构提供的 CA 根证书来验证服务端发来的证书的合法性，以确定服务端的身份。

（4）客户端发送客户端证书给服务端，服务端在接收到客户端发来的证书后，会通过 CA 机构提供的 CA 根证书来验证客户端发来的证书的合法性，以识别客户端的身份。

（5）客户端通过随机密钥加密信息，并发送加密后的信息给服务端。在服务端和客户端协商好加密方案后，客户端会产生一个随机的密钥，客户端通过协商好的加密方案加密该随机密钥，并发送该随机密钥到服务端。服务端接收这个密钥后，双方通信的所有内容都通过该随机密钥加密。

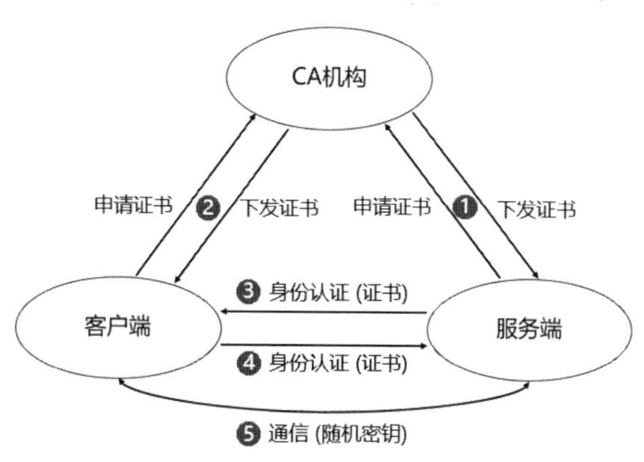

图 6.1　CA 认证的工作流程

上述是双向 CA 认证协议的具体通信流程，在这种情况下要求服务器和用户双方都拥有证书。单向认证协议则不需要客户端拥有 CA 证书，对于上面的步骤，只需将服务端验证客户证书的过程去掉，之后协商对称密码方案和对称通话密钥时，服务端发送给客户端的密码没被加密即可。

6.1.2　HTTP Bearer Token 认证

为了验证使用者的身份，需要客户端向服务端提供一个可靠的身份信息，称之为 Token，这个 Token 被放在 HTTP Header 头里，在 Token 里有信息来表明客户身份。Token 通常是一个有一定长度的难以被篡改的字符串，比如 31ada4fd-adec-460c-809a-9e56ceb75269，我们用私钥签名一个字符串后的数据也可被当作一个加密的 Token。在 Kubernetes 中，每个 Bearer Token 都对应一个用户名，存储在 API Server 能访问的一个文件中（Static Token file）。客户端发起 API 调用请求时，需要在 HTTP Header 里放入此 Token，这样一来，API Server 就能识别合法用户和非法用户了。

要使用这种认证方式，就需要为 API Server 服务设置一个保存用户信息和 Token 的文件，通过启动参数--token-auth-file=SOMEFILE 指定文件路径。该文件为 CSV 文本文件格式，每行内容都由以下字段组成：

```
token,user,uid[,groupnames]
```

对其中各字段说明如下。

◎ token：必填，Token 字符串。

◎ user：必填，用户名。

◎ uid：必填，用户 ID。

◎ groupnames：可选，用户组列表，如果有多个组，则必须使用双引号。

Token 文件示例如下：

```
31ada4fd-adec-460c-809a-9e56ceb75269,admin,1
a3974741-f7b6-4796-8d9f-907d8f94e37b,john,2,"group1,group2,group3"
```

通过 Service Account 认证方式访问 API Server，其实也采用了与 HTTP Bearer Token 相同的实现方式。我们知道，每个 Service Account 都对应一个 Secret 对象，在 Secret 对象中就有一个加密的 Token 字段，这个 Token 字段就是 Bearer Token。这个 Token 是用哪个私钥加密的，要取决于 API Server 的启动参数--service-account-key-file 设置的文件，如果没有指定该参数，则会采用 API Server 自己的私钥进行加密。为了方便 Pod 里的用户进程使用这个 Token 访问 API Server，Secret Token 里的内容会被映射到 Pod 中固定路径和名字的文件中。另外，如果 API Server 设置了启动参数--service-account-lookup=true，API Server 就会验证 Token 是否在 etcd 中存在，如果已从 etcd 中删除，则将注销容器中 Token 的有效性。

6.1.3 OpenID Connect Token 第三方认证

Kubernetes 也支持使用 OpenID Connect 协议（简称 OIDC）进行身份认证。OIDC 协议是基于 OAuth 2.0 协议的身份认证标准协议，在 OAuth 2.0 上构建了一个身份层，OIDC 的登录过程与 OAuth 相比，最主要的扩展就是提供了 ID Token，这是一个 JWT 格式的加密 Token。API Server 本身与 OIDC Server（即 Identity Provider）没有太多交互，用户（主要是 kubectl 用户）通过 OIDC Server 得到一个合法的 ID Token，并作为命令行参数（或者 kubectl 的配置文件）传递给 API Server，API Server 则通过验证该 Token 是否合法及是否有效来确定用户的身份。虽然在 OIDC Server 中可以做到用户的权限管理，但 Kubernetes 并不使用 OIDC Server 的权限管理，因为它有自己完善的 BRAC 权限管理体系。

要使用 OIDC Token 认证方式，就需要为 API Server 配置以下启动参数。

◎ --oidc-issuer-url：必填，设置允许 API Server 发现公共签名密钥的 URL，仅支持 HTTPS，通常应为/.well-known/openid-configuration 路径的上一级 URL，例如谷歌提供的公共签名密钥 URL 为“https://accounts.google.com/.well-known/openid-configuration”，则将该参数的值设置为“https://accounts.google.com”。

◎ --oidc-client-id：必填，需要颁发 Token 的客户端 ID，例如“kubernetes”。

◎ --oidc-username-claim：可选，用作用户名的 JWT Claim 名称，默认值为“sub”。

◎ --oidc-username-prefix：可选，设置用户名 Claim 的前缀，以防止与已存在的名称（如以 system:开头的用户名）产生冲突，例如“oidc:”。

◎ --oidc-groups-claim：可选，用作用户组的 JWT Claim 名称，需要将其设置为字符串数组格式。

◎ --oidc-groups-prefix：可选，设置用户组 Claim 的前缀，以防止与已存在的名称（如以 system:开头的组名）产生冲突，例如“oidc:”。

◎ --oidc-required-claim：可选，设置 ID Token 中必需的 Claim 信息，以 key=value 的格式设置，重复该参数以设置多个 Claim。

◎ --oidc-ca-file：可选，将其设置为对 ID 提供商的 Web 证书进行签名的 CA 根证书全路径，例如/etc/kubernetes/ssl/kc-ca.pem。

需要说明的是，Kubernetes 本身不提供 OpenID Connect ID 服务，用户可以选择使用互联网 ID 提供商的服务，或者使用第三方系统，例如 dex、Keycloak、CloudFoundry UAA、OpenUnison 等。

为了与 Kubernetes 一起工作，ID 提供商必须满足以下要求。

◎ 提供 OpenID Connect 发现机制。

◎ 基于 TLS 协议运行，并且不存在已过时的密码。

◎ 拥有经过权威 CA 中心签发的证书。

4. Webhook Token 认证

Kubernetes 也支持通过外部 Webhook 认证服务器，配合 HTTP Bearer Token 来实现自定义的用户身份认证功能。

其工作原理和流程：开启并配置 API Server 的 Webhook Token Authentication 功能，API Server 在收到客户端发起的一个需要认证的请求后，从 HTTP Header 中提取出 Token 信息，然后将包含该 Token 的 TokenReview 资源以 HTTP POST 方式发送给远程 Webhook 服务进行认证。然后，API Server 根据远程 Webhook 服务返回的结果判断是否认证成功。远程 Webhook 服务返回的结果也需要是一个 TokenReview 资源对象，并且它的 apiVersion 需要与 API Server 发出请求的 apiVersion 保持一致，即同为 authentication.k8s.io/v1beta1 或 authentication.k8s.io/v1。

要使用 Webhook Token 认证方式，就需要为 API Server 配置以下启动参数。

◎ --authentication-token-webhook-config-file：说明如何访问远程 Webhook 服务的配置文件。

◎ --authentication-token-webhook-cache-ttl：缓存 Webhook 服务返回的认证结果的时间，默认值为 2min。

◎ --authentication-token-webhook-version：发送给 Webhook 服务的 TokenReview 资源的 API 版本号，API 组为 authentication.k8s.io，版本号可以为"v1beta1"或"v1"，默认版本号为"v1beta1"。

访问远程 Webhook 服务的配置文件使用 kubeconfig 格式，其中 clusters 字段设置远程 Webhook 服务的信息，users 字段设置 API Server 的信息，例如：

```
apiVersion: v1
kind: Config
clusters:          # 远程认证服务
  - name: name-of-remote-authn-service
    cluster:
      certificate-authority: /path/to/ca.pem          # 验证远程认证服务的 CA 证书
      server: https://authn.example.com/authenticate  # 远程认证服务 URL，必须使用
                                                      # HTTPS
users:             # API Server 的信息
  - name: name-of-api-server
    user:
      client-certificate: /path/to/cert.pem # Webhook 插件使用的客户端 CA 证书
      client-key: /path/to/key.pem          # Webhook 插件使用的客户端 CA 私钥
current-context: webhook
contexts:
- context:
    cluster: name-of-remote-authn-service
```

```
    user: name-of-api-server
  name: webhook
```

API Server 在收到客户端的认证请求之后，提取其 HTTP Header 中的 Token 之后，将会生成如下内容的 TokenReview 资源对象：

```
{
  "apiVersion": "authentication.k8s.io/v1beta1",
  "kind": "TokenReview",
  "spec": {
    "token": "014fbff9a07c...",
    "audiences": ["https://myserver.example.com",
"https://myserver.internal.example.com"]
  }
}
```

API Server 将这个 TokenReview 资源对象的 JSON 报文序列化后发送给远程 Webhook 服务，认证结果也以 TokenReview 资源对象的格式返回给 API Server，结果通过 status 字段进行声明。

一个认证成功的应答 TokenReview 内容示例如下：

```
{
  "apiVersion": "authentication.k8s.io/v1beta1",
  "kind": "TokenReview",
  "status": {
    "authenticated": true,
    "user": {
      "username": "janedoe@example.com",
      "uid": "42",
      "groups": ["developers", "qa"],
      "extra": {
        "extrafield1": [
          "extravalue1",
          "extravalue2"
        ]
      }
    },
    "audiences": ["https://myserver.example.com"]
  }
}
```

一个认证失败的应答 TokenReview 内容示例如下：

```
{
  "apiVersion": "authentication.k8s.io/v1beta1",
  "kind": "TokenReview",
  "status": {
    "authenticated": false,
    "error": "Credentials are expired"
  }
}
```

6.1.4 Authenticating Proxy（认证代理）

在这种方式下，将 API Server 配置为从 HTTP Header（例如 X-Remote-User 字段）对用户进行识别。这需要与 Authenticating Proxy 程序一同工作，由 Authenticating Proxy 设置 HTTP Header 的值。

要使用这种认证方式，就需要为 API Server 配置以下启动参数。

◎ --requestheader-username-headers：必填，区分大小写，在 HTTP Header 中用于设置用户名的字段名称列表，API Server 将按顺序检查用户身份。第 1 个设置了值的 Header 字段将被用作用户名。常用的字段名为“X-Remote-User”。

◎ --requestheader-group-headers：在 Kubernetes 1.6 版本以上可配置，可选，区分大小写。在 HTTP Header 中用于设置用户组的字段名称列表，API Server 将按顺序校验用户的身份。常用的字段名为“X-Remote-Group”。

◎ --requestheader-extra-headers-prefix：在 Kubernetes 1.6 版本以上可配置，可选，区分大小写。Header 字段的前缀用于确定用户的其他信息（通常由配置的授权插件使用）。常用的字段名为“X-Remote-Extra-”。

如果在一个请求中包含以下 HTTP Header 字段：

```
GET / HTTP/1.1
X-Remote-User: fido
X-Remote-Group: dogs
X-Remote-Group: dachshunds
X-Remote-Extra-Acme.com%2Fproject: some-project
X-Remote-Extra-Scopes: openid
X-Remote-Extra-Scopes: profile
```

则将生成如下用户信息：

```
name: fido
groups:
- dogs
- dachshunds
extra:
  acme.com/project:
  - some-project
  scopes:
  - openid
  - profile
```

为了验证 Authenticating Proxy 程序的身份，Authenticating Proxy 程序需要把有效的客户端 CA 证书先提供给 API Server，使得 API Server 可以向 CA 中心进行身份认证。只有在 API Server 验证了该客户端 CA 证书有效之后，才会校验在 HTTP Header 中设置的用户名。这需要为 API Server 通过以下启动参数进行配置。

◎ --requestheader-client-ca-file：必填，Authenticating Proxy 程序的有效客户端 CA 证书文件全路径。
◎ --requestheader-allowed-names：可选，通用名称值（CN）列表，如果设置，则在客户端 CA 证书中必须包含 CN 列表中的值；如果将其设置为空，则表示允许任何 CN。

6.2 API Server 授权管理

当客户端发起 API Server 调用时，API Server 内部要先进行用户认证，然后执行用户授权流程，即通过授权策略（Authorization Policy）决定一个 API 调用是否合法。对合法用户进行授权并随后在用户访问时进行鉴权，是权限与安全系统中的重要一环。简单地说，授权就是授予不同的用户不同的访问权限。API Server 目前支持以下授权策略。

◎ AlwaysDeny：表示拒绝所有请求，仅用于测试。
◎ AlwaysAllow：允许接收所有请求，如果集群不需要授权流程，则可以采用该策略。
◎ ABAC（Attribute-Based Access Control）：基于属性的访问控制，表示使用用户配置的授权规则对用户的请求进行匹配和控制。
◎ RBAC：Role-Based Access Control，是基于角色的访问控制。
◎ Webhook：通过调用外部的 REST 服务对用户进行授权。
◎ Node：是一种对 kubelet 进行授权的特殊模式。

AlwaysDeny 因为缺乏实际意义，已于 Kubernetes 1.13 版本之后被废弃。AlwaysAllow 基本不会被用于实际生产中。ABAC 是 Kubernetes 1.6 版本之前的默认授权模式，功能强大，但存在理解和配置复杂、修改后需要重启 API Server 等硬伤，因此从 Kubernetes 1.6 版本开始，已被全新的 RBAC 授权模式替代。如果 RBAC 仍然不满足某些特定需求，则用户还可以自行编写授权逻辑并通过 Webhook 方式注册为 Kubernetes 的授权服务，以实现更加复杂的授权规则。

通过 API Server 的启动参数--authorization-mode 可配置多种授权策略，用逗号分隔即可。在通常情况下，我们会设置授权策略为 Node,RBAC，API Server 在收到请求后，会读取该请求中的数据，生成一个访问策略对象，API Server 会将这个访问策略对象和配置的授权模式逐条进行匹配，第一个被满足或拒绝的授权策略决定了该请求的授权结果，如果匹配的结果是禁止访问，则 API Server 会终止 API 调用流程，并返回客户端的错误调用码。

Node 授权策略用于对 kubelet 发出的请求进行访问控制，与用户的应用授权无关，属于 Kubernetes 自身安全的增强功能。简单来说，就是限制每个 Node 只访问它自身运行的 Pod 及相关的 Service、Endpoints 等信息；也只能受限于修改自身 Node 的一些信息，比如 Label；也不能操作其他 Node 上的资源。而之前用 RBAC 这种通用权限模型其实并不能满足 Node 这种特殊的安全要求，所以将其剥离出来定义为新的 Node 授权策略。

6.2.1 ABAC 授权模式详解

在 API Server 启用 ABAC 模式时，集群管理员需要指定授权策略文件的路径和名称（--authorization-policy-file=SOME_FILENAME），授权策略文件里的每一行都以一个 Map 类型的 JSON 对象进行设置，它被称为“访问策略对象”。在授权策略文件中，集群管理员需要设置访问策略对象中的 apiVersion、kind、spec 属性来确定具体的授权策略，其中，apiVersion 的当前版本为 abac.authorization.kubernetes.io/v1beta1；kind 被设置为 Policy；spec 指详细的策略设置，包括主体属性、资源属性、非资源属性这三个字段。

（1）对主体属性说明如下。

◎ user（用户名）：字符串类型，该字符串类型的用户名来源于 Token 文件（--token-auth-file 参数设置的文件）或基本认证文件中用户名称段的值。

◎ group（用户组）：在被设置为“system:authenticated”时，表示匹配所有已认证请求；在被设置为“system:unauthenticated”时，表示匹配所有未认证请求。

（2）对资源属性说明如下。

◎ apiGroup（API 组）：字符串类型，表明匹配哪些 API Group，例如 extensions 或*（表示匹配所有 API Group）。
◎ namespace（命名空间）：字符串类型，表明该策略允许访问某个 Namespace 的资源，例如 kube-system 或*（表示匹配所有 Namespace）。
◎ resource（资源）：字符串类型，表明要匹配的 API 资源对象，例如 pods 或*（表示匹配所有资源对象）。

（3）对非资源属性说明如下。

◎ nonResourcePath（非资源对象类路径）：非资源对象类的 URL 路径，例如/version 或/apis，*表示匹配所有非资源对象类的请求路径，也可以将其设置为子路径，/foo/*表示匹配所有/foo 路径下的所有子路径。
◎ readonly（只读标识）：布尔类型，当它的值为 true 时，表明仅允许 GET 请求通过。

下面对 ABAC 授权算法、使用 kubectl 时的授权机制、常见的 ABAC 授权示例及如何对 Service Account 进行授权进行说明。

1. ABAC 授权算法

API Server 进行 ABAC 授权的算法为：在 API Server 收到请求之后，首先识别出请求携带的策略对象的属性，然后根据在策略文件中定义的策略对这些属性进行逐条匹配，以判定是否允许授权。如果有至少一条匹配成功，这个请求就通过了授权（不过还是可能在后续的其他授权校验中失败）。常见的策略配置如下。

◎ 要允许所有认证用户做某件事，则可以写一个策略，将 group 属性设置为 system:authenticated。
◎ 要允许所有未认证用户做某件事，则可以把策略的 group 属性设置为 system:unauthenticated。
◎ 要允许一个用户做任何事，则将策略的 apiGroup、namespace、resource 和 nonResourcePath 属性设置为“*”即可。

2. 使用 kubectl 时的授权机制

kubectl 使用 API Server 的/api 和/apis 端点来获取版本信息。要验证 kubectl create/update 命令发送给服务器的对象，kubectl 则需要向 OpenAPI 查询，对应的 URL 路径为

/openapi/v2。

使用 ABAC 授权模式时，以下特殊资源必须显式地通过 nonResourcePath 属性设置。

◎ API 版本协商过程中的/api、/api/*、/apis 和/apis/*。
◎ 通过 kubectl version 命令从服务器中获取版本时的/version。
◎ create/update 操作过程中的/swaggerapi/*。

使用 kubectl 操作时，如果需要查看发送到 API Server 的 HTTP 请求，则可以将日志级别设置为 8，例如：

```
# kubectl --v=8 version
```

3. 常见的 ABAC 授权示例

下面通过几个授权策略文件（JSON 格式）示例说明 ABAC 的访问控制用法。

（1）允许用户 alice 对所有资源做任意操作：

```
{"apiVersion": "abac.authorization.kubernetes.io/v1beta1", "kind": "Policy",
"spec": {"user": "alice", "namespace": "*", "resource": "*", "apiGroup": "*"}}
```

（2）kubelet 可以读取任意 Pod：

```
{"apiVersion": "abac.authorization.kubernetes.io/v1beta1", "kind": "Policy",
"spec": {"user": "`", "namespace": "*", "resource": "pods", "readonly": true}}
```

（3）kubelet 可以读写 Event 对象：

```
{"apiVersion": "abac.authorization.kubernetes.io/v1beta1", "kind": "Policy",
"spec": {"user": "kubelet", "namespace": "*", "resource": "events"}}
```

（4）用户 bob 只能读取 projectCaribou 中的 Pod：

```
{"apiVersion": "abac.authorization.kubernetes.io/v1beta1", "kind": "Policy",
"spec": {"user": "bob", "namespace": "projectCaribou", "resource": "pods",
"readonly": true}}
```

（5）任意用户都可以对非资源类路径进行只读请求：

```
{"apiVersion": "abac.authorization.kubernetes.io/v1beta1", "kind": "Policy",
"spec":{"group":"system:authenticated","readonly":true,"nonResourcePath":"*"}}
{"apiVersion": "abac.authorization.kubernetes.io/v1beta1", "kind": "Policy",
"spec": {"group": "system:unauthenticated", "readonly": true, "nonResourcePath":
"*"}}
```

如果添加了新的 ABAC 策略，则需要重启 API Server 以使其生效。

4. 对 Service Account 进行授权

Service Account 会自动生成一个 ABAC 用户名（username），用户名按照以下命名规则生成：

```
system:serviceaccount:<namespace>:<serviceaccountname>
```

创建新的命名空间时，会产生一个如下名称的 Service Account：

```
system:serviceaccount:<namespace>:default
```

如果希望 kube-system 命名空间中的 Service Account “default” 具有全部权限，就需要在策略文件中加入如下内容：

```
{"apiVersion":"abac.authorization.kubernetes.io/v1beta1","kind":"Policy","spec":{"user":"system:serviceaccount:kube-system:default","namespace":"*","resource":"*","apiGroup":"*"}}
```

6.2.2　Webhook 授权模式详解

Webhook 定义了一个 HTTP 回调接口，实现 Webhook 的应用会在指定事件发生时向一个 URL 地址发送（POST）通知信息。启用 Webhook 授权模式后，Kubernetes 会调用外部 REST 服务对用户访问资源进行授权。

Webhook 模式用参数--authorization-webhook-config-file=SOME_FILENAME 来设置远端授权服务的信息。

配置文件使用的是 kubeconfig 文件的格式，文件里 users 一节的内容设置的是 API Server 的信息。相对于远程授权服务来说，API Server 是客户端，也就是用户；clusters 一节的内容设置的是远程授权服务器的信息。下面是一个使用 HTTPS 客户端认证的配置示例：

```
apiVersion: v1
kind: Config
clusters:          # 远程授权服务
  - name: name-of-remote-authz-service
    cluster:
      certificate-authority: /path/to/ca.pem     # 验证远程授权服务的 CA 证书
      server: https://authz.example.com/authorize # 远程授权服务 URL，必须使用 HTTPS
users:             # API Server 的信息
```

```
  - name: name-of-api-server
    user:
      client-certificate: /path/to/cert.pem # Webhook 插件使用的客户端 CA 证书
      client-key: /path/to/key.pem          # Webhook 插件使用的客户端 CA 私钥
current-context: webhook
contexts:
- context:
    cluster: name-of-remote-authz-service
    user: name-of-api-server
  name: webhook
```

在授权开始时，API Server 会生成一个 API 版本为“authorization.k8s.io/v1beta1”的 SubjectAccessReview 资源对象，用于描述操作信息，在进行 JSON 序列化之后以 HTTP POST 方式发送给远程 Webhook 授权服务。在 SubjectAccessReview 资源对象中包含用户尝试访问资源的请求动作的描述，以及需要访问的资源信息。

SubjectAccessReview 资源对象和其他 API 对象一样，遵循同样的版本兼容性规则，在实现时要注意 apiVersion 字段的版本，以实现正确的反序列化操作。另外，API Server 必须启用 authorization.k8s.io/v1beta1 API 扩展(--runtime-config=authorization.k8s.io/v1beta1=true)。

下面是一个希望获取 Pod 列表的请求报文示例：

```
{
  "apiVersion": "authorization.k8s.io/v1beta1",
  "kind": "SubjectAccessReview",
  "spec": {
    "resourceAttributes": {
      "namespace": "kittensandponies",
      "verb": "get",
      "group": "unicorn.example.org",
      "resource": "pods"
    },
    "user": "jane",
    "group": [
      "group1",
      "group2"
    ]
  }
}
```

远程 Webhook 授权服务需要填充 SubjectAccessReview 资源对象的 status 字段，返回允许访问或者不允许访问的结果。应答报文中的 spec 字段是无效的，也可以省略。

一个返回“允许访问”（allowed=true）的应答报文示例如下：

```
{
  "apiVersion": "authorization.k8s.io/v1beta1",
  "kind": "SubjectAccessReview",
  "status": {
    "allowed": true
  }
}
```

返回“不允许访问”的应答有两种方法。

（1）仅返回“不允许访问”（allowed=false），但配置的其他授权者仍有机会对请求进行授权，这也是多数情况下的通用做法，示例如下：

```
{
  "apiVersion": "authorization.k8s.io/v1beta1",
  "kind": "SubjectAccessReview",
  "status": {
    "allowed": false,
    "reason": "user does not have read access to the namespace"
  }
}
```

（2）返回“不允许访问”（allowed=false），同时立刻拒绝其他授权者再对请求进行授权（denied=true），这要求 Webhook 服务了解集群的详细配置以能够做出准确的授权判断，示例如下：

```
{
  "apiVersion": "authorization.k8s.io/v1beta1",
  "kind": "SubjectAccessReview",
  "status": {
    "allowed": false,
    "denied": true,
    "reason": "user does not have read access to the namespace"
  }
}
```

除了对资源对象的访问进行授权，还可以对非资源对象的请求路径进行授权。

非资源的请求路径包括/api、/apis、/metrics、/logs、/debug、/healthz、/livez、/openapi/v2、/readyz 和/version。客户端需要访问/api、/api/*、/apis、/apis/*和/version 等路径，用于发现服务端提供的 API 资源列表和版本信息，通常应授权为“允许访问”。对于其他非资源的访问一般可以禁止，以限制客户端对 API Server 进行不必要的访问。

查询/debug 的请求报文示例如下：

```
{
  "apiVersion": "authorization.k8s.io/v1beta1",
  "kind": "SubjectAccessReview",
  "spec": {
    "nonResourceAttributes": {
      "path": "/debug",
      "verb": "get"
    },
    "user": "jane",
    "group": [
      "group1",
      "group2"
    ]
  }
}
```

6.2.3 RBAC 授权模式详解

RBAC（Role-Based Access Control，基于角色的访问模式控制）从 Kubernetes 1.5 版本开始引入，在 1.6 版本时升级为 Beta 版本，在 1.8 版本时升级为 GA 稳定版本。作为 kubeadm 安装方式的默认选项，足见其重要性。

相对于其他访问控制方式，RBAC 授权具有如下优势。

◎ 对集群中的资源和非资源权限均有完整的覆盖。

◎ RBAC 的权限配置通过几个 API 对象即可完成，同其他 API 对象一样，可以用 kubectl 或 API 进行操作。

◎ 可以在运行时进行调整，无须重新启动 API Server。

要使用RBAC授权模式，首先需要在kube-apiserver服务的启动参数authorization-mode

（授权模式）的列表中加上 RBAC，例如--authorization-mode=...,RBAC。

本节对 RBAC 的原理和应用进行详细说明。

1. RBAC 的 API 资源对象说明

在 RBAC 管理体系中，Kubernetes 引入了 4 个资源对象：Role、ClusterRole、RoleBinding 和 ClusterRoleBinding。同其他 API 资源对象一样，用户可以使用 kubectl 或者 API 调用等方式操作这些资源对象。

1）角色（Role）和集群角色（ClusterRole）

一个角色就是一组权限的集合，在 Role 中设置的权限都是许可（Permissive）形式的，不可以设置拒绝（Deny）形式的规则。Role 设置的权限将会局限于命名空间（namespace）范围内，如果需要在集群级别设置权限，就需要使用 ClusterRole 了。

角色（Role）示例

下面是一个 Role 定义示例，该角色具有在命名空间 default 中读取（get、watch、list）Pod 资源对象信息的权限：

```
apiVersion: rbac.authorization.k8s.io/v1
kind: Role
metadata:
  namespace: default
  name: pod-reader
rules:
- apiGroups: [""]    # "" 空字符串，表示 Core API Group
  resources: ["pods"]
  verbs: ["get", "watch", "list"]
```

Role 资源对象的主要配置参数都在 rules 字段中进行设置，如下所述。

- ◎ resources：需要操作的资源对象类型列表，例如"pods"、"deployments"、"jobs"等。
- ◎ apiGroups：资源对象 API 组列表，例如""（Core）、"extensions"、"apps"、"batch"等。
- ◎ verbs：设置允许对资源对象操作的方法列表，例如"get"、"watch"、"list"、"delete"、"replace"、"patch"等。

集群角色（ClusterRole）示例

集群角色除了具有和角色一致的命名空间内资源的管理能力，因其集群级别的范围，还可以用于以下授权应用场景中。

◎ 对集群范围内资源的授权，例如 Node。
◎ 对非资源型的授权，例如/healthz。
◎ 对包含全部 namespace 资源的授权，例如 pods（用于 kubectl get pods --all-namespaces 这样的操作授权）。
◎ 对某个命名空间中多种权限的一次性授权。

下面是一个 ClusterRole 定义示例，该集群角色有权访问一个或所有 namespace 的 secrets（根据其被 RoleBinding 还是 ClusterRoleBinding 绑定而定）的权限：

```
apiVersion: rbac.authorization.k8s.io/v1
kind: ClusterRole
metadata:
  # ClusterRole 不受限于命名空间，所以无须设置 Namespace
  name: secret-reader
rules:
- apiGroups: [""]
  resources: ["secrets"]
  verbs: ["get", "watch", "list"]
```

2）角色绑定（RoleBinding）和集群角色绑定（ClusterRoleBinding）

角色绑定或集群角色绑定用来把一个角色绑定到一个目标主体上，绑定目标可以是 User（用户）、Group（组）或者 Service Account。RoleBinding 用于某个命名空间中的授权，ClusterRoleBinding 用于集群范围内的授权。

角色绑定（RoleBinding）示例

RoleBinding 可以与属于相同命名空间的 Role 或者某个集群级别的 ClusterRole 绑定，完成对某个主体的授权。

下面是与相同命名空间中的 Role 进行绑定的示例，通过这个绑定操作，就完成了以下授权规则：允许用户 jane 读取命名空间 default 的 Pod 资源对象信息：

```
apiVersion: rbac.authorization.k8s.io/v1
kind: RoleBinding
metadata:
```

```
  name: read-pods
  namespace: default
subjects:
- kind: User
  name: jane
  apiGroup: rbac.authorization.k8s.io
roleRef:
  kind: Role
  name: pod-reader
  apiGroup: rbac.authorization.k8s.io
```

RoleBinding 也可以引用 ClusterRole，对目标主体在其所在命名空间授予在 ClusterRole 中定义的权限。一种常见的用法是集群管理员预先定义好一组 ClusterRole（权限设置），然后在多个命名空间中重复使用这些 ClusterRole。

例如，在下面的例子中为用户“dave”授权一个 ClusterRole“secret-reader”，虽然 secret-reader 是一个集群角色，但因为 RoleBinding 的作用范围为命名空间 development，所以用户 dave 只能读取命名空间 development 中的 secret 资源对象，而不能读取其他命名空间中的 secret 资源对象：

```
apiVersion: rbac.authorization.k8s.io/v1
kind: RoleBinding
metadata:
  name: read-secrets
  namespace: development # 权限仅在该命名空间中起作用
subjects:
- kind: User
  name: dave
  apiGroup: rbac.authorization.k8s.io
roleRef:
  kind: ClusterRole
  name: secret-reader
  apiGroup: rbac.authorization.k8s.io
```

图 6.2 展示了上述对 Pod 的 get、watch、list 操作进行授权的 Role 和 RoleBinding 的逻辑关系。

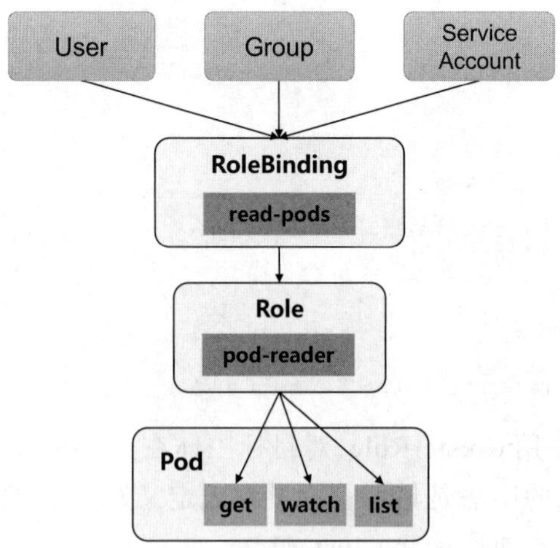

图 6.2　Role 和 RoleBinding 的逻辑关系

集群角色绑定（ClusterRoleBinding）示例

ClusterRoleBinding 用于进行集群级别或者对所有命名空间都生效的授权。下面的例子允许 manager 组的用户读取任意命名空间中的 secret 资源对象：

```
apiVersion: rbac.authorization.k8s.io/v1
kind: ClusterRoleBinding
metadata:
  name: read-secrets-global
subjects:
- kind: Group
  name: manager
  apiGroup: rbac.authorization.k8s.io
roleRef:
  kind: ClusterRole
  name: secret-reader
  apiGroup: rbac.authorization.k8s.io
```

注意，在集群角色绑定（ClusterRoleBinding）中引用的角色只能是集群级别的角色（ClusterRole），而不能是命名空间级别的 Role。

一旦通过创建 RoleBinding 或 ClusterRoleBinding 与某个 Role 或 ClusterRole 完成了绑定，用户就无法修改与之绑定的 Role 或 ClusterRole 了。只有删除了 RoleBinding 或 ClusterRoleBinding，才能修改 Role 或 ClusterRole。Kubernetes 限制 roleRef 字段中的内容不可更改，主要有以下两个原因。

◎ 从逻辑上来说，与一个新的 Role 进行绑定实际上是一次全新的授权操作。通过删除或重建的方式更改绑定的 Role，可以确保给主体授予新角色的权限（而不是在不验证所有现有主体的情况下去修改 roleRef）。

◎ 使 roleRef 不变，可以授予某个用户对现有绑定对象（Binding object）的更新（update）权限，以便其管理授权主体（subject），同时禁止更改角色中的权限设置。

2. RBAC 对资源的引用方式

在 Kubernetes 系统中，大多数资源对象都可以用其名称字符串来表达，例如 pods、services、deployments 等，在 RBAC 的权限设置中引用的就是资源对象的字符串名称。

某些 Kubernetes API 还包含下级子资源（subresource），例如 Pod 日志（log）。Pod 日志的 API Endpoint 是 GET/ api/v1/namespaces/{namespace}/pods/{name}/log。对于这种资源，在 RBAC 权限设置中引用的格式是“主资源名称/子资源名称”，中间以“/”分隔，对于 Pod 的 log 这个例子来说，需要将其配置为 pods/log。

Role 中的 resources 可以引用多个资源对象，以数组的形式表示。

例如，下面的 RBAC 规则设置的是对资源 pods 和 pods/log 授予 get 和 list 权限：

```
kind: Role
apiVersion: rbac.authorization.k8s.io/v1
metadata:
  namespace: default
  name: pod-and-pod-logs-reader
rules:
- apiGroups: [""]
  resources: ["pods", "pods/log"]
  verbs: ["get", "list"]
```

仅设置资源对象的名称，作用范围将是此类对象的所有实例。如果希望只授权某种资源对象中的特定实例，则还可以通过资源对象的实例名称（ResourceName）进行设置。在指定 ResourceName 后，使用 get、delete、update 和 patch 的请求就会被限制在这个资源实例范围内。例如，下面的设置让一个主体只能对名为“my-configmap”的 ConfigMap 资源对象进行 get 和 update 操作，而不能操作其他 ConfigMap 资源对象：

```
kind: Role
apiVersion: rbac.authorization.k8s.io/v1
metadata:
```

```
  namespace: default
  name: configmap-updater
rules:
- apiGroups: [""]
  resources: ["configmap"]
  resourceNames: ["my-configmap"]
  verbs: ["update", "get"]
```

可想而知，resourceName 这种用法对 list、watch、create 或 deletecollection 操作是无效的，这是因为必须要通过 URL 进行鉴权，而资源名称在 list、watch、create 或 deletecollection 请求中只是请求 Body 数据的一部分。

3. 聚合 ClusterRole

Kubernetes 支持将多个 ClusterRole 聚合成一个新的 ClusterRole，这在希望将多个 ClusterRole 的授权规则（例如由 CRD 或 Aggregated API Server 提供的资源授权规则）进行合并使用时，可以简化管理员的手工配置工作，完成对系统默认 ClusterRole 的扩展。

在聚合 ClusterRole 的定义中，通过 aggregationRule 字段设置需要包含的 ClusterRole，使用 Label Selector 的形式进行设置，逻辑为包含具有指定标签的 ClusterRole。Kubernetes Master 中的 Controller 会根据 Label Selector 持续监控系统中的 ClusterRole，将选中的多个 ClusterRole 的规则进行合并，形成一个完整的授权规则列表（在 rules 字段中体现）。

下面是一个聚合 ClusterRole 示例，其 Label Selector 设置的条件为包含标签 rbac.example.com/aggregate-to-monitoring=true 的全部 ClusterRole。

```
apiVersion: rbac.authorization.k8s.io/v1
kind: ClusterRole
metadata:
  name: monitoring
aggregationRule:
  clusterRoleSelectors:
  - matchLabels:
      rbac.example.com/aggregate-to-monitoring: "true"
rules: [] # 系统自动填充、合并的结果
```

如果用户创建了一个包含上述标签的 ClusterRole，则系统会自动为聚合 ClusterRole 设置其 rules。例如创建一个查看 services、endpoints、pods 的 ClusterRole：

```
apiVersion: rbac.authorization.k8s.io/v1
kind: ClusterRole
```

```
metadata:
  name: monitoring-endpoints
  labels:
    rbac.example.com/aggregate-to-monitoring: "true"
rules:
- apiGroups: [""]
  resources: ["services", "endpoints", "pods"]
  verbs: ["get", "list", "watch"]
```

查看之前创建的聚合 ClusterRole，将看到系统自动为其设置的 rules：

```
apiVersion: rbac.authorization.k8s.io/v1
kind: ClusterRole
aggregationRule:
  clusterRoleSelectors:
  - matchLabels:
      rbac.example.com/aggregate-to-monitoring: "true"
metadata:
......
rules:
- apiGroups:
  - ""
  resources:
  - services
  - endpoints
  - pods
  verbs:
  - get
  - list
  - watch
```

下面再看看如何使用聚合规则对系统默认的 ClusterRole 进行扩展。

Kubernetes 系统内置了许多 ClusterRole，包括 admin、edit、view 等（完整列表和说明参见下文中的说明），其中的某些 ClusterRole 本身就是聚合类型的（通过 aggregationRule 设置了需要聚合的 ClusterRole 的 Label），例如名为“edit”的 ClusterRole 设置的聚合规则如下：

```
aggregationRule:
  clusterRoleSelectors:
  - matchLabels:
      rbac.authorization.k8s.io/aggregate-to-admin: "true"
```

名为“view”的 ClusterRole 则包含标签 rbac.authorization.k8s.io/aggregate-to-edit=true，说明 edit 中的规则都将被设置到 admin 的规则中：

```
# kubectl get clusterrole view -o yaml
apiVersion: rbac.authorization.k8s.io/v1
kind: ClusterRole
metadata:
  labels:
    kubernetes.io/bootstrapping: rbac-defaults
    rbac.authorization.k8s.io/aggregate-to-edit: "true"
......
```

而名为“view”的 ClusterRole 本身也是聚合类型的，其聚合规则为包含标签 rbac.authorization.k8s.io/aggregate-to-view=true：

```
aggregationRule:
  clusterRoleSelectors:
  - matchLabels:
      rbac.authorization.k8s.io/aggregate-to-view: "true"
```

假设用户希望为其自定义资源对象 crontabs 设置只读权限，并加入系统内置的名为“view”的 ClusterRole 中，则基于 view 设置的聚合规则，用户只需新建一个 ClusterRole，并设置其标签为“rbac.authorization.k8s.io/aggregate-to-view=true”，即可将相关授权规则添加到 view 的权限列表中：

```
kind: ClusterRole
apiVersion: rbac.authorization.k8s.io/v1
metadata:
  name: aggregate-cron-tabs-view
  labels:
    rbac.authorization.k8s.io/aggregate-to-view: "true"
rules:
- apiGroups: ["stable.example.com"]
  resources: ["crontabs"]
  verbs: ["get", "list", "watch"]
```

4. 常见的授权规则示例

下面对常见的角色（Role）和角色绑定（RoleBinding）内容进行示例说明，在本示例中仅展示关键 rules 配置的授权规则内容，省略资源对象本身的元数据内容。

（1）允许读取 Pod 资源对象（属于 Core API Group）的信息：

```
rules:
- apiGroups: [""]
  resources: ["pods"]
  verbs: ["get", "list", "watch"]
```

（2）允许读写 extensions 和 apps 两个 API Group 中 deployment 资源对象的信息：

```
rules:
- apiGroups: ["extensions", "apps"]
  resources: ["deployments"]
  verbs: ["get", "list", "watch", "create", "update", "patch", "delete"]
```

（3）允许读取 Pod 资源对象的信息，并允许读写 batch 和 extensions 两个 API Group 中 Job 资源对象的信息：

```
rules:
- apiGroups: [""]
  resources: ["pods"]
  verbs: ["get", "list", "watch"]
- apiGroups: ["batch", "extensions"]
  resources: ["jobs"]
  verbs: ["get", "list", "watch", "create", "update", "patch", "delete"]
```

（4）允许读取名为"my-config"的 ConfigMap 资源对象的信息（必须绑定到一个 RoleBinding 来限制一个命名空间中的特定 ConfigMap 实例）：

```
rules:
- apiGroups: [""]
  resources: ["configmaps"]
  resourceNames: ["my-config"]
  verbs: ["get"]
```

（5）读取 Node 资源对象（属于 Core API Group）的信息，由于 Node 是集群级别的资源对象，所以必须存在于 ClusterRole 中，并使用 ClusterRoleBinding 进行绑定：

```
rules:
- apiGroups: [""]
  resources: ["nodes"]
  verbs: ["get", "list", "watch"]
```

（6）允许对非资源类型的/healthz 端点（Endpoint）及其所有子路径进行 GET 和 POST 操作（必须使用 ClusterRole 和 ClusterRoleBinding）：

```
rules:
- nonResourceURLs: ["/healthz", "/healthz/*"]
  verbs: ["get", "post"]
```

5. 授权目标主体（Subject）命名规范

在 RBAC 系统中，通过角色绑定（RoleBinding 或 ClusterRoleBinding）的定义，将在角色（Role 或 ClusterRole）中设置的授权规则与某个目标主体（Subject）绑定。授权的目标主体可以是用户（User）、用户组（Group）和 ServiceAccount 三者之一。

用户名由字符串进行标识，例如人名（alice）、Email 地址（bob@example.com）、用户 ID（1001）等，通常应该在客户端 CA 证书中进行设置。需要注意的是，Kubernetes 内置了一组系统级别的用户/用户组，以“system:”开头，用户自定义的名称不应该使用这个前缀。

用户组与用户名类似，由字符串进行标识，通常也应该在客户端 CA 证书中进行设置，并且要求不以“system:”为前缀。

ServiceAccount 在 Kubernetes 系统中的用户名会被设置成以“system:serviceaccount:”为前缀的名称，其所属的组名会被设置成以“system:serviceaccounts:”为前缀的名称。

6. 常见的角色绑定示例

下面对常见的角色绑定（RoleBinding）和集群角色绑定（ClusterRoleBinding）进行示例说明，在本示例中仅展示关键 subject 的授权目标的主体设置，省略资源对象本身的元数据及需要引用的授权规则（Role 或 ClusterRole）的内容。

（1）为用户 alice@example.com 授权：

```
subjects:
- kind: User
  name: "alice@example.com"
  apiGroup: rbac.authorization.k8s.io
```

（2）为 frontend-admins 组授权：

```
subjects:
- kind: Group
  name: "frontend-admins"
  apiGroup: rbac.authorization.k8s.io
```

（3）为 kube-system 命名空间中的默认 Service Account 授权：

```
subjects:
- kind: ServiceAccount
  name: default
  namespace: kube-system
```

（4）为 qa 命名空间中的所有 Service Account 授权：

```
subjects:
- kind: Group
  name: system:serviceaccounts:qa
  apiGroup: rbac.authorization.k8s.io
```

（5）为所有命名空间中的所有 Service Account 授权：

```
subjects:
- kind: Group
  name: system:serviceaccounts
  apiGroup: rbac.authorization.k8s.io
```

（6）为所有已认证用户授权：

```
subjects:
- kind: Group
  name: system:authenticated
  apiGroup: rbac.authorization.k8s.io
```

（7）为所有未认证用户授权：

```
subjects:
- kind: Group
  name: system:unauthenticated
  apiGroup: rbac.authorization.k8s.io
```

（8）为全部用户授权：

```
subjects:
- kind: Group
  name: system:authenticated
  apiGroup: rbac.authorization.k8s.io
- kind: Group
  name: system:unauthenticated
  apiGroup: rbac.authorization.k8s.io
```

7. Kubernetes 系统默认的授权规则（ClusterRole 和 ClusterRoleBinding）

API Server 会创建一组系统默认的 ClusterRole 和 ClusterRoleBinding 对象，其中很多都是以“system:”为前缀的，以表明这些资源被 Kubernetes master 直接管理，对这些对象的改动可能会造成集群故障。例如 system:node 这个 ClusterRole 为 kubelet 设置了对 Node 的操作权限，如果这个 ClusterRole 被改动，kubelet 就可能无法正常工作。

所有系统默认的 ClusterRole 和 ClusterRoleBinding 都会用标签 kubernetes.io/bootstrapping=rbac-defaults 进行标记。

授权规则的自动恢复（Auto-reconciliation）功能从 Kubernetes 1.6 版本开始引入。每次集群启动时，API Server 都会更新默认的集群角色的缺失权限，也会更新在默认的角色绑定中缺失的主体，这样就防止了一些破坏性的修改，也保证了在集群升级的情况下相关内容能够及时更新。如果不希望使用这一功能，则可以为一个默认的集群角色或者集群角色绑定设置 annotation “rbac.authorization.kubernetes.io/autoupdate=false”。该自动恢复功能在启用 RBAC 授权模式后自动开启。

下面对系统提供的默认授权规则（ClusterRole 和 ClusterRoleBinding）进行说明。

1）API 发现（API Discovery）相关的 ClusterRole

默认的集群角色绑定（ClusterRoleBinding）为已认证用户（authenticated）和未认证用户（unauthenticated）都授予了读取系统 API 信息的权限，系统默认访问这些 API 安全。

如果不希望匿名用户访问 API，则可以通过 kube-apiserver 服务的启动参数设置 --anonymous-auth=false。

该默认集群角色（ClusterRole）的名称为“system:discovery”，可以通过 kubectl get 命令查看其允许访问的各个 API 路径的授权策略：

```
# kubectl get clusterrole system:discovery -o yaml
apiVersion: rbac.authorization.k8s.io/v1
kind: ClusterRole
metadata:
  annotations:
    rbac.authorization.kubernetes.io/autoupdate: "true"
  labels:
    kubernetes.io/bootstrapping: rbac-defaults
  name: system:discovery
```

```
rules:
- nonResourceURLs:
  - /api
  - /api/*
  - /apis
  - /apis/*
  - /healthz
  - /livez
  - /openapi
  - /openapi/*
  - /readyz
  - /version
  - /version/
  verbs:
  - get
```

API 发现相关的系统默认 ClusterRole 如表 6.1 所示。

表 6.1　API 发现相关的默认 ClusterRole

默认 ClusterRole	默认 ClusterRoleBinding	描　述
system:basic-user	system:authenticated	让用户能够读取自身的信息（在 Kubernetes 1.14 版本之前还绑定了 system:unauthenticated 组）
system:discovery	system:authenticated	对 API 发现 Endpoint 的只读访问，用于 API 级别的发现和协商（在 Kubernetes 1.14 版本之前还绑定了 system:unauthenticated 组）
system:public-info-viewer	system:authenticated 和 system:unauthenticated 组	允许读取集群的非敏感信息（从 Kubernetes 1.14 版本开始引入）

2）面向用户（User-facing）的 ClusterRole

有些系统的默认角色不是以“system:”为前缀的，这部分角色是面向用户设置的。其中包含超级用户角色（cluster-admin）、集群级别授权的角色（cluster-status），以及面向命名空间授权的角色（admin、edit、view）。

面向用户的 ClusterRole 允许管理员使用聚合 ClusterRole（Aggretated ClusterRole）机制将多个 ClusterRole 进行组合，通常用于将用户自定义 CRD 资源对象的授权补充到系统默认的 ClusterRole 中进行扩展。对聚合 ClusterRole 的详细说明请参考前文的说明。

面向用户的系统默认 ClusterRole 如表 6.2 所示。

表 6.2　面向用户的默认 ClusterRole

默认 ClusterRole	默认 ClusterRoleBinding	描　述
cluster-admin	system:masters 组	让超级用户可以对任何资源执行任何操作。 如果被集群级别的 ClusterRoleBinding 使用，则允许操作集群所有命名空间中的任何资源。 如果被命名空间级别的 RoleBinding 使用，则允许操作绑定的命名空间中的全部资源，也包括命名空间本身
admin	None	管理员级别的访问权限，应限制在一个命名空间中被 RoleBinding 使用，允许对命名空间中的大多数资源进行读写操作，也允许创建 Role 和 RoleBinding。该权限设置不允许操作命名空间本身，也不能对资源配额（Resource Quota）进行修改
edit	None	允许对一个命名空间中的大多数资源进行读写操作，不允许查看或修改 Role 和 RoleBinding 资源。它允许访问 Secret 资源，以及允许使用该命名空间中的任意 ServiceAccount 运行 Pod，所以可以用于在命名空间中获得 API 级别的访问权限
view	None	允许对一个命名空间中的大多数资源进行只读操作，不允许查看或修改 Role 和 RoleBinding 资源。不允许访问 Secret 资源，以免通过 ServiceAccount 中的 token 获取额外的 API 级别的访问权限（这是一种权限提升的场景）

3）核心组件（Core Component）的 ClusterRole

核心系统组件的默认 ClusterRole 如表 6.3 所示。

表 6.3　核心系统组件的默认 ClusterRole

默认 ClusterRole	默认 ClusterRoleBinding	描　述
system:kube-scheduler	system:kube-scheduler 用户	允许访问 kube-scheduler 组件所需的资源
system:volume-scheduler	system:kube-scheduler 用户	允许访问 kube-scheduler 组件需要访问的 Volume 资源
system:kube-controller-manager	system:kube-controller-manager 用户	允许访问 kube-controller-manager 组件所需的资源。各个控制器（Controller）所需的权限参见表 6.5

续表

默认 ClusterRole	默认 ClusterRoleBinding	描　述
system:node	None	允许访问 kubelet 组件所需的资源，包括对所有 Secret 资源的读取权限，以及对所有 Pod Status 对象的可写访问权限。 该角色用于 Kubernetes 1.8 之前版本升级的兼容性设置。在新版本中应使用 Node authorizer 和 NodeRestriction 准入控制器，并且应基于调度到其上运行的 Pod 对 kubelet 授予 API 访问权限
system:node-proxier	system:kube-proxy 用户	允许访问 kube-proxy 所需的资源

4）其他组件的 ClusterRole

其他组件的默认 ClusterRole 如表 6.4 所示。

表 6.4　其他组件角色

默认 ClusterRole	默认 ClusterRoleBinding	描　述
system:auth-delegator	None	允许对授权和认证进行托管，通常用于附加的 API Server，以实现统一的授权和认证流程
system:heapster	None	[已弃用] Heapster 组件的角色
system:kube-aggregator	None	kube-aggregator 所需的权限
system:kube-dns	kube-system namespace 中名为“kube-dns”的 Service Account	kube-dns 所需的权限
system:kubelet-api-admin	None	允许对 kubelet API 的完全访问
system:node-bootstrapper	None	允许访问 kubelet TLS 初始化（bootstrapping）过程中所需的资源
system:node-problem-detector	None	node-problem-detector 组件所需的资源
system:persistent-volume-provisioner	None	允许访问大多数动态存储卷提供者（Provisioner）所需的资源

5）系统内置控制器（Controller）的 ClusterRole

在 Kubernetes Master 核心组件 Controller Manager 中运行了管理各种资源的控制器（Controller）。如果 kube-controller-manager 服务设置了启动参数--use-service-account-credentials，kube-controller-manager 服务就会为每一个 Controller 都设置一个单独的

ServiceAccount。相关的 ClusterRole 已在系统中默认设置完成，这些 ClusterRole 的名称以“system:controller:”为前缀。如果 kube-controller-manager 服务没有设置启动参数--use-service-account-credentials，就会使用它自身的凭据运行所有 Controller，这就要求管理员对 kube-controller-manager 凭据进行全部 Controller 所需规则的授权。

系统内置控制器（Controller）的默认 ClusterRole 如表 6.5 所示。

表 6.5　系统内置控制器（Controller）的默认 ClusterRole

需要赋予的角色
system:controller:attachdetach-controller
system:controller:certificate-controller
system:controller:clusterrole-aggregation-controller
system:controller:cronjob-controller
system:controller:daemon-set-controller
system:controller:deployment-controller
system:controller:disruption-controller
system:controller:endpoint-controller
system:controller:expand-controller
system:controller:generic-garbage-collector
system:controller:horizontal-pod-autoscaler
system:controller:job-controller
system:controller:namespace-controller
system:controller:node-controller
system:controller:persistent-volume-binder
system:controller:pod-garbage-collector
system:controller:pv-protection-controller
system:controller:pvc-protection-controller
system:controller:replicaset-controller
system:controller:replication-controller
system:controller:resourcequota-controller
system:controller:root-ca-cert-publisher
system:controller:route-controller

续表

需要赋予的角色
system:controller:service-account-controller
system:controller:service-controller
system:controller:statefulset-controller
system:controller:ttl-controller

8. 预防权限提升和授权初始化

RBAC API 防止用户通过编辑 Role 或者 RoleBinding 获得权限的提升。这一限制是在 API 级别生效的，因此即使没有启用 RBAC，也仍然有效。

1）创建或更新 Role 或 ClusterRole 的限制

用户要对角色（Role 或 ClusterRole）进行创建或更新操作，需要满足下列至少一个条件：

（1）用户已拥有 Role 中包含的所有权限，且与该角色的生效范围一致（如果是集群角色，则是集群范围；如果是普通角色，则可能是同一个命名空间或者整个集群）。

（2）用户被显式授予针对 Role 或 ClusterRole 资源的提权（Escalate）操作权限。

例如，用户 user-1 没有列出集群中所有 Secret 资源的权限，就不能创建具有这一权限的集群角色。要让一个用户能够创建或更新角色，则需要：

（1）为其授予一个允许创建或更新 Role 或 ClusterRole 资源对象的角色。

（2）为其授予允许创建或更新角色的权限，有隐式和显式两种方法。

◎ 隐式：为用户授予这些权限。用户如果尝试使用尚未被授予的权限来创建或修改 Role 或 ClusterRole，则该 API 请求将被禁止。
◎ 显式：为用户显式授予 rbac.authorization.k8s.io API Group 中的 Role 或 ClusterRole 的提权（Escalate）操作权限。

2）创建或更新 RoleBinding 或 ClusterRoleBinding 的限制

仅当我们已经拥有被引用的角色（Role 或 ClusterRole）中包含的所有权限（与角色绑定的作用域相同）或已被授权对被引用的角色执行绑定（bind）操作时，才能创建或更新角色绑定（RoleBinding 或 ClusterRoleBinding）。例如，如果用户 user-1 没有列出集群中所有 Secret 资源的权限，就无法为一个具有这样权限的角色创建 ClusterRoleBinding。要使用户能够创建或更新角色绑定，则需要进行以下操作。

（1）为其授予一个允许创建和更新 RoleBinding 或 ClusterRoleBinding 的角色。

（2）为其授予绑定特定角色的权限，有隐式或显式两种方法。

◎ 隐式：授予其该角色中的所有权限。
◎ 显式：授予在特定角色或集群角色中执行绑定（bind）操作的权限。

例如，通过下面的 ClusterRole 和 RoleBinding 设置，将允许用户 user-1 为其他用户在 user-1-namespace 命名空间中授予 admin、edit 及 view 角色的权限：

```
apiVersion: rbac.authorization.k8s.io/v1
kind: ClusterRole
metadata:
  name: role-grantor
rules:
- apiGroups: ["rbac.authorization.k8s.io"]
  resources: ["rolebindings"]
  verbs: ["create"]
- apiGroups: ["rbac.authorization.k8s.io"]
  resources: ["clusterroles"]
  verbs: ["bind"]
  resourceNames: ["admin","edit","view"]
---
apiVersion: rbac.authorization.k8s.io/v1
kind: RoleBinding
metadata:
  name: role-grantor-binding
  namespace: user-1-namespace
roleRef:
  apiGroup: rbac.authorization.k8s.io
  kind: ClusterRole
  name: role-grantor
subjects:
- apiGroup: rbac.authorization.k8s.io
  kind: User
  name: user-1
```

在系统初始化过程中启用第 1 个角色和角色绑定时，必须让初始用户具备其尚未被授予的权限。要进行初始的角色和角色绑定设置，有以下两种办法。

（1）使用属于 system:masters 组的凭据，这个组默认具有 cluster-admin 这个超级用户的权限。

（2）如果 API Server 以--insecure-port 参数运行，则客户端通过这个非安全端口进行接口调用，通过这个非安全端口的访问没有认证鉴权的限制。

9. 使用 kubectl 命令行工具管理 RBAC

除了使用 YAML 文件创建 RBAC 角色和角色绑定资源对象，也可以使用 kubectl 命令行工具管理 RBAC 相关资源，下面通过示例进行说明。

1）创建 Role：kubectl create role

在 Namespace 范围内设置授权规则，示例如下。

（1）创建名为“pod-reader”的 Role，允许对 Pod 进行 get、watch、list 操作：

```
    kubectl create role pod-reader --verb=get --verb=list --verb=watch
--resource=pods
```

（2）创建名为“pod-reader”的 Role，允许对特定名称（resourceNames）的 Pod 进行 get 操作：

```
    kubectl create role pod-reader --verb=get --resource=pods
--resource-name=readablepod --resource-name=anotherpod
```

（3）创建名为“foo”的 Role，允许对 API Group“apps”中的 replicaset 进行 get、watch、list 操作：

```
    kubectl create role foo --verb=get,list,watch --resource=replicasets.apps
```

（4）创建名为“foo”的 Role，允许对 Pod 及其子资源“status”进行 get、watch、list 操作：

```
    kubectl create role foo --verb=get,list,watch --resource=pods,pods/status
```

（5）创建名为“my-component-lease-holder”的 Role，允许对特定名称（resourceNames）的 lease 资源进行 get、list、watch、update 操作：

```
    kubectl create role my-component-lease-holder --verb=get,list,watch,update
--resource=lease --resource-name=my-component
```

2）创建 ClusterRole：kubectl create clusterrole

在集群范围内设置授权规则，示例如下。

（1）创建名为“pod-reader”的 ClusterRole，允许对所有命名空间中的 Pod 进行 get、watch、list 操作：

```
kubectl create clusterrole pod-reader --verb=get,list,watch --resource=pods
```

（2）创建名为“pod-reader”的 ClusterRole，允许对特定名称（resourceNames）的 Pod 进行 get 操作：

```
kubectl create clusterrole pod-reader --verb=get --resource=pods
--resource-name=readablepod --resource-name=anotherpod
```

（3）创建名为“foo”的 ClusterRole，允许对 API Group“apps”中的 replicaset 进行 get、watch、list 操作：

```
kubectl create clusterrole foo --verb=get,list,watch
--resource=replicasets.apps
```

（4）创建名为“foo”的 ClusterRole，允许对 Pod 及其子资源“status”进行 get、watch、list 操作：

```
kubectl create clusterrole foo --verb=get,list,watch
--resource=pods,pods/status
```

（5）创建名为“foo”的 ClusterRole，允许对非资源类型的 URL 进行 get 操作：

```
kubectl create clusterrole "foo" --verb=get --non-resource-url=/logs/*
```

（6）创建名为“monitoring”的 ClusterRole，通过 aggregationRule 设置其聚合规则：

```
kubectl create clusterrole monitoring
--aggregation-rule="rbac.example.com/aggregate-to-monitoring=true"
```

3）创建 RoleBinding：kubectl create rolebinding

在特定的命名空间中进行授权（为 Subject 绑定 Role），示例如下。

（1）在命名空间 acme 中为用户“bob”授权 ClusterRole“admin”：

```
kubectl create rolebinding bob-admin-binding --clusterrole=admin --user=bob
--namespace=acme
```

（2）在命名空间 acme 中为 ServiceAccount“myapp”授权 ClusterRole“view”：

```
    kubectl create rolebinding myapp-view-binding --clusterrole=view
--serviceaccount=acme:myapp --namespace=acme
```

（3）在命名空间 acme 中为命名空间 myappnamespace 中的 ServiceAccount “myapp” 授权 ClusterRole “view”：

```
    kubectl create rolebinding myappnamespace-myapp-view-binding
--clusterrole=view --serviceaccount=myappnamespace:myapp --namespace=acme
```

4）创建 ClusterRoleBinding：kubectl create clusterrolebinding

在集群范围内进行授权（为 Subject 绑定 ClusterRole），示例如下。

（1）在集群范围内为用户 root 授权 ClusterRole “cluster-admin”：

```
    kubectl create clusterrolebinding root-cluster-admin-binding
--clusterrole=cluster-admin --user=root
```

（2）在集群范围内为用户 “system:kube-proxy” 授权 ClusterRole “system:node-proxier”：

```
    kubectl create clusterrolebinding kube-proxy-binding
--clusterrole=system:node-proxier --user=system:kube-proxy
```

（3）在集群范围内为命名空间 acme 中的 ServiceAccount “myapp” 授权 ClusterRole “view”：

```
    kubectl create clusterrolebinding myapp-view-binding --clusterrole=view
--serviceaccount=acme:myapp
```

5）kubectl auth reconcile

基于 YAML 文件创建或更新 rbac.authorization.k8s.io/v1 版本的 RBAC 相关 API 资源对象。如有必要，系统则将创建缺失的资源对象，并为设置了命名空间的资源创建缺失的命名空间资源。

已存在的 Role 将更新为包含输入对象中的全部权限，并且移除多余的权限（需要设置--remove-extra-permissions 参数）。

已存在的 RoleBinding 将更新为包含输入对象中的全部主体（Subject），并且移除多余的主体（需要设置--remove-extra-subjects 参数）。

示例如下。

（1）测试运行 RBAC 规则，显示将要执行的更改：

```
kubectl auth reconcile -f my-rbac-rules.yaml --dry-run=client
```

（2）应用输入配置中的内容，保留任何额外权限（Role）和任何额外主体（Binding）：

```
kubectl auth reconcile -f my-rbac-rules.yaml
```

（3）应用输入配置中的内容，删除任何额外权限和任何额外主体：

```
kubectl auth reconcile -f my-rbac-rules.yaml --remove-extra-subjects
--remove-extra-permissions
```

此外，可以通过 kubectl --help 命令在帮助信息中查看使用说明。

10. 对 ServiceAccount 的授权管理

默认的 RBAC 策略为控制平面组件、节点和控制器授予有限范围的权限，但是不会为命名空间 kube-system 之外的 ServiceAccount 授予任何权限（除了所有已认证用户都具有的 Discovery 权限）。这使得管理员可以为特定的 ServiceAccount 授予所需的权限。细粒度的权限管理能够提供更高的安全性，但也会提高管理成本。粗放的授权方式可能会给 ServiceAccount 提供不必要的权限，但更易于管理。

按照从最安全到最不安全的顺序，授权的方法如下。

1）为应用专属的 ServiceAccount 赋权（最佳实践）

这个应用需要在 Pod 的定义中指定一个 serviceAccountName，并为其创建 ServiceAccount（可以通过 API、YAML 文件、kubectl create serviceaccount 命令等方式创建）。例如为 my-namespace 中的 ServiceAccount “my-sa” 授予只读权限：

```
kubectl create rolebinding my-sa-view \
  --clusterrole=view \
  --serviceaccount=my-namespace:my-sa \
  --namespace=my-namespace
```

2）为一个命名空间中名为 default 的 ServiceAccount 授权

如果一个应用没有指定 serviceAccountName，系统则将为其设置名为 “default” 的 ServiceAccount。需要注意的是，授予 ServiceAccount “default” 的权限会让所有没有指定 serviceAccountName 的 Pod 都具有这些权限。

例如，在 my-namespace 命名空间中为 ServiceAccount “default” 授予只读权限：

```
kubectl create rolebinding default-view \
```

```
  --clusterrole=view \
  --serviceaccount=my-namespace:default \
  --namespace=my-namespace
```

另外，许多 Kubernetes 系统组件都在 kube-system 命名空间中使用默认的 ServiceAccount 运行。要让这些管理组件拥有超级用户权限，则可以把集群级别的 cluster-admin 权限赋予 kube-system 命名空间中名为 default 的 ServiceAccount。注意，这一操作意味着 kube-system 命名空间中的应用默认都有超级用户的权限：

```
kubectl create clusterrolebinding add-on-cluster-admin \
  --clusterrole=cluster-admin \
  --serviceaccount=kube-system:default
```

3）为命名空间中的所有 ServiceAccount 都授予同一个权限

如果希望一个命名空间中的所有应用程序都具有一个角色，那么无论它们使用什么 ServiceAccount，都可以为这一命名空间中的 ServiceAccount 组进行授权。

例如，为 my-namespace 命名空间中的所有 ServiceAccount 都赋予只读权限：

```
kubectl create rolebinding serviceaccounts-view \
  --clusterrole=view \
  --group=system:serviceaccounts:my-namespace \
  --namespace=my-namespace
```

4）为集群范围内的所有 ServiceAccount 都授予一个有限的权限（不推荐）

如果不想为每个命名空间都管理授权，则可以把一个集群级别的角色授权给所有 ServiceAccount。例如，为所有命名空间中的所有 ServiceAccount 都授予只读权限：

```
$ kubectl create clusterrolebinding serviceaccounts-view \
  --clusterrole=view \
  --group=system:serviceaccounts
```

5）为所有 ServiceAccount 都授予超级用户权限（强烈不推荐）

如果用户可以完全不关心权限，则可以把超级用户权限分配给每个 ServiceAccount。注意，这让所有应用都具有集群超级用户的权限，同时为能够读取 Secret 或创建 Pod 权限的用户也授予集群超级用户的权限：

```
$ kubectl create clusterrolebinding serviceaccounts-cluster-admin \
  --clusterrole=cluster-admin \
  --group=system:serviceaccounts
```

11. 从 ABAC 更新为 RBAC 的建议

在 Kubernetes 1.6 版本之前通常使用的是宽松的 ABAC 策略，包含为所有 ServiceAccount 授予完全的 API 访问权限。

默认的 RBAC 策略为控制平面组件、节点和控制器授予有限范围的权限，但是不会为命名空间 kube-system 之外的 ServiceAccount 授予任何权限。

这样一来，尽管更加安全，却可能会对某些希望自动获得 API 权限的现有工作负载造成影响，以下是管理过渡的两种方法。

1）并行认证

RBAC 和 ABAC 同时运行，并包含已使用的 ABAC 策略文件，将 kube-apiserver 的启动参数设置如下：

```
--authorization-mode=RBAC,ABAC --authorization-policy-file=mypolicy.jsonl
```

先由 RBAC 尝试对请求进行鉴权，如果结果是拒绝访问，系统就继续使用 ABAC 授权机制，这意味着请求只需要满足 RBAC 或 ABAC 之一即可工作。

当 kube-apiserver 服务对 RBAC 模块设置的日志级别为 5 或更高（--vmodule=rbac*=5 或--v=5）时，就可以在 API Server 的日志中看到 RBAC 的拒绝行为（前缀为 RBAC）。可以利用这一信息来确定需要为哪些用户、用户组或 ServiceAccount 授予哪些权限。

等到集群管理员按照 RBAC 的方式对相关组件进行了授权，并且在日志中不再出现 RBAC 的拒绝信息时，就可以移除 ABAC 认证方式了。

2）粗放管理

可以使用 RBAC 的角色绑定，复制一个粗放的 ABAC 策略。

警告：下面的策略让集群中的所有 ServiceAccount 都具备了集群管理员权限，所有容器运行的应用都会自动接收 ServiceAccount 的认证，能够对任意 API 执行任意操作，包括查看 Secret 和修改授权。它不是一个推荐的过渡策略。

```
kubectl create clusterrolebinding permissive-binding \
  --clusterrole=cluster-admin \
  --user=admin \
  --user=kubelet \
  --group=system:serviceaccounts
```

过渡到使用 RBAC 授权模式之后，管理员应该调整集群的访问控制策略，以确保它们满足信息安全的相关需求。

6.2.4　Node 授权模式详解

Node 授权模式针对的 Subject 是 Node，不是 user 或者应用的 Service Account，是专门对 kubelet 发起的 API 请求进行授权的管理模式。

Node 授权者（node authorizer）允许 kubelet 发起 API 操作的资源对象如下。

（1）读取操作：Service、Endpoint、Node、Pod、Secret、ConfigMap、PVC，以及绑定到 Node 的与 Pod 相关的持久卷。

（2）写入操作：

◎ Node 和 Node Status（启用 NodeRestriction 准入控制器，以限制 kubelet 只能修改自己节点的信息）；
◎ Pod 和 Pod Status（启用 NodeRestriction 准入控制器，以限制 kubelet 只能修改绑定到本节点的 Pod 信息）；
◎ Event。

（3）授权相关操作：

◎ 基于 TLS 启动引导过程中使用的 certificationsigningrequest 资源对象的读写操作；
◎ 在代理鉴权或授权检查过程中创建 tokenreview 和 subjectaccessreview 资源对象。

为了开启 Node 授权模式，需要为 kube-apiserver 设置启动参数--authorization-mode=Node。为了限制 kubelet 可写的 API 资源对象，需要为 kube-apiserver 服务启用 NodeRestriction 准入插件：--enable-admission-plugins=...,NodeRestriction。

为了获取 Node 授权者的授权，kubelet 需要使用一个凭据，以标识它在 system:nodes 组内，用户名为 system:node:<nodeName>，并且该组名和用户名的格式需要与 kubelet TLS 启动过程中为 kubelet 创建的标识匹配。

在将来的版本中，Node 授权者可能会添加或删除权限，以确保 kubelet 具有正确操作所需的最小权限集。总之，Node 授权模式正在一步步地收紧集群中每个 Node 的权限，这也是 Kubernetes 进一步提升集群安全性的一个重要改进措施。

6.3 Admission Control

突破了之前所说的认证和鉴权两道关卡之后，客户端的调用请求就能够得到 API Server 的真正响应了吗？答案是：不能！这个请求还要通过 Admission Control（准入控制）所控制的一个准入控制链的层层考验，才能获得成功的响应。Kubernetes 官方标准的“关卡”有 30 多个，还允许用户自定义扩展。

Admission Control 配备了一个准入控制器的插件列表，发送给 API Server 的任何请求都需要通过列表中每个准入控制器的检查，检查不通过，API Server 就会拒绝此调用请求。此外，准入控制器插件能够修改请求参数以完成一些自动化任务，比如 ServiceAccount 这个控制器插件。当前可配置的准入控制器插件如下。

◎ AlwaysAdmit：已弃用，允许所有请求。

◎ AlwaysPullImages：在启动容器之前总是尝试重新下载镜像。这对于多租户共享一个集群的场景非常有用，系统在启动容器之前可以保证总是使用租户的密钥去下载镜像。如果不设置这个控制器，则在 Node 上下载的镜像的安全性将被削弱，只要知道该镜像的名称，任何人便都可以使用它们了。

◎ AlwaysDeny：已弃用，禁止所有请求，用于测试。

◎ DefaultStorageClass：会关注 PersistentVolumeClaim 资源对象的创建，如果其中没有包含任何针对特定 Storage class 的请求，则为其指派指定的 Storage class。在这种情况下，用户无须在 PVC 中设置任何特定的 Storage class 就能完成 PVC 的创建了。如果没有设置默认的 Storage class，该控制器就不会进行任何操作；如果设置了超过一个的默认 Storage class，该控制器就会拒绝所有 PVC 对象的创建申请，并返回错误信息。管理员必须检查 StorageClass 对象的配置，确保只有一个默认值。该控制器仅关注 PVC 的创建过程，对更新过程无效。

◎ DefaultTolerationSeconds：针对没有设置容忍 node.kubernetes.io/not-ready:NoExecute 或者 node.alpha.kubernetes.io/unreachable:NoExecute 的 Pod，设置 5min 的默认容忍时间。

◎ DenyExecOnPrivileged：已弃用，拦截所有想在 Privileged Container 上运行命令的请求。如果集群支持 Privileged Container，又希望限制用户在这些 Privileged Container 上运行命令，那么强烈推荐使用它。其功能已被合并到 DenyEscalatingExec 中。

◎ DenyEscalatingExec：拦截所有 exec 和 attach 到具有特权的 Pod 上的请求。如果集群支持运行有 escalated privilege 权限的容器，又希望限制用户在这些容器内运行命令，那么强烈推荐使用它。

◎ EventRateLimit：Alpha 版本，用于应对事件密集情况下对 API Server 造成的洪水攻击。

◎ ExtendedResourceToleration：如果运维人员要创建带有特定资源（例如 GPU、FPGA 等）的独立节点，则可能会对节点进行 Taint 处理来进行特别配置。该控制器能够自动为申请这些特别资源的 Pod 加入 Toleration 定义，无须人工干预。

◎ ImagePolicyWebhook：Alpha 版本，该插件将允许后端的一个 Webhook 程序来完成 admission controller 的功能。ImagePolicyWebhook 需要使用一个配置文件（通过 kube-apiserver 的启动参数--admission-control-config-file 设置）定义后端 Webhook 的参数。

◎ Initializers：Alpha 版本，用于为动态准入控制提供支持，通过修改待创建资源的元数据来完成对该资源的修改。

◎ LimitPodHardAntiAffinityTopology：该插件启用了 Pod 的反亲和性调度策略设置，在设置亲和性策略参数 requiredDuringSchedulingRequiredDuringExecution 时要求将 topologyKey 的值设置为“kubernetes.io/hostname”，否则 Pod 会被拒绝创建。

◎ LimitRanger：该插件会监控进入的请求，确保请求的内容符合在 Namespace 中定义的 LimitRange 对象里的资源限制。如果要在 Kubernetes 集群中使用 LimitRange 对象，则必须启用该插件才能实施这一限制。LimitRanger 还能用于为没有设置资源请求的 Pod 自动设置默认的资源请求，会为 default 命名空间中的所有 Pod 都设置 0.1CPU 的资源请求。

◎ MutatingAdmissionWebhook：Beta 版本，会变更符合要求的请求的内容，Webhook 以串行的方式顺序执行。

◎ NamespaceAutoProvision：该插件会检测所有进入的具备命名空间的资源请求，如果其中引用的命名空间不存在，就会自动创建命名空间。

◎ NamespaceExists：该插件会检测所有进入的具备命名空间的资源请求，如果其中引用的命名空间不存在，就会拒绝这一创建过程。

◎ NamespaceLifecycle：如果尝试在一个不存在的命名空间中创建资源对象，则该创建请求将被拒绝。删除一个命名空间时，系统将删除该命名空间中的所有对象，包括 Pod、Service 等，并阻止删除 default、kube-system 和 kube-public 这三个命名空间。

◎ NodeRestriction：该插件会限制 kubelet 对 Node 和 Pod 的修改。为了实现这一限制，kubelet 必须使用 system:nodes 组中用户名为 system:node:<nodeName>的 Token 来运行。符合条件的 kubelet 只能修改自己的 Node 对象，也只能修改分配到各自 Node 上的 Pod 对象。在 Kubernetes 1.11 以后的版本中，kubelet 无法修改或者更新自身 Node 的 taint 属性。在 Kubernetes 1.13 以后，该插件还会阻止 kubelet 删除自己的 Node 资源，并限制对有 kubernetes.io/或 k8s.io/前缀的标签的修改。

◎ OwnerReferencesPermissionEnforcement：在该插件启用后，一个用户要想修改对象的 metadata.ownerReferences，就必须具备 delete 权限。该插件还会保护对象的 metadata.ownerReferences[x].blockOwnerDeletion 字段，用户只有在对 finalizers 子资源拥有 update 权限时才能进行修改。

◎ PersistentVolumeLabel：已弃用。该插件自动根据云供应商（例如 GCE 或 AWS）的定义，为 PersistentVolume 对象加入 region 或 zone 标签，以此来保障 PersistentVolume 和 Pod 同处一个区域。如果插件不为 PV 自动设置标签，则需要用户手动保证 Pod 和其加载卷的相对位置。该插件正在被 Cloud controller manager 替换，从 Kubernetes 1.11 版本开始默认被禁止。

◎ PodNodeSelector：该插件会读取命名空间的 annotation 字段及全局配置，来对一个命名空间中对象的节点选择器设置默认值或限制其取值。

◎ PersistentVolumeClaimResize：该插件实现了对 PersistentVolumeClaim 发起的 resize 请求的额外校验。

◎ PodPreset：该插件会使用 PodSelector 选择 Pod，为符合条件的 Pod 进行注入。

◎ PodSecurityPolicy：在创建或修改 Pod 时决定是否根据 Pod 的 security context 和可用的 PodSecurityPolicy 对 Pod 的安全策略进行控制。

◎ PodTolerationRestriction：该插件首先会在 Pod 和其命名空间的 Toleration 中进行冲突检测，如果其中存在冲突，则拒绝该 Pod 的创建。它会把命名空间和 Pod 的 Toleration 合并，然后将合并的结果与命名空间中的白名单进行比较，如果合并的结果不在白名单内，则拒绝创建。如果不存在命名空间级别的默认 Toleration 和白名单，则会采用集群级别的默认 Toleration 和白名单。

◎ Priority：该插件使用 priorityClassName 字段来确定优先级，如果没有找到对应的 Priority Class，该 Pod 就会被拒绝。

◎ ResourceQuota：用于资源配额管理，作用于命名空间。该插件拦截所有请求，以确保命名空间中的资源配额使用不会超标。推荐在 Admission Control 参数列表中将该插件排在最后一个，以免可能被其他插件拒绝的 Pod 被过早分配资源。在 10.4

节将详细介绍 ResourceQuota 的原理和用法。

◎ SecurityContextDeny：该插件将 Pod 中定义的 SecurityContext 选项全部失效。SecurityContext 在 Container 中定义了操作系统级别的安全设定（uid、gid、capabilities、SELinux 等）。在未设置 PodSecurityPolicy 的集群中建议启用该插件，以禁用容器设置的非安全访问权限。

◎ ServiceAccount：该插件让 ServiceAccount 实现了自动化，如果想使用 ServiceAccount 对象，那么强烈推荐使用它。

◎ StorageObjectInUseProtection：该插件会在新创建的 PVC 或 PV 中加入 kubernetes.io/pvc-protection 或 kubernetes.io/pv-protection 的 finalizer。如果想删除 PVC 或者 PV，则直到所有 finalizer 的工作都完成，删除动作才会执行。

◎ ValidatingAdmissionWebhook：在 Kubernetes 1.8 版本中为 Alpha 版本，在 Kubernetes 1.9 版本中为 Beta 版本。该插件会针对符合其选择要求的请求调用校验 Webhook。目标 Webhook 会以并行方式运行；如果其中任何一个 Webhook 拒绝了该请求，该请求就会失败。

在 API Server 上设置参数即可定制我们需要的准入控制链，如果启用了多种准入控制选项，则建议这样设置：在 Kubernetes 1.9 及之前的版本中使用的参数是--admission-control，其中的内容是顺序相关的；在 Kubernetes 1.10 及之后的版本中使用的参数是--enable-admission-plugins，并且与顺序无关。

对 Kubernetes 1.10 及以上版本设置如下：

```
  --enable-admission-plugins=NamespaceLifecycle,LimitRanger,ServiceAccount
,DefaultStorageClass,DefaultTolerationSeconds,MutatingAdmissionWebhook,Valid
atingAdmissionWebhook,ResourceQuota
```

除了静态编译的 Admission 插件，也可以通过 Webhook 方式对接外部的 Admission Webhook 服务，实现与 Admission 插件一样的功能。但 Webhook 方式更加灵活，能够在 API Server 运行时修改和配置动态更新控制策略。Admission Webhook 的实现方式是常见的 HTTP 回调，该回调方法首先接收一个 Admission 请求参数，然后对此参数做出修改或者准入判断的逻辑，前一种类型的 Webhook 被称为 Mutating Admission Webhook，后一种被称为 Validating Admission Webhook。如果需要修改 Admission 请求参数，则可以用 Mutating Admission Webhook 进行修改，并把它配置到准入控制链的靠前位置。

使用 Admission Webhook 实现准入控制的方式还有一个明显优势，即我们可以灵活指定访问哪些版本的资源对象需要通过 Admission Webhook 进行判断。比如下面这段配置表明 my-webhook.example.com 这个 Webhook 只针对 apps/v1 及 apps/v1beta1 版本下的 Deployments 与 Replicasets 资源对象的 CREATE 与 UPDATE 操作进行控制。

```
apiVersion: admissionregistration.k8s.io/v1
kind: ValidatingWebhookConfiguration
......
webhooks:
- name: my-webhook.example.com
  rules:
  - operations: ["CREATE", "UPDATE"]
    apiGroups: ["apps"]
    apiVersions: ["v1", "v1beta1"]
    resources: ["deployments", "replicasets"]
    scope: "Namespaced"
```

不过，相对于 Admission Control 插件来说，使用 Admission Webhook 要复杂得多，除了需要开发一个 Admission Webhook Server 实现 HTTP 回调的逻辑，还需要创建一个对应的 ValidatingWebhookConfiguration 配置文件，如果 Admission Webhook 需要与 API Server 进行认证，则还需要创建对应的 AdmissionConfiguration 配置文件。

6.4 Service Account

Service Account 也是一种账号，但它并不是给 Kubernetes 集群的用户（系统管理员、运维人员、租户用户等）用的，而是给运行在 Pod 里的进程用的，它为 Pod 里的进程提供了必要的身份证明。

在继续学习之前，请回顾 6.1 节 API Server 认证的内容。

在正常情况下，为了确保 Kubernetes 集群的安全，API Server 都会对客户端进行身份认证，认证失败的客户端无法进行 API 调用。此外，在 Pod 中访问 Kubernetes API Server 服务时，是以 Service 方式访问名为 Kubernetes 的这个服务的，而 Kubernetes 服务又只在 HTTPS 安全端口 443 上提供，那么如何进行身份认证呢？这的确是个谜，因为 Kubernetes 的官方文档并没有清楚说明这个问题。

通过查看官方源码，我们发现这是在用一种类似 HTTP Token 的新认证方式——Service Account Auth，Pod 中的客户端调用 Kubernetes API 时，在 HTTP Header 中传递了一个 Token 字符串，这类似于之前提到的 HTTP Token 认证方式，但有以下几个不同之处。

◎ 这个 Token 的内容来自 Pod 里指定路径下的一个文件（/run/secrets/kubernetes.io/serviceaccount/token），该 Token 是动态生成的，确切地说，是由 Kubernetes Controller 进程用 API Server 的私钥（--service-account-private-key-file 指定的私钥）签名生成的一个 JWT Secret。
◎ 在官方提供的客户端 REST 框架代码里，通过 HTTPS 方式与 API Server 建立连接后，会用 Pod 里指定路径下的一个 CA 证书（/run/secrets/kubernetes.io/serviceaccount/ca.crt）验证 API Server 发来的证书，验证是否为 CA 证书签名的合法证书。
◎ API Server 在收到这个 Token 以后，会采用自己的私钥（实际上是使用 service-account- key-file 参数指定的私钥，如果没有设置此参数，则默认采用 tls-private-key-file 指定的参数，即自己的私钥）对 Token 进行合法性验证。

明白了认证原理，我们接下来继续分析在上面的认证过程中所涉及的 Pod 中的以下三个文件。

◎ /run/secrets/kubernetes.io/serviceaccount/token。
◎ /run/secrets/kubernetes.io/serviceaccount/ca.crt。
◎ /run/secrets/kubernetes.io/serviceaccount/namespace（客户端采用这里指定的 namespace 作为参数调用 Kubernetes API）。

这三个文件由于参与到 Pod 进程与 API Server 认证的过程中，起到了类似 secret（私密凭据）的作用，所以被称为 Kubernetes Secret 对象。Secret 从属于 Service Account 资源对象，属于 Service Account 的一部分，在一个 Service Account 对象里面可以包括多个不同的 Secret 对象，分别用于不同目的的认证活动。

下面通过运行一些命令来加深我们对 Service Account 与 Secret 的直观认识。

首先，查看系统中的 Service Account 对象，看到有一个名为 default 的 Service Account 对象，包含一个名为 default-token-77oyg 的 Secret，这个 Secret 同时是 Mountable secrets，表明它是需要被挂载到 Pod 上的：

```
# kubectl describe serviceaccounts
Name:        default
Namespace:   default
Labels:      <none>
Image pull secrets:  <none>
Mountable secrets:   default-token-77oyg
Tokens:              default-token-77oyg
```

接下来看看 default-token-77oyg 都有什么内容：

```
# kubectl describe secrets default-token-77oyg
Name:         default-token-77oyg
Namespace:    default
Labels: <none>
Annotations: kubernetes.io/service-account.name=default

kubernetes.io/service-account.uid=3e5b99c0-432c-11e6-b45c-000c29dc2102

Type:    kubernetes.io/service-account-token

Data
====
token:
eyJhbGciOiJSUzI1NiIsInR5cCI6IkpXVCJ9.eyJpc3MiOiJrdWJlcm5ldGVzL3NlcnZpY2VhY2N
vdW50Iiwia3ViZXJuZXRlcy5pby9zZXJ2aWNlYWNjb3VudC9uYW1lc3BhY2UiOiJkZWZhdWx0Iiwia3V
iZXJuZXRlcy5pby9zZXJ2aWNlYWNjb3VudC9zZWNyZXQubmFtZSI6ImRlZmF1bHQtdG9rZW4tNzdveWc
iLCJrdWJlcm5ldGVzLmlvL3NlcnZpY2VhY2NvdW50L3NlcnZpY2UtYWNjb3VudC5uYW1lIjoiZGVmYXV
sdCIsImt1YmVybmV0ZXMuaW8vc2VydmljZWFjY291bnQvc2VydmljZS1hY2NvdW50LnVpZCI6IjNlNWI
5OWMwLTQzMmMtMTFlNi1iNDVjLTAwMGMyOWRjMjEwMiIsInN1YiI6InN5c3RlbTpzZXJ2aWNlYWNjb3V
udDpkZWZhdWx0OmRlZmF1bHQifQ.MFsBrYmTLMB55X3UGfO_pADP6FSsQgHb0SxGJtTsJnY-ze2vFc8Q
dO7bVdmQfFbnkHgLWht1KIpR_EyvJTRP538uovgcA_QGN9yIMEdqIfQC2wfnLFuk10a8OdSH4uzayBb5
0yI7gJWXWbXn6u0wAGMneiTKtCvzGfR4q-p19Jjh5qNPiUdJ0NhjsJJSAc1hdNK40XtOgMHdNNyPEmPg
k6Ow2cM7DRb6ifiSOs05cTeLYv1TpIBMvcQy4sYedCEL2cJ20BwcSo4-1Dev9rdxr5OdtgCvo6OxbPF7
RcWwjjgUMLYO3YCi07WmQNdmxWHJkwvBtkWZhzdvuFCpHeWANA
ca.crt:      1115 bytes
namespace:   7 bytes
```

从上面的输出信息中可以看到，default-token-77oyg 包含三个数据项，分别是 token、ca.crt、namespace。联想到 Mountable secrets 的标记，以及之前看到的 Pod 中的三个文件的文件名，我们恍然大悟：在每个命名空间中都有一个名为 default 的默认 Service Account 对象，在这个 Service Account 里面有一个名为 Tokens 的可以作为 Volume 被挂载到 Pod 里的 Secret，Pod 启动时，这个 Secret 会自动被挂载到 Pod 的指定目录下，用来协助完成 Pod 中的进程访问 API Server 时的身份鉴权。

如图 6.3 所示，一个 Service Account 可以包括多个 Secret 对象。

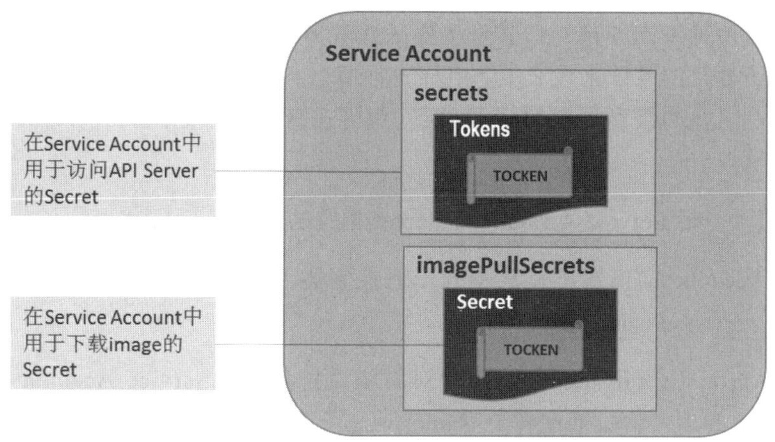

图 6.3　Service Account 中的 Secret

其中，名为 Tokens 的 Secret 用于访问 API Server 的 Secret，也被称为 Service Account Secret；名为 imagePullSecrets 的 Secret 用于下载容器镜像时的认证，镜像库通常运行在 Insecure 模式下，所以这个 Secret 为空；用户自定义的其他 Secret 用于用户的进程中。

如果一个 Pod 在定义时没有指定 spec.serviceAccountName 属性，则系统会自动将其赋值为 default，即大家都使用同一个命名空间中的默认 Service Account。如果某个 Pod 需要使用非 default 的 Service Account，则需要在定义时指定：

```
apiVersion: v1
kind: Pod
metadata:
  name: mypod
spec:
  containers:
    - name: mycontainter
      image: nginx:v1
  serviceAccountName: myserviceaccount
```

Kubernetes 之所以要创建两套独立的账号系统，原因如下。

◎ User 账号是给人用的，Service Account 是给 Pod 里的进程用的，面向的对象不同。

◎ User 账号是全局性的，Service Account 则属于某个具体的命名空间。

◎ 通常来说，User 账号是与后端的用户数据库同步的，创建一个新用户时通常要走一套复杂的业务流程才能实现，Service Account 的创建则需要极轻量级的实现方式，集群管理员可以很容易地为某些特定任务创建一个 Service Account。

◎ 对于这两种不同的账号，其审计要求通常不同。

◎ 对一个复杂的系统来说，多个组件通常拥有各种账号的配置信息，Service Account 是在命名空间级别隔离的，可以针对组件进行一对一的定义，同时具备很好的“便携性”。

接下来深入分析 Service Account 与 Secret 相关的一些运行机制。

Service Account 的正常工作离不开以下控制器：Service Account Controller、Token Controller、Admission Controller。

Service Account Controller 的工作相对简单，它会监听 Service Account 和 Namespace 这两种资源对象的事件，如果在一个 Namespace 中没有默认的 Service Account，那么它会为该 Namespace 创建一个默认的 Service Account 对象，这就是在每个 Namespace 下都有一个名为 default 的 Service Account 的原因。

Token Controller 也监听 Service Account 的事件，如果发现在新建的 Service Account 里没有对应的 Service Account Secret，则会用 API Server 私钥（--service-account-private-key-file 指定的文件）创建一个 Token，并用该 Token、API Server 的 CA 证书等三个信息产生一个新的 Secret 对象，然后放入刚才的 Service Account 中。如果监听到的事件是 Service Account 删除事件，则自动删除与该 Service Account 相关的所有 Secret。此外，Token Controller 对象也会同时监听 Secret 的创建和删除事件，确保与对应的 Service Account 的关联关系正确。

接下来就是 Admission Controller 的重要作用了，当我们在 API Server 的准入控制链中启用了 Service Account 类型的准入控制器时（这也是默认的设置），即在 kube-apiserver 启动参数中包括下面的内容时：

```
--admission_control=ServiceAccount
```

则针对 Pod 新增或修改的请求，Admission Controller 会验证 Pod 里的 Service Account 是否合法，并做出如下控制操作：

◎ 如果 spec.serviceAccount 域没有被设置，则 Kubernetes 默认为其指定名称为 default 的 Service accout。

◎ 如果 Pod 的 spec.serviceAccount 域指定了不存在的 Service Account，则该 Pod 操作会被拒绝。

◎ 如果在 Pod 中没有指定 ImagePullSecrets，那么这个 spec.serviceAccount 域指定的

Service Account 的 ImagePullSecrets 会被加入该 Pod 中。

◎ 给 Pod 添加一个特殊的 volumeSource ，在该 Volume 中包含 Service Account Secret 中的 Token。

◎ 给 Pod 里的每个容器都增加对应的 VolumeSource，将包含 Secret 的 Volume 挂载到 Pod 中所有容器的指定目录下（/var/run/secrets/kubernetes.io/ serviceaccount）。

在 Kubernetes 1.6 版本以后，我们可以禁止自动创建 Service Account 对应的 Secret 了，在 Service Account 的 YAML 文件中增加 automountServiceAccountToken: false 属性即可，同时可以在某个 Pod 的 YAML 文件中增加此属性，以实现同样的效果。

在 6.1 节提到 Kubernetes 中用户的鉴权可采用基于 OAuth 2.0 的 ODIC 来实现，即由外部的 OIDC Server（Identity Provider）提供 Jwt 格式的加密 Token，而 Service Account Token 是由 Kubernetes 自身生成的符合 Jwt 格式的加密 Token，因此 Kubernetes 也可以被视为具备了 ODIC Server 身份认证功能的服务。所以我们也可以把 Kubernetes 作为一个 ODIC Server，与外部其他第三方的 ODIC Server 组成联邦，实现相互认证。这样一来，Kubernetes 也可能凭借完善的 BRAC 用户权限机制，成为整个企业内部用户鉴权和授权的基础服务设施了。因此，Kubernetes 从 1.18 版本开始便增加了一个名为 Service Account Issuer Discovery 的新特性（目前为 Alpha 阶段），允许 Kubernetes 集群作为一个 ODIC Server 发布出去，与外部的第三方可信系统组成联邦，第三方可信系统可以调用 Kubernetes 验证 Service Account Token 的合法性。

6.5 Secret 私密凭据

6.4 节提到了 Secret 对象，Secret 的主要作用是保管私密数据，比如密码、OAuth Tokens、SSH Keys 等信息。将这些私密信息放在 Secret 对象中比直接放在 Pod 或 Docker Image 中更安全，也更便于使用和分发。

下面的例子用于创建一个 Secret：

```
secrets.yaml:
apiVersion: v1
kind: Secret
metadata:
  name: mysecret
type: Opaque
```

```
data:
  password: dmFsdWUtMg0K
  username: dmFsdWUtMQ0K

# kubectl create -f secrets.yaml
```

在上面的例子中，data 域各子域的值必须为 BASE64 编码值，其中 password 域和 username 域 BASE64 编码前的值分别为 value-1 和 value-2。

一旦 Secret 被创建，就可以通过下面三种方式使用它。

（1）创建 Pod 时，通过为 Pod 指定 Service Account 来自动使用该 Secret。

（2）通过挂载该 Secret 到 Pod 来使用它。

（3）在 Docker 镜像下载时使用，通过指定 Pod 的 spec.imagePullSecrets 来使用它。

第 1 种使用方式主要用在 API Server 鉴权方面，之前提到过。

下面的例子展示了第 2 种使用方式，即将一个 Secret 通过挂载的方式添加到 Pod 的 Volume 中：

```
apiVersion: v1
kind: Pod
metadata:
  name: mypod
  namespace: myns
spec:
  containers:
  - name: mycontainer
    image: redis
    volumeMounts:
    - name: foo
      mountPath: "/etc/foo"
      readOnly: true
  volumes:
  - name: foo
    secret:
      secretName: mysecret
```

其结果如图 6.4 所示。

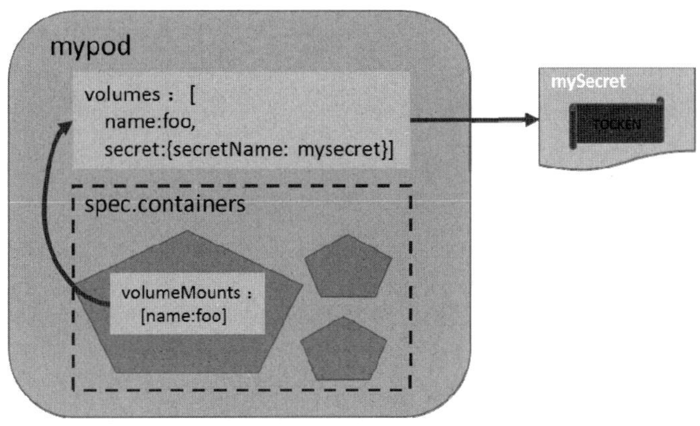

图 6.4　挂载 Secret 到 Pod

第 3 种使用方式的应用流程如下。

（1）运行 login 命令，登录私有 Registry：

```
# docker login localhost:5000
```

输入用户名和密码，如果是第 1 次登录系统，则会创建新用户，相关信息被会写入 ~/.dockercfg 文件中。

（2）用 BASE64 编码 dockercfg 的内容：

```
# cat ~/.dockercfg | base64
```

（3）将上一步命令的输出结果作为 Secret 的 data.dockercfg 域的内容，由此来创建一个 Secret：

```
image-pull-secret.yaml:
apiVersion: v1
kind: Secret
metadata:
  name: myregistrykey
data:
  .dockercfg: eyAiaHR0cHM6Ly9pbmRleC5kb2NrZXIuaW8vdjEvIjogeyAiYXV0aCI6ICJab
UZyWlhCaGMzTjNiM0prTVRJSyIsICJlbWFpbCI6ICJqZG9lQGV4YW1wbGUuY29tIiB9IH0K
type: kubernetes.io/dockercfg

# kubectl create -f image-pull-secret.yaml
```

（4）在创建 Pod 时引用该 Secret：

```
pods.yaml:
apiVersion: v1
kind: Pod
metadata:
  name: mypod2
spec:
  containers:
    - name: foo
      image: janedoe/awesomeapp:v1
  imagePullSecrets:
    - name: myregistrykey

$ kubectl create -f pods.yaml
```

其结果如图 6.5 所示。

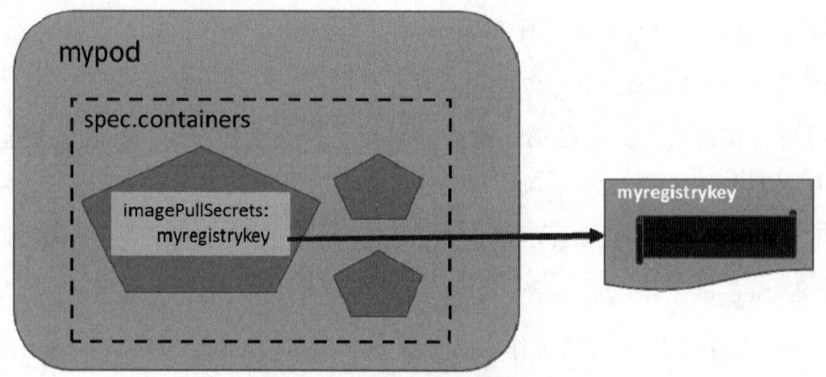

图 6.5 imagePullSecret 引用 Secret

每个单独的 Secret 大小都不能超过 1MB，Kubernetes 不鼓励创建大的 Secret，因为如果使用大的 Secret，则将大量占用 API Server 和 kubelet 的内存。当然，创建许多小的 Secret 也能耗尽 API Server 和 kubelet 的内存。

在使用 Mount 方式挂载 Secret 时，Secret 的 data 各个域的 Key 值将被设置为目录中的文件名，Value 值被 BASE64 编码后存储在相应的文件中。在前面的例子中创建的 Secret，被挂载到一个叫作 mycontainer 的容器中，在该容器中可通过相应的查询命令查看所生成的文件和文件中的内容，代码如下：

```
$ ls /etc/foo/
username
password
```

```
$ cat /etc/foo/username
value-1
$ cat /etc/foo/password
value-2
```

通过上面的例子可以得出如下结论：我们可以通过Secret保管其他系统的敏感信息（比如数据库的用户名和密码），并以 Mount 的方式将 Secret 挂载到 Container 中，然后通过访问目录中文件的方式获取该敏感信息。当 Pod 被 API Server 创建时，API Server 不会校验该 Pod 引用的 Secret 是否存在。一旦这个 Pod 被调度，则 kubelet 将试着获取 Secret 的值。如果 Secret 不存在或暂时无法连接到 API Server，则 kubelet 将按一定的时间间隔定期重试获取该 Secret，并发送一个 Event 来解释 Pod 没有启动的原因。一旦 Secret 被 Pod 获取，则 kubelet 将创建并挂载包含 Secret 的 Volume。只有所有 Volume 都挂载成功，Pod 中的 Container 才会被启动。在 kubelet 启动 Pod 中的 Container 后，Container 中与 Secret 相关的 Volume 将不会被改变，即使 Secret 本身被修改。为了使用更新后的 Secret，必须删除旧 Pod，并重新创建一个新 Pod。

当 Secret 通过 Volume 方式被使用时，对 Secret 数据的任何修改都会引发 Volume 的同步更新，如果在一个业务系统中有大量 Secret 数据以 Volume 方式被使用，则可能带来性能问题。另外，Secret 数据也可能被意外修改从而导致系统出现问题，为此，kubernetes 1.19 版本默认开启了 ImmutableEphemeralVolumes 新特性，我们可以通过设置 Secret 的 immutable 属性为 true 创建一个不可变的 Secret 对象。

6.6　Pod 安全策略

为了更精细地控制 Pod 启动或更新时的安全管理，Kubernetes 从 1.5 版本开始引入 PodSecurityPolicy 资源对象对 Pod 安全策略进行管理，到 1.18 版本时达到 Beta 阶段。通过对 PodSecurityPolicy 的设置，管理员可以控制 Pod 的运行条件，以及可以使用系统的哪些功能。PodSecurityPolicy 是集群范围内的资源对象，不属于命名空间范围。

6.6.1　PodSecurityPolicy 的工作机制

若需要启用 PodSecurityPolicy 机制，则首先需要设置 kube-apiserver 服务的启动参数 --enable-admission-plugins 来开启 PodSecurityPolicy 准入控制器：

```
--enable-admission-plugins=…,PodSecurityPolicy
```

注意，在开启 PodSecurityPolicy 准入控制器后，系统中还没有任何 PodSecurityPolicy 策略配置时，Kubernetes 默认不允许创建任何 Pod，需要管理员创建适合的 PodSecurityPolicy 策略和相应的 RBAC 授权策略，Pod 才能创建成功。

例如，尝试创建如下 Pod：

```
apiVersion: v1
kind: Pod
metadata:
  name: nginx
spec:
  containers:
  - name: nginx
    image: nginx
```

使用 kubectl 命令创建时，系统将提示“禁止创建”的报错信息：

```
# kubectl create -f pod.yaml
Error from server (Forbidden): error when creating "pod.yaml": pods "nginx" is
forbidden: no providers available to validate pod request
```

接下来创建一个 PodSecurityPolicy 资源对象，其配置文件 psp-non-privileged.yaml 的内容如下：

```
apiVersion: policy/v1beta1
kind: PodSecurityPolicy
metadata:
  name: psp-non-privileged
spec:
  privileged: false  # 禁止以特权模式运行
  seLinux:
    rule: RunAsAny
  supplementalGroups:
    rule: RunAsAny
  runAsUser:
    rule: RunAsAny
  fsGroup:
    rule: RunAsAny
  volumes:
  - '*'
```

使用 kubectl create 命令创建该 PodSecurityPolicy：

```
# kubectl create -f psp-non-privileged.yaml
podsecuritypolicy.policy/psp-non-privileged created
```

查看 PodSecurityPolicy：

```
# kubectl get psp psp-non-privileged
NAME                 PRIV    CAPS   SELINUX    RUNASUSER   FSGROUP    SUPGROUP
READONLYROOTFS   VOLUMES
psp-non-privileged   false          RunAsAny   RunAsAny    RunAsAny   RunAsAny
false            *
```

再次创建 Pod 就能成功：

```
# kubectl create -f pod.yaml
pod/nginx created
```

上面的 PodSecurityPolicy "psp-non-privileged" 设置了 privileged: false，表示禁止 Pod 或者容器以特权模式运行。设置了特权模式 Pod 的配置文件 pod-priv.yaml 的内容如下：

```
apiVersion: v1
kind: Pod
metadata:
  name: nginx
spec:
  containers:
  - name: nginx
    image: nginx
    securityContext:
      privileged: true
```

创建 Pod 时，系统将提示"禁止特权模式"的报错信息：

```
# kubectl create -f pod-priv.yaml
Error from server (Forbidden): error when creating "pod-priv.yaml": pods "nginx"
is forbidden: unable to validate against any pod security policy:
[spec.containers[0].securityContext.privileged: Invalid value: true: Privileged
containers are not allowed]
```

6.6.2　PodSecurityPolicy 配置详解

PodSecurityPolicy 资源对象通过许多字段来控制 Pod 运行时安全策略的方方面面。这里对这些字段及其作用按功能分组说明如下。

1. 特权模式

privileged：是否允许容器以特权模式运行。

2. 宿主机命名空间（namespace）相关

（1）hostPID：是否允许容器共享宿主机的进程 ID 命名空间（PID Namespace）。

（2）hostIPC：是否允许容器共享宿主机的 IPC 命名空间（IPC Namespace）。

（3）hostNetwork：是否允许 Pod 使用宿主机的网络命名空间（Network Namespace），使用 hostNetwork 的 Pod 将可以访问宿主机的各个网卡。

（4）hostPorts：是否允许 Pod 使用宿主机的端口号，可以通过 hostPortRange 字段设置允许使用的端口号范围，以[min, max]设置最小端口号和最大端口号。

3. 存储卷（Volume）和文件系统相关

（1）Volumes：允许 Pod 使用的存储卷 Volume 类型，设置为“*”表示允许使用任意 Volume 类型，建议至少允许 Pod 使用的 Volume 类型有 configMap、downwardAPI、emptyDir、persistentVolumeClaim（PVC）、secret 和 projected。

注意，PodSecurityPolicy 并不会对 PVC 引用的 PersistentVolume（PV）进行限制，hostPath 类型的 PV 也不支持只读访问模式，所以管理员应该仅允许授权用户创建 PV。

（2）FSGroup：设置允许访问某些 Volume 的 Group ID 范围，规则（rule 字段）可被设置为 MustRunAs、MayRunAs 或 RunAsAny。

- ◎ MustRunAs：需要设置 Group ID 的范围，例如 1～65535，要求 Pod 或 Container 的 securityContext.fsGroup 设置的值必须属于该 Group ID 的范围，如未设置，则系统将自动设置 securityContext.fsGroup 的值为 Group ID 范围的最小值。
- ◎ MayRunAs：需要设置 Group ID 的范围，例如 1～65535，要求 Pod 或 Container 的 securityContext.fsGroup 设置的值必须属于该 Group ID 的范围，如未设置，则系统将不会自动设置默认值。
- ◎ RunAsAny：不限制 Group ID 的范围，Pod 或 Container 的 securityContext.fsGroup 可被设置为任意 Group ID。

（3）AllowedHostPaths：允许 Pod 使用宿主机的 hostPath 路径名称，可以通过 pathPrefix

字段设置路径的前缀，并设置是否仅允许以只读模式挂载，示例如下：

```
apiVersion: policy/v1beta1
kind: PodSecurityPolicy
metadata:
  name: allow-hostpath-volumes
spec:
......
  volumes:
    - hostPath
  allowedHostPaths:
    - pathPrefix: "/foo"
      readOnly: true  # 仅允许只读模式挂载
```

结果为允许 Pod 访问宿主机上以“/foo”为前缀的路径，包括“/foo”“/foo/”“/foo/bar”等，但不能访问“/fool”“/etc/foo”等路径，也不允许通过“/foo/../”表达式访问/foo 的上层目录。

（4）ReadOnlyRootFilesystem：要求容器运行的根文件系统（root filesystem）必须是只读的。

4. FlexVolume 驱动相关

allowedFlexVolumes 用于对类型为 flexVolume 的存储卷设置允许使用的驱动类型，空值表示没有限制。在下例中设置了允许使用 lvm 和 cifs 驱动：

```
apiVersion: policy/v1beta1
kind: PodSecurityPolicy
metadata:
  name: allow-flex-volumes
spec:
......
  volumes:
    - flexVolume
  allowedFlexVolumes:
    - driver: example/lvm
    - driver: example/cifs
```

5. 用户和组相关配置

（1）RunAsUser：设置运行容器的用户 ID（User ID）范围，规则字段（rule）的值可被设置为 MustRunAs、MustRunAsNonRoot 或 RunAsAny。

◎ MustRunAs：需要设置 User ID 的范围，要求 Pod 或 Container 的 securityContext.runAsUser 设置的值必须属于该 User ID 的范围，如未设置，则系统将自动设置 securityContext.runAsUser 的值为 User ID 范围的最小值。

◎ MustRunAsNonRoot：必须以非 root 用户运行容器，要求在 Pod 或 Container 的 securityContext.runAsUser 中设置一个非 0 的用户 ID，或在镜像的 USER 字段设置了用户 ID。如果 Pod 既未设置 runAsNonRoot，也未设置 runAsUser，则系统将自动设置 runAsNonRoot=true，默认要求在镜像中必须设置非 0 的 USER。在该策略生效时，建议同时设置 allowPrivilegeEscalation=false，以免不必要的权限提升行为。

◎ RunAsAny：不限制 User ID 的范围，Pod 或 Container 的 securityContext.runAsUser 可被设置为任意 User ID。

（2）RunAsGroup：设置运行容器的用户组 Group ID 范围，可以将规则字段（rule）的值设置为 MustRunAs、MustRunAsNonRoot 或 RunAsAny。

◎ MustRunAs：需要设置 Group ID 的范围，要求 Pod 或 Container 的 securityContext.runAsGroup 设置的值必须属于该 Group ID 的范围，如未设置，则系统将自动设置 securityContext.runAsGroup 的值为 Group ID 范围内的最小值。

◎ MayRunAs：不强制要求 Pod 或 Container 设置 securityContext.runAsGroup，如果设置了 Group ID 的范围，则仍然要求 Pod 或 Container 的 securityContext.runAsGroup 设置的值必须属于该 Group ID 的范围，如未设置，则系统将不会自动设置默认值。

◎ RunAsAny：不限制 Group ID 的范围，Pod 或 Container 的 securityContext.runAsGroup 可被设置为任意 Group ID。

（3）SupplementalGroups：设置运行容器的用户允许属于的额外 Group ID 范围，规则字段（rule）的值可被设置为 MustRunAs、MayRunAs 或 RunAsAny。

◎ MustRunAs：需要设置 Supplemental Group ID 的范围，要求 Pod 或 Container 的 securityContext. supplementalGroups 设置的值必须属于该 Supplemental Group ID 的范围，如未设置，则系统将自动设置 securityContext.supplementalGroups 的值为 Supplemental Group ID 范围内的最小值。

◎ MayRunAs：不强制要求 Pod 或 Container 设置 securityContext.supplementalGroups，

即使设置了 Supplemental Group ID 的范围，也仍然要求 Pod 或 Container 的 securityContext.supplementalGroups 设置的值必须属于该 Supplemental Group ID 的范围，如未设置，则系统将不会自动设置默认值。

◎ RunAsAny：不限制 Supplemental Group ID 的范围，Pod 或 Container 的 securityContext.supplementalGroups 可被设置为任意 Supplemental Group ID。

6. 提升权限（Privilege Escalation）相关配置

提升权限字段用于控制是否允许容器内的进程提升权限。提升权限配置直接影响对容器进程的“no_new_privs”标志位的设置，如果设置了该标志位，则将阻止通过 setuid 程序修改进程 User ID 的行为，并阻止文件启用额外的功能（例如阻止运行 ping 命令）。通常在设置了以非 root 用户运行（MustRunAsNonRoot）时设置是否允许提升权限。

（1）AllowPrivilegeEscalation：该字段用于表示是否允许容器 securityContext 设置 allowPrivilegeEscalation 为 true，默认值为 true。当该字段被设置为 false 时，容器内的子进程将无法提升权限。

（2）DefaultAllowPrivilegeEscalation：设置 AllowPrivilegeEscalation 字段的默认值，在无默认值设置的情况下，系统将允许提升权限。当该字段被设置为 disallow 时，仍可以通过设置 AllowPrivilegeEscalation 来指定是否允许提升权限。

7. Linux 能力相关配置

Linux 能力（Capabilities）提供了与传统超级用户关联权限的细粒度管理机制。下面是 Linux 能力字段可以设置的内容，以不带“CAP_”的名称进行表示，可以设置多个能力。

（1）AllowedCapabilities：设置容器可以使用的 Linux 能力列表，设置为“*”表示允许使用 Linux 的所有能力（如 NET_ADMIN、SYS_TIME 等）。

（2）RequiredDropCapabilities：设置必须从容器中删除的 Linux 能力列表。这些能力将从默认列表中删除，并且不得再进行添加。通过该字段设置的需删除的能力列表不能被设置在 AllowedCapabilities 和 DefaultAddCapabilities 字段中。

（3）DefaultAddCapabilities：设置默认为容器添加的 Linux 能力列表，例如 SYS_TIME 等。Docker 会为容器提供一组默认的允许使用的能力列表，包括 SETPCAP、MKNOD、AUDIT_WRITE、CHOWN 等。

8. SELinux 相关配置

通过 seLinux 字段设置 SELinux 参数，规则字段（rule）的值可被设置为 MustRunAs 或 RunAsAny。

◎ MustRunAs：要求 Pod 或 Container 设置 securityContext.seLinuxOptions，系统将对 Pod 或 Container 的 securityContext.seLinuxOptions 值进行校验。

◎ RunAsAny：不校验 Pod 或 Container 的 securityContext.seLinuxOptions 的设置。

9. 其他 Linux 安全相关配置

（1）AllowedProcMountTypes：设置允许的 ProcMountTypes 类型列表，可以设置 allowedProcMountTypes 或 DefaultProcMount。

（2）AppArmor：设置对容器可执行程序的访问控制权限。

（3）Seccomp：设置允许容器使用的系统调用（System Calls）的 profile，可以通过设置 PodSecurityPolicy 的 Annotation 进行控制，在 Kubernetes 中目前是 Alpha 阶段。可以设置的 Annotation 如下。

◎ seccomp.security.alpha.kubernetes.io/defaultProfileName：设置作用于容器的默认 Seccomp Profile 名称，可以设置的值包括 unconfined（不使用 Seccomp）、runtime/default（使用默认的容器运行时 Profile）、docker/default（使用 Docker 默认的 Seccomp Profile，从 Kubernetes 1.11 版本开始弃用，改用 runtime/default）、localhost/<path>（使用 Node 的<seccomp_root>/<path>目录下的 Profile 文件）、<seccomp_root>由 kubelet 启动参数--seccomp-profile-root 进行指定）。

◎ seccomp.security.alpha.kubernetes.io/allowedProfileNames：设置允许的 Pod Seccomp Profile 名称，多个值以逗号分隔，设置为“*”表示允许所有 Profile。

（4）Sysctl：设置允许调整的内核参数，默认情况下全部安全的 sysctl 都被允许。可以设置的字段如下。

◎ forbiddenSysctls：禁止的 sysctl 列表，设置为“*”表示禁止全部 sysctl。

◎ allowedUnsafeSysctls：设置允许的不安全 sysctl 列表（默认禁用），不应该在 forbiddenSysctls 中设置。

例如下面设置了允许的不安全的以“kernel.msg”开头的内核参数，并且禁止 kernel.shm_rmid_forced：

```
apiVersion: policy/v1beta1
kind: PodSecurityPolicy
metadata:
  name: sysctl-psp
spec:
  allowedUnsafeSysctls:
  - kernel.msg*
  forbiddenSysctls:
  - kernel.shm_rmid_forced
 ......
```

6.6.3　PodSecurityPolicy 策略示例

下面是几种常用的 PodSecurityPolicy 安全策略配置示例。

（1）特权策略：

```
apiVersion: policy/v1beta1
kind: PodSecurityPolicy
metadata:
  name: privileged
  annotations:
    seccomp.security.alpha.kubernetes.io/allowedProfileNames: '*'
spec:
  privileged: true
  allowPrivilegeEscalation: true
  allowedCapabilities:
  - '*'
  volumes:
  - '*'
  hostNetwork: true
  hostPorts:
  - min: 0
    max: 65535
  hostIPC: true
  hostPID: true
  runAsUser:
    rule: 'RunAsAny'
  seLinux:
    rule: 'RunAsAny'
  supplementalGroups:
```

```
      rule: 'RunAsAny'
    fsGroup:
      rule: 'RunAsAny'
```

在这种 Pod 安全策略下，系统将允许创建任意安全设置的 Pod，几乎等于没有开启 PodSecurityPolicy。

（2）受限策略：

```
apiVersion: policy/v1beta1
kind: PodSecurityPolicy
metadata:
  name: restricted
  annotations:
    seccomp.security.alpha.kubernetes.io/allowedProfileNames:
'docker/default'
    apparmor.security.beta.kubernetes.io/allowedProfileNames:
'runtime/default'
    seccomp.security.alpha.kubernetes.io/defaultProfileName:
'docker/default'
    apparmor.security.beta.kubernetes.io/defaultProfileName:
'runtime/default'
spec:
  privileged: false
  allowPrivilegeEscalation: false
  requiredDropCapabilities:
    - ALL
  volumes:
    - 'configMap'
    - 'emptyDir'
    - 'projected'
    - 'secret'
    - 'downwardAPI'
    - 'persistentVolumeClaim'
  hostNetwork: false
  hostIPC: false
  hostPID: false
  runAsUser:
    rule: 'MustRunAsNonRoot'
  seLinux:
    rule: 'RunAsAny'
  supplementalGroups:
```

```
      rule: 'MustRunAs'
      ranges:
        - min: 1
          max: 65535
    fsGroup:
      rule: 'MustRunAs'
      ranges:
        - min: 1
          max: 65535
    readOnlyRootFilesystem: false
```

经过这个 PodSecurityPolicy 的限制，系统将要求：Pod 或容器的运行用户必须为非特权用户；禁止容器内进程提升权限；不允许使用宿主机网络、hostPort 等资源；限制可以使用的 Volume 类型，等等。

（3）基线（baseline）策略：

```
  apiVersion: policy/v1beta1
  kind: PodSecurityPolicy
  metadata:
    name: baseline
    annotations:
      apparmor.security.beta.kubernetes.io/allowedProfileNames:
'runtime/default'
      apparmor.security.beta.kubernetes.io/defaultProfileName:
'runtime/default'
      seccomp.security.alpha.kubernetes.io/allowedProfileNames:
'docker/default,runtime/default,unconfined'
      seccomp.security.alpha.kubernetes.io/defaultProfileName:  'unconfined'
  spec:
    privileged: false
    allowedCapabilities:
      - 'CHOWN'
      - 'DAC_OVERRIDE'
      - 'FSETID'
      - 'FOWNER'
      - 'MKNOD'
      - 'NET_RAW'
      - 'SETGID'
      - 'SETUID'
      - 'SETFCAP'
      - 'SETPCAP'
```

```
    - 'NET_BIND_SERVICE'
    - 'SYS_CHROOT'
    - 'KILL'
    - 'AUDIT_WRITE'
  volumes:
    - 'configMap'
    - 'emptyDir'
    - 'projected'
    - 'secret'
    - 'downwardAPI'
    - 'persistentVolumeClaim'
    - 'awsElasticBlockStore'
    - 'azureDisk'
    - 'azureFile'
    - 'cephFS'
    - 'cinder'
    - 'csi'
    - 'fc'
    - 'flexVolume'
    - 'flocker'
    - 'gcePersistentDisk'
    - 'gitRepo'
    - 'glusterfs'
    - 'iscsi'
    - 'nfs'
    - 'photonPersistentDisk'
    - 'portworxVolume'
    - 'quobyte'
    - 'rbd'
    - 'scaleIO'
    - 'storageos'
    - 'vsphereVolume'
  hostNetwork: false
  hostIPC: false
  hostPID: false
  readOnlyRootFilesystem: false
  runAsUser:
    rule: 'RunAsAny'
  seLinux:
    rule: 'RunAsAny'
  supplementalGroups:
```

```
    rule: 'RunAsAny'
  fsGroup:
    rule: 'RunAsAny'
```

该 PodSecurityPolicy 设置了容器常用的 Linux 能力、允许使用的 Volume 类型等，可作为基线（baseline）配置。

6.6.4 PodSecurityPolicy 的 RBAC 授权

Kubernetes 建议使用 RBAC 授权机制来设置针对 Pod 安全策略 PodSecurityPolicy 的授权，实现方式是通过创建 Role（或 ClusterRole）和 RoleBinding（或 ClusterRoleBinding）对使用 PodSecurityPolicy 进行授权。

下面是一个 ClusterRole 示例，授权的目标资源对象为"podsecuritypolicies"，动词为"use"，并通过 resourceNames 设置允许使用的 PodSecurityPolicy 列表：

```
apiVersion: rbac.authorization.k8s.io/v1
kind: ClusterRole
metadata:
  name: <role name>
rules:
- apiGroups: ['policy']
  resources: ['podsecuritypolicies']
  verbs:     ['use']
  resourceNames:
  - <list of policies to authorize>  #允许使用的 PodSecurityPolicy 列表
```

然后创建一个 ClusterRoleBinding 将 ServiceAccount 或用户和 ClusterRole 绑定：

```
apiVersion: rbac.authorization.k8s.io/v1
kind: ClusterRoleBinding
metadata:
  name: <binding name>
roleRef:
  kind: ClusterRole
  name: <role name>  # 之前创建的 ClusterRole 名称
  apiGroup: rbac.authorization.k8s.io
subjects:
# 对某个 Namespace 中的 ServiceAccount 进行授权
- kind: ServiceAccount
  name: <authorized service account name>  # ServiceAccount 的名称
```

```
  namespace: <authorized pod namespace>   # Namespace 名称
# 对用户进行授权（不推荐）
- kind: User
  apiGroup: rbac.authorization.k8s.io
  name: <authorized user name>  # 用户名
```

也可以创建 RoleBinding 对相同命名空间中的 Pod 进行授权，通常可以对组（Group）进行设置，例如：

```
apiVersion: rbac.authorization.k8s.io/v1
kind: RoleBinding
metadata:
  name: <binding name>
  namespace: <binding namespace>  # 该 RoleBinding 所在的 Namespace 名称
roleRef:
  kind: Role
  name: <role name>
  apiGroup: rbac.authorization.k8s.io
subjects:
# 授权该命名空间中的全部 ServiceAccount
- kind: Group
  apiGroup: rbac.authorization.k8s.io
  name: system:serviceaccounts
# 授权该命名空间中的全部用户
- kind: Group
  apiGroup: rbac.authorization.k8s.io
  name: system:authenticated
```

下面通过一个完整的示例对如何通过设置 RBAC 权限管理 ServiceAccount 使用 PodSecurityPolicy 策略进行说明。前提条件是 Kubernetes 集群开启 PodSecurityPolicy Admission Controller 和 RBAC 授权模式，并且 kubectl 使用具有集群管理员角色的 kubeconfig 进行操作。

下面的示例都将在名为“psp-example”的命名空间中进行操作：

```
# kubectl create namespace psp-example
namespace/psp-example created
```

在命名空间 psp-example 中创建一个 ServiceAccount “fake-user”：

```
# kubectl create serviceaccount -n psp-example fake-user
serviceaccount/fake-user created
```

为 ServiceAccount “fake-user” 授权 ClusterRole “edit”，使其有权限创建 Pod（注意，这是命名空间范围的 edit 权限，无集群管理员权限）：

```
# kubectl create rolebinding -n psp-example fake-editor --clusterrole=edit
--serviceaccount=psp-example:fake-user
rolebinding.rbac.authorization.k8s.io/fake-editor created
```

接下来创建一个有一定限制（禁止特权模式）的 PodSecurityPolicy 策略：

```
# psp-restricted.yaml
apiVersion: policy/v1beta1
kind: PodSecurityPolicy
metadata:
  name: restricted
spec:
  privileged: false  # 禁止以特权模式运行
  seLinux:
    rule: RunAsAny
  supplementalGroups:
    rule: RunAsAny
  runAsUser:
    rule: RunAsAny
  fsGroup:
    rule: RunAsAny
  volumes:
  - '*'
```

通过 kubectl create 命令创建这个 PodSecurityPolicy 策略：

```
# kubectl create -f psp-restricted.yaml
podsecuritypolicy.policy/restricted created
```

然后尝试用 ServiceAccount “fake-user” 身份创建一个 Pod，可以在 kubectl 命令中使用--as 参数设置使用的身份，例如：

```
kubectl --as=system:serviceaccount:psp-example:fake-user
```

Pod 的 YAML 配置如下：

```
# pod.yaml
apiVersion: v1
kind: Pod
metadata:
  name: nginx
```

```
spec:
  containers:
  - name: nginx
    image: nginx
```

使用 kubectl create 命令创建这个 Pod 时，系统将提示“无法验证 pod security policy”的错误信息，创建 Pod 失败：

```
# kubectl --as=system:serviceaccount:psp-example:fake-user -n psp-example create -f pod.yaml
Error from server (Forbidden): error when creating "pod.yaml": pods "nginx" is forbidden: unable to validate against any pod security policy: []
```

这是因为系统还没有对 ServiceAccount“fake-user”授权使用 PodSecurityPolicy，可以使用 kubectl auth can-i use 命令进行验证，结果为 no 说明没有权限：

```
# kubectl auth can-i use podsecuritypolicy/restricted
--as=system:serviceaccount:psp-example:fake-user -n psp-example
Warning: resource 'podsecuritypolicies' is not namespace scoped in group 'policy'
no
```

接下来通过一个 Role 和 RoleBinding 进行授权，psp-restricted-rbac.yaml 配置文件的内容如下：

```
# psp-restricted-rbac.yaml
---
kind: Role
apiVersion: rbac.authorization.k8s.io/v1
metadata:
  name: psp:unprivileged
  namespace: psp-example
rules:
- apiGroups:
  - policy
  resources:
  - podsecuritypolicies
  resourceNames:
  - restricted    # PodSecurityPolicy 名称
  verbs:
  - use

---
kind: RoleBinding
```

```
apiVersion: rbac.authorization.k8s.io/v1
metadata:
  name: fake-user:psp:unprivileged
  namespace: psp-example
roleRef:
  apiGroup: rbac.authorization.k8s.io
  kind: Role
  name: psp:unprivileged
subjects:
- kind: ServiceAccount
  name: fake-user
  namespace: psp-example
```

在 Role 的定义中，设置的是对 PodSecurityPolicy “restricted” 的 use 操作。

在 RoleBinding 的定义中，将 ServiceAccount “fake-user” 与 Role 进行绑定，完成对其允许使用 PodSecurityPolicy 的授权。

使用 kubectl create 命令创建：

```
# kubectl create -f psp-restricted-rbac.yaml
role.rbac.authorization.k8s.io/psp:unprivileged created
rolebinding.rbac.authorization.k8s.io/fake-user:psp:unprivileged created
```

再次使用 kubectl auth can-i use 命令进行验证，结果为 yes，说明授权成功：

```
# kubectl auth can-i use podsecuritypolicy/restricted
--as=system:serviceaccount:psp-example:fake-user -n psp-example
Warning: resource 'podsecuritypolicies' is not namespace scoped in group 'policy'
yes
```

再次创建 Pod 即可成功：

```
# kubectl --as=system:serviceaccount:psp-example:fake-user -n psp-example
create -f pod.yaml
pod/nginx created
```

查看 Pod 的 YAML 配置，可以看到系统为其在 Annotation 中设置使用的 PodSecurityPolicy 为 “restricted”：

```
# kubectl --as=system:serviceaccount:psp-example:fake-user -n psp-example get
pod nginx -o yaml
apiVersion: v1
kind: Pod
```

```
metadata:
  annotations:
    kubernetes.io/psp: restricted
......
```

虽然 RBAC 授权是成功的，但是由于 PodSecurityPolicy 设置了禁止特权模式，所以尝试创建使用特权模式的容器仍会被系统禁止：

```
apiVersion: v1
kind: Pod
metadata:
  name: nginx
spec:
  containers:
  - name: nginx
    image: nginx
    securityContext:
      privileged: true
```

创建 Pod 时，系统将提示“禁止特权模式”的报错信息：

```
# kubectl create -f pod-priv.yaml
Error from server (Forbidden): error when creating "pod-priv.yaml": pods "nginx"
is forbidden: unable to validate against any pod security policy:
[spec.containers[0].securityContext.privileged: Invalid value: true: Privileged
containers are not allowed]
```

通过上面的示例，我们可以了解 Kubernetes 是如何通过 RBAC 对 PodSecurityPolicy 的使用进行权限管理的。

6.6.5 Pod 安全设置（Security Context）详解

Kubernetes 可以为 Pod 设置应用程序运行所需的权限或者访问控制等安全设置，涉及多种 Linux Kernel 安全相关的系统参数，这些安全设置被称为 Security Context，在 Pod 或 Container 级别通过 securityContext 字段进行设置（如果在 Pod 和 Container 级别都设置了相同的安全字段，则容器将使用 Container 级别的设置）。

管理员设置的集群范围的 PodSecurityPolicy 策略会对 Pod 的 Security Context 安全设置进行校验，对于不满足 PodSecurityPolicy 策略的 Pod，系统将禁止创建。

Pod 的 Security Context 安全策略包括但不限于以下内容（将来可能会扩展）。

◎ 访问控制相关：基于 User ID 和 Group ID 进行控制，例如 runAsUser、runAsGroup、runAsNonRoot、Supplementary Group 等。
◎ seLinuxOptions：SELinux 相关设置。
◎ 特权模式（privileged）：是否以特权模式运行。
◎ Linux 能力（capabilities）相关：设置应用程序允许使用的 Linux 能力。
◎ AppArmor：设置对应用程序访问进行权限控制的 profile。
◎ Seccomp：设置允许容器使用的系统调用（System Calls）的 profile。
◎ allowPrivilegeEscalation：是否允许提升权限。
◎ readOnlyRootFilesystem：根文件系统是否为只读属性。

下面通过几个例子对 Pod 的 Security Context 安全设置进行说明。

1. Pod 级别的 Security Context 安全设置，作用于该 Pod 内的全部容器

YAML 文件的示例如下：

```
# security-context-demo-1.yaml
apiVersion: v1
kind: Pod
metadata:
  name: security-context-demo-1
spec:
  securityContext:
    runAsUser: 1000
    runAsGroup: 3000
    fsGroup: 2000
  volumes:
  - name: sec-ctx-vol
    emptyDir: {}
  containers:
  - name: sec-ctx-demo
    image: busybox
    command: [ "sh", "-c", "sleep 1h" ]
    volumeMounts:
    - name: sec-ctx-vol
      mountPath: /data/demo
    securityContext:
      allowPrivilegeEscalation: false
```

在 spec.securityContext 中设置了如下参数。

◎ runAsUser=1000：所有容器都将以 User ID 1000 运行程序，所有新生成文件的 User ID 也被设置为 1000。

◎ runAsGroup=3000：所有容器都将以 Group ID 3000 运行程序，所有新生成文件的 Group ID 也被设置为 3000。

◎ fsGroup=2000：挂载的卷“/data/demo”及其中创建的文件都将属于 Group ID 2000。

使用 kubectl create 命令创建 Pod：

```
# kubectl create -f security-context-demo-1.yaml
pod/security-context-demo-1 created
```

进入容器环境，查看到运行进程的用户 ID 为 1000：

```
# kubectl exec -ti security-context-demo-1 -- sh
/ $
/ $ ps
PID   USER     TIME  COMMAND
    1 1000      0:00 sleep 1h
    6 1000      0:00 sh
   11 1000      0:00 ps
```

查看 Volume 挂载到容器内的/data/demo 目录权限，其 Group ID 为 2000（fsGroup 字段设置）：

```
/ $ ls -l /data
total 0
drwxrwsrwx    2 root     2000           6 Jul 10 03:58 demo
```

在该目录下创建一个新文件，可见文件 owner 的 User ID 为 1000（runAsUser 字段设置），Group ID 为 2000（fsGroup 字段设置）：

```
/ $ cd /data/demo
/data/demo $ touch hello
/data/demo $ ls -l
total 0
-rw-r--r--    1 1000     2000           0 Jul 10 04:15 hello
```

查看用户 ID 信息，可见其 Group ID 为 3000（runAsGroup 字段设置）：

```
/ $ id
uid=1000 gid=3000 groups=2000
```

如果未设置 runAsGroup 字段，则 gid 将被系统设置为 0，即 root 组，这表示通过 User ID 1000 运行的进程可与同组（god=0）的其他进程通信。

2. Pod 的 Volume 权限修改策略

如果 Pod 设置了 securityContext.fsGroup，则在 kubelet 进行挂载 Volume 到容器内的操作时，系统会对挂载目录及其子目录和全部文件检查权限并设置 Group ID，这对于子目录和文件数量非常多的 Volume 来说非常耗时，会导致 Pod 启动很长时间。为了减少修改目录和文件权限的时间，Kubernetes 从 1.18 版本开始引入 fsGroupChangePolicy 机制，用于管理是否需要对 Volume 的用户权限进行校验，以加快 Pod 的启动速度，目前该特性为 Alpha 阶段。

该特性通过 securityContext.fsGroupChangePolicy 字段进行设置，可以设置的值如下。

◎ OnRootMismatch：当根目录的权限（Permission 和 Ownership）与预期权限不同时，仅修改根目录的权限，这将有助于减少修改所有子目录和文件权限的时间。

◎ Always：始终进行修改。

如需启用该特性，则需要在 kube-apiserver、kube-controller-manager 和 kubelet 的启动参数中开启--feature-gates="ConfigurableFSGroupPolicy=true"。配置示例如下：

```
apiVersion: v1
kind: Pod
metadata:
  name: demo
spec:
  securityContext:
    runAsUser: 1000
    runAsGroup: 3000
    fsGroup: 2000
    fsGroupChangePolicy: "OnRootMismatch"
  containers:
  - name: demo
......
```

注意，该特性对 Secret、ConfigMap、emptyDir 这几种类型的 Volume 不起作用。

3. Container 级别的安全设置，作用于特定的容器

如果在 Pod 级别也设置了相同的 securityContext，则容器将使用 Container 级别的设置，本例中在 Pod 和 Container 级别都设置了 runAsUser：

```
# security-context-demo-2.yaml
```

```
apiVersion: v1
kind: Pod
metadata:
  name: security-context-demo-2
spec:
  securityContext:
    runAsUser: 1000
  containers:
  - name: sec-ctx-demo-2
    image: busybox
    command: [ "sh", "-c", "sleep 1h" ]
    securityContext:
      runAsUser: 2000
      allowPrivilegeEscalation: false
```

使用 kubectl create 命令创建 Pod：

```
# kubectl create -f security-context-demo-2.yaml
pod/security-context-demo-2 created
```

进入容器环境，查看到运行进程的用户 ID 为 2000：

```
# kubectl exec -ti security-context-demo-2 -- sh
/ $
/ $ ps
PID   USER     TIME  COMMAND
    1 2000      0:00 sleep 1h
    6 2000      0:00 sh
   11 2000      0:00 ps
```

4. 为 Container 设置可用的 Linux 能力（Capabilities）

本例为容器设置允许使用的 Linux 能力包括 NET_ADMIN 和 SYS_TIME。

我们先看一个没有添加这些能力的容器环境的默认能力设置：

```
# security-context-demo-3.yaml
apiVersion: v1
kind: Pod
metadata:
  name: security-context-demo-3
spec:
  containers:
```

```
  - name: sec-ctx-3
    image: busybox
    command: [ "sh", "-c", "sleep 1h" ]
```

使用 kubectl create 命令创建 Pod：

```
# kubectl create -f security-context-demo-3.yaml
pod/security-context-demo-3 created
```

进入容器环境，查看 1 号进程的 Capabilities 信息：

```
# kubectl exec -ti security-context-demo-3 -- sh
/ # cd /proc/1
/proc/1 # cat status
Name:   sleep
Umask:  0022
State:  S (sleeping)
Tgid:   1
Ngid:   0
Pid:    1
PPid:   0
TracerPid:      0
Uid:    0       0       0       0
Gid:    0       0       0       0
FDSize: 64
Groups: 10
NStgid: 1
NSpid:  1
NSpgid: 1
NSsid:  1
VmPeak:     1296 kB
VmSize:     1296 kB
VmLck:         0 kB
VmPin:         0 kB
VmHWM:         4 kB
VmRSS:         4 kB
RssAnon:               4 kB
RssFile:               0 kB
RssShmem:              0 kB
VmData:       36 kB
VmStk:       132 kB
VmExe:       888 kB
VmLib:         4 kB
```

```
VmPTE:        28 kB
VmSwap:        0 kB
HugetlbPages:         0 kB
CoreDumping:    0
Threads:        1
SigQ:   2/7086
SigPnd: 0000000000000000
ShdPnd: 0000000000000000
SigBlk: 0000000000000000
SigIgn: 0000000000000004
SigCgt: 0000000000000000
CapInh: 00000000a80425fb
CapPrm: 00000000a80425fb
CapEff: 00000000a80425fb
CapBnd: 00000000a80425fb
CapAmb: 0000000000000000
NoNewPrivs:     0
Seccomp:        0
Speculation_Store_Bypass:      thread vulnerable
Cpus_allowed:   00000000,00000000,00000000,0000000f
Cpus_allowed_list:      0-3
Mems_allowed:
00000000,00000000,00000000,00000000,00000000,00000000,00000000,00000000,00000000
,00000000,00000000,00000000,00000000,00000000,00000000,00000000,00000000,0000000
0,00000000,00000000,00000000,00000000,00000000,00000000,00000000,00000000,000000
00,00000000,00000000,00000000,00000000,00000001
Mems_allowed_list:      0
voluntary_ctxt_switches:       46
nonvoluntary_ctxt_switches:    7
```

Linux 能力相关参数的命名以 Cap 开头，例如 CapInh、CapPrm、CapEff 等。

接下来为容器设置允许使用的 Linux 能力增加两个：CAP_NET_ADMIN 和 CAP_SYS_TIME，通过 securityContext.capabilities 字段进行设置，YAML 文件的内容如下：

```
# security-context-demo-4.yaml
apiVersion: v1
kind: Pod
metadata:
  name: security-context-demo-4
spec:
```

```
  containers:
  - name: sec-ctx-4
    image: busybox
    command: [ "sh", "-c", "sleep 1h" ]
    securityContext:
      capabilities:
        add: ["NET_ADMIN", "SYS_TIME"]
```

使用 kubectl create 命令创建 Pod：

```
# kubectl create -f security-context-demo-4.yaml
pod/security-context-demo-4 created
```

进入容器环境，查看 1 号进程的 Capabilities 信息：

```
# kubectl exec -ti security-context-demo-4 -- sh
/ # cd /proc/1
/proc/1 # cat status
Name:   sleep
......
CapInh: 00000000aa0435fb
CapPrm: 00000000aa0435fb
CapEff: 00000000aa0435fb
CapBnd: 00000000aa0435fb
......
```

对比没有设置这两个能力的配置：CapPrm: 00000000a80425fb，可以看到系统在 Linux Capabilities 的第 12 位添加了 CAP_NET_ADMIN，在第 25 位添加了 CAP_SYS_TIME 这两个 Linux 能力。对比如下：

```
                                            25          12          0
添加前：CapPrm: 00000000a80425fb: 10101000000000100001001011111111011
添加后：CapBnd: 00000000aa0435fb: 10101010000000100001101011111111011
```

需要注意的是，Linux Capabilities 的命名都以 CAP_开头，但是在 Kubernetes 的 securityContext.capabilities 中设置时需要删除 CAP_前缀，例如上例中设置的值为 NET_ADMIN 和 SYS_TIME，对应 Linux 中的 CAP_NET_ADMIN 和 CAP_SYS_TIME。

5. 为 Pod 或 Container 设置 SELinux 标签

Security Context 还可以通过 seLinuxOptions 字段为 Pod 或 Container 设置 SELinux 标签 level="s0:c123,c456"，例如：

```
......
securityContext:
  seLinuxOptions:
    level: "s0:c123,c456"
```

securityContext.seLinuxOptions 可以设置的 SELinux 标签包括：level、role、type、user。

注意，要使 seLinuxOptions 设置的 SELinux 标签生效，需要宿主机 Linux 操作系统开启 SELinux 安全功能。

通过为 Pod 或容器进行应用程序运行所需的权限或者访问控制等安全设置，管理员就能够对容器应用进程的安全管理进行更加精细的控制，同时配合集群范围的 PodSecurityPolicy 策略设置，使整个 Kubernetes 集群中的服务运行更加安全。

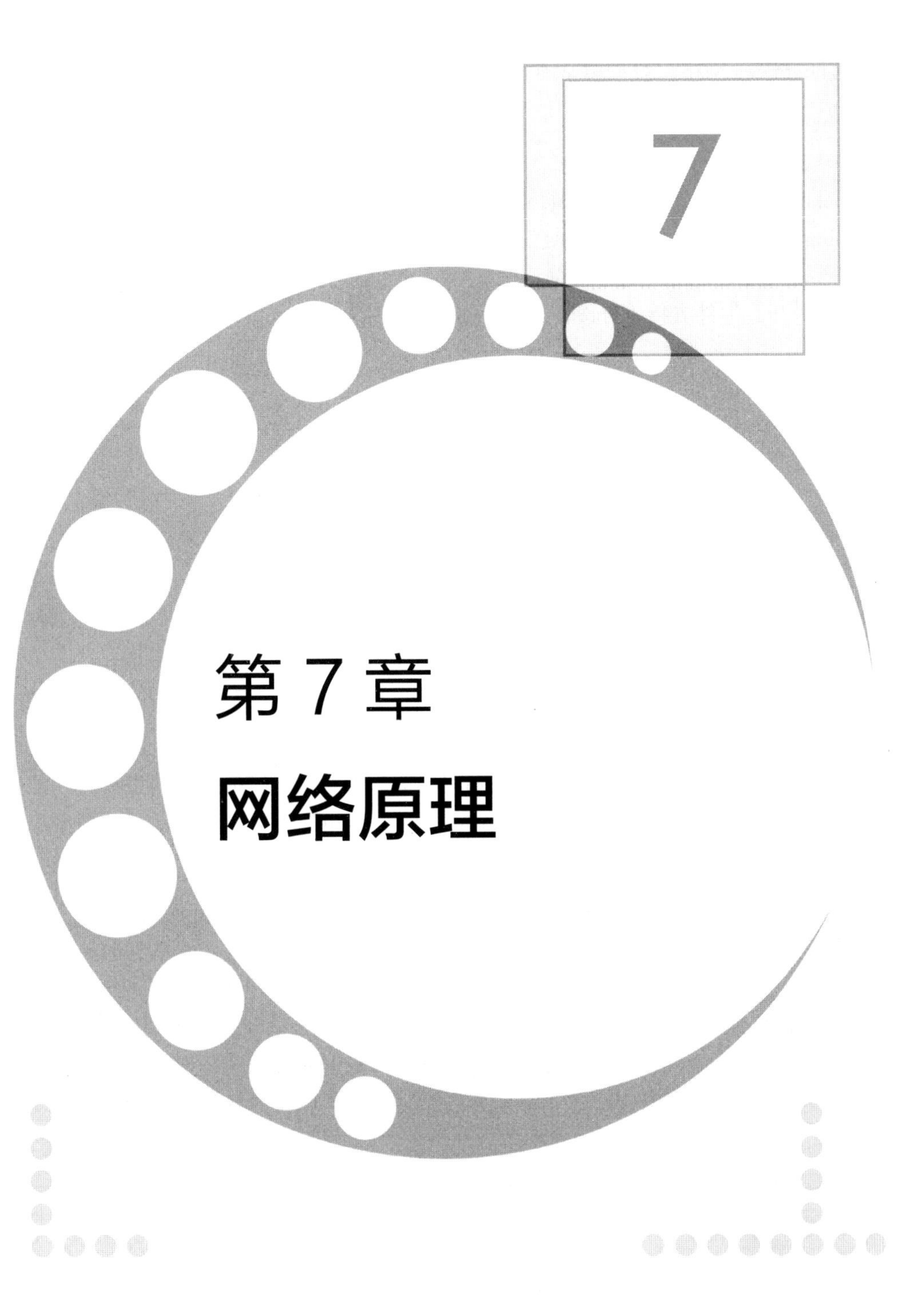

第 7 章

网络原理

关于 Kubernetes 网络，我们通常有如下问题需要回答。

◎ Kubernetes 的网络模型是什么？
◎ Docker 背后的网络基础是什么？
◎ Docker 自身的网络模型和局限是什么？
◎ Kubernetes 的网络组件之间是怎么通信的？
◎ 外部如何访问 Kubernetes 集群？
◎ 有哪些开源组件支持 Kubernetes 的网络模型？

本章分别回答这些问题，并通过一个具体的实验将这些相关的知识点串联成一个整体。

7.1 Kubernetes 网络模型

Kubernetes 网络模型设计的一个基础原则是：每个 Pod 都拥有一个独立的 IP 地址，并假定所有 Pod 都在一个可以直接连通的、扁平的网络空间中。所以不管它们是否运行在同一个 Node（宿主机）中，都要求它们可以直接通过对方的 IP 进行访问。设计这个原则的原因是，用户不需要额外考虑如何建立 Pod 之间的连接，也不需要考虑如何将容器端口映射到主机端口等问题。

实际上，在 Kubernetes 世界里，IP 是以 Pod 为单位进行分配的。一个 Pod 内部的所有容器共享一个网络堆栈（相当于一个网络命名空间，它们的 IP 地址、网络设备、配置等都是共享的）。按照这个网络原则抽象出来的为每个 Pod 都设置一个 IP 地址的模型也被称作 IP-per-Pod 模型。

由于 Kubernetes 的网络模型假设 Pod 之间访问时使用的是对方 Pod 的实际地址，所以一个 Pod 内部的应用程序看到的自己的 IP 地址和端口与集群内其他 Pod 看到的一样。它们都是 Pod 实际分配的 IP 地址。将 IP 地址和端口在 Pod 内部和外部都保持一致，也就不需要使用 NAT 进行地址转换了。Kubernetes 的网络之所以这么设计，主要原因就是可以兼容过去的应用。当然，我们使用 Linux 命令 ip addr show 也能看到这些地址，与程序看到的没有什么区别。所以这种 IP-per-Pod 的方案很好地利用了现有的各种域名解析和发现机制。

为每个 Pod 都设置一个 IP 地址的模型还有另外一层含义，那就是同一个 Pod 内的不同容器会共享同一个网络命名空间，也就是同一个 Linux 网络协议栈。这就意味着同一个 Pod 内的容器可以通过 localhost 连接对方的端口。这种关系和同一个 VM 内的进程之间的关系是一样的，看起来 Pod 内容器之间的隔离性减小了，而且 Pod 内不同容器之间的端口是共享的，就没有所谓的私有端口的概念了。如果你的应用必须使用一些特定的端口范围，那么你也可以为这些应用单独创建一些 Pod。反之，对那些没有特殊需要的应用，由于 Pod 内的容器是共享部分资源的，所以可以通过共享资源相互通信，这显然更加容易和高效。针对这些应用，虽然损失了可接受范围内的部分隔离性，却也是值得的。

IP-per-Pod 模式和 Docker 原生的通过动态端口映射方式实现的多节点访问模式有什么区别呢？主要区别是后者的动态端口映射会引入端口管理的复杂性，而且访问者看到的 IP 地址和端口与服务提供者实际绑定的不同（因为 NAT 的缘故，它们都被映射成新的地址或端口），这也会引起应用配置的复杂化。同时，标准的 DNS 等名字解析服务也不适用了，甚至服务注册和发现机制都将迎来挑战，因为在端口映射情况下，服务自身很难知道自己对外暴露的真实服务 IP 和端口，外部应用也无法通过服务所在容器的私有 IP 地址和端口来访问服务。

总的来说，IP-per-Pod 模型是一个简单的兼容性较好的模型。从该模型的网络的端口分配、域名解析、服务发现、负载均衡、应用配置和迁移等角度来看，Pod 都能够被看作一台独立的虚拟机或物理机。

按照这个网络抽象原则，Kubernetes 对网络有什么前提和要求呢？

Kubernetes 对集群网络有如下基本要求。

（1）所有 Pod 都可以在不用 NAT 的方式下同别的 Pod 通信。

（2）在所有节点上运行的代理程序（例如 kubelet 或操作系统守护进程）都可以在不用 NAT 的方式下同所有 Pod 通信，反之亦然。

（3）以 hostnetwork 模式运行的 Pod 都可以在不用 NAT 的方式下同别的 Pod 通信。

这些基本要求意味着并不是两台机器都运行 Docker，Kubernetes 就可以工作了。具体的集群网络实现必须满足上述要求，原生的 Docker 网络目前还不能很好地满足这些要求。

实际上，这些对网络模型的要求并没有降低整个网络系统的复杂度。如果你的程序原来在 VM 上运行，而那些 VM 拥有独立 IP，并且它们之间可以直接透明地通信，那么 Kubernetes 的网络模型就和 VM 使用的网络模型一样。所以，使用这种模型可以很容易地将已有的应用程序从 VM 或者物理机迁移到容器上。

当然，谷歌设计 Kubernetes 的一个主要运行基础就是其公有云 GCE，GCE 默认支持这些网络要求。另外，常见的其他公有云服务商如亚马逊 AWS、微软 Azure 等公有云环境也支持这些网络要求。

由于部署私有云的场景非常普遍，所以在私有云中运行 Kubernetes+Docker 集群前，需要自己搭建符合 Kubernetes 要求的网络环境。有很多开源组件可以帮助我们打通跨主机容器之间的网络，实现满足 Kubernetes 要求的网络模型。当然，每种方案都有适合的场景，用户应根据自己的实际需要进行选择。在后续章节中会对常见的开源方案进行介绍。

Kubernetes 的网络依赖于 Docker，Docker 的网络又离不开 Linux 操作系统内核特性的支持，所以我们有必要先深入了解 Docker 背后的网络原理和基础知识。接下来一起深入学习必要的 Linux 网络知识。

7.2 Docker 网络基础

Docker 技术依赖于近年来 Linux 内核虚拟化技术的发展，所以 Docker 对 Linux 内核有很强的依赖。这里将 Docker 使用到的与 Linux 网络有关的主要技术进行简单介绍，这些技术有网络命名空间（Network Namespace）、Veth 设备对、网桥、ipatables 和路由。

7.2.1 网络命名空间

为了支持网络协议栈的多个实例，Linux在网络栈中引入了网络命名空间，这些独立的协议栈被隔离到不同的命名空间中。处于不同命名空间中的网络栈是完全隔离的，彼此之间无法通信。通过对网络资源的隔离，就能在一个宿主机上虚拟多个不同的网络环境。Docker 正是利用了网络的命名空间特性，实现了不同容器之间的网络隔离。

在 Linux 的网络命名空间中可以有自己独立的路由表及独立的 iptables 设置来提供包转发、NAT 及 IP 包过滤等功能。

为了隔离出独立的协议栈，需要纳入命名空间的元素有进程、套接字、网络设备等。进程创建的套接字必须属于某个命名空间，套接字的操作也必须在命名空间中进行。同样，网络设备必须属于某个命名空间。因为网络设备属于公共资源，所以可以通过修改属性实现在命名空间之间移动。当然，是否允许移动与设备的特征有关。

让我们深入 Linux 操作系统内部，看看它是如何实现网络命名空间的，这也对理解后面的概念有帮助。

1. 网络命名空间的实现

Linux 的网络协议栈是十分复杂的，为了支持独立的协议栈，相关的这些全局变量都必须被修改为协议栈私有。最好的办法就是让这些全局变量成为一个 Net Namespace 变量的成员，然后为协议栈的函数调用加入一个 Namespace 参数。这就是 Linux 实现网络命名空间的核心。

同时，为了保证对已经开发的应用程序及内核代码的兼容性，内核代码隐式地使用了命名空间中的变量。程序如果没有对命名空间有特殊需求，就不需要编写额外的代码，网络命名空间对应用程序而言是透明的。

在建立新的网络命名空间，并将某个进程关联到这个网络命名空间后，就出现了类似于如图 7.1 所示的内核数据结构,所有网络栈变量都被放入了网络命名空间的数据结构中。这个网络命名空间是其进程组私有的，和其他进程组不冲突。

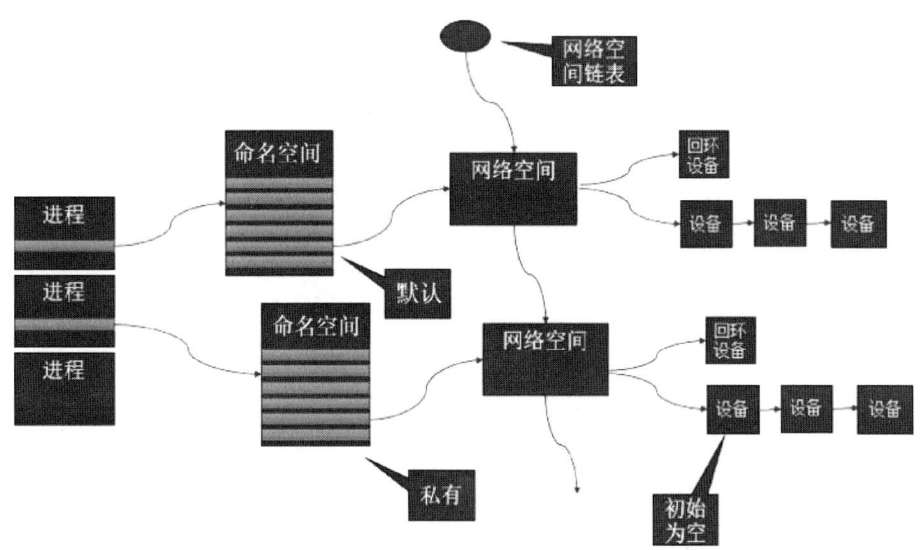

图 7.1　命名空间的内核数据结构

在新生成的私有命名空间中只有回环设备（名为“lo”且是停止状态），其他设备默认都不存在，如果我们需要，则要一一手工建立。Docker 容器中的各类网络栈设备都是 Docker Daemon 在启动时自动创建和配置的。

所有网络设备（物理的或虚拟接口、桥等在内核里都叫作 Net Device）都只能属于一个命名空间。当然，物理设备（连接实际硬件的设备）通常只能关联到 root 这个命名空间中。虚拟网络设备（虚拟以太网接口或者虚拟网口对）则可以被创建并关联到一个给定的命名空间中，而且可以在这些命名空间之间移动。

前面提到，由于网络命名空间代表的是一个独立的协议栈，所以它们之间是相互隔离的，彼此无法通信，在协议栈内部都看不到对方。那么有没有办法打破这种限制，让处于不同命名空间中的网络相互通信，甚至与外部的网络进行通信呢？答案是“有，应用 Veth 设备对即可”。Veth 设备对的一个重要作用就是打通了相互看不到的协议栈之间的壁垒，它就像一条管子，一端连着这个网络命名空间的协议栈，一端连着另一个网络命名空间的协议栈。所以如果想在两个命名空间之间通信，就必须有一个 Veth 设备对。后面会介绍如何操作 Veth 设备对来打通不同命名空间之间的网络。

2. 对网络命名空间的操作

下面列举对网络命名空间的一些操作。我们可以使用 Linux iproute2 系列配置工具中的 IP 命令来操作网络命名空间。注意，这个命令需要由 root 用户运行。

创建一个命名空间：

```
ip netns add <name>
```

在命名空间中运行命令：

```
ip netns exec <name> <command>
```

也可以先通过 bash 命令进入内部的 Shell 界面，然后运行各种命令：

```
ip netns exec <name> bash
```

退出到外面的命名空间时，请输入“exit”。

3. 网络命名空间操作中的实用技巧

操作网络命名空间时的一些实用技巧如下。

我们可以在不同的网络命名空间之间转移设备，例如下面会提到的 Veth 设备对的转移。因为一个设备只能属于一个命名空间，所以转移后在这个命名空间中就看不到这个设备了。具体哪些设备能被转移到不同的命名空间中呢？在设备里面有一个重要的属性：NETIF_F_ETNS_LOCAL，如果这个属性为 on，就不能被转移到其他命名空间中了。Veth 设备属于可以转移的设备，而很多其他设备如 lo 设备、vxlan 设备、ppp 设备、bridge 设备等都是不可以转移的。将无法转移的设备移动到别的命名空间时，会得到参数无效的错误提示：

```
# ip link set br0 netns ns1
RTNETLINK answers: Invalid argument
```

如何知道这些设备是否可以转移呢？可以使用 ethtool 工具查看：

```
# ethtool -k br0
netns-local: on [fixed]
```

netns-local 的值是 on，说明不可以转移，否则可以转移。

7.2.2 Veth 设备对

引入 Veth 设备对是为了在不同的网络命名空间之间通信，利用它可以直接将两个网络命名空间连接起来。由于要连接两个网络命名空间，所以 Veth 设备都是成对出现的，很像一对以太网卡，并且中间有一根直连的网线。既然是一对网卡，那么我们将其中一端称为另一端的 peer。在 Veth 设备的一端发送数据时，它会将数据直接发送到另一端，并触发另一端的接收操作。

整个 Veth 的实现非常简单，有兴趣的读者可以参考源代码“drivers/net/veth.c”中的实现。如图 7.2 所示是 Veth 设备对示意图。

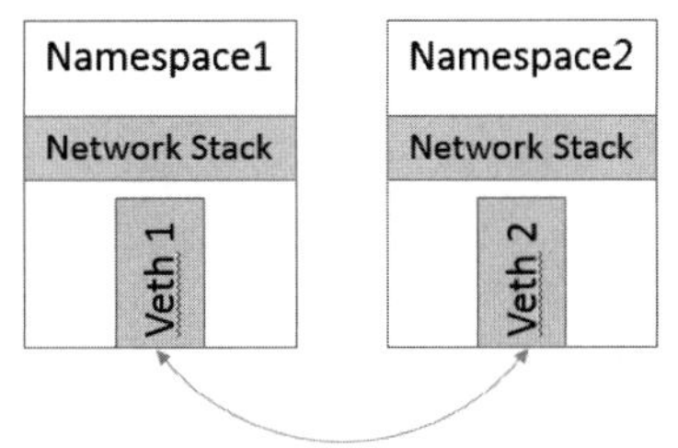

图 7.2　Veth 设备对示意图

1. 对 Veth 设备对的操作命令

接下来看看如何创建 Veth 设备对，如何将其连接到不同的命名空间中，并设置其地址，让它们通信。

创建 Veth 设备对：

```
ip link add veth0 type veth peer name veth1
```

创建后，可以查看 Veth 设备对的信息。使用 ip link show 命令查看所有网络接口：

```
# ip link show
1: lo: <LOOPBACK,UP,LOWER_UP> mtu 65536 qdisc noqueue state UNKNOWN mode DEFAULT
    Link/loopback: 00:00:00:00:00:00 brd 00:00:00:00:00:00
2: eno16777736: <BROADCAST,MULTICAST,UP,LOWER_UP> mtu 1500 qdisc pfifo_fast
state UP mode DEFAULT qlen 1000
    link/ether 00:0c:29:cf:1a:2e brd ff:ff:ff:ff:ff:ff
3: docker0: <NO-CARRIER,BROADCAST,MULTICAST,UP> mtu 1500 qdisc noqueue state UP
mode DEFAULT
link/ether 56:84:7a:fe:97:99 brd ff:ff:ff:ff:ff:ff
19: veth1: <BROADCAST,MULTICAST> mtu 1500 qdisc noop state DOWN mode DEFAULT qlen 1000
link/ether 7e:4a:ae:41:a3:65 brd ff:ff:ff:ff:ff:ff
20: veth0: <BROADCAST,MULTICAST> mtu 1500 qdisc noop state DOWN mode DEFAULT qlen 1000
link/ether ea:da:85:a3:75:8a brd ff:ff:ff:ff:ff:ff
```

可以看到有两个设备生成了，一个是 veth0，它的 peer 是 veth1。

现在这两个设备都在自己的命名空间中，那怎么能行呢？好了，如果将 Veth 看作有两个头的网线，那么我们将另一个头甩给另一个命名空间：

```
ip link set veth1 netns netns1
```

这时可在外面这个命名空间中看两个设备的情况：

```
# ip link show
1: lo: <LOOPBACK,UP,LOWER_UP> mtu 65536 qdisc noqueue state UNKNOWN mode DEFAULT
    Link/loopback: 00:00:00:00:00:00 brd 00:00:00:00:00:00
2: eno16777736: <BROADCAST,MULTICAST,UP,LOWER_UP> mtu 1500 qdisc pfifo_fast
state UP mode DEFAULT qlen 1000
    link/ether 00:0c:29:cf:1a:2e brd ff:ff:ff:ff:ff:ff
3: docker0: <NO-CARRIER,BROADCAST,MULTICAST,UP> mtu 1500 qdisc noqueue state UP
mode DEFAULT
link/ether 56:84:7a:fe:97:99 brd ff:ff:ff:ff:ff:ff
20: veth0: <BROADCAST,MULTICAST> mtu 1500 qdisc noop state DOWN mode DEFAULT qlen 1000
link/ether ea:da:85:a3:75:8a brd ff:ff:ff:ff:ff:ff
```

只剩一个 veth0 设备了，已经看不到另一个设备了，另一个设备已被转移到另一个网络命名空间中了。

在 netns1 网络命名空间中可以看到 veth1 设备，这符合预期：

```
# ip netns exec netns1 ip link show
1: lo: <LOOPBACK,UP,LOWER_UP> mtu 65536 qdisc noqueue state UNKNOWN mode DEFAULT
    Link/loopback: 00:00:00:00:00:00 brd 00:00:00:00:00:00
19: veth1: <BROADCAST,MULTICAST> mtu 1500 qdisc noop state DOWN mode DEFAULT qlen 1000
link/ether 7e:4a:ae:41:a3:65 brd ff:ff:ff:ff:ff:ff
```

现在看到的结果是，两个不同的命名空间各自有一个 Veth 的“网线头”，各显示为一个 Device（在 Docker 的实现里面，它除了将 Veth 放入容器内，还将它的名字改成了 eth0，简直以假乱真，你以为它是一个本地网卡吗）。

现在可以通信了吗？不行，因为它们还没有任何地址，我们现在给它们分配 IP 地址：

```
ip netns exec netns1 ip addr add 10.1.1.1/24 dev veth1
ip addr add 10.1.1.2/24 dev veth0
```

再启动它们：

```
ip netns exec netns1 ip link set dev veth1 up
ip link set dev veth0 up
```

现在两个网络命名空间就可以相互通信了：

```
# ping 10.1.1.1
PING 10.1.1.1 (10.1.1.1) 56(84) bytes of data.
64 bytes from 10.1.1.1: icmp_seq=1 ttl=64 time=0.035 ms
64 bytes from 10.1.1.1: icmp_seq=2 ttl=64 time=0.096 ms
^C
--- 10.1.1.1 ping statistics ---
2 packets transmitted, 2 received, 0% packet loss, time 1001ms
rtt min/avg/max/mdev = 0.035/0.065/0.096/0.031 ms

# ip netns exec netns1 ping 10.1.1.2
PING 10.1.1.2 (10.1.1.2) 56(84) bytes of data.
64 bytes from 10.1.1.2: icmp_seq=1 ttl=64 time=0.045 ms
64 bytes from 10.1.1.2: icmp_seq=2 ttl=64 time=0.105 ms
^C
--- 10.1.1.2 ping statistics ---
2 packets transmitted, 2 received, 0% packet loss, time 1000ms
rtt min/avg/max/mdev = 0.045/0.075/0.105/0.030 ms
```

至此，我们就能够理解 Veth 设备对的原理和用法了。在 Docker 内部，Veth 设备对也是连通容器与宿主机的主要网络设备，离开它是不行的。

2. Veth 设备对如何查看对端

我们在操作 Veth 设备对时有一些实用技巧，如下所示。

一旦将 Veth 设备对的对端放入另一个命名空间中，在原命名空间中就看不到它了。那么我们怎么知道这个 Veth 设备的对端在哪里呢，也就是说它到底连接到哪个命名空间中了呢？可以使用 ethtool 工具来查看（当网络命名空间特别多时，这可不是一件很容易的事情）。

首先，在命名空间 netns1 中查询 Veth 设备对端接口在设备列表中的序列号：

```
# ip netns exec netns1 ethtool -S veth1
NIC statistics:
    peer_ifindex: 5
```

得知另一端的接口设备的序列号是 5，我们再到命名空间 netns2 中查看序列号 5 代表什么设备：

```
# ip netns exec netns2 ip link | grep 5     <-- 我们只关注序列号为 5 的设备
veth0
```

好，我们现在就找到序列号为 5 的设备了，它是 veth0，它的另一端自然就是命名空间 netns1 中的 veth1 了，因为它们互为 peer。

7.2.3 网桥

Linux 可以支持多个不同的网络，它们之间能够相互通信，如何将这些网络连接起来并实现各网络中主机的相互通信呢？可以用网桥。网桥是一个二层的虚拟网络设备，把若干个网络接口“连接”起来，以使得网络接口之间的报文能够相互转发。网桥能够解析收发的报文，读取目标 MAC 地址的信息，将其与自己记录的 MAC 表结合，来决策报文的转发目标网络接口。为了实现这些功能，网桥会学习源 MAC 地址（二层网桥转发的依据就是 MAC 地址）。在转发报文时，网桥只需向特定的网口进行转发，来避免不必要的网络交互。如果它遇到一个自己从未学习到的地址，就无法知道这个报文应该向哪个网络接口转发，将报文广播给所有的网络接口（报文来源的网络接口除外）。

在实际的网络中，网络拓扑不可能永久不变。设备如果被移动到另一个端口上，却没有发送任何数据，网桥设备就无法感知这个变化，网桥还是向原来的端口转发数据包，在这种情况下数据会丢失。所以网桥还要对学习到的 MAC 地址表加上超时时间（默认为

5min）。如果网桥收到了对应端口 MAC 地址回发的包，则重置超时时间，否则过了超时时间，就认为设备已经不在那个端口上了，它会重新广播发送。

在 Linux 的内部网络栈里实现的网桥设备，作用和上面的描述相同。Linux 主机过去一般只有一个网卡，现在多网卡的机器越来越多，而且有很多虚拟设备存在，所以 Linux 网桥提供了在这些设备之间相互转发数据的二层设备。

Linux 内核支持网口的桥接（目前只支持以太网接口）。但是与单纯的交换机不同，交换机只是一个二层设备，对于接收到的报文，要么转发，要么丢弃。运行着 Linux 内核的机器本身就是一台主机，有可能是网络报文的目的地，其收到的报文除了转发和丢弃，还可能被送到网络协议栈的上层（网络层），从而被自己（这台主机本身的协议栈）消化，所以我们既可以把网桥看作一个二层设备，也可以把它看作一个三层设备。

1. Linux 网桥的实现

Linux 内核是通过一个虚拟网桥设备（Net Device）来实现桥接的。这个虚拟设备可以绑定若干个以太网接口设备，从而将它们桥接起来。如图 7.3 所示，这种 Net Device 网桥和普通的设备不同，最明显的一个特性是它还可以有一个 IP 地址。

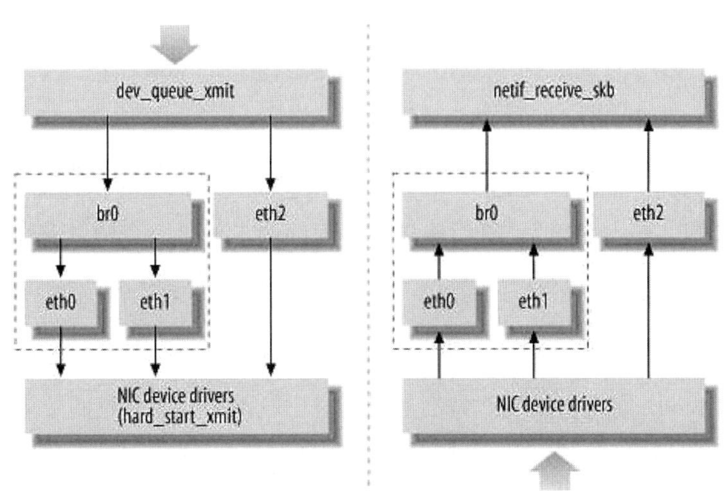

图 7.3　网桥的位置

如图 7.3 所示，网桥设备 br0 绑定了 eth0 和 eth1。对于网络协议栈的上层来说，只看得到 br0 就行。因为桥接是在数据链路层实现的，上层不需要关心桥接的细节，所以协议栈上层需要发送的报文被送到 br0，网桥设备的处理代码判断报文应该被转发到 eth0 还是

eth1，或者两者应该皆转发；反过来，从 eth0 或从 eth1 接收到的报文被提交给网桥的处理代码，在这里会判断报文应该被转发、丢弃还是被提交到协议栈上层。

而有时 eth0、eth1 也可能会作为报文的源地址或目的地址，直接参与报文的发送与接收，从而绕过网桥。

2. 网桥的常用操作命令

Docker 自动完成了对网桥的创建和维护。为了进一步理解网桥，下面举几个常用的网桥操作例子，对网桥进行手工操作：

新增一个网桥设备：

```
#brctl addbr xxxxx
```

之后可以为网桥增加网口，在 Linux 中，一个网口其实就是一个物理网卡。将物理网卡和网桥连接起来：

```
#brctl addif xxxxx ethx
```

网桥的物理网卡作为一个网口，由于在链路层工作，就不再需要 IP 地址了，这样上面的 IP 地址自然失效：

```
#ifconfig ethx 0.0.0.0
```

给网桥配置一个 IP 地址：

```
#ifconfig brxxx xxx.xxx.xxx.xxx
```

这样网桥就有了一个 IP 地址，而连接到上面的网卡就是一个纯链路层设备了。

7.2.4 iptables 和 Netfilter

我们知道，Linux 网络协议栈非常高效，同时比较复杂。如果我们希望在数据的处理。过程中对关心的数据进行一些操作，则该怎么做呢？Linux 提供了一套机制来为用户实现自定义的数据包处理。

在 Linux 网络协议栈中有一组回调函数挂接点，通过这些挂接点挂接的钩子函数可以在 Linux 网络栈处理数据包的过程中对数据包进行一些操作，例如过滤、修改、丢弃等。该挂接点技术就叫作 Netfilter 和 iptables。

Netfilter 负责在内核中执行各种挂接的规则，运行在内核模式中；而 iptables 是在用户模式下运行的进程，负责协助和维护内核中 Netfilter 的各种规则表。二者相互配合来实现整个 Linux 网络协议栈中灵活的数据包处理机制。

Netfilter 可以挂接的规则点有 5 个，如图 7.4 中的深色椭圆所示。

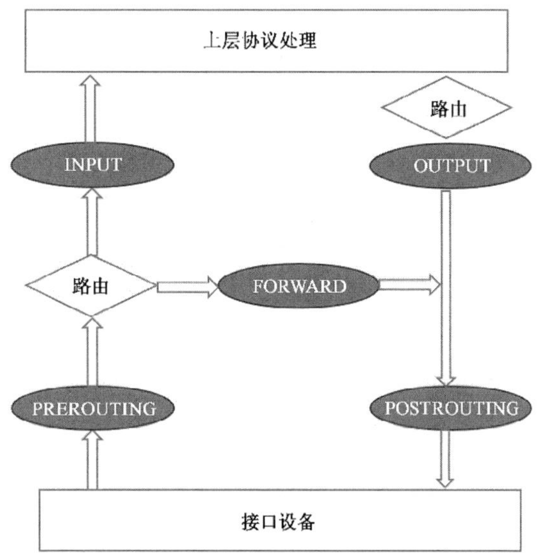

图 7.4　Netfilter 可以挂接的规则点

1. 规则表 Table

这些挂接点能挂接的规则也分不同的类型（也就是规则表 Table），我们可以在不同类型的 Table 中加入我们的规则。目前主要支持的 Table 类型有：RAW、MANGLE、NAT 和 FILTER。这 4 个 Table（规则链）的优先级是 RAW 最高，FILTER 最低。

在实际应用中，不同的挂接点所需的规则类型通常不同。例如，在 Input 的挂接点上明显不需要 FILTER 过滤规则，因为根据目标地址已经选择好本机的上层协议栈了，所以无须再挂接 FILTER 过滤规则。目前 Linux 系统支持的不同挂接点能挂接的规则类型如图 7.5 所示。

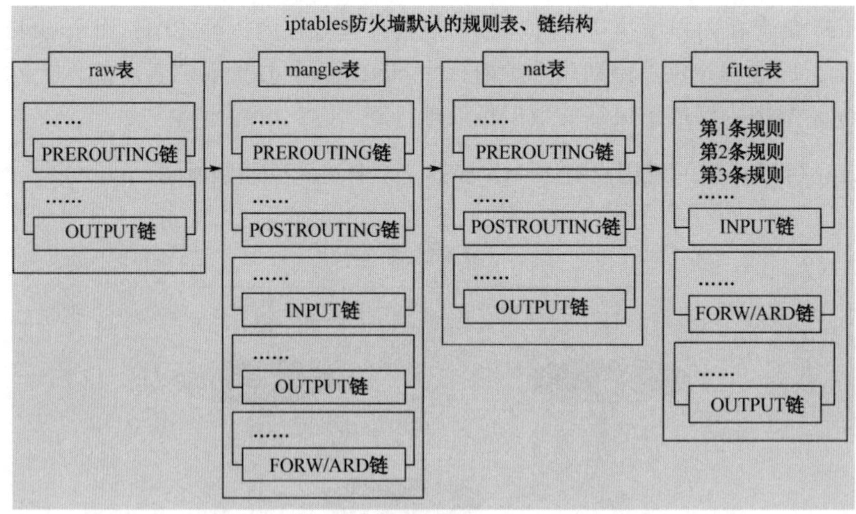

图 7.5 不同的挂接点能挂接的规则类型

当 Linux 协议栈的数据处理运行到挂接点时，它会依次调用挂接点上所有的挂钩函数，直到数据包的处理结果是明确地接受或者拒绝。

2. 处理规则

每个规则的特性都分为以下几部分。

◎ 表类型（准备干什么事情）。
◎ 什么挂接点（什么时候起作用）。
◎ 匹配的参数是什么（针对什么样的数据包）。
◎ 匹配后有什么动作（匹配后具体的操作是什么）。

前面已经介绍了表类型和挂接点，接下来看看匹配的参数和匹配后的动作。

（1）匹配的参数。匹配的参数用于对数据包或者 TCP 数据连接的状态进行匹配。当有多个条件存在时，它们一起发挥作用，达到只针对某部分数据进行修改的目的。常见的匹配参数如下。

◎ 流入、流出的网络接口。
◎ 来源、目的地址。
◎ 协议类型。
◎ 来源、目的端口。

（2）匹配后的动作。一旦有数据匹配，就会执行相应的动作。动作类型既可以是标准的预定义的几个动作，也可以是自定义的模块注册动作，或者是一个新的规则链，以更好地组织一组动作。

3. iptables 命令

iptables 命令用于协助用户维护各种规则。我们在使用 Kubernetes、Docker 的过程中，通常都会去查看相关的 Netfilter 配置。这里只介绍如何查看规则表，详细的介绍请参照 Linux 的 iptables 帮助文档。查看系统中已有规则的方法如下。

◎ iptables-save：按照命令的方式打印 iptables 的内容。

◎ iptables-vnL：以另一种格式显示 Netfilter 表的内容。

7.2.5　路由

Linux 系统包含一个完整的路由功能。当 IP 层在处理数据发送或者转发时，会使用路由表来决定发往哪里。在通常情况下，如果主机与目的主机直接相连，那么主机可以直接发送 IP 报文到目的主机，这个过程比较简单。例如，通过点对点的链接或网络共享，如果主机与目的主机没有直接相连，那么主机会将 IP 报文发送给默认的路由器，然后由路由器来决定往哪里发送 IP 报文。

路由功能由 IP 层维护的一张路由表来实现。当主机收到数据报文时，它用此表来决策接下来应该做什么操作。当从网络侧接收到数据报文时，IP 层首先会检查报文的 IP 地址是否与主机自身的地址相同。如果数据报文中的 IP 地址是主机自身的地址，那么报文将被发送到传输层相应的协议中。如果报文中的 IP 地址不是主机自身的地址，并且主机配置了路由功能，那么报文将被转发，否则报文将被丢弃。

路由表中的数据一般是以条目形式存在的。一个典型的路由表条目通常包含以下主要的条目项。

（1）目的 IP 地址：此字段表示目标的 IP 地址。这个 IP 地址可以是某主机的地址，也可以是一个网络地址。如果这个条目包含的是一个主机地址，那么它的主机 ID 将被标记为非零；如果这个条目包含的是一个网络地址，那么它的主机 ID 将被标记为零。

（2）下一个路由器的 IP 地址：这里采用“下一个”的说法，是因为下一个路由器并不总是最终的目的路由器，它很可能是一个中间路由器。条目给出的下一个路由器的地址用来转发在相应接口接收到的 IP 数据报文。

（3）标志：这个字段提供了另一组重要信息，例如，目的 IP 地址是一个主机地址还是一个网络地址。此外，从标志中可以得知下一个路由器是一个真实路由器还是一个直接相连的接口。

（4）网络接口规范：为一些数据报文的网络接口规范，该规范将与报文一起被转发。

在通过路由表转发时，如果任何条目的第 1 个字段完全匹配目的 IP 地址（主机）或部分匹配条目的 IP 地址（网络），那么它将指示下一个路由器的 IP 地址。这是一个重要的信息，因为这些信息直接告诉主机（具备路由功能的）数据包应该被转发到哪个路由器。而条目中的所有其他字段将提供更多的辅助信息来为路由转发做决定。

如果没有找到一个完全匹配的 IP，就接着搜索相匹配的网络 ID。如果找到，那么该数据报文会被转发到指定的路由器上。可以看出，网络上的所有主机都通过这个路由表中的单个（这个）条目进行管理。

如果上述两个条件都不匹配，那么该数据报文将被转发到一个默认的路由器上。

如果上述步骤都失败，默认的路由器也不存在，那么该数据报文最终无法被转发。任何无法投递的数据报文都将产生一个 ICMP 主机不可达或 ICMP 网络不可达的错误，并将此错误返回给生成此数据报文的应用程序。

1. 路由表的创建

Linux 的路由表至少包括两个表（当启用策略路由时，还会有其他表）：一个是 LOCAL，另一个是 MAIN。在 LOCAL 表中会包含所有本地设备地址。LOCAL 路由表是在配置网络设备地址时自动创建的。LOCAL 表用于供 Linux 协议栈识别本地地址，以及进行本地各个不同网络接口之间的数据转发。

可以通过下面的命令查看 LOCAL 表的内容：

```
# ip route show table local type local
10.1.1.0 dev flannel0  proto kernel  scope host  src 10.1.1.0
127.0.0.0/8 dev lo  proto kernel  scope host  src 127.0.0.1
127.0.0.1 dev lo  proto kernel  scope host  src 127.0.0.1
172.17.42.1 dev docker  proto kernel  scope host  src 172.17.42.1
192.168.1.128 dev eno16777736  proto kernel  scope host  src 192.168.1.128
```

MAIN 表用于各类网络 IP 地址的转发。它的建立既可以使用静态配置生成，也可以使用动态路由发现协议生成。动态路由发现协议一般使用组播功能来通过发送路由发现数据，动态地交换和获取网络的路由信息，并更新到路由表中。

Linux 下支持路由发现协议的开源软件有许多，常用的有 Quagga、Zebra 等。7.8 节会介绍如何使用 Quagga 动态容器路由发现的机制来实现 Kubernetes 的网络组网。

2. 路由表的查看

我们可以使用 ip route list 命令查看当前路由表：

```
# ip route list
192.168.6.0/24 dev eno16777736  proto kernel  scope link  src 192.168.6.140
metric 1
```

在上面的例子代码中只有一个子网的路由，源地址是 192.168.6.140（本机），目标地址在 192.168.6.0/24 网段的数据包都将通过 eno16777736 接口发送出去。

也可以通过 netstat -rn 命令查看路由表：

```
# netstat -rn
Kernel IP routing table
Destination     Gateway         Genmask         Flags  MSS Window  irtt Iface
0.0.0.0         192.168.6.2     0.0.0.0         UG     0 0           0 eth0
192.168.6.0     0.0.0.0       255.255.255.0     U      0 0           0 eth0
```

在显示的信息中，如果标志（Flag）是 U（代表 Up），则说明该路由是有效的；如果标志是 G（代表 Gateway），则说明这个网络接口连接的是网关；如果标志是 H（代表 Host），则说明目的地是主机而非网络域，等等。

7.3　Docker 的网络实现

标准的 Docker 支持以下 4 类网络模式。

◎ host 模式：使用--net=host 指定。
◎ container 模式：使用--net=container:NAME_or_ID 指定。
◎ none 模式：使用--net=none 指定。
◎ bridge 模式：使用--net=bridge 指定，为默认设置。

在 Kubernetes 管理模式下通常只会使用 bridge 模式，所以本节只介绍 Docker 在 bridge

模式下是如何支持网络的。

在 bridge 模式下，Docker Daemon 首次启动时会创建一个虚拟网桥，默认的名称是 docker0，然后按照 RFC 1918 的模型在私有网络空间中给这个网桥分配一个子网。针对由 Docker 创建的每一个容器，都会创建一个虚拟以太网设备（Veth 设备对），其中一端关联到网桥上，另一端使用 Linux 的网络命名空间技术映射到容器内的 eth0 设备，然后在网桥的地址段内给 eth0 接口分配一个 IP 地址。

如图 7.6 所示就是 Docker 的默认桥接网络模型。

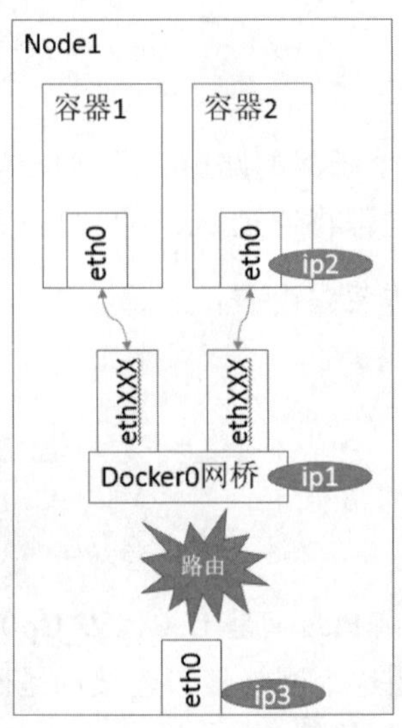

图 7.6 Docker 的默认桥接网络模型

其中 ip1 是网桥的 IP 地址，Docker Daemon 会在几个备选地址段里给它选一个地址，通常是以 172 开头的一个地址，这个地址和主机的 IP 地址是不重叠的。ip2 是 Docker 在启动容器时在这个地址段选择的一个没有使用的 IP 地址，它被分配给容器，相应的 MAC 地址也根据这个 IP 地址，在 02:42:ac:11:00:00 和 02:42:ac:11:ff:ff 的范围内生成，这样做可以确保不会有 ARP 冲突。

启动后，Docker 还将 Veth 设备对的名称映射到 eth0 网络接口。ip3 就是主机的网卡地址。

在一般情况下，ip1、ip2 和 ip3 是不同的 IP 段，所以在默认不做任何特殊配置的情况下，在外部是看不到 ip1 和 ip2 的。

这样做的结果就是，在同一台机器内的容器之间可以相互通信，不同主机上的容器不能相互通信，实际上它们甚至有可能在相同的网络地址范围内（不同主机上的 docker0 的地址段可能是一样的）。

为了让它们跨节点相互通信，就必须在主机的地址上分配端口，然后通过这个端口将网络流量路由或代理到目标容器上。这样做显然意味着一定要在容器之间小心谨慎地协调好端口的分配情况，或者使用动态端口的分配技术。在不同应用之间协调好端口分配情况是十分困难的事情，特别是集群水平扩展时。而动态端口分配也会大大增加复杂度，例如：每个应用程序都只能将端口看作一个符号（因为是动态分配的，所以无法提前设置）。而且 API Server 要在分配完后，将动态端口插入配置的合适位置，服务也必须能相互找到对方等。这些都是 Docker 的网络模型在跨主机访问时面临的问题。

7.3.1　查看 Docker 启动后的系统情况

我们已经知道，Docker 网络在 bridge 模式下 Docker Daemon 启动时创建 docker0 网桥，并在网桥使用的网段为容器分配 IP。接下来让我们看看实际操作。

在刚刚启动 Docker Daemon 并且还没有启动任何容器时，网络协议栈的配置如下：

```
# systemctl start docker
# ip addr
1: lo: <LOOPBACK,UP,LOWER_UP> mtu 65536 qdisc noqueue state UNKNOWN
    link/loopback 00:00:00:00:00:00 brd 00:00:00:00:00:00
    inet 127.0.0.1/8 scope host lo
       valid_lft forever preferred_lft forever
    inet6 ::1/128 scope host
       valid_lft forever preferred_lft forever
2: eno16777736: <BROADCAST,MULTICAST,UP,LOWER_UP> mtu 1500 qdisc pfifo_fast
state UP qlen 1000
    link/ether 00:0c:29:14:3d:80 brd ff:ff:ff:ff:ff:ff
    inet 192.168.1.133/24 brd 192.168.1.255 scope global eno16777736
       valid_lft forever preferred_lft forever
    inet6 fe80::20c:29ff:fe14:3d80/64 scope link
       valid_lft forever preferred_lft forever
3: docker0: <NO-CARRIER,BROADCAST,MULTICAST,UP> mtu 1500 qdisc noqueue state DOWN
    link/ether 02:42:6e:af:0e:c3 brd ff:ff:ff:ff:ff:ff
    inet 172.17.42.1/24 scope global docker0
       valid_lft forever preferred_lft forever
```

```
# iptables-save
# Generated by iptables-save v1.4.21 on Thu Sep 24 17:11:04 2020
*nat
:PREROUTING ACCEPT [7:878]
:INPUT ACCEPT [7:878]
:OUTPUT ACCEPT [3:536]
:POSTROUTING ACCEPT [3:536]
:DOCKER - [0:0]
-A PREROUTING -m addrtype --dst-type LOCAL -j DOCKER
-A OUTPUT ! -d 127.0.0.0/8 -m addrtype --dst-type LOCAL -j DOCKER
-A POSTROUTING -s 172.17.0.0/16 ! -o docker0 -j MASQUERADE
COMMIT
# Completed on Thu Sep 24 17:11:04 2020
# Generated by iptables-save v1.4.21 on Thu Sep 24 17:11:04 2020
*filter
:INPUT ACCEPT [133:11362]
:FORWARD ACCEPT [0:0]
:OUTPUT ACCEPT [37:5000]
:DOCKER - [0:0]
-A FORWARD -o docker0 -j DOCKER
-A FORWARD -o docker0 -m conntrack --ctstate RELATED,ESTABLISHED -j ACCEPT
-A FORWARD -i docker0 ! -o docker0 -j ACCEPT
-A FORWARD -i docker0 -o docker0 -j ACCEPT
COMMIT
# Completed on Thu Sep 24 17:11:04 2020
```

可以看到，Docker 创建了 docker0 网桥，并添加了 iptables 规则。docker0 网桥和 iptables 规则都处于 root 命名空间中。通过解读这些规则，我们发现，在还没有启动任何容器时，如果启动了 Docker Daemon，那么它已经做好了通信准备。对这些规则的说明如下。

（1）在 NAT 表中有 3 条记录，在前两条匹配生效后，都会继续执行 DOCKER 链，而此时 DOCKER 链为空，所以前两条只是做了一个框架，并没有实际效果。

（2）NAT 表第 3 条的含义是，若本地发出的数据包不是发往 docker0 的，而是发往主机之外的设备的，则都需要进行动态地址修改（MASQUERADE），将源地址从容器的地址（172 段）修改为宿主机网卡的 IP 地址，之后就可以发送给外面的网络了。

（3）在 FILTER 表中，第 1 条也是一个框架，因为后续的 DOCKER 链是空的。

（4）在 FILTER 表中，第 3 条的含义是，docker0 发出的包，如果需要转发到非 docker0 本地 IP 地址的设备，则是允许的。这样，docker0 设备的包就可以根据路由规则中转到宿主机的网卡设备，从而访问外面的网络了。

（5）在 FILTER 表中，第 4 条的含义是，docker0 的包还可以被中转给 docker0 本身，即连接在 docker0 网桥上的不同容器之间的通信也是允许的。

（6）在 FILTER 表中，第 2 条的含义是，如果接收到的数据包属于以前已经建立好的连接，那么允许直接通过。这样，接收到的数据包自然又走回 docker0，并中转到相应的容器。

除了这些 Netfilter 的设置，Linux 的 ip_forward 功能也被 Docker Daemon 打开了：

```
# cat /proc/sys/net/ipv4/ip_forward
1
```

另外，我们可以看到刚刚启动 Docker 后的 Route 表，它和启动前没有什么不同：

```
# ip route
default via 192.168.1.2 dev eno16777736  proto static  metric 100
172.17.0.0/16 dev docker  proto kernel  scope link  src 172.17.42.1
192.168.1.0/24 dev eno16777736  proto kernel  scope link  src 192.168.1.132
192.168.1.0/24 dev eno16777736  proto kernel  scope link  src 192.168.1.132
metric 100
```

7.3.2　查看容器启动后的网络配置（容器无端口映射）

刚才查看了 Docker 服务启动后的网络配置。现在启动一个 Registry 容器（不使用任何端口镜像参数），看一下网络堆栈部分相关的变化：

```
docker run --name register -d registry
# ip addr
1: lo: <LOOPBACK,UP,LOWER_UP> mtu 65536 qdisc noqueue state UNKNOWN
    link/loopback 00:00:00:00:00:00 brd 00:00:00:00:00:00
    inet 127.0.0.1/8 scope host lo
       valid_lft forever preferred_lft forever
    inet6 ::1/128 scope host
       valid_lft forever preferred_lft forever
2: eno16777736: <BROADCAST,MULTICAST,UP,LOWER_UP> mtu 1500 qdisc pfifo_fast
state UP qlen 1000
    link/ether 00:0c:29:c8:12:5f brd ff:ff:ff:ff:ff:ff
```

```
    inet 192.168.1.132/24 brd 192.168.1.255 scope global eno16777736
       valid_lft forever preferred_lft forever
    inet6 fe80::20c:29ff:fec8:125f/64 scope link
       valid_lft forever preferred_lft forever
3: docker0: <NO-CARRIER,BROADCAST,MULTICAST,UP> mtu 1500 qdisc noqueue state DOWN
    link/ether 02:42:72:79:b8:88 brd ff:ff:ff:ff:ff:ff
    inet 172.17.42.1/24 scope global docker0
       valid_lft forever preferred_lft forever
    inet6 fe80::42:7aff:fe79:b888/64 scope link
       valid_lft forever preferred_lft forever
13: veth2dc8bbd: <BROADCAST,MULTICAST,UP,LOWER_UP> mtu 1500 qdisc noqueue master
docker0 state UP
    link/ether be:d9:19:42:46:18 brd ff:ff:ff:ff:ff:ff
    inet6 fe80::bcd9:19ff:fe42:4618/64 scope link
       valid_lft forever preferred_lft forever

# iptables-save
# Generated by iptables-save v1.4.21 on Thu Sep 24 18:21:04 2020
*nat
:PREROUTING ACCEPT [14:1730]
:INPUT ACCEPT [14:1730]
:OUTPUT ACCEPT [59:4918]
:POSTROUTING ACCEPT [59:4918]
:DOCKER - [0:0]
-A PREROUTING -m addrtype --dst-type LOCAL -j DOCKER
-A OUTPUT ! -d 127.0.0.0/8 -m addrtype --dst-type LOCAL -j DOCKER
-A POSTROUTING -s 172.17.0.0/16 ! -o docker0 -j MASQUERADE
COMMIT
# Completed on Thu Sep 24 18:21:04 2020
# Generated by iptables-save v1.4.21 on Thu Sep 24 18:21:04 2020
*filter
:INPUT ACCEPT [2383:211572]
:FORWARD ACCEPT [0:0]
:OUTPUT ACCEPT [2004:242872]
:DOCKER - [0:0]
-A FORWARD -o docker0 -j DOCKER
-A FORWARD -o docker0 -m conntrack --ctstate RELATED,ESTABLISHED -j ACCEPT
-A FORWARD -i docker0 ! -o docker0 -j ACCEPT
-A FORWARD -i docker0 -o docker0 -j ACCEPT
COMMIT
# Completed on Thu Sep 24 18:21:04 2020
```

```
# ip route
default via 192.168.1.2 dev eno16777736  proto static  metric 100
172.17.0.0/16 dev docker  proto kernel  scope link  src 172.17.42.1
192.168.1.0/24 dev eno16777736  proto kernel  scope link  src 192.168.1.132
192.168.1.0/24 dev eno16777736  proto kernel  scope link  src 192.168.1.132
metric 100
```

可以看到如下情况。

（1）宿主机器上的 Netfilter 和路由表都没有变化，说明在不进行端口映射时，Docker 的默认网络是没有特殊处理的。相关的 NAT 和 FILTER 这两个 Netfilter 链还是空的。

（2）宿主机上的 Veth 设备对已经建立，并连接到容器内。

我们再次进入刚刚启动的容器内，看看网络栈是什么情况。容器内部的 IP 地址和路由如下：

```
# docker exec -ti 24981a750a1a bash
[root@24981a750a1a /]# ip route
default via 172.17.42.1 dev eth0
172.17.0.0/16 dev eth0  proto kernel  scope link  src 172.17.0.10
[root@24981a750a1a /]# ip addr
1: lo: <LOOPBACK,UP,LOWER_UP> mtu 65536 qdisc noqueue state UNKNOWN
    link/loopback 00:00:00:00:00:00 brd 00:00:00:00:00:00
    inet 127.0.0.1/8 scope host lo
       valid_lft forever preferred_lft forever
    inet6 ::1/128 scope host
       valid_lft forever preferred_lft forever
22: eth0: <BROADCAST,MULTICAST,UP,LOWER_UP> mtu 1500 qdisc noqueue state UP
    link/ether 02:42:ac:11:00:0a brd ff:ff:ff:ff:ff:ff
    inet 172.17.0.10/16 scope global eth0
       valid_lft forever preferred_lft forever
    inet6 fe80::42:acff:fe11:a/64 scope link
       valid_lft forever preferred_lft forever
```

可以看到，默认停止的回环设备 lo 已被启动，外面宿主机连接进来的 Veth 设备也被命名成了 eth0，并且已经配置了地址 172.17.0.10。

路由信息表包含一条到 docker0 的子网路由和一条到 docker0 的默认路由。

7.3.3 查看容器启动后的网络配置（容器有端口映射）

下面用带端口映射的命令启动 registry：

```
docker run --name register -d -p 1180:5000 registry
```

在启动后查看 iptables 的变化：

```
# iptables-save
# Generated by iptables-save v1.4.21 on Thu Sep 24 18:45:13 2020
*nat
:PREROUTING ACCEPT [2:236]
:INPUT ACCEPT [0:0]
:OUTPUT ACCEPT [0:0]
:POSTROUTING ACCEPT [0:0]
:DOCKER - [0:0]
-A PREROUTING -m addrtype --dst-type LOCAL -j DOCKER
-A OUTPUT ! -d 127.0.0.0/8 -m addrtype --dst-type LOCAL -j DOCKER
-A POSTROUTING -s 172.17.0.0/16 ! -o docker0 -j MASQUERADE
-A POSTROUTING -s 172.17.0.19/32 -d 172.17.0.19/32 -p tcp -m tcp --dport 5000
-j MASQUERADE
-A DOCKER ! -i docker0 -p tcp -m tcp --dport 1180 -j DNAT --to-destination
172.17.0.19:5000
COMMIT
# Completed on Thu Sep 24 18:45:13 2020
# Generated by iptables-save v1.4.21 on Thu Sep 24 18:45:13 2020
*filter
:INPUT ACCEPT [54:4464]
:FORWARD ACCEPT [0:0]
:OUTPUT ACCEPT [41:5576]
:DOCKER - [0:0]
-A FORWARD -o docker0 -j DOCKER
-A FORWARD -o docker0 -m conntrack --ctstate RELATED,ESTABLISHED -j ACCEPT
-A FORWARD -i docker0 ! -o docker0 -j ACCEPT
-A FORWARD -i docker0 -o docker0 -j ACCEPT
-A DOCKER -d 172.17.0.19/32 ! -i docker0 -o docker0 -p tcp -m tcp --dport 5000
-j ACCEPT
COMMIT
# Completed on Thu Sep 24 18:45:13 2020
```

从新增的规则可以看出，Docker 服务在 NAT 和 FILTER 两个表内添加的两个 DOCKER 子链都是给端口映射用的。在本例中，我们需要把外面宿主机的 1180 端口映射到容器的

5000 端口。通过前面的分析，我们知道，无论是宿主机接收到的还是宿主机本地协议栈发出的，目标地址是本地 IP 地址的包都会经过 NAT 表中的 DOCKER 子链。Docker 为每一个端口映射都在这个链上增加了到实际容器目标地址和目标端口的转换。

经过这个 DNAT 的规则修改后的 IP 包，会重新经过路由模块的判断进行转发。由于目标地址和端口已经是容器的地址和端口，所以数据自然被转发到 docker0 上，从而被转发到对应的容器内部。

当然在转发时，也需要在 DOCKER 子链中添加一条规则，如果目标端口和地址是指定容器的数据，则允许通过。

在 Docker 按照端口映射的方式启动容器时，主要的不同就是上述 iptables 部分。而容器内部的路由和网络设备，都和不做端口映射时一样，没有任何变化。

7.3.4　Docker 的网络局限性

我们从 Docker 对 Linux 网络协议栈的操作可以看到，Docker 一开始没有考虑到多主机互联的网络解决方案。

Docker 一直以来的理念都是“简单为美”，几乎所有尝试 Docker 的人都被它用法简单、功能强大的特性所吸引，这也是 Docker 迅速走红的一个原因。

我们都知道，虚拟化技术中最为复杂的部分就是虚拟化网络技术，即使是单纯的物理网络部分，也是一个门槛很高的技能领域，通常只被少数网络工程师所掌握，所以掌握结合了物理网络的虚拟网络技术很难。在 Docker 之前，所有接触过 OpenStack 的人都对其网络问题讳莫如深，Docker 明智地避开这个“雷区”，让其他专业人员去用现有的虚拟化网络技术解决 Docker 主机的互联问题，以免让用户觉得 Docker 太难，从而放弃学习和使用 Docker。

Docker 成名以后，重新开始重视网络解决方案，收购了一家 Docker 网络解决方案公司——Socketplane，原因在于这家公司的产品广受好评，但有趣的是，Socketplane 的方案就是以 Open vSwitch 为核心的，其还为 Open vSwitch 提供了 Docker 镜像，以方便部署程序。之后，Docker 开启了一个宏伟的虚拟化网络解决方案——Libnetwork，如图 7.7 所示是其概念图。这个概念图没有了 IP，也没有了路由，已经颠覆了我们的网络常识，对于不怎么懂网络的大多数人来说，它的确很有诱惑力。它未来是否会对虚拟化网络的模型产生深远冲击，我们还不知道，但它仅仅是 Docker 官方当前的一次尝试。

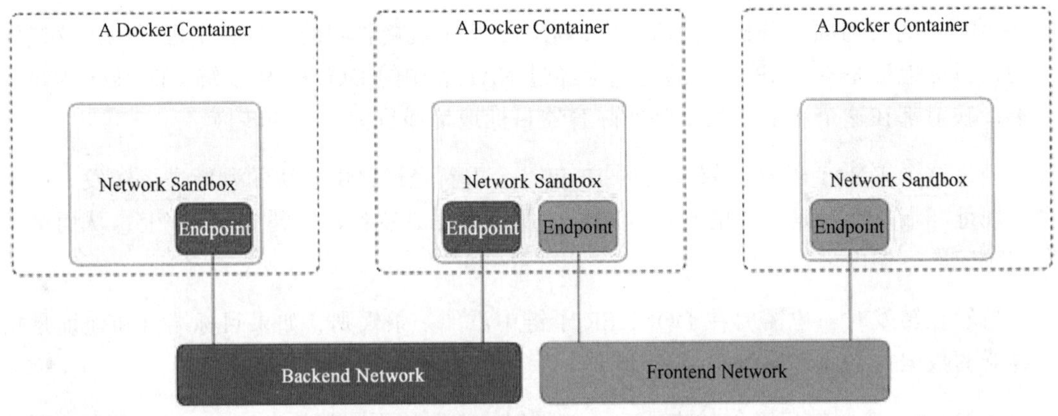

图 7.7　Libnetwork 概念图

针对目前 Docker 的网络实现，Docker 使用的 Libnetwork 组件只是将 Docker 平台中的网络子系统模块化为一个独立库的简单尝试，离成熟和完善还有一段距离。

7.4　Kubernetes 的网络实现

在实际的业务场景中，业务组件之间的关系十分复杂，特别是随着微服务理念逐步深入人心，应用部署的粒度更加细小和灵活。为了支持业务应用组件的通信，Kubernetes 网络的设计主要致力于解决以下问题。

（1）容器到容器之间的直接通信。

（2）抽象的 Pod 到 Pod 之间的通信。

（3）Pod 到 Service 之间的通信。

（4）集群内部与外部组件之间的通信。

其中第 3 条、第 4 条在之前的章节里都有所讲解，本节对更为基础的第 1 条与第 2 条进行深入分析和讲解。

7.4.1　容器到容器的通信

同一个 Pod 内的容器（Pod 内的容器是不会跨宿主机的）共享同一个网络命名空间，共享同一个 Linux 协议栈。所以对于网络的各类操作，就和它们在同一台机器上一样，它们甚至可以用 localhost 地址访问彼此的端口。

这么做的结果是简单、安全和高效，也能减少将已存在的程序从物理机或者虚拟机中移植到容器下运行的难度。其实，在容器技术出来之前，大家早就积累了如何在一台机器上运行一组应用程序的经验，例如，如何让端口不冲突，以及如何让客户端发现它们等。

我们来看一下 Kubernetes 是如何利用 Docker 的网络模型的。

如图 7.8 中的阴影部分所示，在 Node 上运行着一个 Pod 实例。在我们的例子中，容器就是图 7.8 中的容器 1 和容器 2。容器 1 和容器 2 共享一个网络的命名空间，共享一个命名空间的结果就是它们好像在一台机器上运行，它们打开的端口不会有冲突，可以直接使用 Linux 的本地 IPC 进行通信（例如消息队列或者管道）。其实，这和传统的一组普通程序运行的环境是完全一样的，传统程序不需要针对网络做特别的修改就可以移植，它们之间的相互访问只需使用 localhost 就可以。例如，如果容器 2 运行的是 MySQL，那么容器 1 使用 localhost:3306 就能直接访问这个运行在容器 2 上的 MySQL 了。

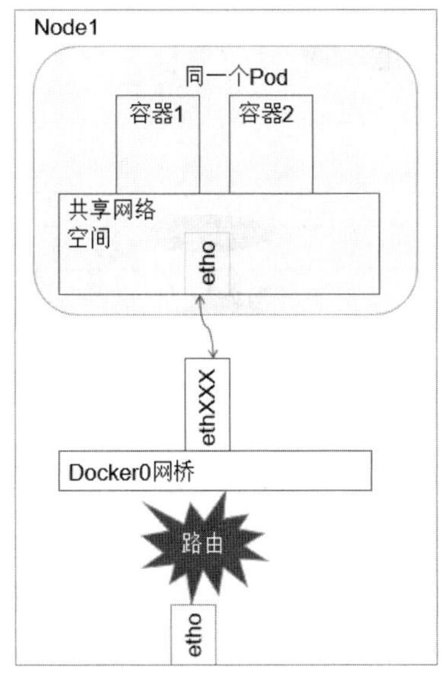

图 7.8　Kubernetes 的 Pod 网络模型

7.4.2　Pod 之间的通信

我们看了同一个 Pod 内容器之间的通信情况，再看看 Pod 之间的通信情况。

每一个 Pod 都有一个真实的全局 IP 地址，同一个 Node 内的不同 Pod 之间可以直接采用对方 Pod 的 IP 地址通信，而且不需要采用其他发现机制，例如 DNS、Consul 或者 etcd。

Pod 容器既有可能在同一个 Node 上运行，也有可能在不同的 Node 上运行，所以通信也分为两类：同一个 Node 上 Pod 之间的通信和不同 Node 上 Pod 之间的通信。

1. 同一个 Node 上 Pod 之间的通信

同一个 Node 上两个 Pod 之间的关系如图 7.9 所示。

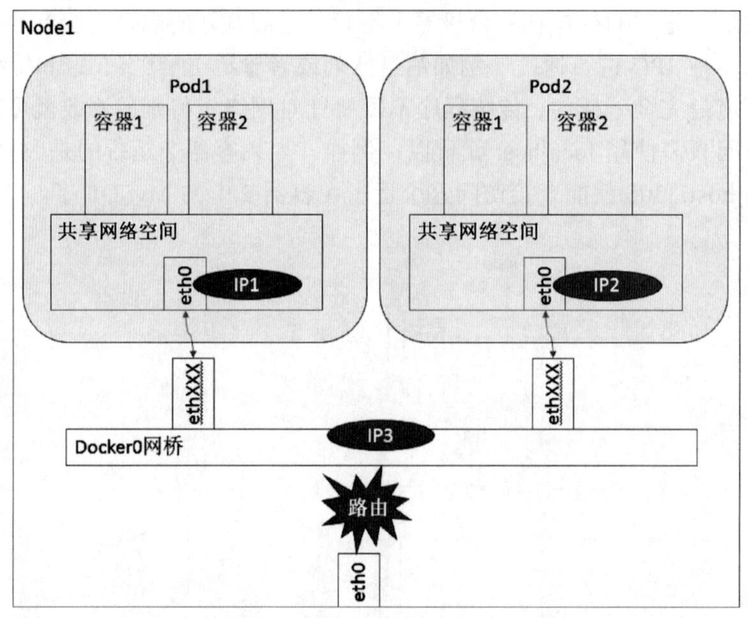

图 7.9　同一个 Node 上两个 Pod 之间的关系

可以看出，Pod1 和 Pod2 都是通过 Veth 连接到同一个 docker0 网桥的，它们的 IP 地址 IP1、IP2 都是从 docker0 的网段上动态获取的，和网桥本身的 IP3 属于同一个网段。

另外，在 Pod1、Pod2 的 Linux 协议栈上，默认路由都是 docker0 的地址，也就是说所有非本地地址的网络数据，都会被默认发送到 docker0 网桥上，由 docker0 网桥直接中转。

综上所述，由于它们都关联在同一个 docker0 网桥上，地址段相同，所以它们之间是能直接通信的。

2. 不同 Node 上 Pod 之间的通信

Pod 的地址是与 docker0 在同一个网段的，我们知道 docker0 网段与宿主机网卡是两个完全不同的 IP 网段，并且不同 Node 之间的通信只能通过宿主机的物理网卡进行，因此要想实现不同 Node 上 Pod 容器之间的通信，就必须想办法通过主机的这个 IP 地址进行寻址和通信。

另一方面，这些动态分配且藏在 docker0 后的“私有”IP 地址也是可以找到的。Kubernetes 会记录所有正在运行的 Pod 的 IP 分配信息，并将这些信息保存在 etcd 中（作为 Service 的 Endpoint）。这些私有 IP 信息对于 Pod 到 Pod 的通信也是十分重要的，因为我们的网络模型要求 Pod 到 Pod 使用私有 IP 进行通信。所以首先要知道这些 IP 是什么。

之前提到，Kubernetes 的网络对 Pod 的地址是平面的和直达的，所以这些 Pod 的 IP 规划也很重要，不能有冲突。只要没有冲突，我们就可以想办法在整个 Kubernetes 的集群中找到它。

综上所述，要想支持不同 Node 上 Pod 之间的通信，就要满足两个条件：

（1）在整个 Kubernetes 集群中对 Pod 的 IP 分配进行规划，不能有冲突；

（2）找到一种办法，将 Pod 的 IP 和所在 Node 的 IP 关联起来，通过这个关联让 Pod 可以相互访问。

根据条件 1 的要求，我们需要在部署 Kubernetes 时对 docker0 的 IP 地址进行规划，保证每个 Node 上的 docker0 地址都没有冲突。我们可以在规划后手工配置到每个 Node 上，或者做一个分配规则，由安装的程序自己去分配占用。例如，Kubernetes 的网络增强开源软件 Flannel 就能够管理资源池的分配。

根据条件 2 的要求，Pod 中的数据在发出时，需要有一个机制能够知道对方 Pod 的 IP 地址挂在哪个具体的 Node 上。也就是说，先要找到 Node 对应宿主机的 IP 地址，将数据发送到这个宿主机的网卡，然后在宿主机上将相应的数据转发到具体的 docker0 上。一旦数据到达宿主机 Node，那个 Node 内部的 docker0 便知道如何将数据发送到 Pod 了。如图 7.10 所示，IP1 对应的是 Pod1，IP2 对应的是 Pod2，Pod1 在访问 Pod2 时，首先要将数据从源 Node 的 eth0 发送出去，找到并到达 Node2 的 eth0，即先是从 IP3 到 IP4 的传送，之后才是从 IP4 到 IP2 的传送。

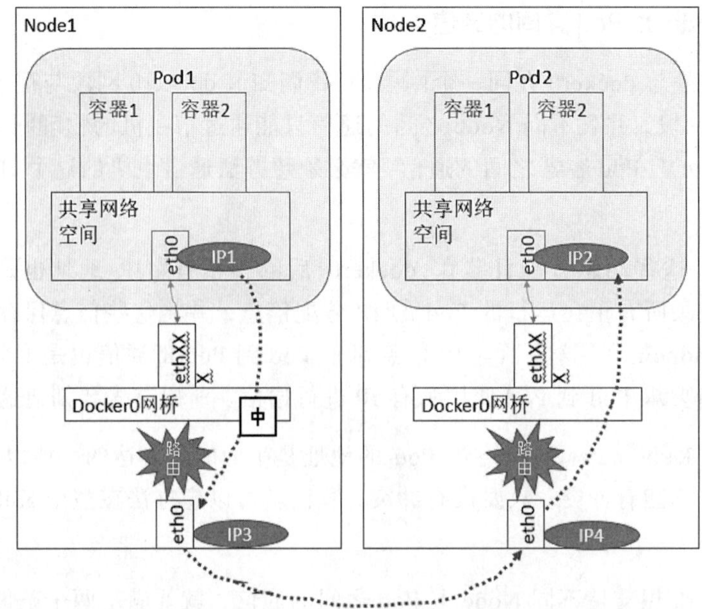

图 7.10　跨 Node 的 Pod 通信

在谷歌的 GCE 环境中，Pod 的 IP 管理（类似 docker0）、分配及它们之间的路由打通都是由 GCE 完成的。Kubernetes 作为主要在 GCE 上面运行的框架，它的设计是假设底层已经具备这些条件，所以它分配完地址并将地址记录下来就完成了自己的工作。在实际的 GCE 环境中，GCE 的网络组件会读取这些信息，实现具体的网络打通工作。

而在实际生产环境中，因为安全、费用、合规等种种原因，Kubernetes 的客户不可能全部使用谷歌的 GCE 环境，所以在实际的私有云环境中，除了需要部署 Kubernetes 和 Docker，还需要额外的网络配置，甚至通过一些软件来实现 Kubernetes 对网络的要求。做到这些后，Pod 和 Pod 之间才能无差别地进行透明通信。

为了达到这个目的，开源界有不少应用增强了 Kubernetes、Docker 的网络，在后续章节中会介绍几个常用的组件及其组网原理。

7.5　Pod 和 Service 网络实战

Docker 给我们带来了不同的网络模式，Kubernetes 也以一种不同的方式来解决这些网络模式的挑战，但有些难以理解，特别是对于刚开始接触 Kubernetes 网络的开发者来说。

前面讲解了 Kubernetes、Docker 理论，本节将通过一个完整的实验，从部署一个 Pod 开始，一步一步地部署 Kubernetes 的组件，剖析 Kubernetes 在网络层是如何实现及工作的。

这里使用虚拟机完成实验。如果要部署在物理机器上或者云服务商的环境中，则涉及的网络模型很可能稍微不同。不过从网络角度来看，Kubernetes 的机制是类似且一致的。

我们的实验环境如图 7.11 所示。

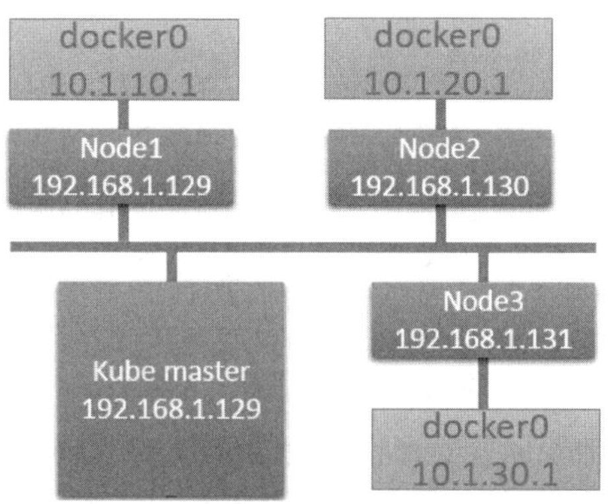

图 7.11　实验环境

Kubernetes 的网络模型要求每个 Node 上的容器都可以相互访问。

默认的 Docker 网络模型提供了一个 IP 地址段是 172.17.0.0/16 的 docker0 网桥。每个容器都会在这个子网内获得 IP 地址，并且将 docker0 网桥的 IP 地址（172.17.42.1）作为其默认网关。需要注意的是，Docker 宿主机外面的网络不需要知道任何关于这个 172.17.0.0/16 的信息或者知道如何连接到其内部，因为 Docker 的宿主机针对容器发出的数据，在物理网卡地址后面都做了 IP 伪装 MASQUERADE（隐含 NAT）。也就是说，在网络上看到的任何容器数据流都来源于该 Docker 节点的物理 IP 地址。这里所说的网络都指连接这些主机的物理网络。这个模型便于使用，但是并不完美，需要依赖端口映射的机制。

在 Kubernetes 的网络模型中，每台主机上的 docker0 网桥都是可以被路由到的。也就是说，在部署了一个 Pod 时，在同一个集群中，各主机都可以访问其他主机上的 Pod IP，并不需要在主机上做端口映射。综上所述，我们可以在网络层将 Kubernetes 的节点看作一个路由器。如果将实验环境改画成一个网络图，那么它看起来如图 7.12 所示。

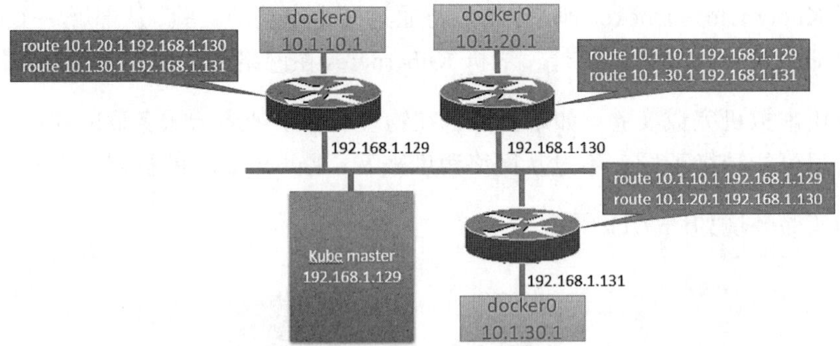

图 7.12　实验环境网络图

为了支持 Kubernetes 网络模型，我们采取了直接路由的方式来实现，在每个 Node 上都配置相应的静态路由项，例如在 192.168.1.129 这个 Node 上配置了两个路由项：

```
#route add -net 10.1.20.0 netmask 255.255.255.0 gw 192.168.1.130
#route add -net 10.1.30.0 netmask 255.255.255.0 gw 192.168.1.131
```

这意味着，每一个新部署的容器都将使用这个 Node（docker0 的网桥 IP）作为它的默认网关。而这些 Node（类似路由器）都有其他 docker0 的路由信息，这样它们就能够相互连通了。

接下来通过一些实际案例，看看 Kubernetes 在不同的场景下其网络部分到底做了什么。

7.5.1　部署一个 RC/Pod

部署的 RC/Pod 描述文件如下（frontend-controller.yaml）：

```
apiVersion: v1
kind: ReplicationController
metadata:
  name: frontend
  labels:
    name: frontend
spec:
  replicas: 1
  selector:
    name: frontend
  template:
    metadata:
```

```
      labels:
        name: frontend
    spec:
      containers:
      - name: php-redis
        image: kubeguide/guestbook-php-frontend
        env:
        - name: GET_HOSTS_FROM
          value: env
        ports:
        - containerPort: 80
          hostPort: 80
```

为了便于观察，这里假定在一个空的 Kubernetes 集群上运行，提前清理了所有 Replication Controller、Pod 和其他 Service：

```
# kubectl get rc
CONTROLLER   CONTAINER(S)   IMAGE(S)   SELECTOR   REPLICAS
#
# kubectl get services
NAME         LABELS                                    SELECTOR   IP(S)     PORT(S)
kubernetes   component=apiserver,provider=kubernetes   <none>     20.1.0.1  443/TCP
#
# kubectl get pods
NAME      READY     STATUS    RESTARTS   AGE
```

让我们检查一下此时某个 Node 上的网络接口都有哪些。Node1 的状态如下：

```
# ifconfig
docker0: flags=4099<UP,BROADCAST,RUNNING,MULTICAST>  mtu 1500
        inet 10.1.10.1  netmask 255.255.255.0  broadcast 10.1.10.255
        inet6 fe80::5484:7aff:fefe:9799  prefixlen 64  scopeid 0x20<link>
        ether 56:84:7a:fe:97:99  txqueuelen 0  (Ethernet)
        RX packets 373245  bytes 170175373 (162.2 MiB)
        RX errors 0  dropped 0  overruns 0  frame 0
        TX packets 353569  bytes 353948005 (337.5 MiB)
        TX errors 0  dropped 0 overruns 0  carrier 0  collisions 0

eno16777736: flags=4163<UP,BROADCAST,RUNNING,MULTICAST>  mtu 1500
        inet 192.168.1.129  netmask 255.255.255.0  broadcast 192.168.1.255
        inet6 fe80::20c:29ff:fe47:6e2c  prefixlen 64  scopeid 0x20<link>
        ether 00:0c:29:47:6e:2c  txqueuelen 1000  (Ethernet)
```

```
        RX packets 326552  bytes 286033393 (272.7 MiB)
        RX errors 0  dropped 0  overruns 0  frame 0
        TX packets 219520  bytes 31014871 (29.5 MiB)
        TX errors 0  dropped 0 overruns 0  carrier 0  collisions 0

lo: flags=73<UP,LOOPBACK,RUNNING>  mtu 65536
        inet 127.0.0.1  netmask 255.0.0.0
        inet6 ::1  prefixlen 128  scopeid 0x10<host>
        loop  txqueuelen 0  (Local Loopback)
        RX packets 24095  bytes 2133648 (2.0 MiB)
        RX errors 0  dropped 0  overruns 0  frame 0
        TX packets 24095  bytes 2133648 (2.0 MiB)
        TX errors 0  dropped 0 overruns 0  carrier 0  collisions 0
```

可以看出，有一个 docker0 网桥和一个本地地址的网络端口。现在部署一下我们在前面准备的 RC/Pod 配置文件，看看会发生什么：

```
# kubectl create -f frontend-controller.yaml
replicationcontrollers/frontend created
#
# kubectl get pods
NAME              READY    STATUS    RESTARTS   AGE    NODE
frontend-4o11g   1/1      Running   0          11s    192.168.1.130
```

可以看到一些有趣的事情。Kubernetes 为这个 Pod 找了一个主机 192.168.1.130（Node2）来运行它。另外，这个 Pod 获得了 Node2 的 docker0 网桥上的一个 IP 地址。我们登录 Node2 查看正在运行的容器：

```
# docker ps
CONTAINER ID      IMAGE        COMMAND        CREATED        STATUS        PORTS        NAMES
37b193a4c633      kubeguide/example-guestbook-php-redis    "/bin/sh -c /run.sh"
32 seconds ago      Up 26 seconds       k8s_php-redis.6ad3289e_frontend-n9n1m_
development_813e2dd9-8149-11e5-823b-000c2921ba71_af6dd859
6d1b99cff4ae      k8s.gcr.io/pause:latest      "/pause"      35 seconds ago      Up 28
seconds      0.0.0.0:80->80/tcp  k8s_POD.855eeb3d_frontend-4t52y_development_
813e3870-8149-11e5-823b-000c2921ba71_2b66f05e
```

在 Node2 上现在运行了两个容器，在我们的 RC/Pod 定义文件中仅仅包含一个，那么这第 2 个是从哪里来的呢？第 2 个看起来运行的是一个叫作 k8s.gcr.io/pause:latest 的镜像，而且这个容器已经有端口映射到它上面了，为什么这样呢？让我们深入容器内部去看一下具体原因。使用 Docker 的 inspect 命令来查看容器的详细信息，特别要关注容器的网络模型：

```
# docker inspect 6d1b99cff4ae | grep NetworkMode
        "NetworkMode": "bridge",
# docker inspect 37b193a4c633 | grep NetworkMode
        "NetworkMode": "container:6d1b99cff4ae537689ce87d7528f4ba9dbb40ae
711ecc0a5b3f7c39ff5e5e495",
```

有趣的结果是，在查看完每个容器的网络模型后，我们都可以看到这样的配置：我们检查的第 1 个容器是运行了 k8s.gcr.io/pause:latest 镜像的容器，它使用了 Docker 默认的网络模型 bridge；而我们检查的第 2 个容器，也就是在 RC/Pod 中定义运行的 php-redis 容器，使用了非默认的网络配置和映射容器的模型，指定了映射目标容器为 k8s.gcr.io/pause:latest。

一起来仔细思考这个过程，为什么 Kubernetes 要这么做呢？

首先，一个 Pod 内的所有容器都需要共用同一个 IP 地址，这就意味着一定要使用网络的容器映射模式。然而，为什么不能只启动 1 个容器，而将第 2 个容器关联到第 1 个容器呢？我们认为 Kubernetes 是从两方面来考虑这个问题的：首先，如果在 Pod 内有多个容器，则可能很难连接这些容器；其次，后面的容器还要依赖第 1 个被关联的容器，如果第 2 个容器关联到第 1 个容器，且第 1 个容器死掉的话，那么第 2 个容器也将死掉。启动一个基础容器，然后将 Pod 内的所有容器都连接到它上面会更容易一些。因为我们只需为基础的 k8s.gcr.io/pause 容器执行端口映射规则，这也简化了端口映射的过程。所以我们启动 Pod 后的网络模型类似于图 7.13。

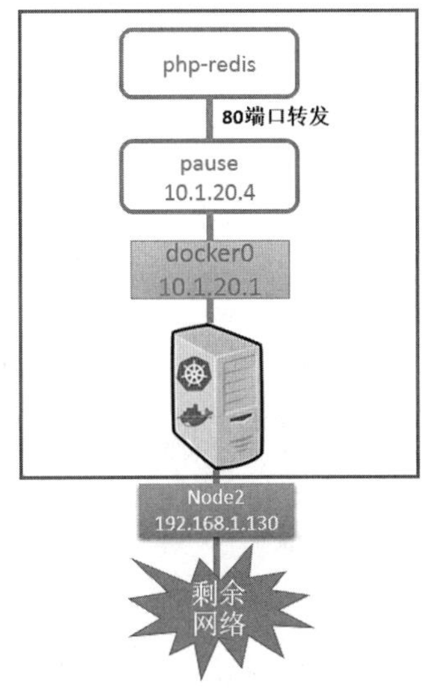

图 7.13　启动 Pod 后的网络模型

在这种情况下，实际 Pod 的 IP 数据流的网络目标都是这个 k8s.gcr.io/pause 容器。图 7.13 有点儿取巧地显示了是 k8s.gcr.io/pause 容器将端口 80 的流量转发给了相关容器。而 Pause 容器只是看起来转发了网络流量，但它并没有真的这么做。实际上，应用容器直接监听了这些端口，和 k8s.gcr.io/pause 容器共享同一个网络堆栈。这就是为什么实际容器的端口映射在 Pod 内都显示到 k8s.gcr.io/pause 容器上了。我们可以通过 docker port 命令来检验一下：

```
# docker ps
CONTAINER ID        IMAGE
37b193a4c633        kubeguide/example-guestbook-php-redis
6d1b99cff4ae        k8s.gcr.io/pause:latest
#
# docker port 6d1b99cff4ae
80/tcp -> 0.0.0.0:80
```

综上所述，k8s.gcr.io/pause 容器实际上只是负责接管这个 Pod 的 Endpoint，并没有做更多的事情。那么 Node 呢？它需要将数据流传给 k8s.gcr.io/pause 容器吗？我们来检查一下 iptables 的规则，看看有什么发现：

```
# iptables-save
# Generated by iptables-save v1.4.21 on Thu Sep 24 17:15:01 2020
*nat
:PREROUTING ACCEPT [0:0]
:INPUT ACCEPT [0:0]
:OUTPUT ACCEPT [0:0]
:POSTROUTING ACCEPT [0:0]
:DOCKER - [0:0]
:KUBE-NODEPORT-CONTAINER - [0:0]
:KUBE-NODEPORT-HOST - [0:0]
:KUBE-PORTALS-CONTAINER - [0:0]
:KUBE-PORTALS-HOST - [0:0]
-A PREROUTING -m comment --comment "handle ClusterIPs; NOTE: this must be before the NodePort rules" -j KUBE-PORTALS-CONTAINER
-A PREROUTING -m addrtype --dst-type LOCAL -j DOCKER
-A PREROUTING -m addrtype --dst-type LOCAL -m comment --comment "handle service NodePorts; NOTE: this must be the last rule in the chain" -j KUBE-NODEPORT-CONTAINER
-A OUTPUT -m comment --comment "handle ClusterIPs; NOTE: this must be before the NodePort rules" -j KUBE-PORTALS-HOST
-A OUTPUT ! -d 127.0.0.0/8 -m addrtype --dst-type LOCAL -j DOCKER
-A OUTPUT -m addrtype --dst-type LOCAL -m comment --comment "handle service
```

```
NodePorts; NOTE: this must be the last rule in the chain
    -A POSTROUTING -s 10.1.20.0/24 ! -o docker0 -j MASQUERADE
    -A KUBE-PORTALS-CONTAINER -d 20.1.0.1/32 -p tcp -m comment --comment
"default/kubernetes:" -m tcp --dport 443 -j REDIRECT --to-ports 60339
    -A KUBE-PORTALS-HOST -d 20.1.0.1/32 -p tcp -m comment --comment
"default/kubernetes:" -m tcp --dport 443 -j DNAT --to-destination 192.168.1.131:60339
    COMMIT
    # Completed on Thu Sep 24 17:15:01 2020
    # Generated by iptables-save v1.4.21 on Thu Sep 24 17:15:01 2020
    *filter
    :INPUT ACCEPT [1131:377745]
    :FORWARD ACCEPT [0:0]
    :OUTPUT ACCEPT [1246:209888]
    :DOCKER - [0:0]
    -A FORWARD -o docker0 -j DOCKER
    -A FORWARD -o docker0 -m conntrack --ctstate RELATED,ESTABLISHED -j ACCEPT
    -A FORWARD -i docker0 ! -o docker0 -j ACCEPT
    -A FORWARD -i docker0 -o docker0 -j ACCEPT
    -A DOCKER -d 172.17.0.19/32 ! -i docker0 -o docker0 -p tcp -m tcp --dport 5000
-j ACCEPT
    COMMIT
    # Completed on Thu Sep 24 17:15:01 2020
```

上面的这些规则并没有被应用到我们刚刚定义的 Pod 上。当然，Kubernetes 会给每一个 Kubernetes 节点都提供一些默认的服务，上面的规则就是 Kubernetes 默认的服务所需的。关键是，我们没有看到任何 IP 伪装的规则，并且没有任何指向 Pod 10.1.20.4 内的端口映射。

7.5.2　发布一个服务

我们已经了解了 Kubernetes 如何处理基本的元素即 Pod 的连接问题，接下来看一下它是如何处理 Service 的。Service 允许我们在多个 Pod 之间抽象一些服务，而且服务可以通过提供同一个 Service 的多个 Pod 之间的负载均衡机制来支持水平扩展。我们再次将环境初始化，删除刚刚创建的 RC 或 Pod 来确保集群是空的：

```
# kubectl stop rc frontend
replicationcontroller/frontend
#
# kubectl get rc
```

```
    CONTROLLER   CONTAINER(S)   IMAGE(S)   SELECTOR   REPLICAS
    #
    # kubectl get services
    NAME        LABELS                                SELECTOR   IP(S)     PORT(S)
    kubernetes   component=apiserver,provider=kubernetes    <none>     20.1.0.1
443/TCP
    #
    # kubectl get pods
    NAME      READY     STATUS    RESTARTS   AGE
```

然后准备一个名为 frontend 的 Service 配置文件：

```
apiVersion: v1
kind: Service
metadata:
  name: frontend
  labels:
    name: frontend
spec:
  ports:
  - port: 80
  selector:
    name: frontend
```

接着在 Kubernetes 集群中定义这个服务：

```
    # kubectl create -f frontend-service.yaml
    services/frontend
    # kubectl get services
    NAME         LABELS                     SELECTOR                IP(S)          PORT(S)
    frontend     name=frontend              name=frontend           20.1.244.75       80/TCP
    kubernetes   component=apiserver,provider=kubernetes   <none>   20.1.0.1
443/TCP
```

在服务正确创建后，可以看到 Kubernetes 集群已经为这个服务分配了一个虚拟 IP 地址 20.1.244.75，这个 IP 地址是在 Kubernetes 的 Portal Network 中分配的。而这个 Portal Network 的地址范围是我们在 Kubmaster 上启动 API 服务进程时，使用--service-cluster-ip-range=xx 命令行参数指定的：

```
    # cat /etc/kubernetes/apiserver
    ......
    # Address range to use for services
```

```
    KUBE_SERVICE_ADDRESSES="--service-cluster-ip-range=20.1.0.0/16"
    ......
```

这个 IP 段可以是任何段，只要不和 docker0 或者物理网络的子网冲突就可以。选择任意其他网段的原因是，这个网段将不会在物理网络和 docker0 网络上进行路由。这个 Portal Network 针对的是每一个 Node 都有局部的特殊性，实际上它存在的意义是让容器的流量都指向默认网关（也就是 docker0 网桥）。在继续实验前先登录 Node1，看一下在我们定义服务后发生了什么变化。首先检查一下 iptables 或 Netfilter 的规则：

```
    # iptables-save
    ......
    -A KUBE-PORTALS-CONTAINER -d 20.1.244.75/32 -p tcp -m comment --comment "default/
frontend:" -m tcp --dport 80 -j REDIRECT --to-ports 3376
    -A KUBE-PORTALS-HOST -d 20.1.244.75/32 -p tcp -m comment --comment "default/
kubernetes:" -m tcp --dport 80 -j DNAT --to-destination 192.168.1.131:3376
    ......
```

第 1 行是挂在 PREROUTING 链上的端口重定向规则，所有进入的流量如果满足 20.1.244.75:80，则都会被重定向到端口 33761。第 2 行是挂在 OUTPUT 链上的目标地址 NAT，做了和上述第 1 行规则类似的工作，但针对的是当前主机生成的外出流量。所有主机生成的流量都需要使用这个 DNAT 规则来处理。简而言之，这两个规则使用了不同的方式做了类似的事情，就是将所有从节点生成的发送给 20.1.244.75:80 的流量重定向到本地的 33761 端口。

至此，目标为 Service IP 地址和端口的任何流量都将被重定向到本地的 33761 端口。这个端口连到哪里去了呢？这就到了 kube-proxy 发挥作用的地方了。这个 kube-proxy 服务给每一个新创建的服务都关联了一个随机的端口号，并且监听那个特定的端口，为服务创建了相关的负载均衡对象。在我们的实验中，随机生成的端口刚好是 33761。通过监控 Node1 上 Kubernetes-Service 的日志，在创建服务时可以看到下面的记录：

```
    2612 proxier.go:413] Opened iptables from-containers portal for service "default/
frontend:" on TCP 20.1.244.75:80
    2612 proxier.go:424] Opened iptables from-host portal for service "default/
frontend:" on TCP 20.1.244.75:80
```

可以知道，所有流量都被导入 kube-proxy 中了。我们现在需要它完成一些负载均衡工作，创建 Replication Controller 并观察结果。下面是 Replication Controller 的配置文件：

```
    apiVersion: v1
    kind: ReplicationController
```

```
metadata:
  name: frontend
  labels:
    name: frontend
spec:
  replicas: 3
  selector:
    name: frontend
  template:
    metadata:
      labels:
        name: frontend
    spec:
      containers:
      - name: php-redis
        image: kubeguide/example-guestbook-php-redis
        env:
        - name: GET_HOSTS_FROM
          value: env
        ports:
        - containerPort: 80
```

在集群发布以上配置文件后，等待并观察，确保所有 Pod 都运行起来了：

```
# kubectl create -f frontend-controller.yaml
replicationcontrollers/frontend created
#
# kubectl get pods -o wide
NAME             READY    STATUS     RESTARTS   AGE      NODE
frontend-64t8q   1/1      Running    0          5s       192.168.1.130
frontend-dzqve   1/1      Running    0          5s       192.168.1.131
frontend-x5dwy   1/1      Running    0          5s       192.168.1.129
```

现在所有的 Pod 都运行起来了，Service 将会把客户端的请求负载分发到包含 name=frontend 标签的所有 Pod 上。现在的实验环境如图 7.14 所示。

Kubernetes 的 kube-proxy 看起来只是一个夹层，但实际上它只是在 Node 上运行的一个服务。上述重定向规则的结果就是针对目标地址为服务 IP 的流量，将 Kubernetes 的 kube-proxy 变成了一个中间的夹层。

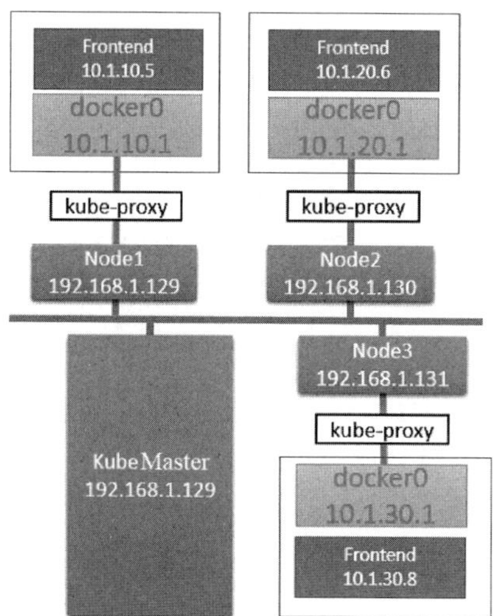

图 7.14 现在的实验环境

为了查看具体的重定向动作，我们会使用 tcpdump 进行网络抓包操作。

首先，安装 tcpdump：

```
yum -y install tcpdump
```

安装完成后，登录 Node1，运行 tcpdump 命令：

```
tcpdump -nn -q -i eno16777736 port 80
```

需要捕获物理服务器以太网接口的数据包，Node1 机器上的以太网接口名称是 eno16777736。

再打开第 1 个窗口运行第 2 个 tcpdump 程序，不过我们需要一些额外的信息去运行它，即挂接在 docker0 桥上的虚拟网卡 Veth 的名称。我们看到只有一个 frontend 容器在 Node1 主机上运行，所以可以使用简单的 ip addr 命令来查看唯一的 Veth 网络接口：

```
# ip addr
1: lo: <LOOPBACK,UP,LOWER_UP> mtu 65536 qdisc noqueue state UNKNOWN
    link/loopback 00:00:00:00:00:00 brd 00:00:00:00:00:00
    inet 127.0.0.1/8 scope host lo
       valid_lft forever preferred_lft forever
    inet6 ::1/128 scope host
       valid_lft forever preferred_lft forever
2: eno16777736: <BROADCAST,MULTICAST,UP,LOWER_UP> mtu 1500 qdisc pfifo_fast
state UP qlen 1000
```

```
    link/ether 00:0c:29:47:6e:2c brd ff:ff:ff:ff:ff:ff
    inet 192.168.1.129/24 brd 192.168.1.255 scope global eno16777736
      valid_lft forever preferred_lft forever
    inet6 fe80::20c:29ff:fe47:6e2c/64 scope link
      valid_lft forever preferred_lft forever
3: docker0: <NO-CARRIER,BROADCAST,MULTICAST,UP> mtu 1500 qdisc noqueue state DOWN
    link/ether 56:84:7a:fe:97:99 brd ff:ff:ff:ff:ff:ff
    inet 10.1.10.1/24 brd 10.1.10.255 scope global docker0
      valid_lft forever preferred_lft forever
    inet6 fe80::5484:7aff:fefe:9799/64 scope link
      valid_lft forever preferred_lft forever
12: veth0558bfa: <BROADCAST,MULTICAST,UP,LOWER_UP> mtu 1500 qdisc noqueue master
docker0 state UP
    link/ether 86:82:e5:c8:5a:9a brd ff:ff:ff:ff:ff:ff
    inet6 fe80::8482:e5ff:fec8:5a9a/64 scope link
      valid_lft forever preferred_lft forever
```

复制这个接口的名字，在第 2 个窗口中运行 tcpdump 命令：

```
tcpdump -nn -q -i veth0558bfa host 20.1.244.75
```

同时运行这两个命令，并且将窗口并排放置，以便同时看到两个窗口的输出：

```
# tcpdump -nn -q -i eno16777736 port 80
tcpdump: verbose output suppressed, use -v or -vv for full protocol decode
listening on eno16777736, link-type EN10MB (Ethernet), capture size 65535 bytes

# tcpdump -nn -q -i veth0558bfa host 20.1.244.75
tcpdump: verbose output suppressed, use -v or -vv for full protocol decode
listening on veth0558bfa, link-type EN10MB (Ethernet), capture size 65535 bytes
```

好了，我们已经在同时捕获两个接口的网络包了。这时再启动第 3 个窗口，运行 docker exec 命令连接到我们的 frontend 容器内部（可以先运行 docker ps 命令获得这个容器的 ID）：

```
# docker ps
CONTAINER ID       IMAGE                                   ......
268ccdfb9524       kubeguide/example-guestbook-php-redis         ......
6a519772b27e       k8s.gcr.io/pause:latest                     ......
```

进入运行的容器内部：

```
#docker exec -it 268ccdfb9524 bash
# docker exec -it 268ccdfb9524 bash
root@frontend-x5dwy:/#
```

一旦进入运行的容器内部，我们就可以通过 Pod 的 IP 地址来访问服务了。使用 curl 来尝试访问服务：

```
curl 20.1.244.75
```

在使用 curl 访问服务时，将在抓包的两个窗口内看到：

```
20:19:45.208948 IP 192.168.1.129.57452 > 10.1.30.8.8080: tcp 0
20:19:45.209005 IP 10.1.30.8.8080 > 192.168.1.129.57452: tcp 0
20:19:45.209013 IP 192.168.1.129.57452 > 10.1.30.8.8080: tcp 0
20:19:45.209066 IP 10.1.30.8.8080 > 192.168.1.129.57452: tcp 0

20:19:45.209227 IP 10.1.10.5.35225 > 20.1.244.75.80: tcp 0
20:19:45.209234 IP 20.1.244.75.80 > 10.1.10.5.35225: tcp 0
20:19:45.209280 IP 10.1.10.5.35225 > 20.1.244.75.80: tcp 0
20:19:45.209336 IP 20.1.244.75.80 > 10.1.10.5.35225: tcp 0
```

这些信息说明了什么问题呢？让我们在网络图上用实线标出第1个窗口中网络抓包信息的含义（物理网卡上的网络流量），并用虚线标出第 2 个窗口中网络抓包信息的含义（docker0 网桥上的网络流量），如图 7.15 所示。

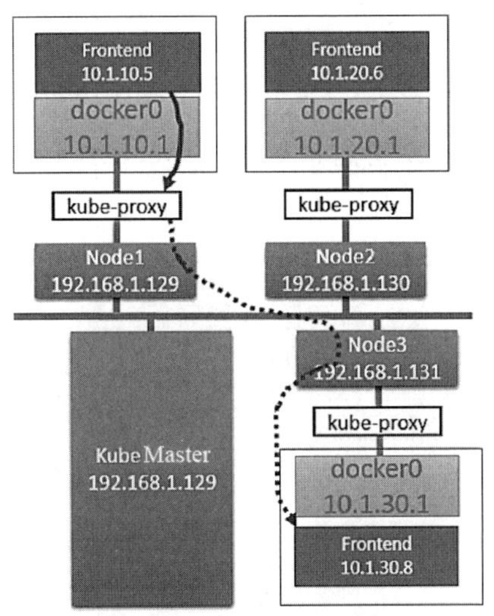

图 7.15　数据流动情况 1

注意，在图 7.15 中，虚线绕过了 Node3 的 kube-proxy，这么做是因为 Node3 上的 kube-proxy 没有参与这次网络交互。换句话说，Node1 的 kube-proxy 服务直接和负载均衡到的 Pod 进行网络交互。

在查看第 2 个捕获包的窗口时，我们能够站在容器的视角看这些流量。首先，容器尝试使用 20.1.244.75:80 打开 TCP 的 Socket 连接。同时，我们可以看到从服务地址 20.1.244.75 返回的数据。从容器的视角来看，整个交互过程都是在服务之间进行的。但是在查看一个捕获包的窗口时（上面的窗口），我们可以看到物理机之间的数据交互，可以看到一个 TCP 连接从 Node1 的物理地址（192.168.1.129）发出，直接连接到运行 Pod 的主机 Node3 上（192.168.1.131）。总而言之，Kubernetes 的 kube-proxy 作为一个全功能的代理服务器管理了两个独立的 TCP 连接：一个是从容器到 kube-proxy：另一个是从 kube-proxy 到负载均衡的目标 Pod。

如果清理一下捕获的记录，再次运行 curl，则还可以看到网络流量被负载均衡转发到另一个节点 Node2 上了：

```
20:19:45.208948 IP 192.168.1.129.57485 > 10.1.20.6.8080: tcp 0
20:19:45.209005 IP 10.1.20.6.8080 > 192.168.1.129.57485: tcp 0
20:19:45.209013 IP 192.168.1.129.57485 > 10.1.20.6.8080: tcp 0
20:19:45.209066 IP 10.1.20.6.8080 > 192.168.1.129.57485: tcp 0

20:19:45.209227 IP 10.1.10.5.38026 > 20.1.244.75.80: tcp 0
20:19:45.209234 IP 20.1.244.75.80 > 10.1.10.5.38026: tcp 0
20:19:45.209280 IP 10.1.10.5.38026> 20.1.244.75.80: tcp 0
20:19:45.209336 IP 20.1.244.75.80 > 10.1.10.5.38026: tcp 0
```

这一次，Kubernetes 的 Proxy 将选择运行在 Node2（10.1.20.1）上的 Pod 作为目标地址。数据流动情况如图 7.16 所示。

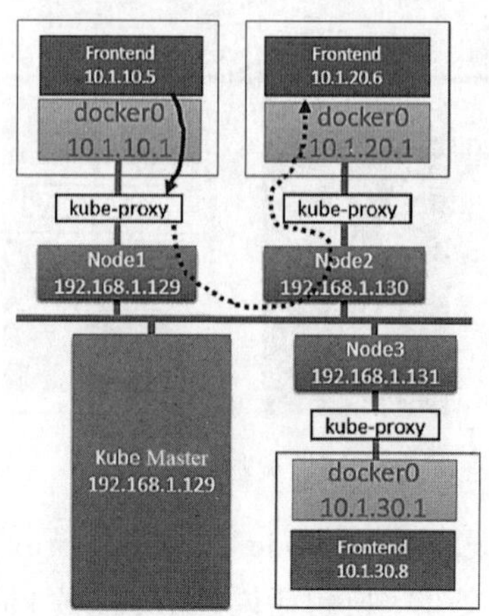

图 7.16 数据流动情况 2

到这里，你肯定已经知道另一个可能的负载均衡的路由结果了。

7.6　CNI 网络模型

随着容器技术在企业生产系统中的逐步落地，用户对容器云的网络特性要求也越来越高。跨主机容器间的网络互通已经成为基本要求，更高的要求包括容器固定 IP 地址、一个容器多个 IP 地址、多个子网隔离、ACL 控制策略、与 SDN 集成等。目前主流的容器网络模型主要有 Docker 公司提出的 Container Network Model（CNM）和 CoreOS 公司提出的 Container Network Interface（CNI）。

7.6.1　CNM 网络模型简介

CNM 模型现已被 Cisco Contiv、Kuryr、Open Virtual Networking（OVN）、Project Calico、VMware、Weave 和 Plumgrid 等项目所采纳。另外，Weave、Project Calico、Kuryr 和 Plumgrid 等项目也为 CNM 提供了网络插件的具体实现。

CNM 模型主要通过 Network Sandbox、Endpoint 和 Network 这 3 个组件进行实现，如图 7.17 所示。

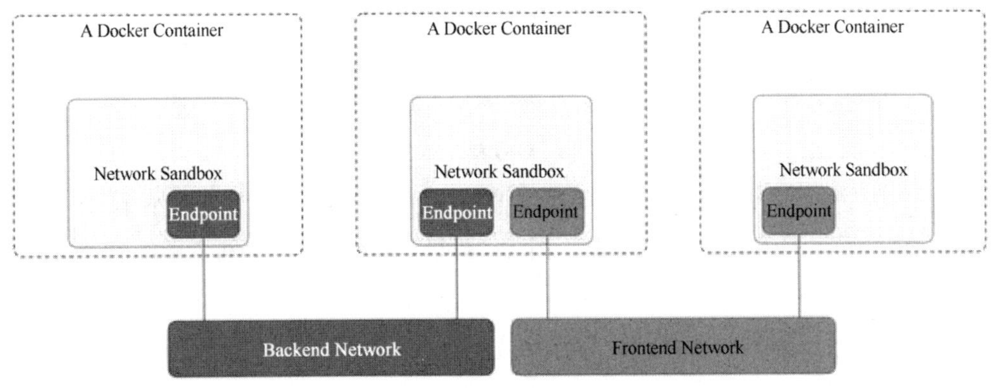

图 7.17　CNM 模型示意图

◎ Network Sandbox：容器内部的网络栈，包括网络接口、路由表、DNS 等配置的管理。Sandbox 可通过 Linux 网络命名空间、FreeBSD Jail 等机制进行实现。一个 Sandbox 可以包含多个 Endpoint。

◎ Endpoint：用于将容器内的 Sandbox 与外部网络相连的网络接口。可以使用 Veth 设备对、Open vSwitch 的内部 port 等技术进行实现。一个 Endpoint 仅能加入一个 Network。

◎ Network：可以直接互连的 Endpoint 的集合。可以通过 Linux 网桥、VLAN 等技术进行实现。一个 Network 包含多个 Endpoint。

7.6.2 CNI 网络模型详解

CNI是由CoreOS公司提出的另一种容器网络规范，现在已经被Kubernetes、rkt、Apache Mesos、Cloud Foundry 和 Kurma 等项目采纳。另外，Contiv Networking、Project Calico、Weave、SR-IOV、Cilium、Infoblox、Multus、Romana、Plumgrid 和 Midokura 等项目也为 CNI 提供了网络插件的具体实现。图 7.18 描述了容器运行环境与各种网络插件通过 CNI 进行连接的模型。

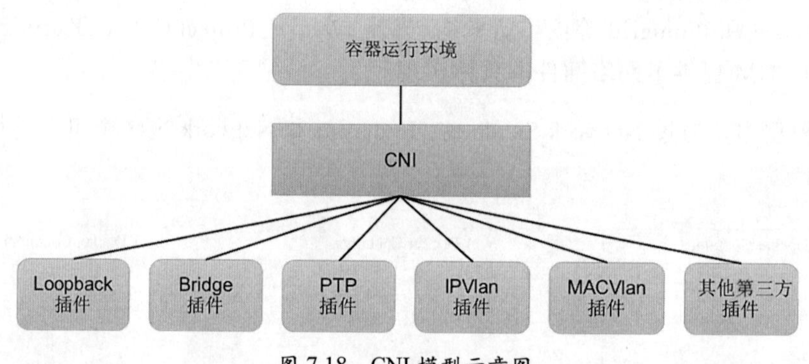

图 7.18 CNI 模型示意图

CNI 定义了容器运行环境与网络插件之间的简单接口规范，通过一个 JSON Schema 定义 CNI 插件提供的输入和输出参数。一个容器可以通过绑定多个网络插件加入多个网络中。

本节将对 CNI 规范、CNI 插件、网络配置、IPAM 等概念和配置进行详细说明。

1. CNI 规范概述

CNI 提供了一种应用容器的插件化网络解决方案，定义对容器网络进行操作和配置的规范，通过插件的形式对 CNI 接口进行实现。CNI 是由 rkt Networking Proposal 发展而来的，尝试提供一种普适的容器网络解决方案。CNI 仅关注在创建容器时分配网络资源与在销毁容器时删除网络资源，这使得 CNI 规范非常轻巧、易于实现，得到了广泛的支持。

在 CNI 模型中只涉及两个概念：容器和网络。

- ◎ 容器：是拥有独立 Linux 网络命名空间的环境，例如使用 Docker 或 rkt 创建的容器。关键之处是容器需要拥有自己的 Linux 网络命名空间，这是加入网络的必要条件。
- ◎ 网络：表示可以互连的一组实体，这些实体拥有各自独立、唯一的 IP 地址，可以是容器、物理机或者其他网络设备（比如路由器）等。可以将容器添加到一个或多个网络中，也可以从一个或多个网络中删除。

对容器网络的设置和操作都通过插件（Plugin）进行具体实现，CNI 插件包括两种类型：CNI Plugin 和 IPAM（IP Address Management）Plugin。CNI Plugin 负责为容器配置网络资源，IPAM Plugin 负责对容器的 IP 地址进行分配和管理。IPAM Plugin 作为 CNI Plugin 的一部分，与 CNI Plugin 一起工作。

2. 容器运行时与 CNI 插件的关系和工作机制

将容器添加到网络中或者删除某个网络是由容器运行时（runtime）和 CNI 插件完成的，容器运行时与 CNI 插件之间的关系和工作机制通常遵循下面的原则。

- ◎ 容器运行时必须在调用任意插件前为容器创建一个新的网络命名空间。
- ◎ 容器运行时必须确定此容器所归属的网络（一个或多个），以及每个网络必须执行哪个插件。
- ◎ 网络配置为 JSON 格式，便于在文件中存储。网络配置包括必填字段，例如 name 和 type，以及插件（类型）特有的字段。网络配置允许在调用时更改字段的值。为此，必须在可选字段 args 中包含需要变更的信息。
- ◎ 容器运行时必须按照先后顺序为每个网络运行插件将容器添加到每个网络中。
- ◎ 容器生命周期结束后，容器运行时必须以反向顺序（相对于添加容器执行顺序）执行插件，以使容器与网络断开连接。
- ◎ 容器运行时一定不能为同一个容器的调用执行并行（parallel）操作，但可以为多个不同容器的调用执行并行操作。
- ◎ 容器运行时必须对容器的 ADD 和 DEL 操作设置顺序，以使得 ADD 操作最终跟随相应的 DEL 操作。DEL 操作后面可能会有其他 DEL 操作，但插件应自由处理多个 DEL 操作（即多个 DEL 操作应该是幂等的）。

◎ 容器必须由 ContainerID 进行唯一标识。存储状态的插件应使用联合主键（network name、CNI_CONTAINERID、CNI_IFNAME）进行存储。

◎ 容器运行时不得为同一个实例（由联合主键 network name、CNI_CONTAINERID、CNI_IFNAME 进行标识）调用两次 ADD 操作（无相应的 DEL 操作）。对同一个容器（ContainerID），仅在每次 ADD 操作都使用不同的网络接口名称时，才可以多次添加到特定的网络中。

◎ 除非明确标记为可选配置，CNI 结构中的字段（例如 Network Configuration 和 CNI Plugin Result）都是必填字段。

3. CNI Plugin 详解

CNI Plugin 必须是一个可执行程序，由容器管理系统（如 Kubernetes）调用。

CNI Plugin 负责将网络接口（network interface）插入容器网络名称空间（例如 Veth 设备对的一端），并在主机上进行任意必要的更改（例如将 Veth 设备对的另一端连接到网桥），然后调用适当的 IPAM 插件，将 IP 地址分配给网络接口，并设置正确的路由规则。

CNI Plugin 需要支持的操作包括 ADD（添加）、DELETE（删除）、CHECK（检查）和 VERSION（版本查询）。这些操作的具体实现均由 CNI Plugin 可执行程序完成。

（1）ADD：将容器添加到某个网络中，主要过程为在 Container Runtime 创建容器时，先创建好容器内的网络命名空间，然后调用 CNI 插件为该 netns 完成容器网络的配置。ADD 操作的参数如下。

◎ Container ID：容器 ID，为容器的唯一标识。

◎ Network namespace path：容器的网络命名空间路径，例如/proc/[pid]/ns/net。

◎ Network configuration：网络配置 JSON 文档，用于描述容器待加入的网络。

◎ Extra arguments：其他参数，提供了另一种以每个容器为基础的 CNI 插件简单配置机制。

◎ Name of the interface inside the container：容器内的虚拟网卡名称。

ADD 操作的结果信息包含以下参数。

◎ Interfaces list：网络接口列表，根据 Plugin 的实现，可能包括 Sandbox Interface 名称、主机 Interface 名称、每个 Interface 的地址等信息。

◎ IP configuration assigned to each interface：分配给每个网络接口的 IPv4 或 IPv6 地址、网关地址和路由信息。

◎ DNS information：DNS 相关信息，包括域名服务器（name server）、域名信息（domain）、搜索后缀（search domains）、DNS 选项（options）。

（2）DEL：在容器销毁时将容器从某个网络中删除。DEL 操作的参数如下。

◎ Container ID：容器 ID。
◎ Network namespace path：容器的网络命名空间路径，例如/proc/[pid]/ns/net。
◎ Network configuration：网络配置 JSON 文档，用于描述容器待加入的网络。
◎ Extra arguments：其他参数。
◎ Name of the interface inside the container：容器内的网卡名。

执行 DEL 操作时需要注意如下事项。

◎ 所有参数都必须与执行 ADD 操作时相同。
◎ DEL 操作应该释放容器（ContainerID）占用的所有网络资源。
◎ 如果前一个操作是 ADD，则应在网络插件的配置文件 JSON 中补充 prevResult 字段，以标明前一个操作的结果（容器运行时可能会缓存 ADD 的结果）。
◎ 如果没有提供 CNI_NETNS 或 prevResult，则 CNI Plugin 应该尽可能释放容器相关的所有网络资源（例如释放通过 IPAM 分配的 IP 地址），并返回成功。
◎ 如果容器运行时对 ADD 结果进行了缓存，则在执行 DEL 操作后必须删除之前的缓存内容。
◎ CNI Plugin 在执行 DEL 操作后通常应返回成功，即使在某些资源缺失的情况下。例如，当容器的网络命名空间不存在时，IPAM 插件也应该对执行 IP 地址释放返回成功。

（3）CHECK：检查容器网络是否正确设置，其结果为空（表示成功）或错误信息（表示失败）。CHECK 操作的参数如下。

◎ Container ID：容器 ID。
◎ Network namespace path：容器的网络命名空间路径，例如/proc/[pid]/ns/net。
◎ Network configuration：网络配置 JSON 文档，用于描述容器待加入的网络，必须通过 prevResult 字段将其设置为前一个 ADD 操作的结果。
◎ Extra arguments：其他参数。
◎ Name of the interface inside the container：容器内的网卡名。

执行 CHECK 操作时需要注意如下事项。

◎ 必须设置 prevResult 字段，标明需要检查的网络接口和网络地址。
◎ 插件必须允许插件链中靠后的插件对网络资源进行修改，例如修改路由规则。
◎ 如果 prevResult 中的某个资源（如网络接口、网络地址、路由）不存在或者处于非法状态，则插件应该返回错误。
◎ 如果未在 Result 中跟踪的其他资源（例如防火墙规则、流量整形（traffic shaping）、IP 保留等）不存在或者处于非法状态，则插件应该返回错误。
◎ 如果插件得知容器不可达，则应该返回错误。
◎ 插件应该在执行 ADD 操作后立刻执行 CHECK 操作。
◎ 插件应该在执行其他代理插件（例如 IPAM）后立刻执行 CHECK 操作，并将错误的结果返回给调用者。
◎ 容器运行时不得在调用 ADD 操作前调用 CHECK 操作，也不得在调用 DEL 操作后再调用 CHECK 操作。
◎ 如果在网络配置中明确设置了“disableCheck”，则容器运行时不得调用 CHECK 操作。
◎ 容器运行时应在调用 ADD 操作后，在网络配置中补充 prevResult 信息。
◎ 容器运行时可以选择在一个插件链中某一个插件返回错误时停止执行 CHECK 操作。
◎ 容器运行时可以在成功执行 ADD 操作后立刻执行 CHECK 操作。
◎ 容器运行时可以假设一次失败的 CHECK 操作意味着容器永远处于错误配置状态。

（4）VERSION：查询网络插件支持的 CNI 规范版本号，无参数，返回值为网络插件支持的 CNI 规范版本号。例如：

```
    {
      "cniVersion": "0.4.0", // the version of the CNI spec in use for this output
      "supportedVersions": [ "0.1.0", "0.2.0", "0.3.0", "0.3.1", "0.4.0" ] // the
list of CNI spec versions that this plugin supports
    }
```

容器运行时必须使用 CNI Plugin 网络配置参数中的 type 字段标识的文件名在环境变量 CNI_PATH 设定的路径下查找同名的可执行文件。一旦找到，容器运行时就将调用该可执行程序，并传入以下环境变量设置的网络配置参数，供该插件完成容器网络资源和参数的设置。

需要传入的环境变量参数如下。

◎ CNI_COMMAND：操作方法，包括 ADD、DEL、CHECK 和 VERSION。

◎ CNI_CONTAINERID：容器 ID。

◎ CNI_NETNS：容器的网络命名空间路径，例如/proc/[pid]/ns/net。

◎ CNI_IFNAME：待设置的网络接口名称。

◎ CNI_ARGS：其他参数，为 key=value 格式，多个参数之间用分号分隔，例如 "FOO=BAR; ABC=123"。

◎ CNI_PATH：可执行文件的查找路径，可以设置多个。

网络配置参数由一个 JSON 报文组成，以标准输入（stdin）的方式传递给可执行程序。

下面对 CNI Plugin 操作的返回结果进行说明。

首先，成功操作的返回码应设置为 0，在失败的情况下设置为非 0，并返回如下 JSON 格式的错误信息到标准输出（stdout）中：

```
{
  "cniVersion": "0.4.0",
  "code": <numeric-error-code>,
  "msg": <short-error-message>,
  "details": <long-error-message> (optional)
}
```

CNI 规范设计返回码 0 ~ 99 为系统保留，100 及以上的返回码可由插件的具体实现按需任意使用。另外，标准错误输出（stderr）也可以用于非结构化的输出内容，例如详细的日志信息。

对于 ADD 操作来说，成功的结果应以如下格式的 JSON 报文发送到标准输出：

```
{
  "cniVersion": "0.4.0",
  "interfaces": [                          (IPAM 插件无此字段)
      {
          "name": "<name>",                (网络接口名称)
          "mac": "<MAC address>",          (需要 MAC 地址时设置)
          "sandbox": "<netns path or hypervisor identifier>"
(容器或 Hypervisor 设置的网络命名空间路径，使用主机网络时忽略)
      }
  ],
  "ips": [
```

```
    {
        "version": "<4-or-6>",                                    (IPv4 或 IPv6)
        "address": "<ip-and-prefix-in-CIDR>",                     (IP 地址)
        "gateway": "<ip-address-of-the-gateway>",                 (网关地址，可选)
        "interface": <numeric index into 'interfaces' list>   (网络接口序号)
    },
    ......
  ],
  "routes": [                                                   (路由信息，可选)
    {
        "dst": "<ip-and-prefix-in-cidr>",
        "gw": "<ip-of-next-hop>"                                (下一跳 IP 地址，可选)
    },
    ......
  ],
  "dns": {                                                      (DNS 信息，可选)
    "nameservers": <list-of-nameservers>                        (域名服务器列表，可选)
    "domain": <name-of-local-domain>                            (域名，可选)
    "search": <list-of-additional-search-domains>               (搜索后缀列表，可选)
    "options": <list-of-options>                                (DNS 选项，可选)
  }
}
```

其中，ips 和 dns 段落的内容应与 IPAM 插件的返回结果完全一致，并补充 interface 字段为网络接口的序号（这是因为 IPAM 插件不关心网络接口的信息）。

对各字段信息说明如下。

◎ cniVersion：CNI 规范的版本号，CNI Plugin 可以支持多个版本。

◎ interfaces：CNI Plugin 创建的网络接口（network interface）信息，如果设置了环境变量 CNI_IFNAME，则应使用 CNI_IFNAME 指定的网络接口名称。网络接口的信息如下。
  - mac：网络接口的 MAC 地址，对于不关心二层地址的容器来说，可以不设置。
  - sandbox：对于容器环境，应返回容器的网络命名空间路径，例如/proc/[pid]/ns/net；对于 Hypervisor 或虚拟机环境，应返回虚拟沙箱的唯一 ID。

◎ ips：IP 地址信息，包括地址类型是否是 IPv4 或 IPv6、IP 地址、网关地址、网络接口序号等信息。

◎ routes：路由信息。

◎ dns：DNS 相关信息，包括域名服务器、本地域名、搜索后缀、DNS 选项等。

4. CNI 网络配置详解

CNI 网络配置（Network Configuration）以 JSON 格式进行描述。这个配置可以以文件的形式保存在磁盘上，或者由容器运行时自动生成。

目前，CNI 规范的网络配置参数包括如下几个。

- ◎ cniVersion（string）：CNI 版本号。
- ◎ name（string）：网络名称，应在一个 Node 或一个管理域内唯一。
- ◎ type（string）：CNI Plugin 可执行文件的名称。
- ◎ args（dictionary）：其他参数，可选。
- ◎ ipMasq（boolean）：是否设置 IP Masquerade（需插件支持），适用于主机可作为网关的环境中。
- ◎ ipam：IP 地址管理的相关配置。
  - type（string）：IPAM 可执行的文件名。
- ◎ dns：DNS 服务的相关配置。
  - nameservers（list of strings）：域名服务器列表，可以使用 IPv4 或 IPv6 地址。
  - domain（string）：本地域名，用于短主机名查询。
  - search（list of strings）：按优先级排序的域名搜索后缀列表。
  - options（list of strings）：传递给域名解析器的选项列表。

下面看几个网络配置示例。

（1）bridge 类型，IP 地址管理（IPAM）使用 host-local 插件进行设置：

```
{
  "cniVersion": "0.4.0",
  "name": "dbnet",
  "type": "bridge",
  "bridge": "cni0",
  "ipam": {
    "type": "host-local",
    "subnet": "10.1.0.0/16",
    "gateway": "10.1.0.1"
  },
  "dns": {
    "nameservers": [ "10.1.0.1" ]
  }
}
```

（2）ovs 类型，IP 地址管理（IPAM）使用 dhcp 插件进行设置：

```
{
  "cniVersion": "0.4.0",
  "name": "pci",
  "type": "ovs",
  "bridge": "ovs0",
  "vxlanID": 42,
  "ipam": {
    "type": "dhcp",
    "routes": [ { "dst": "10.3.0.0/16" }, { "dst": "10.4.0.0/16" } ]
  },
  "args": {
    "labels" : {
        "appVersion" : "1.0"
    }
  }
}
```

（3）macvlan 类型，IP 地址管理（IPAM）使用 dhcp 插件进行设置：

```
{
  "cniVersion": "0.4.0",
  "name": "wan",
  "type": "macvlan",
  "ipam": {
    "type": "dhcp",
    "routes": [ { "dst": "10.0.0.0/8", "gw": "10.0.0.1" } ]
  },
  "dns": {
    "nameservers": [ "10.0.0.1" ]
  }
}
```

5. CNI 网络配置列表

CNI 网络配置列表（Network Configuration List）通过将多个网络配置按顺序配置，为容器提供连接到多个网络的机制。每个 CNI Plugin 执行后的结果将作为下一个插件的输入信息。网络配置列表也以 JSON 格式进行描述，内容由多个网络配置组成，主要包括以下字段。

◎ cniVersion（string）：CNI 的版本号。

◎ name（string）：网络名称，应在一个 Node 或一个管理域内唯一。

◎ disableCheck（string）：可设置为"true"或"false"，设置为"true"表示容器运行时不得调用 CHECK 操作，可用于在某些插件可能返回虚假错误的情况下跳过检查。

◎ plugins（list）：一组网络配置列表，每个网络配置的内容请见上节的说明。

下面是由两个网络配置组成的网络配置列表示例，第 1 个为 bridge，第 2 个为 tuning：

```
{
  "cniVersion": "0.4.0",
  "name": "dbnet",
  "plugins": [
    {
      "type": "bridge",
      "bridge": "cni0",
      "args": {
        "labels" : {
            "appVersion" : "1.0"
        }
      },
      "ipam": {
        "type": "host-local",
        "subnet": "10.1.0.0/16",
        "gateway": "10.1.0.1"
      },
      "dns": {
        "nameservers": [ "10.1.0.1" ]
      }
    },
    {
      "type": "tuning",
      "sysctl": {
        "net.core.somaxconn": "500"
      }
    }
  ]
}
```

容器运行时将按先后顺序依次调用各 CNI Plugin 的二进制文件并执行。

如果某个插件执行失败，容器运行时就必须停止后续的执行，返回错误信息给调用者。对于 ADD 操作的失败情况，容器运行时应反向执行全部插件的 DEL 操作，即使某些插件从未执行过 ADD 操作。

下面看看容器运行时在执行 ADD、CHECK、DEL 操作时，CNI 网络配置内容的变化。

（1）容器运行时在执行 ADD 操作时，将按以下过程逐步完成。

调用 bridge 插件，以如下配置进行 ADD 操作：

```
{
  "cniVersion": "0.4.0",
  "name": "dbnet",
  "type": "bridge",
  "bridge": "cni0",
  "args": {
    "labels" : {
        "appVersion" : "1.0"
    }
  },
  "ipam": {
    "type": "host-local",
    "subnet": "10.1.0.0/16",
    "gateway": "10.1.0.1"
  },
  "dns": {
    "nameservers": [ "10.1.0.1" ]
  }
}
```

调用 tuning 插件，以如下配置进行 ADD 操作，其中，将上一步 bridge 插件的运行结果设置在 prevResult 字段中：

```
{
  "cniVersion": "0.4.0",
  "name": "dbnet",
  "type": "tuning",
  "sysctl": {
    "net.core.somaxconn": "500"
  },
  "prevResult": {
    "ips": [
```

```
        {
          "version": "4",
          "address": "10.0.0.5/32",
          "interface": 2
        }
    ],
    "interfaces": [
        {
            "name": "cni0",
            "mac": "00:11:22:33:44:55"
        },
        {
            "name": "veth3243",
            "mac": "55:44:33:22:11:11"
        },
        {
            "name": "eth0",
            "mac": "99:88:77:66:55:44",
            "sandbox": "/var/run/netns/blue"
        }
    ],
    "dns": {
      "nameservers": [ "10.1.0.1" ]
    }
  }
}
```

（2）容器运行时在执行 CHECK 操作时，将按以下过程逐步完成。

调用 bridge 插件，以如下配置进行 CHECK 操作，其中，将 bridge 插件执行 ADD 的结果设置在 prevResult 字段中：

```
{
  "cniVersion": "0.4.0",
  "name": "dbnet",
  "type": "bridge",
  "bridge": "cni0",
  "args": {
    "labels" : {
        "appVersion" : "1.0"
    }
  },
```

```
    "ipam": {
      "type": "host-local",
      // ipam specific
      "subnet": "10.1.0.0/16",
      "gateway": "10.1.0.1"
    },
    "dns": {
      "nameservers": [ "10.1.0.1" ]
    },
    "prevResult": {
      "ips": [
          {
            "version": "4",
            "address": "10.0.0.5/32",
            "interface": 2
          }
      ],
      "interfaces": [
          {
              "name": "cni0",
              "mac": "00:11:22:33:44:55"
          },
          {
              "name": "veth3243",
              "mac": "55:44:33:22:11:11"
          },
          {
              "name": "eth0",
              "mac": "99:88:77:66:55:44",
              "sandbox": "/var/run/netns/blue"
          }
      ],
      "dns": {
        "nameservers": [ "10.1.0.1" ]
      }
    }
  }
```

调用 tuning 插件，以如下配置进行 ADD 操作，其中，将 bridge 插件执行 ADD 的结果设置在 prevResult 字段中：

```
{
  "cniVersion": "0.4.0",
  "name": "dbnet",
  "type": "tuning",
  "sysctl": {
    "net.core.somaxconn": "500"
  },
  "prevResult": {
    "ips": [
        {
          "version": "4",
          "address": "10.0.0.5/32",
          "interface": 2
        }
    ],
    "interfaces": [
        {
            "name": "cni0",
            "mac": "00:11:22:33:44:55"
        },
        {
            "name": "veth3243",
            "mac": "55:44:33:22:11:11"
        },
        {
            "name": "eth0",
            "mac": "99:88:77:66:55:44",
            "sandbox": "/var/run/netns/blue"
        }
    ],
    "dns": {
      "nameservers": [ "10.1.0.1" ]
    }
  }
}
```

（3）容器运行时在执行 DEL 操作时，将以 ADD 的反向过程逐步完成，如下所述。

调用 tuning 插件，以如下配置进行 DEL 操作，其中，将 tuning 插件执行 ADD 的结果设置在 prevResult 字段中：

```
{
  "cniVersion": "0.4.0",
  "name": "dbnet",
  "type": "tuning",
  "sysctl": {
    "net.core.somaxconn": "500"
  },
  "prevResult": {
    "ips": [
        {
          "version": "4",
          "address": "10.0.0.5/32",
          "interface": 2
        }
    ],
    "interfaces": [
        {
            "name": "cni0",
            "mac": "00:11:22:33:44:55"
        },
        {
            "name": "veth3243",
            "mac": "55:44:33:22:11:11"
        },
        {
            "name": "eth0",
            "mac": "99:88:77:66:55:44",
            "sandbox": "/var/run/netns/blue"
        }
    ],
    "dns": {
      "nameservers": [ "10.1.0.1" ]
    }
  }
}
```

调用 bridge 插件，以如下配置进行 ADD 操作，其中，将 bridge 插件执行 ADD 的结果设置在 prevResult 字段中：

```
{
  "cniVersion": "0.4.0",
  "name": "dbnet",
```

```
"type": "bridge",
"bridge": "cni0",
"args": {
  "labels" : {
      "appVersion" : "1.0"
  }
},
"ipam": {
  "type": "host-local",
  // ipam specific
  "subnet": "10.1.0.0/16",
  "gateway": "10.1.0.1"
},
"dns": {
  "nameservers": [ "10.1.0.1" ]
},
"prevResult": {
  "ips": [
      {
        "version": "4",
        "address": "10.0.0.5/32",
        "interface": 2
      }
  ],
  "interfaces": [
      {
          "name": "cni0",
          "mac": "00:11:22:33:44:55"
      },
      {
          "name": "veth3243",
          "mac": "55:44:33:22:11:11"
      },
      {
          "name": "eth0",
          "mac": "99:88:77:66:55:44",
          "sandbox": "/var/run/netns/blue"
      }
  ],
  "dns": {
    "nameservers": [ "10.1.0.1" ]
```

```
    }
  }
}
```

6. IP 地址分配和 IPAM Plugin 详解

为了减轻 CNI Plugin 在 IP 地址管理方面的负担，CNI 规范设置了一个独立的插件 IPAM Plugin 来专门管理容器的 IP 地址。CNI Plugin 应负责在运行时调用 IPAM Plugin 完成容器 IP 地址的管理操作。IPAM Plugin 负责为容器分配 IP 地址、网关、路由和 DNS，并负责将 IP 地址操作结果返回给主 CNI Plugin，典型实现包括 host-local 插件和 dhcp 插件。

与 CNI Plugin 类似，IPAM Plugin 也以在 CNI_PATH 路径中可执行程序的形式完成具体操作。IPAM 可执行程序也处理传递给 CNI 插件的环境变量和通过标准输入传入的网络配置参数。

IPAM Plugin 操作的返回码在成功时应被设置为 0，在失败时应被设置为非 0。

IPAM Plugin 在 ADD 操作成功时，应完成容器 IP 地址的分配，并返回以下 JSON 格式的报文到标准输出中：

```
{
  "cniVersion": "0.4.0",
  "ips": [
      {
          "version": "<4-or-6>",                          (IPv4 或 IPv6)
          "address": "<ip-and-prefix-in-CIDR>",           (IP 地址)
          "gateway": "<ip-address-of-the-gateway>"        (网关地址，可选)
      },
      ......
  ],
  "routes": [                                             (路由信息，可选)
      {
          "dst": "<ip-and-prefix-in-cidr>",
          "gw": "<ip-of-next-hop>"                        (下一跳 IP 地址，可选)
      },
      ......
  ],
  "dns": {                                                (DNS 信息，可选)
    "nameservers": <list-of-nameservers>                  (域名服务器列表，可选)
    "domain": <name-of-local-domain>                      (域名，可选)
    "search": <list-of-additional-search-domains>         (搜索后缀列表，可选)
```

```
    "options": <list-of-options>                    (DNS 选项，可选)
  }
}
```

在以上代码中主要包括 ips、routes 和 dns 等内容，与 CNI Plugin 执行 ADD 操作的结果不同的是，它不包括 interfaces 信息，因为 IPAM Plugin 不关心网络接口信息。

◎ ips：IP 地址信息，包括地址类型是否是 IPv4 或 IPv6、IP 地址、网关地址、网络接口序号等信息。
◎ routes：路由信息。
◎ dns：DNS 相关信息，包括域名服务器、本地域名、搜索后缀、DNS 选项等。

7. 错误返回码说明

CNI 规范系统保留的错误返回码范围为 1 ~ 99，目前已规范的错误返回码如表 7.1 所示。

表 7.1　CNI 已规范的错误返回码

返 回 码	说　　明
1	CNI 版本不匹配
2	在网络配置中存在不支持的字段，详细信息应在 msg 中以 key/value 对进行标识
3	容器不存在或处于未知状态，该错误表示容器运行时不需要执行清理操作（如 DEL 操作）
4	必需的环境变量的值无效，例如 CNI_COMMAND、CNI_CONTAINERID 等，在错误描述（msg）中标注环境变量的名称
5	I/O 错误，例如无法从 stdin 中读取网络配置信息
6	无法对内容解码，例如无法将网络配置信息反序列化，或者解析版本信息失败
7	无效的网络配置，对某些参数校验失败时返回
11	稍后重试，如果插件检测到应该清理一些临时状态，则可以用该返回码通知容器运行时稍后重试

7.6.3　在 Kubernetes 中使用网络插件

Kubernetes 目前支持两种网络插件的实现。

◎ CNI 插件：根据 CNI 规范实现其接口，以与插件提供者进行对接。
◎ kubenet 插件：使用 bridge 和 host-local CNI 插件实现一个基本的 cbr0。

为了在 Kubernetes 集群中使用网络插件，需要在 kubelet 服务的启动参数上设置下面两个参数。

◎ --network-plugin-dir：kubelet 启动时扫描网络插件的目录。
◎ --network-plugin：网络插件名称，对于 CNI 插件，将其设置为 cni 即可，无须关注--network-plugin-dir 的路径。对于 kubenet 插件，将其设置为 kubenet 即可，目前仅实现了一个简单的 cbr0 Linux 网桥。

在设置--network-plugin="cni"时，kubelet 还需设置下面两个参数。

◎ --cni-conf-dir：CNI 插件的配置文件目录，默认为/etc/cni/net.d。该目录下配置文件的内容需要符合 CNI 规范。
◎ --cni-bin-dir：CNI 插件的可执行文件目录，默认为/opt/cni/bin。

目前已有多个开源项目支持以 CNI 网络插件的形式部署到 Kubernetes 集群中，进行 Pod 的网络设置和网络策略的设置，包括 Calico、Weave、Contiv、Cilium、Infoblox、Multus、Flannel、Romana 等。关于 CNI 规范和第三方插件的更多信息，请参考 CNI 在 GitHub 项目库中的说明。

7.7 开源容器网络方案

Kubernetes 的网络模型假定了所有 Pod 都在一个可以直接连通的扁平网络空间中。这在 GCE 里面是现成的网络模型，Kubernetes 假定这个网络已经存在。而在私有云里搭建 Kubernetes 集群，就不能假定这种网络已经存在了。我们需要自己实现这个网络假设，将跨主机容器网络部署完成，再运行容器应用。

目前已经有多个开源组件支持容器网络模型。本节介绍几种使用不同技术实现的网络组件及其安装配置方法，包括 Flannel、Open vSwitch、直接路由和 Calico。

7.7.1 Flannel 插件的原理和部署示例

Flannel 之所以可以搭建 Kubernetes 依赖的底层网络，是因为它能实现以下两点。

（1）它能协助 Kubernetes，给每一个 Node 上的 Docker 容器都分配互不冲突的 IP 地址。

（2）它能在这些 IP 地址之间建立一个覆盖网络（Overlay Network），通过这个覆盖网络，将数据包原封不动地传递到目标容器内。

现在通过图 7.19 看看 Flannel 是如何实现这两点的。

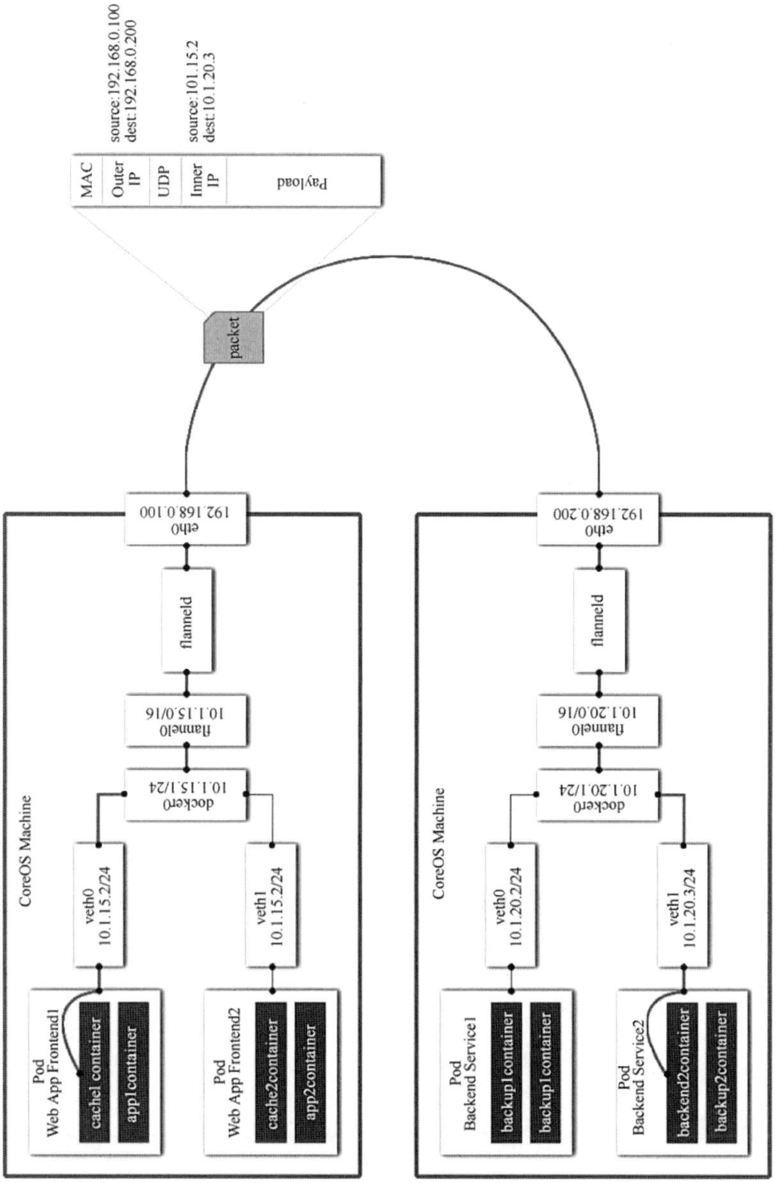

图 7.19　Flannel 的实现

可以看到，Flannel 首先创建了一个名为 flannel0 的网桥，而且这个网桥的一端连接

docker0 网桥，另一端连接一个叫作 flanneld 的服务进程。

flanneld 进程并不简单，它上连 etcd，利用 etcd 来管理可分配的 IP 地址段资源，同时监控 etcd 中每个 Pod 的实际地址，并在内存中建立了一个 Pod 节点路由表；它下连 docker0 和物理网络，使用内存中的 Pod 节点路由表，将 docker0 发给它的数据包包装起来，利用物理网络的连接将数据包投递到目标 flanneld 上，从而完成 Pod 到 Pod 之间的直接地址通信。

Flannel 之间底层通信协议的可选技术包括 UDP、VxLan、AWS VPC 等多种方式。通过源 flanneld 封包、目标 flanneld 解包， docker0 最终收到的就是原始数据，对容器应用来说是透明的，应感觉不到中间 Flannel 的存在。

我们看一下 Flannel 是如何做到为不同 Node 上的 Pod 分配的 IP 不产生冲突的。其实想到 Flannel 使用了集中的 etcd 存储就很容易理解了。它每次分配的地址段都在同一个公共区域获取，这样大家自然能够相互协调，不产生冲突了。而且在 Flannel 分配好地址段后，后面的事情是由 Docker 完成的，Flannel 通过修改 Docker 的启动参数将分配给它的地址段传递进去：

```
--bip=172.17.18.1/24
```

通过这些操作，Flannel 就控制了每个 Node 上的 docker0 地址段的地址，也就保障了所有 Pod 的 IP 地址都在同一个水平网络中且不产生冲突了。

Flannel 完美地实现了对 Kubernetes 网络的支持，但是它引入了多个网络组件，在网络通信时需要转到 flannel0 网络接口，再转到用户态的 flanneld 程序，到对端后还需要走这个过程的反过程，所以也会引入一些网络的时延损耗。

另外，Flannel 模型默认采用了 UDP 作为底层传输协议，UDP 本身是非可靠协议，虽然两端的 TCP 实现了可靠传输，但在大流量、高并发的应用场景下还需要反复测试，确保没有问题。

Flannel 的安装和配置如下。

1）安装 etcd

由于 Flannel 使用 etcd 作为数据库，所以需要预先安装好 etcd，此处不再赘述。

2）安装 Flannel

需要在每个 Node 上都安装 Flannel。首先到 Flannel 的 GitHub 官网下载软件包，文件名如 flannel-<version>-linux-amd64.tar.gz，解压缩后将二进制文件 flanneld 和 mk-docker-opts.sh 复制到/usr/bin（或其他 PATH 环境变量中的目录）下，即可完成 Flannel 的安装。

3）配置 Flannel

此处以使用 systemd 系统为例对 flanneld 服务进行配置。编辑服务配置文件/usr/lib/systemd/system/flanneld.service：

```
[Unit]
Description=flanneld overlay address etcd agent
After=network.target
Before=docker.service

[Service]
Type=notify
EnvironmentFile=/etc/sysconfig/flanneld
ExecStart=/usr/bin/flanneld -etcd-endpoints=${FLANNEL_ETCD} $FLANNEL_OPTIONS

[Install]
RequiredBy=docker.service
WantedBy=multi-user.target
```

编辑配置文件/etc/sysconfig/flannel，设置 etcd 的 URL 地址：

```
# flanneld configuration options

# etcd url location.  Point this to the server where etcd runs
FLANNEL_ETCD="http://192.168.18.3:2379"

# etcd config key.  This is the configuration key that flannel queries
# For address range assignment
FLANNEL_ETCD_KEY="/coreos.com/network"
```

在启动 flanneld 服务前，需要在 etcd 中添加一条网络配置记录，该配置用于 flanneld 分配给每个 Docker 的虚拟 IP 地址段：

```
# etcdctl set /coreos.com/network/config '{ "Network": "10.1.0.0/16" }'
```

由于 Flannel 将覆盖 docker0 网桥，所以如果 Docker 服务已启动，则需要停止 Docker 服务。

4）启动 flanneld 服务

```
# systemctl restart flanneld
```

5）设置 docker0 网桥的 IP 地址

```
# mk-docker-opts.sh -i
# source /run/flannel/subnet.env
# ifconfig docker0 ${FLANNEL_SUBNET}
```

完成后确认网络接口 docker0 的 IP 地址属于 flannel0 的子网：

```
# ip addr
flannel0: flags=4305<UP,POINTOPOINT,RUNNING,NOARP,MULTICAST>  mtu 1472
       inet 10.1.10.0  netmask 255.255.0.0  destination 10.1.10.0
docker0: flags=4163<UP,BROADCAST,RUNNING,MULTICAST>  mtu 1500
       inet 10.1.10.1  netmask 255.255.255.0  broadcast 10.1.10.255
```

6）重新启动 Docker 服务

```
# systemctl restart docker
```

至此就完成了 Flannel 覆盖网络的设置。

使用 ping 命令验证各 Node 上 docker0 之间的相互访问。例如在 Node1（docker0 IP=10.1.10.1）机器上 ping Node2 的 docker0（docker0's IP=10.1.30.1），通过 Flannel 能够成功连接其他物理机的 Docker 网络：

```
$ ping 10.1.30.1
PING 10.1.30.1 (10.1.30.1) 56(84) bytes of data.
64 bytes from 10.1.30.1: icmp_seq=1 ttl=62 time=1.15 ms
64 bytes from 10.1.30.1: icmp_seq=2 ttl=62 time=1.16 ms
64 bytes from 10.1.30.1: icmp_seq=3 ttl=62 time=1.57 ms
```

我们也可以在 etcd 中查看 Flannel 设置的 flannel0 地址与物理机 IP 地址的对应规则：

```
# etcdctl ls /coreos.com/network/subnets
/coreos.com/network/subnets/10.1.10.0-24
/coreos.com/network/subnets/10.1.20.0-24
/coreos.com/network/subnets/10.1.30.0-24

# etcdctl get /coreos.com/network/subnets/10.1.10.0-24
{"PublicIP": "192.168.1.129"}
# etcdctl get /coreos.com/network/subnets/10.1.20.0-24
{"PublicIP": "192.168.1.130"}
# etcdctl get /coreos.com/network/subnets/10.1.30.0-24
{"PublicIP": "192.168.1.131"}
```

本例使用二进制方式部署 Flannel，它也能以 DaemonSet 的形式部署，有兴趣的读者可以参考 Flannel 官网的说明。

7.7.2　Open vSwitch 插件的原理和部署示例

在了解了 Flannel 后，我们再看看 Open vSwitch 是怎么解决上述两个问题的。

Open vSwitch 是一个开源的虚拟交换机软件，有点儿像 Linux 中的 bridge，但是功能要复杂得多。Open vSwitch 的网桥可以直接建立多种通信通道（隧道），例如 Open vSwitch with GRE/VxLAN。这些通道的建立可以很容易地通过 OVS 的配置命令实现。在 Kubernetes、Docker 场景下，我们主要是建立 L3 到 L3 的隧道。举个例子来看看 Open vSwitch with GRE/VxLAN 的网络架构，如图 7.20 所示。

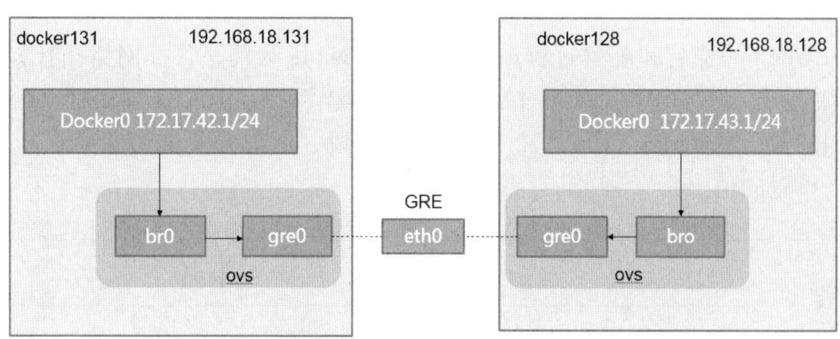

图 7.20　Open vSwitch with GRE/VxLAN 的网络架构

首先，为了避免 Docker 创建的 docker0 地址产生冲突（因为 Docker Daemon 启动且给 docker0 选择子网地址时只有几个备选列表，很容易产生冲突），我们可以将 docker0 网桥删除，手动建立一个 Linux 网桥，然后手动给这个网桥配置 IP 地址范围。

其次，建立 Open vSwitch 的 ovs 网桥，使用 ovs-vsctl 命令给 ovs 网桥增加 gre 端口，在添加 gre 端口时要将目标连接的 NodeIP 地址设置为对端的 IP 地址。对每一个对端 IP 地址都需要这么操作（对于大型集群网络，这可是个体力活，要做自动化脚本来完成）。

最后，将 ovs 网桥作为网络接口，加入 Docker 网桥上（docker0 或者自己手工建立的新网桥）。

重启 ovs 网桥和 Docker 网桥，并添加一个 Docker 的地址段到 Docker 网桥的路由规则项，就可以将两个容器的网络连接起来了。

当容器内的应用访问另一个容器的地址时，数据包会通过容器内的默认路由发送给 docker0 网桥。ovs 网桥是作为 docker0 网桥的端口存在的，它会将数据发送给 ovs 网桥。ovs 网络已经通过配置建立了与其他 ovs 网桥连接的 GRE/VxLAN 隧道，自然能将数据送达对端的 Node，并送往 docker0 及 Pod。通过新增的路由项，Node 本身的应用数据也被路由到 docker0 网桥上，和刚才的通信过程一样，也可以访问其他 Node 上的 Pod。

OVS 的优势是，作为开源的虚拟交换机软件，相对成熟和稳定，而且支持各类网络隧道协议，通过了 OpenStack 等项目的考验。在前面介绍 Flannel 时可知，Flannel 除了支持建立覆盖网络，保证 Pod 到 Pod 的无缝通信，还和 Kubernetes、Docker 架构体系紧密结合。Flannel 能够感知 Kubernetes 的 Service，动态维护自己的路由表，还通过 etcd 来协助 Docker 对整个 Kubernetes 集群中 docker0 的子网地址分配。而我们在使用 OVS 时，很多事情就需要手工完成了。无论是 OVS 还是 Flannel，通过覆盖网络提供的 Pod 到 Pod 的通信都会引入一些额外的通信开销，如果是对网络依赖特别重的应用，则需要评估对业务的影响。

Open vSwitch 的安装和配置过程如下。以两个 Node 为例，目标网络拓扑如图 7.21 所示。需要先确保节点 192.168.18.128 的 Docker0 采用了 172.17.43.0/24 网段，而 192.168.18.131 的 Docker0 采用了 172.17.42.0/24 网段，对应的参数为 docker daemon 的启动参数--bip 设置的值。

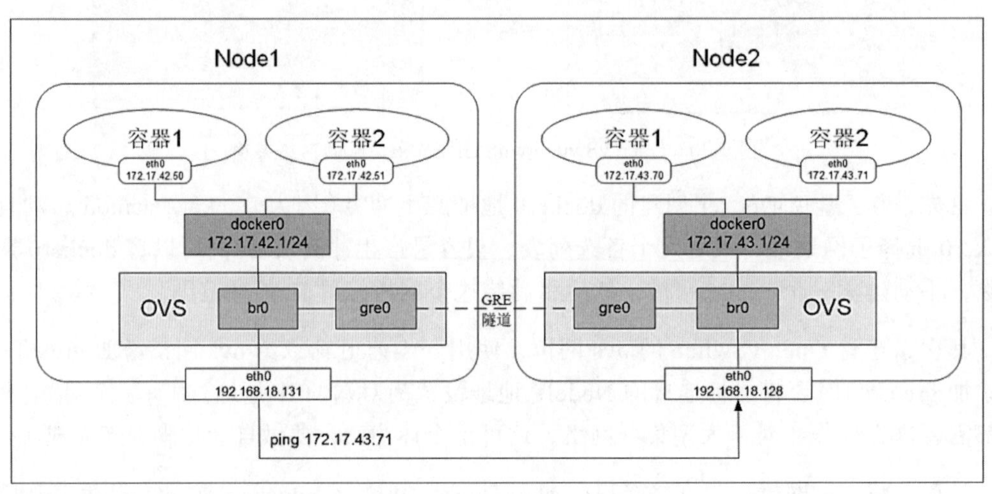

图 7.21 目标网络拓扑

1）在两个 Node 上安装 ovs

使用 yum install 命令在两个 Node 上安装 ovs：

```
# yum install openvswitch-2.4.0-1.x86_64.rpm
```

禁用 selinux，配置后重启 Linux：

```
# vi /etc/selinux/config
SELINUX=disabled
```

查看 Open vSwitch 的服务状态，应该启动 ovsdb-server 与 ovs-vswitchd 两个进程：

```
# service openvswitch status
ovsdb-server is running with pid 2429
ovs-vswitchd is running with pid 2439
```

查看 Open vSwitch 的相关日志，确认没有异常：

```
# more /var/log/messages |grep openv
Nov  2 03:12:52 docker128 openvswitch: Starting ovsdb-server [  OK  ]
Nov  2 03:12:52 docker128 openvswitch: Configuring Open vSwitch system IDs
[  OK  ]
Nov  2 03:12:52 docker128 kernel: openvswitch: Open vSwitch switching datapath
Nov  2 03:12:52 docker128 openvswitch: Inserting openvswitch module [  OK  ]
```

注意，上述操作需要在两个节点机器上分别执行完成。

2）创建网桥和 GRE 隧道

在每个 Node 上都建立 ovs 的网桥 br0，然后在网桥上创建一个 GRE 隧道连接对端网桥，最后把 ovs 网桥 br0 作为一个端口连接到 docker0 这个 Linux 网桥上（可以认为是交换机互联），这样一来，两个节点机器上的 docker0 网段就能互通了。

下面以节点机器 192.168.18.131 为例，具体的操作流程如下。

（1）创建 ovs 网桥：

```
# ovs-vsctl add-br br0
```

（2）创建 GRE 隧道连接对端，remote_ip 为对端 eth0 的网卡地址：

```
# ovs-vsctl add-port br0 gre1 -- set interface gre1 type=gre
option:remote_ip=192.168.18.128
```

（3）添加 br0 到本地 docker0，使得容器流量通过 OVS 流经 tunnel：

```
# brctl addif docker0 br0
```

（4）启动 br0 与 docker0 网桥：

```
# ip link set dev br0 up
# ip link set dev docker0 up
```

（5）添加路由规则。由于 192.168.18.128 与 192.168.18.131 的 docker0 网段分别为 172.17.43.0/24 与 172.17.42.0/24，这两个网段的路由都需要经过本机的 docker0 网桥路由，其中一个 24 网段是通过 OVS 的 GRE 隧道到达对端的，因此需要在每个 Node 上都添加通过 docker0 网桥转发的 172.17.0.0/16 网段的路由规则：

```
# ip route add 172.17.0.0/16 dev docker0
```

（6）清空 Docker 自带的 iptables 规则及 Linux 的规则，后者存在拒绝 icmp 报文通过防火墙的规则：

```
# iptables -t nat -F; iptables -F
```

在 192.168.18.131 上完成上述步骤后，在 192.168.18.128 节点执行同样的操作，注意，GRE 隧道里的 IP 地址要改为对端节点（192.168.18.131）的 IP 地址。

配置完成后，192.168.18.131 的 IP 地址、docker0 的 IP 地址及路由等重要信息显示如下：

```
# ip addr
1: lo: <LOOPBACK,UP,LOWER_UP> mtu 65536 qdisc noqueue state UNKNOWN
    link/loopback 00:00:00:00:00:00 brd 00:00:00:00:00:00
    inet 127.0.0.1/8 scope host lo
       valid_lft forever preferred_lft forever
2: eth0: <BROADCAST,MULTICAST,UP,LOWER_UP> mtu 1500 qdisc pfifo_fast state UP
qlen 1000
    link/ether 00:0c:29:55:5e:c3 brd ff:ff:ff:ff:ff:ff
    inet 192.168.18.131/24 brd 192.168.18.255 scope global dynamic eth0
       valid_lft 1369sec preferred_lft 1369sec
3: ovs-system: <BROADCAST,MULTICAST> mtu 1500 qdisc noop state DOWN
    link/ether a6:15:c3:25:cf:33 brd ff:ff:ff:ff:ff:ff
4: br0: <BROADCAST,MULTICAST,UP,LOWER_UP> mtu 1500 qdisc noqueue master docker0
state UNKNOWN
    link/ether 92:8d:d0:a4:ca:45 brd ff:ff:ff:ff:ff:ff
5: docker0: <BROADCAST,MULTICAST,UP,LOWER_UP> mtu 1500 qdisc noqueue state UP
    link/ether 02:42:44:8d:62:11 brd ff:ff:ff:ff:ff:ff
    inet 172.17.42.1/24 scope global docker0
       valid_lft forever preferred_lft forever
```

同样，192.168.18.128 节点的重要信息显示如下：

```
# ip addr
```

```
1: lo: <LOOPBACK,UP,LOWER_UP> mtu 65536 qdisc noqueue state UNKNOWN
    link/loopback 00:00:00:00:00:00 brd 00:00:00:00:00:00
    inet 127.0.0.1/8 scope host lo
       valid_lft forever preferred_lft forever
2: eth0: <BROADCAST,MULTICAST,UP,LOWER_UP> mtu 1500 qdisc pfifo_fast state UP
qlen 1000
    link/ether 00:0c:29:e8:02:c7 brd ff:ff:ff:ff:ff:ff
    inet 192.168.18.128/24 brd 192.168.18.255 scope global dynamic eth0
       valid_lft 1356sec preferred_lft 1356sec
3: ovs-system: <BROADCAST,MULTICAST> mtu 1500 qdisc noop state DOWN
    link/ether fa:6c:89:a2:f2:01 brd ff:ff:ff:ff:ff:ff
4: br0: <BROADCAST,MULTICAST,UP,LOWER_UP> mtu 1500 qdisc noqueue master docker0
state UNKNOWN
    link/ether ba:89:14:e0:7f:43 brd ff:ff:ff:ff:ff:ff
5: docker0: <BROADCAST,MULTICAST,UP,LOWER_UP> mtu 1500 qdisc noqueue state UP
    link/ether 02:42:63:a8:14:d5 brd ff:ff:ff:ff:ff:ff
    inet 172.17.43.1/24 scope global docker0
       valid_lft forever preferred_lft forever
```

3）两个 Node 上容器之间的互通测试

首先，在 192.168.18.128 节点上 ping 192.168.18.131 上的 docker0 地址 172.17.42.1，验证网络的互通性：

```
# ping 172.17.42.1
PING 172.17.42.1 (172.17.42.1) 56(84) bytes of data.
64 bytes from 172.17.42.1: icmp_seq=1 ttl=64 time=1.57 ms
64 bytes from 172.17.42.1: icmp_seq=2 ttl=64 time=0.966 ms
64 bytes from 172.17.42.1: icmp_seq=3 ttl=64 time=1.01 ms
64 bytes from 172.17.42.1: icmp_seq=4 ttl=64 time=1.00 ms
64 bytes from 172.17.42.1: icmp_seq=5 ttl=64 time=1.22 ms
64 bytes from 172.17.42.1: icmp_seq=6 ttl=64 time=0.996 ms
```

下面通过 tshark 抓包工具来分析流量走向。首先，在 192.168.18.128 节点监听在 br0 上是否有 GRE 报文，运行下面的命令，我们发现在 br0 上并没有 GRE 报文：

```
# tshark -i  br0 -R ip proto GRE
tshark: -R without -2 is deprecated. For single-pass filtering use -Y.
Running as user "root" and group "root". This could be dangerous.
Capturing on 'br0'
^C
```

在 eth0 上抓包，则发现了 GRE 封装的 ping 包报文通过，说明 GRE 是在物理网络上完成的封包过程：

```
    # tshark -i  eth0 -R ip proto GRE
    tshark: -R without -2 is deprecated. For single-pass filtering use -Y.
    Running as user "root" and group "root". This could be dangerous.
    Capturing on 'eth0'
      1   0.000000  172.17.43.1 -> 172.17.42.1  ICMP 136 Echo (ping) request
id=0x0970, seq=180/46080, ttl=64
      2   0.000892  172.17.42.1 -> 172.17.43.1  ICMP 136 Echo (ping) reply
id=0x0970, seq=180/46080, ttl=64 (request in 1)
    2   3   1.002014  172.17.43.1 -> 172.17.42.1  ICMP 136 Echo (ping) request
id=0x0970, seq=181/46336, ttl=64
      4   1.002916  172.17.42.1 -> 172.17.43.1  ICMP 136 Echo (ping) reply
id=0x0970, seq=181/46336, ttl=64 (request in 3)
    4   5   2.004101  172.17.43.1 -> 172.17.42.1  ICMP 136 Echo (ping) request
id=0x0970, seq=182/46592, ttl=64
```

至此，基于 OVS 的网络搭建成功，由于 GRE 是点对点的隧道通信方式，所以如果有多个 Node，则需要建立 *N*×(*N*-1)条 GRE 隧道，即所有 Node 组成一个网状网络，实现了全网互通。

7.7.3 直接路由的原理和部署示例

我们知道，docker0 网桥上的 IP 地址在 Node 网络上是看不到的。从一个 Node 到一个 Node 内的 docker0 是不通的，因为它不知道某个 IP 地址在哪里。如果能够让这些机器知道对端 docker0 地址在哪里，就可以让这些 docker0 相互通信了。这样，在所有 Node 上运行的 Pod 就都可以相互通信了。

我们可以通过部署 MultiLayer Switch（MLS）实现这一点，在 MLS 中配置每个 docker0 子网地址到 Node 地址的路由项，通过 MLS 将 docker0 的 IP 寻址定向到对应的 Node 上。

另外，我们可以将这些 docker0 和 Node 的匹配关系配置在 Linux 操作系统的路由项中，这样通信发起的 Node 就能够根据这些路由信息直接找到目标 Pod 所在的 Node，将数据传输过去了，如图 7.22 所示。

我们在每个 Node 的路由表中增加对方所有 docker0 的路由项。

例如，Pod1 所在 docker0 网桥的 IP 子网是 10.1.10.0，Node 的地址为 192.168.1.128；而 Pod2 所在 docker0 网桥的 IP 子网是 10.1.20.0，Node 的地址是 192.168.1.129。

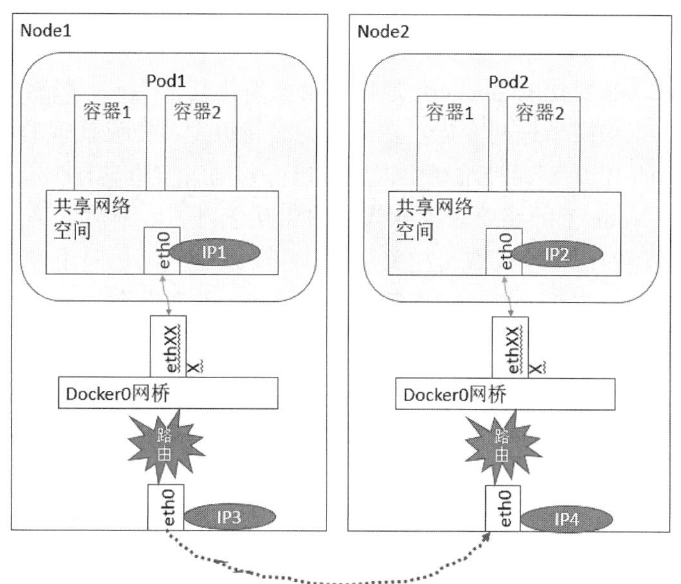

图 7.22　直接路由 Pod 到 Pod 通信

在 Node1 上用 route add 命令增加一条到 Node2 上 docker0 的静态路由规则：

```
# route add -net 10.1.20.0 netmask 255.255.255.0 gw 192.168.1.129
```

同样，在 Node2 上增加一条到 Node1 上 docker0 的静态路由规则：

```
# route add -net 10.1.10.0 netmask 255.255.255.0 gw 192.168.1.128
```

在 Node1 上通过 ping 命令验证到 Node2 上 docker0 的网络连通性。这里 10.1.20.1 为 Node2 上 docker0 网桥自身的 IP 地址：

```
$ ping 10.1.20.1
PING 10.1.20.1 (10.1.20.1) 56(84) bytes of data.
64 bytes from 10.1.20.1: icmp_seq=1 ttl=62 time=1.15 ms
64 bytes from 10.1.20.1: icmp_seq=2 ttl=62 time=1.16 ms
64 bytes from 10.1.20.1: icmp_seq=3 ttl=62 time=1.57 ms
......
```

可以看到，路由转发规则生效，Node1 可以直接访问 Node2 上的 docker0 网桥，进一步就可以访问属于 docker0 网段的容器应用了。

在大规模集群中，在每个 Node 上都需要配置到其他 docker0/Node 的路由项，这会带来很大的工作量；并且在新增机器时，对所有 Node 都需要修改配置；在重启机器时，如果 docker0 的地址有变化，则也需要修改所有 Node 的配置，这显然是非常复杂的。

为了管理这些动态变化的 docker0 地址，动态地让其他 Node 都感知到它，还可以使用动态路由发现协议来同步这些变化。在运行动态路由发现协议代理的 Node 时，会将本机 LOCAL 路由表的 IP 地址通过组播协议发布出去，同时监听其他 Node 的组播包。通过这样的信息交换，Node 上的路由规则就都能够相互学习了。当然，路由发现协议本身还是很复杂的，感兴趣的话，可以查阅相关规范。在实现这些动态路由发现协议的开源软件中，常用的有 Quagga、Zebra 等。下面简单介绍直接路由的操作过程。

首先，手工分配 Docker bridge 的地址，保证它们在不同的网段是不重叠的。建议最好不用 Docker Daemon 自动创建的 docker0（因为我们不需要它的自动管理功能），而是单独建立一个 bridge，给它配置规划好的 IP 地址，然后使用--bridge=XX 来指定网桥。

然后，在每个节点上都运行 Quagga。

完成这些操作后，我们很快就能得到一个 Pod 和 Pod 直接相互访问的环境了。由于路由发现能够被网络上的所有设备接收，所以如果网络上的路由器也能打开 RIP 协议选项，则能够学习到这些路由信息。通过这些路由器，我们甚至可以在非 Node 上使用 Pod 的 IP 地址直接访问 Node 上的 Pod 了。

除了在每台服务器上安装 Quagga 软件并启动，还可以使用 Quagga 容器运行（例如 index.alauda.cn/georce/router）。在每个 Node 上下载该 Docker 镜像：

```
$ docker pull index.alauda.cn/georce/router
```

在运行 Quagga 容器前，需要确保每个 Node 上 docker0 网桥的子网地址不能重叠，也不能与物理机所在的网络重叠，这需要网络管理员的仔细规划。

下面以 3 个 Node 为例，每个 Node 的 docker0 网桥的地址如下（前提是 Node 物理机的 IP 地址不是 10.1.*X*.*X* 地址段）：

```
Node 1: # ifconfig docker0 10.1.10.1/24
Node 2: # ifconfig docker0 10.1.20.1/24
Node 3: # ifconfig docker0 10.1.30.1/24
```

在每个 Node 上启动 Quagga 容器。需要说明的是，Quagga 需要以--privileged 特权模式运行，并且指定--net=host，表示直接使用物理机的网络：

```
$ docker run -itd --name=router --privileged --net=host index.alauda.cn/
georce/router
```

启动成功后，各 Node 上的 Quagga 会相互学习来完成到其他机器的 docker0 路由规则的添加。

一段时间后，在 Node1 上使用 route -n 命令来查看路由表，可以看到 Quagga 自动添加了两条到 Node2 和到 Node3 上 docker0 的路由规则：

```
# route -n
Kernel IP routing table
Destination Gateway        Genmask          Flags  Metric  Ref     Use Iface
0.0.0.0     192.168.1.128  0.0.0.0          UG     0       0       0   eth0
10.1.10.0   0.0.0.0        255.255.255.0    U      0       0       0  docker0
10.1.20.0   192.168.1.129  255.255.255.0    UG     20      0       0   eth0
10.1.30.0   192.168.1.130  255.255.255.0    UG     20      0       0   eth0
```

在 Node2 上查看路由表，可以看到自动添加了两条到 Node1 和 Node3 上 docker0 的路由规则：

```
# route -n
Kernel IP routing table
Destination    Gateway        Genmask         Flags Metric Ref    Use Iface
0.0.0.0        192.168.1.129  0.0.0.0         UG    0      0      0 eth0
10.1.20.0      0.0.0.0        255.255.255.0   U     0      0      0 docker0
10.1.10.0      192.168.1.128  255.255.255.0   UG    20     0      0 eth0
10.1.30.0      192.168.1.130  255.255.255.0   UG    20     0      0 eth0
```

至此，所有 Node 上的 docker0 就都可以互联互通了。

当然，聪明的你还会有新的疑问：这样做的话，由于每个 Pod 的地址都会被路由发现协议广播出去，会不会存在路由表过大的情况？实际上，路由表通常都会有高速缓存，查找速度会很快，不会对性能产生太大的影响。当然，如果你的集群容量在数千个 Node 以上，则仍然需要测试和评估路由表的效率问题。

7.7.4　Calico 插件的原理和部署示例

本节以 Calico 为例讲解 Kubernetes 中 CNI 插件的原理和应用。

1. Calico 简介

Calico 是一个基于 BGP 的纯三层的网络方案，与 OpenStack、Kubernetes、AWS、GCE 等云平台都能够良好地集成。Calico 在每个计算节点都利用 Linux Kernel 实现了一个高效的 vRouter 来负责数据转发。每个 vRouter 都通过 BGP1 协议把在本节点上运行的容器的路由信息向整个 Calico 网络广播，并自动设置到达其他节点的路由转发规则。Calico 保证所有容器之间的数据流量都是通过 IP 路由的方式完成互联互通的。Calico 节点组网时可以直接利用数据中心的网络结构（L2 或者 L3），不需要额外的 NAT、隧道或者 Overlay Network，没有额外的封包解包，能够节约 CPU 运算，提高网络效率，如图 7.23 所示。

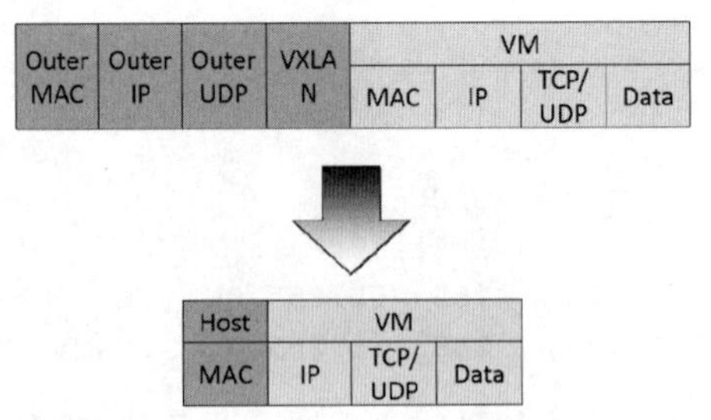

图 7.23　Calico 不使用额外的封包解包

Calico 在小规模集群中可以直接互联，在大规模集群中可以通过额外的 BGP route reflector 来完成，如图 7.24 所示。

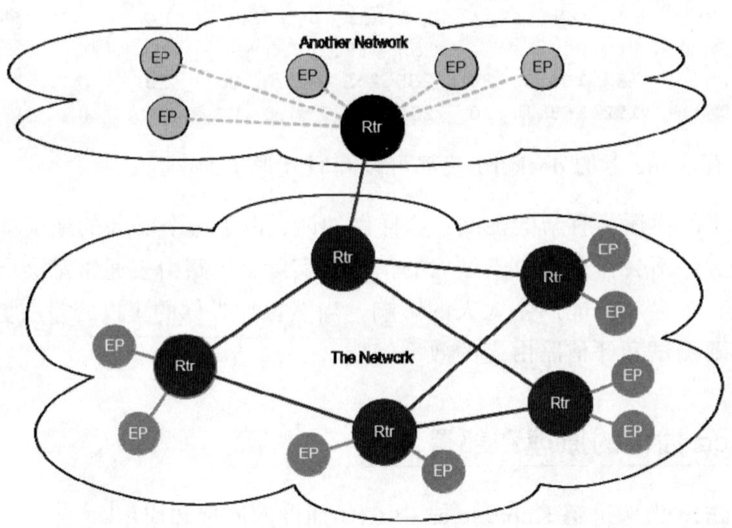

图 7.24　通过 BGP route reflector 连接大规模网络

此外，Calico 基于 iptables 还提供了丰富的网络策略，实现了 Kubernetes 的 Network Policy 策略，提供容器间网络可达性限制的功能。

Calico 的系统架构如图 7.25 所示。

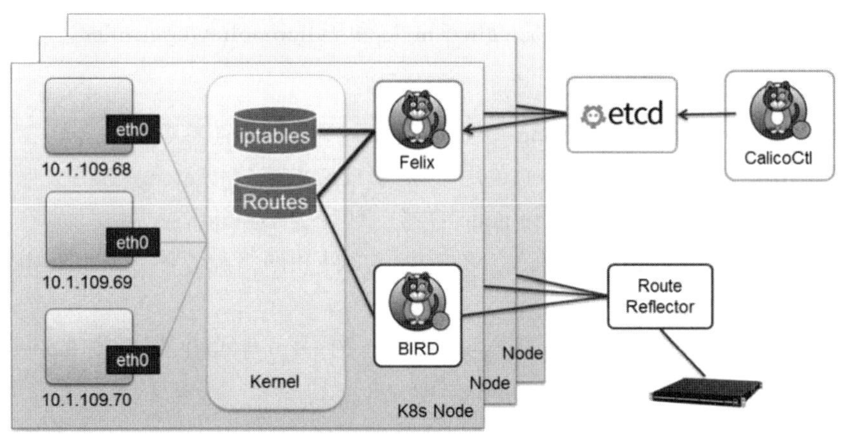

图 7.25　Calico 的系统架构

Calico 的主要组件如下。

◎ Felix：Calico Agent，运行在每个 Node 上，负责为容器设置网络资源（IP 地址、路由规则、iptables 规则等），保证跨主机容器网络互通。
◎ etcd：Calico 使用的后端存储。
◎ BGP Client：负责把 Felix 在各 Node 上设置的路由信息通过 BGP 广播到 Calico 网络。
◎ Route Reflector：通过一个或者多个 BGP Route Reflector 完成大规模集群的分级路由分发。
◎ CalicoCtl：Calico 命令行管理工具。

2. 部署 Calico 应用

在 Kubernetes 中部署 Calico 的主要步骤如下。

（1）修改 Kubernetes 服务的启动参数，并重启服务。

◎ 设置 Master 上 kube-apiserver 服务的启动参数：--allow-privileged=true（因为 calico-node 需要以特权模式运行在各 Node 上）。
◎ 设置各 Node 上 kubelet 服务的启动参数：--network-plugin=cni（使用 CNI 网络插件）。

本例中的 Kubernetes 集群包括两个 Node：k8s-node-1（IP 地址为 192.168.18.3）和 k8s-node-2（IP 地址为 192.168.18.4）。

（2）创建 Calico 服务，主要包括 calico-node 和 calico policy controller。需要创建的资源对象如下。

◎ 创建 ConfigMap calico-config，包含 Calico 所需的配置参数。
◎ 创建 Secret calico-etcd-secrets，用于使用 TLS 方式连接 etcd。
◎ 在每个 Node 上都运行 calico/node 容器，部署为 DaemonSet。
◎ 在每个 Node 上都安装 Calico CNI 二进制文件和网络配置参数（由 install-cni 容器完成）。
◎ 部署一个名为 calico/kube-policy-controller 的 Deployment，以对接 Kubernetes 集群中为 Pod 设置的 Network Policy。

从 Calico 官网下载 Calico 的 YAML 文件 calico.yaml，该配置文件包括启动 Calico 所需的全部资源对象的定义，下面对它们逐个进行说明。

（1）Calico 所需的配置及 CNI 网络配置，以 ConfigMap 对象进行创建：

```
kind: ConfigMap
apiVersion: v1
metadata:
  name: calico-config
  namespace: kube-system
data:
  typha_service_name: "none"

  calico_backend: "bird"

  veth_mtu: "1440"

  cni_network_config: |-
    {
      "name": "k8s-pod-network",
      "cniVersion": "0.3.1",
      "plugins": [
        {
          "type": "calico",
          "log_level": "info",
          "datastore_type": "kubernetes",
          "nodename": "__KUBERNETES_NODE_NAME__",
          "mtu": __CNI_MTU__,
          "ipam": {
```

```
            "type": "calico-ipam"
          },
          "policy": {
              "type": "k8s"
          },
          "kubernetes": {
              "kubeconfig": "__KUBECONFIG_FILEPATH__"
          }
        },
        {
          "type": "portmap",
          "snat": true,
          "capabilities": {"portMappings": true}
        },
        {
          "type": "bandwidth",
          "capabilities": {"bandwidth": true}
        }
      ]
    }
```

对主要参数说明如下。

◎ typha_service_name：typha 服务用于大规模环境中，如需安装，则请参考官网上 calico-typha.yaml 的配置。

◎ veth_mtu：网络接口的 MTU 值，需要根据不同的网络设置进行调整。

◎ calico_backend：Calico 的后端，默认为 bird。

◎ cni_network_config：符合 CNI 规范的网络配置，将在/etc/cni/net.d 目录下生成 CNI 网络配置文件。其中 type=calico 表示 kubelet 将从/opt/cni/bin 目录下搜索名为 calico 的可执行文件，并调用它来完成容器网络的设置。ipam 中的 type=calico-ipam 表示 kubelet 将在/opt/cni/bin 目录下搜索名为 calico-ipam 的可执行文件，用于管理容器的 IP 地址。

（2）calico-node，以 DaemonSet 的形式在每个 Node 上都运行一个 calico-node 容器：

```
kind: DaemonSet
apiVersion: apps/v1
metadata:
  name: calico-node
  namespace: kube-system
  labels:
```

```
      k8s-app: calico-node
  spec:
    selector:
      matchLabels:
        k8s-app: calico-node
    updateStrategy:
      type: RollingUpdate
      rollingUpdate:
        maxUnavailable: 1
    template:
      metadata:
        labels:
          k8s-app: calico-node
      spec:
        nodeSelector:
          kubernetes.io/os: linux
        hostNetwork: true
        tolerations:
          - effect: NoSchedule
            operator: Exists
          - key: CriticalAddonsOnly
            operator: Exists
          - effect: NoExecute
            operator: Exists
        serviceAccountName: calico-node
        terminationGracePeriodSeconds: 0
        priorityClassName: system-node-critical
        initContainers:
          - name: upgrade-ipam
            image: calico/cni:v3.15.1
            command: ["/opt/cni/bin/calico-ipam", "-upgrade"]
            env:
              - name: KUBERNETES_NODE_NAME
                valueFrom:
                  fieldRef:
                    fieldPath: spec.nodeName
              - name: CALICO_NETWORKING_BACKEND
                valueFrom:
                  configMapKeyRef:
                    name: calico-config
                    key: calico_backend
```

```
        volumeMounts:
          - mountPath: /var/lib/cni/networks
            name: host-local-net-dir
          - mountPath: /host/opt/cni/bin
            name: cni-bin-dir
        securityContext:
          privileged: true
      - name: install-cni
        image: calico/cni:v3.15.1
        command: ["/install-cni.sh"]
        env:
          - name: CNI_CONF_NAME
            value: "10-calico.conflist"
          - name: CNI_NETWORK_CONFIG
            valueFrom:
              configMapKeyRef:
                name: calico-config
                key: cni_network_config
          - name: KUBERNETES_NODE_NAME
            valueFrom:
              fieldRef:
                fieldPath: spec.nodeName
          - name: CNI_MTU
            valueFrom:
              configMapKeyRef:
                name: calico-config
                key: veth_mtu
          - name: SLEEP
            value: "false"
        volumeMounts:
          - mountPath: /host/opt/cni/bin
            name: cni-bin-dir
          - mountPath: /host/etc/cni/net.d
            name: cni-net-dir
        securityContext:
          privileged: true
      - name: flexvol-driver
        image: calico/pod2daemon-flexvol:v3.15.1
        volumeMounts:
        - name: flexvol-driver-host
          mountPath: /host/driver
```

```
          securityContext:
            privileged: true
      containers:
        - name: calico-node
          image: calico/node:v3.15.1
          env:
            - name: DATASTORE_TYPE
              value: "kubernetes"
            - name: WAIT_FOR_DATASTORE
              value: "true"
            - name: NODENAME
              valueFrom:
                fieldRef:
                  fieldPath: spec.nodeName
            - name: CALICO_NETWORKING_BACKEND
              valueFrom:
                configMapKeyRef:
                  name: calico-config
                  key: calico_backend
            - name: CLUSTER_TYPE
              value: "k8s,bgp"
            - name: IP
              value: "autodetect"
            - name: CALICO_IPV4POOL_IPIP
              value: "Always"
            - name: CALICO_IPV4POOL_VXLAN
              value: "Never"
            - name: FELIX_IPINIPMTU
              valueFrom:
                configMapKeyRef:
                  name: calico-config
                  key: veth_mtu
            - name: FELIX_VXLANMTU
              valueFrom:
                configMapKeyRef:
                  name: calico-config
                  key: veth_mtu
            - name: FELIX_WIREGUARDMTU
              valueFrom:
                configMapKeyRef:
                  name: calico-config
```

```
        key: veth_mtu
  # 设置容器的 IP 地址段
  - name: CALICO_IPV4POOL_CIDR
    value: "10.1.0.0/16"
  # 设置网卡名称的正则表达式
  - name: IP_AUTODETECTION_METHOD
    value: "interface=ens.*"
  - name: CALICO_DISABLE_FILE_LOGGING
    value: "true"
  - name: FELIX_DEFAULTENDPOINTTOHOSTACTION
    value: "ACCEPT"
  - name: FELIX_IPV6SUPPORT
    value: "false"
  - name: FELIX_LOGSEVERITYSCREEN
    value: "info"
  - name: FELIX_HEALTHENABLED
    value: "true"
securityContext:
  privileged: true
resources:
  requests:
    cpu: 250m
livenessProbe:
  exec:
    command:
    - /bin/calico-node
    - -felix-live
    - -bird-live
  periodSeconds: 10
  initialDelaySeconds: 10
  failureThreshold: 6
readinessProbe:
  exec:
    command:
    - /bin/calico-node
    - -felix-ready
    - -bird-ready
  periodSeconds: 10
volumeMounts:
  - mountPath: /lib/modules
    name: lib-modules
```

```
          readOnly: true
        - mountPath: /run/xtables.lock
          name: xtables-lock
          readOnly: false
        - mountPath: /var/run/calico
          name: var-run-calico
          readOnly: false
        - mountPath: /var/lib/calico
          name: var-lib-calico
          readOnly: false
        - name: policysync
          mountPath: /var/run/nodeagent
  volumes:
    - name: lib-modules
      hostPath:
        path: /lib/modules
    - name: var-run-calico
      hostPath:
        path: /var/run/calico
    - name: var-lib-calico
      hostPath:
        path: /var/lib/calico
    - name: xtables-lock
      hostPath:
        path: /run/xtables.lock
        type: FileOrCreate
    - name: cni-bin-dir
      hostPath:
        path: /opt/cni/bin
    - name: cni-net-dir
      hostPath:
        path: /etc/cni/net.d
    - name: host-local-net-dir
      hostPath:
        path: /var/lib/cni/networks
    - name: policysync
      hostPath:
        type: DirectoryOrCreate
        path: /var/run/nodeagent
    - name: flexvol-driver-host
      hostPath:
```

```
            type: DirectoryOrCreate
            path: /usr/libexec/kubernetes/kubelet-plugins/volume/exec/
nodeagent~uds
```

在该 Pod 中，初始化容器 upgrade-ipam、install-cni、flexvol-driver 分别完成了一些初始化工作。主应用容器为 calico-node，用于管理 Pod 的网络配置，保证 Pod 的网络与各 Node 互联互通。

calico-node 应用的主要参数如下。

◎ DATASTORE_TYPE：数据后端存储，默认为“kubernetes”，也可以使用“etcd”。

◎ CALICO_IPV4POOL_CIDR：Calico IPAM 的 IP 地址池，Pod 的 IP 地址将从该池中进行分配。

◎ CALICO_IPV4POOL_IPIP：是否启用 IPIP 模式。启用 IPIP 模式时，Calico 将在 Node 上创建一个名为 tunl0 的虚拟隧道。

◎ IP_AUTODETECTION_METHOD：获取 Node IP 地址的方式，默认使用第 1 个网络接口的 IP 地址，对于安装了多块网卡的 Node，建议使用正则表达式选择正确的网卡，例如"interface=ens.*"表示选择名称以 ens 开头的网卡的 IP 地址。

◎ FELIX_IPV6SUPPORT：是否启用 IPv6。

◎ FELIX_LOGSEVERITYSCREEN：日志级别。

其中，IP Pool 可以使用两种模式：BGP 或 IPIP。使用 IPIP 模式时，设置 CALICO_IPV4POOL_IPIP="always"；不使用 IPIP 模式时，设置 CALICO_IPV4POOL_IPIP="off"，此时将使用 BGP 模式。

IPIP 是一种将各 Node 的路由之间做一个 tunnel，再把两个网络连接起来的模式，如图 7.26 所示。启用 IPIP 模式时，Calico 将在各 Node 上创建一个名为 tunl0 的虚拟网络接口。

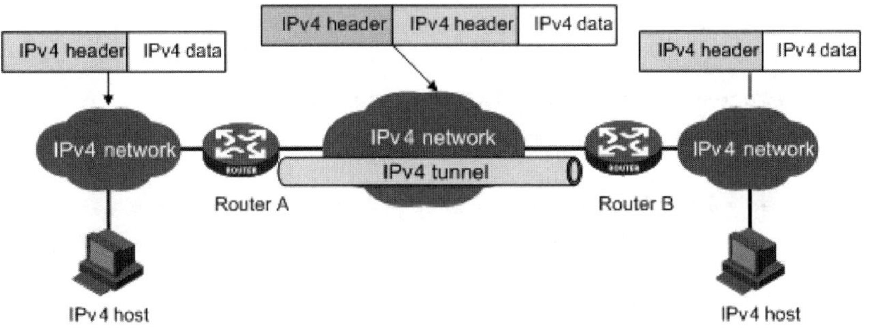

图 7.26　IPIP 模式

BGP 模式则直接使用物理机作为虚拟路由器（vRouter），不再创建额外的 tunnel。

（3）calico-kube-controllers 应用，用于管理 Kubernetes 集群中的网络策略（Network Policy）：

```
apiVersion: apps/v1
kind: Deployment
metadata:
  name: calico-kube-controllers
  namespace: kube-system
  labels:
    k8s-app: calico-kube-controllers
spec:
  replicas: 1
  selector:
    matchLabels:
      k8s-app: calico-kube-controllers
  strategy:
    type: Recreate
  template:
    metadata:
      name: calico-kube-controllers
      namespace: kube-system
      labels:
        k8s-app: calico-kube-controllers
    spec:
      nodeSelector:
        kubernetes.io/os: linux
      tolerations:
        - key: CriticalAddonsOnly
          operator: Exists
        - key: node-role.kubernetes.io/master
          effect: NoSchedule
      serviceAccountName: calico-kube-controllers
      priorityClassName: system-cluster-critical
      containers:
        - name: calico-kube-controllers
          image: calico/kube-controllers:v3.15.1
          env:
            - name: ENABLED_CONTROLLERS
              value: node
```

```
        - name: DATASTORE_TYPE
          value: kubernetes
      readinessProbe:
        exec:
          command:
          - /usr/bin/check-status
          - -r
```

本节将省略为 calico-node 和 calico-kube-controllers 配置的 RBAC 规则，以及对 Calico 自定义资源对象 CRD 的说明，详细配置请参考官方文档的说明。

修改好相应的参数后，创建 Calico 的各个资源对象：

```
# kubectl create -f calico.yaml
configmap/calico-config created
daemonset.apps/calico-node created
deployment.apps/calico-kube-controllers created
```

确保 Calico 的各个服务正确运行：

```
# kubectl get pods --namespace=kube-system -o wide
NAME                  READY    STATUS   RESTARTS  AGE      IP           NODE
calico-node-pgwqr      2/2     Running   0         1m    192.168.18.4  k8s-node-2
calico-node-t3ntq      2/2     Running   0          1m    192.168.18.3  k8s-node-1
calico-kube-controllers-1838634297-cfddl  1/1   Running   0    2m
192.168.18.3   k8s-node-1
```

calico-node 在正常运行后，会根据 CNI 规范，在/etc/cni/net.d/目录下生成如下文件和目录，并在/opt/cni/bin/目录下安装二进制文件 calico 和 calico-ipam，供 kubelet 调用。

◎ 10-calico.conflist：符合 CNI 规范的网络配置列表，其中 type=calico 表示该插件的二进制文件名为 calico。示例如下：

```
{
  "name": "k8s-pod-network",
  "cniVersion": "0.3.1",
  "plugins": [
    {
      "type": "calico",
      "log_level": "info",
      "datastore_type": "kubernetes",
      "nodename": "192.168.18.3",
      "mtu": 1440,
```

```
      "ipam": {
          "type": "calico-ipam"
      },
      "policy": {
          "type": "k8s"
      },
      "kubernetes": {
          "kubeconfig": "/etc/cni/net.d/calico-kubeconfig"
      }
    },
    {
      "type": "portmap",
      "snat": true,
      "capabilities": {"portMappings": true}
    },
    {
      "type": "bandwidth",
      "capabilities": {"bandwidth": true}
    }
  ]
}
```

◎ calico-kubeconfig：Calico 访问 Master 所需的 kubeconfig 文件。示例如下：

```
apiVersion: v1
kind: Config
clusters:
- name: local
  cluster:
    server: https://[169.169.0.1]:443
    certificate-authority-data:
LS0tLS1CRUdJTiBDRVJUSUZJQ0FURS0tLS0tCk1JSURJakNDQWdHZ0F3SUJBZ0lVVzVYYm5RUE8xVk5K
bjZ4bXlrZWJvUXR3ZEhBd0RRWUpLb1pJaHZjTkFRRUwKQlFBd0Z6RVZNQk1HQTFVRUF3d01NVGt5TGpF
Mk9DNHhPQzR6TUNBWERURUSXdNRFF6TURBNE1UQXhObG9ZRHpJeApNakF3TkRBMk1EZ3hNREUyV2pBWE1S
VXdFd1lEVlFRRERBd3hPVEl1TVRZNExqRTRMak13Z2dFcU1BMEdDU3FHClNJYjNEUUVCQVFVQUE0SUJG
d0F3Z2dFU0FvSUJDVEJUVWdwam1VVkFuVEhmOXBVaTlqMC9sNW5vNnZML0ZQTkUKcXFkNlNJNEFQL1h2
VklFUXhBN1JCV29oVithTFZCa2VrNzA5ZWdQSU84VmtmRDVJbk1tbzNOaHNYMmwzL3B3SwphTHRGT0Ra
ZHVvQThjUkNmTWNIUTZFVFA0SHRCV0V5eE9IbTBvSXJoeVdKS29oRzJBbU9jKzNUVDFieElpVjdhCnBS
VnN5ZUN6djhFRVhYYURZeE84aGszelZURFRZWlRUN0NycUZ3Zm1FZGhzbHNQZ3lUbWV3T1ZIQmV0czNv
bGoKdlZENkF6M3ZOMGFhaHRpeVpvb3ZodEc1MExKYlRldkVOWEYzTzFUSVZuN2tqNmVkaG1kOWpoRTlP
Nzl6aVNiaQphYThMeFZqcUZnZFIxUzRXTGpnRjJDM2V0elpZTXY4K1dVbzA4Zk1jMDE5V3NHZGljMmdu
Q1pkODNUeFhVY2NDkF3RUFBYU5UTUZFd0hRWURWUjBPQkJZRUZQM01kOERLMlhyVWJQSDF3WU1JUktK
```

```
WTJDcVZNQjhHQTFVZEl3UVkKTUJhQUZQM01kOERLMlhyVWJQSDF3WU1JUktKWTJDcVZNQThHQTFVZEV3
RUIvd1FGTUFNQkFmOHdEUVlKS29aSQpodmNOQVFFTEJRQURnZ0VLQUJHZVBYMkJFa3JpNHpQZUE3SHRx
aHZodFdQSnozV252aC9wSGxYTW5pcDYzUXljCjhwUGJldHcyU0F2NGY2cVBTNnRrbVNwMmY1NE16ZlVn
aWhaVmdFVUZ0bWx1ejhLY0hBcWxDamUreTRpdk5xMVcKYVVBUWpsNEJwL3kySlIwR1hZcGwrT3psWFVs
a1pYRlBrYnJncmRRcENNrb1ZBRmtwd2pITUQ0RzZMU0l1cWk4RApJVzl6WEo4Z1BZS21yWjBBVjVRWjhv
RkxpSlV5emppY3RuWUcxVVJQNitxcmdqcDB6YlcrQXdOVXdhQitEMmNyCm5BLzdkNXgyM01mb2lyZThG
SmFDeEU3MUZSV055R1NpQ0ZMSksxcmIyRnJuRTJCQW9WLyt5NWVJN3BmQTRZcW8Kci95UnhmRHRpaURs
czRwVGZFZmxqYnkrYnRhNHRLTTN1b3BoT1hTRFNBbStIaVpYdGhnPQotLS0tLUVORCBDRVJUSUZJQ0FU
RS0tLS0tCg==
    users:
    - name: calico
      user:
        token:
"eyJhbGciOiJSUzI1NiIsImtpZCI6InlIS3phUUFZT0NJb1U2NDdENjNFWWdMQk1oMHRKYVRkMG5BYTN
mbkd6WjAifQ.eyJpc3MiOiJrdWJlcm5ldGVzL3NlcnZpY2VhY2NvdW50Iiwia3ViZXJuZXRlcy5pby9z
ZXJ2aWNlYWNjb3VudC9uYW1lc3BhY2UiOiJrdWJlLXN5c3RlbSIsImt1YmVybmV0ZXMuaW8vc2Vydmlj
ZWFjY291bnQvc2VjcmV0Lm5hbWUiOiJjYWxpY28tbm9kZS10b2tlbi1tZ2pzeCIsImt1YmVybmV0ZXMu
aW8vc2VydmljZWFjY291bnQvc2VydmljZS1hY2NvdW50Lm5hbWUiOiJjYWxpY28tbm9kZSIsImt1YmVy
bmV0ZXMuaW8vc2VydmljZWFjY291bnQvc2VydmljZS1hY2NvdW50LnVpZCI6ImNkZWUyY2Y4LTAzZmIt
NDZmNS1hZGNmLTU2OWY3Yzk0Y2FiMiIsInN1YiI6InN5c3RlbTpzZXJ2aWNlYWNjb3VudDprdWJlLXN5
c3RlbTpjYWxpY28tbm9kZSJ9.E0V0SpzBZIigd15Nzn3Ul1yDu40ss2Ndqn-il8n-Ki7-693JH4CJNp8
DC7IkEBoj2Ir1ViNKIlnv_P9nv1-yik3zsstNF6hjjolibi6ZlEwEpBUbnhZXhnESIZUy7z28UECAw5W
mMACVBgrVUEM-ec6m3kz3XwC_QrhVLv7HCrZq0ANTn_bJrpj9ry7uljShpPjhNwZlhz25WiL4lBKpI_2
l1-ce80Uvd6imrWXoyZesVtJ_PnKGyCjTy0YGrvb3j05ZPLgCAPtV4P6RAM2ZBKQ3irlOL8CkDtBjRgz
z1XWWe5tdz7vSmjStmZ9Q6MTISxlQJKCVXwegO8Y7DaRfgFb3qWmTEORU7Q"
    contexts:
    - name: calico-context
      context:
        cluster: local
        user: calico
    current-context: calico-context
```

在 Calico 正确运行后，我们看看 Calico 在操作系统上设置的网络配置。查看 k8s-node-1 服务器的网络接口设置，可以看到一个新的名为 tunl0 的接口，并设置了网络地址为 10.1.109.64/32：

```
    # ip addr show
    1: lo: <LOOPBACK,UP,LOWER_UP> mtu 65536 qdisc noqueue state UNKNOWN qlen 1
        link/loopback 00:00:00:00:00:00 brd 00:00:00:00:00:00
        inet 127.0.0.1/8 scope host lo
           valid_lft forever preferred_lft forever
```

```
    inet6 ::1/128 scope host
       valid_lft forever preferred_lft forever
2: ens33: <BROADCAST,MULTICAST,UP,LOWER_UP> mtu 1500 qdisc pfifo_fast state UP
qlen 1000
    link/ether 00:0c:29:1b:c5:fc brd ff:ff:ff:ff:ff:ff
    inet 192.168.18.3/24 brd 192.168.18.255 scope global ens33
       valid_lft forever preferred_lft forever
    inet6 fe80::20c:29ff:fe1b:c5fc/64 scope link
       valid_lft forever preferred_lft forever
3: docker0: <NO-CARRIER,BROADCAST,MULTICAST,UP> mtu 1500 qdisc noqueue state DOWN
    link/ether 02:42:46:ad:a4:38 brd ff:ff:ff:ff:ff:ff
    inet 172.17.1.1/24 scope global docker0
       valid_lft forever preferred_lft forever
4: tunl0@NONE: <NOARP,UP,LOWER_UP> mtu 1440 qdisc noqueue state UNKNOWN qlen 1
    link/ipip 0.0.0.0 brd 0.0.0.0
    inet 10.1.109.64/32 scope global tunl0
       valid_lft forever preferred_lft forever
```

查看 k8s-node-2 服务器的网络接口设置，同样可以看到一个新的名为 tunl0 的接口，网络地址为 10.1.140.64/32：

```
1: lo: <LOOPBACK,UP,LOWER_UP> mtu 65536 qdisc noqueue state UNKNOWN qlen 1
    link/loopback 00:00:00:00:00:00 brd 00:00:00:00:00:00
    inet 127.0.0.1/8 scope host lo
       valid_lft forever preferred_lft forever
    inet6 ::1/128 scope host
       valid_lft forever preferred_lft forever
2: ens33: <BROADCAST,MULTICAST,UP,LOWER_UP> mtu 1500 qdisc pfifo_fast state UP
qlen 1000
    link/ether 00:0c:29:93:71:9e brd ff:ff:ff:ff:ff:ff
    inet 192.168.18.4/24 brd 192.168.18.255 scope global ens33
       valid_lft forever preferred_lft forever
    inet6 fe80::20c:29ff:fe93:719e/64 scope link
       valid_lft forever preferred_lft forever
3: docker0: <NO-CARRIER,BROADCAST,MULTICAST,UP> mtu 1500 qdisc noqueue state DOWN
    link/ether 02:42:d9:08:8e:93 brd ff:ff:ff:ff:ff:ff
    inet 172.17.2.1/24 scope global docker0
       valid_lft forever preferred_lft forever
4: tunl0@NONE: <NOARP,UP,LOWER_UP> mtu 1440 qdisc noqueue state UNKNOWN qlen 1
    link/ipip 0.0.0.0 brd 0.0.0.0
    inet 10.1.140.64/32 scope global tunl0
       valid_lft forever preferred_lft forever
```

这两个子网都是从 calico-node 设置的 IP 地址池（CALICO_IPV4POOL_CIDR="10.1.0.0/16"）中进行分配的。

我们再看看 Calico 在两台主机上设置的路由规则。首先，查看 k8s-node-1 服务器的路由表，可以看到一条到 k8s-node-2 的 Calico 容器网络 10.1.140.64 的路由转发规则：

```
# ip route
default via 192.168.18.2 dev ens33
blackhole 10.1.109.64/26  proto bird
10.1.140.64/26 via 192.168.18.4 dev tunl0  proto bird onlink
172.17.1.0/24 dev docker0  proto kernel  scope link  src 172.17.1.1
192.168.18.0/24 dev ens33  proto kernel  scope link  src 192.168.18.3  metric 100
```

然后，查看 k8s-node-2 服务器的路由表，可以看到一条到 k8s-node-1 的 Calico 容器网络 10.1.109.64/26 的路由转发规则：

```
# ip route
default via 192.168.18.2 dev ens33
blackhole 10.1.140.64/26  proto bird
10.1.109.64/26 via 192.168.18.3 dev tunl0  proto bird onlink
172.17.2.0/24 dev docker0  proto kernel  scope link  src 172.17.2.1
192.168.18.0/24 dev ens33  proto kernel  scope link  src 192.168.18.4  metric 100
```

这样，通过 Calico 就完成了 Node 间的容器网络设置。在后续的 Pod 创建过程中，kubelet 将通过 CNI 接口调用 Calico 进行 Pod 网络设置，包括 IP 地址、路由规则、iptables 规则等。

如果设置 CALICO_IPV4POOL_IPIP="off"，即不使用 IPIP 模式，则 Calico 将不会创建 tunl0 网络接口，路由规则直接使用物理机网卡作为路由器进行转发。

查看 k8s-node-1 服务器的路由表，可以看到一条到 k8s-node-2 的私网 10.1.140.64 的路由转发规则，将通过本机 ens33 网卡进行转发：

```
# ip route
default via 192.168.18.2 dev ens33
blackhole 10.1.109.64/26  proto bird
10.1.140.64/26 via 192.168.18.4 dev ens33  proto bird
172.17.1.0/24 dev docker0  proto kernel  scope link  src 172.17.1.1
192.168.18.0/24 dev ens33  proto kernel  scope link  src 192.168.18.3  metric 100
```

查看 k8s-node-2 服务器的路由表，可以看到一条到 k8s-node-1 的私网 10.1.109.64/26 的路由转发规则，将通过本机 ens33 网卡进行转发：

```
# ip route
default via 192.168.18.2 dev ens33
blackhole 10.1.140.64/26  proto bird
10.1.109.64/26 via 192.168.18.3 dev ens33  proto bird
172.17.2.0/24 dev docker0  proto kernel  scope link  src 172.17.2.1
192.168.18.0/24 dev ens33  proto kernel  scope link  src 192.168.18.4  metric 100
```

3. 跨主机 Pod 网络连通性验证

下面创建几个 Pod，验证 Calico 对它们的网络设置。以第 1 章的 mysql 和 myweb 为例，分别创建 1 个 Pod 和两个 Pod：

```
# mysql-rc.yaml
apiVersion: v1
kind: ReplicationController
metadata:
  name: mysql
spec:
  replicas: 1
  selector:
    app: mysql
  template:
    metadata:
      labels:
        app: mysql
    spec:
      containers:
      - name: mysql
        image: mysql
        ports:
        - containerPort: 3306
        env:
        - name: MYSQL_ROOT_PASSWORD
          value: "123456"

# myweb-rc.yaml
apiVersion: v1
kind: ReplicationController
metadata:
  name: myweb
spec:
```

```
  replicas: 2
  selector:
    app: myweb
  template:
    metadata:
      labels:
        app: myweb
    spec:
      containers:
      - name: myweb
        image: kubeguide/tomcat-app:v1
        ports:
        - containerPort: 8080
        env:
        - name: MYSQL_SERVICE_HOST
          value: 'mysql'
        - name: MYSQL_SERVICE_PORT
          value: '3306'

# kubectl create -f mysql-rc.yaml -f myweb-rc.yaml
replicationcontroller "mysql" created
replicationcontroller "myweb" created
```

查看各 Pod 的 IP 地址，可以看到是通过 Calico 设置的以 10.1 开头的 IP 地址：

```
# kubectl get pod -o wide
NAME          READY     STATUS    RESTARTS   AGE       IP            NODE
mysql-8cztq   1/1       Running   0          2m        10.1.109.71   k8s-node-1
myweb-h4lg3   1/1       Running   0          2m        10.1.109.70   k8s-node-1
myweb-s86sk   1/1       Running   0          2m        10.1.140.66   k8s-node-2
```

进入运行在 k8s-node-2 上的 Pod “myweb-s86sk”：

```
# kubectl exec -ti myweb-s86sk bash
```

在容器内访问运行在 k8s-node-1 上的 Pod “mysql-8cztq” 的 IP 地址 10.1.109.71：

```
root@myweb-s86sk:/usr/local/tomcat# ping 10.1.109.71
PING 10.1.109.71 (10.1.109.71): 56 data bytes
64 bytes from 10.1.109.71: icmp_seq=0 ttl=63 time=0.344 ms
64 bytes from 10.1.109.71: icmp_seq=1 ttl=63 time=0.213 ms
```

在容器内访问物理机 k8s-node-1 的 IP 地址 192.168.18.3：

```
root@myweb-s86sk:/usr/local/tomcat# ping 192.168.18.3
PING 192.168.18.3 (192.168.18.3): 56 data bytes
64 bytes from 192.168.18.3: icmp_seq=0 ttl=64 time=0.327 ms
64 bytes from 192.168.18.3: icmp_seq=1 ttl=64 time=0.182 ms
```

这说明跨主机容器之间、容器与宿主机之间的网络都能互联互通了。

查看 k8s-node-2 物理机的网络接口和路由表，可以看到 Calico 为 Pod “myweb-s86sk”新建了一个网络接口 cali439924adc43，并为其设置了一条路由规则：

```
# ip addr show
1: lo: <LOOPBACK,UP,LOWER_UP> mtu 65536 qdisc noqueue state UNKNOWN qlen 1
......
7: cali439924adc43@if3: <BROADCAST,MULTICAST,UP,LOWER_UP> mtu 1500 qdisc noqueue state UP
    link/ether e2:e9:9a:55:52:92 brd ff:ff:ff:ff:ff:ff link-netnsid 0
    inet6 fe80::e0e9:9aff:fe55:5292/64 scope link
       valid_lft forever preferred_lft forever

# ip route
default via 192.168.18.2 dev ens33
blackhole 10.1.140.64/26  proto bird
10.1.109.64/26 via 192.168.18.3 dev tunl0  proto bird onlink
10.1.140.66 dev cali439924adc43  scope link
172.17.2.0/24 dev docker0  proto kernel  scope link  src 172.17.2.1
192.168.18.0/24 dev ens33  proto kernel  scope link  src 192.168.18.4  metric 100
```

另外，Calico 为该网络接口 cali439924adc43 设置了一系列 iptables 规则：

```
# iptables -L
......
Chain cali-from-wl-dispatch (2 references)
target     prot opt source               destination
cali-fw-cali439924adc43  all  --  anywhere             anywhere             [goto]
/* cali:27N3bvAtjtNgABL_ */
DROP       all  --  anywhere             anywhere             /*
cali:tL986QdUS4OiW3mC */ /* Unknown interface */

Chain cali-fw-cali439924adc43 (1 references)
target     prot opt source               destination
ACCEPT     all  --  anywhere             anywhere             /*
cali:w_ft-rPVu6fgqGmc */ ctstate RELATED,ESTABLISHED
DROP       all  --  anywhere             anywhere             /*
```

```
cali:ATcF-FBghYxNthE2 */ ctstate INVALID
    MARK       all  --  anywhere             anywhere            /*
cali:5mvqaVXl8wQh6vS6 */ MARK and 0xfeffffff
    MARK       all  --  anywhere             anywhere            /*
cali:nOAdEHYzt1IeVaqu */ /* Start of policies */ MARK and 0xfdffffff

    Chain cali-to-wl-dispatch (1 references)
    target     prot opt source               destination
    cali-tw-cali439924adc43  all  --  anywhere             anywhere            [goto]
/* cali:WibRaHK-UmAeF88Y */

    Chain cali-tw-cali439924adc43 (1 references)
    target     prot opt source               destination
    ACCEPT     all  --  anywhere             anywhere            /*
cali:c21cc_VY82hSFHuc */ ctstate RELATED,ESTABLISHED
    DROP       all  --  anywhere             anywhere            /*
cali:6eNswYurPxc_1g2M */ ctstate INVALID
    MARK       all  --  anywhere             anywhere            /*
cali:Y55YBsPr1TihN4NE */ MARK and 0xfeffffff
    MARK       all  --  anywhere             anywhere            /*
cali:hfMD9kYf5exJluSH */ /* Start of policies */ MARK and 0xfdffffff
    ......
```

7.8 Kubernetes 的网络策略

为了实现细粒度的容器间网络访问隔离策略，Kubernetes 从 1.3 版本开始引入了 Network Policy 机制，到 1.8 版本升级为 networking.k8s.io/v1 稳定版本。Network Policy 的主要功能是对 Pod 或者 Namespace 之间的网络通信进行限制和准入控制，设置方式为将目标对象的 Label 作为查询条件，设置允许访问或禁止访问的客户端 Pod 列表。目前查询条件可以作用于 Pod 和 Namespace 级别。

为了使用 Network Policy，Kubernetes 引入了一个新的资源对象 NetworkPolicy，供用户设置 Pod 之间的网络访问策略。但这个资源对象配置的仅仅是策略规则，还需要一个策略控制器（Policy Controller）进行策略规则的具体实现。策略控制器由第三方网络组件提供，目前 Calico、Cilium、Kube-router、Romana、Weave Net 等开源项目均支持网络策略的实现。

Network Policy 的工作原理如图 7.27 所示，策略控制器需要实现一个 API Listener，监听用户设置的 NetworkPolicy 定义，并将网络访问规则通过各 Node 的 Agent 进行实际设置（Agent 则需要通过 CNI 网络插件实现）。

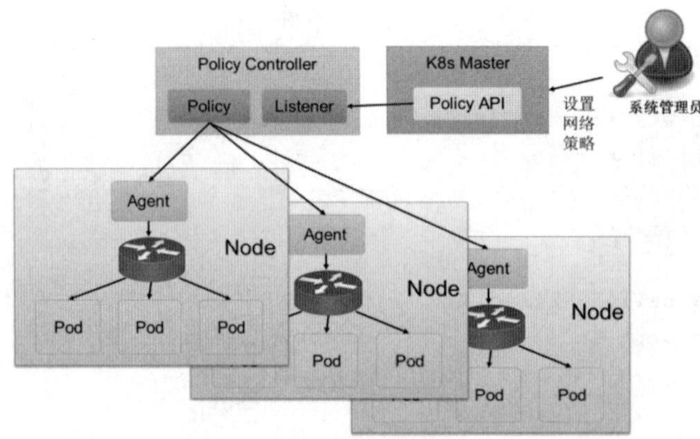

图 7.27 Network Policy 的工作原理

7.8.1 网络策略设置说明

网络策略的设置主要用于对目标 Pod 的网络访问进行控制，在默认情况下对所有 Pod 都是允许访问的，在设置了指向 Pod 的 NetworkPolicy 网络策略后，到 Pod 的访问才会被限制。

下面通过一个例子对 NetworkPolicy 资源对象的使用进行说明：

```
apiVersion: networking.k8s.io/v1
kind: NetworkPolicy
metadata:
  name: test-network-policy
  namespace: default
spec:
  podSelector:
    matchLabels:
      role: db
  policyTypes:
  - Ingress
  - Egress
  ingress:
  - from:
```

```
    - ipBlock:
        cidr: 172.17.0.0/16
        except:
        - 172.17.1.0/24
    - namespaceSelector:
        matchLabels:
          project: myproject
    - podSelector:
        matchLabels:
          role: frontend
    ports:
    - protocol: TCP
      port: 6379
  egress:
  - to:
    - ipBlock:
        cidr: 10.0.0.0/24
    ports:
    - protocol: TCP
      port: 5978
```

对主要参数说明如下。

◎ podSelector：定义该网络策略作用的 Pod 范围，本例的选择条件为包含 role=db 标签的 Pod。

◎ policyTypes：网络策略的类型，包括 ingress 和 egress 两种，用于设置目标 Pod 的入站和出站的网络限制。如果未指定 policyTypes，则系统默认会设置 Ingress 类型；若设置了 egress 策略，则系统自动设置 Egress 类型。

◎ ingress：定义允许访问目标 Pod 的入站白名单规则，满足 from 条件的客户端才能访问 ports 定义的目标 Pod 端口号。

- from：对符合条件的客户端 Pod 进行网络放行，规则包括基于客户端 Pod 的 Label、基于客户端 Pod 所在命名空间的 Label 或者客户端的 IP 范围。
- ports：允许访问的目标 Pod 监听的端口号。

◎ egress：定义目标 Pod 允许访问的“出站”白名单规则，目标 Pod 仅允许访问满足 to 条件的服务端 IP 范围和 ports 定义的端口号。

- to：允许访问的服务端信息，可以基于服务端 Pod 的 Label、基于服务端 Pod 所在命名空间的 Label 或者服务端 IP 范围。
- ports：允许访问的服务端的端口号。

通过本例所示的 NetworkPolicy 设置，对不同命名空间中的目标 Pod 进行了网络访问，发现该网络策略作用于命名空间 default 中包含 role=db 标签的全部 Pod。

Ingress 规则包括：

◎ 允许与目标 Pod 在同一个命名空间中的包含 role=frontend 标签的客户端 Pod 访问目标 Pod；
◎ 允许属于包含 project=myproject 标签的命名空间的客户端 Pod 访问目标 Pod；
◎ 允许属于 IP 地址范围 172.17.0.0/16 的客户端 Pod 访问目标 Pod，但不包括属于 IP 地址范围 172.17.1.0/24 的客户端应用。

Egress 规则包括：允许目标 Pod 访问属于 IP 地址范围 10.0.0.0/24 并监听 5978 端口的服务。

7.8.2 Selector 功能说明

本节对 namespaceSelector 和 podSelector 选择器的功能进行说明。

在 from 或 to 配置中，namespaceSelector 和 podSelector 可以单独设置，也可以组合配置。ingress 的 from 段落和 egress 的 to 段落总共可以有 4 种选择器（Selector）的设置方式。

◎ podSelector：同一个命名空间选中的目标 Pod 应作为 ingress 来源或 egress 目标允许网络访问。
◎ namespaceSelector：目标命名空间中的全部 Pod 应作为 ingress 来源或 egress 目标允许网络访问。
◎ podSelector 和 namespaceSelector：在 from 或 to 配置中如果既设置了 namespaceSelector 又设置了 podSelector，则表示选中指定命名空间中的 Pod。这在 YAML 定义中需要进行准确设置。
◎ ipBlock：其设置的 IP 地址范围应作为 ingress 来源或 egress 目标允许网络访问，通常应设置为集群外部的 IP 地址。

下面通过两个例子对 Selector 的作用进行说明。

例 1，在 from 中同时设置 namespaceSelector 和 podSelector，该策略允许从拥有 user=alice 标签的命名空间中拥有 role=client 标签的 Pod 发起访问：

```
  ......
```

```
  ingress:
  - from:
    - namespaceSelector:
        matchLabels:
          user: alice
      podSelector:
        matchLabels:
          role: client
......
```

例 2，在 from 中分别设置 namespaceSelector 和 podSelector，该策略既允许从有 user=alice 标签的命名空间中的任意 Pod 发起访问，也允许从当前命名空间中有 role=client 标签的 Pod 发起访问：

```
......
  ingress:
  - from:
    - namespaceSelector:
        matchLabels:
          user: alice
    - podSelector:
        matchLabels:
          role: client
......
```

集群的 ingress 和 egress 机制通常需要重写数据包的源 IP 或目标 IP 地址，如果发生了这种情况，则无法确定是在 NetworkPolicy 处理前还是处理后发生的，并且重写行为可能会根据网络插件、云提供商、Service 实现的不同而有所不同。

对于 ingress 策略，这意味着在某些情况下能基于真实源 IP 对入站的数据包进行过滤，而在其他情况下，NetworkPolicy 所作用的“源 IP”可能是 LoadBalancer 的 IP 或 Pod 所在节点的 IP。

对于 egress 策略，这意味着从 Pod 到被重写为集群外部 IP 的服务 IP 的连接（Connection）可能受到（也可能不受到）基于 ipBlock 的策略的约束。

7.8.3　为命名空间配置默认的网络策略

在一个命名空间没有设置任何网络策略的情况下，对其中 Pod 的 ingress 和 egress 网络流量并不会有任何限制。在命名空间级别可以设置一些默认的全局网络策略，以便管理员对整个命名空间进行统一的网络策略设置。

以下是一些常用的命名空间级别的默认网络策略。

（1）默认禁止 ingress 访问。该策略禁止任意客户端访问该命名空间中的任意 Pod，起到隔离访问的作用：

```
apiVersion: networking.k8s.io/v1
kind: NetworkPolicy
metadata:
  name: default-deny
spec:
  podSelector: {}
  policyTypes:
  - Ingress
```

（2）默认允许 ingress 访问。该策略允许任意客户端访问该命名空间中的任意 Pod：

```
apiVersion: networking.k8s.io/v1
kind: NetworkPolicy
metadata:
  name: allow-all
spec:
  podSelector: {}
  ingress:
  - {}
  policyTypes:
  - Ingress
```

（3）默认禁止 egress 访问。该策略禁止该命名空间中的所有 Pod 访问任意外部服务：

```
apiVersion: networking.k8s.io/v1
kind: NetworkPolicy
metadata:
  name: default-deny
spec:
  podSelector: {}
  policyTypes:
  - Egress
```

（4）默认允许 egress 访问。该策略允许该命名空间中的所有 Pod 访问任意外部服务：

```
apiVersion: networking.k8s.io/v1
```

```
kind: NetworkPolicy
metadata:
  name: allow-all
spec:
  podSelector: {}
  egress:
  - {}
  policyTypes:
  - Egress
```

（5）默认同时禁止 ingress 和 egress 访问。该策略禁止任意客户端访问该命名空间中的任意 Pod，同时禁止该命名空间中的所有 Pod 访问任意外部服务：

```
apiVersion: networking.k8s.io/v1
kind: NetworkPolicy
metadata:
  name: default-deny
spec:
  podSelector: {}
  policyTypes:
  - Ingress
  - Egress
```

7.8.4　网络策略应用示例

下面以一个提供服务的 Nginx Pod 为例，为两个客户端 Pod 设置不同的网络访问权限：允许拥有 role=nginxclient 标签的 Pod 访问 Nginx 容器，没有这个标签的客户端容器会被禁止访问。

（1）创建目标 Pod，设置 app=nginx 标签：

```
# nginx.yaml
apiVersion: v1
kind: Pod
metadata:
  name: nginx
  labels:
    app: nginx
spec:
  containers:
  - name: nginx
```

```
    image: nginx

# kubectl create -f nginx.yaml
pod/nginx created
```

（2）为目标 Nginx Pod 设置网络策略，创建 NetworkPolicy 的 YAML 文件，内容如下：

```
# networkpolicy-allow-nginxclient.yaml
kind: NetworkPolicy
apiVersion: networking.k8s.io/v1
metadata:
  name: allow-nginxclient
spec:
  podSelector:
    matchLabels:
      app: nginx
  ingress:
    - from:
      - podSelector:
          matchLabels:
            role: nginxclient
      ports:
      - protocol: TCP
        port: 80
```

该网络策略的作用目标 Pod 应包含 app=nginx 标签，通过 from 设置允许访问的客户端 Pod 包含 role=nginxclient 标签，并设置允许客户端访问的端口号为 80。

创建该 NetworkPolicy 资源对象：

```
# kubectl create -f networkpolicy-allow-nginxclient.yaml
networkpolicy.networking.k8s.io/allow-nginxclient created
```

（3）创建两个客户端 Pod，一个包含 role=nginxclient 标签，另一个无此标签。分别进入各 Pod，访问 Nginx 容器，验证网络策略的效果：

```
# client1.yaml
apiVersion: v1
kind: Pod
metadata:
  name: client1
  labels:
    role: nginxclient
```

```
spec:
  containers:
  - name: client1
    image: busybox
    command: [ "sleep", "3600" ]
```

```
# client2.yaml
apiVersion: v1
kind: Pod
metadata:
  name: client2
spec:
  containers:
  - name: client2
    image: busybox
    command: [ "sleep", "3600" ]

# kubectl create -f client1.yaml -f client2.yaml
pod/client1 created
pod/client2 created
```

登录 Pod “client1”：

```
# kubectl exec -ti client1 -- sh
```

尝试连接 Nginx 容器的 80 端口：

```
/ # wget 10.1.109.69
Connecting to 10.1.109.69 (10.1.109.69:80)
index.html           100% |*******************************|   612   0:00:00 ETA
```

成功访问到 Nginx 的服务，说明 NetworkPolicy 生效。

登录 Pod “client2”：

```
# kubectl exec -ti client2 -- sh
```

尝试连接 Nginx 容器的 80 端口：

```
/ # wget --timeout=5 10.1.109.69
Connecting to 10.1.109.69 (10.1.109.69:80)
wget: download timed out
```

访问超时，说明 NetworkPolicy 生效，对没有 role=nginxclient 标签的客户端 Pod 拒绝访问。

说明：本例中的网络策略是基于 Calico 提供的 calico-kube-controllers 实现的，calico-kube-controllers 持续监听 Kubernetes 中 NetworkPolicy 的定义，与各 Pod 通过标签进行关联，将允许访问或拒绝访问的策略通知到各 calico-node，最终 calico-node 完成对 Pod 间网络访问的设置，实现 Pod 间的网络隔离。有兴趣的读者可以尝试使用其他 CNI 插件的网络策略控制器来实现 NetworkPolicy 的功能。

7.8.5 NetworkPolicy 的发展

Kubernetes 从 1.12 版本开始引入了对 SCTP 的支持，到 1.19 版本时达到 Beta 阶段，默认启用，可以通过 kube-apiserver 的启动参数--feature-gates=SCTPSupport=false 进行关闭。启用后，可以在 NetworkPolicy 资源对象中设置 protocol 字段的值为 SCTP，启用对 SCTP 的网络隔离设置。需要说明的是，要求 CNI 插件提供对 SCTP 的支持。

另外，在 Kubernetes 1.20 版本中，以下功能在网络策略（NetworkPolicy API）中仍然无法提供实现。如果需要这些功能，则可以选择使用操作系统提供的功能组件如 SELinux、Open vSwitch、IPTables 等；或 7 层网络技术如 Ingress Controller、Service Mesh 等；或通过准入控制器（Admission Controller）等替代方案进行实现。

◎ 强制集群内部的流量都经过一个公共网关（最好使用 Service Mesh 或其他 Proxy）。
◎ TLS 相关功能（最好使用 Service Mesh 或其他 Proxy）。
◎ 特定于节点（Node）的网络策略（当前无法基于 Kubernetes 信息将网络策略设置在特定节点上）。
◎ 按名称指定服务或命名空间（当前仅支持通过 Label 进行设置）。
◎ 创建或管理第三方提供实现的策略请求（Policy Request）。
◎ 适用于所有命名空间或 Pod 的默认策略。
◎ 高级策略查询和可达性工具。
◎ 在单个策略声明中指向目标端口号范围的能力。
◎ 对网络安全事件进行日志记录的能力（例如连接被阻止或接受的事件）。
◎ 显式设置拒绝策略的能力（当前仅支持设置默认的拒绝策略，仅可以添加“允许”的规则）。
◎ 阻止通过本地回路（loopback）发起流量或从主机上发起流量的策略管理能力（当前 Pod 无法阻止从本机 Localhost 发起的访问，也不能阻止从其他同组节点发起的访问）。

Kubernetes 社区正在积极讨论其中一些功能特性，有兴趣的读者可以持续关注社区的进展并参与讨论。

7.9　Kubernetes 对 IPv4 和 IPv6 双栈的支持

随着 IPv6 的逐渐普及，物联网、边缘计算等行业大量使用 IPv6 部署各种设备和边缘设备，在 Kubernetes 中运行的容器和服务也需要支持 IPv6。Kubernetes 从 1.16 版本开始引入对 IPv4 和 IPv6 双栈的支持，当前为 Alpha 阶段。

在 Kubernetes 集群中启用 IPv4 和 IPv6 双栈可以提供以下功能。

◎ 为 Pod 分配一个 IPv4 地址和一个 IPv6 地址。
◎ 为 Service 分配一个 IPv4 地址或一个 IPv6 地址，只能使用一种地址类型。
◎ Pod 可以同时通过 IPv4 地址和 IPv6 地址路由到集群外部（egress）的网络（如 Internet）。

为了在 Kubernetes 集群中使用 IPv4 和 IPv6 双栈功能，需要满足以下前提条件。

◎ 使用 Kubernetes 1.16 及以上版本。
◎ Kubernetes 集群的基础网络环境必须支持双栈网络，即提供可路由的 IPv4 和 IPv6 网络接口。
◎ 支持双栈的网络插件，例如 Calico 或 Kubenet。

7.9.1　为 Kubernetes 集群启用 IPv4 和 IPv6 双栈

为 Kubernetes 集群启用 IPv4 和 IPv6 双栈功能前，首先需要在 kube-apiserver、kube-controller-manager、kubelet 和 kube-proxy 服务中设置启动参数以开启双栈特性，并设置 Pod 的 IP CIDR 范围（--cluster-cidr）和 Service 的 IP CIDR 范围（--service-cluster-ip-range）。各服务的启动参数设置如下。

（1）kube-apiserver 服务。

◎ --feature-gates="...,IPv6DualStack=true"：开启 IPv6DualStack 特性开关。
◎ --service-cluster-ip-range=<IPv4 CIDR>,<IPv6 CIDR>：设置 Service 的 IPv4 和 IPv6 CIDR 地址范围，例如--service-cluster-ip-range=169.169.0.0/16,3000::0/112。

（2）kube-controller-manager 服务。

◎ --feature-gates="...,IPv6DualStack=true"：开启 IPv6DualStack 特性开关。

◎ --cluster-cidr=<IPv4 CIDR>,<IPv6 CIDR>：设置 Pod 的 IPv4 和 IPv6 CIDR 地址范围，例如--cluster-cidr=10.0.0.0/16,fa00::0/112。

◎ --service-cluster-ip-range=<IPv4 CIDR>,<IPv6 CIDR>：设置 Service 的 IPv4 和 IPv6 CIDR 地址范围，例如--service-cluster-ip-range=169.169.0.0/16,3000::0/112。

◎ --node-cidr-mask-size-ipv4：设置 IPv4 子网掩码，默认为/24。

◎ --node-cidr-mask-size-ipv6：设置 IPv6 子网掩码，默认为/64。

（3）kubelet 服务。

◎ --feature-gates="...,IPv6DualStack=true"：开启 IPv6DualStack 特性开关。

（4）kube-proxy 服务。

◎ --proxy-mode=ipvs：必须使用 ipvs 代理模式。

◎ --feature-gates="...,IPv6DualStack=true"：开启 IPv6DualStack 特性开关。

◎ --cluster-cidr=<IPv4 CIDR>,<IPv6 CIDR>：设置 Pod 的 IPv4 和 IPv6 CIDR 地址范围，例如--cluster-cidr=10.0.0.0/16,fa00::0/112。

为了支持 Pod 的 IPv4 和 IPv6 双栈网络，还需要在 Kubernetes 集群中部署支持双栈的网络组件（如 CNI 插件），这里以 Calico 为例进行说明。Calico 对 IPv4 和 IPv6 双栈的支持包括以下配置。

（1）在 ConfigMap“calico-config”中，CNI 网络配置“cni_network_config”的 ipam 段落增加了 assign_ipv4=true 和 assign_ipv6=true 的配置，例如（省略的内容详见 7.7.4 节的说明）：

```
kind: ConfigMap
apiVersion: v1
metadata:
  name: calico-config
  namespace: kube-system
data:
  ......
  cni_network_config: |-
    {
      "name": "k8s-pod-network",
      "cniVersion": "0.3.1",
```

```
    "plugins": [
      {
        ......
        "ipam": {
            "type": "calico-ipam",
            "assign_ipv4": "true",
            "assign_ipv6": "true"
        },
        ......
    }
```

（2）在容器 calico-node 的环境变量中新增 IPv6 的相关配置，例如（省略的内容详见 7.7.4 节的说明）：

```
kind: DaemonSet
apiVersion: apps/v1
metadata:
  name: calico-node
  namespace: kube-system
  labels:
    k8s-app: calico-node
spec:
    ......
    spec:
      ......
      containers:
        - name: calico-node
          image: calico/node:v3.15.1
          env:
            ......
            - name: IP
              value: "autodetect"
            - name: IP6
              value: "autodetect"

            - name: CALICO_IPV4POOL_CIDR
              value: "10.0.0.0/16"
            - name: CALICO_IPV6POOL_CIDR
              value: "fa00::0/112"

            - name: IP_AUTODETECTION_METHOD
              value: "interface=ens.*"
```

```
            - name: IP6_AUTODETECTION_METHOD
              value: "interface=ens.*"

            - name: FELIX_IPV6SUPPORT
              value: "true"
    ......
```

其中，CALICO_IPV4POOL_CIDR 和 CALICO_IPV6POOL_CIDR 设置的 IP CIDR 地址范围应与 Kubernetes 集群中的设置相同（kube-controller-manager 和 kube-proxy 服务 --cluster-cidr 参数的设置）。

通过 kubectl create 命令创建 Calico CNI 插件后，确保 calico-node 运行正常：

```
# kubectl -n kube-system get pod
NAME                                       READY   STATUS    RESTARTS   AGE
calico-kube-controllers-58b656d69f-5g6r2   1/1     Running   0          32m
calico-node-q47lh                          1/1     Running   0          29m
calico-node-5fca1                          1/1     Running   0          29m
calico-node-78bfa                          1/1     Running   0          29m
......
```

7.9.2 Pod 双栈 IP 地址验证

在启用了 IPv4 和 IPv6 双栈的 Kubernetes 集群中，根据上述配置，创建的每个 Pod 都会被 CNI 插件设置一个 IPv4 地址和一个 IPv6 地址。

以下面的 Deployment 为例：

```
# webapp-deployment.yaml
apiVersion: apps/v1
kind: Deployment
metadata:
  name: webapp
spec:
  replicas: 2
  selector:
    matchLabels:
      app: webapp
  template:
    metadata:
      labels:
        app: webapp
```

```
    spec:
      containers:
      - name: webapp
        image: kubeguide/tomcat-app:v1
        ports:
        - containerPort: 8080
```

创建这个 Deployment：

```
# kubectl create -f webapp-deployment.yaml
deployment.apps/webapp created
```

查看 Pod 信息（在 kubectl get 命令返回的结果中只能看到 IPv4 地址）：

```
# kubectl get pods -l app=webapp -o wide
NAME                        READY   STATUS    RESTARTS   AGE   IP            NODE
NOMINATED NODE   READINESS GATES
webapp-67cfbd687f-tth9v   1/1     Running   0          25m   10.0.95.5
192.168.18.3   <none>           <none>
webapp-67cfbd687f-w6ssb   1/1     Running   0          33m   10.0.95.3
192.168.18.3   <none>           <none>
```

登录容器，通过 ip 命令查看其 IP 地址，可以看到系统为其设置的 IPv4 和 IPv6 地址：

```
# kubectl exec -ti webapp-67cfbd687f-w6ssb -- bash
root@webapp-67cfbd687f-w6ssb:/usr/local/tomcat# ip a
1: lo: <LOOPBACK,UP,LOWER_UP> mtu 65536 qdisc noqueue state UNKNOWN group default
qlen 1000
    link/loopback 00:00:00:00:00:00 brd 00:00:00:00:00:00
    inet 127.0.0.1/8 scope host lo
      valid_lft forever preferred_lft forever
    inet6 ::1/128 scope host
      valid_lft forever preferred_lft forever
2: tunl0@NONE: <NOARP> mtu 1480 qdisc noop state DOWN group default qlen 1000
    link/ipip 0.0.0.0 brd 0.0.0.0
4: eth0@if27: <BROADCAST,MULTICAST,UP,LOWER_UP> mtu 1440 qdisc noqueue state UP
group default
    link/ether 76:9b:33:dd:da:b7 brd ff:ff:ff:ff:ff:ff
    inet 10.0.95.3/32 scope global eth0
      valid_lft forever preferred_lft forever
    inet6 fda3:eccf:c536:b27d:668b:ae7f:c66b:41c2/128 scope global
      valid_lft forever preferred_lft forever
    inet6 fe80::749b:33ff:fedd:dab7/64 scope link
      valid_lft forever preferred_lft forever
# kubectl exec -ti webapp-67cfbd687f-tth9v -- bash
```

```
root@webapp-67cfbd687f-tth9v:/usr/local/tomcat# ip a
1: lo: <LOOPBACK,UP,LOWER_UP> mtu 65536 qdisc noqueue state UNKNOWN group default qlen 1000
    link/loopback 00:00:00:00:00:00 brd 00:00:00:00:00:00
    inet 127.0.0.1/8 scope host lo
      valid_lft forever preferred_lft forever
    inet6 ::1/128 scope host
      valid_lft forever preferred_lft forever
2: tunl0@NONE: <NOARP> mtu 1480 qdisc noop state DOWN group default qlen 1000
    link/ipip 0.0.0.0 brd 0.0.0.0
4: eth0@if29: <BROADCAST,MULTICAST,UP,LOWER_UP> mtu 1440 qdisc noqueue state UP group default
    link/ether ae:06:0b:d2:a8:93 brd ff:ff:ff:ff:ff:ff
    inet 10.0.95.5/32 scope global eth0
      valid_lft forever preferred_lft forever
    inet6 fda3:eccf:c536:b27d:668b:ae7f:c66b:41c4/128 scope global
      valid_lft forever preferred_lft forever
    inet6 fe80::ac06:bff:fed2:a893/64 scope link
      valid_lft forever preferred_lft forever
```

另外，在/etc/hosts 文件中也进行了设置：

```
root@webapp-67cfbd687f-tth9v:/usr/local/tomcat# cat /etc/hosts
# Kubernetes-managed hosts file.
127.0.0.1       localhost
::1     localhost ip6-localhost ip6-loopback
fe00::0 ip6-localnet
fe00::0 ip6-mcastprefix
fe00::1 ip6-allnodes
fe00::2 ip6-allrouters
10.0.95.5       webapp-67cfbd687f-tth9v
fda3:eccf:c536:b27d:668b:ae7f:c66b:41c4 webapp-67cfbd687f-tth9v
```

下面对通过 IPv6 地址访问其他容器提供的 Web 服务进行验证，例如从 webapp-67cfbd687f-w6ssb 容器内访问 Pod webapp-67cfbd687f-tth9v（IPv6 地址为 fda3:eccf:c536:b27d:668b:ae7f:c66b:41c4）在 8080 端口号提供的 Web 服务，访问成功：

```
# kubectl exec -ti webapp-67cfbd687f-w6ssb -- bash
root@webapp-67cfbd687f-w6ssb:/usr/local/tomcat# curl [fda3:eccf:c536:b27d:668b:ae7f:c66b:41c4]:8080
<!DOCTYPE html>
<html lang="en">
    <head>
        <meta charset="UTF-8" />
```

```
        <title>Apache Tomcat/8.0.35</title>
        <link href="favicon.ico" rel="icon" type="image/x-icon" />
        <link href="favicon.ico" rel="shortcut icon" type="image/x-icon" />
        <link href="tomcat.css" rel="stylesheet" type="text/css" />
    </head>
......
```

7.9.3　Service 双栈 IP 地址验证

对于 Service 来说，一个 Service 只能设置 IPv4 或者 IPv6 一种 IP 地址类型，这需要在 Service 的 YAML 定义中通过 ipFamily 字段进行设置。该字段是可选配置，如果不指定，则使用 kube-controller-manager 服务--service-cluster-ip-range 参数设置的第 1 个 IP 地址的地址类型。ipFamily 字段可以设置的值为“IPv4”或“IPv6”。

下面通过两个不同 IP 地址类型的 Service 进行说明。

1）具有 IPv4 地址的 Service

由于在前文中配置的--service-cluster-ip-range 的第 1 个参数为 IPv4 地址范围（--service-cluster-ip-range=169.169.0.0/16,3000::0/112），所以下面的例子在不指定 ipFamily 字段的情况下，Kubernetes 将为该 Service 分配 IPv4 地址：

```
# svc-webapp-ipv4.yaml
apiVersion: v1
kind: Service
metadata:
  name: webapp
spec:
  ports:
    - port: 8080
  selector:
    app: webapp
```

创建这个 Service，可以看到它的 IP 地址为 IPv4 地址：

```
# kubectl create -f svc-webapp-ipv4.yaml
service/webapp created
# kubectl get svc
NAME          TYPE        CLUSTER-IP        EXTERNAL-IP   PORT(S)     AGE
webapp        ClusterIP   169.169.70.149    <none>         8080/TCP   3s
```

查看 Service 详情，可以看到它的后端 Endpoint 的地址也为 IPv4 地址：

```
# kubectl describe svc webapp
Name:              webapp
Namespace:          default
Labels:            <none>
Annotations:        <none>
Selector:           app=webapp
Type:              ClusterIP
IP:                169.169.70.149
IPFamily:           IPv4
Port:              <unset>  8080/TCP
TargetPort:         8080/TCP
Endpoints:          10.0.95.3:8080,10.0.95.5:8080
Session Affinity:  None
Events:            <none>
```

通过 Service 的 IPv4 地址访问服务成功：

```
# curl 169.169.70.149:8080
<!DOCTYPE html>
<html lang="en">
    <head>
        <meta charset="UTF-8" />
        <title>Apache Tomcat/8.0.35</title>
        <link href="favicon.ico" rel="icon" type="image/x-icon" />
        <link href="favicon.ico" rel="shortcut icon" type="image/x-icon" />
        <link href="tomcat.css" rel="stylesheet" type="text/css" />
    </head>
......
```

2）具有 IPv6 地址的 Service

下面的例子指定 ipFamily=IPv6，系统将为这个 Service 分配一个 IPv6 地址：

```
# svc-webapp-ipv6.yaml
apiVersion: v1
kind: Service
metadata:
  name: webapp-ipv6
spec:
  ipFamily: IPv6
  ports:
    - port: 8080
  selector:
    app: webapp
```

创建这个 Service，可以看到它的 IP 地址为 IPv6 地址：

```
# kubectl create -f svc-webapp-ipv6.yaml
service/webapp-ipv6 created
# kubectl get svc
NAME          TYPE         CLUSTER-IP       EXTERNAL-IP   PORT(S)    AGE
webapp        ClusterIP   169.169.70.149   <none>         8080/TCP   3m
webapp-ipv6   ClusterIP   3000::76d1       <none>         8080/TCP   2s
```

查看 Service 详情，可以看到它的后端 Endpoint 的地址也为 IPv6 地址：

```
# kubectl describe svc webapp-ipv6
Name:              webapp-ipv6
Namespace:         default
Labels:            <none>
Annotations:       <none>
Selector:          app=webapp
Type:              ClusterIP
IP:                3000::76d1
IPFamily:          IPv6
Port:              <unset>  8080/TCP
TargetPort:        8080/TCP
Endpoints:
[fda3:eccf:c536:b27d:668b:ae7f:c66b:41c2]:8080,[fda3:eccf:c536:b27d:668b:ae7f:c66b:41c4]:8080
Session Affinity:  None
Events:            <none>
```

通过 Service 的 IPv6 地址访问服务也是成功的：

```
# curl [3000::76d1]:8080
<!DOCTYPE html>
<html lang="en">
    <head>
        <meta charset="UTF-8" />
        <title>Apache Tomcat/8.0.35</title>
        <link href="favicon.ico" rel="icon" type="image/x-icon" />
        <link href="favicon.ico" rel="shortcut icon" type="image/x-icon" />
        <link href="tomcat.css" rel="stylesheet" type="text/css" />
    </head>
......
```

第 8 章 存储原理和应用

8.1　Kubernetes 存储机制概述

容器内部存储的生命周期是短暂的，会随着容器环境的销毁而销毁，具有不稳定性。如果多个容器希望共享同一份存储，则仅仅依赖容器本身是很难实现的。在 Kubernetes 系统中，将对容器应用所需的存储资源抽象为存储卷（Volume）概念来解决这些问题。

Volume 是与 Pod 绑定的（独立于容器）与 Pod 具有相同生命周期的资源对象。我们可以将 Volume 的内容理解为目录或文件，容器如需使用某个 Volume，则仅需设置 volumeMounts 将一个或多个 Volume 挂载为容器中的目录或文件，即可访问 Volume 中的数据。Volume 具体是什么类型，以及由哪个系统提供，对容器应用来说是透明的。

Kubernetes 目前支持的 Volume 类型包括 Kubernetes 的内部资源对象类型、开源共享存储类型、存储厂商提供的硬件存储设备和公有云提供的存储等。

将 Kubernetes 特定类型的资源对象映射为目录或文件，包括以下类型的资源对象。

◎ ConfigMap：应用配置。
◎ Secret：加密数据。
◎ DownwardAPI：Pod 或 Container 的元数据信息。
◎ ServiceAccountToken：Service Account 中的 token 数据。
◎ Projected Volume：一种特殊的存储卷类型，用于将一个或多个上述资源对象一次性挂载到容器内的同一个目录下。

Kubernetes 管理的宿主机本地存储类型如下。

◎ EmptyDir：临时存储。
◎ HostPath：宿主机目录。

持久化存储（PV）和网络共享存储类型如下。

◎ CephFS：一种开源共享存储系统。
◎ Cinder：一种开源共享存储系统。
◎ CSI：容器存储接口（由存储提供商提供驱动程序和存储管理程序）。
◎ FC（Fibre Channel）：光纤存储设备。
◎ FlexVolume：一种基于插件式驱动的存储。
◎ Flocker：一种开源共享存储系统。

◎ Glusterfs：一种开源共享存储系统。
◎ iSCSI：iSCSI 存储设备。
◎ Local：本地持久化存储。
◎ NFS：网络文件系统。
◎ PersistentVolumeClaim：简称 PVC，持久化存储的申请空间。
◎ Portworx Volumes：Portworx 提供的存储服务。
◎ Quobyte Volumes：Quobyte 提供的存储服务。
◎ RBD（Ceph Block Device）：Ceph 块存储。

存储厂商提供的存储卷类型如下。

◎ ScaleIO Volumes：DellEMC 的存储设备。
◎ StorageOS：StorageOS 提供的存储服务。
◎ VsphereVolume：VMWare 提供的存储系统。

公有云提供的存储卷类型如下。

◎ AWSElasticBlockStore：AWS 公有云提供的 Elastic Block Store。
◎ AzureDisk：Azure 公有云提供的 Disk。
◎ AzureFile：Azure 公有云提供的 File。
◎ GCEPersistentDisk：GCE 公有云提供的 Persistent Disk。

8.1.1 将资源对象映射为存储卷

在 Kubernetes 中有一些资源对象可以以存储卷的形式挂载为容器内的目录或文件，目前包括 ConfigMap、Secret、Downward API、ServiceAccountToken、Projected Volume。下面对这几种类型如何以存储卷的形式使用进行说明。

1. ConfigMap

ConfigMap 主要保存应用程序所需的配置文件，并且通过 Volume 形式挂载到容器内的文件系统中，供容器内的应用程序读取。

例如，一个包含两个配置文件的 ConfigMap 资源如下：

```
apiVersion: v1
kind: ConfigMap
metadata:
```

```
  name: cm-appconfigfiles
data:
  key-serverxml: |
    <?xml version='1.0' encoding='utf-8'?>
    ......
  key-loggingproperties: "handlers
    ......
    = 4host-manager.org.apache.juli.FileHandler\r\n\r\n"
```

在 Pod 的 YAML 配置中，可以将 ConfigMap 设置为一个 Volume，然后在容器中通过 volumeMounts 将 ConfigMap 类型的 Volume 挂载到/configfiles 目录下：

```
apiVersion: v1
kind: Pod
metadata:
  name: cm-test-app
spec:
  containers:
  - name: cm-test-app
    image: kubeguide/tomcat-app:v1
    ports:
    - containerPort: 8080
    volumeMounts:
    - name: serverxml                       # 引用 Volume 的名称
      mountPath: /configfiles               # 挂载到容器内的目录下
  volumes:
  - name: serverxml                         # 定义 Volume 的名称
    configMap:
      name: cm-appconfigfiles               # 使用 ConfigMap "cm-appconfigfiles"
      items:
      - key: key-serverxml                  # key=key-serverxml
        path: server.xml                    # 挂载为 server.xml 文件
      - key: key-loggingproperties          # key=key-loggingproperties
        path: logging.properties            # 挂载为 logging.properties 文件
```

在 Pod 成功创建之后，进入容器内查看，可以看到在/configfiles 目录下存在 server.xml 和 logging.properties 文件：

```
# kubectl exec -ti cm-test-app -- bash
root@cm-test-app:/# cat /configfiles/server.xml
<?xml version='1.0' encoding='utf-8'?>
<Server port="8005" shutdown="SHUTDOWN">
```

```
......

root@cm-test-app:/# cat /configfiles/logging.properties
handlers = 1catalina.org.apache.juli.AsyncFileHandler,
2localhost.org.apache.juli.AsyncFileHandler,
3manager.org.apache.juli.AsyncFileHandler,
4host-manager.org.apache.juli.AsyncFileHandler, java.util.logging.ConsoleHandler
......
```

ConfigMap 中的配置内容如果是 UTF-8 编码的字符，则将被系统认为是文本文件。如果是其他字符，则系统将以二进制数据格式进行保存（设置为 binaryData 字段）。

关于 Pod 如何使用 ConfigMap 的详细说明请参见 3.5 节的说明。

2. Secret

假设在 Kubernetes 中已经存在如下 Secret 资源：

```yaml
apiVersion: v1
kind: Secret
metadata:
  name: mysecret
type: Opaque
data:
  password: dmFsdWUtMg0K
  username: dmFsdWUtMQ0K
```

与 ConfigMap 的用法类似，在 Pod 的 YAML 配置中可以将 Secret 设置为一个 Volume，然后在容器内通过 volumeMounts 将 Secret 类型的 Volume 挂载到/etc/foo 目录下：

```yaml
apiVersion: v1
kind: Pod
metadata:
  name: mypod
spec:
  containers:
  - name: mycontainer
    image: redis
    volumeMounts:
    - name: foo
      mountPath: "/etc/foo"
  volumes:
  - name: foo
```

```
    secret:
      secretName: mysecret
```

关于 Secret 的详细说明请参见 6.5 节。

3. Downward API

通过 Downward API 可以将 Pod 或 Container 的某些元数据信息（例如 Pod 名称、Pod IP、Node IP、Label、Annotation、容器资源限制等）以文件的形式挂载到容器内，供容器内的应用使用。下面是一个将 Pod 的标签通过 Downward API 挂载为容器内文件的示例：

```
apiVersion: v1
kind: Pod
metadata:
  name: kubernetes-downwardapi-volume-example
  labels:
    zone: us-est-coast
    cluster: test-cluster1
    rack: rack-22
  annotations:
    build: two
    builder: john-doe
spec:
  containers:
    - name: client-container
      image: busybox
      command: ["sh", "-c"]
      args:
      - while true; do
          if [[ -e /etc/podinfo/labels ]]; then
            echo -en '\n\n'; cat /etc/podinfo/labels; fi;
          if [[ -e /etc/podinfo/annotations ]]; then
            echo -en '\n\n'; cat /etc/podinfo/annotations; fi;
          sleep 5;
        done;
      volumeMounts:
        - name: podinfo
          mountPath: /etc/podinfo
  volumes:
    - name: podinfo
      downwardAPI:
        items:
```

```
        - path: "labels"
          fieldRef:
            fieldPath: metadata.labels
        - path: "annotations"
          fieldRef:
            fieldPath: metadata.annotations
```

关于 Downward API 的更详细说明请参见 3.6 节。

4. Projected Volume 和 Service Account Token

Projected Volume 是一种特殊的存储卷类型，用于将一个或多个上述资源对象（ConfigMap、Secret、Downward API）一次性挂载到容器内的同一个目录下。

从上面的几个示例来看，如果 Pod 希望同时挂载 ConfigMap、Secret、Downward API，则需要设置多个不同类型的 Volume，再将每个 Volume 都挂载为容器内的目录或文件。如果应用程序希望将配置文件和密钥文件放在容器内的同一个目录下，则通过多个 Volume 就无法实现了。为了支持这种需求，Kubernetes 引入了一种新的 Projected Volume 存储卷类型，用于将多种配置类数据通过单个 Volume 挂载到容器内的单个目录下。

Projected Volume 的一些常见应用场景如下。

◎ 通过 Pod 的标签生成不同的配置文件，需要使用配置文件，以及用户名和密码，这时需要使用 3 种资源：ConfigMap、Secrets、Downward API。
◎ 在自动化运维应用中使用配置文件和账号信息时，需要使用 ConfigMap、Secrets。
◎ 在配置文件内使用 Pod 名称（metadata.name）记录日志时，需要使用 ConfigMap、Downward API。
◎ 使用某个 Secret 对 Pod 所在命名空间（metadata.namespace）进行加密时，需要使用 Secret、Downward API。

Projected Volume 在 Pod 的 Volume 定义中类型为 projected，通过 sources 字段设置一个或多个 ConfigMap、Secret、DownwardAPI、ServiceAccountToken 资源。各种类型的资源的配置内容与被单独设置为 Volume 时基本一样，但有两个不同点。

◎ 对于 Secret 类型的 Volume，字段名“secretName”在 projected.sources.secret 中被改为“name”。
◎ Volume 的挂载模式“defaultMode”仅可以设置在 projected 级别，对于各子项，仍然可以设置各自的挂载模式，使用的字段名为“mode”。

此外，Kubernetes 从 1.11 版本开始引入对 ServiceAccountToken 的挂载支持，在 1.12 版本时达到 Beta 阶段。ServiceAccountToken 通常用于容器内应用访问 API Server 鉴权的场景中。

下面是一个使用 Projected Volume 挂载 ConfigMap、Secret、Downward API 共 3 种资源的示例：

```
apiVersion: v1
kind: Pod
metadata:
  name: volume-test
spec:
  containers:
  - name: container-test
    image: busybox
    volumeMounts:
    - name: all-in-one
      mountPath: "/projected-volume"
      readOnly: true
  volumes:
  - name: all-in-one
    projected:
      sources:
      - secret:
          name: mysecret
          items:
            - key: username
              path: my-group/my-username
      - downwardAPI:
          items:
            - path: "labels"
              fieldRef:
                fieldPath: metadata.labels
            - path: "cpu_limit"
              resourceFieldRef:
                containerName: container-test
                resource: limits.cpu
      - configMap:
          name: myconfigmap
          items:
            - key: config
```

```
            path: my-group/my-config
```

下面是一个使用 Projected Volume 挂载两个 Secret 资源，其中一个设置了非默认挂载模式（mode）的示例：

```
apiVersion: v1
kind: Pod
metadata:
  name: volume-test
spec:
  containers:
  - name: container-test
    image: busybox
    volumeMounts:
    - name: all-in-one
      mountPath: "/projected-volume"
      readOnly: true
  volumes:
  - name: all-in-one
    projected:
      sources:
      - secret:
          name: mysecret
          items:
            - key: username
              path: my-group/my-username
      - secret:
          name: mysecret2
          items:
            - key: password
              path: my-group/my-password
              mode: 511
```

下面是一个使用 Projected Volume 挂载 ServiceAccountToken 的示例：

```
apiVersion: v1
kind: Pod
metadata:
  name: sa-token-test
spec:
  containers:
  - name: container-test
```

```
    image: busybox
    volumeMounts:
    - name: token-vol
      mountPath: "/service-account"
      readOnly: true
  volumes:
  - name: token-vol
    projected:
      sources:
      - serviceAccountToken:
          audience: api
          expirationSeconds: 3600
          path: token
```

对于 ServiceAccountToken 类型的 Volume，可以设置 Token 的 audience、expirationSeconds、path 等属性信息。

◎ audience：预期受众的名称。Token 的接收者必须使用其中的 audience 标识符来标识自己，否则应该拒绝该 Token。该字段是可选的，默认为 API Server 的标识符"api"。
◎ expirationSeconds：Service Account Token 的过期时间，默认为 1h，至少为 10min（600s）。管理员可以通过 kube-apiserver 的启动参数--service-account-max-token-expiration 限制 Token 的最长有效时间。
◎ path：挂载目录下的相对路径。

关于 Service Account 概念和应用的详细说明请参见 6.4 节。

8.1.2　Node 本地存储卷

Kubernetes 管理的 Node 本地存储卷（Volume）的类型如下。

◎ EmptyDir：与 Pod 同生命周期的 Node 临时存储。
◎ HostPath：Node 目录。
◎ Local：基于持久卷（PV）管理的 Node 目录，详见下节的说明。

下面对这几种类型如何以存储卷的形式使用进行说明。

1. EmptyDir

这种类型的 Volume 将在 Pod 被调度到 Node 时进行创建，在初始状态下目录中是空的，所以命名为“空目录”（Empty Directory），它与 Pod 具有相同的生命周期，当 Pod 被销毁时，Node 上相应的目录也会被删除。同一个 Pod 中的多个容器都可以挂载这种 Volume。

由于 EmptyDir 类型的存储卷的临时性特点，它通常可以用于以下应用场景中。

◎ 基于磁盘进行合并排序操作时需要的暂存空间。
◎ 长时间计算任务的中间检查点文件。
◎ 为某个 Web 服务提供的临时网站内容文件。

在默认情况下，kubelet 会在 Node 的工作目录下为 Pod 创建 EmptyDir 目录，这个目录的存储介质可能是本地磁盘、SSD 磁盘或者网络存储设备，取决于环境的配置。

另外，EmptyDir 可以通过 medium 字段设置存储介质为“Memory”，表示使用基于内存的文件系统（tmpfs、RAM-backed filesystem）。虽然 tmpfs 的读写速度非常快，但与磁盘中的目录不同，在主机重启之后，tmpfs 的内容就会被清空。此外，写入 tmpfs 的数据将被统计为容器的内存使用量，受到容器级别内存资源上限（Memory Resource Limit）的限制。

下面是使用 EmptyDir 类型的存储卷的 Pod 的 YAML 配置示例，该类型的存储卷的参数只有一对花括号“{}”：

```
apiVersion: v1
kind: Pod
metadata:
  name: test-pod
spec:
  containers:
  - image: busybox
    name: test-container
    volumeMounts:
    - mountPath: /cache
      name: cache-volume
  volumes:
  - name: cache-volume
    emptyDir: {}
```

2. HostPath

HostPath 类型的存储卷用于将 Node 文件系统的目录或文件挂载到容器内部使用。对于大多数容器应用来说，都不需要使用宿主机的文件系统。适合使用 HostPath 存储卷的一些应用场景如下。

◎ 容器应用的关键数据需要被持久化到宿主机上。
◎ 需要使用 Docker 中的某些内部数据，可以将主机的/var/lib/docker 目录挂载到容器内。
◎ 监控系统，例如 cAdvisor 需要采集宿主机/sys 目录下的内容。
◎ Pod 的启动依赖于宿主机上的某个目录或文件就绪的场景。

HostPath 存储卷的主要配置参数为 path，设置为宿主机的目录或文件路径；还可以设置一个可选的参数 type，表示宿主机路径的类型。目前支持的 type 配置参数和校验规则如表 8.1 所示。

表 8.1　HostPath 的 type 配置参数和校验规则

type 配置参数	校验规则
空	系统默认值，为向后兼容的设置，意为系统在挂载 path 时不做任何校验
DirectoryOrCreate	path 指定的路径必须是目录，如果不存在，则系统将自动创建该目录，将权限设置为 0755，与 kubelet 具有相同的 owner 和 group
Directory	path 指定的目录必须存在，否则挂载失败
FileOrCreate	path 指定的路径必须是文件，如果不存在，则系统将自动创建该文件，将权限设置为 0644，与 kubelet 具有相同的 owner 和 group
File	path 指定的文件必须存在，否则挂载失败
Socket	path 指定的 UNIX socket 必须存在，否则挂载失败
CharDevice	path 指定的字符设备（character device）必须存在，否则挂载失败
BlockDevice	path 指定的块设备（block device）必须存在，否则挂载失败

由于 HostPath 使用的是宿主机的文件系统，所以在使用时有以下注意事项。

◎ 对于具有相同 HostPath 设置的多个 Pod（例如通过 podTemplate 创建的）来说，可能会被 Master 调度到多个 Node 上运行，但如果多个 Node 上 HostPath 中的文件内容（例如是配置文件）不同，则各 Pod 应用的运行可能出现不同的结果。
◎ 如果管理员设置了基于存储资源情况的调度策略，则 HostPath 目录下的磁盘空间将无法计入 Node 的可用资源范围内，可能出现与预期不同的调度结果。

◎ 如果是之前不存在的路径，则由 kubelet 自动创建出来的目录或文件的 owner 将是 root，这意味着如果容器内的运行用户（User）不是 root，则将无法对该目录进行写操作，除非将容器设置为特权模式（Privileged），或者由管理员修改 HostPath 的权限以使得非 root 用户可写。

◎ HostPath 设置的宿主机目录或文件不会随着 Pod 的销毁而删除，在 Pod 不再存在之后，需要由管理员手工删除。

下面是使用 HostPath 类型的存储卷的 Pod 的 YAML 配置示例，其中将宿主机的/data 目录挂载为容器内的/host-data 目录：

```
apiVersion: v1
kind: Pod
metadata:
  name: test-pod
spec:
  containers:
  - image: busybox
    name: test-container
    volumeMounts:
    - mountPath: /host-data
      name: test-volume
  volumes:
  - name: test-volume
    hostPath:
      path: /data             # 宿主机目录
      type: Directory         # 可选，"Directory"表示该目录必须存在
```

对于 type 为 FileOrCreate 模式的情况，需要注意的是，如果挂载文件有上层目录，则系统不会自动创建上层目录，当上层目录不存在时，Pod 将启动失败。在这种情况下，可以将上层目录也设置为一个 hostPath 类型的 Volume，并且设置 type 为 DirectoryOrCreate，确保目录不存在时，系统会将该目录自动创建出来。

下面是 FileOrCreate 的 Pod 示例，其中预先创建了文件的上层目录：

```
apiVersion: v1
kind: Pod
metadata:
  name: test-webserver
spec:
  containers:
```

```
    - name: test-webserver
      image: k8s.gcr.io/test-webserver:latest
      volumeMounts:
      - mountPath: /var/local/aaa
        name: mydir
      - mountPath: /var/local/aaa/1.txt
        name: myfile
    volumes:
    - name: mydir
      hostPath:
        path: /var/local/aaa          # 文件 1.txt 的上层目录
        type: DirectoryOrCreate      # 确保该目录存在
    - name: myfile
      hostPath:
        path: /var/local/aaa/1.txt
        type: FileOrCreate           # 确保文件存在
```

8.2　持久卷（Persistent Volume）详解

在 Kubernetes 中，对存储资源的管理方式与计算资源（CPU/内存）截然不同。为了能够屏蔽底层存储实现的细节，让用户方便使用及管理员方便管理，Kubernetes 从 1.0 版本开始就引入了 Persistent Volume（PV）和 Persistent Volume Claim（PVC）两个资源对象来实现存储管理子系统。

PV（持久卷）是对存储资源的抽象，将存储定义为一种容器应用可以使用的资源。PV 由管理员创建和配置，它与存储提供商的具体实现直接相关，例如 GlusterFS、iSCSI、RBD 或 GCE 或 AWS 公有云提供的共享存储，通过插件式的机制进行管理，供应用访问和使用。除了 EmptyDir 类型的存储卷，PV 的生命周期独立于使用它的 Pod。

PVC 则是用户对存储资源的一个申请。就像 Pod 消耗 Node 的资源一样，PVC 消耗 PV 资源。PVC 可以申请存储空间的大小（size）和访问模式（例如 ReadWriteOnce、ReadOnlyMany 或 ReadWriteMany）。

使用 PVC 申请的存储空间可能仍然不满足应用对存储设备的各种需求。在很多情况下，应用程序对存储设备的特性和性能都有不同的要求，包括读写速度、并发性能、数据冗余等要求，Kubernetes 从 1.4 版本开始引入了一个新的资源对象 StorageClass，用于标记存储资源的特性和性能，根据 PVC 的需求动态供给合适的 PV 资源。到 Kubernetes 1.6 版本时，StorageClass 和存储资源动态供应的机制得到完善，实现了存储卷的按需创建，在共享存储的自动化管理进程中实现了重要的一步。

通过 StorageClass 的定义，管理员可以将存储资源定义为某种类别（Class），正如存储设备对于自身的配置描述（Profile），例如快速存储、慢速存储、有数据冗余、无数据冗余等。用户根据 StorageClass 的描述就可以直观地得知各种存储资源的特性，根据应用对存储资源的需求去申请存储资源了。

Kubernetes 从 1.9 版本开始引入容器存储接口 Container Storage Interface（CSI）机制，目标是在 Kubernetes 和外部存储系统之间建立一套标准的存储管理接口，具体的存储驱动程序由存储提供商在 Kubernetes 之外提供，并通过该标准接口为容器提供存储服务，类似于 CRI（容器运行时接口）和 CNI（容器网络接口），目的是将 Kubernetes 代码与存储相关代码解耦。

本节对 Kubernetes 的 PV、PVC、StorageClass、动态资源供应和 CSI 等共享存储的概念、原理和应用进行详细说明。

8.2.1 PV 和 PVC 的工作原理

我们可以将 PV 看作可用的存储资源，PVC 则是对存储资源的需求。PV 和 PVC 的生命周期如图 8.1 所示，其中包括资源供应（Provisioning）、资源绑定（Binding）、资源使用（Using）、资源回收（Reclaiming）几个阶段。

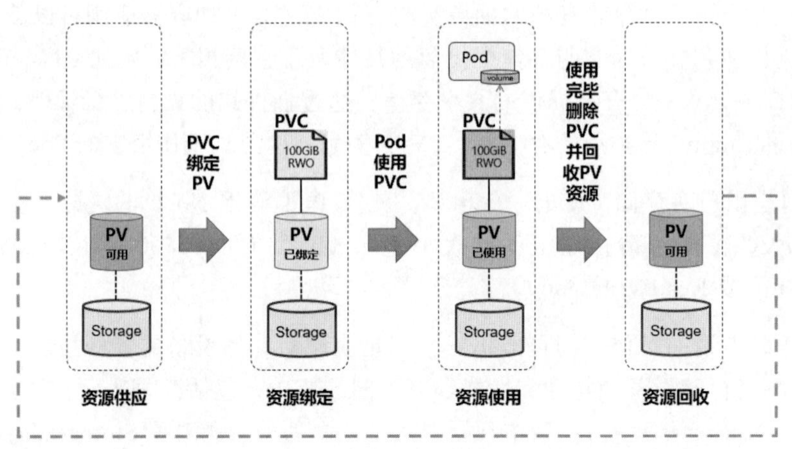

图 8.1 PV 和 PVC 的生命周期

本节对 PV 和 PVC 生命周期中各阶段的工作原理进行说明。

1. 资源供应

Kubernetes 支持两种资源供应模式：静态模式（Static）和动态模式（Dynamic），资源供应的结果就是将适合的 PV 与 PVC 成功绑定。

◎ 静态模式：集群管理员预先创建许多 PV，在 PV 的定义中能够体现存储资源的特性。

◎ 动态模式：集群管理员无须预先创建 PV，而是通过 StorageClass 的设置对后端存储资源进行描述，标记存储的类型和特性。用户通过创建 PVC 对存储类型进行申请，系统将自动完成 PV 的创建及与 PVC 的绑定。如果 PVC 声明的 Class 为空""，则说明 PVC 不使用动态模式。另外，Kubernetes 支持设置集群范围内默认的 StorageClass 设置，通过 kube-apiserver 开启准入控制器 DefaultStorageClass，可以为用户创建的 PVC 设置一个默认的存储类 StorageClass。

下面通过两张图分别对静态资源供应模式和动态资源供应模式下，PV、PVC、StorageClass 及 Pod 使用 PVC 的原理进行说明。

图 8.2 描述了静态资源供应模式下，通过 PV 和 PVC 完成绑定并供 Pod 使用的原理。

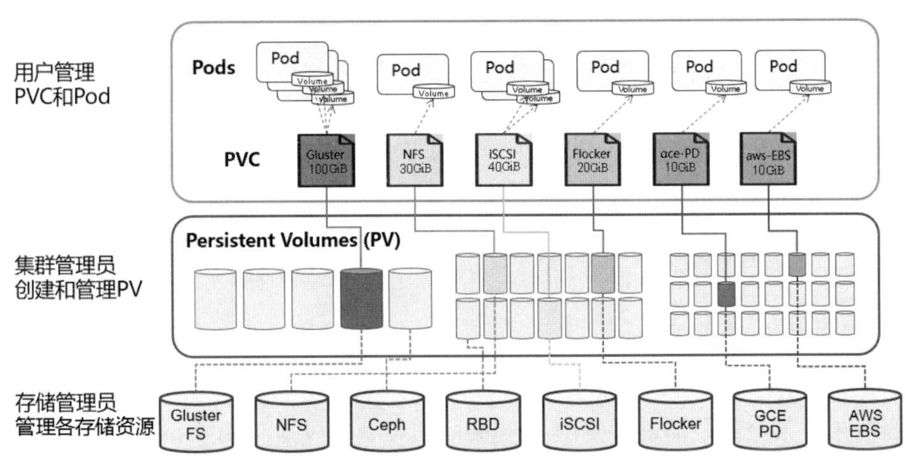

图 8.2　静态资源供应模式下的原理

图 8.3 描述了动态资源供应模式下，通过 StorageClass 和 PVC 完成资源动态绑定（系统自动生成 PV），并供 Pod 使用的原理。

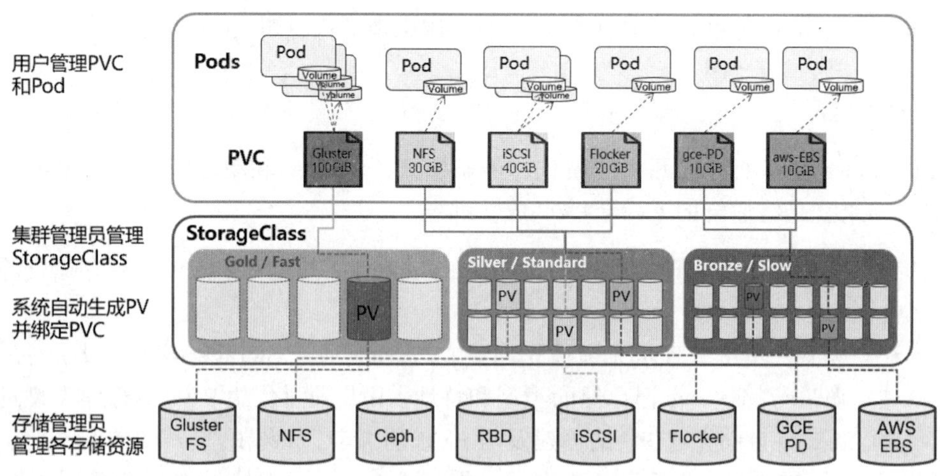

图 8.3　动态资源供应模式下的原理

2. 资源绑定

在用户定义好 PVC 之后，系统将根据 PVC 对存储资源的请求（存储空间和访问模式）在已存在的 PV 中选择一个满足 PVC 要求的 PV，一旦找到，就将该 PV 与用户定义的 PVC 绑定，用户的应用就可以使用这个 PVC 了。如果在系统中没有满足 PVC 要求的 PV，PVC 则会无限期处于 Pending 状态，直到系统管理员创建了一个符合其要求的 PV。

PV 一旦与某个 PVC 上完成绑定，就会被这个 PVC 独占，不能再与其他 PVC 绑定了。PVC 与 PV 的绑定关系是一对一的，不会存在一对多的情况。如果 PVC 申请的存储空间比 PV 拥有的空间少，则整个 PV 的空间都能为 PVC 所用，可能造成资源的浪费。

如果资源供应使用的是动态模式，则系统在为 PVC 找到合适的 StorageClass 后，将自动创建一个 PV 并完成与 PVC 的绑定。

3. 资源使用

Pod 需要使用存储资源时，需要在 Volume 的定义中引用 PVC 类型的存储卷，将 PVC 挂载到容器内的某个路径下进行使用。Volume 的类型字段为“persistentVolumeClaim”，在后面的示例中再进行详细举例说明。

Pod 在挂载 PVC 后，就能使用存储资源了。同一个 PVC 还可以被多个 Pod 同时挂载使用，在这种情况下，应用程序需要处理好多个进程访问同一个存储的问题。

关于使用中的存储对象（Storage Object in Use Protection）的保护机制的说明如下。

存储资源（PV、PVC）相对于容器应用（Pod）是独立管理的资源，可以单独删除。在做删除操作的时候，系统会检测存储资源当前是否正在被使用，如果仍被使用，则对相关资源对象的删除操作将被推迟，直到没被使用才会执行删除操作，这样可以确保资源仍被使用的情况下不会被直接删除而导致数据丢失。这个机制被称为对使用中的存储对象的保护机制（Storage Object in Use Protection）。

该保护机制适用于 PVC 和 PV 两种资源，如下所述。

1）对 PVC 的删除操作将等到使用它的 Pod 被删除之后再执行

举例来说，当用户删除一个正在被 Pod 使用的 PVC 时，PVC 对象不会被立刻删除，查看 PVC 对象的状态，可以看到其状态为"Terminating"，以及系统为其设置的 Finalizer 为"kubernetes.io/pvc-protection"：

```
# kubectl describe pvc test-pvc
Name:          test-pvc
Namespace:     default
StorageClass:  example-hostpath
Status:        Terminating
Volume:
Labels:        <none>
Annotations:   volume.beta.kubernetes.io/storage-class=example-hostpath
            volume.beta.kubernetes.io/storage-provisioner=example.com/hostpath
Finalizers:    [kubernetes.io/pvc-protection]
......
```

2）对 PV 的删除操作将等到绑定它的 PVC 被删除之后再执行

举例来说，当用户删除一个仍被 PVC 绑定的 PV 时，PV 对象不会被立刻删除，查看 PV 对象的状态，可以看到其状态为"Terminating"，以及系统为其设置的 Finalizer 为"kubernetes.io/pvc-protection"：

```
# kubectl describe pv test-pv
Name:            test-pv
Labels:          type=local
Annotations:     <none>
Finalizers:      [kubernetes.io/pv-protection]
StorageClass:    standard
Status:          Terminating
```

```
Claim:
Reclaim Policy:  Delete
Access Modes:    RWO
Capacity:       1Gi
Message:
Source:
   Type:          HostPath (bare host directory volume)
   Path:          /tmp/data
   HostPathType:
Events:            <none>
```

4. 资源回收（Reclaiming）

用户在使用存储资源完毕后，可以删除 PVC。与该 PVC 绑定的 PV 将被标记为“已释放”，但还不能立刻与其他 PVC 绑定。通过之前 PVC 写入的数据可能还被留在存储设备上，只有在清除这些数据之后，该 PV 才能再次使用。

管理员可以对 PV 设置资源回收策略（Reclaim Policy），可以设置 3 种回收策略：Retain、Delete 和 Recycle。

1）Retain（保留数据）

Retain 策略表示在删除 PVC 之后，与之绑定的 PV 不会被删除，仅被标记为已释放（released）。PV 中的数据仍然存在，在清空之前不能被新的 PVC 使用，需要管理员手工清理之后才能继续使用，清理步骤如下。

（1）删除 PV 资源对象，此时与该 PV 关联的某些外部存储提供商（例如 AWSElasticBlockStore、GCEPersistentDisk、AzureDisk、Cinder 等）的后端存储资产（asset）中的数据仍然存在。

（2）手工清理 PV 后端存储资产（asset）中的数据。

（3）手工删除后端存储资产。如果希望重用该存储资产，则可以创建一个新的 PV 与之关联。

2）Delete（删除数据）

Delete 策略表示自动删除 PV 资源对象和相关后端存储资产，并不是所有类型的存储提供商都支持 Delete 策略，目前支持 Delete 策略的存储提供商包括 AWSElasticBlockStore、GCEPersistentDisk、Azure Disk、Cinder 等。

通过动态供应机制创建的 PV 将继承 StorageClass 的回收策略，默认为 Delete 策略。管理员应该基于用户的需求设置 StorageClass 的回收策略，或者在创建出 PV 后手工更新其回收策略。

3）Recycle（弃用）

目前只有 HostPort 和 NFS 类型的 Volume 支持 Recycle 策略，其实现机制为运行 rm -rf /thevolume/*命令，删除 Volume 目录下的全部文件，使得 PV 可以被新的 PVC 使用。

此外，管理员可以创建一个专门用于回收 HostPort 或 NFS 类型的 PV 数据的自定义 Pod 来实现数据清理工作，这个 Pod 的 YAML 配置文件所在的目录需要通过 kube-controller-manager 服务的启动参数--pv-recycler-pod-template-filepath-hostpath 或--pv-recycler-pod-template-filepath-nfs 进行设置（还可以设置相应的 timeout 参数）。在这个目录下创建一个 Pod 的 YAML 文件，示例如下：

```
apiVersion: v1
kind: Pod
metadata:
  name: pv-recycler
  namespace: default
spec:
  restartPolicy: Never
  volumes:
  - name: vol
    hostPath:
      path: <some-path>
  containers:
  - name: pv-recycler
    image: busybox
    command: ["/bin/sh", "-c", "test -e /scrub && rm -rf /scrub/..?* /scrub/.[!.]*
/scrub/*  && test -z \"$(ls -A /scrub)\" || exit 1"]
    volumeMounts:
    - name: vol
      mountPath: /scrub
```

经过这个自定义 Pod 的设置，系统将通过创建这个 Pod 来完成 PV 的数据清理工作，完成 PV 的回收。

注意，Recycle 策略已被弃用，推荐以动态供应机制管理容器所需的存储资源。

5. PVC 资源扩容

PVC 在首次创建成功之后，还应该能够在使用过程中实现空间的扩容，对 PVC 扩容机制的支持到 Kubernetes 1.11 版本时达到 Beta 阶段。

目前支持 PVC 扩容的存储类型有 AWSElasticBlockStore、AzureFile、AzureDisk、Cinder、FlexVolume、GCEPersistentDisk、Glusterfs、Portworx Volumes、RBD 和 CSI 等。

如需扩容 PVC，则首先需要在 PVC 对应的 StorageClass 定义中设置 allowVolumeExpansion=true，例如：

```
apiVersion: storage.k8s.io/v1
kind: StorageClass
metadata:
  name: gluster-vol-default
provisioner: kubernetes.io/glusterfs
parameters:
  resturl: "http://192.168.10.100:8080"
  restuser: ""
  secretNamespace: ""
  secretName: ""
allowVolumeExpansion: true
```

对 PVC 进行扩容操作时，只需修改 PVC 的定义，将 resources.requests.storage 设置为一个更大的值即可，例如通过以下设置，系统将会基于 PVC 新设置的存储空间触发后端 PV 的扩容操作，而不会创建一个新的 PV 资源对象：

```
  resources:
    requests:
      storage: 16Gi
```

此外，存储资源扩容还存在以下几种情况。

（1）CSI 类型存储卷的扩容。对于 CSI 类型存储卷的扩容，在 Kubernetes 1.16 版本时达到 Beta 阶段，同样要求 CSI 存储驱动能够支持扩容操作，请参考各存储提供商的 CSI 驱动的文档说明。

（2）包含文件系统（File System）存储卷的扩容。对于包含文件系统存储卷的扩容，文件系统的类型必须是 XFS、Ext3 或 Ext4，同时要求 Pod 使用 PVC 时设置的是可读可写（ReadWrite）模式。文件系统的扩容只能在 Pod 启动时完成，或者底层文件系统在 Pod 运行过程中支持在线扩容。对于 FlexVolume 类型的存储卷，在驱动程序支持

RequiresFSResize=true 参数设置的情况下才支持扩容。另外，FlexVolume 支持在 Pod 重启时完成扩容操作。

（3）使用中的 PVC 在线扩容。Kubernetes 从 1.11 版本开始引入了对使用中的 PVC 进行在线扩容的支持，到 1.15 版本时达到 Beta 阶段，以实现扩容 PVC 时无须重建 Pod。为了使用该功能，需要设置 kube-apiserver、kube-controller-manager、kubelet 服务的启动参数--feature-gates=ExpandInUsePersistentVolumes=true 来开启该特性开关。PVC 在线扩容机制要求使用了 PVC 的 Pod 成功运行，对于没被任何 Pod 使用的 PVC，不会有实际的扩容效果。FlexVolume 类型的存储卷也可以在 Pod 使用时在线扩容，这需要底层存储驱动提供支持。

（4）扩容失败的恢复机制。如果扩容存储资源失败，则集群管理员可以手工恢复 PVC 的状态并且取消之前的扩容请求，否则系统将不断尝试扩容请求。执行恢复操作的步骤：设置与 PVC 绑定的 PV 资源的回收策略为"Retain"；删除 PVC，此时 PV 的数据仍然存在；删除 PV 中的 claimRef 定义，这样新的 PVC 可以与之绑定，结果将使得 PV 的状态为"Available"；新建一个 PVC，设置比 PV 空间小的存储空间申请，同时设置 volumeName 字段为 PV 的名称，结果将使得 PVC 与 PV 完成绑定；恢复 PVC 的原回收策略。

8.2.2 PV 详解

PV 作为对存储资源的定义，主要涉及存储能力、访问模式、存储类型、回收策略、后端存储类型等关键信息的设置。

下面的示例声明的 PV 具有如下属性：5GiB 存储空间，存储卷模式为 Filesystem，访问模式为 ReadWriteOnce，存储类型为 slow（要求在系统中已存在名称为"slow"的 StorageClass），回收策略为 Recycle，并且后端存储类型为 nfs（设置了 NFS Server 的 IP 地址和路径），同时设置了挂载选项（mountOptions）。

```
apiVersion: v1
kind: PersistentVolume
metadata:
  name: pv1
spec:
  capacity:
    storage: 5Gi
  volumeMode: Filesystem
  accessModes:
```

```
  - ReadWriteOnce
persistentVolumeReclaimPolicy: Recycle
storageClassName: slow
mountOptions:
  - hard
  - nfsvers=4.1
nfs:
  path: /tmp
  server: 172.17.0.2
```

Kubernetes 支持的 PV 类型如下。

◎ AWSElasticBlockStore：AWS 公有云提供的 Elastic Block Store。
◎ AzureFile：Azure 公有云提供的 File。
◎ AzureDisk：Azure 公有云提供的 Disk。
◎ CephFS：一种开源共享存储系统。
◎ Cinder：OpenStack 块存储系统。
◎ FC（Fibre Channel）：光纤存储设备。
◎ FlexVolume：一种插件式的存储机制。
◎ Flocker：一种开源共享存储系统。
◎ GCEPersistentDisk：GCE 公有云提供的 Persistent Disk。
◎ Glusterfs：一种开源共享存储系统。
◎ HostPath：宿主机目录，仅用于单机测试。
◎ iSCSI：iSCSI 存储设备。
◎ Local：本地存储设备，从 Kubernetes 1.7 版本开始引入，到 1.14 版本时达到稳定版本，目前可以通过指定块设备（Block Device）提供 Local PV，或通过社区开发的 sig-storage-local-static-provisioner 插件管理 Local PV 的生命周期。
◎ NFS：网络文件系统。
◎ Portworx Volumes：Portworx 提供的存储服务。
◎ Quobyte Volumes：Quobyte 提供的存储服务。
◎ RBD（Ceph Block Device）：Ceph 块存储。
◎ ScaleIO Volumes：DellEMC 的存储设备。
◎ StorageOS：StorageOS 提供的存储服务。
◎ VsphereVolume：VMWare 提供的存储系统。

每种存储类型都有各自的特点，在使用时需要根据它们各自的参数进行设置。

PV 资源对象需要设置的关键配置参数如下。

1. 存储容量（Capacity）

描述存储的容量，目前仅支持对存储空间的设置（storage=xx），未来可能加入 IOPS、吞吐率等设置。

2. 存储卷模式（Volume Modes）

Kubernetes 从 1.13 版本开始引入存储卷类型的设置（volumeMode=xxx），到 1.18 版本时达到稳定阶段。

可以设置的选项包括 Filesystem（文件系统，默认值）和 Block（块设备）。文件系统模式的 PV 将以目录（Directory）形式挂载到 Pod 内。如果模式为块设备，但是设备是空的，则 Kubernetes 会自动在块设备上创建一个文件系统。支持块设备的存储类型会以裸设备（Raw Block Device）的形式挂载到容器内，并且不会创建任何文件系统，适用于需要直接操作裸设备（速度最快）的应用程序。

目前有以下 PV 类型支持裸块设备类型：AWSElasticBlockStore、AzureDisk、FC（Fibre Channel）、GCEPersistentDisk、iSCSI、Local volume、OpenStack Cinder、RBD（Ceph Block Device）、VsphereVolume。

下面的示例使用了块设备的 PV 定义：

```
apiVersion: v1
kind: PersistentVolume
metadata:
  name: block-pv
spec:
  capacity:
    storage: 10Gi
  accessModes:
    - ReadWriteOnce
  persistentVolumeReclaimPolicy: Retain
  volumeMode: Block
  fc:
    targetWWNs: ["50060e801049cfd1"]
    lun: 0
    readOnly: false
```

3. 访问模式（Access Modes）

PV 存储卷在挂载到宿主机系统上时，可以设置不同的访问模式（Access Modes）。PV 支持哪些访问模式由存储提供商提供支持，例如 NFS 可以支持多个客户端同时读写（ReadWriteMany）模式，但一个特定的 NFS PV 也可以以只读（Read-only）模式导出到服务器上。

Kubernetes 支持的访问模式如下。

◎ ReadWriteOnce（RWO）：读写权限，并且只能被单个 Node 挂载。
◎ ReadOnlyMany（ROX）：只读权限，允许被多个 Node 挂载。
◎ ReadWriteMany（RWX）：读写权限，允许被多个 Node 挂载。

某些 PV 可能支持多种访问模式，但 PV 在挂载时只能使用一种访问模式，多种访问模式不能同时生效。

表 8.2 描述了不同的存储提供者支持的访问模式。

表 8.2　不同的存储提供者支持的访问模式

Volume Plugin	ReadWriteOnce	ReadOnlyMany	ReadWriteMany
AWSElasticBlockStore	✓	-	-
AzureFile	✓	✓	✓
AzureDisk	✓	-	-
CephFS	✓	✓	✓
Cinder	✓	-	-
FC	✓	✓	-
FlexVolume	✓	✓	视驱动而定
Flocker	✓	-	-
GCEPersistentDisk	✓	✓	-
GlusterFS	✓	✓	✓
HostPath	✓	-	-
iSCSI	✓	✓	-
Quobyte	✓	✓	✓
NFS	✓	✓	✓

续表

Volume Plugin	ReadWriteOnce	ReadOnlyMany	ReadWriteMany
RBD	✓	✓	-
VsphereVolume	✓	-	-
PortworxVolume	✓	-	✓
ScaleIO	✓	✓	-
StorageOS	✓	-	-

4. 存储类别（Class）

PV 可以设定其存储的类别，通过 storageClassName 参数指定一个 StorageClass 资源对象的名称。具有特定类别的 PV 只能与请求了该类别的 PVC 绑定。未设定类别的 PV 则只能与不请求任何类别的 PVC 绑定。

5. 回收策略（Reclaim Policy）

通过 PV 定义中的 persistentVolumeReclaimPolicy 字段进行设置，可选项如下。

◎ Retain：保留数据，需要手工处理。

◎ Recycle：简单清除文件的操作（例如运行 rm -rf /thevolume/*命令）。

◎ Delete：与 PV 相连的后端存储完成 Volume 的删除操作。

目前只有 NFS 和 HostPath 两种类型的 PV 支持 Recycle 策略；AWSElasticBlockStore、GCEPersistentDisk、AzureDisk 和 Cinder 类型的 PV 支持 Delete 策略。

6. 挂载选项（Mount Options）

在将 PV 挂载到一个 Node 上时，根据后端存储的特点，可能需要设置额外的挂载选项的参数，这个可以在 PV 定义中的 mountOptions 字段进行设置。下面的例子为对一个类型为 gcePersistentDisk 的 PV 设置挂载选项的参数：

```
apiVersion: "v1"
kind: "PersistentVolume"
metadata:
  name: gce-disk-1
spec:
```

```
  capacity:
    storage: "10Gi"
  accessModes:
    - "ReadWriteOnce"
  mountOptions:
    - hard
    - nolock
    - nfsvers=3
  gcePersistentDisk:
    fsType: "ext4"
    pdName: "gce-disk-1"
```

目前，以下 PV 类型支持设置挂载选项：AWSElasticBlockStore、AzureDisk、AzureFile、CephFS、Cinder (OpenStack block storage)、GCEPersistentDisk、Glusterfs、NFS、Quobyte Volumes、RBD (Ceph Block Device)、StorageOS、VsphereVolume、iSCSI。

注意，Kubernetes 不会对挂载选项进行验证，如果设置了错误的挂载选项，则挂载将会失败。

7. 节点亲和性（Node Affinity）

PV 可以设置节点亲和性来限制只能通过某些 Node 访问 Volume，可以在 PV 定义的 nodeAffinity 字段中进行设置。使用这些 Volume 的 Pod 将被调度到满足条件的 Node 上。

公有云提供的存储卷（如 AWSElasticBlockStore、GCEPersistentDisk、AzureDisk 等）都由公有云自动完成节点亲和性设置，无须用户手工设置。对于 Local 类型的 PV，需要手工设置，例如：

```
apiVersion: v1
kind: PersistentVolume
metadata:
  name: example-local-pv
spec:
  capacity:
    storage: 5Gi
  accessModes:
  - ReadWriteOnce
  persistentVolumeReclaimPolicy: Delete
  storageClassName: local-storage
  local:
    path: /mnt/disks/ssd1
```

```
  nodeAffinity:
    required:
      nodeSelectorTerms:
      - matchExpressions:
        - key: kubernetes.io/hostname
          operator: In
          values:
          - my-node
```

某个 PV 在生命周期中可能处于以下 4 个阶段（Phase）之一。

◎ Available：可用状态，还未与某个 PVC 绑定。

◎ Bound：已与某个 PVC 绑定。

◎ Released：与之绑定的 PVC 已被删除，但未完成资源回收，不能被其他 PVC 使用。

◎ Failed：自动资源回收失败。

在定义了 PV 资源之后，就需要通过定义 PVC 来使用 PV 资源了。

8.2.3 PVC 详解

PVC 作为用户对存储资源的需求申请，主要涉及存储空间请求、访问模式、PV 选择条件和存储类别等信息的设置。下例声明的 PVC 具有如下属性：申请 8GiB 存储空间，访问模式为 ReadWriteOnce，PV 选择条件为包含 release=stable 标签并且包含条件为 environment In[dev] 的标签，存储类别为“slow”（要求在系统中已存在名为 slow 的 StorageClass）。

```
apiVersion: v1
kind: PersistentVolumeClaim
metadata:
  name: myclaim
spec:
  accessModes:
    - ReadWriteOnce
  volumeMode: Filesystem
  resources:
    requests:
      storage: 8Gi
  storageClassName: slow
  selector:
    matchLabels:
      release: "stable"
```

```
      matchExpressions:
        - {key: environment, operator: In, values: [dev]}
```

对 PVC 的关键配置参数说明如下。

（1）资源请求（Resources）：描述对存储资源的请求，通过 resources.requests.storage 字段设置需要的存储空间大小。

（2）访问模式（Access Modes）：PVC 也可以设置访问模式，用于描述用户应用对存储资源的访问权限。其三种访问模式的设置与 PV 的设置相同。

（3）存储卷模式（Volume Modes）：PVC 也可以设置存储卷模式，用于描述希望使用的 PV 存储卷模式，包括文件系统（Filesystem）和块设备（Block）。PVC 设置的存储卷模式应该与 PV 存储卷模式相同，以实现绑定；如果不同，则可能出现不同的绑定结果。在各种组合模式下是否可以绑定的结果如表 8.3 所示。

表 8.3　PV 和 PVC 各种组合模式下是否可以绑定

PV 的存储卷模式	PVC 的存储卷模式	是否可以绑定
未设定	未设定	可以绑定
未设定	Block	无法绑定
未设定	Filesystem	可以绑定
Block	未设定	无法绑定
Block	Block	可以绑定
Block	Filesystem	无法绑定
Filesystem	Filesystem	可以绑定
Filesystem	Block	无法绑定
Filesystem	未设定	可以绑定

（4）PV 选择条件（Selector）：通过 Label Selector 的设置，可使 PVC 对于系统中已存在的各种 PV 进行筛选。系统将根据标签选出合适的 PV 与该 PVC 进行绑定。对选择条件可以使用 matchLabels 和 matchExpressions 进行设置，如果两个字段都已设置，则 Selector 的逻辑将是两组条件同时满足才能完成匹配。

（5）存储类别（Class）：PVC 在定义时可以设定需要的后端存储的类别（通过 storageClassName 字段指定），以减少对后端存储特性的详细信息的依赖。只有设置了该 Class 的 PV 才能被系统选出，并与该 PVC 进行绑定。PVC 也可以不设置 Class 需求，如果 storageClassName 字段的值被设置为空（storageClassName=""），则表示该 PVC 不要求特定的 Class，系统将只选择未设定 Class 的 PV 与之匹配和绑定。PVC 也可以完全不设置 storageClassName 字段，此时将根据系统是否启用了名为 DefaultStorageClass 的 admission controller 进行相应的操作。

◎ 启用 DefaultStorageClass：要求集群管理员已定义默认的 StorageClass。如果在系统中不存在默认的 StorageClass，则等效于不启用 DefaultStorageClass 的情况。如果存在默认的 StorageClass，则系统将自动为 PVC 创建一个 PV（使用默认 StorageClass 的后端存储），并将它们进行绑定。集群管理员设置默认 StorageClass 时，会在 StorageClass 的定义中加上一个 annotation "storageclass.kubernetes.io/is-default-class=true"。如果管理员将多个 StorageClass 都定义为 default，则由于不唯一，系统将无法创建 PVC。

◎ 未启用 DefaultStorageClass：等效于 PVC 设置 storageClassName 的值为空（storageClassName=""），即只能选择未设定 Class 的 PV 与之匹配和绑定。

当 Selector 和 Class 都进行了设置时，系统将选择两个条件同时满足的 PV 与之匹配。

另外，如果 PVC 设置了 Selector，则系统无法使用动态供给模式为其分配 PV。

8.2.4　Pod 使用 PVC

在 PVC 创建成功之后，Pod 就可以以存储卷（Volume）的方式使用 PVC 的存储资源了。PVC 受限于命名空间，Pod 在使用 PVC 时必须与 PVC 处于同一个命名空间。

Kubernetes 为 Pod 挂载 PVC 的过程如下：系统在 Pod 所在的命名空间中找到其配置的 PVC，然后找到 PVC 绑定的后端 PV，将 PV 存储挂载到 Pod 所在 Node 的目录下，最后将 Node 的目录挂载到 Pod 的容器内。

在 Pod 中使用 PVC 时，需要在 YAML 配置中设置 PVC 类型的 Volume，然后在容器中通过 volumeMounts.mountPath 设置容器内的挂载目录，示例如下：

```
apiVersion: v1
kind: Pod
metadata:
  name: mypod
spec:
  containers:
```

```
  - name: myfrontend
    image: nginx
    volumeMounts:
    - mountPath: "/var/www/html"
      name: mypd
volumes:
  - name: mypd
    persistentVolumeClaim:
      claimName: myclaim
```

如果存储卷模式为块设备（Block），则 PVC 的配置与默认模式（Filesystem）略有不同。下面对如何使用裸块设备（Raw Block Device）进行说明。

假设使用裸块设备的 PV 已创建，例如：

```
apiVersion: v1
kind: PersistentVolume
metadata:
  name: block-pv
spec:
  capacity:
    storage: 10Gi
  accessModes:
    - ReadWriteOnce
  volumeMode: Block
  persistentVolumeReclaimPolicy: Retain
  fc:
    targetWWNs: ["50060e801049cfd1"]
    lun: 0
    readOnly: false
```

PVC 的 YAML 配置示例如下：

```
apiVersion: v1
kind: PersistentVolumeClaim
metadata:
  name: block-pvc
spec:
  accessModes:
    - ReadWriteOnce
  volumeMode: Block
  resources:
    requests:
```

```
      storage: 10Gi
```

使用裸块设备 PVC 的 Pod 定义如下。与文件系统模式 PVC 的用法不同，容器不使用 volumeMounts 设置挂载目录，而是通过 volumeDevices 字段设置块设备的路径 devicePath：

```
apiVersion: v1
kind: Pod
metadata:
  name: pod-with-block-volume
spec:
  containers:
    - name: fc-container
      image: fedora:26
      command: ["/bin/sh", "-c"]
      args: [ "tail -f /dev/null" ]
      volumeDevices:
        - name: data
          devicePath: /dev/xvda
  volumes:
    - name: data
      persistentVolumeClaim:
        claimName: block-pvc
```

在某些应用场景中，同一个 Volume 可能会被多个 Pod 或者一个 Pod 中的多个容器共享，此时可能存在各应用程序需要使用不同子目录的需求。这可以通过 Pod 的 volumeMounts 定义的 subPath 字段进行设置。通过对 subPath 的设置，在容器中将以 subPath 设置的目录而不是在 Volume 中提供的默认根目录作为根目录使用。

下面的两个容器共享同一个 PVC（及后端 PV），但是各自在 Volume 中可以访问的根目录由 subPath 进行区分，mysql 容器使用 Volume 中的 mysql 子目录作为根目录，php 容器使用 Volume 中的 html 子目录作为根目录：

```
apiVersion: v1
kind: Pod
metadata:
  name: mysql
spec:
    containers:
    - name: mysql
      image: mysql
      env:
```

```
      - name: MYSQL_ROOT_PASSWORD
        value: "rootpasswd"
      volumeMounts:
      - mountPath: /var/lib/mysql
        name: site-data
        subPath: mysql
    - name: php
      image: php:7.0-apache
      volumeMounts:
      - mountPath: /var/www/html
        name: site-data
        subPath: html
    volumes:
    - name: site-data
      persistentVolumeClaim:
        claimName: site-data-pvc
```

注意，subPath 中的路径名称不能以“/”开头，需要用相对路径的形式。

在一些应用场景中，如果希望通过环境变量来设置 subPath 路径，例如使用 Pod 名称作为子目录的名称，则可以通过 subPathExpr 字段提供支持。subPathExpr 字段用于将 Downward API 的环境变量设置为存储卷的子目录，该特性在 Kubernetes 1.17 版本时达到稳定阶段。

需要注意的是，subPathExpr 字段和 subPath 字段是互斥的，不能同时使用。

下面的例子通过 Downward API 将 Pod 名称设置为环境变量 POD_NAME，然后在挂载存储卷时设置 subPathExpr=$(POD_NAME)子目录：

```
apiVersion: v1
kind: Pod
metadata:
  name: pod1
spec:
  containers:
  - name: container1
    env:
    - name: POD_NAME
      valueFrom:
        fieldRef:
          apiVersion: v1
          fieldPath: metadata.name
```

```
        image: busybox
        command: [ "sh", "-c", "while [ true ]; do echo 'Hello'; sleep 10; done | tee
-a /logs/hello.txt" ]
        volumeMounts:
        - name: workdir1
          mountPath: /logs
          subPathExpr: $(POD_NAME)
      restartPolicy: Never
      volumes:
      - name: workdir1
        hostPath:
          path: /var/log/pods
```

关于 Downward API 的概念和应用请参考 3.6 节的说明。

8.2.5 StorageClass 详解

StorageClass 作为对存储资源的抽象定义，对用户设置的 PVC 申请屏蔽后端存储的细节，一方面减少了用户对于存储资源细节的关注，另一方面减轻了管理员手工管理 PV 的工作，由系统自动完成 PV 的创建和绑定，实现动态的资源供应。基于 StorageClass 的动态资源供应模式将逐步成为云平台的标准存储管理模式。

StorageClass 资源对象的定义主要包括名称、后端存储的提供者（provisioner）、后端存储的相关参数配置和回收策略。StorageClass 的名称尤为重要，将在创建 PVC 时引用，管理员应该准确命名具有不同存储特性的 StorageClass。

StorageClass 一旦被创建，则无法修改。如需更改，则只能删除原 StorageClass 资源对象并重新创建。

下例定义了一个 StorageClass，名称为 standard，provisioner 为 aws-ebs，type 为 gp2，回收策略为 Retain 等：

```
apiVersion: storage.k8s.io/v1
kind: StorageClass
metadata:
  name: standard
provisioner: kubernetes.io/aws-ebs
parameters:
  type: gp2
reclaimPolicy: Retain
```

```
allowVolumeExpansion: true
mountOptions:
  - debug
volumeBindingMode: Immediate
```

StorageClass 资源对象需要设置的关键配置参数如下。

1. 存储提供者（Provisioner）

描述存储资源的提供者，用于提供具体的 PV 资源，也可以将其看作后端存储驱动。目前，Kubernetes 内置支持的 Provisioner 包括 AWSElasticBlockStore、AzureDisk、AzureFile、Cinder（OpenStack Block Storage）、Flocker、GCEPersistentDisk、GlusterFS、Portworx Volume、Quobyte Volumes、RBD（Ceph Block Device）、ScaleIO、StorageOS、VsphereVolume。

Kubernetes 内置支持的 Provisioner 的命名都以"kubernetes.io/"开头，用户也可以使用自定义的后端存储提供者。为了符合 StorageClass 的用法，自定义 Provisioner 需要符合存储卷的开发规范。外部存储供应商的作者对代码、提供方式、运行方式、存储插件（包括 Flex）等具有完全的自由控制权。目前，在 Kubernetes 的 kubernetes-sigs/sig-storage-lib-external-provisioner 库中维护外部 Provisioner 的代码实现，其他一些 Provisioner 也在 kubernetes-incubator/external-storage 库中进行维护。

例如，对 NFS 类型，Kubernetes 没有提供内部的 Provisioner，但可以使用外部的 Provisioner。也有许多第三方存储提供商自行提供外部的 Provisioner。

2. 资源回收策略（Reclaim Policy）

通过动态资源供应模式创建的 PV 将继承在 StorageClass 资源对象上设置的回收策略，配置字段名称为"reclaimPolicy"，可以设置的选项包括 Delete（删除）和 Retain（保留）。

如果 StorageClass 没有指定 reclaimPolicy，则默认值为 Delete。

对于管理员手工创建的仍被 StorageClass 管理的 PV，将使用创建 PV 时设置的资源回收策略。

3. 是否允许存储扩容（Allow Volume Expansion）

PV 可以被配置为允许扩容，当 StorageClass 资源对象的 allowVolumeExpansion 字段被设置为 true 时，将允许用户通过编辑 PVC 的存储空间自动完成 PV 的扩容，该特性在

Kubernetes 1.11 版本时达到 Beta 阶段。

表 8.4 描述了支持存储扩容的 Volume 类型和要求的 Kubernetes 最低版本。

表 8.4　支持存储扩容的 Volume 类型和要求的 Kubernetes 最低版本

支持存储扩容的 Volume 类型	Kubernetes 最低版本
gcePersistentDisk	1.11
awsElasticBlockStore	1.11
Cinder	1.11
glusterfs	1.11
rbd	1.11
Azure File	1.11
Azure Disk	1.11
Portworx	1.11
FlexVolume	1.13
CSI	1.14（Alpha）、1.16（Beta）

注意，该特性仅支持扩容存储空间，不支持减少存储空间。

4. 挂载选项（Mount Options）

通过 StorageClass 资源对象的 mountOptions 字段，系统将为动态创建的 PV 设置挂载选项。并不是所有 PV 类型都支持挂载选项，如果 PV 不支持但 StorageClass 设置了该字段，则 PV 将会创建失败。另外，系统不会对挂载选项进行验证，如果设置了错误的选项，则容器在挂载存储时将直接失败。

5. 存储绑定模式（Volume Binding Mode）

StorageClass 资源对象的 volumeBindingMode 字段设置用于控制何时将 PVC 与动态创建的 PV 绑定。目前支持的绑定模式包括 Immediate 和 WaitForFirstConsumer。

存储绑定模式的默认值为 Immediate，表示当一个 PersistentVolumeClaim（PVC）创建出来时，就动态创建 PV 并进行 PVC 与 PV 的绑定操作。需要注意的是，对于拓扑受限（Topology-limited）或无法从全部 Node 访问的后端存储，将在不了解 Pod 调度需求的情况下完成 PV 的绑定操作，这可能会导致某些 Pod 无法完成调度。

WaitForFirstConsumer 绑定模式表示 PVC 与 PV 的绑定操作延迟到第一个使用 PVC 的 Pod 创建出来时再进行。系统将根据 Pod 的调度需求，在 Pod 所在的 Node 上创建 PV，这些调度需求可以通过以下条件（不限于）进行设置：

◎ Pod 对资源的需求；

◎ Node Selector；

◎ Pod 亲和性和反亲和性设置；

◎ Taint 和 Toleration 设置。

目前支持 WaitForFirstConsumer 绑定模式的存储卷包括：AWSElasticBlockStore、AzureDisk、GCEPersistentDisk。

另外，有些存储插件通过预先创建好的 PV 绑定支持 WaitForFirstConsumer 模式，比如 AWSElasticBlockStore、AzureDisk、GCEPersistentDisk 和 Local。

在使用 WaitForFirstConsumer 模式的环境中，如果仍然希望基于特定拓扑信息（Topology）进行 PV 绑定操作，则在 StorageClass 的定义中还可以通过 allowedTopologies 字段进行设置。下面的例子通过 matchLabelExpressions 设置目标 Node 的标签选择条件（zone=us-central1-a 或 us-central1-b），PV 将在满足这些条件的 Node 上允许创建：

```
apiVersion: storage.k8s.io/v1
kind: StorageClass
metadata:
  name: standard
provisioner: kubernetes.io/gce-pd
parameters:
  type: pd-standard
volumeBindingMode: WaitForFirstConsumer
allowedTopologies:
- matchLabelExpressions:
  - key: failure-domain.beta.kubernetes.io/zone
    values:
    - us-central1-a
    - us-central1-b
```

6. 存储参数（Parameters）

后端存储资源提供者的参数设置，不同的 Provisioner 可能提供不同的参数设置。某些参数可以不显示设定，Provisioner 将使用其默认值。目前 StorageClass 资源对象支持设置的存储参数最多为 512 个，全部 key 和 value 所占的空间不能超过 256KiB。

下面是一些常见存储提供商（Provisioner）提供的 StorageClass 存储参数示例。

1）AWSElasticBlockStore 存储卷

```
kind: StorageClass
apiVersion: storage.k8s.io/v1
metadata:
  name: slow
provisioner: kubernetes.io/aws-ebs
parameters:
  type: io1
  iopsPerGB: "10"
  fsType: ext4
```

可以配置的参数如下（详细说明请参考 AWSElasticBlockStore 文档）。

◎ type：可选项为 io1、gp2、sc1、st1，默认值为 gp2。
◎ iopsPerGB：仅用于 io1 类型的 Volume，意为每秒每 GiB 的 I/O 操作数量。
◎ fsType：文件系统类型，默认值为 ext4。
◎ encrypted：是否加密。
◎ kmsKeyId：加密时使用的 Amazon Resource Name。

2）GCEPersistentDisk 存储卷

```
kind: StorageClass
apiVersion: storage.k8s.io/v1
metadata:
  name: slow
provisioner: kubernetes.io/gce-pd
parameters:
  type: pd-standard
  fstype: ext4
  replication-type: none
```

可以配置的参数如下（详细说明请参考 GCEPersistentDisk 文档）。

◎ type：可选项为 pd-standard、pd-ssd，默认值为 pd-standard。
◎ fsType：文件系统类型，默认值为 ext4。
◎ replication-type：复制类型，可选项为 none、regional-pd，默认值为 none。

3）GlusterFS 存储卷

```
apiVersion: storage.k8s.io/v1
kind: StorageClass
metadata:
  name: slow
provisioner: kubernetes.io/glusterfs
parameters:
  resturl: "http://127.0.0.1:8081"
  clusterid: "630372ccdc720a92c681fb928f27b53f"
  restauthenabled: "true"
  restuser: "admin"
  secretNamespace: "default"
  secretName: "heketi-secret"
  gidMin: "40000"
  gidMax: "50000"
  volumetype: "replicate:3"
```

可以配置的参数如下（详细说明请参考 GlusterFS 和 Heketi 的文档）。

◎ resturl：Gluster REST 服务（Heketi）的 URL 地址，用于自动完成 GlusterFSvolume 的设置。

◎ restauthenabled：是否对 Gluster REST 服务启用安全机制。

◎ restuser：访问 Gluster REST 服务的用户名。

◎ restuserkey：访问 Gluster REST 服务的密码。

◎ secretNamespace 和 secretName：保存访问 Gluster REST 服务密码的 Secret 资源对象名。

◎ clusterid：GlusterFS 的 Cluster ID。

◎ gidMin 和 gidMax：StorageClass 的 GID 范围，用于动态资源供应时为 PV 设置的 GID。

◎ volumetype：设置 GlusterFS 的内部 Volume 类型，例如 replicate:3（Replicate 类型，3 份副本）；disperse:4:2（Disperse 类型，数据 4 份，冗余两份）；none（Distribute 类型）。

4）Local 存储卷

```
apiVersion: storage.k8s.io/v1
kind: StorageClass
metadata:
  name: local-storage
```

```
provisioner: kubernetes.io/no-provisioner
volumeBindingMode: WaitForFirstConsumer
```

Local 类型的 PV 在 Kubernetes 1.14 版本时达到稳定阶段，它不能以动态资源供应的模型进行创建，但仍可为其设置一个 StorageClass，以延迟到一个使用 PVC 的 Pod 创建出来再进行 PV 的创建和绑定，这可以通过设置参数 volumeBindingMode=WaitForFirstConsumer 进行控制。

其他 Provisioner 的 StorageClass 相关参数设置请参考它们各自的配置手册。

7. 设置默认的 StorageClass

在 Kubernetes 中，管理员可以为有不同存储需求的 PVC 创建相应的 StorageClass 来提供动态的存储资源（PV）供应，同时在集群级别设置一个默认的 StorageClass，为那些未指定 StorageClass 的 PVC 使用。当然，管理员要明确系统默认提供的 StorageClass 应满足和符合 PVC 的资源需求，同时注意避免资源浪费。

要在集群中启用默认的 StorageClass，就需要在 kube-apiserver 服务准入控制器 --enable-admission-plugins 中开启 DefaultStorageClass（从 Kubernetes 1.10 版本开始默认开启）：

```
--enable-admission-plugins=...,DefaultStorageClass
```

然后，在 StorageClass 的定义中设置一个 annotation：

```
kind: StorageClass
apiVersion: storage.k8s.io/v1
metadata:
  name: gold
  annotations:
    storageclass.beta.kubernetes.io/is-default-class="true"
provisioner: kubernetes.io/gce-pd
parameters:
  type: pd-ssd
```

通过 kubectl create 命令创建成功后，查看 StorageClass 列表，可以看到名为 gold 的 StorageClass 被标记为 default：

```
# kubectl get sc
NAME        TYPE
gold (default)   kubernetes.io/gce-pd
```

后续在创建未指定 StorageClass 的 PVC 时，系统将自动为其设置集群中的默认 StorageClass。

8.3 动态存储管理实战：GlusterFS

本节以 GlusterFS 为例，从定义 StorageClass、创建 GlusterFS 和 Heketi 服务、用户申请 PVC 到创建 Pod 使用存储资源，对 StorageClass 和动态资源分配进行详细说明，进一步剖析 Kubernetes 的存储机制。

8.3.1 准备工作

为了能够使用 GlusterFS，首先在计划用于 GlusterFS 的各 Node 上安装 GlusterFS 客户端：

```
# yum install glusterfs glusterfs-fuse
```

GlusterFS 管理服务容器需要以特权模式运行，在 kube-apiserver 的启动参数中增加：

```
--allow-privileged=true
```

给要部署 GlusterFS 管理服务的节点打上 storagenode=glusterfs 标签，是为了将 GlusterFS 容器定向部署到安装了 GlusterFS 的 Node 上：

```
# kubectl label node k8s-node-1 storagenode=glusterfs
# kubectl label node k8s-node-2 storagenode=glusterfs
# kubectl label node k8s-node-3 storagenode=glusterfs
```

8.3.2 创建 GlusterFS 管理服务容器集群

GlusterFS 管理服务容器以 DaemonSet 的方式进行部署，确保在每个 Node 上都运行一个 GlusterFS 管理服务。glusterfs-daemonset.yaml 的内容如下：

```
apiVersion: apps/v1
kind: DaemonSet
metadata:
  name: glusterfs
  labels:
```

```
    glusterfs: daemonset
  annotations:
    description: GlusterFS DaemonSet
    tags: glusterfs
spec:
  template:
    metadata:
      name: glusterfs
      labels:
        glusterfs-node: pod
    spec:
      nodeSelector:
        storagenode: glusterfs
      hostNetwork: true
      containers:
      - image: gluster/gluster-centos:latest
        name: glusterfs
        volumeMounts:
        - name: glusterfs-heketi
          mountPath: "/var/lib/heketi"
        - name: glusterfs-run
          mountPath: "/run"
        - name: glusterfs-lvm
          mountPath: "/run/lvm"
        - name: glusterfs-etc
          mountPath: "/etc/glusterfs"
        - name: glusterfs-logs
          mountPath: "/var/log/glusterfs"
        - name: glusterfs-config
          mountPath: "/var/lib/glusterd"
        - name: glusterfs-dev
          mountPath: "/dev"
        - name: glusterfs-misc
          mountPath: "/var/lib/misc/glusterfsd"
        - name: glusterfs-cgroup
          mountPath: "/sys/fs/cgroup"
          readOnly: true
        - name: glusterfs-ssl
          mountPath: "/etc/ssl"
          readOnly: true
        securityContext:
          capabilities: {}
```

```
      privileged: true
    readinessProbe:
      timeoutSeconds: 3
      initialDelaySeconds: 60
      exec:
        command:
        - "/bin/bash"
        - "-c"
        - systemctl status glusterd.service
    livenessProbe:
      timeoutSeconds: 3
      initialDelaySeconds: 60
      exec:
        command:
        - "/bin/bash"
        - "-c"
        - systemctl status glusterd.service
  volumes:
  - name: glusterfs-heketi
    hostPath:
      path: "/var/lib/heketi"
  - name: glusterfs-run
  - name: glusterfs-lvm
    hostPath:
      path: "/run/lvm"
  - name: glusterfs-etc
    hostPath:
      path: "/etc/glusterfs"
  - name: glusterfs-logs
    hostPath:
      path: "/var/log/glusterfs"
  - name: glusterfs-config
    hostPath:
      path: "/var/lib/glusterd"
  - name: glusterfs-dev
    hostPath:
      path: "/dev"
  - name: glusterfs-misc
    hostPath:
      path: "/var/lib/misc/glusterfsd"
  - name: glusterfs-cgroup
    hostPath:
```

```
          path: "/sys/fs/cgroup"
      - name: glusterfs-ssl
        hostPath:
          path: "/etc/ssl"

# kubectl create -f glusterfs-daemonset.yaml
daemonset.apps/glusterfs created

# kubectl get po
NAME              READY     STATUS    RESTARTS   AGE
glusterfs-k2src   1/1       Running   0          1m
glusterfs-q32z2   1/1       Running   0          1m
```

8.3.3　创建 Heketi 服务

Heketi 是一个提供 RESTful API 管理 GlusterFS 卷的框架，能够在 OpenStack、Kubernetes、OpenShift 等云平台上实现动态存储资源供应，支持 GlusterFS 多集群管理，便于管理员对 GlusterFS 进行操作。图 8.4 简单展示了 Heketi 的功能。

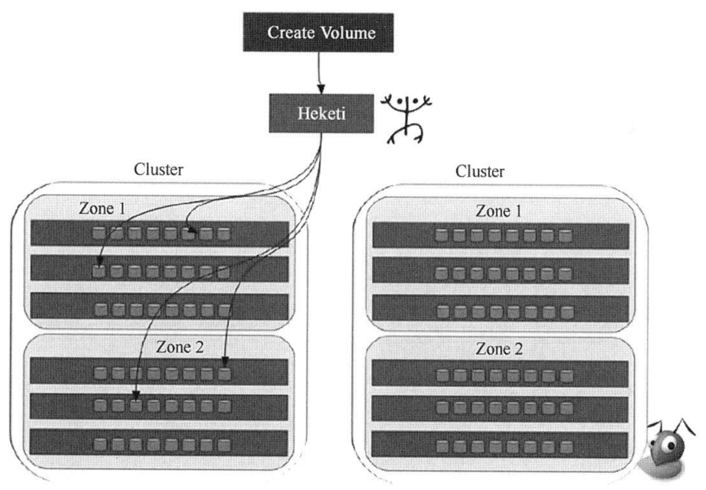

图 8.4　Heketi 的功能

在部署 Heketi 服务之前，先创建 ServiceAccount 并完成 RBAC 授权：

```
# heketi-rbac.yaml
---
apiVersion: v1
```

```
kind: ServiceAccount
metadata:
  name: heketi-service-account

---
apiVersion: rbac.authorization.k8s.io/v1
kind: Role
metadata:
  name: heketi
rules:
- apiGroups:
  - ""
  resources:
  - endpoints
  - services
  - pods
  verbs:
  - get
  - list
  - watch
- apiGroups:
  - ""
  resources:
  - pods/exec
  verbs:
  - create

---
apiVersion: rbac.authorization.k8s.io/v1
kind: RoleBinding
metadata:
  name: heketi
roleRef:
  apiGroup: rbac.authorization.k8s.io
  kind: Role
  name: heketi
subjects:
- kind: ServiceAccount
  name: heketi-service-account
  namespace: default
```

```
# kubectl create -f heketi-rbac.yaml
serviceaccount/heketi-service-account created
role.rbac.authorization.k8s.io/heketi created
rolebinding.rbac.authorization.k8s.io/heketi created
```

部署 Heketi 服务：

```
heketi-deployment-svc.yaml
---
apiVersion: apps/v1
kind: Deployment
metadata:
  name: heketi
  labels:
    glusterfs: heketi-deployment
    deploy-heketi: heketi-deployment
  annotations:
    description: Defines how to deploy Heketi
spec:
  replicas: 1
  selector:
    matchLabels:
      name: deploy-heketi
      glusterfs: heketi-pod
  template:
    metadata:
      name: deploy-heketi
      labels:
        name: deploy-heketi
        glusterfs: heketi-pod
    spec:
      serviceAccountName: heketi-service-account
      containers:
      - image: heketi/heketi
        name: deploy-heketi
        env:
        - name: HEKETI_EXECUTOR
          value: kubernetes
        - name: HEKETI_FSTAB
          value: "/var/lib/heketi/fstab"
```

```
        - name: HEKETI_SNAPSHOT_LIMIT
          value: '14'
        - name: HEKETI_KUBE_GLUSTER_DAEMONSET
          value: "y"
        ports:
        - containerPort: 8080
        volumeMounts:
        - name: db
          mountPath: "/var/lib/heketi"
        readinessProbe:
          timeoutSeconds: 3
          initialDelaySeconds: 3
          httpGet:
            path: "/hello"
            port: 8080
        livenessProbe:
          timeoutSeconds: 3
          initialDelaySeconds: 30
          httpGet:
            path: "/hello"
            port: 8080
      volumes:
      - name: db
        hostPath:
          path: "/heketi-data"

---
kind: Service
apiVersion: v1
metadata:
  name: heketi
  labels:
    glusterfs: heketi-service
    deploy-heketi: support
  annotations:
    description: Exposes Heketi Service
spec:
  selector:
    name: deploy-heketi
  ports:
  - name: deploy-heketi
```

```
    port: 8080
    targetPort: 8080
```

需要注意的是，Heketi 的 DB 数据需要持久化保存，建议使用 hostPath 或其他共享存储进行保存：

```
# kubectl create -f heketi-deployment-svc.yaml
deployment.apps/heketi created
service/heketi created
```

8.3.4　通过 Heketi 管理 GlusterFS 集群

在 Heketi 能够管理 GlusterFS 集群之前，首先要为其设置 GlusterFS 集群的信息。可以用一个 topology.json 配置文件来完成各个 GlusterFS 节点和设备的定义。Heketi 要求在一个 GlusterFS 集群中至少有 3 个节点。在 topology.json 配置文件 hostnames 字段的 manage 上填写主机名，在 storage 上填写 IP 地址，devices 要求是未创建文件系统的裸设备（可以有多块盘），以供 Heketi 自动完成 PV（Physical Volume）、VG（Volume Group）和 LV（Logical Volume）的创建。topology.json 文件的内容如下：

```
{
  "clusters": [
    {
      "nodes": [
        {
          "node": {
            "hostnames": {
              "manage": [
                "k8s-node-1"
              ],
              "storage": [
                "192.168.18.3"
              ]
            },
            "zone": 1
          },
          "devices": [
            "/dev/sdb"
          ]
        },
        {
```

```
          "node": {
            "hostnames": {
              "manage": [
                "k8s-node-2"
              ],
              "storage": [
                "192.168.18.4"
              ]
            },
            "zone": 1
          },
          "devices": [
            "/dev/sdb"
          ]
        },
        {
          "node": {
            "hostnames": {
              "manage": [
                "k8s-node-3"
              ],
              "storage": [
                "192.168.18.5"
              ]
            },
            "zone": 1
          },
          "devices": [
            "/dev/sdb"
          ]
        }
      ]
    }
  ]
}
```

进入 Heketi 容器，使用命令行工具 heketi-cli 完成 GlusterFS 集群的创建：

```
# export HEKETI_CLI_SERVER=http://localhost:8080
# heketi-cli topology load --json=topology.json
Creating cluster ... ID: f643da1cd64691c5705932a46a95d1d5
        Creating node k8s-node-1 ... ID: 883506b091a22bd13f10bc3d0fb51223
```

```
            Adding device /dev/sdb ... OK
        Creating node k8s-node-2 ... ID: e64b879689106f82a9c4ac910a865cc8
            Adding device /dev/sdb ... OK
        Creating node k8s-node-3 ... ID: b7783484180f6a592a30baebfb97d9be
            Adding device /dev/sdb ... OK
```

经过上述操作，Heketi 就完成了 GlusterFS 集群的创建，结果是在 GlusterFS 集群各个节点的/dev/sdb 盘上成功创建了 PV 和 VG。

查看 Heketi 的 topology 信息，可以看到 Node 和 Device 的详细信息，包括磁盘空间的大小和剩余空间。此时，GlusterFS 的 Volume 和 Brick 还未创建：

```
    # heketi-cli topology info
    Cluster Id: f643da1cd64691c5705932a46a95d1d5

        Volumes:

        Nodes:

            Node Id: 883506b091a22bd13f10bc3d0fb51223
            State: online
            Cluster Id: f643da1cd64691c5705932a46a95d1d5
            Zone: 1
            Management Hostname: k8s-node-1
            Storage Hostname: 192.168.18.3
            Devices:
                    Id:b474f14b0903ed03ec80d4a989f943f2   Name:/dev/sdb
State:online    Size (GiB):9      Used (GiB):0      Free (GiB):9
                        Bricks:

            Node Id: b7783484180f6a592a30baebfb97d9be
            State: online
            Cluster Id: f643da1cd64691c5705932a46a95d1d5
            Zone: 1
            Management Hostname: k8s-node-3
            Storage Hostname: 192.168.18.5
            Devices:
                    Id:fac3fa5ac1de3d5bde3aa68f6aa61285   Name:/dev/sdb
State:online    Size (GiB):9      Used (GiB):0      Free (GiB):9
                        Bricks:

            Node Id: e64b879689106f82a9c4ac910a865cc8
```

```
        State: online
        Cluster Id: f643da1cd64691c5705932a46a95d1d5
        Zone: 1
        Management Hostname: k8s-node-2
        Storage Hostname: 192.168.18.4
        Devices:
                Id:05532e7db723953e8643b64b36aee1d1   Name:/dev/sdb
State:online   Size (GiB):9     Used (GiB):0     Free (GiB):9
                        Bricks:
```

8.3.5 定义 StorageClass

准备工作已经就绪，集群管理员现在可以在 Kubernetes 集群中定义一个 StorageClass 了。storageclass-gluster-heketi.yaml 配置文件的内容如下：

```
apiVersion: storage.k8s.io/v1
kind: StorageClass
metadata:
  name: gluster-heketi
provisioner: kubernetes.io/glusterfs
parameters:
  resturl: "http://172.17.2.2:8080"
  restauthenabled: "false"
```

provisioner 参数必须被设置为“kubernetes.io/glusterfs”。

resturl 的地址需要被设置为 API Server 所在主机可以访问到的 Heketi 服务地址，可以使用服务 ClusterIP+Port、PodIP+Port，或将服务映射到物理机，使用 NodeIP+NodePort。

创建该 StorageClass 资源对象：

```
# kubectl create -f storageclass-gluster-heketi.yaml
storageclass/gluster-heketi created
```

8.3.6 定义 PVC

现在，用户可以定义一个 PVC 申请 Glusterfs 存储空间了。下面是 PVC 的 YAML 定义，其中申请了 1GiB 空间的存储资源，设置 StorageClass 为“gluster-heketi”，同时未设置 Selector，表示使用动态资源供应模式：

```
pvc-gluster-heketi.yaml
apiVersion: v1
kind: PersistentVolumeClaim
metadata:
  name: pvc-gluster-heketi
spec:
  storageClassName: gluster-heketi
  accessModes:
    - ReadWriteOnce
  resources:
    requests:
      storage: 1Gi

# kubectl create -f pvc-gluster-heketi.yaml
persistentvolumeclaim/pvc-gluster-heketi created
```

PVC 的定义一旦生成，系统便将触发 Heketi 进行相应的操作，主要为在 GlusterFS 集群中创建 brick，再创建并启动一个 Volume。可以在 Heketi 的日志中查看整个过程：

```
    ......
    [kubeexec] DEBUG 2020/04/26 00:51:30
/src/github.com/heketi/heketi/executors/kubeexec/kubeexec.go:250: Host:
k8s-node-1 Pod: glusterfs-ld7nh Command: gluster --mode=script volume create
vol_87b9314cb76bafacfb7e9cdc04fcaf05 replica 3
192.168.18.3:/var/lib/heketi/mounts/vg_b474f14b0903ed03ec80d4a989f943f2/brick_d0
8520c9ff7b9a0a9165f9815671f2cd/brick
192.168.18.5:/var/lib/heketi/mounts/vg_fac3fa5ac1de3d5bde3aa68f6aa61285/brick_68
18dce118b8a54e9590199d44a3817b/brick
192.168.18.4:/var/lib/heketi/mounts/vg_05532e7db723953e8643b64b36aee1d1/brick_9e
cb8f7fde1ae937011f04401e7c6c56/brick
    Result: volume create: vol_87b9314cb76bafacfb7e9cdc04fcaf05: success: please
start the volume to access data
    ......
    [kubeexec] DEBUG 2020/04/26 00:51:33
/src/github.com/heketi/heketi/executors/kubeexec/kubeexec.go:250: Host:
k8s-node-1 Pod: glusterfs-ld7nh Command: gluster --mode=script volume start
vol_87b9314cb76bafacfb7e9cdc04fcaf05
    Result: volume start: vol_87b9314cb76bafacfb7e9cdc04fcaf05: success
    ......
```

查看 PVC 的详情，确认其状态为 Bound（已绑定）：

```
    # kubectl get pvc
    NAME                  STATUS    VOLUME                                     CAPACITY
ACCESSMODES   STORAGECLASS     AGE
    pvc-gluster-heketi   Bound     pvc-783cf949-2a1a-11e7-8717-000c29eaed40   1Gi
RWX          gluster-heketi   6m
```

查看 PV，可以看到系统通过动态供应机制系统自动创建的 PV：

```
    # kubectl get pv
    NAME                                       CAPACITY   ACCESSMODES   RECLAIMPOLICY
STATUS    CLAIM                        STORAGECLASS     REASON    AGE
    pvc-783cf949-2a1a-11e7-8717-000c29eaed40   1Gi        RWX           Delete
Bound     default/pvc-gluster-heketi   gluster-heketi             6m
```

查看该 PV 的详细信息，可以看到其容量、引用的 StorageClass 等信息都已正确设置，状态也为 Bound，回收策略则为默认的 Delete。同时 Gluster 的 Endpoint 和 Path 也由 Heketi 自动完成了设置：

```
    # kubectl describe pv pvc-783cf949-2a1a-11e7-8717-000c29eaed40
    Name:           pvc-783cf949-2a1a-11e7-8717-000c29eaed40
    Labels:          <none>
    Annotations:     pv.beta.kubernetes.io/gid=2000
                   pv.kubernetes.io/bound-by-controller=yes
                   pv.kubernetes.io/provisioned-by=kubernetes.io/glusterfs
    StorageClass:   gluster-heketi
    Status:          Bound
    Claim:          default/pvc-gluster-heketi
    Reclaim Policy: Delete
    Access Modes:   RWX
    Capacity:       1Gi
    Message:
    Source:
        Type:      Glusterfs (a Glusterfs mount on the host that shares a pod's lifetime)
        EndpointsName:      glusterfs-dynamic-pvc-gluster-heketi
        Path:              vol_87b9314cb76bafacfb7e9cdc04fcaf05
        ReadOnly:           false
    Events:                <none>
```

至此，一个可供 Pod 使用的 PVC 就创建成功了。接下来 Pod 就能通过 Volume 的设置将这个 PVC 挂载到容器内部进行使用了。

8.3.7 Pod 使用 PVC 的存储资源

下面是在 Pod 中使用 PVC 定义的存储资源的配置，首先设置一个类型为 persistentVolumeClaim 的 Volume，然后将其通过 volumeMounts 设置挂载到容器内的目录路径下，注意，Pod 需要与 PVC 属于同一个命名空间：

```
pod-use-pvc.yaml
apiVersion: v1
kind: Pod
metadata:
  name: pod-use-pvc
spec:
  containers:
  - name: pod-use-pvc
    image: busybox
    command:
    - sleep
    - "3600"
    volumeMounts:
    - name: gluster-volume
      mountPath: "/pv-data"
      readOnly: false
  volumes:
  - name: gluster-volume
    persistentVolumeClaim:
      claimName: pvc-gluster-heketi

# kubectl create -f pod-use-pvc.yaml
pod/pod-use-pvc created
```

进入容器 pod-use-pvc，在/pv-data 目录下创建一些文件：

```
# kubectl exec -ti pod-use-pvc -- /bin/sh
/ # cd /pv-data
/ # touch a
/ # echo "hello" > b
```

可以验证文件 a 和 b 在 GlusterFS 集群中正确生成。

至此，使用 Kubernetes 最新的动态存储供应模式，配合 StorageClass 和 Heketi 共同搭建基于 GlusterFS 的共享存储就完成了。有兴趣的读者可以继续尝试 StorageClass 的其他设置，例如调整 GlusterFS 的 Volume 类型、修改 PV 的回收策略等。

在使用动态存储供应模式的情况下，可以解决静态模式的下列问题。

（1）管理员需要预先准备大量的静态 PV。

（2）系统为 PVC 选择 PV 时可能存在 PV 空间比 PVC 申请空间大的情况，无法保证没有资源浪费。

所以在 Kubernetes 中，建议用户优先考虑使用 StorageClass 的动态存储供应模式进行存储资源的申请、使用、回收等操作。

8.4 CSI 存储机制详解

Kubernetes 从 1.9 版本开始引入容器存储接口 Container Storage Interface（CSI）机制，用于在 Kubernetes 和外部存储系统之间建立一套标准的存储管理接口，通过该接口为容器提供存储服务。CSI 到 Kubernetes 1.10 版本时升级为 Beta 版本，到 Kubernetes 1.13 版本时升级为稳定版本，已逐渐成熟。

8.4.1 CSI 的设计背景

Kubernetes 通过 PV、PVC、StorageClass 已经提供了一种强大的基于插件的存储管理机制，但是各种存储插件提供的存储服务都是基于一种被称为“in-tree”（树内）的方式提供的，这要求存储插件的代码必须被放进 Kubernetes 的主干代码库中才能被 Kubernetes 调用，属于紧耦合的开发模式。这种“in-tree”方式会带来一些问题：

- ◎ 存储插件的代码需要与 Kubernetes 的代码放在同一代码库中，并与 Kubernetes 的二进制文件共同发布；
- ◎ 存储插件代码的开发者必须遵循 Kubernetes 的代码开发规范；
- ◎ 存储插件代码的开发者必须遵循 Kubernetes 的发布流程，包括添加对 Kubernetes 存储系统的支持和错误修复；
- ◎ Kubernetes 社区需要对存储插件的代码进行维护，包括审核、测试等；
- ◎ 存储插件代码中的问题可能会影响 Kubernetes 组件的运行，并且很难排查问题；
- ◎ 存储插件代码与 Kubernetes 的核心组件（kubelet 和 kube-controller-manager）享有相同的系统特权权限，可能存在可靠性和安全性问题；
- ◎ 存储插件代码与 Kubernetes 代码一样被强制要求开源、公开。

Kubernetes 已有的 Flex Volume 插件机制试图通过为外部存储暴露一个基于可执行程序（exec）的 API 来解决这些问题。尽管它允许第三方存储提供商在 Kubernetes 核心代码之外开发存储驱动，但仍然有两个问题没有得到很好的解决：

◎ 部署第三方驱动的可执行文件仍然需要宿主机的 root 权限，存在安全隐患；
◎ 存储插件在执行 mount、attach 这些操作时，通常需要在宿主机上安装一些第三方工具包和依赖库，使得部署过程更加复杂，例如部署 Ceph 时需要安装 rbd 库，部署 GlusterFS 时需要安装 mount.glusterfs 库，等等。

基于以上这些问题和考虑，Kubernetes 逐步推出与容器对接的存储接口标准，存储提供方只需基于标准接口进行存储插件的实现，就能使用 Kubernetes 的原生存储机制为容器提供存储服务了。这套标准被称为 CSI（容器存储接口）。在 CSI 成为 Kubernetes 的存储供应标准之后，存储提供方的代码就能与 Kubernetes 代码彻底解耦，部署也与 Kubernetes 核心组件分离。显然，存储插件的开发由提供方自行维护，就能为 Kubernetes 用户提供更多的存储功能，也更加安全可靠。基于 CSI 的存储插件机制也被称为“out-of-tree”（树外）的服务提供方式，是未来 Kubernetes 第三方存储插件的标准方案。可以到 CSI 项目官网获取更多信息。

8.4.2 CSI 的核心组件和部署架构

图 8.5 展示了 Kubernetes CSI 存储插件的核心组件和推荐的容器化部署架构。

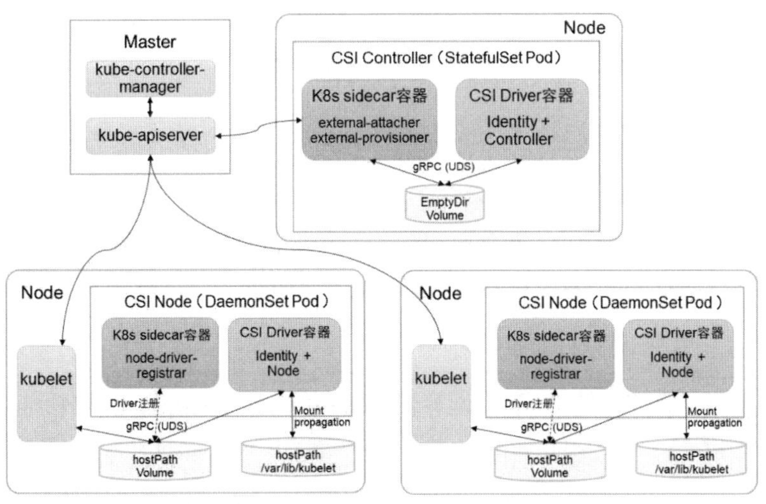

图 8.5　Kubernetes CSI 存储插件的关键组件和推荐的容器化部署架构

其中主要包括两类组件：CSI Controller 和 CSI Node。

1. CSI Controller

CSI Controller 的主要功能是提供存储服务视角对存储资源和存储卷进行管理和操作。在 Kubernetes 中建议将其部署为单实例 Pod，可以使用 StatefulSet 或 Deployment 控制器进行部署，设置副本数量为 1，保证一种存储插件只运行一个控制器实例。

在这个 Pod 内部署两个容器，分别提供以下功能。

（1）与 Master（kube-controller-manager）通信的辅助 sidecar 容器。在 sidecar 容器内又可以包含 external-attacher 和 external-provisioner 两个容器，它们的功能分别如下。

◎ external-attacher：监控 VolumeAttachment 资源对象的变更，触发针对 CSI 端点的 ControllerPublish 和 ControllerUnpublish 操作。

◎ external-provisioner：监控 PersistentVolumeClaim 资源对象的变更，触发针对 CSI 端点的 CreateVolume 和 DeleteVolume 操作。

另外，社区正在引入具备其他管理功能的 sidecar 工具，例如：external-snapshotter，用于管理存储快照，目前为 Alpha 阶段；external-resizer，用于管理存储容量扩容，目前为 Beta 阶段。

（2）CSI Driver 存储驱动容器，由第三方存储提供商提供，需要实现上述接口。

这两个容器通过本地 Socket（Unix Domain Socket，UDS），并使用 gPRC 协议进行通信。sidecar 容器通过 Socket 调用 CSI Driver 容器的 CSI 接口，CSI Driver 容器负责具体的存储卷操作。

2. CSI Node

CSI Node 的主要功能是对主机（Node）上的 Volume 进行管理和操作。在 Kubernetes 中建议将其部署为 DaemonSet，在需要提供存储资源的各个 Node 上都运行一个 Pod。

在这个 Pod 中部署以下两个容器。

（1）与 kubelet 通信的辅助 sidecar 容器 node-driver-registrar，主要功能是将存储驱动注册到 kubelet 中。

（2）CSI Driver 存储驱动容器，由第三方存储提供商提供，主要功能是接收 kubelet

的调用，需要实现一系列与 Node 相关的 CSI 接口，例如 NodePublishVolume 接口（用于将 Volume 挂载到容器内的目标路径）、NodeUnpublishVolume 接口（用于从容器中卸载 Volume），等等。

node-driver-registrar 容器与 kubelet 通过 Node 主机一个 hostPath 目录下的 unix socket 进行通信。CSI Driver 容器与 kubelet 通过 Node 主机另一个 hostPath 目录下的 unix socket 进行通信，同时需要将 kubelet 的工作目录（默认为/var/lib/kubelet）挂载给 CSI Driver 容器，用于为 Pod 进行 Volume 的管理操作（包括 mount、umount 等）。

8.4.3　CSI 存储插件应用实战

下面以 csi-hostpath 插件为例，对如何部署 CSI 插件、用户如何使用 CSI 插件提供的存储资源进行详细说明。

（1）设置 Kubernetes 服务启动参数。为 kube-apiserver、kube-controller-manager 和 kubelet 服务的启动参数添加如下内容：

```
--feature-gates=VolumeSnapshotDataSource=true,CSINodeInfo=true,CSIDriverRegi
stry=true
```

这 3 个特性开关是 Kubernetes 从 1.12 版本开始引入的 Alpha 版本功能，CSINodeInfo 和 CSIDriverRegistry 需要手工创建其相应的 CRD 资源对象。

Kubernetes 1.10 版本所需的 CSIPersistentVolume 和 MountPropagation 特性开关已经默认启用，KubeletPluginsWatcher 特性开关也在 Kubernetes 1.12 版本中默认启用，无须在命令行参数中指定。

（2）创建 CSINodeInfo 和 CSIDriverRegistry CRD 资源对象。

csidriver.yaml 的内容如下：

```
apiVersion: apiextensions.k8s.io/v1beta1
kind: CustomResourceDefinition
metadata:
  name: csidrivers.csi.storage.k8s.io
  labels:
    addonmanager.kubernetes.io/mode: Reconcile
spec:
  group: csi.storage.k8s.io
```

```
    names:
      kind: CSIDriver
      plural: csidrivers
    scope: Cluster
    validation:
      openAPIV3Schema:
        properties:
          spec:
            description: Specification of the CSI Driver.
            properties:
              attachRequired:
                description: Indicates this CSI volume driver requires an attach
operation,and that Kubernetes should call attach and wait for any attach operationto
complete before proceeding to mount.
                type: boolean
              podInfoOnMountVersion:
                description: Indicates this CSI volume driver requires additional
pod
                  information (like podName, podUID, etc.) during mount operations.
                type: string
    version: v1alpha1
```

csinodeinfo.yaml 的内容如下：

```
  apiVersion: apiextensions.k8s.io/v1beta1
  kind: CustomResourceDefinition
  metadata:
    name: csinodeinfos.csi.storage.k8s.io
    labels:
      addonmanager.kubernetes.io/mode: Reconcile
  spec:
    group: csi.storage.k8s.io
    names:
      kind: CSINodeInfo
      plural: csinodeinfos
    scope: Cluster
    validation:
      openAPIV3Schema:
        properties:
          spec:
            description: Specification of CSINodeInfo
            properties:
```

```
        drivers:
          description: List of CSI drivers running on the node and their specs.
          type: array
          items:
            properties:
              name:
                description: The CSI driver that this object refers to.
                type: string
              nodeID:
                description: The node from the driver point of view.
                type: string
              topologyKeys:
                description: List of keys supported by the driver.
                items:
                  type: string
                type: array
    status:
      description: Status of CSINodeInfo
      properties:
        drivers:
          description: List of CSI drivers running on the node and their
statuses.
          type: array
          items:
            properties:
              name:
                description: The CSI driver that this object refers to.
                type: string
              available:
                description: Whether the CSI driver is installed.
                type: boolean
              volumePluginMechanism:
                description: Indicates to external components the required
mechanism
                  to use for any in-tree plugins replaced by this driver.
                pattern: in-tree|csi
                type: string
  version: v1alpha1
```

使用 kubectl create 命令完成创建：

```
# kubectl create -f csidriver.yaml
customresourcedefinition.apiextensions.k8s.io/csidrivers.csi.storage.k8s.io
created
# kubectl create -f csinodeinfo.yaml
customresourcedefinition.apiextensions.k8s.io/csinodeinfos.csi.storage.k8s.i
o created
```

（3）创建 csi-hostpath 存储插件相关组件，包括 csi-hostpath-attacher、csi-hostpath-provisioner 和 csi-hostpathplugin（其中包含 csi-node-driver-registrar 和 hostpathplugin）。其中为每个组件都配置了相应的 RBAC 权限控制规则，对于安全访问 Kubernetes 资源对象非常重要。

csi-hostpath-attacher.yaml 的内容如下：

```
# RBAC 相关配置
---
apiVersion: v1
kind: ServiceAccount
metadata:
  name: csi-attacher
  namespace: default
---
kind: ClusterRole
apiVersion: rbac.authorization.k8s.io/v1
metadata:
  name: external-attacher-runner
rules:
  - apiGroups: [""]
    resources: ["persistentvolumes"]
    verbs: ["get", "list", "watch", "update"]
  - apiGroups: [""]
    resources: ["nodes"]
    verbs: ["get", "list", "watch"]
  - apiGroups: ["csi.storage.k8s.io"]
    resources: ["csinodeinfos"]
    verbs: ["get", "list", "watch"]
  - apiGroups: ["storage.k8s.io"]
    resources: ["volumeattachments"]
    verbs: ["get", "list", "watch", "update"]
---
kind: ClusterRoleBinding
```

```
apiVersion: rbac.authorization.k8s.io/v1
metadata:
  name: csi-attacher-role
subjects:
  - kind: ServiceAccount
    name: csi-attacher
    namespace: default
roleRef:
  kind: ClusterRole
  name: external-attacher-runner
  apiGroup: rbac.authorization.k8s.io
---
kind: Role
apiVersion: rbac.authorization.k8s.io/v1
metadata:
  namespace: default
  name: external-attacher-cfg
rules:
- apiGroups: [""]
  resources: ["configmaps"]
  verbs: ["get", "watch", "list", "delete", "update", "create"]
---
kind: RoleBinding
apiVersion: rbac.authorization.k8s.io/v1
metadata:
  name: csi-attacher-role-cfg
  namespace: default
subjects:
  - kind: ServiceAccount
    name: csi-attacher
    namespace: default
roleRef:
  kind: Role
  name: external-attacher-cfg
  apiGroup: rbac.authorization.k8s.io

# Service 和 StatefulSet 的定义
---
kind: Service
apiVersion: v1
```

```
  metadata:
    name: csi-hostpath-attacher
    labels:
      app: csi-hostpath-attacher
  spec:
    selector:
      app: csi-hostpath-attacher
    ports:
      - name: dummy
        port: 12345
  ---
  kind: StatefulSet
  apiVersion: apps/v1
  metadata:
    name: csi-hostpath-attacher
  spec:
    serviceName: "csi-hostpath-attacher"
    replicas: 1
    selector:
      matchLabels:
        app: csi-hostpath-attacher
    template:
      metadata:
        labels:
          app: csi-hostpath-attacher
      spec:
        serviceAccountName: csi-attacher
        containers:
          - name: csi-attacher
            image: quay.io/k8scsi/csi-attacher:v1.0.1
            imagePullPolicy: IfNotPresent
            args:
              - --v=5
              - --csi-address=$(ADDRESS)
            env:
              - name: ADDRESS
                value: /csi/csi.sock
            volumeMounts:
            - mountPath: /csi
              name: socket-dir
```

```
      volumes:
        - hostPath:
            path: /var/lib/kubelet/plugins/csi-hostpath
            type: DirectoryOrCreate
          name: socket-dir
```

csi-hostpath-provisioner.yaml 的内容如下：

```
# RBAC 相关配置
---
apiVersion: v1
kind: ServiceAccount
metadata:
  name: csi-provisioner
  namespace: default
---
kind: ClusterRole
apiVersion: rbac.authorization.k8s.io/v1
metadata:
  name: external-provisioner-runner
rules:
  - apiGroups: [""]
    resources: ["secrets"]
    verbs: ["get", "list"]
  - apiGroups: [""]
    resources: ["persistentvolumes"]
    verbs: ["get", "list", "watch", "create", "delete"]
  - apiGroups: [""]
    resources: ["persistentvolumeclaims"]
    verbs: ["get", "list", "watch", "update"]
  - apiGroups: ["storage.k8s.io"]
    resources: ["storageclasses"]
    verbs: ["get", "list", "watch"]
  - apiGroups: [""]
    resources: ["events"]
    verbs: ["list", "watch", "create", "update", "patch"]
  - apiGroups: ["snapshot.storage.k8s.io"]
    resources: ["volumesnapshots"]
    verbs: ["get", "list"]
  - apiGroups: ["snapshot.storage.k8s.io"]
    resources: ["volumesnapshotcontents"]
```

```
    verbs: ["get", "list"]
  - apiGroups: ["csi.storage.k8s.io"]
    resources: ["csinodeinfos"]
    verbs: ["get", "list", "watch"]
  - apiGroups: [""]
    resources: ["nodes"]
    verbs: ["get", "list", "watch"]
---
kind: ClusterRoleBinding
apiVersion: rbac.authorization.k8s.io/v1
metadata:
  name: csi-provisioner-role
subjects:
  - kind: ServiceAccount
    name: csi-provisioner
    namespace: default
roleRef:
  kind: ClusterRole
  name: external-provisioner-runner
  apiGroup: rbac.authorization.k8s.io
---
kind: Role
apiVersion: rbac.authorization.k8s.io/v1
metadata:
  namespace: default
  name: external-provisioner-cfg
rules:
- apiGroups: [""]
  resources: ["endpoints"]
  verbs: ["get", "watch", "list", "delete", "update", "create"]
---
kind: RoleBinding
apiVersion: rbac.authorization.k8s.io/v1
metadata:
  name: csi-provisioner-role-cfg
  namespace: default
subjects:
  - kind: ServiceAccount
    name: csi-provisioner
    namespace: default
```

```
roleRef:
  kind: Role
  name: external-provisioner-cfg
  apiGroup: rbac.authorization.k8s.io

---
kind: Service
apiVersion: v1
metadata:
  name: csi-hostpath-provisioner
  labels:
    app: csi-hostpath-provisioner
spec:
  selector:
    app: csi-hostpath-provisioner
  ports:
    - name: dummy
      port: 12345
---
kind: StatefulSet
apiVersion: apps/v1
metadata:
  name: csi-hostpath-provisioner
spec:
  serviceName: "csi-hostpath-provisioner"
  replicas: 1
  selector:
    matchLabels:
      app: csi-hostpath-provisioner
  template:
    metadata:
      labels:
        app: csi-hostpath-provisioner
    spec:
      serviceAccountName: csi-provisioner
      containers:
        - name: csi-provisioner
          image: quay.io/k8scsi/csi-provisioner:v1.0.1
          imagePullPolicy: IfNotPresent
          args:
```

```
            - "--provisioner=csi-hostpath"
            - "--csi-address=$(ADDRESS)"
            - "--connection-timeout=15s"
          env:
            - name: ADDRESS
              value: /csi/csi.sock
          volumeMounts:
            - mountPath: /csi
              name: socket-dir
      volumes:
        - hostPath:
            path: /var/lib/kubelet/plugins/csi-hostpath
            type: DirectoryOrCreate
          name: socket-dir
```

csi-hostpathplugin.yaml 的内容如下：

```
# RBAC 相关配置
---
apiVersion: v1
kind: ServiceAccount
metadata:
  name: csi-node-sa
  namespace: default

---
kind: ClusterRole
apiVersion: rbac.authorization.k8s.io/v1
metadata:
  name: driver-registrar-runner
rules:
  - apiGroups: [""]
    resources: ["events"]
    verbs: ["get", "list", "watch", "create", "update", "patch"]

---
kind: ClusterRoleBinding
apiVersion: rbac.authorization.k8s.io/v1
metadata:
  name: csi-driver-registrar-role
subjects:
```

```
  - kind: ServiceAccount
    name: csi-node-sa
    namespace: default
roleRef:
  kind: ClusterRole
  name: driver-registrar-runner
  apiGroup: rbac.authorization.k8s.io

# DaemonSet 的定义
---
kind: DaemonSet
apiVersion: apps/v1
metadata:
  name: csi-hostpathplugin
spec:
  selector:
    matchLabels:
      app: csi-hostpathplugin
  template:
    metadata:
      labels:
        app: csi-hostpathplugin
    spec:
      serviceAccountName: csi-node-sa
      hostNetwork: true
      containers:
        - name: driver-registrar
          image: quay.io/k8scsi/csi-node-driver-registrar:v1.0.1
          imagePullPolicy: IfNotPresent
          args:
            - --v=5
            - --csi-address=/csi/csi.sock
            -
--kubelet-registration-path=/var/lib/kubelet/plugins/csi-hostpath/csi.sock
          env:
            - name: KUBE_NODE_NAME
              valueFrom:
                fieldRef:
                  apiVersion: v1
                  fieldPath: spec.nodeName
```

```
        volumeMounts:
        - mountPath: /csi
          name: socket-dir
        - mountPath: /registration
          name: registration-dir
      - name: hostpath
        image: quay.io/k8scsi/hostpathplugin:v1.0.1
        imagePullPolicy: IfNotPresent
        args:
          - "--v=5"
          - "--endpoint=$(CSI_ENDPOINT)"
          - "--nodeid=$(KUBE_NODE_NAME)"
        env:
          - name: CSI_ENDPOINT
            value: unix:///csi/csi.sock
          - name: KUBE_NODE_NAME
            valueFrom:
              fieldRef:
                apiVersion: v1
                fieldPath: spec.nodeName
        securityContext:
          privileged: true
        volumeMounts:
          - mountPath: /csi
            name: socket-dir
          - mountPath: /var/lib/kubelet/pods
            mountPropagation: Bidirectional
            name: mountpoint-dir
    volumes:
      - hostPath:
          path: /var/lib/kubelet/plugins/csi-hostpath
          type: DirectoryOrCreate
        name: socket-dir
      - hostPath:
          path: /var/lib/kubelet/pods
          type: DirectoryOrCreate
        name: mountpoint-dir
      - hostPath:
          path: /var/lib/kubelet/plugins_registry
```

```
          type: Directory
        name: registration-dir
```

使用 kubectl create 命令完成创建：

```
# kubectl create -f csi-hostpath-attacher.yaml
serviceaccount/csi-attacher created
clusterrole.rbac.authorization.k8s.io/external-attacher-runner created
clusterrolebinding.rbac.authorization.k8s.io/csi-attacher-role created
role.rbac.authorization.k8s.io/external-attacher-cfg created
rolebinding.rbac.authorization.k8s.io/csi-attacher-role-cfg created
service/csi-hostpath-attacher created
statefulset.apps/csi-hostpath-attacher created

# kubectl create -f csi-hostpath-provisioner.yaml
serviceaccount/csi-provisioner created
clusterrole.rbac.authorization.k8s.io/external-provisioner-runner created
clusterrolebinding.rbac.authorization.k8s.io/csi-provisioner-role created
role.rbac.authorization.k8s.io/external-provisioner-cfg created
rolebinding.rbac.authorization.k8s.io/csi-provisioner-role-cfg created
service/csi-hostpath-provisioner created
statefulset.apps/csi-hostpath-provisioner created

# kubectl create -f csi-hostpathplugin.yaml
serviceaccount/csi-node-sa created
clusterrole.rbac.authorization.k8s.io/driver-registrar-runner created
clusterrolebinding.rbac.authorization.k8s.io/csi-driver-registrar-role
created
daemonset.apps/csi-hostpathplugin created
```

确保 3 个 Pod 都正常运行：

```
# kubectl get pods
NAME                          READY   STATUS    RESTARTS   AGE
csi-hostpath-attacher-0       1/1     Running   0          4m41s
csi-hostpath-provisioner-0    1/1     Running   0          84s
csi-hostpathplugin-t6qzs      2/2     Running   0          39s
```

至此就完成了 CSI 存储插件的部署。

（4）应用容器使用 CSI 存储。应用程序如果希望使用 CSI 存储插件提供的存储服务，则仍然使用 Kubernetes 动态存储管理机制。首先通过创建 StorageClass 和 PVC 为应用容器准备存储资源，然后容器就可以挂载 PVC 到容器内的目录下进行使用了。

创建一个 StorageClass，provisioner 为 CSI 存储插件的类型，在本例中为 csi-hostpath：

```
# csi-storageclass.yaml
apiVersion: storage.k8s.io/v1
kind: StorageClass
metadata:
  name: csi-hostpath-sc
provisioner: csi-hostpath
reclaimPolicy: Delete
volumeBindingMode: Immediate

# kubectl create -f csi-storageclass.yaml
storageclass.storage.k8s.io/csi-hostpath-sc created
```

创建一个 PVC，引用刚刚创建的 StorageClass，申请存储空间为 1GiB：

```
# csi-pvc.yaml
apiVersion: v1
kind: PersistentVolumeClaim
metadata:
  name: csi-pvc
spec:
  accessModes:
  - ReadWriteOnce
  resources:
    requests:
      storage: 1Gi
  storageClassName: csi-hostpath-sc

# kubectl create -f csi-pvc.yaml
persistentvolumeclaim/csi-pvc created
```

查看 PVC 和系统自动创建的 PV，状态为 Bound，说明创建成功：

```
# kubectl get pvc
NAME      STATUS    VOLUME                                     CAPACITY   ACCESS MODES
STORAGECLASS      AGE
csi-pvc   Bound     pvc-f8923093-3e25-11e9-a5fa-000c29069202   1Gi        RWO
csi-hostpath-sc   40s

# kubectl get pv
```

```
    NAME                                       CAPACITY   ACCESS MODES   RECLAIM POLICY
STATUS    CLAIM              STORAGECLASS       REASON    AGE
    pvc-f8923093-3e25-11e9-a5fa-000c29069202   1Gi        RWO            Delete
Bound     default/csi-pvc    csi-hostpath-sc              42s
```

最后，在应用容器的配置中使用该 PVC：

```
    # csi-app.yaml
    kind: Pod
    apiVersion: v1
    metadata:
      name: my-csi-app
    spec:
      containers:
        - name: my-csi-app
          image: busybox
          imagePullPolicy: IfNotPresent
          command: [ "sleep", "1000000" ]
          volumeMounts:
          - mountPath: "/data"
            name: my-csi-volume
      volumes:
        - name: my-csi-volume
          persistentVolumeClaim:
            claimName: csi-pvc

    # k create -f csi-app.yaml
    pod/my-csi-app created

    # kubectl get pods
    NAME                          READY   STATUS    RESTARTS   AGE
    my-csi-app                    1/1     Running   0          40s
```

在 Pod 创建成功之后，应用容器中的/data 目录使用的就是 CSI 存储插件提供的存储。

我们通过 kubelet 的日志可以查看到 Volume 挂载的详细过程：

```
    I0304 10:39:27.408018   29488 operation_generator.go:1196] Controller attach
succeeded for volume "pvc-f8923093-3e25-11e9-a5fa-000c29069202" (UniqueName:
"kubernetes.io/csi/csi-hostpath^f89c8e8e-3e25-11e9-8d66-000c29069202") pod
"my-csi-app" (UID: "b624c688-3e26-11e9-a5fa-000c29069202") device path:
"csi-43a8c0897d21520e942e9ceea0b1ddac36c8c462d726780bed5f50841f0b0871"
    I0304 10:39:27.501816   29488 operation_generator.go:501]
```

```
MountVolume.WaitForAttach entering for volume
"pvc-f8923093-3e25-11e9-a5fa-000c29069202" (UniqueName:
"kubernetes.io/csi/csi-hostpath^f89c8e8e-3e25-11e9-8d66-000c29069202") pod
"my-csi-app" (UID: "b624c688-3e26-11e9-a5fa-000c29069202") DevicePath
"csi-43a8c0897d21520e942e9ceea0b1ddac36c8c462d726780bed5f50841f0b0871"
    I0304 10:39:27.504542   29488 operation_generator.go:510]
MountVolume.WaitForAttach succeeded for volume
"pvc-f8923093-3e25-11e9-a5fa-000c29069202" (UniqueName:
"kubernetes.io/csi/csi-hostpath^f89c8e8e-3e25-11e9-8d66-000c29069202") pod
"my-csi-app" (UID: "b624c688-3e26-11e9-a5fa-000c29069202") DevicePath
"csi-43a8c0897d21520e942e9ceea0b1ddac36c8c462d726780bed5f50841f0b0871"
    I0304 10:39:27.506867   29488 csi_attacher.go:360] kubernetes.io/csi:
attacher.MountDevice STAGE_UNSTAGE_VOLUME capability not set. Skipping
MountDevice...
    I0304 10:39:27.506894   29488 operation_generator.go:531]
MountVolume.MountDevice succeeded for volume
"pvc-f8923093-3e25-11e9-a5fa-000c29069202" (UniqueName:
"kubernetes.io/csi/csi-hostpath^f89c8e8e-3e25-11e9-8d66-000c29069202") pod
"my-csi-app" (UID: "b624c688-3e26-11e9-a5fa-000c29069202") device mount path
"/var/lib/kubelet/plugins/kubernetes.io/csi/pv/pvc-f8923093-3e25-11e9-a5fa-000c2
9069202/globalmount"
```

8.4.4 CSI 存储快照管理

Kubernetes 从 1.12 版本开始引入存储卷快照（Volume Snapshots）功能，到 1.17 版本时达到 Beta 阶段。为此，Kubernetes 引入了 3 个主要的资源对象 VolumeSnapshotContent、VolumeSnapshot 和 VolumeSnapshotClass 进行管理，它们均为 CRD 自定义资源对象。

◎ VolumeSnapshotContent：基于某个 PV 创建的快照，类似于 PV 的“资源”概念。

◎ VolumeSnapshot：需要使用某个快照的申请，类似于 PVC 的“申请”概念。

◎ VolumeSnapshotClass：设置快照的特性，屏蔽 VolumeSnapshotContent 的细节，为 VolumeSnapshot 绑定提供动态管理，类似于 StorageClass 的“类型”概念。

为了提供对存储快照的管理，还需在 Kubernetes 中部署快照控制器（Snapshot Controller），并且为 CSI 驱动部署一个 csi-snapshotter 辅助工具 sidecar。Snapshot Controller 持续监控 VolumeSnapshot 和 VolumeSnapshotContent 资源对象的创建，并且在动态供应模式下自动创建 VolumeSnapshotContent 资源对象。csi-snapshotter 辅助工具 sidecar 则持续监控 VolumeSnapshotContent 资源对象的创建，一旦出现新的 VolumeSnapshotContent 或者被

删除，就自动调用针对 CSI endpoint 的 CreateSnapshot 或 DeleteSnapshot 方法，完成快照的创建或删除。

接下来对 VolumeSnapshotContent、VolumeSnapshot 和 VolumeSnapshotClass 的概念和应用进行说明。

1. VolumeSnapshot 和 VolumeSnapshotContent 的生命周期

VolumeSnapshot 和 VolumeSnapshotContent 的生命周期包括资源供应、资源绑定、对使用 PVC 的保护机制和资源删除等各个阶段。

（1）资源供应。与 PV 的资源供应模型类似，快照资源 VolumeSnapshotContent 也可以以静态供应或动态供应两种方式提供。

◎ 静态供应（Pre-provisioned）：集群管理员预先创建好一组 VolumeSnapshotContent。
◎ 动态供应（Dynamic）：基于 VolumeSnapshotClass 类型，由系统在用户创建 VolumeSnapshot 申请时自动创建 VolumeSnapshotContent。

（2）资源绑定。快照控制器（Snapshot Controller）负责将 VolumeSnapshot 与一个合适的 VolumeSnapshotContent 进行绑定，包括静态供应和动态供应两种情况。VolumeSnapshot 与 VolumeSnapshotContent 的绑定关系为一对一，不会存在一对多的绑定关系。

（3）对使用中 PVC 的保护机制。当存储快照 VolumeSnapshot 正在被创建且还未完成时，相关的 PVC 将会被标记为“正被使用中”，如果用户对 PVC 进行删除操作，则系统将不会立即删除 PVC 资源对象，以避免快照还未做完的数据丢失。对 PVC 的删除操作将会延迟到 VolumeSnapshot 创建完成（状态为 readyToUse）或者被终止（aborted）的情况下完成。

（4）资源删除。对 VolumeSnapshot 发起删除操作时，对与其绑定的后端 VolumeSnapshotContent 的删除操作将基于删除策略（DeletionPolicy）的设置而定，可以设置的策略如下。

◎ Delete：自动删除 VolumeSnapshotContent 资源对象和快照的内容。
◎ Retain：VolumeSnapshotContent 资源对象和快照的内容都将保留，需要手工清理。

2. VolumeSnapshot、VolumeSnapshotContent 和 VolumeSnapshotClass 示例

1）VolumeSnapshot（快照申请）示例

（1）申请动态存储快照的 VolumeSnapshot：

```
apiVersion: snapshot.storage.k8s.io/v1beta1
kind: VolumeSnapshot
metadata:
  name: new-snapshot-test
spec:
  volumeSnapshotClassName: csi-hostpath-snapclass
  source:
    persistentVolumeClaimName: pvc-test
```

主要配置参数如下。

◎ volumeSnapshotClassName：存储快照类别的名称，未指定时，系统将使用可用的默认类别进行提供。

◎ persistentVolumeClaimName：作为数据来源的 PVC 名称。

（2）申请静态存储快照的 VolumeSnapshot：

```
apiVersion: snapshot.storage.k8s.io/v1beta1
kind: VolumeSnapshot
metadata:
  name: snapshot-test
spec:
  source:
    volumeSnapshotContentName: test-content
```

主要配置参数为 volumeSnapshotContentName，表示 VolumeSnapshotContent 名称。

2）VolumeSnapshotContent（快照）示例

（1）在动态供应模式下，系统自动创建的 VolumeSnapshotContent 内容如下：

```
apiVersion: snapshot.storage.k8s.io/v1beta1
kind: VolumeSnapshotContent
metadata:
  name: snapcontent-72d9a349-aacd-42d2-a240-d775650d2455
spec:
  deletionPolicy: Delete
  driver: hostpath.csi.k8s.io
  source:
    volumeHandle: ee0cfb94-f8d4-11e9-b2d8-0242ac110002
  volumeSnapshotClassName: csi-hostpath-snapclass
```

```
  volumeSnapshotRef:
    name: new-snapshot-test
    namespace: default
    uid: 72d9a349-aacd-42d2-a240-d775650d2455
```

volumeHandle 字段的值是在后端存储上创建并由 CSI 驱动在创建存储卷期间返回的 Volume 的唯一标识符。在动态供应模式下需要该字段，它指定的是快照的来源 Volume 信息。

（2）在静态供应模式下需要用户手工创建存储快照 VolumeSnapshotContent，例如：

```
apiVersion: snapshot.storage.k8s.io/v1beta1
kind: VolumeSnapshotContent
metadata:
  name: new-snapshot-content-test
spec:
  deletionPolicy: Delete
  driver: hostpath.csi.k8s.io
  source:
    snapshotHandle: 7bdd0de3-aaeb-11e8-9aae-0242ac110002
  volumeSnapshotRef:
    name: new-snapshot-test
    namespace: default
```

主要配置参数如下。

◎ deletionPolicy：删除策略。

◎ source.snapshotHandle：在后端存储上创建的快照的唯一标识符。

◎ volumeSnapshotRef：由系统为 VolumeSnapshot 完成绑定之后自动设置。

3）VolumeSnapshotClass（快照类别）示例

示例如下：

```
apiVersion: snapshot.storage.k8s.io/v1beta1
kind: VolumeSnapshotClass
metadata:
  name: csi-hostpath-snapclass
driver: hostpath.csi.k8s.io
deletionPolicy: Delete
parameters:
```

主要配置参数如下。

◎ driver：CSI 存储插件驱动的名称。

◎ deletionPolicy：删除策略，可以被设置为 Delete 或 Retain，将被系统设置为动态创建出的 VolumeSnapshotContent 资源的删除策略。

◎ parameters：存储插件所需配置的参数，由 CSI 驱动提供具体的配置参数。

对于未设置 VolumeSnapshotClass 的 VolumeSnapshot（申请），管理员也可以像提供默认 StorageClass 一样，在集群中设置一个默认的 VolumeSnapshotClass，这通过在 VolumeSnapshotClass 资源对象中设置 snapshot.storage.kubernetes.io/is-default-class=true 的 annotation 进行标记，例如：

```
apiVersion: snapshot.storage.k8s.io/v1beta1
kind: VolumeSnapshotClass
metadata:
  name: csi-hostpath-snapclass
  annotations:
    snapshot.storage.kubernetes.io/is-default-class: "true"
driver: hostpath.csi.k8s.io
deletionPolicy: Delete
parameters:
```

3. 基于存储快照（Snapshot）创建新的 PVC 存储卷

Kubernetes 对基于存储快照（Snapshot）创建存储卷的支持到 1.17 版本时达到 Beta 阶段。要启用该特性，就需要在 kube-apiserver、kube-controller-manager 和 kubelet 服务的特性开关中进行启用：--feature-gates=...,VolumeSnapshotDataSource。

然后，就可以基于某个存储快照创建一个新的 PVC 存储卷了。下面是一个 PVC 定义的示例，其中通过 dataSource 字段设置基于名为“new-snapshot-test”的存储快照进行创建：

```
apiVersion: v1
kind: PersistentVolumeClaim
metadata:
  name: restore-pvc
spec:
  storageClassName: csi-hostpath-sc
  dataSource:
    name: new-snapshot-test
    kind: VolumeSnapshot
    apiGroup: snapshot.storage.k8s.io
  accessModes:
```

```
    - ReadWriteOnce
  resources:
    requests:
      storage: 10Gi
```

4. PVC 存储卷克隆

CSI 类型的存储还支持存储的克隆功能，可以基于某个系统中已存在的 PVC 克隆为一个新的 PVC，通过在 dataSource 字段中设置来源 PVC 实现。

一个 PVC 的克隆定义为已存在的一个存储卷的副本，Pod 应用可以像使用标准存储卷一样使用该克隆。唯一的区别是，系统在为克隆 PVC 提供后端存储资源时，不是新建一个 PV，而是复制一个与原 PVC 绑定 PV 完全一样的 PV。

从 Kubernetes API 的角度来看，克隆的实现只是增加了在创建新 PVC 时将现有 PVC 指定为数据源的能力，并且要求原 PVC 必须已完成绑定并处于可用状态（Available）。

在使用克隆功能时，需要注意以下事项。

- ◎ 对克隆的支持仅适用于 CSI 类型的存储卷。
- ◎ 克隆仅适用于动态供应模式。
- ◎ 克隆功能取决于具体的 CSI 驱动的实现机制。
- ◎ 克隆要求目标 PVC 和源 PVC 处于相同的命名空间中。
- ◎ 克隆仅支持在相同的 StorageClass 中完成：①目标 Volume 与源 Volume 具有相同的 StorageClass；②可以使用默认的存储类别（Default StorageClass），可以省略 storageClassName 字段。
- ◎ 克隆要求两个存储卷的存储模式（VolumeMode）相同，同为文件系统模式或块存储模式。

下面是创建一个 PVC 克隆的示例：

```
apiVersion: v1
kind: PersistentVolumeClaim
metadata:
    name: clone-of-pvc-1
    namespace: myns
spec:
  accessModes:
  - ReadWriteOnce
```

```
  storageClassName: cloning
  resources:
    requests:
      storage: 5Gi
  dataSource:
    kind: PersistentVolumeClaim
    name: pvc-1
```

关键配置参数如下。

◎ dataSource：设置来源 PVC 的名称。

◎ resources.requests.storage：存储空间需求，必须大于或等于源 PVC 的空间。

克隆成功后，新的名为“clone-of-pvc-1”的 PVC 将包含与源 PVC“pvc-1”完全相同的存储内容，然后 Pod 就能像使用普通 PVC 一样使用该克隆 PVC 了。

另外，克隆 PVC 与源 PVC 并没有直接的关联关系，用户完全可以将其当作一个普通的 PVC，也可以对其再次进行克隆、快照、删除等操作。

8.4.5 CSI 的发展

CSI 正在逐渐成为 Kubernetes 中存储卷的标准接口，越来越多的存储提供商都提供了相应的实现和丰富的存储管理功能。本节对 Kubernetes 已支持的 CSI 插件提供商、CSI 对裸块设备的支持、CSI 对临时存储卷的支持、in-tree 插件的迁移等发展进行说明。

目前可用于生产环境的 CSI 插件列表如表 8.5 所示。

表 8.5　目前可用于生产环境的 CSI 插件列表

名　称	CSI 驱动名称	状态/版本号
Alicloud Disk	diskplugin.csi.alibabacloud.com	v1.0
Alicloud NAS	nasplugin.csi.alibabacloud.com	v1.0
Alicloud OSS	ossplugin.csi.alibabacloud.com	v1.0
ArStor CSI	arstor.csi.huayun.io	v1.0
AWS Elastic Block Storage	ebs.csi.aws.com	v0.3、v1.0
AWS Elastic File System	efs.csi.aws.com	v0.3、v1.0
AWS FSx for Lustre	fsx.csi.aws.com	v0.3、v1.0

续表

名　　称	CSI 驱动名称	状态/版本号
Azure disk	disk.csi.azure.com	v0.3、v1.0
Azure file	file.csi.azure.com	v0.3、v1.0
Bigtera VirtualStor（块设备）	csi.block.bigtera.com	v0.3、v1.0.0、v1.1.0
Bigtera VirtualStor（文件系统）	csi.fs.bigtera.com	v0.3、v1.0.0、v1.1.0
CephFS	cephfs.csi.ceph.com	v0.3、v1.0.0、v1.1.0、v1.2.0
Ceph RBD	rbd.csi.ceph.com	v0.3、v1.0.0、v1.1.0、v1.2.0
ChubaoFS	csi.chubaofs.com	v1.0.0
Cinder	cinder.csi.openstack.org	v0.3、v1.0、v1.1
cloudscale.ch	csi.cloudscale.ch	v1.0
Datatom-InfinityCSI	csi-infiblock-plugin	v0.3、v1.0.0、v1.1.0
Datatom-InfinityCSI（文件系统）	csi-infifs-plugin	v0.3、v1.0.0、v1.1.0
Datera	dsp.csi.daterainc.io	v1.0
Dell EMC Isilon	csi-isilon.dellemc.com	v1.1
Dell EMC PowerMax	csi-powermax.dellemc.com	v1.1
Dell EMC PowerStore	csi-powerstore.dellemc.com	v1.1
Dell EMC Unity	csi-unity.dellemc.com	v1.1
Dell EMC VxFlexOS	csi-vxflexos.dellemc.com	v1.1
Dell EMC XtremIO	csi-xtremio.dellemc.com	v1.0
democratic-csi	org.democratic-csi.[X]	v1.0,v1.1,v1.2
Diamanti-CSI	dcx.csi.diamanti.com	v1.0
DigitalOcean Block Storage	dobs.csi.digitalocean.com	v0.3、v1.0
DriveScale	csi.drivescale.com	v1.0
Ember CSI	[x].ember-csi.io	v0.2、v0.3、v1.0
Excelero NVMesh	nvmesh-csi.excelero.com	v1.0、v1.1
GCE Persistent Disk	pd.csi.storage.gke.io	v0.3、v1.0
Google Cloud Filestore	com.google.csi.filestore	v0.3
Google Cloud Storage	gcs.csi.ofek.dev	v1.0
GlusterFS	org.gluster.glusterfs	v0.3、v1.0

续表

名　　称	CSI 驱动名称	状态/版本号
Gluster VirtBlock	org.gluster.glustervirtblock	v0.3、v1.0
Hammerspace CSI	com.hammerspace.csi	v0.3、v1.0
Hedvig	io.hedvig.csi	v1.0
Hetzner Cloud Volumes CSI	csi.hetzner.cloud	v0.3、v1.0
Hitachi Vantara	com.hitachi.hspc.csi	v1.0
HPE	csi.hpe.com	v1.0、v1.1、v1.2
Huawei Storage CSI	csi.huawei.com	v1.0
HyperV CSI	eu.zetanova.csi.hyperv	v1.0、v1.1
IBM Block Storage	block.csi.ibm.com	v1.0、v1.1、v1.2
IBM Spectrum Scale	spectrumscale.csi.ibm.com	v1.0、v1.1
IBM Cloud Block Storage VPC CSI Driver	vpc.block.csi.ibm.io	v1.0
Infinidat	infinibox-csi-driver	v1.0、v1.1
Inspur InStorage CSI	csi-instorage	v1.0
Intel PMEM-CSI	pmem-csi.intel.com	v1.0
JuiceFS	csi.juicefs.com	v0.3、v1.0
kaDalu	org.kadalu.gluster	v0.3
Linode Block Storage	linodebs.csi.linode.com	v1.0
LINSTOR	io.drbd.linstor-csi	v1.1
Longhorn	driver.longhorn.io	v1.1
MacroSAN	csi-macrosan	v1.0
Manila	manila.csi.openstack.org	v1.1、v1.2
MapR	com.mapr.csi-kdf	v1.0
MooseFS	com.tuxera.csi.moosefs	v1.0
NetApp	csi.trident.netapp.io	v1.0、v1.1、v1.2
NexentaStor File Storage	nexentastor-csi-driver.nexenta.com	v1.0、v1.1、v1.2
NexentaStor Block Storage	nexentastor-block-csi-driver.nexenta.com	v1.0、v1.1、v1.2
Nutanix	com.nutanix.csi	v0.3、v1.0、v1.2
OpenEBS	cstor.csi.openebs.io	v1.0
OpenSDS	csi-opensdsplugin	v1.0

续表

名　　称	CSI 驱动名称	状态/版本号
Open-E	com.open-e.joviandss.csi	v1.0
Portworx	pxd.openstorage.org	v0.3、v1.1
Pure Storage CSI	pure-csi	v1.0、v1.1、v1.2
QingCloud CSI	disk.csi.qingcloud.com	v1.1
QingStor CSI	csi-neonsan	v0.3
Quobyte	quobyte-csi	v0.2
ROBIN	robin	v0.3、v1.0
SandStone	csi-sandstone-plugin	v1.0
Sangfor-EDS	eds.csi.sangfor.com	v1.0
SeaweedFS	seaweedfs-csi-driver	v1.0
Secrets Store CSI Driver	secrets-store.csi.k8s.io	v0.0.10
SmartX	csi-smtx-plugin	v1.0
SPDK-CSI	csi.spdk.io	v1.1
StorageOS	storageos	v0.3、v1.0
Storidge	csi.cio.storidge.com	v0.3、v1.0
StorPool	csi-driver.storpool.com	v1.0
Tencent Cloud Block Storage	com.tencent.cloud.csi.cbs	v1.0
Tencent Cloud File Storage	com.tencent.cloud.csi.cfs	v1.0
Tencent Cloud Object Storage	com.tencent.cloud.csi.cosfs	v1.0
TopoLVM	topolvm.cybozu.com	v1.1
VAST Data	csi.vastdata.com	v1.0
XSKY-EBS	csi.block.xsky.com	v1.0
XSKY-EUS	csi.fs.xsky.com	v1.0
Vault	secrets.csi.kubevault.com	v1.0
vSphere	csi.vsphere.vmware.com	v2.0.0
WekaIO	csi.weka.io	v1.0
Yandex.Cloud	yandex.csi.flant.com	v1.2
YanRongYun	?	v1.0
Zadara-CSI	csi.zadara.com	v1.0、v1.1

实验性的 CSI 插件列表如表 8.6 所示。

表 8.6　实验性的 CSI 插件列表

名　称	状态/版本号	说　明
Flexvolume	Sample	作为示例使用
HostPath	v1.2.0	仅供单节点测试
ImagePopulator	Prototype	临时存储卷驱动
In-memory Sample Mock Driver	v0.3.0	用于模拟 csi-sanity 的示例
NFS	Sample	作为示例使用
Synology NAS	v1.0.0	Synology NAS 非官方驱动
VFS Driver	Released	虚拟文件系统驱动

各 CSI 存储插件都提供了容器镜像，与 external-attacher、external-provisioner、node-driver-registrar 等 sidecar 辅助容器一起完成存储插件系统的部署，部署配置详见官网中各插件的链接。

1. CSI 对裸块设备（Raw Block Volume）的支持

Kubernetes 对 CSI 类型存储卷的裸块设备（Raw Block Volume）的支持到 1.18 版本时达到稳定阶段。

用户仍然只需在 PV 和 PVC 资源对象中设置裸块设备的存储模式（volumeMode=Block）即可，无须关心后端存储是否为 CSI 类型的插件。

2. CSI 对临时存储卷（CSI Ephemeral Volume）的支持

Kubernetes 对 CSI 以临时存储卷形式为 Pod 提供存储资源的支持到 1.16 版本时达到 Beta 阶段。临时存储卷不再是持久化的，即不使用 PV 资源，就像 EmptyDir 一样为 Pod 提供临时存储空间。目前仅有部分 CSI 驱动支持临时存储卷，例如 ArStor CSI、Cinder、democratic-csi、Google Cloud Storage、HPE、Intel PMEM-CSI、Secrets Store CSI Driver 等，请参考 CSI 驱动列表的说明来查看是否提供支持。

从概念上来说，CSI 临时存储卷类似于 ConfigMap、DownwardAPI、Secret 等类型的存储卷，其存储在 Node 本地进行管理，随着 Pod 的创建而一同创建。在通常情况下，CSI 临时存储卷的创建不容易失败，否则会卡住 Pod 的启动过程。这种类型的存储卷不支持基于存储容量感知的调度策略，也不受 Pod 资源使用的限制，因为只能由存储驱动自行管理如何使用资源，Kubernetes 无法再对存储资源进行管理。

为了启用这个特性，需要为 kube-apiserver、kube-controller-manager 和 kubelet 服务设置启动参数--feature-gates=CSIInlineVolume=true 进行开启，该特性开关从 Kubernetes 1.16 版本开始默认启用。

在下面的例子中使用了 inline.storage.kubernetes.io 驱动为 Pod 提供临时存储：

```
kind: Pod
apiVersion: v1
metadata:
  name: my-csi-app
spec:
  containers:
    - name: my-frontend
      image: busybox
      volumeMounts:
      - mountPath: "/data"
        name: my-csi-inline-vol
      command: [ "sleep", "1000000" ]
  volumes:
    - name: my-csi-inline-vol
      csi:
        driver: inline.storage.kubernetes.io
        volumeAttributes:
          foo: bar
```

其中，volumeAttributes 字段指定 CSI 驱动提供的存储卷信息。csi 部分的配置由 CSI 驱动提供商进行具体配置，在资源对象层面没有统一的标准定义，请参考各驱动提供商的文档进行设置。

另外，集群管理员还可以使用 PodSecurityPolicy（参见 6.6 节的说明）设置允许启用的 CSI 驱动列表，这可以在 Pod 的定义中通过 allowedCSIDrivers 字段进行设置。

3. 通用临时存储卷（Generic Ephemeral Volume）和 CSI 存储容量跟踪特性

CSI 的临时存储卷（Ephemeral Volume）使用 CSI 驱动提供了一种存储扩展机制，但是为了实现类似于 EmptyDir 这种轻量级的本地临时存储，必须修改 CSI 驱动程序。对于需要在某些节点上消耗大量资源的存储卷，或者仅在特定节点上可用的特殊存储，通过修改 CSI 插件无法实现统一标准的配置机制，因此，Kubernetes 从 1.19 版本开始引入了两个新的功能特性，目前均为 Alpha 阶段：

◎ 通用临时卷（Generic Ephemeral Volume）；
◎ CSI 存储容量跟踪（Storage Capacity Tracking）。

新特性可以实现与 EmptyDir 类似的功能，但更加灵活，其优势包括：

◎ 存储资源可以是本地存储或者是网络存储。
◎ 存储卷的空间可以被设置为固定的大小，Pod 无法超限使用。
◎ 任何支持提供 PV 的 CSI 插件均可使用临时存储卷，并且可以实现 CSI 的 GetCapacity 调用（用于存储容量跟踪）。
◎ 在存储卷中可以有初始化的数据，由驱动提供。
◎ 支持对存储卷的典型操作，例如快照、克隆、扩容、存储空间跟踪等（假设驱动提供支持）。
◎ Kubernetes 的调度器（Scheduler）基于配置即可选择适合 Pod 存储需求的 Node，即不再需要通过自定义的扩展调度器或 Webhook 进行实现。

这些新特性可以支持更多的应用场景，如下所述。

（1）例如 Memcached 使用持久性内存。最新版本的 Memcached 软件添加了对持久性内存的支持，以替代使用标准系统内存（DRAM）。部署 Memcached 应用程序时，可以通过通用临时卷的配置来申请一部分 PMEM 内存空间进行使用。PMEM 的 CSI 驱动程序由 Intel 提供了开源实现（目前为 Alpha 阶段）。

（2）将本地 LVM 存储作为暂存空间。当应用程序需要保存的数据超过了系统内存 RAM 的大小，而 EmptyDir 又无法满足存储需求（例如性能）时，可以通过申请通用临时卷来实现。一个开源的实现为 TopoLVM。

（3）对含有数据的存储卷进行只读访问。有时，一个存储卷或 PV 在创建出来时就包含数据文件，例如：从一个存储快照（Snapshot）中恢复的卷；一个新的克隆卷；使用通用数据填充器（Generic Data Populators）生成的卷。这些存储卷可以被挂载为只读访问模式。

要启用通用临时卷的特性，就需要设置 Kubernetes 各服务的启动参数--feaure-gates=GenericEphemeralVolume=true 进行启用，目前为 Alpha 阶段。

下面是一个使用通用临时卷的 Pod 示例：

```
kind: Pod
apiVersion: v1
```

```
metadata:
  name: my-app
spec:
  containers:
    - name: my-frontend
      image: busybox
      volumeMounts:
      - mountPath: "/scratch"
        name: scratch-volume
      command: [ "sleep", "1000000" ]
  volumes:
    - name: scratch-volume
      ephemeral:
        volumeClaimTemplate:
          metadata:
            labels:
              type: my-frontend-volume
          spec:
            accessModes: [ "ReadWriteOnce" ]
            storageClassName: "scratch-storage-class"
            resources:
              requests:
                storage: 1Gi
```

其中，在 ephemeral 字段下通过 volumeClaimTemplate 定义了 Pod 需要的 PVC 参数，可以设置的参数与一个标准的 PVC 资源对象相同，包括 Label、Annotation、存储类别、资源需求等。

该 Pod 被创建时，系统将自动创建一个符合要求的 PVC 资源对象，与 Pod 处于相同的命名空间中，并且设置该 PVC 的 owner 为该 Pod，确保在 Pod 被删除时，PVC 也会自动被删除。PVC 的名称则由 Pod 名称和 Volume 名称组合而成，以“-”符号连接。上例中由系统自动创建的 PVC 名称将为“my-app-scratch-volume”。当 PVC 被创建时，系统将会驱动后台 PV 的创建。如果设置了 StorageClass，系统将使用动态供应模式创建 PV，并自动与 PVC 进行绑定。

需要注意的是，用户可以创建 Pod 时，默认也可以创建通用临时卷，如果需要进行安全限制，则集群管理员可以进行如下设置：

◎ 禁用 GenericEphemeralVolume 特性；
◎ 使用 PodSecurityPolicy 定义允许创建的 Volume 类型列表。

要启用 CSI 存储容量跟踪（Storage Capacity Tracking）特性，就需要设置 Kubernetes 各服务的启动参数--feaure-gates=CSIStorageCapacity=true 及--runtime-config= storage.k8s.io/v1alpha1=true 进行启用，目前为 Alpha 阶段。对存储容量跟踪的支持由 CSI 驱动提供，CSI 驱动应向 Kubernetes Master 报告存储的使用情况，以便调度器（Scheduler）根据 Pod 的存储需求进行合理调度。

通过在 CSIDriver 资源对象中设置 storageCapacity=true，可以标识 CSI 驱动能够提供存储的容量跟踪功能，并通过 CSIStorageCapacity 资源对象将存储容量的使用情况反馈给 Kubernetes Master。在每个 CSIStorageCapacity 资源对象中都包含一个 StorageClass 的容量信息，以及定义哪些 Node 可以访问该存储资源。

一旦有了这些信息，调度器就可以进行简单的逻辑判断，选择拥有足够存储空间的 Node 对 Pod 进行调度了。对于 CSI 临时存储卷（Ephemeral Volume），调度器不会考虑存储容量的问题，这是基于这样的前提假设：临时存储仅被特殊的 CSI 驱动在某个 Node 本地使用，不会消耗太多资源。

对于通用临时存储卷和存储容量跟踪的特性，Kubernetes 社区仍在进行大量的讨论和设计，有兴趣的读者可以持续跟踪或参与 Storage SIG 特别兴趣小组的讨论。

4. 将 in-tree 插件迁移到 CSI 驱动（CSI Volume Migration）

CSI 的后续工作还包括将 Kubernetes 内置的 in-tree 存储卷插件迁移为 CSI 驱动。Kubernetes 正在逐步开发 CSI Migration 机制，将正在使用的 in-tree 插件重定向到外部 CSI 驱动，无须改变当前用户配置的 StorageClass、PV、PVC 等资源。该机制从 Kubernetes 1.14 版本开始引入，到 1.17 版本时达到 Beta 阶段，这需要各存储提供商和 Kubernetes 社区共同开发和完善。

第 9 章 Kubernetes 开发指南

本章将引入 REST 的概念，详细说明 Kubernetes API 的概念和使用方法，并举例说明如何基于 Jersey 和 Fabric8 框架访问 Kubernetes API，深入分析基于这两个框架访问 Kubernetes API 的优缺点，最后对 Kubernetes API 的扩展进行详细说明。下面从 REST 开始说起。

9.1 REST 简述

REST（Representational State Transfer，表述性状态传递）是由 Roy Thomas Fielding 博士在他的论文 *Architectural Styles and the Design of Network-based Software Architectures* 中提出的一个术语。REST 本身只是为分布式超媒体系统设计的一种架构风格，而不是标准。

基于 Web 的架构实际上就是各种规范的集合，比如 HTTP 是一种规范，客户端服务器模式是另一种规范。每当我们在原有规范的基础上增加新的规范时，就会形成新的架构。而 REST 正是这样一种架构，它结合了一系列规范，形成一种新的基于 Web 的架构风格。

传统的 Web 应用大多是 B/S 架构，涉及如下规范。

（1）客户端-服务器：这种规范的提出，改善了用户接口跨多个平台的可移植性，并且通过简化服务器组件，改善了系统的可伸缩性。最为关键的是通过分离用户接口和数据存储，使得不同的用户终端共享相同的数据成为可能。

（2）无状态性：无状态性是在客户端-服务器规范的基础上添加的又一层规范，它要求通信必须在本质上是无状态的，即从客户端到服务器的每个 request 都必须包含理解该 request 必需的所有信息。这个规范改善了系统的可见性（无状态性使得客户端和服务器端不必保存对方的详细信息，服务器只需处理当前的 request，而不必了解所有 request 的历史）、可靠性（无状态性减少了服务器从局部错误中恢复的任务量）、可伸缩性（无状态性使得服务器端可以很容易释放资源，因为服务器端不必在多个 request 中保存状态）。同时，这种规范的缺点也是显而易见的，不能将状态数据保存在服务器上，导致增加了在一系列 request 中发送重复数据的开销，严重降低了效率。

（3）缓存：为了改善无状态性带来的网络的低效性，客户端缓存规范出现。缓存规范允许隐式或显式地标记一个 response 中的数据，赋予了客户端缓存 response 数据的功能，这样就可以为以后的 request 共用缓存的数据消除部分或全部交互，提高了网络效率。但是客户端缓存了信息，所以客户端数据与服务器数据不一致的可能性增加，从而降低了可靠性。

B/S 架构的优点是部署非常方便，在用户体验方面却不很理想。为了改善这种状况，REST 规范出现。REST 规范在原有 B/S 架构的基础上增加了三个新规范：统一接口、分层系统和按需代码。

（1）统一接口：REST 架构风格的核心特征就是强调组件之间有一个统一的接口，表现为在 REST 世界里，网络上的所有事物都被抽象为资源，REST 通过通用的链接器接口对资源进行操作。这样设计的好处是保证系统提供的服务都是解耦的，可极大简化系统，改善系统的交互性和可重用性。

（2）分层系统：分层系统规则的加入提高了各种层次之间的独立性，为整个系统的复杂性设置了边界，通过封装遗留的服务，使新的服务器免受遗留客户端的影响，也提高了系统的可伸缩性。

（3）按需代码：REST 允许对客户端的功能进行扩展。比如，通过下载并执行 applet 或脚本形式的代码来扩展客户端的功能。但这在改善系统可扩展性的同时降低了可见性，所以它只是 REST 的一个可选约束。

REST 架构是针对 Web 应用而设计的，其目的是降低开发的复杂度，提高系统的可伸缩性。REST 提出了如下设计准则。

（1）网络上的所有事物都被抽象为资源（Resource）。

（2）每个资源都对应唯一的资源标识符（Resource Identifier）。

（3）通过通用的连接器接口（Generic Connector Interface）对资源进行操作。

（4）对资源的各种操作都不会改变资源标识符。

（5）所有操作都是无状态的（Stateless）。

REST 中的资源指的不是数据，而是数据和表现形式的组合，比如“最新访问的 10 位会员”和“最活跃的 10 位会员”在数据上可能有重叠或者完全相同，而它们由于表现形式不同，被归为不同的资源，这也就是为什么 REST 的全名是 Representational State Transfer。资源标识符就是 URI（Uniform Resource Identifier），不管是图片、Word 还是视频文件，甚至只是一种虚拟服务，也不管是 XML、TXT 还是其他文件格式，全部通过 URI 对资源进行唯一标识。

REST 是基于 HTTP 的，任何对资源的操作行为都通过 HTTP 来实现。以往的 Web 开发大多数用的是 HTTP 中的 GET 和 POST 方法，很少使用其他方法，这实际上是因为对

HTTP 的片面理解造成的。HTTP 不仅仅是一个简单的运载数据的协议，还是一个具有丰富内涵的网络软件的协议，它不仅能对互联网资源进行唯一定位，还能告诉我们如何对该资源进行操作。HTTP 把对一个资源的操作限制在 4 种方法（GET、POST、PUT 和 DELETE）中，这正是对资源 CRUD 操作的实现。由于资源和 URI 是一一对应的，在执行这些操作时 URI 没有变化，和以往的 Web 开发有很大的区别，所以极大地简化了 Web 开发，也使得 URI 可以被设计成能更直观地反映资源的结构。这种 URI 的设计被称作 RESTful 的 URI，为开发人员引入了一种新的思维方式：通过 URL 来设计系统结构。当然，这种设计方式对于一些特定情况也是不适用的，也就是说不是所有 URI 都适用于 RESTful。

REST 之所以可以提高系统的可伸缩性，就是因为它要求所有操作都是无状态的。没有了上下文（Context）的约束，做分布式和集群时就更为简单，也可以让系统更为有效地利用缓冲池（Pool），并且由于服务器端不需要记录客户端的一系列访问，也就减少了服务器端的性能损耗。

Kubernetes API 也符合 RESTful 规范，下面对其进行介绍。

9.2 Kubernetes API 详解

本章详细讲解 Kubernetes API 方面的内容。

9.2.1 Kubernetes API 概述

Kubernetes API 是集群系统中的重要组成部分，Kubernetes 中各种资源（对象）的数据都通过该 API 接口被提交到后端的持久化存储（etcd）中，Kubernetes 集群中的各部件之间通过该 API 接口实现解耦合，同时 Kubernetes 集群中一个重要且便捷的管理工具 kubectl 也是通过访问该 API 接口实现其强大的管理功能的。Kubernetes API 中的资源对象都拥有通用的元数据，资源对象也可能存在嵌套现象，比如在一个 Pod 里面嵌套多个 Container。创建一个 API 对象是指通过 API 调用创建一条有意义的记录，该记录一旦被创建，Kubernetes 就将确保对应的资源对象会被自动创建并托管维护。

在 Kubernetes 系统中，在大多数情况下，API 定义和实现都符合标准的 HTTP REST 格式，比如通过标准的 HTTP 操作（POST、PUT、GET、DELETE）来完成对相关资源对象的查询、创建、修改、删除等操作。但同时，Kubernetes 也为某些非标准的 REST 行为实现了附加的 API 接口，例如 Watch 某个资源的变化、进入容器执行某个操作等。另外，某些 API 接口可能违背严格的 REST 模式，因为接口返回的不是单一的 JSON 对象，而是其他类型的数据，比如 JSON 对象流或非结构化的文本日志数据等。

Kubernetes 开发人员认为，任何成功的系统都会经历一个不断成长和不断适应各种变更的过程，因此他们期望 Kubernetes API 是不断变更和增长的，并在设计和开发时，有意识地兼容已存在的客户需求。通常，我们不希望将新的 API 资源和新的资源域频繁地加入系统中，资源或域的删除需要一个严格的审核流程。

在 Kubernetes 1.13 及之前的版本中，Kubernetes API Server 服务提供了 Swagger 格式自动生成的 API 接口文档。Swagger UI 是一款 REST API 文档在线自动生成和功能测试软件，通过设置 kube-apiserver 服务的启动参数--enable-swagger-ui=true 来启用 Swagger UI 页面，其访问地址为 http://<master-ip>:<master-port>/swagger-ui/。假设 API Server 启动了 192.168.18.3 服务器上的 8080 端口（非安全端口），则可以通过访问 http://192.168.18.3:8080/swagger-ui/来查看 API 列表。

Kubernetes 从 1.14 版本开始使用 OpenAPI 文档的格式生成 API 接口文档，并且不再提供 Swagger UI）。OpenAPI 文档规范始于 Swagger 规范，Swagger 2.0 也是 OpenAPI 文档规范的第 1 个标准版本（OpenAPI v2）。相对于 Swagger 1.2，Open API v2 版本对 REST 接口的定义更精确化，也更容易利用代码生成各种语言版本的接口源码。

Kubernetes 的 OpenAPI 访问地址为 http://<master-ip>:<master-port>/openapi/v2，其内容为 JSON 格式的 API 说明文档，可以使用命令行工具 curl 进行查询：

```
# curl -s http://192.168.18.3:8080/openapi/v2 | jq
{
  "swagger": "2.0",
  "info": {
    "title": "Kubernetes",
    "version": "v1.19.0"
  },
  "paths": {
    "/api/": {
      "get": {
        "description": "get available API versions",
        "consumes": [
          "application/json",
          "application/yaml",
```

```
            "application/vnd.kubernetes.protobuf"
          ],
          "produces": [
            "application/json",
            "application/yaml",
            "application/vnd.kubernetes.protobuf"
          ],
          "schemes": [
            "https"
          ],
          "tags": [
            "core"
          ],
          "operationId": "getCoreAPIVersions",
          "responses": {
            "200": {
              "description": "OK",
              "schema": {
                "$ref":
"#/definitions/io.k8s.apimachinery.pkg.apis.meta.v1.APIVersions"
              }
            },
            "401": {
              "description": "Unauthorized"
            }
          }
        }
      },
      "/api/v1/": {
        "get": {
          "description": "get available resources",
          "consumes": [
            "application/json",
            "application/yaml",
            "application/vnd.kubernetes.protobuf"
          ],
          "produces": [
            "application/json",
            "application/yaml",
            "application/vnd.kubernetes.protobuf"
          ],
```

```
          "schemes": [
            "https"
          ],
          "tags": [
            "core_v1"
          ],
          "operationId": "getCoreV1APIResources",
          "responses": {
            "200": {
              "description": "OK",
              "schema": {
                "$ref":
"#/definitions/io.k8s.apimachinery.pkg.apis.meta.v1.APIResourceList"
              }
            },
            "401": {
              "description": "Unauthorized"
            }
          }
        }
      },
      "/api/v1/componentstatuses": {
  ......
```

整个 OpenAPI 文档非常大，以文本方式不易查看和检索，可以通过其他 Swagger UI 工具使用浏览器查看，这样更加直观、方便，步骤如下。

首先将 OpenAPI 文档导出为 JSON 文件，名称为 k8s-swagger.json：

```
curl http://<master-ip>:8080/openapi/v2 > k8s-swagger.json
```

接下来启动一个 swaggerapi/swagger-ui 容器，导入 k8s-swagger.json 文件：

```
docker run \
    --rm \
    -p 80:8080 \
    -e SWAGGER_JSON=/k8s-swagger.json \
    -v $(pwd)/k8s-swagger.json:/k8s-swagger.json \
    swaggerapi/swagger-ui
```

然后就可以通过浏览器查看 Swagger UI 了，如图 9.1 所示。

图 9.1　查看效果

单击某个 API 链接，即可查看该 API 的详细信息，包括请求和应答的参数说明，也可以直接在页面上进行测试。以创建 Pod 的 API 为例，其 REST API 的访问路径为“/api/v1/namespaces/{namespace}/pods”，如图 9.2 所示。

图 9.2　创建 Pod 的 API

单击链接展开，即可查看详细的 API 接口说明，如图 9.3 和 9.4 所示。

图 9.3　API 接口说明——请求说明

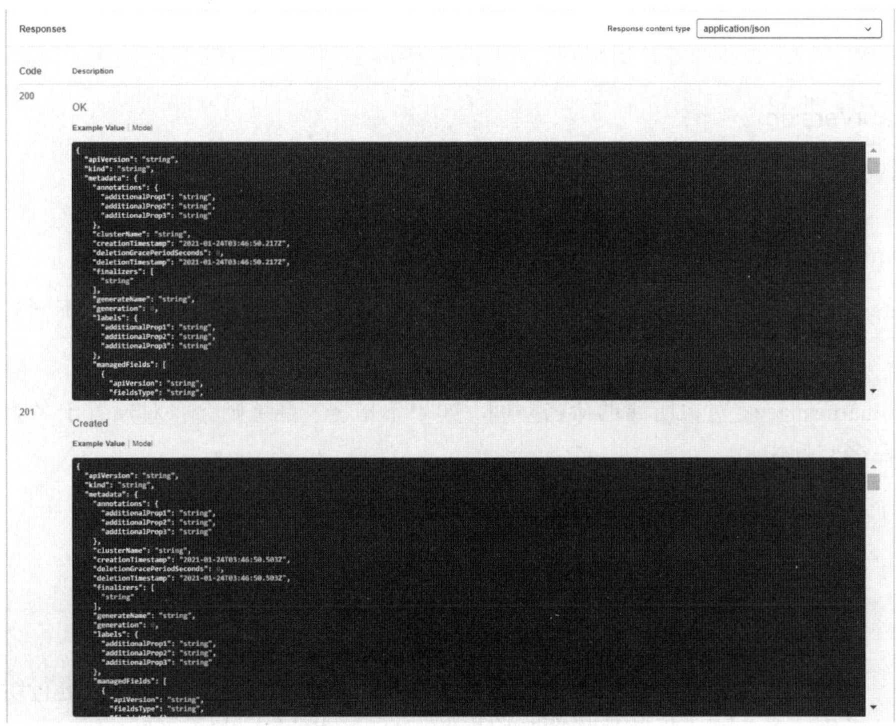

图 9.4　API 接口说明——应答说明

可以看到，在 Kubernetes API 中，一个 API 的顶层（Top Level）元素由 kind、apiVersion、metadata、spec 和 status 这 5 部分组成，接下来分别对这 5 部分进行说明。

1. kind

kind 表明对象有以下三大类别。

（1）对象（objects）：代表系统中的一个永久资源（实体），例如 Pod、RC、Service、Namespace 及 Node 等。通过操作这些资源的属性，客户端可以对该对象进行创建、修改、删除和获取操作。

（2）列表（list）：一个或多个资源类别的集合。所有列表都通过 items 域获得对象数组，例如 PodLists、ServiceLists、NodeLists。大部分被定义在系统中的对象都有一个返回所有资源集合的端点，以及零到多个返回所有资源集合的子集的端点。某些对象有可能是单例对象（singletons），例如当前用户、系统默认用户等，这些对象没有列表。

（3）简单类别（simple）：该类别包含作用在对象上的特殊行为和非持久实体。该类别限制了使用范围，它有一个通用元数据的有限集合，例如 Binding、Status。

2. apiVersion

apiVersion 表明 API 的版本号，当前版本默认只支持 v1。

3. metadata

metadata 是资源对象的元数据定义，是集合类的元素类型，包含一组由不同名称定义的属性。在 Kubernetes 中，每个资源对象都必须包含以下 3 种 metadata。

（1）namespace：对象所属的命名空间，如果不指定，系统则会将对象置于名为 default 的系统命名空间中。

（2）name：对象的名称，在一个命名空间中名称应具备唯一性。

（3）uid：系统为每个对象都生成的唯一 ID，符合 RFC 4122 规范的定义。

此外，每种对象都还应该包含以下几个重要元数据。

（1）labels：用户可定义的“标签”，键和值都为字符串的 map，是对象进行组织和分类的一种手段，通常用于标签选择器，用来匹配目标对象。

（2）annotations：用户可定义的“注解”，键和值都为字符串的 map，被 Kubernetes 内部进程或者某些外部工具使用，用于存储和获取关于该对象的特定元数据。

（3）resourceVersion：用于识别该资源内部版本号的字符串，在用于 Watch 操作时，可以避免在 GET 操作和下一次 Watch 操作之间造成信息不一致，客户端可以用它来判断资源是否改变。该值应该被客户端看作不透明，且不做任何修改就返回给服务端。客户端不应该假定版本信息具有跨命名空间、跨不同资源类别、跨不同服务器的含义。

（4）creationTimestamp：系统记录创建对象时的时间戳，符合 RFC 3339 规范。

（5）deletionTimestamp：系统记录删除对象时的时间戳，符合 RFC 3339 规范。

（6）selfLink：通过 API 访问资源自身的 URL，例如一个 Pod 的 link 可能是“/api/v1/namespaces/default/pods/frontend-o8bg4”。

4. spec

spec 是集合类的元素类型，用户对需要管理的对象进行详细描述的主体部分都在 spec 里给出，它会被 Kubernetes 持久化到 etcd 中保存，系统通过 spec 的描述来创建或更新对象，以达到用户期望的对象运行状态。spec 的内容既包括用户提供的配置设置、默认值、属性的初始化值，也包括在对象创建过程中由其他相关组件（例如 schedulers、auto-scalers）创建或修改的对象属性，比如 Pod 的 Service IP 地址。如果 spec 被删除，那么该对象将被从系统中删除。

5. status

status 用于记录对象在系统中的当前状态信息，也是集合类元素类型。status 在一个自动处理的进程中被持久化，可以在流转的过程中生成。如果观察到一个资源丢失了它的状态，则该丢失的状态可能被重新构造。以 Pod 为例，Pod 的 status 信息主要包括 conditions、containerStatuses、hostIP、phase、podIP、startTime 等，其中比较重要的两个状态属性如下。

（1）phase：描述对象所处的生命周期阶段，phase 的典型值是 Pending（创建中）、Running、Active（正在运行中）或 Terminated（已终结），这几种状态对于不同的对象可能有轻微的差别，此外，关于当前 phase 附加的详细说明可能被包含在其他域中。

（2）condition：表示条件，由条件类型和状态值组成，目前仅有一种条件类型：Ready，对应的状态值可以为 True、False 或 Unknown。一个对象可以具备多种 condition，而 condition 的状态值也可能不断发生变化，condition 可能附带一些信息，例如最后的探测时间或最后的转变时间。

9.2.2 Kubernetes API 版本的演进策略

为了在兼容旧版本的同时不断升级新的 API，Kubernetes 提供了多版本 API 的支持能力，每个版本的 API 都通过一个版本号路径前缀进行区分，例如/api/v1beta3。在通常情况下，新旧几个不同的 API 版本都能涵盖所有的 Kubernetes 资源对象，在不同的版本之间，这些 API 接口存在一些细微差别。Kubernetes 开发团队基于 API 级别选择版本而不是基于资源和域级别，是为了确保 API 能够清晰、连续地描述一个系统资源和行为的视图，能够控制访问的整个过程和控制实验性 API 的访问。

API 的版本号通常用于描述 API 的成熟阶段，例如：

◎ v1 表示 GA 稳定版本；
◎ v1beta3 表示 Beta 版本（预发布版本）；
◎ v1alpha1 表示 Alpha 版本（实验性的版本）。

当某个 API 的实现达到一个新的 GA 稳定版本时（如 v2），旧的 GA 版本（如 v1）和 Beta 版本（例如 v2beta1）将逐渐被废弃，Kubernetes 建议废弃的时间如下。

◎ 对于旧的 GA 版本（如 v1），Kubernetes 建议废弃的时间应不少于 12 个月或 3 个大版本 Release 的时间，选择最长的时间。
◎ 对旧的 Beta 版本（如 v2beta1），Kubernetes 建议废弃的时间应不少于 9 个月或 3 个大版本 Release 的时间，选择最长的时间。
◎ 对旧的 Alpha 版本，则无须等待，可以直接废弃。

完整的 API 更新和废弃策略请参考官方网站的说明。

9.2.3 API Groups（API 组）

为了更容易扩展、升级和演进 API，Kubernetes 将 API 分组为多个逻辑集合，称之为 API Groups，它们支持单独启用或禁用，在不同的 API Groups 中使用不同的版本，允许各组以不同的速度演进，例如 apps/v1、apps/v1beta2、apps/v1beta1 等。API Groups 以 REST URL 中的路径进行定义并区别彼此，每个 API Group 群组都表现为一个以/apis 为根路径的 rest 路径，不过核心群组 Core 有个专用的简化路径/api/v1，当前支持以下两类 API Groups。

（1）Core Groups（核心组），也可以称之为 Legacy Groups。其作为 Kubernetes 核心的 API，在资源对象的定义中被表示为“apiVersion: v1”，我们常用的资源对象大部分都在这个组里，例如 Container、Pod、ReplicationController、Endpoint、Service、ConfigMap、Secret、Volume 等。

（2）具有分组信息的 API，以/apis/$GROUP_NAME/$VERSION URL 路径进行标识，例如 apiVersion: batch/v1、apiVersion: extensions/v1beta1、apiVersion: apps/v1beta1 等。比如/apis/apps/v1 在 apiversion 字段中的格式为“$GROUP_NAME/$VERSION”。下面是常见的一些分组说明。

◎ apps/v1：是 Kubernetes 中最常见的 API 组，其中包含许多核心对象，主要与用户应用的发布、部署有关，例如 Deployments，RollingUpdates 和 ReplicaSets。
◎ extensions/VERSION：扩展 API 组，例如 DaemonSets、ReplicaSet 和 Ingresses 都在此版本中有重大更改。
◎ batch/VERSION：包含与批处理和类似作业的任务相关的对象，例如 Job，包括 v1 与 v1beta1 两个版本。
◎ autoscaling/VERSION：包含与 HPA 相关的资源对象，目前有稳定的 v1 版本。
◎ certificates.k8s.io/VERSION：包含集群证书操作相关的资源对象。
◎ rbac.authorization.k8s.io/v1：包含 RBAC 权限相关的资源对象。
◎ policy/VERSION：包含 Pod 安全性相关的资源对象。

如果需要实现自定义的资源对象及相应的 API，则使用 CRD 进行扩展是最方便的。

例如，Pod 的 API 说明如图 9.5 所示，由于 Pod 属于核心资源对象，所以不存在某个扩展 API Group，页面显示为 Core，在 Pod 的定义中为“apiVersion: v1”。

StatefulSet 则属于名为 apps 的 API 组，版本号为 v1，在 StatefulSet 的定义中为“apiVersion: apps/v1”，如图 9.6 所示。

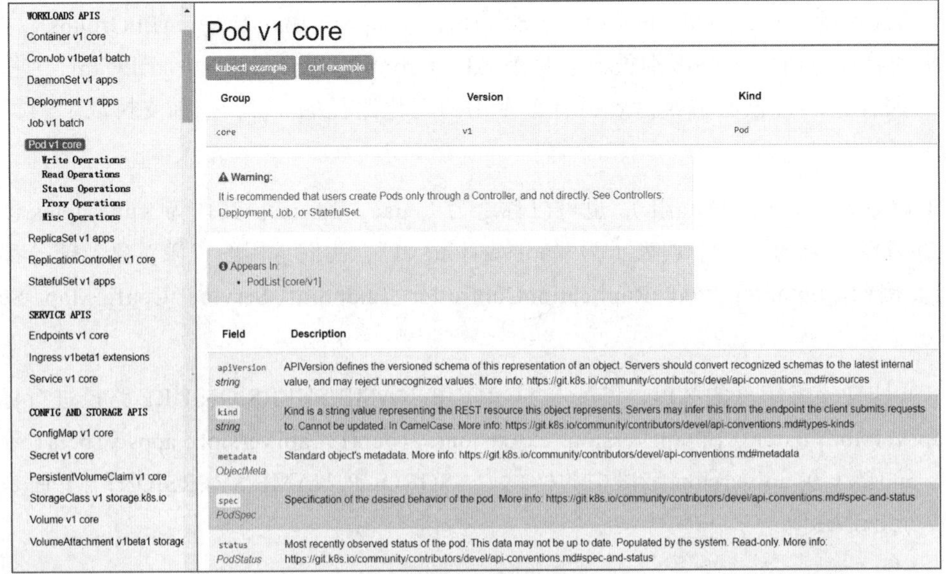

图 9.5　Pod 的 API 说明

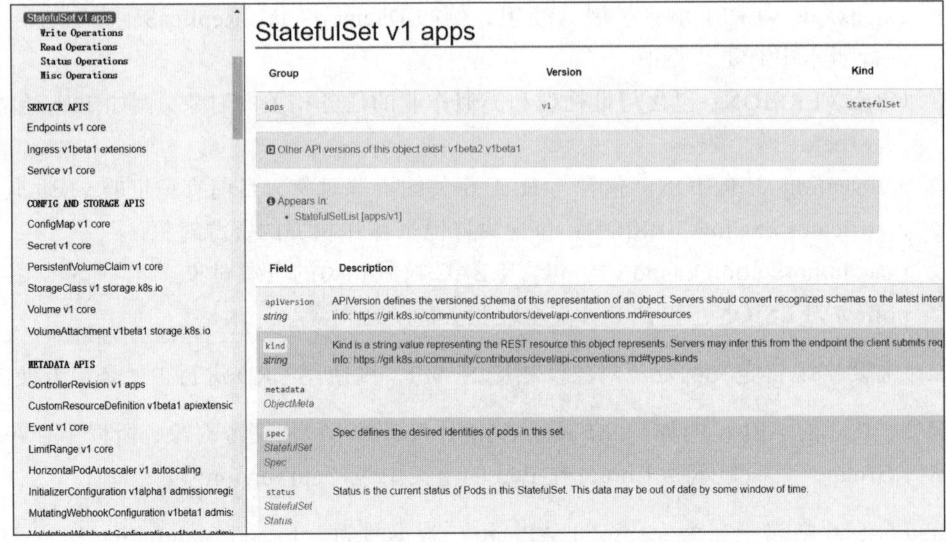

图 9.6　StatefulSet 的 API 说明

如果要启用或禁用特定的 API 组，则需要在 API Server 的启动参数中设置--runtime-config 进行声明，例如，--runtime-config=batch/v2alpha1 表示启用 API 组 batch/v2alpha1；也可以设置--runtime-config=batch/v1=false 表示禁用 API 组 batch/v1。多个 API 组的设置以逗号

分隔。在当前的 API Server 服务中，DaemonSets、Deployments、HorizontalPodAutoscalers、Ingress、Jobs 和 ReplicaSets 所属的 API 组是默认启用的。

9.2.4　API REST 的方法说明

API 资源使用 REST 模式，对资源对象的操作方法如下。

（1）GET /<资源名的复数格式>：获得某一类型的资源列表，例如 GET /pods 返回一个 Pod 资源列表。

（2）POST /<资源名的复数格式>：创建一个资源，该资源来自用户提供的 JSON 对象。

（3）GET /<资源名复数格式>/<名称>：通过给出的名称获得单个资源，例如 GET /pods/first 返回一个名为 first 的 Pod。

（4）DELETE /<资源名复数格式>/<名称>：通过给出的名称删除单个资源，在删除选项（DeleteOptions）中可以指定优雅删除（Grace Deletion）的时间（GracePeriodSeconds），该选项表明了从服务端接收到删除请求到资源被删除的时间间隔（单位为 s）。不同的类别（Kind）可能为优雅删除时间（Grace Period）声明默认值。用户提交的优雅删除时间将覆盖该默认值，包括值为 0 的优雅删除时间。

（5）PUT /<资源名复数格式>/<名称>：通过给出的资源名和客户端提供的 JSON 对象来更新或创建资源。

（6）PATCH /<资源名复数格式>/<名称>：选择修改资源详细指定的域。

对于 PATCH 操作，目前 Kubernetes API 通过相应的 HTTP 首部"Content-Type"对其进行识别。

目前支持以下三种类型的 PATCH 操作。

（1）JSON Patch, Content-Type: application/json-patch+json。在 RFC6902 的定义中，JSON Patch 是执行在资源对象上的一系列操作，例如{"op": "add", "path": "/a/b/c", "value": ["foo", "bar"]}。详情请查看 RFC6902 的说明。

（2）Merge Patch, Content-Type: application/merge-json-patch+json。在 RFC7386 的定义中，Merge Patch 必须包含对一个资源对象的部分描述，这个资源对象的部分描述就是一个 JSON 对象。该 JSON 对象被提交到服务端，与服务端的当前对象合并，从而创建一个新的对象。详情请查看 RFC73862 的说明。

（3）Strategic Merge Patch, Content-Type:application/strategic-merge-patch+json。Strategic Merge Patch 是一个定制化的 Merge Patch 实现。接下来将详细讲解 Strategic Merge Patch。

在标准的 JSON Merge Patch 中，JSON 对象总被合并（Merge），但是资源对象中的列表域总被替换，用户通常不希望如此。例如，我们通过下列定义创建一个 Pod 资源对象：

```
spec:
  containers:
    - name: nginx
      image: nginx-1.0
```

接着，我们希望添加一个容器到这个 Pod 中，代码和上传的 JSON 对象如下：

```
PATCH /api/v1/namespaces/default/pods/pod-name
spec:
  containers:
    - name: log-tailer
      image: log-tailer-1.0
```

如果我们使用标准的 Merge Patch，则其中的整个容器列表将被单个 log-tailer 容器替换，然而我们的目的是使两个容器列表合并。

为了解决这个问题，Strategic Merge Patch 添加元数据到 API 对象中，并通过这些新元数据来决定哪个列表被合并，哪个列表不被合并。当前这些元数据作为结构标签，对于 API 对象自身来说是合法的。对于客户端来说，这些元数据作为 Swagger annotations 也是合法的。在上述例子中向 containers 中添加了 patchStrategy 域，且它的值为 merge，通过添加 patchMergeKey，它的值为 name。也就是说，containers 中的列表将会被合并而不是被替换，合并的依据为 name 域的值。

Kubernetes API 还增加了 Watch 的 API 接口，配合 List 接口（如 GET /pods）可以实现高效的资源同步、缓存及实时检测处理能力。

◎ GET /watch/<资源名复数格式>：随着时间的变化，不断接收一连串的 JSON 对象，这些 JSON 对象记录了给定资源类别内所有资源对象的变化情况。

◎ GET /watch/<资源名复数格式>/<name>：随着时间的变化，不断接收一连串的 JSON 对象，这些 JSON 对象记录了某个给定资源对象的变化情况。

需要注意的是，watch 接口返回的是一连串 JSON 对象，而不是单个 JSON 对象。

如果集群的规模很大，那么某些资源对象的 List 接口（如 GET /pods）返回的数据集就很大，这对 Kubernetes API Server 及客户端程序都造成很大的压力，比如在集群中有上千个 Pod 实例的情况下，每个 Pod 的 JSON 数据都会有 1 ~ 2KB，List 返回的结果会有 10 ~ 20MB！所以从 1.9 版本开始，Kubernetes 又提供了分段模式的 List 接口（Retrieving large results sets in chunks），其使用方法也很简单，类似数据库结果集遍历，只增加了 limit 和 continue 两个参数：

```
GET /api/v1/pods?limit=500&continue=ENCODED_CONTINUE_TOKEN
```

另外，Kubernetes 增加了 HTTP Redirect 与 HTTP Proxy 这两种特殊的 API 接口，前者实现资源重定向访问，后者则实现 HTTP 请求的代理。

9.2.5　API Server 响应说明

API Server 在响应用户请求时附带一个状态码，该状态码符合 HTTP 规范。表 9.1 列出了 API Server 可能返回的状态码。

表 9.1　API Server 可能返回的状态码

状 态 码	编　　码	描　　述
200	OK	表明请求完全成功
201	Created	表明创建类的请求完全成功
204	NoContent	表明请求完全成功，同时 HTTP 响应不包含响应体。 在响应 OPTIONS 方法的 HTTP 请求时返回
307	TemporaryRedirect	表明请求资源的地址被改变，建议客户端使用 Location 首部给出的临时 URL 来定位资源
400	BadRequest	表明请求是非法的，建议用户不要重试，修改该请求
401	Unauthorized	表明请求能够到达服务端，且服务端能够理解用户的请求，但是拒绝做更多的事情，因为客户端必须提供认证信息。如果客户端提供了认证信息，则返回该状态码，表明服务端指出所提供的认证信息不合适或非法
403	Forbidden	表明请求能够到达服务端，且服务端能够理解用户的请求，但是拒绝做更多的事情，因为该请求被设置成拒绝访问。建议用户不要重试，修改该请求
404	NotFound	表明所请求的资源不存在。建议用户不要重试，修改该请求
405	MethodNotAllowed	表明在请求中带有该资源不支持的方法。建议用户不要重试，修改该请求
409	Conflict	表明客户端尝试创建的资源已经存在，或者由于冲突，请求的更新操作不能被完成

续表

状 态 码	编　码	描　述
422	UnprocessableEntity	表明由于所提供的作为请求部分的数据非法，创建或修改操作不能被完成
429	TooManyRequests	表明超出了客户端访问频率的限制或者服务端接收到多于它能处理的请求。建议客户端读取相应的 Retry-After 首部，然后等待该首部指出的时间后再重试
500	InternalServerError	表明服务端能被请求访问到，但是不能理解用户的请求；或者在服务端内产生非预期的一个错误，而且该错误无法被认知；或者服务端不能在一个合理的时间内完成处理（这可能是服务器临时负载过重造成的，或和其他服务器通信时的一个临时通信故障造成的）
503	ServiceUnavailable	表明被请求的服务无效。建议用户不要重试，修改该请求
504	ServerTimeout	表明请求在给定的时间内无法完成。客户端仅在为请求指定超时（Timeout）参数时得到该响应

在调用 API 接口发生错误时，Kubernetes 将会返回一个状态类别（Status Kind）。下面是两种常见的错误场景。

（1）当一个操作不成功时（例如，当服务端返回一个非 2xx HTTP 状态码时）。

（2）当一个 HTTP DELETE 方法调用失败时。

状态对象被编码成 JSON 格式，同时该 JSON 对象被作为请求的响应体。该状态对象包含人和机器使用的域，在这些域中包含来自 API 的关于失败原因的详细信息。状态对象中的信息补充了对 HTTP 状态码的说明。例如：

```
    $ curl -v -k -H "Authorization: Bearer WhCDvq4VPpYhrcfmF6ei7V9qlbqTubUc"
HTTPs://10.240.122.184:443/api/v1/namespaces/default/pods/grafana
    > GET /api/v1/namespaces/default/pods/grafana HTTP/1.1
    > User-Agent: curl/7.26.0
    > Host: 10.240.122.184
    > Accept: */*
    > Authorization: Bearer WhCDvq4VPpYhrcfmF6ei7V9qlbqTubUc
    >

    < HTTP/1.1 404 Not Found
    < Content-Type: application/json
    < Date: Wed, 20 May 2020 18:10:42 GMT
    < Content-Length: 232
    <
```

```
{
  "kind": "Status",
  "apiVersion": "v1",
  "metadata": {},
  "status": "Failure",
  "message": "pods \"grafana \"not found",
  "reason": "NotFound",
  "details": {
    "name": "grafana",
    "kind": "pods"
  },
  "code": 404
}
```

其中：

◎ status 域包含两个可能的值，即 Success 或 Failure。

◎ message 域包含对错误的描述信息。

◎ reason 域包含对该操作失败原因的描述信息。

◎ details 可能包含和 reason 域相关的扩展数据。每个 reason 域都可以定义它的扩展的 details 域。该域是可选的，返回数据的格式是不确定的，不同的 reason 类型返回的 details 域的内容不一样。

为了让开发人员更方便地访问 Kubernetes 的 RESTful API，Kubernetes 社区推出了针对 Go、Python、Java、dotNet、JavaScript 等编程语言的客户端库，这些库由特别兴趣小组（SIG）API Machinary 维护。在 Java 客户端框架中，Fabric8 Kubernetes Java client 于 2015 年推出，虽然不是“官方”宣布支持的 Java 客户端框架，但它是除 Kubernetes Go client library 外非常流行的客户端框架，也是非常强大的 Java 版本的 Kubernetes 客户端框架，所以本书后面主要以它为例，给出相关使用案例。

9.3　使用 Fabric8 访问 Kubernetes API

Fabric8 包含多款工具包，Kubernetes Client 只是其中之一，本例代码涉及的 Jar 包如图 9.7 所示，能以 Maven 方式获取依赖包。因为该工具包已经对访问 Kubernetes API 客户端做了较好的封装，因此其访问代码比较简单，其具体的访问过程会在后续章节中举例说明。

dnsjava-2.1.7.jar	2015/8/31 14:23	Executable Jar File	301 KB
fabric8-utils-2.2.22.jar	2015/8/31 14:23	Executable Jar File	134 KB
jackson-annotations-2.6.0.jar	2015/8/31 16:27	Executable Jar File	46 KB
jackson-core-2.6.1.jar	2015/8/31 16:28	Executable Jar File	253 KB
jackson-databind-2.6.1.jar	2015/8/31 15:56	Executable Jar File	1,140 KB
jackson-dataformat-yaml-2.6.1.jar	2015/8/31 15:56	Executable Jar File	313 KB
jackson-module-jaxb-annotations-2.6.0.jar	2015/8/31 16:24	Executable Jar File	32 KB
json-20141113.jar	2015/8/31 14:23	Executable Jar File	64 KB
kubernetes-api-2.2.22.jar	2015/8/31 14:22	Executable Jar File	72 KB
kubernetes-client-1.3.8.jar	2015/8/31 15:37	Executable Jar File	2,262 KB
kubernetes-model-1.0.12.jar	2015/8/31 15:56	Executable Jar File	2,308 KB
log4j-api-2.3.jar	2015/8/31 16:18	Executable Jar File	133 KB
log4j-core-2.3.jar	2015/8/31 15:56	Executable Jar File	808 KB
log4j-slf4j-impl-2.3.jar	2015/8/31 15:56	Executable Jar File	23 KB
oauth-20100527.jar	2015/8/31 15:56	Executable Jar File	44 KB
openshift-client-1.3.2.jar	2015/8/31 14:23	Executable Jar File	24 KB
slf4j-api-1.7.12.jar	2015/8/31 15:56	Executable Jar File	32 KB
sundr-annotations-0.0.25.jar	2015/8/31 15:56	Executable Jar File	146 KB
validation-api-1.1.0.Final.jar	2015/8/31 14:23	Executable Jar File	63 KB

图 9.7　本例代码涉及的 Jar 包

9.3.1　具体应用示例

首先，举例说明对 API 资源的基本访问，也就是对资源的增、删、改、查，以及替换资源的 status。其中会单独对 Node 和 Pod 的特殊接口做举例说明。表 9.2 列出了常见资源对象的基本接口。

表 9.2　常见资源对象的基本接口

资源类型	方　法	URL Path	说　明	备　注
NODES	GET	/api/v1/nodes	获取 Node 列表	
	POST	/api/v1/nodes	创建一个 Node 对象	
	DELETE	/api/v1/nodes/{name}	删除一个 Node 对象	
	GET	/api/v1/nodes/{name}	获取一个 Node 对象	
NAMESPACES	GET	/api/v1/namespaces	获取 Namespace 列表	
	POST	/api/v1/namespaces	创建一个命名空间对象	
	DELETE	/api/v1/namespaces/{name}	删除一个命名空间对象	
	GET	/api/v1/namespaces/{name}	获取一个命名空间对象	
	PATCH	/api/v1/namespaces/{name}	部分更新一个命名空间对象	
	PUT	/api/v1/namespaces/{name}	替换一个命名空间对象	

续表

资源类型	方　法	URL Path	说　明	备　注
SERVICES	GET	/api/v1/services	获取 Service 列表	
	POST	/api/v1/services	创建一个 Service 对象	
	GET	/api/v1/namespaces/{namespace}/services	获取某个命名空间中的 Service 列表	
SERVICES	POST	/api/v1/namespaces/{namespace}/services	在某个命名空间中创建列表	
	DELETE	/api/v1/namespaces/{namespace}/services/{name}	删除某个命名空间中的一个 Service 对象	
	GET	/api/v1/namespaces/{namespace}/services/{name}	获取某个命名空间中的一个 Service 对象	
REPLICATIONCONTROLLERS	GET	/api/v1/replicationcontrollers	获取 RC 列表	
	POST	/api/v1/replicationcontrollers	创建一个 RC 对象	
	GET	/api/v1/namespaces/{namespace}/replicationcontrollers	获取某个命名空间中的 RC 列表	
	POST	/api/v1/namespaces/{namespace}/replicationcontrollers	在某个命名空间中创建一个 RC 对象	
	DELETE	/api/v1/namespaces/{namespace}/replicationcontrollers/{name}	删除某个命名空间中的 RC 对象	
	GET	/api/v1/namespaces/{namespace}/replicationcontrollers/{name}	获取某个命名空间中的 RC 对象	
PODS	GET	/api/v1/pods	获取一个 Pod 列表	
	POST	/api/v1/pods	创建一个 Pod 对象	
	GET	/api/v1/namespaces/{namespace}/pods	获取某个命名空间中的 Pod 列表	
	POST	/api/v1/namespaces/{namespace}/pods	在某个命名空间中创建一个 Pod 对象	
	DELETE	/api/v1/namespaces/{namespace}/pods/{name}	删除某个命名空间中的一个 Pod 对象	
	GET	/api/v1/namespaces/{namespace}/pods/{name}	获取某个命名空间中的一个 Pod 对象	
BINDINGS	POST	/api/v1/bindings	创建一个 Binding 对象	
	POST	/api/v1/namespaces/{namespace}/bindings	在某个命名空间中创建一个 Binding 对象	

续表

资源类型	方　法	URL Path	说　明	备　注
ENDPOINTS	GET	/api/v1/endpoints	获取 Endpoint 列表	
	POST	/api/v1/endpoints	创建一个 Endpoint 对象	
	GET	/api/v1/namespaces/{namespace}/endpoints	获取某个命名空间中的 Endpoint 对象列表	
	POST	/api/v1/namespaces/{namespace}/endpoints	在某个命名空间中创建一个 Endpoint 对象	
	DELETE	/api/v1/namespaces/{namespace}/endpoints/{name}	删除某个命名空间中的 Endpoint 对象	
	GET	/api/v1/namespaces/{namespace}/endpoints/{name}	获取某个命名空间中的 Endpoint 对象	
Service Account	POST	/api/v1/namespaces/{namespace}/serviceaccounts	在某个命名空间中创建一个 Serviceaccount 对象	
	GET	/api/v1/namespaces/{namespace}/serviceaccounts/{name}	获取某个命名空间中的一个 Serviceaccount 对象	
	PUT	/api/v1/namespaces/{namespace}/serviceaccounts/{name}	替换某个命名空间中的一个 Serviceaccount 对象	
SECRETS	GET	/api/v1/secrets	获取 Secret 列表	
	POST	/api/v1/secrets	创建一个 Secret 对象	
	GET	/api/v1/namespaces/{namespace}/secrets	获取某个命名空间中的 Secret 列表	

表 9.2 中的 Service Endpoints 资源对象表示的是一个 Service 的所有 Pod 实例的访问地址列表。在通常情况下，一个 Service 只有几个 Pod 实例，所以它的 Endpoints 列表也不多，但是在某些大规模的系统中，一个 Service 对应几十、几百个 Pod 实例的情况下，它的 Endpoints 列表会变得很大，在这种情况下，当某个 Pod 实例出现变动时，Service 的整个 Endpoints 列表都会跟着变动，导致 Kubernetes Master 承受很大的负荷，因此后面增加了新的资源对象——EndpointSlices，可以从根本上解决这个问题。在默认情况下，Kubernetes 会自动分割 Service 的 Endpoints 列表并创建对应的 EndpointSlices，确保每个 EndpointSlices 最多只包含 100 个 Endpoints。

接下来举例说明如何通过 API 接口创建资源对象，基于 Fabric8 框架的代码如下：

```
    private void testCreateNamespace() {
```

```
        Namespace ns = new Namespace();
        ns.setApiVersion(ApiVersion.V_1);
        ns.setKind("Namespace");
        ObjectMeta om = new ObjectMeta();
        om.setName("ns-fabric8");
        ns.setMetadata(om);

        _kube.namespaces().create(ns);

        LOG.info(_kube.namespaces().list().getItems().size());
    }
```

由于 Fabric8 框架对 Kubernetes API 对象做了很好的封装，对其中的大量对象都做了定义，所以用户可以通过其提供的资源对象去定义 Kubernetes API 对象，例如上面例子中的命名空间对象。Fabric8 框架中的 kubernetes-model 工具包用于 API 对象的封装。在上面的例子中，通过 Fabric8 框架提供的类创建了一个名为 ns-fabric8 的命名空间对象。

接下来会通过基于 Jeysey 框架的代码创建两个 Pod 资源对象。在两个例子中，一个是在上面创建的命名空间 ns-sample 中创建 Pod 资源对象，另一个是为后续创建“cluster service”创建的 Pod 资源对象。由于基于 Fabric8 框架创建 Pod 资源对象的方法很简单，因此这里不再用 Fabric8 框架对上述两个例子做说明。通过基于 Jersey 框架创建这两个 Pod 资源对象的代码如下：

```
private void testCreatePod() {
    Params params = new Params();
    params.setResourceType(ResourceType.PODS);
    params.setJson(Utils.getJson("podInNs.json"));
    params.setNamespace("ns-sample");
    LOG.info("Result: " + _restfulClient.create(params));

    params.setJson(Utils.getJson("pod4ClusterService.json"));
    LOG.info("Result: " + _restfulClient.create(params));
}
```

其中，podInNs.json 和 pod4ClusterService.json 是对创建两个 Pod 资源对象的定义。podInNs.json 的内容如下：

```
{
  "kind":"Pod",
  "apiVersion":"v1",
```

```
   "metadata":{
      "name":"pod-sample-in-namespace",
      "namespace": "ns-sample"
   },
   "spec":{
       "containers":[{
            "name":"mycontainer",
            "image":"kubeguide/redis-master"
       }]
   }
}
```

pod4ClusterService.json 的内容如下：

```
{
   "kind":"Pod",
   "apiVersion":"v1",
   "metadata":{
      "name":"pod-sample-4-cluster-service",
      "namespace": "ns-sample",
      "labels":{
         "k8s-cs": "kube-cluster-service",
         "k8s-test": "kube-cluster-test",
        "k8s-sample-app": "kube-service-sample",
        "kkk": "bbb"
      }
   },
   "spec":{
       "containers":[{
            "name":"mycontainer",
            "image":"kubeguide/redis-master"
       }]
   }
}
```

下面的例子代码用于获取 Pod 资源列表，其中，第 1 部分代码用于获取所有 Pod 资源对象，第 2、3 部分代码主要用于说明如何使用标签选择 Pod 资源对象，最后一部分代码用于举例说明如何使用 field 选择 Pod 资源对象。代码如下：

```
private void testGetPodList() {
    Params params = new Params();
```

```
    params.setResourceType(ResourceType.PODS);
    LOG.info("Result: " + _restfulClient.list(params));

    Map<String, String> labels = new HashMap<String, String>();
    labels.put("k8s-cs", "kube-cluster-service");
    labels.put("k8s-sample-app", "kube-service-sample");
    params.setLabels(labels);
    LOG.info("Result: " + _restfulClient.list(params));
    params.setLabels(null);

    Map<String, List<String>> inLabels = new HashMap<String, List<String>>();
    List list = new ArrayList<String>();
    list.add("kube-cluster-service");
    list.add("kube-cluster");
    inLabels.put("k8s-cs", list);
    params.setInLabels(inLabels);
    LOG.info("Result: " + _restfulClient.list(params));
    params.setInLabels(null);

    Map<String, String> fields = new HashMap<String, String>();
    fields.put("metadata.name", "pod-sample-4-cluster-service");
    params.setNamespace("ns-sample");
    params.setFields(fields);
    LOG.info("Result: " + _restfulClient.list(params));
}
```

接下来的例子代码用于替换一个 Pod 对象，在通过 Kubernetes API 替换一个 Pod 资源对象时需要注意如下两点。

（1）在替换该资源对象前，先从 API 中获取该资源对象的 JSON 对象，然后在该 JSON 对象的基础上修改需要替换的部分。

（2）在 Kubernetes API 提供的接口中，PUT 方法（replace）只支持替换容器的 image 部分。

代码如下：

```
private void testReplacePod() {
    Params params = new Params();
    params.setNamespace("ns-sample");
    params.setName("pod-sample-in-namespace");
```

```
    params.setJson(Utils.getJson("pod4Replace.json"));
    params.setResourceType(ResourceType.PODS);

    LOG.info("Result: " + _restfulClient.replace(params));
}
```

其中，pod4Replace.json 的内容如下：


```
{
  "kind": "Pod",
  "apiVersion": "v1",
  "metadata": {
    "name": "pod-sample-in-namespace",
    "namespace": "ns-sample",
    "selfLink": "/api/v1/namespaces/ns-sample/pods/pod-sample-in-namespace",
    "uid": "084ff63e-59d3-11e5-8035-000c2921ba71",
    "resourceVersion": "45450",
    "creationTimestamp": "2020-09-13T04:51:01Z"
  },
  "spec": {
    "volumes": [
      {
        "name": "default-token-szoje",
        "secret": {
          "secretName": "default-token-szoje"
        }
      }
    ],
    "containers": [
      {
        "name": "mycontainer",
        "image": "centos",
        "resources": {},
        "volumeMounts": [
          {
            "name": "default-token-szoje",
            "readOnly": true,
            "mountPath": "/var/run/secrets/kubernetes.io/serviceaccount"
          }
        ],
        "terminationMessagePath": "/dev/termination-log",
        "imagePullPolicy": "IfNotPresent"
```

```
        }
      ],
      "restartPolicy": "Always",
      "dnsPolicy": "ClusterFirst",
      "serviceAccountName": "default",
      "serviceAccount": "default",
      "nodeName": "192.168.1.129"
    },
    "status": {
      "phase": "Running",
      "conditions": [
        {
          "type": "Ready",
          "status": "True"
        }
      ],
      "hostIP": "192.168.1.129",
      "podIP": "10.1.10.66",
      "startTime": "2020-09-11T15:17:28Z",
      "containerStatuses": [
        {
          "name": "mycontainer",
          "state": {
            "running": {
              "startedAt": "2020-09-11T15:17:30Z"
            }
          },
          "lastState": {},
          "ready": true,
          "restartCount": 0,
          "image": "kubeguide/redis-master",
          "imageID":
"docker://5630952871a38cddffda9ec611f5978ab0933628fcd54cd7d7677ce6b17de33f",
          "containerID": "docker://7bf0d454c367418348711556e667fd1ef6a04d7153d
24bfcac2e2e06da634a9f"
        }
      ]
    }
  }
```

接下来的两个例子实现了在 9.2.4 节中提到的两种 Merge 方式：Merge Patch 和 Strategic Merge Patch。

Merge Patch 的示例如下：

```
    private void testUpdatePod1() {
        Params params = new Params();
        params.setNamespace("ns-sample");
        params.setName("pod-sample-in-namespace");
        params.setJson(Utils.getJson("pod4MergeJsonPatch.json"));
        params.setResourceType(ResourceType.PODS);

        LOG.info("Result: " + _restfulClient.updateWithMediaType(params,
"application/ merge-patch+json"));
    }
```

其中，pod4MergeJsonPatch.json 的内容如下：

```
    {
        "metadata":{
         "labels":{
            "k8s-cs": "kube-cluster-service",
            "k8s-test": "kube-cluster-test",
           "k8s-sa5555mple-app": "kube-service-sample",
           "kkk": "bbb4444"
         }
      }
    }
```

Strategic Merge Patch 的示例如下：

```
    private void testUpdatePod2() {
        Params params = new Params();
        params.setNamespace("ns-sample");
        params.setName("pod-sample-in-namespace");
        params.setJson(Utils.getJson("pod4StrategicMerge.json"));
        params.setResourceType(ResourceType.PODS);

        LOG.info("Result: " + _restfulClient.updateWithMediaType(params,
"application/strategic-merge-patch+json"));
    }
```

其中，pod4StrategicMerge.json 的内容如下：

```
{
    "spec":{
      "containers":[{
          "name":"mycontainer",
          "image":"centos",
          "patchStrategy":"merge",
          "patchMergeKey":"name"
      }]
   }
}
```

接下来实现了修改 Pod 资源对象的状态，代码如下：

```
private void testStatusPod() {
    Params params = new Params();
    params.setNamespace("ns-sample");
    params.setName("pod-sample-in-namespace");
    params.setSubPath("/status");
    params.setJson(Utils.getJson("pod4Status.json"));
    params.setResourceType(ResourceType.PODS);

    _restfulClient.replace(params);
}
```

其中，pod4Status.json 的内容如下：

```
{
  "kind": "Pod",
  "apiVersion": "v1",
  "metadata": {
    "name": "pod-sample-in-namespace",
    "namespace": "ns-sample",
    "selfLink": "/api/v1/namespaces/ns-sample/pods/pod-sample-in-namespace",
    "uid": "ad1d803f-59ec-11e5-8035-000c2921ba71",
    "resourceVersion": "51640",
    "creationTimestamp": "2020-09-13T07:54:35Z"
  },
  "spec": {
    "volumes": [
      {
        "name": "default-token-szoje",
        "secret": {
          "secretName": "default-token-szoje"
```

```
        }
      }
    ],
    "containers": [
      {
        "name": "mycontainer",
        "image": "kubeguide/redis-master",
        "resources": {},
        "volumeMounts": [
          {
            "name": "default-token-szoje",
            "readOnly": true,
            "mountPath": "/var/run/secrets/kubernetes.io/serviceaccount"
          }
        ],
        "terminationMessagePath": "/dev/termination-log",
        "imagePullPolicy": "IfNotPresent"
      }
    ],
    "restartPolicy": "Always",
    "dnsPolicy": "ClusterFirst",
    "serviceAccountName": "default",
    "serviceAccount": "default",
    "nodeName": "192.168.1.129"
  },
  "status": {
    "phase": "Unknown",
    "conditions": [
      {
        "type": "Ready",
        "status": "false"
      }
    ],
    "hostIP": "192.168.1.129",
    "podIP": "10.1.10.79",
    "startTime": "2020-09-11T18:21:02Z",
    "containerStatuses": [
      {
        "name": "mycontainer",
        "state": {
          "running": {
```

```
            "startedAt": "2020-09-11T18:21:03Z"
          }
        },
        "lastState": {},
        "ready": true,
        "restartCount": 0,
        "image": "kubeguide/redis-master",
        "imageID": "docker://5630952871a38cddffda9ec611f5978ab0933628fcd54cd
7d7677ce6b17de33f",
        "containerID": "docker://b0e2312643e9a4b59cf1ff5fb7a8468c5777180d5a
8ea5f2f0c9dfddcf3f4cd2"
      }
    ]
  }
}
```

接下来实现了查看 Pod 的 log 日志功能，代码如下：

```
private void testLogPod() {
    Params params = new Params();
    params.setNamespace("ns-sample");
    params.setName("pod-sample-in-namespace");
    params.setSubPath("/log");
    params.setResourceType(ResourceType.PODS);

    _restfulClient.get(params);
}
```

下面通过 API 访问 Node 的多种接口，代码如下：

```
private void testPoxyNode() {
    Params params = new Params();
    params.setName("192.168.1.129");
    params.setSubPath("pods");
    params.setVisitProxy(true);
    params.setResourceType(ResourceType.NODES);
    _restfulClient.get(params);

    params = new Params();
    params.setName("192.168.1.129");
    params.setSubPath("stats");
    params.setVisitProxy(true);
```

```
    params.setResourceType(ResourceType.NODES);
    _restfulClient.get(params);

    params = new Params();
    params.setName("192.168.1.129");
    params.setSubPath("spec");
    params.setVisitProxy(true);
    params.setResourceType(ResourceType.NODES);
    _restfulClient.get(params);

    params = new Params();
    params.setName("192.168.1.129");
    params.setSubPath("run/ns-sample/pod/pod-sample-in-namespace");
    params.setVisitProxy(true);
    params.setResourceType(ResourceType.NODES);
    _restfulClient.get(params);

    params = new Params();
    params.setName("192.168.1.129");
    params.setSubPath("metrics");
    params.setVisitProxy(true);
    params.setResourceType(ResourceType.NODES);
    _restfulClient.get(params);
}
```

最后，举例说明如何通过 API 删除资源对象 pod，代码如下：

```
private void testDetetePod() {
    Params params = new Params();
    params.setNamespace("ns-sample");
    params.setName("pod-sample-in-namespace");
    params.setResourceType(ResourceType.PODS);
    LOG.info("Result: " + _restfulClient.delete(params));
}
```

下面基于 Fabric8 实现对资源对象的监听，代码如下：

```
private void testWatcher() {
    _kube.pods().watch(new io.fabric8.kubernetes.client.Watcher<Pod>() {
        @Override
        public void eventReceived(Action action, Pod pod) {
```

```
            System.out.println(action + ": " + pod);
        }

        @Override
        public void onClose(KubernetesClientException e) {
            System.out.println("Closed: " + e);
        }
    });
}
```

9.3.2　其他客户端库

目前 Kubernetes 官方支持的客户端库如表 9.3 所示。

表 9.3　目前 Kubernetes 官方支持的客户端库

开 发 语 言	客户端库查询目录
Go	github.com/kubernetes/client-go/
Python	github.com/kubernetes-client/python/
Java	github.com/kubernetes-client/java/
dotNet	github.com/kubernetes-client/csharp
JavaScript	github.com/kubernetes-client/javascript

此外，Kubernetes 社区也在开发和维护基于其他开发语言的客户端库，如表 9.4 所示。

表 9.4　基于其他开发语言的客户端库

开 发 语 言	客户端库查询目录
Clojure	github.com/yanatan16/clj-kubernetes-api
Go	github.com/ericchiang/k8s
Java（OSGi）	bitbucket.org/amdatulabs/amdatu-kubernetes
Java（Fabric8、OSGi）	github.com/fabric8io/kubernetes-client
Lisp	github.com/brendandburns/cl-k8s
Lisp	github.com/xh4/cube
Node.js（TypeScript）	github.com/Goyoo/node-k8s-client
Node.js	github.com/tenxcloud/node-kubernetes-client
Node.js	github.com/godaddy/kubernetes-client

续表

开 发 语 言	客户端库查询目录
Perl	metacpan.org/pod/Net::Kubernetes
PHP	github.com/maclof/kubernetes-client
PHP	github.com/allansun/kubernetes-php-client
Python	github.com/eldarion-gondor/pykube
Python	github.com/mnubo/kubernetes-py
Ruby	github.com/Ch00k/kuber
Ruby	github.com/abonas/kubeclient
Ruby	github.com/kontena/k8s-client
Rust	github.com/ynqa/kubernetes-rust
Scala	github.com/doriordan/skuber
dotNet	github.com/tonnyeremin/kubernetes_gen
DotNet（RestSharp）	github.com/masroorhasan/Kubernetes.DotNet
Elixir	github.com/obmarg/kazan
Haskell	github.com/soundcloud/haskell-kubernetes

9.4　Kubernetes API 的扩展

随着 Kubernetes 的发展，用户对 Kubernetes 的扩展性也提出了越来越高的要求。从 1.7 版本开始，Kubernetes 引入扩展 API 资源的能力，使得开发人员在不修改 Kubernetes 核心代码的前提下可以对 Kubernetes API 进行扩展，并仍然使用 Kubernetes 的语法对新增的 API 进行操作，这非常适用于在 Kubernetes 上通过其 API 实现其他功能（例如第三方性能指标采集服务）或者测试实验性新特性（例如外部设备驱动）。

在 Kubernetes 中，所有对象都被抽象定义为某种资源对象，同时系统会为其设置一个 API URL 入口（API Endpoint），对资源对象的操作（如新增、删除、修改、查看等）都需要通过 Master 的核心组件 API Server 调用资源对象的 API 来完成。与 API Server 的交互可以通过 kubectl 命令行工具或访问其 RESTful API 进行。每个 API 都可以设置多个版本，在不同的 API URL 路径下区分，例如“/api/v1”或“/apis/extensions/v1beta1”等。使用这种机制后，用户可以很方便地定义这些 API 资源对象（YAML 配置），并将其提交给

Kubernetes（调用 RESTful API），来完成对容器应用的各种管理工作。

Kubernetes 系统内置的 Pod、RC、Service、ConfigMap、Volume 等资源对象已经能够满足常见的容器应用管理要求，但如果用户希望将其自行开发的第三方系统纳入 Kubernetes，并使用 Kubernetes 的 API 对其自定义的功能或配置进行管理，就需要对 API 进行扩展了。目前 Kubernetes 提供了以下两种 API 扩展机制供用户扩展 API。

（1）CRD：复用 Kubernetes 的 API Server，无须编写额外的 API Server。用户只需要定义 CRD，并且提供一个 CRD 控制器，就能通过 Kubernetes 的 API 管理自定义资源对象了，同时要求用户的 CRD 对象符合 API Server 的管理规范。

（2）API 聚合：用户需要编写额外的 API Server，可以对资源进行更细粒度的控制（例如，如何在各 API 版本之间切换），要求用户自行处理对多个 API 版本的支持。

本节主要对 CRD 和 API 聚合这两种 API 扩展机制的概念和用法进行详细说明。

9.4.1　使用 CRD 扩展 API 资源

CRD 是 Kubernetes 从 1.7 版本开始引入的特性，在 Kubernetes 早期版本中被称为 TPR（ThirdPartyResources，第三方资源）。TPR 从 Kubernetes 1.8 版本开始停用，被 CRD 全面替换。

CRD 本身只是一段声明，用于定义用户自定义的资源对象。但仅有 CRD 的定义并没有实际作用，用户还需要提供管理 CRD 对象的 CRD 控制器（CRD Controller），才能实现对 CRD 对象的管理。CRD 控制器通常可以通过 Go 语言进行开发，需要遵循 Kubernetes 的控制器开发规范，基于客户端库 client-go 实现 Informer、ResourceEventHandler、Workqueue 等组件具体的功能处理逻辑，详细的开发过程请参考官方示例和 client-go 库的说明。

1. 创建 CRD 的定义

与其他资源对象一样，对 CRD 的定义也使用 YAML 配置进行声明。以 Istio 系统中的自定义资源 VirtualService 为例，配置文件 crd-virtualservice.yaml 的内容如下：

```
apiVersion: apiextensions.k8s.io/v1beta1
kind: CustomResourceDefinition
metadata:
```

```
    name: virtualservices.networking.istio.io
    annotations:
      "helm.sh/hook": crd-install
    labels:
      app: istio-pilot
  spec:
    group: networking.istio.io
    scope: Namespaced
    versions:
    - name: v1alpha3
      served: true
      storage: true
    names:
      kind: VirtualService
      listKind: VirtualServiceList
      singular: virtualservice
      plural: virtualservices
      categories:
      - istio-io
      - networking-istio-io
```

CRD 定义中的关键字段如下。

（1）group：设置 API 所属的组，将其映射为 API URL 中/apis/的下一级目录，设置 networking.istio.io 生成的 API URL 路径为/apis/networking.istio.io。

（2）scope：该 API 的生效范围，可选项为 Namespaced（由 Namespace 限定）和 Cluster（在集群范围全局生效，不局限于任何命名空间），默认值为 Namespaced。

（3）versions：设置此 CRD 支持的版本，可以设置多个版本，用列表形式表示。目前还可以设置名为 version 的字段，只能设置一个版本，在将来的 Kubernetes 版本中会被弃用，建议使用 versions 进行设置。如果该 CRD 支持多个版本，则每个版本都会在 API URL "/apis/networking.istio.io" 的下一级进行体现，例如 /apis/networking.istio.io/v1 或 /apis/networking.istio.io/v1alpha3 等。每个版本都可以设置下列参数。

◎ name：版本的名称，例如 v1、v1alpha3 等。

◎ served：是否启用，设置为 true 表示启用。

◎ storage：是否进行存储，只能有一个版本被设置为 true。

（4）names：CRD 的名称，包括单数、复数、kind、所属组等名称的定义，可以设置如下参数。

◎ kind：CRD 的资源类型名称，要求以驼峰式命名规范进行命名（单词的首字母都大写），例如 VirtualService。
◎ listKind：CRD 列表，默认设置为<kind>List 格式，例如 VirtualServiceList。
◎ singular：单数形式的名称，要求全部小写，例如 virtualservice。
◎ plural：复数形式的名称，要求全部小写，例如 virtualservices。
◎ shortNames：缩写形式的名称，要求全部小写，例如 vs。
◎ categories：CRD 所属的资源组列表。例如，VirtualService 属于 istio-io 组和 networking-istio-io 组，用户通过查询 istio-io 组和 networking-istio-io 组，也可以查询到该 CRD 实例。

使用 kubectl create 命令完成 CRD 的创建：

```
# kubectl create -f crd-virtualservice.yaml
customresourcedefinition.apiextensions.k8s.io/virtualservices.networking.istio.io created
```

在 CRD 创建成功后，由于本例的 scope 设置了命名空间限定，所以可以通过 API Endpoint "/apis/networking.istio.io/v1alpha3/namespaces/<namespace>/virtualservices/" 管理该 CRD 资源。

用户接下来就可以基于该 CRD 的定义创建自定义资源对象了。

2. 基于 CRD 的定义创建自定义资源对象

基于 CRD 的定义，用户可以像创建 Kubernetes 系统内置的资源对象（如 Pod）一样创建 CRD 资源对象。在下面的例子中，virtualservice-helloworld.yaml 定义了一个类型为 VirtualService 的资源对象：

```
apiVersion: networking.istio.io/v1alpha3
kind: VirtualService
metadata:
  name: helloworld
spec:
  hosts:
  - "*"
  gateways:
```

```
  - helloworld-gateway
  http:
  - match:
    - uri:
        exact: /hello
    route:
    - destination:
        host: helloworld
        port:
          number: 5000
```

除了需要设置该 CRD 资源对象的名称，还需要在 spec 段设置相应的参数。在 spec 中可以设置的字段是由 CRD 开发者自定义的，需要根据 CRD 开发者提供的手册进行配置。这些参数通常包含特定的业务含义，由 CRD 控制器进行处理。

使用 kubectl create 命令完成 CRD 资源对象的创建：

```
# kubectl create -f virtualservice-helloworld.yaml
virtualservice.networking.istio.io/helloworld created
```

然后，用户就可以像操作 Kubernetes 内置的资源对象（如 Pod、RC、Service）一样去操作 CRD 资源对象了，包括查看、更新、删除和 watch 等操作。

查看 CRD 资源对象：

```
# kubectl get virtualservice
NAME         AGE
helloworld   1m
```

也可以通过 CRD 所属的 categories 进行查询：

```
# kubectl get istio-io
NAME         AGE
helloworld   1m
# kubectl get networking-istio-io
NAME         AGE
helloworld   1m
```

3. CRD 的高级特性

随着 Kubernetes 的演进，CRD 也在逐步添加一些高级特性和功能，包括 subresources 子资源、校验（Validation）机制、自定义查看 CRD 时需要显示的列，以及 finalizer 预删除钩子。

1）CRD 的 subresources 子资源

Kubernetes 从 1.11 版本开始，在 CRD 的定义中引入了名为 subresources 的配置，可以设置的选项包括 status 和 scale 两类。

◎ status：启用/status 路径，其值来自 CRD 的.status 字段，要求 CRD 控制器能够设置和更新这个字段的值。

◎ scale：启用/scale 路径，支持通过其他 Kubernetes 控制器（如 HorizontalPodAutoscaler 控制器）与 CRD 资源对象实例进行交互。用户通过 kubectl scale 命令也能对该 CRD 资源对象进行扩容或缩容操作，要求 CRD 本身支持以多个副本的形式运行。

下面是一个设置了 subresources 的 CRD 示例：

```
apiVersion: apiextensions.k8s.io/v1beta1
kind: CustomResourceDefinition
metadata:
  name: crontabs.stable.example.com
spec:
  group: stable.example.com
  versions:
  - name: v1
    served: true
    storage: true
  scope: Namespaced
  names:
    plural: crontabs
    singular: crontab
    kind: CronTab
    shortNames:
    - ct
  subresources:
    status: {}
    scale:
      # 定义从 CRD 元数据中获取用户期望的副本数量的 JSON 路径
      specReplicasPath: .spec.replicas
      # 定义从 CRD 元数据中获取当前运行的副本数量的 JSON 路径
      statusReplicasPath: .status.replicas
      # 定义从 CRD 元数据中获取 Label Selector（标签选择器）的 JSON 路径
      labelSelectorPath: .status.labelSelector
```

基于该 CRD 的定义，创建一个自定义资源对象 my-crontab.yaml：

```
apiVersion: "stable.example.com/v1"
kind: CronTab
metadata:
  name: my-new-cron-object
spec:
  cronSpec: "* * * * */5"
  image: my-awesome-cron-image
  replicas: 3
```

之后就能通过 API Endpoint 查看该资源对象的状态了：

```
/apis/stable.example.com/v1/namespaces/<namespace>/crontabs/status
```

并查看该资源对象的扩缩容（scale）信息：

```
/apis/stable.example.com/v1/namespaces/<namespace>/crontabs/scale
```

用户还可以使用 kubectl scale 命令对 Pod 的副本数量进行调整，例如：

```
# kubectl scale --replicas=5 crontabs/my-new-cron-object
crontabs "my-new-cron-object" scaled
```

2）CRD 的校验（Validation）机制

Kubernetes 从 1.8 版本开始引入了基于 OpenAPI v3 schema 或 validatingadmissionwebhook 的校验机制，用于校验用户提交的 CRD 资源对象配置是否符合预定义的校验规则。该机制到 Kubernetes 1.13 版本时升级为 Beta 版本。要使用该功能，需要为 kube-apiserver 服务开启--feature-gates=CustomResourceValidation=true 特性开关。

下面的例子为 CRD 定义中的两个字段（cronSpec 和 replicas）设置了校验规则：

```
apiVersion: apiextensions.k8s.io/v1beta1
kind: CustomResourceDefinition
metadata:
  name: crontabs.stable.example.com
spec:
  group: stable.example.com
  versions:
  - name: v1
    served: true
    storage: true
```

```
  version: v1
  scope: Namespaced
  names:
    plural: crontabs
    singular: crontab
    kind: CronTab
    shortNames:
    - ct
  validation:
    openAPIV3Schema:
      properties:
        spec:
          properties:
            cronSpec:
              type: string
              pattern: '^(\d+|\*)(/\d+)?(\s+(\d+|\*)(/\d+)?){4}$'
            replicas:
              type: integer
              minimum: 1
              maximum: 10
```

校验规则如下。

◎ spec.cronSpec：必须为字符串类型，并且满足正则表达式的格式。
◎ spec.replicas：必须将其设置为 1～10 的整数。

对于不符合要求的 CRD 资源对象定义，系统将拒绝创建。

例如，下面的 my-crontab.yaml 示例违反了 CRD 中 validation 设置的校验规则，即 cronSpec 没有满足正则表达式的格式，replicas 的值大于 10：

```
apiVersion: "stable.example.com/v1"
kind: CronTab
metadata:
  name: my-new-cron-object
spec:
  cronSpec: "* * * *"
  image: my-awesome-cron-image
  replicas: 15
```

创建时，系统将报出 validation 失败的错误信息：

```
    # kubectl create -f my-crontab.yaml
    The CronTab "my-new-cron-object" is invalid: []: Invalid value:
map[string]interface {}{"apiVersion":"stable.example.com/v1", "kind":"CronTab",
"metadata":map[string]interface {}{"name":"my-new-cron-object",
"namespace":"default", "deletionTimestamp":interface {}(nil),
"deletionGracePeriodSeconds":(*int64)(nil),
"creationTimestamp":"2020-09-05T05:20:07Z",
"uid":"e14d79e7-91f9-11e7-a598-f0761cb232d1", "selfLink":"", "clusterName":""},
"spec":map[string]interface {}{"cronSpec":"* * * *",
"image":"my-awesome-cron-image", "replicas":15}}:
    validation failure list:
    spec.cronSpec in body should match '^(\d+|\*)(/\d+)?(\s+(\d+|\*)(/\d+)?){4}$'
    spec.replicas in body should be less than or equal to 10
```

3）自定义查看 CRD 时需要显示的列

从 Kubernetes 1.11 版本开始，通过 kubectl get 命令能够显示哪些字段由服务端（API Server）决定，还支持在 CRD 中设置需要在查看（get）时显示的自定义列，在 spec.additionalPrinterColumns 字段设置即可。

在下面的例子中设置了 3 个需要显示的自定义列 Spec、Replicas 和 Age，并在 JSONPath 字段设置了自定义列的数据来源：

```
    apiVersion: apiextensions.k8s.io/v1beta1
    kind: CustomResourceDefinition
    metadata:
      name: crontabs.stable.example.com
    spec:
      group: stable.example.com
      version: v1
      scope: Namespaced
      names:
        plural: crontabs
        singular: crontab
        kind: CronTab
        shortNames:
        - ct
      additionalPrinterColumns:
      - name: Spec
        type: string
        description: The cron spec defining the interval a CronJob is run
```

```
    JSONPath: .spec.cronSpec
  - name: Replicas
    type: integer
    description: The number of jobs launched by the CronJob
    JSONPath: .spec.replicas
  - name: Age
    type: date
    JSONPath: .metadata.creationTimestamp
```

运行 kubectl get 命令查看 CronTab 资源对象，会显示出这 3 个自定义列：

```
# kubectl get crontab my-new-cron-object
NAME                  SPEC         REPLICAS   AGE
my-new-cron-object    * * * * *    1          7s
```

4）Finalizer（CRD 资源对象的预删除钩子方法）

Finalizer 设置的方法在删除 CRD 资源对象时调用，以实现 CRD 资源对象的清理工作。

在下面的例子中为 CRD“CronTab”设置了一个 finalizer（也可以设置多个），其值为 URL“finalizer.stable.example.com”：

```
apiVersion: "stable.example.com/v1"
kind: CronTab
metadata:
  finalizers:
  - finalizer.stable.example.com
```

在用户发起删除该资源对象的请求时，Kubernetes 不会直接删除这个资源对象，而是在元数据部分设置时间戳“metadata.deletionTimestamp”的值，将其标记为开始删除该 CRD 对象。然后控制器开始执行 finalizer 定义的钩子方法“finalizer.stable.example.com”进行清理工作。对于耗时较长的清理操作，还可以设置 metadata.deletionGracePeriodSeconds 超时时间，在超过这个时间后由系统强制终止钩子方法的执行。在控制器执行完钩子方法后，控制器应负责删除相应的 finalizer。当全部 finalizer 都触发控制器执行钩子方法并都被删除之后，Kubernetes 才会最终删除该 CRD 资源对象。

5）CRD 的多版本（Versioning）特性

Kubernetes 发展到 1.17 版本时，CRD 资源对象的多版本特性达到稳定阶段。用户在定义一个 CRD 时，需要在 spec.versions 字段中列出支持的全部版本号，例如在下面的例子中，CRD 支持 v1beta1、v1 两个版本：

```
apiVersion: apiextensions.k8s.io/v1beta1
kind: CustomResourceDefinition
metadata:
  name: crontabs.example.com
spec:
  group: example.com
  versions:
  - name: v1beta1
    served: true
    storage: true
    schema:
      openAPIV3Schema:
        type: object
        properties:
          host:
            type: string
          port:
            type: string
  - name: v1
    served: true
    storage: false
    schema:
      openAPIV3Schema:
        type: object
        properties:
          host:
            type: string
          port:
            type: string
```

问题来了，在支持多个版本的 CRD 资源对象时，存在低版本的资源对象升级到高版本的转换问题，所以 Kubernetes 同时实现了 Webhook Conversion for Custom Resources 特性，通过使用 Webhook 回调接口来完成 CRD 资源对象多版本的转换问题。具体做法：开发并部署一个 CRD 多版本对象转换的 Webhook 服务；通过修改 spec 中的 conversion 部分来使用上述自定义转换的 Webhook。

6）结构化的 CRD 对象

在 CRD 对象中，除了部分字段（如 apiVersion、kind 和 metadata 等）会被 API Server 强制校验，其他字段都是用户自定义的，并不会被 API Server 校验，这就存在一些问题，比如某些数据被运维人员或其他不清楚此 CRD 格式的人设置为非法数据，仍然会被 API Server 接受并更新，导致应用失败或异常。因此，Kubernetes 也为 CRD 对象增加了结构化定义和相关数据校验的特性，这一特性是通过 OpenAPI v3.0 validation schema 实现的，即在 CRD 中增加了一个 schema 的定义。下面是一个完整的例子：

```
apiVersion: apiextensions.k8s.io/v1
kind: CustomResourceDefinition
metadata:
  name: crontabs.stable.example.com
spec:
  group: stable.example.com
  versions:
    - name: v1
      served: true
      storage: true
      schema:
          type: object
          properties:
            spec:
              type: object
              properties:
                cronSpec:
                  type: string
                  pattern: '^(\d+|\*)(/\d+)?(\s+(\d+|\*)(/\d+)?){4}$'
                image:
                  type: string
                replicas:
                  type: integer
                  minimum: 1
                  maximum: 10
```

CRD 的 OpenAPI v3.0 validation schema 具有以下一些特性。

◎ 可以给 CRD 中的某个字段设置默认值，即 Defaulting 特性，此特性在 Kubernetes 1.17 时升级为 GA 版本。

◎ 通过 validation schema 校验的 CRD 对象的数据被写入 etcd 里持久保存，如果在 CRD 里出现一个未知的字段，即 schema 里没有声明的字段，则这个字段会被“剪除”，这个特性被称为 Field pruning。

通过增加 OpenAPI v3.0 validation schema，CRD 也能像普通的 Kubernetes 资源对象一样，具备结构化数据存储能力并且确保写入 API Server 的数据都是合法的。如果 schema 方式还不足以验证特殊的 CRD 数据结构，则还可以通过 Admission Webhooks 实现更为复杂的数据校验规则。

4. 小结

CRD 极大扩展了 Kubernetes 的能力，使用户像操作 Pod 一样操作自定义的各种资源对象。CRD 已经在一些基于 Kubernetes 的第三方开源项目中得到广泛应用，包括 CSI 存储插件、Device Plugin（GPU 驱动程序）、Istio（Service Mesh 管理）等，已经逐渐成为扩展 Kubernetes 能力的标准。

9.4.2 使用 API 聚合机制扩展 API 资源

API 聚合机制是 Kubernetes 1.7 版本引入的特性，能够将用户扩展的 API 注册到 kube-apiserver 上，仍然通过 API Server 的 HTTP URL 对新的 API 进行访问和操作。为了实现这个机制，Kubernetes 在 kube-apiserver 服务中引入了一个 API 聚合层（API Aggregation Layer），用于将扩展 API 的访问请求转发到用户提供的 API Server 上，由它完成对 API 请求的处理。

设计 API 聚合机制的主要目标如下。

- ◎ 增加 API 的扩展性：使得开发人员可以编写自己的 API Server 来发布其 API，而无须对 Kubernetes 核心代码进行任何修改。
- ◎ 无须等待 Kubernetes 核心团队的繁杂审查：允许开发人员将其 API 作为单独的 API Server 发布，使集群管理员不用对 Kubernetes 的核心代码进行修改就能使用新的 API，也就无须等待社区繁杂的审查了。
- ◎ 支持实验性新特性 API 开发：可以在独立的 API 聚合服务中开发新的 API，不影响系统现有的功能。
- ◎ 确保新的 API 遵循 Kubernetes 的规范：如果没有 API 聚合机制，开发人员就可能被迫推出自己的设计，可能不遵循 Kubernetes 规范。

总的来说，API 聚合机制的目标是提供集中的 API 发现机制和安全的代理功能，将开发人员的新 API 动态地、无缝地注册到 Kubernetes API Server 中进行测试和使用。

下面对 API 聚合机制的使用方式进行详细说明。

1. 在 Master 的 API Server 中启用 API 聚合功能

为了能够将用户自定义的 API 注册到 Master 的 API Server 中，首先需要配置 kube-apiserver 服务的以下启动参数来启用 API 聚合功能。

- ◎ --requestheader-client-ca-file=/etc/kubernetes/ssl_keys/ca.crt：客户端 CA 证书。
- ◎ --requestheader-allowed-names=：允许访问的客户端 common names 列表，通过 header 中--requestheader-username-headers 参数指定的字段获取。客户端 common names 的名称需要在 client-ca-file 中进行设置，将其设置为空值时，表示任意客户端都可访问。
- ◎ --requestheader-extra-headers-prefix=X-Remote-Extra-：请求头中需要检查的前缀名。
- ◎ --requestheader-group-headers=X-Remote-Group：请求头中需要检查的组名。
- ◎ --requestheader-username-headers=X-Remote-User：请求头中需要检查的用户名。
- ◎ --proxy-client-cert-file=/etc/kubernetes/ssl_keys/kubelet_client.crt：在请求期间验证 Aggregator 的客户端 CA 证书。
- ◎ --proxy-client-key-file=/etc/kubernetes/ssl_keys/kubelet_client.key：在请求期间验证 Aggregator 的客户端私钥。

如果 kube-apiserver 所在的主机上没有运行 kube-proxy，即无法通过服务的 ClusterIP 地址进行访问，那么还需要设置以下启动参数：

```
--enable-aggregator-routing=true
```

在设置完成后重启 kube-apiserver 服务，就启用 API 聚合功能了。

2. 注册自定义 APIService 资源

在启用了 API Server 的 API 聚合功能之后，用户就能将自定义 API 资源注册到 Kubernetes Master 的 API Server 中了。用户只需配置一个 APIService 资源对象，就能进行注册了。APIService 示例的 YAML 文件如下：

```
apiVersion: apiregistration.k8s.io/v1beta1
kind: APIService
metadata:
  name: v1beta1.custom.metrics.k8s.io
spec:
  service:
    name: custom-metrics-server
    namespace: custom-metrics
  group: custom.metrics.k8s.io
  version: v1beta1
  insecureSkipTLSVerify: true
  groupPriorityMinimum: 100
  versionPriority: 100
```

在这个 APIService 中设置的 API 组名为 custom.metrics.k8s.io，版本号为 v1beta1，这两个字段将作为 API 路径的子目录注册到 API 路径/apis/下。注册成功后，就能通过 Master API 路径/apis/custom.metrics.k8s.io/v1beta1 访问自定义的 API Server 了。

在 service 段通过 name 和 namespace 设置了后端的自定义 API Server，本例中的服务名为 custom-metrics-server，命名空间为 custom-metrics。

通过 kubectl create 命令将这个 APIService 定义发送给 Master，就完成了注册操作。

之后，通过 Master API Server 对/apis/custom.metrics.k8s.io/v1beta1 路径的访问都会被 API 聚合层代理转发到后端服务 custom-metrics-server.custom-metrics.svc 上了。

3. 实现和部署自定义 API Server

仅仅注册 APIService 资源还是不够的，用户对/apis/custom.metrics.k8s.io/v1beta1 路径的访问实际上都被转发给了 custom-metrics-server.custom-metrics.svc 服务。这个服务通常能以普通 Pod 的形式在 Kubernetes 集群中运行。当然，这个服务需要由自定义 API 的开发者提供，并且需要遵循 Kubernetes 的开发规范，详细的开发示例可以参考官方给出的示例说明。

下面是部署自定义 API Server 的常规操作步骤。

（1）确保 APIService API 已启用，这需要通过 kube-apiserver 的启动参数--runtime-config 进行设置，默认是启用的。

（2）建议创建一个 RBAC 规则，允许添加 APIService 资源对象，因为 API 扩展对整个 Kubernetes 集群都生效，所以不推荐在生产环境中对 API 扩展进行开发或测试。

（3）创建一个新的命名空间用于运行扩展的 API Server。

（4）创建一个 CA 证书用于对自定义 API Server 的 HTTPS 安全访问进行签名。

（5）创建服务端证书和秘钥用于自定义 API Server 的 HTTPS 安全访问。服务端证书应该由上面提及的 CA 证书进行签名，也应该包含含有 DNS 域名格式的 CN 名称。

（6）在新的命名空间中使用服务端证书和秘钥创建 Kubernetes Secret 对象。

（7）部署自定义 API Server 实例，通常可以以 Deployment 形式进行部署，并且将之前创建的 Secret 挂载到容器内部。该 Deployment 也应被部署在新的命名空间中。

（8）确保自定义的 API Server 通过 Volume 加载了 Secret 中的证书，这将用于后续的 HTTPS 握手校验。

（9）在新的命名空间中创建一个 Service Account 对象。

（10）创建一个 ClusterRole 用于对自定义 API 资源进行操作。

（11）使用之前创建的 ServiceAccount 为刚刚创建的 ClusterRole 创建一个 ClusterRolebinding。

（12）使用之前创建的 ServiceAccount 为系统 ClusterRole “system:auth-delegator” 创建一个 ClusterRolebinding，以使其可以将认证决策代理转发给 Kubernetes 核心 API Server。

（13）使用之前创建的 ServiceAccount 为系统 Role “extension-apiserver-authentication-reader” 创建一个 Rolebinding，以允许自定义 API Server 访问名为 “extension-apiserver-authentication” 的系统 ConfigMap。

（14）创建 APIService 资源对象。

（15）访问 APIService 提供的 API URL 路径，验证对资源的访问能否成功。

下面以部署 Metrics Server 为例，说明一个聚合 API 的实现方式。

随着 API 聚合机制的出现，Heapster 也进入弃用阶段，逐渐被 Metrics Server 替代。Metrics Server 通过聚合 API 提供 Pod 和 Node 的资源使用数据，供 HPA 控制器、VPA 控制器及 kubectl top 命令使用。Metrics Server 的源码可以在其 GitHub 代码库中找到，在部署完成后，Metrics Server 将通过 Kubernetes 核心 API Server 的/apis/metrics.k8s.io/v1beta1 路径提供 Pod 和 Node 的监控数据。

首先，部署 Metrics Server 实例，在下面的 YAML 配置中包含一个 ServiceAccount、一个 Deployment 和一个 Service 的定义：

```
---
apiVersion: v1
kind: ServiceAccount
metadata:
  name: metrics-server
  namespace: kube-system
---
apiVersion: extensions/v1beta1
kind: Deployment
metadata:
  name: metrics-server
  namespace: kube-system
  labels:
    k8s-app: metrics-server
spec:
  selector:
    matchLabels:
      k8s-app: metrics-server
  template:
    metadata:
      name: metrics-server
      labels:
        k8s-app: metrics-server
    spec:
      serviceAccountName: metrics-server
      containers:
      - name: metrics-server
        image: k8s.gcr.io/metrics-server-amd64:v0.3.1
        imagePullPolicy: IfNotPresent
        volumeMounts:
        - name: tmp-dir
          mountPath: /tmp
      volumes:
      - name: tmp-dir
        emptyDir: {}
```

```
---
apiVersion: v1
kind: Service
metadata:
  name: metrics-server
  namespace: kube-system
  labels:
    kubernetes.io/name: "Metrics-server"
spec:
  selector:
    k8s-app: metrics-server
  ports:
  - port: 443
    protocol: TCP
    targetPort: 443
```

然后，创建 Metrics Server 所需的 RBAC 权限配置：

```
# 对访问 pods、nodes、nodes/stats 等资源对象进行授权
---
kind: ClusterRole
apiVersion: rbac.authorization.k8s.io/v1
metadata:
  name: system:aggregated-metrics-reader
  labels:
    rbac.authorization.k8s.io/aggregate-to-view: "true"
    rbac.authorization.k8s.io/aggregate-to-edit: "true"
    rbac.authorization.k8s.io/aggregate-to-admin: "true"
rules:
- apiGroups: ["metrics.k8s.io"]
  resources: ["pods"]
  verbs: ["get", "list", "watch"]
---
apiVersion: rbac.authorization.k8s.io/v1
kind: ClusterRole
metadata:
  name: system:metrics-server
rules:
- apiGroups:
  - ""
  resources:
  - pods
```

```
  - nodes
  - nodes/stats
  verbs:
  - get
  - list
  - watch
---
apiVersion: rbac.authorization.k8s.io/v1
kind: ClusterRoleBinding
metadata:
  name: system:metrics-server
roleRef:
  apiGroup: rbac.authorization.k8s.io
  kind: ClusterRole
  name: system:metrics-server
subjects:
- kind: ServiceAccount
  name: metrics-server
  namespace: kube-system

# 定义ClusterRoleBinding，设置它为将认证请求转发到Metrics Server上
---
apiVersion: rbac.authorization.k8s.io/v1beta1
kind: ClusterRoleBinding
metadata:
  name: metrics-server:system:auth-delegator
roleRef:
  apiGroup: rbac.authorization.k8s.io
  kind: ClusterRole
  name: system:auth-delegator
subjects:
- kind: ServiceAccount
  name: metrics-server
  namespace: kube-system

# 允许Metrics Server访问系统ConfigMap“extension-apiserver-authentication”
---
apiVersion: rbac.authorization.k8s.io/v1beta1
kind: RoleBinding
metadata:
  name: metrics-server-auth-reader
```

```
  namespace: kube-system
roleRef:
  apiGroup: rbac.authorization.k8s.io
  kind: Role
  name: extension-apiserver-authentication-reader
subjects:
- kind: ServiceAccount
  name: metrics-server
  namespace: kube-system
```

最后，定义 APIService 资源，主要设置自定义 API 的组（group）、版本号（version）及对应的服务（metrics-server.kube-system）：

```
apiVersion: apiregistration.k8s.io/v1beta1
kind: APIService
metadata:
  name: v1beta1.metrics.k8s.io
spec:
  service:
    name: metrics-server
    namespace: kube-system
  group: metrics.k8s.io
  version: v1beta1
  insecureSkipTLSVerify: true
  groupPriorityMinimum: 100
  versionPriority: 100
```

在所有资源都成功创建之后，在命名空间 kube-system 中会看到新建的 metrics-server Pod。

通过 Kubernetes Master API Server 的 URL“/apis/metrics.k8s.io/v1beta1”就能查询到 Metrics Server 提供的 Pod 和 Node 的性能数据了：

```
# curl http://192.168.18.3:8080/apis/metrics.k8s.io/v1beta1/nodes
{
  "kind": "NodeMetricsList",
  "apiVersion": "metrics.k8s.io/v1beta1",
  "metadata": {
    "selfLink": "/apis/metrics.k8s.io/v1beta1/nodes"
  },
  "items": [
    {
```

```
      "metadata": {
        "name": "k8s-node-1",
        "selfLink": "/apis/metrics.k8s.io/v1beta1/nodes/k8s-node-1",
        "creationTimestamp": "2020-03-19T00:08:41Z"
      },
      "timestamp": "2020-03-19T00:08:16Z",
      "window": "30s",
      "usage": {
        "cpu": "349414075n",
        "memory": "1182512Ki"
      }
    }
  ]
}

# curl http://192.168.18.3:8080/apis/metrics.k8s.io/v1beta1/pods
{
  "kind": "PodMetricsList",
  "apiVersion": "metrics.k8s.io/v1beta1",
  "metadata": {
    "selfLink": "/apis/metrics.k8s.io/v1beta1/pods"
  },
  "items": [
    {
      "metadata": {
        "name": "metrics-server-7cb798c45b-4dnmh",
        "namespace": "kube-system",
        "selfLink":
"/apis/metrics.k8s.io/v1beta1/namespaces/kube-system/pods/metrics-server-7cb798c
45b-4dnmh",
        "creationTimestamp": "2020-03-19T00:13:45Z"
      },
      "timestamp": "2020-03-19T00:13:18Z",
      "window": "30s",
      "containers": [
        {
          "name": "metrics-server",
          "usage": {
            "cpu": "1640261n",
            "memory": "22240Ki"
          }
```

```
            }
          ]
        },
  ......
    ]
  }
```

第 10 章

Kubernetes 运维管理

10.1 Node 管理

本节讲解 Node 管理方面的内容。

10.1.1 Node 的隔离与恢复

在硬件升级、维护等情况下，我们需要将某些 Node 隔离，使其脱离 Kubernetes 集群的调度范围。Kubernetes 提供了一种机制，既可以将 Node 纳入调度范围，也可以将 Node 脱离调度范围。我们可以使用 YAML 文件或者 kubectl 命令进行调整，示例如下。

1. 使用 YAML 文件

创建配置文件 unschedule_node.yaml，在 spec 部分指定 unschedulable 为 true：

```
apiVersion: v1
kind: Node
metadata:
  name: k8s-node-1
  labels:
    kubernetes.io/hostname: k8s-node-1
spec:
  unschedulable: true
```

执行 kubectl replace 命令，完成对 Node 状态的修改：

```
$ kubectl replace -f unschedule_node.yaml
node/k8s-node-1 replaced
```

查看 Node 的状态，可以观察到其中增加了一项 SchedulingDisabled：

```
# kubectl get nodes
NAME         STATUS                     ROLES    AGE   VERSION
k8s-node-1   Ready,SchedulingDisabled   <none>   1h    v1.19.0
```

这样，系统就不会将后续创建的 Pod 调度向该 Node 了。

如果需要将某个 Node 重新纳入集群调度范围，则将 unschedulable 设置为 false，再次运行 kubectl replace 命令，就能恢复系统对该 Node 的调度了。

2. 使用 kubectl patch 命令

我们也可以直接运行 kubectl patch 命令实现 Node 隔离调度的效果，不使用配置文件：

```
$ kubectl patch node k8s-node-1 -p '{"spec":{"unschedulable":true}}'
node/k8s-node-1 patched

$ kubectl patch node k8s-node-1 -p '{"spec":{"unschedulable":false}}'
node/k8s-node-1 patched
```

3. 使用 kubectl cordon 和 uncordon 命令

另外，使用 kubectl 子命令 cordon 和 uncordon 也可以实现 Node 的隔离调度和恢复调度。例如，运行 kubectl cordon <node_name>命令对某个 Node 进行隔离调度操作：

```
# kubectl cordon k8s-node-1
Node/k8s-node-1 cordoned

# kubectl get nodes
NAME          STATUS                      ROLES    AGE    VERSION
k8s-node-1    Ready,SchedulingDisabled    <none>   1h     v1.19.0
```

又如，运行 kubectl uncordon <node_name>命令对某个 Node 进行恢复调度操作：

```
# kubectl uncordon k8s-node-1
Node/k8s-node-1 uncordoned

# kubectl get nodes
NAME          STATUS    ROLES    AGE    VERSION
k8s-node-1    Ready     <none>   1h     v1.19.0
```

需要注意的是，某个 Node 脱离调度范围时，其上运行的 Pod 并不会自动停止，用户需要对其手动停止。

10.1.2 Node 的扩容

在实际生产系统中经常会出现服务器容量不足的情况，这时就需要购买新的服务器，然后将应用系统进行水平扩展来完成对系统的扩容。

在 Kubernetes 集群中，一个新 Node 的加入是非常简单的。在新的 Node 上安装 docker、kubelet 和 kube-proxy 服务，然后配置 kubelet 和 kube-proxy 服务的启动参数，将 Master URL

指定为当前 Kubernetes 集群 Master 的地址，最后启动这些服务。通过 kubelet 服务默认的自动注册机制，新的 Node 将自动加入现有的 Kubernetes 集群中，如图 10.1 所示。

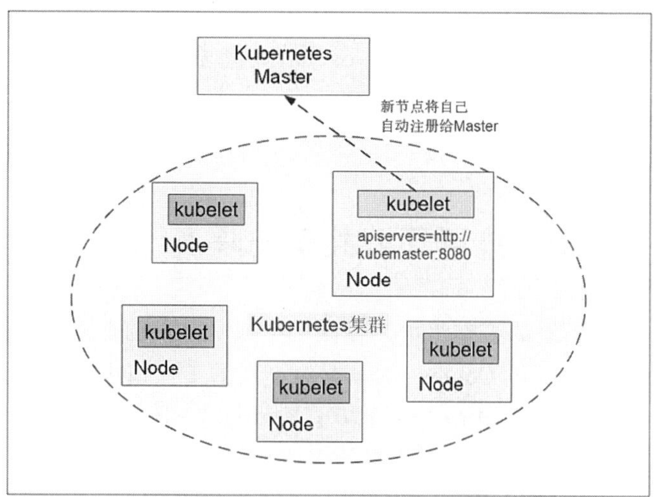

图 10.1　新 Node 自动注册并加入现有的 Kubernetes 集群中

Kubernetes Master 在接受新 Node 的注册之后，会自动将其纳入当前集群的调度范围，之后创建容器时就可以对新的 Node 进行调度了。

通过这种机制，Kubernetes 实现了集群中 Node 的扩容。

10.2　更新资源对象的 Label

Label（标签）是用户可灵活定义的对象属性，对于正在运行的资源对象，我们随时可以通过 kubectl label 命令进行增加、修改、删除等操作，示例如下。

（1）给已创建的 Pod “redis-master-bobr0” 添加一个 Lable “role=backend”：

```
$ kubectl label pod redis-master-bobr0 role=backend
pod/redis-master-bobr0 labeled
```

（2）查看该 Pod 的 Label：

```
$ kubectl get pods -Lrole
NAME                 READY    STATUS    RESTARTS   AGE     ROLE
redis-master-bobr0   1/1      Running   0          3m      backend
```

（3）删除一个 Label，只需在命令行最后指定 Label 的 key 名并与一个减号相连即可：

```
$ kubectl label pod redis-master-bobr0 role-
pod/redis-master-bobr0 labeled
```

（4）修改一个 Label 的值，需要加上--overwrite 参数：

```
$ kubectl label pod redis-master-bobr0 role=master --overwrite
pod/redis-master-bobr0 labeled
```

10.3 Namespace：集群环境共享与隔离

在一个组织内部，不同的工作组可以在同一个 Kubernetes 集群中工作，Kubernetes 通过 Namespace（命名空间）和 Context 的设置对不同的工作组进行区分，使得它们既可以共享同一个 Kubernetes 集群的服务，也可以互不干扰，如图 10.2 所示。

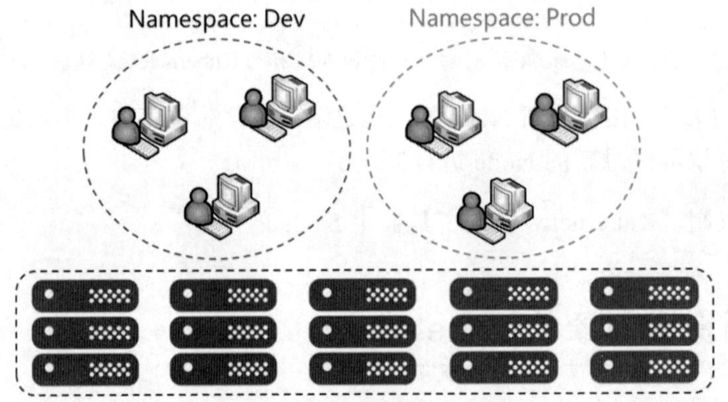

图 10.2 集群环境共享和隔离

假设在我们的组织中有两个工作组：开发组和生产运维组。开发组在 Kubernetes 集群中需要不断创建、修改及删除各种 Pod、RC、Service 等资源对象，以便实现敏捷开发。生产运维组则需要通过严格的权限设置来确保生产系统中的 Pod、RC、Service 处于正常运行状态且不会被误操作。

10.3.1 创建 Namespace

为了在 Kubernetes 集群中实现这两个分组，首先需要创建两个命名空间。

创建命名空间 1：

```
# namespace-development.yaml
apiVersion: v1
kind: Namespace
metadata:
  name: development
```

创建命名空间 2：

```
# namespace-production.yaml
apiVersion: v1
kind: Namespace
metadata:
  name: production
```

使用 kubectl create 命令完成命名空间的创建：

```
$ kubectl create -f namespace-development.yaml
namespaces/development created

$ kubectl create -f namespace-production.yaml
namespaces/production created
```

查看系统中的命名空间：

```
$ kubectl get namespaces
NAME            STATUS    AGE
default          Active    1d
development     Active    1m
production      Active    1m
```

10.3.2　定义 Context

接下来，需要为这两个工作组分别定义一个 Context，即运行环境。这个运行环境将属于某个特定的命名空间。

通过 kubectl config set-context 命令定义 Context，并将 Context 置于之前创建的命名空间中：

```
$ kubectl config set-cluster kubernetes-cluster --server=https://192.168.1.
128:8080
Cluster "kubernetes-cluster" set.
```

```
$ kubectl config set-context ctx-dev --namespace=development
--cluster=kubernetes-cluster --user=dev
Context "ctx-dev" created.

$ kubectl config set-context ctx-prod --namespace=production
--cluster=kubernetes-cluster --user=prod
Context "ctx-prod" created.
```

通过 kubectl config view 命令查看已定义的 Context：

```
$ kubectl config view
apiVersion: v1
clusters:
- cluster:
    server: http://192.168.1.128:8080
  name: kubernetes-cluster
contexts:
- context:
    cluster: kubernetes-cluster
    namespace: development
    user: dev
  name: ctx-dev
- context:
    cluster: kubernetes-cluster
    namespace: production
    user: prod
  name: ctx-prod
current-context: ""
kind: Config
preferences: {}
users: null
```

通过 kubectl config 命令在${HOME}/.kube 目录下生成了一个名为“config”的文件，文件的内容即 kubectl config view 命令显示的内容。所以，也可以通过手工编辑该文件的方式来设置 Context。

10.3.3 设置工作组在特定 Context 中工作

我们可以通过 kubectl config use-context <context_name>命令设置当前运行环境。通过

下面的命令将把当前运行环境设置为 ctx-dev：

```
$ kubectl config use-context ctx-dev
Switched to context "ctx-dev".
```

运行这个命令后，当前运行环境被设置为开发组所需的环境。之后的所有操作都将在名为 development 的命名空间中完成。

现在，以 redis-slave RC 为例创建两个 Pod：

```
redis-slave-controller.yaml
apiVersion: v1
kind: ReplicationController
metadata:
  name: redis-slave
  labels:
    name: redis-slave
spec:
  replicas: 2
  selector:
    name: redis-slave
  template:
    metadata:
      labels:
        name: redis-slave
    spec:
      containers:
      - name: slave
        image: kubeguide/guestbook-redis-slave
        ports:
        - containerPort: 6379

$ kubectl create -f  redis-slave-controller.yaml
replicationcontrollers/redis-slave created
```

查看创建好的 Pod：

```
$ kubectl get pods
NAME                 READY     STATUS    RESTARTS   AGE
redis-slave-0feq9    1/1       Running   0          6m
redis-slave-6i0g4    1/1       Running   0          6m
```

可以看到容器被正确创建并运行起来了。而且，由于当前运行环境是 ctx-dev，所以不会影响生产运维组的工作。

切换到生产运维组的运行环境中：

```
$ kubectl config use-context ctx-prod
Switched to context "ctx-prod".
```

查看 RC 和 Pod：

```
$ kubectl get rc
CONTROLLER   CONTAINER(S)   IMAGE(S)   SELECTOR   REPLICAS

$ kubectl get pods
NAME      READY     STATUS    RESTARTS   AGE
```

结果为空，说明看不到开发组创建的 RC 和 Pod 了。

现在也为生产运维组创建两个 redis-slave 的 Pod：

```
$ kubectl create -f  redis-slave-controller.yaml
replicationcontrollers/redis-slave created
```

查看创建好的 Pod：

```
$ kubectl get pods
NAME                 READY     STATUS    RESTARTS   AGE
redis-slave-a4m7s   1/1       Running   0          12s
redis-slave-xyrkk   1/1       Running   0          12s
```

可以看到容器被正确创建并运行起来了，并且当前运行环境是 ctx-prod，也不会影响开发组的工作。

至此，我们为两个工作组分别设置了两个运行环境，设置好当前运行环境时，各工作组之间的工作将不会相互干扰，并且都能在同一个 Kubernetes 集群中同时工作。

10.4 Kubernetes 资源管理

本节从计算资源管理（Compute Resources）、服务质量管理（QoS）、资源配额管理（LimitRange、ResourceQuota）等方面对 Kubernetes 集群中的资源管理进行详细说明，并结合实践操作、常见问题分析和一个完整示例，对 Kubernetes 集群资源管理相关的运维工作提供参考。

Kubernetes 集群里的节点提供的资源主要是计算资源，计算资源是可计量的能被申请、分配和使用的基础资源，这使之区别于 API 资源（API Resources，例如 Pod 和 Services 等）。当前 Kubernetes 集群中的计算资源主要包括 CPU、GPU 及 Memory，绝大多数常规应用是用不到 GPU 的，因此这里重点介绍 CPU 与 Memory 的资源管理问题。在一般情况下，我们在定义 Pod 时并没有限制 Pod 所占用的 CPU 和内存数量，此时 Kubernetes 会认为该 Pod 所需的资源很少，可以将其调度到任何可用的节点上，这样一来，当集群中的计算资源不很充足时，比如集群中的 Pod 负载突然加大，就会使某个节点的资源严重不足。为了避免系统挂掉，该节点（操作系统）会选择"杀掉"某些用户进程来释放资源，避免操作系统崩溃，若操作系统崩溃，则每个 Pod 都可能成为牺牲品。因此，Kubernetes 需要有一套完备的资源配额限制及对应的 Pod 服务等级机制，来避免这种灾难的发生。Kubernetes 给出了如下解决思路。

（1）可以全面限制一个应用及其中的 Pod 所能占用的资源配额。具体包括三种方式：

◎ 定义每个 Pod 上资源配额相关的参数，比如 CPU/Memory Request/Limit；
◎ 自动为每个没有定义资源配额的 Pod 添加资源配额模板（LimitRange）；
◎ 从总量上限制一个租户（应用）所能使用的资源配额的 ResourceQuota。

（2）允许集群的资源被超额分配，以提高集群的资源利用率，同时允许用户根据业务的优先级，为不同的 Pod 定义相应的服务保障等级（QoS）。我们可以将 Qos 理解为"活命优先级"，当系统资源不足时，低等级的 Pod 会被操作系统自动清理，以确保高等级的 Pod 稳定运行。

我们知道，一个程序所使用的 CPU 与 Memory 是一个动态的量，确切地说，是一个范围，跟它的负载密切相关：负载增加时，CPU 和 Memory 的使用量也会增加。因此最准确的说法是，某个进程的 CPU 使用量为 0.1 个 CPU（Request）～1 个 CPU（Limit），内存占用则为 500MB（Reuqest）～1GB（Limit）。对应到 Kubernetes 的 Pod 容器上，就是如下 4 个参数。

◎ spec.container[].resources.requests.cpu：容器初始要求的 CPU 数量。
◎ spec.container[].resources.limits.cpu：容器所能使用的最大 CPU 数量。
◎ spec.container[].resources.requests.memory：容器初始要求的内存数量。
◎ spec.container[].resources.limits.memory：容器所能使用的最大内存数量。

其中，limits 对应资源量的上限，即最多允许使用这个上限的资源量。由于 CPU 资源是可压缩的，进程无论如何也不可能突破上限，因此设置起来比较容易。对于 Memory 这种不可压缩的资源来说，它的 Limit 设置是一个问题，如果设置得小了，则进程在业务繁忙期试图请求超过 Limit 限制的 Memory 时会被操作系统“杀掉”。因此，Memory 的 Request 与 Limit 的值需要结合进程的实际需求谨慎设置。如果不设置 CPU 或 Memory 的 Limit 值，则会怎样呢？在这种情况下，该 Pod 的资源使用量有一个弹性范围，我们不用绞尽脑汁去思考这两个 Limit 的合理值，但问题也来了，考虑下面的例子：

Pod A 的 Memory Request 被设置为 1GB，Node A 当时空闲的 Memory 为 1.2GB，符合 Pod A 的需求，因此 Pod A 被调度到 Node A 上。运行 3 天后，Pod A 的访问请求大增，内存需要增加到 1.5GB，此时 Node A 的剩余内存只有 200MB，由于 Pod A 新增的内存已经超出系统资源范围，所以 Pod A 在这种情况下会被 Kubernetes“杀掉”。

没有设置 Limit 的 Pod，或者只设置了 CPU Limit 或者 Memory Limit 两者之一的 Pod，看起来都是很有弹性的，但实际上，与 4 个参数都被设置了的 Pod 相比，它们处于一种不稳定状态，只是稳定一点儿而已。理解了这一点，就很容易理解 Resource QoS 问题了。

如果我们有成百上千个不同的 Pod，那么先手动设置每个 Pod 的这 4 个参数，再检查并确保这些参数的设置，都是合理的。比如不能出现内存超过 2GB 或者 CPU 占据两个核心的 Pod。最后还得手工检查不同租户（命名空间）下的 Pod 资源使用量是否超过限额。为此，Kubernetes 提供了另外两个相关对象：LimitRange 及 ResourceQuota，前者解决了没有设置配额参数的 Pod 的默认资源配额问题，同时是 Pod 资源配额设置的合法性校验参考；后者则约束租户的资源总量配额问题。

10.4.1 计算资源管理

1. 详解 Requests 和 Limits 参数

以 CPU 为例，图 10.3 显示了未设置 Limits 与设置了 Requests 和 Limits 的 CPU 使用率的区别。

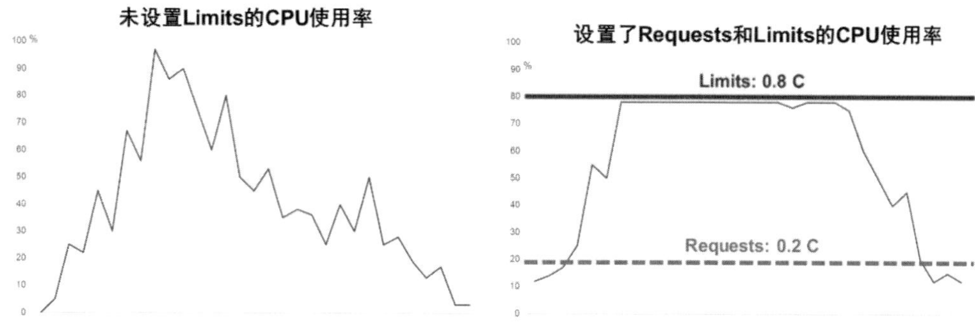

图 10.3　未设置 Limits 与设置了 Requests 和 Limits 的 CPU 使用率的区别

尽管Requests和Limits只能被设置到容器上，但是设置了Pod级别的Requests和Limits能大大提高管理Pod的便利性和灵活性，因此在Kubernetes中提供了对Pod级别的Requests和 Limits 的配置。对于 CPU 和内存而言，Pod 的 Requests 或 Limits 指该 Pod 中所有容器的 Requests 或 Limits 的总和（对于 Pod 中没有设置 Requests 或 Limits 的容器，该项的值被当作 0 或者按照集群配置的默认值来计算）。下面对 CPU 和内存这两种计算资源的特点进行说明。

1）CPU

CPU 的 Requests 和 Limits 是通过 CPU 数（cpus）来度量的。CPU 的资源值是绝对值，而不是相对值，比如 0.1CPU 在单核或多核机器上是一样的，都严格等于 0.1 CPU core。

2）Memory

内存的 Requests 和 Limits 计量单位是字节数。使用整数或者定点整数加上国际单位制（International System of Units）来表示内存值。国际单位制包括十进制的 E、P、T、G、M、K、m，或二进制的 Ei、Pi、Ti、Gi、Mi、Ki。KiB 与 MiB 是以二进制表示的字节单位，常见的 KB 与 MB 则是以十进制表示的字节单位，比如：

◎　1 KB（KiloByte）= 1000 Bytes = 8000 Bits；
◎　1 KiB（KibiByte）= 2^{10} Bytes = 1024 Bytes = 8192 Bits。

因此，128974848、129e6、129M、123Mi 的内存配置是一样的。

Kubernetes 的计算资源单位是大小写敏感的，因为 m 可以表示千分之一单位（milli unit），而 M 可以表示十进制的 1000，二者的含义不同；同理，小写的 k 不是一个合法的资源单位。

以某个 Pod 中的资源配置为例：

```
apiVersion: v1
kind: Pod
metadata:
  name: frontend
spec:
  containers:
  - name: db
    image: mysql
    resources:
      requests:
        memory: "64Mi"
        cpu: "250m"
      limits:
        memory: "128Mi"
        cpu: "500m"
  - name: wp
    image: wordpress
    resources:
      requests:
        memory: "64Mi"
        cpu: "250m"
      limits:
        memory: "128Mi"
        cpu: "500m"
```

如上所示，该 Pod 包含两个容器，每个容器配置的 Requests 都是 0.25CPU 和 64MiB（2^{26} Bytes）内存，而配置的 Limits 都是 0.5CPU 和 128MiB（2^{27} Bytes）内存。

这个 Pod 的 Requests 和 Limits 等于 Pod 中所有容器对应配置的总和，所以 Pod 的 Requests 是 0.5CPU 和 128MiB（2^{27} Bytes）内存，Limits 是 1CPU 和 256MiB（2^{28} Bytes）内存。

2. 基于 Requests 和 Limits 的 Pod 调度机制

当一个 Pod 创建成功时，Kubernetes 调度器（Scheduler）会为该 Pod 选择一个节点来执行。对于每种计算资源（CPU 和 Memory）而言，每个节点都有一个能用于运行 Pod 的最大容量值。调度器在调度时，首先要确保调度后该节点上所有 Pod 的 CPU 和内存的 Requests 总和，不超过该节点能提供给 Pod 使用的 CPU 和 Memory 的最大容量值。

例如，某个节点上的 CPU 资源充足，而内存为 4GB，其中 3GB 可以运行 Pod，而某 Pod 的 Memory Requests 为 1GB、Limits 为 2GB，那么在这个节点上最多可以运行 3 个这样的 Pod。

这里需要注意：可能某节点上的实际资源使用量非常低，但是已运行 Pod 配置的 Requests 值的总和非常高，再加上需要调度的 Pod 的 Requests 值，会超过该节点提供给 Pod 的资源容量上限，这时 Kubernetes 仍然不会将 Pod 调度到该节点上。如果 Kubernetes 将 Pod 调度到该节点上，之后该节点上运行的 Pod 又面临服务峰值等情况，就可能导致 Pod 资源短缺。

接着上面的例子，假设该节点已经启动 3 个 Pod 实例，而这 3 个 Pod 的实际内存使用都不足 500MB，那么理论上该节点的可用内存应该大于 1.5GB。但是由于该节点的 Pod Requests 总和已经达到节点的可用内存上限，因此 Kubernetes 不会再将任何 Pod 实例调度到该节点上。

3. Requests 和 Limits 的背后机制

kubelet 在启动 Pod 的某个容器时，会将容器的 Requests 和 Limits 值转化为相应的容器启动参数传递给容器执行器（Docker 或者 rkt）。

如果容器的执行环境是 Docker，那么容器的 4 个参数传递给 Docker 的过程如下。

1）spec.container[].resources.requests.cpu

这个参数值会被转化为 core 数（比如配置的 100m 会转化为 0.1），然后乘以 1024，再将这个结果作为--cpu-shares 参数的值传递给 docker run 命令。在 docker run 命令中，--cpu-share 参数是一个相对权重值（Relative Weight），这个相对权重值会决定 Docker 在资源竞争时分配给容器的资源比例。

这里举例说明--cpu-shares 参数在 Docker 中的含义：比如将两个容器的 CPU Requests 分别设置为 1 和 2，那么容器在 docker run 启动时对应的--cpu-shares 参数值分别为 1024 和 2048，在主机 CPU 资源产生竞争时，Docker 会尝试按照 1∶2 的配比将 CPU 资源分配给这两个容器使用。

这里需要区分清楚的是：这个参数对于 Kubernetes 而言是绝对值，主要用于 Kubernetes 调度和管理，Kubernetes 同时会将这个参数的值传递给 docker run 的--cpu-shares 参数。--cpu-shares 参数对于 Docker 而言是相对值，主要用于设置资源分配比例。

2）spec.container[].resources.limits.cpu

这个参数值会被转化为 millicore 数（比如配置的 1 被转化为 1000，而配置的 100m 被转化为 100），将此值乘以 100000，再除以 1000，然后将结果值作为--cpu-quota 参数的值传递给 docker run 命令。docker run 命令中的另一个参数--cpu-period 默认被设置为 100000，表示 Docker 重新计量和分配 CPU 的使用时间间隔为 100000μs（100ms）。

Docker 的--cpu-quota 参数和--cpu-period 参数一起配合完成对容器 CPU 的使用限制：比如在 Kubernetes 中配置容器的 CPU Limits 为 0.1，那么计算后--cpu-quota 为 10000，而--cpu-period 为 100000，这意味着 Docker 在 100ms 内最多给该容器分配 10ms×core 的计算资源用量，10/100=0.1 core 的结果与 Kubernetes 配置的意义是一致的。

注意：如果 kubelet 服务的启动参数--cpu-cfs-quota 被设置为 true，那么 kubelet 会强制要求所有 Pod 都必须配置 CPU Limits（如果没有配置 Pod，则集群提供了默认配置也可以）。从 Kubernetes 1.2 版本开始，这个--cpu-cfs-quota 启动参数的默认值就是 true。

3）spec.container[].resources.requests.memory

这个参数值只提供给 Kubernetes 调度器作为调度和管理的依据，不会作为任何参数传递给 Docker。

4）spec.container[].resources.limits.memory

这个参数值会被转化为单位为 Bytes 的整数，值作为--memory 参数传递给 docker run 命令。

如果一个容器在运行过程中使用了超出了其内存 Limits 配置的内存限制值，那么它可能会被“杀掉”；如果这个容器是一个可重启的容器，那么它在之后会被 kubelet 重新启动。因此对容器的 Limits 配置需要进行准确测试和评估。

与内存 Limits 不同的是，CPU 在容器技术中属于可压缩资源，因此对 CPU 的 Limits 配置一般不会因为偶然超标使用而导致容器被系统“杀掉”。

4. 计算资源使用情况监控

Pod 的资源用量会作为 Pod 的状态信息一同上报给 Master。如果在集群中配置了 Heapster 来监控集群的性能数据，那么还可以从 Heapster 中查看 Pod 的资源用量信息。

5. 计算资源常见问题分析

（1）Pod 状态为 Pending，错误信息为 FailedScheduling。如果 Kubernetes 调度器在集群中找不到合适的节点来运行 Pod，那么这个 Pod 会一直处于未调度状态，直到调度器找到合适的节点为止。每次调度器尝试调度失败时，Kubernetes 都会产生一个事件，我们可以通过下面这种方式来查看事件的信息：

```
$ kubectl describe pod frontend | grep -A 3 Events
Events:
  FirstSeen  LastSeen Count  From       Subobject   PathReason        Message
  36s        5s       6      {scheduler }   FailedScheduling  Failed for
reason PodExceedsFreeCPU and possibly others
```

在上面这个例子中，名为 frontend 的 Pod 由于节点的 CPU 资源不足而调度失败（PodExceedsFreeCPU），同样，如果内存不足，则也可能导致调度失败（PodExceedsFreeMemory）。

如果一个或者多个 Pod 调度失败且有这类错误，那么可以尝试以下几种解决方法。

◎ 添加更多的节点到集群中。

◎ 停止一些不必要的运行中的 Pod，释放资源。

◎ 检查 Pod 的配置，错误的配置可能导致该 Pod 永远无法被调度执行。比如整个集群中的所有节点都只有 1 CPU，而 Pod 配置的 CPU Requests 为 2，该 Pod 就不会被调度执行。

我们可以使用 kubectl describe nodes 命令来查看集群中节点的计算资源容量和已使用量：

```
$ kubectl describe nodes k8s-node-1
Name:            k8s-node-1
......
Capacity:
 cpu:        1
 memory: 4016Mi
 pods:       40
Allocated resources (total requests):
 cpu:        910m
 memory: 2370Mi
 pods:       4
......
Pods:                   (4 in total)
  Namespace             Name                                  CPU(milliCPU)
```

```
  Memory(bytes)
    frontend          webserver-ffj8j                       500 (50% of
total)       2097152000 (50% of total)
    kube-system           fluentd-cloud-logging-k8s-node-1     100 (10% of
total)       209715200 (5% of total)
    kube-system           kube-dns-v8-qopgw                     310 (31% of
total)       178257920 (4% of total)
  TotalResourceLimits:
    CPU(milliCPU):      910 (91% of total)
    Memory(bytes):      2485125120 (59% of total)
  ......
```

超过可用资源容量上限（Capacity）和已分配资源量（Allocated resources）差额的 Pod 无法运行在该 Node 上。在这个例子中，如果一个 Pod 的 Requests 超过 90 millicpus 或者 1646MiB 内存，就无法运行在这个节点上。

（2）容器被强行终止（Terminated）。如果容器使用的资源超过了它配置的 Limits，那么该容器可能被强制终止。我们可以通过 kubectl describe pod 命令来确认容器是否因为这个原因被终止：

```
$ kubectl describe pod simmemleak-hra99
Name:                          simmemleak-hra99
Namespace:                      default
Image(s):                       saadali/simmemleak
Node:                          192.168.18.3
Labels:                         name=simmemleak
Status:                         Running
Reason:
Message:
IP:                            172.17.1.3
Replication Controllers:        simmemleak (1/1 replicas created)
Containers:
  simmemleak:
    Image:  saadali/simmemleak
    Limits:
      cpu:                     100m
      memory:                  50Mi
    State:                     Running
      Started:                  Tue, 07 Jul 2020 12:54:41 -0700
    Last Termination State:     Terminated
      Exit Code:                 1
```

```
      Started:                 Fri, 07 Jul 2020 12:54:30 -0700
      Finished:                Fri, 07 Jul 2020 12:54:33 -0700
    Ready:                     False
    Restart Count:              5
  Conditions:
    Type      Status
    Ready     False
  Events:
    FirstSeen                         LastSeen                          Count  From
SubobjectPath                    Reason      Message
    Tue, 07 Jul 2020 12:53:51 -0700   Tue, 07 Jul 2020 12:53:51 -0700   1
{scheduler }                                                    scheduled
Successfully assigned simmemleak-hra99 to kubernetes-node-tf0f
    Tue, 07 Jul 2020 12:53:51 -0700   Tue, 07 Jul 2020 12:53:51 -0700  1      {kubelet
kubernetes-node-tf0f}    implicitly required container POD  pulled      Pod
container image "k8s.gcr.io/pause:3.2" already present on machine
    Tue, 07 Jul 2020 12:53:51 -0700   Tue, 07 Jul 2020 12:53:51 -0700  1      {kubelet
kubernetes-node-tf0f}    implicitly required container POD  created     Created
with docker id 6a41280f516d
    Tue, 07 Jul 2020 12:53:51 -0700   Tue, 07 Jul 2020 12:53:51 -0700  1      {kubelet
kubernetes-node-tf0f}    implicitly required container POD  started     Started
with docker id 6a41280f516d
    Tue, 07 Jul 2020 12:53:51 -0700   Tue, 07 Jul 2020 12:53:51 -0700  1      {kubelet
kubernetes-node-tf0f}    spec.containers{simmemleak}        created    Created
with docker id 87348f12526a
```

Restart Count: 5 说明这个名为 simmemleak 的容器被强制终止并重启了 5 次。

我们可以在使用 kubectl get pod 命令时添加-o go-template=...格式的参数来读取已终止容器之前的状态信息：

```
  $ kubectl get pod -o
go-template='{{range.status.containerStatuses}}{{"Container Name:
"}}{{.name}}{{"\r\nLastState: "}}{{.lastState}}{{end}}'  simmemleak-60xbc
  Container Name: simmemleak
  LastState: map[terminated:map[exitCode:137 reason:OOM Killed
startedAt:2020-07-07T20:58:43Z finishedAt:2020-07-07T20:58:43Z
containerID:docker://0e4095bba1feccdfe7ef9fb6ebffe972b4b14285d5acdec6f0d3ae8a22f
ad8b2]]
```

可以看到这个容器因为 reason:OOM Killed 而被强制终止，说明这个容器的内存超出了限制（Out of Memory）。

6. 对大内存页（Huge Page）资源的支持

在计算机发展的早期阶段，程序员是直接对内存物理地址编程的，需要自己管理内存，所以很容易由于内存地址错误导致操作系统崩溃，而且存在一些恶意程序对操作系统进行破坏。后来人们将硬件和软件（操作系统）结合，推出虚拟地址和内存页的概念，以及 CPU 的逻辑内存地址与物理内存（条）地址的映射关系。

在现代操作系统中，内存是以 Page（页，有时也可以称之为 Block）为单位进行管理的，而不以字节为单位，包括内存的分配和回收都基于 Page 进行。典型的 Page 大小为 4KB，因此用户进程申请 1MB 内存，就需要操作系统分配 256 个 Page，而 1GB 内存对应 26 万多个 Page！

为了实现快速内存寻址，CPU 内部以硬件方式实现了一个高性能的内存地址映射的缓存表——TLB（Translation Lookaside Buffer），用来保存逻辑内存地址与物理内存的对应关系。若目标地址的内存页物理地址不在 TLB 的缓存中或者 TLB 中的缓存记录失效，CPU 就需要切换到低速的以软件方式实现的内存地址映射表进行内存寻址，这将大大降低 CPU 的运算速度。针对缓存条目有限的 TLB 缓存表，提高 TLB 效率的最佳办法就是将内存页增加，这样一来，一个进程所需的内存页数量会相应地减少很多。如果把内存页从默认的 4KB 改为 2MB，那么 1GB 内存就只对应 512 个内存页了，TLB 的缓存命中率会大大增加。这是不是意味着我们可以任意指定内存页的大小，比如 1314MB 的内存页？答案是否定的，因为这是由 CPU 来决定的，比如常见的 Intel x86 处理器可以支持的大内存页通常是 2MB，个别型号的高端处理器则支持 1GB 的大内存页。

在 Linux 平台下，对于那些需要大量内存（1GB 以上内存）的程序来说，大内存页的优势是很明显的，因为 Huge Page 大大提升了 TLB 的缓存命中率，又因为 Linux 对 Huge Page 提供了更为简单、便捷的操作接口，所以可以把它当作文件进行读写操作。Linux 使用 Huge Page 文件系统 hugetlbfs 支持巨页，这种方式更为灵活，我们可以设置 Huge Page 的大小，比如 1GB、2GB 甚至 2.5GB（前提是硬件和操作系统支持），然后设置有多少物理内存用于分配 Huge Page，这样就设置了一些预先分配好的 Huge Page。可以将 hugetlbfs 文件系统挂载到/mnt/huge 目录下，通过执行下面的指令完成设置：

```
# mkdir /mnt/huge
# mount -t hugetlbfs nodev /mnt/huge
```

在完成设置后，用户进程就可以使用 mmap 映射 Huge Page 目标文件来使用大内存页了，Intel DPDK 便采用了这种做法。有测试表明，应用使用大内存页比使用 4KB 的内存页，性能提高了 10%～15%。

我们可以将 Huge Page 理解为一种特殊的计算资源：拥有大内存页的资源。而拥有 Huge Page 资源的 Node 也与拥有 GPU 资源的 Node 一样，属于一种新的可调度资源节点（Schedulable Resource Node），其上的 kubelet 进程需要报告自身的 Huge Page 相关的资源信息到 Kubernetes Master，以供 Scheduler 调度器使用，将需要 Huge Page 资源的 Pod 调度到符合要求的目标节点上。在 Kubernetes 1.14 中，对 Linux Huge Page 的支持正式更新为 GA 稳定版本。

Huge Page 类似于 CPU 或者 Memory 资源，但不同于 CPU 或者 Memory，Huge Page 资源属于不可超限使用的资源，也支持 ResourceQuota 实现配额限制。为此，Kubernetes 引入了一个新的资源类型 hugepages-<size>，来表示大内存页这种特殊的资源，比如 hugepages-2Mi 表示 2MiB 规格的大内存页资源。一个能提供 2MiB 规格 Huge Page 的 Node，会上报自己拥有 Hugepages-2Mi 的大内存页资源属性，供需要这种规格的大内存页资源的 Pod 使用。

需要 Huge Page 资源的 Pod 只要给出相关 Huge Page 的声明，就可以被正确调度到匹配的目标 Node 上了，如下所示：

```
apiVersion: v1
kind: Pod
metadata:
  generateName: hugepages-volume-
spec:
  containers:
  - image: fedora:latest
    command:
    - sleep
    - inf
    name: example
    volumeMounts:
    - mountPath: /hugepages
      name: hugepage
    resources:
      limits:
        hugepages-2Mi: 100Mi
        memory: 100Mi
      requests:
        memory: 100Mi
```

```
volumes:
- name: hugepage
  emptyDir:
    medium: HugePages
```

在上面的定义中有以下几个关键点：

◎ Huge Page 需要被映射到 Pod 的文件系统中；

◎ Huge Page 申请的 request 与 limit 必须相同，即申请固定大小的 Huge Page，不能是可变的；

◎ 在目前的版本中，Huge Page 属于 Pod 级别的资源，未来计划成为 Container 级别的资源，即实现更细粒度的资源管理；

◎ 存储卷 emptyDir（挂载到容器内的/hugepages 目录）的后台是由 Huge Page 支持的，因此应用不能使用超过 request 声明的内存大小。

如果需要更大的 Huge Page，则可以在 Pod 的 Voume 声明中用 medium:HugePages-<size> 来表明，比如在下面这段代码中分别申请了 2Mi 与 1Gi 的 Huge Page：

```
volumes:
- name: hugepage-2mi
  emptyDir:
    medium: HugePages-2Mi
- name: hugepage-1gi
  emptyDir:
    medium: HugePages-1Gi
```

在 Kubernetes 未来的版本中计划继续实现下面的一些高级特性：

◎ 支持容器级别的 Huge Page 的隔离能力；

◎ 支持 NUMA 亲和能力，以提升服务的质量；

◎ 支持 LimitRange 配置 Huge Page 资源限额。

10.4.2 资源配置范围管理（LimitRange）

在默认情况下，Kubernetes 不会对 Pod 加上 CPU 和内存限制，这意味着 Kubernetes 系统中的任何 Pod 都可以使用其所在节点所有可用的 CPU 和内存。通过配置 Pod 的计算资源 Requests 和 Limits，我们可以限制 Pod 的资源使用，但对于 Kubernetes 集群管理员而言，配置每一个 Pod 的 Requests 和 Limits 是很烦琐的，而且很受限制。更多时候，我们需要对集群内 Requests 和 Limits 的配置做一个全局限制。常见的配置场景如下。

◎ 集群中的每个节点都有 2GB 内存，集群管理员不希望任何 Pod 申请超过 2GB 的内存，因为在整个集群中都没有任何节点能满足超过 2GB 内存的请求。如果某个 Pod 的内存配置超过 2GB，那么该 Pod 将永远无法被调度到任何节点上执行。为了防止这种情况的发生，集群管理员希望能在系统管理功能中设置禁止 Pod 申请超过 2GB 内存。

◎ 集群由同一个组织中的两个团队共享，分别运行生产环境和开发环境。生产环境最多可以使用 8GB 内存，而开发环境最多可以使用 512MB 内存。集群管理员希望通过为这两个环境创建不同的命名空间，并为每个命名空间都设置不同的限制来满足这个需求。

◎ 用户创建 Pod 时使用的资源可能会刚好比整个机器资源的上限稍小，而恰好剩下的资源大小非常尴尬，不足以运行其他任务，但整个集群加起来又非常浪费。因此，集群管理员希望将每个 Pod 都设置为必须至少使用集群平均资源值（CPU 和内存）的 20%，这样集群就能够提供更好的资源一致性调度，从而减少资源浪费。

针对这些需求，Kubernetes 提供了 LimitRange 机制对 Pod 和容器的 Requests 和 Limits 配置做进一步限制。在下面的示例中首先说明如何将 LimitsRange 应用到一个 Kubernetes 的命名空间中，然后说明 LimitRange 的几种限制方式，比如最大及最小范围、Requests 和 Limits 的默认值、Limits 与 Requests 的最大比例上限，等等。下面通过 LimitRange 的设置和应用对其进行说明。

1. 创建一个命名空间

创建一个名为 limit-example 的 Namespace：

```
$ kubectl create namespace limit-example
namespace "limit-example" created
```

2. 为命名空间设置 LimitRange

为命名空间 limit-example 创建一个简单的 LimitRange。创建 limits.yaml 配置文件，内容如下：

```
apiVersion: v1
kind: LimitRange
metadata:
  name: mylimits
```

```
spec:
  limits:
  - max:
      cpu: "4"
      memory: 2Gi
    min:
      cpu: 200m
      memory: 6Mi
    maxLimitRequestRatio:
      cpu: 3
      memory: 2
    type: Pod
  - default:
      cpu: 300m
      memory: 200Mi
    defaultRequest:
      cpu: 200m
      memory: 100Mi
    max:
      cpu: "2"
      memory: 1Gi
    min:
      cpu: 100m
      memory: 3Mi
    maxLimitRequestRatio:
      cpu: 5
      memory: 4
    type: Container
```

创建该 LimitRange：

```
$ kubectl create -f limits.yaml --namespace=limit-example
limitrange "mylimits" created
```

查看 namespace limit-example 中的 LimitRange：

```
$ kubectl describe limits mylimits --namespace=limit-example
Name:   mylimits
Namespace:  limit-example
Type        Resource      Min      Max   Default Request      Default Limit
Max Limit/Request Ratio
----        --------      ---      ---   ---------------      -------------
```

```
-----------------------
   Pod         cpu           200m    4       -           -            3
   Pod         memory        6Mi     2Gi     -           -            2
   Container   cpu           100m    2       200m        300m         5
   Container   memory        3Mi     1Gi     100Mi       200Mi        4
```

下面解释 LimitRange 中各项配置的意义和特点。

（1）不论是 CPU 还是内存，在 LimitRange 中，Pod 和 Container 都可以设置 Min、Max 和 Max Limit/Requests Ratio 参数。Container 还可以设置 Default Request 和 Default Limit 参数，而 Pod 不能设置 Default Request 和 Default Limit 参数。

（2）对 Pod 和 Container 的参数解释如下。

◎ Container 的 Min（上面的 100m 和 3Mi）是 Pod 中所有容器的 Requests 值下限；Container 的 Max（上面的 2 和 1Gi）是 Pod 中所有容器的 Limits 值上限；Container 的 Default Request（上面的 200m 和 100Mi）是 Pod 中所有未指定 Requests 值的容器的默认 Requests 值；Container 的 Default Limit（上面的 300m 和 200Mi）是 Pod 中所有未指定 Limits 值的容器的默认 Limits 值。对于同一资源类型，这 4 个参数必须满足以下关系：Min≤Default Request≤Default Limit≤Max。

◎ Pod 的 Min（上面的 200m 和 6Mi）是 Pod 中所有容器的 Requests 值的总和下限；Pod 的 Max（上面的 4 和 2Gi）是 Pod 中所有容器的 Limits 值的总和上限。容器未指定 Requests 值或者 Limits 值时，将使用 Container 的 Default Request 值或者 Default Limit 值。

◎ Container 的 Max Limit/Requests Ratio（上面的 5 和 4）限制了 Pod 中所有容器的 Limits 值与 Requests 值的比例上限；而 Pod 的 Max Limit/Requests Ratio（上面的 3 和 2）限制了 Pod 中所有容器的 Limits 值总和与 Requests 值总和的比例上限。

（3）如果设置了 Container 的 Max，那么对于该类资源而言，整个集群中的所有容器都必须设置 Limits，否则无法成功创建。Pod 内的容器未配置 Limits 时，将使用 Default Limit 的值（本例中的 300m CPU 和 200MiB 内存），如果也未配置 Default，则无法成功创建。

（4）如果设置了 Container 的 Min，那么对于该类资源而言，整个集群中的所有容器都必须设置 Requests。如果创建 Pod 的容器时未配置该类资源的 Requests，那么在创建过程中会报验证错误。Pod 里容器的 Requests 在未配置时，可以使用默认值 defaultRequest（本例中的 200m CPU 和 100MiB 内存）；如果未配置而且没有使用默认值 defaultRequest，那么默认等于该容器的 Limits；如果容器的 Limits 也未定义，就会报错。

（5）对于任意一个 Pod 而言，该 Pod 中所有容器的 Requests 总和都必须大于或等于 6MiB，而且所有容器的 Limits 总和都必须小于或等于 1GiB；同样，所有容器的 CPU Requests 总和都必须大于或等于 200m，而且所有容器的 CPU Limits 总和都必须小于或等于 2。

（6）Pod 里任何容器的 Limits 与 Requests 的比例都不能超过 Container 的 Max Limit/Requests Ratio；Pod 里所有容器的 Limits 总和与 Requests 总和的比例都不能超过 Pod 的 Max Limit/Requests Ratio。

3. 创建 Pod 时触发 LimitRange 限制

最后，让我们看看 LimitRange 生效时对容器的资源限制效果。

命名空间中的 LimitRange 只会在 Pod 创建或者更新时执行检查。如果手动修改 LimitRange 为一个新的值，那么这个新的值不会去检查或限制之前已经在该命名空间中创建好的 Pod。

如果在创建 Pod 时配置的资源值（CPU 或者内存）超出了 LimitRange 的限制，那么该创建过程会报错，在错误信息中会说明详细的错误原因。

下面通过创建一个单容器 Pod 来展示默认限制是如何被配置到 Pod 上的：

```
$ kubectl run nginx --image=nginx --replicas=1 --namespace=limit-example
deployment "nginx" created
```

查看已创建的 Pod：

```
$ kubectl get pods --namespace=limit-example
NAME                     READY     STATUS    RESTARTS   AGE
nginx-2040093540-s8vzu   1/1       Running   0          11s
```

查看该 Pod 的 resources 相关信息：

```
$ kubectl get pods nginx-2040093540-s8vzu --namespace=limit-example -o yaml |
grep resources -C 8
    resourceVersion: "57"
    selfLink: /api/v1/namespaces/limit-example/pods/nginx-2040093540-ivimu
    uid: 67b20741-f53b-11e5-b066-64510658e388
  spec:
    containers:
    - image: nginx
      imagePullPolicy: Always
```

```
    name: nginx
    resources:
      limits:
        cpu: 300m
        memory: 200Mi
      requests:
        cpu: 200m
        memory: 100Mi
    terminationMessagePath: /dev/termination-log
    volumeMounts:
```

由于该 Pod 未配置资源 Requests 和 Limits，所以使用了 namespace limit-example 中的默认 CPU 和内存定义的 Requests 和 Limits 值。

下面创建一个超出资源限制的 Pod（使用 3 CPU）：

```
invalid-pod.yaml:
apiVersion: v1
kind: Pod
metadata:
  name: invalid-pod
spec:
  containers:
  - name: kubernetes-serve-hostname
    image: gcr.io/google_containers/serve_hostname
    resources:
      limits:
        cpu: "3"
        memory: 100Mi
```

创建该 Pod，可以看到系统报错，并且提供的错误原因为超过资源限制：

```
$ kubectl create -f invalid-pod.yaml --namespace=limit-example
Error from server: error when creating "invalid-pod.yaml": Pod "invalid-pod" is
forbidden: [Maximum cpu usage per Pod is 2, but limit is 3., Maximum cpu usage per
Container is 2, but limit is 3.]
```

接下来的例子展示了 LimitRange 对 maxLimitRequestRatio 的限制过程：

```
limit-test-nginx.yaml:
apiVersion: v1
kind: Pod
metadata:
```

```
  name: limit-test-nginx
  labels:
    name: limit-test-nginx
spec:
  containers:
  - name: limit-test-nginx
    image: nginx
    resources:
      limits:
        cpu: "1"
        memory: 512Mi
      requests:
        cpu: "0.8"
        memory: 250Mi
```

由于 limit-test-nginx 这个 Pod 的全部内存 Limits 总和与 Requests 总和的比例为 512：250，大于在 LimitRange 中定义的 Pod 的最大比率 2（maxLimitRequestRatio.memory=2），因此创建失败：

```
$ kubectl create -f limit-test-nginx.yaml --namespace=limit-example
Error from server: error when creating "limit-test-nginx.yaml": pods
"limit-test-nginx" is forbidden: [memory max limit to request ratio per Pod is 2,
but provided ratio is 2.048000.]
```

下面的例子为满足 LimitRange 限制的 Pod：

```
valid-pod.yaml:
apiVersion: v1
kind: Pod
metadata:
  name: valid-pod
  labels:
    name: valid-pod
spec:
  containers:
  - name: kubernetes-serve-hostname
    image: gcr.io/google_containers/serve_hostname
    resources:
      limits:
        cpu: "1"
        memory: 512Mi
```

创建 Pod 将会成功：

```
$ kubectl create -f valid-pod.yaml --namespace=limit-example
pod "valid-pod" created
```

查看该 Pod 的资源信息：

```
$ kubectl get pods valid-pod --namespace=limit-example -o yaml | grep -C 6
resources
  uid: 3b1bfd7a-f53c-11e5-b066-64510658e388
spec:
  containers:
  - image: gcr.io/google_containers/serve_hostname
    imagePullPolicy: Always
    name: kubernetes-serve-hostname
    resources:
      limits:
        cpu: "1"
        memory: 512Mi
      requests:
        cpu: "1"
        memory: 512Mi
```

可以看到该 Pod 配置了明确的 Limits 和 Requests，因此该 Pod 不会使用在 namespace limit-example 中定义的 default 和 defaultRequest。

需要注意的是，CPU Limits 强制配置这个选项在 Kubernetes 集群中默认是开启的；除非集群管理员在部署 kubelet 服务时通过设置参数--cpu-cfs-quota=false 来关闭该限制：

```
$ kubelet --help
......
--cpu-cfs-quota                                          Enable CPU CFS quota
enforcement for containers that specify CPU limits (default true) ......

$ kubelet --cpu-cfs-quota=false ......
```

如果集群管理员希望对整个集群中容器或者 Pod 配置的 Requests 和 Limits 做限制，就可以通过配置 Kubernetes 命名空间中的 LimitRange 来达到该目的。在 Kubernetes 集群中，如果 Pod 没有显式定义 Limits 和 Requests，那么 Kubernetes 系统会将该 Pod 所在的命名空间中定义的 LimitRange 的 default 和 defaultRequests 配置到该 Pod 上。

10.4.3 资源服务质量管理（Resource QoS）

本节对 Kubernetes 如何根据 Pod 的 Requests 和 Limits 配置来实现针对 Pod 的不同级别的资源服务质量控制（QoS）进行说明。

在 Kubernetes 的 QoS 体系中，需要保证高可靠性的 Pod 可以申请可靠资源，而一些非高可靠性的 Pod 可以申请可靠性较低或者不可靠的资源。在 10.4.1 节中讲到了容器的资源配置分为 Requests 和 Limits，其中 Requests 是 Kubernetes 调度时能为容器提供的完全、可保障的资源量（最低保障），而 Limits 是系统允许容器运行时可能使用的资源量的上限（最高上限）。Pod 级别的资源配置是通过计算 Pod 内所有容器的资源配置的总和得出来的。

Kubernetes 中 Pod 的 Requests 和 Limits 资源配置有如下特点。

（1）如果 Pod 配置的 Requests 值等于 Limits 值，那么该 Pod 可以获得的资源是完全可靠的。

（2）如果 Pod 的 Requests 值小于 Limits 值，那么该 Pod 获得的资源可分为两部分：

◎ 完全可靠的资源，资源量的大小等于 Requests 值；
◎ 不可靠的资源，资源量最大等于 Limits 与 Requests 的差额，这份不可靠的资源能够申请到多少，取决于当时主机上容器可用资源的余量。

通过这种机制，Kubernetes 可以实现节点资源的超售（Over Subscription），比如在 CPU 完全充足的情况下，某机器共有 32GiB 内存可供容器使用，容器配置为 Requests 值 1GiB、Limits 值 2GiB，那么在该机器上最多可以同时运行 32 个容器，每个容器最多可以使用 2GiB 内存，如果这些容器的内存使用峰值能错开，那么所有容器都可以正常运行。

超售机制能有效提高资源的利用率，也不会影响容器申请的完全可靠资源的可靠性。

1. Requests 和 Limits 对不同计算资源类型的限制机制

根据前面的内容可知，容器的资源配置满足以下两个条件：

◎ Requests≤节点可用资源；
◎ Requests≤Limits。

Kubernetes 根据 Pod 配置的 Requests 值来调度 Pod，Pod 在成功调度之后会得到 Requests 值定义的资源来运行；如果 Pod 所在机器上的资源有空余，则 Pod 可以申请更多的资源，最多不能超过 Limits 的值。下面看一下 Requests 和 Limits 针对不同计算资源类型的限制机制的差异。这种差异主要取决于计算资源类型是可压缩资源还是不可压缩资源。

1）可压缩资源

◎ Kubernetes 目前支持的可压缩资源是 CPU。

◎ Pod 可以得到 Requests 配置的 CPU 使用量，而能否使用超过 Requests 值的部分取决于系统的负载和调度。不过由于目前 Kubernetes 和 Docker 的 CPU 隔离机制都是在容器级别起作用的，所以 Pod 级别的资源配置并不能完全得到保障；Pod 级别的 cgroups 正在紧锣密鼓地开发中，如果将来引入，就可以确保 Pod 级别的资源配置准确运行。

◎ 空闲的 CPU 资源按照容器 Requests 值的比例分配。举例说明：容器 A 的 CPU 配置为 Requests 1 Limits 10，容器 B 的 CPU 配置为 Request 2 Limits 8，A 和 B 同时运行在一个节点上，初始状态下容器的可用 CPU 为 3cores，那么 A 和 B 恰好得到在其 Requests 中定义的 CPU 用量，即 1CPU 和 2CPU。如果 A 和 B 都需要更多的 CPU 资源，而恰好此时系统的其他任务释放了 1.5CPU，那么这 1.5CPU 将按照 A 和 B 的 Requests 值的比例 1：2 分配给 A 和 B，即最终 A 可使用 1.5CPU，B 可使用 3CPU。

◎ 如果 Pod 的 CPU 用量超过了在 Limits 10 中配置的 CPU 用量，那么 cgroups 会对 Pod 中容器的 CPU 用量进行限流（Throttled）；如果 Pod 没有配置 Limits 10，那么 Pod 会尝试抢占所有空闲的 CPU 资源（Kubernetes 从 1.2 版本开始默认开启 --cpu-cfs-quota，因此在默认情况下必须配置 Limits）。

2）不可压缩资源

◎ Kubernetes 目前支持的不可压缩资源是内存。

◎ Pod 可以得到在 Requests 中配置的内存。如果 Pod 的内存用量小于它的 Requests 的配置，那么这个 Pod 可以正常运行（除非出现操作系统级别内存不足等严重问题）；如果 Pod 的内存用量超过了它的 Requests 配置，那么这个 Pod 有可能被 Kubernetes“杀掉”：比如 Pod A 使用了超过 Requests 而不到 Limits 的内存量，此时同一机器上另一个 Pod B 之前只使用了远少于自己的 Requests 值的内存，此时程序压力增大，Pod B 向系统申请的总量不超过自己的 Requests 值的内存，那么 Kubernetes 可能会直接“杀掉”Pod A；另外一种情况是 Pod A 使用了超过 Requests 而不到 Limits 的内存，此时 Kubernetes 将一个新的 Pod 调度到这台机器上，新的 Pod 需要使用内存，而只有 Pod A 使用了超过了自己的 Requests 值的内存，那么 Kubernetes 也可能会“杀掉”Pod A 来释放内存资源。

◎ 如果 Pod 的内存用量超过了它的 Limits 设置，那么操作系统内核会“杀掉”Pod 所有容器的所有进程中内存使用量最多的一个，直到内存不超过 Limits 时为止。

2. 对调度策略的影响

◎ Kubernetes 的 kube-scheduler 通过计算 Pod 中所有容器的 Requests 的总和来决定对 Pod 的调度。

◎ 不管是 CPU 还是内存，Kubernetes 调度器和 kubelet 都会确保节点上所有 Pod 的 Requests 总和不会超过在该节点上可分配给容器使用的资源容量上限。

3. 服务质量等级（QoS Classes）

在一个超用（Over Committed，容器 Limits 总和大于系统容量上限）系统中，容器负载的波动可能导致操作系统的资源不足，最终导致部分容器被“杀掉”。在这种情况下，我们当然会希望优先“杀掉”那些不太重要的容器，那么如何衡量重要程度呢？Kubernetes 将容器划分成 3 个 QoS 等级：Guaranteed（完全可靠的）、Burstable（弹性波动、较可靠的）和 BestEffort（尽力而为、不太可靠的），这三种优先级依次递减，如图 10.4 所示。

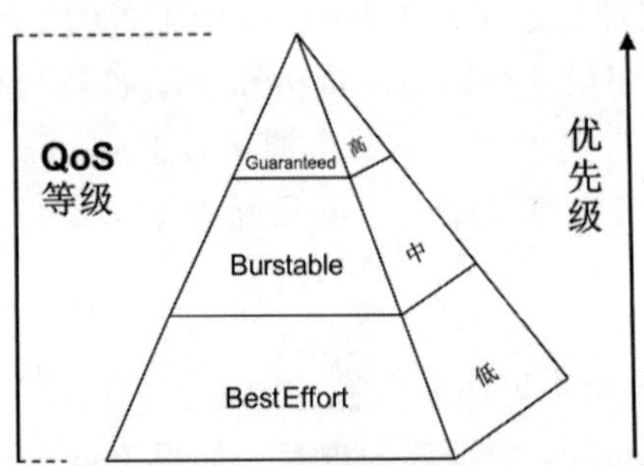

图 10.4 QoS 等级和优先级的关系

从理论上来说，QoS 级别应该作为一个单独的参数来提供 API，并由用户对 Pod 进行配置，这种配置应该与 Requests 和 Limits 无关。但在当前版本的 Kubernetes 设计中，为了简化模式及避免引入太多的复杂性，QoS 级别直接由 Requests 和 Limits 定义。在 Kubernetes 中，容器的 QoS 级别等于容器所在 Pod 的 QoS 级别，而 Kubernetes 的资源配置定义了 Pod 的三种 QoS 级别，如下所述。

1）Guaranteed

如果 Pod 中的所有容器对所有资源类型都定义了 Limits 和 Requests，并且所有容器的

Limits 值都和 Requests 值相等（且都不为 0），那么该 Pod 的 QoS 级别就是 Guaranteed。注意：在这种情况下，容器可以不定义 Requests，因为 Requests 值在未定义时默认等于 Limits。

在下面这两个例子中定义的 Pod QoS 级别就是 Guaranteed。

例一，未定义 Requests 值，所以其默认等于 Limits 值：

```
containers:
    name: foo
        resources:
            limits:
                cpu: 10m
                memory: 1Gi
    name: bar
        resources:
            limits:
                cpu: 100m
                memory: 100Mi
```

例二，其中定义的 Requests 与 Limits 的值完全相同：

```
containers:
    name: foo
        resources:
            limits:
                cpu: 10m
                memory: 1Gi
            requests:
                cpu: 10m
                memory: 1Gi
    name: bar
        resources:
            limits:
                cpu: 100m
                memory: 100Mi
            requests:
                cpu: 10m
                memory: 1Gi
```

2）BestEffort

如果 Pod 中所有容器都未定义资源配置（Requests 和 Limits 都未定义），那么该 Pod

的 QoS 级别就是 BestEffort。例如下面这个 Pod 定义：

```
containers:
  name: foo
    resources:
  name: bar
    resources:
```

3）Burstable

当一个 Pod 既不为 Guaranteed 级别，也不为 BestEffort 级别时，该 Pod 的 QoS 级别就是 Burstable。Burstable 级别的 Pod 涉及两种情况。第 1 种情况：Pod 中的一部分容器在一种或多种资源类型的资源配置中定义了 Requests 值和 Limits 值（都不为 0），且 Requests 值小于 Limits 值；第 2 种情况：Pod 中的一部分容器未定义资源配置（Requests 和 Limits 都未定义）。注意：在容器未定义 Limits 时，Limits 值默认等于节点资源容量的上限。

下面几个例子中的 Pod 的 QoS 等级都是 Burstable。

（1）容器 foo 的 CPU Requests 不等于 Limits：

```
containers:
  name: foo
    resources:
      limits:
        cpu: 10m
        memory: 1Gi
      requests:
        cpu: 5m
        memory: 1Gi
  name: bar
    resources:
      limits:
        cpu: 10m
        memory: 1Gi
      requests:
        cpu: 10m
        memory: 1Gi
```

（2）容器 bar 未定义资源配置，而容器 foo 定义了资源配置：

```
containers:
  name: foo
    resources:
```

```
        limits:
            cpu: 10m
            memory: 1Gi
        requests:
            cpu: 10m
            memory: 1Gi
name: bar
```

（3）容器 foo 未定义 CPU，而容器 bar 未定义内存：

```
containers:
    name: foo
        resources:
            limits:
                memory: 1Gi
    name: bar
        resources:
            limits:
                cpu: 100m
```

（4）容器 bar 未定义资源配置，而容器 foo 未定义 Limits 值：

```
containers:
    name: foo
        resources:
            requests:
                cpu: 10m
                memory: 1Gi
    name: bar
```

4）Kubernetes QoS 的工作特点

在 Pod 的 CPU Requests 无法得到满足（比如节点的系统级任务占用过多的 CPU 导致无法分配足够的 CPU 给容器使用）时，容器得到的 CPU 会被压缩限流。

由于内存是不可压缩的资源，所以针对内存资源紧缺的情况，会按照以下逻辑处理。

（1）BestEffort Pod 的优先级最低，在这类 Pod 中运行的进程会在系统内存紧缺时被第一优先“杀掉”。当然，从另一个角度来看，BestEffort Pod 由于没有设置资源 Limits，所以在资源充足时，它们可以充分使用所有闲置资源。

（2）Burstable Pod 的优先级居中，这类 Pod 在初始时会被分配较少的可靠资源，但可以按需申请更多的资源。当然，如果整个系统内存紧缺，又没有 BestEffort 容器可以被杀掉以释放资源，那么这类 Pod 中的进程可能被“杀掉”。

（3）Guaranteed Pod 的优先级最高，而且一般情况下这类 Pod 只要不超过其资源 Limits 的限制就不会被“杀掉”。当然，如果整个系统内存紧缺，又没有其他更低优先级的容器可以被“杀掉”以释放资源，那么这类 Pod 中的进程也可能会被“杀掉”。

5）OOM 计分规则

OOM（Out Of Memory）计分规则包括如下内容。

◎ OOM 计分的计算方法：计算进程所使用的内存在系统中所占的百分比，取其中不含百分号的数值，再乘以 10，该结果是进程 OOM 的基础分；将进程 OOM 基础分的分值再加上这个进程的 OOM_SCORE_ADJ（分数调整）值，作为进程 OOM 的最终分值（除 root 启动的进程外）。在系统发生 OOM 时，OOM Killer 会优先“杀掉”OOM 计分更高的进程。

◎ 进程的 OOM 计分的基本分数值范围是 0～1000，如果 A 进程的调整值 OOM_SCORE_ADJ 减去 B 进程的调整值的结果大于 1000，那么 A 进程的 OOM 计分最终值必然大于 B 进程，会优先“杀掉”A 进程。

◎ 不论调整 OOM_SCORE_ADJ 值为多少，任何进程的最终分值范围也是 0～1000。

在 Kubernetes 中，不同 QoS 的 OOM 计分调整值如表 10.1 所示。

表 10.1　不同 QoS 的 OOM 计分调整值

QoS 等级	oom_score_adj
Guaranteed	-998
BestEffort	1000
Burstable	min(max(2, 1000 - (1000 * memoryRequestBytes) / machineMemoryCapacityBytes), 999)

对表中内容说明如下。

◎ BestEffort Pod 设置 OOM_SCORE_ADJ 调整值为 1000，因此 BestEffort Pod 中容器里所有进程的 OOM 最终分肯定是 1000。

◎ Guaranteed Pod 设置 OOM_SCORE_ADJ 调整值为-998，因此 Guaranteed Pod 中容器里所有进程的 OOM 最终分一般是 0 或者 1（因为基础分不可能是 1000）。

◎ 对 Burstable Pod 规则分情况说明：如果 Burstable Pod 的内存 Requests 超过系统可用内存的 99.8%，那么这个 Pod 的 OOM_SCORE_ADJ 调整值固定为 2；否则，设置 OOM_SCORE_ADJ 调整值为 1000 − 10 × (% of memory requested)；如果内存

Requests 为 0，那么 OOM_SCORE_ADJ 调整值固定为 999。这样的规则能确保 OOM_SCORE_ADJ 调整值的范围为 2 ~ 999，而 Burstable Pod 中所有进程的 OOM 最终分数范围为 2 ~ 1000。Burstable Pod 进程的 OOM 最终分数始终大于 Guaranteed Pod 的进程得分，因此它们会被优先“杀掉”。如果一个 Burstable Pod 使用的内存比它的内存 Requests 少，那么可以肯定的是，它的所有进程的 OOM 最终分数会小于 1000，此时能确保它的优先级高于 BestEffort Pod。如果在一个 Burstable Pod 的某个容器中某个进程使用的内存比容器的 Requests 值高，那么这个进程的 OOM 最终分数会是 1000，否则它的 OOM 最终分数会小于 1000。假设在下面的容器中有一个占用内存非常大的进程，那么当一个使用内存超过其 Requests 的 Burstable Pod 与另外一个使用内存少于其 Requests 的 Burstable Pod 发生内存竞争冲突时，前者的进程会被系统“杀掉”。如果在一个 Burstable Pod 内部有多个进程的多个容器发生内存竞争冲突，那么此时 OOM 评分只能作为参考，不能保证完全按照资源配置的定义来执行 OOM Kill。

OOM 还有一些特殊的计分规则，如下所述。

◎ kubelet 进程和 Docker 进程的调整值 OOM_SCORE_ADJ 为-998。
◎ 如果配置进程调整值 OOM_SCORE_ADJ 为-999,那么这类进程不会被 OOM Killer “杀掉”。

6）QoS 的演进

目前 Kubernetes 基于 QoS 的超用机制日趋完善，但还有一些限制。

（1）不支持内存 Swap，当前的 QoS 策略都假定了主机不启用内存 Swap，Kubernetes 从 1.8 版本开始默认关闭 Swap 特性，但如果主机启用了 Swap 功能，上面的 QoS 策略就可能失效。举例说明：如果两个 Guaranteed Pod 都刚好达到了内存 Limits，那么由于内存 Swap 机制，它们还可以继续申请使用更多的内存。如果 Swap 空间不足，那么最终这两个 Pod 中的进程可能被“杀掉”。

（2）缺乏更丰富的 QoS 策略，当前的 QoS 策略都是基于 Pod 的资源配置（Requests 和 Limits）来定义的，而资源配置本身又承担着对 Pod 资源管理和限制的功能。两种不同维度的功能使用同一个参数来配置，可能会导致某些复杂需求无法被满足，比如当前 Kubernetes 无法支持弹性的、高优先级的 Pod。自定义 QoS 优先级能提供更大的灵活性，完美地实现各类需求，但同时会引入更高的复杂性，而且过于灵活的设置会给予用户过高的权限，对系统管理也提出了更大的挑战。

10.4.4 资源配额管理（Resource Quotas）

如果一个 Kubernetes 集群被多个用户或者多个团队共享，就需要考虑资源公平使用的问题，因为某个用户可能会使用超过基于公平原则分配给其的资源量。

Resource Quotas 就是解决这个问题的工具。通过 ResourceQuota 对象，我们可以定义资源配额，这个资源配额可以为每个命名空间都提供一个总体的资源使用限制：它可以限制命名空间中某种类型的对象的总数量上限，也可以设置命名空间中 Pod 可以使用的计算资源的总上限。

典型的资源配额使用方式如下。

◎ 不同的团队工作在不同的命名空间中，目前这是非约束性的，在未来的版本中可能会通过 ACL（Access Control List，访问控制列表）来实现强制性约束。

◎ 集群管理员为集群中的每个命名空间都创建一个或者多个资源配额项。

◎ 当用户在命名空间中使用资源（创建 Pod 或者 Service 等）时，Kubernetes 的配额系统会统计、监控和检查资源用量，以确保使用的资源用量没有超过资源配额的配置。

◎ 如果在创建或者更新应用时资源使用超出了某项资源配额的限制，那么创建或者更新的请求会报错（HTTP 403 Forbidden），并给出详细的出错原因说明。

◎ 如果命名空间中计算资源（CPU 和内存）的资源配额已启用，那么用户必须为相应的资源类型设置 Requests 或 Limits，否则配额系统可能会直接拒绝 Pod 的创建。这里可以使用 LimitRange 机制来为没有配置资源的 Pod 提供默认的资源配置。

下面的例子展示了一个非常适合使用资源配额来做资源控制管理的场景。

◎ 集群共有 32GB 内存和 16 CPU，两个小组。A 小组使用 20GB 内存和 10 CPU，B 小组使用 10GB 内存和 2 CPU，剩下的 2GB 内存和 4 CPU 作为预留资源。

◎ 在名为 testing 的命名空间中限制使用 1 CPU 和 1GB 内存；在名为 production 的命名空间中，资源使用不受限制。

在使用资源配额时，需要注意以下两点。

◎ 如果集群中总的可用资源小于各命名空间中资源配额的总和，那么可能会导致资源竞争。在发生资源竞争时，Kubernetes 系统会遵循先到先得的原则。

◎ 不管是资源竞争还是配额修改，都不会影响已创建的资源使用对象。

1. 在 Master 中开启资源配额选型

资源配额可以通过在 kube-apiserver 的--admission-control 参数值中添加 ResourceQuota 参数进行开启。如果在某个命名空间的定义中存在 ResourceQuota，那么对于该命名空间而言，资源配额就是开启的。一个命名空间可以有多个 ResourceQuota 配置项。

1）计算资源配额（Compute Resource Quota）

资源配额可以限制一个命名空间中所有 Pod 的计算资源的总和。ResourceQuota 目前支持闲置的计算资源类型如表 10.2 所示。

表 10.2　ResourceQuota 目前支持限制的计算资源类型

资源名称	说　明
Cpu	所有非终止状态的 Pod，CPU Requests 的总和不能超过该值
limits.cpu	所有非终止状态的 Pod，CPU Limits 的总和不能超过该值
limits.memory	所有非终止状态的 Pod，内存 Limits 的总和不能超过该值
Memory	所有非终止状态的 Pod，内存 Requests 的总和不能超过该值
requests.cpu	所有非终止状态的 Pod，CPU Requests 的总和不能超过该值
requests.memory	所有非终止状态的 Pod，内存 Requests 的总和不能超过该值

2）存储资源配额（Volume Count Quota）

可以在给定的命名空间中限制所使用的存储资源（Storage Resources）的总量，目前支持的存储资源名称如表 10.3 所示。

表 10.3　ResourceQuota 支持限制的计算资源类型

资源名称	说　明
requests.storage	所有 PVC，存储请求总量不能超过此值
persistentvolumeclaims	在该命名空间中能存在的持久卷的总数上限
<storage-class-name>.storageclass.storage.k8s.io/requests.storage	所有与<storage-class-name>相关的 PVC 请求的存储总量都不能超过该值，例如 gold.storageclass.storage.k8s.io/requests.storage: 500Gi 表示类型为 gold 的 storageClass 对应的 PVC 的申请存储总量最多可达 500Gi
<storage-class-name>.storageclass.storage.k8s.io/persistentvolumeclaims	所有与<storage-class-name>相关的 PVC 总数都不超过该值
ephemeral-storage、requests.ephemeral-storage、limits.ephemeral-storage	本地临时存储（ephemeral-storage）的总量限制

3）对象数量配额（Object Count Quota）

指定类型的对象数量可以被限制，例如，我们可以通过资源配额来限制在命名空间中创建的 Pod 的最大数量。这种配置可以防止某些用户大量创建 Pod 而迅速耗尽整个集群的 Pod IP 和计算资源。表 10.4 列出了 ResourceQuota 支持限制的对象类型。

表 10.4　ResourceQuota 支持限制的对象类型

资源名称	说明
Configmaps	在该命名空间中能存在的 ConfigMap 的总数上限
Pods	在该命名空间中能存在的非终止状态 Pod 的总数上限。Pod 的终止状态等价于 Pod 的 status.phase in (Failed, Succeeded) = true
Replicationcontrollers	在该命名空间中能存在的 RC 的总数上限
Resourcequotas	在该命名空间中能存在的资源配额项的总数上限
Services	在该命名空间中能存在的 Service 的总数上限
services.loadbalancers	在该命名空间中能存在的负载均衡的总数上限
services.nodeports	在该命名空间中能存在的 NodePort 的总数上限
Secrets	在该命名空间中能存在的 Secret 的总数上限

具体表示如下。

◎ count/<resource>.<group>：用于非核心（core）组的资源，例如 count/deployments.apps、count/cronjobs.batch。

◎ count/<resource>：用于核心组的资源，例如 count/services、count/pods。

相同的语法也可用于自定义资源 CRD。例如，若要对 example.com API 组中 CRD 资源 widgets 对象的数量进行配额设置，则可以使用 count/widgets.example.com 表示。

2. 配额的作用域（Quota Scopes）

对每项资源配额都可以单独配置一组作用域，配置了作用域的资源配额只会对符合其作用域的资源使用情况进行计量和限制，作用域范围超出了资源配额的请求都会被报验证错误。表 10.5 列出了 ResourceQuota 的 4 种作用域。

表 10.5　ResourceQuota 的 4 种作用域

作用域	说　明
Terminating	匹配所有 spec.activeDeadlineSeconds 不小于 0 的 Pod
NotTerminating	匹配所有 spec.activeDeadlineSeconds 都是 nil 的 Pod
BestEffort	匹配所有 QoS 都是 BestEffort 的 Pod，作用于 Pod
NotBestEffort	匹配所有 QoS 都不是 BestEffort 的 Pod
PriorityClass	匹配所有引用了指定优先级类的 Pod

其中，BestEffort 作用域可以限定资源配额来追踪 Pod 资源的使用；而 Terminating、NotTerminating、NotBestEffort 和 PriorityClass 除了可以追踪 Pod，还可以追踪 CPU、limits.cpu、limits.memory、memory、requests.cpu、requests.memory 等资源的使用情况。

这里特别提一下基于 Pod 优先级的资源配额(PriorityClass)特性，这是 Kubernetes 1.17 实现的新特性，也是比较实用的特性，配置示例说明如下。

（1）通过 Pod 的 priorityClassName 属性将 Pod 划分为不同的优先级，比如 low、medium、high：

```
apiVersion: v1
kind: Pod
metadata:
  name: high-priority
spec:
  containers:
  - name: high-priority
    image: ubuntu
  priorityClassName: high
```

（2）在 ResourceQuota 中通过 scopeSelector 选择匹配的目标 Pod 的优先级，赋予相应的资源配额：

```
kind: ResourceQuota
metadata:
  name: pods-medium
spec:
  hard:
    cpu: "10"
    memory: 20Gi
    pods: "10"
  scopeSelector:
```

```
      matchExpressions:
      - operator : In
        scopeName: PriorityClass
           values: ["medium"]
```

通过 PriorityClass 的配额机制，我们就可以实现标准的基于 Pod 优先级的资源配额管控方式了，这种方式相对于隐式的 QoS 来说更为直观、明确。

3. 在资源配额（ResourceQuota）中设置 Requests 和 Limits

在资源配额中也可以设置 Requests 和 Limits。如果在资源配额中指定了 requests.cpu 或 requests.memory，那么它会强制要求每个容器都配置自己的 CPU Requests 或 CPU Limits（可使用 LimitRange 提供的默认值）。同理，如果在资源配额中指定了 limits.cpu 或 limits.memory，那么它也会强制要求每个容器都配置自己的内存 Requests 或内存 Limits（可使用 LimitRange 提供的默认值）。

4. 资源配额的定义

下面通过几个例子对资源配额进行设置和应用。

与 LimitRange 相似，ResourceQuota 也被设置在命名空间中。创建名为 myspace 的命名空间：

```
$ kubectl create namespace myspace
namespace "myspace" created
```

创建 ResourceQuota 配置文件 compute-resources.yaml，用于设置计算资源的配额：

```
apiVersion: v1
kind: ResourceQuota
metadata:
  name: compute-resources
spec:
  hard:
    pods: "4"
    requests.cpu: "1"
    requests.memory: 1Gi
    limits.cpu: "2"
    limits.memory: 2Gi
```

创建该项的资源配额：

```
$ kubectl create -f compute-resources.yaml --namespace=myspace
resourcequota "compute-resources" created
```

创建另一个名为 object-counts.yaml 的文件，用于设置对象数量的配额：

```
apiVersion: v1
kind: ResourceQuota
metadata:
  name: object-counts
spec:
  hard:
    configmaps: "10"
    persistentvolumeclaims: "4"
    replicationcontrollers: "20"
    secrets: "10"
    services: "10"
    services.loadbalancers: "2"
```

创建该 ResourceQuota：

```
$ kubectl create -f object-counts.yaml --namespace=myspace
resourcequota "object-counts" created
```

查看各 ResourceQuota 的详细信息：

```
$ kubectl describe quota compute-resources --namespace=myspace
Name:                    compute-resources
Namespace:               myspace
Resource                Used Hard
--------                 ---- ----
limits.cpu               0    2
limits.memory           0    2Gi
pods                     0    4
requests.cpu            0    1
requests.memory          0    1Gi

$ kubectl describe quota object-counts --namespace=myspace
Name:                       object-counts
Namespace:                  myspace
Resource                     Used    Hard
--------                     ----    ----
configmaps                   0       10
```

```
persistentvolumeclaims  0       4
replicationcontrollers  0       20
secrets                 1       10
services                0       10
services.loadbalancers  0       2
```

5. 资源配额与集群资源总量的关系

资源配额与集群资源总量是完全独立的。资源配额是通过绝对的单位来配置的，这也就意味着如果在集群中新添加了节点，那么资源配额不会自动更新，而该资源配额所对应的命名空间中的对象也不能自动增加资源上限。

在某些情况下，我们可能希望资源配额支持更复杂的策略，如下所述。

◎ 对于不同的租户，按照某种比例划分整个集群的资源。
◎ 允许每个租户按照需要来提高资源用量，但是有一个较宽容的限制，以防止意外的资源耗尽情况发生。
◎ 探测某个命名空间的需求，添加物理节点并扩大资源配额值。

这些策略可以这样实现：手动编写一个控制器，持续监控各命名空间中的资源使用情况，并按需调整命名空间的资源配额数量。

资源配额将整个集群中的资源总量做了一个静态划分，但它并没有对集群中的节点做任何限制：不同命名空间中的 Pod 仍然可以运行在同一个节点上。

10.4.5 ResourceQuota 和 LimitRange 实践

根据前面对资源管理的介绍，这里将通过一个完整的例子说明如何通过资源配额和资源配置范围的配合来控制一个命名空间的资源使用。

集群管理员根据集群用户的数量来调整集群配置，以达到这个目的：能控制特定命名空间中的资源使用量，最终实现集群的公平使用和成本控制。

需要实现的功能如下。

◎ 限制运行状态的 Pod 的计算资源用量。
◎ 限制持久存储卷的数量以控制对存储的访问。
◎ 限制负载均衡器的数量以控制成本。

◎ 防止滥用网络端口这类稀缺资源。

◎ 提供默认的计算资源 Requests 以便系统做出更优化的调度。

1. 创建命名空间

创建名为 quota-example 的命名空间，namespace.yaml 文件的内容如下：

```
apiVersion: v1
kind: Namespace
metadata:
  name: quota-example

$ kubectl create -f namespace.yaml
namespace "quota-example" created
```

查看命名空间：

```
$ kubectl get namespaces
NAME            STATUS    AGE
default          Active    2m
kube-system      Active    2m
quota-example    Active    39s
```

2. 设置限定对象数量的资源配额

通过设置限定对象数量的资源配额，可以控制持久存储卷、负载均衡器、NodePort 这些资源的数量。

创建名为 object-counts 的 ResourceQuota：

```
object-counts.yaml:
apiVersion: v1
kind: ResourceQuota
metadata:
  name: object-counts
spec:
  hard:
    persistentvolumeclaims: "2"
    services.loadbalancers: "2"
    services.nodeports: "0"
```

```
$ kubectl create -f object-counts.yaml --namespace=quota-example
resourcequota "object-counts" created
```

配额系统会检测到资源项配额的创建，统计和限制该命名空间中的资源消耗。

查看该配额是否生效：

```
$ kubectl describe quota object-counts --namespace=quota-example
Name:                   object-counts
Namespace:               quota-example
Resource                 UsedHard
--------                 --------
persistentvolumeclaims 0    2
services.loadbalancers 0    2
services.nodeports     0    0
```

至此，配额系统会自动阻止那些使资源用量超过资源配额限定值的请求。

3. 设置限定计算资源的资源配额

下面再创建一项限定计算资源的资源配额，以限制该命名空间中计算资源的使用总量。

创建名为 compute-resources 的 ResourceQuota：

```
apiVersion: v1
kind: ResourceQuota
metadata:
  name: compute-resources
spec:
  hard:
    pods: "4"
    requests.cpu: "1"
    requests.memory: 1Gi
    limits.cpu: "2"
    limits.memory: 2Gi

$ kubectl create -f compute-resources.yaml --namespace=quota-example
resourcequota "compute-resources" created
```

查看该配额是否生效：

```
$ kubectl describe quota compute-resources --namespace=quota-example
Name:                compute-resources
Namespace:            quota-example
Resource             Used Hard
--------             ---- ----
limits.cpu            0    2
limits.memory          0    2Gi
pods                  0    4
requests.cpu          0    1
requests.memory       0    1Gi
```

配额系统会自动防止在该命名空间中同时拥有超过 4 个非“终止态”的 Pod。此外，由于该项资源配额限制了 CPU 和内存的 Limits 和 Requests 总量，因此会强制要求该命名空间中的所有容器都显式定义 CPU 和内存的 Limits、Requests（可使用默认值，Requests 默认等于 Limits）。

4. 配置默认的 Requests 和 Limits

在命名空间已经配置了限定计算资源的资源配额的情况下，如果尝试在该命名空间中创建一个不指定 Requests 和 Limits 的 Pod，那么 Pod 的创建可能会失败。下面是一个失败的例子。

创建一个 Nginx 的 Deployment：

```
$ kubectl run nginx --image=nginx --replicas=1 --namespace=quota-example
deployment "nginx" created
```

查看创建的 Pod，会发现 Pod 没有创建成功：

```
$ kubectl get pods --namespace=quota-example
```

再查看 Deployment 的详细信息：

```
$ kubectl describe deployment nginx --namespace=quota-example
Name:                  nginx
Namespace:              quota-example
CreationTimestamp:      Mon, 06 Jun 2020 16:11:37 -0400
Labels:                run=nginx
Selector:               run=nginx
Replicas:               0 updated | 1 total | 0 available | 1 unavailable
StrategyType:           RollingUpdate
MinReadySeconds:        0
```

```
RollingUpdateStrategy:  1 max unavailable, 1 max surge
OldReplicaSets:         <none>
NewReplicaSet:          nginx-3137573019 (0/1 replicas created)
......
```

该 Deployment 会尝试创建一个 Pod，但是失败，查看其中 ReplicaSet 的详细信息：

```
$ kubectl describe rs nginx-3137573019 --namespace=quota-example
Name:                   nginx-3137573019
Namespace:              quota-example
Image(s):               nginx
Selector:               pod-template-hash=3137573019,run=nginx
Labels:                 pod-template-hash=3137573019
                      run=nginx
Replicas:               0 current / 1 desired
Pods Status:            0 Running / 0 Waiting / 0 Succeeded / 0 Failed
No volumes.
Events:
  FirstSeen  LastSeen Count From                    SubobjectPath Type     Reason
Message
  ---------  -------- ----- ----                    ---------------------
------       -------
  4m         7s       11    {replicaset-controller }               Warning
FailedCreate  Error creating: pods "nginx-3137573019-" is forbidden: Failed quota:
compute-resources: must specify limits.cpu,limits.memory,requests.cpu,requests.
memory
```

可以看到 Pod 创建失败的原因：Master 拒绝这个 ReplicaSet 创建 Pod，因为在这个 Pod 中没有指定 CPU 和内存的 Requests、Limits。

为了避免这种失败，我们可以使用 LimitRange 为这个命名空间中的所有 Pod 都提供一个资源配置的默认值。下面的例子展示了如何为这个命名空间添加一个指定了默认资源配置的 LimitRange。

创建一个名为 limits 的 LimitRange：

```
limits.yaml:
apiVersion: v1
kind: LimitRange
metadata:
  name: limits
spec:
```

```
    limits:
    - default:
        cpu: 200m
        memory: 512Mi
      defaultRequest:
        cpu: 100m
        memory: 256Mi
      type: Container

  $ kubectl create -f limits.yaml --namespace=quota-example
  limitrange "limits" created

  $ kubectl describe limits limits --namespace=quota-example
  Name:          limits
  Namespace:     quota-example
  Type      Resource  Min  Max  Default Request   Default Limit   Max Limit/Request
Ratio
  ----      --------  ---  ---  ---------------   -------------
-----------------------
  Container memory     -    -    256Mi             512Mi            -
  Container cpu        -    -    100m              200m             -
```

在 LimitRange 创建成功后，若用户在该命名空间中创建了未指定资源限制的 Pod，系统就会自动为该 Pod 设置默认的资源限制。

例如，每个新建的未指定资源限制的 Pod 都等价于使用下面的资源限制：

```
  $ kubectl run nginx \
    --image=nginx \
    --replicas=1 \
    --requests=cpu=100m,memory=256Mi \
    --limits=cpu=200m,memory=512Mi \
    --namespace=quota-example
```

至此，我们已经为该命名空间配置好默认的计算资源了，我们的 ReplicaSet 应该能够创建 Pod 了。查看一下，发现创建 Pod 成功：

```
  $ kubectl get pods --namespace=quota-example
  NAME                      READY     STATUS     RESTARTS   AGE
  nginx-3137573019-fvrig   1/1       Running   0          6m
```

接下来可以随时查看资源配额的使用情况：

```
$ kubectl describe quota --namespace=quota-example
Name:          compute-resources
Namespace:      quota-example
Resource        Used    Hard
--------        ----    ----
limits.cpu      200m    2
limits.memory   512Mi   2Gi
pods           1       4
requests.cpu    100m    1
requests.memory 256Mi   1Gi


Name:               object-counts
Namespace:           quota-example
Resource             Used    Hard
--------             ----    ----
persistentvolumeclaims 0      2
services.loadbalancers 0      2
services.nodeports    0      0
```

可以看到，每个 Pod 在创建时都会消耗指定的资源量，而这些使用量都会被 Kubernetes 准确跟踪、监控和管理。

5. 指定资源配额的作用域

假设我们并不想为某个命名空间配置默认的计算资源配额，而是希望限定在命名空间中运行的 QoS 为 BestEffort 的 Pod 总数，例如让集群中的部分资源运行 QoS 为非 BestEffort 的服务，并让闲置的资源运行 QoS 为 BestEffort 的服务，即可避免集群的所有资源仅被大量的 BestEffort Pod 耗尽。这可以通过创建两个资源配额来实现，如下所述。

创建一个名为 quota-scopes 的命名空间：

```
$ kubectl create namespace quota-scopes
namespace "quota-scopes" created
```

创建一个名为 best-effort 的 ResourceQuota，指定 Scope 为 BestEffort：

```
apiVersion: v1
kind: ResourceQuota
metadata:
  name: best-effort
spec:
```

```
  hard:
    pods: "10"
  scopes:
  - BestEffort

$ kubectl create -f best-effort.yaml --namespace=quota-scopes
resourcequota "best-effort" created
```

再创建一个名为 not-best-effort 的 ResourceQuota，指定 Scope 为 NotBestEffort：

```
apiVersion: v1
kind: ResourceQuota
metadata:
  name: not-best-effort
spec:
  hard:
    pods: "4"
    requests.cpu: "1"
    requests.memory: 1Gi
    limits.cpu: "2"
    limits.memory: 2Gi
  scopes:
  - NotBestEffort

$ kubectl create -f not-best-effort.yaml --namespace=quota-scopes
resourcequota "not-best-effort" created
```

查看创建成功的 ResourceQuota：

```
$ kubectl describe quota --namespace=quota-scopes
Name:       best-effort
Namespace:  quota-scopes
Scopes:     BestEffort
 * Matches all pods that have best effort quality of service.
Resource     Used Hard
--------     ---- ----
pods        0     10

Name:            not-best-effort
Namespace:        quota-scopes
Scopes:          NotBestEffort
 * Matches all pods that do not have best effort quality of service.
Resource          Used  Hard
```

```
--------          ----  ----
limits.cpu        0     2
limits.memory     0     2Gi
pods              0     4
requests.cpu      0     1
requests.memory   0     1Gi
```

之后，没有配置 Requests 的 Pod 将被名为 best-effort 的 ResourceQuota 限制；而配置了 Requests 的 Pod 会被名为 not-best-effort 的 ResourceQuota 限制。

创建两个 Deployment：

```
    $ kubectl run best-effort-nginx --image=nginx --replicas=8
--namespace=quota-scopes
    deployment "best-effort-nginx" created

    $ kubectl run not-best-effort-nginx \
      --image=nginx \
      --replicas=2 \
      --requests=cpu=100m,memory=256Mi \
      --limits=cpu=200m,memory=512Mi \
      --namespace=quota-scopes
    deployment "not-best-effort-nginx" created
```

名为 best-effort-nginx 的 Deployment 因为没有配置 Requests 和 Limits，所以它的 QoS 级别为 BestEffort，因此它的创建过程由 best-effort 资源配额项来限制，而 not-best-effort 资源配额项不会对它进行限制。best-effort 资源配额项没有限制 Requests 和 Limits，因此 best-effort-nginx Deployment 可以成功创建 8 个 Pod。

名为 not-best-effort-nginx 的 Deployment 因为配置了 Requests 和 Limits，且二者不相等，所以它的 QoS 级别为 Burstable，因此它的创建过程由 not-best-effort 资源配额项限制，而 best-effort 资源配额项不会对它进行限制。not-best-effort 资源配额项限制了 Pod 的 Requests 和 Limits 的总上限，not-best-effort-nginx Deployment 并没有超过这个上限，所以可以成功创建两个 Pod。

查看已经创建的 Pod，可以看到 10 个 Pod 都创建成功：

```
$ kubectl get pods --namespace=quota-scopes
NAME                                   READY     STATUS    RESTARTS   AGE
best-effort-nginx-3488455095-2qb41     1/1       Running   0          51s
best-effort-nginx-3488455095-3go7n     1/1       Running   0          51s
```

```
best-effort-nginx-3488455095-9o2xg        1/1       Running   0          51s
best-effort-nginx-3488455095-eyg40        1/1       Running   0          51s
best-effort-nginx-3488455095-gcs3v        1/1       Running   0          51s
best-effort-nginx-3488455095-rq8p1        1/1       Running   0          51s
best-effort-nginx-3488455095-udhhd        1/1       Running   0          51s
best-effort-nginx-3488455095-zmk12        1/1       Running   0          51s
not-best-effort-nginx-2204666826-7sl61    1/1       Running   0          23s
not-best-effort-nginx-2204666826-ke746    1/1       Running   0          23s
```

再查看两个资源配额项的使用情况，可以看到 best-effort 资源配额项已经统计了在 best-effort-nginx Deployment 中创建的 8 个 Pod 的资源使用信息，not-best-effort 资源配额项也已经统计了在 not-best-effort-nginx Deployment 中创建的两个 Pod 的资源使用信息：

```
$ kubectl describe quota --namespace=quota-scopes
Name:           best-effort
Namespace:      quota-scopes
Scopes:         BestEffort
 * Matches all pods that have best effort quality of service.
Resource        Used  Hard
--------        ----  ----
pods            8     10


Name:             not-best-effort
Namespace:        quota-scopes
Scopes:           NotBestEffort
 * Matches all pods that do not have best effort quality of service.
Resource          Used  Hard
--------          ----  ----
limits.cpu        400m  2
limits.memory     1Gi   2Gi
pods              2     4
requests.cpu      200m  1
requests.memory   512Mi 1Gi
```

通过这个例子可以发现：资源配额的作用域（Scopes）提供了一种将资源集合分割的机制，可以使集群管理员更加方便地监控和限制不同类型的对象对各类资源的使用情况，同时为资源分配和限制提供更好的灵活性和便利性。

6. 资源管理小结

Kubernetes 中资源管理的基础是容器和 Pod 的资源配置（Requests 和 Limits）。容器的资源配置指定了容器请求的资源和容器能使用的资源上限，Pod 的资源配置则是 Pod 中所有容器的资源配置总和上限。

通过资源配额机制，我们可以对命名空间中所有 Pod 使用资源的总量进行限制，也可以对这个命名空间中指定类型的对象的数量进行限制。使用作用域可以让资源配额只对符合特定范围的对象加以限制，因此作用域机制可以使资源配额的策略更加丰富、灵活。

如果需要对用户的 Pod 或容器的资源配置做更多的限制，则可以使用资源配置范围（LimitRange）来达到这个目的。LimitRange 可以有效限制 Pod 和容器的资源配置的最大、最小范围，也可以限制 Pod 和容器的 Limits 与 Requests 的最大比例上限，LimitRange 还可以为 Pod 中的容器提供默认的资源配置。

Kubernetes 基于 Pod 的资源配置实现了资源服务质量（QoS）。不同 QoS 级别的 Pod 在系统中拥有不同的优先级：高优先级的 Pod 有更高的可靠性，可以用于运行对可靠性要求较高的服务；低优先级的 Pod 可以实现集群资源的超售，有效提高集群资源利用率。

上面的多种机制共同组成了当前版本 Kubernetes 的资源管理体系。这个资源管理体系可以满足大部分资源管理需求。同时，Kubernetes 的资源管理体系仍然在不停地发展和进化，对于目前无法满足的更复杂、更个性化的需求，我们可以继续关注 Kubernetes 未来的发展和变化。

下面对计算资源以外的其他几种资源的管理方式进行说明，包括 Pod 内多个容器的共享进程命名空间、PID 资源管理、节点的 CPU 资源管理策略和拓扑管理器。

10.4.6 Pod 中多个容器共享进程命名空间

在某些应用场景中，属于同一个 Pod 的多个容器相互之间希望能够访问其他容器的进程，例如使用一个 debug 容器时，需要对业务应用容器内的进程进行查错，这对多个容器环境的进程命名空间（Process Namespace）的共享提出需求，该机制的支持从 Kubernetes 1.10 版本开始引入，到 1.17 版本时达到 Stable 阶段。

启用进程命名空间共享机制很简单，只需在 Pod 定义中设置 shareProcessNamespace=true 即可完成。我们通过下面这个例子看看一个 Pod 中两个容器共享进程命名空间的效果，

share-process-namespace.yaml 配置文件的内容如下：

```
# share-process-namespace.yaml
apiVersion: v1
kind: Pod
metadata:
  name: nginx
spec:
  shareProcessNamespace: true
  containers:
  - name: nginx
    image: nginx
  - name: shell
    image: busybox
    securityContext:
      capabilities:
        add:
        - SYS_PTRACE
    stdin: true
    tty: true
```

其中，主容器为一个 nginx 提供的服务，另一个容器为 busybox 提供的查错工具，被命名为"shell"。在 shell 容器的 securityContext.capabilities 中增加了 CAP_SYS_PTRACE 能力，用于提供进程跟踪操作能力。

使用 kubectl create 命令创建这个 Pod：

```
# kubectl create -f share-process-namespace.yaml
pod/nginx created
```

进入 shell 的容器环境中，使用 ps 命令可以查看到 nginx 和自身容器的全部进程：

```
/ # ps ax
PID   USER     TIME  COMMAND
    1 root      0:00 /pause
    6 root      0:00 nginx: master process nginx -g daemon off;
   30 root      0:00 sh
   38 101       0:00 nginx: worker process
   44 root      0:00 sh
   50 root      0:00 ps ax
```

由于 shell 容器具备 CAP_SYS_PTRACE 能力，所以它还可以对其他进程发送操作系统信号，例如对 nginx 容器中的 6 号进程发出 SIGHUP 信号用于重启 nginx 程序：

```
/ # kill -SIGHUP 6
/ # ps ax
PID   USER     TIME  COMMAND
    1 root      0:00 /pause
    6 root      0:00 nginx: master process nginx -g daemon off;
   30 root      0:00 sh
   44 root      0:00 sh
   51 101       0:00 nginx: worker process
   52 root      0:00 ps ax
```

可以看到，nginx 的原 worker 进程（PID=38）重启后启动了一个新的 PID=51 的 worker 进程。

有两个容器共享进程命名空间的 Pod 环境有以下特性。

◎ 各容器的进程 ID（PID）混合在一个环境中，都不再拥有进程号 PID=1 的启动进程，1 号进程由 Pod 的 Pause 容器使用。对于某些必须以进程号 1 作为启动程序 PID 的容器来说，将会无法启动，例如以 systemd 作为启动命令的容器。

◎ 进程信息在多个容器间相互可见，这包括/proc 目录下的所有信息，其中可能有包含密码类敏感信息的环境变量，只能通过 UNIX 文件权限进行访问控制，需要设置容器内的运行用户或组。

◎ 一个容器的文件系统存在于/proc/$pid/root 目录下，所以不同的容器也能访问其他容器的文件系统的内容，这对于 debug 查错来说非常有用，但也意味着没有容器级别的安全隔离，只能通过 UNIX 文件权限进行访问控制，需要设置容器内的运行用户或组。

例如，在 shell 容器内可以查看到 nginx 容器的配置文件的内容：

```
/ # more /proc/6/root/etc/nginx/nginx.conf

user  nginx;
worker_processes  1;

error_log  /var/log/nginx/error.log warn;
pid        /var/run/nginx.pid;


events {
    worker_connections  1024;
}
......
```

10.4.7 PID 资源管理

PID（进程 ID）在 Linux 系统中是最重要的一种基础资源，操作系统会设置一台主机可以运行的最大进程数上限。虽然在通常情况下不太容易出现 PID 耗尽的情况，但为了避免存在缺陷的程序耗尽主机 PID 资源（进而导致守护进程如 kubelet 无法正常工作），Kubernetes 在 1.10 版本中开始引入对 Pod 级别的 PID 资源管理机制，用于限制单个 Pod 内可以创建的最大进程数量，并在 1.14 版本中引入 Node 级别的 PID 资源管理机制，确保 Node 的 PID 不会被所有 Pod 耗尽，以保护在 Node 上运行的守护进程（如 kubelet、容器运行时程序等），该 PID 资源管理机制在 1.15 版本时达到 Beta 阶段。

为了使用 Pod 级别的 PID 资源管理机制，我们首先需要在 kubelet 服务的启动参数中开启 SupportPodPidsLimit 特性开关（--feature-gates=SupportPodPidsLimit=true），然后通过启动参数--pod-max-pids 设置一个 Pod 中允许的最大 PID 数量（将其设置为-1 表示继承使用 Node 系统配置的 PID 数量）。

为了使用 Node 级别的 PID 资源管理，我们首先需要在 kubelet 服务的启动参数中开启 SupportNodePidsLimit 特性开关（--feature-gates=SupportNodePidsLimit=true），开启该特性之后，系统会自动为守护进程预留一些 PID 资源，也会用于 kubelet 后续判断是否需要驱逐 Pod 的计算逻辑中。

在一个 Node 上可分配的 PID 数量的算法如下：

```
    [Allocatable] = [Node Capacity] - [Kube-Reserved] - [System-Reserved] -
[Hard-Eviction-Threshold]
```

10.4.8 节点的 CPU 管理策略

kubelet 默认使用 CFS Quota 技术基于 Pod 的 CPU Limit 对 Node 上 CPU 资源的使用进行限制和管理（CFS，Completely Fair Scheduler，即完全公平调度算法）。当在一个 Node 上运行了很多 CPU 密集型 Pod 时，容器进程可能会被调度到不同的 CPU 核上进行运算，这取决于调度时哪些 CPU 核是可用的，Pod 使用的 CPU 资源是否达到了上限。许多应用对这种 CPU 的切换不敏感，无须特别的干预也可正常工作。

然而，有些应用的性能明显受到 CPU 缓存亲和性及调度延迟的影响。针对这类应用，Kubernetes 提供了一个可选的 CPU 管理策略，来确定节点上 CPU 资源调度的优先级，为

Pod 运行达到更好的性能提供支持。该特性从 Kubernetes 1.12 版本开始引入，目前为 Beta 阶段。

CPU 管理策略通过 Node 上的 kubelet 启动参数--cpu-manager-policy 进行指定，目前支持两种策略。

◎ none：使用默认的调度策略。

◎ static：允许为节点上具有特定资源特征的 Pod 授予更高的 CPU 亲和性和独占性。

CPU 管理器定期通过 CRI 接口将资源更新写入容器中，以保证内存中的 CPU 分配与 cgroupfs 保持一致。同步频率通过 kubelet 启动参数--cpu-manager-reconcile-period 进行设置，如果不指定，则默认与--node-status-update-frequency 设置的值相同。

下面对这两种策略的原理和示例进行说明。

1. None 策略

None 策略使用默认的 CPU 亲和性方案，即操作系统默认的 CPU 调度策略。对于 QoS 级别为 Guaranteed 的 Pod，会强制使用 CFS Quota 机制对 CPU 资源进行限制。

2. Static 策略

Static 策略针对具有特定 CPU 资源需求的 Pod。对于 QoS 级别为 Guaranteed 的 Pod，如果其 Container 设置的 CPU Request 为大于等于 1 的整数，Kubernetes 就能允许容器绑定节点上的一个或多个 CPU 核独占运行。这种独占是使用 cpuset cgroup 控制器来实现的。

注意：容器运行时（Container Runtime）和 kubelet 等系统服务也可以运行在独占的 CPU 核上，这种独占性是相对于其他 Pod 而言的；CPU 管理器不支持在运行时下线和上线 CPU。此外，如果节点上的在线 CPU 集合发生了变化，则必须驱逐节点上的 Pod，并删除 kubelet 根目录中的状态文件 cpu_manager_state 来手动重置 CPU 管理器。

该策略管理一个共享 CPU 资源池，该资源池最初包含节点上的所有 CPU 资源。可用的独占性 CPU 资源数量等于节点的 CPU 总量减去通过--kube-reserved 或--system-reserved 参数设置保留给系统的 CPU 资源数量。

Kubernetes 从 1.17 版本开始，CPU 保留列表可以通过 kubelet 服务的--reserved-cpus 参数显式地设置。通过--reserved-cpus 设置的 CPU 列表优先于使用--kube-reserved 和--system-reserved 参数设置的 CPU 保留值。

启用 Static 策略时，要求使用--kube-reserved 和（或）--system-reserved 或--reserved-cpus 为 kubelet 保留一部分 CPU 资源，并且保留的 CPU 资源数量必须大于 0。这是因为如果系统保留 CPU 为 0，则共享池有变为空的可能，导致 kubelet 无法正常工作。

通过这些参数预留的 CPU 单位为整数，按物理内核 ID 升序从初始共享池中获取。共享池是 QoS 级别为 BestEffort 和 Burstable 的 Pod 运行所需的 CPU 集合。QoS 级别为 Guaranteed 的 Pod 中的容器，如果声明了非整数值的 CPU Request，则也将运行在共享池的 CPU 上，只有声明了整数 CPU Request 的容器才会被分配独占的 CPU 资源。

当 QoS 级别为 Guaranteed 的 Pod 被调度到节点上时，如果容器的 CPU 资源需求设置符合静态分配的要求，则所需的 CPU 核会被从共享池中取出并放到容器的 cpuset 中，供容器独占使用。容器 cpuset 中的 CPU 核数与 Pod 定义中指定的整数个 CPU limit 相等，无须再使用 CFS Quota 机制分配 CPU 资源。这种静态分配机制增强了 CPU 的亲和性，减少了 CPU 上下文切换的次数。

3. 节点 CPU 管理策略示例

下面是几种不同 QoS 级别的容器使用 CPU 资源时的策略示例。

（1）BestEffort 类型。容器如果没有设置 CPU Request 和 CPU Limit，则将运行在共享 CPU 池中。例如：

```
spec:
  containers:
  - name: nginx
    image: nginx
```

（2）Burstable 类型。容器如果没有设置 CPU 资源，或者其他资源（如内存）的 Request 不等于 Limit，则将运行在共享 CPU 池中。例如：

```
spec:
  containers:
  - name: nginx
    image: nginx
    resources:
      limits:
        memory: "200Mi"
      requests:
        memory: "100Mi"
```

或者

```
spec:
  containers:
  - name: nginx
    image: nginx
    resources:
      limits:
        memory: "200Mi"
        cpu: "2"
      requests:
        memory: "100Mi"
        cpu: "1"
```

（3）Guaranteed 类型。容器如果设置了 CPU 资源，并且设置 Request 等于 Limit 且为整数，则将运行在两个独占的 CPU 核上。例如：

```
spec:
  containers:
  - name: nginx
    image: nginx
    resources:
      limits:
        memory: "200Mi"
        cpu: "2"
      requests:
        memory: "200Mi"
        cpu: "2"
```

或者（若未显式设置 Request，则系统将默认设置 Request=Limit）：

```
spec:
  containers:
  - name: nginx
    image: nginx
    resources:
      limits:
        memory: "200Mi"
        cpu: "2"
```

（4）Guaranteed 类型。若容器设置了 CPU 资源，并且设置 Request 等于 Limit 但设置为小数，则将运行在共享 CPU 池中。例如：

```
spec:
  containers:
  - name: nginx
    image: nginx
    resources:
      limits:
        memory: "200Mi"
        cpu: "1.5"
      requests:
        memory: "200Mi"
        cpu: "1.5"
```

总之，为了能让容器独占 CPU 资源运行，需要满足以下条件：

◎ 设置 kubelet 服务的启动参数--cpu-manager-policy=static；
◎ 容器的 CPU 资源需求 QoS 级别必须是 Guaranteed 级别，即 Request=Limit；
◎ 必须将容器的 CPU Limit 设置为大于等于 1 的整数。

10.4.9　拓扑管理器

在 Kubernetes 集群中部署容器应用时，我们常常根据应用的资源需求设置资源分配策略，包括 CPU、GPU、内存、设备等资源，但是对不同类型资源的管理是由单独的组件进行的。随着容器化技术的成熟，越来越多的应用系统利用 CPU、GPU、硬件加速等资源组合来支持对延迟要求更高的任务和高吞吐量并行计算。为了获得最佳性能，需要进行与 CPU 隔离、内存优化、本地设备有关的优化。Kubernetes 从 1.16 版本开始引入拓扑管理器（Topology Manager）功能，旨在协调对多种资源进行优化的功能组件，为高性能计算应用的多种资源需求组合提供支持，目前为 Beta 阶段。本节对拓扑管理器的工作原理和策略示例进行说明。

1. 拓扑管理器的工作原理

在引入拓扑管理器之前，Kubernetes 中的 CPU 和设备管理器都需要独立做出资源分配决策，这可能导致在多核系统上出现与期望不一致的资源分配结果（比如从不同的 NUMA 节点分配 CPU 和设备，从而导致更长的计算延迟），使得对性能或延迟敏感的应用造成影响。

拓扑管理器是 kubelet 中的一个组件，起着信息源的作用，以便 kubelet 的其他组件做出与拓扑结构相对应的资源分配决定。拓扑管理器为资源管理组件提供了一个名为建议提供者（Hint Providers）的接口，以发送和接收拓扑（Topology）的相关信息。

拓扑管理器管理着 Node 级别的一组策略，从建议提供者处接收拓扑信息，将其保存为表示可用 NUMA 节点和首选分配指示的位掩码（bitmask）。拓扑管理器对接收到的建议（Hint）执行一组操作，并根据策略对建议进行收敛计算以得到最优解。如果拓扑管理器保存了不符合预期的建议，则将该建议的优选字段设置为 false。在当前策略中，首选的是最窄的优选掩码。所选建议将被存储为拓扑管理器的一部分。取决于所配置的策略，所选建议可用于决定节点是否接受或拒绝 Pod。之后，建议会被存储在拓扑管理器中，供建议提供者进行资源分配决策时使用。

2. 启用拓扑管理器

要启用拓扑管理器特性，就需要在 Kubernetes 各个服务的特性开关中进行开启：--feature-gates=...,TopologyManager=true，从 Kubernetes 1.18 版本开始默认启用。

3. 拓扑管理器策略

拓扑管理器目前会对所有 QoS 类的 Pod 执行对齐（Align）操作，并针对建议提供者提供的拓扑建议，对请求的资源进行对齐（Align）操作。

说明：为了将 Pod 定义中的 CPU 资源与其他请求资源对齐，需要启用 CPU 管理器并且在节点上配置适当的 CPU 管理器策略（参考 10.4.8 节的说明）。

拓扑管理器支持 4 种分配策略，可以通过 kubelet 启动参数--topology-manager-policy 设置分配策略，包括：none（不执行任何拓扑对齐操作，默认值为 none）、best-effort、restricted 和 single-numa-node。下面对后三种分配策略进行说明。

（1）best-effort 分配策略。对于 QoS 级别为 Guaranteed 的 Pod 中的每个容器，kubelet 都将调用每个建议提供者以确定资源的可用性。基于这些信息，拓扑管理器将为各容器存储首选 NUMA 节点亲和性。如果亲和性不是首选，则拓扑管理器将存储该亲和性，并且无论如何都将 Pod 调度到该节点上。之后建议提供者就可以在做出资源分配决策时使用此信息了。

（2）restricted 分配策略。对于 QoS 级别为 Guaranteed 的 Pod 中的每个容器，与 best-effort 相同，即 kubelet 调用每个建议提供者以确定其资源可用性，基于这些信息，拓扑管理器将为各容器存储首选 NUMA 节点亲和性。如果亲和性不是首选，则拓扑管理器将拒绝调度 Pod 到该节点上。这将导致 Pod 处于 Terminated 状态，错误信息为准入（admission）失败。一旦 Pod 处于 Terminated 状态，Kubernetes 调度器就将不再尝试重新调度该 Pod。建议使用 ReplicaSet 或 Deployment 来重新部署 Pod。也可以通过实现外部控制器，以对存在 Topology Affinity 错误信息的 Pod 进行重新部署。如果 Pod 被允许运行在某节点上，建议提供者就可以在做出资源分配决策时使用此信息了。

（3）single-numa-node 分配策略。对于 QoS 级别为 Guaranteed 的 Pod 中的每个容器，kubelet 调用每个建议提供者以确定其资源可用性。基于这些信息，拓扑管理器确定是否可能实现单个 NUMA 节点的亲和性。如果可能，拓扑管理器将存储此信息，之后建议提供者就可以在做出资源分配决策时使用此信息了。如果不可能，拓扑管理器将拒绝 Pod 运行于该节点上，这将导致 Pod 处于 Terminated 状态，错误信息为准入（admission）失败。一旦 Pod 处于 Terminated 状态，Kubernetes 调度器则将不会尝试重新调度该 Pod。建议使用 ReplicaSet 或 Deployment 来重新部署 Pod。也可以通过实现外部控制器，以对存在 Topology Affinity 错误信息的 Pod 进行重新部署。

4. Pod 与拓扑管理器策略的交互示例

考虑以下两种不同 QoS 级别的容器配置。

1）对 BestEffort 和 Burstable 类型 Pod 的拓扑管理机制

BestEffort 类型的 Pod 定义，未设置 CPU Request 和 CPU Limit，例如：

```
spec:
  containers:
  - name: nginx
    image: nginx
```

Burstable 类型的 Pod 定义，设置的资源 Request 小于 Limit，例如：

```
spec:
  containers:
  - name: nginx
    image: nginx
    resources:
      limits:
        memory: "200Mi"
      requests:
        memory: "100Mi"
```

如果选择的拓扑管理策略是 none 以外的任何其他策略（best-effort、restricted 或 single-numa-node），则拓扑管理器都会评估这些 Pod 的定义。拓扑管理器会询问建议提供者获取拓扑建议。如果策略为 static，则 CPU 管理器策略会返回默认的拓扑建议，因为以上 Pod 并没有显式地请求 CPU 资源。

（2）对 Guaranteed 类型和未设置 CPU 资源 Pod 的拓扑管理机制

Guaranteed 类型的 Pod 定义，设置的资源 Request 等于 Limit，例如：

```
spec:
  containers:
  - name: nginx
    image: nginx
    resources:
      limits:
        memory: "200Mi"
        cpu: "2"
        example.com/device: "1"
      requests:
        memory: "200Mi"
        cpu: "2"
        example.com/device: "1"
```

或者

```
spec:
  containers:
  - name: nginx
    image: nginx
    resources:
      limits:
        memory: "200Mi"
        cpu: "300m"
        example.com/device: "1"
      requests:
        memory: "200Mi"
        cpu: "300m"
        example.com/device: "1"
```

BestEffort 类型的 Pod 定义，未设置 CPU 和内存资源，例如：

```
spec:
  containers:
  - name: nginx
    image: nginx
    resources:
      limits:
        example.com/deviceA: "1"
        example.com/deviceB: "1"
      requests:
        example.com/deviceA: "1"
        example.com/deviceB: "1"
```

拓扑管理器对上述几个 Pod 的管理机制如下。

拓扑管理器将询问建议提供者，即 CPU 管理器和设备管理器，以获取拓扑建议。

（1）对于 Guaranteed 类型的 CPU 请求数为整数的 Pod，在 CPU 管理策略为“static”时将返回与独占 CPU 请求有关的建议；而设备管理器将返回有关所请求设备的建议。

（2）对于 Guaranteed 类型的 CPU 请求可共享的 Pod，在 CPU 管理策略为“static”时将返回默认的拓扑建议，因为没有排他性的 CPU 请求；设备管理器则针对所请求的设备返回有关建议。

在上述 Guaranteed Pod 情况下，CPU 管理策略为 none 时都会返回默认的拓扑建议。

（3）对于 BestEffort 类的 Pod，由于没有设置 CPU Request，CPU 管理策略为 static 时将返回默认建议，而设备管理器将为每个请求的设备都返回建议。

基于此信息，拓扑管理器将为 Pod 计算最佳建议并存储该信息，以供建议提供者在进行资源分配决策时使用。

5. 拓扑管理器当前的局限性

拓扑管理器在当前有以下局限性。

（1）拓扑管理器所能处理的最大 NUMA 节点数量为 8 个。如果 NUMA 节点数量超过 8 个，则尝试枚举所有可能的 NUMA 亲和性并为之生成建议时，可能会发生状态爆炸（State Explosion）。

（2）调度器无法做到拓扑感知，因此可能会调度 Pod 到某个节点上，但由于拓扑管理器的原因导致 Pod 无法在该节点上运行。

（3）目前仅有设备管理器（Device Manager）和 CPU 管理器（CPU Manager）两个组件适配了拓扑管理器的 HintProvider 接口。这意味着 NUMA 对齐只能针对 CPU 管理器和设备管理器所管理的资源进行实现。内存（Memory）和巨页（Hugepage）在拓扑管理器决定 NUMA 对齐时都还不会被考虑在内。

10.5 资源紧缺时的 Pod 驱逐机制

在 Kubernetes 集群中，节点最重要的资源包括 CPU、内存和磁盘，其中，内存和磁盘资源属于不可压缩的资源，如果这类资源不足，则无法继续申请新的资源。同时，节点中现存的进程，包括操作系统的进程、用户进程（含 Pod 进程），随时可能申请更多的内存或磁盘资源，所以在资源严重不足的情况下，操作系统会触发 OOM Killer 的终极审批。

为了避免出现这种严重后果，Kubernetes 设计和实现了一套自动化的 Pod 驱逐机制，该机制会自动从资源紧张的节点上驱逐一定数量的 Pod,以保证在该节点上有充足的资源。具体做法是通过 kubelet 实现 Pod 的驱逐过程，而 kubelet 也不是随机驱逐的，它有自己的一套驱逐机制，每个节点上的 kubelet 都会通过 cAdvisor 提供的资源使用指标来监控自身节点的资源使用量，并根据这些指标的变化做出相应的驱逐决定和操作。kubelet 持续监控主机的资源使用情况，尽量防止计算资源被耗尽，一旦出现资源紧缺的迹象，就会主动终止一个或多个 Pod 的运行，以回收紧缺的资源。当一个 Pod 被终止时，其中的容器会被全部停止，Pod 的状态会被设置为 Failed。

10.5.1 驱逐时机

首先,在磁盘资源不足时会触发 Pod 的驱逐行为。Kubernetes 包括两种文件系统:nodefs 和 imagefs。nodefs 是 kubelet 用于存储卷系统、服务程序日志等的文件系统；imagefs 是容器运行时使用的可选文件系统，用于存储容器镜像和容器可写层数据。cAdvisor 提供了这两种文件系统的相关统计指标，分别如下。

◎ available：表示该文件系统中可用的磁盘空间。

◎ inodesFree：表示该文件系统中可用的 inode 数量（索引节点数量）。

默认情况下，kubelet 检测到下面的任意条件满足时，就会触发 Pod 的驱逐行为。

◎ nodefs.available<10%。
◎ nodefs.inodesFree<5%。
◎ imagefs.available<15%。
◎ imagefs.available<15%。

如果 nodefs 达到驱逐阈值，kubelet 就会删除所有已失效的 Pod 及其容器实例对应的磁盘文件。相应地，如果 imagefs 达到驱逐阈值，则 kubelet 会删除所有未使用的容器镜像。kubelet 不关注其他文件系统，不支持所有其他类型的配置，例如保存在独立文件系统中的卷和日志。

然后，当节点的内存不足时也会触发 Pod 的驱逐行为。memory.available 代表当前节点的可用内存，默认情况下，memory.available<100Mi 时会触发 Pod 的驱逐行为。驱逐 Pod 的过程：①kubelet 从 cAdvisor 中定期获取相关的资源使用量指标数据，通过配置的阈值筛选出满足驱逐条件的 Pod；②kubelet 对这些 Pod 进行排序，每次都选择一个 Pod 进行驱逐。

最后，从 Kubernetes 1.9 版本开始，kubelet 在驱逐 Pod 的过程中不会参考 Pod 的 QoS 等级，只根据 Pod 的 nodefs 使用量进行排序，并选择使用量最多的 Pod 进行驱逐。所以即使是 QoS 等级为 Guaranteed 的 Pod，在这个阶段也有可能被驱逐（例如 nodefs 使用量最大）。

10.5.2　驱逐阈值

kubelet 可以定义驱逐阈值，一旦超出阈值，就会触发 kubelet 的资源回收行为。

阈值的定义方式如下：

```
<eviction-signal> <operator> <quantity>
```

其中：①当前仅支持一个 operator（运算符）“<”（小于）；②quantity 需要符合 Kubernetes 的数量表达方式，也能以%结尾的百分比表示。

例如，如果一个节点有 10GiB 内存，我们希望在可用内存不足 1GiB 时进行驱逐 Pod 的操作，就可以这样定义驱逐阈值：memory.available<10%或者 memory.available<1GiB。

对驱逐阈值又可以通过软阈值和硬阈值两种方式进行设置，如下所述。

1. 驱逐软阈值

驱逐软阈值由一个驱逐阈值和一个管理员设定的宽限期共同定义。当系统资源消耗达到软阈值时，在这一状况的持续时间达到宽限期之前，kubelet 不会触发驱逐动作。如果没有定义宽限期，则 kubelet 会拒绝启动。

另外，可以定义终止 Pod 的宽限期。如果定义了这一宽限期，那么 kubelet 会使用 pod.Spec.TerminationGracePeriodSeconds 和最大宽限期这两个值之间较小的数值进行宽限，如果没有指定，则 kubelet 会立即“杀掉”Pod。

软阈值的定义包括以下几个参数。

- ◎ --eviction-soft：描述驱逐阈值（例如 memory.available<1.5GiB），如果满足这一条件的持续时间超过宽限期，就会触发对 Pod 的驱逐动作。
- ◎ --eviction-soft-grace-period：驱逐宽限期（例如 memory.available=1m30s），用于定义达到软阈值之后持续时间超过多久才进行驱逐。
- ◎ --eviction-max-pod-grace-period：在达到软阈值后，终止 Pod 的最大宽限时间（单位为 s）。

2. 驱逐硬阈值

硬阈值没有宽限期，如果达到了硬阈值，则 kubelet 会立即“杀掉”Pod 并进行资源回收。

硬阈值的定义包括参数--eviction-hard：驱逐硬阈值，一旦达到阈值，就会触发对 Pod 的驱逐操作。

kubelet 的默认硬阈值定义如下：

```
--eviction-hard=memory.available<100Mi
```

kubelet 的--housekeeping-interval 参数用于定义了一个时间间隔，kubelet 每隔一个这样的时间间隔就会对驱逐阈值进行评估。

10.5.3 节点状态

kubelet 会将一个或多个驱逐信号与节点状态对应起来。无论是触发了硬阈值还是触发了软阈值，kubelet 都会认为当前节点的压力太大，如表 10.6 所示为节点状态与驱逐信号的对应关系。

表 10.6　节点状态与驱逐信号的对应关系

节点状态	驱逐信号	描　述
MemoryPressure	memory.available	节点的可用内存达到了驱逐阈值
DiskPressure	nodefs.available，nodefs.inodesFree，imagefs.available，imagefs.inodesFree	节点的 root 文件系统或者镜像文件系统的可用空间达到了驱逐阈值

kubelet 会持续向 Master 报告节点状态的更新过程，这一频率由参数--node-status-update- frequency 指定，默认为 10s。

10.5.4　节点状态的振荡

如果一个节点状态在软阈值的上下振荡，但没有超过宽限期，则会导致该节点的相应状态在 True 和 False 之间不断变换，可能对调度的决策过程产生负面影响。

要防止这种状态出现，可以使用参数--eviction-pressure-transition-period（在脱离压力状态前需要等待的时间，默认值为 5m0s）为 kubelet 设置脱离压力状态之前需要等待的时间。

这样一来，kubelet 在把压力状态设置为 False 之前，会确认在检测周期之内该节点没有达到驱逐阈值。

10.5.5　回收 Node 级别的资源

如果达到了驱逐阈值，并且也过了宽限期，kubelet 就会回收超出限量的资源，直到驱逐信号量回到阈值以内。

kubelet 在驱逐用户 Pod 之前，会尝试回收 Node 级别的资源。在观测到磁盘压力时，基于服务器是否为容器运行时定义了独立的 imagefs，会有不同的资源回收过程。

1. 有 Imagefs 时

（1）如果 nodefs 文件系统达到了驱逐阈值，则 kubelet 会删掉已停掉的 Pod 和容器来清理空间。

（2）如果 imagefs 文件系统达到了驱逐阈值，则 kubelet 会删掉所有无用的镜像来清理空间。

2. 没有 Imagefs 时

如果 nodefs 文件系统达到了驱逐阈值，则 kubelet 会这样清理空间：首先删除已停掉的 Pod、容器；然后删除所有无用的镜像。

10.5.6 驱逐用户的 Pod

kubelet 如果无法在节点上回收足够的资源，就会开始驱逐用户的 Pod。

kubelet 会按照下面的标准对 Pod 的驱逐行为进行判断。

◎ Pod 要求的服务质量。
◎ Pod 对紧缺资源的消耗量（相对于资源请求 Request）。

接下来，kubelet 会按照下面的顺序驱逐 Pod。

（1）BestEffort：紧缺资源消耗最多的 Pod 最先被驱逐。

（2）Burstable：根据相对请求来判断，紧缺资源消耗最多的 Pod 最先被驱逐，如果没有 Pod 超出它们的请求，则策略会瞄准紧缺资源消耗量最大的 Pod。

（3）Guaranteed：根据相对请求来判断，紧缺资源消耗最多的 Pod 最先被驱逐，如果没有 Pod 超出它们的请求，则策略会瞄准紧缺资源消耗量最大的 Pod。

Guaranteed Pod 永远不会因为其他 Pod 的资源消费被驱逐。如果系统进程（例如 kubelet、docker、journald 等）消耗了超出 system-reserved 或者 kube-reserved 的资源，而在这一节点上只运行了 Guaranteed Pod，那么为了保证节点的稳定性并降低异常消耗对其他 Guaranteed Pod 的影响，必须选择一个 Guaranteed Pod 进行驱逐。

本地磁盘是一种 BestEffort 资源。如有必要，kubelet 会在 DiskPressure 的情况下，对 Pod 进行驱逐以回收磁盘资源。kubelet 会按照 QoS 进行评估。如果 kubelet 判定缺乏 inode 资源，就会通过驱逐最低 QoS 的 Pod 方式来回收 inodes。如果 kubelet 判定缺乏磁盘空间，就会在相同 QoS 的 Pod 中选择消耗最多磁盘空间的 Pod 进行驱逐。下面针对有 Imagefs 和没有 Imagefs 的两种情况，说明 kubelet 在驱逐 Pod 时选择 Pod 的排序算法，然后按顺序对 Pod 进行驱逐。

1. 有 Imagefs 的情况

如果 nodefs 触发了驱逐，则 kubelet 会根据 nodefs 的使用情况（以 Pod 中所有容器的本地卷和日志所占的空间进行计算）对 Pod 进行排序。

如果 imagefs 触发了驱逐，则 kubelet 会根据 Pod 中所有容器消耗的可写入层的使用空间进行排序。

2. 没有 Imagefs 的情况

如果 nodefs 触发了驱逐，则 kubelet 会对各个 Pod 中所有容器的总体磁盘消耗（以本地卷+日志+所有容器的写入层所占的空间进行计算）进行排序。

10.5.7 资源最少回收量

在某些场景下，驱逐 Pod 可能只回收了很少的资源，这就导致了 kubelet 反复触发驱逐阈值。另外，回收磁盘这样的资源是需要消耗时间的。

要缓和这种状况，kubelet 可以对每种资源都定义 minimum-reclaim。kubelet 一旦监测到了资源压力，就会试着回收不少于 minimum-reclaim 的资源数量，使得资源消耗量回到期望的范围。

例如，可以配置--eviction-minimum-reclaim 如下：

```
    --eviction-hard=memory.available<500Mi,nodefs.available<1Gi,imagefs.availabl
e<100Gi
    --eviction-minimum-reclaim="memory.available=0Mi,nodefs.available=500Mi,imag
efs.available=2Gi"`
```

这样配置的效果如下。

◎ 当 memory.available 超过阈值并触发了驱逐操作时，kubelet 会启动资源回收，并保证 memory.available 至少有 500MiB。

◎ 当 nodefs.available 超过阈值并触发了驱逐操作时，kubelet 会恢复 nodefs.available 到至少 1.5GiB。

◎ 当 imagefs.available 超过阈值并触发了驱逐操作时，kubelet 会保证 imagefs.available 恢复到至少 102GiB。

在默认情况下，所有资源的 eviction-minimum-reclaim 都为 0。

10.5.8 节点资源紧缺情况下的系统行为

1. 调度器的行为

在节点资源紧缺的情况下，节点会向 Master 报告这一状况。在 Master 上运行的调度器（Scheduler）以此为信号，不再继续向该节点调度新的 Pod。如表 10.7 所示为节点状况与调度行为的对应关系。

表 10.7 节点状况与调度行为的对应关系

节 点 状 况	调 度 行 为
MemoryPressure	不再调度新的 BestEffort Pod 到这个节点
DiskPressure	不再向这一节点调度 Pod

2. Node 的 OOM 行为

如果节点在 kubelet 能够回收内存之前遭遇了系统的 OOM（内存不足），节点则依赖 oom_killer 的设置进行响应（OOM 评分系统详见 10.4 节的说明）。

kubelet 根据 Pod 的 QoS 为每个容器都设置了一个 oom_score_adj 值，如表 10.8 所示。

表 10.8 kubelet 根据 Pod 的 QoS 为每个容器都设置了一个 oom_score_adj 值

QoS 等级	oom_score_adj
Guaranteed	-998
BestEffort	1000
Burstable	min(max(2, 1000 - (1000 * memoryRequestBytes) / machineMemoryCapacityBytes), 999)

如果 kubelet 无法在系统 OOM 之前回收足够的内存，则 oom_killer 会根据内存使用比率来计算 oom_score，将得出的结果和 oom_score_adj 相加，得分最高的 Pod 首先被驱逐。

这个策略的思路是，QoS 最低且相对于调度的 Request 来说消耗最多内存的 Pod 会首先被驱逐，来保障内存的回收。

与 Pod 驱逐不同，如果一个 Pod 的容器被 OOM“杀掉”，则可能被 kubelet 根据 RestartPolicy 重启。

3. 对 DaemonSet 类型的 Pod 驱逐的考虑

通过 DaemonSet 创建的 Pod 具有在节点上自动重启的特性，因此我们不希望 kubelet

驱逐这种 Pod。然而 kubelet 目前并没有能力分辨 DaemonSet 的 Pod，所以无法单独为其制定驱逐策略，所以强烈建议不要在 DaemonSet 中创建 BestEffort 类型的 Pod，避免产生驱逐方面的问题。

10.5.9　可调度的资源和驱逐策略实践

假设一个集群的资源管理需求如下。

◎ 节点内存容量：10GiB。
◎ 保留 10%的内存给系统守护进程（操作系统、kubelet 等）。
◎ 在内存使用率达到 95%时驱逐 Pod，以此降低系统压力并防止系统 OOM。

为了满足这些需求，kubelet 应该设置如下参数：

```
--eviction-hard=memory.available<500Mi
--system-reserved=memory=1.5Gi
```

在这个配置方式中隐式包含这样一个设置：系统预留内存也包括资源驱逐阈值。

如果内存占用超出这一设置，则要么是 Pod 占用了超过其 Request 的内存，要么是系统使用了超过 500MiB 的内存。在这种设置下，节点一旦开始接近内存压力，调度器就不会向该节点部署 Pod，并且假定这些 Pod 使用的资源数量少于其请求的资源数量。

10.5.10　现阶段的问题

1. kubelet 无法及时观测到内存压力

kubelet 目前通过 cAdvisor 定时获取内存使用状况的统计情况。如果内存使用在这个时间段内发生了快速增长，且 kubelet 无法观察到 MemoryPressure，则可能会触发 OOMKiller。Kubernetes 正在尝试将这一过程集成到 memcg 通知 API 中来减少这一延迟，而不是让内核首先发现这一情况。

对用户来说，一个较为可靠的处理方式就是设置驱逐阈值大约为 75%，这样就降低了发生 OOM 的概率，提高了驱逐标准，有助于集群状态的平衡。

2. kubelet 可能会错误地驱逐更多的 Pod

这也是状态搜集存在时间差导致的。未来可能会通过按需获取根容器的统计信息来减少计算偏差。

10.6 Pod Disruption Budget（主动驱逐保护）

在 Kubernetes 集群运行过程中，许多管理操作都可能对 Pod 进行主动驱逐，“主动”一词意味着这一操作可以安全地延迟一段时间，目前主要针对以下两种场景。

◎ 节点维护或升级时（kubectl drain）。

◎ 对应用的自动缩容操作（autoscaling down）。

作为对比，由于节点不可用（Not Ready）导致的 Pod 驱逐就不能被称为主动了，但是 Pod 的主动驱逐行为可能导致某个服务对应的 Pod 实例全部或大部分被“消灭”，从而引发业务中断或业务 SLA 降级，而这是违背 Kubernetes 的设计初衷的。因此需要一种机制来避免我们希望保护的 Pod 被主动驱逐，这种机制的核心就是 PodDisruptionBudget。通过使用 PodDisruptionBudget，应用可以保证那些会主动移除 Pod 的集群操作永远不会在同一时间停掉太多 Pod（从而导致服务中断或者服务降级等）。

PodDisruptionBudget资源对象用于指定一个Pod集合在一段时间内存活的最小实例数量或者百分比。一个 PodDisruptionBudget 作用于一组被同一个控制器管理的 Pod，例如 DeploymentReplicaSet 或 RC。与通常的 Pod 删除不同，驱逐 Pod 的控制器将使用/eviction 接口对 Pod 进行驱逐，如果这一主动驱逐行为违反了 PodDisruptionBudget 的约定，就会被 API Server 拒绝。kubectl drain 操作将遵循 PodDisruptionBudget 的设定，如果在该节点上运行了属于同一服务的多个 Pod，则为了保证最少存活数量，系统将确保每终止一个 Pod，就一定会在另一台健康的 Node 上启动新的 Pod，再继续终止下一个 Pod。需要注意的是，Disruption Controller 不能取代 Deployment、Statefulset 等具备副本控制能力的 Controller。PodDisruptionBudget 对象的保护作用仅仅针对主动驱逐场景，而非所有场景，比如针对下面这些场景，PodDisruptionBudget 机制完全无效。

◎ 后端节点物理机的硬件发生故障。

◎ 集群管理员错误地删除虚拟机（实例）。

◎ 云提供商或管理程序发生故障，使虚拟机消失。

◎ 内核恐慌（kernel panic）。

◎ 节点由于集群网络分区而从集群中消失。
◎ 由于节点资源不足而将容器逐出。

对 PodDisruptionBudget 的定义包括如下几个关键参数。

◎ Label Selector：用于筛选被管理的 Pod。
◎ minAvailable：指定驱逐过程中需要保障的最少 Pod 数量。minAvailable 可以是一个数字，也可以是一个百分比，例如 100%就表示不允许进行主动驱逐。
◎ maxUnavailable：要保证最大不可用的 Pod 数量或者比例。
◎ minAvailable 和 maxUnavailable 不能被同时定义。

除了 Pod 对象，PodDisruptionBudget 目前也支持了具备扩容能力的 CRD 对象，即这些 CRD 拥有 Scale 子对象资源并支持扩容功能。

PodDisruptionBudget 应用示例如下。

（1）创建一个 Deployment，设置 Pod 副本数量为 3：

```
# nginx-deployment.yaml
apiVersion: apps/v1
kind: Deployment
metadata:
  name: nginx
  labels:
    name: nginx
spec:
  replicas: 3
  selector:
    matchLabels:
      name: nginx
  template:
    metadata:
      labels:
        name: nginx
    spec:
      containers:
      - name: nginx
        image: nginx
        ports:
        - containerPort: 80
          protocol: TCP
```

```
# kubectl create -f nginx-deployment.yaml
deployment.apps/nginx created
```

创建后通过 kubectl get pods 命令查看 Pod 的创建情况：

```
# kubectl get pods
NAME                      READY     STATUS    RESTARTS   AGE
nginx-1968750913-0k01k    1/1       Running   0          13m
nginx-1968750913-1dpcn    1/1       Running   0          19m
nginx-1968750913-n326r    1/1       Running   0          13m
```

（2）接下来创建一个 PodDisruptionBudget 资源对象：

```
# pdb.yaml
apiVersion: policy/v1beta1
kind: PodDisruptionBudget
metadata:
  name: nginx
spec:
  minAvailable: 3
  selector:
    matchLabels:
      name: nginx

# kubectl create -f pdb.yaml
poddisruptionbudget.policy/nginx created
```

PodDisruptionBudget 使用的是和 Deployment 一样的 Label Selector，并且设置存活 Pod 的数量不得少于 3 个。

（3）主动驱逐验证。对 Pod 的主动驱逐操作将通过驱逐 API（/eviction）来完成。可以将这个 API 看作受策略控制的对 Pod 的 DELETE 操作。要实现一次主动驱逐（更准确的说法是创建一个 Eviction 资源），则需要 POST 一个 JSON 请求，以 eviction.json 文件格式表示，例如希望驱逐名为"nginx-1968750913-0k01k"的 Pod，内容如下：

```
{
  "apiVersion": "policy/v1beta1",
  "kind": "Eviction",
  "metadata": {
    "name": "nginx-1968750913-0k01k",
    "namespace": "default"
```

```
  }
}
```

用 curl 命令执行驱逐操作：

```
$ curl -v -H 'Content-type: application/json'
http://<k8s_master>/api/v1/namespaces/default/pods/nginx-1968750913-0k01k/evicti
on -d @eviction.json
```

由于 PodDisruptionBudget 设置存活的 Pod 数量不能少于 3 个，因此驱逐操作会失败，在返回的错误信息中会包含如下内容：

```
{
  "kind": "Status",
  "apiVersion": "v1",
  "metadata": {

  },
  "status": "Failure",
  "message": "Cannot evict pod as it would violate the pod's disruption budget.",
  "reason": "TooManyRequests",
  "details": {
    "causes": [
      {
        "reason": "DisruptionBudget",
        "message": "The disruption budget nginx needs 3 healthy pods and has 3
currently"
      }
    ]
  },
  "code": 429
```

使用 kubectl get pods 命令查看 Pod 列表，会看到 Pod 的数量和名称都没有发生变化。

（4）删除 PodDisruptionBudget 资源对象，再次验证驱逐 Pod。用 kubectl delete pdb nginx 命令删除 PodDisruptionBudget 资源对象：

```
# kubectl delete -f pdb.yaml
poddisruptionbudget.policy/nginx deleted
```

再次执行上文中的 curl 指令，会执行成功。

```
{
  "kind": "Status",
```

```
    "apiVersion": "v1",
    "metadata": {

    },
    "status": "Success",
    "code": 201
```

通过 kubectl get pods 命令查看 Pod 列表，会发现 Pod 的数量虽然没有发生变化，但是指定的 Pod 已被删除，取而代之的是一个新的 Pod。

```
# kubectl get pods
NAME                     READY     STATUS    RESTARTS   AGE
nginx-1968750913-1dpcn   1/1       Running   0          19m
nginx-1968750913-n326r   1/1       Running   0          13m
nginx-1968750913-sht8w   1/1       Running   0          10s
```

10.7 Kubernetes 集群监控

Kubernetes 的早期版本依靠 Heapster 来实现完整的性能数据采集和监控功能，Kubernetes 从 1.8 版本开始，性能数据开始以 Metrics API 方式提供标准化接口，并且从 1.10 版本开始将 Heapster 替换为 Metrics Server。在 Kubernetes 新的监控体系中，Metrics Server 用于提供核心指标（Core Metrics），包括 Node、Pod 的 CPU 和内存使用指标。对其他自定义指标（Custom Metrics）的监控则由 Prometheus 等组件来完成。

10.7.1 使用 Metrics Server 监控 Node 和 Pod 的 CPU 和内存使用数据

Metrics Server 在部署完成后，将通过 Kubernetes 核心 API Server 的 /apis/metrics.k8s.io/v1beta1 路径提供 Node 和 Pod 的监控数据。Metrics Server 源代码和部署配置可以在 Kubernete 官方 GitHub 代码库中找到。

Metrics Server 提供的数据既可以用于基于 CPU 和内存的自动水平扩缩容（HPA）功能，也可以用于自动垂直扩缩容（VPA）功能，VPA 相关的内容请参考 12.3 节的说明。

Metrics Server 的 YAML 配置主要包括以下内容。

（1）Deployment 和 Service 的定义及相关 RBAC 策略：

```
---
apiVersion: apps/v1
kind: Deployment
metadata:
  name: metrics-server
  namespace: kube-system
  labels:
    k8s-app: metrics-server
spec:
  selector:
    matchLabels:
      k8s-app: metrics-server
  template:
    metadata:
      name: metrics-server
      labels:
        k8s-app: metrics-server
    spec:
      serviceAccountName: metrics-server
      volumes:
      - name: tmp-dir
        emptyDir: {}
      containers:
      - name: metrics-server
        image: k8s.gcr.io/metrics-server/metrics-server:v0.3.7
        imagePullPolicy: IfNotPresent
        args:
          - --cert-dir=/tmp
          - --secure-port=4443
          - --kubelet-insecure-tls
          - --kubelet-preferred-address-types=InternalIP
        ports:
        - name: main-port
          containerPort: 4443
          protocol: TCP
        securityContext:
          readOnlyRootFilesystem: true
          runAsNonRoot: true
          runAsUser: 1000
```

```
        volumeMounts:
        - name: tmp-dir
          mountPath: /tmp
      nodeSelector:
        kubernetes.io/os: linux
        kubernetes.io/arch: "amd64"
---
apiVersion: v1
kind: Service
metadata:
  name: metrics-server
  namespace: kube-system
  labels:
    kubernetes.io/name: "Metrics-server"
    kubernetes.io/cluster-service: "true"
spec:
  selector:
    k8s-app: metrics-server
  ports:
  - port: 443
    protocol: TCP
    targetPort: main-port

---
apiVersion: v1
kind: ServiceAccount
metadata:
  name: metrics-server
  namespace: kube-system
---
apiVersion: rbac.authorization.k8s.io/v1
kind: ClusterRole
metadata:
  name: system:metrics-server
rules:
- apiGroups:
  - ""
  resources:
  - pods
  - nodes
  - nodes/stats
```

```
  - namespaces
  - configmaps
  verbs:
  - get
  - list
  - watch
---
apiVersion: rbac.authorization.k8s.io/v1
kind: ClusterRoleBinding
metadata:
  name: system:metrics-server
roleRef:
  apiGroup: rbac.authorization.k8s.io
  kind: ClusterRole
  name: system:metrics-server
subjects:
- kind: ServiceAccount
  name: metrics-server
  namespace: kube-system
```

（2）APIService 资源及相关 RBAC 策略：

```
---
apiVersion: apiregistration.k8s.io/v1beta1
kind: APIService
metadata:
  name: v1beta1.metrics.k8s.io
spec:
  service:
    name: metrics-server
    namespace: kube-system
  group: metrics.k8s.io
  version: v1beta1
  insecureSkipTLSVerify: true
  groupPriorityMinimum: 100
  versionPriority: 100

---
apiVersion: rbac.authorization.k8s.io/v1
kind: ClusterRole
metadata:
  name: system:aggregated-metrics-reader
```

```
  labels:
    rbac.authorization.k8s.io/aggregate-to-view: "true"
    rbac.authorization.k8s.io/aggregate-to-edit: "true"
    rbac.authorization.k8s.io/aggregate-to-admin: "true"
rules:
- apiGroups: ["metrics.k8s.io"]
  resources: ["pods", "nodes"]
  verbs: ["get", "list", "watch"]
---
apiVersion: rbac.authorization.k8s.io/v1
kind: ClusterRoleBinding
metadata:
  name: metrics-server:system:auth-delegator
roleRef:
  apiGroup: rbac.authorization.k8s.io
  kind: ClusterRole
  name: system:auth-delegator
subjects:
- kind: ServiceAccount
  name: metrics-server
  namespace: kube-system
---
apiVersion: rbac.authorization.k8s.io/v1
kind: RoleBinding
metadata:
  name: metrics-server-auth-reader
  namespace: kube-system
roleRef:
  apiGroup: rbac.authorization.k8s.io
  kind: Role
  name: extension-apiserver-authentication-reader
subjects:
- kind: ServiceAccount
  name: metrics-server
  namespace: kube-system
```

通过 kubectl create 命令创建 metrics-server 服务：

```
# kubectl create -f metrics-server.yaml
clusterrole.rbac.authorization.k8s.io/system:aggregated-metrics-reader
created
clusterrolebinding.rbac.authorization.k8s.io/metrics-server:system:auth-dele
```

```
gator created
    rolebinding.rbac.authorization.k8s.io/metrics-server-auth-reader created
    apiservice.apiregistration.k8s.io/v1beta1.metrics.k8s.io created
    serviceaccount/metrics-server created
    deployment.apps/metrics-server created
    service/metrics-server created
    clusterrolebinding.rbac.authorization.k8s.io/system:metrics-server created
```

确认 metrics-server 的 Pod 启动成功：

```
    # kubectl -n kube-system get pod -l k8s-app=metrics-server
    NAME                              READY    STATUS     RESTARTS   AGE
    metrics-server-7cb798c45b-4dnmh          1/1      Running    0          5m
```

接下来就可以使用 kubectl top nodes 和 kubectl top pods 命令监控 Node 和 Pod 的 CPU、内存资源的使用情况了：

```
    # kubectl top nodes
    NAME         CPU(cores)   CPU%   MEMORY(bytes)   MEMORY%
    k8s-node-1   319m         7%     1167Mi          67%

    # kubectl top pods --all-namespaces
    NAMESPACE     NAME                                 CPU(cores)   MEMORY(bytes)
    kube-system   coredns-767997f5b5-sfz2w                6m           36Mi
    kube-system   metrics-server-7cb798c45b-4dnmh         3m           22Mi
    ......
```

10.7.2　Prometheus+Grafana 集群性能监控平台搭建

Prometheus 是由 SoundCloud 公司开发的开源监控系统，是继 Kubernetes 之后 CNCF 第 2 个毕业的项目，在容器和微服务领域得到了广泛应用。Prometheus 的主要特点如下。

- ◎ 使用指标名称及键值对标识的多维度数据模型。
- ◎ 采用灵活的查询语言 PromQL。
- ◎ 不依赖分布式存储，为自治的单节点服务。
- ◎ 使用 HTTP 完成对监控数据的拉取。
- ◎ 支持通过网关推送时序数据。
- ◎ 支持多种图形和 Dashboard 的展示，例如 Grafana。

Prometheus 生态系统由各种组件组成，用于功能的扩充。

◎ Prometheus Server：负责监控数据采集和时序数据存储，并提供数据查询功能。
◎ 客户端 SDK：对接 Prometheus 的开发工具包。
◎ Push Gateway：推送数据的网关组件。
◎ 第三方 Exporter：各种外部指标收集系统，其数据可以被 Prometheus 采集。
◎ AlertManager：告警管理器。
◎ 其他辅助支持工具。

Prometheus 的核心组件 Prometheus Server 的主要功能包括：从 Kubernetes Master 中获取需要监控的资源或服务信息；从各种 Exporter 中抓取（Pull）指标数据，然后将指标数据保存在时序数据库（TSDB）中；向其他系统提供 HTTP API 进行查询；提供基于 PromQL 语言的数据查询；可以将告警数据推送（Push）给 AlertManager，等等。

Prometheus 的系统架构图如图 10.5 所示。

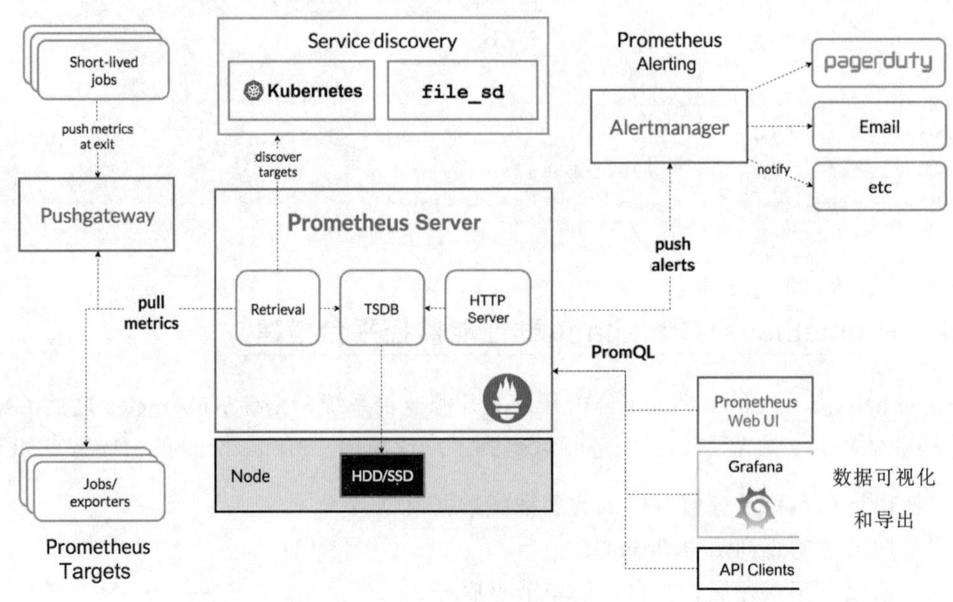

图 10.5　Prometheus 的系统架构图

我们可以直接基于官方提供的镜像部署 Prometheus，也可以通过 Operator 模式部署 Prometheus。本文以直接部署为例，Operator 模式的部署案例可以参考 3.12.2 节的示例。下面对如何部署 Prometheus、node_exporter、Grafana 服务进行说明。

1. 部署 Prometheus 服务

首先，创建一个 ConfigMap，用于保存 Prometheus 的主配置文件 prometheus.yml，配置需要监控的 Kubernetes 集群的资源对象或服务（如 Master、Node、Pod、Service、Endpoint 等），更详细的配置说明请参考 Prometheus 官网文档：

```
apiVersion: v1
kind: ConfigMap
metadata:
  name: prometheus-config
  namespace: kube-system
  labels:
    kubernetes.io/cluster-service: "true"
    addonmanager.kubernetes.io/mode: EnsureExists
data:
  prometheus.yml: |
    global:
      scrape_interval: 30s
    scrape_configs:
    - job_name: prometheus
      static_configs:
      - targets:
        - localhost:9090
    - job_name: kubernetes-apiservers
      kubernetes_sd_configs:
      - role: endpoints
      relabel_configs:
      - action: keep
        regex: default;kubernetes;https
        source_labels:
        - __meta_kubernetes_namespace
        - __meta_kubernetes_service_name
        - __meta_kubernetes_endpoint_port_name
      scheme: https
      tls_config:
        ca_file: /var/run/secrets/kubernetes.io/serviceaccount/ca.crt
        insecure_skip_verify: true
      bearer_token_file: /var/run/secrets/kubernetes.io/serviceaccount/token

    - job_name: kubernetes-nodes-kubelet
      kubernetes_sd_configs:
```

```
    - role: node
    relabel_configs:
    - action: labelmap
      regex: __meta_kubernetes_node_label_(.+)
    scheme: https
    tls_config:
      ca_file: /var/run/secrets/kubernetes.io/serviceaccount/ca.crt
      insecure_skip_verify: true
    bearer_token_file: /var/run/secrets/kubernetes.io/serviceaccount/token

  - job_name: kubernetes-nodes-cadvisor
    kubernetes_sd_configs:
    - role: node
    relabel_configs:
    - action: labelmap
      regex: __meta_kubernetes_node_label_(.+)
    - target_label: __metrics_path__
      replacement: /metrics/cadvisor
    scheme: https
    tls_config:
      ca_file: /var/run/secrets/kubernetes.io/serviceaccount/ca.crt
      insecure_skip_verify: true
    bearer_token_file: /var/run/secrets/kubernetes.io/serviceaccount/token

  - job_name: kubernetes-service-endpoints
    kubernetes_sd_configs:
    - role: endpoints
    relabel_configs:
    - action: keep
      regex: true
      source_labels:
      - __meta_kubernetes_service_annotation_prometheus_io_scrape
    - action: replace
      regex: (https?)
      source_labels:
      - __meta_kubernetes_service_annotation_prometheus_io_scheme
      target_label: __scheme__
    - action: replace
      regex: (.+)
      source_labels:
      - __meta_kubernetes_service_annotation_prometheus_io_path
```

```
    target_label: __metrics_path__
  - action: replace
    regex: ([^:]+)(?::\d+)?;(\d+)
    replacement: $1:$2
    source_labels:
    - __address__
    - __meta_kubernetes_service_annotation_prometheus_io_port
    target_label: __address__
  - action: labelmap
    regex: __meta_kubernetes_service_label_(.+)
  - action: replace
    source_labels:
    - __meta_kubernetes_namespace
    target_label: kubernetes_namespace
  - action: replace
    source_labels:
    - __meta_kubernetes_service_name
    target_label: kubernetes_name

- job_name: kubernetes-services
  kubernetes_sd_configs:
  - role: service
  metrics_path: /probe
  params:
    module:
    - http_2xx
  relabel_configs:
  - action: keep
    regex: true
    source_labels:
    - __meta_kubernetes_service_annotation_prometheus_io_probe
  - source_labels:
    - __address__
    target_label: __param_target
  - replacement: blackbox
    target_label: __address__
  - source_labels:
    - __param_target
    target_label: instance
  - action: labelmap
    regex: __meta_kubernetes_service_label_(.+)
```

```
    - source_labels:
      - __meta_kubernetes_namespace
      target_label: kubernetes_namespace
    - source_labels:
      - __meta_kubernetes_service_name
      target_label: kubernetes_name

  - job_name: kubernetes-pods
    kubernetes_sd_configs:
    - role: pod
    relabel_configs:
    - action: keep
      regex: true
      source_labels:
      - __meta_kubernetes_pod_annotation_prometheus_io_scrape
    - action: replace
      regex: (.+)
      source_labels:
      - __meta_kubernetes_pod_annotation_prometheus_io_path
      target_label: __metrics_path__
    - action: replace
      regex: ([^:]+)(?::\d+)?;(\d+)
      replacement: $1:$2
      source_labels:
      - __address__
      - __meta_kubernetes_pod_annotation_prometheus_io_port
      target_label: __address__
    - action: labelmap
      regex: __meta_kubernetes_pod_label_(.+)
    - action: replace
      source_labels:
      - __meta_kubernetes_namespace
      target_label: kubernetes_namespace
    - action: replace
      source_labels:
      - __meta_kubernetes_pod_name
      target_label: kubernetes_pod_name
  ......
```

接下来部署 Prometheus Deployment、Service 及相关 RBAC 策略：

```
---
apiVersion: apps/v1
kind: Deployment
metadata:
  name: prometheus
  namespace: kube-system
  labels:
    k8s-app: prometheus
    kubernetes.io/cluster-service: "true"
    addonmanager.kubernetes.io/mode: Reconcile
    version: v2.19.2
spec:
  replicas: 1
  selector:
    matchLabels:
      k8s-app: prometheus
      version: v2.19.2
  template:
    metadata:
      labels:
        k8s-app: prometheus
        version: v2.19.2
      annotations:
        scheduler.alpha.kubernetes.io/critical-pod: ''
    spec:
      priorityClassName: system-cluster-critical
      serviceAccountName: prometheus
      initContainers:
      - name: "init-chown-data"
        image: "busybox:latest"
        imagePullPolicy: "IfNotPresent"
        command: ["chown", "-R", "65534:65534", "/data"]
        volumeMounts:
        - name: storage-volume
          mountPath: /data
          subPath: ""
      containers:
        - name: prometheus-server-configmap-reload
          image: "jimmidyson/configmap-reload:v0.3.0"
          imagePullPolicy: "IfNotPresent"
          args:
```

```
        - --volume-dir=/etc/config
        - --webhook-url=http://localhost:9090/-/reload
        volumeMounts:
        - name: config-volume
          mountPath: /etc/config
          readOnly: true
        resources:
          limits:
            cpu: 1
            memory: 256Mi
          requests:
            cpu: 100m
            memory: 50Mi
      - name: prometheus-server
        image: "prom/prometheus:v2.19.2"
        imagePullPolicy: "IfNotPresent"
        args:
        - --config.file=/etc/config/prometheus.yml
        - --storage.tsdb.path=/data
        - --storage.tsdb.retention=7d
        - --web.console.libraries=/etc/prometheus/console_libraries
        - --web.console.templates=/etc/prometheus/consoles
        - --web.enable-lifecycle
        ports:
        - containerPort: 9090
        readinessProbe:
          httpGet:
            path: /-/ready
            port: 9090
          initialDelaySeconds: 30
          timeoutSeconds: 30
        livenessProbe:
          httpGet:
            path: /-/healthy
            port: 9090
          initialDelaySeconds: 30
          timeoutSeconds: 30
        resources:
          limits:
            cpu: 4
            memory: 8Gi
```

```yaml
          requests:
            cpu: 0.1
            memory: 128Mi
        volumeMounts:
        - name: config-volume
          mountPath: /etc/config
        - name: storage-volume
          mountPath: /data
          subPath: ""
    terminationGracePeriodSeconds: 300
    volumes:
    - name: config-volume
      configMap:
        name: prometheus-config
    - name: storage-volume
      hostPath:
        path: /root/prometheus/data
        type: DirectoryOrCreate

---
kind: Service
apiVersion: v1
metadata:
  name: prometheus
  namespace: kube-system
  labels:
    kubernetes.io/name: "Prometheus"
    kubernetes.io/cluster-service: "true"
    addonmanager.kubernetes.io/mode: Reconcile
spec:
  type: NodePort
  ports:
    - name: http
      port: 9090
      nodePort: 9090
      protocol: TCP
      targetPort: 9090
  selector:
    k8s-app: prometheus

---
```

```
apiVersion: v1
kind: ServiceAccount
metadata:
  name: prometheus
  namespace: kube-system
  labels:
    kubernetes.io/cluster-service: "true"
    addonmanager.kubernetes.io/mode: Reconcile
---
apiVersion: rbac.authorization.k8s.io/v1beta1
kind: ClusterRole
metadata:
  name: prometheus
  labels:
    kubernetes.io/cluster-service: "true"
    addonmanager.kubernetes.io/mode: Reconcile
rules:
  - apiGroups:
    - ""
    resources:
    - nodes
    - nodes/metrics
    - services
    - endpoints
    - pods
    verbs:
    - get
    - list
    - watch
  - apiGroups:
    - ""
    resources:
    - configmaps
    verbs:
    - get
  - nonResourceURLs:
    - "/metrics"
    verbs:
    - get
---
apiVersion: rbac.authorization.k8s.io/v1beta1
```

```
kind: ClusterRoleBinding
metadata:
  name: prometheus
  labels:
    kubernetes.io/cluster-service: "true"
    addonmanager.kubernetes.io/mode: Reconcile
roleRef:
  apiGroup: rbac.authorization.k8s.io
  kind: ClusterRole
  name: prometheus
subjects:
- kind: ServiceAccount
  name: prometheus
  namespace: kube-system
```

Prometheus Deployment 的关键配置参数如下。

◎ --config.file：配置文件 prometheus.yml 的路径。
◎ --storage.tsdb.path：数据存储目录，对其 Volume 建议使用高可用存储。
◎ --storage.tsdb.retention：数据保存时长，根据数据保留时间需求进行设置。

通过 kubectl create 命令创建 Prometheus 服务：

```
# kubectl create -f prometheus.yaml
configmap/prometheus-config created
serviceaccount/prometheus created
clusterrole.rbac.authorization.k8s.io/prometheus created
clusterrolebinding.rbac.authorization.k8s.io/prometheus created
deployment.apps/prometheus created
service/prometheus created
```

确认 Prometheus Pod 运行成功：

```
# kubectl -n kube-system get pods -l k8s-app=prometheus
NAME                          READY   STATUS    RESTARTS   AGE
prometheus-5fbb5ddd4f-2wrxj   2/2     Running   0          3m32s
```

Prometheus 提供了一个简单的 Web 页面用于查看已采集的监控数据，上面的 Service 定义了 NodePort 为 9090，我们可以通过访问 Node 的 9090 端口访问这个页面，如图 10.6 所示。

图 10.6　Prometheus 提供的 Web 页面

在 Prometheus 提供的 Web 页面上，可以输入 PromQL 查询语句对指标数据进行查询，也可以选择一个指标进行查看，例如选择 container_network_receive_bytes_total 指标查看容器的网络接收字节数，如图 10.7 所示。

图 10.7　在 Prometheus 页面查看指标的值

单击 Graph 标签，可以查看该指标的时序图，如图 10.8 所示。另外，在 Status 菜单下还可以查看当前运行状态、配置内容（prometheus.yml）、其他规则等信息。例如，在 Target 页面可以看到 Prometheus 当前采集的 Target 列表，如图 10.9 所示。

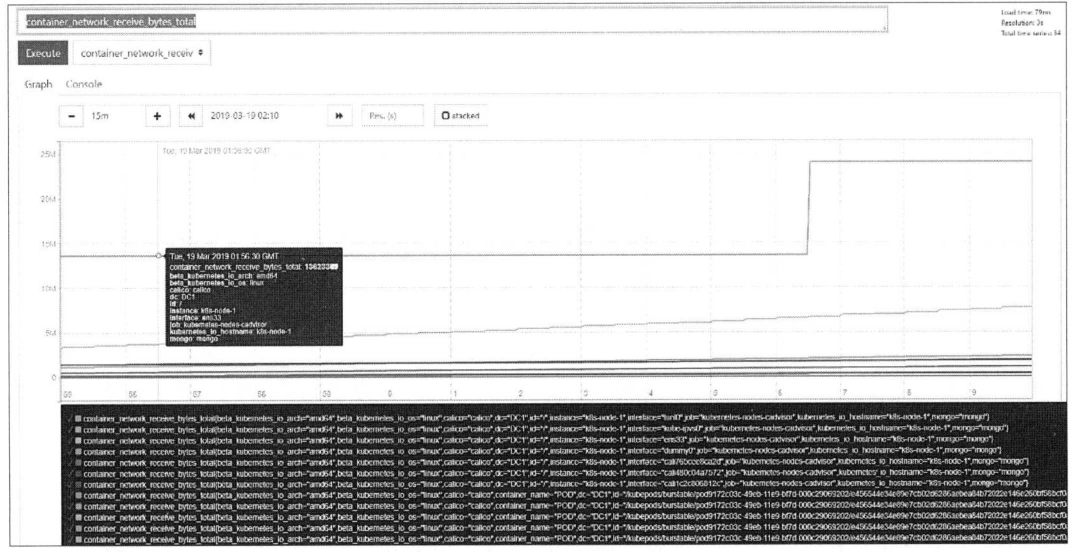

图 10.8　在 Prometheus 页面查询指标的时序图

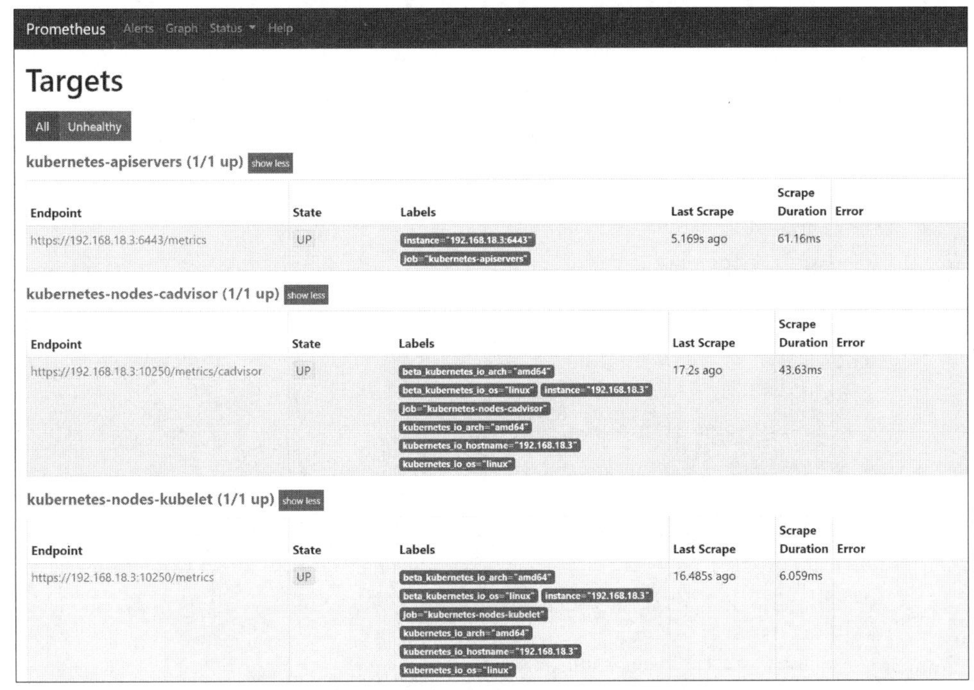

图 10.9　Prometheus 当前采集的 Target 列表

2. 部署 node_exporter 服务

Prometheus 支持对各种系统和服务部署各种 Exporter 进行指标数据的采集。目前 Prometheus 支持多种开源软件的 Exporter，包括数据库、硬件系统、消息系统、存储系统、HTTP 服务器、日志服务等，可以从 Prometheus 官网获取各种 Exporter 的信息。

下面以官方维护的 node_exporter 为例进行部署。node_exporter 主要用于采集主机相关的性能指标数据，其 YAML 文件示例如下：

```
---
apiVersion: apps/v1
kind: DaemonSet
metadata:
  name: node-exporter
  namespace: kube-system
  labels:
    k8s-app: node-exporter
    kubernetes.io/cluster-service: "true"
    addonmanager.kubernetes.io/mode: Reconcile
    version: v1.0.1
spec:
  updateStrategy:
    type: OnDelete
  selector:
    matchLabels:
      k8s-app: node-exporter
      version: v1.0.1
  template:
    metadata:
      labels:
        k8s-app: node-exporter
        version: v1.0.1
      annotations:
        scheduler.alpha.kubernetes.io/critical-pod: ''
    spec:
      priorityClassName: system-node-critical
      containers:
        - name: prometheus-node-exporter
          image: "prom/node-exporter:v1.0.1"
          imagePullPolicy: "IfNotPresent"
          args:
```

```
          - --path.procfs=/host/proc
          - --path.sysfs=/host/sys
        ports:
          - name: metrics
            containerPort: 9100
            hostPort: 9100
        volumeMounts:
          - name: proc
            mountPath: /host/proc
            readOnly:  true
          - name: sys
            mountPath: /host/sys
            readOnly: true
        resources:
          limits:
            cpu: 1
            memory: 512Mi
          requests:
            cpu: 100m
            memory: 50Mi
      hostNetwork: true
      hostPID: true
      volumes:
        - name: proc
          hostPath:
            path: /proc
        - name: sys
          hostPath:
            path: /sys
# node-exporter 将读取宿主机上/proc 和/sys 目录下的内容，获取主机级别的性能指标数据

---
apiVersion: v1
kind: Service
metadata:
  name: node-exporter
  namespace: kube-system
  annotations:
    prometheus.io/scrape: "true"
  labels:
    kubernetes.io/cluster-service: "true"
```

```
    addonmanager.kubernetes.io/mode: Reconcile
    kubernetes.io/name: "NodeExporter"
spec:
  clusterIP: None
  ports:
    - name: metrics
      port: 9100
      protocol: TCP
      targetPort: 9100
  selector:
    k8s-app: node-exporter
```

通过 kubectl create 命令创建 Prometheus 服务：

```
# kubectl create -f node-exporter.yaml
daemonset.apps/node-exporter created
service/node-exporter created
```

在部署完成后，在每个 Node 上都运行了一个 node-exporter Pod：

```
# kubectl -n kube-system get pods -l k8s-app=node-exporter
NAME                                        READY   STATUS    RESTARTS   AGE
node-exporter-2x4fq                           1/1     Running   0          15m
node-exporter-saz2w                           1/1     Running   0          15m
node-exporter-kr8wc                           1/1     Running   0          15m
......
```

从 Prometheus 的 Web 页面就可以查看 node-exporter 采集的 Node 指标数据了，包括 CPU、内存、文件系统、网络等信息，通过以 node_开头的指标名称可以查询，如图 10.10 所示。

采集的指标来源于 arp、bcache、bonding、conntrack、cpu、diskstats 等采集器(collector)，默认的采集器和可以额外设置的采集器均可在 node-exporter 的 GitHub 官网进行查询，如图 10.11 所示。

图 10.10　node_exporter 提供的 Node 性能指标

Enabled by default

Name	Description	OS
arp	Exposes ARP statistics from `/proc/net/arp` .	Linux
bcache	Exposes bcache statistics from `/sys/fs/bcache/` .	Linux
bonding	Exposes the number of configured and active slaves of Linux bonding interfaces.	Linux
boottime	Exposes system boot time derived from the `kern.boottime` sysctl.	Darwin, Dragonfly, FreeBSD, NetBSD, OpenBSD, Solaris
conntrack	Shows conntrack statistics (does nothing if no `/proc/sys/net/netfilter/` present).	Linux
cpu	Exposes CPU statistics	Darwin, Dragonfly, FreeBSD, Linux, Solaris
cpufreq	Exposes CPU frequency statistics	Linux, Solaris
diskstats	Exposes disk I/O statistics.	Darwin, Linux, OpenBSD
edac	Exposes error detection and correction statistics.	Linux
entropy	Exposes available entropy.	Linux
exec	Exposes execution statistics.	Dragonfly, FreeBSD

图 10.11　查询界面

3. 部署 Grafana 服务

最后，部署 Grafana 用于展示专业的监控页面，其 YAML 文件如下：

```
---
kind: Deployment
apiVersion: extensions/v1beta1
```

```
metadata:
  name: grafana
  namespace: kube-system
  labels:
    k8s-app: grafana
    kubernetes.io/cluster-service: "true"
    addonmanager.kubernetes.io/mode: Reconcile
spec:
  replicas: 1
  selector:
    matchLabels:
      k8s-app: grafana
  template:
    metadata:
      labels:
        k8s-app: grafana
      annotations:
        scheduler.alpha.kubernetes.io/critical-pod: ''
    spec:
      priorityClassName: system-cluster-critical
      tolerations:
      - key: node-role.kubernetes.io/master
        effect: NoSchedule
      - key: "CriticalAddonsOnly"
        operator: "Exists"
      containers:
      - name: grafana
        image: grafana/grafana:6.0.1
        imagePullPolicy: IfNotPresent
        resources:
          limits:
            cpu: 1
            memory: 1Gi
          requests:
            cpu: 100m
            memory: 100Mi
        env:
        - name: GF_AUTH_BASIC_ENABLED
          value: "false"
        - name: GF_AUTH_ANONYMOUS_ENABLED
          value: "true"
```

```
        - name: GF_AUTH_ANONYMOUS_ORG_ROLE
          value: Admin
        - name: GF_SERVER_ROOT_URL
          value: /api/v1/namespaces/kube-system/services/grafana/proxy/
        ports:
        - name: ui
          containerPort: 3000

---
apiVersion: v1
kind: Service
metadata:
  name: grafana
  namespace: kube-system
  labels:
    kubernetes.io/cluster-service: "true"
    addonmanager.kubernetes.io/mode: Reconcile
    kubernetes.io/name: "Grafana"
spec:
  ports:
    - port: 80
      protocol: TCP
      targetPort: ui
  selector:
    k8s-app: grafana
```

部署完成后，通过 Kubernetes Master 的 proxy 接口 URL 访问 Grafana 页面，例如 http://192.168.18.3:8080/api/v1/namespaces/kube-system/services/grafana/proxy。

在 Grafana 的设置页面添加类型为 Prometheus 的数据源，输入 Prometheus 服务的 URL（如 http://prometheus:9090）进行保存，如图 10.12 所示。

在 Grafana 的 Dashboard 控制面板中导入预置的 Dashboard 面板，以显示各种监控图表。Grafana 官网提供了许多针对 Kubernetes 集群监控的 Dashboard 面板，可以下载、导入并使用。图 10.13 显示了一个可以监控 Kubernetes 集群总的 CPU、内存、文件系统、网络吞吐率的 Dashboard。

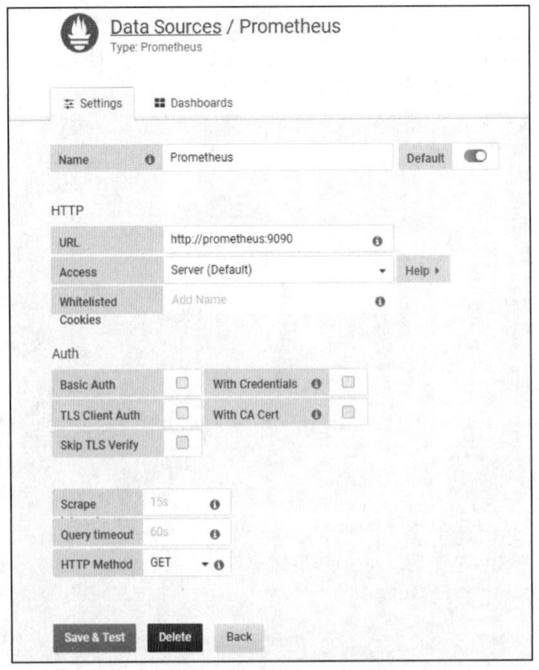

图 10.12　Grafana 配置数据源页面

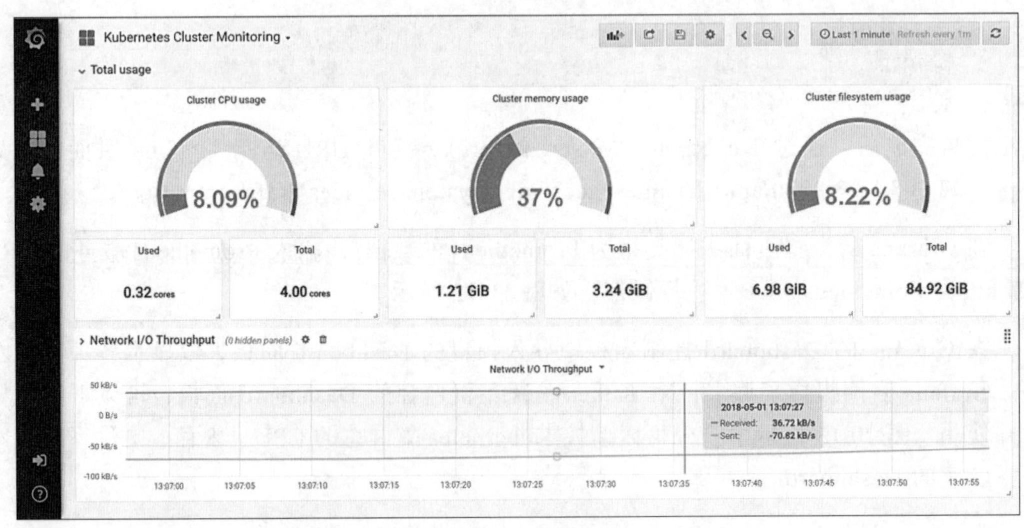

图 10.13　Kubernetes 集群监控页面

至此，基于 Prometheus+Grafana 的 Kubernetes 集群监控系统就搭建完成了。

10.8 Kubernetes 集群日志管理

日志对于业务分析和系统分析是非常重要的数据。在一个 Kubernetes 集群中，大量容器应用运行在众多 Node 上，各容器和 Node 的系统组件都会生成许多日志文件。但是容器具有不稳定性，在发生故障时可能被 Kubernetes 重新调度，Node 也可能由于故障无法使用，造成日志丢失，这就要求管理员对容器和系统组件生成的日志进行统一规划和管理。

10.8.1 容器应用和系统组件输出日志的各种场景

容器应用和系统组件输出日志的场景如下。

1. 容器应用输出日志的场景

容器应用可以选择将日志输出到不同的目标位置：

◎ 输出到标准输出和标准错误输出；
◎ 输出到某个日志文件；
◎ 输出到某个外部系统。

输出到标准输出和标准错误输出的日志通常由容器引擎接管，并保存在容器运行的 Node 上，例如 Docker 会被保存在/var/lib/docker/containers 目录下。在 Kubernetes 中，用户可以通过 kubectl logs 命令查看容器输出到 stdout 和 stderr 的日志，例如：

```
# kubectl logs demo-app
starting application...

  .   ____          _            __ _ _
 /\\ / ___'_ __ _ _(_)_ __  __ _ \ \ \ \
( ( )\___ | '_ | '_| | '_ \/ _` | \ \ \ \
 \\/  ___)| |_)| | | | | || (_| |  ) ) ) )
  '  |____| .__|_| |_|_| |_\__, | / / / /
 =========|_|==============|___/=/_/_/_/
 :: Spring Boot ::        (v2.0.1.RELEASE)

01:35:45.517 Demo Project [main] INFO  com.demo.App - Starting App v1.0 on
demo-app with PID 6 (/apps/demo-project-1.0.jar started by apps in /apps)
01:35:45.521 Demo Project [main] INFO  com.demo.App - No active profile set,
```

```
falling back to default profiles: default
    ......
```

输出到文件中的日志，其保存位置依赖于容器应用使用的存储类型。如果未指定特别的存储，则容器内应用程序生成的日志文件由容器引擎（例如 Docker）进行管理（例如存储为本地文件），在容器退出时可能被删除。需要将日志持久化存储时，容器可以选择使用 Kubernetes 提供的某种存储卷（Volume），例如 hostpath（保存在 Node 上）、nfs（保存在 NFS 服务器上）、PVC（保存在某种网络共享存储上）。保存在共享存储卷中的日志要求容器应用确保文件名或子目录名称不冲突。

某些容器应用也可能将日志直接输出到某个外部系统中，例如通过一个消息队列（如 Kafka）转发到一个后端日志存储中心。在这种情况下，外部系统的搭建方式和应用程序如何将日志输出到外部系统，应由容器应用程序的运维人员负责，不应由 Kubernetes 负责。

2. 系统组件输入日志的场景

Kubernetes 的系统组件主要包括在 Master 上运行的管理组件（kube-apiserver、kube-controller-manager 和 kube-scheduler），以及在每个 Node 上运行的管理组件（kubelet 和 kube-proxy）。这些系统组件生成的日志对于 Kubernetes 集群的正常运行和故障排查都非常重要。

系统组件的日志可以通过--log-dir 参数保存到指定的目录下（例如/var/log），或者通过--logtostderr 参数输出到标准错误输出中（stderr）。如果系统管理员将这些服务配置为 systemd 的系统服务，日志则会被 journald 系统保存。

Kubernetes 从 1.19 版本开始，开始引入对结构化日志的支持，使日志格式统一，便于日志中字段的提取、保存和后续处理。结构化日志以 JSON 格式保存。目前 kube-apiserver、kube-controller-manager、kube-scheduler 和 kubelet 这 4 个服务都支持通过启动参数--logging-format=json 设置 JSON 格式的日志，需要注意的是，JSON 格式的日志在启用 systemd 的系统中将被保存到 journald 中，在未使用 systemd 的系统中将在/var/log 目录下生成*.log 文件，不能再通过--log-dir 参数指定保存目录。

例如，查看 kube-controller-manager 服务的 JSON 格式日志：

```
    # journalctl -b -u kube-controller-manager.service
    ......
    Sep 16 11:26:12 k8s kube-controller-manager[1750]:
{"ts":1600226772320.549,"msg":"Sending events to api server.\n","v":0}
```

```
    Sep 16 11:26:12 k8s kube-controller-manager[1750]:
{"ts":1600226772320.624,"msg":"Controller will reconcile labels.\n","v":0}
    Sep 16 11:26:12 k8s kube-controller-manager[1750]:
{"ts":1600226772320.6584,"msg":"Started \"nodelifecycle\"\n","v":0}
    Sep 16 11:26:12 k8s kube-controller-manager[1750]:
{"ts":1600226772320.8958,"msg":"Starting node controller\n","v":0}
    Sep 16 11:26:12 k8s kube-controller-manager[1750]:
{"ts":1600226772320.9216,"msg":"Waiting for caches to sync for taint\n","v":0}
    Sep 16 11:26:12 k8s kube-controller-manager[1750]:
{"ts":1600226772322.55,"msg":"Started \"attachdetach\"\n","v":0}
    Sep 16 11:26:12 k8s kube-controller-manager[1750]:
{"ts":1600226772322.565,"msg":"Skipping \"ephemeral-volume\"\n","v":0}
    ......
```

其中一行 JSON 日志的内容如下：

```
{
  "ts": 1600226772320.624,
  "msg": " Controller will reconcile labels.\n",
  "v": 0
}
```

Kubernetes 应用程序在生成 JSON 格式日志时，可以设置的字段如下。

◎ ts：UNIX 格式的浮点数类型的时间戳（必填项）。
◎ v：日志级别，默认为 0（必填项）。
◎ msg：日志信息（必填项）。
◎ err：错误信息，字符串类型（可选项）。

不同的组件也可能输出其他附加字段，例如：

```
{
  "ts": 1580306777.04728,
  "v": 4,
  "msg": "Pod status updated",
  "pod":{
    "name": "nginx-1",
    "namespace": "default"
  },
  "status": "ready"
}
```

或

```
{
  "ts": 1580306777.04728,
  "v": 4,
  "msg": "Request finished",
  "request":{
    "Method": "GET",
    "Timeout": 30
  }
}
```

3. 审计日志

Kubernetes 的审计日志可通过 kube-apiserver 服务的--audit-log-*相关参数进行设置，关于审计日志的详细说明请参考 10.9 节的说明。

对于以上各种日志输出的情况，管理员应该对日志进行以下管理。

（1）对于输出到主机（Node）上的日志，管理员可以考虑在每个 Node 上都启动一个日志采集工具，将日志采集后汇总到统一日志中心，以供日志查询和分析，具体做法如下。

- ◎ 对于容器输出到 stdout 和 stderr 的日志：管理员应该配置容器引擎（例如 Docker）对日志的轮转（rotate）策略，以免文件无限增长，将主机磁盘空间耗尽。
- ◎ 对于系统组件输出到主机目录上（如/var/log）的日志，管理员应该配置各系统组件日志的轮转（rotate）策略，以免文件无限增长等将主机磁盘空间耗尽。
- ◎ 对于容器应用使用 hostpath 输出到 Node 上的日志：管理员应合理分配主机目录，在满足容器应用存储空间需求的同时，可以考虑使用采集工具将日志采集并汇总到统一的日志中心，并定时清理 Node 的磁盘空间。

（2）对于输出到容器内的日志，容器应用可以将日志直接输出到容器环境内的某个目录下，这可以减轻应用程序在共享存储中管理不同文件名或子目录的复杂度。在这种情况下，管理员可以为应用容器提供一个日志采集的 sidecar 容器，对容器的日志进行采集，并将其汇总到某个日志中心，供业务运维人员查询和分析。

在 Kubernetes 生态中，推荐采用 Fluentd+Elasticsearch+Kibana 完成对系统组件和容器日志的采集、汇总和查询的统一管理机制。下面对系统的部署和应用进行说明。

10.8.2　Fluentd+Elasticsearch+Kibana 日志系统部署

在本节的示例中，我们先对 Node 上的各种日志进行采集和汇总。Fluentd+Elasticsearch+Kibana 系统的逻辑关系架构如图 10.14 所示。

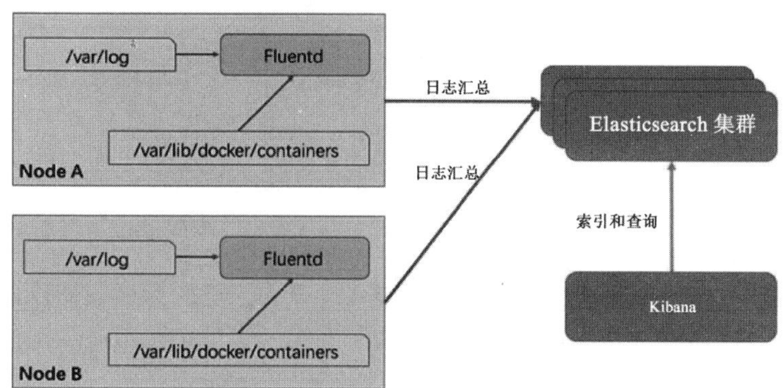

图 10.14　Fluentd+Elasticsearch+Kibana 系统的逻辑关系架构

这里假设将 Kubernetes 系统组件的日志输出到/var/log 目录下，容器输出到 stdout 和 stderr 的日志由 Docker Server 保存在/var/lib/docker/containers 目录下。我们通过在每个 Node 上都部署一个 Fluentd 容器来采集本节点在这两个目录下的日志文件，然后将其汇总到 Elasticsearch 库中保存，用户通过 Kibana 提供的 Web 页面查询日志。

部署过程主要包括 3 个组件：Elasticsearch、Fluentd 和 Kibana。

1. 部署 Elasticsearch 服务

Elasticsearch 的 Deployment 和 Service 定义如下：

```
# elasticsearch.yaml
---
apiVersion: apps/v1
kind: Deployment
metadata:
  name: elasticsearch
  namespace: kube-system
  labels:
    k8s-app: elasticsearch
    version: v7.5.1
    addonmanager.kubernetes.io/mode: Reconcile
```

```
  spec:
    replicas: 1
    selector:
      matchLabels:
        k8s-app: elasticsearch
        version: v7.5.1
    template:
      metadata:
        labels:
          k8s-app: elasticsearch
          version: v7.5.1
      spec:
        initContainers:
        - name: elasticsearch-init
          image: busybox
          imagePullPolicy: IfNotPresent
          command: ["/bin/sysctl", "-w", "vm.max_map_count=262144"]
          securityContext:
            privileged: true
        containers:
        - name: elasticsearch
          image: elasticsearch:7.5.1
          imagePullPolicy: IfNotPresent
          env:
          - name: namespace
            valueFrom:
              fieldRef:
                apiVersion: v1
                fieldPath: metadata.namespace
          - name: node.name
            valueFrom:
              fieldRef:
                apiVersion: v1
                fieldPath: metadata.name
          - name: cluster.name
            value: elasticsearch
          - name: discovery.type
            value: single-node
          - name: NUMBER_OF_MASTERS
            value: "1"
          - name: xpack.security.enabled
```

```
          value: "false"
        - name: network.host
          value: 0.0.0.0
        - name: network.publish_host
          valueFrom:
            fieldRef:
              apiVersion: v1
              fieldPath: status.podIP
        resources:
          limits:
            cpu: 2
            memory: 4Gi
          requests:
            cpu: 100m
            memory: 1Gi
        ports:
        - containerPort: 9200
          name: db
          protocol: TCP
        - containerPort: 9300
          name: transport
          protocol: TCP
        livenessProbe:
          tcpSocket:
            port: transport
          initialDelaySeconds: 5
          timeoutSeconds: 10
        readinessProbe:
          tcpSocket:
            port: transport
          initialDelaySeconds: 5
          timeoutSeconds: 10
        volumeMounts:
        - name: elasticsearch
          mountPath: /usr/share/elasticsearch/data
      volumes:
      - name: elasticsearch
        hostPath:
          path: /root/es/elasticsearch-data

---
```

```
apiVersion: v1
kind: Service
metadata:
  name: elasticsearch
  namespace: kube-system
  labels:
    k8s-app: elasticsearch
    kubernetes.io/cluster-service: "true"
    addonmanager.kubernetes.io/mode: Reconcile
    kubernetes.io/name: "Elasticsearch"
spec:
  selector:
    k8s-app: elasticsearch
    version: v7.5.1
  ports:
  - port: 9200
    protocol: TCP
    targetPort: db
```

关键配置说明如下。

◎ 需要通过一个初始化容器设置系统参数 vm.max_map_count=262144，这是 Elasticsearch 的需求。如果在 Node 的操作系统上已设置过，则无须通过初始化容器进行设置。

◎ 数据存储目录：在本例中使用 hostpath 将数据保存在 Node 上，我们应根据实际需求选择合适的存储类型，例如某种高可用的共享存储。

◎ 资源限制应根据实际情况进行调整，如果设置得太小，则可能会导致 OOM Kill。

◎ 将 discovery.type 设置为 single-node 意为单节点模式，Elasticsearch 也可以被部署为高可用集群模式，包括 master、client、data 等节点，详细的部署配置请参考 Elasticsearch 官方文档的说明。

这里通过 kubectl create 命令完成部署，并确认 Pod 运行成功：

```
# kubectl create -f elasticsearch.yaml
deployment.apps/elasticsearch created
service/elasticsearch created

# kubectl -n kube-system get pod -l k8s-app=elasticsearch
NAME                              READY   STATUS    RESTARTS   AGE
elasticsearch-6bf77845b5-t4qdx   1/1     Running   0          61s
```

可以通过访问 Elasticsearch 服务的 URL 验证 Elasticsearch 是否正常运行：

```
# kubectl -n kube-system get svc -l k8s-app=elasticsearch
NAME            TYPE        CLUSTER-IP       EXTERNAL-IP   PORT(S)    AGE
elasticsearch   ClusterIP   169.169.106.57   <none>        9200/TCP   3m14s
```

```
# curl 169.169.106.57:9200
{
  "name" : "elasticsearch-7bcddf55f-72zbg",
  "cluster_name" : "elasticsearch",
  "cluster_uuid" : "-0BSISDZT62cStfZyIb1tQ",
  "version" : {
    "number" : "7.5.1",
    "build_flavor" : "default",
    "build_type" : "docker",
    "build_hash" : "3ae9ac9a93c95bd0cdc054951cf95d88e1e18d96",
    "build_date" : "2020-12-16T22:57:37.835892Z",
    "build_snapshot" : false,
    "lucene_version" : "8.3.0",
    "minimum_wire_compatibility_version" : "6.8.0",
    "minimum_index_compatibility_version" : "6.0.0-beta1"
  },
  "tagline" : "You Know, for Search"
}
```

2. 在每个 Node 上都部署 Fluentd

Fluentd 以 DaemonSet 模式在每个 Node 上都启动一个 Pod 进行日志采集，对各种日志采集和连接 Elasticsearch 服务的具体配置使用 ConfigMap 进行设置。Fluentd 的 YAML 定义如下：

```
# fluentd.yaml
---
apiVersion: apps/v1
kind: DaemonSet
metadata:
  name: fluentd
  namespace: kube-system
  labels:
    k8s-app: fluentd
spec:
```

```
  selector:
    matchLabels:
      k8s-app: fluentd
  template:
    metadata:
      labels:
        k8s-app: fluentd
    spec:
      containers:
      - name: fluentd
        image: fluent/fluentd:v1.9.2-1.0
        imagePullPolicy: IfNotPresent
        resources:
          limits:
            memory: 500Mi
          requests:
            cpu: 100m
            memory: 200Mi
        volumeMounts:
        - name: varlog
          mountPath: /var/log
        - name: varlibdockercontainers
          mountPath: /var/lib/docker/containers
          readOnly: true
        - name: config-volume
          mountPath: /etc/fluent/config.d
      volumes:
      - name: varlog
        hostPath:
          path: /var/log
      - name: varlibdockercontainers
        hostPath:
          path: /var/lib/docker/containers
      - name: config-volume
        configMap:
          name: fluentd-config


---
kind: ConfigMap
apiVersion: v1
```

```
  metadata:
    name: fluentd-config
    namespace: kube-system
    labels:
      addonmanager.kubernetes.io/mode: Reconcile
  data:
    fluentd.conf : |-
      # container stdout and stderr log
      <source>
        @id fluentd-containers.log
        @type tail
        path /var/log/containers/*.log
        pos_file /var/log/es-containers.log.pos
        tag raw.container.*
        read_from_head true
        <parse>
          @type multi_format
          <pattern>
            format json
            time_key time
            time_format %Y-%m-%dT%H:%M:%S.%NZ
          </pattern>
          <pattern>
            format /^(?<time>.+) (?<stream>stdout|stderr) [^ ]* (?<log>.*)$/
            time_format %Y-%m-%dT%H:%M:%S.%N%:z
          </pattern>
        </parse>
      </source>

      # kube-apiserver log
      <source>
        @id kube-apiserver.log
        @type tail
        format multiline
        multiline_flush_interval 5s
        format_firstline /^\w\d{4}/
        format1 /^(?<severity>\w)(?<time>\d{4}
[^\s]*)\s+(?<pid>\d+)\s+(?<source>[^ \]]+)\] (?<message>.*)/
        time_format %m%d %H:%M:%S.%N
        path /var/log/kubernetes/kube-apiserver.WARNING
        pos_file /var/log/kubernetes/es-kube-apiserver.log.pos
```

```
      tag kube-apiserver.cl
    </source>

    # other k8s log
    # ......

    <match **>
      @type elasticsearch
      @log_level info
      type_name _doc
      include_tag_key true
      hosts elasticsearch:9200
      logstash_format true
      logstash_prefix es
    </match>
```

关键配置说明如下。

◎ 将宿主机 Node 的/var/log 和/var/lib/docker/containers 目录挂载到 fluentd 容器中，用于读取容器输出到 stdout 和 stderr 的日志，以及 Kubernetes 组件的日志。

◎ 在以上示例中采集了 kube-apiserver 服务的 WARNING 日志，其他组件的配置省略。

◎ 资源限制应根据实际情况进行调整，避免 Fluentd 占用太多资源。

◎ hosts elasticsearch:9200：设置 Elasticsearch 服务的访问地址，此处使用了 Service 名称，由于 Fluentd 与 Elasticsearch 处于同一个命名空间中，所以此处省略了命名空间的名称。

◎ logstash_prefix es：Fluentd 在 Elasticsearch 中创建索引（Index）的前缀。

通过 kubectl create 命令创建 Fluentd 容器：

```
# kubectl create -f fluentd.yaml
daemonset.apps/fluentd created
configmap/fluentd-config created
```

确保 Fluentd 在每个 Node 上都正确运行：

```
# kubectl -n kube-system get daemonset -l k8s-app=fluentd
NAME      DESIRED   CURRENT   READY   UP-TO-DATE   AVAILABLE   NODE SELECTOR
AGE
fluentd   3         3         3       3            3           <none>          2m26s

# kubectl -n kube-system get pods -l k8s-app=fluentd
```

```
NAME            READY   STATUS    RESTARTS   AGE
fluentd-mqpr2   1/1     Running   0          3m29s
fluentd-7tw9z   1/1     Running   0          3m29s
fluentd-aqdn1   1/1     Running   0          3m29s
```

查看 Fluentd 的容器日志，会看到连接到 Elasticsearch 服务的记录，以及后续采集各种日志文件内容的记录：

```
# kubectl -n kube-system logs fluentd-cloud-logging-7tw9z
......
2020-07-31 06:45:13 +0000 [info]: starting fluentd-1.9.2 pid=1 ruby="2.7.0"
2020-07-31 06:45:13 +0000 [info]: spawn command to main:
cmdline=["/usr/local/bin/ruby", "-Eascii-8bit:ascii-8bit",
"/usr/local/bundle/bin/fluentd", "--under-supervisor"]
2020-07-31 06:45:13 +0000 [info]: adding match in @FLUENT_LOG pattern="fluent.*"
type="stdout"
2020-07-31 06:45:14 +0000 [info]: adding match pattern="**" type="elasticsearch"
2020-07-31 06:45:14 +0000 [info]: adding source type="tail"
2020-07-31 06:45:14 +0000 [info]: adding source type="tail"
2020-07-31 06:45:14 +0000 [info]: #0 starting fluentd worker pid=11 ppid=1
worker=0
2020-07-31 06:45:14 +0000 [info]: #0 [kube-apiserver.log] following tail of
/var/log/kubernetes/kube-apiserver.WARNING
2020-07-31 06:45:14 +0000 [info]: #0 [fluentd-containers.log] following tail of
/var/log/containers/calico-kube-controllers-58b656d69f-5g6r2_kube-system_calico-
kube-controllers-b6f0c32598c74ae8c61145e18090332630bdd2c0d6f4f97218bf71bfd7503cb
3.log
2020-07-31 06:45:14 +0000 [info]: #0 [fluentd-containers.log] following tail of
/var/log/containers/coredns-85b4878f78-91c64_kube-system_coredns-4def4e2b010549d
351abb4671c3a876470614badbf2052d0de5550b008461613.log
2020-07-31 06:45:14 +0000 [info]: #0 [fluentd-containers.log] following tail of
/var/log/containers/calico-node-q471h_kube-system_calico-node-0dfea131d4c24b4e88
db5dbb82014eaec92659f4641cf3065c9968b8b78f30ae.log
......
```

此时通过 Elasticsearch 服务的 API，即可看到已经创建的索引（Index）信息：

```
# curl "169.169.106.57:9200/_cat/indices?v"
health status index                   uuid                    pri rep docs.count
docs.deleted store.size pri.store.size
green  open   es-2020.07.31           6orvuzgxRy-vpiySV7DJRQ  1   0        251
0       1mb            1mb
```

至此已经运行了 Elasticsearch 和 Fluentd，数据的采集、汇总和保存工作已经完成，接下来部署 Kibana 服务提供日志查询的 Web 服务。

3. 部署 Kibana 服务

Kibana 服务的 Deployment 和 Service 定义如下：

```
# kibana.yaml
---
apiVersion: apps/v1
kind: Deployment
metadata:
  name: kibana
  namespace: kube-system
  labels:
    k8s-app: kibana
    addonmanager.kubernetes.io/mode: Reconcile
spec:
  replicas: 1
  selector:
    matchLabels:
      k8s-app: kibana
  template:
    metadata:
      labels:
        k8s-app: kibana
    spec:
      containers:
      - name: kibana
        image: kibana:7.5.1
        imagePullPolicy: IfNotPresent
        resources:
          limits:
            cpu: 1
          requests:
            cpu: 100m
        env:
        - name: ELASTICSEARCH_HOSTS
          value: http://elasticsearch:9200
        - name: SERVER_NAME
          value: kibana
```

```
        - name: SERVER_BASEPATH
          value: /api/v1/namespaces/kube-system/services/kibana/proxy
        - name: SERVER_REWRITEBASEPATH
          value: "false"
        ports:
        - containerPort: 5601
          name: ui
          protocol: TCP

---
apiVersion: v1
kind: Service
metadata:
  name: kibana
  namespace: kube-system
  labels:
    k8s-app: kibana
    kubernetes.io/cluster-service: "true"
    addonmanager.kubernetes.io/mode: Reconcile
    kubernetes.io/name: "Kibana"
spec:
  selector:
    k8s-app: kibana
  ports:
  - port: 5601
    protocol: TCP
    targetPort: ui
```

关键配置说明如下。

◎ ELASTICSEARCH_HOSTS：设置 Elasticsearch 服务的访问地址，此处使用服务名称。

◎ SERVER_BASEPATH：设置 Kibana 服务通过 API Server 代理的访问路径。

通过 kubectl create 命令部署 Kibana 服务：

```
# kubectl create -f kibana.yaml
deployment.apps/kibana created
service/kibana created
```

确保 Kibana 成功运行：

```
# kubectl -n kube-system get pods -l k8s-app=kibana
NAME                       READY   STATUS    RESTARTS   AGE
kibana-5d65f45bd-prnqj   1/1     Running   0          14m
```

通过 kubectl cluster-info 命令查看 Kibana 服务的访问 URL 地址：

```
# kubectl cluster-info
......
Kibana is running at
http://192.168.18.3:8080/api/v1/proxy/namespaces/kube-system/services/kibana
```

在浏览器中输入 URL 即可打开 Kibana 页面。

在 Elasticsearch 索引管理页面可以看到当前 Elasticsearch 库中的索引列表和状态，如图 10.15 所示。

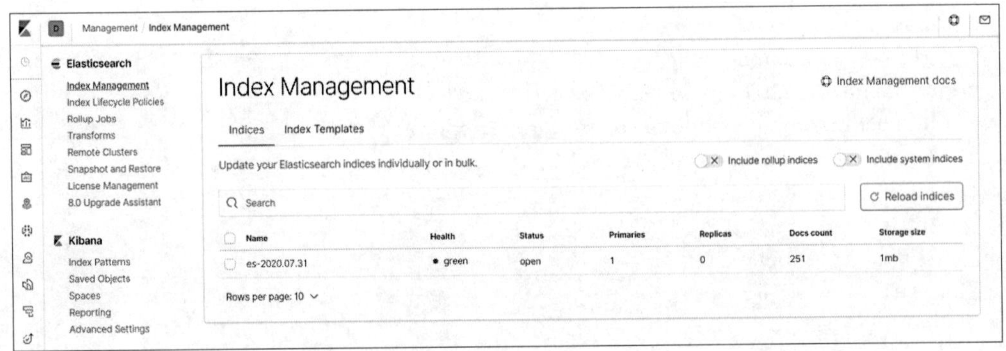

图 10.15　索引列表和状态

在 Kibana Index Patterns 页面创建 index pattern“es-*”，如图 10.16 所示。

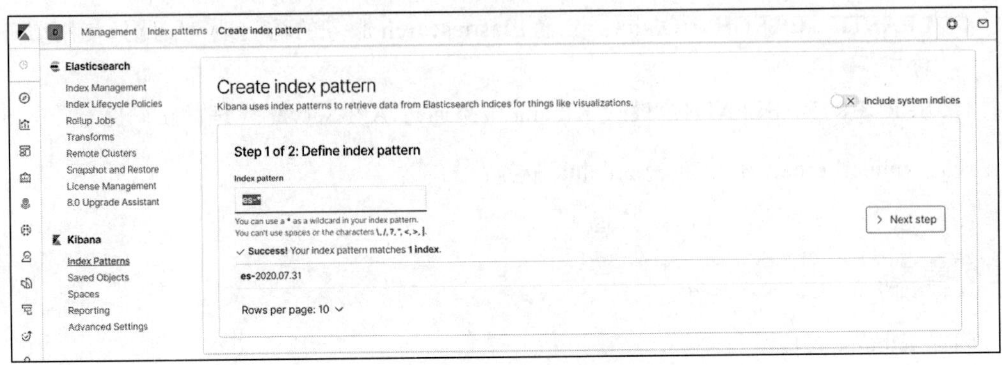

图 10.16　创建 index pattern

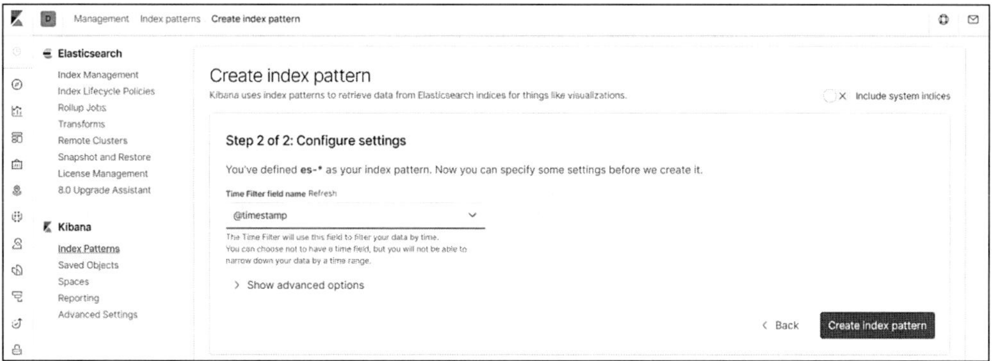

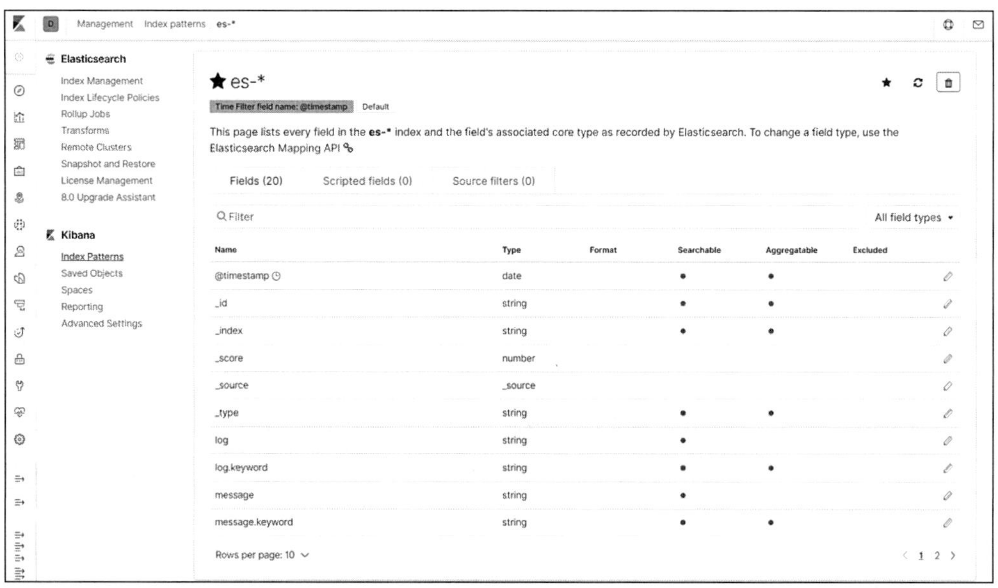

图 10.16　创建 index pattern（续）

成功创建 index pattern 之后，就可以在 Discover 页面查询日志记录了，默认显示过去 15min 的日志列表，如图 10.17 所示。

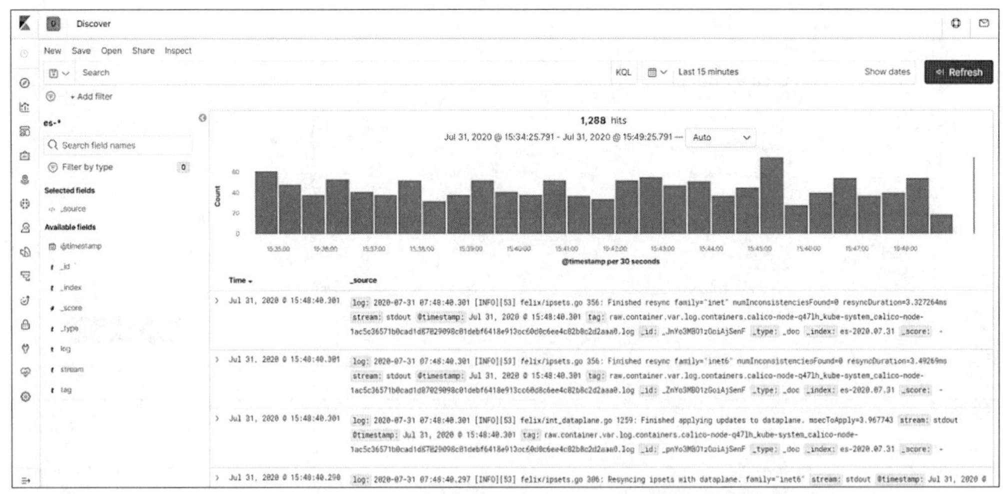

图 10.17　Kibana 查询日志页面

在搜索栏中输入“error”，可以搜索出包含该关键字的日志记录，如图 10.18 所示。

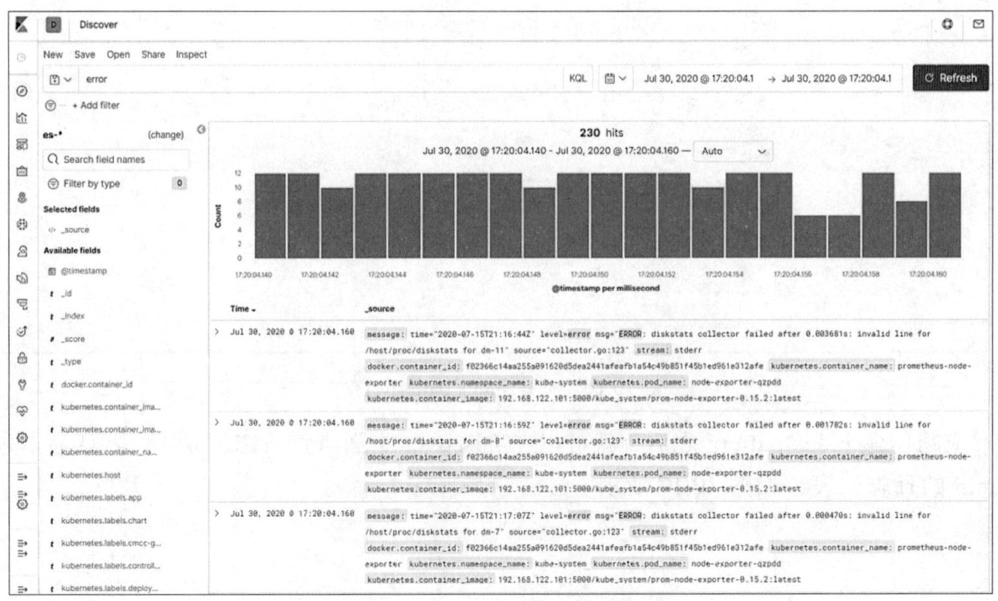

图 10.18　Kibana 日志关键字的搜索页面

至此，Kubernetes 集群范围内的统一日志管理系统就搭建完成了。

10.8.3 部署日志采集 sidecar 工具采集容器日志

对于容器应用输出到容器目录下的日志，可以为业务应用容器配置一个日志采集 sidecar 容器，对业务容器生成的日志进行采集并汇总到某个日志中心，供业务运维人员查询和分析，这通常用于业务日志的采集和汇总。后端的日志存储可以使用 Elasticsearch，也可以使用其他类型的数据库（如 MongoDB），或者通过消息队列进行转发（如 Kafka），需要根据业务应用的具体需求进行合理选择。

日志采集 sidecar 工具也有多种选择，常见的开源软件包括 Fluentd、Filebeat、Flume 等，在下例中使用 Fluentd 进行说明。

为业务应用容器配置日志采集 sidecar 时，需要在 Pod 中定义两个容器，然后创建一个共享的 Volume 供业务应用容器生成日志文件，并供日志采集 sidecar 读取日志文件。例如：

```
apiVersion: v1
kind: Pod
metadata:
  name: webapp
spec:
  containers:
  - name: webapp
    image: kubeguide/tomcat-app:v1
    ports:
    - containerPort: 8080
    volumeMounts:
    - name: app-logs
      mountPath: /usr/local/tomcat/logs
  # log collector sidecar
  - name: fluentd
    image: fluent/fluentd:v1.9.2-1.0
    volumeMounts:
    - name: app-logs
      mountPath: /app-logs
    - name: config-volume
      mountPath: /etc/fluent/config.d
  volumes:
  - name: app-logs
    emptyDir: {}
  - name: config-volume
```

```
        configMap:
          name: fluentd-config
```

在这个 Pod 中创建了一个类型为 emptyDir 的 Volume，挂载到 webapp 容器的/usr/local/tomcat/logs 目录下，也挂载到 fluentd 容器中的/app-logs 目录下。Volume 的类型不限于 emptyDir，需要根据业务需求合理选择。

在 Pod 创建成功之后，webapp 容器会在/usr/local/tomcat/logs 目录下持续生成日志文件，fluentd 容器作为 sidecar 持续采集应用程序的日志文件，并将其保存到后端的日志库中。需要注意的是，webapp 容器应负责日志文件的清理工作，以免耗尽磁盘空间。

10.9 Kubernetes 的审计机制

Kubernetes 为了加强对集群操作的安全监管，从 1.4 版本开始引入审计机制，主要体现为审计日志（Audit Log）。审计日志按照时间顺序记录了与安全相关的各种事件，这些事件有助于系统管理员快速、集中了解发生了什么事情、作用于什么对象、在什么时间发生、谁（从哪儿）触发的、在哪儿观察到的、活动的后续处理行为是怎样的，等等。

下面是两条 Pod 操作的审计日志示例。

第 1 条：

```
    2020-03-21T03:57:09.106841886-04:00 AUDIT:
id="c939d2a7-1c37-4ef1-b2f7-4ba9b1e43b53" ip="127.0.0.1" method="GET" user="admin"
groups="\"system:masters\",\"system:authenticated\"" as="<self>"
asgroups="<lookup>" namespace="default" uri="/api/v1/namespaces/default/pods"
```

第 2 条：

```
    2020-03-21T03:57:09.108403639-04:00 AUDIT:
id="c939d2a7-1c37-4ef1-b2f7-4ba9b1e43b53" response="200"
```

API Server 把客户端的请求（Request）的处理流程视为一个“链条”，这个链条上的每个“节点”就是一个状态（Stage），从开始到结束的所有 Request Stage 如下。

◎ RequestReceived：在 Audit Handler 收到请求后生成的状态。
◎ ResponseStarted：响应 Header 已经发送但 Body 还没有发送的状态，仅对长期运行的请求（Long-running Requests）有效，例如 Watch。
◎ ResponseComplete：Body 已经发送完成。

◎ Panic：严重错误（Panic）发生时的状态。

Kubernets 从 1.7 版本开始引入高级审计特性（AdvancedAuditing），可以自定义审计策略（选择记录哪些事件）和审计后端存储（日志和 Webhook）等，开启方法为增加 kube-apiserver 的启动参数 --feature-gates=AdvancedAuditing=true。注意：在开启 AdvancedAuditing 后，日志的格式有一些修改，例如新增了上述 Stage 信息；从 Kubernets 1.8 版本开始，该参数默认为 true。

如图 10.19 所示，kube-apiserver 在收到一个请求后（如创建 Pod 的请求），会根据 Audit Policy（审计策略）对此请求做出相应的处理。

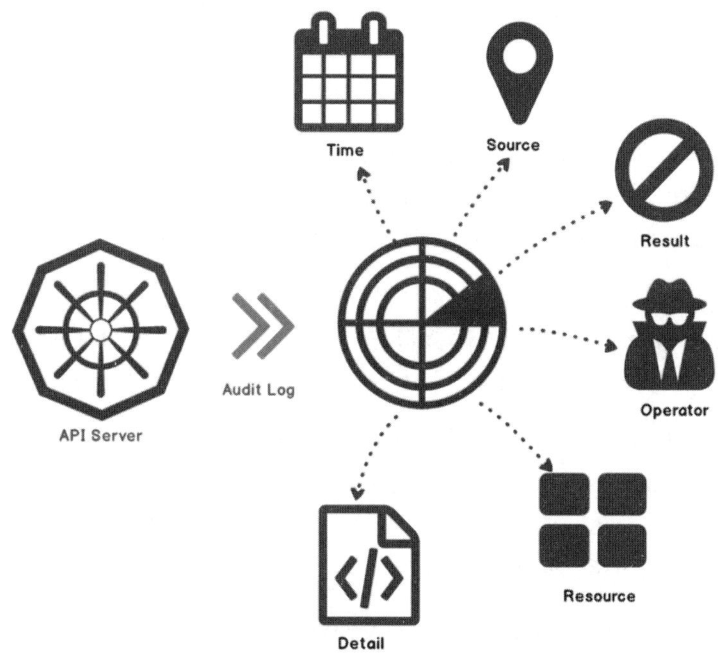

图 10.19　基于审计策略记录审计日志

我们可以将 Audit Policy 视作一组规则，这组规则定义了有哪些事件及数据需要记录（审计）。当一个事件被处理时，规则列表会依次尝试匹配该事件，第 1 个匹配的规则会决定审计日志的级别（Audit Level），目前定义的几种级别如下（按级别从低到高排列）。

◎ None：不生成审计日志。

◎ Metadata：只记录 Request 请求的元数据如 requesting user、timestamp、resource、 verb 等，但不记录请求及响应的具体内容。

◎ Request：记录 Request 请求的元数据及请求的具体内容。

◎ RequestResponse：记录事件的元数据，以及请求与应答的具体内容。

None 以上的级别会生成相应的审计日志并将审计日志输出到后端，当前的后端实现如下。

（1）Log backend：以本地日志文件记录保存，为 JSON 日志格式，我们需要对 API Server 的启动命令设置下列参数。

◎ --audit-log-path：指定日志文件的保存路径。

◎ --audit-log-maxage：设定审计日志文件保留的最大天数。

◎ --audit-log-maxbackup：设定审计日志文件最多保留多少个。

◎ --audit-log-maxsize：设定审计日志文件的单个大小，单位为 MB，默认为 100MB。

审计日志文件以 audit-log-maxsize 设置的大小为单位，在写满后，kube-apiserver 将以时间戳重命名原文件，然后继续写入 audit-log-path 指定的审计日志文件；audit-log-maxbackup 和 audit-log-maxage 参数则用于 kube-apiserver 自动删除旧的审计日志文件。

（2）Webhook backend：回调外部接口进行通知，审计日志以 JSON 格式发送（POST 方式）给 Webhook Server，支持 batch 和 blocking 这两种通知模式，相关配置参数如下。

◎ --audit-webhook-config-file：指定 Webhook backend 的配置文件。

◎ --audit-webhook-mode：确定采用哪种模式回调通知。

◎ --audit-webhook-initial-backoff：指定回调失败后第 1 次重试的等待时间，后续重试等待时间则呈指数级递增。

Webhook backend 的配置文件采用了 kubeconfig 格式，主要内容包括远程审计服务的地址和相关鉴权参数，配置示例如下：

```
clusters:
  - name: name-of-remote-audit-service
    cluster:
      certificate-authority: /path/to/ca.pem  # 远程审计服务的 CA 证书
      server: https://audit.example.com/audit # 远程审计服务 URL，必须是 HTTPS
                                              # API Server 的 Webhook 配置
users:
  - name: name-of-api-server
```

```
    user:
      client-certificate: /path/to/cert.pem    # Webhook 插件使用的证书文件
      client-key: /path/to/key.pem             # 与证书匹配的私钥文件
current-context: webhook
contexts:
- context:
    cluster: name-of-remote-audit-service
    user: name-of-api-sever
  name: webhook
```

--audit-webhook-mode 则包括以下选项。

◎ batch：批量模式，缓存事件并以异步批量方式通知，是默认的工作模式。

◎ blocking：阻塞模式，事件按顺序逐个处理，这种模式会阻塞 API Server 的响应，可能导致性能问题。

◎ blocking-strict：与阻塞模式类似，不同的是当一个 Request 在 RequestReceived 阶段发生审计失败时，整个 Request 请求会被认为失败。

（3）Batching Dynamic backend：一种动态配置的 Webhook backend，是通过 AuditSink API 动态配置的，在 Kubernetes 1.13 版本中引入。

需要注意的是，开启审计功能会增加 API Server 的内存消耗量，因为此时需要额外的内存来存储每个请求的审计上下文数据，而增加的内存量与审计功能的配置有关，比如更详细的审计日志所需的内存更多。我们可以通过 kube-apiserver 中的--audit-policy-file 参数指定一个 Audit Policy 文件名来开启 API Server 的审计功能。如下 Audit Policy 文件可作参考：

```
apiVersion: audit.k8s.io/v1
kind: Policy
# 对于 RequestReceived 状态的请求不做审计日志记录
omitStages:
  - "RequestReceived"
rules:
  # 记录对 Pod 请求的审计日志，输出级别为 RequestResponse
  - level: RequestResponse
    resources:
    - group: ""   # 核心 API 组
      resources: ["pods"]
  # 记录对 pods/log 与 pods/status 请求的审计日志，输出级别为 Metadata
  - level: Metadata
```

```
  resources:
  - group: ""
    resources: ["pods/log", "pods/status"]
# 记录对核心 API 与扩展 API 的所有请求，输出级别为 Request
- level: Request
  resources:
  - group: "" # 核心 API 组
  - group: "extensions" # 组名，不要指定版本号
```

对于审计日志的采集和存储，一种常见做法是，将审计日志以本地日志文件方式保存，然后使用日志采集工具（例如 Fluentd）采集该日志并存储到 Elasticsearch 中，用 Kibana 等 UI 界面对其进行展示和查询。另一种常见做法是用 Logstash 采集 Webhook 后端的审计事件，通过 Logstash 将来自不同用户的事件保存为文件或者将数据发送到后端存储（例如 Elasticsearch）。

10.10 使用 Web UI（Dashboard）管理集群

Kubernetes 的 Web UI 网页管理工具是 kubernetes-dashboard，可提供部署应用、资源对象管理、容器日志查询、系统监控等常用的集群管理功能。为了在页面上显示系统资源的使用情况，需要部署 Metrics Server，部署方式详见 10.7.1 节的说明。

我们可以使用官方 GitHub 仓库提供的 YAML 文件一键部署 kubernetes-dashboard。该配置文件的内容如下，其中包含 kubernetes-dashboard 所需的 RBAC、Deployment 和 Service 等资源的定义：

```
apiVersion: v1
kind: Namespace
metadata:
  name: kubernetes-dashboard

---
apiVersion: v1
kind: ServiceAccount
metadata:
  labels:
    k8s-app: kubernetes-dashboard
  name: kubernetes-dashboard
  namespace: kubernetes-dashboard
```

```
---
kind: Service
apiVersion: v1
metadata:
  labels:
    k8s-app: kubernetes-dashboard
  name: kubernetes-dashboard
  namespace: kubernetes-dashboard
spec:
  ports:
    - port: 443
      targetPort: 8443
  selector:
    k8s-app: kubernetes-dashboard

---
apiVersion: v1
kind: Secret
metadata:
  labels:
    k8s-app: kubernetes-dashboard
  name: kubernetes-dashboard-certs
  namespace: kubernetes-dashboard
type: Opaque

---
apiVersion: v1
kind: Secret
metadata:
  labels:
    k8s-app: kubernetes-dashboard
  name: kubernetes-dashboard-csrf
  namespace: kubernetes-dashboard
type: Opaque
data:
  csrf: ""

---
apiVersion: v1
```

```
kind: Secret
metadata:
  labels:
    k8s-app: kubernetes-dashboard
  name: kubernetes-dashboard-key-holder
  namespace: kubernetes-dashboard
type: Opaque

---
kind: ConfigMap
apiVersion: v1
metadata:
  labels:
    k8s-app: kubernetes-dashboard
  name: kubernetes-dashboard-settings
  namespace: kubernetes-dashboard

---
kind: Role
apiVersion: rbac.authorization.k8s.io/v1
metadata:
  labels:
    k8s-app: kubernetes-dashboard
  name: kubernetes-dashboard
  namespace: kubernetes-dashboard
rules:
  - apiGroups: [""]
    resources: ["secrets"]
    resourceNames: ["kubernetes-dashboard-key-holder",
"kubernetes-dashboard-certs", "kubernetes-dashboard-csrf"]
    verbs: ["get", "update", "delete"]
  - apiGroups: [""]
    resources: ["configmaps"]
    resourceNames: ["kubernetes-dashboard-settings"]
    verbs: ["get", "update"]
  - apiGroups: [""]
    resources: ["services"]
    resourceNames: ["heapster", "dashboard-metrics-scraper"]
    verbs: ["proxy"]
  - apiGroups: [""]
```

```
    resources: ["services/proxy"]
    resourceNames: ["heapster", "http:heapster:", "https:heapster:",
"dashboard-metrics-scraper", "http:dashboard-metrics-scraper"]
    verbs: ["get"]

---
kind: ClusterRole
apiVersion: rbac.authorization.k8s.io/v1
metadata:
  labels:
    k8s-app: kubernetes-dashboard
  name: kubernetes-dashboard
rules:
  # Allow Metrics Scraper to get metrics from the Metrics server
  - apiGroups: ["metrics.k8s.io"]
    resources: ["pods", "nodes"]
    verbs: ["get", "list", "watch"]

---
apiVersion: rbac.authorization.k8s.io/v1
kind: RoleBinding
metadata:
  labels:
    k8s-app: kubernetes-dashboard
  name: kubernetes-dashboard
  namespace: kubernetes-dashboard
roleRef:
  apiGroup: rbac.authorization.k8s.io
  kind: Role
  name: kubernetes-dashboard
subjects:
  - kind: ServiceAccount
    name: kubernetes-dashboard
    namespace: kubernetes-dashboard

---
apiVersion: rbac.authorization.k8s.io/v1
kind: ClusterRoleBinding
metadata:
  name: kubernetes-dashboard
```

```
roleRef:
  apiGroup: rbac.authorization.k8s.io
  kind: ClusterRole
  name: kubernetes-dashboard
subjects:
  - kind: ServiceAccount
    name: kubernetes-dashboard
    namespace: kubernetes-dashboard

---
kind: Deployment
apiVersion: apps/v1
metadata:
  labels:
    k8s-app: kubernetes-dashboard
  name: kubernetes-dashboard
  namespace: kubernetes-dashboard
spec:
  replicas: 1
  revisionHistoryLimit: 10
  selector:
    matchLabels:
      k8s-app: kubernetes-dashboard
  template:
    metadata:
      labels:
        k8s-app: kubernetes-dashboard
    spec:
      containers:
        - name: kubernetes-dashboard
          image: kubernetesui/dashboard:v2.0.5
          imagePullPolicy: Always
          ports:
            - containerPort: 8443
              protocol: TCP
          args:
            - --auto-generate-certificates
            - --namespace=kubernetes-dashboard
          volumeMounts:
            - name: kubernetes-dashboard-certs
```

```
          mountPath: /certs
        - mountPath: /tmp
          name: tmp-volume
      livenessProbe:
        httpGet:
          scheme: HTTPS
          path: /
          port: 8443
        initialDelaySeconds: 30
        timeoutSeconds: 30
      securityContext:
        allowPrivilegeEscalation: false
        readOnlyRootFilesystem: true
        runAsUser: 1001
        runAsGroup: 2001
  volumes:
    - name: kubernetes-dashboard-certs
      secret:
        secretName: kubernetes-dashboard-certs
    - name: tmp-volume
      emptyDir: {}
  serviceAccountName: kubernetes-dashboard
  nodeSelector:
    "kubernetes.io/os": linux
  tolerations:
    - key: node-role.kubernetes.io/master
      effect: NoSchedule

---
kind: Service
apiVersion: v1
metadata:
  labels:
    k8s-app: dashboard-metrics-scraper
  name: dashboard-metrics-scraper
  namespace: kubernetes-dashboard
spec:
  ports:
    - port: 8000
      targetPort: 8000
```

```
  selector:
    k8s-app: dashboard-metrics-scraper

---
kind: Deployment
apiVersion: apps/v1
metadata:
  labels:
    k8s-app: dashboard-metrics-scraper
  name: dashboard-metrics-scraper
  namespace: kubernetes-dashboard
spec:
  replicas: 1
  revisionHistoryLimit: 10
  selector:
    matchLabels:
      k8s-app: dashboard-metrics-scraper
  template:
    metadata:
      labels:
        k8s-app: dashboard-metrics-scraper
      annotations:
        seccomp.security.alpha.kubernetes.io/pod: 'runtime/default'
    spec:
      containers:
        - name: dashboard-metrics-scraper
          image: kubernetesui/metrics-scraper:v1.0.6
          ports:
            - containerPort: 8000
              protocol: TCP
          livenessProbe:
            httpGet:
              scheme: HTTP
              path: /
              port: 8000
            initialDelaySeconds: 30
            timeoutSeconds: 30
          volumeMounts:
          - mountPath: /tmp
            name: tmp-volume
```

```
        securityContext:
          allowPrivilegeEscalation: false
          readOnlyRootFilesystem: true
          runAsUser: 1001
          runAsGroup: 2001
      serviceAccountName: kubernetes-dashboard
      nodeSelector:
        "kubernetes.io/os": linux
      tolerations:
        - key: node-role.kubernetes.io/master
          effect: NoSchedule
      volumes:
        - name: tmp-volume
          emptyDir: {}
```

使用 kubectl create 命令进行部署：

```
# kubectl create -f kubernetes-dashboard.yaml
namespace/kubernetes-dashboard created
serviceaccount/kubernetes-dashboard created
service/kubernetes-dashboard created
secret/kubernetes-dashboard-certs created
secret/kubernetes-dashboard-csrf created
secret/kubernetes-dashboard-key-holder created
configmap/kubernetes-dashboard-settings created
role.rbac.authorization.k8s.io/kubernetes-dashboard created
clusterrole.rbac.authorization.k8s.io/kubernetes-dashboard created
rolebinding.rbac.authorization.k8s.io/kubernetes-dashboard created
clusterrolebinding.rbac.authorization.k8s.io/kubernetes-dashboard created
deployment.apps/kubernetes-dashboard created
service/dashboard-metrics-scraper created
deployment.apps/dashboard-metrics-scraper created
```

有多种方法访问 kubernetes-dashboard，例如设置 Service 的 Nodeport，或者通过 kubectl proxy 命令使用 API Server 代理访问，访问地址为 http://localhost:8001/api/v1/namespaces/kubernetes-dashboard/services/https:kubernetes-dashboard:/proxy/。

首次访问 Kubernetes Dashboard 页面时需要登录，如图 10.20 所示。

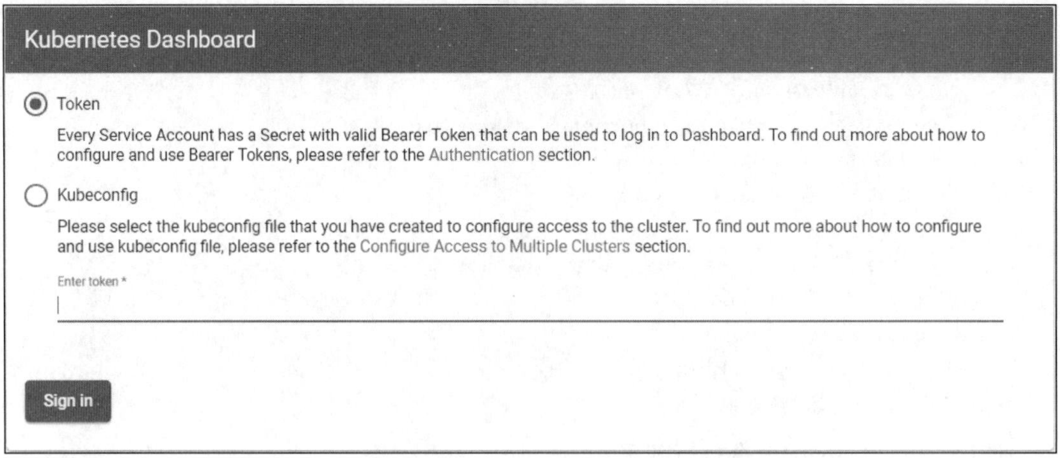

Kubernetes Dashboard

◉ Token

Every Service Account has a Secret with valid Bearer Token that can be used to log in to Dashboard. To find out more about how to configure and use Bearer Tokens, please refer to the Authentication section.

○ Kubeconfig

Please select the kubeconfig file that you have created to configure access to the cluster. To find out more about how to configure and use kubeconfig file, please refer to the Configure Access to Multiple Clusters section.

Enter token *

Sign in

图 10.20　Kubernetes Dashboard 登录页面

管理员需要为不同的用户创建账号，并授之合适的 RBAC 权限。下面以创建一个具有集群管理员权限的用户 admin-user 为例进行说明。

首先，创建一个 ServiceAccount：

```
# cat <<EOF | kubectl apply -f -
apiVersion: v1
kind: ServiceAccount
metadata:
  name: admin-user
  namespace: kubernetes-dashboard
EOF
serviceaccount/admin-user created
```

然后，为用户 admin-user 授予 cluster-admin 的集群管理员权限：

```
# cat <<EOF | kubectl apply -f -
apiVersion: rbac.authorization.k8s.io/v1
kind: ClusterRoleBinding
metadata:
  name: admin-user
roleRef:
  apiGroup: rbac.authorization.k8s.io
  kind: ClusterRole
```

```
  name: cluster-admin
subjects:
- kind: ServiceAccount
  name: admin-user
  namespace: kubernetes-dashboard
EOF
clusterrolebinding.rbac.authorization.k8s.io/admin-user created
```

接着，通过 kubectl 命令获取其 token：

```
# kubectl -n kubernetes-dashboard describe secret $(kubectl -n
kubernetes-dashboard get secret | grep admin-user | awk '{print $1}')
Name:         admin-user-token-8gbgn
Namespace:    kubernetes-dashboard
Labels:       <none>
Annotations:  kubernetes.io/service-account.name: admin-user
              kubernetes.io/service-account.uid:
5943f1bc-7015-489c-a870-053536301edc

Type:  kubernetes.io/service-account-token

Data
====
token:
eyJhbGciOiJSUzI1NiIsImtpZCI6IiJ9.eyJpc3MiOiJrdWJlcm5ldGVzL3NlcnZpY2VhY2NvdW50Iiw
ia3ViZXJuZXRlcy5pby9zZXJ2aWNlYWNjb3VudC9uYW1lc3BhY2UiOiJrdWJlcm5ldGVzLWRhc2hib2F
yZCIsImt1YmVybmV0ZXMuaW8vc2VydmljZWFjY291bnQvc2VjcmV0Lm5hbWUiOiJhZG1pbi11c2VyLXR
va2VuLThnYmduIiwia3ViZXJuZXRlcy5pby9zZXJ2aWNlYWNjb3VudC9zZXJ2aWNlLWFjY291bnQubmF
tZSI6ImFkbWluLXVzZXIiLCJrdWJlcm5ldGVzLmlvL3NlcnZpY2VhY2NvdW50L3NlcnZpY2UtYWNjb3V
udC51aWQiOiI1OTQzZjFiYy03MDE1LTQ4OWMtYTg3MC0wNTM1MzYzMDFlZGMiLCJzdWIiOiJzeXN0ZW0
6c2VydmljZWFjY291bnQ6a3ViZXJuZXRlcy1kYXNoYm9hcmQ6YWRtaW4tdXNlciJ9.REUM5W_SWrtiQh
pN4iXbO4aXE-LR4ZXi5R11XyfAEE2QVwAmnj8b0-EYU77HSINlbffBLJYZHSQJy-oUQGvc7EXRGSjPHL
vHJmgwVHgTjGz3z3xgpChU_7BWU8MfATdLfUTA3pQkRaD6XgS7n2Mq4AKb_HmSRt6RpzbZqibmP_UOsF
qdbgb3UiUzkuhdj4yZNkZzIu1kXXwN5lmQjZxMvOLawvl2SNUZOYYA--GBfiNsMYU8bkU-96a1dvHyNY
TwyuxXY34btxmgxu4rJ35ZFBBIra9oUQevcQaNqy5nmM1aI_mX6dalQkWYz-iV2DgVVmQjiifTr81dKq
dVUkda2w
ca.crt:     1099 bytes
namespace:  20 bytes
```

最后，将上面的 token 输入登录页面，即可登录 Dashboard 查看 Kubernetes 集群的概览信息。概览页面默认显示命名空间 default 中的资源，可以通过上方的下拉列表选择不同的命名空间进行查看，也可以查询所有命名空间的资源，如图 10.21 所示。

图 10.21　Kubernetes Dashboard 概览页面

在概览页面上会显示工作负载（Workload）总的 CPU 和内存资源使用数据，以及各种资源对象的列表，例如 Daemonset、Deployment、Pod、Statefulset、Service 等。

通过单击左侧的菜单项，可以过滤 Workloads、Service、Config and Storage、Cluster、CRD 等各类资源对象的列表和详细信息。例如查看 Service 列表，页面如图 10.22 所示。

Services

Name	Namespace	Labels	Cluster IP	Internal Endpoints	External Endpoints	Created
dashboard-metrics-scraper	kubernetes-dashboard	k8s-app: dashboard-metrics-scraper	169.169.183.12	dashboard-metrics-scraper.kubernetes-dashboard:8000 TCP dashboard-metrics-scraper.kubernetes-dashboard:0 TCP	-	33 minutes ago
kubernetes-dashboard	kubernetes-dashboard	k8s-app: kubernetes-dashboard	169.169.108.96	kubernetes-dashboard.kuberne dashboard:443 TCF kubernetes-dashboard.kuberne dashboard:20443 T	-	33 minutes ago
test	demo-admin	test: test　release: test	169.169.8.11	test.demo-admin:15010 TCP test.demo-admin:0 TCP	-	a day ago

图 10.22　Service 列表页面

在 Pod 列表中，可以查看 Pod 的 CPU 和内存资源使用数据，如图 10.23 所示。

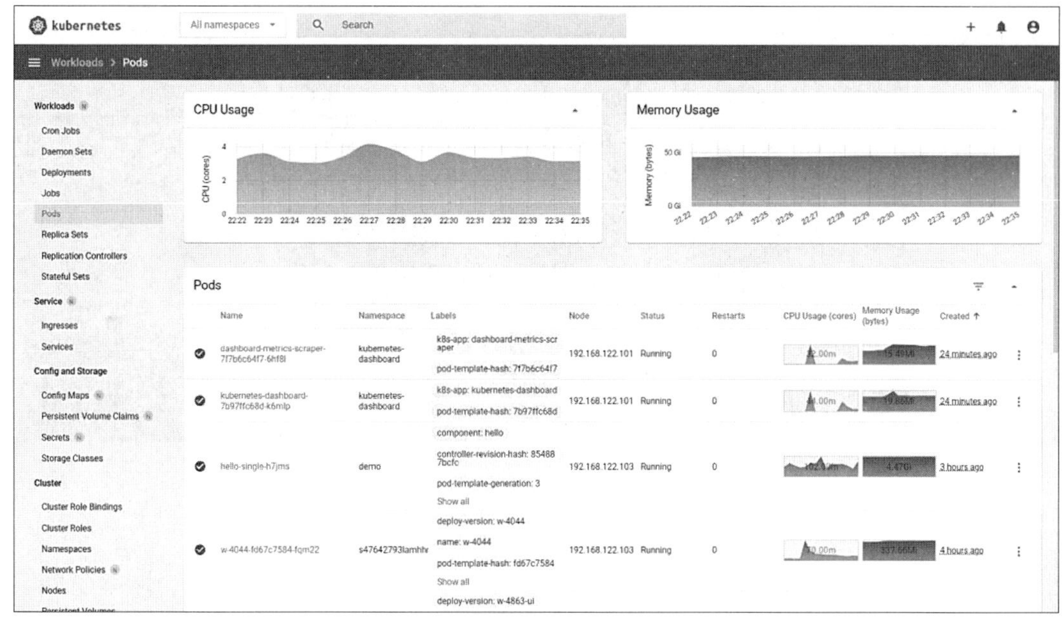

图 10.23　Pod 列表页面

单击某个 Pod 右侧的菜单项，可以查看容器日志、进入控制台、编辑或删除，如图 10.24 所示。

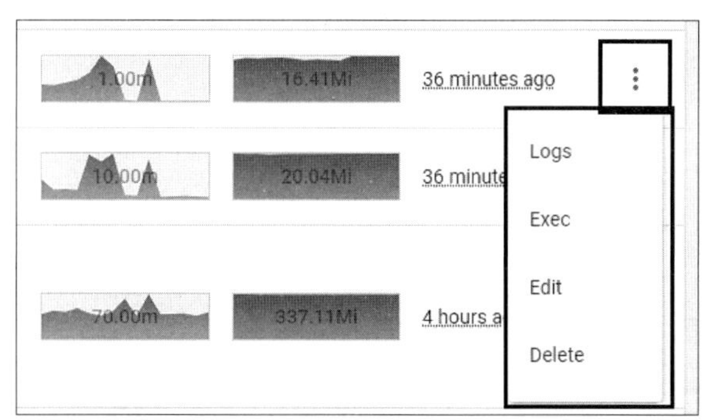

图 10.24　Pod 菜单

例如查看容器日志，界面如图 10.25 所示。

单击页面右上角的“+”按钮，将跳转到新建资源的页面。在这个页面可以输入 YAML/JSON 文本、选择本地文件或者使用模板来创建某种 Kubernetes 资源对象，如图 10.26 所示。

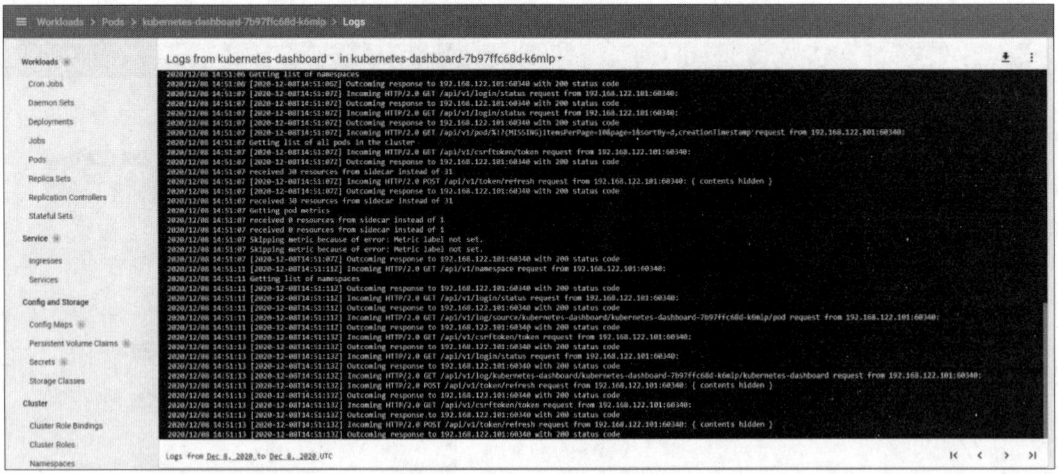

图 10.25　查看容器日志的页面

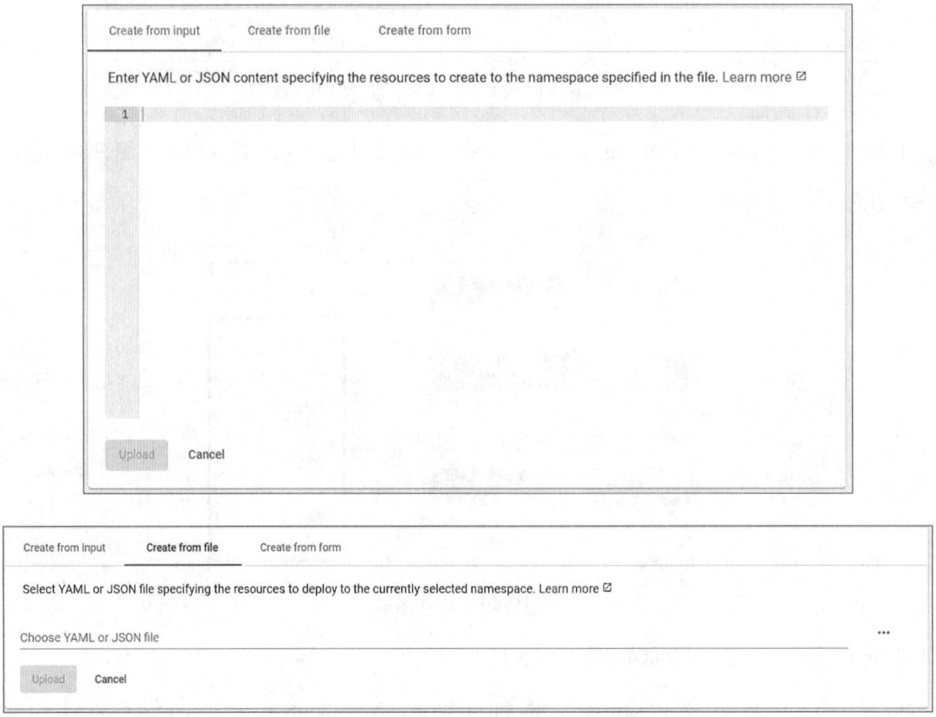

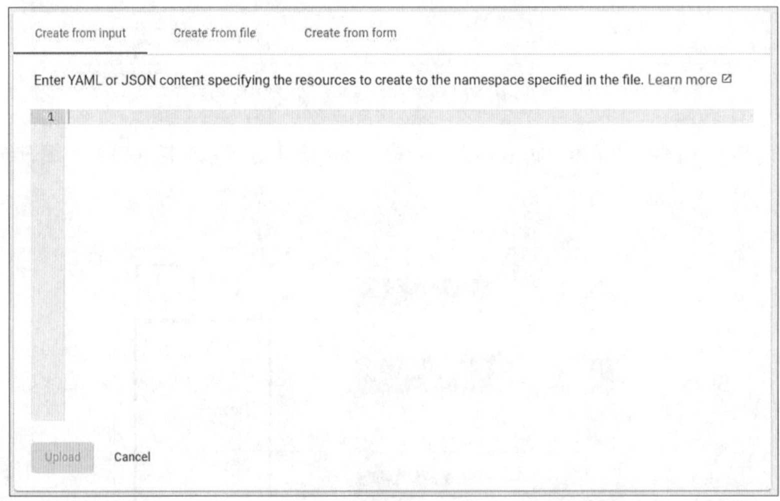

图 10.26　创建 Kubernetes 资源的页面

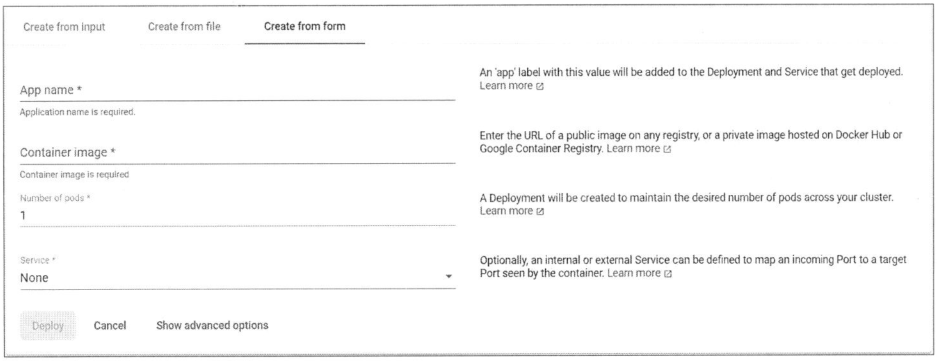

图 10.26　创建 Kubernetes 资源的页面（续图）

10.11　Helm：Kubernetes 应用包管理工具

随着容器技术和微服务架构逐渐被企业接受，在 Kubernetes 上已经能便捷地部署简单的应用了。但对于复杂的应用或者中间件系统，在 Kubernetes 上进行容器化部署并非易事，通常需要研究 Docker 镜像的运行需求、环境变量等内容，为容器配置依赖的存储、网络等资源，并设计和编写 Deployment、ConfigMap、Service、Volume、Ingress 等 YAML 文件，再将其依次提交给 Kubernetes 部署。总之，微服务架构和容器化给复杂应用的部署和管理都带来了很大的挑战。

Helm 由 Deis 公司（已被微软收购）发起，用于对需要在 Kubernetes 上部署的复杂应用进行定义、安装和更新，是 CNCF 基金会的毕业项目，由 Helm 社区维护。Helm 将 Kubernetes 的资源如 Deployment、Service、ConfigMap、Ingress 等，打包到一个 Chart（图表）中，而 Chart 被保存到 Chart 仓库，由 Chart 仓库存储、分发和共享。Helm 支持应用 Chart 的版本管理，简化了 Kubernetes 应用部署的应用定义、打包、部署、更新、删除和回滚等操作。

简单来说，Helm 通过将各种 Kubernetes 资源打包，类似于 Linux 的 apt-get 或 yum 工具，来完成复杂软件的安装和部署，并且支持部署实例的版本管理等，大大简化了在 Kubernetes 上部署和管理应用的复杂度。

10.11.1 Helm 的整体架构

Helm 的整体架构如图 10.27 所示。

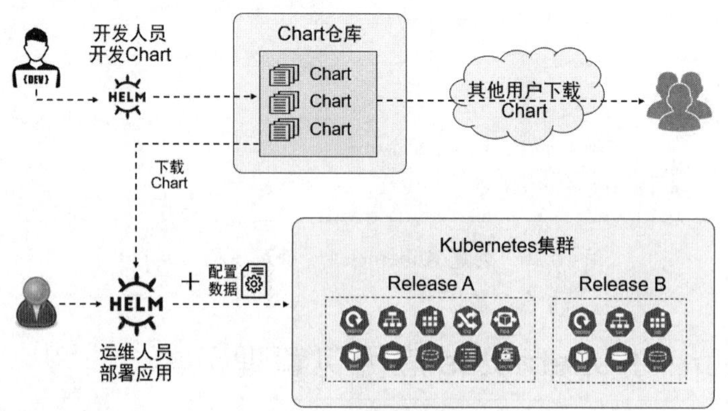

图 10.27 Helm 的整体架构

Helm 主要包括以下组件。

◎ Chart：Helm 软件包，包含一个应用所需资源对象的 YAML 文件，通常以.tgz 压缩包形式提供，也可以是文件夹形式。

◎ Repository（仓库）：用于存放和共享 Chart 的仓库。

◎ Config（配置数据）：部署时设置到 Chart 中的配置数据。

◎ Release：基于 Chart 和 Config 部署到 Kubernetes 集群中运行的一个实例。一个 Chart 可以被部署多次，每次的 Release 都不相同。

基于 Helm 的工作流程如下。

（1）开发人员将开发好的 Chart 上传到 Chart 仓库。

（2）运维人员基于 Chart 的定义，设置必要的配置数据（Config），使用 Helm 命令行工具将应用一键部署到 Kubernetes 集群中，以 Release 概念管理后续的更新、回滚等。

（3）Chart 仓库中的 Chart 可以用于共享和分发。

10.11.2 Helm 版本说明

Helm 目前有 v2 和 v3 两个版本，v3 版本在 v2 版本的基础上大大简化，安全性增强。

在 v2 版本中，Helm 依赖 Tiller 组件，其系统架构如图 10.28 所示。Tiller 组件用于接收 Helm 客户端发出的指令，与 Kubernetes API Server 交互，完成资源对象的部署和管理。但是 Tiller 组件的默认作用范围是整个集群，对于多租户在不同命名空间中部署应用的场景，权限管理更加复杂。

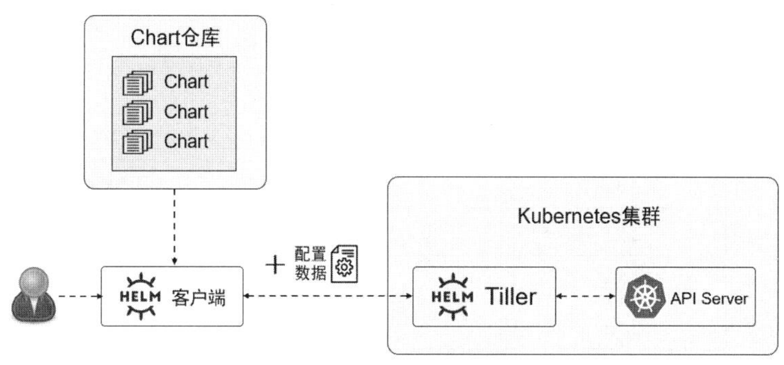

图 10.28　Helm v2 的系统架构

从 v3 版本开始，Helm 不再使用 Tiller 组件，而是将与 Kubernetes API Server 交互的功能整合到 Helm 客户端程序中，这样一来，每个 Helm v3 客户端都能独立设置权限管理，更符合多租户环境的要求。管理员只需为 Helm v3 客户端设置正确的 RBAC 权限，租户就能使用各自独立的 Helm 客户端管理应用了。

此外，Helm 的版本是基于 Kubernetes 的特定版本编译和发布的，不推荐将 Helm 用于比编译时的 Kubernetes 版本更高的版本，因为 Helm 并没有做出向前兼容的保证。

如表 10.9 所示是 Helm 版本支持的 Kubernetes 版本列表。

表 10.9　Helm 版本支持的 Kubernetes 版本列表

Helm 版本	支持的 Kubernetes 版本
3.4.x	1.19.x～1.16.x
3.3.x	1.18.x～1.15.x
3.2.x	1.18.x～1.15.x
3.1.x	1.17.x～1.14.x
3.0.x	1.16.x～1.13.x
2.16.x	1.16.x～1.15.x
2.15.x	1.15.x～1.14.x

续表

Helm 版本	支持的 Kubernetes 版本
2.14.x	1.14.x～1.13.x
2.13.x	1.13.x～1.12.x
2.12.x	1.12.x～1.11.x
2.11.x	1.11.x～1.10.x
2.10.x	1.10.x～1.9.x
2.9.x	1.10.x～1.9.x
2.8.x	1.9.x～1.8.x
2.7.x	1.8.x～1.7.x
2.6.x	1.7.x～1.6.x
2.5.x	1.6.x～1.5.x
2.4.x	1.6.x～1.5.x
2.3.x	1.5.x～1.4.x
2.2.x	1.5.x～1.4.x
2.1.x	1.5.x～1.4.x
2.0.x	1.4.x～1.3.x

10.11.3 Helm 的安装

安装 Helm 的前提条件包括：①Kubernetes 集群已就绪；②配置了正确权限的 kubeconfig，在 Helm 与 API Server 通信时使用；③本地 kubectl 客户端工具已就绪。

Helm 的安装方式有多种选择，例如使用二进制文件安装、使用脚本安装、使用包管理器安装，等等。

（1）使用二进制文件安装。从 Helm 官方 GitHub 代码库下载合适的版本，例如 helm-v3.4.1-linux-amd64.tar.gz，解压缩后得到二进制文件 helm，将其复制到合适的$PATH 路径下，例如/usr/bin，即可完成 Helm 的安装。

（2）使用脚本安装。Helm 提供了一个安装脚本来一键安装 Helm 到系统中，命令如下：

```
$ curl https://raw.githubusercontent.com/helm/helm/master/scripts/get-helm-3 | bash
```

（3）使用包管理器安装。Helm 社区为不同的操作系统开发了包管理器来安装 Helm。

◎ 对 macOS 使用 Homebrew 工具安装 Helm：

```
brew install helm
```

◎ 对 Windows 使用 Chocolatey 工具安装 Helm：

```
choco install kubernetes-helm
```

◎ 对 Debian/Ubuntu 使用 Apt 工具安装 Helm：

```
curl https://baltocdn.com/helm/signing.asc | sudo apt-key add -
sudo apt-get install apt-transport-https --yes
echo "deb https://baltocdn.com/helm/stable/debian/ all main" | sudo tee
/etc/apt/sources.list.d/helm-stable-debian.list
sudo apt-get update
sudo apt-get install helm
```

在 Helm 安装完成之后，就可以使用 Helm 命令管理 Chart、仓库、部署和应用了。

10.11.4　Helm 的使用

本节介绍 Helm 的常见用法，包括 Chart 仓库的使用、部署应用、更新或回滚 Release 应用、卸载 Release、创建自定义 Chart 等。

1. Chart 仓库的使用

安装好 Helm 之后，通常需要添加一个 Chart 仓库，一种常见的选择是添加 Helm 官方的稳定版 Chart 仓库：

```
# helm repo add stable https://charts.helm.sh/stable
"stable" has been added to your repositories
```

添加完成后，可以使用 helm search 命令查询可部署的 Chart 列表：

```
# helm search repo stable
NAME                                CHART VERSION   APP VERSION
DESCRIPTION
stable/acs-engine-autoscaler          2.2.2           2.1.1
DEPRECATED Scales worker nodes within agent pools
stable/aerospike                     0.3.5          v4.5.0.5
DEPRECATED A Helm chart for Aerospike in Kubern...
```

```
    stable/airflow                        7.13.3         1.10.12
DEPRECATED - please use: https://github.com/air...
    stable/ambassador                     5.3.2          0.86.1
DEPRECATED A Helm chart for Datawire Ambassador
    stable/anchore-engine                 1.7.0          0.7.3
Anchore container analysis and policy evaluatio...
    ......
```

helm search repo 命令用于搜索已加入本地 Helm 客户端的仓库（通过 helm repo add 命令添加），只搜索本地数据，无须连接网络。

我们还可以使用 helm search hub 命令搜索由 Artifact Hub 提供的来自不同仓库的大量 Chart 列表：

```
    # helm search hub
    URL                                                        CHART VERSION
APP VERSION                  DESCRIPTION
    https://hub.helm.sh/charts/gabibbo97/389ds                     0.1.0
fedora-32                    389 Directory Server
    https://hub.helm.sh/charts/aad-pod-identity/aad...      2.1.0
1.7.0                        Deploy components for aad-pod-identity
    https://hub.helm.sh/charts/arhatdev/abbot                      0.1.0
latest                       Network Manager Living at Edge
    https://hub.helm.sh/charts/restorecommerce/acce...      0.1.2
0.1.6                        A Helm chart for restorecommerce access-control...
    https://hub.helm.sh/charts/ckotzbauer/access-ma...      0.4.1
0.4.1                        Kubernetes-Operator to simplify RBAC configurat...
    ......
```

在没有过滤的情况下，通过 helm search 命令会显示所有可用的 Chart，也可以加上查询关键字参数来过滤需要查询的 Chart 列表，例如查询包含“mysql”关键字的 Chart 列表：

```
    # helm search hub mysql
    URL                                                        CHART VERSION   APP VERSION
DESCRIPTION
    https://hub.helm.sh/charts/bitnami/mysql                       8.0.0           8.0.22
Chart to create a Highly available MySQL cluster
    https://hub.helm.sh/charts/t3n/mysql                           0.1.0           8.0.22
Fast, reliable, scalable, and easy to use open-...
    https://hub.helm.sh/charts/choerodon/mysql                     0.1.4           0.1.4
mysql for Choerodon
    https://hub.helm.sh/charts/softonic/mysql-backup               2.1.4           0.2.0
```

```
Take mysql backups from any mysql instance to A...
    ......
```

对仓库的操作说明

Helm v3 不再提供默认的 Chart 仓库，用户需要通过 helm repo 命令来添加、查询、删除 Chart 仓库。

可以用 helm repo list 命令查看已经添加的 Chart 仓库列表，例如：

```
# helm repo list
NAME    URL
stable  https://charts.helm.sh/stable
```

使用 helm repo add 命令添加新的 Chart 仓库，例如：

```
# helm repo add dev https://example.com/dev-charts
```

由于 Chart 仓库的内容更新频繁，所以在部署应用之前，都应该运行 helm repo update 命令来确保本地仓库的数据最新，例如：

```
# helm repo update
Hang tight while we grab the latest from your chart repositories...
...Successfully got an update from the "stable" chart repository
Update Complete. ⎈Happy Helming!⎈
```

最后，可以使用 helm repo remove 命令从本地删除一个仓库，例如：

```
# helm repo remove stable
"stable" has been removed from your repositories
```

2. helm install：部署应用

在查询到需要的 Chart 之后，就可以使用 helm install 命令部署应用了，最少需要指定两个命令行参数：Release 名称（由用户设置）和 Chart 名称。

例如部署一个 Release 名称为“mariadb-1”的 MariaDB 应用，代码如下：

```
# helm install mariadb-1 stable/mariadb
WARNING: This chart is deprecated
NAME: mariadb-1
LAST DEPLOYED: Mon Dec  7 15:58:12 2020
NAMESPACE: default
STATUS: deployed
REVISION: 1
```

```
    NOTES:
    This Helm chart is deprecated

    Given the `stable` deprecation timeline
(https://github.com/helm/charts#deprecation-timeline), the Bitnami maintained Helm
chart is now located at bitnami/charts (https://github.com/bitnami/charts/).

    The Bitnami repository is already included in the Hubs and we will continue
providing the same cadence of updates, support, etc that we've been keeping here these
years. Installation instructions are very similar, just adding the _bitnami_ repo
and using it during the installation (`bitnami/<chart>` instead of `stable/<chart>`)

    ```bash
    $ helm repo add bitnami https://charts.bitnami.com/bitnami
    $ helm install my-release bitnami/<chart>             # Helm 3
    $ helm install --name my-release bitnami/<chart>      # Helm 2
    ```

    To update an exisiting _stable_ deployment with a chart hosted in the bitnami
repository you can execute

    ```bash
    $ helm repo add bitnami https://charts.bitnami.com/bitnami
    $ helm upgrade my-release bitnami/<chart>
    ```

    Issues and PRs related to the chart itself will be redirected to `bitnami/charts`
GitHub repository. In the same way, we'll be happy to answer questions related to
this migration process in this issue (https://github.com/helm/charts/issues/20969)
created as a common place for discussion.

    Please be patient while the chart is being deployed

    Tip:

      Watch the deployment status using the command: kubectl get pods -w --namespace
default -l release=mariadb-1

    Services:

      echo Master: mariadb-1.default.svc.cluster.local:3306
      echo Slave: mariadb-1-slave.default.svc.cluster.local:3306
```

```
    Administrator credentials:

      Username: root
      Password : $(kubectl get secret --namespace default mariadb-1 -o
jsonpath="{.data.mariadb-root-password}" | base64 --decode)

    To connect to your database:

      1. Run a pod that you can use as a client:

          kubectl run mariadb-1-client --rm --tty -i --restart='Never' --image
docker.io/bitnami/mariadb:10.3.22-debian-10-r27 --namespace default --command --
bash

      2. To connect to master service (read/write):

          mysql -h mariadb-1.default.svc.cluster.local -uroot -p my_database

      3. To connect to slave service (read-only):

          mysql -h mariadb-1-slave.default.svc.cluster.local -uroot -p my_database

    To upgrade this helm chart:

      1. Obtain the password as described on the 'Administrator credentials' section
and set the 'rootUser.password' parameter as shown below:

          ROOT_PASSWORD=$(kubectl get secret --namespace default mariadb-1 -o
jsonpath="{.data.mariadb-root-password}" | base64 --decode)
          helm upgrade mariadb-1 stable/mariadb --set
rootUser.password=$ROOT_PASSWORD
```

helm install 命令会显示该应用本次部署的 Release 状态及与应用相关的提示信息，例如 Release 名称为“mariadb-1”（如果想让 Helm 生成 Release 名称，则可以不指定名称，并加上--generate-name 参数）。

在安装过程中，Helm 客户端会打印资源的创建过程、发布状态及需要额外处理的配置步骤等有用信息。

从上面的输出可以看到，通过本次部署，在 Kubernetes 集群中创建了名为“mariadb-1”和“mariadb-1-slave”的两个 Service，并且给出了服务访问地址 mariadb-1.default.svc.cluster.local:3306 和 mariadb-1-slave.default.svc.cluster.local:3306。

我们可以通过 kubectl 命令查询在 Kubernetes 集群中部署的资源对象：

```
# kubectl get all
NAME                        READY   STATUS    RESTARTS   AGE
pod/mariadb-1-master-0      1/1     Running   0          4m8s
pod/mariadb-1-slave-0       1/1     Running   0          4m8s

NAME                     TYPE        CLUSTER-IP      EXTERNAL-IP   PORT(S)    AGE
......
service/mariadb-1        ClusterIP   169.169.93.24   <none>        3306/TCP
4m9s
service/mariadb-1-slave  ClusterIP   169.169.20.44   <none>        3306/TCP
4m9s

NAME                                   READY   AGE
statefulset.apps/mariadb-1-master     1/1     4m8s
statefulset.apps/mariadb-1-slave      1/1     4m8s
```

至此，一个 MariaDB 应用就部署完成了。

使用 helm list 命令可以查询部署的 Release 列表：

```
# helm list
NAME          NAMESPACE       REVISION        UPDATED
STATUS          CHART           APP VERSION
mariadb-1     default         1               2020-12-07 15:58:12.78168822 +0800
CST  deployed        mariadb-7.3.14  10.3.22
```

helm install 命令不会等待所有资源都运行成功后才退出。在部署过程中，下载镜像通常需要花费较多时间，为了跟踪 Release 的部署状态，可以使用 helm status 命令进行查看，例如：

```
# helm status mariadb-1
NAME: mariadb-1
LAST DEPLOYED: Mon Dec  7 15:58:12 2020
NAMESPACE: default
STATUS: deployed
REVISION: 1
NOTES:
This Helm chart is deprecated

......

Services:
```

```
    echo Master: mariadb-1.default.svc.cluster.local:3306
    echo Slave:  mariadb-1-slave.default.svc.cluster.local:3306

  Administrator credentials:

    Username: root
    Password : $(kubectl get secret --namespace default mariadb-1 -o
jsonpath="{.data.mariadb-root-password}" | base64 --decode)

  To connect to your database:

    1. Run a pod that you can use as a client:

        kubectl run mariadb-1-client --rm --tty -i --restart='Never' --image
docker.io/bitnami/mariadb:10.3.22-debian-10-r27 --namespace default --command --
bash

    2. To connect to master service (read/write):

        mysql -h mariadb-1.default.svc.cluster.local -uroot -p my_database

    3. To connect to slave service (read-only):

        mysql -h mariadb-1-slave.default.svc.cluster.local -uroot -p my_database

  To upgrade this helm chart:

    1. Obtain the password as described on the 'Administrator credentials' section
and set the 'rootUser.password' parameter as shown below:

        ROOT_PASSWORD=$(kubectl get secret --namespace default mariadb-1 -o
jsonpath="{.data.mariadb-root-password}" | base64 --decode)
        helm upgrade mariadb-1 stable/mariadb --set
rootUser.password=$ROOT_PASSWORD
```

上面的输出信息显示了 Release 当前最新的状态信息。

在部署之前自定义 Chart 的配置数据

前面的安装过程使用的是 Chart 的默认配置数据。在实际情况下通常都需要根据环境信息先修改默认配置，再部署应用。

通过 helm show values 命令可以查看 Chart 的可配置项，例如查看 MariaDB 的可配置项：

```
# helm show values stable/mariadb
## Global Docker image parameters
## Please, note that this will override the image parameters, including
dependencies, configured to use the global value
## Current available global Docker image parameters: imageRegistry and
imagePullSecrets
##
# global:
#   imageRegistry: myRegistryName
#   imagePullSecrets:
#     - myRegistryKeySecretName
#   storageClass: myStorageClass

## Use an alternate scheduler, e.g. "stork".
##
# schedulerName:

## Bitnami MariaDB image
##
image:
  registry: docker.io
  repository: bitnami/mariadb
  tag: 10.3.22-debian-10-r27
  ## Specify a imagePullPolicy
  ## Defaults to 'Always' if image tag is 'latest', else set to 'IfNotPresent'
  ##
  pullPolicy: IfNotPresent
......
```

用户可以编写一个 YAML 配置文件来覆盖这些内容，然后在安装时引用这个配置文件。例如：

```
# echo '{mariadbUser: user0, mariadbDatabase: user0db}' > config.yaml
```

该配置表示创建一个名为“user0”的 MariaDB 默认用户，并授权该用户最新创建的名为“user0db”的数据库的访问权限，对其他配置则使用 Chart 中的默认值。

然后通过 helm install 命令，使用-f 参数引用该配置文件进行部署：

```
# helm install -f config.yaml mariadb-1 stable/mariadb
```

在部署应用时有两种方法传递配置数据。

- ◎ --values 或者-f：使用 YAML 文件进行参数配置，可以设置多个文件，最后一个优先。对多个文件中重复的 value 会进行覆盖操作，不同的 value 叠加生效。上面的例子使用的就是这种方式。
- ◎ --set：在命令行中直接设置参数的值。

如果同时使用两个参数，则--set 会以高优先级合并到--values 中。对于通过--set 设置的值，可以用 helm get values <release-name>命令在指定的 Release 信息中查询到。另外，--set 指定的值会被 helm upgrade 运行时--reset-values 指定的值清空。

关于--set 格式和限制的说明

--set 可以使用 0 个或多个名称/值对，最简单的方式是--set name=value，对应的 YAML 文件中的语法如下：

```
name: value
```

多个值使用逗号分隔，例如--set a=b,c=d，对应的 YAML 配置如下：

```
a: b
c: d
```

还可以用于表达具有多层级结构的变量，例如--set outer.inner=value，对应的 YAML 配置如下：

```
outer:
  inner: value
```

大括号{}可以用来表示列表类型的数据，例如--set name={a,b,c}会被翻译如下：

```
name:
  - a
  - b
  - c
```

Helm 从 2.5.0 版本开始，允许使用数组索引语法访问列表项，例如--set servers[0].port=80 会被翻译如下：

```
servers:
  - port: 80
```

通过这种方式可以设置多个值，例如--set servers[0].port=80,servers[0].host=example 会被翻译如下：

```
servers:
  - port: 80
    host: example
```

有时在--set 的值里会存在一些特殊字符（例如逗号、双引号等），对其可以使用反斜线“\”符号进行转义，例如--set name=value1\, value2 会被翻译如下：

```
name: "value1,value2"
```

类似地，我们可以对点符号“.”进行转义，这样 Chart 使用 toYaml 方法解析 Label、Annotation 或者 Node Selector 时就很方便了，例如：--set nodeSelector."kubernetes\.io/role"=master 会被翻译如下：

```
nodeSelector:
  kubernetes.io/role: master
```

尽管如此，--set 语法的表达能力依然无法与 YAML 语言相提并论，尤其是在处理深层嵌套类型的数据结构时。建议 Chart 的设计者在设计 values.yaml 文件格式时考虑--set 的用法。

Chart 的更多部署方法

使用 helm install 命令时，可以通过多种安装源基于 Chart 部署应用。

◎ Chart 仓库，如前文所述。
◎ 本地的 Chart 压缩包，例如 helm install foo foo-0.1.1.tgz。
◎ 解压缩的 Chart 目录，例如 helm install foo path/to/foo。
◎ 一个完整的 URL，例如 helm install foo https://example.com/charts/foo-1.2.3.tgz。

3. helm upgrade 和 helm rollback：应用的更新或回滚

当一个 Chart 有新版本发布或者需要修改已部署 Release 的配置时，可以使用 helm upgrade 命令完成应用的更新。

helm upgrade 命令会利用用户提供的更新信息来对 Release 进行更新。因为 Kubernetes Chart 可能会很大且很复杂，所以 Helm 会尝试执行最小影响范围的增量更新，只更新相对于上一个 Release 发生改变的部分。

例如更新默认的用户名，创建 user1.yaml 配置文件，内容如下：

```
mariadbUser: user1
```

使用 helm upgrade 命令更新当前已部署的 Release “mariadb-1”：

```
# helm upgrade -f user1.yaml mariadb-1 stable/mariadb
WARNING: This chart is deprecated
Release "mariadb-1" has been upgraded. Happy Helming!
NAME: mariadb-1
LAST DEPLOYED: Mon Dec  7 17:21:32 2020
NAMESPACE: default
STATUS: deployed
REVISION: 2
NOTES:
This Helm chart is deprecated
......
```

使用 helm get values 命令可以查看到，基于用户提供的 user1.yaml 的新配置内容已被更新到了 Release 中：

```
# helm get values mariadb-1
USER-SUPPLIED VALUES:
mariadbUser: user1
```

用 helm list 命令查看 Release 的信息，会发现 Revision 被更新为 2：

```
    # helm list
    NAME            NAMESPACE        REVISION        UPDATED
STATUS          CHART            APP VERSION
    mariadb-1       default          2              2020-12-07 17:21:32.805760064
+0800 CST deployed       mariadb-7.3.14  10.3.22
```

当然，也可以使用 kubectl 命令查看 Statefulset、Pod 等资源的变化情况。

如果更新后的 Release 未按预期执行，则可以使用 helm rollback [RELEASE]命令对 Release 进行回滚，例如：

```
# helm rollback mariadb-1 1
Rollback was a success! Happy Helming!
```

以上命令将把名为“mariadb-1”的 Release 回滚到第 1 个版本。

需要说明的是，Release 的修订（Revision）号是持续增加的，每次进行安装、升级或者回滚，修订号都会增加 1，第 1 个版本号始终是 1。

用 helm list 命令查看 Release 的信息，会发现 Revision 被更新为 3：

```
    # helm list
    NAME            NAMESPACE       REVISION        UPDATED
STATUS          CHART           APP VERSION
    mariadb-1       default         3               2020-12-07 17:31:03.186513753
+0800 CST deployed        mariadb-7.3.14  10.3.22
```

另外，使用 helm history [RELEASE]命令可以查看 Release 的修订历史记录，例如：

```
    # helm history mariadb-1
    REVISION        UPDATED                         STATUS          CHART           APP
VERSION     DESCRIPTION
    1               Mon Dec  7 15:58:12 2020        superseded      mariadb-7.3.14
10.3.22         Install complete
    2               Mon Dec  7 17:21:32 2020        superseded      mariadb-7.3.14
10.3.22         Upgrade complete
    3               Mon Dec  7 17:31:03 2020        deployed        mariadb-7.3.14
10.3.22         Rollback to 1
```

安装/升级/回滚命令的常用参数

在运行 helm install/upgrade/rollback 命令时，有些很有用的参数可帮助我们控制这几个操作的行为。注意，以下不是完整的命令行参数列表，可以使用 helm <command> --help 命令查看对全部参数的说明。

◎ --timeout：等待 Kubernetes 命令完成的（Golang 持续）时间，默认值为 5m0s。
◎ --wait：在将 Release 标记为成功之前，需要等待一些条件达成。例如，所有 Pod 的状态都为 Ready；PVC 完成绑定；Deployment 的最小 Pod 数量（Desired-maxUnavailable）的状态为 Ready；Service 的 IP 地址设置成功（如果是 LoadBalancer 类型，则 Ingress 设置成功），等等。等待时间与--timeout 参数设置的时间一样。超时后该 Release 的状态会被标记为 FAILED。注意：当 Deployment 的 replicas 被设置为 1，且滚动更新策略的 maxUnavailable 不为 0 时，--wait 才会在有最小数量的 Pod 达到 Ready 状态后返回 Ready 状态。
◎ --no-hooks：跳过该命令的运行钩子（Hook）。
◎ --recreate-pods：会导致所有 Pod 的重建（属于 Deployment 的 Pod 除外），仅对 upgrade 和 rollback 命令可用。该参数在 Helm v3 中已被弃用。

4. helm uninstall：卸载一个 Release

需要卸载某个 Release 时，可以使用 helm uninstall 命令。例如使用该命令从集群中删除名为“mariadb-1”的 Release：

```
# helm uninstall mariadb-1
release "mariadb-1" uninstalled
```

再次使用 helm list 命令查看 Release 列表，可以看到名为“mariadb-1”的 Release 已被卸载：

```
# helm list
NAME    NAMESPACE       REVISION        UPDATED STATUS  CHART   APP VERSION
```

在 Helm v2 版本中删除 Release 后会保留删除记录，在 Helm v3 版本中会同时删除历史记录。如果希望保留删除记录，则可以加上--keep-history 参数，例如：

```
# helm uninstall mariadb-1 --keep-history
release "mariadb-1" uninstalled
```

使用 helm list --uninstalled 命令可以查看使用--keep-history 保留的卸载记录，例如：

```
# helm list --uninstalled
NAME            NAMESPACE       REVISION        UPDATED
STATUS          CHART           APP VERSION
mariadb-1       default         1               2020-12-07 22:49:29.210572225
+0800 CST uninstalled    mariadb-7.3.14  10.3.22
```

注意，由于 Release 的状态是已删除，所以不能再回滚已卸载的 Release 到某个版本了。

5. 自定义应用 Chart

用户可以基于 Helm Chart 模板开发自己的应用 Chart，这可以通过 helm create 命令快速创建一个 Chart 模板，例如：

```
# helm create deis-workflow
Creating deis-workflow
```

helm create 命令用于在当前目录下创建名为“deis-workflow”的子目录，其中的文件和目录结构如下：

```
# tree ./deis-workflow
./deis-workflow
├── charts
├── Chart.yaml
├── templates
│   ├── deployment.yaml
```

```
|    ├── _helpers.tpl
|    ├── hpa.yaml
|    ├── ingress.yaml
|    ├── NOTES.txt
|    ├── serviceaccount.yaml
|    ├── service.yaml
|    └── tests
|        └── test-connection.yaml
└── values.yaml
```

然后就可以基于这个模板编辑其中的 YAML 配置了。

编辑之后，可以用 helm lint 命令验证 Chart 中的各文件格式是否正确，例如：

```
# helm lint deis-workflow
==> Linting deis-workflow
[INFO] Chart.yaml: icon is recommended

1 chart(s) linted, 0 chart(s) failed
```

在 Chart 准备好之后，使用 helm package 命令将其打包为一个.tgz 文件，例如：

```
# helm package deis-workflow
Successfully packaged chart and saved it to: /deis-workflow-0.1.0.tgz
```

然后就可以基于该 Chart 的本地.tgz 文件用 helm install 命令部署应用了，例如：

```
# helm install deis-workflow-1 deis-workflow-0.1.0.tgz
NAME: deis-workflow-1
LAST DEPLOYED: Mon Dec  7 23:13:13 2020
NAMESPACE: default
STATUS: deployed
REVISION: 1
NOTES:
1. Get the application URL by running these commands:
  export POD_NAME=$(kubectl get pods --namespace default -l
"app.kubernetes.io/name=deis-workflow,app.kubernetes.io/instance=deis-workflow-1
" -o jsonpath="{.items[0].metadata.name}")
  export CONTAINER_PORT=$(kubectl get pod --namespace default $POD_NAME -o
jsonpath="{.spec.containers[0].ports[0].containerPort}")
  echo "Visit http://127.0.0.1:8080 to use your application"
  kubectl --namespace default port-forward $POD_NAME 8080:$CONTAINER_PORT
```

用户可以将打包好的 Chart 上传到 Chart 仓库中保存，供后续分发和部署使用。如何上传，依赖于 Chart 仓库提供的服务，需要查看 Chart 仓库的文档来了解如何上传。

10.11.5　Chart 说明

Helm 使用的包格式被称为 Chart。Chart 就是一个描述所有 Kubernetes 资源的文件集合。一个 Chart 用于部署一个完整的应用，例如数据库、缓存、Web 服务等。本节对 Chart 的目录结构、主要文件和关键配置信息进行说明。

1. Chart 目录结构

Chart 是包含一系列文件的集合，目录名称就是 Chart 名称（不包含版本信息），例如一个 WordPress 的 Chart 会被存储在名为“wordpress”的目录下。

对该目录下文件结构和各文件的说明如下：

```
wordpress/
  Chart.yaml              # 包含了 Chart 信息的 YAML 文件
  LICENSE                 # 可选：包含 Chart 许可证的文本文件
  README.md               # 可选：README 文件
  values.yaml             # Chart 默认的配置值
  values.schema.json      # 可选：JSON 结构的 values.yaml 文件
  charts/                 # 包含 Chart 依赖的其他 Chart
  crds/                   # 自定义资源的定义
  templates/              # 模板目录，与 values.yaml 组合为完整的资源对象配置文件
  templates/NOTES.txt     # 可选：包含简要使用说明的文本文件
```

Helm 保留了 charts/、crds/、templates/目录和上面列举的文件名。

2. Chart.yaml 文件说明

Chart.yaml 文件（首字母大写）是 Chart 必需的主要配置文件，包含的关键字段和说明如下：

```
apiVersion: Chart 的 API 版本号（必需）
name: Chart 名称（必需）
version: 应用的版本号（必需）
kubeVersion: 兼容的 Kubernetes 版本号范围（可选）
description: 应用描述（可选）
type: Chart 类型（可选）
keywords:
  - 关于应用的一组关键字（可选）
home: 应用 home 页面的 URL 地址（可选）
sources:
```

```
  - 应用源码的 URL 地址列表（可选）
dependencies: # 依赖的一组其他 Chart 信息（可选）
  - name: Chart 名称（nginx）
    version: Chart 版本（"1.2.3"）
    repository: 仓库 URL（https://example.com/charts）或别名（"@repo-name"）
    condition: （可选）YAML 格式，用于启用或禁用 Chart（例如 subchart1.enabled）
    tags: #（可选）
      - 用于启用或禁用一组 Chart 的 tag
    import-values: # （可选）
      - ImportValue：将在子 Chart 中设置的变量和值导入父 Chart 中
    alias: （可选）在 Chart 中使用的别名。需要多次添加相同的 Chart 时会很有用
maintainers: #（可选）
  - name: 维护者的名称（每个维护者都需要）
    email: 维护者的邮箱（每个维护者都可选）
    url: 维护者 URL 地址（每个维护者都可选）
icon: 用作 icon 的 SVG 或 PNG 图片的 URL 地址（可选）
appVersion: 包含的应用版本（可选）
deprecated: 设置该 Chart 是否已被弃用（可选，布尔值）
annotations:
  example: annotation 列表（可选）
```

其他字段将忽略。对其中每个字段的详细说明请参考官方文档的说明。

10.11.6 搭建私有 Chart 仓库

Helm 的官方 Chart 仓库在互联网上由社区维护。同时 Helm 也很容易搭建并运行自己的私有 Chart 仓库。本节对如何搭建和管理 Chart 仓库进行说明。

Chart 仓库是一个包含一个 index.yaml 文件和已经打好包的 Chart 文件的 HTTP 服务器。Chart 仓库可以是任何提供 YAML 和 Tar 文件并响应 GET 请求的 HTTP 服务器，在搭建私有 Chart 仓库时有很多选择，例如可以使用公有云服务 Google Cloud Storage（GCS）、Amazon S3、GitHub，或者搭建自己的 Web 服务器。

1. Chart 仓库的结构

Chart 仓库由 Chart 包和包含了仓库中所有 Chart 索引的特殊文件 index.yaml 组成。例如一个 Chart 仓库的布局可能如下：

```
# tree charts/
charts/
├── alpine-0.1.2.tgz
├── alpine-0.1.2.tgz.prov
└── index.yaml
```

在 index.yaml 文件中包含了 Alpine 这个 Chart 的信息，并提供了 Chart 包的下载地址：http://<server-url>/charts/alpine-0.1.2.tgz。

index.yaml 文件不用必须与 Chart 包放在同一个服务器上，但放在一起最方便。

2. index.yaml 文件说明

index.yaml 文件是 YAML 格式的文件，主要包括 Chart 包的元数据信息，包括 Chart 中 Chart.yaml 文件的内容。一个合法的 Chart 仓库必须有一个 index.yaml 文件，包含 Chart 仓库中每一个 Chart 的信息。

helm repo index 命令会基于包含 Chart 包的本地目录生成该 index.yaml 文件。

index.yaml 文件的内容示例如下：

```
apiVersion: v1
entries:
  alpine:
    - created: 2020-10-06T16:23:20.499814565-06:00
      description: Deploy a basic Alpine Linux pod
      digest: 99c76e403d752c84ead610644d4b1c2f2b453a74b921f422b9dcb8a7c8b559cd
      home: https://helm.sh/helm
      name: alpine
      sources:
      - https://github.com/helm/helm
      urls:
      - https://technosophos.github.io/tscharts/alpine-0.2.0.tgz
      version: 0.2.0
    - created: 2020-10-06T16:23:20.499543808-06:00
      description: Deploy a basic Alpine Linux pod
      digest: 515c58e5f79d8b2913a10cb400ebb6fa9c77fe813287afbacf1a0b897cd78727
      home: https://helm.sh/helm
      name: alpine
      sources:
      - https://github.com/helm/helm
      urls:
```

```
      - https://technosophos.github.io/tscharts/alpine-0.1.0.tgz
      version: 0.1.0
    nginx:
    - created: 2020-10-06T16:23:20.499543808-06:00
      description: Create a basic nginx HTTP server
      digest:
aaff4545f79d8b2913a10cb400ebb6fa9c77fe813287afbacf1a0b897cdffffff
      home: https://helm.sh/helm
      name: nginx
      sources:
      - https://github.com/helm/charts
      urls:
      - https://technosophos.github.io/tscharts/nginx-1.1.0.tgz
      version: 1.1.0
  generated: 2020-10-06T16:23:20.499029981-06:00
```

3. 使用普通的 Web 服务搭建 Chart 仓库

下面使用 Apache 搭建一个私有 Chart 仓库，并将自定义的 Chart 保存到仓库中。首先，对 Apache 设置如下：

◎ 使用/var/web/charts 目录存储 Chart 包和 index.yaml 文件；
◎ 使用 http://<server-ip>/charts URL 地址提供服务；
◎ 确保对 index.yaml 文件无须认证即可访问。

然后，将开发、打包好的 Chart 包文件（例如 mymariadb-0.1.1.tgz）复制到 Apache 的/var/web/charts 目录下。

接着，使用 helm repo index 命令创建索引文件，代码如下，Helm 将根据/var/web/repo 目录下的 Chart 内容创建 index.yaml 索引文件：

```
# helm repo index /var/web/charts --url http://127.0.0.1/charts
```

注意：后续每次在仓库中添加或更新 Chart 时，都必须使用 helm repo index 命令重新生成 index.yaml 文件。另外，该命令提供了--merge 参数向现有 index.yaml 文件中增量添加新的 Chart 信息（而不是全部重新生成），这对于使用远程仓库很有用。

最后，启动 Web Server。一个私有 Chart 仓库就搭建完成了。

准备好分享自建 Chart 仓库时，只需将仓库的 URL 地址告诉其他人，其他人就可以通过 helm repo add [NAME] [URL]命令将仓库添加到其 Helm 客户端，查询 Chart 列表并部署应用了，例如：

```
# helm repo add local-repo http://<server-ip>/charts
```

通过 helm install 命令部署 mymariadb 应用，例如：

```
# helm install mariaadb local-repo/mymariadb
```

第 11 章 Trouble Shooting 指南

本章将对 Kubernetes 集群中常见问题的排查方法进行说明。

为了跟踪和发现在 Kubernetes 集群中运行的容器应用出现的问题，我们常用如下查错方法。

（1）查看 Kubernetes 对象的当前运行时信息，特别是与对象关联的 Event 事件。这些事件记录了相关主题、发生时间、最近发生时间、发生次数及事件原因等，对排查故障非常有价值。此外，通过查看对象的运行时数据，我们还可以发现参数错误、关联错误、状态异常等明显问题。由于在 Kubernetes 中多种对象相互关联，因此这一步可能会涉及多个相关对象的排查问题。

（2）对于服务、容器方面的问题，可能需要深入容器内部进行故障诊断，此时可以通过查看容器的运行日志来定位具体问题。

（3）对于某些复杂问题，例如 Pod 调度这种全局性的问题，可能需要结合集群中每个节点上的 Kubernetes 服务日志来排查。比如搜集 Master 上的 kube-apiserver、kube-schedule、kube-controler-manager 服务日志，以及各个 Node 上的 kubelet、kube-proxy 服务日志，通过综合判断各种信息，就能找到问题的成因并解决问题。

11.1　查看系统 Event

在 Kubernetes 集群中创建 Pod 后，我们可以通过 kubectl get pods 命令查看 Pod 列表，但通过该命令显示的信息有限。Kubernetes 提供了 kubectl describe pod 命令来查看一个 Pod 的详细信息，例如：

```
$ kubectl describe pod redis-master-bobr0
Name:                         Redis-master-bobr0
Namespace:                     default
Image(s):                      kubeguide/Redis-master
Node:                         k8s-node-1/192.168.18.3
Labels:                        name=Redis-master,role=master
Status:                        Running
Reason:
Message:
IP:                           172.17.0.58
Replication Controllers:          Redis-master (1/1 replicas created)
Containers:
  master:
```

```
      Image:      kubeguide/Redis-master
      Limits:
        cpu:              250m
        memory:           64Mi
      State:              Running
        Started:          Fri, 21 Aug 2020 14:45:37 +0800
      Ready:              True
      Restart Count:      0
  Conditions:
    Type        Status
    Ready       True
  Events:
    FirstSeen                    LastSeen          Count   From
SubobjectPath      Reason        Message
    Fri, 21 Aug 2020 14:45:36 +0800      Fri, 21 Aug 2020 14:45:36 +0800 1
{kubelet k8s-node-1}    implicitly required container POD   pulled          Pod
container image "myregistry:5000/google_containers/pause:latest" already present on
machine
    Fri, 21 Aug 2020 14:45:37 +0800      Fri, 21 Aug 2020 14:45:37 +0800 1
{kubelet k8s-node-1}    implicitly required container POD   created         Created
with docker id a4aa97813908
    Fri, 21 Aug 2020 14:45:37 +0800      Fri, 21 Aug 2020 14:45:37 +0800 1
{kubelet k8s-node-1}    implicitly required container POD   started         Started
with docker id a4aa97813908
    Fri, 21 Aug 2020 14:45:37 +0800      Fri, 21 Aug 2020 14:45:37 +0800 1
{kubelet k8s-node-1}    spec.containers{master}                      created
Created with docker id 1e746245f768
    Fri, 21 Aug 2020 14:45:37 +0800      Fri, 21 Aug 2020 14:45:37 +0800 1
{kubelet k8s-node-1}    spec.containers{master}                      started
Started with docker id 1e746245f768
    Fri, 21 Aug 2020 14:45:37 +0800      Fri, 21 Aug 2020 14:45:37 +0800 1
{scheduler }                                  scheduled       Successfully assigned
Redis-master-bobr0 to k8s-node-1
```

通过 kubectl describe pod 命令，可以显示 Pod 创建时的配置定义、状态等信息，还可以显示与该 Pod 相关的最近的 Event（事件），事件信息对于查错非常有用。如果某个 Pod 一直处于 Pending 状态，我们就可以通过 kubectl describe 命令了解具体原因。例如，从 Event 事件中获知 Pod 失败的原因可能有以下几种。

◎ 没有可用的 Node 以供调度。

◎ 开启了资源配额管理，但在当前调度的目标节点上资源不足。

◎ 镜像下载失败。

通过 kubectl describe 命令，我们还可以查看其他 Kubernetes 对象，包括 Node、RC、Service、Namespace、Secrets 等，对每种对象都会显示相关的其他信息。

例如，查看一个服务的详细信息：

```
$ kubectl describe service redis-master
Name:                   Redis-master
Namespace:               default
Labels:                 name=Redis-master
Selector:                name=Redis-master
Type:                   ClusterIP
IP:                    169.169.208.57
Port:                   <unnamed>       6379/TCP
Endpoints:               172.17.0.58:6379
Session Affinity:         None
No events.
```

如果要查看的对象属于某个特定的命名空间，就需要加上--namespace=<namespace>进行查询。例如：

```
$ kubectl get service kube-dns --namespace=kube-system
```

11.2 查看容器日志

在需要排查容器内部应用程序生成的日志时，我们可以使用 kubectl logs <pod_name>命令：

```
$ kubectl logs redis-master-bobr0
[1] 21 Aug 06:45:37.781 * Redis 2.8.19 (00000000/0) 64 bit, stand alone mode, port 6379, pid 1 ready to start.
[1] 21 Aug 06:45:37.781 # Server started, Redis version 2.8.19
[1] 21 Aug 06:45:37.781 # WARNING overcommit_memory is set to 0! Background save may fail under low memory condition. To fix this issue add 'vm.overcommit_memory = 1' to /etc/sysctl.conf and then reboot or run the command 'sysctl vm.overcommit_memory=1' for this to take effect.
[1] 21 Aug 06:45:37.782 # WARNING you have Transparent Huge Pages (THP) support enabled in your kernel. This will create latency and memory usage issues with Redis. To fix this issue run the command 'echo never > /sys/kernel/mm/transparent_hugepage/enabled' as root, and add it to your /etc/ rc.local in order to retain the setting
```

```
after a reboot. Redis must be restarted after THP is disabled.
    [1] 21 Aug 06:45:37.782 # WARNING: The TCP backlog setting of 511 cannot be enforced
because /proc/sys/net/core/somaxconn is set to the lower value of 128.
```

如果在某个 Pod 中包含多个容器，就需要通过-c 参数指定容器的名称来查看，例如：

```
    kubectl logs <pod_name> -c <container_name>
```

其效果与在 Pod 的宿主机上运行 docker logs <container_id>一样。

容器中应用程序生成的日志与容器的生命周期是一致的，所以在容器被销毁之后，容器内部的文件也会被丢弃，包括日志等。如果需要保留容器内应用程序生成的日志，则可以使用挂载的 Volume 将容器内应用程序生成的日志保存到宿主机上，还可以通过一些工具如 Fluentd、Elasticsearch 等对日志进行采集。

11.3 查看 Kubernetes 服务日志

如果在 Linux 系统上安装 Kubernetes，并且使用 systemd 系统管理 Kubernetes 服务，那么 systemd 的 journal 系统会接管服务程序的输出日志。在这种环境中，可以通过使用 systemd status 或 journalctl 工具来查看系统服务的日志。

例如，使用 systemctl status 命令查看 kube-controller-manager 服务的日志：

```
    # systemctl status kube-controller-manager -l
    kube-controller-manager.service - Kubernetes Controller Manager
       Loaded: loaded (/usr/lib/systemd/system/kube-controller-manager.service;
enabled)
       Active: active (running) since Fri 2020-08-21 18:36:29 CST; 5min ago
         Docs: https://github.com/GoogleCloudPlatform/kubernetes
     Main PID: 20339 (kube-controller)
       CGroup: /system.slice/kube-controller-manager.service
               └─20339 /usr/bin/kube-controller-manager --logtostderr=false --v=4
--master=http://kubernetes-master:8080 --log_dir=/var/log/kubernetes

    Aug 21 18:36:29 kubernetes-master systemd[1]: Starting Kubernetes Controller
Manager...
    Aug 21 18:36:29 kubernetes-master systemd[1]: Started Kubernetes Controller Manager.
```

使用 journalctl 命令查看：

```
    # journalctl -u kube-controller-manager
```

```
-- Logs begin at Mon 2020-08-17 16:43:22 CST, end at Fri 2020-08-21 18:36:29 CST.
--
Aug 17 16:44:14 kubernetes-master systemd[1]: Starting Kubernetes Controller
Manager...
Aug 17 16:44:14 kubernetes-master systemd[1]: Started Kubernetes Controller Manager.
```

如果不使用 systemd 系统接管 Kubernetes 服务的标准输出，则也可以通过日志相关的启动参数来指定日志的存放目录。

- ◎ --logtostderr=false：不输出到 stderr。
- ◎ --log-dir=/var/log/kubernetes：日志的存放目录。
- ◎ --alsologtostderr=false：将其设置为 true 时，表示将日志同时输出到文件和 stderr。
- ◎ --v=0：glog 的日志级别。
- ◎ --vmodule=gfs*=2,test*=4：glog 基于模块的详细日志级别。

在--log_dir 设置的目录下可以查看各服务进程生成的日志文件，日志文件的数量和大小依赖于日志级别的设置。例如，kube-controller-manager 可能生成的几个日志文件如下：

- ◎ kube-controller-manager.ERROR；
- ◎ kube-controller-manager.INFO；
- ◎ kube-controller-manager.WARNING；
- ◎ kube-controller-manager.kubernetes-master.unknownuser.log.ERROR.20200930-173939.9847；
- ◎ kube-controller-manager.kubernetes-master.unknownuser.log.INFO.20200930-173939.9847；
- ◎ kube-controller-manager.kubernetes-master.unknownuser.log.WARNING.20200930-173939.9847。

在大多数情况下，我们从 WARNING 和 ERROR 级别的日志中就能找到问题的成因，但有时还需要排查 INFO 级别的日志甚至 DEBUG 级别的详细日志。此外，etcd 服务也属于 Kubernetes 集群的重要组成部分，所以不能忽略它的日志。

如果某个 Kubernetes 对象存在问题，则可以用这个对象的名字作为关键字搜索 Kubernetes 的日志来发现和解决问题。在大多数情况下，我们遇到的主要是与 Pod 对象相关的问题，比如无法创建 Pod、Pod 启动后就停止或者 Pod 副本无法增加，等等。此时，可以先确定 Pod 在哪个节点上，然后登录这个节点，从 kubelet 的日志中查询该 Pod 的完整日志，然后进行问题排查。对于与 Pod 扩容相关或者与 RC 相关的问题，则很可能在

kube-controller-manager 及 kube-scheduler 的日志中找出问题的关键点。

另外，kube-proxy 经常被我们忽视，因为即使它意外停止，Pod 的状态也是正常的，但会导致某些服务访问异常。这些错误通常与每个节点上的 kube-proxy 服务有着密切的关系。遇到这些问题时，首先要排查 kube-proxy 服务的日志，同时排查防火墙服务，要特别留意在防火墙中是否有人为添加的可疑规则。

11.4 常见问题

本节对 Kubernetes 系统中的一些常见问题及解决方法进行说明。

11.4.1 由于无法下载 pause 镜像导致 Pod 一直处于 Pending 状态

以 redis-master 为例，使用如下配置文件 redis-master-controller.yaml 创建 RC 和 Pod：

```
apiVersion: v1
kind: ReplicationController
metadata:
  name: redis-master
  labels:
    name: redis-master
spec:
  replicas: 1
  selector:
    name: redis-master
  template:
    metadata:
      labels:
        name: redis-master
    spec:
      containers:
      - name: master
        image: kubeguide/redis-master
        ports:
        - containerPort: 6379
```

运行 kubectl create -f redis-master-controller.yaml 成功，但在查看 Pod 时，发现其总是无法处于运行状态。通过 kubectl get pods 命令可以看到：

```
$ kubectl get pods
NAME                 READY     STATUS                                          RESTARTS   AGE
redis-master-6yy7o   0/1       Image: kubeguide/redis-master is ready, container
is creating   0          5m
```

进一步使用 kubectl describe pod redis-master-6yy7o 命令查看该 Pod 的详细信息：

```
$ kubectl describe pod redis-master-6yy7o
Name:                          redis-master-6yy7o
Namespace:                     default
Image(s):                      kubeguide/redis-master
Node:                          127.0.0.1/127.0.0.1
Labels:                        name=redis-master
Status:                        Pending
Reason:
Message:
IP:
Replication Controllers:       redis-master (1/1 replicas created)
Containers:
  master:
    Image:             kubeguide/redis-master
    State:             Waiting
      Reason:          Image: kubeguide/redis-master is ready, container is
creating
    Ready:             False
    Restart Count:     0
Conditions:
  Type         Status
  Ready        False
Events:
  FirstSeen           LastSeen              Count   From          SubobjectPath
Reason     Message
  Thu, 24 Sep 2020 19:19:25 +0800      Thu, 24 Sep 2020 19:25:58 +0800 3
{kubelet 127.0.0.1}          failedSync Error syncing pod, skipping: image pull failed
for k8s.gcr.io/pause:3.2, this may be because there are no credentials on this request.
details: (API error (500): invalid registry endpoint https://gcr.io/v0/: unable to
ping registry endpoint https://gcr.io/v0/v2 ping attempt failed with error: Get
https://gcr.io/v2/: dial tcp 173.194.196.82:443: connection refused v1 ping attempt
failed with error: Get https://gcr.io/v1/_ping: dial tcp 173.194.79.82:443:
connection refused. If this private registry supports only HTTP or HTTPS with an unknown
CA certificate, please add `--insecure-registry gcr.io` to the daemon's arguments.
In the case of HTTPS, if you have access to the registry's CA certificate, no need
```

```
for the flag; simply place the CA certificate at /etc/docker/certs.d/gcr.io/ca.crt)
      Thu, 24 Sep 2020 19:19:25 +0800      Thu, 24 Sep 2020 19:25:58 +0800 3
{kubelet 127.0.0.1}    implicitly required container POD  failed Failed to pull
image "k8s.gcr.io/pause:3.2": image pull failed for k8s.gcr.io/pause:3.2, this may
be because there are no credentials on this request.  details: (API error (500):
invalid registry endpoint https://gcr.io/v0/: unable to ping registry endpoint
https://gcr.io/v0/v2 ping attempt failed with error: Get https://gcr.io/v2/: dial
tcp 173.194.196.82:443: connection refused v1 ping attempt failed with error: Get
https://gcr.io/v1/_ping: dial tcp 173.194.79.82: 443: connection refused. If this
private registry supports only HTTP or HTTPS with an unknown CA certificate, please
add `--insecure-registry gcr.io` to the daemon's arguments. In the case of HTTPS,
if you have access to the registry's CA certificate, no need for the flag; simply
place the CA certificate at /etc/docker/certs.d/gcr.io/ca.crt
```

可以看到，该 Pod 为 Pending 状态。从 Message 部分显示的信息可以看出，其原因说明是 image pull failed for k8s.gcr.io/pause:3.2，即系统在创建 Pod 时无法从 gcr.io 下载 pause 镜像，导致创建 Pod 失败。

解决方法如下。

（1）如果服务器可以访问 Internet，并且不希望使用 HTTPS 的安全机制来访问 gcr.io，则可以在 Docker Daemon 的启动参数中加上--insecure-registry gcr.io，来表示可以匿名下载。

（2）如果 Kubernetes 集群在内网环境中无法访问 gcr.io 网站，则可以先通过一台能够访问 gcr.io 的机器下载 pause 镜像，将 pause 镜像导出后，再导入内网的 Docker 私有镜像库，并在 kubelet 的启动参数中加上--pod_infra_container_image，配置如下：

```
--pod_infra_container_image=<docker_registry_ip>:<port>/pause:3.2
```

之后重新创建 redis-master 即可正确启动 Pod。

注意，除了 pause 镜像，其他 Docker 镜像也可能存在无法下载的情况，与上述情况类似，很可能也是网络配置使得镜像无法下载，解决方法同上。

11.4.2　Pod 创建成功，但 RESTARTS 数量持续增加

创建一个 RC 之后，通过 kubectl get pods 命令查看 Pod，发现如下情况：

```
......
$ kubectl get pods
```

```
NAME          READY     STATUS    RESTARTS   AGE
zk-bg-ri3ru   0/1       Running   3          37s
......
$ kubectl get pods
NAME          READY     STATUS    RESTARTS   AGE
zk-bg-ri3ru   0/1       Running   5          1m
......
$ kubectl get pods
NAME          READY     STATUS        RESTARTS   AGE
zk-bg-ri3ru   0/1       ExitCode:0    6          1m
......
$ kubectl get pods
NAME          READY     STATUS    RESTARTS   AGE
zk-bg-ri3ru   0/1       Running   7          1m
```

可以看到 Pod 已经创建成功，但 Pod 一会儿是 Running 状态，一会儿是 ExitCode:0 状态，在 READY 列中始终无法变成 1/1，而且 RESTARTS（重启的数量）的数量不断增加。这通常是因为容器的启动命令不能保持在前台运行。

本例中 Docker 镜像的启动命令如下：

```
zkServer.sh start-background
```

在 Kubernetes 中根据 RC 定义创建 Pod，之后启动容器。在容器的启动命令运行完成时，认为该容器的运行已经结束，并且成功结束（ExitCode=0）。根据 Pod 的默认重启策略定义（RestartPolicy=Always），RC 将启动这个容器。

新的容器在运行启动命令后仍然会成功结束，之后 RC 会再次重启该容器，如此往复。其解决方法为将 Docker 镜像的启动命令设置为一个前台运行的命令，例如：

```
zkServer.sh start-foreground
```

11.4.3　通过服务名无法访问服务

在 Kubernetes 集群中应尽量使用服务名访问正在运行的微服务，但有时会访问失败。由于服务涉及服务名的 DNS 域名解析、kube-proxy 组件的负载分发、后端 Pod 列表的状态等，所以可通过以下几方面排查问题。

1. 查看 Service 的后端 Endpoint 是否正常

可以通过 kubectl get endpoints <service_name>命令查看某个服务的后端 Endpoint 列表，如果列表为空，则可能因为：

◎ Service 的 Label Selector 与 Pod 的 Label 不匹配；
◎ 后端 Pod 一直没有达到 Ready 状态（通过 kubectl get pods 进一步查看 Pod 的状态）；
◎ Service 的 targetPort 端口号与 Pod 的 containerPort 不一致等。

2. 查看 Service 的名称能否被正确解析为 ClusterIP 地址

可以通过在客户端容器中 ping <service_name>.<namespace>.svc 进行检查，如果能够得到 Service 的 ClusterIP 地址，则说明 DNS 服务能够正确解析 Service 的名称；如果不能得到 Service 的 ClusterIP 地址，则可能是因为 Kubernetes 集群的 DNS 服务工作异常。

3. 查看 kube-proxy 的转发规则是否正确

我们可以将 kube-proxy 服务设置为 IPVS 或 iptables 负载分发模式。

对于 IPVS 负载分发模式，可以通过 ipvsadm 工具查看 Node 上的 IPVS 规则，查看是否正确设置 Service ClusterIP 地址的相关规则。

对于 iptables 负载分发模式，可以通过查看 Node 上的 iptables 规则，查看是否正确设置 Service ClusterIP 地址的相关规则。

11.5 寻求帮助

如果通过系统日志和容器日志都无法找到问题的成因，则可以追踪源码进行分析，或者通过一些在线途径寻求帮助。下面列出了可给予相应帮助的常用网站或社区。

◎ Kubernetes 官方网站。
◎ Kubernetes 官方论坛，可以查看 Kubernetes 的最新动态并参与讨论，如图 11.1 所示。
◎ Kubernetes GitHub 库问题列表，可以在这里搜索曾经出现过的问题，也可以提问，如图 11.2 所示。

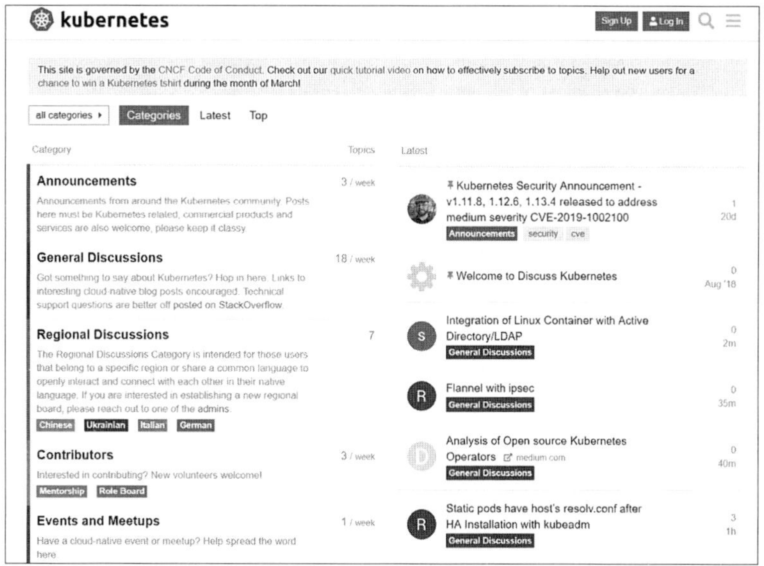

图 11.1　Kubernetes 官方论坛截图

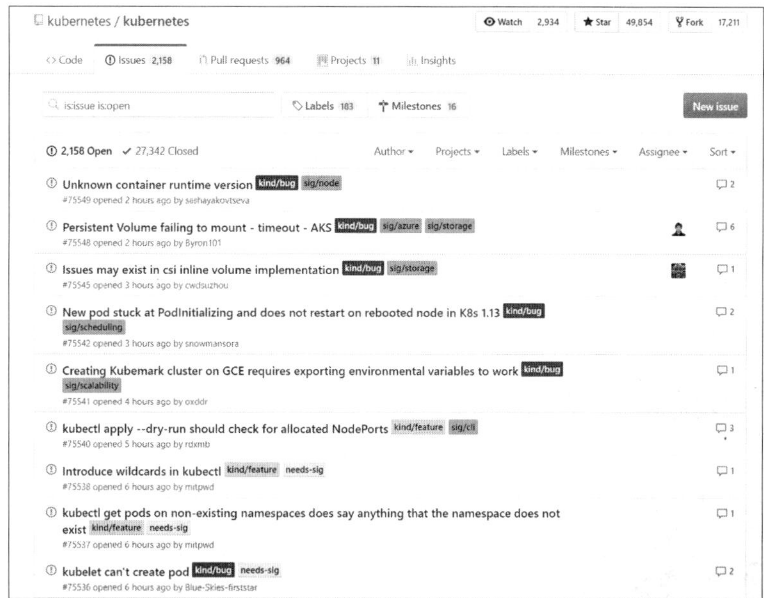

图 11.2　Kubernetes GitHub 库问题列表截图

◎ StackOverflow 网站上关于 Kubernetes 的问题讨论，如图 11.3 所示。

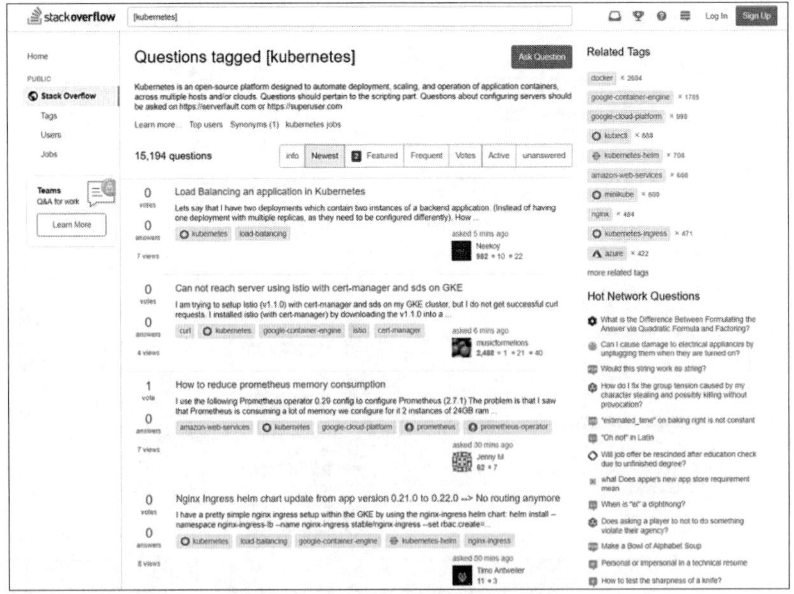

图 11.3　StackOverflow 网站截图

◎ Kubernetes Slack 聊天群组，其中有许多频道，包括#kubernetes-users、#kubernetes-novice、#kubernetes-dev 等，读者可以根据自己的兴趣加入不同的频道，与聊天室中的网友进行在线交流，如图 11.4 所示。还有针对不同国家的地区频道，例如中国区频道有#cn-users 和#cn-events。

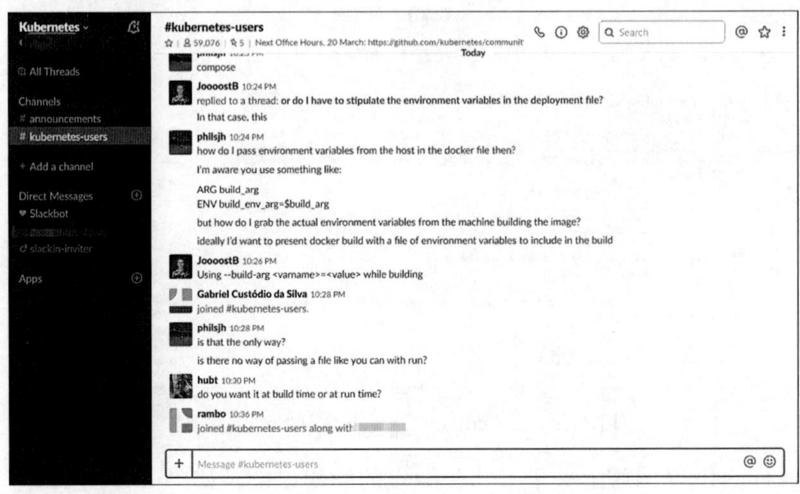

图 11.4　Kubernetes Slack 聊天群组截图

第 12 章 Kubernetes 开发中的新功能

本章对 Kubernetes 开发中的一些新功能进行介绍，包括对 Windows 容器的支持、对 GPU 的支持、Pod 的垂直扩缩容，并讲解 Kubernetes 的演进路线（Roadmap）和开发模式。

12.1 对 Windows 容器的支持

Kubernetes 从 1.5 版本开始就引入了管理基于 Windows Server 2016 操作系统的 Windows 容器的功能。随着 Windows Server version 1709 版本的发布，Kubernetes 1.9 版本对 Windows 容器的支持提升为 Beta 版本。在 Windows Server 2019 版本发布之后，Kubernetes 1.14 版本对 Windows 容器的支持提升为 GA 稳定版本，使得 Linux 应用和 Windows 应用在 Kubernetes 中统一混合编排成为可能，进一步屏蔽了操作系统的差异，提高了应用管理效率。

随着 Windows Server 版本的快速更新，目前 Kubernetes 唯一支持的版本是 Windows Server 2019，可参考官方文档完成操作系统的安装和配置。本节对如何在 Windows Server 2019 上安装 Docker、部署 Kubernetes Node、部署服务等操作步骤和发展趋势进行详细说明。

将一台 Windows Server 服务器部署为 Kubernetes Node，需要的组件包括 Docker、Node 组件（kubelet 和 kube-proxy）和 CNI 网络插件。本例以 Flannel CNI 插件部署容器 Overlay 网络，要求在 Linux Kubernetes 集群中已经部署好 Flannel 组件。注意：Windows Server 仅能作为 Node 加入 Kubernetes 集群中，集群的 Master 仍需在 Linux 环境中运行。

12.1.1 在 Windows Server 上安装 Docker

这里推荐使用 Docker EE 18.09 及以上版本，通过如下 Powershell 脚本完成安装：

```
# 从 PowerShell 库安装 DockerMsftProvider 管理模块：
Install-Module -Name DockerMsftProvider -Repository PSGallery-Force
# 安装最新版本的 Docker：

Install-Package -Name docker -ProviderName DockerMsftProvider
# 重启 Wmdows Server 操作系统：
Restart-Computer -Force
```

12.1.2　在 Windows Server 上部署 Kubernetes Node 组件

在 Windows Server 上部署的 Kubernetes Node 组件包括 kubelet 和 kube-proxy，本节对其安装部署、配置修改、CNI 插件部署进行说明。

1）下载和安装 Kubernetes Node 所需的服务

从 Kubernetes 的版本发布页面下载 Windows Node 相关文件 kubernetes-node-windows-amd64.tar.gz（在压缩包内包含 kubelet.exe、kube-proxy.exe、kubectl.exe 和 kubeadm.exe），如图 12.1 所示。

Node binaries

filename	sha512 hash
kubernetes-node-linux-amd64.tar.gz	f40afee38155c5163ba92e3fa3973263ca975f3b72ac18535799fb29180413542ef86f09c87681161affeef94eb0bd38e7cf571a73a
kubernetes-node-linux-arm.tar.gz	6088b11767b77f0ec932a9f1aee9f0c7795c3627529f259edf4d8b1be2e1a324a75c89caed65c6aa277c2fd6ee23b3ebeb05901f3
kubernetes-node-linux-arm64.tar.gz	e790c491d057721b94d0d2ad22dd5c75400e8602e95276471f20cd2181f52c5be38e66b445d8360e1fb671627217eb0b7735b4
kubernetes-node-linux-ppc64le.tar.gz	04f696cfab66f92b4b22c23807a49c344d6a157a9ac3284a267613369b7f9f5887f67902cb8a2949caa204f89fdc65fe442a03c2c4
kubernetes-node-linux-s390x.tar.gz	c671e20f69f70ec567fb16bbed2fecac3099998a3365def1e0755e41509531fd65768f7a04015b27b17e6a5884e65cddb82ff30a8
kubernetes-node-windows-amd64.tar.gz	23d712fb2d455b5095d31b9c280d92442f7871786808528a1b39b9babf169dc7ae467f1ee2b2820089d69aa2342441d0290edf

图 12.1　Kubernetes Windows Node 二进制文件下载页面

将 kubernetes-node-windows-amd64.tar.gz 的内容解压缩到 c:\k 目录下，主要需要 kubelet.exe、kube-proxy.exe、kubectl.exe，即可完成 Node 组件的安装。

2）下载 pause 镜像

从 Kubernetes 1.14 版本开始，微软提供了运行 Pod 所需的 pause 镜像 mcr.microsoft.com/k8s/core/pause:1.2.0，我们通过 docker pull 命令将其下载到 Windows Server 上：

```
C:\> docker pull mcr.microsoft.com/k8s/core/pause:1.2.0
C:\> docker images
REPOSITORY                                    TAG                 IMAGE ID
CREATED                  SIZE
```

```
mcr.microsoft.com/k8s/core/pause      1.2.0             a74290a8271a
12 months ago         253MB
```

3）从 Linux Node 上复制 kubeconfig 配置文件和客户端 CA 证书

将 kubeconfig 文件从已存在的 Linux Node 复制到 Windows Node 的 C:\k 目录下，并将文件名改为 config。将客户端 CA 证书 client.crt、client.key、ca.crt 复制到相应的目录下，例如 C:/k/ssl_keys/。

config 的内容示例如下：

```
C:\> type C:\k\config
apiVersion: v1
kind: Config
users:
- name: client
  user:
    client-certificate: C:/k/ssl_keys/client.crt
    client-key: C:/k/ssl_keys/client.key
clusters:
- name: default
  cluster:
    certificate-authority: C:/k/ssl_keys/ca.crt
    server: https://192.168.18.3:6443
contexts:
- context:
    cluster: default
    user: client
  name: default
current-context: default
```

使用 kubectl.exe config 命令验证能否正常访问 Master，例如：

```
    [Environment]::SetEnvironmentVariable("KUBECONFIG", "C:\k\config",
[EnvironmentVariableTarget]::User)
    PS C:\k> .\kubectl.exe config view
    apiVersion: v1
    clusters: null
    contexts: null
    current-context: ""
    kind: Config
    preferences: {}
    users: null
```

4）下载 Windows Node 所需的脚本和配置文件

从官方 GitHub 代码库下载 Windows Node 所需的脚本和配置文件，如图 12.2 所示。

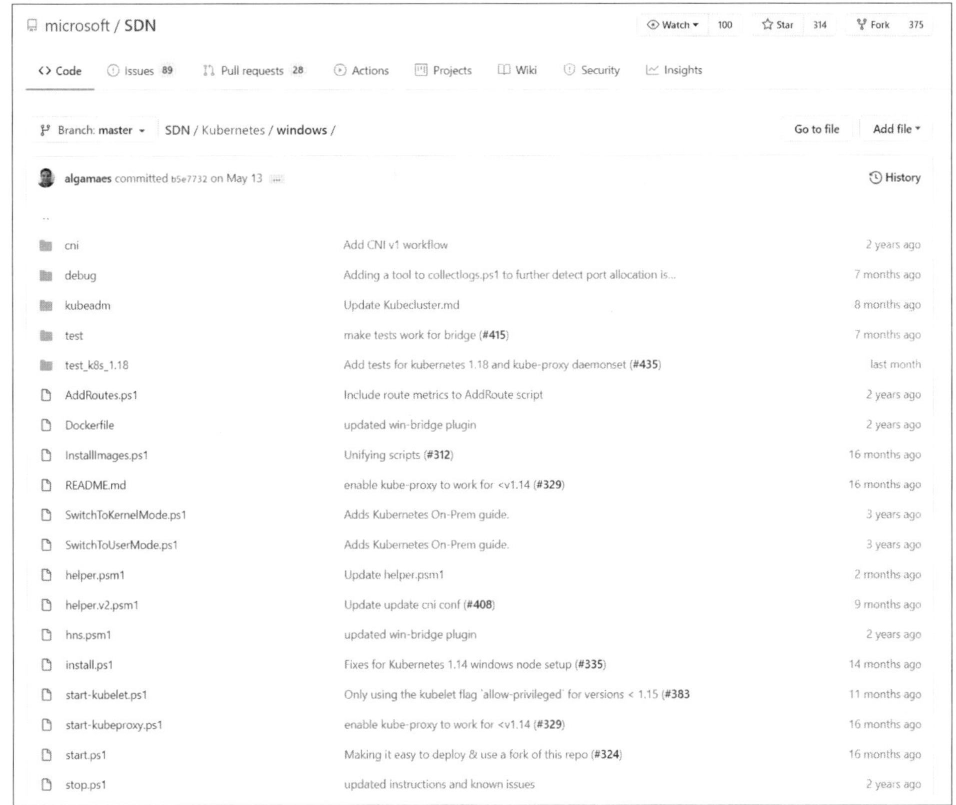

图 12.2　Windows Node 所需的脚本和配置文件下载页面

下载后，将全部文件都复制到 C:\k 目录下。

5）下载 CNI 相关的脚本和配置文件

这里以 Flannel 为例进行 CNI 网络配置，从 GitHub 下载相关文件，如图 12.3 所示。

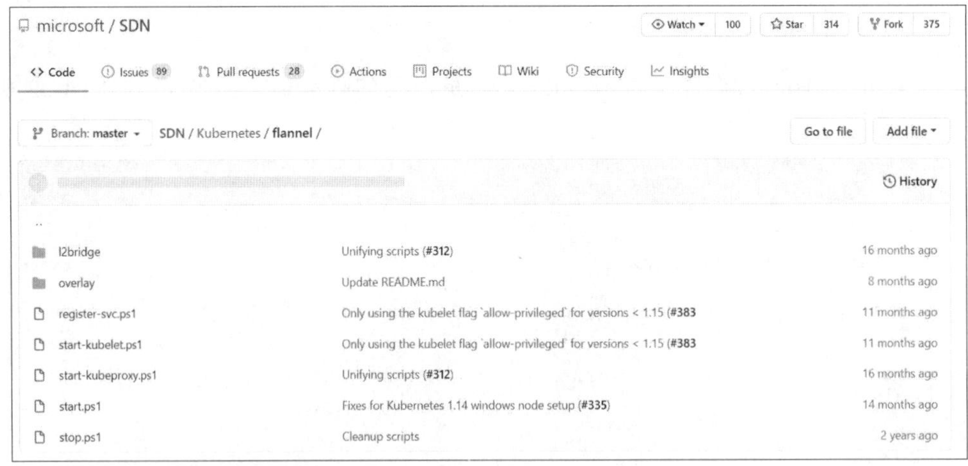

图 12.3　Flannel 脚本和配置文件下载页面

下载后，将全部文件都复制到 C:\k 目录下，覆盖同名的其他文件。

6）修改 Powershell 脚本中的配置参数

下面对 Powershell 脚本中需要修改的关键参数进行说明。

（1）start.ps1 脚本。修改以下启动参数的值，也可以在运行 start.ps1 时通过命令行参数指定：

```
Param(
    [parameter(Mandatory = $true)] $ManagementIP,
    [ValidateSet("l2bridge", "overlay",IgnoreCase = $true)]
[parameter(Mandatory = $false)] $NetworkMode="l2bridge",
    [parameter(Mandatory = $false)] $ClusterCIDR="10.244.0.0/16",
    [parameter(Mandatory = $false)] $KubeDnsServiceIP="169.169.0.100",
    [parameter(Mandatory = $false)] $ServiceCIDR="169.169.0.0/16",
    [parameter(Mandatory = $false)] $InterfaceName="Ethernet",
    [parameter(Mandatory = $false)] $LogDir = "C:\k\logs",
    [parameter(Mandatory = $false)] $KubeletFeatureGates = ""
)
```

参数说明如下。

◎ clusterCIDR：Flannel 容器网络的 IP 地址范围设置，与 Master 设置保持一致。

◎ KubeDnsServiceIP：使用 Kubernetes 集群 DNS 服务的 ClusterIP 地址，例如 169.169.0.100。

◎ serviceCIDR：使用 Master 设置的集群 Service 的 ClusterIP 地址范围，例如

169.169.0.0/16。

◎ InterfaceName：Windows 主机的网卡名，例如 Ethernet。

◎ LogDir：日志目录，例如 C:\k\logs。

◎ KubeletFeatureGates：kubelet 的 feature gates 可选参数设置。

（2）通过环境变量设置 Node 名称。在脚本中会将环境变量 NODE_NAME 的值作为 Node 名称，建议将其设置为 Windows Server 的 IP 地址：

```
[Environment]::SetEnvironmentVariable("NODE_NAME", "192.168.18.9")
```

（3）helper.psm1 脚本。helper.psm1 脚本为 start-kubelet.ps1（启动 kubelet 的脚本）使用的辅助脚本，其中通过许多函数进行了系统设置，关键的修改点如下。

◎ 将--hostname-override 的值设置为 Windows Server 的 IP 地址，例如：

```
function Kubelet-Options()
{
    Param (
        [parameter(Mandatory = $false)] [String]
$KubeDnsServiceIP='169.169.0.100',
        [parameter(Mandatory = $false)] [String] $LogDir = 'C:\k\logs'
    )

    $kubeletOptions = @(
        "--hostname-override=192.168.18.9"
        '--v=6'
        '--pod-infra-container-image=mcr.microsoft.com/k8s/core/pause:1.2.0'
        '--resolv-conf=""'
        '--enable-debugging-handlers'
......
```

◎ 在 Update-CNIConfig 函数内设置 Nameservers（DNS 服务器）的 IP 地址，例如 169.169.0.100：

```
 function
Update-CNIConfig
{
    Param(
        $CNIConfig,
        $clusterCIDR,
        $KubeDnsServiceIP,
        $serviceCIDR,
```

```
            $InterfaceName,
            $NetworkName,
            [ValidateSet("l2bridge", "overlay",IgnoreCase = $true)]
[parameter(Mandatory = $true)] $NetworkMode
        )
        if ($NetworkMode -eq "l2bridge")
        {
            $jsonSampleConfig = '{
                "cniVersion": "0.2.0",
                "name": "<NetworkMode>",
                "type": "flannel",
                "delegate": {
                   "type": "win-bridge",
                    "dns" : {
                      "Nameservers" : [ "169.169.0.100" ],
                      "Search": [ "svc.cluster.local" ]
                    },
                    "policies" : [
                      {
                        "Name" : "EndpointPolicy", "Value" : { "Type" : "OutBoundNAT",
"ExceptionList": [ "<ClusterCIDR>", "<ServerCIDR>", "<MgmtSubnet>" ] }
                      },
                      {
                        "Name" : "EndpointPolicy", "Value" : { "Type" : "ROUTE",
"DestinationPrefix": "<ServerCIDR>", "NeedEncap" : true }
                      },
                      {
                        "Name" : "EndpointPolicy", "Value" : { "Type" : "ROUTE",
"DestinationPrefix": "<MgmtIP>/32", "NeedEncap" : true }
                      }
                    ]
                }
            }'
    ......
```

◎ 在 Update-NetConfig 函数内设置 Flannel 容器网络 IP 地址池，例如 10.244.0.0/16：

```
    function
    Update-NetConfig
    {
        Param(
            $NetConfig,
```

```
            $clusterCIDR,
            $NetworkName,
            [ValidateSet("l2bridge", "overlay",IgnoreCase = $true)]
[parameter(Mandatory = $true)] $NetworkMode
        )
        $jsonSampleConfig = '{
            "Network": "10.244.0.0/16",
            "Backend": {
              "name": "cbr0",
              "type": "host-gw"
            }
          }
          '
    ......
```

（4）register-svc.ps1 脚本。register-svc.ps1 脚本通过 nssm.exe 将 flanneld.exe、kubelet.exe 和 kube-proxy.exe 注册为 Windows Server 的系统服务，关键的修改点如下：

```
    Param(
        [parameter(Mandatory = $true)] $ManagementIP,
        [ValidateSet("l2bridge", "overlay",IgnoreCase = $true)]
$NetworkMode="l2bridge",
        [parameter(Mandatory = $false)] $ClusterCIDR="10.244.0.0/16",
        [parameter(Mandatory = $false)] $KubeDnsServiceIP="169.169.0.100",
        [parameter(Mandatory = $false)] $LogDir="C:\k\logs",
        [parameter(Mandatory = $false)] $KubeletSvc="kubelet",
        [parameter(Mandatory = $false)] $KubeProxySvc="kube-proxy",
        [parameter(Mandatory = $false)] $FlanneldSvc="flanneld"
    )
    ......

    $Hostname=192.168.18.9
    ......
```

参数说明如下。

◎ clusterCIDR：Flannel 容器网络 IP 地址范围设置，与 Master 设置保持一致。

◎ KubeDnsServiceIP：使用 Kubernetes 集群 DNS 服务的 ClusterIP 地址，例如 169.169.0.100。

◎ LogDir：日志目录，例如 C:\k\logs。

◎ Hostname：Node 名称，建议将其设置为 Windows Server 的 IP 地址。

（5）start-kubeproxy.ps1 脚本。将--hostname-override 的值设置为 Windows Server 的 IP 地址，例如：

```
    ......
        c:\k\kube-proxy.exe --v=4 --proxy-mode=kernelspace
--hostname-override=192.168.18.9 ......
    ......
```

7）启动 Node

在配置修改完毕后运行 start.ps1 脚本，启动 Windows Node（加入 Kubernetes 集群）：

```
cd C:\k
.\start.ps1 -ManagementIP "192.168.18.9"
```

将启动参数-ManagementIP 的值设置为 Windows Node 的主机 IP 地址。

该脚本的启动过程如下。

（1）启动 flanneld，设置 CNI 网络，如图 12.4 所示。

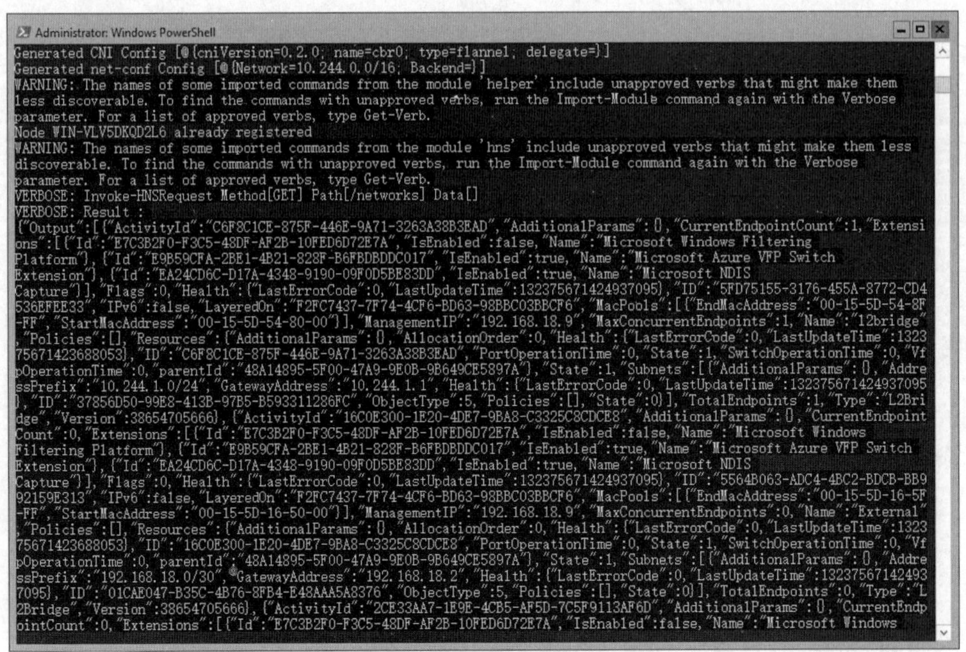

图 12.4　启动 flanneld，设置 CNI 网络

（2）打开一个新的 powershell 窗口来启动 kubelet，如图 12.5 所示。

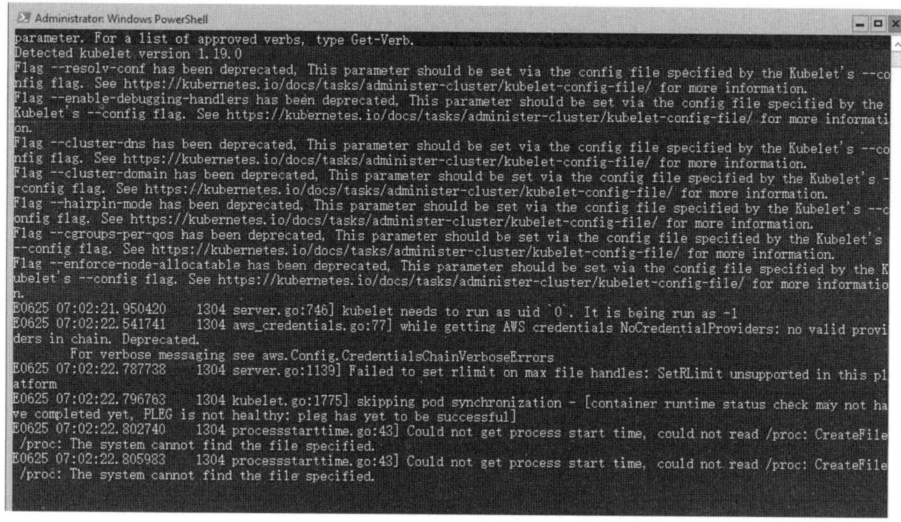

图 12.5　kubelet 的启动日志

（3）打开一个新的 powershell 窗口来启动 kube-proxy，如图 12.6 所示。

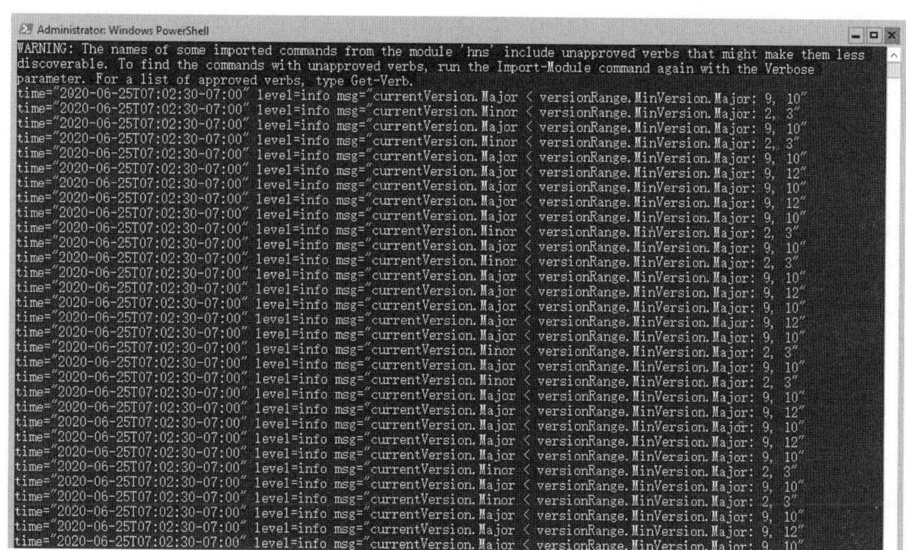

图 12.6　kube-proxy 的启动日志

（4）在服务启动成功之后，在 Master 上查看新加入的 Windows Node：

```
# kubectl get nodes
NAME          STATUS   ROLES    AGE   VERSION
192.168.18.9   Ready    <none>   22h   v1.19.0
```

查看这个 Node 的 Label，可以看到其包含“kubernetes.io/os=windows”的标签，与 Linux Node 进行区分（Linux Node 的标签为“kubernetes.io/os=linux”）：

```
# kubectl get node 192.168.18.9 --show-labels
NAME          STATUS    ROLES    AGE    VERSION   LABELS
192.168.18.9  Ready     <none>   22h    v1.19.0
beta.kubernetes.io/arch=amd64,beta.kubernetes.io/os=windows,kubernetes.io/arch=a
md64,kubernetes.io/hostname=192.168.18.9,kubernetes.io/os=windows,node.kubernete
s.io/windows-build=10.0.17763
```

12.1.3 在 Windows Server 上部署容器应用和服务

在 Windows Node 启动成功且状态为 Ready 之后，就可以像在 Linux Node 上部署容器应用一样，在 Windows Node 上部署 Windows 容器应用了。

1）部署 win-server 容器应用和服务

以下为 win-server 服务示例，包括一个 Deployment 和一个 Service 的定义。

其中容器镜像的版本需要与 Windows Server 2019 的版本匹配，例如 mcr.microsoft.com/windows/servercore:1809-amd64，版本信息详见 Docker Hub 官网的说明。

在 Deployment 的配置中需要设置 nodeSelector 为“kubernetes.io/os: windows”，以将 Windows 容器调度到 Windows Node 上。另外设置 Service 为 NodePort 类型，验证能否通过 Windows Server 主机 IP 地址和 NodePort 端口号访问服务。

win-server.yaml 配置文件的内容如下：

```
---
apiVersion: apps/v1
kind: Deployment
metadata:
  labels:
    app: win-webserver
  name: win-webserver
spec:
  replicas: 1
```

```
  selector:
    matchLabels:
      app: win-webserver
  template:
    metadata:
      labels:
        app: win-webserver
      name: win-webserver
    spec:
      containers:
      - name: windowswebserver
        image: mcr.microsoft.com/windows/servercore:1809-amd64
        command:
        - powershell.exe
        - -command
        - "<#code used from https://gist.github.com/wagnerandrade/5424431#> ;
$$listener = New-Object System.Net.HttpListener;
$$listener.Prefixes.Add('http://*:80/') ; $$listener.Start() ; $$callerCounts = @{} ;
Write-Host('Listening at http://*:80/') ; while ($$listener.IsListening)
{ ;$$context = $$listener.GetContext() ;$$requestUrl =
$$context.Request.Url ;$$clientIP =
$$context.Request.RemoteEndPoint.Address ;$$response =
$$context.Response ;Write-Host '' ;Write-Host('> {0}' -f $$requestUrl) ;  ;$$count
= 1 ;$$k=$$callerCounts.Get_Item($$clientIP) ;if ($$k -ne $$null) { $$count +=
$$k } ;$$callerCounts.Set_Item($$clientIP,
$$count) ;$$header='<html><body><H1>Windows Container Web
Server</H1>' ;$$callerCountsString='' ;$$callerCounts.Keys | %
{ $$callerCountsString+='<p>IP {0} callerCount {1} ' -f
$$_,$$callerCounts.Item($$_) } ;$$footer='</body></html>' ;$$content='{0}{1}{2}'
-f $$header,$$callerCountsString,$$footer ;Write-Output $$content ;$$buffer =
[System.Text.Encoding]::UTF8.GetBytes($$content) ;$$response.ContentLength64 =
$$buffer.Length ;$$response.OutputStream.Write($$buffer, 0,
$$buffer.Length) ;$$response.Close() ;$$responseStatus =
$$response.StatusCode ;Write-Host('< {0}' -f $$responseStatus)  } ; "
        ports:
        - name: "demo"
          protocol: TCP
          containerPort: 80
      nodeSelector:
        kubernetes.io/os: windows
```

```
---
apiVersion: v1
kind: Service
metadata:
  name: win-webserver
  labels:
    app: win-webserver
spec:
  type: NodePort
  ports:
  - port: 80
    targetPort: 80
    nodePort: 40001
  selector:
    app: win-webserver
```

通过 kubectl create 命令完成部署：

```
# kubectl create -f win-server.yml
deployment.apps/win-webserver created
service/win-webserver created
```

在 Pod 创建成功后，查看 Pod 的状态：

```
# kubectl get po -o wide
NAME                              READY   STATUS    RESTARTS   AGE   IP            NODE
NOMINATED NODE   READINESS GATES
win-webserver-56795b6746-bmxbq   1/1     Running   0          15s   10.244.1.8
192.168.18.9   <none>           <none>
```

查看 Service 的信息：

```
# kubectl get svc win-webserver
NAME            TYPE       CLUSTER-IP        EXTERNAL-IP   PORT(S)        AGE
win-webserver   NodePort   169.169.160.145   <none>        80:40001/TCP   42s
```

2）在 Linux 环境中访问 Windows 容器服务

（1）在 Linux 容器内访问 Windows 容器服务，通过 Windows Pod IP 访问成功：

```
# curl 10.244.1.8:80
<html><body><H1>Windows Container Web Server</H1><p>IP 10.244.0.11 callerCount
1 <p>IP 192.168.18.3 callerCount 1 </body></html>
```

（2）在 Linux 容器内访问 Windows 容器服务，通过 Windows 容器 Service IP 访问成功：

```
# curl 169.169.160.145:80
<html><body><H1>Windows Container Web Server</H1><p>IP 10.244.0.11 callerCount 2 <p>IP 192.168.18.3 callerCount 1 </body></html>
```

（3）在 Linux 容器内访问 Windows 容器服务，通过 Windows Server 的 IP 和 NodePort 访问成功：

```
# curl 192.168.18.9:40001
<html><body><H1>Windows Container Web Server</H1><p>IP 192.168.18.9 callerCount 1 <p>IP 10.244.0.11 callerCount 2 <p>IP 192.168.18.3 callerCount 1 </body></html>
```

3）在 Windows Server 主机上访问 Windows 容器服务

（1）在 Windows Server 主机上访问 Windows 容器服务，通过 Windows Pod IP 访问成功：

```
PS C:\> curl -UseBasicParsing 10.244.1.8:80

StatusCode        : 200
StatusDescription : OK
Content           : {60, 104, 116, 109...}
RawContent        : HTTP/1.1 200 OK
                    Content-Length: 192
                    Date: Thu, 25 Jun 2020 14:34:32 GMT
                    Server: Microsoft-HTTPAPI/2.0

                    <html><body><H1>Windows Container Web Server</H1><p>IP 192.168.18.9 callerCount 1 <p>IP 10.2...
Headers           : {[Content-Length, 192], [Date, Thu, 25 Jun 2020 14:34:32 GMT], [Server, Microsoft-HTTPAPI/2.0]}
RawContentLength  : 192
```

（2）在 Windows Server 主机上访问 Windows 容器服务，通过 Windows 容器 Service IP 访问成功：

```
PS C:\> curl -UseBasicParsing 169.169.160.145:80

StatusCode        : 200
StatusDescription : OK
Content           : {60, 104, 116, 109...}
RawContent        : HTTP/1.1 200 OK
                    Content-Length: 192
```

```
                    Date: Thu, 25 Jun 2020 14:36:55 GMT
                    Server: Microsoft-HTTPAPI/2.0

                    <html><body><H1>Windows Container Web Server</H1><p>IP
192.168.18.9 callerCount 2 <p>IP 10.2...
    Headers           : {[Content-Length, 192], [Date, Thu, 25 Jun 2020 14:36:55 GMT],
[Server, Microsoft-HTTPAPI/2.0]}
    RawContentLength  : 192
```

（3）在 Windows Server 主机上访问 Windows 容器服务，通过 Windows Server 的 IP 和 NodePort 无法访问（这是 Windows 网络模型的一个限制）：

```
    PS C:\> curl -UseBasicParsing 192.168.18.9:40001
    Unable to connect to the remote server
        + CategoryInfo          : InvalidOperation:
(System.Net.HttpWebRequest:HttpWebRequest) [Invoke-WebRequest], WebException
        + FullyQualifiedErrorId : WebCmdletWebResponseException,
Microsoft.PowerShell.Commands.InvokeWebRequestCommand
```

4）在 Windows 容器内访问 Linux 容器服务（示例中 Web 服务已部署）

（1）在 Windows 容器内访问 Linux 容器服务，通过 Linux Pod IP 访问成功：

```
    PS C:\> curl -UseBasicParsing 10.244.0.18:8080

    StatusCode        : 200
    StatusDescription :
    Content           : <!DOCTYPE html PUBLIC "-//W3C//DTD HTML 4.01 Transitional//EN"
                    "http://www.w3.org/TR/html4/loose.dtd">
                    <html>
                    <head>
                       <meta content="text/html; charset=utf-8"
                    http-equiv="Content-Type">
                       <ti...
    RawContent        : HTTP/1.1 200
                    Content-Language: en-US
                    Accept-Ranges: bytes
                    Content-Length: 1544
                    Content-Type: text/html;charset=UTF-8
                    Date: Thu, 25 Jun 2020 15:25:56 GMT
                    Last-Modified: Sat, 09 May 2020 17:30:51...
    Forms             :
    Headers           : {[Content-Language, en-US], [Accept-Ranges, bytes],
```

```
[Content-Length,
                    1544], [Content-Type, text/html;charset=UTF-8]...}
    Images            : {}
    InputFields        : {}
    Links             : {}
    ParsedHtml         :
    RawContentLength  : 1544
```

（2）在 Windows 容器内访问 Linux 容器服务，通过 Linux 服务 IP 访问成功：

```
    PS C:\> curl -UseBasicParsing 169.169.70.235:8080

    StatusCode         : 200
    StatusDescription :
    Content           : <!DOCTYPE html PUBLIC "-//W3C//DTD HTML 4.01 Transitional//EN"
                        "http://www.w3.org/TR/html4/loose.dtd">
                        <html>
                        <head>
                            <meta content="text/html; charset=utf-8"
                        http-equiv="Content-Type">
                            <ti...
    RawContent         : HTTP/1.1 200
                        Content-Language: en-US
                        Accept-Ranges: bytes
                        Content-Length: 1544
                        Content-Type: text/html;charset=UTF-8
                        Date: Thu, 25 Jun 2020 15:25:56 GMT
                        Last-Modified: Sat, 09 May 2020 17:40:51...
    Forms             :
    Headers           : {[Content-Language, en-US], [Accept-Ranges, bytes],
[Content-Length,
                        1544], [Content-Type, text/html;charset=UTF-8]...}
    Images            : {}
    InputFields        : {}
    Links             : {}
    ParsedHtml         :
    RawContentLength  : 1544
```

（3）在 Windows 容器内访问 Linux 容器服务，通过 Linux 服务名称访问成功：

```
    PS C:\> curl -UseBasicParsing linux-app:8080

    StatusCode         : 200
```

```
    StatusDescription :
    Content           : <!DOCTYPE html PUBLIC "-//W3C//DTD HTML 4.01 Transitional//EN"
                        "http://www.w3.org/TR/html4/loose.dtd">
                        <html>
                        <head>
                           <meta content="text/html; charset=utf-8"
                        http-equiv="Content-Type">
                           <ti...
    RawContent        : HTTP/1.1 200
                        Content-Language: en-US
                        Accept-Ranges: bytes
                        Content-Length: 1544
                        Content-Type: text/html;charset=UTF-8
                        Date: Thu, 25 Jun 2020 15:25:56 GMT
                        Last-Modified: Sat, 09 May 2020 17:50:51...
    Forms             :
    Headers           : {[Content-Language, en-US], [Accept-Ranges, bytes],
[Content-Length,
                        1544], [Content-Type, text/html;charset=UTF-8]...}
    Images            : {}
    InputFields       : {}
    Links             : {}
    ParsedHtml        :
    RawContentLength  : 1544
```

12.1.4 Kubernetes 支持的 Windows 容器特性、限制和发展趋势

本节从 Kubernetes 管理功能、容器运行时、持久化存储、网络、已知的功能限制和计划增强的功能几个方面，对 Kubernetes 支持的 Windows 容器特性、限制和发展趋势进行说明。

1）Kubernetes 管理功能

（1）Pod：

◎ 支持一个 Pod 内的多个容器设置进程隔离和 Volume 共享；
◎ 支持显示 Pod 详细状态信息；
◎ 支持 Liveness 和 Readiness 健康检查机制；
◎ 支持 postStart 和 preStop 命令设置；
◎ 支持 ConfigMap、Secret 以环境变量或 Volume 设置到容器内；

◎ 支持 EmptyDir 类型的 Volume 存储卷；
◎ 支持挂载主机上的命名管道（named pipe）；
◎ 支持资源限制的设置；
◎ 支持在 Pod 或容器级别配置 GMSA（基于组管理的 AD 服务帐户），支持基于 AD 的身份验证，从 Kubernetes 1.14 版本开始引入，在 1.18 版本时达到 Stable 阶段。需要预先配置 CRD“GMSACredentialSpec”、配置 GMSA Webhook、将 Windows Node 配置到 AD 中、创建 GMSA 凭据规约、为 GMSA 账户设置正确的 RBAC 策略等，然后在 Pod 或 Container 级别设置 securityContext.windowsOptions.gmsaCredentialSpecName 为 GMSACredentialSpec 名称，这样就可以为 Pod 或容器设置正确的 AD 身份了。

（2）支持的控制器类型包括 ReplicaSet、ReplicationController、Deployments、StatefulSets、DaemonSet、Job 和 CronJob。

（3）服务：

◎ 支持 ClusterIP、NodePort、LoadBalancer 等服务类型；
◎ 支持 Headless 服务；
◎ 支持服务外部名称 ExternalName。

（4）其他：

◎ 支持 Pod 和容器级别的性能指标；
◎ 支持自动水平扩缩容 HPA；
◎ 支持 kubectl exec 登录容器；
◎ 支持 Resource Quota 资源配额设置；
◎ 支持 Preemption 调度策略。

2）容器运行时

（1）Docker EE 版本：从 Kubernetes 1.14 版本开始支持 Docker EE 18.09 及以上版本。

（2）CRI-ContainerD：从 Kubernetes 1.18 开始增加在 Windows 上运行 ContainerD 的支持，目前为 Alpha 阶段。

3）持久化存储

（1）内置支持的持久化存储类型包括 awsElasticBlockStore、azureDisk、azureFile、

gcePersistentDisk、vsphereVolume。

（2）FlexVolume 插件：FlexVolume 插件以二进制可执行文件提供，需要将其部署在 Windows 主机上，支持的插件类型包括 SMB 和 iSCSI。

（3）CSI 插件：CSI 插件需要以特权模式运行，在 Windows 上通过 csi-proxy 进行代理，需要预先将 csi-proxy 二进制文件部署在 Windows 主机上。

4）网络

Windows 容器通过 CNI 插件设置网络。在 Windows 上，容器网络与虚拟机网络相似，每个容器都将被设置一个虚拟网卡（Virtual Network Adapter, vNIC），并连接至一个 Hyper-V 虚拟交换机（vSwitch）。Windows 通过 HNS（Host Networking Service）服务和 HCS（Host Compute Service）服务完成容器的虚拟网卡 vNIC 设置和网络连通性设置。

目前 Windows 支持 5 种网络驱动或网络模式：L2bridge、L2tunnel、Overlay、Transparent 和 NAT，对各种模式的详细说明参见官方文档。

另外，Flannel CNI 插件的 VXLAN 模式支持目前为 Alpha 阶段。

目前支持的 Pod、Service、Node 之间的网络访问方式如下：

◎ Pod→Pod (IP)
◎ Pod→Pod (Name)
◎ Pod→Service (ClusterIP)
◎ Pod→Service (PQDN,不包含"."的相对域名)
◎ Pod→Service (FQDN)
◎ Pod→External (IP)
◎ Pod→External (DNS)
◎ Node→Pod
◎ Pod→Node

目前支持的 IPAM 选项包括 Host-local、HNS IPAM、Azure-vnet-ipam。

5）已知的功能限制

（1）控制平面：Windows Server 仅能作为 Node 加入 Kubernetes 集群中，集群的 Master 仍需在 Linux 环境中运行。

（2）计算资源管理：

◎ Windows 没有类似于 Linux cgroups 的管理功能；
◎ Windows 容器镜像的版本需要与宿主机的操作系统版本匹配，未来计划基于 Hyper-V 隔离机制实现向后版本兼容。

（3）暂不支持的特性：

◎ TerminationGracePeriod；
◎ 单文件映射，将在 CRI-ContainerD 中实现；
◎ Termination message，将在 CRI-ContainerD 中实现；
◎ 特权模式；
◎ 巨页（HugePage）；
◎ 节点问题检测器（node problem detector）；
◎ 部分共享命名空间的特性。

（4）存储资源管理：

◎ 存储卷仅支持以目录形式挂载到容器中，不支持以文件形式挂载；
◎ 不支持只读文件系统；
◎ 不支持 user-mask、permissions 等 Linux 文件系统设置；
◎ 不支持 subpath 挂载；
◎ 不支持块设备；
◎ 不支持挂载内存为存储介质；
◎ 不支持基于 NFS 的存储卷。

（5）网络资源管理：Windows 网络与 Linux 网络在许多方面都不同，关于 Windows 容器网络的概念，可以参考官网的说明。由于 Windows 网络技术的特点，以下 Kubernetes 容器网络特性暂不支持：

◎ hostnetwork 模式；
◎ 从 Windows Server 宿主机通过 NodePort 访问服务；
◎ 未来的版本支持从 Windows Server 宿主机访问服务的虚拟 ClusterIP 地址；
◎ kube-proxy 对 overlay 网络的支持目前为 Alpha 阶段，要求在 Windows Server 2019 上安装 KB4482887；
◎ 本地流量策略和 DSR 模式；

◎ l2bridge、l2tunnel 和 overlay 几种网络模式不支持 IPv6；
◎ win-overlay、win-bridge 和 Azure-CNI 几种网络插件不支持 ICMP 协议出站 Outbound 访问。

Kubernetes 从 1.15 版本开始，支持通过 kubectl port-forward 命令实现服务端口转发功能。

Flannel CNI 插件的限制包括：

◎ 无法实现 Node 到 Pod 网络通信；
◎ 限制使用 VNI 端口号 4096 和 UDP 端口号 4789，将在未来的版本中解决。

DNS 域名解析的限制包括：

◎ ClusterFirstWithHostNet 设置；
◎ 可用查询 DNS 后缀仅有一个，即 namespace.svc.cluster.local；
◎ 在 Windows 上有多个 DNS 域名解析器，推荐使用 Resolve-DNSName。

安全相关的限制包括：

◎ 不支持 RunAsUser，未来考虑增加 RunAsUsername 设置；
◎ 不支持 Linux 上的 SELinux、AppArmor、Seccomp、Capabilities 等设置。

另外，还包括一些 API 的限制。

6）计划增强的功能

◎ 通过 kubeadm 完成 Windows Node 的部署，目前为持续更新阶段。
◎ 支持基于 Hyper-V 虚拟化技术在 1 个 Pod 中包含多个容器（目前在 1 个 Pod 中只能包含 1 个容器）。
◎ 支持 Service Accounts 中的组管理，目前为 Beta 阶段。
◎ 支持更多的 CNI 插件。
◎ 支持更多的存储插件。

12.2 对 GPU 的支持

随着人工智能和机器学习的迅速发展，基于 GPU 的大数据运算越来越普及。在 Kubernetes 的发展规划中，GPU 资源有着非常重要的地位。用户应该能够为其工作任务请求 GPU 资源，就像请求 CPU 或内存一样，而 Kubernetes 将负责调度容器到具有 GPU 资源的节点上。

目前 Kubernetes 对 NVIDIA 和 AMD 两个厂商的 GPU 进行了实验性的支持。Kubernetes 对 NVIDIA GPU 的支持是从 1.6 版本开始的，对 AMD GPU 的支持是从 1.9 版本开始的，到 1.10 版本时达到 Beta 阶段，并且仍在快速发展。

Kubernetes 从 1.8 版本开始，引入了 Device Plugin（设备插件）模型，为设备提供商提供了一种基于插件的、无须修改 kubelet 核心代码的外部设备启用方式，设备提供商只需在计算节点上以 DaemonSet 方式启动一个设备插件容器供 kubelet 调用，即可使用外部设备。目前支持的设备类型包括 GPU、高性能 NIC 卡、FPGA、InfiniBand 等，关于设备插件的说明详见官方文档。

下面对如何在 Kubernetes 中使用 GPU 资源进行说明。

12.2.1　环境准备

（1）在 Kubernetes 的 1.8 和 1.9 版本中需要在每个工作节点上都为 kubelet 服务开启 --feature-gates="DevicePlugins=true"特性开关。该特性开关从 Kubernetes 1.10 版本开始默认启用，无须手动设置。

（2）在每个工作节点上都安装 NVIDIA GPU 或 AMD GPU 驱动程序，如下所述。

使用 NVIDIA GPU 的系统要求包括：

◎ NVIDIA 驱动程序的版本为 384.81 及以上；
◎ nvidia-docker 的版本为 2.0 及以上；
◎ kubelet 配置的容器运行时（Container Runtime）必须为 Docker；
◎ Docker 配置的默认运行时（Default Runtime）必须为 nvidia-container-runtime，而不能用 runc；
◎ Kubernetes 版本为 1.11 及以上。

Docker 使用 NVIDIA 运行时的配置示例（通常配置文件为/etc/docker/daemon.json）如下：

```
{
   "default-runtime": "nvidia",
   "runtimes": {
      "nvidia": {
```

```
            "path": "/usr/bin/nvidia-container-runtime",
            "runtimeArgs": []
        }
    }
}
```

NVIDIA 设备驱动的部署 YAML 文件可以从 NVIDIA 的 GitHub 代码库获取，示例如下：

```yaml
apiVersion: apps/v1
kind: DaemonSet
metadata:
  name: nvidia-device-plugin-daemonset
  namespace: kube-system
spec:
  template:
    metadata:
      annotations:
        scheduler.alpha.kubernetes.io/critical-pod: ""
      labels:
        name: nvidia-device-plugin-ds
    spec:
      tolerations:
      - key: CriticalAddonsOnly
        operator: Exists
      - key: nvidia.com/gpu
        operator: Exists
        effect: NoSchedule
      containers:
      - image: nvidia/k8s-device-plugin:1.11
        name: nvidia-device-plugin-ctr
        securityContext:
          allowPrivilegeEscalation: false
          capabilities:
            drop: ["ALL"]
        volumeMounts:
          - name: device-plugin
            mountPath: /var/lib/kubelet/device-plugins
      volumes:
        - name: device-plugin
          hostPath:
            path: /var/lib/kubelet/device-plugins
```

使用 AMD GPU 的系统要求包括：

◎ 服务器支持 ROCm（Radeon Open Computing platform）；
◎ ROCm kernel 驱动程序或 AMD GPU Linux 驱动程序为最新版本；
◎ Kubernetes 的版本为 1.10 及以上。

AMD 设备驱动的部署 YAML 文件可以从 AMD 的 GitHub 代码库中获取，示例如下：

```
apiVersion: apps/v1
kind: DaemonSet
metadata:
  name: amdgpu-device-plugin-daemonset
  namespace: kube-system
spec:
  template:
    metadata:
      annotations:
        scheduler.alpha.kubernetes.io/critical-pod: ""
      labels:
        name: amdgpu-dp-ds
    spec:
      tolerations:
      - key: CriticalAddonsOnly
        operator: Exists
      containers:
      - image: rocm/k8s-device-plugin
        name: amdgpu-dp-cntr
        securityContext:
          allowPrivilegeEscalation: false
          capabilities:
            drop: ["ALL"]
        volumeMounts:
          - name: dp
            mountPath: /var/lib/kubelet/device-plugins
          - name: sys
            mountPath: /sys
      volumes:
        - name: dp
          hostPath:
            path: /var/lib/kubelet/device-plugins
        - name: sys
```

```
        hostPath:
          path: /sys
```

完成上述配置后，容器应用就能使用 GPU 资源了。

12.2.2 在容器中使用 GPU 资源

GPU 资源在 Kubernetes 中的名称为 nvidia.com/gpu（NVIDIA 类型）或 amd.com/gpu（AMD 类型），可以对容器进行 GPU 资源请求的设置。

在下面的例子中为容器申请 1 个 GPU 资源：

```
apiVersion: v1
kind: Pod
metadata:
  name: cuda-vector-add
spec:
  restartPolicy: OnFailure
  containers:
    - name: cuda-vector-add
      image: "k8s.gcr.io/cuda-vector-add:v0.1"
      resources:
        limits:
          nvidia.com/gpu: 1 # requesting 1 GPU
```

目前对 GPU 资源的使用配置有如下限制：

◎ GPU 资源请求只能在 limits 字段进行设置，系统将默认设置 requests 字段的值等于 limits 字段的值，不支持只设置 requests 而不设置 limits；

◎ 在多个容器之间或者在多个 Pod 之间不能共享 GPU 资源，也不能像 CPU 一样超量使用（Overcommitting）；

◎ 每个容器只能请求整数个（1 个或多个）GPU 资源，不能请求 1 个 GPU 的部分资源。

如果在集群中运行着不同类型的 GPU，则 Kubernetes 支持通过使用 Node Label（节点标签）和 Node Selector（节点选择器）将 Pod 调度到合适的 GPU 所属的节点。

1. 为 Node 设置合适的 Label 标签

对于 NVIDIA 类型的 GPU，可以使用 kubectl label 命令为 Node 设置不同的标签：

```
# kubectl label nodes <node-with-k80> accelerator=nvidia-tesla-k80
# kubectl label nodes <node-with-p100> accelerator=nvidia-tesla-p100
```

对于 AMD 类型的 GPU，可以使用 AMD 开发的 Node Labeller 工具自动为 Node 设置合适的标签。Node Labeller 以 DaemonSet 的方式部署，可以 AMD 的 GitHub 代码库下载 YAML 文件。在 Node Labeller 的启动参数中可以设置不同的标签以表示不同的 GPU 信息。目前支持的标签如下。

（1）Device ID，启动参数为-device-id。

（2）VRAM Size，启动参数为-vram。

（3）Number of SIMD，启动参数为-simd-count。

（4）Number of Compute Unit，启动参数为-cu-count。

（5）Firmware and Feature Versions，启动参数为-firmware。

（6）GPU Family, in two letters acronym，启动参数为-family，family 类型以两个字母缩写表示，完整的启动参数为 family.SI、family.CI 等。其中，SI 的全称为 Southern Islands；CI 的全称为 Sea Islands；KV 的全称为 Kaveri；VI 的全称为 Volcanic Islands；CZ 的全称为 Carrizo；AI 的全称为 Arctic Islands；RV 的全称为 Raven。

通过 Node Labeller 工具自动为 Node 设置标签的示例如下：

```
$ kubectl describe node cluster-node-23
Name:               cluster-node-23
Labels:             beta.amd.com/gpu.cu-count.64=1
                    beta.amd.com/gpu.device-id.6860=1
                    beta.amd.com/gpu.family.AI=1
                    beta.amd.com/gpu.simd-count.256=1
                    beta.amd.com/gpu.vram.16G=1
                    beta.kubernetes.io/arch=amd64
                    beta.kubernetes.io/os=linux
                    kubernetes.io/hostname=cluster-node-23
Annotations:        kubeadm.alpha.kubernetes.io/cri-socket:
/var/run/dockershim.sock
                    node.alpha.kubernetes.io/ttl: 0
                    ......
```

2. 设置 Node Selector 指定调度 Pod 到目标 Node 上

以 NVIDIA GPU 为例：

```
apiVersion: v1
kind: Pod
metadata:
  name: cuda-vector-add
spec:
  restartPolicy: OnFailure
  containers:
    - name: cuda-vector-add
      image: "k8s.gcr.io/cuda-vector-add:v0.1"
      resources:
        limits:
          nvidia.com/gpu: 1
  nodeSelector:
    accelerator: nvidia-tesla-p100
```

上面的配置可确保将 Pod 调度到含有 accelerator=nvidia-tesla-k80 标签的节点上运行。

12.2.3 发展趋势

发展趋势如下。

◎ GPU 和其他设备将像 CPU 那样成为 Kubernetes 系统的原生计算资源类型，以 Device Plugin 的方式供 kubelet 调用。

◎ 目前的 API 限制较多，Kubernetes 未来会有功能更丰富的 API，能支持以可扩展的形式进行 GPU 等硬件加速器资源的供给、调度和使用。

◎ Kubernetes 将能自动确保使用 GPU 的应用程序达到最佳性能。

12.3 Pod 的垂直扩缩容

除了 HPA（Pod 水平扩展功能），Kubernetes 仍在继续开发一些新的互补的 Pod 自动扩缩容功能，将其统一放在 Kubernetes Autoscaler 的 GitHub 代码库进行维护。目前有以下几个正在开发的项目。

◎ ClusterAutoScaler：主要用于公有云上的 Kubernetes 集群，目前已经覆盖常见的公有云，包括 GCP、AWS、Azure、阿里云、华为云等，其核心功能是自动扩容 Kubernetes 集群的节点，以应对集群资源不足或者节点故障等情况。

◎ Vertical Pod Autoscaler：简称 VPA，目前仍在快速演进，主要与 HPA 互补，提供 Pod 垂直扩缩容的能力，这也是本节讲解的主要内容。
◎ Addon Resizer：是 VPA 的简化版，可方便我们体验 VPA 的新特性。

12.3.1 VPA 详解

若更深入地理解 VPA，则可以从 HPA 开始。为了实施 HPA，我们需要提前做很多准备工作，包括：

◎ 运行、观测并正确设定目标 Pod 的资源请求，包括 CPU 和内存的初始值，满负荷情况下单一 Pod 的 CPU 和内存上限值；
◎ 测试 Pod 的副本数量与请求负载之间的关系，用来设定 HPA 情况下 Pod 的合理副本数的范围；
◎ 观察 HPA 的实际效果，并继续调整相关参数。

如果要实施 HPA 并发挥它的真正效果，则首先需要大量的配置和运维管理工作；此外，在现实情况下，我们手动设置一个 Pod 资源配额基本靠猜，导致集群资源的无谓浪费。那么，有没有一种工具或手段，可以自动化并且精确完成该工作呢？如果能实现，整个集群的资源利用率就可以得到更好的提升，这就是 VPA 的目的所在。下面是 VPA 要实现的目标：

◎ 通过自动配置 Pod 的资源请求（CPU/Memory Request &Limit）来降低运维的复杂度和人工成本；
◎ 在努力提高集群资源利用率的同时避免出现容器资源不足的风险，例如出现内存不足或 CPU 饥饿。

简单来说，VPA 主要是想办法找出目标 Pod 在运行期间所需的最少资源，并且将目标 Pod 的资源请求改为它所建议的数值，这样一来，容器既不会有资源不足的风险，又最大程度地提升了资源利用率。其设计思路也不难理解，如下所述。

（1）VPA 会通过 Metrics Server 获取目标 Pod 运行期间的实时资源度量指标，主要是 CPU 和内存使用指标。

（2）将这些数据汇聚处理后存放在 History Storage 组件中。

（3）History Storage 组件中的历史数据与 Metrics Server 里的实时数据会一起被 VPA

的 Recommender 组件使用。Recommender 组件会结合推荐模型 Recommendation model 推导出目标 Pod 资源请求的合理建议值。目前实现的推荐模型比较简单：假设内存和 CPU 使用率是独立的随机变量，其分布等于在过去 *N* 天中观察到的分布（推荐 *N*=8，以捕获每周峰值）。未来更先进的模型可能会尝试检测趋势、周期性及其他与时间相关的模式。

（4）一旦 Recommender 计算出目标 Pod 的新推荐值，若这个推荐值与 Pod 当前实际配置的资源请求明显不同，VPA Updater 组件就可以决定更新 Pod。Pod 的更新有以下两种方式。

◎ 通过 Pod 驱逐（Pod Eviction），让 Pod 控制器如 Deployment、ReplicaSet 等来决定如何销毁目标 Pod 并重建 Pod 副本。
◎ 原地更新 Pod 实例（In-place updates），目标 Pod 并不销毁，而是直接修改目标 Pod 的资源配置数据并立即生效。这也是 VPA 的一个亮点特性。

为了追踪目标 Pod 并实施垂直伸缩功能，VPA 定义了一个全新的 CRD “VerticalPodAutoscaler”，它的定义包括一个匹配目标 Pod 的选择器、计算资源的资源策略（Resources policy）、Pod 的更新策略（Update policy）等。下面给出一个示例：

```
apiVersion: autoscaling.k8s.io/v1
kind: VerticalPodAutoscaler
metadata:
  name: vpa-recommender
spec:
  targetRef:
    apiVersion: "apps/v1"
    kind:       Deployment
    name:       frontend
  updatePolicy:
    updateMode: "Auto"
  resourcePolicy:
    containerPolicies:
    - containerName: my-opt-sidecar
      mode: "Off"
```

这里对其中的关键信息解释如下。

（1）targetRef：用于匹配目标 Pod 的选择器。这里选择名为 frontend 的 Deployment 控制的 Pod。

（2）ResourcePolicy：用于指定资源计算的策略，如果这一字段被省略，则将会为在

targetRef 中指定的控制器生成的所有 Pod 的容器进行资源测算，并根据 UpdatePolicy 的定义进行更新。

◎ ContainerName：容器名称，如果为“*”，则对所有没有设置资源策略的容器都生效。
◎ Mode：为 Auto 时，表示为指定的容器启用 VPA；为 Off 时，表示关闭指定的容器的 VPA。
◎ MinAllowed：最小允许的资源值。
◎ MaxAllowed：最大允许的资源值。

（3）UpdatePolicy：用于指定监控资源需求时的操作策略，有以下几个选项。

◎ UpdateMode：默认值为 Auto。
◎ Off：仅监控资源状况并提出建议，不进行自动修改。
◎ Initial：在创建 Pod 时为 Pod 指派资源。
◎ Recreate：在创建 Pod 时为 Pod 指派资源，并可以在 Pod 的生命周期中通过删除、重建 Pod，将其资源数量更新为 Pod 申请的数量。
◎ Auto：目前相当于 Recreate。

如果我们不放心 VPA 自动修改 Pod 的资源配置信息，则可以将 UpdateMode 设置为 Off，这时可以通过命令行得到 VPA 给出的建议值。VPA 还有一个重要的组件——VPA Admission Controller，它会拦截 Pod 的创建请求，如果该 Pod 对应的 UpdateMode 不是 Off，则它会用 Recommender 推荐的值改写 Pod 中对应的 Spec 内容。在目前的版本中，Pod 不必通过 VPA 的准入控制“修正”就能被正常调度，但在未来的版本中可能考虑增加强制性要求，比如某种 Pod 必须要经过 VPA 的修正才能被调度，如果该 Pod 没有定义对应的 VerticalPodAutoscaler，则 VPA Admission Controller 可以拒绝该 Pod 的创建请求。

VPA 与 HPA 是否可能共同作用在同一个 Pod 上？从理论上来说，的确存在这种可能性，比如：CPU 密集的负载（Pod）可以通过 CPU 利用率实现水平扩容，同时通过 VPA 缩减内存使用量；I/O 密集的负载（Pod）可以基于 I/O 吞吐量实现水平扩容，同时通过 VPA 缩减内存和 CPU 使用量。

但是，实际应用是很复杂的，因为 Pod 副本数量的变动不仅影响到瓶颈资源的使用情况，也影响到非瓶颈资源的使用情况，其中有一定的因果耦合关系。此外，VPA 目前的设计实现没有考虑到多副本的影响，在未来扩展后有可能达到 HPA 与 VPA 双剑合璧的新境界。

12.3.2 安装 Vertical Pod Autoscaler

在安装 Autoscaler 前要先启动 Metrics Server，首先使用 Git 获取 Autoscaler 的源码：

```
$ git clone https://github.com/kubernetes/autoscaler.git
```

下载结束之后，运行如下脚本启动 VPA：

```
$ autoscaler/vertical-pod-autoscaler/hack/vpa-up.sh
customresourcedefinition.apiextensions.k8s.io/verticalpodautoscalers.autosca
ling.k8s.io created
customresourcedefinition.apiextensions.k8s.io/verticalpodautoscalercheckpoin
ts.autoscaling.k8s.io created
clusterrole.rbac.authorization.k8s.io/system:metrics-reader created
......
```

可以看到，在安装过程中生成了常见的 Deployment、Secret、Service 及 RBAC 内容，还生成了两个 CRD，接下来会用新生成的 CRD 设置 Pod 的垂直扩缩容。

12.3.3 为 Pod 设置垂直扩缩容

在下载的 Git 代码中包含一个子目录 example，可以使用其中的 redis.yaml 来尝试使用 VPA 功能。

查看其中的 redis.yaml 文件，可以看到 VPA 的定义：

```
$ cat autoscaler/vertical-pod-autoscaler/examples/redis.yaml
apiVersion: autoscaling.k8s.io/v1
kind: VerticalPodAutoscaler
metadata:
  name: redis-vpa
spec:
  targetRef:
    apiVersion: apps/v1
    kind:       Deployment
    name:       redis-master
```

该定义非常简短：对名称为 redis-master 的 Deployment 进行自动垂直扩缩容。

通过 kubectl 将测试文件提交到集群上运行：

```
$ kubectl apply -f autoscaler/vertical-pod-autoscaler/examples/redis.yaml
verticalpodautoscaler.autoscaling.k8s.io/redis-vpa created
```

```
deployment.apps/redis-master created
```

在创建结束之后，VPA 会监控资源状况，大约 5min 后重新获取 VPA 对象的内容：

```
$ kubectl describe vpa redis-vpa
Name:         redis-vpa
Namespace:    kube-system
......
Spec:
  Target Ref:
    API Version: apps/v1
    Kind:        Deployment
    Name:        redis-master
Status:
  Conditions:
    Status:                True
    Type:                  RecommendationProvided
  Recommendation:
    Container Recommendations:
      Container Name:  master
......
      Target:
        Cpu:     25m
        Memory:  262144k
......
```

可以看到，在 VPA 对象中已经有了新的推荐设置。接下来查看 Redis 的 Pod 资源请求：

```
$ kubectl describe po redis-master-679887b5c9-nb72t
......
    Requests:
      cpu:        25m
      memory:     262144k
......
```

不难看出，Pod 的资源状况和 Deployment 中的原始定义已经不同，和 VPA 中的推荐数量一致。

12.3.4 注意事项

注意事项如下。

◎ VPA 对 Pod 的更新会造成 Pod 的重新创建和调度。
◎ 对于不受控制器支配的 Pod，VPA 仅能在其创建时提供支持。
◎ VPA 的准入控制器是一个 Webhook，可能会和其他同类 Webhook 存在冲突，从而导致无法正确执行。
◎ VPA 能够识别多数内存不足的问题，但并非全部。
◎ 尚未在大规模集群上测试 VPA 的性能。
◎ 如果多个 VPA 对象都匹配同一个 Pod，则会造成不可预知的后果。
◎ VPA 目前不会设置 limits 字段的内容。

12.4 Kubernetes 生态系统与演进路线

Kubernetes 的快速演进大大推进了云计算技术的发展，伴随着云原生计算基金会 CNCF 的诞生、云原生开源项目的孵化，逐渐演化成一个完整的云原生技术生态系统。本节对 Kubernetes 与 CNCF 的关系、Kubernetes 演进路线和 Kubernetes 开发模式进行介绍。

12.4.1 Kubernetes 与 CNCF

云原生计算的特点是使用开源软件技术栈，将应用程序以微服务的形式进行发布和部署，并动态编排这些微服务，优化资源使用率，帮助软件开发人员更快地构建出色的产品，进而提升业务服务的快速迭代与创新价值。

Kubernetes 作为 CNCF 的第一个开源项目，其智能的服务调度能力可以让开发人员在构建云原生应用时更加关注业务代码而不是烦琐的运维操作，Kubernetes 可以在本地或云端运行，让用户不再担心基础设施被供应商或云提供商绑定。

围绕 Kubernetes，CNCF 设计了云原生技术的全景图，从云原生的层次结构和不同的功能维度上给出了云原生技术体系的全貌，帮助用户在不同的层面选择适合的软件和工具进行支持。随着越来越多的开源项目在 CNCF 毕业，云原生技术的生态系统日趋完善，用户可以选择的工具也越来越丰富。经过了从 2014 年开源至今的快速发展，Kubernetes 已经成为整个云原生体系的基石，在云原生技术全景图中，可以看到 Kubernetes 处于编排管理工具的核心位置，相当于云原生技术体系中操作系统的角色。

同时，CNCF 为云原生技术如何在生产环境中落地提供了循序渐进的路线图，如图 12.7 所示。

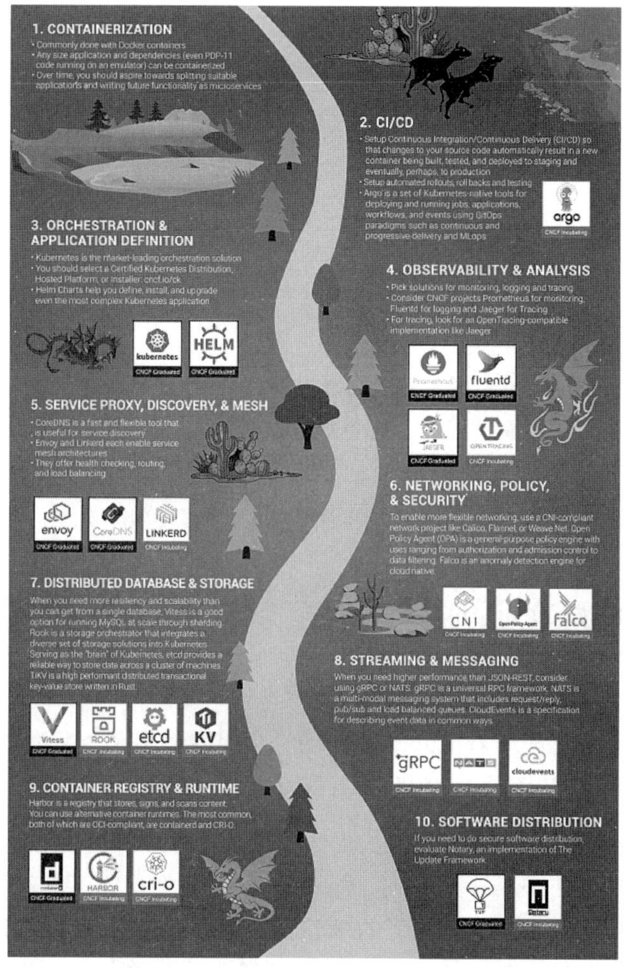

图 12.7　CNCF 云原生技术路线图

CNCF 现在在中国有近 50 个成员，中国还是 CNCF 项目的第三大贡献者（按贡献者和提交者计），仅次于美国和德国。在 CNCF 于 2020 年年初发布的全球云原生调查报告中，84%的受访者在生产环境中使用容器，容器在生产环境中的使用已成为常态，并且在很大程度上改变了基于云的基础架构。同时，针对中国的第三次云原生应用调查报备显示：49%的受访者在生产环境中使用容器，另有 32%计划这样做，与一年前相比，这是一个显著的增长；同时，72%的受访者已经在生产环境中使用 Kubernetes，大大高于一年前的 40%。图 12.8 显示了大规模生产环境中 Kubernetes 集群数量逐年增长的趋势。

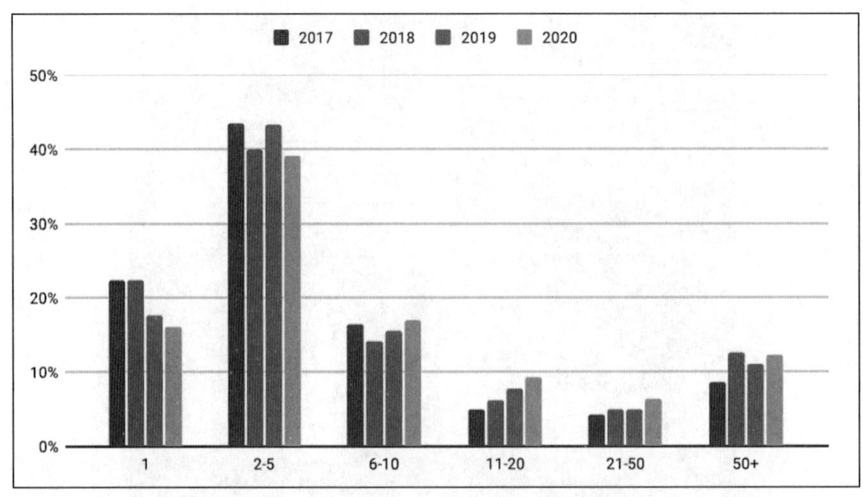

图 12.8 Kubernetes 集群数量逐年增长的趋势

12.4.2 Kubernetes 的演进路线

1. Kubernetes 与 CNCF 的容器标准化之路

在 CNCF 的生态中，围绕着 Kubernetes 的一个重要目标是制定容器世界的标准。迄今为止，已经在容器运行时、容器网络接口、容器存储接口三个方面制定了标准的接口规范。

◎ CRI（Container Runtime Interface）容器运行时接口。容器运行时（Container Runtime）是 Kubernetes 的基石，而 Docker 是我们最熟悉的容器运行环境。CNCF 第一个标准化的符合 OCI 规范的核心容器运行时是 Containerd，其来源于 Docker 在 2017 年的捐赠产物，关于 CRI 的详细说明请参考 2.7 节的说明。

◎ CNI（Container Network Interface）容器网络接口。网络提供商基于 CNI 接口规范提供容器网络的实现，可以支持各种丰富的容器网络管理功能，开源的实现包括 Flannel、Calico、Open vSwitch 等，关于 CNI 的详细说明请参考 7.6 节的说明。

◎ CSI（Container Storage Interface）容器存储接口。Kubernetes 在 1.9 版本中首次引入 CSI 存储插件，并在随后的 1.10 版本中默认启用。CSI 用于在 Kubernetes 与第三方存储系统间建立一套标准的存储调用接口，并将位于 Kubernetes 系统内部的存储卷相关的代码剥离出来，从而简化核心代码并提升系统的安全性，同时借助 CSI 接口和插件机制，实现各类丰富的存储卷的支持，赢得更多存储厂商的跟进。Kubernetes 在 1.12 版本中又进一步实现了存储卷的快照（VolumeSnapshot）这一高级特性。

◎ API 标准接口。我们再看一个 Kubernetes 标准化的例子，API Server 之前的接口就是普通的 RESTful 接口，通过支持 Swagger 1.2 自动生成各种语言的客户端，方便开发者调用 Kubernetes 的 API。从 Kubernetes 1.4 版本开始，API Server 对代码进行了重构，引入了 Open API 规范，之后的 Kubernetes 1.5 版本能很好地支持由 Kubernetes 源码自动生成其他语言的客户端代码。这种改动升级对于 Kubernetes 的发展、壮大很重要，它遵循了业界的标准，更容易对接第三方资源和系统，从而进一步扩大 Kubernetes 的影响力。

2. Kubernetes 安全机制的演进之路

除了标准化，Kubernetes 的另一个演进目标就是提升系统的安全性。自 1.3 版本开始，Kubernetes 都在加强系统的安全性，如下所述。

◎ 1.3 版本：引入了 Network Policy，Network Policy 提供了基于策略的网络控制，用于隔离应用并减少攻击面，属于重要的基础设施方面的安全保障。

◎ 1.4 版本：开始提供 Pod 安全策略功能，这是容器安全的重要基础。

◎ 1.5 版本：首次引入了基于角色的访问控制 RBAC（Role-Based Access Control）安全机制，RBAC 后来成为 Kubernetes API 默认的安全机制，此外添加了对 kubelet API 访问的认证/授权机制。

◎ 1.6 版本：升级 RBAC 安全机制至 Beta 版本，通过严格限定系统组件的默认角色，增强了安全保护。

◎ 1.7 版本：新增节点授权器 Node Authorizer 和准入控制插件来限制 kubelet 对节点、Pod 和其对象的访问，确保 kubelet 具有正确操作所需的最小权限集，即只能操作自身节点上的 Pod 实例及其他相关资源。在网络安全方面，Network Policy API 也升至稳定版本。此外，在审计日志方面也增强了定制化和可扩展性，有助于管理员发现运维过程中可能存在的安全问题。

◎ 1.8 版本：基于角色的访问控制 RBAC 功能正式升级至 v1 稳定版本，高级审计功能则升级至 Beta 版本。

◎ 1.10 版本开始：增加 External Credential Providers，通过调用外部插件（Credential Plugin）来获取用户的访问凭证，用来支持不在 Kubernetes 中内置的认证协议，如 LDAP、oAuth2、SAML 等。此特性主要为了公有云服务商而增加。1.11 版本继续改进；1.20 版本引入了配套的 kubelet image credential provider，用于动态获取镜像仓库的访问凭证。
◎ 1.14 版本：由于允许未经身份验证的访问，所以 Discovery API 被从 RBAC 基础架构中删除，以提高隐私和安全性。
◎ 1.19 版本：seccomp 机制更新到 GA 阶段。

3. Kubernetes 扩展功能的演进之路

在 Kubernetes 的快速发展演进过程中，随着功能的不断增加，必然带来代码的极速膨胀，因此不断剥离一些核心代码并配合插件机制，实现核心的稳定性并具备很强的外围功能的扩展能力，也是 Kubernetes 的重要演进方向。除了 CRI、CNI、CSI 等可扩展接口，还包括 API 资源的扩展、云厂商控制器的扩展等。

◎ Kubernetes 从 1.7 版本开始引入扩展 API 资源的能力，使得开发人员在不修改 Kubernetes 核心代码的前提下可以对 Kubernetes API 进行扩展，仍然使用 Kubernetes 的语法对新增的 API 进行操作。Kubernetes 提供了两种机制供用户扩展 API：①使用 CRD（Custom Resource Definition）自定义资源机制，用户只需定义 CRD，并且提供一个 CRD 控制器，就能通过 Kubernetes 的 API 管理自定义资源对象；②使用 API 聚合机制，用户通过编写和扩展 API Server，就可以对资源进行更细粒度的控制。
◎ 最早的时候，为了跟公有云厂商对接，Kubernetes 在代码中内置了 Cloud Provider 接口，云厂商需要实现自己的 Cloud Provider。Kubernetes 核心库内置了很多主流云厂商的实现，包括 AWS、GCE、Azure 等，因为由不同的厂商参与开发，所以这些不同厂商提交的代码质量也影响到 Kuberntes 的核心代码质量，同时对 Kubernetes 的迭代和版本发布产生一定程度的影响。因此，在 Kubernetes 1.6 版本中引入了 Cloud Controller Manager（CCM），目的就是最终替代 Cloud Provider，将服务提供商的专用代码抽象到独立的 cloud-controller-manager 二进制程序中，cloud-controller-manager 使得云供应商的代码和 Kubernetes 的代码可以各自独立演化。在后续的版本中，特定于云供应商的代码将由云供应商自行维护，并在运行 Kubernetes 时链接到 cloud-controller-manager。

4. Kubernetes 自动化运维能力的演进之路

在 Kubernetes 的快速发展演进过程中，架构和运维自动化、高级别的架构和运维自动化能力也是其坚持的核心目标，这也是 Kubernetes 最强的一面，同时是吸引众多 IT 人士的核心特性之一。最早的 ReplicaController/Deployment 其实就是 Kubernetes 运维自动化能力的第一次对外展示，因为具备应用全生命周期自我自动修复的能力，所以这个特性成为 Kubernetes 最早的亮点之一。再后来，HPA 水平自动伸缩功能和集群资源自动扩缩容（Cluster Autoscaler）再次突破了我们所能想到的自动运维的上限。接下来，与 HPA 互补的 VPA（Pod 垂直自动伸缩）功能又将集群运维自动化的水平提升到一个新的高度。我们看到，从 Deployment 到 HPA 再到 VPA 的发展演进，是沿着 Pod 自动扩缩容的弹性计算能力的路线一步步演进、完善的，这也是超大规模集群的 Kubernetes 的核心竞争力的重要体现，未来会不断完善。

除了高级别的架构和运维自动化能力，Kubernetes 在常规的运维自动化方面也丝毫没有放松，它在不断提升、演进。我们以最常见的集群部署、停机检修、升级扩容这些常规运维工作为例来看看 Kubernetes 是怎么不断演进的。

（1）在集群部署方面，Kubernetes 很早就开始研发一键式部署工具——kubeadm，kubeadm 可谓 Kubernetes 历史上最久的组件之一，它于 Kubernetes 1.4 版本面世，直到 Kubernetes 1.13 版本时才达到 GA 阶段。正是有了 kubeadm，Kubernetes 的安装才变得更加标准化，并大大简化了大规模集群的部署工作量。不过在集群部署方面还存在另一个烦琐并耗费很多人工的地方，这就是每个节点上 kubelet 的证书制作。Kubernetes 1.4 版本引入了一个用于从集群级证书颁发机构（CA）请求证书的 API，可以方便地给各个节点上的 kubelet 进程提供 TLS 客户端证书，但每个节点上的 kubelet 进程在安装部署时仍需管理员手工创建并提供证书。Kubernetes 在后续的版本中又实现了 kubelet TLS Bootstrap 这个新特性，基本解决了这个问题。

（2）在停机检修和升级扩容方面，Kubernetes 先后实现了滚动升级、节点驱逐、污点标记等配套运维工具，努力实现业务零中断的自动运维操作。

此外，存储资源的运维自动化也是 Kubernetes 演进的一大方向。以 PVC 和 StorageClass 为核心的动态供给 PV 机制（Dynamic Provisioning）在很大程度上解决了传统方式下存储与架构分离的矛盾，自动创建了合适的 PV 并将其绑定到 PVC 上，拥有完善的 PV 回收机制，全程无须专业的存储管理人员，极大提升了系统架构的完整性。

12.4.3 Kubernetes 的开发模式

最后，我们来说说 Kubernetes 的开发模式。Kubernetes 社区是以 SIG（Special Interest Group，特别兴趣小组）和工作组的形式组织起来的，目前已经成立的 SIG 小组有 30 个，涵盖了安全、自动扩缩容、大数据、AWS 云、文档、网络、存储、调度、UI、Windows 容器等方方面面，为完善 Kubernetes 的功能群策群力并共同开发。

Kubernetes 的每个功能模块都由一个特别兴趣小组负责开发和维护，如图 12.9 所示。

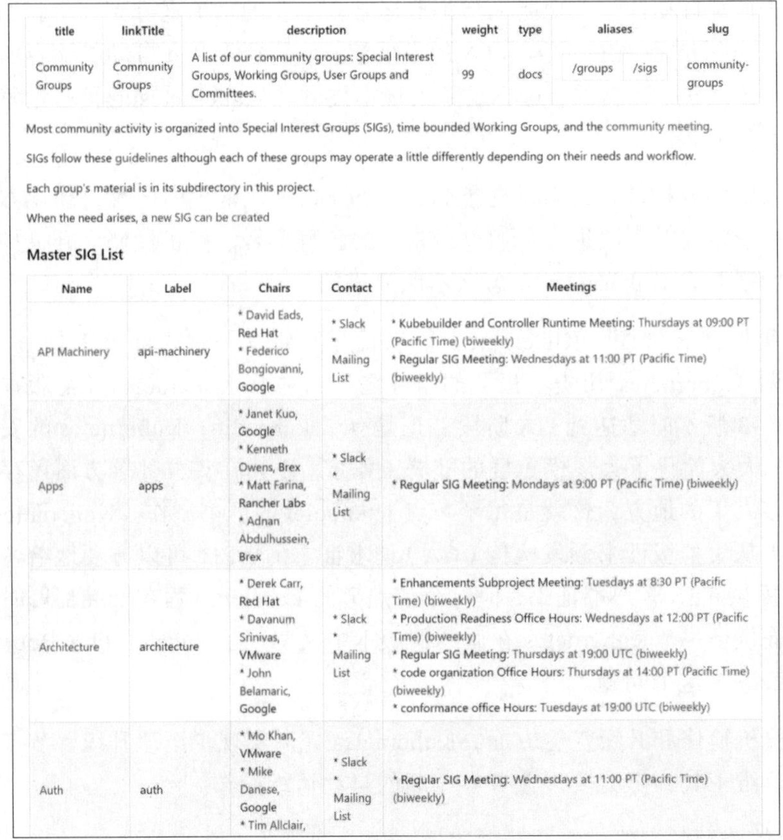

title	linkTitle	description	weight	type	aliases	slug
Community Groups	Community Groups	A list of our community groups: Special Interest Groups, Working Groups, User Groups and Committees.	99	docs	/groups /sigs	community-groups

Most community activity is organized into Special Interest Groups (SIGs), time bounded Working Groups, and the community meeting.

SIGs follow these guidelines although each of these groups may operate a little differently depending on their needs and workflow.

Each group's material is in its subdirectory in this project.

When the need arises, a new SIG can be created

Master SIG List

Name	Label	Chairs	Contact	Meetings
API Machinery	api-machinery	* David Eads, Red Hat * Federico Bongiovanni, Google	* Slack * Mailing List	* Kubebuilder and Controller Runtime Meeting: Thursdays at 09:00 PT (Pacific Time) (biweekly) * Regular SIG Meeting: Wednesdays at 11:00 PT (Pacific Time) (biweekly)
Apps	apps	* Janet Kuo, Google * Kenneth Owens, Brex * Matt Farina, Rancher Labs * Adnan Abdulhussein, Brex	* Slack * Mailing List	* Regular SIG Meeting: Mondays at 9:00 PT (Pacific Time) (biweekly)
Architecture	architecture	* Derek Carr, Red Hat * Davanum Srinivas, VMware * John Belamaric, Google	* Slack * Mailing List	* Enhancements Subproject Meeting: Tuesdays at 8:30 PT (Pacific Time) (biweekly) * Production Readiness Office Hours: Wednesdays at 12:00 PT (Pacific Time) (biweekly) * Regular SIG Meeting: Thursdays at 19:00 UTC (biweekly) * code organization Office Hours: Thursdays at 14:00 PT (Pacific Time) (biweekly) * conformance office Hours: Tuesdays at 19:00 UTC (biweekly)
Auth	auth	* Mo Khan, VMware * Mike Danese, Google * Tim Allclair,	* Slack * Mailing List	* Regular SIG Meeting: Wednesdays at 11:00 PT (Pacific Time) (biweekly)

图 12.9　特别兴趣小组

有兴趣、有能力的读者可以申请加入感兴趣的 SIG 小组，并通过 Slack 聊天频道与来自世界各地的开发组成员开展技术探讨和解决问题。同时，可以参加 SIG 小组的周例会，共同参与一个功能模块的开发工作。

附录 A Kubernetes 核心服务配置详解

2.1 节对 Kubernetes 各服务启动进程的关键配置参数进行了简要说明，实际上 Kubernetes 的每个服务都提供了许多可配置的参数。这些参数涉及安全性、性能优化及功能扩展（Plugin）等方方面面。全面理解和掌握这些参数的含义和配置，对 Kubernetes 的生产部署及日常运维都有很大帮助。

每个服务的可用参数都可以通过运行 cmd --help 命令查看，其中 cmd 为具体的服务启动命令，例如 kube-apiserver、kube-controller-manager、kube-scheduler、kubelet、kube-proxy 等。另外，可以通过在命令的配置文件（例如/etc/kubernetes/kubelet 等）中添加“--参数名=参数取值”语句来完成对某个参数的配置。

本节将对 Kubernetes 所有服务的参数进行全面介绍，为了方便学习和查阅，对每个服务的参数都用一个小节进行详细说明。

附录 A.1　公共配置参数

公共配置参数适用于所有服务，如表 A.1 所示的参数可用于 kube-apiserver、kube-controller-manager、kube-scheduler、kubelet、kube-proxy。本节对这些参数进行统一说明，不再在每个服务的参数列表中列出。

表 A.1　公共配置参数表

参数名和类型	说　明
--add-dir-header	设置为 true 表示将源代码所在目录的名称输出到日志中
--alsologtostderr	设置为 true 表示将日志同时输出到文件和 stderr 中
-h, --help	查看参数列表的帮助信息
--log-backtrace-at traceLocation	记录日志每到“file:行号”时打印一次 stack trace，默认值为 0
--log-dir string	设置日志文件的保存目录
--log-file string	设置日志文件的名称
--log-file-max-size uint	设置日志文件的最大体积，单位为 MB，设置为 0 表示无限制，默认值为 1800MB
--log-flush-frequency duration	设置 flush 日志文件的时间间隔，默认值为 5s
--logtostderr	设置为 true 表示将日志输出到 stderr，不输出到日志文件
--skip-headers	设置为 true 表示在日志信息中不显示 header prefix 信息
--skip-log-headers	设置为 true 表示在日志信息中不显示 header 信息
--stderrthreshold severity	将该 threshold 级别之上的日志输出到 stderr，默认值为 2

续表

参数名和类型	说　明
-v, --v Level	设置日志级别
--version version[=true]	设置为 true 表示显示版本信息然后退出
--vmodule moduleSpec	设置基于 glog 模块的详细日志级别，格式为 pattern=N，以逗号分隔

附录 A.2　kube-apiserver 启动参数

对 kube-apiserver 启动参数的详细说明如表 A.2 所示。

表 A.2　对 kube-apiserver 启动参数的详细说明

参数名和类型	说　明
[通用参数]	
--advertise-address ip	用于广播自己的 IP 地址给集群的所有成员，在不指定该地址时将使用--bind-address 定义的 IP 地址，如果未指定--bind-address，则将使用宿主机默认网卡（network interface）的 IP 地址
--cloud-provider-gce-l7lb-src-cidrs cidrs	GCE 防火墙上开放的负载均衡器源 IP CIDR 列表，默认值为 130.211.0.0/22、35.191.0.0/16
--cors-allowed-origins strings	CORS（跨域资源共享）设置允许访问的源域列表，以逗号分隔，并可使用正则表达式匹配子网。如果不指定，则表示不启用 CORS
--default-not-ready-toleration-seconds int	等待 notReady:NoExecute 的 toleration 秒数，默认值为 300。默认会给所有未设置 toleration 的 Pod 添加该设置
--default-unreachable-toleration-seconds int	等待 unreachable:NoExecute 的 toleration 秒数，默认值为 300。默认会给所有未设置 toleration 的 Pod 添加该设置
--enable-priority-and-fairness	设置为 true 并且启用 APIPriorityAndFairness 特性开关时，将启用一个增强的基于优先级和公平算法的队列和分发机制来替换 max-in-flight 处理机制，默认值为 true
--external-hostname string	设置 Master 的对外主机名或域名，例如用于 Swagger API 文档或用于 OpenID 发现的主机名或域名
--feature-gates mapStringBool	特性开关组，每个开关都以 key=value 形式表示，可以单独启用或禁用某种特性。 可以设置的特性开关包括： APIListChunking=true|false (BETA - default=true) APIPriorityAndFairness=true|false (ALPHA - default=false)

续表

参数名和类型	说　明
--feature-gates mapStringBool	APIResponseCompression=true|false (BETA - default=true) AllAlpha=true|false (ALPHA - default=false) AllBeta=true|false (BETA - default=false) AllowInsecureBackendProxy=true|false (BETA - default=true) AnyVolumeDataSource=true|false (ALPHA - default=false) AppArmor=true|false (BETA - default=true) BalanceAttachedNodeVolumes=true|false (ALPHA - default=false) BoundServiceAccountTokenVolume=true|false (ALPHA - default=false) CPUManager=true|false (BETA - default=true) CRIContainerLogRotation=true|false (BETA - default=true) CSIInlineVolume=true|false (BETA - default=true) CSIMigration=true|false (BETA - default=true) CSIMigrationAWS=true|false (BETA - default=false) CSIMigrationAWSComplete=true|false (ALPHA - default=false) CSIMigrationAzureDisk=true|false (BETA - default=false) CSIMigrationAzureDiskComplete=true|false (ALPHA - default=false) CSIMigrationAzureFile=true|false (ALPHA - default=false) CSIMigrationAzureFileComplete=true|false (ALPHA - default=false) CSIMigrationGCE=true|false (BETA - default=false) CSIMigrationGCEComplete=true|false (ALPHA - default=false) CSIMigrationOpenStack=true|false (BETA - default=false) CSIMigrationOpenStackComplete=true|false (ALPHA - default=false) CSIMigrationvSphere=true|false (BETA - default=false) CSIMigrationvSphereComplete=true|false (BETA - default=false) CSIStorageCapacity=true|false (ALPHA - default=false) CSIVolumeFSGroupPolicy=true|false (ALPHA - default=false) ConfigurableFSGroupPolicy=true|false (ALPHA - default=false) CustomCPUCFSQuotaPeriod=true|false (ALPHA - default=false) DefaultPodTopologySpread=true|false (ALPHA - default=false) DevicePlugins=true|false (BETA - default=true)

续表

参数名和类型	说　明
--feature-gates mapStringBool	DisableAcceleratorUsageMetrics=true|false (ALPHA - default=false) DynamicKubeletConfig=true|false (BETA - default=true) EndpointSlice=true|false (BETA - default=true) EndpointSliceProxying=true|false (BETA - default=true) EphemeralContainers=true|false (ALPHA - default=false) ExpandCSIVolumes=true|false (BETA - default=true) ExpandInUsePersistentVolumes=true|false (BETA - default=true) ExpandPersistentVolumes=true|false (BETA - default=true) ExperimentalHostUserNamespaceDefaulting=true|false (BETA - default=false) GenericEphemeralVolume=true|false (ALPHA - default=false) HPAScaleToZero=true|false (ALPHA - default=false) HugePageStorageMediumSize=true|false (BETA - default=true) HyperVContainer=true|false (ALPHA - default=false) IPv6DualStack=true|false (ALPHA - default=false) ImmutableEphemeralVolumes=true|false (BETA - default=true) KubeletPodResources=true|false (BETA - default=true) LegacyNodeRoleBehavior=true|false (BETA - default=true) LocalStorageCapacityIsolation=true|false (BETA - default=true) LocalStorageCapacityIsolationFSQuotaMonitoring=true|false (ALPHA - default=false) NodeDisruptionExclusion=true|false (BETA - default=true) NonPreemptingPriority=true|false (BETA - default=true) PodDisruptionBudget=true|false (BETA - default=true) PodOverhead=true|false (BETA - default=true) ProcMountType=true|false (ALPHA - default=false) QOSReserved=true|false (ALPHA - default=false) RemainingItemCount=true|false (BETA - default=true) RemoveSelfLink=true|false (ALPHA - default=false) RotateKubeletServerCertificate=true|false (BETA - default=true) RunAsGroup=true|false (BETA - default=true) RuntimeClass=true|false (BETA - default=true)

续表

参数名和类型	说　明
--feature-gates mapStringBool	SCTPSupport=true|false (BETA - default=true) SelectorIndex=true|false (BETA - default=true) ServerSideApply=true|false (BETA - default=true) ServiceAccountIssuerDiscovery=true|false (ALPHA - default=false) ServiceAppProtocol=true|false (BETA - default=true) ServiceNodeExclusion=true|false (BETA - default=true) ServiceTopology=true|false (ALPHA - default=false) SetHostnameAsFQDN=true|false (ALPHA - default=false) StartupProbe=true|false (BETA - default=true) StorageVersionHash=true|false (BETA - default=true) SupportNodePidsLimit=true|false (BETA - default=true) SupportPodPidsLimit=true|false (BETA - default=true) Sysctls=true|false (BETA - default=true) TTLAfterFinished=true|false (ALPHA - default=false) TokenRequest=true|false (BETA - default=true) TokenRequestProjection=true|false (BETA - default=true) TopologyManager=true|false (BETA - default=true) ValidateProxyRedirects=true|false (BETA - default=true) VolumeSnapshotDataSource=true|false (BETA - default=true) WarningHeaders=true|false (BETA - default=true) WinDSR=true|false (ALPHA - default=false) WinOverlay=true|false (ALPHA - default=false) WindowsEndpointSliceProxying=true|false (ALPHA - default=false)
--goaway-chance float	为了防止某个 HTTP/2 客户端卡住 apiserver，随机关闭一个连接（GOAWAY），客户端其他正在进行的请求不受影响，并且会与客户端重新建立连接，在有负载均衡器的环境中很可能会与另一个 apiserver 实例建立连接。该参数设置关闭连接的比例因子，设置为 0 表示不启用该特性，最大为 0.02（即 1/50 的请求数量），建议设置为 0.001（即 1/1000 的请求数量）。在只有一个 apiserver 的环境中不应启用该特性

续表

参数名和类型	说　明
--livez-grace-period duration	设置 apiserver 的最长启动时间（秒数），到达该时间后，apiserver 的/livez 接口才会被设置为 true
--master-service-namespace string	[已弃用] 设置 Master 服务所在的命名空间，默认值为 default
--max-mutating-requests-inflight int	同时处理的最大突变请求数量，默认值为 200，超过该数量的请求将被拒绝。设置为 0 表示无限制
--max-requests-inflight int	同时处理的非突变的最大请求数量，默认值为 400，超过该数量的请求将被拒绝。设置为 0 表示无限制
--min-request-timeout int	最小请求处理超时时间，单位为 s，默认值为 1800s，目前仅用于 watch request handler，其将会在该时间值上加一个随机时间作为请求的超时时间
--request-timeout duration	请求处理超时时间，可以被--min-request-timeout 参数覆盖，默认值为 1m0s
--shutdown-delay-duration duration	停止服务的延迟时间，在此期间，apiserver 将继续正常处理请求，接口/healthz 和/livez 将返回成功，但是/readyz 将立即返回失败。经过该延迟时间之后，apiserver 开始优雅地停止服务。该特性通常用于多个 apiserver 前端负载均衡器停止向某个 apiserver 发送客户端请求的场景中
[etcd 相关参数]	
--default-watch-cache-size int	设置默认 watch 缓存的大小，设置为 0 表示不缓存，默认值为 100
--delete-collection-workers int	启动 DeleteCollection 的工作线程数，用于提高清理命名空间的效率，默认值为 1
--enable-garbage-collector	设置为 true 表示启用垃圾回收器。必须与 kube-controller-manager 的该参数设置为相同的值，默认值为 true
--encryption-provider-config string	在 Etcd 中存储机密信息的加密程序的配置文件
--etcd-cafile string	到 Etcd 安全连接使用的 SSL CA 文件
--etcd-certfile string	到 Etcd 安全连接使用的 SSL 证书文件
--etcd-compaction-interval duration	压缩请求的时间间隔，设置为 0 表示不压缩，默认值为 5m0s
--etcd-count-metric-poll-period duration	按类型查询 Etcd 中资源数量的时间频率，默认值为 1m0s
--etcd-db-metric-poll-interval duration	查询 Etcd 的请求并更新 metric 指标数值的时间频率，默认值为 1m0s
--etcd-keyfile string	到 Etcd 安全连接使用的 SSL key 文件
--etcd-prefix string	在 Etcd 中保存 Kubernetes 集群数据的根目录名称，默认值为/registry
--etcd-servers strings	以逗号分隔的 Etcd 服务 URL 列表，Etcd 服务以<协议>://ip:port 格式表示

续表

参数名和类型	说　明
--etcd-servers-overrides	按资源覆盖 Etcd 服务的设置，以逗号分隔。单个覆盖格式为：group/resource #servers，其中 servers 格式为<协议>://ip:port，以分号分隔
--storage-backend string	设置持久化存储类型，可选项为 etcd2、etcd3，从 Kubernetes 1.6 版本开始默认值为 etcd3
--storage-media-type	持久化后端存储的介质类型。某些资源类型只能使用特定类型的介质进行保存，将忽略这个参数的设置，默认值为 application/vnd.kubernetes.protobuf
--watch-cache	设置为 true 表示缓存 watch 操作的数据，默认值为 true
--watch-cache-sizes strings	设置针对各种资源对象 watch 缓存大小的列表，以逗号分隔，每个资源对象的设置格式都为 resource[.grouop]#size，在--watch-cache 参数为 true 时生效
[安全服务相关参数]	
--bind-address ip	Kubernetes API Server 在本地址的 6443 端口开启安全的 HTTPS 服务，默认值为 0.0.0.0
--cert-dir string	TLS 证书所在的目录，默认值为/var/run/kubernetes。如果设置了--tls-cert-file 和 --tls-private-key-file，则该设置将被忽略，默认值为/var/run/kubernetes
--http2-max-streams-per-connection int	服务器为客户端提供的 HTTP/2 连接中最大流（stream）数量限制，设置为 0 表示使用 Golang 的默认值
--permit-port-sharing	设置是否允许多个进程共享同一个端口号，设置为 true 表示使用端口的 SO_REUSEPORT 属性，默认值为 false
--secure-port int	设置 API Server 使用的 HTTPS 安全模式端口号，默认值为 6443，不能通过设置为 0 进行关闭
--tls-cert-file string	包含 x509 证书的文件路径，用于 HTTPS 认证，未指定时系统将使用--cert-dir 指定目录下的证书文件
--tls-cipher-suites strings	服务器端加密算法列表，以逗号分隔，若不进行设置，则使用 Go cipher suites 的默认列表。可选加密算法包括： TLS_AES_128_GCM_SHA256 TLS_AES_256_GCM_SHA384 TLS_CHACHA20_POLY1305_SHA256 TLS_ECDHE_ECDSA_WITH_AES_128_CBC_SHA TLS_ECDHE_ECDSA_WITH_AES_128_GCM_SHA256 TLS_ECDHE_ECDSA_WITH_AES_256_CBC_SHA

续表

参数名和类型	说 明
--tls-cipher-suites strings	TLS_ECDHE_ECDSA_WITH_AES_256_GCM_SHA384 TLS_ECDHE_ECDSA_WITH_CHACHA20_POLY1305 TLS_ECDHE_ECDSA_WITH_CHACHA20_POLY1305_SHA256 TLS_ECDHE_RSA_WITH_3DES_EDE_CBC_SHA TLS_ECDHE_RSA_WITH_AES_128_CBC_SHA TLS_ECDHE_RSA_WITH_AES_128_GCM_SHA256 TLS_ECDHE_RSA_WITH_AES_256_CBC_SHA TLS_ECDHE_RSA_WITH_AES_256_GCM_SHA384 TLS_ECDHE_RSA_WITH_CHACHA20_POLY1305 TLS_ECDHE_RSA_WITH_CHACHA20_POLY1305_SHA256 TLS_RSA_WITH_3DES_EDE_CBC_SHA TLS_RSA_WITH_AES_128_CBC_SHA TLS_RSA_WITH_AES_128_GCM_SHA256 TLS_RSA_WITH_AES_256_CBC_SHA TLS_RSA_WITH_AES_256_GCM_SHA384 不安全的值如下： TLS_ECDHE_ECDSA_WITH_AES_128_CBC_SHA256 TLS_ECDHE_ECDSA_WITH_RC4_128_SHA TLS_ECDHE_RSA_WITH_AES_128_CBC_SHA256 TLS_ECDHE_RSA_WITH_RC4_128_SHA TLS_RSA_WITH_AES_128_CBC_SHA256 TLS_RSA_WITH_RC4_128_SHA
--tls-min-version string	设置支持的最小 TLS 版本号，可选的版本号包括 VersionTLS10、VersionTLS11、VersionTLS12 和 VersionTLS13
--tls-private-key-file string	包含 x509 证书与 tls-cert-file 对应的私钥文件路径
--tls-sni-cert-key namedCertKey	x509 证书与私钥文件路径对，如果有多对设置，则需要指定多次--tls-sni-cert-key 参数，默认值为[]。常用配置示例如“example.key,example.crt”或“foo.crt,foo.key:*.foo.com,foo.com”等

续表

参数名和类型	说　明
[非安全服务相关参数]	
--address ip	[已弃用] 设置绑定的不安全 IP 地址，建议使用--bind-address
--insecure-bind-address ip	[已弃用] 非安全监听 IP 地址，与--insecure-port 共同使用，设置为 0.0.0.0 或::表示使用全部网络接口，默认值为 127.0.0.1
--insecure-port int	[已弃用] 非安全监听端口，默认值为 8080。应在防火墙中进行配置，以使外部客户端不可以通过非安全端口访问 API Server
--port int	[已弃用] 设置绑定的不安全端口号，建议使用--secure-port
[审计相关参数]	
--audit-log-batch-buffer-size int	审计日志持久化 Event 的缓存大小，仅用于批量模式，默认值为 10000
--audit-log-batch-max-size int	审计日志最大批量大小，仅用于批量模式，默认值为 1
--audit-log-batch-max-wait duration	审计日志持久化 Event 的最长等待时间，仅用于批量模式
--audit-log-batch-throttle-burst int	审计日志批量处理允许的并发最大数量，仅当之前没有启用过 ThrottleQPS 时生效，仅用于批量模式
--audit-log-batch-throttle-enable	设置是否启用批处理并发处理，仅用于批量模式
--audit-log-batch-throttle-qps float32	设置每秒处理批次的最大值，仅用于批量模式
--audit-log-format string	审计日志的记录格式，可以将其设置为 legacy 或 json，设置为 legacy 表示按每行文本方式记录日志；设置为 json 表示使用 JSON 格式进行记录，默认值为 json
--audit-log-maxage int	审计日志文件保留的最长天数
--audit-log-maxbackup int	审计日志文件的个数
--audit-log-maxsize int	审计日志文件的单个大小限制，单位 MB，默认值为 100MB
--audit-log-mode string	审计日志记录模式，包括同步模式 blocking 或 blocking-strict 和异步模式 batch，默认值为 blocking
--audit-log-path string	审计日志文件的全路径
--audit-log-truncate-enabled	设置是否启用记录 Event 分批截断机制
--audit-log-truncate-max-batch-size int	设置每批次最大可保存 Event 的字节数，超过时自动分成新的批次，默认值为 10485760
--audit-log-truncate-max-event-size int	设置可保存 Event 的最大字节数，超过时自动移除第 1 个请求和应答，仍然超限时将丢弃该 Event，默认值为 102400
--audit-log-version string	审计日志的 API 版本号，默认值为 audit.k8s.io/v1

续表

参数名和类型	说　明
--audit-policy-file string	审计策略配置文件的全路径
--audit-webhook-batch-buffer-size int	当使用 Webhook 保存审计日志时，审计日志持久化 Event 的缓存大小，仅用于批量模式，默认值为 10000
--audit-webhook-batch-max-size int	当使用 Webhook 保存审计日志时，审计日志的最大批量大小，仅用于批量模式，默认值为 400
--audit-webhook-batch-max-wait duration	当使用 Webhook 保存审计日志时，审计日志持久化 Event 的最长等待时间，仅用于批量模式，默认值为 30s
--audit-webhook-batch-throttle-burst int	当使用 Webhook 保存审计日志时，审计日志批量处理允许的并发最大数量，仅当之前没有启用过 ThrottleQPS 时生效，仅用于批量模式，默认值为 15
--audit-webhook-batch-throttle-enable	当使用 Webhook 保存审计日志时，设置是否启用批处理并发处理，仅用于批量模式，默认值为 true
--audit-webhook-batch-throttle-qps float32	当使用 Webhook 保存审计日志时，设置每秒处理批次的最大值，仅用于批量模式，默认值为 10
--audit-webhook-config-file string	当使用 Webhook 保存审计日志时 Webhook 配置文件的全路径，格式为 kubeconfig 格式
--audit-webhook-initial-backoff duration	当使用 Webhook 保存审计日志时，对第 1 个失败请求重试的等待时间，默认值为 10s
--audit-webhook-mode string	当使用 Webhook 保存审计日志时审计日志记录模式，包括同步模式 blocking 或 blocking-strict 和异步模式 batch，默认值为 batch
--audit-webhook-truncate-enabled	当使用 Webhook 保存审计日志时，设置是否启用记录 Event 分批截断机制
--audit-webhook-truncate-max-batch-size int	当使用 Webhook 保存审计日志时，设置每批次最大可保存 Event 的字节数，超过时自动分成新的批次，默认值为 10485760
--audit-webhook-truncate-max-event-size int	当使用 Webhook 保存审计日志时，设置可保存 Event 的最大字节数，超过时自动移除第 1 个请求和应答，仍然超限时将丢弃该 Event，默认值为 102400
--audit-webhook-version string	当使用 Webhook 保存审计日志时审计日志的 API 版本号，默认值为 audit.k8s.io/v1
[其他特性参数]	
--contention-profiling	当性能分析功能打开时，设置是否启用锁竞争分析功能
--profiling	设置为 true 表示打开性能分析功能，可以通过<host>:<port>/debug/pprof/地址查看程序栈、线程等系统信息，默认值为 true

续表

参数名和类型	说　明
[认证相关参数]	
--anonymous-auth	设置为 true 表示 APIServer 的安全端口可以接收匿名请求，不会被任何 authentication 拒绝的请求将被标记为匿名请求。匿名请求的用户名为 system:anonymous，用户组为 system:unauthenticated，默认值为 true
--api-audiences strings	API 标识符列表，服务账户令牌身份验证器将验证针对 API 使用的令牌是否绑定到设置的至少一个 API 标识符。如果设置了--service-account-issuer 标志但未设置此标志，则此字段默认包含颁发者 URL 的单个元素列表
--authentication-token-webhook-cache-ttl duration	将 Webhook Token Authenticator 返回的响应保存在缓存内的时间，默认值为 2m0s
--authentication-token-webhook-config-file string	Webhook 相关的配置文件，将用于 Token Authentication
--authentication-token-webhook-version string	发送给 Webhook 的 TokenReview 资源的 API 版本号，API 组为 authentication.k8s.io，默认版本号为"v1beta1"
--client-ca-file string	如果指定，则该客户端证书中的 CommonName 名称将被用于认证
--enable-bootstrap-token-auth	设置在 TLS 认证引导时是否允许使用 kube-system 命名空间中类型为 bootstrap.kubernetes.io/token 的 secret
--oidc-ca-file string	在该文件内设置鉴权机构，OpenID Server 的证书将被其中一个机构验证。如果不设置，则将使用主机的 root CA 证书
--oidc-client-id string	OpenID Connect 的客户端 ID，在设置 oidc-issuer-url 时必须设置这个 ID
--oidc-groups-claim string	定制的 OpenID Connect 用户组声明的设置，以字符串数组的形式表示，实验用
--oidc-groups-prefix string	设置 OpenID 用户组的前缀
--oidc-issuer-url string	OpenID 发行者的 URL 地址，仅支持 HTTPS scheme，用于验证 OIDC JSON Web Token
--oidc-required-claim mapStringString	用于描述 ID 令牌所需的声明，以 key=value 形式表示，设置之后，该声明必须存在于匹配的 ID 令牌中，系统会对此进行验证。可以重复该参数以设置多个声明
--oidc-signing-algs strings	设置允许的 JOSE 非对称签名算法列表，以逗号分隔。JWT header 中 alg 的值不在该列表中时将被拒绝。值由 RFC7518 定义，默认值为[RS256]
--oidc-username-claim string	OpenID claim 的用户名，默认值为 sub，实验用

续表

参数名和类型	说　明
--oidc-username-prefix string	设置 OpenID 用户名的前缀，未指定时使用发行方 URL 作为前缀以避免冲突，设置为'-'表示不使用前缀
--requestheader-allowed-names strings	允许的客户端证书中的 common names 列表，通过 header 中由--requestheader-username-headers 参数指定的字段获取。若未设置，则表示经过--requestheader-client-ca-file 验证的客户端证书都会被认可
--requestheader-client-ca-file string	用于验证客户端证书的根证书，在信任--requestheader-username-headers 参数中的用户名之前进行验证
--requestheader-extra-headers-prefix strings	待审查请求 header 的前缀列表，建议用 X-Remote-Extra-
--requestheader-group-headers strings	待审查请求 header 的用户组的列表，建议用 X-Remote-Group
--requestheader-username-headers strings	待审查请求 header 的用户名的列表，通常用 X-Remote-User
--service-account-extend-token-expiration	设置是否启用 Service Account 令牌过期时的自动续期功能，这有助于从旧令牌安全过渡到绑定 Service Account 的令牌。如果启用，则注入的令牌有效期将延长（最长）1 年，以防止在转换期间出现意外故障，并且忽略--service-account-max-token-expiration duration 指定的有效期
--service-account-issuer {service-account-issuer}/.well-known/openid-configuration	设置 Service Account 颁发者的标识符。颁发者将在已颁发令牌的“iss”字段中断言此标识符，以字符串或 ULI 格式表示。如果设置的内容不符合 OpenID Discovery 1.0 规范，则 ServiceAccountIssuerDiscovery 特性将保持禁用状态（即使设置了启用），建议设置的内容遵循 OpenID 规范。在实践中要求其为 HTTPS 的 URL 地址，建议该 URL 以路径{service-account-issuer}/.well-known/openid-configuration 提供 OpenID Discovery 文档
--service-account-jwks-uri string	设置 Service Account 颁发者的 JWKS URL 地址，仅当启用 ServiceAccountIssuerDiscovery 特性时生效，并且会覆盖 /.well-known/openid-configuration 返回的内容
--service-account-key-file stringArray	包含 PEM-encoded x509 RSA 公钥和私钥的文件路径，用于验证 Service Account 的 Token。若不指定，则使用--tls-private-key-file 指定的文件。在设置了--service-account-signing-key 参数时必须设置
--service-account-lookup	设置为 true 时，系统会到 Etcd 验证 Service Account Token 是否存在，默认值为 true

续表

参数名和类型	说　明
--service-account-max-token-expiration duration	设置 Service Account 令牌颁发者创建的令牌的最长有效期。如果一个合法 TokenRequest 请求申请的有效期更长，则以该最长有效期为准
--token-auth-file string	用于访问 API Server 安全端口的 Token 认证文件路径
[授权相关参数]	
--authorization-mode string	到 API Server 的安全访问的认证模式列表，以逗号分隔，可选值包括 AlwaysAllow、AlwaysDeny、ABAC、Webhook、RBAC、Node，默认值为 AlwaysAllow
--authorization-policy-file string	当--authorization-mode 为 ABAC 时使用的 csv 格式的授权配置文件
--authorization-webhook-cache-authorized-ttl duration	将 Webhook Authorizer 返回的已授权响应保存在缓存内的时间，默认值为 5m0s
--authorization-webhook-cache-unauthorized-ttl duration	将 Webhook Authorizer 返回的未授权响应保存在缓存内的时间，默认值为 30s
--authorization-webhook-config-file string	当--authorization-mode 设置为 Webhook 时使用的授权配置文件
--authorization-webhook-version string	发送给 Webhook 的 SubjectAccessReview 资源的 API 版本号，API 组为 authorization.k8s.io，默认版本号为"v1beta1"
[云服务商相关参数]	
--cloud-config string	云服务商的配置文件路径，若不配置或设置为空字符串，则表示不使用云服务商的配置文件
--cloud-provider string	云服务商的名称，若不配置或设置为空字符串，则表示不使用云服务商
[API 相关参数]	
--runtime-config mapStringString	以一组 key=value 的格式设置启用或禁用某些内置的 API，目前支持的配置如下。 v1=true|false：是否启用/禁用 core API group。 <group>/<version>=true|false：是否启用或禁用指定的 API 组和版本号，例如 apps/v1=true。 api/all=true|false：控制 API 的全部版本号。 api/ga=true|false：控制所有 GA 阶段的 API 版本号，版本号格式为 v[0-9]+。 api/beta=true|false：控制所有 Beta 阶段的 API 版本号，版本号格式为 v[0-9]+beta[0-9]+。 api/alpha=true|false：控制所有 Alpha 阶段的 API 版本号，版本号格式为 v[0-9]+alpha[0-9]+。 api/legacy：已弃用，在未来的版本中会删除

续表

参数名和类型	说　明
[Egress Selector 相关参数]	
--egress-selector-config-file string	API Server 的 egress selector 配置文件
[准入控制相关参数]	
--admission-control string	[已弃用] 改用--enable-admission-plugins 或--disable-admission-plugins 参数 对发送给 API Server 的请求进行准入控制，配置为一个准入控制器的列表，多个准入控制器之间以逗号分隔。多个准入控制器将按顺序对发送给 API Server 的请求进行拦截和过滤。可配置的准入控制器包括 AlwaysAdmit、AlwaysDeny、AlwaysPullImages、CertificateApproval、CertificateSigning、CertificateSubjectRestriction、DefaultIngressClass、DefaultStorageClass、DefaultTolerationSeconds、DenyEscalatingExec、DenyExecOnPrivileged、EventRateLimit、ExtendedResourceToleration、ImagePolicyWebhook、LimitPodHardAntiAffinityTopology、LimitRanger、MutatingAdmissionWebhook、NamespaceAutoProvision、NamespaceExists、NamespaceLifecycle、NodeRestriction、OwnerReferencesPermissionEnforcement、PersistentVolumeClaimResize、PersistentVolumeLabel、PodNodeSelector、PodPreset、PodSecurityPolicy、PodTolerationRestriction、Priority、ResourceQuota、RuntimeClass、SecurityContextDeny、ServiceAccount、StorageObjectInUseProtection、TaintNodesByCondition、ValidatingAdmissionWebhook
--admission-control-config-file string	控制规则的配置文件
--disable-admission-plugins strings	设置禁用的准入控制插件列表，不论其是否在默认启用的插件列表中，以逗号分隔。 系统默认配置的禁用插件列表包括 NamespaceLifecycle、LimitRanger、ServiceAccount、TaintNodesByCondition、Priority、DefaultTolerationSeconds、DefaultStorageClass、StorageObjectInUseProtection、PersistentVolumeClaimResize、RuntimeClass、CertificateApproval、CertificateSigning、CertificateSubjectRestriction、DefaultIngressClass、MutatingAdmissionWebhook、ValidatingAdmissionWebhook、ResourceQuota 可选插件包括 AlwaysAdmit、AlwaysDeny、AlwaysPullImages、CertificateApproval、CertificateSigning、CertificateSubjectRestriction、DefaultIngressClass、DefaultStorageClass、DefaultTolerationSeconds、DenyEscalatingExec、DenyExecOnPrivileged、EventRateLimit、ExtendedResourceToleration、ImagePolicyWebhook、LimitPodHardAntiAffinityTopology、LimitRanger、MutatingAdmissionWebhook、NamespaceAutoProvision、NamespaceExists、

续表

参数名和类型	说　明
--disable-admission-plugins strings	NamespaceLifecycle、NodeRestriction、OwnerReferencesPermissionEnforcement、PersistentVolumeClaimResize、PersistentVolumeLabel、PodNodeSelector、PodPreset、PodSecurityPolicy、PodTolerationRestriction、Priority、ResourceQuota、RuntimeClass、SecurityContextDeny、ServiceAccount、StorageObjectInUseProtection、TaintNodesByCondition、ValidatingAdmissionWebhook 各插件没有先后顺序关系
--enable-admission-plugins strings	设置启用的准入控制插件列表，以逗号分隔。 系统默认配置的启用插件列表包括 NamespaceLifecycle、LimitRanger、ServiceAccount、TaintNodesByCondition、Priority、DefaultTolerationSeconds、DefaultStorageClass、StorageObjectInUseProtection、PersistentVolumeClaimResize、RuntimeClass、CertificateApproval、CertificateSigning、CertificateSubjectRestriction、DefaultIngressClass、MutatingAdmissionWebhook、ValidatingAdmissionWebhook、ResourceQuota 可选插件包括 AlwaysAdmit、AlwaysDeny、AlwaysPullImages、CertificateApproval、CertificateSigning、CertificateSubjectRestriction、DefaultIngressClass、DefaultStorageClass、DefaultTolerationSeconds、DenyEscalatingExec、
	DenyExecOnPrivileged、EventRateLimit、ExtendedResourceToleration、ImagePolicyWebhook、LimitPodHardAntiAffinityTopology、LimitRanger、MutatingAdmissionWebhook、NamespaceAutoProvision、NamespaceExists、NamespaceLifecycle、NodeRestriction、OwnerReferencesPermissionEnforcement、PersistentVolumeClaimResize、PersistentVolumeLabel、PodNodeSelector、PodPreset、PodSecurityPolicy、PodTolerationRestriction、Priority、ResourceQuota、RuntimeClass、SecurityContextDeny、ServiceAccount、StorageObjectInUseProtection、TaintNodesByCondition、ValidatingAdmissionWebhook 各插件没有先后顺序关系
[Metric 指标相关参数]	
--show-hidden-metrics-for-version string	配置是否需要显示所隐藏指标的 Kubernetes 旧版本号，仅当旧版本的小版本号有意义时生效，格式为<major>.<minor>，例如 1.16，用于验证有哪些旧版本的指标在新版本中被弃用

续表

参数名和类型	说　明
[日志相关参数]	
--logging-format string	设置日志文件的记录格式，可选项包括"text"和"json"，默认值为"text"，目前"json"格式的日志为 Alpha 阶段，如果设置为"json"，则其他日志相关参数都无效：--add_dir_header、--alsologtostderr、--log_backtrace_at、--log_dir、--log_file、--log_file_max_size、--logtostderr、--skip_headers、--skip_log_headers、--stderrthreshold、--vmodule、--log-flush-frequency
[其他参数]	
--allow-privileged	设置是否允许容器以特权模式运行，默认值为 false
--apiserver-count int	Master 集群中的 API Server 数量，默认值为 1，在 Master 部署为多实例高可用集群模式时进行配置
--enable-aggregator-routing	设置为 true 表示 aggregator 将请求路由到 Endpoint 的 IP 地址，否则路由到服务的 ClusterIP 地址
--endpoint-reconciler-type string	设置 Endpoint 协调器的类型，可选类型包括 master-count、lease、none，默认值为 lease
--event-ttl duration	Event 事件的保存时间，默认为 1h0m0s
--kubelet-certificate-authority string	用于连接 kubelet 的 CA 证书文件路径
--kubelet-client-certificate string	用于连接 kubelet 的客户端证书文件路径
--kubelet-client-key string	用于连接 kubelet 的客户端私钥文件路径
--kubelet-preferred-address-types strings	连接 kubelet 时使用的节点地址类型（NodeAddressTypes），默认值为列表[Hostname, InternalDNS,InternalIP,ExternalDNS,ExternalIP]，表示可用其中任一地址类型
--kubelet-timeout int	kubelet 执行操作的超时时间，默认值为 5s
--kubernetes-service-node-port int	设置 Master 服务是否使用 NodePort 模式，如果设置，则 Master 服务的端口号将被映射到物理机的端口号；设置为 0 表示以 ClusterIP 地址的形式启动 Master 服务
--max-connection-bytes-per-sec int	设置为非 0 的值表示限制每个客户端连接的带宽，单位为每秒字节数，目前仅用于需要长时间执行的请求
--proxy-client-cert-file string	用于在请求期间验证 aggregator 或 kube-apiserver 身份的客户端证书文件路径。将请求代理到用户 api-server 并调用 Webhook 准入控制插件时，要求此证书在--requestheader-client-ca-file 指定的文件中包含来自 CA 的签名。该 CA 被发布在 kube-system 命名空间名为 extension-apiserver-authentication 的 ConfigMap 中

续表

参数名和类型	说　明
--proxy-client-key-file string	用于在请求期间验证 aggregator 或 kube-apiserver 身份的客户端私钥文件路径
--service-account-signing-key-file string	设置 Service Account 令牌颁发者的当前私钥的文件路径。颁发者用该私钥对颁发的 ID 令牌进行签名。要求启用 TokenRequest 特性开关
--service-cluster-ip-range ipNet	设置 Service 的 ClusterIP 地址的 CIDR 范围，例如 169.169.0.0/16，该 IP 地址段不能与物理机所在的网络重合
--service-node-port-range portRange	设置 Service 的 NodePort 端口号范围，默认值为 30000～32767，包括 30000 和 32767

附录 A.3　kube-controller-manager 启动参数

对 kube-controller-manager 启动参数的详细说明如表 A.3 所示。

表 A.3　对 kube-controller-manager 启动参数的详细说明

参数名和类型	说　明
[调试相关参数]	
--contention-profiling	当设置打开性能分析时，设置是否打开锁竞争分析
--profiling	设置为 true 表示打开性能分析，可以通过<host>:<port>/debug/pprof/地址查看程序栈、线程等系统信息，默认值为 true
[通用参数]	
--allocate-node-cidrs	设置为 true 表示使用云服务商为 Pod 分配的 CIDRs，仅用于公有云
--cidr-allocator-type string	CIDR 分配器的类型，默认值为 RangeAllocator
--cloud-config string	云服务商的配置文件路径，仅用于公有云
--cloud-provider string	云服务商的名称，仅用于公有云
--cluster-cidr string	集群中 Pod 的可用 CIDR 范围
--cluster-name string	集群的名称，默认值为 kubernetes
--configure-cloud-routes	设置云服务商是否为--allocate-node-cidrs 分配的 CIDR 设置路由，默认值为 true
--controller-start-interval duration	启动各个 controller manager 的时间间隔，默认值为 0s
--controllers strings	设置启用的 controller 列表，默认值为"*"，表示启用所有 controller，foo 表示启用名为 foo 的 controller，-foo 表示禁用名为 foo 的 controller。 所有 controller 列表包括 attachdetach、bootstrapsigner、cloud-node-lifecycle、

续表

参数名和类型	说　明
--controllers strings	clusterrole-aggregation、cronjob、csrapproving、csrcleaner、csrsigning、daemonset、deployment、disruption、endpoint、endpointslice、endpointslicemirroring、ephemeral-volume、garbagecollector、horizontalpodautoscaling、job、namespace、nodeipam、nodelifecycle、persistentvolume-binder、persistentvolume-expander、podgc、pv-protection、pvc-protection、replicaset、replicationcontroller、resourcequota、root-ca-cert-publisher、route、service、serviceaccount、serviceaccount-token、statefulset、tokencleaner、ttl、ttl-after-finished。 默认禁用的 controller 包括 bootstrapsigner、tokencleaner
--external-cloud-volume-plugin string	当设置--cloud-provider 为外部云服务商时使用的 Volume 插件
--feature-gates mapStringBool	特性开关组，每个开关都以 key=value 形式表示，可以单独启用或禁用某种特性。可以设置的特性开关如下。 APIListChunking=true|false (BETA - default=true) APIPriorityAndFairness=true|false (ALPHA - default=false) APIResponseCompression=true|false (BETA - default=true) AllAlpha=true|false (ALPHA - default=false) AllBeta=true|false (BETA - default=false) AllowInsecureBackendProxy=true|false (BETA - default=true)
--feature-gates mapStringBool	AnyVolumeDataSource=true|false (ALPHA - default=false) AppArmor=true|false (BETA - default=true) BalanceAttachedNodeVolumes=true|false (ALPHA - default=false) BoundServiceAccountTokenVolume=true|false (ALPHA - default=false) CPUManager=true|false (BETA - default=true) CRIContainerLogRotation=true|false (BETA - default=true) CSIInlineVolume=true|false (BETA - default=true) CSIMigration=true|false (BETA - default=true) CSIMigrationAWS=true|false (BETA - default=false) CSIMigrationAWSComplete=true|false (ALPHA - default=false) CSIMigrationAzureDisk=true|false (BETA - default=false) CSIMigrationAzureDiskComplete=true|false (ALPHA - default=false) CSIMigrationAzureFile=true|false (ALPHA - default=false)

续表

参数名和类型	说　明
--feature-gates mapStringBool	CSIMigrationAzureFileComplete=true|false (ALPHA - default=false) CSIMigrationGCE=true|false (BETA - default=false) CSIMigrationGCEComplete=true|false (ALPHA - default=false) CSIMigrationOpenStack=true|false (BETA - default=false) CSIMigrationOpenStackComplete=true|false (ALPHA - default=false) CSIMigrationvSphere=true|false (BETA - default=false) CSIMigrationvSphereComplete=true|false (BETA - default=false) CSIStorageCapacity=true|false (ALPHA - default=false) CSIVolumeFSGroupPolicy=true|false (ALPHA - default=false) ConfigurableFSGroupPolicy=true|false (ALPHA - default=false) CustomCPUCFSQuotaPeriod=true|false (ALPHA - default=false) DefaultPodTopologySpread=true|false (ALPHA - default=false) DevicePlugins=true|false (BETA - default=true) DisableAcceleratorUsageMetrics=true|false (ALPHA - default=false) DynamicKubeletConfig=true|false (BETA - default=true) EndpointSlice=true|false (BETA - default=true) EndpointSliceProxying=true|false (BETA - default=true) EphemeralContainers=true|false (ALPHA - default=false) ExpandCSIVolumes=true|false (BETA - default=true) ExpandInUsePersistentVolumes=true|false (BETA - default=true) ExpandPersistentVolumes=true|false (BETA - default=true) ExperimentalHostUserNamespaceDefaulting=true|false (BETA - default=false) GenericEphemeralVolume=true|false (ALPHA - default=false) HPAScaleToZero=true|false (ALPHA - default=false) HugePageStorageMediumSize=true|false (BETA - default=true) HyperVContainer=true|false (ALPHA - default=false) IPv6DualStack=true|false (ALPHA - default=false) ImmutableEphemeralVolumes=true|false (BETA - default=true) KubeletPodResources=true|false (BETA - default=true) LegacyNodeRoleBehavior=true|false (BETA - default=true)

续表

参数名和类型	说　明
--feature-gates mapStringBool	LocalStorageCapacityIsolation=true|false (BETA - default=true) LocalStorageCapacityIsolationFSQuotaMonitoring=true|false (ALPHA - default=false) NodeDisruptionExclusion=true|false (BETA - default=true) NonPreemptingPriority=true|false (BETA - default=true) PodDisruptionBudget=true|false (BETA - default=true) PodOverhead=true|false (BETA - default=true) ProcMountType=true|false (ALPHA - default=false) QOSReserved=true|false (ALPHA - default=false) RemainingItemCount=true|false (BETA - default=true) RemoveSelfLink=true|false (ALPHA - default=false) RotateKubeletServerCertificate=true|false (BETA - default=true) RunAsGroup=true|false (BETA - default=true) RuntimeClass=true|false (BETA - default=true) SCTPSupport=true|false (BETA - default=true) SelectorIndex=true|false (BETA - default=true) ServerSideApply=true|false (BETA - default=true) ServiceAccountIssuerDiscovery=true|false (ALPHA - default=false) ServiceAppProtocol=true|false (BETA - default=true) ServiceNodeExclusion=true|false (BETA - default=true) ServiceTopology=true|false (ALPHA - default=false) SetHostnameAsFQDN=true|false (ALPHA - default=false) StartupProbe=true|false (BETA - default=true) StorageVersionHash=true|false (BETA - default=true) SupportNodePidsLimit=true|false (BETA - default=true) SupportPodPidsLimit=true|false (BETA - default=true) Sysctls=true|false (BETA - default=true) TTLAfterFinished=true|false (ALPHA - default=false) TokenRequest=true|false (BETA - default=true) TokenRequestProjection=true|false (BETA - default=true) TopologyManager=true|false (BETA - default=true)

续表

参数名和类型	说　明
--feature-gates mapStringBool	ValidateProxyRedirects=true|false (BETA - default=true) VolumeSnapshotDataSource=true|false (BETA - default=true) WarningHeaders=true|false (BETA - default=true) WinDSR=true|false (ALPHA - default=false) WinOverlay=true|false (ALPHA - default=false) WindowsEndpointSliceProxying=true|false (ALPHA - default=false)
--kube-api-burst int32	发送到 API Server 的每秒突发请求量，默认值为 30
--kube-api-content-type string	发送到 API Server 的请求内容类型，默认值为 application/vnd.kubernetes.protobuf
--kube-api-qps float32	与 API Server 通信的 QPS 值，默认值为 20
--leader-elect	设置为 true 表示进行 leader 选举，用于 Master 多实例高可用部署模式下，默认值为 true
--leader-elect-lease-duration duration	leader 选举过程中非 leader 等待选举的时间间隔，默认值为 15s，仅当--leader-elect=true 时生效
--leader-elect-renew-deadline duration	leader 选举过程中在停止 leading 角色之前再次 renew 的时间间隔，应小于或等于 leader-elect-lease-duration，默认值为 10s，仅当--leader-elect=true 时生效
--leader-elect-resource-lock endpoints	在 leader 选举过程中使用哪种资源对象进行锁定操作，可选值包括'endpoints'、'configmaps'、'leases'、'endpointsleases'和'configmapsleases'，默认值为"endpointsleases"
--leader-elect-resource-name string	在 leader 选举过程中用于锁定的资源对象名称，默认值为"kube-controller-manager"
--leader-elect-resource-namespace string	在 leader 选举过程中用于锁定的资源对象所在的 namespace 名称，默认值为"kube-system"
--leader-elect-retry-period duration	在 leader 选举过程中获取 leader 角色和 renew 之间的等待时间，默认值为 2s，仅当--leader-elect=true 时生效
--min-resync-period duration	最小重新同步的时间间隔，实际重新同步的时间为 MinResyncPeriod 到 2×MinResyncPeriod 之间的一个随机数，默认值为 12h0m0s
--node-monitor-period duration	NodeController 同步 NodeStatus 的时间间隔，默认值为 5s
--route-reconciliation-period duration	云服务商为 Node 创建路由的同步时间间隔，默认值为 10s
--use-service-account-credentials	设置为 true 表示为每个 controller 分别设置 Service Account

续表

参数名和类型	说　明
[Service 控制器相关参数]	
--concurrent-service-syncs int32	设置允许的并发同步 Service 对象的数量，值越大表示服务管理的响应越快，但会消耗更多的 CPU 和网络资源，默认值为 1
[安全服务相关参数]	
--bind-address ip	在 HTTPS 安全端口提供服务时监听的 IP 地址，默认值为 0.0.0.0
--cert-dir string	TLS 证书所在的目录，如果设置了--tls-cert-file 和--tls-private-key-file，则该设置将被忽略
--http2-max-streams-per-connection int	服务器为客户端提供的 HTTP/2 连接中的最大流数量限制，设置为 0 表示使用 Golang 的默认值
--permit-port-sharing	设置是否允许多个进程共享同一个端口号，设置为 true 表示使用端口的 SO_REUSEPORT 属性，默认值为 false
--secure-port int	设置 HTTPS 安全模式的监听端口号，设置为 0 表示不启用 HTTPS，默认值为 10257
--tls-cert-file string	包含 x509 证书的文件路径，用于 HTTPS 认证
--tls-cipher-suites strings	服务器端加密算法列表，以逗号分隔。若不设置，则使用 Go cipher suites 的默认列表。可选加密算法如下。 TLS_AES_128_GCM_SHA256 TLS_AES_256_GCM_SHA384 TLS_CHACHA20_POLY1305_SHA256 TLS_ECDHE_ECDSA_WITH_AES_128_CBC_SHA TLS_ECDHE_ECDSA_WITH_AES_128_GCM_SHA256 TLS_ECDHE_ECDSA_WITH_AES_256_CBC_SHA TLS_ECDHE_ECDSA_WITH_AES_256_GCM_SHA384 TLS_ECDHE_ECDSA_WITH_CHACHA20_POLY1305 TLS_ECDHE_ECDSA_WITH_CHACHA20_POLY1305_SHA256 TLS_ECDHE_RSA_WITH_3DES_EDE_CBC_SHA TLS_ECDHE_RSA_WITH_AES_128_CBC_SHA TLS_ECDHE_RSA_WITH_AES_128_GCM_SHA256 TLS_ECDHE_RSA_WITH_AES_256_CBC_SHA TLS_ECDHE_RSA_WITH_AES_256_GCM_SHA384 TLS_ECDHE_RSA_WITH_CHACHA20_POLY1305 TLS_ECDHE_RSA_WITH_CHACHA20_POLY1305_SHA256

续表

参数名和类型	说　明
--tls-cipher-suites strings	TLS_RSA_WITH_3DES_EDE_CBC_SHA TLS_RSA_WITH_AES_128_CBC_SHA TLS_RSA_WITH_AES_128_GCM_SHA256 TLS_RSA_WITH_AES_256_CBC_SHA TLS_RSA_WITH_AES_256_GCM_SHA384 不安全的值如下： TLS_ECDHE_ECDSA_WITH_AES_128_CBC_SHA256 TLS_ECDHE_ECDSA_WITH_RC4_128_SHA TLS_ECDHE_RSA_WITH_AES_128_CBC_SHA256 TLS_ECDHE_RSA_WITH_RC4_128_SHA TLS_RSA_WITH_AES_128_CBC_SHA256 TLS_RSA_WITH_RC4_128_SHA
--tls-min-version string	设置支持的最小 TLS 版本号，可选的版本号包括 VersionTLS10、VersionTLS11、VersionTLS12、VersionTLS13
--tls-private-key-file string	包含 x509 证书与 tls-cert-file 对应的私钥文件路径
--tls-sni-cert-key namedCertKey	x509 证书与私钥文件路径，可选设置后缀为 FQDN（完全限定域名）的域名模式列表，也可能包含前缀通配符段。域名部分也允许被设置为 IP 地址，但仅在客户端请求的 IP 地址能够访问到 API Server 的 IP 地址时使用。如果未指定域名模式，则直接提取证书名称，并且具有非通配符匹配优先于通配符匹配，显式域名模式
--tls-sni-cert-key namedCertKey	优先于提取证书名称的逻辑判断机制。如果有多对设置，则需要多次指定--tls-sni-cert-key 参数，例如"example.key,example.crt"或"*.foo.com,foo.com:foo.key,foo.crt"，默认值为[]
[非安全服务相关参数]	
--address ip	[已弃用] 设置绑定的不安全 IP 地址，建议使用--bind-address
--port int	[已弃用] 设置绑定的不安全端口号，建议使用--secure-port
[认证相关参数]	
--authentication-kubeconfig string	设置允许在 Kubernetes 核心服务中创建 tokenreviews.authentication.k8s.io 资源对象的 kubeconfig 配置文件，是可选设置。设置为空表示将所有的 Token 请求都视为匿名请求，也不会启用客户端 CA 认证机制
--authentication-skip-lookup	设置为 true 表示跳过认证，设置为 false 表示使用--authentication-kubeconfig 参数指定的配置文件查找集群中缺少的认证配置

续表

参数名和类型	说　明
--authentication-token-webhook-cache-ttl duration	对 Webhook 令牌认证服务返回响应进行缓存的时间，默认值为 10s
--authentication-tolerate-lookup-failure	设置为 true 表示当查询集群内认证缺失的配置失败时仍然认为合法，注意这样可能导致认证服务将所有请求都视为匿名
--client-ca-file string	如果指定，则该客户端证书中的 CommonName 名称将被用于认证
--requestheader-allowed-names strings	允许的客户端证书中的 common names 列表，通过 header 中由--requestheader-username-headers 参数指定的字段获取。若未设置，则表示由--requestheader-client-ca-file 中认定的任意客户端证书都被允许
--requestheader-client-ca-file string	用于验证客户端证书的根证书，在信任--requestheader-username-headers 参数中的用户名之前进行验证
--requestheader-extra-headers-prefix strings	待审查请求 header 的前缀列表，建议使用 X-Remote-Extra-，默认值为[x-remote-extra-]
--requestheader-group-headers strings	待审查请求 header 的用户组的列表，建议使用 X-Remote-Group，默认值为[x-remote-group]
--requestheader-username-headers strings	待审查请求 header 的用户名的列表，通常使用 X-Remote-User，默认值为[x-remote-user]
[授权相关参数]	
--authorization-always-allow-paths strings	设置无须授权的 HTTP 路径列表，默认值为[/healthz]
--authorization-kubeconfig string	设置允许在 Kubernetes 核心服务中创建 subjectaccessreviews.authorization.k8s.io 资源对象的 kubeconfig 配置文件，是可选设置。设置为空表示所有未列入白名单的请求都将被拒绝
--authorization-webhook-cache-authorized-ttl duration	对 Webhook 授权服务返回的已授权响应进行缓存的时间，默认值为 10s
--authorization-webhook-cache-unauthorized-ttl duration	对 Webhook 授权服务返回的未授权响应进行缓存的时间，默认值为 10s
[attach/detach 相关参数]	
--attach-detach-reconcile-sync-period duration	Volume 的 attach、detach 等操作的 reconciler 同步等待时间，必须大于 1s，默认值为 1m0s

续表

参数名和类型	说　明
--disable-attach-detach-reconcile-sync	设置为 true 表示禁用 Volume 的 attach、detach 同步操作
[CSR 签名控制器相关参数]	
--cluster-signing-cert-file string	PEM-encoded X509 CA 证书文件，用于 kube-controller-manager 在集群范围内颁发证书时使用。如果设置了该参数，则不应再设置其他以--cluster-signing-*开头的参数
--cluster-signing-duration duration	颁发证书的有效期，默认值为 8760h0m0s
--cluster-signing-key-file string	PEM-encoded RSA 或 ECDSA 私钥文件，用于签署集群范围的证书。如果设置了该参数，则不应再设置其他--cluster-signing-*开头的参数
--cluster-signing-kube-apiserver-client-cert-file string	PEM-encoded X509 CA 证书文件，用于为 kubernetes.io/kube-apiserver-client 签发者颁发证书。如果设置了该参数，则不能设置--cluster-signing-{cert,key}-参数
--cluster-signing-kube-apiserver-client-key-file string	PEM-encoded RSA 或 ECDSA 私钥文件，用于签署为 kubernetes.io/kube-apiserver-client 签发者颁发的证书。如果设置了该参数，则不能设置--cluster-signing-{cert,key}-参数
--cluster-signing-kubelet-client-cert-file string	PEM-encoded X509 CA 证书文件，用于为 kubernetes.io/kube-apiserver-client-kubelet 签发者颁发证书。如果设置了该参数，则不能设置--cluster-signing-{cert,key}-参数
--cluster-signing-kubelet-client-key-file string	PEM-encoded RSA 或 ECDSA 私钥文件，用于签署为 kubernetes.io/kube-apiserver-client-kubelet 签发者颁发的证书。如果设置了该参数，则不能设置--cluster-signing-{cert,key}-参数
--cluster-signing-kubelet-serving-cert-file string	PEM-encoded X509 CA 证书文件，用于为 kubernetes.io/kubelet-serving 签发者颁发证书。如果设置了该参数，则不能设置--cluster-signing-{cert,key}-参数
--cluster-signing-kubelet-serving-key-file string	PEM-encoded RSA 或 ECDSA 私钥文件，用于签署为 kubernetes.io/kubelet-serving 签发者颁发的证书。如果设置了该参数，则不能设置--cluster-signing-{cert,key}-参数
--cluster-signing-legacy-unknown-cert-file string	PEM-encoded X509 CA 证书文件，用于为 kubernetes.io/legacy-unknown 签发者颁发证书。如果设置了该参数，则不能设置--cluster-signing-{cert,key}-参数
--cluster-signing-legacy-unknown-key-file string	PEM-encoded RSA 或 ECDSA 私钥文件，用于签署为 kubernetes.io/legacy-unknown 签发者颁发的证书。如果设置了该参数，则不能设置--cluster-signing-{cert,key}-参数

续表

参数名和类型	说　明
[Deployment 控制器相关参数]	
--concurrent-deployment-syncs int32	设置允许的并发同步 Deployment 对象的数量，值越大表示同步 Deployment 的响应越快，但会消耗更多的 CPU 和网络资源，默认值为 5
--deployment-controller-sync-period duration	同步 Deployment 的时间间隔，默认值为 30s
[Statefulset 控制器相关参数]	
--concurrent-statefulset-syncs int32	设置允许的并发同步 Statefulset 对象的数量，值越大表示同步 Statefulset 的响应越快，但会消耗更多的 CPU 和网络资源，默认值为 5
[Endpoint 控制器相关参数]	
--concurrent-endpoint-syncs int32	设置并发执行 Endpoint 同步操作的数量，值越大表示更新 Endpoint 越快，但会消耗更多的 CPU 和网络资源，默认值为 5
--endpoint-updates-batch-period duration	设置批量执行 Endpoint 同步操作的间隔时间，值越大表示更新 Endpoint 的延迟时间更长，但会减少 Endpoint 的更新次数
[Endpointslice 控制器相关参数]	
--concurrent-service-endpoint-syncs int32	设置并发执行 Service 的 Endpoint Slice 同步操作的数量，值越大表示更新 Endpoint Slice 越快，但会消耗更多的 CPU 和网络资源，默认值为 5
--endpointslice-updates-batch-period duration	设置批量执行 Endpoint Slice 同步操作的间隔时间，值越大表示更新 Endpoint 的延迟时间更长，但会减少 Endpoint 的修改次数
--max-endpoints-per-slice int32	一个 EndpointSlice 分片中的最大 Endpoint 数量，默认值为 100
[Endpointslicemirroring 控制器相关参数]	
--mirroring-concurrent-service-endpoint-syncs int32	设置并发执行 Service 的 Endpoint Slice 镜像（EndpointSliceMirroring）操作的数量，值越大表示更新 Endpoint Slice 越快，但会消耗更多的 CPU 和网络资源，默认值为 5
--mirroring-endpointslice-updates-batch-period duration	设置批量执行 Endpoint Slice 镜像操作的间隔时间，值越大表示更新 Endpoint 的延迟时间更长，但会减少 Endpoint 的修改次数
--mirroring-max-endpoints-per-subset int32	由 EndpointSliceMirroring 控制器设置的一个 EndpointSlice 分片中的最大 Endpoint 镜像数量，默认值为 100

续表

参数名和类型	说　明
[GC 控制器相关参数]	
--concurrent-gc-syncs int32	设置并发执行 GC Worker 的数量，默认值为 20
--enable-garbage-collector	设置为 true 表示启用垃圾回收机制，必须设置为与 kube-apiserver 的--enable-garbage-collector 参数相同的值，默认值为 true
[HPA 控制器相关参数]	
--horizontal-pod-autoscaler-cpu-initialization-period duration	Pod 启动之后应跳过的初始 CPU 使用率采样时间，默认值为 5m0s
--horizontal-pod-autoscaler-downscale-stabilization duration	Pod 自动扩容器在进行缩容操作之前的等待时间，默认值为 5m0s
--horizontal-pod-autoscaler-initial-readiness-delay duration	Pod 启动之后应跳过的 readiness 检查时间，默认值为 30s
--horizontal-pod-autoscaler-sync-period duration	Pod 自动扩容器的 Pod 数量的同步时间间隔，默认值为 30s
--horizontal-pod-autoscaler-tolerance float	Pod 自动扩容器判断是否需要执行扩缩容操作时“期望值/实际值”的最小比值，默认值为 0.1
[Namespace 控制器相关参数]	
--concurrent-namespace-syncs int32	设置并发同步命名空间资源对象的数量，值越大表示同步操作越快，但会消耗更多的 CPU 和网络资源，默认值为 2
--namespace-sync-period duration	更新命名空间状态的同步时间间隔，默认值为 5m0s
[Node IPAM 控制器相关参数]	
--node-cidr-mask-size int32	Node CIDR 子网掩码设置，默认值为 IPv4 为 24，IPv6 为 64
--node-cidr-mask-size-ipv4 int32	IPv4 类型的 Node CIDR 子网掩码设置，默认值为 24
--node-cidr-mask-size-ipv6 int32	IPv6 类型的 Node CIDR 子网掩码设置，默认值为 64
--service-cluster-ip-range string	Service 的 IP 范围，要求设置--allocate-node-cidrs=true
[Node Lifecycle 控制器相关参数]	
--enable-taint-manager	测试用，设置为 true 表示启用 NoExecute Taints，并将在设置了该 taint 的 Node 上驱逐（Evict）所有 not-tolerating 的 Pod，默认值为 true
--large-cluster-size-threshold int32	设置 Node 的数量，用于 NodeController 根据集群规模是否需要进行 Pod Eviction 的逻辑判断。设置该值后--secondary-node-eviction-rate 将会被隐式重置为 0。默认值为 50

续表

参数名和类型	说　明
--node-eviction-rate float32	在 zone 仍为 healthy 状态（参考--unhealthy-zone-threshold 参数定义的健康状态，zone 指整个集群）且该 zone 中 Node 失效的情况下，驱逐 Pod 时每秒处理的 Node 数量，默认值为 0.1
--node-monitor-grace-period duration	监控 Node 状态的时间间隔，默认值为 40s，超过该设置时间后，controller-manager 会把 Node 标记为不可用状态。此值的设置有这样的要求：它应该被设置为 kubelet 汇报的 Node 状态时间间隔（参数--node-status-update- frequency=10s）的 *N* 倍，*N* 为 kubelet 状态汇报的重试次数
--node-startup-grace-period duration	Node 启动的最大允许时间，若超过此时间无响应，则会标记 Node 为不可用状态（启动失败），默认值为 1m0s
--pod-eviction-timeout duration	在失效 Node 上删除 Pod 的超时时间，默认值为 5m0s
--secondary-node-eviction-rate float32	在 zone 为 unhealthy 状态（参考--unhealthy-zone-threshold 参数定义的健康状态，zone 指整个集群），且该 zone 中出现 Node 失效的情况下，驱逐 Pod 时每秒处理的 Node 数量，默认值为 0.01。当设置了--large-cluster-size-threshold 参数并且集群 Node 数量少于--large-cluster-size-threshold 的值时，该参数被隐式重置为 0
--unhealthy-zone-threshold float32	设置在一个 zone 中有多少比例的 Node 失效时将被判断为 unhealthy，至少有 3 个 Node 失效才能进行判断，默认值为 0.55
[PV-binder 控制器相关参数]	
--enable-dynamic-provisioning	设置为 true 表示启用动态 provisioning（需底层存储驱动支持），默认值为 true
--enable-hostpath-provisioner	设置为 true 表示启用 hostPath PV provisioning 机制，仅用于测试，不可用于多 Node 的集群环境
--flex-volume-plugin-dir string	设置 Flex Volume 插件应搜索其他第三方 Volume 插件的目录名称，默认值为 "/usr/libexec/kubernetes/kubelet-plugins/volume/exec/"
--pv-recycler-increment-timeout-nfs int32	使用 NFS scrubber 的 Pod 每增加 1Gi 空间时，在 ActiveDeadlineSeconds 上增加的时间，默认值为 30s
--pv-recycler-minimum-timeout-hostpath int32	使用 hostPath recycler 的 Pod 的最小 ActiveDeadlineSeconds 秒数，默认值为 60s。实验用
--pv-recycler-minimum-timeout-nfs int32	使用 nfs recycler 的 Pod 的最小 ActiveDeadlineSeconds 秒数，默认值为 300s
--pv-recycler-pod-template-filepath-hostpath string	使用 hostPath recycler 的 Pod 的模板文件全路径。实验用

续表

参数名和类型	说　明
--pv-recycler-pod-template-filepath-nfs string	使用 nfs recycler 的 Pod 的模板文件全路径
--pv-recycler-timeout-increment-hostpath int32	使用 hostPath scrubber 的 Pod 每增加 1Gi 空间在 ActiveDeadlineSeconds 上增加的时间，默认值为 30s。实验用
--pvclaimbinder-sync-period duration	同步 PV 和 PVC（容器声明的 PV）的时间间隔，默认值为 15s
[Pod GC 控制器相关参数]	
--terminated-pod-gc-threshold int32	设置可保存的终止 Pod 的数量，超过该数量时，垃圾回收器将进行删除操作。设置为小于等于 0 的值表示禁用该功能，默认值为 12500
[ReplicaSet 控制器相关参数]	
--concurrent-replicaset-syncs int32	设置允许的并发同步 ReplicaSet 对象的数量，值越大表示同步操作越快，但会消耗更多的 CPU 和网络资源，默认值为 5
[RC 控制器相关参数]	
--concurrent-rc-syncs int32	并发执行 RC 同步操作的协程数，值越大表示同步操作越快，但会消耗更多的 CPU 和网络资源，默认值为 5
[ResourceQuota 控制器相关参数]	
--concurrent-resource-quota-syncs int32	设置允许的并发同步 Replication Controller 对象的数量，值越大表示同步操作越快，但会消耗更多的 CPU 和网络资源
--resource-quota-sync-period duration	Resource Quota 使用状态信息同步的时间间隔，默认值为 5m0s
[ServiceAccount 控制器相关参数]	
--concurrent-serviceaccount-token-syncs int32	设置允许的并发同步 Service Account Token 对象的数量，值越大表示同步操作越快，但会消耗更多的 CPU 和网络资源，默认值为 1
--root-ca-file string	根 CA 证书文件路径，被用于 Service Account 的 Token Secret 中
--service-account-private-key-file string	用于为 Service Account Token 签名的 PEM-encoded RSA 私钥文件路径
[TTL-after-finished 控制器相关参数]	
--concurrent-ttl-after-finished-syncs int32	设置允许的并发同步 TTL-after-finished 控制器 worker 的数量，默认值为 5
[Metric 指标相关参数]	
--show-hidden-metrics-for-version string	配置是否需要显示所隐藏指标的 Kubernetes 旧版本号，仅当旧版本的小版本号有意义时生效，格式为<major>.<minor>，例如 1.16，用于验证哪些旧版本的指标在新版本中被弃用

续表

参数名和类型	说　明
[日志相关参数]	
--logging-format string	设置日志文件的记录格式，可选项包括"text"和"json"，默认值为"text"，目前"json"格式的日志为 Alpha 阶段，如果将其设置为"json"，则其他日志相关参数都无效：--add_dir_header、--alsologtostderr、--log_backtrace_at、--log_dir、--log_file、--log_file_max_size、--logtostderr、--skip_headers、--skip_log_headers、--stderrthreshold、--vmodule、--log-flush-frequency
[其他参数]	
--kubeconfig string	kubeconfig 配置文件路径，在配置文件中包括 Master 地址信息及必要的认证信息
--master string	API Server 的 URL 地址，如果指定，则会覆盖 kubeconfig 文件中设置的 master 地址

附录 A.4　kube-scheduler 启动参数

对 kube-scheduler 启动参数的详细说明如表 A.4 所示。

表 A.4　对 kube-scheduler 启动参数的详细说明

参数名和类型	说　明
[配置相关参数]	
--config string	配置文件的路径。如果指定，则--address、--port、--use-legacy-policy-config、--policy-configmap、--policy-config-file、--algorithm-provider 命令行参数会覆盖在该配置文件中设置的同名参数的值
--master string	API Server 的 URL 地址，如果指定，则会覆盖在 kubeconfig 文件中设置的 master 地址
--write-config-to string	如果设置，则表示将配置参数写入配置文件，然后退出
[安全服务相关参数]	
--bind-address ip	在 HTTPS 安全端口提供服务时监听的 IP 地址，默认值为 0.0.0.0
--cert-dir string	TLS 证书所在的目录，如果设置了--tls-cert-file 和--tls-private-key-file，则该设置将被忽略
--http2-max-streams-per-connection int	服务器为客户端提供的 HTTP/2 连接中的最大流数量限制，设置为 0 表示使用 Golang 的默认值

续表

参数名和类型	说　明
--permit-port-sharing	设置是否允许多个进程共享同一个端口号，设置为 true 表示使用端口的 SO_REUSEPORT 属性，默认值为 false
--secure-port int	设置 HTTPS 安全模式的监听端口号，设置为 0 表示不启用 HTTPS，默认值为 10259
--tls-cert-file string	包含 x509 证书的文件路径，用于 HTTPS 认证
--tls-cipher-suites strings	服务器端加密算法列表，以逗号分隔，若不设置，则使用 Go cipher suites 的默认列表。可选加密算法如下。 TLS_AES_128_GCM_SHA256 TLS_AES_256_GCM_SHA384 TLS_CHACHA20_POLY1305_SHA256 TLS_ECDHE_ECDSA_WITH_AES_128_CBC_SHA TLS_ECDHE_ECDSA_WITH_AES_128_GCM_SHA256 TLS_ECDHE_ECDSA_WITH_AES_256_CBC_SHA TLS_ECDHE_ECDSA_WITH_AES_256_GCM_SHA384 TLS_ECDHE_ECDSA_WITH_CHACHA20_POLY1305 TLS_ECDHE_ECDSA_WITH_CHACHA20_POLY1305_SHA256 TLS_ECDHE_RSA_WITH_3DES_EDE_CBC_SHA TLS_ECDHE_RSA_WITH_AES_128_CBC_SHA TLS_ECDHE_RSA_WITH_AES_128_GCM_SHA256 TLS_ECDHE_RSA_WITH_AES_256_CBC_SHA TLS_ECDHE_RSA_WITH_AES_256_GCM_SHA384 TLS_ECDHE_RSA_WITH_CHACHA20_POLY1305 TLS_ECDHE_RSA_WITH_CHACHA20_POLY1305_SHA256 TLS_RSA_WITH_3DES_EDE_CBC_SHA TLS_RSA_WITH_AES_128_CBC_SHA TLS_RSA_WITH_AES_128_GCM_SHA256 TLS_RSA_WITH_AES_256_CBC_SHA TLS_RSA_WITH_AES_256_GCM_SHA384 不安全的值如下： TLS_ECDHE_ECDSA_WITH_AES_128_CBC_SHA256 TLS_ECDHE_ECDSA_WITH_RC4_128_SHA TLS_ECDHE_RSA_WITH_AES_128_CBC_SHA256

续表

参数名和类型	说　明
--tls-cipher-suites strings	TLS_ECDHE_RSA_WITH_RC4_128_SHA TLS_RSA_WITH_AES_128_CBC_SHA256 TLS_RSA_WITH_RC4_128_SHA
--tls-min-version string	设置支持的最小 TLS 版本号，可选的版本号包括 VersionTLS10、VersionTLS11、VersionTLS12、VersionTLS13
--tls-private-key-file string	包含 x509 证书与 tls-cert-file 对应的私钥文件路径
--tls-sni-cert-key namedCertKey	x509 证书与私钥文件路径，可选设置后缀为 FQDN（完全限定域名）的域名模式列表，也可能包含前缀通配符段。允许将域名部分设置为 IP 地址，但仅在客户端请求的 IP 地址能够访问 API Server 的 IP 地址时允许使用。如果未指定域名模式，则直接提取证书名称，并且具有非通配符匹配优先于通配符匹配，显式域名模式优先于提取证书名称的逻辑判断机制。如果有多对设置，则需要指定多次--tls-sni-cert-key 参数，例如"example.key,example.crt"或"*.foo.com,foo.com:foo.key,foo.crt"，默认值为[]
[非安全服务相关参数]	
--address ip	[已弃用] 设置绑定的不安全 IP 地址，建议使用--bind-address
--port int	[已弃用] 设置绑定的不安全端口号，建议使用--secure-port
[认证相关参数]	
--authentication-kubeconfig string	设置允许在 Kubernetes 核心服务中创建 tokenreviews.authentication.k8s.io 资源对象的 kubeconfig 配置文件，是可选设置。设置为空表示所有 Token 请求都被视为匿名，也不会启用客户端 CA 认证
--authentication-skip-lookup	设置为 true 表示跳过认证，设置为 false 表示使用--authentication-kubeconfig 参数指定的配置文件查询集群内认证缺失的配置
--authentication-token-webhook-cache-ttl duration	对 Webhook 令牌认证服务返回的响应进行缓存的时间，默认值为 10s
--authentication-tolerate-lookup-failure	设置为 true 表示当查询集群内认证缺失的配置失败时仍然认为合法，注意这样可能导致认证服务将所有请求都视为匿名
--client-ca-file string	如果指定，则该客户端证书中的 CommonName 名称将被用于认证
--requestheader-allowed-names strings	允许的客户端证书中的 common names 列表，通过 header 中由--requestheader-username-headers 参数指定的字段获取。如果未设置，则表示由--requestheader-client-ca-file 中认定的任意客户端证书都被允许

续表

参数名和类型	说　明
--requestheader-client-ca-file string	用于验证客户端证书的根证书，在信任--requestheader-username-headers 参数中的用户名之前进行验证
--requestheader-extra-headers-prefix strings	待审查请求 header 的前缀列表，建议使用 X-Remote-Extra-，默认值为[x-remote-extra-]
--requestheader-group-headers strings	待审查请求 header 的用户组的列表，建议使用 X-Remote-Group，默认值为[x-remote-group]
--requestheader-username-headers strings	待审查请求 header 的用户名列表，通常使用 X-Remote-User，默认值为[x-remote-user]
[授权相关参数]	
--authorization-always-allow-paths strings	设置无须授权的 HTTP 路径列表，默认值为[/healthz]
--authorization-kubeconfig string	设置允许在 Kubernetes 核心服务中创建 subjectaccessreviews.authorization.k8s.io 资源对象的 kubeconfig 配置文件，是可选设置。设置为空表示所有未列入白名单的请求都将被拒绝
--authorization-webhook-cache-authorized-ttl duration	对 Webhook 授权服务返回的已授权响应进行缓存的时间，默认值为 10s
--authorization-webhook-cache-unauthorized-ttl duration	对 Webhook 授权服务返回的未授权响应进行缓存的时间，默认值为 10s
[已弃用的参数]	
--algorithm-provider string	设置调度算法，可选项为 ClusterAutoscalerProvider 或 DefaultProvider
--contention-profiling	设置为 true 表示启用锁竞争性能数据采集，当--profiling=true 时生效
--hard-pod-affinity-symmetric-weight int32	RequiredDuringScheduling 亲和性规则是非对称的，但存在与每个 RequiredDuringScheduling 规则关联的隐式 PreferredDuringScheduling 亲和性规则。该参数表示隐式 PreferredDuringScheduling 规则的权重值，值的范围必须为 0～100，默认值为 1。该参数已被移至策略配置文件中
--kube-api-burst int32	发送到 API Server 的每秒请求数量，默认值为 100
--kube-api-content-type string	发送到 API Server 的请求内容类型，默认值为"application/vnd.kubernetes.protobuf"
--kube-api-qps float32	与 API Server 通信的 QPS 值，默认值为 50
--kubeconfig string	kubeconfig 配置文件路径，在配置文件中包括 Master 的地址信息及必要的认证信息
--lock-object-name string	在 leader 选举过程中锁定资源对象的名称，默认值为"kube-scheduler"
--lock-object-namespace string	在 leader 选举过程中锁定资源对象所在的命名空间名称，默认值为"kube-system"
--policy-config-file string	调度策略（scheduler policy）配置文件的路径，在未指定--policy-configmap 或者--use-legacy-policy-config=true 时使用该配置文件

续表

参数名和类型	说　明
--policy-configmap string	设置包含调度策略配置信息的 ConfigMap 名称，需要先在 Data 元素中定义 key='policy.cfg'，再设置配置内容
--policy-configmap-namespace string	设置包含调度策略配置信息的 ConfigMap 所在的命名空间名称，默认值为 "kube-system"
--profiling	打开性能分析，可以通过<host>:<port>/debug/pprof/地址查看栈、线程等系统运行信息，默认值为 true
--scheduler-name string	调度器名称，用于选择哪些 Pod 将被该调度器处理，默认值为"default-scheduler"
--use-legacy-policy-config	设置调度策略配置文件的路径，将忽略调度策略 ConfigMap 的设置
[Leader 选举相关参数]	
--leader-elect	设置为 true 表示进行 leader 选举，用于 Master 多实例高可用部署模式，默认值为 true
--leader-elect-lease-duration duration	leader 选举过程中非 leader 等待选举的时间间隔，默认值为 15s，仅当 --leader-elect=true 时生效
--leader-elect-renew-deadline duration	leader 选举过程中在停止 leading 角色之前再次 renew 的时间间隔，应小于或等于 leader-elect-lease-duration，默认值为 10s，仅当--leader-elect=true 时生效
--leader-elect-resource-lock endpoints	Leader 选举过程中将哪种资源对象用于锁定操作，可选值包括'endpoints'、'configmaps'、'leases'、'endpointsleases'和'configmapsleases'，默认值为"endpointsleases"
--leader-elect-resource-name string	在 leader 选举过程中用于锁定的资源对象名称，默认值为"kube-scheduler"
--leader-elect-resource-namespace string	在 leader 选举过程中用于锁定的资源对象所在的 namespace 名称，默认值为 "kube-system"
--leader-elect-retry-period duration	leader 选举过程中获取 leader 角色和 renew 之间的等待时间，默认值为 2s，仅当 --leader-elect=true 时生效
[特性开关相关参数]	
--feature-gates mapStringBool	特性开关组，每个开关都以 key=value 形式表示，可以单独启用或禁用某种特性。可以设置的特性开关如下。 APIListChunking=true|false (BETA - default=true) APIPriorityAndFairness=true|false (ALPHA - default=false) APIResponseCompression=true|false (BETA - default=true) AllAlpha=true|false (ALPHA - default=false) AllBeta=true|false (BETA - default=false) AllowInsecureBackendProxy=true|false (BETA - default=true)

续表

参数名和类型	说　明
--feature-gates mapStringBool	AnyVolumeDataSource=true|false (ALPHA - default=false) AppArmor=true|false (BETA - default=true) BalanceAttachedNodeVolumes=true|false (ALPHA - default=false) BoundServiceAccountTokenVolume=true|false (ALPHA - default=false) CPUManager=true|false (BETA - default=true) CRIContainerLogRotation=true|false (BETA - default=true) CSIInlineVolume=true|false (BETA - default=true) CSIMigration=true|false (BETA - default=true) CSIMigrationAWS=true|false (BETA - default=false) CSIMigrationAWSComplete=true|false (ALPHA - default=false) CSIMigrationAzureDisk=true|false (BETA - default=false) CSIMigrationAzureDiskComplete=true|false (ALPHA - default=false) CSIMigrationAzureFile=true|false (ALPHA - default=false) CSIMigrationAzureFileComplete=true|false (ALPHA - default=false) CSIMigrationGCE=true|false (BETA - default=false) CSIMigrationGCEComplete=true|false (ALPHA - default=false) CSIMigrationOpenStack=true|false (BETA - default=false) CSIMigrationOpenStackComplete=true|false (ALPHA - default=false) CSIMigrationvSphere=true|false (BETA - default=false) CSIMigrationvSphereComplete=true|false (BETA - default=false) CSIStorageCapacity=true|false (ALPHA - default=false) CSIVolumeFSGroupPolicy=true|false (ALPHA - default=false) ConfigurableFSGroupPolicy=true|false (ALPHA - default=false) CustomCPUCFSQuotaPeriod=true|false (ALPHA - default=false) DefaultPodTopologySpread=true|false (ALPHA - default=false) DevicePlugins=true|false (BETA - default=true) DisableAcceleratorUsageMetrics=true|false (ALPHA - default=false) DynamicKubeletConfig=true|false (BETA - default=true) EndpointSlice=true|false (BETA - default=true) EndpointSliceProxying=true|false (BETA - default=true)

续表

参数名和类型	说　明
--feature-gates mapStringBool	EphemeralContainers=true|false (ALPHA - default=false) ExpandCSIVolumes=true|false (BETA - default=true) ExpandInUsePersistentVolumes=true|false (BETA - default=true) ExpandPersistentVolumes=true|false (BETA - default=true) ExperimentalHostUserNamespaceDefaulting=true|false (BETA - default=false) GenericEphemeralVolume=true|false (ALPHA - default=false) HPAScaleToZero=true|false (ALPHA - default=false) HugePageStorageMediumSize=true|false (BETA - default=true) HyperVContainer=true|false (ALPHA - default=false) IPv6DualStack=true|false (ALPHA - default=false) ImmutableEphemeralVolumes=true|false (BETA - default=true) KubeletPodResources=true|false (BETA - default=true) LegacyNodeRoleBehavior=true|false (BETA - default=true) LocalStorageCapacityIsolation=true|false (BETA - default=true) LocalStorageCapacityIsolationFSQuotaMonitoring=true|false (ALPHA - default=false) NodeDisruptionExclusion=true|false (BETA - default=true) NonPreemptingPriority=true|false (BETA - default=true) PodDisruptionBudget=true|false (BETA - default=true) PodOverhead=true|false (BETA - default=true) ProcMountType=true|false (ALPHA - default=false) QOSReserved=true|false (ALPHA - default=false) RemainingItemCount=true|false (BETA - default=true) RemoveSelfLink=true|false (ALPHA - default=false) RotateKubeletServerCertificate=true|false (BETA - default=true) RunAsGroup=true|false (BETA - default=true) RuntimeClass=true|false (BETA - default=true) SCTPSupport=true|false (BETA - default=true) SelectorIndex=true|false (BETA - default=true) ServerSideApply=true|false (BETA - default=true) ServiceAccountIssuerDiscovery=true|false (ALPHA - default=false)

续表

参数名和类型	说　明
--feature-gates mapStringBool	ServiceAppProtocol=true|false (BETA - default=true) ServiceNodeExclusion=true|false (BETA - default=true) ServiceTopology=true|false (ALPHA - default=false) SetHostnameAsFQDN=true|false (ALPHA - default=false) StartupProbe=true|false (BETA - default=true) StorageVersionHash=true|false (BETA - default=true) SupportNodePidsLimit=true|false (BETA - default=true) SupportPodPidsLimit=true|false (BETA - default=true) Sysctls=true|false (BETA - default=true) TTLAfterFinished=true|false (ALPHA - default=false) TokenRequest=true|false (BETA - default=true) TokenRequestProjection=true|false (BETA - default=true) TopologyManager=true|false (BETA - default=true) ValidateProxyRedirects=true|false (BETA - default=true) VolumeSnapshotDataSource=true|false (BETA - default=true) WarningHeaders=true|false (BETA - default=true) WinDSR=true|false (ALPHA - default=false) WinOverlay=true|false (ALPHA - default=false) WindowsEndpointSliceProxying=true|false (ALPHA - default=false)
[Metric 指标的相关参数]	
--show-hidden-metrics-for-version string	配置是否需要显示所隐藏指标的 Kubernetes 旧版本号，仅当旧版本的小版本号有意义时生效，格式为<major>.<minor>，例如 1.16，用于验证哪些旧版本的指标在新版本中被弃用
[日志相关参数]	
--logging-format string	设置日志文件的记录格式，可选项包括"text"和"json"，默认值为"text"，目前"json"格式的日志为 Alpha 阶段，如果设置为"json"，则其他日志相关参数都无效： --add_dir_header、--alsologtostderr、--log_backtrace_at、--log_dir, --log_file、 --log_file_max_size、--logtostderr、--skip_headers、--skip_log_headers、 --stderrthreshold、--vmodule、--log-flush-frequency

附录 A.5　kubelet 启动参数

对 kubelet 启动参数的详细说明如表 A.5 所示。

表 A.5　对 kubelet 启动参数的详细说明

参数名和类型	说　明
--address ip	[已弃用] 在--config 指定的配置文件中进行设置。 绑定主机 IP 地址，默认值为 0.0.0.0，表示使用全部网络接口
--allowed-unsafe-sysctls strings	设置允许的非安全 sysctls 或 sysctl 模式白名单，由于操作的是操作系统，所以需小心控制
--anonymous-auth	[已弃用] 在--config 指定的配置文件中进行设置。 设置为 true 表示 kubelet server 可以接收匿名请求。不会被任何 authentication 拒绝的请求将被标记为匿名请求。匿名请求的用户名为 system:anonymous，用户组为 system:unauthenticated。默认值为 true
--application-metrics-count-limit int	[已弃用] 为每个容器保存的性能指标的最大数量，默认值为 100
-authentication-token-webhook	[已弃用] 在--config 指定的配置文件中进行设置。 使用 TokenReview API 授权客户端 Token
--authentication-token-webhook-cache-ttl duration	[已弃用] 在--config 指定的配置文件中进行设置。 将 Webhook Token Authenticator 返回的响应保存在缓存内的时间，默认值为 2m0s
--authorization-mode string	[已弃用] 在--config 指定的配置文件中进行设置。 到 kubelet server 的安全访问的认证模式，可选值包括：AlwaysAllow、Webhook（使用 SubjectAccessReview API 进行授权），默认值为 AlwaysAllow
--authorization-webhook-cache-authorized-ttl duration	[已弃用] 在--config 指定的配置文件中进行设置。 Webhook Authorizer 返回“已授权”的应答缓存时间，默认值为 5m0s
--authorization-webhook-cache-unauthorized-ttl duration	[已弃用] 在--config 指定的配置文件中进行设置。 Webhook Authorizer 返回未授权的应答缓存时间，默认值为 30s
--azure-container-registry-config string	Azure 公有云上镜像库的配置文件路径
--boot-id-file string	[已弃用] 以逗号分隔的文件列表，使用第 1 个存在 book-id 的文件，默认值为 /proc/sys/ kernel/random/boot_id
--bootstrap-kubeconfig string	用于获取 kubelet 客户端证书的 kubeconfig 配置文件的路径。如果--kubeconfig 指定的文件不存在，则从 API Server 获取客户端证书。成功时，将在--kubeconfig 指定的路径下生成一个引用客户端证书和密钥的 kubeconfig 文件。客户端证书和密钥文件将被存储在--cert-dir 指向的目录下

续表

参数名和类型	说　明
--cert-dir string	TLS 证书所在的目录，默认值为/var/run/kubernetes。如果设置了--tls-cert-file 和--tls-private-key-file，则该设置将被忽略
--cgroup-driver string	[已弃用] 在--config 指定的配置文件中进行设置。 用于操作本机 cgroup 的驱动模式，支持的选项包括 groupfs 或 systemd，默认值为 cgroupfs
--cgroup-root string	[已弃用] 在--config 指定的配置文件中进行设置。 为 pods 设置的 root cgroup，如果不设置，则将使用容器运行时的默认设置，默认值为空字符串（表示为两个单引号"）
--cgroups-per-qos	[已弃用] 在--config 指定的配置文件中进行设置。 设置为 true 表示启用创建 QoS cgroup hierarchy，默认值为 true
--chaos-chance float	随机产生客户端错误的概率，用于测试，默认值为 0.0，即不产生
--client-ca-file	[已弃用] 在--config 指定的配置文件中进行设置。 设置客户端 CA 证书文件，一旦设置该文件，则将对所有客户端请求进行鉴权，验证客户端证书的 CommonName 信息
--cloud-config string	云服务商的配置文件路径
--cloud-provider string	云服务商的名称，默认将自动检测，设置为空表示无云服务商，默认值为 auto-detect
--cluster-dns strings	[已弃用] 在--config 指定的配置文件中进行设置。 集群内 DNS 服务的 IP 地址，以逗号分隔。仅当 Pod 设置了“dnsPolicy=ClusterFirst”属性时可用。注意，所有 DNS 服务器都必须包含相同的记录组，否则名字解析可能出错
--cluster-domain string	[已弃用] 在--config 指定的配置文件中进行设置。 集群内 DNS 服务所用的域名
--cni-bin-dir string	[Alpha 版特性] CNI 插件二进制文件所在的目录，默认值为/opt/cni/bin
--cni-conf-dir string	[Alpha 版特性] CNI 插件配置文件所在的目录，默认值为/etc/cni/net.d
--config string	kubelet 主配置文件
--container-hints	[已弃用] 容器 hints 文件所在的全路径，默认值为/etc/cadvisor/container_hints.json
--container-log-max-files int32	[Beta 版特性] 设置容器日志文件的最大数量，必须不少于 2，默认值为 5。此参数只能与--container-runtime=remote 参数一起使用，应在--config 指定的配置文件中进行设置

续表

参数名和类型	说　明
--container-log-max-size string	[Beta 版特性] 设置容器日志文件的单文件最大大小，写满时将滚动生成新的文件，默认值为 10MiB。此参数只能与--container-runtime=remote 参数一起使用，应在--config 指定的配置文件中进行设置
--container-runtime string	容器类型，目前支持 docker、remote，默认值为 docker
--container-runtime-endpoint string	[实验性特性] 容器运行时的远程服务 endpoint，在 Linux 系统上支持的类型包括 unix socket 和 tcp endpoint，在 Windows 系统上支持的类型包括 npipe 和 tcp endpoint，例如 unix:///var/run/dockershim.sock 和 npipe:////./pipe/dockershim，默认值为 unix:///var/run/dockershim.sock
--containerd string	[已弃用] 设置 containerd 的 Endpoint，默认值为 unix:///var/run/containerd.sock
--contention-profiling	[已弃用] 在--config 指定的配置文件中进行设置。 当设置打开性能分析时，设置是否打开锁竞争分析
--cpu-cfs-quota	[已弃用] 在--config 指定的配置文件中进行设置。 设置为 true 表示启用 CPU CFS quota，用于设置容器的 CPU 限制，默认值为 true
--cpu-cfs-quota-period duration	[已弃用] 在--config 指定的配置文件中进行设置。 设置 CPU CFS quota 时间 cpu.cfs_period_us，默认使用 Linux Kernel 的系统默认值 100ms
--cpu-manager-policy string	[已弃用] 在--config 指定的配置文件中进行设置。 设置 CPU Manager 策略，可选值包括 none、static，默认值为 none
--cpu-manager-reconcile-period duration	[已弃用] 在--config 指定的配置文件中进行设置。 [Alpha 版特性] 设置 CPU Manager 的调和时间，例如 10s 或 1min，默认值为 NodeStatusUpdateFrequency 的值 10s
--docker string	[已弃用] Docker 服务的 Endpoint 地址，默认值为 unix:///var/run/docker.sock
--docker-endpoint string	[已弃用] Docker 服务的 Endpoint 地址，默认值为 unix:///var/run/docker.sock
--docker-env-metadata-whitelist string	[已弃用] Docker 容器需要使用的环境变量 key 列表，以逗号分隔
--docker-only	[已弃用] 设置为 true 表示仅报告 Docker 容器的统计信息而不再报告其他统计信息
--docker-root string	[已弃用] Docker 根目录的全路径，默认值为/var/lib/docker
--docker-tls	[已弃用] 连接 Docker 的 TLS 设置
--docker-tls-ca string	[已弃用] TLS CA 路径，默认值为 ca.pem
--docker-tls-cert string	[已弃用] 客户端证书路径，默认值为 cert.pem

续表

参数名和类型	说　明
--docker-tls-key string	[已弃用] 私钥文件路径，默认值为 key.pem
--dynamic-config-dir string	设置 kubelet 使用动态配置文件的路径，需要启用 DynamicKubeletConfig 特性开关，默认启用，目前为 Beta 阶段
--enable-cadvisor-json-endpoints	[已弃用] 设置是否启用 cAdvisor 的 json 端点路径，包括/spec 和/stats/*，默认值为 false
--enable-controller-attach-detach	[已弃用] 在--config 指定的配置文件中进行设置。 设置为 true 表示启用 Attach/Detach Controller 进行调度到该 Node 的 Volume 的 attach 与 detach 操作，同时禁用 kubelet 执行 attach、detach 操作，默认值为 true
--enable-debugging-handlers	[已弃用] 在--config 指定的配置文件中进行设置。 设置为 true 表示提供远程访问本节点容器的日志、进入容器运行命令等相关 REST 服务，默认值为 true
--enable-load-reader	[已弃用] 设置为 true 表示启用 CPU 负载的 reader
--enable-server	启动 kubelet 上的 HTTP REST Server，此 Server 提供了获取在本节点上运行的 Pod 列表、Pod 状态和其他管理监控相关的 REST 接口，默认值为 true
--enforce-node-allocatable strings	[已弃用] 在--config 指定的配置文件中进行设置。 本 Node 上 kubelet 资源的分配设置，以逗号分隔，可选配置为'pods'、'system-reserved'和'kube-reserved'。在设置'system-reserved'和'kube-reserved'这两个值时，要求同时设置'--system-reserved-cgroup'和'--kube-reserved-cgroup'这两个参数。默认值为[pods]
--event-burst int32	[已弃用] 在--config 指定的配置文件中进行设置。 临时允许的 Event 记录突发的最大数量，默认值为 10，当设置--event-qps>0 时生效
--event-qps int32	[已弃用] 在--config 指定的配置文件中进行设置。 设置大于 0 的值表示限制每秒能创建的 Event 数量，设置为 0 表示不限制，默认值为 5
--event-storage-age-limit string	[已弃用] 保存 Event 的最大时间。按事件类型以 key=value 的格式表示，以逗号分隔，事件类型包括 creation、oom 等，default 表示所有事件的类型，默认值为 "default=0"
--event-storage-event-limit string	[已弃用] 保存 Event 的最大数量。按事件类型以 key=value 格式表示，以逗号分隔，事件类型包括 creation、oom 等，default 表示所有事件的类型，默认值为 "default=0"

续表

参数名和类型	说　明
--eviction-hard mapStringString	[已弃用] 在--config 指定的配置文件中进行设置。 触发 Pod Eviction 操作的一组硬门限设置，默认值为 imagefs.available<15%, memory.available<100Mi,nodefs.available<10%,nodefs.inodesFree<5%
--eviction-max-pod-grace-period int32	[已弃用] 在--config 指定的配置文件中进行设置。 终止 Pod 操作为 Pod 自行停止预留的时间，单位为 s。时间到达时，将触发 Pod Eviction 操作。默认值为 0，设置为负数表示使用在 Pod 中指定的值
--eviction-minimum-reclaim string	[已弃用] 在--config 指定的配置文件中进行设置。 当本节点压力过大时，kubelet 进行 Pod Eviction 操作，进而需要完成资源回收的最小数量的一组设置，例如 imagefs.available=2Gi
--eviction-pressure-transition-period duration	[已弃用] 在--config 指定的配置文件中进行设置。 kubelet 在触发 Pod Eviction 操作之前等待的最长时间，默认值为 5m0s
--eviction-soft string	[已弃用] 在--config 指定的配置文件中进行设置。 触发 Pod Eviction 操作的一组软门限设置，与--grace-period 一起生效，在 Pod 的响应时间超过 grace-period 后触发，例如 memory.available<1.5Gi
--eviction-soft-grace-period string	[已弃用] 在--config 指定的配置文件中进行设置。 触发 Pod Eviction 操作的一组软门限等待时间设置，例如 memory.available=1m30s
--exit-on-lock-contention	设置为 true 表示当有文件锁存在时 kubelet 也可以退出
--experimental-allocatable-ignore-eviction	设置为 true 表示计算 Node Allocatable 时忽略硬门限设置。默认值为 false
--experimental-bootstrap-kubeconfig string	[已弃用] 使用--bootstrap-kubeconfig 参数
--experimental-check-node-capabilities-before-mount	[实验性特性] 设置为 true 表示 kubelet 在进行 mount 操作之前对本 Node 上所需的组件（二进制文件等）进行检查
--experimental-kernel-memcg-notification	[实验性特性] 设置为 true 表示 kubelet 将会集成 kernel 的 memcg 通知机制，以判断是否达到了内存 Eviction 门限
--experimental-mounter-path string	[实验性特性] mounter 二进制文件的路径。设置为空表示使用默认 mount
--fail-swap-on	[已弃用] 在--config 指定的配置文件中进行设置 设置为 true 表示如果主机启用了 swap，kubelet 则将无法启动，默认值为 true

续表

参数名和类型	说　明
--feature-gates string	[已弃用] 在--config 指定的配置文件中进行设置。 用于实验性质的特性开关组，每个开关都以 key=value 形式表示。当前可用开关包括： APIListChunking=true|false (BETA - default=true) APIPriorityAndFairness=true|false (ALPHA - default=false) APIResponseCompression=true|false (BETA - default=true) AllAlpha=true|false (ALPHA - default=false) AllBeta=true|false (BETA - default=false) AllowInsecureBackendProxy=true|false (BETA - default=true) AnyVolumeDataSource=true|false (ALPHA - default=false) AppArmor=true|false (BETA - default=true) BalanceAttachedNodeVolumes=true|false (ALPHA - default=false) BoundServiceAccountTokenVolume=true|false (ALPHA - default=false) CPUManager=true|false (BETA - default=true) CRIContainerLogRotation=true|false (BETA - default=true) CSIInlineVolume=true|false (BETA - default=true) CSIMigration=true|false (BETA - default=true) CSIMigrationAWS=true|false (BETA - default=false) CSIMigrationAWSComplete=true|false (ALPHA - default=false) CSIMigrationAzureDisk=true|false (BETA - default=false) CSIMigrationAzureDiskComplete=true|false (ALPHA - default=false) CSIMigrationAzureFile=true|false (ALPHA - default=false) CSIMigrationAzureFileComplete=true|false (ALPHA - default=false) CSIMigrationGCE=true|false (BETA - default=false) CSIMigrationGCEComplete=true|false (ALPHA - default=false) CSIMigrationOpenStack=true|false (BETA - default=false) CSIMigrationOpenStackComplete=true|false (ALPHA - default=false) CSIMigrationvSphere=true|false (BETA - default=false) CSIMigrationvSphereComplete=true|false (BETA - default=false) CSIStorageCapacity=true|false (ALPHA - default=false)

续表

参数名和类型	说　明
--feature-gates string	CSIVolumeFSGroupPolicy=true|false (ALPHA - default=false) ConfigurableFSGroupPolicy=true|false (ALPHA - default=false) CustomCPUCFSQuotaPeriod=true|false (ALPHA - default=false) DefaultPodTopologySpread=true|false (ALPHA - default=false) DevicePlugins=true|false (BETA - default=true) DisableAcceleratorUsageMetrics=true|false (ALPHA - default=false) DynamicKubeletConfig=true|false (BETA - default=true) EndpointSlice=true|false (BETA - default=true) EndpointSliceProxying=true|false (BETA - default=true) EphemeralContainers=true|false (ALPHA - default=false) ExpandCSIVolumes=true|false (BETA - default=true) ExpandInUsePersistentVolumes=true|false (BETA - default=true) ExpandPersistentVolumes=true|false (BETA - default=true) ExperimentalHostUserNamespaceDefaulting=true|false (BETA - default=false) GenericEphemeralVolume=true|false (ALPHA - default=false) HPAScaleToZero=true|false (ALPHA - default=false) HugePageStorageMediumSize=true|false (BETA - default=true) HyperVContainer=true|false (ALPHA - default=false) IPv6DualStack=true|false (ALPHA - default=false) ImmutableEphemeralVolumes=true|false (BETA - default=true) KubeletPodResources=true|false (BETA - default=true) LegacyNodeRoleBehavior=true|false (BETA - default=true) LocalStorageCapacityIsolation=true|false (BETA - default=true) LocalStorageCapacityIsolationFSQuotaMonitoring=true|false (ALPHA - default=false) NodeDisruptionExclusion=true|false (BETA - default=true) NonPreemptingPriority=true|false (BETA - default=true) PodDisruptionBudget=true|false (BETA - default=true) PodOverhead=true|false (BETA - default=true) ProcMountType=true|false (ALPHA - default=false) QOSReserved=true|false (ALPHA - default=false)

续表

参数名和类型	说　明
--feature-gates string	RemainingItemCount=true|false (BETA - default=true) RemoveSelfLink=true|false (ALPHA - default=false) RotateKubeletServerCertificate=true|false (BETA - default=true)RunAsGroup=true|false (BETA - default=true) RuntimeClass=true|false (BETA - default=true) SCTPSupport=true|false (BETA - default=true) SelectorIndex=true|false (BETA - default=true) ServerSideApply=true|false (BETA - default=true) ServiceAccountIssuerDiscovery=true|false (ALPHA - default=false) ServiceAppProtocol=true|false (BETA - default=true) ServiceNodeExclusion=true|false (BETA - default=true) ServiceTopology=true|false (ALPHA - default=false) SetHostnameAsFQDN=true|false (ALPHA - default=false) StartupProbe=true|false (BETA - default=true) StorageVersionHash=true|false (BETA - default=true) SupportNodePidsLimit=true|false (BETA - default=true) SupportPodPidsLimit=true|false (BETA - default=true) Sysctls=true|false (BETA - default=true) TTLAfterFinished=true|false (ALPHA - default=false) TokenRequest=true|false (BETA - default=true) TokenRequestProjection=true|false (BETA - default=true) TopologyManager=true|false (BETA - default=true) ValidateProxyRedirects=true|false (BETA - default=true) VolumeSnapshotDataSource=true|false (BETA - default=true) WarningHeaders=true|false (BETA - default=true) WinDSR=true|false (ALPHA - default=false) WinOverlay=true|false (ALPHA - default=false) WindowsEndpointSliceProxying=true|false (ALPHA - default=false)

续表

参数名和类型	说　明
--file-check-frequency duration	[已弃用] 在--config 指定的配置文件中进行设置。 在 File Source 作为 Pod 源的情况下，kubelet 会定期重新检查文件变化的时间间隔，文件发生变化后，kubelet 重新加载更新的文件内容，默认值为 20s
--global-housekeeping-interval duration	[已弃用] 全局 housekeeping 的时间间隔，默认值为 1m0s
--hairpin-mode string	[已弃用] 在--config 指定的配置文件中进行设置。 设置为 hairpin 模式表示 kubelet 设置 hairpin NAT 的模式。该模式允许后端 Endpoint 在访问其本身 Service 时能够再次转发回自身。可选项包括"promiscuous-bridge"、"hairpin-veth"和"none"，默认值为"promiscuous-bridge"
--healthz-bind-address ip	[已弃用] 在--config 指定的配置文件中进行设置。 healthz 服务监听的 IP 地址，默认值为 127.0.0.1，设置为 0.0.0.0 表示监听全部 IP 地址
--healthz-port int32	[已弃用] 在--config 指定的配置文件中进行设置。 本地 healthz 服务监听的端口号，默认值为 10248
--hostname-override string	设置本 Node 在集群中的主机名，不设置时将使用本机 hostname
--housekeeping-interval duration	对容器进行 housekeeping 操作的时间间隔，默认值为 10s
--http-check-frequency duration	[已弃用] 在--config 指定的配置文件中进行设置。 在 HTTP URL Source 作为 Pod 源的情况下，kubelet 定期检查 URL 返回的内容是否发生变化的时间周期，作用同 file-check-frequency 参数，默认值为 20s
--image-gc-high-threshold int32	[已弃用] 在--config 指定的配置文件中进行设置。 镜像垃圾回收上限，磁盘使用空间达到该百分比时，镜像垃圾回收将持续工作，默认值为 90
--image-gc-low-threshold int32	[已弃用] 在--config 指定的配置文件中进行设置。 镜像垃圾回收下限，磁盘使用空间在达到该百分比之前，镜像垃圾回收将不启用，默认值为 80
--image-pull-progress-deadline duration	如果在该参数值之前还没能开始 pull 镜像的过程，pull 镜像操作将被取消，默认值为 1m0s
--image-service-endpoint string	[实验性特性] 远程镜像服务的 Endpoint。未设定时使用--container-runtime-endpoint 的值，在 Linux 系统上支持的类型包括 unix socket 和 tcp endpoint，在 Windows 系统上支持的类型包括 npipe 和 tcp endpoint，例如 unix:///var/run/dockershim.sock 和 npipe:////./pipe/dockershim

续表

参数名和类型	说　明
--iptables-drop-bit int32	[已弃用] 在--config 指定的配置文件中进行设置。 标记数据包将被丢弃（Drop）的 fwmark 位设置，有效范围为[0, 31]，默认值为 15
--iptables-masquerade-bit int32	[已弃用] 在--config 指定的配置文件中进行设置。 标记数据包将进行 SNAT 的 fwmark 位设置，有效范围为[0, 31]，必须与 kube-proxy 的相关参数设置一致，默认值为 14
--keep-terminated-pod-volumes	[已弃用] 设置为 true 表示在 Pod 被删除后仍然保留之前 mount 过的 Volume，常用于 Volume 相关问题的查错
--kernel-memcg-notification	[已弃用] 在--config 指定的配置文件中进行设置。 设置为 true 表示 kubelet 将集成内核 memcg 通知，以确定是否超过了内存逐出阈值而不使用轮询（polling）机制
--kube-api-burst int32	[已弃用] 在--config 指定的配置文件中进行设置。 发送到 API Server 的每秒请求数量，默认值为 10
--kube-api-content-type string	[已弃用] 在--config 指定的配置文件中进行设置。 发送到 API Server 的请求内容类型，默认值为"application/vnd.kubernetes.protobuf"
--kube-api-qps int32	[已弃用] 在--config 指定的配置文件中进行设置。 与 API Server 通信的 QPS 值，默认值为 5
--kube-reserved mapStringString	[已弃用] 在--config 指定的配置文件中进行设置。 Kubernetes 系统预留的资源配置，以一组 ResourceName=ResourceQuantity 格式表示，例如 cpu=200m,memory=500Mi,ephemeral-storage=1Gi。目前仅支持 CPU、内存和本地临时存储的设置，默认值为 none
--kube-reserved-cgroup string	[已弃用] 在--config 指定的配置文件中进行设置。 用于管理 Kubernetes 的带--kube-reserved 标签组件的计算资源，设置顶层 cgroup 全路径名，例如/kube-reserved，默认值为''（空字符串）
--kubeconfig string	kubeconfig 配置文件路径，在配置文件中包括 Master 地址信息及必要的认证信息，默认值为/var/lib/kubelet/kubeconfig
--kubelet-cgroups string	[已弃用] 在--config 指定的配置文件中进行设置。 kubelet 运行所在的 cgroups 名称，可选配置
--lock-file string	[ALPHA 版特性] kubelet 使用的 lock 文件
--log-cadvisor-usage	[已弃用] 设置为 true 表示将 cAdvisor 容器的使用情况进行日志记录

续表

参数名和类型	说　明
--logging-format string	设置日志文件的记录格式，可选项包括"text"和"json"，默认值为"text"，目前"json"格式的日志为 Alpha 阶段，如果将其设置为"json"，则其他日志相关参数都无效：--add_dir_header、--alsologtostderr、--log_backtrace_at、--log_dir、--log_file、--log_file_max_size、--logtostderr、--skip_headers、--skip_log_headers、--stderrthreshold、--vmodule、--log-flush-frequency
--machine-id-file string	[已弃用] 用于查找 machine-id 的文件列表，使用找到的第 1 个值，默认值为"/etc/machine-id,/var/lib/dbus/machine-id"
--make-iptables-util-chains	[已弃用] 在--config 指定的配置文件中进行设置。 设置为 true 表示 kubelet 将确保 iptables 规则在 Node 上存在，默认值为 true
--manifest-url string	[已弃用] 在--config 指定的配置文件中进行设置。 为 HTTP URL Source 源类型时，kubelet 用来获取 Pod 定义的 URL 地址，此 URL 返回一组 Pod 定义
--manifest-url-header string	[已弃用] 在--config 指定的配置文件中进行设置。 访问 menifest URL 地址时使用的 HTTP 头信息，以 key:value 格式表示，例如 a:hello,b:again,c:world
--master-service-namespace string	[已弃用] Master 服务的命名空间，默认值为"default"
--max-open-files int	[已弃用] 在--config 指定的配置文件中进行设置。 设置 kubelet 能够打开文件的最大数量，默认值为 1000000
--max-pods int32	[已弃用] 在--config 指定的配置文件中进行设置。 设置 kubelet 能够运行的最大 Pod 数量，默认值为 110
--maximum-dead-containers int32	[已弃用] 使用--eviction-hard 或--eviction-soft 参数。 可以保留的已停止容器的最大数量，设置为负数表示禁用该功能
--maximum-dead-containers-per-container int32	[已弃用] 使用--eviction-hard 或--eviction-soft 参数。 可以保留的每个已停止容器的最大实例数量，默认值为 1
--minimum-container-ttl-duration duration	[已弃用] 使用--eviction-hard 或--eviction-soft 参数。 不再使用的容器被清理之前的最少存活时间，例如 300ms、10s 或 2h45m
--minimum-image-ttl-duration duration	[已弃用] 使用--eviction-hard 或--eviction-soft 参数。 不再使用的镜像被清理之前的最少存活时间，例如 300ms、10s 或 2h45m，超过此存活时间的镜像被标记为可被 GC 清理，默认值为 2m0s

续表

参数名和类型	说　明
--network-plugin string	[Alpha 版特性] 自定义的网络插件的名字，在 Pod 的生命周期中，相关的一些事件会调用此网络插件进行处理
--network-plugin-mtu int32	[Alpha 版特性] 传递给网络插件的 MTU 值，设置为 0 表示使用 MTU 默认值 1460
--node-ip string	设置本 Node 的 IP 地址，可以设置为 IPv4 或 IPv6 地址
--node-labels mapStringString	[Alpha 版特性] kubelet 注册本 Node 时设置的 Label，Label 以 key=value 的格式表示，多个 Label 以逗号分隔。命名空间 ubernetes.io 中的 Label 必须以 kubelet.kubernetes.io 或 node.kubernetes.io 为前缀，或者在以下允许的范围内：beta.kubernetes.io/arch、beta.kubernetes.io/instance-type、beta.kubernetes.io/os、failure-domain.beta.kubernetes.io/region、failure-domain.beta.kubernetes.io/zone、kubernetes.io/arch、kubernetes.io/hostname、kubernetes.io/os、node.kubernetes.io/instance-type、topology.kubernetes.io/region、topology.kubernetes.io/zone
--node-status-max-images int32	[Alpha 版特性] 可以报告的最大镜像数量，默认值为 50，设置为-1 表示没有上限
--node-status-update-frequency duration	[已弃用] 在--config 指定的配置文件中进行设置。 kubelet 向 Master 汇报 Node 状态的时间间隔，默认值为 10s。与 controller- manager 的--node-monitor-grace-period 参数共同起作用
--non-masquerade-cidr string	[已弃用] kubelet 向该 IP 段之外的 IP 地址发送的流量将使用 IP Masquerade 技术，设置为'0.0.0.0/0'表示不启用 Masquerade，默认值为"10.0.0.0/8"
--oom-score-adj int32	[已弃用] 在--config 指定的配置文件中进行设置。 kubelet 进程的 oom_score_adj 参数值，有效范围为[-1000, 1000]，默认值为-999
--pod-cidr string	[已弃用] 在--config 指定的配置文件中进行设置。 用于给 Pod 分配 IP 地址的 CIDR 地址池，仅在单机模式中使用。在一个集群中，kubelet 会从 API Server 中获取 CIDR 设置。对于 IPv6 地址，最大可分配 IP 地址的数量为 65536
--pod-infra-container-image string	用于 Pod 内网络命名空间共享的基础 pause 镜像，默认值为 k8s.gcr.io/pause:3.2
--pod-manifest-path string	[已弃用] 在--config 指定的配置文件中进行设置。 Pod Manifest 文件路径，忽略文件名以“.”开头的隐藏文件
--pod-max-pids int	[已弃用] 在--config 指定的配置文件中进行设置。 [Alpha 版特性] 设置一个 Pod 内最大的进程数量，默认值为-1

续表

参数名和类型	说　　明
--pods-per-core int32	[已弃用] 在--config 指定的配置文件中进行设置。 该 kubelet 上每个 core 可运行的 Pod 数量。最大值将被 max-pods 参数限制。默认值为 0 表示不限制
--port int32	[已弃用] 在--config 指定的配置文件中进行设置。 kubelet 服务监听的本机端口号，默认值为 10250
--protect-kernel-defaults	[已弃用] 在--config 指定的配置文件中进行设置。 设置 kernel tuning 的默认 kubelet 行为。如果 kernel tunables 与 kubelet 默认值不同，kubelet 则将报错
--provider-id string	设置主机数据库中标识 Node 的唯一 ID，例如 cloudprovider
--qos-reserved mapStringString	[已弃用] 在--config 指定的配置文件中进行设置。 [Alpha 版特性] 设置在指定的 QoS 级别预留的 Pod 资源请求，以“资源名=百分比”的形式进行设置，例如 memory=50%，可以设置多个。要求启用 QOSReserved 特性开关
--read-only-port int32	[已弃用] 在--config 指定的配置文件中进行设置。 kubelet 服务监听的只读端口号，默认值为 10255，设置为 0 表示不启用
--really-crash-for-testing	设置为 true 表示发生 panics 情况时崩溃，仅用于测试
--redirect-container-streaming	启用容器流数据并重定向给 API Server。设置为 false 表示 kubelet 将代理 API Server 和容器运行时之间的容器流数据。设置为 true 表示 kubelet 将容器运行时重定向给 API Server，之后 API Server 可以直接访问容器运行时。代理模式更安全，但是会浪费一些性能；重定向模式性能更好，但是安全性较低，因为 API Server 和容器运行时之间的连接可能无法进行身份验证。该特性将从 Kubernetes 1.20 版本开始弃用，并在 1.22 版本时完全移除
--register-node	将本 Node 注册到 API Server，默认值为 true
--register-schedulable	[已弃用] 注册本 Node 为可被调度的，--register-node 为 false 则无效，默认值为 true
--register-with-taints []api.Taint	设置本 Node 的 taints，格式为<key>=<value>:<effect>，以逗号分隔。当--register-node=false 时不生效
--registry-burst int32	[已弃用] 在--config 指定的配置文件中进行设置。 最多同时拉取镜像的数量，默认值为 10

续表

参数名和类型	说　明
--registry-qps int32	[已弃用] 在--config 指定的配置文件中进行设置。 在 Pod 创建过程中，容器的镜像可能需要从 Registry 中拉取，由于在拉取镜像的过程中会消耗大量带宽，因此可能需要限速，此参数与--registry-burst 参数一起用来限制每秒拉取多少个镜像，默认值为 5
--reserved-cpus string	[已弃用] 在--config 指定的配置文件中进行设置。 设置为操作系统和 kubelet 保留的 CPU 资源，配置为以逗号分隔的 CPU 列表或 CPU 范围，该 CPU 列表将取代--system-reserved 和--kube-reserved 中的 CPU 计数
--resolv-conf string	[已弃用] 在--config 指定的配置文件中进行设置。 命名服务配置文件，用于容器内应用的 DNS 解析，默认值为"/etc/resolv.conf"
--root-dir string	kubelet 数据根目录，用于保存 Pod 和 Volume 等文件，默认值为"/var/lib/kubelet"
--rotate-certificates	[已弃用] 在--config 指定的配置文件中进行设置。 [Beta 版特性] 设置当客户端证书过期时 kubelet 自动从 kube-apiserver 请求并更新证书
--rotate-server-certificates	[已弃用] 在--config 指定的配置文件中进行设置。 当证书过期时自动从 kube-apiserver 请求并更新证书，要求启用 RotateKubeletServerCertificate 特性开关，以及对提交的 CertificateSigningRequest 对象进行 approve 操作
--runonce	设置为 true 表示创建完 Pod 之后立即退出 kubelet 进程，与--enable-server 参数互斥
--runtime-cgroups string	为容器 runtime 设置的 cgroup 名称，为可选配置
--runtime-request-timeout duration	[已弃用] 在--config 指定的配置文件中进行设置。 除了长时间运行的 request，对其他 request 的超时时间设置包括 pull、logs、exec、attach 等操作。当超时时间到达时，请求会被终止，抛出一个错误并重试。默认值为 2m0s
--seccomp-profile-root string	[Alpha 版特性] seccomp 配置文件目录，默认值为/var/lib/kubelet/seccomp
--serialize-image-pulls	[已弃用] 在--config 指定的配置文件中进行设置。 按顺序挨个 pull 镜像。建议 Docker 低于 1.9 版本或使用 Aufs storage backend 时将其设置为 true，详见 issue #10959，默认值为 true
--storage-driver-buffer-duration duration	[已弃用] 将缓存数据写入后端存储的时间间隔，默认值为 1m0s
--storage-driver-db string	[已弃用] 后端存储的数据库名称，默认值为"cadvisor"

续表

参数名和类型	说　明
--storage-driver-host string	[已弃用] 后端存储的数据库连接 URL 地址，默认值为"localhost:8086"
--storage-driver-password string	[已弃用] 后端存储的数据库密码，默认值为"root"
--storage-driver-secure	[已弃用] 后端存储的数据库是否用安全连接，默认值为 false
--storage-driver-table string	[已弃用] 后端存储的数据库表名，默认值为"stats"
--storage-driver-user string	[已弃用] 后端存储的数据库用户名，默认值为"root"
--streaming-connection-idle-timeout duration	[已弃用] 在--config 指定的配置文件中进行设置。 在容器中运行命令或者进行端口转发的过程中会产生输入、输出流，这个参数用来控制连接空闲超时而关闭的时间，如果设置为 5m，则表示在连接超过 5min 没有输入、输出的情况下就被认为是空闲的，会被自动关闭。默认值为 4h0m0s
--sync-frequency duration	[已弃用] 在--config 指定的配置文件中进行设置。 同步运行过程中容器的配置频率，默认值为 1m0s
--system-cgroups string	[已弃用] 在--config 指定的配置文件中进行设置。 kubelet 为运行非 kernel 进程设置的 cgroups 名称，默认值为""
--system-reserved mapStringString	[已弃用] 在--config 指定的配置文件中进行设置。 系统预留的资源配置，以一组 ResourceName=ResourceQuantity 格式表示，例如 cpu=200m、memory=500Mi、ephemeral-storage=1Gi。目前仅支持 CPU、内存和本地临时存储的设置
--system-reserved-cgroup string	[已弃用] 在--config 指定的配置文件中进行设置。 用于管理非 Kubernetes 的带--system-reserved 标签组件的计算资源，设置顶层 cgroup 全路径名，例如/system-reserved，默认值为"（空字符串）
--tls-cert-file string	[已弃用] 在--config 指定的配置文件中进行设置。 包含 x509 证书的文件路径，用于 HTTPS 认证
--tls-cipher-suites strings	[已弃用] 在--config 指定的配置文件中进行设置。 服务器端加密算法列表，以逗号分隔，如果不设置，则使用 Go cipher suites 的默认列表。可选加密算法如下： TLS_AES_128_GCM_SHA256 TLS_AES_256_GCM_SHA384 TLS_CHACHA20_POLY1305_SHA256

续表

参数名和类型	说　明
--tls-cipher-suites strings	TLS_ECDHE_ECDSA_WITH_AES_128_CBC_SHA TLS_ECDHE_ECDSA_WITH_AES_128_GCM_SHA256 TLS_ECDHE_ECDSA_WITH_AES_256_CBC_SHA TLS_ECDHE_ECDSA_WITH_AES_256_GCM_SHA384 TLS_ECDHE_ECDSA_WITH_CHACHA20_POLY1305 TLS_ECDHE_ECDSA_WITH_CHACHA20_POLY1305_SHA256 TLS_ECDHE_RSA_WITH_3DES_EDE_CBC_SHA TLS_ECDHE_RSA_WITH_AES_128_CBC_SHA TLS_ECDHE_RSA_WITH_AES_128_GCM_SHA256 TLS_ECDHE_RSA_WITH_AES_256_CBC_SHA TLS_ECDHE_RSA_WITH_AES_256_GCM_SHA384 TLS_ECDHE_RSA_WITH_CHACHA20_POLY1305 TLS_ECDHE_RSA_WITH_CHACHA20_POLY1305_SHA256 TLS_RSA_WITH_3DES_EDE_CBC_SHA TLS_RSA_WITH_AES_128_CBC_SHA TLS_RSA_WITH_AES_128_GCM_SHA256 TLS_RSA_WITH_AES_256_CBC_SHA TLS_RSA_WITH_AES_256_GCM_SHA384 不安全的值如下： TLS_ECDHE_ECDSA_WITH_AES_128_CBC_SHA256 TLS_ECDHE_ECDSA_WITH_RC4_128_SHA TLS_ECDHE_RSA_WITH_AES_128_CBC_SHA256 TLS_ECDHE_RSA_WITH_RC4_128_SHA TLS_RSA_WITH_AES_128_CBC_SHA256 TLS_RSA_WITH_RC4_128_SHA
--tls-min-version string	[已弃用] 在--config 指定的配置文件中进行设置。 设置支持的最小 TLS 版本号，可选的版本号包括 VersionTLS10、VersionTLS11、VersionTLS12、VersionTLS13
--tls-private-key-file string	[已弃用] 在--config 指定的配置文件中进行设置。 包含 x509 与 tls-cert-file 对应的私钥文件路径

续表

参数名和类型	说　明
--topology-manager-policy string	[已弃用] 在--config 指定的配置文件中进行设置。 设置拓扑管理策略，可选项包括'none'、'best-effort'、'restricted'、'single-numa-node'，默认值为"none"
--volume-plugin-dir string	[已弃用] 在--config 指定的配置文件中进行设置。 搜索第三方 Volume 插件的目录，默认值为"/usr/libexec/kubernetes/kubelet-plugins/volume/exec/"
--volume-stats-agg-period duration	[已弃用] 在--config 指定的配置文件中进行设置。 kubelet 计算所有 Pod 和 Volume 的磁盘使用情况聚合值的时间间隔，默认值为 1m0s。设置为 0 表示不启用该计算功能

附录 A.6　kube-proxy 启动参数

对 kube-proxy 启动参数的详细说明见表 A.6。

表 A.6　对 kube-proxy 启动参数的详细说明

参数名和类型	说　明
--bind-address ip	kube-proxy 绑定主机的 IP 地址，默认值为 0.0.0.0，表示绑定所有 IP 地址
--bind-address-hard-fail	设置为 true 表示绑定端口号失败时 kube-proxy 将视之为启动失败且直接退出
--cleanup	设置为 true 表示在清除 iptables 规则和 IPVS 规则后退出
--cluster-cidr string	集群中 Pod 的 CIDR 地址范围，用于桥接集群外部流量到内部。用于公有云环境
--config string	kube-proxy 的主配置文件
--config-sync-period duration	从 API Server 更新配置的时间间隔，必须大于 0，默认值为 15m0s
--conntrack-max-per-core int32	跟踪每个 CPU core 的 NAT 连接的最大数量（设置为 0 表示无限制，并忽略 conntrack-min 的值），默认值为 32768
--conntrack-min int32	最小 conntrack 条目的分配数量，默认值为 131072
--conntrack-tcp-timeout-close-wait duration	当 TCP 连接处于 CLOSE_WAIT 状态时的 NAT 超时时间，默认值为 1h0m0s
--conntrack-tcp-timeout-established	建立 TCP 连接的超时时间，设置为 0 表示使用当前操作系统设置的值，默认值为 24h0m0s
--detect-local-mode LocalMode	设置检测本地流量的模式

续表

参数名和类型	说　明
--feature-gates mapStringBool	特性开关组，每个开关都以 key=value 形式表示，可以单独启用或禁用某种特性。可以设置的特性开关如下。 APIListChunking=true|false (BETA - default=true) APIPriorityAndFairness=true|false (ALPHA - default=false) APIResponseCompression=true|false (BETA - default=true) AllAlpha=true|false (ALPHA - default=false) AllBeta=true|false (BETA - default=false) AllowInsecureBackendProxy=true|false (BETA - default=true) AnyVolumeDataSource=true|false (ALPHA - default=false) AppArmor=true|false (BETA - default=true) BalanceAttachedNodeVolumes=true|false (ALPHA - default=false) BoundServiceAccountTokenVolume=true|false (ALPHA - default=false) CPUManager=true|false (BETA - default=true) CRIContainerLogRotation=true|false (BETA - default=true) CSIInlineVolume=true|false (BETA - default=true) CSIMigration=true|false (BETA - default=true) CSIMigrationAWS=true|false (BETA - default=false) CSIMigrationAWSComplete=true|false (ALPHA - default=false) CSIMigrationAzureDisk=true|false (BETA - default=false) CSIMigrationAzureDiskComplete=true|false (ALPHA - default=false) CSIMigrationAzureFile=true|false (ALPHA - default=false) CSIMigrationAzureFileComplete=true|false (ALPHA - default=false) CSIMigrationGCE=true|false (BETA - default=false) CSIMigrationGCEComplete=true|false (ALPHA - default=false) CSIMigrationOpenStack=true|false (BETA - default=false) CSIMigrationOpenStackComplete=true|false (ALPHA - default=false) CSIMigrationvSphere=true|false (BETA - default=false) CSIMigrationvSphereComplete=true|false (BETA - default=false) CSIStorageCapacity=true|false (ALPHA - default=false)

续表

参数名和类型	说　明
--feature-gates mapStringBool	CSIVolumeFSGroupPolicy=true|false (ALPHA - default=false) ConfigurableFSGroupPolicy=true|false (ALPHA - default=false) CustomCPUCFSQuotaPeriod=true|false (ALPHA - default=false) DefaultPodTopologySpread=true|false (ALPHA - default=false) DevicePlugins=true|false (BETA - default=true) DisableAcceleratorUsageMetrics=true|false (ALPHA - default=false) DynamicKubeletConfig=true|false (BETA - default=true) EndpointSlice=true|false (BETA - default=true) EndpointSliceProxying=true|false (BETA - default=true) EphemeralContainers=true|false (ALPHA - default=false) ExpandCSIVolumes=true|false (BETA - default=true) ExpandInUsePersistentVolumes=true|false (BETA - default=true) ExpandPersistentVolumes=true|false (BETA - default=true) ExperimentalHostUserNamespaceDefaulting=true|false (BETA - default=false) GenericEphemeralVolume=true|false (ALPHA - default=false) HPAScaleToZero=true|false (ALPHA - default=false) HugePageStorageMediumSize=true|false (BETA - default=true) HyperVContainer=true|false (ALPHA - default=false) IPv6DualStack=true|false (ALPHA - default=false) ImmutableEphemeralVolumes=true|false (BETA - default=true) KubeletPodResources=true|false (BETA - default=true) LegacyNodeRoleBehavior=true|false (BETA - default=true) LocalStorageCapacityIsolation=true|false (BETA - default=true) LocalStorageCapacityIsolationFSQuotaMonitoring=true|false (ALPHA - default=false) NodeDisruptionExclusion=true|false (BETA - default=true) NonPreemptingPriority=true|false (BETA - default=true) PodDisruptionBudget=true|false (BETA - default=true) PodOverhead=true|false (BETA - default=true) ProcMountType=true|false (ALPHA - default=false)

续表

参数名和类型	说　明
--feature-gates mapStringBool	QOSReserved=true|false (ALPHA - default=false) RemainingItemCount=true|false (BETA - default=true) RemoveSelfLink=true|false (ALPHA - default=false) RotateKubeletServerCertificate=true|false (BETA - default=true) RunAsGroup=true|false (BETA - default=true) RuntimeClass=true|false (BETA - default=true) SCTPSupport=true|false (BETA - default=true) SelectorIndex=true|false (BETA - default=true) ServerSideApply=true|false (BETA - default=true) ServiceAccountIssuerDiscovery=true|false (ALPHA - default=false) ServiceAppProtocol=true|false (BETA - default=true) ServiceNodeExclusion=true|false (BETA - default=true) ServiceTopology=true|false (ALPHA - default=false) SetHostnameAsFQDN=true|false (ALPHA - default=false) StartupProbe=true|false (BETA - default=true) StorageVersionHash=true|false (BETA - default=true) SupportNodePidsLimit=true|false (BETA - default=true) SupportPodPidsLimit=true|false (BETA - default=true) Sysctls=true|false (BETA - default=true) TTLAfterFinished=true|false (ALPHA - default=false) TokenRequest=true|false (BETA - default=true) TokenRequestProjection=true|false (BETA - default=true) TopologyManager=true|false (BETA - default=true) ValidateProxyRedirects=true|false (BETA - default=true) VolumeSnapshotDataSource=true|false (BETA - default=true) WarningHeaders=true|false (BETA - default=true) WinDSR=true|false (ALPHA - default=false) WinOverlay=true|false (ALPHA - default=false) WindowsEndpointSliceProxying=true|false (ALPHA - default=false)

续表

参数名和类型	说　明
--healthz-bind-address ip	healthz 服务绑定主机 IP 地址，设置为 0.0.0.0 表示使用所有 IP 地址，默认值为 0.0.0.0:10256
--healthz-port int32	healthz 服务监听的主机端口号，设置为 0 表示不启用，默认值为 10256
--hostname-override string	设置本 Node 在集群中的主机名，不设置时将使用本机 hostname
--iptables-masquerade-bit int32	标记数据包将进行 SNAT 的 fwmark 位设置，有效范围为[0, 31]，默认值为 14
--iptables-min-sync-period duration	刷新 iptables 规则的最小时间间隔，例如 5s、1m、2h22m，默认值为 1s
--iptables-sync-period duration	刷新 iptables 规则的最大时间间隔，例如 5s、1m、2h22m，必须大于 0，默认值为 30s
--ipvs-exclude-cidrs strings	设置在清除 IPVS 规则时应跳过的 CIDR 列表，以逗号分隔
--ipvs-min-sync-period duration	刷新 IPVS 规则的最小时间间隔，例如 5s、1m、2h22m
--ipvs-scheduler string	设置 IPVS 调度器的类型
--ipvs-strict-arp	是否启用 strict ARP，设置为 true 的效果为设置内核参数 arp_ignore=1、arp_announce=2
--ipvs-sync-period duration	刷新 IPVS 规则的最大时间间隔，例如 5s、1m、2h22m，必须大于 0，默认值为 30s
--ipvs-tcp-timeout duration	Idle 的 IPVS TCP 连接的超时时间，例如 5s、1m、2h22m，设置为 0 表示使用当前操作系统设置的值
--ipvs-tcpfin-timeout duration	IPVS TCP 连接收到 FIN 包之后的超时时间，例如 5s、1m、2h22m，设置为 0 表示使用当前操作系统设置的值
--ipvs-udp-timeout duration	IPVS UDP 包的超时时间，例如 5s、1m、2h22m，设置为 0 表示使用当前操作系统设置的值
--kube-api-burst int32	发送到 API Server 的每秒突发请求数量，默认值为 10
--kube-api-content-type string	发送到 API Server 的请求内容类型，默认值为 application/vnd.kubernetes.protobuf
--kube-api-qps float32	与 API Server 通信的 QPS 值，默认值为 5
--kubeconfig string	kubeconfig 配置文件路径，在配置文件中包括 Master 地址信息及必要的认证信息
--masquerade-all	设置为 true 表示使用纯 iptables 代理，所有网络包都将进行 SNAT 转换
--master string	API Server 的地址，覆盖 kubeconfig 文件中设置的值
--metrics-bind-address ipport	Metrics Server 的监听地址，将 IP 设置为 0.0.0.0 表示使用所有 IP 地址，默认值为 127.0.0.1:10249

续表

参数名和类型	说　明
--metrics-port int32	Metrics Server 的监听端口号，设置为 0 表示禁用，默认值为 10249
--nodeport-addresses strings	设置 NodePort 可用的 IP 地址范围，例如 1.2.3.0/24, 1.2.3.4/32，默认值为[]，表示使用本机所有 IP 地址
--oom-score-adj int32	kube-proxy 进程的 oom_score_adj 参数值，有效范围为[-1000,1000]，默认值为 -999
--profiling	设置为 true 表示打开性能分析，可以通过<host>:<port>/debug/pprof/地址查看程序栈、线程等系统信息，默认值为 true
--proxy-mode ProxyMode	代理模式，可选项为 userspace、iptables、ipvs，默认值为 iptables，当操作系统 kernel 版本或 iptables 版本不够新时，将自动降级为 userspace 模式
--proxy-port-range port-range	进行 Service 代理的本地端口号范围，格式为 begin-end，含两端，未指定时采用随机选择的系统可用的端口号
--show-hidden-metrics-for-version string	配置是否需要显示所隐藏指标的 Kubernetes 旧版本号，仅当旧版本的小版本号有意义时生效，格式为<major>.<minor>，例如 1.16，用于验证哪些旧版本的指标在新版本中被弃用
--udp-timeout duration	保持空闲 UDP 连接的时间，例如 250ms、2s，必须大于 0，仅当 proxy-mode=userspace 时生效，默认值为 250ms